John Argyris

Gunter Faust Maria Haase

DIE ERFORSCHUNG DES CHAOS

αἰνέσωμεν δὴ ἄνδρας ἐνδόξους

Ben Sira, Ecclesiasticus, xliv, *1,* (c. 190 B.C.)

DIE ERFORSCHUNG DES CHAOS

John Argyris
Gunter Faust Maria Haase

Die Erforschung des Chaos

Eine Einführung
für Naturwissenschaftler und Ingenieure

Mit 383 Abbildungen
und 24 Farbtafeln

vieweg

Die Deutsche Bibliothek – CIP-Einheitsaufnahme

Argyris, John H.:
Die Erforschung des Chaos : eine Einführung für Physiker, Ingenieure und Naturwissenschaftler / John Argyris ; Gunter Faust ; Maria Haase. – Braunschweig ; Wiesbaden : Vieweg, 1994

NE: Faust, Gunter:; Haase, Maria:

Prof.em. Dr. Dr.h.c.mult. John Argyris, F.Eng., F.R.S
Institut für Computer-Anwendungen
der Universität Stuttgart

Gunter Faust
Wissenschaftlicher Mitarbeiter am Institut für Computer-Anwendungen
der Universität Stuttgart

Dr. Maria Haase
Wissenschaftliche Mitarbeiterin am Institut für Computer-Anwendungen
der Universität Stuttgart

Titelbild (B. Lehle): Lorenz-System für $r = 28$; stabile und instabile Mannigfaltigkeit des Ursprungs

---

Softcover reprint of the hardcover 1st edition 1994

Der Verlag Vieweg ist ein Unternehmen der Verlagsgruppe Bertelsmann International.

Satz: KETEX, ICA, Universität Stuttgart

Gedruckt auf säurefreiem Papier

ISBN 978-3-322-90442-3 ISBN 978-3-322-90441-6 (eBook)
DOI 10.1007/978-3-322-90441-6

Neither seeking nor avoiding mathematical exercitations
we enter into problems solely with a view to
possible usefulness for physical science

Lord Kelvin and Peter Cuthrie Tait
Treatise on Natural Philosophy, Part II

And there was war in heaven

The Revelation of St. John

Inhaltsverzeichnis

Vorwort

Chaos often breeds life,
when order breeds habit

Henry Brooks Adams, 1838-1918
Education of Henry Adams, 1907

Prolog

Es war unser Wunsch, mit diesem Band ein einführendes Lehrbuch in die Theorie des Chaos zu präsentieren. Wir wenden uns an Physiker und Ingenieure, die sich im Rahmen von nichtlinearen deterministischen Systemen mit dieser neuen, aufregenden Wissenschaft vertraut machen wollen. Bei einem solchen Lehrbuch ist die Mathematik selbstverständlich ein unerläßliches Werkzeug; wir haben es deshalb nicht unterlassen, auch komplexe mathematische Probleme anzusprechen, auch wenn wir es – aufgrund unseres Werdegangs und unserer philosophischen Einstellung – im allgemeinen vorziehen, die Aufmerksamkeit des Lesers auf ein physikalisches Verständnis der Phänomene zu lenken.

Wir sind uns natürlich darüber im klaren, daß in den letzten Jahren eine ganze Reihe von hervorragenden Lehrbüchern erschienen ist, die sich mit der Chaostheorie beschäftigen. Insbesondere möchten wir auf die Abhandlungen von Moon, Thompson & Stewart, Kreuzer, Bergé, Pomeau & Vidal, Schuster und Nicolis & Prigogine verweisen, um nur sechs Textbücher zu erwähnen, die nicht die Mathematik in den Vordergrund stellen. Das ausgezeichnete Buch von F. C. Moon, dem schon bald eine stark erweiterte Neuauflage folgen wird, behandelt in erster Linie experimentelle Methoden und gibt einen Einblick in die chaotische Antwort mechanischer Systeme. Das Buch von J. M. T. Thompson und H. B. Stewart ist erwartungsgemäß in einem brillanten Stil geschrieben und richtet sein Hauptaugenmerk auf eine breite Übersicht über chaotische Phänomene, wie sie in mechanischen Systemen und in der Strukturmechanik auftreten, behandelt jedoch am Rande auch Themen wie die Rayleigh-Bénard-Konvektion und das System der Lorenz-Gleichungen. E. Kreuzers kompakte Darstellung, die sich auf einen soliden mathematischen Hintergrund stützt, beschäftigt sich mit Schwingungen mechanischer Systeme und vermittelt eine gründliche Kenntnis des Verhaltens nichtlinearer Systeme. Das Buch von P. Bergé, Y. Pomeau und C. Vidal enthält unter anderem eine umfassende Beschreibung der einzelnen Übergänge ins Chaos und ihrer experimentellen Verifikation am Beispiel der Rayleigh-Bénard-Konvektion. Die Monographie von H. G. Schuster gibt einen hervorragenden Überblick über chaotische Phänomene in nichtlinearen physikalischen Systemen und richtet sich mit seiner präzisen und komprimierten Darstellungsweise vorwiegend an fortgeschrittene theoretische Physiker. Als letztes führen wir das Buch von G. Nicolis und I. Prigogine an, das eine profunde und anschauliche Darstellung der Dynamik nichtlinearer Systeme, die sich fern vom thermodynamischen Gleichgewicht befinden, vermittelt. Hervorheben möchten wir überdies die Monographien von Hermann

Haken zur Synergetik, die sich – in mathematisch anspruchsvoller Weise – mit der systematischen Erforschung von Strukturbildungen in offenen dissipativen Systemen beschäftigen.

Im vorliegenden Band haben wir uns bemüht, nicht nur die allgemeine Theorie möglichst weitgehend zu erläutern, sondern auch ein breites Spektrum von Problemen anzusprechen, wie die Stömungsmechanik, insbesondere die Rayleigh-Bénard-Konvektion, Biomechanik, Astronomie, physikalische Chemie sowie eine Reihe weiterer mechanischer und elektrischer Systeme, die durch die Duffing- bzw. durch die van der Polsche Gleichung modelliert werden können; Kapitel 1 enthält eine genauere Beschreibung der einzelnen Themen. Wir hoffen, daß diese Darstellung von Nutzen sein wird, die komplexe Theorie des Chaos zu verstehen und anzuwenden.

Die erste bewußte Wahrnehmung chaotischer Phänomene in der Meteorologie durch Edward N. Lorenz im Jahre 1963 hat in kurzer Zeit eine philosophische Neuausrichtung der Naturwissenschaften bewirkt. Wir Wissenschaftler, im Banne der erhabenen Prinzipien der Mechanik, die durch Kepler und Newton erstellt wurden, waren durch diese unbewußt über Jahrhunderte hinweg so beeinflußt, daß wir nur reguläre Bewegungen, sei es linearer oder nichtlinearer Natur, erkennen konnten und damit nicht fähig waren, irreguläre Phänomene wahrzunehmen. Selbstverständlich muß man feststellen, daß Henri Poincaré schon um die Jahrhundertwende in seinen klassischen Schriften auf die Möglichkeit irregulären Verhaltens in deterministischen Systemen hingewiesen hatte, was aber ohne die uns heute zur Verfügung stehenden Computer nicht direkt registriert werden konnte. Daher waren wir nicht in der Lage - bei aller Anerkennung der großartigen Beiträge eines Osborne Reynolds - das Mysterium der Turbulenz in einer Strömung oder in der Atmosphäre und in den Ozeanen zu entschlüsseln und somit Irregularitäten von Naturerscheinungen zu verstehen. In diesem Sinne war die Forschung über drei Jahrhunderte hinweg unbewußt auf Regelmäßigkeit ausgerichtet.

Die epochemachende Entdeckung von Lorenz führte eine Gruppe junger Wissenschaftler in Europa und den USA dazu, den Versuch zu unternehmen, Irregularitäten nicht nur anhand von Zeitverläufen zu registrieren, sondern auch zu erklären. Diese Denker, Physiker und Mathematiker, Biologen und Chemiker, waren in dem Wunsch vereint, Gemeinsamkeiten in den Unordnungen unterschiedlichster Systeme der belebten und unbelebten Natur aufzuspüren. Diese Unregelmäßigkeiten finden wir einerseits in der Dynamik des Herzschlags und den explosiven Veränderungen der Population gewisser Tierarten und andererseits in der Turbulenz einer Strömung und der erratischen Bewegung der Sternschnuppen. Auch Ökonomen wurden angeregt, die Möglichkeit irregulärer Ausbrüche von Finanzsystemen zu erforschen. Alle diese Erscheinungen, aber auch eine Vielzahl anderer Phänomene wie zum Beispiel die zufälligen Verästelungen eines Blitzes wurden mit Neugierde betrachtet uns analysiert.

Selbstverständlich haben zugleich Mathematiker wie Vladimir Igorevich Arnol'd neue grundlegende Erkenntnisse über lokale und globale Bifurkationen in der nichtlinearen Dynamik beigesteuert. Damit war es unvermeidlich, daß Naturwissenschaftler die Arbeiten von Poincaré mit tieferem Verständnis und Bewunderung wieder aufgegriffen haben. All diese Anstrengungen wären jedoch weder vorstellbar noch realisierbar gewesen ohne die wissenschaftliche und technische Revolution, die einige Jahre nach dem Zweiten Weltkrieg durch das explosive Anwachsen der Verfügbarkeit und Kapazität digitaler Computer ausgelöst wurde.

Ein Jahrzehnt später, Mitte der siebziger Jahre, war die Gruppe der an Chaos arbeitenden Forscher zu einer exponentiell wachsenden Gemeinde geworden, die *nolens volens* das Bild der modernen Wissenschaft veränderte. Heute haben wir einen Zustand erreicht, daß sich Wissenschaftler an fast jeder größeren Universität von wissenschaftlichem Ruf mit den Erscheinungen des Chaos beschäftigen. Zum Beispiel wurde in Los Alamos ein spezielles Zentrum zur Untersuchung nichtlinearer Systeme eingerichtet, an dem die Arbeiten über Chaos und verwandte Erscheinungen koordiniert werden.

Die Erforschung des Chaos führte unausweichlich auch zur Entstehung neuer, weiterführender Methoden der Anwendung von Computern und der verbesserten graphischen Möglichkeiten moderner Hardware. Dadurch können wir heute Bilder filigraner, beeindruckender Strukturen studieren, die eine unerwartete Komplexität aufweisen. Diese neue Wissenschaft beinhaltet die Untersuchung von Fraktalen, Bifurkationen, Periodizitäten und Intermittenzen. All diese Erscheinungen führen zu einem neuen Verständnis des Begriffs Bewegung. In allen Beobachtungen unserer Welt entdecken wir jetzt immer wieder Erscheinungen des Chaos, wie zum Beispiel im zitternd aufsteigenden Rauch einer Zigarette, der plötzlich in wilde Unordnung ausbricht. Ähnliche Phänomene entdeckt man bei der Betrachtung des komplexen Verhaltens einer Fahne, die im Wind hin und her flattert und knattert. Bei der Beobachtung eines tropfenden Wasserhahns stellen wir einen Übergang von stetigem zu zufälligem Verhalten fest.

Daß der Begriff des Chaos heute als selbstverständlich betrachtet wird, verdanken wir, wie schon erwähnt, den bahnbrechenden Entdeckungen von Edward N. Lorenz, der chaotische Entwicklungen als solche begriff und ein vereinfachtes Modell für chaotische Erscheinungen im Wettergeschehen entwickelte. Gleichzeitig entdeckte er in seinem Wettermodell die extreme Abhängigkeit des Systems von kleinen Änderungen in den Anfangsbedingungen und erwähnte als erster den sogenannten Schmetterlingseffekt. Chaos ist auch im Verhalten eines Flugzeugs latent enthalten und tritt *inter alia* in Form von turbulenten Grenzschichten und Ablösungseffekten. Ein weiteres Beispiel chaotischen Verhaltens kann man auf Autobahnen beobachten, wenn es durch einen dichten Strom von Fahrzeugen zu Staus und Verstopfungen kommt. Gleichgültig in welchem Medium chaotische Ausbrüche stattfinden, stets unterliegt das Verhalten gewissen allgemeinen Gesetzen. Um das breite Spektrum chaotischer Erscheinungen zu verdeutlichen, werden wir im letzten Abschnitt des Buchs von chaotischen Phänomenen in unserem Sonnensystem berichten; insbesondere werden wir die praktisch mit Sicherheit als chaotisch geltende Bewegung des Saturnmondes Hyperion diskutieren.

Unsere einführenden Bemerkungen sollen verdeutlichen, daß das Chaos auf den meisten Gebieten der modernen Forschung Probleme aufwirft, die nicht in die traditionellen Muster wissenschaftlichen Denkens passen. Andererseits versetzen uns die phantasievollen Untersuchungen des Chaos in die Lage, die grundlegenden Gesetzmäßigkeiten im Verhalten nichtlinearer komplexer Systeme aufzuspüren. Die ersten Chaosforscher, die diesen Wissenszweig ins Leben riefen, waren durch gewisse Phänomene beeindruckt. Zum Beispiel waren sie fasziniert von Mustern, insbesondere von solchen, die sich gleichzeitig in verschiedenen Maßstäben entwickeln und dabei immer wiederholen. Für diese Forscher wurden ausgefallene Fragen, wie beispielsweise die nach der Länge der zerklüfteten Küste von Großbritannien, Teil ihrer grundlegenden Betrachtungen. Diese ersten Chaosforscher konnten erfolgreich die Entwicklung komplexer Strukturen deuten und das Auftreten von abrupten und unerwarteten Sprüngen im Systemverhalten erklären. Unausweichlich begannen diese Wegbereiter der Chaostheorie damit, über Determinismus und freien Willen sowie die Natur der bewußten Intelligenz zu spekulieren.

Die Vorreiter der neuen Wissenschaft behaupteten und behaupten noch heute, daß sich die Wissenschaft des zwanzigsten Jahrhunderts durch drei große wissenschaftliche und philosophische Konzepte auszeichnen wird: die Relativitätstheorie, die Quantenmechanik und die Chaostheorie. Wir gehen noch einen Schritt weiter und meinen, daß die Untersuchung des Chaos die Richtung wissenschaftlicher Forschung im 21. Jahrhundert bestimmen und die weitere Entwicklung der Physik, Mechanik und auch der Chemie entscheidend formen wird; dies wird natürlich auch die Technik beeinflussen. Daher sind die Vertreter der neuen Wissenschaft auch davon überzeugt, daß die Theorie des Chaos das bisherige Verständnis der Newtonschen Physik erschüttert. Ein bedeutender Physiker formulierte es so: Die Relativitätstheorie zerstörte die Newtonsche Illusion des absoluten Raums und der absoluten Zeit; die Quantentheorie zerstörte den Newtonschen Traum von einem beliebig genauen Meßvorgang; schließlich zerstörte das Chaos die Laplacesche Vorstellung (oder den Wunschtraum) einer deterministischen Vorhersagbarkeit. Von diesen drei wissenschaftliche Revolutionen betrifft das Chaos das gesamte Universum, wie wir es verstehen und beobachten; es beeinflußt uns auch durch Erscheinungen in einem menschlichen Maßstab.

Bei Betrachtung der brillanten Erkenntnisse vieler großer Physiker in der Vergangenheit müssen wir uns fragen, wie dieses Gebäude der Physik über so viele Jahre mit derartigem Erfolg entwickelt werden konnte, ohne daß Erklärungen zu einigen der fundamentalsten Fragen der Natur gegeben werden konnten. Wie entsteht das Leben und was ist das Geheimnis der Turbulenz? Wie kann sich in einem Universum, das von der Entropie bestimmt wird und das sich unausweichlich zu immer größerer Unordnung hin entwickelt, Ordnung ausbilden? Überdies wurden viele Vorgänge des täglichen Lebens – wie die Dynamik von Flüssigkeiten und nichtlinearen mechanischen Systemen – als so gewöhnlich betrachtet, daß die Physiker annahmen, diese seien gut verstanden, zumindest von den Ingenieuren. Bis vor ungefähr dreißig Jahren lag der Grund für unser Unverständnis solcher Systeme darin, daß weder Computer noch graphische Anlagen verfügbar waren. In der Zwischenzeit haben uns experimentelle und numerische Berechnungen gezeigt, daß unsere Unwissenheit tatsächlich sehr groß war. Innerhalb der Gedankenwelt der Physik entwickelte sich damit die Chaosforschung zu einer Wegbereiterin neuer Einsichten und Perspektiven. Solche Gedanken haben wohl auch Edward N. Lorenz 1963 bewegt und ihn zu der Erkenntnis geführt, daß das Wetter über längere Zeiträume unvorhersagbar ist.

Da sich die Revolution des Chaos zu einer Folge immer neuer Überraschungen entwickelt, empfinden es heute führende Physiker als ganz natürlich, sich ohne Verlegenheit wieder den Problemen, die im Zusammenhang mit unserer menschlichen Natur stehen, zuzuwenden. Sie finden es genauso interessant, Wolkenbildungen zu untersuchen wie die Evolution von Galaxien. Führende Zeitschriften veröffentlichen heute Artikel über die erstaunliche Dynamik eines auf einem Tisch hüpfenden Balls genauso wie solche über ausgefallene quantenmechanische Probleme. Selbst die einfachsten nichtlinearen Systeme – und praktisch alle Systeme in der Realität sind nichtlinear – erzeugen extrem schwierige Probleme der Voraussagbarkeit; dabei kann Ordnung plötzlich an die Stelle von Chaos treten und umgekehrt, und wir beobachten, daß in den meisten Systemen Ordnung und Chaos dicht beieinander liegen. Wir betrachten eine neue Art der Wissenschaft, von der wir einen Brückenschlag erwarten zwischen dem, was wir vom Verhalten eines einzelnen physikalischen Teilchens, wie z. B. eines Wassermoleküls oder einer einzelnen Zelle des Herzens, wissen, und dem, was eine Ansammlung von Millionen von ihnen in Synergie bewirken kann. Dieser Thematik hat sich besonders Hermann Haken gewidmet.

In der Vergangenheit haben die Physiker üblicherweise aus komplexen Beobachtungen Hypothesen über komplexe Ursachen abgeleitet. Aus der Beobachtung eines zufälligen Zusammenhangs zwischen dem Einfluß auf ein System und der System-Antwort darauf schlossen sie, daß sie in eine realistische Theorie den Zufall durch Berücksichtigung von Rauschen oder Meßfehlern miteinbeziehen müßten. Im Gegensatz dazu entstand die moderne Chaosforschung durch eine Erkenntnis der frühen sechziger Jahre, daß nämlich ganz einfache nichtlineare, deterministische Gleichungen zu ebenso überraschenden Ergebnissen, wie etwa denen der faszinierenden Turbulenz eines Wasserfalls, führen können. Kleine Unterschiede in den Anfangsbedingungen werden schnell verstärkt und bewirken große Unterschiede im Endzustand. Wir verdanken es Lorenz, daß wir dieses Phänomen heute mit einer extrem empfindlichen Abhängigkeit von den Anfangsbedingungen verknüpfen. Beim klassischen Beispiel des Wetters zeigen sich solche Effekte durch den Schmetterlingseffekt: Ein Schmetterling, der in Beijing die Luft bewegt, könnte einen Monat später in New York stürmisches Wetter auslösen.

Wir beenden den Prolog mit fünf kurzen historischen Rückblenden auf die Arbeiten einiger Wissenschaftler, die die Entwicklung der Chaostheorie wesentlich stimuliert haben:

i. Edward Lorenz war der erste Wissenschaftler, der durch numerische Computerexperimente das Wesen des Chaos erkannte. Er arbeitete 1961 als Meteorologe am MIT an einem noch sehr primitiven Computer, der unter dem beeindruckenden Namen Royal McBee bekannt war. Er wählte das einfache Modell einer Rayleigh-Bénard-Konvektion in einer durch einen Temperaturgradienten in Bewegung gesetzten Luftschicht und versuchte, dessen komplexe Reaktion durch ein relativ einfaches System von drei nichtlinearen gewöhnlichen Differentialgleichungen darzustellen. An diesem Modell hoffte er, die Probleme der Wettervorhersage untersuchen zu können. Auf einem primitiven Drucker stellte er ein Diagramm der Windrichtung und -geschwindigkeit her. Auf diese Weise machte er die bahnbrechende Entdeckung, daß schon die kleinsten Unterschiede in den Anfangsbedingungen zu unterschiedlichen Verläufen und Mustern führen können, die so weit auseinanderstreben, bis keine Ähnlichkeit mehr vorhanden ist. Dies war der Schlüssel zum Schmetterlingseffekt und letztendlich zur Erkenntnis, daß es prinzipiell unmöglich ist, das Wetter über längere Zeit vorherzusagen. Lorenz' Entdeckungen waren umwälzend und lösten die Suche nach der Natur des Chaos aus. Er entdeckte auch den entsprechenden seltsamen Attraktor, benannte ihn jedoch nicht so. Das Werk von Edward Lorenz und dessen Einfluß auf die Wissenschaft läßt sich durch ein Zitat aus dem Neuen Testament plastisch vor Augen führen:

> *Ἰδοὺ ἡλίκον πῦρ ἡλίκην ὕλην ἀνάπτει*
> *Καινὴ διαθήκη, Ἐπιστολὴ Ἰακώβου iii, 5*
>
> Siehe, ein kleines Feuer, welch einen Wald zündet's an!
> Brief des Jakobus, *iii*, 5

ii. Mitchell Feigenbaum trat 1974 in das Los Alamos National Laboratory ein. Er war mit der Überzeugung nach Los Alamos gekommen, daß nichtlineare Probleme praktisch noch völlig unverstanden seien. Eine seiner ersten Untersuchungen betraf eine elementare quadratische Rekursionsvorschrift, die logistische Abbildung, die von einem einzigen Parameter abhängt. Er entdeckte, daß dieses einfache mathematische System nicht nur die erwarteten stabilen Gleichgewichtszustände erzeugt, sondern auch – über eine Kaskade von Bifurkationen – periodische und ebenso doppelt oder noch höher periodische Zustände, bis schließlich jenseits eines bestimmten Parameterwertes sogar chaotische Erscheinungen auftraten. Dieses Chaos wird jedoch wieder von Fenstern mit regulärem Verhalten unterbrochen. Feigenbaum ging noch einen Schritt weiter und wies die Universalität seiner Entdeckungen nach, die mit einer überraschenden Ähnlichkeit auch auf andere und komplexere mathematische Ausdrücke zutreffen.

iii. Als nächstes betrachten wir die Schwerpunkte der Arbeiten von Benoit Mandelbrot, insbesondere die sogenannte Mandelbrot-Menge. Diese Menge gehört zu den kompliziertesten theoretischen Objekten, die es in der Mathematik gibt. Mandelbrot begann seine Suche 1979 mit der Verallgemeinerung einer bestimmten Klasse von Strukturen, die unter dem Namen Julia-Mengen bekannt sind; diese wurden von den beiden französischen Mathematikern Gaston Julia und Pierre Fatou während des ersten Weltkriegs untersucht. Der französische Mathematiker Adrien Douady beschrieb die Julia-Mengen folgendermaßen: „Man erhält eine unglaubliche Anzahl von Julia-Mengen: manche sehen aus wie dicke Wolken, andere wie ein dürrer Dornbusch, wieder andere sehen aus wie Funken, die sich bei einem Feuerwerk durch die Luft schlängeln. Einer sieht aus wie ein Hase, während viele von ihnen einen Schwanz wie ein Seepferdchen haben."

Im Jahre 1979 gelang Mandelbrot eine Darstellung der Mandelbrot-Menge in der komplexen Ebene, die man als Atlas oder Katalog aller Julia-Mengen betrachten kann. Wissenschaftler wie Julia, Fatou, Hubbard, Barnsley und Mandelbrot entdeckten Regeln, wie man neue, außergewöhnliche geometrische Formen – die man heute *Fraktale* nennt – konstruieren kann, die dem Prinzip der Selbstähnlichkeit unterliegen. Es entstehen seltsame, ätherische Bilder von großer Schönheit, die mit abgetrennten, einsamen Inseln übersät zu sein scheinen und die das Bild eines von unserem völlig verschiedenen Kosmos vermitteln. Die Konstruktionsregeln sagen uns dabei, wie wir aus einem Bild mit einem bestimmten Maßstab das entsprechende Bild auf der nächsten Stufe der Vergrößerung – wie es unter dem Mikroskop erscheinen würde – ableiten können. Die beiden Mathematiker Douady und Hubbard bewiesen mit Hilfe subtiler Mathematik, daß die oben erwähnten verstreuten Moleküle in Wirklichkeit über ein feines Gespinst mit dem Hauptgebiet verbunden sind. Es ist interessant, daß Peitgen und Richter – der eine Mathematiker, der andere Physiker – ihre wissenschaftliche Arbeit der Verbreitung und Computerdarstellung von Mandelbrot-Mengen und deren Präsentation als neue Philosophie der Kunst gewidmet haben.

iv. Ein weiteres wichtiges Forschungsgebiet in der Chaostheorie ist die Untersuchung und Klassifikation von Attraktoren, von denen Trajektorien im Phasenraum angezogen werden. Beispielsweise stellt ein Fixpunkt oder ein Grenzzyklus im Phasenraum einen solchen Attraktor dar. Diese Art von Problemen – diesmal im Zusammenhang mit dem Rätsel der turbulenten Strömung – zog in den siebziger Jahren die Aufmerksamkeit der beiden Mathematiker David Ruelle und Floris Takens auf sich. Erstaunlicherweise kannten sie die bahnbrechenden Erkenntnisse von Edward Lorenz aus dem Jahr 1963 und seine Präsentation des bis dahin unbenannten seltsamen Attraktors nicht. Ruelle und Takens wollten die Vermutung von Landau überprüfen, daß Turbulenz durch eine unendliche Reihe von Hopf-Bifurkationen entsteht. Mit Hilfe einer anspruchsvollen mathematischen Argumentation in Verbindung mit Poincaré-Schnitten bewiesen sie, daß Landaus Vermutung falsch sein mußte, da sein Entwurf weder die Dehnung und Faltung der Trajektorien im Phasenraum noch eine starke Abhängigkeit von den Anfangsbedingungen ergeben konnte, obwohl diese charakteristischen Eigenschaften bei einem turbulenten Übergang erwartet werden müßten. Darüber hinaus konstruierten die Autoren den ersten seltsamen Attraktor und benannten ihn auch entsprechend.

v. Schließlich folgen noch einige Anmerkungen zu einem weiteren aufregenden Gebiet, nämlich das der Dimension von fraktalen Mengen. In gewisser Weise entspricht die Dimensionalität solcher Gebilde ihrer Fähigkeit, Raum einzunehmen. So füllt eine eindimensionale gerade Linie weder Raum noch Fläche. Eine Koch-Kurve – eine Art idealisierter Schneeflocke – jedoch, die durch ein fraktales Konstruktionsprinzip bestimmt wird und die zwar eine unendliche Länge besitzt, aber nur eine endliche Fläche einschließt, hat keine ganzzahlige Dimension. Ihre Dimension ist größer als die Dimension 1 einer Linie, aber kleiner als die Dimension 2 einer Fläche. Mandelbrot bestimmte die fraktale Dimension dieser Kurve zu 1.2618.

Das Konzept der Dimension, wie es heute durch eine Anzahl unterschiedlicher Definitionen ausgedrückt wird, hat Eingang in die Physik und die Theorie nichtlinearer Systeme gefunden. Wir wissen nun, daß z.B. der seltsame Attraktor von Lorenz die Dimension 2.06 hat. Nichtganzzahlige Dimensionen gehören heute zu den wesentlichen Begriffen der Chaostheorie. Sie werden auch von Geophysikern verwendet, die z. B. die unendlich komplizierte Struktur der Erdoberfläche beschreiben wollen. Diese und viele andere Entwicklungen bewirkten die Akzeptanz dieser fraktalen Geometrie als Werkzeug zur Lösung von Problemen.

Bevor wir zum Ende des Prologs kommen, wollen wir unsere Aufmerksamkeit und Bewunderung einem der größten Wissenschaftler seines Jahrhunderts zuteil werden lassen: Henri Poincaré, der mit großem Erfolg topologische, quantitative Methoden für die Behandlung dynamischer Systeme einsetzte. Zur Zeit der Jahrhundertwende war Poincaré wohl der letzte große Mathematiker, der geometrische Vorstellungen auf die Bewegungsgesetze der physikalischen Welt anwendete. Er war der erste, der das mathematische Konzept des Chaos vorausahnte. Seine Schriften, insbesondere sein monumentales Werk *Les méthodes nouvelles de la mécanique céleste*, enthalten einen deutlichen Hinweis auf eine Art von Unvorhersagbarkeit, fast genauso deutlich wie die, die Lorenz entdeckte. Er war einer der brillantesten Wissenschaftler seines Jahrhunderts. Nach seinem Tod blühte die Topologie auf, während die moderne Theorie der dynamischen Systeme in der Welt der Physiker in den Hintergrund geriet. Mit dieser Verbeugung vor einem genialen und erfinderischen Geist beenden wir unseren Prolog.

Epilog

Auf unserer Erinnerungsreise rufen wir uns als erstes die wissenschaftliche Entwicklung unseres Institutes ins Gedächtnis, die zum Anlaß unseres Werks über das Chaos wurde. Dieses Werk ist kein isolierter Teil unserer Forschungen, sondern stellt einen wesentlichen Bestandteil der Philosophie unserer Arbeit dar, uns durch die Arbeit am Computer zu neuen Ufern der Wissenschaft tragen zu lassen.

Wie der Leser schon aus unseren früheren Veröffentlichungen erfahren hat, wurden die intensiven Forschungarbeiten, die ihren Beginn am *Department of Aeronautics at Imperial College* hatten, in den Jahren 1959 bis 1984 am ISD (Institut für Statik und Dynamik der Luft- und Raumfahrtkonstruktionen) der Universität Stuttgart fortgesetzt. In diese Zeiträume fiel *inter alia* die Revolution durch die Methode der Finiten Elemente. Unsere Forschungen wurden ursprünglich durch die anspruchsvollen und technisch komplexen Erfordernisse der Luft- und Raumfahrt motiviert. Obwohl der größte geistige Aufwand zu Beginn auf Probleme in astronautischen Strukturen verwendet wurde, war dies durchaus nicht die Regel, und vergleichbare Beachtung haben wir auch anderen Problemen geschenkt, wie sie bei Öltankern und Hängedächern sowie anderen ungewöhnlichen und komplexen Strukturen des Ingenieurwesens auftreten. Des weiteren führte seit Mitte der sechziger Jahre eine zusätzliche Ausdehnung der Forschung zu innovativen Anwendungen von Computermethoden auf den Gebieten Aerodynamik, Schmierung, Wärmeleitung, Strahlung, Elektromagnetismus und anderer Feldtheorien. Tatsächlich entwickelte das ICA seit dem Aufkommen von Vektor- und Parallelrechnern eine Reihe von neuen Algorithmen und richtete seine Aufmerksamkeit auf Probleme der Physik (wie Solitonen und die Analyse keramischer Beschichtungen).

Trotz der industriellen und physikalischen Aktualität all dieser Untersuchungen glauben wir doch, daß der aufregendste Forschungsvorstoß des ICA die Theorie und Anwendung chaotischer Erscheinungen in nichtlinearen dynamischen deterministischen Systemen betrifft. Die daraus folgende geistige Neuorientierung zwingt den Ingenieur wie den Physiker, von dem traditionellen Standpunkt Abschied zu nehmen, der der heutigen Ingenieurausbildung innewohnt, und seine Aufmerksamkeit der Untersuchung komplexer, nichtlinearer Probleme, wie Turbulenz und Verbrennung, zuzuwenden. Die Untersuchungsmethoden basieren dabei auf einer neuen, computergestützten Denkweise, die von hochparallelisierten Systemen mit ihren neuen algorithmischen Werkzeugen abhängt. Wir hoffen, daß das vorliegende Buch *Die Erforschung des Chaos* sich als nützliche Einführung in das Thema moderner Dynamik erweisen wird und einen Ansporn für engagierte junge Studenten wie auch erfahrenere Praktiker im Hinblick auf eine Intensivierung ihrer Anstrengungen bei der Suche und Erforschung des Unbekannten, das meist mit chaotischen Erscheinungen verbunden ist, darstellen möge. Alle erwähnten Entwicklungen am ICA spiegeln einige der Themen der wissenschaftlichen Umwälzungen der letzten fünfzig bis sechzig Jahre wider.

Eine solche Intensität bei der Arbeit und der Hingabe an die Forschung kann nicht von einem einzelnen geleistet werden, sondern nur von einem Team. Tatsächlich verlangt das Verfassen eines solchen Lehrbuchs über chaotische Erscheinungen mit all seinen verwickelten Verästelungen und der großen Komplexität der wissenschaftlichen Argumente, die durch eine Vielzahl komplizierter Abbildungen und Illustrationen unterstützt werden müssen, die gemeinsamen Anstrengungen eines hochmotivierten Teams. Um das notwendige Klima in einer solchen Ansammlung von vielseitig begabten wissenschaftlichen Individualisten zu verstehen, muß man selbst einmal die gewissenhafte Arbeit des Verfassens eines Lehrbuchs über ein intellektuell anspruchsvolles Thema, das zudem noch einer stürmischen Entwicklung unterliegt, erfahren haben. Man benötigt nicht nur Wissen, sondern auch Instinkt und ein Vorstellungsvermögen für zukünftige und bislang noch unbekannte Entwicklungen.

Um das vorliegende Buch zusammenzustellen, arbeiteten die Autoren über sechs Jahre und führten mit studentischer Unterstützung zahlreiche Untersuchungen über das Thema durch. Der endgültige Text weist keinerlei Ähnlichkeiten mit dem ersten Entwurf mehr auf; er ist das Resultat vieler Veränderungen, Verbesserungen und Umformungen in einer Vielzahl von Entwürfen. Teile des Materials wurden bereits in einer Anzahl internationaler Vorträge seit 1987 präsentiert.

Die Autoren, die sich diesen vielfältigen Aufgaben stellten, waren glücklich, daß sie dabei auf die Unterstützung vieler Talente und hochmotivierter Experten zählen konnten. In diesem Abschnitt möchten wir die besondere Bedeutung unterstreichen, die drei herausragenden Mitarbeitern bei der Kunst des Verfassens und der bibliographischen Darstellung des Buches zukommt.

Die große kreative Anstrengung bei der Zusammenstellung dieses Buches wäre nicht möglich gewesen ohne die ausgezeichneten linguistischen Fähigkeiten unserer zweisprachigen Expertin für Komposition und Literatur, Prudence Lawday-Gienger, die das Autorenteam mit bewundernswerter professioneller Unabhängigkeit unterstützte. Für ihre entscheidenden Beiträge und Verbesserungen des englischen Texts und ihre gelegentliche Korrektur des parallelen deutschen Textes möchten wir ihr unseren tiefen Dank aussprechen. Auf der technischen Seite wurden die Autoren von Karl Straub unterstützt, der Mängel in der Darstellung sofort entdeckte und einen wichtigen Beitrag zum hohen Standard des endgültigen Textes und der Abbildungen leistete. Seine große Begabung in Theorie und Praxis war für uns eine wertvolle Stütze. Der dritte im Team der technischen Experten ist Steffen Kernstock. Er entschied sich mit dem Rückhalt durch den Senior-Autor, das Textverarbeitungssystem TEX stark auszubauen und ein erweitertes System, KETEX, zu entwickeln, das zur professionellen Herstellung anspruchsvoller Lehrbücher, die mit einem komplexen mathematischen Text und elektronisch eingebundenen Abbildungen ausgestattet sind, geeignet ist. Dies ist für schwarzweiße Abbildungen bereits geschehen, wird jedoch auch bald für farbige Bilder und Zeichnungen realisiert werden, falls die notwendige Finanzierung gesichert werden kann.

Eine wichtige Konsequenz dieser neuen Technik ist eine dramatische Preisreduktion bei der Erstellung wissenschaftlicher Lehrbücher. Tatsächlich konnte in anderen Veröffentlichungen der Preis der Paperbackausgabe auf ein Drittel gesenkt werden. Noch bezeichnender ist wohl der Umstand, daß der endgültige Text – also ohne daß noch einmal Korrektur gelesen werden müßte – vollständig am Institut der Autoren verfaßt wurde. Wir glauben, daß das Erscheinen des Buches innerhalb von zwei Monaten nach Fertigstellung des Textes und der Zustellung an die Verleger gesichert sein wird. Tatsächlich verbleibt neben dem Drucken und Binden des Buches nur noch die Umschlaggestaltung und selbstverständlich der Vertrieb.

Um diese hohen Ziele zu gewährleisten, bildeten wir, wie bei unseren früheren Erfahrungen mit dem Verlagswesen, eine spezielle Gruppe unter der Gesamtleitung von Karl Straub und der speziellen Verantwortung von Steffen Kernstock, dem Verfasser von KETEX. Dieses Team, eine fähige Truppe vielseitig begabter Kräfte, umfaßte Thomas Busch, Christiane Kernstock, Paul Sylvester Kernstock, Hans-Peter Klatt, Rolf Krentz, Petra Linhardt, Christiane Reisert, Tobias Schäfer und Mahmut Türker. Diese begeisterungsfähigen Mitstreiter wurden auf dem Weg zum Erfolg dieses Wagnisses von Karl Straubs natürlichem Verständnis für Symmetrie und Ästhetik und von Steffen Kernstocks gründlichem Wissen und Organisationstalent sicher geleitet; es mußten fast 800 Megabyte Text- und Bilddaten unterschiedlichster Quellen und Rechnerwelten zu einem Buch zusammengeführt werden. Wir vertrauen darauf, daß das vorliegende Ergebnis trotz aller Schwierigkeiten auch anspruchsvolle Kenner wissenschaftlicher Texte zufriedenstellen wird.

Vlasta Reber-Hangi erledigte die schwierige Aufgabe des Erfassens des komplizierten Textes mit ihrer gewohnten Perfektion. Wir danken ihr für ihr Engagement bei der Arbeit.

Wie bereits erwähnt, sind Abbildungen eine *conditio sine qua non* für die Lesbarkeit und Verständlichkeit eines wissenschaftlichen Textes, der sich an Physiker und Ingenieure wendet. Das erwähnte Team arbeitete mit nicht nachlassender Intensität an der Fertigstellung mehrerer hundert Abbildungen. Durch ihr künstlerisches Feingefühl überwanden sie alle Schwierigkeiten bei dieser komplizierten Aufgabe. Insbesondere wurden eine große Anzahl der Bilder und alle Farbtafeln in ihrer ursprünglichen Form mit Präzision und Ästhetik von unseren früheren Mitarbeitern Bernd Lehle, Harald Volz und Werner Wisniewski entworfen und computer-graphisch realisiert.

Wir möchten auch noch die wertvolle Hilfe von Marion Hackenberg bei der Beschaffung all der vielen hundert Literaturstellen erwähnen, die wir als Hintergrundinformationen bei der Zusammenstellung des Textes benötigten. Schließlich möchten wir noch unterstreichen, daß alle Mühen umsonst gewesen wären, hätte es nicht die stetige Unterstützung von Marlies Parsons gegeben, die, an guten wie an schlechten Tagen, ihre Aufgaben mit der Präzision eines Schweizer Uhrwerks versah und so den Boden für diese große bibliographische Anstregung bereitete.

Während der Senior-Autor diese letzten Zeilen des Vorworts niederschreibt und so den wissenschaftlichen Text beendet, erinnert er sich unwillkürlich an einige Gedanken, die ihm bereits bei der Fertigstellung eines anderen Bandes in den Sinn kamen. Es ist gewöhnlich besser, depressive Ideen nicht zu unterdrücken und auch dunklen Gefühlen Ausdruck zu verleihen. In dieser Stimmung halten wir es für angemessen zu betonen, daß jede Medaille ihre zwei Seiten hat. Im Vorwort zum oben erwähnten Band blickten wir auf die Entwicklung des ISD zum ICA bis hin zu einem schrumpfenden Team zurück. Die Grundstimmung unserer Botschaft war trotzdem positiv, da der Erfolg unserer Bemühungen in Richtung auf eine computerorientierte Theorie offensichtlich ist. Wie wir jedoch schon andeuteten, ist dies nur die eine der beiden Seiten der Medaille, die wir mit einer gewissen Befriedigung betrachten können. Die andere Seite ist deutlich dunkler und betrifft das Mißlingen unseres Versuchs, auch auf der experimentellen Seite einen ähnlichen Grad des Erfolgs zu erreichen. Am Imperial College, wo das Team seit vielen Jahren glänzende Experimente durchführt, wird dies mit selbstverständlicher Eleganz realisiert. Diese Diskrepanz ist jedoch ein unberechenbarer Bestandteil der menschlichen Natur und kann nicht mit einem Gebet beseitigt werden. Wir müssen zu unserem Bedauern eingestehen, daß Talente selten sind. Bei den theoretischen Untersuchungen traten sie reichlich auf; bei den Experimenten waren sie jedoch nur spärlich repräsentiert. Auf diese Weise haben wir uns bescheiden müssen, was uns hilft, unseren Sinn für Proportionen zu erhalten. Wir hoffen jedoch, daß trotz dieser Enttäuschung die positive Seite der Medaille sich als Anregung für den Leser erweisen wird

Zum Abschluß des Vorworts wollen wir nicht versäumen, unsere Anerkennung und Dankbarkeit dem Vieweg Verlag für die hervorragende und vertrauensvolle Zusammenarbeit über mehr als zehn Jahre auszusprechen. Dieses erfolgreiche Zusammenspiel der von Natur aus unterschiedlichen Interessen von Autoren und Verlag zu einer glücklichen Symbiose ist in hohem Maße erwähnenswert. In diesem Zusammenhang möchten wir insbesondere dem Verlagsleiter Heinz Weinheimer, der Lektoratsassistentin Ilse Dobslaw, dem Cheflektor Ewald Schmitt und dem Produktionsleiter Wolfgang Nieger Dank sagen.

Stuttgart, Oktober 1993 *John Argyris*

1 Einführung

But thought's the slave of life, and life time's fool;
And time, that takes survey of all the world,
Must have a stop.

William Shakespeare, King Henry IV, Part I, IV, *2*, 81

Das Buch ist konzipiert als elementare Einführung in die moderne Theorie nichtlinearer Dynamik, wobei die Untersuchung chaotischer Phänomene einen breiten Raum einnimmt. Man mag sich fragen, warum hier ein weiteres Buch aufgelegt wird, wo doch die Literatur über Chaos und nichtlineare Oszillationen durch die stürmische Entwicklung dieses Wissenschaftszweiges während der letzten 25-30 Jahre bereits ganze Bücherregale füllt. Die Gründe, die uns dennoch bewogen haben, dieses Buch zu verfassen, haben wir im Vorwort ausführlich dargelegt.

Unser Ziel war es, ein elementares, möglichst ausführliches Lehrbuch zu schreiben, das sich nicht an Mathematiker und theoretische Physiker, sondern vielmehr an angehende Naturwissenschaftler und Ingenieure aller Fachrichtungen, aber insbesondere der Luftfahrt und Elektrotechnik, und an interessierte Studenten im 2. Studienabschnitt wendet, ohne dabei allzu große mathematische Vorkenntnisse vorauszusetzen. Mathematische Verfahren und Werkzeuge werden in kleinen Unterabschnitten immer dann eingeführt, wenn sie zum Verständnis des Stoffes benötigt werden, wobei stets versucht wird, den Stoff durch graphische Abbildungen, Farbtafeln und zusätzliche Computerberechnungen einprägsam und anschaulich zu gestalten. Eine Vielzahl weiterführender Literaturhinweise verdeutlicht das breite Spektrum dieser Materie.

Die beiden Kapitel 2 und 3 führen in elementarer Weise in die Gedanken- und Begriffswelt nichtlinearer dynamischer Systeme ein. In *Kapitel 2* wird zunächst der Problemkreis, der in diesem Buch behandelt werden soll, umrissen. Wir betrachten nichtlineare dynamische Prozesse, wobei wir uns auf deterministische und, bis auf wenige Ausnahmen, endlichdimensionale Systeme beschränken, die sich durch Systeme gewöhnlicher Differentialgleichungen beschreiben lassen. Im Gegensatz zu klassischen Abhandlungen der Schwingungslehre, in denen die Lösung linearer Probleme im allgemeinen einen breiten Raum einnimmt und in denen man sich vorwiegend mit Einzellösungen spezieller Probleme beschäftigt, ermöglicht die von Henri Poincaré ins Leben gerufene Theorie dynamischer Systeme durch eine Kombination von analytischen und geometrischen, differentialtopologischen Methoden qualitative Aussagen über die Gesamtheit der Lösungen einzelner und ganzer Klassen von Differentialgleichungssystemen. Zentrale Fragen sind dabei die Struktur des Phasenraums, das Stabilitätsverhalten der Lösungen, ihr Langzeitverhalten des Flusses aufgrund von Parameteränderungen. Die Tatsache, daß selbst einfachste nichtlineare Systeme chaotisches Verhalten hervorrufen können, führt in Abschnitt 2.1 zur Auseinandersetzung mit dem Kausalitätsbegriff und dem Zusammenhang zwischen Determinismus und Vorhersagbarkeit. Im Anschluß daran werden am Beispiel von Einfreiheitsgrad-Schwingern mit und ohne Reibung, mit und ohne Erregerkraft mögliche Bewegungszustände dynamischer Systeme – wie stationäres, periodisches und chaotisches Verhalten – beschrieben, und es werden einige elementare Grundbegriffe wie Phasenraum, Trajektorien, Mannigfaltigkeit, Attraktoren etc. eingeführt.

Zentrales Thema bei der Analyse nichtlinearer Systeme ist die Diskussion der Stabilitätseigenschaften von Gleichgewichtszuständen, periodischen Bewegungen usw. *Kapitel 3* beginnt daher mit einer Diskussion der Singularitäten linearer Differentialgleichungen und einer Klassifikation der Fixpunkte aufgrund von Eigenwerten und Eigenvektoren für den zweidimensionalen Fall sowie der Möglichkeiten einer Übertragung der Ergebnisse auf nichtlineare Systeme. Der Einführung einer Reihe von Stabilitätsbegriffen schließt sich die Definition der invarianten Mannigfaltigkeiten an, die eine Strukturierung des Phasenraums ermöglichen. Im Anschluß daran werden Poincaré-Schnitte und diskrete Abbildungen diskutiert, und es kommt zu einer ersten elementaren Begegnung mit der logistischen Abbildung, bei der durch Veränderung eines Kontrollparameters der Übergang von stationärem zu periodischem, mehrfach periodischem Verhalten bis hin zum Chaos beobachtet werden kann.

Dynamische Systeme lassen sich in zwei grundlegende Familien unterteilen, in konservative Systeme, in denen kein Energieverlust auftritt, und in dissipative Systeme mit Energieverlust. In *Kapitel 4* behandeln wir die konservativen Systeme und versuchen, einen Bogen zu spannen zwischen Integrierbarkeit und Chaos. Ganz im Sinne der klassischen Mechanik werden zunächst, ausgehend vom d'Alembertschen Prinzip, die Hamiltonschen Gleichungen hergeleitet. Der Satz von Liouville erlaubt es, die Volumentreue des Phasenflusses konservativer Systeme zu überprüfen und damit konservative von dissipativen Systemen zu unterscheiden. Eine geschlossene Lösung nichtlinearer Hamiltonscher Differentialgleichungen ist nur in Ausnahmefällen möglich, nämlich dann, wenn sich das System auf Wirkungs- und Winkelvariable transformieren und somit durch quasiperiodische Bewegungen auf einem Torus im Phasenraum beschreiben läßt. Am Beispiel der Keplerschen Bewegung eines Planeten um die Sonne wird eine solche Integration durchgeführt. Aber bereits das Dreikörperproblem ist nicht mehr geschlossen lösbar. Gegen Ende des 19. Jahrhunderts konnte Poincaré nachweisen, daß bereits kleine Störungen des Zweikörperproblems die Stabilität der Lösungen in Frage stellen. Er zeigte, daß Perturbationsmethoden nicht immer zu korrekten Resultaten führen müssen, weil die im Verlauf der Rechnung benutzten Reihen möglicherweise divergieren und damit zu falschen Schlußfolgerungen verleiten können. Erst 60 Jahre später konnten Andrej N. Kolmogorov, Vladimir I. Arnol'd und Jürgen Moser im Rahmen der KAM-Theorie unter gewissen Voraussetzungen die Frage nach der Stabilität gestörter Hamilton-Systeme beantworten. In Abschnitt 4.4 werden die Grundzüge der KAM-Theorie skizziert und der Zerfall der Tori anhand von Poincaré-Schnitten zweidimensionaler gestörter Hamilton-Systeme erläutert. Es zeigt sich, daß das Auftreten homokliner Punkte für das irreguläre, chaotische Verhalten in der Umgebung hyperbolischer Punkte verantwortlich ist. Den Abschluß dieses Kapitels bildet eine ausführliche Diskussion der konservativen Hénon-Abbildung.

Kapitel 5 beschäftigt sich mit dissipativen Systemen. In der klassischen Mechanik eines Galilei und Newton wurden Reibungsverluste als störend empfunden und häufig vernachlässigt. Diese Idealisierung, die in guter Näherung für Planetenbahnen vorgenommen werden kann, läßt sich allerdings nur selten auf irdische Bewegungsabläufe übertragen. Die Theorie dynamischer Systeme zeigt außerdem, daß die Einführung dissipativer Terme das Problem nicht etwa komplexer macht, sondern das Lösungsverhalten in vielen Fällen sogar vereinfacht. Die Langzeitdynamik hochdimensionaler dissipativer Systeme wird nämlich häufig durch einige wenige wesentliche Moden bestimmt, es kommt zu einer Kontraktion des Phasenraumvolumens und zur Entstehung von Attraktoren, die in konservativen Systemen nicht auftreten können. Dissipative Systeme ohne Energiezufuhr kommen zur Ruhe, sie nähern sich einem Gleichgewichtszustand oder Punktattraktor. Führt man dem System Energie zu, so kann es im einfachsten Fall zu periodischen oder quasiperiodischen Bewegungen kommen, aber auch zu völlig irregulärem Verhalten, das im Phasenraum beschrieben wird durch einen *seltsamen Attraktor*, einem außerordentlich komplexen Gebilde vom Volumen Null. Die typischen Eigenschaften solcher seltsamen Attraktoren werden am Beispiel des Lorenz-Attraktors zusammengestellt, dessen Struktur ganz wesentlich von der empfindlichen Abhängigkeit der Trajektorien von kleinsten Änderungen in den Anfangsbedingungen geprägt wird. In den folgenden Abschnitten von Kapitel 5 stellen wir ausführlich eine Reihe von mathematischen Werkzeugen – nämlich das Leistungsspektrum, die Autokorrelation, die Lyapunov-Exponenten und die Dimensionen im Phasenraum – vor, die eine quantitative Charakterisierung und Unterscheidung der einzelnen Attraktortypen ermöglichen.

Wir beginnen mit zwei klassischen Kriterien, dem Leistungsspektrum, das Auskunft darüber gibt, welche Grundfrequenzen dominieren, und der Autokorrelation, die das Erinnerungsvermögen, d. h. die inneren zeitlichen Zusammenhänge eines Signals, widerspiegeln. Beide Kriterien basieren auf Fourier-Transformationen, deren wichtigste Eigenschaften in Abschnitt 5.3 zusammengestellt werden. Sie erlauben zwar eine Unterscheidung zwischen regulärem und irregulärem Verhalten, reichen aber nicht aus, um chaotische von rein stochastischen Bewegungen zu trennen. Dazu sind weitere mathematische Werkzeuge notwendig, wie z. B. die Lyapunov-Exponenten, die eine Aussage über das Stabilitätsverhalten benachbarter Trajektorien machen. Die klassische Floquet-Theorie, die eine lineare Stabilitätsanalyse periodischer Bewegungen erlaubt, wird auf irreguläre Bewegungsabläufe erweitert und führt zum Spektrum der Lyapunov-Exponenten. Den Abschluß von Abschnitt 5.4 bildet die Beschreibung von Algorithmen, die eine numerische Berechnung aller Lyapunov-Exponenten ermöglichen.

Der Dimensionsbegriff stellt ein weiteres wichtiges Hilfsmittel zur Klassifikation der verschiedenen Attraktortypen dar. Die Dämpfung sorgt im allgemeinen dafür, daß die Anzahl der unabhängigen Variablen, die die Dimension des Phasenraums festlegen, während der transienten Phase erheblich reduziert wird. Die Dimension eines Attraktors ist also geeignet, Auskunft zu geben über die Zahl der am Langzeitverhalten beteiligten wesentlichen Moden: einem Gleichgewichtszustand entspricht ein Punktattraktor der Dimension 0, einer periodischen Bewegung ein Grenzzyklus der Dimension 1 usw. Einer chaotischen Bewegung entspricht ein seltsamer Attraktor, der z. B. in einem dreidimensionalen Phasenraum eine Zwitterstellung zwischen einem flächenartigen und einem räumlichen Gebilde einnimmt. Zur Beschreibung seiner komplexen, blätterteigartigen Struktur genügen klassische Dimensionsbegriffe nicht, vielmehr muß ihm eine nichtganzzahlige Dimension zwischen 2 und 3 zugeordnet werden. Der französische Mathematiker Benoit Mandelbrot prägte für derartige Mengen den Begriff „Fraktale". Verantwortlich für die Komplexität fraktaler Mengen ist ihre Selbstähnlichkeit, d. h. ihre Invarianz gegenüber Maßstabsveränderungen. Es gibt eine ganze Familie von geeigneten Dimensionsbegriffen, wie z. B. die Kapazitätsdimension, die Informations- und Korrelationsdimension usw., auf die wir in Abschnitt 5.5 ausführlich eingehen.

Dimensionen werden häufig zur Charakterisierung experimenteller Zeitreihen verwendet. Liegen einem System deterministische Gesetze zugrunde, so enthält der zeitliche Verlauf einer einzigen Variablen bereits alle Informationen über die gesamte Dynamik des Systems. Wir besprechen eine Rekonstruktionstechnik, die die Möglichkeit bietet, aus eindimensionalen Zeitreihen Attraktoren zu rekonstruieren und mit Hilfe ihrer Dimension (Abschnitt 5.5.4) und der Lyapunov-Exponenten (siehe auch Abschnitt 9.8) die zugehörigen Bewegungsabläufe zu charakterisieren. Den Abschluß von Kapitel 5 bildet die Kolmogorov-Sinai-Entropie, die auf Shannons Informationstheorie beruht und den Grad der Unordnung eines Systems quantifiziert. Am Beispiel einer einfachen Abbildung, dem Bernoulli-Shift, wird demonstriert, daß die KS-Entropie den Informationstransport von einer mikroskopischen auf eine makroskopische Skala mißt. Außerdem ermöglicht sie die Angabe einer Schranke für die Zeitspanne, innerhalb der noch verläßliche Prognosen über den Trajektorienverlauf möglich sind.

Typischerweise treten in den Modellgleichungen zur Beschreibung physikalischer Systeme ein oder mehrere Kontrollparameter auf. Haben diese Differentialgleichungen nichtlinearen Charakter, so kann es bei Änderung der Parameter zu qualitativen Änderungen der topologischen Struktur der Lösungen kommen. Man bezeichnet solche Veränderungen als Verzweigungen oder Bifurkationen. *Kapitel 6* enthält eine ausführliche Diskussion der Methoden der lokalen Bifurkationstheorie, wobei wir uns auf lokale Bifurkationen von Gleichgewichtszuständen und periodischen Bewegungen bei Veränderung eines Kontrollparameters konzentrieren. Zur Einführung werden zunächst einige typische Verzweigungen von Fixpunkten vorgestellt und die qualitative Veränderung der Lösungen durch entsprechende Phasenportraits verdeutlicht.

Für die Analyse des Stabilitäts- und Lösungsverhaltens in der Umgebung eines hyperbolischen Fixpunktes genügt die Untersuchung des linearisierten Systems. An Verzweigungsstellen verliert ein Fixpunkt jedoch seinen hyperbolischen Charakter. In diesem Fall müssen zur Klärung der Stabilitätsverhältnisse und des Lösungsverhaltens nichtlineare Terme hinzugezogen werden. Dazu verwendet man die Methode der Zentrumsmannigfaltigkeit, die in Abschnitt 6.2 vorgestellt wird. Dabei handelt es sich um eine Approximationstechnik, die es erlaubt, die Anzahl der zur Beschreibung des Langzeitverhaltens in der Umgebung nichthyperbolischer Fixpunkte notwendigen Gleichungen drastisch zu reduzieren und damit auch die Stabilitätsverhältnisse zu klären.

Aufgabe der lokalen Bifurkationstheorie ist es, die lokalen Bifurkationen von Fixpunkten, Grenzzyklen etc. zu klassifizieren und deren Normalformen aufzustellen. In Abschnitt 6.3 beschreiben wir ausführlich die Methode der Normalformen, eine Technik, mit der nichtlineare Differentialgleichungen in der Umgebung von Fixpunkten und Grenzzyklen durch eine Folge nichtlinearer Transformationen auf die einfachste Form gebracht werden können, wobei nichtlineare Terme, wann immer dies möglich ist, sukzessive eliminiert werden. Eine vollständige Linearisierung ist allerdings nur möglich, wenn keine Resonanzen auftreten. Normalformen von Verzweigungen enthalten notwendigerweise Resonanzen.

In Abschnitt 6.4 werden die Bifurkationen einparametriger Flüsse diskutiert, die entsprechenden Normalformen angegeben und die Bedingungen zusammengestellt, die eine Unterscheidung der einzelnen Verzweigungsmuster gestatten. Danach gehen wir auf die Frage nach der Robustheit der einzelnen Bifurkationen ein, d. h. wir untersuchen, ob kleine Veränderungen in den Modellgleichungen qualitative Änderungen der Verzweigungsmuster zur Folge haben. Schließlich werden die Normalformen der Bifurkationen von Fixpunkten einparametriger Abbildungen besprochen. Da periodische Orbits in der Poincaré-Abbildung als Fixpunkte erscheinen, umfaßt diese Diskussion auch die Verzweigungen von Grenzzyklen.

In Abschnitt 6.7 wird am Beispiel der logistischen Gleichung demonstriert, daß eine kontinuierliche Erhöhung des Kontrollparameters eine Folge lokaler Bifurkationen, in diesem Fall eine Kaskade von Periodenverdoppelungen, auslösen kann, die schließlich in chaotisches Verhalten mündet, das aber immer wieder durch Fenster regulären (also laminaren) Verhaltens unterbrochen wird. Mitchell Feigenbaum konnte als erster nachweisen, daß dieser Weg ins Chaos nicht an die spezielle Form der logistischen Abbildung gebunden ist, daß es sich vielmehr um ein universelles Szenario handelt, das in vielen Systemen beobachtet werden kann. In diesem Abschnitt werden die Hintergründe für den Mechanismus fortgesetzter Periodenverdoppelungen aufgezeigt und es wird erläutert, wie die Selbstähnlichkeitseigenschaften des Bifurkationsdiagramms mit Hilfe von Renormierungstechniken entschlüsselt und damit die Feigenbaum-Konstanten berechnet werden können. Zum Schluß gehen wir auf den Zusammenhang mit Phasenübergängen 2. Ordnung ein, wie wir sie z. B. beim Übergang vom flüssigen in den gasförmigen Aggregatzustand oder beim Ferromagneten kennen.

Wir beschließen Kapitel 6 mit einer skizzenhaften Einführung in die Synergetik, einem Wissenschaftszweig, der sich mit der Dynamik von Musterbildungsprozessen auseinandersetzt und der Ende der 1960er Jahre von dem Physiker Hermann Haken begründet wurde. Die zentrale Frage in der Synergetik ist, ob und inwieweit der Ausbildung von Strukturen in den unterschiedlichsten Systemen der Physik, Biologie, Soziologie, Medizin etc., der belebten und unbelebten Natur, allgemeingültige

Prinzipien zugrunde liegen, und wie sich diese Selbstorganisationsvorgänge mathematisch in Formeln fassen lassen. Es werden einerseits die Gemeinsamkeiten mit der Theorie der Zentrumsmannigfaltigkeiten erläutert, andererseits wird auf den umfassenderen Rahmen der Synergetik hingewiesen, der sich aus der Einbeziehung räumlicher Inhomogenitäten und fluktuierender Kräfte ergibt.

Kapitel 7 widmet sich den Strukturbildungen in Konvektionsströmungen und der Herleitung und Diskussion des Lorenz-Systems, das die Entwicklung der Chaos-Theorie ganz wesentlich stimuliert hat. Das Kapitel beginnt mit einer qualitativen Beschreibung der physikalischen Gesetzmäßigkeiten, die zur Bildung der charakteristischen Konvektionsrollen im Rayleigh-Bénard-Experiment führen. Im Anschluß daran folgt eine ausführliche Herleitung der hydrodynamischen Grundgleichungen für Konvektionsprobleme. Aus den Erhaltungssätzen von Masse, Impuls und Energie werden die Kontinuitätsgleichung, die Navier-Stokes-Gleichungen und die Wärmetransportgleichung abgeleitet. In vielen Fällen können diese Grundgleichungen durch die Boussinesq-Oberbeck-Approximation vereinfacht werden, wobei man von der Annahme ausgeht, daß Dichteänderungen des Fluids lediglich den Auftriebsterm beeinflussen.

In den frühen 1960er Jahren benutzte der amerikanische Meteorologe Edward N. Lorenz dieses System von Grundgleichungen, um die Genauigkeit von Wetterprognosen zu erforschen. Sein stark vereinfachtes Modell für das Bénard-Problem hält zwar einer experimentellen Verifikation zur Beschreibung des Einsetzens von Turbulenz nicht stand, seine Entdeckung, daß ein deterministisches System von drei gewöhnlichen Differentialgleichungen irreguläres, chaotisches Verhalten zeigen kann, führte jedoch in den Naturwissenschaften zu einem neuen Paradigma: *einerseits gibt es im Fall chaotischen Verhaltens grundsätzliche Grenzen für die Vorhersagbarkeit eines dynamischen Systems, andererseits können sich Zeitverläufe, die bisher als rein stochastisch eingestuft wurden, als chaotische Bewegungen entpuppen, zu deren Beschreibung häufig eine geringe Anzahl nichtlinearer Gleichungen ausreicht.*

In Abschnitt 7.3 folgen wir den Originalveröffentlichungen von Saltzman und Lorenz und leiten die drei gewöhnlichen Differentialgleichungen des Lorenz-Systems her. Danach wird die Entwicklung der Lösungen dieses Systems im Phasenraum bei Veränderung des freien Parameters beschrieben, der die Temperaturdifferenz zwischen oberer und unterer Platte im Rayleigh-Bénard-Problem steuert, wobei lokale und globale Bifurkationen auftreten. Eine Reihe von Farbtafeln demonstriert einerseits die räumliche und zeitliche Entwicklung der Konvektionsrollen im Lorenz-Modell, andererseits die signifikanten Änderungen der Phasenraumstruktur aufgrund eines Anstiegs des Kontrollparameters, die anhand der Entwicklung der stabilen Mannigfaltigkeiten verdeutlicht werden.

Seit mehr als hundert Jahren haben sich viele herausragende Physiker mit dem Problem der Turbulenz und der Ursache für die Instabilität von Strömungen auseinandergesetzt. In *Kapitel 8* wird eine Reihe von mathematischen Modellen vorgestellt, die das Einsetzen von „turbulentem" Verhalten bzw. den Übergang von regulären zu chaotischen Bewegungen beschreiben. Vorangestellt ist eine phänomenologische Beschreibung einiger charakteristischer Eigenschaften turbulenter Strömungen, wobei die Tatsache, daß es eine klare mathematisch-physikalische Definition von Turbulenz bisher nicht gibt, bereits darauf hinweist, daß eine umfassende Lösung des Turbulenzproblems aus physikalischer Sicht bis heute fehlt.

Das erste Modell zur Beschreibung des Einsetzens von Turbulenz geht auf Lev D. Landau (1944) zurück, der annahm, daß der Übergang von laminarem zu turbulentem Verhalten durch eine unendliche Folge von (Hopf-)Bifurkationen zustande kommt. Es dauerte immerhin ein Vierteljahrhundert, bis die Schwächen dieses Modells erkannt wurden: Landaus Modell kann nicht die empfindliche Abhängigkeit der Strömung von kleinen Störungen erklären und keine Durchmischung der Trajektorien im Phasenraum erzeugen. Im Jahre 1971 wiesen David Ruelle und Floris Takens nach, daß im allgemeinen quasiperiodische Bewegungen auf höherdimensionalen Tori, wie Landau sie angenommen hatte, nicht stabil sind, daß vielmehr direkt nach dem Erscheinen der dritten inkommensurablen Frequenz die quasiperiodische Bewegung abrupt in eine chaotische übergeht, d. h. die Bewegung auf einem T^3-Torus kollabiert in einen *seltsamen Attraktor*, ein Begriff, der von Ruelle und Takens geprägt wurde. Damit war man einen großen Schritt weitergekommen, man hatte eine Möglichkeit gefunden, charakteristische Eigenschaften der Turbulenz – wie Unvorhersagbarkeit der Bewegung und Durchmischung – auf der Grundlage deterministischer Gleichungen zu beschreiben. Mit Hilfe verfeinerter Meßmethoden gelang Gollub und Swinney eine experimentelle Verifikation für das Bénard-Problem, die sich auf die Analyse der Leistungsspektren stützte und durch Dimensionsbestimmungen rekonstruierter Attraktoren untermauert werden konnte.

Die Abschnitte 8.3 bis 8.5 enthalten eine Diskussion des Übergangs von quasiperiodischen zu chaotischen Bewegungen am Modell der Kreisabbildung. Dabei sind zwei unterschiedliche Szenarien denkbar. Entweder kommt es zu einer Synchronisation der Frequenzen und anschließend durch eine Kette von Periodenverdopplungen zu chaotischem Verhalten – dies ist Feigenbaums Route, die wir bereits in Abschnitt 6.7 bei der logistischen Abbildung kennengelernt haben – oder zu einem direkten Übergang von Quasiperiodizität ins Chaos. Der zweite Weg erfordert die Abstimmung zweier Kontrollparameter und kann ebenfalls anhand der Kreisabbildung erklärt werden. Beide Übergänge ins Chaos haben universellen Charakter und in beiden Fällen lassen sich die Skalierungseigenschaften mit Hilfe der Renormierungstheorie entschlüsseln. Eine Vielzahl von graphischen Abbildungen soll den Zugang zu dieser komplexeren Materie erleichtern. Es schließt sich eine Beschreibung der Experimente von Albert Libchaber an, dem durch hochpräzise Experimente eine quantitative Bestätigung der theoretischen Vorhersagen gelang. Abschnitt 8.6 enthält eine Diskussion intermittenter Übergänge, die sich nach Yves Pomeau und Paul Manneville (1980) in drei unterschiedliche Klassen einteilen lassen.

Nachdem wir eine Reihe von Szenarien vorgestellt haben, die Übergänge von regulärem zu chaotischem Verhalten beschreiben, schließen wir Kapitel 8 mit einem kurzen Überblick über zwei sehr verschiedenartige Strategien, die es erlauben, chaotische Bewegungen in reguläre Bereiche zurückzuführen, ein Thema, das sicherlich im Ingenieurbereich auf Interesse stößt.

Für nichtlineare Systeme können nur in Ausnahmefällen geschlossene Lösungen angegeben werden, im Falle chaotischen Verhaltens ist man im allgemeinen gänzlich auf numerische Untersuchungen angewiesen. So ist es zu erklären, daß die Theorie dynamischer Systeme, die früher eine Domäne der mathematisch-physikalischen Fakultäten war, mit dem Auftauchen leistungsfähiger Computer plötzlich in den unterschiedlichsten Disziplinen – wie z. B. Biologie, Chemie, Meteorologie, Elektrotechnik und Hydrodynamik – immer mehr Beachtung findet, was durch die Flut von Arbeiten aus diesen Wissenschaftsbereichen zum Ausdruck kommt.

Zweifellos war die Entdeckung universeller Eigenschaften, d. h. grundlegender Prinzipien, die allen nichtlinearen Systemen einer ganzen Klasse von Problemen gemeinsam sind, ein Meilenstein in der neueren Entwicklungsgeschichte der Theorie dynamischer Systeme und rechtfertigte die intensive Auseinandersetzung mit scheinbar übersimplifizierten Systemen. Die Untersuchungen wurden durch die rasante Entwicklung leistungsfähiger Computer außerordentlich beschleunigt, ja teilweise sicherlich erst ermöglicht.

Im abschließenden *Kapitel 9* stellen wir einige Bereiche vor, in denen die Anwendung der Theorie dynamischer Systeme erfolgversprechend ist, und diskutieren, gestützt auf Computerexperimente, eine Auswahl klassischer Modelle, deren Eigenschaften charakteristisch sind für eine Vielzahl dynamischer Systeme.

Der erste Abschnitt gibt einen Einblick in Knochenumbauprozesse. Um eine dauerhafte Verankerung von Endoprothesen zu erzielen, versucht man auf der Grundlage dynamischer Systeme Modelle zu entwickeln, welche Knochenabbau bzw. Knochenbildung beschreiben. Gelingt dies, so könnten Computersimulationen die Entwicklung zuverlässigerer Endoprothesentypen beschleunigen. In einer ersten Studie werden zwei sehr einfache dynamische Systeme zur Modellierung von Knochenumbauprozessen diskutiert.

Speziell konstruierte Rekursionsvorschriften eignen sich wegen des geringen Rechenbedarfs in besonderem Maße, um allgemeine Eigenschaften dynamischer Systeme zu verdeutlichen. Die dissipative Hénon-Abbildung wurde konzipiert als Modell für eine Poincaré-Abbildung eines dreidimensionalen Systems. Mit Hilfe dieser Abbildung wird in Abschnitt 9.2 demonstriert, daß eine Durchmischung der Trajektorien im Phasenraum durch ständige Wiederholung von Dehn- und Faltprozessen zustande kommt. Dieser Mechanismus ist der Schlüssel zum Verständnis des exponentiellen Auseinanderdriftens benachbarter Trajektorien im Phasenraum und wird in einer Bildserie am Beispiel des Lorenz-Attraktors verdeutlicht.

In Abschnitt 9.3 greifen wir nochmals die Lorenz-Gleichungen auf und diskutieren einige weitere Eigenschaften des Systems. Anhand graphischer Abbildungen wird das Auftreten von Periodenverdoppelungskaskaden innerhalb regulärer Bereiche und die Koexistenz von Attraktoren demonstriert. Das Bifurkationsdiagramm der Poincaré-Schnitte erinnert stark an dasjenige der logistischen Abbildung, ein Hinweis auf universelle Gesetzmäßigkeiten. Durch Berechnung der Lyapunov-Exponenten lassen sich Rückschlüsse auf das Systemverhalten ziehen.

Der Abschnitt schließt mit der Berechnung der Kapazitätsdimension des Lorenz-Attraktors nach dem Verfahren von Hunt und Sullivan.

In Abschnitt 9.4 beschäftigen wir uns mit der van der Polschen Gleichung, die ursprünglich zur Beschreibung elektrischer Schwingkreise aufgestellt wurde. Das System besitzt einen nichtlinearen Dämpfungsterm mit der Eigenschaft, daß dem System bei kleinen Amplituden Energie zugeführt wird, was sich in einem negativen Dämpfungsglied manifestiert, wohingegen bei großen Amplituden Energie dissipiert. Typischerweise treten in solchen Systemen selbsterregte Oszillationen auf, d. h. das System mündet, obwohl keine äußeren periodischen Kräfte angreifen, in einen Grenzzyklus ein, auf dem sich im zeitlichen Mittel Energiezufuhr und Dissipation die Waage halten. Zunächst wird die van der Polsche Gleichung ohne Fremderregung betrachtet. Bei kleinem Dämpfungsparameter, d. h. schwacher Nichtlinearität, beobachtet man erwartungsgemäß nahezu sinusförmige Oszillationen, bei großen Dämpfungswerten hingegen selbsterregte Relaxationsoszillationen. Computeruntersuchungen suggerieren, daß im Phasenraum genau ein Grenzzyklus existiert, eine Beobachtung, deren strenger mathematischer Nachweis mit Hilfe des Poincaré-Bendixson-Theorems sehr aufwendig ist. Treten bei kleiner Dämpfung kleine periodische Erregerkräfte hinzu, kann man die *averaging*-Methode anwenden, bei der man durch eine zeitliche Mittelung das Ausgangssystem durch ein autonomes System ersetzt, indem man den oszillierenden Anteil, d. h. Oberschwingungen, vernachlässigt. Große Dämpfungsparameter bzw. starke Nichtlinearitäten zusammen mit periodischer Fremderregung werden für eine Modifikation der van der Polschen Gleichung diskutiert. Anhand von Poincaré-Schnitten und Phasenportraits wird der Charakter der auftretenden chaotischen Lösungen auf dem Birkhoff-Shaw-Attraktor illustriert.

Die Duffing-Gleichung, die wir im nächsten Abschnitt diskutieren, repräsentiert eines der einfachsten dynamischen Systeme, bei denen chaotisches Verhalten beobachtet werden kann. Differentialgleichungen ihres Typs erhält man z. B. bei der Formulierung nichtlinearer Pendelschwingungen oder für elektrische Schaltkreise und andere Problemstellungen. Sie approximiert das Verhalten eines fremderregten nichtlinearen Schwingers mit einem Freiheitsgrad. Wir leiten die Duffing-Gleichung am Beispiel eines fremderregten geknickten Balkens her. In diesem Fall ist die Bewegungsgleichung eine nichtlineare partielle Differentialgleichung, deren Lösung wir mit Hilfe des Galerkin-Verfahrens unter Berücksichtigung der 1. Grundmode approximieren. Als Ergebnis erhält man die Duffing-Gleichung mit negativer Steifigkeit. Je nach Wahl der in der Duffing-Gleichung auftretenden 5 Kontrollparameter beobachtet man unterschiedlichstes Systemverhalten. Für eine Reihe von Parameterwerten wird die Duffing-Gleichung numerisch integriert, und die Ergebnisse werden in Form von Phasenportraits und Poincaré-Schnitten präsentiert.

Ein überraschendes Phänomen kann in dissipativen Systemen auftreten, wenn gleichzeitig im Phasenraum mehrere Attraktoren existieren. Selbst bei regulärer Bewegung können die Grenzen zwischen den Einzugsgebieten der Attraktoren fraktalen Charakter annehmen, so daß Vorhersagen über das Langzeitverhalten nicht mehr möglich sind. Mit Hilfe von Melnikovs Methode lassen sich explizit Schranken für die Kontrollparameter berechnen, bei denen fraktale Grenzen entstehen. Am Beispiel der Duffing-Gleichung wird die Berechnung der sogenannten Holmes-Melnikov-Grenze explizit durchgeführt.

Computerexperimente spielen in der nichtlinearen Dynamik mittlerweile eine wichtige Rolle. Zwar lassen sich Theoreme nicht mit Hilfe von Computern beweisen, aber numerische Untersuchungen in Verbindung mit moderner Computergraphik ermöglichen es, unvorhergesehene Eigenschaften und bisher nicht berücksichtigte Zusammenhänge in nichtlinearen Systemen offenzulegen. So gesehen, gehören numerische Experimente heute zu wertvollen Hilfsmitteln. Die beiden Abschnitte 9.6 und 9.7 illustrieren, daß graphische Darstellungen außerordentlich hilfreich für das Verständnis einiger Phänomene, die in nichtlinearen Rekursionsvorschriften auftreten, sein können.

Kurz nach dem 1. Weltkrieg beschäftigten sich die beiden französischen Mathematiker Gaston Julia und Pierre Fatou mit der Iteration rationaler Funktionen. Sie entdeckten, daß die Iterationsfolgen je nach Startwert zu verschiedenen Lösungen konvergieren, wobei die Grenzen zwischen den Einzugsgebieten dieser Attraktoren höchst eigenartige Eigenschaften aufweisen und von ungeahnter Formenvielfalt sind. Was sich nur dem inneren Auge eines Julia oder Fatou offenbarte, blieb in Ermangelung von Computern dem Durchschnittswissenschaftler lange verborgen, bis sich Mandelbrot um 1980 erneut mit einer der einfachsten nichtlinearen Iterationsvorschriften im Komplexen beschäftigte, wobei er die Möglichkeiten von leistungsfähigen Rechnern nutzte. Abschnitt 9.6 gibt einen Einblick in die vielfältigen Strukturen der Julia-Mengen und in die fraktalen Grenzen der Mandelbrot-Menge. Berechnet man für konstante Werte des Kontrollparameters der Abbildungsvorschrift die Grenze des Einzugsgebietes des Punktattraktors $z=\infty$, so ergeben sich je nach Parameterwert vollkommen verschiedenartige Grenzmengen, die sogenannten Julia-Mengen. Das Faszinierende an Mandelbrots Rekursionsformel ist, daß trotz ihrer Einfachheit eine derartige Strukturvielfalt auftritt. Eine Reihe von Computergraphiken zeigt zusammenhängende fraktale Mengen, dendritische Gebilde oder auch zerfallene Mengen. Die Mandelbrot-Menge umfaßt dagegen alle Werte des komplexen Kontrollparameters, für die die Julia-Mengen zusammenhängend sind. Eine Serie von Farbtafeln zeigt für verschiedene Ausschnittsvergrößerungen den Reichtum an immer neuen Strukturen in der fraktalen Berandung der Mandelbrot-Menge.

In Abschnitt 9.7 wenden wir uns nochmals der Kreisabbildung von Kapitel 8 zu und verschaffen uns mit Hilfe der Lyapunov-Exponenten einen Überblick über die innere Struktur der Arnol'd-Zungen. Die Ergebnisse stimmen sehr gut mit den theoretischen Resultaten überein. Anhand der Lyapunov-Exponenten lassen sich auch sehr leicht verschiedene Übergänge ins Chaos diskutieren. Ihre selbstähnliche Struktur spiegelt sich auch in den entsprechenden Bifurkationsdiagrammen wider.

Im vorletzten Abschnitt 9.8 von Kapitel 9 haben wir uns entschlossen, einen Überblick über einige interessante dynamische Erscheinungen auf dem Gebiet der physikalischen Chemie zu geben, bei denen es ebenfalls zu chaotischen Ausbrüchen kommt. In Anbetracht des beschränkten Platzes, der uns hier zur Verfügung steht, konzentrieren wir uns auf die dynamischen Phänomene, die bei der Oxidation von CO an der Oberfläche von Platinkristallen auftreten. Von Bedeutung sind in diesem Zusammenhang sehr aufschlußreiche Experimente, die unter isothermen Bedingungen und bei niedrigem Druck durchgeführt wurden. Am Fritz-Haber-Institut der Max-Planck-Gesellschaft in Berlin wurden unter der Leitung von Gerhard Ertl auf diesem Gebiet umfangreiche theoretische und experimentelle Forschungsarbeiten durchgeführt, die sich durch besondere Originalität und Sorgfalt auszeichnen.

Bei der Vielzahl verschiedener numerischer Untersuchungen und parallel durchgeführter Experimente wurde ein breites Spektrum von unterschiedlichem komplexem zeitlichen Verhalten beobachtet, wie z. B. Mischmoden-Oszillationen (*mixed-mode oscillations*), einen Übergang ins Chaos über Periodenverdopplungen und sogar Hyperchaos, das durch mindestens 2 positive Lyapunov-Exponenten charakterisiert ist.

Bei allen diesen Phänomenen handelt es sich um rein zeitliche Prozesse, wie sie z. B. in einem gut verrührten Medium auftreten; es sei allerdings angemerkt, daß bei einer heterogenen Reaktion an einer Oberfläche ein Durchrühren nicht möglich ist. Daher treten in heterogenen Reaktionen komplexere Phänomene auf, die auch räumliche Abhängigkeiten beinhalten, so daß die Aufstellung eines Modells und die numerische Analyse solcher Reaktionen wesentlich komplizierter wird.

In einem Übersichtsartikel über CO-Oxidationen von Platinkristallen wurden von Ertl und seinen Mitarbeitern auch derartige (raum-zeitliche) Phänomene experimentell untersucht. Dabei wurde die Ausbildung von stationären und sich ausbreitenden Wellen, von Solitonen, ja sogar die Bildung von spiralförmigen chemischen Wellen beobachtet. Auch irreguläres Verhalten, wie das der *chemical turbulence*, tritt in Erscheinung.

Alle numerischen Untersuchungen, die am Fritz-Haber-Institut durchgeführt wurden, basieren auf kinetischen Modellen, die zur Beschreibung der zeitlichen Prozesse, die sich auf einer (110)-Fläche des Platinkristalls abspielen, entwickelt wurden. Die Geschwindigkeitskonstanten und Parameter, die in den Gleichungen auftreten, wurden dabei umfassend untersucht, wobei verschiedene Techniken aus der Oberflächenforschung in Verbindung mit hochsensiblen Meßapparaturen und Meßverfahren eingesetzt wurden. Erwähnt seien nur am Rande die Untersuchungen von Oszillationen auf der Oberfläche der Platinkristalle mit Hilfe der LEED-Methode (*low-energy electronic diffraction*), die auf der Bewegung langsamer Elektronen beruht; dabei begegnen wir auch periodischen Änderungen der Oberflächenstruktur zwischen der (1×1)- und der entsprechenden rekonstruierten (1×2)-Phase. Solche strukturellen Änderungen beeinflussen ihrerseits wieder die Geschwindigkeit anderer elementarer Prozesse und erfordern weitere Verfeinerungen bei der Modellbeschreibung.

Angesichts dieser anwachsenden Schwierigkeiten haben es die Autoren am Fritz-Haber-Institut vorgezogen, ein analytisches Modell zur Beschreibung der Oxidationsvorgänge in mehreren Stufen zu entwickeln. Dabei ging man zuerst von der einfachsten Simulierung aus und verfeinerte das Modell, indem man schrittweise zusätzliche Effekte und Variable miteinbezog, um auf diese Weise nach und nach komplexeres Verhalten der CO-Oxidationsprozesse auf (110)-Flächen von Platinkristallen beschreiben zu können.

Im letzten Abschnitt 9.9 dieses Buches gehen wir noch der Frage nach, ob in unserem Sonnensystem möglicherweise chaotische Phänomene auftreten. Im allgemeinen stellen sich Laien dieses System als ein Mehrkörperproblem vor, bei dem die Himmelskörper mit der Präzision eines Uhrwerks auf ihren Umlaufbahnen wandern. Dieser Eindruck entspricht jedoch im allgemeinen nicht den Tatsachen, trotz der positiven Aussagen durch die KAM-Theorie, wobei zu beachten ist, daß eventuell für ihre Anwendbarkeit eine ganz andere Zeitskala vorausgesetzt werden muß, als sie durch die Dauer der Existenz unseres Sonnensystems gegeben ist. Außerdem setzt die KAM-Theorie voraus, daß die Massen sowie die Exzentrizitäten und die Inklinationen der Umlaufbahnen der Planeten oder Monde klein sind. Im Laufe der Entwicklungsgeschichte der Umlaufbahnen und der Eigendrehungen der Satelliten oder Monde unserer Planeten entstanden im allgemeinen Kopplungen zwischen den mittleren Frequenzen der Umlaufbahnen und der Rotationen um ihre eigenen Achsen als Folge der Gezeitenreibung, was dazu geführt hat, daß ein Satellit schließlich seinem Planeten stets dieselbe Seite zuwendet, ein Phänomen, das man auch bei unserem Mond beobachten kann. Nun führen aber Kopplungen bzw. Synchronisationen von Frequenzen häufig zu chaotischen Zonen, besonders dann, wenn die Form des Satelliten stark asphärisch ist und seine Bahnkurve zusätzlich eine große Exzentrizität aufweist. Diese Phänomene werden berücksichtigt, wenn wir in Abschnitt 9.9 ziemlich ausführlich über das chaotische Torkeln und Tanzen des Hyperion, eines der entfernteren Monde des Saturns, berichten. Unser gesamtes Wissen über diesen Satelliten stammt von den Bildern der Voyager 2 Mission der NASA, die unsere Kentnisse über das Sonnensystem außerordentlich bereichert hat. Die große Abweichung Hyperions von einer Kugelgestalt und seine ausgeprägte Exzentrizität sind zusammen mit der stetigen Wirkung der Gezeitenkräfte dafür verantwortlich, daß Hyperion in ein chaotisches Verhalten gelenkt wurde. Die vorliegende Zusammenfassung basiert auf den interessanten und originellen Veröffentlichungen von Jack Wisdom am MIT.

Um uns zumindest eine angenäherte Vorstellung von den mechanischen Einflüssen zu vermitteln, denen Hyperion ausgesetzt ist, betrachten wir ein vereinfachtes Modell, in dem wir annehmen, daß die Achse seiner Eigendrehung orthogonal ist zur Ebene, in der seine elliptische Umlaufbahn um Saturn verläuft, und daß diese Achse gleichzeitig mit der Richtung seines größten Massenträgheitsmoments übereinstimmt. Satelliten, deren Form wie im Falle Hyperions sehr stark von derjenigen einer Kugel abweichen, sind typischerweise einem großen Drall ausgesetzt, der durch das inhomogene Gravitationsfeld hervorgerufen wird. Dieser Drall, der die Dynamik des Satelliten stark beeinflußt, würde natürlich verschwinden, wenn der Himmelskörper symmetrisch bezüglich der Achse wäre, um die er selbst rotiert. Zur Untersuchung der Dynamik des Modells berechnet man die Poincaré-Schnitte der Umlaufbahnen des Satelliten und stellt dabei fest, daß er sich in einer ausgedehnten chaotischen Zone bewegt. Um schlüssig nachzuweisen, daß die Bewegung

Hyperions tatsächlich chaotisch ist, sind jedoch weitere umfangreiche Beobachtungen notwendig.

Als nächstes wenden wir uns in Abschnitt 9.9 kurz der Frage zu, ob es in unserem Sonnensystem noch andere Himmelskörper gibt, die irreguläre Orbits beschreiben. Wir verweisen dabei insbesondere auf Phobos und Deimos, zwei Marsmonde, die nach unserem heutigen Wissensstand in früheren Äonen chaotische Taumelbewegungen ausgeführt haben müssen. Im Falle von Phobos, der die größere Exzentrizität der beiden Monde aufweist, ist die chaotische Zone recht ausgeprägt; im Falle von Deimos, dessen Exzentrizität ungewöhnlich klein ist, läßt sich zwar immer noch eine chaotische Zone feststellen, sie ist jedoch sehr eng begrenzt.

Als nächstes wenden wir uns einem weiteren Phänomen irregulären Verhaltens in unserem Sonnensystem zu, und zwar der sogenannten 3:1-Kirkwood-Lücke. Es ist seit langem bekannt, daß die großen Halbachsen der Umlaufbahnen der Asteroiden, die sich in einem Gürtel zwischen Mars und Jupiter bewegen, nicht gleichmäßig verteilt sind. Man kann Lücken und Anhäufungen beobachten. Als man zum ersten Mal auf die 3:1-Lücke aufmerksam wurde, stellte man bereits fest, daß sie in einem Bereich auftritt, in dem die mittlere Bewegung der Asteroiden und diejenige des Jupiters nahezu kommensurabel sind. In anderen Worten heißt dies, daß das Produkt aus einer kleinen ganzen Zahl und der mittleren Bewegung eines Asteroids auf seiner Umlaufbahn innerhalb der Lücke nahezu übereinstimmt mit dem Produkt aus einer anderen kleinen ganzen Zahl und der mittleren Bewegung des Jupiters.

Dennoch müssen wir feststellen, daß das Auftreten einer Lücke nicht allein durch eine solche Resonanzerscheinung erklärt werden kann. Integriert man über einen Zeitraum von 10 000 Jahren, so kann man noch keine Anzeichen für die Ausbildung von Lücken entdecken. Integrationen über weitaus größere Zeiträume, über Millionen von Jahren, sind dafür notwendig, allerdings würden sie normalerweise unerschwinglich hohe Computerkosten verursachen. Eine derartig große Erweiterung des Integrationszeitraums wurde erst durch eine neue, von Jack Wisdom eingeführte Methode zur Berechnung der Umlaufbahnen von Asteroiden möglich. Diese Technik beruht auf der Verwendung einer Abbildungsvorschrift, die aus einer Approximation der Poincaré-Abbildung gewonnen wird. Zur Ermittlung dieser Abbildung verwendet man eine *averaging*-Methode, wie wir sie in ihrer einfachsten Form in Abschnitt 9.4 bei der Untersuchung der van der Polschen Gleichung diskutiert haben. Diese Methode ist ungefähr 1 000mal so schnell wie herkömmliche Verfahren. Im Anschluß daran durchgeführte, sehr kostenintensive Berechnungen auf der Grundlage der nicht gemittelten Differentialgleichungen bestätigen die hohe Genauigkeit der von Wisdom angewandten Technik. Überstreicht man jedenfalls mit dieser Methode einen Zeitraum von mehreren Millionen von Jahren, so enthüllt sich ein überraschendes Bild. In der Nähe der 3:1-Resonanz beobachtet man einen abrupten Anstieg von unregelmäßigen hohen Exzentrizitäten, z. B. auf Werte zwischen 0.3 und 0.4, durchsetzt von Intervallen niedriger Exzentrizitäten, die ihrerseits gelegentlich wieder von scharfen Spitzen unterbrochen werden. Die Frage ist nun, ob diese und weitere numerische Berechnungen die Entstehung der

Kirkwood-Lücken erklären können. Tatsächlich kann man nachweisen, daß die hohen Exzentrizitätswerte von über 0.3, die beobachtet wurden, dazu führen, daß die Umlaufbahnen der Asteroiden chaotisch werden und infolgedessen den Mars-Orbit kreuzen können.

Um diese Verhältnisse untersuchen zu können, konstruierte Wisdom mit Hilfe der *averaging*-Methode Approximationen von Poincaré-Schnitten und konnte auf diese Weise die Existenz ausgedehnter chaotischer Zonen bestätigen. Zusammen mit dem Auftreten großer Exzentrizitäten hat dies zur Folge, daß Asteroiden den Gürtel verlassen und so Gefahr laufen, in unmittelbare Marsnähe zu gelangen oder sogar mit ihm zu kollidieren. Solche Argumente überzeugen Astronomen und andere Koryphäen der Mechanik davon, daß chaotisches Verhalten eine wichtige Rolle spielt, wenn man die Entstehung der 3:1- oder anderer Lücken erklären will.

Aufgrund dieser Erkenntnisse kann es nicht überraschen, daß man recht überzeugende Mutmaßungen anstellen kann über die Herkunft der Meteoriten, die uns bereits ungeheuer viele Anhaltspunkte über die Entstehung unseres Sonnensystems geliefert haben. Tatsächlich glauben viele Astronomen, daß die Meteoriten ihren Ursprung im Asteroidengürtel haben. Geht man von einer festen Jupiterbahn aus und betrachtet nur Asteroiden in dieser Ebene, so bleiben die Exzentrizitäten der chaotischen Trajektorien in der Nähe der 3:1-Kommensurabilität stets kleiner als 0.4. Erst in einem realistischeren dreidimensionalen Modell können die Exzentrizitäten der chaotischen Orbits der Asteroiden Werte oberhalb von 0.6 erreichen, was ausreicht, um die Erdumlaufbahn zu kreuzen. Daher kann ein chaotisches Tanzen einzelne Asteroiden veranlassen, den Gürtel zu verlassen und Kurs auf unsere Erde zu nehmen.

Als letzten Punkt in unserer Übersicht betrachten wir den äußeren Planeten Pluto. Es ist mittlerweile bekannt, daß die Bewegung Plutos außerordentlich komplex ist. Auffallend ist, daß Plutos Orbit wegen seiner hohen Exzentrizität ($e \approx 0.25$) und seiner Inklination ($i \approx 16°$) eine besondere Rolle unter den Planetenbahnen einnimmt. Außerdem schneiden sich die Orbits von Pluto und Neptun nahezu. Diese ungewöhnliche Situation ist nur möglich wegen der Librationsbewegung eines resonanten Winkels, der im Zusammenhang steht mit einer 3:2-Kommensurabilität. Dies führt dazu, daß sich Pluto in der Nähe des Aphels befindet, wenn Pluto und Neptun in Konjunktion treten, so daß nahe Begegnungen verhindert werden. Es kommen noch weitere Komplikationen hinzu, aber obwohl die Bewegung von Pluto sehr komplex ist, ist bis jetzt kein abschließender Beweis erfolgt, daß seine Bewegung eine chaotische Natur besitzt. Allerdings weist eine Veröffentlichung von Wisdom aus dem Jahre 1988 auf starke Indizien eines positiven, wenn auch sehr kleinen, Lyapunov-Koeffizienten hin.

2 Hintergrund und Motivation

If therefore, those cultivators of the physical science from whom the intelligent public deduce their conception of the physicist ...... are led in pursuit of the arcanas of science to the study of the singularities and instabilities, rather than the continuities and stabilities of things, the promotion of natural knowledge may tend to remove that prejudice in favour of determinism which seems to arise from assuming that the physical science of the future is a mere magnified image of that of the past.

James Clerk Maxwell, 1873

Mit diesem Buch wollen wir versuchen, Konzepte der modernen Methoden der nichtlinearen Dynamik angehenden Physikern und Ingenieuren zu vermitteln und anhand einfacher Beispiele anschaulich zu gestalten. Grundlage für diese neuen Ideen zur Dynamik ist die Topologisierung bzw. Geometrisierung zeitlicher Abläufe, was zu einer Darstellung im Phasenraum führt.

Wir wollen uns an dieser Stelle auf solche nichtlinearen Entwicklungsprozesse beschränken, deren Dynamik in Gestalt gewöhnlicher Differentialgleichungen oder Differenzengleichungen formuliert werden kann; siehe aber weitergehende Hinweise in Abschnitt 9.8. Damit betrachten wir hier Systeme mit folgenden Eigenschaften:

i. Sie sind endlichdimensional, d. h. jeder Zustand ist durch einen Punkt im Phasenraum, der endlichdimensional ist, bestimmt.

ii. Sie sind differenzierbar, d. h. die zeitliche Änderung des Zustandes wird durch differenzierbare Funktionen modelliert.

iii. Sie sind deterministisch, enthalten also keine stochastischen Glieder. Weiterhin legt der Anfangszustand die Lösung zumindest lokal eindeutig fest. Das heißt insbesondere, daß sich zwei Bahnkurven niemals schneiden können.

Die differentialtopologische Methode eröffnet die Möglichkeit, diese Differentialgleichungen aufgrund ihrer Struktur im Phasenraum geometrisch zu untersuchen. Das wesentlich Neue ist, daß man sich nicht auf eine einzelne Lösungskurve konzentriert, sondern die Gesamtheit der Lösungen und deren Stabilität verfolgt. Im Falle dissipativer Systeme betrachtet man die Trajektorien insgesamt und klassifiziert über das Stabilitätsverhalten einzelner Gruppen das Langzeitverhalten. Diese Art der Analyse bezeichnet man als qualitative Dynamik oder innerhalb der Mathematik als moderne Theorie dynamischer Systeme. Sie führt in logischer Folge zur Untersuchung der Stabilität zum Beispiel von Gleichgewichtslagen oder periodischen Lösungen, desweiteren zum Studium von Bifurkationen, die sich im Zustand kritischer Kontrollparameter ereignen, bei denen die Dynamik schlagartig strukturelle Änderungen erfährt. Ausschlaggebend dafür ist das Phänomen der Instabilität. Für die Theorie dynamischer Systeme spielt sie die zentrale Rolle.

Instabilitäten sind einmal verantwortlich für die Bildung neuer zeitlicher Muster infolge Bifurkationen und zum anderen für das Auftreten irregulärer Bewegungen. Die Konsequenz daraus ist: kleine Veränderungen der Anfangsbedingungen oder der Systemparameter können zu unvorhersehbaren Verstärkungseffekten führen. Diese revolutionäre Entdeckung ist fundamental, sie rüttelt an den Festen vermeintlich unumstößlicher Prinzipien der Naturwissenschaften; das aber ist Thema des folgenden Abschnitts.

2.1 Kausalität – Determinismus

Den Vorstellungen der klassischen Physik lag die Überlegung zugrunde, daß die Zukunft durch die Gegenwart determiniert sei und man deshalb durch genaue Kenntnis der Gegenwart die Zukunft wird offenlegen können. Diese Anschauung, daß die unbegrenzte Vorhersagbarkeit grundsätzlicher Natur sei, wurde von Laplace, 1814, vielleicht am elegantesten und verständlichsten in der Fiktion eines Dämons ausgesprochen:

„*Une intelligence qui pour un instant donné, connaîtrait toutes les forces dont la nature est animée, et la situation respective des êtres qui la composent, si d'ailleurs elle était assez vaste pour soumettre ces données à l'analyse, embrasserait dans la même formule, les mouvements des plus grands corps de l'univers et ceux du plus léger atome: rien ne serait incertain pour elle, et l'avenir comme le passé, serait présent à ses yeux.*" (Laplace, 1814, S. 2)

Wer so pointiert von der naturgesetzlichen Bestimmtheit der Vorgänge spricht, ja wer die Kausalität so eng interpretiert und Determinismus meint, fordert geradezu Widerspruch heraus, insbesondere in einer Zeit, wo die Folgen der Quantentheorie und die Entwicklung der Atomphysik nicht nur in der Philosophie, sondern bis in unsere Denkprozesse wirken.

Diese Gegenüberstellung verdeutlicht, wie das *Prinzip der Kausalität* bzw. das Gesetz von Ursache und Wirkung zeitbezogen ist und sich historisch im Zuge der Gedanken- und Sprachentwicklungen wandelt. Wir stellen fest: der Begriff der Kausalität und sein Verständnis ist an die vorherrschenden Begriffe und die mit ihnen verbundenen Sinngebungen einer Zeit gebunden! Formulierungen wie Kausalität, Kausalgesetz, kausale Erklärung oder Kausalprinzip sind stets verwirrend, solange ihre Erklärung nicht transparent ist. In diesem Zusammenhang erscheint es hilfreich, zuerst die historische Entwicklung dieser Begriffe aufzuzeigen.

Die Tatsache, daß Kausalität einen Zusammenhang zwischen Ursache und Wirkung herstellt, ist historisch noch relativ jung. Für Aristoteles, Urheber vieler naturwissenschaftlichen Disziplinen, hatte das Wort *causa* eine viel allgemeinere Bedeutung als heute. Er drückte seine Gedanken prägnant in den zwei Begriffen „τὸ αἴτιον καὶ τὸ αἰτιατὸν" aus. Unter Berufung auf Aristoteles lehrte die Scholastik, die Philosophie des Mittelalters, daß es vier Ursachen gibt: 1. die *causa materialis* (= Materialursache); 2. die *causa formalis* (= Formursache); 3. die *causa finalis* (= End- oder Zweckursache); 4. die *causa efficiens* (= Antriebs- oder

Wirkursache). Ferner unterschied Aristoteles zwischen inneren und äußeren Ursachen, wobei die ersten beiden den inneren Ursachen zuzurechnen sind und die letzteren den äußeren. Diejenige, die wir heute in etwa mit dem Wort „Ursache" verknüpfen, ist die *causa efficiens*, die Ursache des Bewirkens.

Mit dem Aufbruch der Renaissance und mit der Geburt eines neuzeitlichen naturwissenschaftlichen Denkens, das in der Regel mit Namen wie Nicolaus Copernicus (Niklas Koppernigk), Galileo Galilei und Johannes Kepler verknüpft ist, kam auch die Veränderung des Begriffs *causa*. In demselben Maße, in dem die Abkehr von der Metaphysik und die Hinkehr zur Physik, d. h. zur Quantifizierung bzw. Messung, erfolgte, wurde ganz entsprechend das Wort *causa* auf dasjenige materielle Ereignis bezogen, das dem zu erklärenden Geschehen vorherging, und das dies irgendwie bewirkt hat. Zunächst wurde die Auffassung vertreten: ist die Ursache erforscht, so kann auch das Naturphänomen erklärt werden. Ursache war also in diesem Zusammenhang gleichbedeutend mit Erklärung. Doch langsam machte sich die Überzeugung breit, daß es die Naturgesetze sind, die Verknüpfung von Ursache und Wirkung, die das Geschehen in der Natur eindeutig festlegen und damit erklären. Die Krönung dieser Entwicklung wurde durch das epochale Werk von Isaac Newton gesetzt. So konnte Immanuel Kant, der in seiner Kritik die Wissenschaft als solche mit der Wissenschaft Newtons gleichsetzte, für die Kausalität eine Formulierung finden, die noch im 19. Jahrhundert Gültigkeit hatte: „Wenn wir erfahren, daß etwas geschieht, so setzen wir dabei jederzeit voraus, daß etwas vorhergehe, woraus es nach einer Regel folgt."

Einstein pries Newtons überragende intellektuelle Leistung als den „vielleicht größten Fortschritt im Denken, den zu vollziehen ein einziges Individuum jemals das Privileg hatte". Dessen herausragende Leistung war seine geschlossene mathematische Theorie der Welt, die bis weit ins 20. Jahrhundert hinein die Grundlage wissenschaftlichen Denkens blieb. Wen wundert's, daß seine allgemeinen Gesetze der Bewegung – denen alle Objekte im Sonnensystem folgen, vom Apfel, der vom Baum fällt, bis zu den Planeten – bzw. ihre universelle Anwendbarkeit die Erwartung schürten, daß das Geschehen in der Natur im Prinzip eindeutig bestimmt sei, vorausgesetzt, diese ist durch sorgfältiges Studium in ihrer Gesamtheit oder ausschnittsweise bekannt. Das Newtonsche Universum war eben ein grandioses mechanisches System, das nach exakten deterministischen Gesetzen funktionierte, wodurch aus dem Zustand eines Systems zu einer bestimmten Zeit das zukünftige Bewegungsverhalten des Systems vorausberechnet werden konnte. Ist man davon überzeugt, daß die Natur sich grundsätzlich so verhalte, so ist der nächste folgerichtige Schritt der, den Laplace in der eingangs erwähnten Fiktion einer übernatürlichen Intelligenz formulierte, daß nämlich aus der genauen Kenntnis von Ort und Geschwindigkeit aller Atome die gesamte Zukunft wie auch Vergangenheit unseres Universums berechenbar sei.

Diese Vorstellung von der Vorausberechenbarkeit bis in alle Ewigkeit kann aber nicht mit der Physik des 20. Jahrhunderts, und insbesondere nicht mit der Atomphysik, in Einklang gebracht werden. Nicht, daß sie der Sehnsucht der Menschen nach Vorhersagbarkeit grundsätzlich widerspricht, aber im Denkansatz waren beide, Atomphysik und Determinismus, von Anfang an nicht zu vereinbaren.

Schon die aus der Antike überlieferten atomistischen Vorstellungen von Demokrit und Leukipp gingen davon aus, daß sich regelmäßige, geordnete Vorgänge im Großen aus dem regellosen, zufälligen Verhalten im Kleinen strukturieren. Daß derartige Überlegungen durchaus plausibel sind, belegen unzählige Beispiele aus dem Alltagsleben. Für einen Fischer, zum Beispiel, der gegen Wind und Wellen anzukämpfen hat, genügt es, den Rhythmus der Wellen festzustellen, um darauf reagieren zu können, ohne daß er das Bewegungsverhalten der Wassertropfen im einzelnen kennen muß. Wenn man die von unseren Sinnen wahrnehmbaren Vorgänge durch das Zusammenwirken sehr vieler Einzelvorgänge im Kleinen erklärt, folgt dann nicht zwangsläufig, die Gesetzmäßigkeiten in der Natur als statistische zu betrachten? Zwar können statistische Gesetze mit einem sehr hohen Grad an Wahrscheinlichkeit Aussagen machen, die an Sicherheit grenzen, dennoch wird es keine 100% Sicherheit geben, da im Prinzip Ausnahmen stets möglich sind. Zudem gelten statistische Gesetzmäßigkeiten nur für eine Gesamtheit, niemals für den Einzelfall, der wird immer indeterminiert bleiben.

Ungeachtet dessen machen wir statistische Gesetze im täglichen Leben auf Schritt und Tritt zur Grundlage unseres praktischen Handelns. Ingenieure z. B., ob im Flugzeugbau, im Bauwesen oder im Maschinenbau, legen ihre Konstruktionen nicht nach exakten Belastungen oder Materialdaten aus. Sie verlassen sich ganz selbstverständlich auf mittlere, und damit statistische, Kennwerte, und dennoch empfinden wir „halbexakte“ Gesetzmäßigkeiten, wenn wir direkt darauf hingewiesen werden, als unbehaglich, als weniger vertrauenswürdig. Uns wären entweder genaue Vorgänge in der Natur oder aber chaotische, völlig ungeordnete lieber. Gibt es dafür eine Erklärung? In der Regel benutzt man statistische Gesetzmäßigkeiten, wenn man das betreffende physikalische System nur unvollständig kennt. Das einfachste Beispiel hierfür ist das Kopf- oder Wappenspiel. Da keine Seite der Münze sich von der anderen auszeichnet, müssen wir uns damit abfinden, eines der beiden Ereignisse – bei einer großen Anzahl von Spielen – nur mit 50% Sicherheit voraussagen zu können. Ähnlich verhält es sich mit dem Würfelspiel, wobei hier die Anzahl der möglichen Ereignisse auf 6 anwächst. Dementsprechend reduziert sich die Wahrscheinlichkeit, eine ausgewählte Zahl vorherzusagen, auf 1/6. Würfelt man genügend oft, so ist in etwa die Zahl der Würfe, die eine 1 zeigen, der sechste Teil aller Würfe. Natürlich gelten diese Überlegungen nur, wenn wir einen perfekten Würfel und einen sich ständig wiederholenden identischen Wurf voraussetzen; nur dann können alle 6 möglichen Ereignisse als gleich wahrscheinlich behandelt werden. Was man annimmt, ist, daß diese Bedingungen näherungsweise erfüllt sind.

In der Neuzeit war es dann Robert Boyle, der die Idee der Antike wieder aufgriff, indem er das Stoffverhalten auf makroskopischer Beobachtungsebene als das statistische Verhalten der beteiligten Moleküle in einem Gas nicht nur qualitativ beschrieb, sondern in der bekannten Formel zwischen Druck und Volumen quantifizierte. Seine Überlegung war, daß der Druck, eine auf makroskopischer Ebene meßbare Größe, durch die vielen Stöße der einzelnen Moleküle auf die Gefäßwand aufgebaut wird, eine Interpretation, die zur damaligen Zeit ein genialer Gedankenblitz war. Ähnlich verständlich wurden die Gesetze der Thermodynamik, als es gelungen war, die Aussage in eine mathematisch quantitative Form zu bringen, daß sich in heißen Körpern die Atome heftiger bewegen als in kalten.

Während Laplace noch die Hoffnung schürte, die ganze Welt sei eines Tages im Prinzip berechenbar, so machte sich in der zweiten Hälfte des vorherigen Jahrhunderts der Gedanke breit, daß zwar die Newtonsche Mechanik uneingeschränkt gelte, daß aber Systeme der kinetischen Gastheorie aufgrund der großen Anzahl der Gasmoleküle niemals vollständig bestimmbar sein werden. Es waren im wesentlichen Josiah Willard Gibbs und Ludwig Boltzmann, die die unvollständige Kenntnis dieser Systeme in die Sprache der Mathematik faßten, indem sie statistische Gesetzmäßigkeiten verwandten. Gibbs ist noch einen Schritt weitergegangen, indem er zum ersten Mal die Temperatur als physikalischen Begriff einführte, die nur dann einen Sinn bzw. eine Bedeutung hat, wenn die Kenntnis des Systems unvollständig ist. Das heißt, wenn in einem Gas die Geschwindigkeit und der Ort aller Moleküle bekannt ist, ist es vollkommen überflüssig bzw. sinnlos, von der Temperatur des Gases zu sprechen.

Der Temperaturbegriff kann nur dann sinnvoll verwendet werden, wenn das System auf mikroskopischer Betrachtungsebene unvollständig bekannt ist und man dennoch nicht auf eine „qualitative" Aussage auf makroskopischer Ebene verzichten möchte. Man beschreibt mit dieser Vorgehensweise das Verhalten eines Systems nicht dadurch, daß man immer mehr Freiheitsgrade – im Idealfall unendlich viele – berücksichtigt, sondern indem man auf einer verallgemeinerten Betrachtungsebene zu neuen, essentiellen und damit wesentlich weniger Freiheitsgraden übergeht. Die Devise ist nicht „genauer, feiner und unendlich viel", sondern „globaler, weniger und dennoch aussagefähig". Mit dieser stark vereinfachten Aussage fühlen wir uns Max Born (1959) verbunden, der sagt, daß die absolute Genauigkeit kein physikalisch sinnvoller Begriff sei und daß es absolute Genauigkeit nur in der Begriffswelt der Mathematiker gäbe. Schon Felix Klein forderte für die Anwendung eine „Approximationsmathematik" neben der üblichen „Präzisionsmathematik". Da es nur bei dem Vorschlag blieb, lösten die Physiker zur Jahrhundertwende ihre Probleme auf ihre Art, indem sie Wahrscheinlichkeitsbetrachtungen und statistische Gesetze anwandten. Was die Aussagen von Max Born im Kern beinhalten, war, daß nichtlineare Gesetze und deterministische Gleichungen auch unvorhersehbare Antworten liefern können. Zugleich wies er im Effekt darauf hin, daß diese nichtlinearen Gleichungen oft unerwartet empfindlich auf kleinste Änderungen der Anfangsbedingungen reagieren und damit plötzlich unerwartet verschiedene Antworten liefern, eine revolutionäre Erkenntnis, die als erster Henri Poincaré bereits um die Jahrhundertwende aussprach, die aber lange Zeit unbeachtet blieb:

„Une cause très petite, qui nous échappe, détermine un effet considérable que nous ne pouvons pas ne pas voir, et alors nous disons que cet effet est dû au hasard. Si nous connaissions exactement les lois de la nature et la situation de l'univers à l'instant initial, nous pourrions prédire exactement la situation de ce même univers à un instant ultérieur. Mais, lors même que les lois naturelles n'auraient plus de secret pour nous, nous ne pourrons connaître la situation initiale qu'approximativement. Si cela nous permet de prévoir la situation ultérieure avec la même approximation, c'est tout ce qu'il nous faut, nous disons que le phénomène

a été prévu, qu'il est régi par des lois; mais il n'en est pas toujours ainsi, il peut arriver que de petites différences dans les conditions initiales en engendrent de très grandes dans les phénomènes finaux; une petite erreur sur les premières produirait une erreur énorme sur les derniers. La prédiction devient impossible et nous avons le phénomène fortuit. " (Poincaré, 1908)

In den beiden ersten Jahrzehnten dieses Jahrhunderts versuchte man zunächst, ganz im Geiste Newtons, das Bewegungsverhalten der Atome und Moleküle nach der Grundvorstellung der klassischen Mechanik zu erklären. Man verfing sich jedoch in unauflösliche Widersprüche. Zum Beispiel sollte ein geladenes Elektron im Sinne der klassischen Physik um den Atomkern kreisen und ständig Strahlung emittieren, bis es aufgrund des Energieverlustes in den Kern fällt. Die so im Modell erdachten Elektronenbahnen wären aber instabil. Für Niels Bohr war aber aufgrund der Planckschen Theorie klar, daß die Bahnen der Elektronen stationär sind, und daß das Elektron, solange es auf seiner Bahn verweilt, keine Strahlung aussendet, ein Bahnwechsel aber mit einer Energieabgabe einhergeht. Den Widerspruch löste Bohr, indem er nicht wie üblich seine Modellvorstellung änderte, sondern die klassische Physik zur Beschreibung dynamischen Verhaltens atomarer Verhältnisse für nicht anwendbar erachtete. Daß unstetige und stoßartige Energieabgabe beim Bahnwechsel eines Elektrons zwangsläufig zu der Annahme führt, Strahlungsaussendung von Atomen sei ein statistisches Phänomen, konnte noch akzeptiert werden. Auch eine neue Mechanik, die Quantenmechanik, aus der Taufe zu heben, allerdings um den Preis der Determiniertheit, mag vorübergehend hingenommen werden, wenn dadurch die Stabilität der Atome mathematisch gewährleistet ist, aber die kühne Behauptung, daß es grundsätzlich unmöglich sei, alle für eine vollständige Determinierung der Vorgänge notwendigen Bestimmungselemente zu kennen, konnte und wollte auch Albert Einstein nicht gelten lassen, auch nicht für die atomaren Erscheinungen. Für ihn war die Quantentheorie nur ein vorübergehend notwendiges Rüstzeug, das aufgrund unserer Unkenntnis aller kanonischen Variablen des atomaren Vorgangs entstanden war, aber bei Klärung des Unbekannten suspendiert werden könnte. Seine Meinung zur Quantenmechanik gipfelte in dem Ausspruch: „Gott würfelt nicht" (God does not play dice), worauf Niels Bohr erwiderte: „It would be presumptuous of us human beings to prescribe to the Almighty how he is to take his decisions."

Was ist aber das provozierend Neue an dieser Quantentheorie? Es ist die Tatsache, daß aus einer mechanischen Theorie der Atomhülle der Begriff der Bahnkurve, der Trajektorie, verbannt und durch unreduzierbare probabilistische Elemente ersetzt wird. Dazu war man gezwungen, um für Systeme wie das Atom diskrete Energieniveaus, deren Existenz die Spektroskopie enthüllte, in eine mathematische Formulierung einzubinden. Diesen radikalen Schritt vollzog Werner Heisenberg 1925 in seiner entscheidenden Arbeit mit dem Titel „Über quantentheoretische Umdeutungen kinematischer und mechanischer Beziehungen" (Heisenberg, 1925). Hier werden die kanonischen Variablen Ort und Impuls zu nichtkommutativen Größen, deren Matrixcharakter von Max Born und Pascual Jordan erkannt wurde. Obwohl diese mathematische Theorie in ihren Grundzügen bereits erstellt war, bezeichnete Heisenberg 1926 in einem Brief an Pauli das Problem der Atomphysik als völlig ungelöst. Was konnte ihn zu dieser negativen Äußerung veranlassen? Was noch fehlte, war das Bindeglied zum physikalischen Experiment (Heisenberg, 1969).

Die Lösung wurde, wieder durch Heisenberg, mit der Unbestimmtheitsrelation im Jahr 1927 gegeben (Heisenberg, 1927). Ort und Geschwindigkeit, die klassischen Größen zur Bestimmung einer Teilchenbahn, sind *einzeln* mit beliebiger Genauigkeit angebbar, aber *gleichzeitig* ist dies prinzipiell unmöglich, zumindest in der Mikrowelt der Atomphysik. Dies ist keine Annahme zur Quantenmechanik, sondern die Konsequenz quantentheoretischer Gesetze. Damit war klar, daß die Newtonsche Mechanik, die zur Berechnung eines mechanischen Bewegungsablaufs gleichzeitig die genaue Kenntnis von Ort und Geschwindigkeit voraussetzt, auf die atomare Welt nicht anwendbar ist. Obwohl über fünfzig Jahre vergangen sind, seitdem Bohr, Heisenberg, Born und andere zu dem Schluß gelangten, daß die Quantentheorie dazu zwingt, die Gesetze auf Quantenebene als statistische Gesetze zu formulieren und vom Determinismus auch grundsätzlich Abschied zu nehmen, fällt es schwer, diese Schlußfolgerung in das allgemeine Wissen einzubeziehen. Für den atomaren Bereich mag diese Forderung der Abkehr vom reinen Determinismus schon Gültigkeit haben. Aber bloß aufgrund des spontanen Kernzerfalls, für den es weder Ursache noch Erklärung gibt, vom absoluten Zufall zu sprechen und das klassische Ideal der Vorhersagbarkeit als prinzipiell ungültig zu erklären, wo es doch auf der Suche nach Ordnung, Regelmäßigkeit und Naturgesetzen so erfolgreich war, damit kann und will man sich bis heute nicht so recht anfreunden.

Demgegenüber muß man daran erinnern, daß die klassische Physik stillschweigend das Prinzip der „gleichen“ Kausalität durch das Prinzip der „ähnlichen“ Kausalität ergänzt. Das Laplacesche Prinzip: „Gleiche Ursachen haben gleiche Wirkungen“ wurde durch das Prinzip: „Ähnliche Ursachen haben ähnliche Wirkungen“ erweitert. Der Grund ist darin zu sehen, daß exakt gleiche Ursachen zu erzeugen, um exakt gleiche Wirkungen zu erzielen, eine berechtigte Forderung darstellt, um die Reproduzierbarkeit physikalischer Vorgänge zu gewährleisten, aber in der Praxis nicht zu realisieren ist. Jeder Experimentator weiß, obwohl er unter denselben Versuchsbedingungen für wiederholte Messungen dieselben Resultate zu liefern sich bemüht, daß exakt identische Wiederholungen der Versuchsbedingungen grundsätzlich unmöglich sind. Jede Meßgenauigkeit hat ihre Grenzen, auch wenn sie beim heutigen Stand der Technik außerordentlich hoch sein kann. Sind die Fehler in den Meßergebnissen in derselben Größenordnung wie die Ungenauigkeiten der experimentellen Bedingungen, dann sind sie nicht exakt gleich, sondern ähnlich. Trotz statistischer Gesetzmäßigkeiten, die wir zur Grundlage unseres experimentellen Handelns machen, sprechen wir noch immer von der Reproduzierbarkeit physikalischen Verhaltens. Aufgrund dieser Diskrepanz zwischen abstrakter mathematischer Exaktheit und unvermeidbarer physikalischer Approximation fordert Max Born (1959), die Frage der Determinierbarkeit in der Mechanik neu zu formulieren und statt dessen zwischen stabilen und instabilen Bewegungen zu unterscheiden.

Heisenbergs und Borns Abkehr vom Dogma der Vorhersagbarkeit mag zwar für den atomaren Bereich gelten, aber nicht für unser makroskopisches Niveau, das unseren

Sinnen direkt zugänglich ist. Natürlich ist man in der Wetterprognose auf Wahrscheinlichkeitsaussagen angewiesen, obwohl die Bewegung der Erdatmosphäre den gleichen physikalischen Gesetzen folgt wie die Bewegung der Planeten. Dennoch verbleibt dem Wetter ein Rest von Zufälligkeit oder Stochastik, da letzlich der eindeutige Zusammenhang von Ursache und Wirkung unbekannt ist. Bis vor kurzem hatte man aber wenig Grund daran zu zweifeln, daß auch in diesem Fall zumindest prinzipiell exakte Vorhersagen möglich seien. Ganz im Geiste des Laplaceschen Dämons ging man davon aus, es sei nur nötig, genügend viel Informationen zum System anzusammeln und mit entsprechendem Aufwand zu verarbeiten.

Diese Vorstellung eines mechanischen Weltverständnisses, die erstmalig durch die Quantenmechanik erschüttert wurde, erhielt einen zweiten Stoß durch eine erstaunliche Entdeckung, nämlich, daß schon einfache nichtlineare Systeme irreguläres Verhalten erzeugen können. Wir müssen uns mit dem Gedanken anfreunden, daß solches zufällige Verhalten prinzipieller Natur ist, denn es verschwindet nicht, auch nicht durch Anhäufen von mehr Information. Ein solches Zufallsverhalten, dem eine ganz bestimmte deterministische Dynamik zugrundeliegt, bezeichnet man als „deterministisches Chaos“. Daß deterministische Gesetze ohne stochastische Anteile Chaos erzeugen, klingt so paradox wie der Begriff selbst: deterministisches Chaos. Wir möchten an dieser Stelle betonen, daß es verschiedene Arten chaotischen Verhaltens gibt, die es gilt, sorfältig zu unterscheiden. In einem Behälter, gefüllt mit Gas, fliegen die Atome wie wild durcheinander; in diesem Fall herrscht mikroskopisches Chaos, wie Boltzmann schon feststellte. Im Gegensatz dazu herrscht makroskopisches Chaos oder deterministisches Chaos, wie es immer häufiger bezeichnet wird, dann vor, wenn rein zufällige Schwankungen auftreten, obwohl die Gesetzmäßigkeiten, die die Dynamik beschreiben, deterministisch sind.

Wir haben wiederholt die diametralen Auffassungen naturwissenschaftlicher Erkenntnis erwähnt: zum einen die Konzeption der Atomisten mit ihrer Betonung auf zufälliger Kollision, zum anderen die mechanistische Weltauffassung, die auf zeitlosen dynamischen Gesetzen beruht. Beide Konzeptionen versagen, wenn es darum geht, sowohl räumliche als auch zeitliche Strukturen, d. h. Oszillationen, die ungedämpft ablaufen, zu erklären. Die Gleichgewichtsthermodynamik und die konventionelle statistische Physik sind nicht in der Lage, Methoden bereitzustellen, um ein derartiges Schwingungsverhalten zu behandeln. Ein Ausweg aus diesem Dilemma beginnt sich abzuzeichnen.

Worauf gründet sich diese Hoffnung? Es ist zum einen die Beschäftigung mit der *Physik von Nichtgleichgewichtszuständen* und zum anderen mit der *Theorie dynamischer Systeme*. Die Physik der Nichtgleichgewichtszustände behandelt Systeme fern vom thermodynamischen Gleichgewicht, für die auf mikroskopischer Ebene Chaos vorherrscht, das aber auf makroskopischem Niveau völlig von wohlorganisierten Mustern überdeckt wird. In der zweiten Disziplin, der Theorie dynamischer Systeme, sind es die Instabilitäten, die eine zentrale Rolle spielen. Im Instabilitätspunkt muß das System zwischen verschiedenen Möglichkeiten „wählen“. In welche Entwicklung sich die Dynamik letztlich verzweigt, darüber entscheidet eine kleine nicht berechenbare Schwankung. Diese Gesetzmäßigkeit der Unvorhersagbarkeit zwingt uns, unsere Vorstellungen über deterministische Systeme und die damit gewonnenen „langfristigen" Prognosen neu zu überdenken.

Prozesse, die durch einen ständigen Energie- und gegebenenfalls auch Materiestrom von außen in Gang gehalten werden und die sich durch ihr geordnetes, selbstorganisiertes, kollektives Verhalten auszeichnen, werden evolutionär genannt. Ein bedeutsamer Aspekt evolutionärer Prozesse ist, trotz starker Durchsetzung von Zufallsereignissen, ihre kausale Kohärenz. Die Zufallsereignisse beim Lotteriespiel als evolutionäre Entwicklung zu betrachten, würde jeder weit von sich weisen. Intuitiv fordern wir, daß vorangehende Ursachen spätere Zustände wesentlich prägen, wenn nicht determinieren. Das heißt aber nicht, daß diese Kausalforderung Zufallsereignisse gänzlich ausschließt; evolutionäre Prozesse ohne Mutation, Symmetriebrechungen etc. sind undenkbar. Zufallsereignisse verringern die Chancen exakter Vorhersagen, sie können nicht durch Gesetzmäßigkeiten präzisiert werden, sie schwächen das deterministische Netz von Ursache und Wirkung, aber daraus den Schluß zu ziehen, das Gewebe der Wirklichkeit sei chaotisch, wäre falsch.

Es ist also nicht nur die Quantenphysik, sondern auch die *Chaos-Theorie*, die den Laplaceschen Dämon, den absoluten Determinismus, ganz wesentlich in Frage stellen. „Für manchen mag dies eine Enttäuschung sein. Aber vielleicht ist ja eine Welt sogar menschlicher, in der nicht alles determiniert und nicht alles berechenbar ist, eine Welt, in der es – dank der Quantenereignisse – Zufall, und damit auch Glück, gibt, in der – weil nicht alle Probleme algorithmisch lösbar sind – Phantasie und Einfallsreichtum, Raten und Probieren, Kreativität und Originalität noch gefragt sind und in der man, wie die Chaos-Theorie zeigt, auch bei chaotischem Verhalten immer noch sinnvoll nach einfachen Grundgesetzen suchen kann." (Vollmer, 1988, S. 350)

Es ist sicherlich ein Resultat der historischen Entwicklung der Naturwissenschaften, daß das Unvorhersehbare (und damit auch der chaotische Zustand) zuerst explizit in der Mikrowelt der Atomphysik erahnt und formuliert wurde. Dies bedeutet aber nicht, daß diese Phänomene nicht auch in unserer makroskopischen Alltagswelt in Erscheinung treten. Chaotische Antworten nichtlinearer dynamischer Systeme sind uns heute schon beinahe eine Selbstverständlichkeit. Wir verweisen auf derartige Erscheinungen beim elementaren Pendel im Bereich großer Ausschläge und insbesondere bei räumlichen Schwingungen. Ähnliches gilt für die bekannte Duffing-Gleichung. Ein weiteres, schon historisches Beispiel ist die berühmte anorganisch-chemische Reaktion von Belousov-Zhabotinsky, die ein einprägsames Farbenspiel liefert. Jedoch ist das eindrucksvollste und immer noch mysteriöseste der Ausbruch und die Entwicklung der Turbulenz in einem Fluidum. Die Erforschung dieses auch in der Technik sehr wichtigen Problems – das auch für die Meteorologie und Verbrennungsvorgänge von entscheidender Bedeutung ist – hat viele berühmte Physiker seit Osborne Reynolds inspiriert, nach einer physikalisch-mathematischen Lösung dieses Problems zu suchen. Auch der große Werner Heisenberg hat seine musische Intuition zur Erklärung dieses Vorgangs angesetzt (Heisenberg, 1948). Trotz bewundernswerter Beiträge vieler Wissenschaftler ist es aber auch Heisenberg nicht gelungen, das Problem zu entschlüsseln. Er war aber der erste, der die Vermutung ausgesprochen hat (zu Recht, wie wir heute wissen), daß die Standard-Navier-Stokes-Gleichung wohl zur Erforschung der Initialzündung einer Turbulenz herangezogen werden kann, daß sie aber in ihrer derzeitigen Form bei voll entwickelter Turbulenz nicht gültig ist. Selbstverständlich ist die Turbulenz auch eine Art chaotischer Bewegung. Tatsächlich sind in letzter Zeit beachtenswerte mathematisch-physikalische Fortschritte mit Hilfe der Chaos-Theorie in der Erforschung des Ausbruchs der Turbulenz in einer ursprünglich laminaren Strömung erzielt worden. Für den Zustand einer voll entwickelten Turbulenz genügt aber das heutige Rüstzeug der Chaos-Theorie noch nicht. In Kapitel 8 werden wir im Lichte dieser Bemerkungen versuchen, das grundsätzliche Problem der Initiierung der Turbulenz zumindest in den Grundzügen zu präzisieren (Argyris *et al.*, 1991, 1993). Neben den Schwierigkeiten, zu einem adäquaten Verständnis komplexen Verhaltens zu gelangen, gibt es noch eine Barriere grundsätzlicher Natur, mit der jeder zu kämpfen hat, der Neuland betritt, auch in der Wissenschaft oder gerade in der Wissenschaft. Kein anderer als Werner Heisenberg konnte dies einprägsamer ausdrücken: „Wenn wirkliches Neuland betreten wird, kann es aber vorkommen, daß nicht nur neue Inhalte aufzunehmen sind, sondern daß sich die Struktur des Denkens ändern muß, wenn man das Neue verstehen will. Dazu sind offenbar viele nicht bereit oder nicht in der Lage." (Heisenberg, 1969, S. 102)

2.2 Dynamische Systeme – Beispiele

Bevor wir mit einer detaillierteren Beschreibung chaotischen Verhaltens von Systemen mit deterministischen Bewegungsgleichungen beginnen, möchten wir quasi als Hinführung an die Problematik vier typische Beispiele voranstellen.

Als erstes betrachten wir ein mechanisches System mit einem Freiheitsgrad ohne Reibungsverluste. An einer Feder sei eine kleine Masse aufgehängt und in vertikale Schwingungen versetzt (Abb. 2.2.1). Die Bewegung dieses ungedämpften Federpendels kann für kleine Auslenkungen durch die lineare Differentialgleichung in den Variablen Verschiebung x und deren 2. Ableitung nach der Zeit t ausgedrückt werden

$$\ddot{x} + \omega_0^2 x = 0 \tag{2.2.1}$$

wobei ω_0 die Frequenz der Oszillation angibt.

Gleichung (2.2.1) hat die allgemeine Lösung

$$x = A \sin \omega_0 t + B \cos \omega_0 t \tag{2.2.2}$$

wobei die Integrationskonstanten A und B durch die Anfangsbedingungen festgelegt sind. Bezeichnen wir die Startwerte von x und $\dot{x}$ zum Zeitpunkt $t = 0$ mit x_0 und $\dot{x}_0$, so folgt für die Auslenkung x

$$x = \frac{\dot{x}_0}{\omega_0} \sin \omega_0 t + x_0 \cos \omega_0 t \tag{2.2.3}$$

und für die Geschwindigkeit $\dot{x}$

$$\dot{x} = \dot{x}_0 \cos\omega_0 t - x_0\omega_0 \sin\omega_0 t \tag{2.2.4}$$

Aus Gln. (2.2.3) und (2.2.4) läßt sich die Zeit t eliminieren und wir erhalten

$$x^2 + \frac{\dot{x}^2}{\omega_0^2} = x_0^2 + \frac{\dot{x}_0^2}{\omega_0^2} \tag{2.2.5}$$

Die Ellipsenschar in der $x, \dot{x}$-Ebene von Gl. (2.2.5) bezeichnet man als Phasenportrait. In Abb. 2.2.1 ist rechts der zeitliche Verlauf der Auslenkung x für eine konkrete Anfangsbedingung dargestellt und links die Bahnkurven oder Trajektorien im zweidimensionalen Phasenraum für drei unterschiedliche Anfangsbedingungen. Die Zustandskoordinaten x und $\dot{x}$, die den Phasenraum aufspannen, charakterisieren das Einmassesystem eindeutig.

In diesem idealisierten Fall, bei dem die Energie erhalten bleibt, kehrt die Masse immer wieder zum Ausgangspunkt zurück. Der Zustand maximaler Auslenkung und Nullgeschwindigkeit wiederholt sich in periodischer Folge, in $T = 2\pi/\omega_0$.

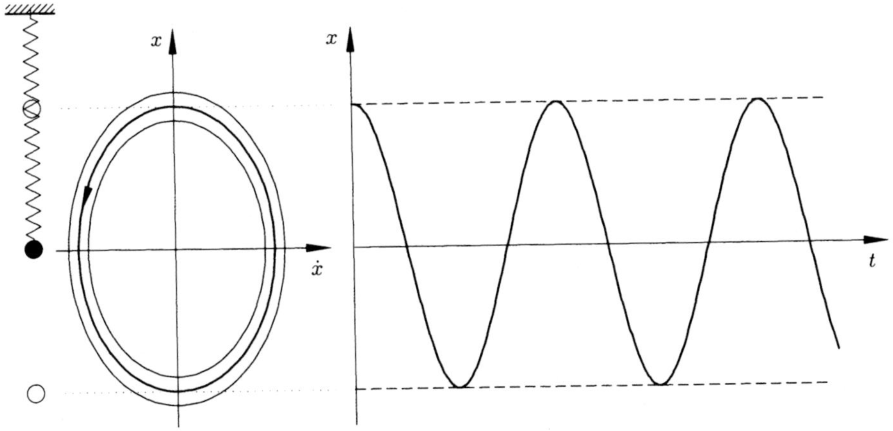

Abb. 2.2.1 Einfreiheitsgrad-Schwinger ohne Reibung

In natura läßt sich die Annahme „keine Reibungsverluste“ schwerlich realisieren. Energieverluste, z. B. durch Luftwiderstand, verringern die Auslenkung des Pendels kontinuierlich, bis irgendwann die Masse im Gleichgewichtszustand verharrt. Die elliptischen Linien im Phasenraum werden dann während der Einschwingphase zu Spiralen, die alle in einem Punkt, dem Gleichgewichtszustand, enden (Abb. 2.2.2). Der Endpunkt, der alle Spiralen einfängt, wird Attraktor, und in diesem speziellen Fall Punktattraktor, genannt.

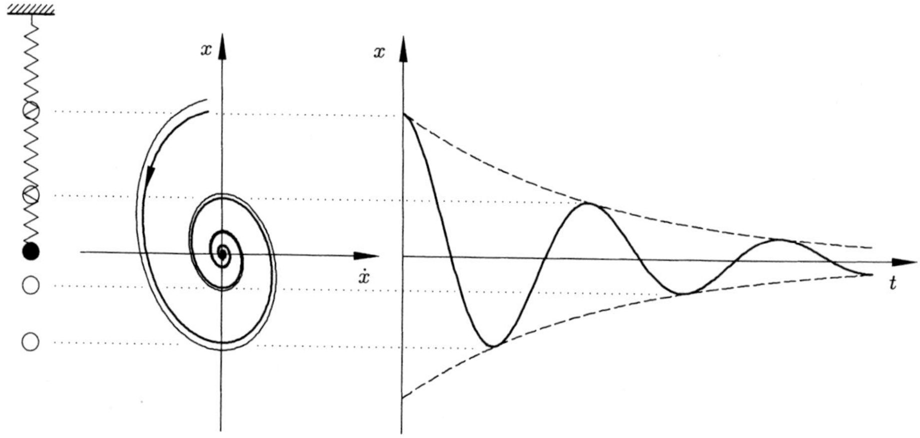

Abb. 2.2.2 Einfreiheitsgrad-Schwinger mit Reibung

Wenn die Reibungsverluste des Pendels viskoser Natur sind, können diese in einem Dämpfungsterm berücksichtigt werden, der in erster Näherung linear von der Geschwindigkeit abhängt. Die lineare Differentialgleichung (2.2.1) für ein konservatives System geht dann in die folgende Standardform über, wiederum ein lineares System,

$$\ddot{x} + 2\zeta\omega_0\dot{x} + \omega_0^2 x = 0 \tag{2.2.6}$$

wobei der Dämpfungsfaktor ζ das Abklingen des periodischen Zeitverlaufs steuert. Bei einem Dämpfungsmaß $\zeta > 1$ strebt das System aperiodisch dem Gleichgewichtszustand zu. Für $\zeta < 1$, der unterkritischen Dämpfung, verringern sich die Amplituden ebenfalls, jedoch bleibt der qualitative Charakter eines Schwingungsvorgangs erhalten.

Durch ständige Energiezufuhr, z. B. durch eine periodische Fremderregung, können Energieverluste des Systems kompensiert werden (Abb. 2.2.3). Der begleitende Trajektorienverlauf im zweidimensionalen Phasenraum strebt nach einer gewissen Einschwingphase einer geschlossenen Kurve, dem Grenzzyklus, zu, der dann periodisch durchlaufen wird. Der Grenzzyklus ist, neben dem Punktattraktor, im zweidimensionalen Phasenraum der einzig mögliche Attraktor.

Für einen harmonisch fremderregten viskos gedämpften Schwinger lautet die Bewegungsgleichung in linearisierter Form

$$\ddot{x} + 2\zeta\omega_0\dot{x} + \omega_0^2 x = \omega_0^2 x_0 \sin\omega_E t \tag{2.2.7}$$

wobei die periodische Erregung im Sinus-Term auf der rechten Seite erscheint. Lineare Gleichungen dieses Typs sind integrierbar und führen zu einer Lösungsschar, deren einzelne Kurven durch die Anfangsbedingungen festgelegt sind. Da die Abhängigkeit einer spezifischen Lösung unsensibel bezüglich der Startwerte ist,

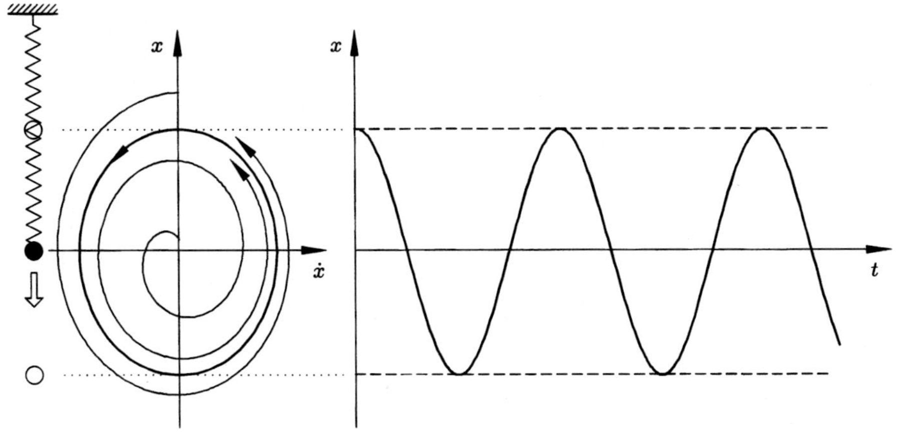

Abb. 2.2.3 Einfreiheitsgrad-Schwinger mit Reibung, periodisch erregt; Grenzzyklus

bedingen kleine Änderungen letzterer nur kleine Änderungen der Lösung. Damit charakterisiert unser physikalisches System eine „ähnliche“ Ursache/Wirkung-Verkettung.

Gänzlich anders liegt die Situation im Falle nichtlinearer Bewegungsgleichungen. Ein einfaches dynamisches System, das schon zu chaotischen Bewegungsmustern führt, ist die Duffing-Gleichung (siehe Abschnitt 9.5). In ihrer modifizierten Form wird die Rückstellkraft durch ein Polynom 3. Ordnung approximiert, um so größere Auslenkungen eines fremderregten Balkens unter Quer- und Normalkraft wirklichkeitsnäher zu erfassen. Für diesen speziellen Fall nimmt die Differentialgleichung folgende Form an

$$\ddot{x} + 2\zeta\omega_0\dot{x} - \omega_0^2 x + \delta\omega_0^2 x^3 = \omega_0^2 x_0 \sin\omega_E t \tag{2.2.8}$$

wobei der kubische Term x^3 insgesamt versteifend wirkt. Die Duffing-Gleichung einschließlich ihrer Modifikationen führte aufgrund ihrer einfachen Bauart zu zahlreichen Untersuchungen über das Verhalten dynamischer Systeme, sowohl in der Mechanik als auch in der Elektrotechnik (Ueda, 1980 a, b; Moon und Holmes, 1979; Seydel, 1980). Wir betonen, daß die Nichtlinearität – und zwar in x, nicht aber in der Zeit t – eine notwendige, aber nicht hinreichende Bedingung für chaotisches Verhalten darstellt.

Führt man die Substitution $x_1 = x$, $x_2 = \dot{x}$, $x_3 = t$ aus, so kann die nichtautonome Differentialgleichung (2.2.8) mit der zweiten Ableitung nach der Zeit, deren Rechthandseite explizit von t abhängt, in ein System nichtlinearer, sogenannter autonomer Differentialgleichungen 1. Ordnung umgeschrieben werden

$$\begin{aligned}
\dot{x}_1 &= x_2 \\
\dot{x}_2 &= -2\zeta\omega_0 x_2 + \omega_0^2 x_1 - \delta\omega_0^2 x_1^3 + \omega_0^2 x_0 \sin(\omega_E x_3) \\
\dot{x}_3 &= 1
\end{aligned} \tag{2.2.9}$$

Dieses autonome Gleichungssystem ist der nichtautonomen Gl. (2.2.8) äquivalent. Verallgemeinernd können wir feststellen, daß ein System autonomer Differentialgleichungen die Gestalt

$$\dot{\boldsymbol{x}} = \boldsymbol{F}(\boldsymbol{x}) \tag{2.2.10}$$

hat, d. h. die Vektorfunktion $\boldsymbol{F}(\boldsymbol{x})$ hängt nicht explizit von der Zeit ab.

Durch die Einführung einer zusätzlichen Variablen kann die nichtautonome Gleichung (2.2.8) mit zweiten Ableitungen nach der Zeit durch ein System dreier Differentialgleichungen erster Ordnung ersetzt werden. Ein solches Gleichungssystem, das direkt in den Orts- und Geschwindigkeitstermen ausgedrückt ist, erleichtert eine qualitative und quantitative Diskussion des Trajektorienverlaufs im Phasenraum (der Begriff des Phasenraums wird in Abschnitt 2.3 näher erläutert).

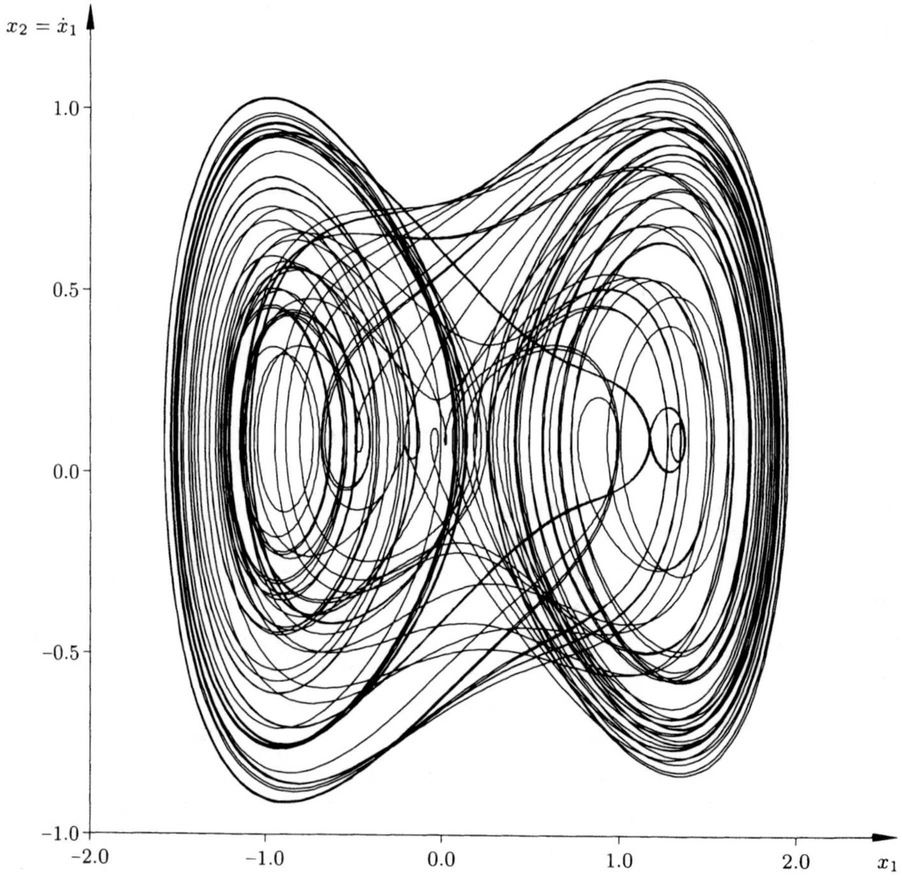

Abb. 2.2.4 Phasenportrait der Duffing-Gleichung (chaotisch)

Für eine entsprechende Wahl von freien Parametern und Anfangsbedingungen zeigt das Phasenportrait von Gl. (2.2.9) für die Variablen $x_1, \dot{x}_1$ sich schneidende Trajektorien (Abb. 2.2.4). Bahnkurven des autonomen Gleichungstyps (2.2.9), die sich im dreidimensionalen erweiterten Phasenraum mit den Koordinaten $x_1, \dot{x}_1$ und t nicht schneiden, tun dies in der Projektion. Es ist leicht vorstellbar, daß im Bereich einer nichtperiodischen Lösung (also einer unregelmäßigen bzw. chaotischen Bewegung) für $t \to \infty$ in relativ kurzer Zeit das Phasenportrait bis zur Unkenntlichkeit eingeschwärzt sein wird. Deshalb scheidet diese Darstellung als Chaos-Indikator aus, denn korrespondierende Trajektorien, die lange Zeit benachbart bleiben und sich dennoch irgendwann exponentiell voneinander entfernen, zu identifizieren, ist hier ein müßiges Unterfangen.

In der am weitesten verbreiteten Darstellungsform von Bewegungsgleichungen wird z. B. die Auslenkung über der Zeit aufgetragen (Abb. 2.2.5). Anhand dieser Darstellungsform chaotisches Verhalten zu charakterisieren, scheitert an der Endlichkeit des Beobachtungszeitraums. Obwohl beim Anblick des bizarren, unperiodischen Kurvenverlaufs von Abb. 2.2.5 ein erratischer Bewegungsablauf sich geradezu aufdrängt, bleibt die Ungewißheit über eine vielleicht doch mögliche Periodizität, falls man ein größeres Zeitintervall zugrunde legt.

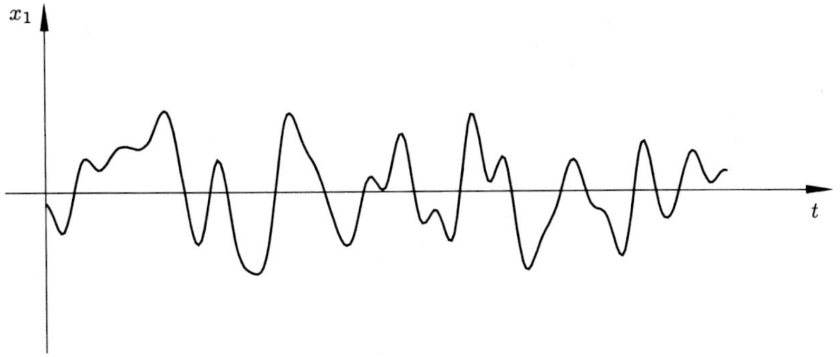

Abb. 2.2.5 Zeitverlauf der Bewegung

Ist es schon aufwendig, aus den zeitlichen Verläufen der Zustandsgrößen nichtlinearer dynamischer Modelle das reguläre Verhalten vom irregulären zu trennen, so ist es umso schwieriger, experimentell ermittelte Zeitverläufe in Hintergrundrauschen und deterministisches Chaos zu separieren. Zur Beurteilung dynamischen Verhaltens gibt es, neben der Darstellung im Phasenraum und der zeitlichen Veränderung einzelner Zustandsgrößen, die dem Ingenieur vertraute Methode des Leistungsspektrums (siehe Abschnitt 5.3). Die Zeitmeßreihen, die bei diesem Verfahren mit der Fourieranalyse ausgewertet werden, ergeben für periodische oder quasiperiodische Bewegungen im Leistungsspektrumdiagramm scharf ausgeprägte Spitzen, wohingegen kontinuierliche bzw. verrauschte Kurvenverläufe stochastisches Verhalten anzeigen. Das heißt, daß im erratischen Fall sich die Meßgrößen

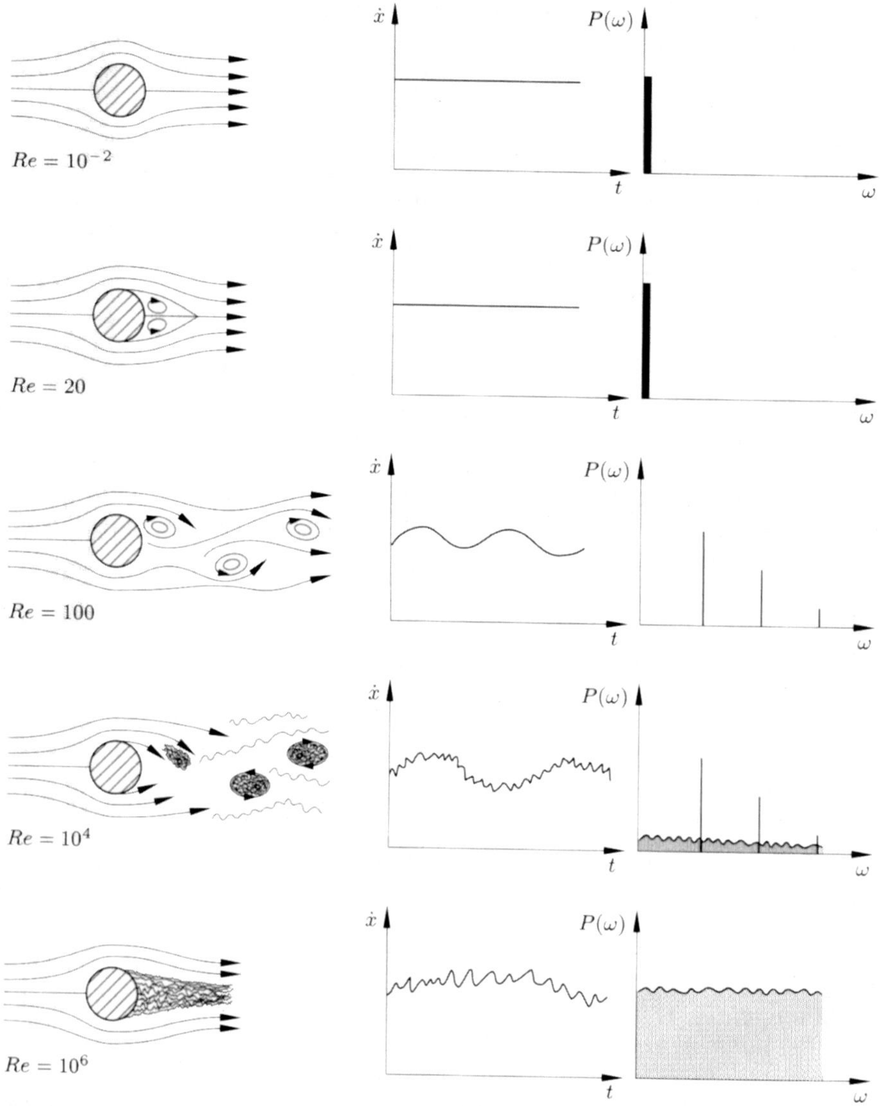

Abb. 2.2.6 Stromlinien, Zeitverlauf und Leistungsspektrum in Abhängigkeit von der Reynolds-Zahl *Re*; vgl. (Feynman *et al.*, 1987)

nicht mehr als diskrete Überlagerungen von periodischen Schwingungen darstellen lassen, sondern ab einem kritischen Wert eines Kontrollparameters im Fourier-transformierten Signal ein deutlich überhöhter Rauschanteil im Spektrum auftritt. Da diese Leistungsspektren jedoch sehr leicht experimentell zu ermitteln sind, läge es nahe, sie zur Charakterisierung irregulären Verhaltens realer Systeme einzusetzen. Jedoch ist uns momentan kein Verfahren bekannt, das es ermöglicht, die dem Experiment anhaftenden Zufälligkeiten zu eliminieren, um dadurch im Leistungsspektrum chaotisches Verhalten aufgrund stochastischer Ursachen von dem der deterministischen Gesetzmäßigkeiten strikt zu trennen. Ein Beispiel aus der Strömungslehre möge dies verdeutlichen (Abb. 2.2.6).

Damit scheidet die einfache Spektralanalyse als alleiniges Werkzeug zur Beschreibung erratischen Verhaltens chaotischer physikalischer Systeme aus. Andere Meßmethoden müssen gefunden werden, um das breite Spektrum regulärer und irregulärer Bewegungen qualitativ zu beschreiben.

In der Literatur wird eine Vielzahl von Charakterisierungsmöglichkeiten für das Auftreten chaotischer Bewegungen aufgeführt. Neben Leistungsspektrum und Autokorrelation, den beiden klassischen Werkzeugen, möchten wir uns auf folgende Kriterien konzentrieren: Lyapunov-Exponenten, Dimensionen und Kolmogorov-Sinai-Entropie. Eine ausführliche Diskussion dieser Konzepte ist im Kontext dissipativer Systeme und Attraktoren, die in Kapitel 5 behandelt werden, zu finden.

Die hier erwähnten Beispiele mechanischer Systeme machen deutlich, daß zur Beschreibung des Verhaltens gedämpfter Systeme mit deterministischen Bewegungsgleichungen der Begriff des Attraktors eine zentrale Rolle einnimmt. Wir unterscheiden im wesentlichen zwei Typen: einfache Attraktoren und seltsame Attraktoren. Es gibt zum einen drei klassische Arten der Bewegung: das Gleichgewicht, die periodische Bewegung und die quasiperiodische. Alle drei Zustände entsprechen einfachen Attraktoren, da im Falle von Dämpfung das System nach der Einschwingphase einem dieser drei Zustände zustrebt. Dem Gleichgewichtszustand entspricht dann der Punktattraktor, der periodischen Bewegung der Grenzzyklus und der quasiperiodischen Bewegung der Torus. Zum anderen gibt es eine Klasse von deterministischen, aber erratischen, also chaotischen Bewegungen, die nicht vorhersagbar sind, wenn kleine Störungen in den Anfangsbedingungen auftreten. Ein derartiges Langzeitverhalten ($t \to \infty$) wird mit dem Begriff des seltsamen Attraktors assoziiert.

2.3 Phasenraum

Bei Entwicklungsprozessen, die quantitativ untersucht werden können, beobachtet man die Änderung physikalischer Größen als Funktion der Zeit. Die Änderungen dieser Größen rühren von gewissen Ursachen her. Ist zu einem gegebenen Zeitpunkt der Zustand vollständig durch n Variable $x_1, \ldots, x_\mathrm{n}$ definiert, beschreibt ein System von n gewöhnlichen Differentialgleichungen

$$\begin{aligned} \frac{\mathrm{d}x_1}{\mathrm{d}t} &= F_1(x_1, x_2, \ldots, x_\mathrm{n}) \\ \frac{\mathrm{d}x_2}{\mathrm{d}t} &= F_2(x_1, x_2, \ldots, x_\mathrm{n}) \\ &\vdots \\ \frac{\mathrm{d}x_\mathrm{n}}{\mathrm{d}t} &= F_\mathrm{n}(x_1, x_2, \ldots, x_\mathrm{n}) \end{aligned} \tag{2.3.1}$$

die Entwicklung des Prozesses. Die n von der Zeit abhängigen Variablen repräsentieren physikalische Größen wie: Ort, Geschwindigkeit, Temperatur, Druck etc. Nicht nur in der Physik, sondern auch in der Biologie, Chemie und anderen Wissenschaften, lassen sich viele real ablaufende Prozesse mit Systemen gewöhnlicher Differentialgleichungen formulieren. Führen wir formal die Spaltenvektoren

$$\boldsymbol{x} = \{x_1 \quad x_2 \quad \ldots\ldots \quad x_{\mathrm{n}}\}$$
$$\boldsymbol{F} = \{F_1 \quad F_2 \quad \ldots\ldots \quad F_{\mathrm{n}}\} \tag{2.3.2}$$

ein, so können wir in vereinfachter Notation das System Gl. (2.3.1) wie folgt übersichtlich schreiben (siehe auch Gl. 2.2.10)

$$\frac{\mathrm{d}\boldsymbol{x}}{\mathrm{d}t} = \boldsymbol{F}(\boldsymbol{x}) \tag{2.3.3}$$

Hierbei ist n die Anzahl der Gleichungen des gesamten Systems. Daß das System ausschließlich aus Differentialgleichungen erster Ordnung aufgebaut ist, bedeutet keine Restriktion, da jedes gewöhnliche Differentialgleichungssystem höherer Ordnung durch Einführung zusätzlicher Variablen in ein System erster Ordnung transformiert werden kann.

Wir möchten nochmals betonen, daß das System Gl. (2.3.1) bzw. (2.3.3) *autonom* ist, weil die rechte Seite nicht explizit von der unabhängigen Variablen t abhängt. Auch dies bedeutet keine Einschränkung, da jedes nichtautonome System durch den Trick einer zusätzlichen Variablen $x_{\mathrm{n}+1} = t$ und der trivialen Beziehung $\dot{x}_{\mathrm{n}+1} = 1$ in ein autonomes System umgeformt werden kann.

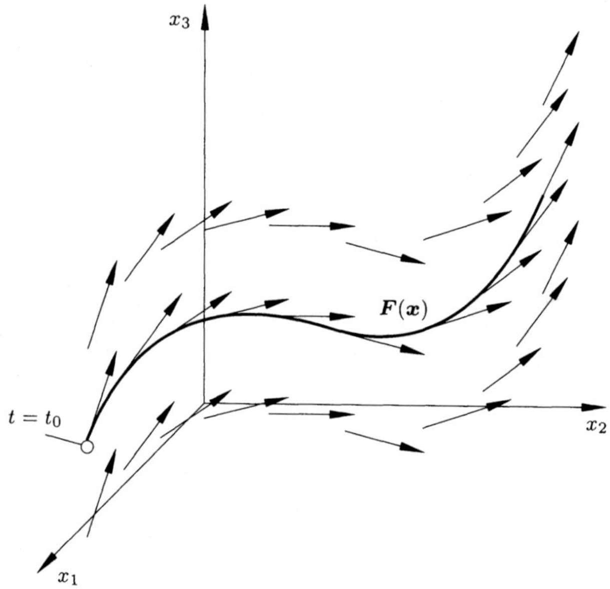

Abb. 2.3.1

Trajektorie und Geschwindigkeitsfeld im dreidimensionalen Phasenraum

Es ist sehr hilfreich die zeitliche Entwicklung eines Systems in einem abstrakten Raum, dem Phasenraum, darzustellen. Er ist n-dimensional und wird durch die Variablen oder Koordinaten $x_1, x_2, \ldots, x_n$ aufgespannt. Im Phasenraum wird der Zustand des Systems zu einem gegebenen Zeitpunkt durch einen Punkt repräsentiert. Dieser Punkt bewegt sich mit der Zeit, seine Geschwindigkeit wird durch den Vektor $\boldsymbol{F}$ charakterisiert. Da die Geschwindigkeit $\boldsymbol{F}$ aus Gl. (2.3.3) bekannt ist, kann sofort das Geschwindigkeitsfeld im Phasenraum dargestellt werden (siehe Abb. 2.3.1). Die Gesamtheit der Richtungen ergibt ein Richtungsfeld, das an die Stromlinien einer Flüssigkeit erinnert. Ein zum Zeitpunkt $t = t_0$ beliebig herausgegriffener Punkt beschreibt mit der Zeit eine Bahnkurve, die an jedem Punkt tangential zum Vektorfeld der Geschwindigkeit verläuft. Der Graph der Bewegung im Phasenraum heißt Trajektorie (auch Phasenkurve, Bahnkurve oder Orbit), und die Gesamtheit aller möglichen Bewegungen wird als Phasenfluß ϕ_t bezeichnet. Das autonome Gleichungssystem erster Ordnung Gl. (2.3.1) erlaubt, das Geschwindigkeitsfeld ohne Integration direkt im Phasenraum darzustellen. Ein erster Eindruck über die Form der Lösung wird so bereits vermittelt.

Durch jeden Punkt des Phasenraums verläuft genau eine Phasenkurve oder Trajektorie. Physikalisch bedeutet dies, daß, wenn zu einem bestimmten Zeitpunkt ein Zustand bekannt ist, sowohl die Zukunft als auch die Vergangenheit durch Integration determiniert sind. Das heißt auch, daß sich Trajektorien, die eine eindeutige Lösung darstellen, niemals schneiden können. Im speziellen Fall der Punktmechanik, wo der dynamische Zustand eines Massenpunktes durch seinen Ort (drei Raumkoordinaten) und durch seine Geschwindigkeit (drei Geschwindigkeitskomponenten) im dreidimensionalen Raum spezifiziert ist, ist der Phasenraum 6-dimensional. Für einen Einfreiheitsgrad-Schwinger degeneriert der Phasenraum zur Phasenebene mit den Komponenten Auslenkung und Geschwindigkeit (Abb. 2.2.1).

2.4 Erste Integrale und Mannigfaltigkeiten

In vergangenen Zeiten, als es zum mathematischen Selbstverständnis gehörte, Differentialgleichungen durch analytische Integrationen zu lösen, wurde der etwas seltsame Begriff „erste Integrale“ geprägt. Was damals unter einem Integral verstanden wurde nennt man heute Lösung.

Die hier gewählte Definition des ersten Integrals wird von Arnol'd (1980) übernommen. Es sei $\boldsymbol{F}$ ein Vektorfeld, und die einzelnen Komponenten $F_1, F_2 \ldots F_n$ seien differenzierbare Funktionen.

Definition: Eine Funktion $I(\boldsymbol{x})$ heißt *erstes Integral* der Differentialgleichung

$$\dot{\boldsymbol{x}} = \boldsymbol{F}(\boldsymbol{x}) \tag{2.4.1}$$

wenn ihre sogenannte Lie-Ableitung $L_{\boldsymbol{F}}$ (Olver, 1986) längs des Vektorfeldes $\boldsymbol{F}$ verschwindet

$$L_{\boldsymbol{F}} \equiv F_1 \frac{\partial I}{\partial x_1} + \cdots + F_{\mathrm{n}} \frac{\partial I}{\partial x_{\mathrm{n}}} = \boldsymbol{F}^{\mathrm{t}} \frac{\partial I}{\partial \boldsymbol{x}^{\mathrm{t}}} = \frac{\partial I}{\partial \boldsymbol{x}} \boldsymbol{F} = 0 \tag{2.4.2}$$

wobei sich die letzteren Schreibweisen aus folgenden Konventionen ergeben:

$$\frac{\partial I}{\partial \boldsymbol{x}} = \left[\frac{\partial I}{\partial x_1} \; \frac{\partial I}{\partial x_2} \cdots\cdots \frac{\partial I}{\partial x_{\mathrm{n}}} \right] \tag{2.4.3}$$

bezeichnet einen Zeilenvektor und entsprechend

$$\left(\frac{\partial I}{\partial \boldsymbol{x}} \right)^{\mathrm{t}} = \frac{\partial I}{\partial \boldsymbol{x}^{\mathrm{t}}} = \left\{ \frac{\partial I}{\partial x_1} \; \frac{\partial I}{\partial x_2} \cdots\cdots \frac{\partial I}{\partial x_{\mathrm{n}}} \right\} \tag{2.4.4}$$

einen Spaltenvektor. Die Gl. (2.4.2) impliziert folgende Eigenschaften des ersten Integrals: einerseits verbleibt die Funktion $I(x_1, x_2 \ldots x_{\mathrm{n}})$ längs jeder gegebenen Trajektorie konstant, andererseits liegt jede Trajektorie ganz auf einer Hyperfläche im Phasenraum. Die Hyperfläche ist durch $I(\boldsymbol{x}) = C$ definiert, wobei C eine Konstante ist (siehe Abb. 2.4.1 für einen dreidimensionalen Phasenraum). Jede durch die Anfangsbedingung definierte Trajektorie verläuft also auf einer glatten Hyperfläche bzw. formt sie.

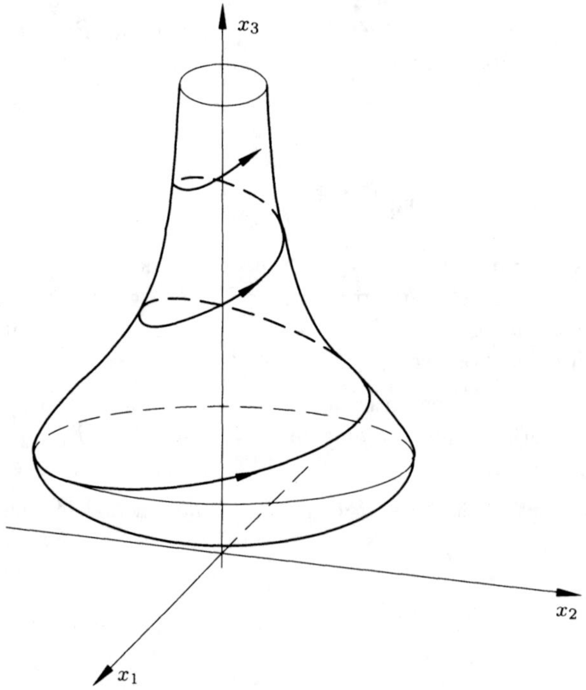

Abb. 2.4.1

Trajektorie auf der Hyperfläche $I(x_1, x_2, x_3) = C$ im dreidimensionalen Phasenraum

Die durch $I(\boldsymbol{x}) = C$ definierte Hyperfläche wird als eine (n – 1)-dimensionale Mannigfaltigkeit bezeichnet (siehe auch die Diskussion am Ende dieses Abschnitts). Läßt man den Parameter C alle möglichen Werte annehmen, so führt dies zu einer einparametrigen Familie von Mannigfaltigkeiten, die den Phasenraum vollständig ausfüllt. Ist ein erstes Integral I bekannt, so kann die Gleichung $I(\boldsymbol{x}) = C$ für ein gewähltes C nach x_i aufgelöst werden. Dieses x_i in die restlichen (n – 1) Gleichungen von Gl. (2.3.1) eingesetzt, reduziert das gesamte Gleichungssystem auf (n – 1) Gleichungen. Je mehr erste Integrale bekannt sind, um so geringer ist die Anzahl der Gleichungen und um so geringer ist die Dimension der Mannigfaltigkeit, die jede Trajektorie formt.

In der Mechanik sind es die Erhaltungssätze, die des öfteren erste Integrale liefern, doch leider ist keine systematische Vorschrift bekannt, die das Auffinden erster Integrale erleichtert. Ein Glücksfall ist die Hamilton-Funktion, die ein erstes Integral für konservative Hamiltonsche Systeme darstellt. Zusätzlich läßt sich zeigen, daß für konservative Kräfte die Hamilton-Funktion, falls sie nicht zeitabhängig ist, mit der Gesamtenergie, also der Summe aus kinetischer und potentieller Energie, übereinstimmt (siehe auch Abschnitt 4.1).

Für viele Phänomene sind geometrische Modelle erforderlich, die nicht in einfacher Form beschrieben werden können. Im Fall von dynamischen Systemen bilden die geometrischen Modelle Mannigfaltigkeiten. Mannigfaltigkeiten spielen eine wichtige Rolle bei der Bestimmung des Globalverhaltens von Trajektorien. Zum Beispiel liegen nicht-chaotische Attraktoren, die den asymptotischen Zustand vieler dynamischer Systeme spezifizieren, auf Mannigfaltigkeiten bzw. prägen diese.

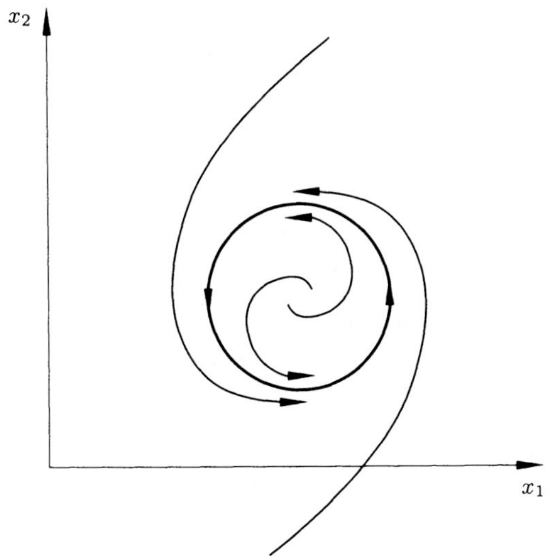

Abb. 2.4.2

Grenzzyklus oder zweidimensionaler periodischer Attraktor

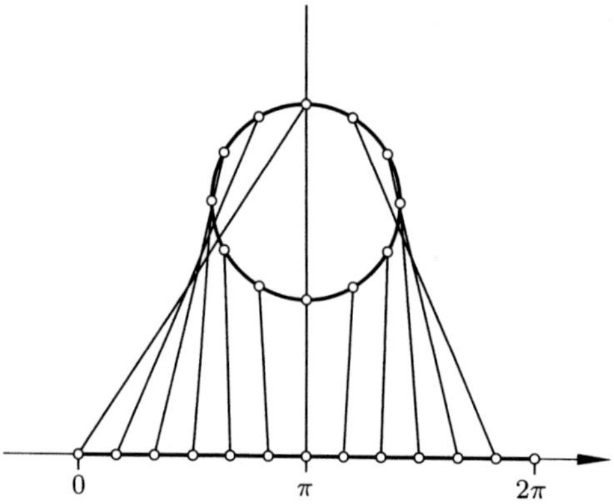

Abb. 2.4.3
Punktweise umkehrbar eindeutige Abbildung des Grenzzyklus auf eine Linie

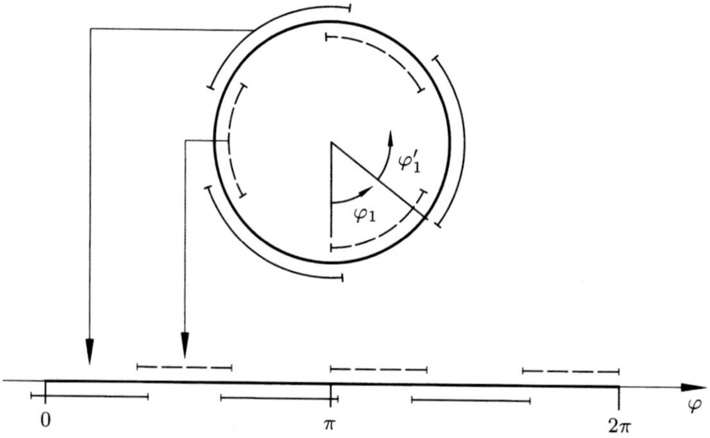

Abb. 2.4.4 Überlappender Grenzzyklus in lokalen Koordinaten und dessen Abbildung auf eine Linie

Eine n-dimensionale Mannigfaltigkeit $\mathbb{M}$ ist ein topologischer Raum mit der Eigenschaft, daß jeder Punkt und dessen Umgebung auf den n-dimensionalen Euklidischen Raum $\mathbb{E}$ umkehrbar eindeutig (bijektiv) abgebildet werden kann. Dadurch ist es möglich, die Koordinaten von $\mathbb{E}$ als lokale Koordinaten auf $\mathbb{M}$ zu benutzen (Bröcker und Jänich, 1990; Abb. 2.4.3). Anhand eines einfachen Beispiels für eine Mannigfaltigkeit, dem Grenzzyklus (Abb. 2.4.2), soll die Punkt für Punkt umkehrbar eindeutige Abbildung auf eine Linie des Euklidischen Raums verdeutlicht werden (Abb. 2.4.3).

Geometrien, die sich eventuell nicht als Ganzes analytisch beschreiben lassen, werden in Punkte einschließlich deren Umgebung aufgelöst. Jede einzelne Umgebung läßt sich in lokalen Koordinaten beschreiben. Durch stückweises Aneinanderfügen überlappender Umgebungen kann die gesamte Mannigfaltigkeit und die korrespondierende Abbildung analytisch erfaßt werden. Betrachtet man den Grenzzyklus von Abb. 2.4.4, so ist jeder Punkt durch die Koordinate φ im Intervall von 0 bis

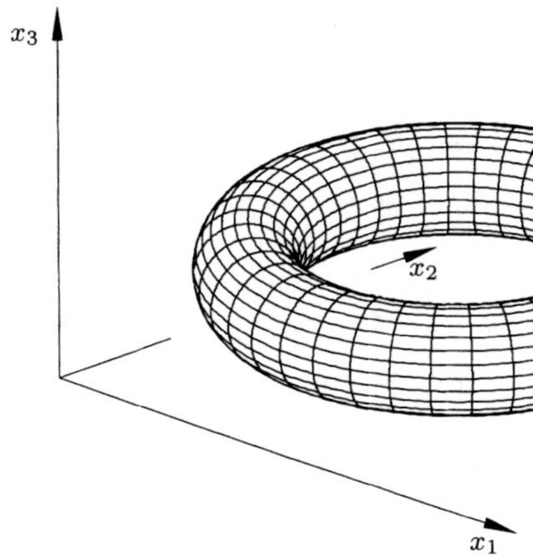

Abb. 2.4.5
2D-Torus im dreidimensionalen Phasenraum

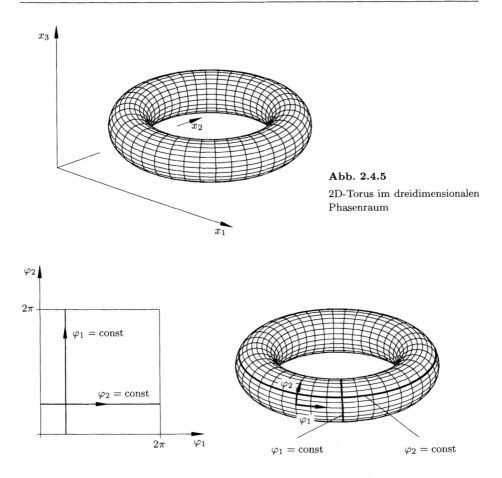

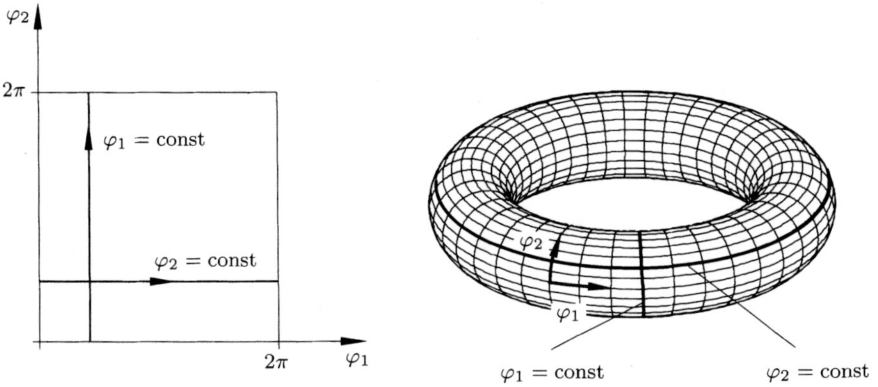

Abb. 2.4.6 Die zweidimensionale Mannigfaltigkeit Torus in den lokalen Koordinaten φ_1 und φ_2, auf ein Quadrat umkehrbar eindeutig (bijektiv) abgebildet

2π beschreibbar. Der Grenzzyklus ist somit eine eindimensionale Mannigfaltigkeit. Da nun die umkehrbar eindeutige Abbildung auf eine Linie desselben Intervalls von 0 bis 2π führt, kann die φ-Koordinate direkt als lokale Koordinate auf der Mannigfaltigkeit benutzt werden, und zwar unabhängig von den Phasenraumkoordinaten, die den Grenzzyklus beschreiben.

Ein weiteres Beispiel für eine Mannigfaltigkeit ist im Dreidimensionalen der 2D-Torus (Abb. 2.4.5). Für solch einen Torus kann jedes Oberflächenelement umkehrbar eindeutig auf ein Element in der Ebene abgebildet werden. Alle überlappenden Flächenelemente zusammen bilden wieder einen Torus. In entsprechender Weise können die Flächenelemente der Ebene zusammengefügt werden. In der Summe ergibt sich das Quadrat von Abb. 2.4.6. Dieses Quadrat kann mit Schere und Klebstoff durch Rollen und Biegen in den Torus zurückverwandelt werden, wodurch deutlich wird, daß jeder einzelne Punkt des Torus durch die Koordinaten

φ_1 und φ_2 repräsentiert wird. Einer allgemeinen Geraden in der Abbildungsebene entspricht eine „Schraubenlinie“ auf dem Torus. In Abb. 2.4.6 sind die Koordinatenlinien $\varphi_1 = \text{const}$ und $\varphi_2 = \text{const}$ jeweils eingezeichnet.

Da sowohl der Grenzzyklus als auch der Torus Hyperflächen im Phasenraum sind und dort in jedem Punkt ein Geschwindigkeitsvektor $\boldsymbol{F}$ existiert, formen diese differenzierbare Mannigfaltigkeiten.

2.5 Qualitative und quantitative Betrachtungsweise

Um dynamische Systeme zu studieren und sie zu erschließen, gibt es grundsätzlich zwei konträre Ansatzpunkte. Im ersten Fall gilt es, ein ganz spezielles Problem als dynamisches System zu konkretisieren und soviel Information wie möglich über das Verhalten zu erfahren. Die logische Konsequenz ist ein recht kompliziertes System von Gleichungen, insbesondere, weil die Gleichungen, um nichts Wesentliches zu vernachlässigen, so realistisch wie möglich abgefaßt werden. Im zweiten Fall sind es charakteristische Eigenschaften dynamischer Systeme im allgemeinen und nicht ihre konkreten Anwendungen, die interessieren. Auch hier müssen wir zwei Fälle unterscheiden:

i. Die mathematische Annäherung im klassischen Sinne, die diese neuartige qualitative Analyse von Differentialgleichungen auf der Grundlage von Annahmen und strenger Beweisführung erarbeitet und weiterentwickelt. Qualitative Betrachtungsweisen gründen sich auf geometrische oder topologische Methoden, die der Mathematiker Henri Poincaré (1854 - 1912), erstmalig zur Stabilitätsuntersuchung unseres Sonnensystems anwendete. Die Topologie, die Lehre der qualitativen Geometrie, ist zu einem unentbehrlichen mathematischen Werkzeug geworden, um das Verhalten dynamischer Systeme in ihrer vollen Komplexität erfassen.

ii. Die Annäherung im Sinne einer experimentellen Mathematik, einer Betrachtungsweise, die der Computer ermöglicht. In diesem Fall wird versucht, anhand einfacher nichtlinearer dynamischer Systeme, deren komplexes Verhalten numerisch studiert wird, zu allgemein gültigen Aussagen über dynamische Systeme zu gelangen. In der Wahl repräsentativer Beispiele sind Intuition und Erfahrung gefragt, um charakteristische Verhaltensmuster einer Klasse von dynamischen Systemen aufzudecken.

3 Mathematische Einführung in dynamische Systeme

No roote, no fruite
Jeremiah Dyke, A worthy communicant,
p. 176 (1640)

In diesem Kapitel wollen wir so einfach wie möglich einige mathematische Grundlagen zusammenstellen, die zur qualitativen Analyse des Langzeitverhaltens dynamischer Systeme benötigt werden. Um die nichtlineare Dynamik verstehen zu können, ist die Kenntnis der Theorie linearer Differentialgleichungen notwendige Voraussetzung. Wir beginnen mit der linearen Dynamik. Weitergehende Betrachtungen wird der Leser in den Kapiteln 5 und 6 dieses Buches finden.

3.1 Lineare autonome Systeme

Wie bereits in Kapitel 2 erwähnt, betrachten wir dynamische Prozesse der endlichen Dimension n, die differenzierbar und determiniert sind.

Im einfachsten Fall ist das Differentialgleichungssystem Gl. (2.3.3) linear mit konstanten Koeffizienten

$$\dot{\boldsymbol{x}} = \boldsymbol{L}\boldsymbol{x} \tag{3.1.1}$$

wobei $\boldsymbol{L}$ die konstante, nichtsinguläre (n×n)-Matrix der Koeffizienten bezeichnet. An diesem Beispiel wollen wir nun skizzieren, welche Lösungen auftreten können und welche Muster die entsprechenden Trajektorien im zugehörigen Phasenraum bilden.

Wir setzen den Lösungsansatz

$$\boldsymbol{x} = \mathrm{e}^{\lambda t}\boldsymbol{y}, \qquad \boldsymbol{y} = \{y_1 \quad y_2 \quad \cdots\cdots \quad y_\mathrm{n}\} \tag{3.1.2}$$

in Gl. (3.1.1) ein und erhalten so ein homogenes lineares Gleichungssystem

$$[\boldsymbol{L} - \lambda\boldsymbol{I}]\boldsymbol{y} = \boldsymbol{o} \tag{3.1.3}$$

das nur dann nichttriviale Lösungen besitzt, wenn die Systemdeterminante verschwindet

oder

$$P(\lambda) = A_n\lambda^n + A_{n-1}\lambda^{n-1} + \ldots + A_0 = 0 \tag{3.1.4a}$$

$P(\lambda)$ ist ein Polynom n-ten Grades in λ und heißt charakteristische Gleichung oder Säkulargleichung. Die Nullstellen von $P(\lambda)$ sind die Eigenwerte von $\boldsymbol{L}$. Ein nichtverschwindender Vektor $\boldsymbol{y}$, der die Gl. (3.1.3) erfüllt, heißt Eigenvektor von $\boldsymbol{L}$ zum Eigenwert λ. Wenn λ und $\boldsymbol{y}$ die Gl. (3.1.3) befriedigen, so ist Gl. (3.1.2) Lösung von Gl. (3.1.1). Für jedes Paar $\lambda_i, \boldsymbol{y}_i$ erhält man gemäß Gl. (3.1.2) eine Lösung der Form

$$\boldsymbol{x}_i = e^{\lambda_i t}\boldsymbol{y}_i \tag{3.1.5}$$

Sind alle n Eigenwerte λ_i verschieden, so gibt es n linear unabhängige Eigenvektoren $\boldsymbol{y}_i$ und die allgemeine Lösung von Gl. (3.1.1) läßt sich darstellen als Linearkombination

$$\boldsymbol{x}(t) = \sum_{i=1}^{n} C_i e^{\lambda_i t}\boldsymbol{y}_i \tag{3.1.6}$$

mit n Integrationskonstanten C_i, die durch die Anfangsbedingung $\boldsymbol{x}(t_0)$ festgelegt sind (Arnol'd, 1980; Braun, 1979).

Von physikalischem Interesse ist das Aufsuchen aller Gleichgewichtslagen $\boldsymbol{x}_s$. Dies sind stationäre Zustände des Systems, in denen der Entwicklungsprozeß keine Änderung erfährt, die also durch $\dot{\boldsymbol{x}}_s = \boldsymbol{o}$ gekennzeichnet sind. Betrachten wir den zugehörigen Punkt im Phasenraum, so verschwindet dort der Vektor $\boldsymbol{F}(\boldsymbol{x}_s)$, der die Änderung der Bahnkurve beschreibt. Daher bezeichnet man $\boldsymbol{x}_s$ auch als singulären Punkt. Zur Charakterisierung des stationären Zustands ist das Verhalten der Trajektorien in der Umgebung der Singularität ausschlaggebend. Man spricht von stabilem, instabilem oder neutralem Gleichgewicht. Werden alle Bahnkurven aus einer gewissen Umgebung von $\boldsymbol{x}_s$ eingefangen, so ist der singuläre Punkt asymptotisch stabil (Senke), werden dagegen alle Bahnkurven, die $\boldsymbol{x}_s$ genügend nahe kommen, abgestoßen, so ist $\boldsymbol{x}_s$ asymptotisch instabil (Quelle). Anhand eines einfachen Systems von zwei Differentialgleichungen wollen wir die Klassifikation von Singularitäten vornehmen

$$\dot{\boldsymbol{x}} = \boldsymbol{L}\boldsymbol{x}\,, \quad \boldsymbol{L} = \begin{bmatrix} L_{11} & L_{12} \\ L_{21} & L_{22} \end{bmatrix}, \quad \boldsymbol{x} = \{x_1\ x_2\} \tag{3.1.7}$$

mit dem Ursprung $\boldsymbol{x}_s = \boldsymbol{o}$ als singulärem Punkt. Aufgrund der Eigenwerte können folgende sechs Fallunterscheidungen getroffen werden, die als Verzweigungsdiagramm in Abb. 3.1.1 dargestellt sind, wobei der degenerierte Fall eines Null-Eigenwertes unberücksichtigt bleibt.

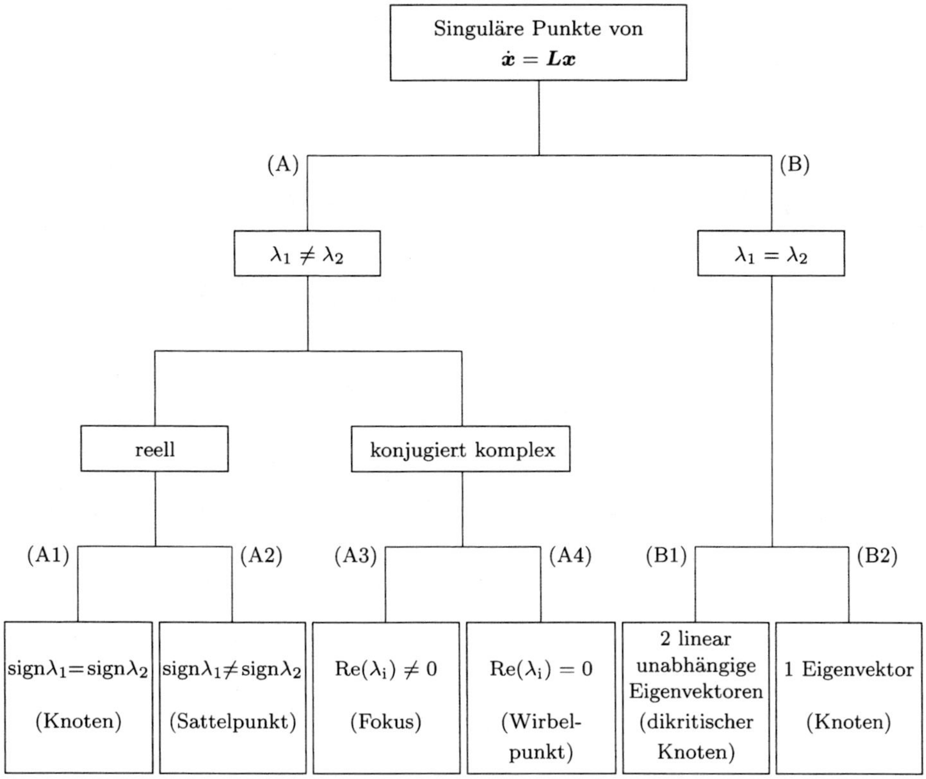

Abb. 3.1.1 Übersicht über die Eigenwerte singulärer Punkte

(A) $\lambda_1 \neq \lambda_2$

Zunächst nehmen wir an, daß $\boldsymbol{L}$ verschiedene Eigenwerte $\lambda_1 \neq \lambda_2$ besitzt, und bezeichnen die zugehörigen Eigenvektoren mit $\boldsymbol{y}_1$, $\boldsymbol{y}_2$, die wir ohne Beschränkung der Allgemeinheit als normiert voraussetzen können.

Wir führen nun neue Koordinaten

$$\bar{\boldsymbol{x}} = \{\bar{x}_1 \quad \bar{x}_2\} \tag{3.1.8}$$

ein, die durch die Transformation

$$\boldsymbol{x} = \boldsymbol{T}\bar{\boldsymbol{x}} \qquad \text{mit} \qquad \boldsymbol{T} = [\boldsymbol{y}_1 \quad \boldsymbol{y}_2] \tag{3.1.9}$$

definiert sind. Die Eigenvektoren $\boldsymbol{y}_1$, $\boldsymbol{y}_2$ sind also die Basisvektoren des neuen Koordinatensystems. Setzen wir die Transformation Gl. (3.1.9) in das vorgelegte System Gl. (3.1.7) ein, so ergibt sich

$$\dot{\bar{\boldsymbol{x}}} = \boldsymbol{D}\bar{\boldsymbol{x}} \qquad \text{mit} \qquad \boldsymbol{D} = \boldsymbol{T}^{-1}\boldsymbol{L}\boldsymbol{T} \tag{3.1.10}$$

Wegen

$$\lambda_i \boldsymbol{y}_i = \boldsymbol{L}\boldsymbol{y}_i$$

läßt sich $\boldsymbol{D}$ wie folgt vereinfachen

$$\begin{aligned} \boldsymbol{D} &= [\boldsymbol{y}_1 \quad \boldsymbol{y}_2]^{-1}\boldsymbol{L}[\boldsymbol{y}_1 \quad \boldsymbol{y}_2] = [\boldsymbol{y}_1 \quad \boldsymbol{y}_2]^{-1}[\boldsymbol{y}_1 \quad \boldsymbol{y}_2]\lceil\lambda_1 \quad \lambda_2\rfloor \\ &= \lceil\lambda_1 \quad \lambda_2\rfloor \end{aligned} \tag{3.1.11}$$

und somit auf Diagonalform reduzieren. Wir betrachten nun das zu Gl. (3.1.7) äquivalente System

$$\begin{aligned} \dot{\bar{x}}_1 &= \lambda_1 \bar{x}_1 \\ \dot{\bar{x}}_2 &= \lambda_2 \bar{x}_2 \end{aligned} \tag{3.1.12}$$

wobei wir insgesamt vier Möglichkeiten für $\lambda_1 \neq \lambda_2$ unterscheiden (s. Abb. 3.1.1).

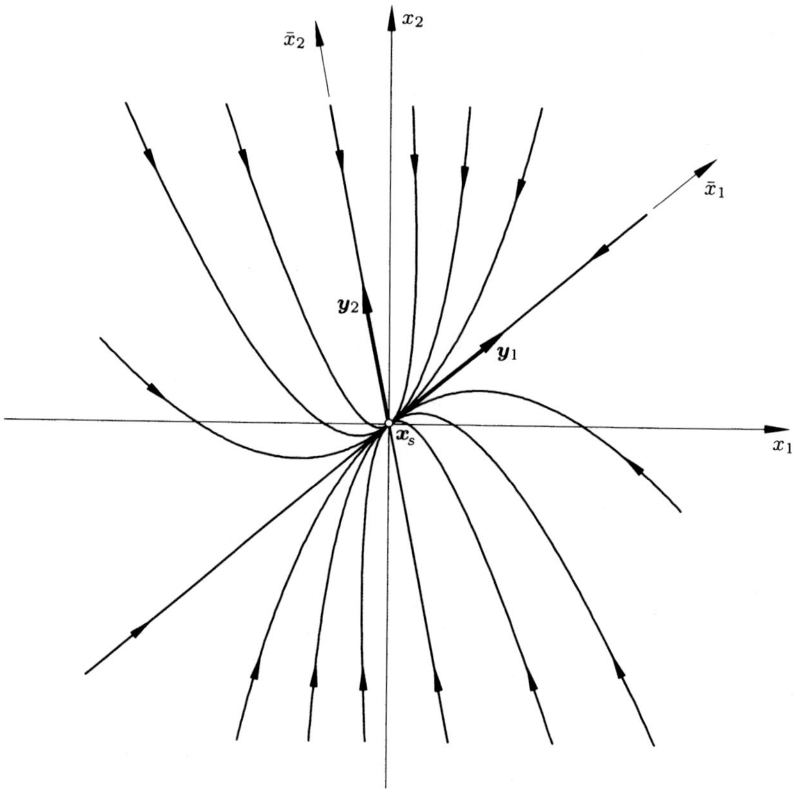

Abb. 3.1.2 Fall **A1**: Stabiler Knoten (λ_1, λ_2 reell; $\lambda_2 < \lambda_1 < 0$)

Sind die Eigenwerte reell, so lautet die Lösung von Gl. (3.1.12) nach Gl. (3.1.6)

$$\bar{x}_1 = C_1 e^{\lambda_1 t}, \qquad \bar{x}_2 = C_2 e^{\lambda_2 t} \tag{3.1.13}$$

oder nach Elimination des Zeitparameters t

$$\bar{x}_2 = C\bar{x}_1^{\lambda_2/\lambda_1} \tag{3.1.14}$$

Wir unterscheiden nun zwei Vorzeichenfälle (s. Abb. 3.1.1):

(A1) $\operatorname{sign}\lambda_1 = \operatorname{sign}\lambda_2$

Haben die Eigenwerte gleiches Vorzeichen, so beschreibt Gl. (3.1.14) eine Schar von Parabeln der Ordnung λ_2/λ_1, die im Ursprung eine gemeinsame Tangente haben (siehe Abb. 3.1.2). Man spricht dann von einem Knoten. Sind die Eigenwerte negativ, so ist der Knoten stabil, wie man aus der Parameterdarstellung Gl. (3.1.13) erkennt, da alle Bahnkurven für $t \to \infty$ gegen den singulären Punkt streben.

(A2) $\operatorname{sign}\lambda_1 \neq \operatorname{sign}\lambda_2$

Sind die Vorzeichen von λ_1 und λ_2 verschieden, so lautet die Lösung

$$\bar{x}_2\bar{x}_1^{|\lambda_2/\lambda_1|} = C \tag{3.1.15}$$

d. h. die Bahnkurven sind Hyperbeln. Der entsprechende singuläre Punkt heißt dann Sattelpunkt (siehe Abb. 3.1.3).

Sind λ_1, λ_2 konjugiert komplex, so läßt sich $\boldsymbol{L}$ durch eine (reelle) lineare Koordinatentransformation $\hat{\boldsymbol{T}}$ stets auf die einfache Form bringen

$$\dot{\hat{\boldsymbol{x}}} = \hat{\boldsymbol{L}}\boldsymbol{x} \quad \text{mit} \quad \hat{\boldsymbol{L}} = \begin{bmatrix} \alpha & -\omega \\ \omega & \alpha \end{bmatrix}$$

Die zu den Eigenwerten $\lambda_{1,2} = \alpha \pm i\omega$ gehörigen Eigenvektoren $\boldsymbol{y}_1$ und $\boldsymbol{y}_2$ sind ebenfalls konjugiert komplex

$$\boldsymbol{y}_1 = \{1 \quad -i\} \qquad \text{und} \qquad \boldsymbol{y}_2 = \{1 \quad i\} = \boldsymbol{y}_1^*$$

und legen nach Gl. (3.1.9) die Transformation von $\hat{\boldsymbol{L}}$ auf Diagonalform fest; hier bezeichnet $\boldsymbol{y}_1^*$ – wie üblich – den konjugiert komplexen Vektor zu $\boldsymbol{y}_1$. Dadurch werden Punkte $\hat{\boldsymbol{x}}$ des reellen Phasenraums in Punkte $\bar{\boldsymbol{x}}$ eines zweidimensionalen komplexen Phasenraums $\mathbb{C}^2$ übergeführt. Die Lösung von Gl. (3.1.12) kann man unmittelbar angeben

$$\bar{x}_{1,2} = C_{1,2} e^{(\alpha \pm i\omega)t} = C_{1,2} e^{\alpha t}(\cos\omega t \pm i \sin\omega t) \tag{3.1.16a}$$

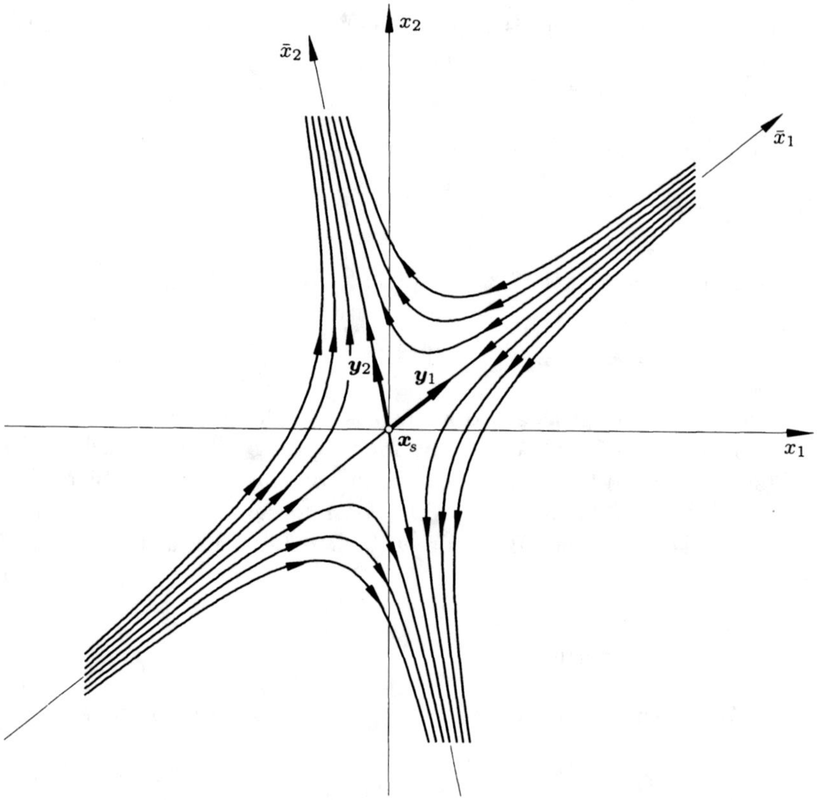

Abb. 3.1.3 Fall **A2**: Sattelpunkt (λ_1, λ_2 reell; $\lambda_1 < 0 < \lambda_2$)

wobei die komplexen Konstanten C_1 und C_2 für $t = 0$ mit den Anfangsbedingungen $\bar{x}_1(0)$ und $\bar{x}_2(0)$ übereinstimmen. Man kann sich nun leicht überlegen, daß C_1 und C_2 konjugiert komplex sind. Aus der Umkehrtransformation von Gl. (3.1.9) für den Startvektor $\hat{\boldsymbol{x}}(0)$

$$\bar{\boldsymbol{x}}(0) = \boldsymbol{T}^{-1}\hat{\boldsymbol{x}}(0) = [\boldsymbol{y}_1 \quad \boldsymbol{y}_1^*]^{-1}\hat{\boldsymbol{x}}(0) = \begin{bmatrix} \boldsymbol{y}_1^{*t} \\ \boldsymbol{y}_1^t \end{bmatrix}\hat{\boldsymbol{x}}(0)$$

erhält man nämlich die Beziehung $\bar{x}_2(0) = \bar{x}_1^*(0)$, d. h. $C_2 = C_1^*$. Damit sind die Lösungen nach Gl. (3.1.16a) ebenfalls konjugiert komplex, d. h. es gilt $\bar{x}_2(t) = \bar{x}_1^*(t)$. Die Rücktransformation in das Ausgangssystem liefert somit eine reelle Lösung

$$\hat{\boldsymbol{x}}(t) = \mathrm{e}^{\alpha t}\begin{bmatrix} \cos\omega t & -\sin\omega t \\ \sin\omega t & \cos\omega t \end{bmatrix}\hat{\boldsymbol{x}}(0) \tag{3.1.16b}$$

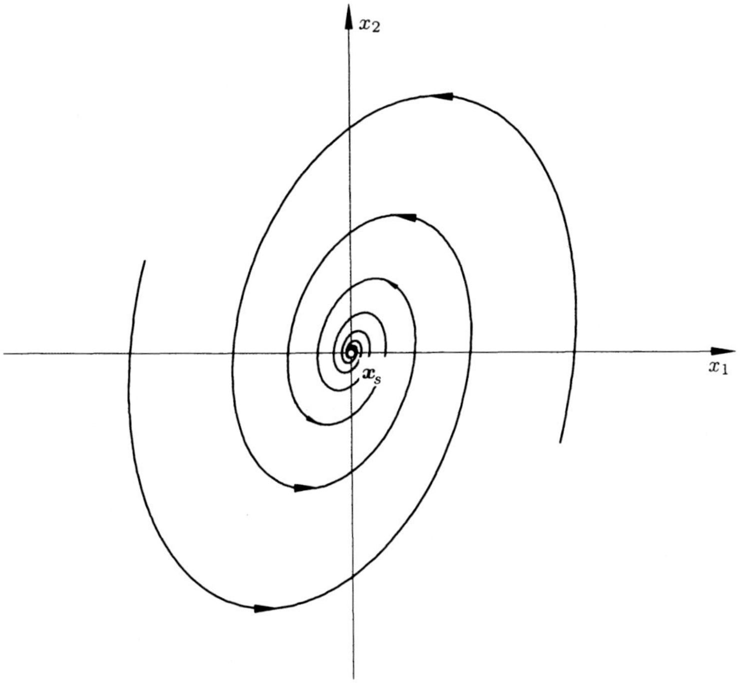

Abb. 3.1.4 Fall **A3**: stabiler Strudelpunkt oder Fokus (λ_1, λ_2 konjugiert komplex; $\mathrm{Re}(\lambda_i) < 0$)

Der Startvektor $\hat{\boldsymbol{x}}(0)$ wird also um einen Winkel ωt gedreht und mit dem Faktor $\mathrm{e}^{\alpha t}$ gedehnt.

Wir unterscheiden wieder zwei Fälle (s. Abb. 3.1.1):

(**A3**) $\quad \alpha = \mathrm{Re}(\lambda_i) \neq 0$

Die Form Gl. (3.1.16b) kann auch als eine Darstellung in Polarkoordinaten interpretiert werden, wobei

$$r = r_0 \mathrm{e}^{\alpha t}, \qquad \varphi = \beta t + \varphi_0 \tag{3.1.17}$$

mit $r_0 = |\hat{\boldsymbol{x}}(0)|$ und $\varphi_0 = \tan^{-1}(\hat{x}_2(0)/\hat{x}_1(0))$ eine Schar von logarithmischen Spiralen beschreibt. Hierbei haben wir in Anlehnung an eine angelsächsische Konvention für den arcus das Umkehrfunktionszeichen benutzt. Ist der Realteil von λ_i negativ, also $\mathrm{Re}(\lambda_i) = \alpha < 0$, so liegt ein stabiler Strudelpunkt oder Fokus vor; für $\alpha > 0$ ist der singuläre Punkt instabil. In Abb. 3.1.4 sind wiederum die Spiralen im ursprünglichen x_1, x_2-Koordinatensystem dargestellt. Durch die lineare Rücktransformation werden sie affin verzerrt.

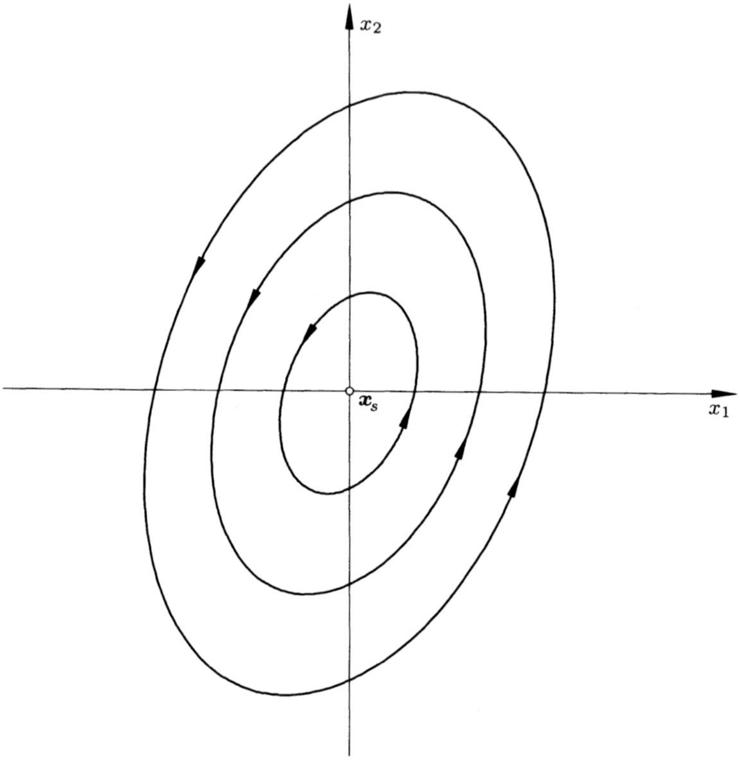

Abb. 3.1.5 Fall **A4**: Wirbelpunkt oder Zentrum (λ_1, λ_2 konjugiert komplex; $\mathrm{Re}(\lambda_i) = 0$)

(**A4**) $\alpha = \mathrm{Re}(\lambda_i) = 0$

Im Sonderfall $\alpha = 0$ ergeben sich als Phasenkurven nach Gl. (3.1.16b) im $\hat{x}_1, \hat{x}_2$-System konzentrische Kreise, deren Mittelpunkt der singuläre Punkt ist. Man spricht dann von einem Wirbelpunkt oder Zentrum. In Abb. 3.1.5 haben wir die Bahnkurven wieder im ursprünglichen x_1, x_2-Koordinatensystem gezeichnet, in dem $\boldsymbol{L}$ eine allgemeine Form hat. Dort ergeben sich konzentrische Ellipsen.

(**B**) $\lambda_1 = \lambda_2 = \lambda$

Wir haben nun noch den Fall gleicher Eigenwerte zu diskutieren, $\lambda_1 = \lambda_2 = \lambda$. Hier unterscheiden wir zwei Möglichkeiten (Abb. 3.1.1):

(**B1**) Es gibt *zwei* linear unabhängige Eigenvektoren $\boldsymbol{y}_1, \boldsymbol{y}_2$ zu λ.

Analog zu Gln. (3.1.10), (3.1.11) läßt sich das System $\dot{\boldsymbol{x}} = \boldsymbol{L}\boldsymbol{x}$ wieder auf Diagonalform bringen, $\dot{\bar{x}}_\mathrm{i} = \lambda \bar{x}_\mathrm{i}$ $(\mathrm{i} = 1, 2)$, und die Lösungen lauten

$$\bar{x}_\mathrm{i} = C_\mathrm{i} \mathrm{e}^{\lambda t} \qquad (\mathrm{i} = 1, 2) \tag{3.1.18a}$$

oder

$$\bar{x}_2 = C \bar{x}_1 \tag{3.1.18b}$$

Es liegt also ein Geradenbüschel vor, und man spricht von einem dikritischen Knoten (siehe Abb. 3.1.6).

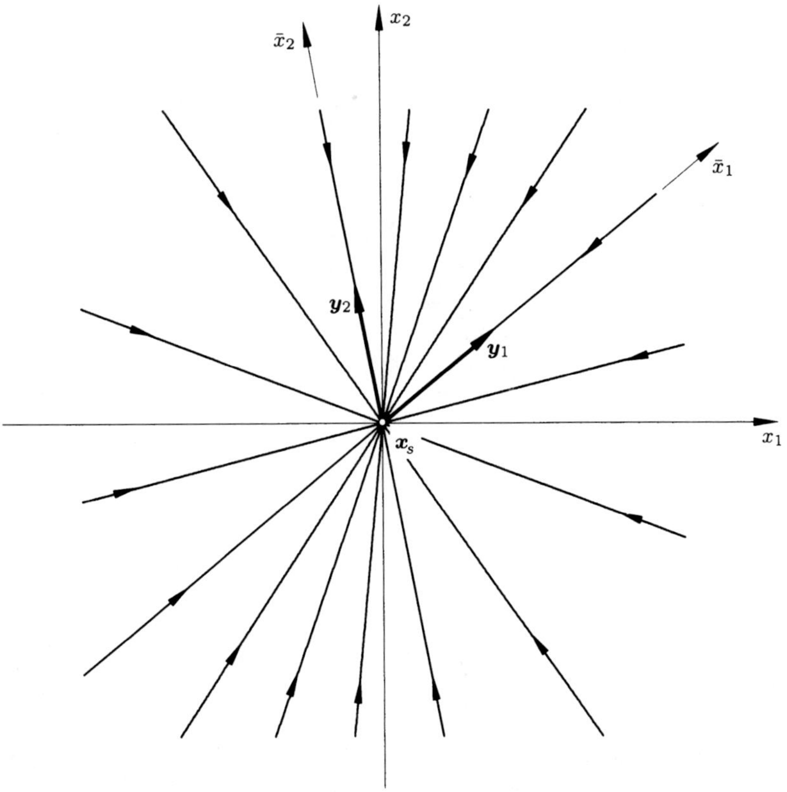

Abb. 3.1.6 Fall **B1**: stabiler dikritischer Knoten ($\lambda_1 = \lambda_2 = \lambda < 0$)

(B2) Es gibt nur *einen* linear unabhängigen Eigenvektor $\boldsymbol{y}$ zu λ.

In diesem Fall gibt es nicht genügend Eigenvektoren, um den gesamten Phasenraum aufzuspannen, und daher läßt sich $\boldsymbol{L}$ nicht mehr auf Diagonalform transformieren. In der Matrizentheorie wird jedoch gezeigt, daß sich eine beliebige nichtdiagonalähnliche (n×n)-Matrix stets eindeutig auf die sogenannte Jordansche Normalform transformieren läßt, wobei jeder Jordan-Block mit einem Eigenvektor korrespondiert (Zurmühl, 1964).

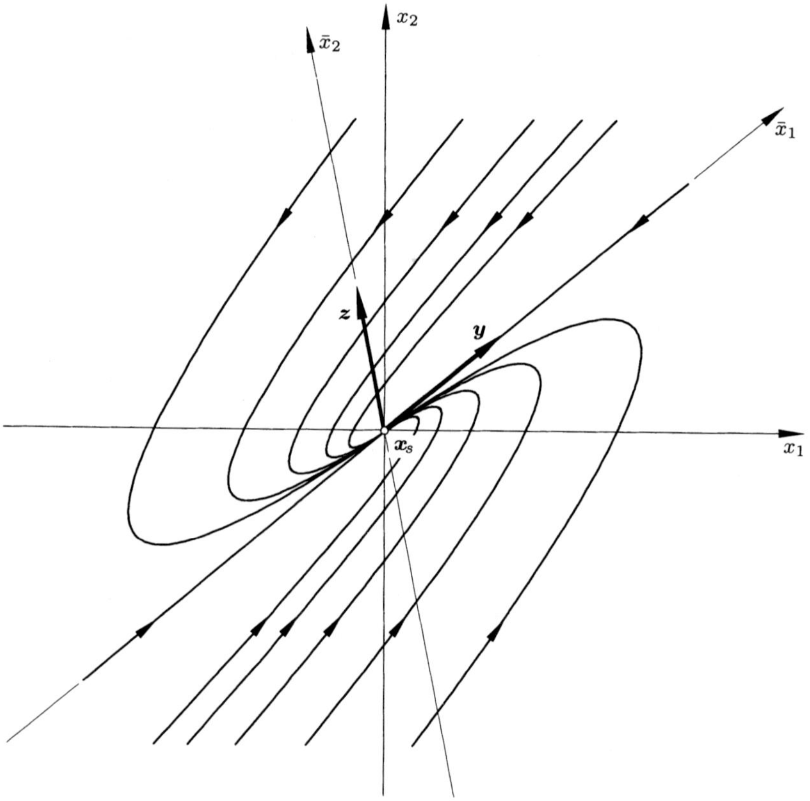

Abb. 3.1.7 Fall **B2**: stabiler Knoten ($\lambda_1 = \lambda_2 = \lambda < 0$). Konstruktion des Hauptvektors $\boldsymbol{z}$

Für n = 2 gibt es also ein ausgezeichnetes $\bar{x}_1, \bar{x}_2$-Koordinatensystem, in dem das System von Differentialgleichungen (3.1.7) auf die Jordansche Normalform

$$\dot{\bar{\boldsymbol{x}}} = \bar{\boldsymbol{L}}\bar{\boldsymbol{x}} \qquad \text{mit} \qquad \bar{\boldsymbol{L}} = \begin{bmatrix} \lambda & 1 \\ 0 & \lambda \end{bmatrix} \tag{3.1.19}$$

gebracht werden kann. Die zugehörige Koordinatentransformation lautet

$$\boldsymbol{x} = \boldsymbol{T}\bar{\boldsymbol{x}} \qquad \text{mit} \qquad \boldsymbol{T} = [\boldsymbol{y} \quad \boldsymbol{z}] \tag{3.1.20}$$

wobei ein zweiter von $\boldsymbol{y}$ linear unabhängiger Vektor $\boldsymbol{z}$, den man als Hauptvektor bezeichnet, gefunden werden muß. Aus

$$\bar{\boldsymbol{L}} = \boldsymbol{T}^{-1}\boldsymbol{L}\boldsymbol{T}$$

folgt durch Multiplikation mit $\boldsymbol{T}$

$$\boldsymbol{T}\bar{\boldsymbol{L}} = \boldsymbol{L}\boldsymbol{T}$$

Berechnet man die Matrizenprodukte

$$\boldsymbol{T}\bar{\boldsymbol{L}} = [\boldsymbol{y} \quad \boldsymbol{z}]\begin{bmatrix} \lambda & 1 \\ 0 & \lambda \end{bmatrix} = [\lambda\boldsymbol{y} \quad (\boldsymbol{y} + \lambda\boldsymbol{z})]$$

und

$$\boldsymbol{L}\boldsymbol{T} = \boldsymbol{L}[\boldsymbol{y} \quad \boldsymbol{z}] = [\lambda\boldsymbol{y} \quad \boldsymbol{L}\boldsymbol{z}]$$

so folgt durch Vergleich der 2. Spalten und Auflösen nach $\boldsymbol{y}$

$$[\boldsymbol{L} - \lambda\boldsymbol{I}]\boldsymbol{z} = \boldsymbol{y} \tag{3.1.21}$$

d. h. man erhält eine Bestimmungsgleichung für den Hauptvektor $\boldsymbol{z}$. Die Lösung des Systems Gl. (3.1.19) läßt sich wie folgt angeben (Braun, 1979)

$$\begin{aligned} \bar{x}_1 &= \mathrm{e}^{\lambda t}(C_1 + C_2 t) \\ \bar{x}_2 &= C_2\mathrm{e}^{\lambda t} \end{aligned} \tag{3.1.22}$$

oder nach Elimination von t

$$\bar{x}_1 = \frac{1}{\lambda}\bar{x}_2(\ln|\bar{x}_2| + C) \tag{3.1.23}$$

Die Bahnkurven in Abb. 3.1.7 münden in den singulären Punkt $\boldsymbol{x}_s$, der auch stabiler Knoten genannt wird. Im Punkt $\boldsymbol{x}_s$ haben die Trajektorien eine gemeinsame Tangente, die mit der Richtung des Eigenvektors $\boldsymbol{y}$ übereinstimmt.

Gleichung (3.1.22) macht deutlich, daß sich die allgemeine Lösung eines linearen Systems von Differentialgleichungen nicht immer in der Form Gl. (3.1.6) schreiben läßt. Diese Bauart ist nur dann gegeben, wenn die Gesamtheit der linear unabhängigen Eigenvektoren tatsächlich den gesamten Phasenraum aufspannt, was sicherlich immer dann gewährleistet ist, wenn alle n Eigenwerte verschieden sind. Ist λ_k jedoch r-fache Nullstelle, so können als Koeffizienten $C_\mathrm{i}(t)$ Polynome vom Grad m $\leqslant$ r $-$ 1 auftreten.

Damit haben wir für den zweidimensionalen Fall das Verhalten der Trajektorien in der Umgebung aller möglichen singulären Punkte diskutiert. In Abb. 3.1.8 sind

Anschaulich haben wir im zweidimensionalen Fall gesehen, daß die Vorzeichen der Realteile der Eigenwerte von $\boldsymbol{L}$ darüber entscheiden, ob die betrachtete Gleichgewichtslage stabil, instabil oder neutral ist. Das Phasenportrait ändert sich grundlegend, wenn die Eigenwerte ihr Vorzeichen wechseln oder imaginär werden.

Kehren wir nun zum allgemeinen n-dimensionalen Fall zurück. Wenn der Realteil eines einzigen Eigenwerts positiv ist, findet man stets eine Bahnkurve, die vom singulären Punkt wegstrebt, so daß er instabil ist. Die Phasenportraits sind dann entweder ein Sattelpunkt oder eine Quelle.

Nun kann man anhand des charakteristischen Polynoms Gl. (3.1.4a) leicht entscheiden, ob für alle $\mathrm{i} = 1, 2, \ldots, \mathrm{n}$ $\mathrm{Re}(\lambda_\mathrm{i}) < 0$ ist. Auskunft darüber gibt der in der klassischen Schwingungslehre oft verwendete Satz von Hurwitz (Bronstein und Semendjajew, 1964), der folgendermaßen lautet:

Das Polynom

$$P(\lambda) = A_0 + A_1\lambda + \ldots + A_\mathrm{n}\lambda^\mathrm{n}$$

habe reelle Koeffizienten, und es sei $A_0 > 0$. Alle Wurzeln λ_i der Gleichung $P(\lambda) = 0$ haben dann und nur dann negative Realteile, wenn alle Determinanten H_i $(\mathrm{i} = 1, 2, \ldots, \mathrm{n})$, gebildet aus den Koeffizienten A_j, positiv sind

$$\begin{aligned}
H_1 &= A_1 \\
H_2 &= \begin{vmatrix} A_1 & A_0 \\ A_3 & A_2 \end{vmatrix} \\
H_3 &= \begin{vmatrix} A_1 & A_0 & 0 \\ A_3 & A_2 & A_1 \\ A_5 & A_4 & A_3 \end{vmatrix} \\
&\vdots \\
H_\mathrm{n} &= \begin{vmatrix} A_1 & A_0 & 0 & \ldots & 0 & 0 \\ A_3 & A_2 & A_1 & \ldots & 0 & 0 \\ \vdots & \vdots & \vdots & & \vdots & \vdots \\ A_{2\mathrm{n}-3} & A_{2\mathrm{n}-4} & A_{2\mathrm{n}-5} & \ldots & A_{\mathrm{n}-1} & A_{\mathrm{n}-2} \\ A_{2\mathrm{n}-1} & A_{2\mathrm{n}-2} & A_{2\mathrm{n}-3} & \ldots & A_{\mathrm{n}+1} & A_\mathrm{n} \end{vmatrix}
\end{aligned} \tag{3.1.24}$$

wobei alle Koeffizienten A_k, die in $P(\lambda)$ nicht auftreten, verschwinden

$$A_\mathrm{k} = 0 \qquad (\text{für } \mathrm{k} > \mathrm{n})$$

Am Beispiel des linearisierten Pendels mit Reibung wollen wir den Charakter des singulären Punktes bestimmen.

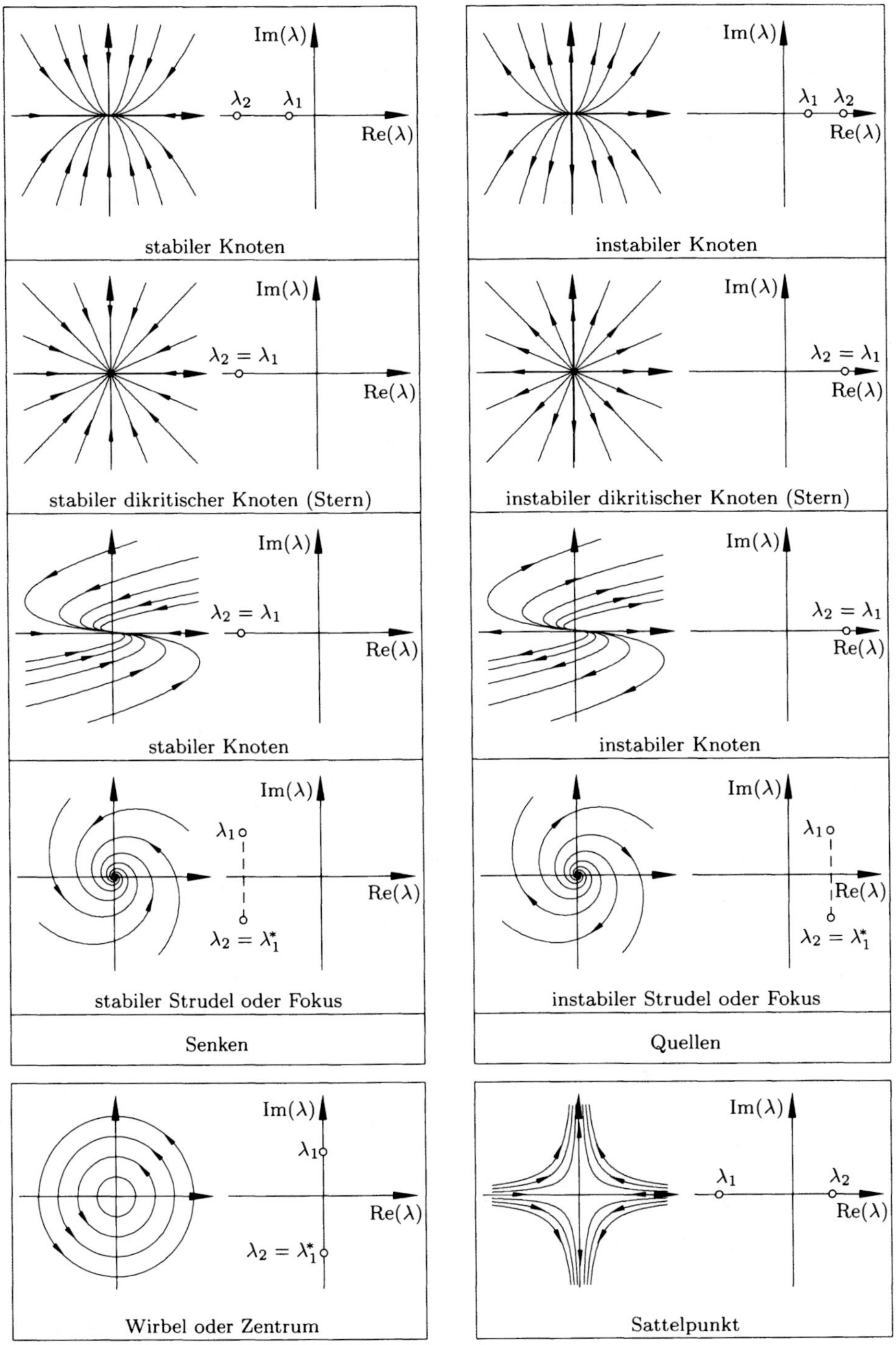

Abb. 3.1.8 Übersicht über die Singularitäten, Phasenportraits und Eigenwerte

Freies Pendel mit viskoser Dämpfung

Wir schreiben die linearisierte Bewegungsgleichung in der Form

$$\ddot{x} + 2\zeta\omega_0\dot{x} + \omega_0^2 x = 0 \tag{3.1.25}$$

und führen sie durch die Substitution $x_1 = x$, $x_2 = \dot{x}$ über in folgendes lineares System

$$\begin{bmatrix} \dot{x}_1 \\ \dot{x}_2 \end{bmatrix} = \boldsymbol{L}\begin{bmatrix} x_1 \\ x_2 \end{bmatrix} \quad \text{mit} \quad \boldsymbol{L} = \begin{bmatrix} 0 & 1 \\ -\omega_0^2 & -2\zeta\omega_0 \end{bmatrix} \tag{3.1.26}$$

Für den unterkritisch gedämpften Fall $0 < \zeta < 1$ ergeben sich zwei konjugiert komplexe Eigenwerte $\lambda_{1,2} = \omega_0(-\zeta \pm i\sqrt{1-\zeta^2})$. Wir schreiben die Lösung wieder im transformierten System in Polarkoordinaten (Fall **A3**), um eine einfache Interpretation der Bahnkurven zu erhalten

$$\begin{aligned} r &= r_0 \mathrm{e}^{-\zeta\omega_0 t} \\ \varphi &= \omega_0\sqrt{1-\zeta^2}\, t + \varphi_0 \end{aligned} \tag{3.1.27}$$

d. h. die Bahnkurven sind logarithmische Spiralen, die in den singulären Punkt münden, der für $\zeta < 1$ Fokus oder Punktattraktor genannt wird (Abb. 3.1.9). Da durch die Dämpfung ständig Energie verlorengeht, werden die Ausschläge des Pendels immer kleiner, bis es schließlich in der Gleichgewichtslage $\boldsymbol{x}_s$ zur Ruhe kommt. Bei verschwindender Dämpfung degenerieren die Spiralen zu geschlossenen elliptischen Bahnen um $\boldsymbol{x}_s$.

Gelegentlich ist es zweckmäßig, die Lösung des linearen Differentialgleichungssystems (3.1.1) zu einer Anfangsbedingung $\boldsymbol{x}(t_0) = \boldsymbol{x}_0$ in folgender kompakten Form zu schreiben (Arnol'd, 1980; Braun, 1979)

$$\boldsymbol{x}(t) = \mathrm{e}^{\boldsymbol{L}t}\boldsymbol{x}_0 \tag{3.1.28}$$

wobei die Exponentialfunktion der (n × n)-Matrix $\boldsymbol{L}t$ durch die Reihenentwicklung

$$\mathrm{e}^{\boldsymbol{L}t} = \boldsymbol{I} + \boldsymbol{L}t + \frac{(\boldsymbol{L}t)^2}{2!} + \ldots = \sum_{\mathrm{k}=0}^{\infty} \frac{1}{\mathrm{k}!}(\boldsymbol{L}t)^{\mathrm{k}} \tag{3.1.29}$$

definiert ist. Infolge der gleichmäßigen Konvergenz dieser Reihe dürfen Differentiation und Summenbildung vertauscht werden, und man kann sofort zeigen, daß Gl. (3.1.28) die Lösung der Ausgangsgleichung (3.1.1) ist. Es gilt nämlich

$$\dot{\boldsymbol{x}}(t) = \boldsymbol{L}\mathrm{e}^{\boldsymbol{L}t}\boldsymbol{x}_0 = \boldsymbol{L}\boldsymbol{x}(t) \tag{3.1.30}$$

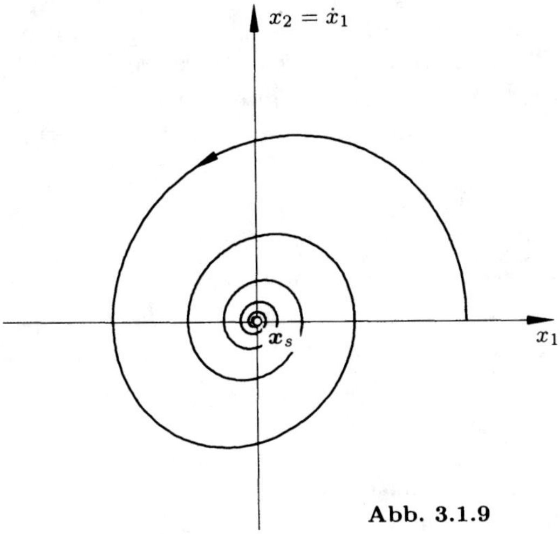

Abb. 3.1.9
Bahnkurve eines freien Pendels mit viskoser Dämpfung; $\boldsymbol{x}_s$ ist Punktattraktor

3.2 Nichtlineare Systeme und Stabilität

Abgesehen von Sonderfällen liegen für nichtlineare Systeme von gewöhnlichen Differentialgleichungen des Typs Gl. (2.3.3) keine allgemeinen Methoden vor, um Lösungen explizit anzugeben. Häufig tritt das Interesse an quantitativen Aussagen, wie spezifischen Bahnkurven, gegenüber einer qualitativen, z. B. der Klassifikation singulärer Punkte, in den Hintergrund. Dies wird besonders deutlich, wenn wir beispielsweise an den unendlichdimensionalen Fall der Umströmung eines Körpers mit einer Flüssigkeit denken. Wichtiger als Aussagen über Ort und Geschwindigkeit eines einzelnen Flüssigkeitsteilchens ist die Beantwortung der Frage, an welchen Stellen Wirbel auftreten bzw. wann die Strömung turbulent wird. Ein weiteres Beispiel ist die in Abschnitt 9.5 eingehender behandelte Duffing-Gleichung. Hier interessiert man sich z. B. dafür, bei welchen Erregeramplituden Periodenverdopplungen auftreten und wann die Bewegung schließlich chaotisch wird. Geometrische und topologische Aspekte der Lösungskurven spielen dabei eine große Rolle, also globale Eigenschaften des Phasenportraits, wie etwa die orbitale Stabilität einer Trajektorie. Wie wir später in Kapitel 6 sehen werden und im linearen Fall bereits diskutiert haben, kann sich das Verhalten eines dynamischen Prozesses grundlegend ändern, wenn aufgrund einer Modifikation der Systemparameter der Realteil eines Eigenwerts einen Nulldurchgang erfährt.

Viele Autoren haben sich eingehend mit der Theorie von Systemen gewöhnlicher Differentialgleichungen beschäftigt; der interessierte Leser sei z. B. auf Darstellungen von Arnol'd (1980), Haken (1983a), Guckenheimer und Holmes (1983) und Wiggins (1990) verwiesen.

In vielen physikalischen Anwendungen wird man sich zunächst um qualitative Aussagen bemühen, d. h. man wird die Gleichgewichtslagen aufsuchen, die sich dadurch auszeichnen, daß die Änderung der Zustandsvariablen Null ist ($\dot{\boldsymbol{x}} = \boldsymbol{o}$). Ferner ist man daran interessiert, ob das Verhalten für $t \to \infty$ – das zum Beispiel als Gleichgewichtszustand, als periodische Lösung oder als irreguläre Bewegung auftreten kann – stabil ist. Wie wir in der Einleitung gesehen haben, hat die Frage nach der Stabilität – und insbesondere der unseres Sonnensystems – für $t \to \infty$ viele Mathematiker und Physiker herausgefordert.

Wir wollen zunächst aus der Form und den Eigenschaften des Differentialgleichungssystems einige Schlüsse ziehen. Man kann über die Existenz und Eindeutigkeit von Lösungen folgende Aussage machen: Das Anfangswertproblem

$$\dot{\boldsymbol{x}} = \boldsymbol{F}(\boldsymbol{x}), \qquad \boldsymbol{x}(t_0) = \boldsymbol{x}_0 \tag{3.2.1}$$

wobei $\boldsymbol{F}$ eine nichtlineare Vektorfunktion von $\boldsymbol{x}$ ist, hat genau eine Lösung, wenn die Funktionen F_{j} stetig partiell nach den Variablen $x_1, x_2, \ldots, x_{\mathrm{n}}$ differenzierbar sind. Durch jeden (nichtsingulären) Punkt $\boldsymbol{x}$ des Phasenraums, der zu einem autonomen System von Differentialgleichungen gehört, verläuft also genau eine Phasenkurve, d. h. die Trajektorien können sich nicht schneiden.

Da bei einem autonomen System die Zeit nicht explizit auftritt, ist das System invariant gegenüber einer Zeitverschiebung, d. h. gegenüber einer Transformation $\tau = t + c$. Daher kann man sich bei einem Anfangswertproblem stets auf $t = 0$ beziehen.

Einen ersten Überblick über das Lösungsverhalten eines nichtlinearen Systems Gl. (3.2.1) vermitteln singuläre Punkte oder stationäre Lösungen $\boldsymbol{x}_s$, die durch $\dot{\boldsymbol{x}}_s = \boldsymbol{o}$ gekennzeichnet sind, und die Bahnkurven in der Umgebung dieser Gleichgewichtslagen. Aus diesem Grund betrachten wir einen dem singulären Punkt $\boldsymbol{x}_s$ benachbarten Punkt $\boldsymbol{x}$ im Phasenraum, indem wir den Gleichgewichtszustand $\boldsymbol{x}_s$ mit $\tilde{\boldsymbol{x}}$ stören

$$\boldsymbol{x} = \boldsymbol{x}_s + \tilde{\boldsymbol{x}} \qquad \text{mit} \qquad |\tilde{\boldsymbol{x}}| \ll 1 \tag{3.2.2}$$

Setzt man Gl. (3.2.2) in Gl. (3.2.1) ein und entwickelt $\boldsymbol{F}$ in eine Taylorreihe in der Umgebung von $\boldsymbol{x}_s$, so erhält man

$$\begin{aligned} \dot{\boldsymbol{x}} &= \dot{\boldsymbol{x}}_s + \dot{\tilde{\boldsymbol{x}}} \\ &= \boldsymbol{F}(\boldsymbol{x}_s) + \left.\frac{\partial \boldsymbol{F}}{\partial \boldsymbol{x}}\right|_{\boldsymbol{x}_s} \tilde{\boldsymbol{x}} + \mathcal{O}(\tilde{\boldsymbol{x}}^2) \end{aligned} \tag{3.2.3}$$

wobei

$$\left.\frac{\partial \boldsymbol{F}}{\partial \boldsymbol{x}}\right|_{\boldsymbol{x}_s} = \boldsymbol{D}(\boldsymbol{x}_s)$$

die Jacobi-Matrix ist, die die partiellen Ableitungen der Funktionen F_j nach den Variablen x_k enthält. In der Literatur wird für die Jacobi-Matrix gelegentlich auch die Bezeichnung $\boldsymbol{J}$ verwendet, insbesondere im Zusammenhang mit Koordinatentransformationen; siehe Gl. (4.2.34). In $\mathcal{O}(\tilde{\boldsymbol{x}}^2)$ sind alle Glieder höherer Ordnung in $\tilde{\boldsymbol{x}}$ zusammengefaßt. In erster Näherung können wir das linearisierte System

$$\dot{\tilde{\boldsymbol{x}}} = \boldsymbol{D}(\boldsymbol{x}_s)\tilde{\boldsymbol{x}} \tag{3.2.4}$$

betrachten. Für singuläre Punkte $\boldsymbol{x}_s$ ist $\boldsymbol{D}$ eine konstante Matrix. In Abschnitt 3.1 haben wir gesehen, daß das Vorzeichen der Realteile der Eigenwerte von $\boldsymbol{D}$ über das Stabilitätsverhalten der Lösungen entscheidet.

Nach einem von Hartman und Grobman bewiesenen Satz (Guckenheimer und Holmes, 1983) kann für den Fall, daß *kein* Eigenwert von $\boldsymbol{D}(\boldsymbol{x}_s)$ verschwindet bzw. rein imaginär ist, die Klassifikation der singulären Punkte des nichtlinearen Systems Gl. (3.2.1) anhand des *linearisierten* Systems Gl. (3.2.4) durchgeführt werden. Eine eingehendere Darstellung wird der Leser in Abschnitt 5.4.1 finden.

Ein singulärer Punkt $\boldsymbol{x}_s$, für den die Eigenwerte der zugehörigen Jacobi-Matrix $\boldsymbol{D}(\boldsymbol{x}_s)$ nichtverschwindende Realteile besitzen, heißt ein *hyperbolischer* oder *nichtdegenerierter Fixpunkt.* Falls es einen Index j gibt, für den $\mathrm{Re}(\lambda_j) = 0$ gilt, so spricht man von einem *nichthyperbolischen* oder *degenerierten Fixpunkt.* In diesem Fall entscheiden die nichtlinearen Terme über das Stabilitätsverhalten (Näheres siehe Abschnitt 6.2). In Abb. 3.2.1 sind die Phasenportraits der nichtdegenerierten Fixpunkte nichtlinearer Systeme für $n = 2$ dargestellt, die sich nach dem Satz von Hartman und Grobman aufgrund der Eigenwerte des linearisierten Systems klassifizieren lassen.

Bisher hatten wir den Begriff der Stabilität lokal verwendet, um das Verhalten der Lösungen in der Umgebung eines Gleichgewichtspunktes zu charakterisieren. Der Begriff kann jedoch viel allgemeiner gefaßt werden.

Zu diesem Zweck betrachten wir eine Referenzlösung $\boldsymbol{x}_r = \boldsymbol{x}_r(t)$ des Anfangswertproblems Gl. (3.2.1) mit der Anfangsbedingung $\boldsymbol{x}_r(0) = \boldsymbol{x}_{r0}$. Bei physikalischen Problemen lassen sich aufgrund von Meßungenauigkeiten die Anfangsbedingungen nicht beliebig genau angeben. Ebenso ist bei einer numerischen Berechnung mit Hilfe des Computers die Genauigkeit der Anfangsbedingungen dadurch eingeschränkt, daß man $\boldsymbol{x}_{r0}$ nur mit einer endlichen Stellenzahl charakterisieren kann. Von entscheidendem Interesse ist daher, inwieweit die gesamte Lösung empfindlich auf kleine Abweichungen in den Anfangsbedingungen reagiert.

Man wird intuitiv eine Trajektorie durch den Anfangspunkt $\boldsymbol{x}_{r0}$ dann als stabil bezeichnen, wenn alle Kurven, die anfänglich in der Nähe von $\boldsymbol{x}_{r0}$ starten, zu allen späteren Zeitpunkten in der Nähe der Ausgangskurve bleiben. Präzisiert heißt die Lösung $\boldsymbol{x}_r(t)$ im Lyapunovschen Sinne stabil, wenn für ein beliebig kleines Maß $\varepsilon > 0$ ein $\delta > 0$ ($\delta = \delta(\varepsilon)$, also nur eine Funktion von ε und nicht der Zeit t) existiert, so daß für jede Lösung $\boldsymbol{x}(t)$ von Gl. (3.2.1) mit der Startbedingung

$$|\boldsymbol{x}(t_0) - \boldsymbol{x}_r(t_0)| < \delta(\varepsilon)$$

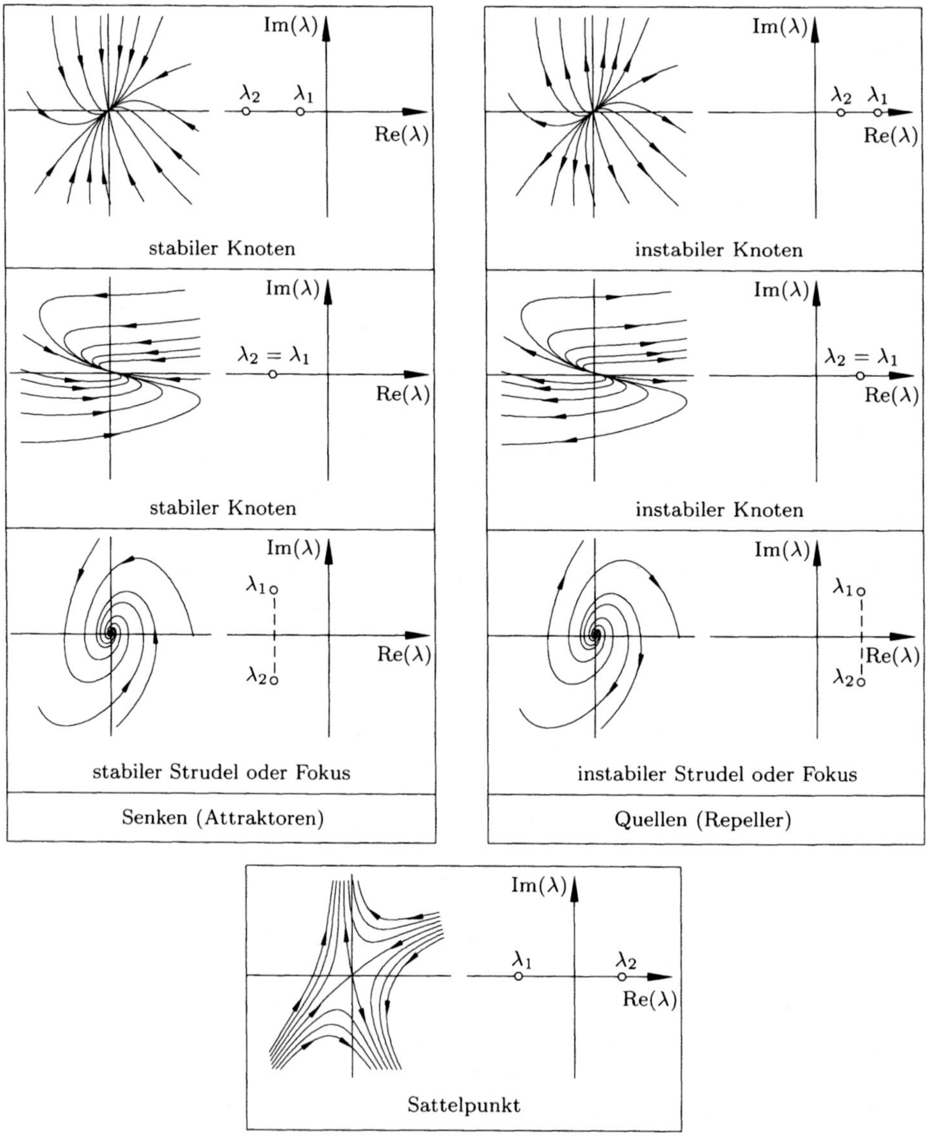

Abb. 3.2.1 Klassifikation der nichtdegenerierten Fixpunkte für n = 2

gilt

$$|\boldsymbol{x}(t) - \boldsymbol{x}_r(t)| < \varepsilon \qquad \text{für alle } t > t_0 \tag{3.2.5}$$

(siehe Abb. 3.2.2). Kann man zu einer vorgegebenen ε-Umgebung eine solche δ-Umgebung nicht finden, so heißt $\boldsymbol{x}_r(t)$ *instabil.*

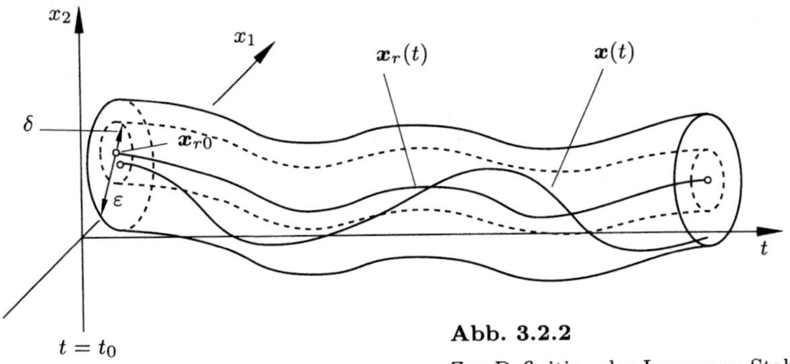

Abb. 3.2.2

Zur Definition der Lyapunov-Stabilität

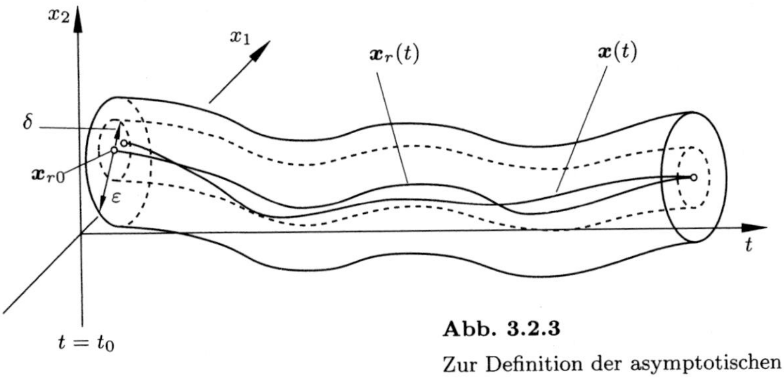

Abb. 3.2.3

Zur Definition der asymptotischen Stabilität

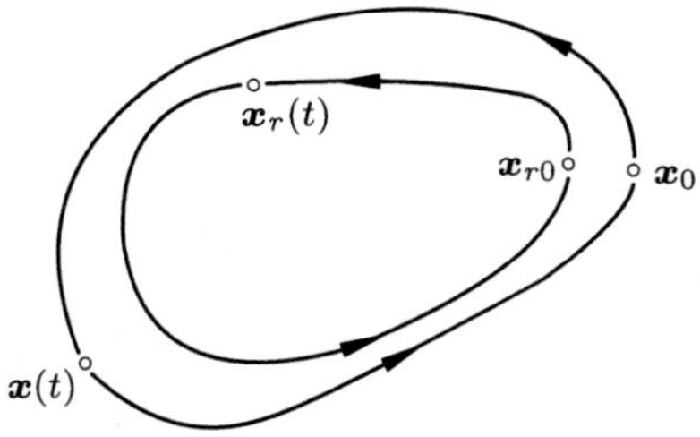

Abb. 3.2.4

Beispiel für orbitale Stabilität

Mit dieser Definition ist zunächst nichts darüber ausgesagt, ob benachbarte Bahnkurven der Ausgangskurve für $t \to \infty$ beliebig nahe kommen. Wenn ja, dann bezeichnet man diesen Sonderfall als *asymptotische Stabilität* (siehe Abb. 3.2.3). Eine stabile Trajektorie heißt also asymptotisch stabil, wenn zusätzlich zur Lyapunov-Stabilität gilt

$$\lim_{t\to\infty} |\boldsymbol{x}(t) - \boldsymbol{x}_r(t)| = 0 \tag{3.2.6}$$

Ein Beispiel asymptotischer Stabilität ist für einen Einfreiheitsgrad-Schwinger der Fixpunkt von Abb. 2.2.2 oder der Grenzzyklus (Abb. 2.2.3).

Es kann nun noch der Fall auftreten, daß die Lösungskurven als Ganzes benachbart bleiben, daß jedoch die „Umlaufzeiten“ der Punkte stark voneinander abweichen. Dann spricht man von *orbitaler Stabilität*, Abb. 3.2.4 (Haken, 1982).

Wir wollen den Begriff der asymptotischen Stabilität einer Lösung anhand eines Beispiels verdeutlichen. Dazu betrachten wir einen viskos gedämpften linearen Schwinger mit einer periodischen Erregerkraft, dessen Bewegungsgleichung folgendermaßen lautet, siehe Gl. (2.2.3),

$$\ddot{x} + 2\zeta\omega_0\dot{x} + \omega_0^2 x = C\sin\omega_E t \qquad (0 < \zeta < 1) \tag{3.2.7}$$

Man erhält die Lösung dieser linearen Differentialgleichung 2. Ordnung durch Superposition der allgemeinen Lösung des nichterregten (homogenen) Systems und eines partikulären Integrals der inhomogenen Gleichung. Zunächst bestimmen wir die allgemeine Lösung der homogenen Differentialgleichung. Das dazu äquivalente System 1. Ordnung läßt sich mit der Substitution $x_1 = x$, $x_2 = \dot{x}$ auf die Form

$$\dot{\boldsymbol{x}} = \boldsymbol{L}\boldsymbol{x} \qquad \text{mit} \qquad \boldsymbol{L} = \begin{bmatrix} 0 & 1 \\ -\omega_0^2 & -2\zeta\omega_0 \end{bmatrix} \tag{3.2.8}$$

bringen. Für $0 < \zeta < 1$ besitzt $\boldsymbol{L}$ zwei konjugiert komplexe Eigenwerte

$$\lambda_1 = \omega_0(-\zeta + i\sqrt{1-\zeta^2}\,), \qquad \lambda_2 = \lambda_1^* \tag{3.2.9}$$

Die zugehörigen Eigenvektoren ergeben sich aus der Beziehung

$$[\boldsymbol{L} - \lambda_\mathrm{i}\boldsymbol{I}]\boldsymbol{y}_\mathrm{i} = \boldsymbol{o} \qquad (\mathrm{i} = 1,2) \tag{3.2.10}$$

bis auf einen Proportionalitätsfaktor zu

$$\boldsymbol{y}_1 = \begin{bmatrix} 1 \\ \lambda_1 \end{bmatrix}, \quad \boldsymbol{y}_2 = \begin{bmatrix} 1 \\ \lambda_1^* \end{bmatrix} = y_1^* \tag{3.2.11}$$

Nach Gl. (3.1.6) lautet damit die allgemeine Lösung des homogenen Systems

$$\boldsymbol{x}(t) = \sum_{\mathrm{i}=1}^{2} C_\mathrm{i}\mathrm{e}^{\lambda_\mathrm{i} t}\boldsymbol{y}_\mathrm{i} = C_1\mathrm{e}^{\lambda_1 t}\begin{bmatrix} 1 \\ \lambda_1 \end{bmatrix} + C_1^*\mathrm{e}^{\lambda_1^* t}\begin{bmatrix} 1 \\ \lambda_1^* \end{bmatrix} \tag{3.2.12}$$

Hierbei haben wir die Beziehung $C_2 = C_1^*$ verwendet, auf die wir im Fall **A3**, Abschnitt 3.1, hingewiesen hatten. Setzt man

$$C_1 = \frac{B}{2}\mathrm{e}^{-i\beta} \qquad \text{und} \qquad \omega_D = \omega_0\sqrt{1-\zeta^2} \tag{3.2.13}$$

so ergibt sich aus Gl. (3.2.12)

$$\boldsymbol{x}(t) = 2\,\mathrm{Re}\big(C_1 \mathrm{e}^{\lambda_1 t}\boldsymbol{y}_1\big) = B\mathrm{e}^{-\zeta\omega_0 t}\,\mathrm{Re}\left(\mathrm{e}^{i(\omega_D t-\beta)}\begin{bmatrix} 1 \\ -\zeta\omega_0 + i\omega_D \end{bmatrix}\right)$$

oder unter Verwendung der Eulerschen Formel

$$\boldsymbol{x}(t) = B\mathrm{e}^{-\zeta\omega_0 t}\begin{bmatrix} \cos(\omega_D t-\beta) \\ -\zeta\omega_0\cos(\omega_D t-\beta) - \omega_D\sin(\omega_D t-\beta) \end{bmatrix} \tag{3.2.14}$$

wobei sich die Integrationskonstanten B und β aus der Anfangsbedingung $\boldsymbol{x}_0$ berechnen lassen und ω_D die gedämpfte Eigenfrequenz bedeutet. Zur Bestimmung der allgemeinen Lösung von Gl. (3.2.7) benötigen wir noch ein partikuläres Integral der inhomogenen Differentialgleichung. Dieses kann man entweder durch Variation der Konstanten B und β berechnen, siehe (Braun, 1979), oder man wählt für x den Ansatz

$$x = A\sin(\omega_E t - \alpha) \tag{3.2.15}$$

und bestimmt A und α durch Einsetzen in Gl. (3.2.7). Man erhält die Beziehung

$$A(\omega_0^2 - \omega_E^2)\sin(\omega_E t-\alpha) + 2A\zeta\omega_0\omega_E\cos(\omega_E t-\alpha) = C\sin\omega_E t$$

Daraus ergeben sich die Konstanten A und α zu

$$\begin{aligned} \alpha &= \tan^{-1}\frac{2\zeta\omega_0\omega_E}{\omega_0^2-\omega_E^2} \\ A &= \frac{C}{2\zeta\omega_0\omega_E}\sin\alpha \end{aligned} \tag{3.2.16}$$

In x_1, x_2-Koordinaten lautet damit die allgemeine Lösung

$$\boldsymbol{x}(t) = \begin{bmatrix} B\mathrm{e}^{-\zeta\omega_0 t}\cos(\omega_D t-\beta) + A\sin(\omega_E t-\alpha) \\ -B\mathrm{e}^{-\zeta\omega_0 t}\big(\zeta\omega_0\cos(\omega_D t-\beta) + \omega_D\sin(\omega_D t-\beta)\big) + A\omega_E\cos(\omega_E t-\alpha) \end{bmatrix} \tag{3.2.17}$$

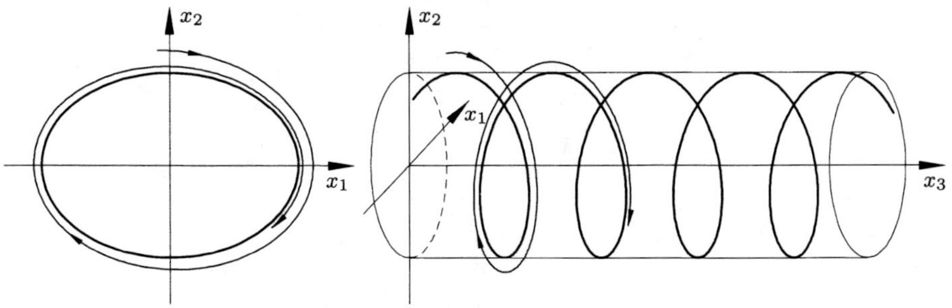

Abb. 3.2.5 Asymptotische Stabilität, Grenzzyklus

In Abb. 3.2.5 haben wir die Lösungen im erweiterten Phasenraum sowie ihre Projektion auf die x_1, x_2-Phasenebene aufgetragen. Die partikuläre Lösung stellt im erweiterten Phasenraum eine Schraubenlinie dar, deren Projektion auf die x_1, x_2-Ebene eine Ellipse ist. Aus Gl. (3.2.17) ergibt sich, daß für $0 < \zeta < 1$ und $t \to \infty$ alle Bahnkurven gegen diese Ellipse streben, die somit einen Grenzzyklus, eine asymptotisch stabile Kurve, darstellt. Es zeigt sich auch hier, daß das Vorzeichen des Realteils der Eigenwerte Gl. (3.2.9) über das Stabilitätsverhalten entscheidet.

3.3 Invariante Mannigfaltigkeiten

Invariante Mannigfaltigkeiten spielen eine besondere Rolle bei der Betrachtung linearer und nichtlinearer Differentialgleichungssysteme. Geometrisch gesehen sind sie Gebilde im Phasenraum, die als Gesamtheit invariant sind gegenüber der Dynamik des Systems. Ein triviales Beispiel sind die Trajektorien, auch Fixpunkt, Grenzzyklus und Torus sind invariante Mannigfaltigkeiten.

Wir benötigen zur Beschreibung der invarianten Mannigfaltigkeiten einige Definitionen, die wir anhand zweier Beispiele für den zwei- und dreidimensionalen Raum veranschaulichen wollen. Betrachten wir zunächst die lineare Approximation des Differentialgleichungssystems in der Umgebung eines Sattelpunkts (siehe Abb. 3.1.3). Wählen wir als Anfangsbedingung irgendeinen Punkt auf einer der Achsen $\bar{x}_1, \bar{x}_2$, die durch die Eigenvektoren $\boldsymbol{y}_1, \boldsymbol{y}_2$ gegeben sind, so bleiben definitionsgemäß die Lösungen für alle Zeiten auf dieser Geraden. Man bezeichnet den zum Eigenvektor $\boldsymbol{y}_1$ ($\lambda_1 < 0$) gehörigen linearen Unterraum als stabile, den zu $\boldsymbol{y}_2$ ($\lambda_2 > 0$) gehörigen als instabile *invariante Mannigfaltigkeit.* Entsprechende Unterräume können wir für den Sattelpunkt eines nichtlinearen Systems definieren (Abb. 3.3.1).

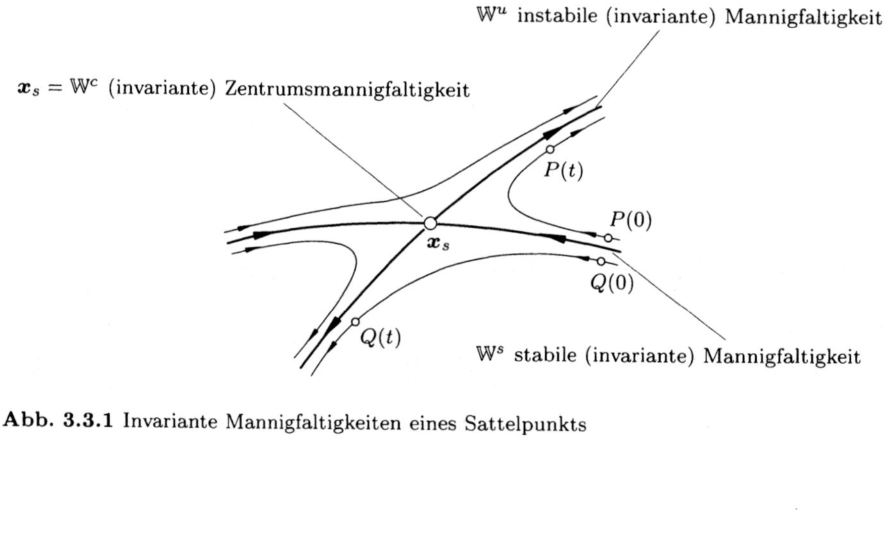

Abb. 3.3.1 Invariante Mannigfaltigkeiten eines Sattelpunkts

Unter einer *stabilen* invarianten Mannigfaltigkeit $\mathbb{W}^s$ eines singulären Punkts $\boldsymbol{x}_s$ versteht man die Gesamtheit aller Punkte $\boldsymbol{x}$, die Startwerte von Trajektorien sind und für $t \to \infty$ gegen $\boldsymbol{x}_s$ streben. Die zu den Eigenvektoren gehörigen Eigenwerte haben negative Realteile. Eine *instabile* invariante Mannigfaltigkeit $\mathbb{W}^u$ eines singulären Punkts $\boldsymbol{x}_s$ ist definiert als die Gesamtheit von Punkten $\boldsymbol{x}$, die Startwerte von Bahnkurven sind und für $t \to -\infty$ gegen $\boldsymbol{x}_s$ streben. Die einer instabilen Mannigfaltigkeit entsprechenden Eigenvektoren gehören zu Eigenwerten mit positiven Realteilen. Alle Startpunkte von Trajektorien, die weder von $\boldsymbol{x}_s$ angezogen noch abgestoßen werden, liegen auf einer sogenannten invarianten *Zentrumsmannigfaltigkeit* $\mathbb{W}^c$ (Näheres siehe Abschnitt 6.2). Im Beispiel von Abb. 3.3.1 ist die Zentrumsmannigfaltigkeit entartet und stimmt mit dem Sattelpunkt $\boldsymbol{x}_s$ überein.

Betrachten wir nun zwei nahe benachbarte Startwerte $P(0)$ und $Q(0)$, die auf verschiedenen Seiten der invarianten Mannigfaltigkeit $\mathbb{W}^s$ liegen (siehe Abb. 3.3.1). Sie werden für $t \to \infty$ in vollkommen verschiedene Teile des Phasenraums gelangen. Die stabilen invarianten Mannigfaltigkeiten eines Sattelpunktes werden daher gelegentlich auch als Separatrizen bezeichnet.

Man kann in analoger Weise invariante Mannigfaltigkeiten auch im dreidimensionalen Raum für Grenzzyklen (Abb. 3.3.2), im vierdimensionalen Raum für Tori usw. definieren.

Die bisherigen Überlegungen zeigen, daß man sich bereits einen guten globalen Überblick über die Struktur des Phasenraums verschaffen kann, wenn man für das System von Differentialgleichungen (2.3.3) die Attraktoren und die zugehörigen invarianten stabilen und instabilen Mannigfaltigkeiten bestimmt.

Zum Schluß wollen wir noch anmerken, daß, aufgrund der Eindeutigkeit der Lösungen eines Systems Gl. (2.3.3), eine stabile Mannigfaltigkeit $\mathbb{W}^s$ sich selbst nicht kreuzen kann, noch können sich zwei verschiedene $\mathbb{W}^s$ schneiden. Jedoch sind Schnittpunkte von stabilen $\mathbb{W}^s$ und instabilen $\mathbb{W}^u$ möglich. In der Umgebung solcher Schnittpunkte können sie ein sehr komplexes Verhalten der Trajektorien verursachen. Wir werden in den Abschnitten 4.5 und 9.5 noch auf diese Verhältnisse im Zusammenhang mit sogenannten homoklinen Punkten zurückkommen.

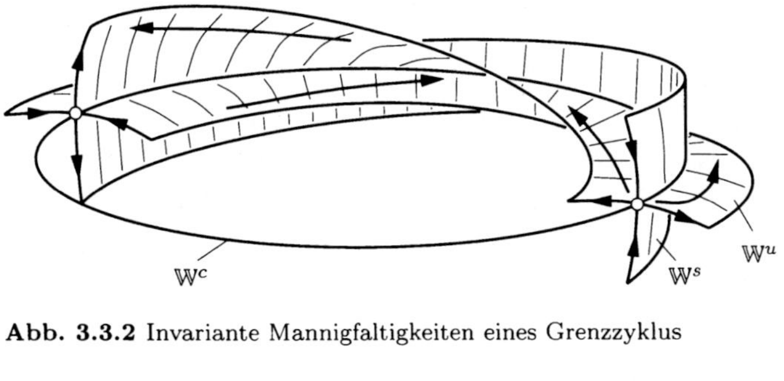

Abb. 3.3.2 Invariante Mannigfaltigkeiten eines Grenzzyklus

3.4 Diskretisierung in der Zeit

Bisher haben wir dynamische Prozesse kontinuierlich in der Zeit beschrieben. Eine alternative Möglichkeit ist, den Ortsvektor der Bahnkurven nur in gewissen diskreten Zeitabständen τ zu beobachten. Dieses Prinzip wird beispielsweise beim Film angewendet, wo man die kontinuierliche Bewegung durch Einzelbilder in konstanten Zeitabständen approximativ simuliert. Die kontinuierliche Funktion $\boldsymbol{x}(t)$, die „unendlich viel“ Informationen enthält, wird also durch eine diskrete Punktfolge ersetzt

$$\boldsymbol{x}(t_0),\ \boldsymbol{x}(t_1), \ldots \boldsymbol{x}(t_\mathrm{k}), \ldots$$

wobei (3.4.1)

$$t_\mathrm{k} = t_0 + \mathrm{k}\tau \qquad (\mathrm{k} = 1, 2, \ldots)$$

Damit keine wesentliche Information über den Verlauf der Bahnkurve verlorengeht, ist es wichtig, den Diskretisierungsparameter τ geeignet zu wählen.

Betrachten wir zunächst einen periodisch erregten Schwinger. Wählt man in diesem Fall als Zeitabstand τ die Schwingungsdauer T_E der Erregerkraft und trägt die Punktfolge Gl. (3.4.1) in der $x, \dot{x}$-Ebene auf, so erhält man für die transiente Phase zunächst eine Folge verstreut liegender Punkte. Hat sich eine stationäre Grundlösung eingestellt, so werden ab einem gewissen Index k aufeinanderfolgende Punkte identisch sein. Im Falle einer subharmonischen Schwingung der Ordnung m, die also eine Periode $\mathrm{m}T_E$ besitzt, ergeben sich dann m Fixpunkte. Man nennt diese Art der Darstellung häufig stroboskopische Methode. Der Vorteil dieser Technik ist offensichtlich: die stationären Lösungen werden durch Fixpunkte charakterisiert. In Abb. 3.4.1 ist die stroboskopische Methode am Beispiel der Duffing-Gleichung dargestellt. Nach dem Einschwingvorgang stellt sich als stationäre Lösung eine subharmonische Schwingung der Ordnung 2 ein.

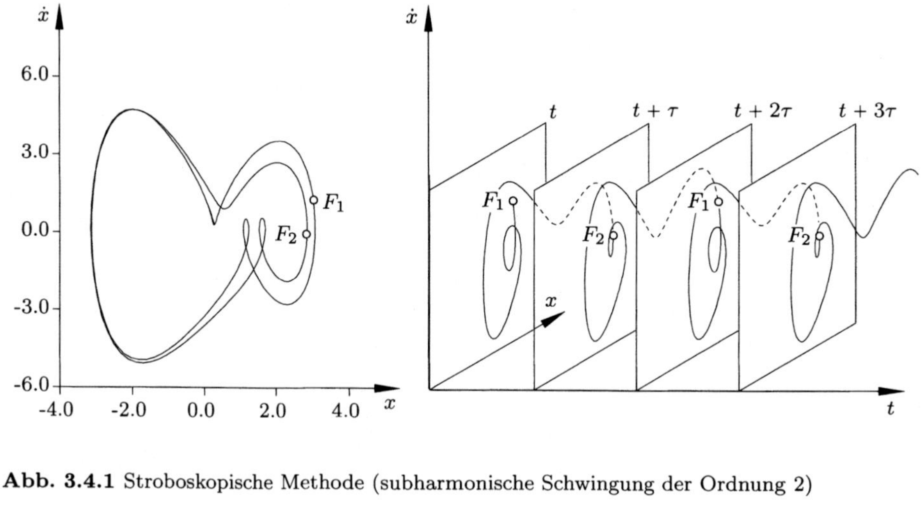

Abb. 3.4.1 Stroboskopische Methode (subharmonische Schwingung der Ordnung 2)

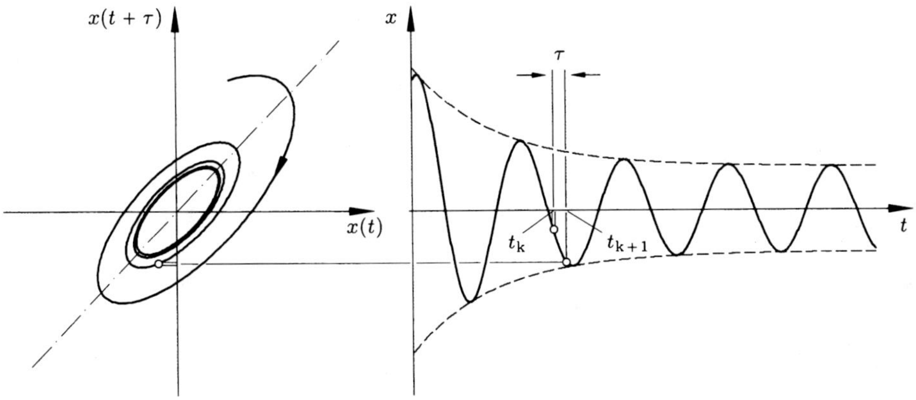

Abb. 3.4.2 Darstellung der diskreten Abbildung am Beispiel eines periodisch erregten gedämpften Schwingers

Eine andere Möglichkeit besteht darin, daß man die Komponenten der Punktfolge Gl. (3.4.1) betrachtet und jeweils $\boldsymbol{x}(t_{k+1})$ als Bild seines Vorgängers $\boldsymbol{x}(t_k)$ auffaßt. Dadurch wird eine im allgemeinen nichtlineare rekursive Abbildungsvorschrift definiert

$$\boldsymbol{x}(t_{k+1}) = \boldsymbol{f}\big(\boldsymbol{x}(t_k)\big)\,, \qquad k = 1, 2, \ldots \tag{3.4.2}$$

die wegen der Determiniertheit der zugrunde gelegten Differentialgleichungen umkehrbar eindeutig ist. Man kann Gl. (3.4.2) auch in der Form

$$\boldsymbol{x}(t + \tau) = \boldsymbol{f}\big(\boldsymbol{x}(t)\big) \tag{3.4.3}$$

schreiben. Es handelt sich bei dieser Beziehung um eine nichtlineare Rückkopplung, so daß wiederholte Anwendung auf

$$\boldsymbol{x}(t + 2\tau) = \boldsymbol{f}\Big(\boldsymbol{f}\big(\boldsymbol{x}(t)\big)\Big) = \boldsymbol{f}^2\big(\boldsymbol{x}(t)\big) \tag{3.4.4}$$

führt. Es sei jedoch angemerkt, daß es nur in Spezialfällen möglich sein wird, die Abbildungsfunktion explizit anzugeben. Im allgemeinen Fall ist man darauf angewiesen, den Bildpunkt durch numerische Integration zu gewinnen.

Im rechten Teil von Abb. 3.4.2 haben wir die Auslenkung eines periodisch erregten gedämpften Schwingers als Funktion der Zeit aufgetragen (siehe auch Abb. 2.2.2). Auf der linken Seite ist für ein festes Beobachtungsintervall τ die Punktfolge, die sich aus der Abbildungsvorschrift Gl. (3.4.3) ergibt, dargestellt. Man erkennt deutlich, daß die Lösung nach einer gewissen Einschwingphase in einen stabilen Grenzzyklus einmündet.

3.5 Poincaré-Abbildung

Im vorigen Abschnitt 3.4 haben wir die kontinuierliche Bahnkurve $\boldsymbol{x} = \boldsymbol{x}(t)$ durch eine Folge diskreter Punkte approximiert, die in konstanten Zeitabständen beobachtet werden. Bei dieser Methode wird das System von Differentialgleichungen auf ein System von Differenzengleichungen gleicher Dimension zurückgeführt. Die folgende Diskretisierungstechnik, die auf eine Idee von Henri Poincaré zurückgeht, ist deshalb so bedeutend, weil die Dimension des resultierenden Systems um eine Einheit verringert wird.

Wir betrachten eine wiederkehrende Trajektorie im n-dimensionalen Phasenraum. Nun wählen wir eine Hyperfläche Σ der Dimension n − 1

$$g(x_1, x_2, \ldots, x_\mathrm{n}) = 0 \tag{3.5.1}$$

so aus, daß diese die Phasenkurve überall transversal schneidet. Für ein System von Differentialgleichungen (2.3.3) gibt die rechte Seite $\boldsymbol{F}(\boldsymbol{x})$ die Richtung der Tangente an die Trajektorie im Punkt $\boldsymbol{x}$ an. Die Flächennormale $\boldsymbol{n}$ von Σ ergibt sich zu

$$\boldsymbol{n} = |\operatorname{grad} g|^{-1} \operatorname{grad} g$$

mit

$$\operatorname{grad} g = \left\{ \frac{\partial g}{\partial x_1} \quad \frac{\partial g}{\partial x_2} \quad \cdots\cdots \quad \frac{\partial g}{\partial x_\mathrm{n}} \right\} \tag{3.5.2}$$

Wenn wir voraussetzen, daß Σ die Trajektorie transversal schneiden soll, so verlangen wir an den Schnittpunkten

$$\boldsymbol{F}^\mathrm{t} \boldsymbol{n} \neq 0 \tag{3.5.3}$$

Nach Möglichkeit wird man als Schnittfläche eine Hyperebene wählen. Die Schnittpunkte von c mit Σ, die sich jeweils nach einem vollen Umlauf ergeben, bezeichnen wir mit $P^{(0)}, P^{(1)}, P^{(2)}$ usw. Da durch den gegenwärtigen Zustand auch der frühere Verlauf der Trajektorie bestimmt ist, kann man auch die zurückliegenden Punkte $P^{(-1)}, P^{(-2)}, P^{(-3)}$ usw. ermitteln. In Abb. 3.5.1 haben wir einen solchen sogenannten *Poincaré-Schnitt* für einen 3-dimensionalen Phasenraum dargestellt. Bei dieser Methode wird die Diskretisierung also nicht anhand fester Zeitintervalle vorgenommen, sondern man wählt nur solche Punkte der Trajektorie aus, die auf einer festen „Fläche" Σ liegen. Faßt man jeden Punkt $P^{(\mathrm{i}+1)}$ als Bild seines Vorgängers $P^{(\mathrm{i})}$ auf

$$P^{(\mathrm{i}+1)} = f(P^{(\mathrm{i})}) \tag{3.5.4}$$

so erhält man eine i. a. nichtlineare iterative Abbildungsvorschrift von der Hyperfläche in sich selbst, die zu Ehren ihres geistigen Vaters als *Poincaré-Abbildung* bezeichnet wird. Da die Abbildung umkehrbar eindeutig ist, gilt

Führt man auf der Hyperfläche neue Koordinaten ξ_k $(k = 1, 2, \ldots, n-1)$ ein und ordnet dem Punkt $P^{(i)}$ den Ortsvektor

$$\boldsymbol{\xi}^{(i)} = \{\xi_1^{(i)} \quad \xi_2^{(i)} \quad \ldots\ldots \quad \xi_{n-1}^{(i)}\} \tag{3.5.6}$$

zu, so kann man das n-dimensionale System von Differentialgleichungen (2.3.3) auf ein (n – 1)-dimensionales System von gewöhnlichen Differenzengleichungen

$$\boldsymbol{\xi}^{(i+1)} = \boldsymbol{f}(\boldsymbol{\xi}^{(i)}) \tag{3.5.7}$$

zurückführen.

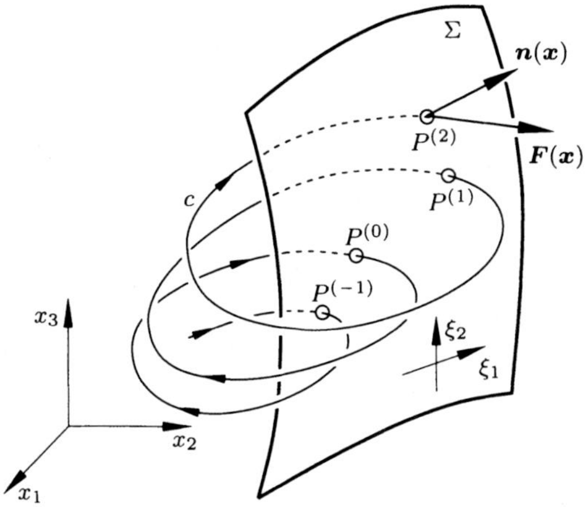

Abb. 3.5.1
Poincaré-Schnitt

Es sei jedoch angemerkt, daß man die Abbildungsfunktion $\boldsymbol{f}$ normalerweise nicht explizit ermitteln kann. Daher ist man weiterhin auf numerische Integrationen angewiesen und kann keine Einsparung von Rechenzeit erwarten. Der Vorteil der Poincaré-Abbildung besteht also in erster Linie darin, daß man die Dimension des Systems um eins reduziert, wobei die Erfahrung zeigt, daß dabei keine wesentliche Information über das Langzeitverhalten der Trajektorien verlorengeht.

Die Theorie dynamischer Systeme hat nun durch einen weiteren Abstraktionsschritt entscheidende Impulse erhalten. Ist man nämlich nicht am detaillierten Verhalten eines speziellen dynamischen Problems interessiert, sondern an allgemeinen qualitativen Eigenschaften ganzer Klassen von dynamischen Systemen, so kann man sich vom Studium der Differentialgleichungen bzw. ihrer Poincaré-Abbildungen ganz lösen und direkt die allgemeinen Eigenschaften von Rekursionsformeln untersuchen. Durch die explizite Angabe der Abbildungsfunktion sind numerische Integrationen nicht mehr notwendig, so daß sich die Rechenzeit zwischen zwei Poincaré-Schnitten auf die Zeit zur Ausführung eines Iterationsschritts reduziert. Man kann sich also sehr schnell einen Überblick über das Langzeitverhalda ja Fehler infolge numerischer Integrationen nicht mehr auftreten. Wählt man insbesondere eine umkehrbar eindeutige Abbildungsvorschrift, so läßt sie sich als Poincaré-Abbildung eines dynamischen Systems interpretieren. In Abschnitt 4.6 werden wir uns am Beispiel eines konservativen Systems mit zwei Freiheitsgraden, der sogenannten Hénon-Abbildung, ausführlicher mit einer solchen Rekursionsvorschrift beschäftigen.

3.6 Fixpunkte und Zyklen diskreter Systeme

Fixpunkte P_s einer Poincaré-Abbildung Gl. (3.5.4) ergeben sich aus der Beziehung

$$P_s = f(P_s) \tag{3.6.1}$$

Die zugehörige Trajektorie c im Phasenraum kehrt periodisch mit einer Umlaufzeit T zu ihrem Ausgangspunkt zurück und bildet so eine geschlossene Kurve (siehe Abb. 3.6.1a). Wendet man die Poincaré-Abbildung auf einen Punkt $P^{(1)}$ m-mal an und stimmt erst das Ergebnis $P^{(\mathrm{m}+1)}$ wieder mit dem Ausgangspunkt $P^{(1)}$ überein, also

$$P^{(2)} = f(P^{(1)}),\ P^{(3)} = f(P^{(2)}),\ \ldots,\ P^{(\mathrm{m}+1)} = f(P^{(\mathrm{m})}) = P^{(1)} \tag{3.6.2}$$

so spricht man von einem Zyklus der Periode m oder einem m-Zyklus. Die zugehörige Bahnkurve ist eine subharmonische Lösung der Periode mT, die sich nach m Umläufen im Phasenraum schließt (siehe Abb. 3.6.1b). Bezeichnen wir wieder die m-fach iterierte Abbildungsfunktion mit f^{m}, so gilt für einen m-Zyklus

$$P^{(1)} = f^{\mathrm{m}}(P^{(1)}) \tag{3.6.3}$$

d. h. $P^{(1)}$ ist Fixpunkt der Abbildung f^{m}. Zwischen Fixpunkten und Zyklen besteht daher kein fundamentaler Unterschied, und wir können uns bei der Untersuchung der Stabilität auf Fixpunkte beschränken. Wir wollen nochmals festhalten, daß es mit Hilfe von Poincaré-Abbildungen sehr einfach ist, periodische bzw. subharmonische Lösungen zu erkennen. Dazu hat man nur die Fixpunkte der Abbildungsfunktion f bzw. der iterierten Funktion f^{m} $(\mathrm{m} = 2, 3, \ldots)$ aufzusuchen.

Wir wollen nun das Verhalten der Trajektorien in der Umgebung eines Fixpunktes P_s untersuchen, um die Stabilitätseigenschaften von P_s zu ermitteln. Dazu betrachten wir einen zu P_s benachbarten Punkt P mit dem Koordinatenvektor

$$\boldsymbol{\xi} = \boldsymbol{\xi}_s + \boldsymbol{\eta}, \quad |\boldsymbol{\eta}| \ll 1 \tag{3.6.4}$$

wobei $\boldsymbol{\xi}_s$ die Koordinaten von P_s enthält. Das Bild der i-ten Iteration ist

$$\boldsymbol{\xi}^{(\mathrm{i}+1)} = \boldsymbol{f}(\boldsymbol{\xi}^{(\mathrm{i})}) \tag{3.6.5}$$

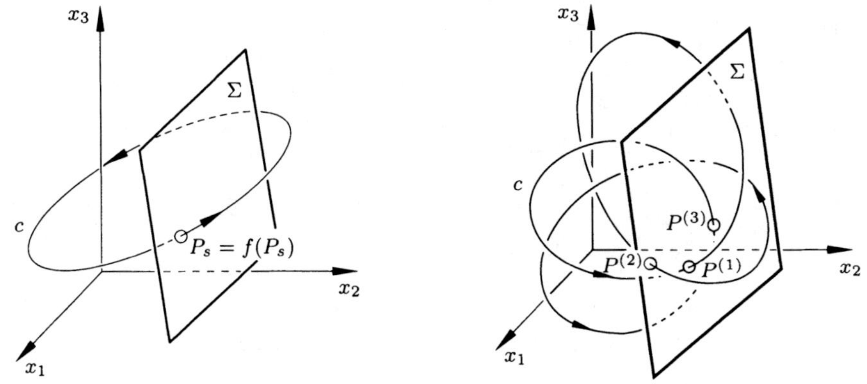

a) Fixpunkt b) Zyklus der Periode 3

Abb. 3.6.1 Definition von Fixpunkt und Zyklus einer Poincaré-Abbildung

Entwickelt man die Abbildungsfunktion $\boldsymbol{f}$ in eine Taylorreihe in der Umgebung von $\boldsymbol{\xi}_s$, so ergibt sich

$$\boldsymbol{\xi}_s + \boldsymbol{\eta}^{(i+1)} = \boldsymbol{f}(\boldsymbol{\xi}_s + \boldsymbol{\eta}^{(i)}) = \boldsymbol{f}(\boldsymbol{\xi}_s) + \left.\frac{\partial \boldsymbol{f}}{\partial \boldsymbol{\xi}}\right|_{\boldsymbol{\xi}_s} \boldsymbol{\eta}^{(i)} + \mathcal{O}(\boldsymbol{\eta}^{(i)^2}) \tag{3.6.6}$$

Da P_s Fixpunkt ist, erhält man unter Vernachlässigung von Gliedern höherer Ordnung die lineare Abbildungsvorschrift in $\boldsymbol{\eta}^{(i)}$

$$\boldsymbol{\eta}^{(i+1)} = \boldsymbol{D}(\boldsymbol{\xi}_s)\boldsymbol{\eta}^{(i)} \tag{3.6.7}$$

wobei

$$\boldsymbol{D}(\boldsymbol{\xi}_s) = \left.\frac{\partial \boldsymbol{f}}{\partial \boldsymbol{\xi}}\right|_{\boldsymbol{\xi}_s} \tag{3.6.8}$$

eine konstante $(n-1)\times(n-1)$-Matrix, die Jacobi-Matrix der Abbildung, bedeutet. In Anlehnung an Abschnitt 3.1 untersuchen wir das Stabilitätsverhalten anhand der Eigenwerte von $\boldsymbol{D}(\boldsymbol{\xi}_s)$, die darüber entscheiden, welche Folge die Punkte $P^{(i)}$ beim Hintereinanderausführen der Abbildung $\boldsymbol{f}$ durchlaufen und welche Stabilitätseigenschaften P_s somit aufweist.

Wir wollen hier keine detaillierte Klassifikation der Fixpunkte angeben, sondern uns in anschaulicher Weise mit zwei Fällen beschäftigen. Dazu setzen wir voraus, daß alle Eigenwerte von $\boldsymbol{D}(\boldsymbol{\xi}_s)$ verschieden sind.

Ist λ ein reeller Eigenwert zum Eigenvektor $\boldsymbol{\zeta}$ von $\boldsymbol{D}$, so betrachten wir den Punkt $P^{(0)}$ mit dem Ortsvektor

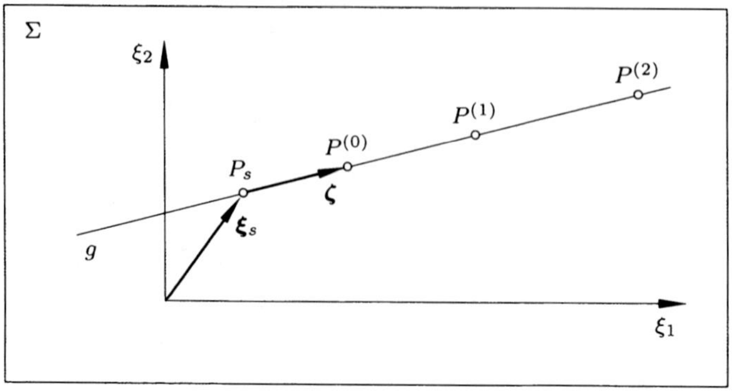

$\lambda < -1$	$P^{(3)}$ $P^{(1)}$ P_s $P^{(0)}$ $P^{(2)}$	P_s instabil (Quelle) alternierende Punktfolge
$\lambda = -1$	$P^{(1)} = P^{(3)} = \ldots P^{(2k+1)}$ P_s $P^{(0)} = P^{(2)} = \ldots P^{(2k)}$	jeder Punkt hat die Periode 2 (P_s hat nur die Periode 1)
$-1 < \lambda < 0$	$P^{(1)}$ $P^{(3)}$ P_s $P^{(2)}$ $P^{(0)}$	P_s asymptotisch stabil (Senke) alternierende Punktfolge
$\lambda = 0$	$P^{(0)}$ $P_s = P^{(1)} = \ldots P^{(k)}$	alle Punkte werden auf P_s abgebildet
$0 < \lambda < 1$	P_s $P^{(3)}$ $P^{(2)}$ $P^{(1)}$ $P^{(0)}$	P_s asymptotisch stabil (Senke)
$\lambda = 1$	P_s $P^{(0)} = P^{(1)} = \ldots P^{(k)}$	jeder Punkt der Geraden ist Fixpunkt
$\lambda > 1$	P_s $P^{(0)}$ $P^{(1)}$ $P^{(2)}$	P_s instabil (Quelle)

Abb. 3.6.2 Stabilitätsverhalten eines Fixpunktes (reeller Eigenwert λ)

Aus Gln. (3.6.6) und (3.6.8) ergibt sich für das Bild $P^{(1)}$

$$\boldsymbol{\xi}^{(1)} \approx \boldsymbol{\xi}_s + \boldsymbol{D}(\boldsymbol{\xi}_s)\boldsymbol{\zeta} = \boldsymbol{\xi}_s + \lambda\boldsymbol{\zeta}$$

Nach der nächsten Iteration erhält man

$$\boldsymbol{\xi}^{(2)} \approx \boldsymbol{\xi}_s + \lambda\boldsymbol{D}(\boldsymbol{\xi}_s)\boldsymbol{\zeta} = \boldsymbol{\xi}_s + \lambda^2\boldsymbol{\zeta}$$

oder nach i Iterationen (siehe Abb. 3.6.2)

$$\boldsymbol{\xi}^{(\mathrm{i})} \approx \boldsymbol{\xi}_s + \lambda^{\mathrm{i}}\boldsymbol{\zeta} \tag{3.6.10}$$

Die Punkte P_s sowie $P^{(0)}, P^{(1)}, P^{(2)}, \ldots$ liegen alle auf einer Geraden, und λ entscheidet darüber, ob die Punktfolge von P_s angezogen wird oder wegstrebt. In Abb. 3.6.2 sind die Möglichkeiten für einen reellen Eigenwert zusammengefaßt.

Für negative Eigenwerte wechselt der Vektor $\lambda^{\mathrm{i}}\boldsymbol{\zeta}$ in Gl. (3.6.10) mit jeder Iteration sein Vorzeichen, d. h. für negatives λ ergeben sich alternierende Punktfolgen. Ist $|\lambda| > 1$, so entfernen sich die Punkte $P^{(\mathrm{i})}$ für wachsende i von P_s, d. h. P_s ist instabil, dagegen ist P_s für $|\lambda| < 1$ stabil. Im Grenzfall $\lambda = 1$ wird jeder Punkt der Geraden auf sich selbst abgebildet, während für $\lambda = -1$ jeder Punkt die Periode 2 hat und bei jedem Iterationsschritt am Punkt P_s gespiegelt wird.

Als nächstes betrachten wir den Fall zweier konjugiert komplexer Eigenwerte

$$\lambda = |\lambda|\mathrm{e}^{i\varphi} \quad \text{und} \quad \lambda^* = |\lambda|\mathrm{e}^{-i\varphi} \tag{3.6.11}$$

Die zugehörigen Eigenvektoren sind dann ebenfalls konjugiert komplex

$$\boldsymbol{\zeta} = \boldsymbol{\zeta}_1 + i\boldsymbol{\zeta}_2 \quad \text{und} \quad \boldsymbol{\zeta}^* = \boldsymbol{\zeta}_1 - i\boldsymbol{\zeta}_2 \tag{3.6.12}$$

Die beiden reellen Vektoren

$$\boldsymbol{\zeta}_1 = \frac{1}{2}[\boldsymbol{\zeta}^* + \boldsymbol{\zeta}] \quad \text{und} \quad \boldsymbol{\zeta}_2 = \frac{i}{2}[\boldsymbol{\zeta}^* - \boldsymbol{\zeta}] \tag{3.6.13}$$

spannen eine Ebene Φ auf. Alle Punkte P der Ebene Φ haben ihr Bild wiederum in Φ. Zur Vereinfachung der Notation legen wir den Ursprung des Koordinatensystems in den Fixpunkt P_s. Bezeichnen wir den Ortsvektor zu einem beliebigen Punkt $P^{(0)}$ in Φ mit

$$\boldsymbol{\xi}^{(0)} = \alpha\boldsymbol{\zeta}_1 + \beta\boldsymbol{\zeta}_2 \tag{3.6.14}$$

und wenden die Abbildungsfunktion $\boldsymbol{f}$ k-mal an, so erhalten wir folgende Beziehungen

$$\begin{aligned}
\boldsymbol{\xi}^{(0)} &= \tfrac{1}{2}\alpha[\boldsymbol{\zeta}^* + \boldsymbol{\zeta}] + \tfrac{1}{2}i\beta[\boldsymbol{\zeta}^* - \boldsymbol{\zeta}] \\
\boldsymbol{f}^{\mathrm{k}}(\boldsymbol{\xi}^{(0)}) &\approx \tfrac{1}{2}\alpha\left[(\lambda^*)^{\mathrm{k}}\boldsymbol{\zeta}^* + \lambda^{\mathrm{k}}\boldsymbol{\zeta}\right] + \tfrac{1}{2}i\beta\left[(\lambda^*)^{\mathrm{k}}\boldsymbol{\zeta}^* - \lambda^{\mathrm{k}}\boldsymbol{\zeta}\right] \\
&= \tfrac{1}{2}|\lambda|^{\mathrm{k}}\left[\mathrm{e}^{-i\mathrm{k}\varphi}(\alpha + i\beta)\boldsymbol{\zeta}^* + \mathrm{e}^{i\mathrm{k}\varphi}(\alpha - i\beta)\boldsymbol{\zeta}\right]
\end{aligned}$$

Unter Verwendung der Eulerschen Formel

$$\mathrm{e}^{i\mathrm{k}\varphi} = \cos(\mathrm{k}\varphi) + i\sin(\mathrm{k}\varphi) \tag{3.6.15}$$

ergibt sich schließlich

$$\boldsymbol{f}^{\mathrm{k}}(\boldsymbol{\xi}^{(0)}) \approx |\lambda|^{\mathrm{k}} \left[(\alpha\boldsymbol{\zeta}_1 + \beta\boldsymbol{\zeta}_2)\cos(\mathrm{k}\varphi) + (\beta\boldsymbol{\zeta}_1 - \alpha\boldsymbol{\zeta}_2)\sin(\mathrm{k}\varphi)\right] \tag{3.6.16}$$

Für $|\lambda| = 1$ bewegen sich $P^{(0)}$ und seine Bildpunkte $P^{(\mathrm{k})}$ auf einer Ellipse um den Fixpunkt P_s, für $|\lambda| \neq 1$ liegen die Punkte $P^{(\mathrm{k})}$ auf einer Spirale, die sich für $|\lambda| < 1$ auf den Fixpunkt zubewegt, im Falle $|\lambda| > 1$ von P_s wegstrebt (siehe Abb. 3.6.3).

Hartman und Grobman haben ihren Satz über das Stabilitätsverhalten von Trajektorien im Phasenraum auf allgemeine diskrete Abbildungen ausgedehnt (Guckenheimer und Holmes, 1983). Die Erweiterung schließt den Fall mehrfacher Eigenwerte ein und ermöglicht, die Stabilitätseigenschaften des linearisierten Systems auf das ursprüngliche nichtlineare System zu übertragen, falls für alle Eigenwerte $|\lambda_{\mathrm{i}}| \neq 1$ gilt. P_s heißt dann hyperbolischer Fixpunkt. Treten Eigenwerte auf, für die $|\lambda_{\mathrm{i}}| = 1$ gilt, sind weitere Untersuchungen notwendig, damit die Stabilität dieser nichthyperbolischen Fixpunkte beurteilt werden kann; siehe auch Abschnitt 6.6 sowie (Guckenheimer und Holmes, 1983). Eine weitergehende Besprechung der iterierten Abbildungsvorschriften erfolgt in den Abschnitten 6.7 und 8.3 bis 8.6.

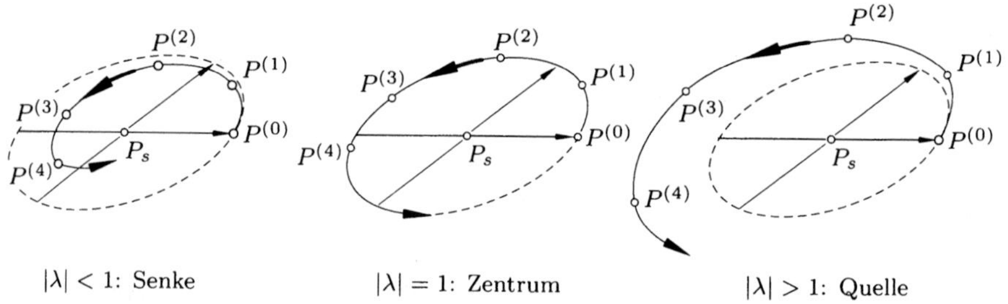

Abb. 3.6.3 Stabilitätsverhalten eines Fixpunkts (zwei konjugiert komplexe Eigenwerte)

3.7 Ein Beispiel diskreter Dynamik – die logistische Abbildung

In diesem Abschnitt wollen wir uns zunächst empirisch mit einer ganz speziellen diskreten nichtlinearen Abbildung befassen, die trotz ihrer einfachen Bauart eine Vielfalt von Phänomenen aufweist, die typisch für nichtlineares Verhalten sind. Anfang der siebziger Jahre hatte sich der Biologe Robert M. May mit der Dynamik von Tierpopulationen auseinandergesetzt. Zur Beschreibung des einfachsten Falls von zeitlich nicht überlappenden Generationen verwendete er Differenzengleichungen 1. Ordnung

$$x_{\mathrm{n}+1} = f(x_{\mathrm{n}}) \tag{3.7.1}$$

die es ermöglichen, die Population $x_{\mathrm{n}+1}$ im Jahre n+1 aus der Population des nichtlinear angesetzt werden, da lineare Differenzengleichungen lediglich das Aussterben oder das ungebremste Wachstum einer Population wiedergeben können. Zur Simulierung eines Sättigungseffekts führte May daher einen quadratischen Term ein, und er untersuchte so das dynamische Verhalten der einfachsten nichttrivialen Rekursionsvorschrift, der sogenannten logistischen Abbildung,

$$x_{\mathrm{n}+1} = \alpha x_{\mathrm{n}}(1 - x_{\mathrm{n}}) \tag{3.7.2}$$

Überraschenderweise kann mit diesem einfachen diskreten Modell je nach Wahl des Parameters α, der den Einfluß von klimatischen Verhältnissen, Nahrungsmittelvorräten oder ähnlichem berücksichtigt, eine ganze Palette von dynamischen Verhaltensweisen simuliert werden.

Im folgenden wollen wir zunächst in ganz anschaulicher Weise, quasi mit Hilfe eines Taschenrechners, die Phänomene, die bei der logistischen Abbildung

$$x \longmapsto f(x) = \alpha x(1 - x) \tag{3.7.3}$$

im Intervall $0 \leqslant x \leqslant 1$ auftreten können, untersuchen. Die Funktion $f(x)$ ist eine Parabel, die ihren Scheitel bei $x = 1/2$ hat, nach unten geöffnet ist und die x-Achse bei $x = 0$ und $x = 1$ schneidet. Die Konstante α ist der Kontrollparameter, der zwischen 0 und 4 liegt, damit x das Intervall [0, 1] nicht verläßt (Abb. 3.7.1a).

An dieser Parabel wollen wir nun die topologischen Veränderungen, die durch Verzweigungen bzw. Periodenverdopplungen hervorgerufen werden, exemplarisch in Abhängigkeit vom Kontrollparameter α studieren. Zu diesem Zweck fragen wir als erstes nach möglichen Fixpunkten bzw. Punktattraktoren. Strebt die Bewegung einem festen Punkt x_s zu, so muß folgende Bedingung gelten

$$x_s = f(x_s) \tag{3.7.4}$$

Für die Parabel ergeben sich zwei Fixpunkte

$$x_s = 0 \qquad \text{und} \qquad x_s = 1 - 1/\alpha$$

Um das Einzugsgebiet beider Fixpunkte zu bestimmen, starten wir von einem Punkt x_{n}, der um ε vom Fixpunkt x_s abweicht, also von $x_{\mathrm{n}} = x_s + \varepsilon$ aus. Setzen wir diesen Startpunkt in Gl. (3.7.1) ein, so ergibt sich der Folgepunkt zu

$$\begin{aligned} x_{\mathrm{n}+1} &= f(x_{\mathrm{n}}) = f(x_s + \varepsilon) \\ &\approx f(x_s) + \varepsilon f'(x_s) = x_s + \varepsilon f'(x_s) \end{aligned} \tag{3.7.5}$$

Das heißt, daß die Störung abklingt, falls $|f'(x_s)| < 1$ ist. In diesem Fall ist der Fixpunkt stabil, und man spricht dann von einem Punktattraktor. Für $|f'(x_s)| > 1$ ist der Fixpunkt dagegen instabil.

Die Bedingungen für einen Punktattraktor fassen wir damit wie folgt zusammen

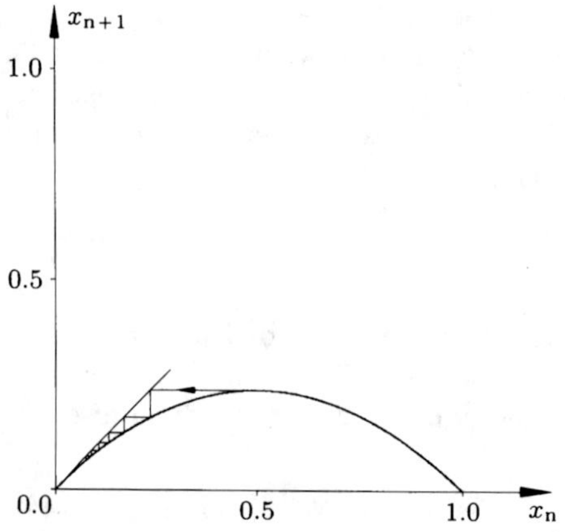

a) Graph der logistischen Abbildung $f(x_n)$

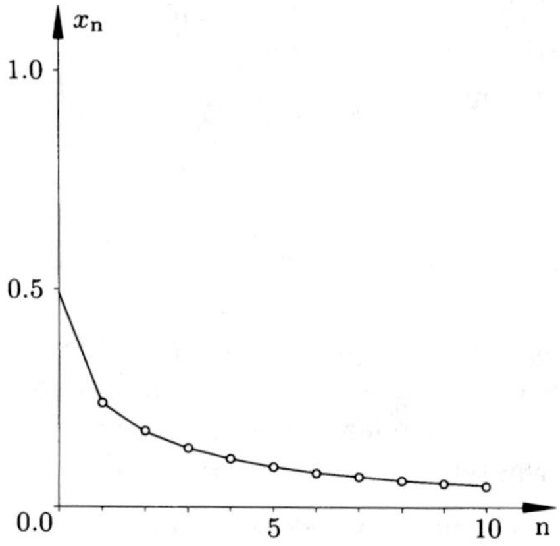

c) Punktfolge x_n für anwachsendes n

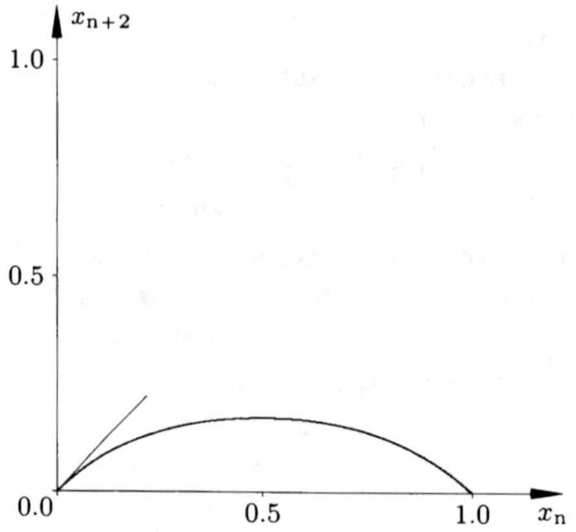

b) Graph der Abbildung $f^2(x_n)$

Abb. 3.7.1
Logistische Abbildung für $\alpha = 0.95$, Fixpunkt $x_s = 0$

Für unsere Parabel erhalten wir beispielsweise

$$f'(x_n) = \alpha(1 - 2x_n)$$

und folgende Ausdrücke für die beiden Fixpunkte

$$f'(0) = \alpha \qquad \text{und} \qquad f'(1 - 1/\alpha) = 2 - \alpha \tag{3.7.7}$$

Das bedeutet, daß für $0 < \alpha < 1$ jede Bewegung in $x_s = 0$ endet (Abb. 3.7.1) und für $1 < \alpha < 3$ der Punktattraktor $x_s = 1 - 1/\alpha$ wirkt (Abbn. 3.7.2 und 3.7.3). Für $\alpha > 3$ ist keiner der beiden Fixpunkte attraktiv, ein neuer Verhaltenstyp erscheint. In diesem Fall oszilliert die Punktfolge zwischen den beiden Werten $x_{s1} = f(x_{s2})$

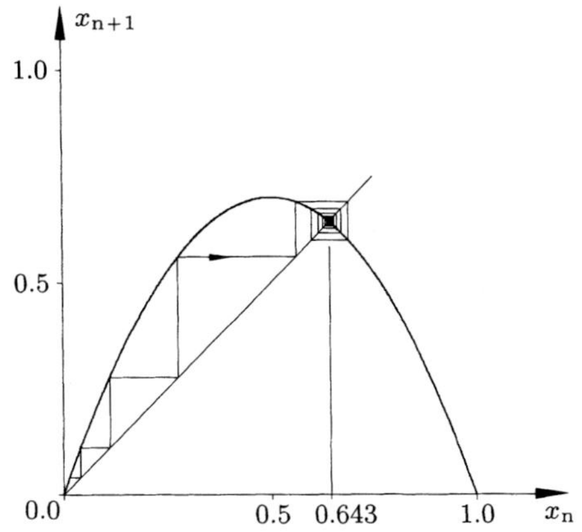

a) Graph der logistischen Abbildung $f(x_n)$

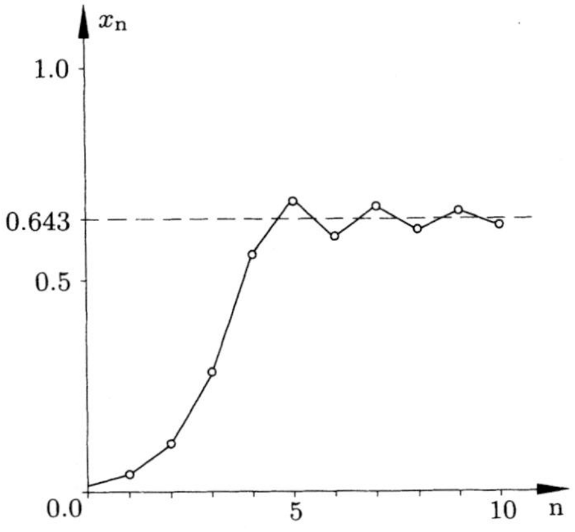

c) Punktfolge x_n für anwachsendes n

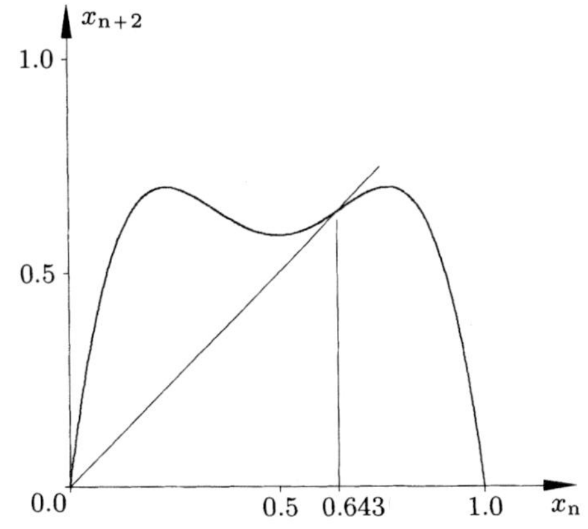

b) Graph der Abbildung $f^2(x_n)$

Abb. 3.7.2
Logistische Abbildung für $\alpha = 2.8$, Fixpunkt $x_s = 0.64286$

Gesamtheit einen 2-Zyklus bildet (Abb. 3.7.4). Verfolgt man den Iterationsablauf jeweils für x_{s1} und x_{s2}, so ergibt sich

$$x_{s1} = f\big(f(x_{s1})\big)\,, \qquad x_{s2} = f\big(f(x_{s2})\big)$$

Demnach sind beide Punkte keine Fixpunkte der Funktion $f(x_n)$, wohl aber Fixpunkte der Funktion $f^2 = f(f(x_n))$. Die Abbildungsfunktion f^2 beschreibt eine Bewegung für den Fall, daß gleich zwei Schritte auf einmal ausgeführt werden. Beispielsweise ist $f^2(x_n)$ für unsere Parabel

$$\begin{aligned} f^2(x_n) &= \alpha f(x_n)[1 - f(x_n)] \\ &= \alpha^2 x_n(1 - x_n)[1 - \alpha x_n(1 - x_n)] \end{aligned} \tag{3.7.8}$$

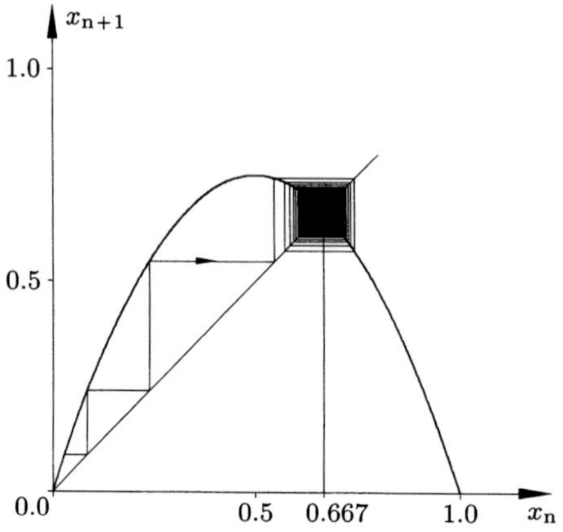

a) Graph der logistischen Abbildung $f(x_n)$

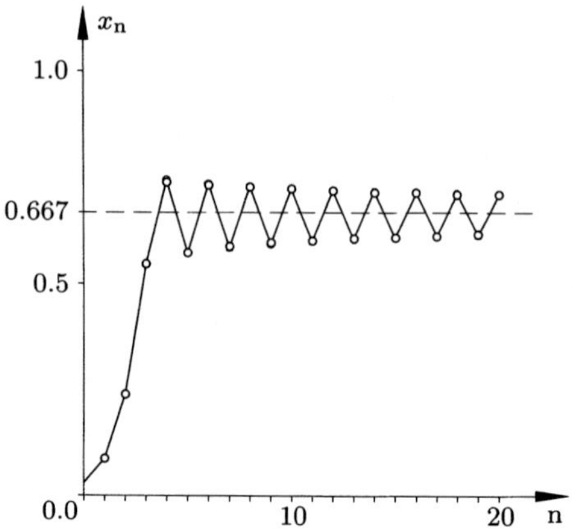

c) Punktfolge x_n für anwachsendes n

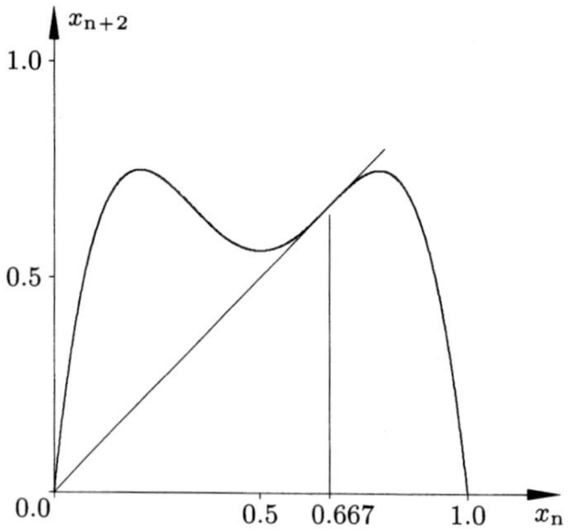

b) Graph der Abbildung $f^2(x_n)$

Abb. 3.7.3
Logistische Abbildung für $\alpha = 2.9999$, Fixpunkt $x_s = 0.66666$

Natürlich gilt auch für die f^2-Funktion die Attraktorbedingung

$$x_s = f^2(x_s), \qquad |f^{2'}(x_s)| < 1$$

In Abb. 3.7.2 ist der Kurvenverlauf von $f(x_n)$ und $f^2(x_n)$ für $\alpha < 3$ dargestellt. Beide Kurven schneiden im Punktattraktor $x_s = 1 - 1/\alpha$ die erste Winkelhalbierende. Mit steigendem α wird der Kurvenverlauf um den Schnittpunkt mit f^2 immer steiler, so daß für $\alpha = 3$ der Schnittpunkt zum Berührungspunkt wird. Weiteres Steigern von α läßt drei Schnittpunkte entstehen, und zwar die beiden neuen Punktattraktoren x_{s1} und x_{s2} und den instabilen Fixpunkt x_s (Abb. 3.7.4b).

Wächst α bis $\alpha = 1 + \sqrt{6} \approx 3.449$ an, so geschieht für die äußeren Schnittpunkte von $f^2(x_n)$ dasselbe wie für den einen Schnittpunkt von $f(x_n)$ an der Stelle $\alpha = 3$.

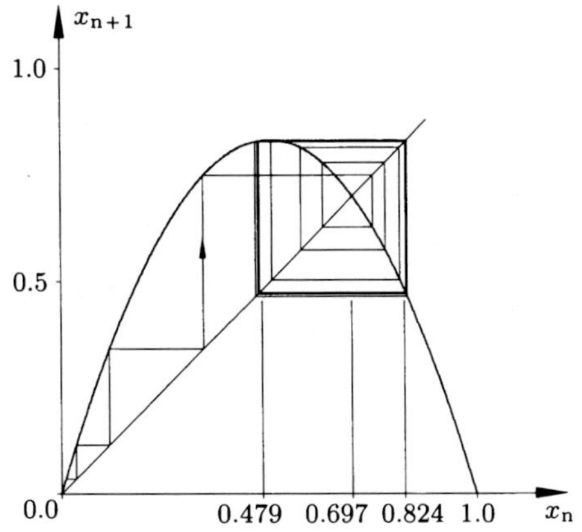

a) Graph der logistischen Abbildung $f(x_n)$

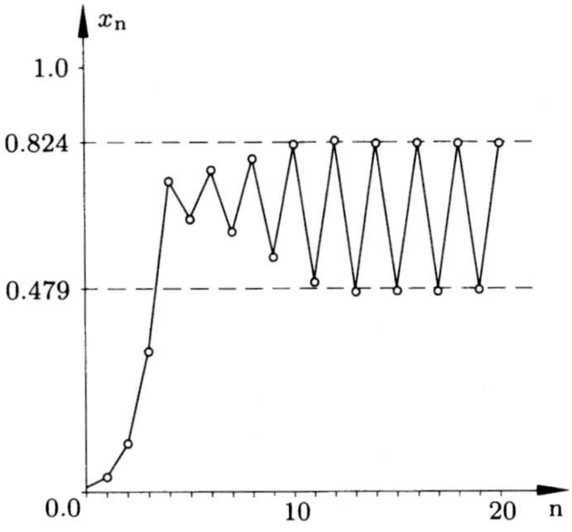

c) Punktfolge x_n für anwachsendes n

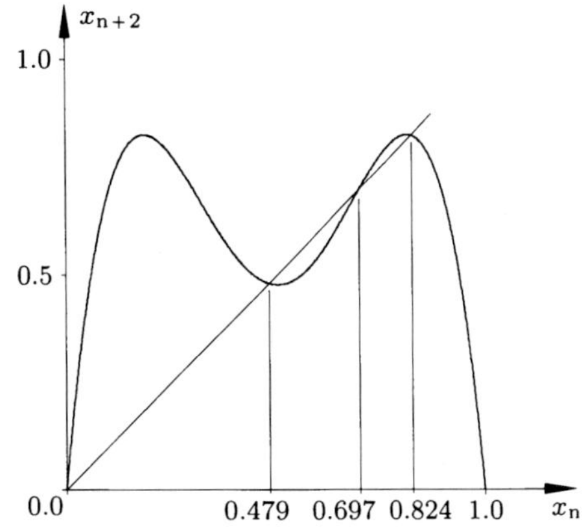

b) Graph der Abbildung $f^2(x_n)$

Abb. 3.7.4
Logistische Abbildung für $\alpha = 3.3$, 2er-Zyklus

Eine Periodenverdopplung setzt ein, d. h. es entsteht ein Zyklus der Periode 4, wobei nun die Schnittpunkte von $f^2(x_n)$ Fixpunkte der Funktion

$$f^4(x_n) = f^2(f^2(x_n)) \tag{3.7.9}$$

sind (Abb. 3.7.5).

Für wachsende Werte des Systemparameters α treten nacheinander immer weitere Instabilitäten auf, die zu 8er-Zyklen, 16er-Zyklen und allgemein zu 2^n-Zyklen führen. Dabei nehmen die Abstände aufeinanderfolgender α_k-Werte, an denen Periodenverdopplungen auftreten, rasch ab, und die Folge $\{\alpha_k\}$ strebt gegen einen

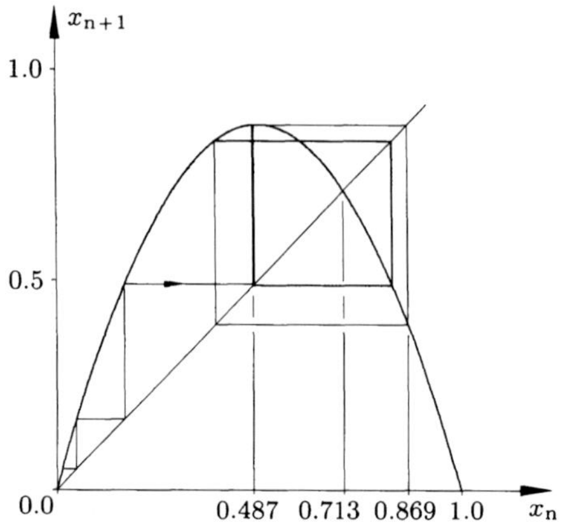

a) Graph der logistischen Abbildung $f(x_n)$

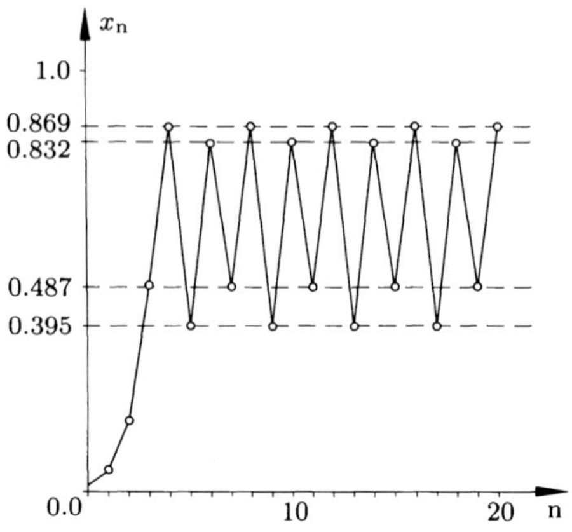

c) Punktfolge x_n für anwachsendes n

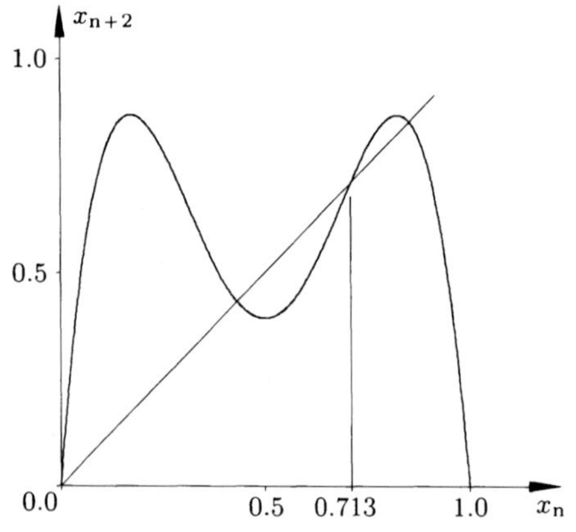

b) Graph der Abbildung $f^2(x_n)$

Abb. 3.7.5

Logistische Abbildung für $\alpha = 3.48$, Periodenverdopplung

Häufungspunkt α_∞ (Abb. 3.7.6). Für $\alpha > \alpha_\infty$ beobachtet man irreguläres, chaotisches Verhalten, das jedoch immer wieder von Bereichen regulären Verhaltens, sogenannten periodischen Fenstern, unterbrochen wird.

Der Wert α_∞, der den Übergang ins Chaos über eine Kaskade von Periodenverdopplungen charakterisiert, wurde für die logistische Abbildung zuerst von Großmann und Thomae (1977) berechnet

$$\alpha_\infty = 3.5699456\ldots \tag{3.7.10}$$

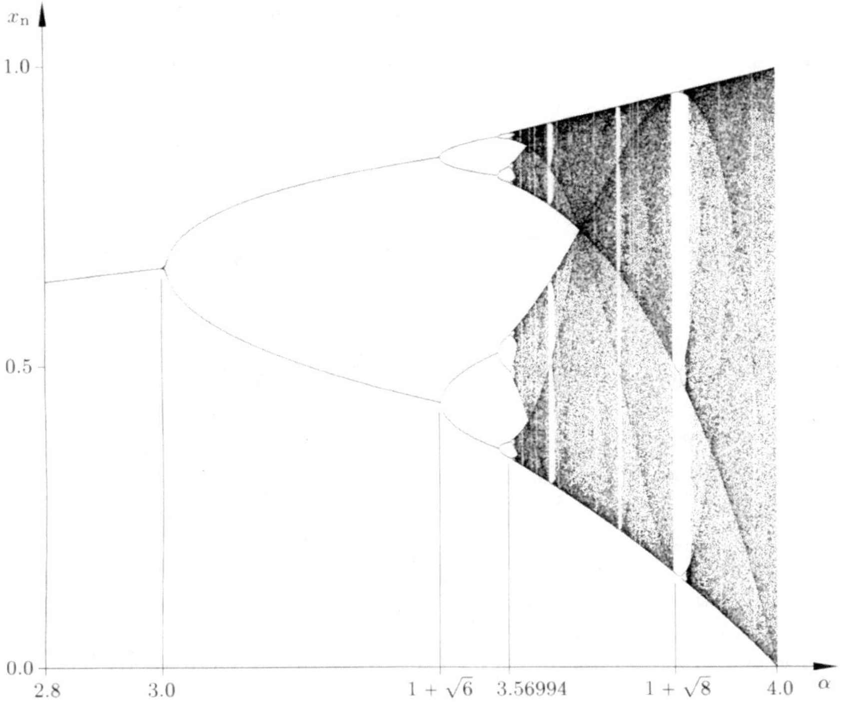

Abb. 3.7.6 Verzweigungskaskade der logistischen Abbildung

Betrachtet man die Folge von kritischen α_k-Werten, so zeigt sich, daß die Abstände $\alpha_{k+1} - \alpha_k$ wie eine geometrische Folge abnehmen, wobei gilt

$$\lim_{k\to\infty} \frac{\alpha_{k+1} - \alpha_k}{\alpha_{k+2} - \alpha_{k+1}} = \delta \tag{3.7.11}$$

Mitchell Feigenbaums (1978) Verdienst war es, aufgrund von Renormierungstechniken, die bei Phasenübergängen 2. Ordnung angewendet werden, nachzuweisen, daß diese Gesetzmäßigkeiten universellen Charakter haben und somit für eine ganze Klasse von diskreten Abbildungsfunktionen mit einem quadratischen Maximum gültig sind, was nur wenig später von Coullet und Tresser (1978) bestätigt werden konnte. Man bezeichnet daher die Zahl δ häufig als Feigenbaum-Konstante.

In Abschnitt 6.7 werden wir uns eingehend mit dem Mechanismus auseinandersetzen, der zu einer Kaskade von Periodenverdopplungen führt, und den Hintergrund für die Universalität dieses Übergangs ins Chaos beleuchten. Weiterhin werden wir uns in Abschnitt 8.4.1 nochmals mit Feigenbaums Weg ins Chaos beschäftigen und zeigen, wie sich die zugrunde liegenden Skalierungsgesetze in den Leistungsspektren widerspiegeln.

4 Dynamische Systeme ohne Dissipation

Scientia et potentia humana in idem coincidunt,
quia ignoratio causae destituit effectum
Francis Bacon, Novum Organum (1597)

Im vorliegenden Kapitel wollen wir einige grundsätzliche Betrachtungen über konservative oder Hamiltonsche Systeme anstellen. Hiermit sind Systeme gemeint, bei denen die gesamte mechanische Energie erhalten bleibt, bei denen also keine Reibungsverluste auftreten. In unserer Darstellung wollen wir insbesondere sogenannte Mehrkörperprobleme besprechen. In diese Kategorie fallen die meisten Probleme der Himmelsmechanik, da bei diesen im allgemeinen Energieverluste, verursacht etwa durch Gezeitenreibung, vernachlässigt werden können. Man beachte jedoch, daß die Bewegung der Planeten unseres Sonnensystems in Äonen, ehern in zeitlicher Invarianz und Vorhersagbarkeit, nicht notwendigerweise auf ein allgemein gültiges reguläres Verhalten der Sterne und anderer Himmelskörper schließen läßt. Wir verweisen in diesem Zusammenhang auf einen der äußeren Monde des Saturns, den Hyperion, der über längere Zeiträume eine taumelnde irreguläre Bewegung (wahrscheinlich eine chaotische) durchfährt. Ähnliche komplexe Erscheinungen führen auf das Auftreten der Sternschnuppen. Einige diesbezügliche Hinweise kann der Leser im letzten Abschnitt 9.9 dieses Buches finden. Aber auch die Bewegung submikroskopischer Teilchen, wie sie z. B. in Protonenbeschleunigern auftreten, kann zweckmäßigerweise durch Hamiltonsche Systeme erfaßt werden. Im Verlauf dieses und des folgenden Kapitels 5 werden wir sehen, daß sich die Eigenschaften konservativer Systeme ganz wesentlich von denen dissipativer Systeme unterscheiden.

4.1 Hamiltonsche Gleichungen

Die Hamiltonsche Methodik hat der formalen Entwicklung der klassischen Dynamik mehrfach entscheidende Impulse gegeben. Historisch gesehen, war die Erkenntnis, daß die Bestimmung einer einzigen Funktion, nämlich der Hamilton-Funktion H, genügt, um die Bewegungsgleichungen aufzustellen und damit eine deterministische Bewegung zu beschreiben, im Einklang mit den Gesetzen der Vernunft, und man sprach daher von der rationalen Mechanik. Kann man die Hamilton-Funktion auf Normalform mit sogenannten Wirkungs- und Winkelvariablen bringen, so wird die Integration des Systems trivial. Während des gesamten 19. Jahrhunderts bemühten sich Mathematiker und Physiker, die Hamilton-Funktion in dieser Normaldarstellung zu finden und somit die Integrabilität von

Systemen nachzuweisen. Das Resultat der Abhandlung von Henri Poincaré (Poincaré, 1899), daß nämlich bereits das eingeschränkte Dreikörperproblem nicht integrierbar ist, setzte allen diesen Hoffnungen ein Ende. Mit der Aufstellung des Bohrschen Atommodells erlebte der Hamiltonsche Formalismus eine neue Blüte. Mit Hilfe der Wirkungs- und Winkelvariablen konnte man, ausgehend von der klassischen Mechanik, die Bewegung unmittelbar quantifizieren und einen tieferen Einblick in den Wellen- und Korpuskelcharakter des Lichtes finden. Die klassische Dynamik ist jedoch keineswegs ein abgeschlossenes Gebiet. Gerade in jüngster Zeit befindet sie sich in einer Phase stürmischer Entwicklung, die von den Mathematikern Kolmogorov, Siegel, Arnol'd und Moser entscheidend geprägt wurde. Der größte Vorzug der Hamiltonschen Formulierung liegt darin, daß sie Einsichten in fundamentale Zusammenhänge und die Struktur der Mechanik ermöglicht; als elegantes Rechenhilfsmittel für quantitative Betrachtungen spielt sie eher eine untergeordnete Rolle. So ist es zu verstehen, daß die Hamiltonsche Betrachtungsweise für die qualitative Untersuchung von deterministischen Bewegungsabläufen bis hin zum Chaos von großem Interesse ist.

Es sei jedoch angemerkt, daß wir im selbstgesteckten Rahmen dieses Buches keineswegs einen vollständigen Überblick über die Methodik der Hamiltonschen Gleichungen geben können. Repräsentativ für die Vielzahl ausführlicher Darstellungen, die sich mit Einzelheiten der mechanischen Prinzipien, der Herleitung von Bewegungsgleichungen und insbesondere mit den Hamiltonschen Gleichungen befassen, verweisen wir auf zwei Klassiker (Sommerfeld, 1964; Goldstein, 1950).

Ausgehend vom d'Alembertschen Prinzip, wollen wir in knapper Form zu den Hamiltonschen Bewegungsgleichungen hinführen. Wir betrachten ein System von N Massenpunkten, die durch die Massen m_{k} ($\mathrm{k} = 1, 2, \ldots, \mathrm{N}$) und die Ortsvektoren $\boldsymbol{r}_{\mathrm{k}}$ definiert sind. Wir nehmen an, daß die Koordinaten der Ortsvektoren durch b Zwangsbedingungen der Form

$$g_{\mathrm{i}}(\boldsymbol{r}_1, \boldsymbol{r}_2, \ldots, \boldsymbol{r}_{\mathrm{N}}) = 0 \qquad \mathrm{i} = 1, 2, \ldots \mathrm{b} \tag{4.1.1}$$

eingeschränkt sind. Sie enthalten ausschließlich die Komponenten der Ortsvektoren, nicht deren Ableitungen, und die Zeit t tritt nicht explizit auf. Nach einer Klassifizierung von Hertz bzw. Boltzmann (siehe Päsler, 1968) nennt man solche Nebenbedingungen holonom-skleronom. Durch jede der Gleichungen (4.1.1) wird erzwungen, daß sich die Massenpunkte nur auf einer starren Hyperfläche bewegen können. Man denke etwa an einen Massenpunkt auf einer schiefen Ebene, die in diesem Fall eine primitive Hyperfläche bildet. Wir bezeichnen hier die Anzahl der Freiheitsgrade des Systems mit f, und es gilt

$$\mathrm{f} = 3\mathrm{N} - \mathrm{b} \tag{4.1.2}$$

Die Newtonschen Bewegungsgleichungen für ein System von N Massenpunkten unter der Einwirkung äußerer Kräfte $\boldsymbol{R}_{\mathrm{k}}$

$$\boldsymbol{R}_{\mathrm{k}} - m_{\mathrm{k}}\ddot{\boldsymbol{r}}_{\mathrm{k}} = \boldsymbol{o}, \qquad \mathrm{k} = 1, 2, \ldots \mathrm{N} \tag{4.1.3}$$

gelten nur dann, wenn keine Nebenbedingungen zu erfüllen sind. Führt man die Ersatzkräfte

$$\overline{\boldsymbol{R}}_k = \boldsymbol{R}_k - m_k \ddot{\boldsymbol{r}}_k, \qquad k = 1, 2, \ldots N \tag{4.1.4}$$

ein, so kann man die Newtonschen Bewegungsgleichungen formal als N Gleichgewichtsbedingungen

$$\overline{\boldsymbol{R}}_k = \boldsymbol{o} \tag{4.1.5}$$

auffassen, d. h. durch Einführung der d'Alembertschen Trägheitskräfte $-m_k \ddot{\boldsymbol{r}}_k$ läßt sich das dynamische Problem rein formal auf ein statisches Gleichgewichtsproblem zurückführen. Lagrange hatte nun die brillante Idee (Lagrange, 1788), das Prinzip der virtuellen Arbeit auf die Kräfte $\overline{\boldsymbol{R}}_k$ anzuwenden, und gelangte so zum d'Alembertschen Prinzip in der Lagrangeschen Fassung

$$\delta W = \sum_{k=1}^{N} \overline{\boldsymbol{R}}_k^t \delta \boldsymbol{r}_k = \sum_{k=1}^{N} [\boldsymbol{R}_k - m_k \ddot{\boldsymbol{r}}_k]^t \delta \boldsymbol{r}_k = 0$$

oder in vektorieller Formulierung

$$\delta W = \overline{\boldsymbol{R}}^t \delta \boldsymbol{r} = [\boldsymbol{R} - \boldsymbol{m} \ddot{\boldsymbol{r}}]^t \delta \boldsymbol{r} = 0 \tag{4.1.6}$$

wobei

$$\begin{aligned} \boldsymbol{r} &= \{ \; \boldsymbol{r}_1 \quad \boldsymbol{r}_2 \quad \ldots \quad \boldsymbol{r}_k \quad \boldsymbol{r}_N \; \} \\ \boldsymbol{R} &= \{ \; \boldsymbol{R}_1 \quad \boldsymbol{R}_2 \quad \ldots \quad \boldsymbol{R}_k \quad \boldsymbol{R}_N \; \} \\ \boldsymbol{m} &= \lceil \; \boldsymbol{m}_1 \quad \boldsymbol{m}_2 \quad \ldots \quad \boldsymbol{m}_k \quad \boldsymbol{m}_N \; \rfloor \end{aligned} \tag{4.1.6a}$$

mit

$$\boldsymbol{m}_k = m_k \boldsymbol{I}_3 \tag{4.1.6b}$$

ist. Im Gegensatz zu den Newtonschen Bewegungsgleichungen gilt Gl. (4.1.6) stets, unabhängig davon, ob Zwangsbedingungen existieren oder nicht. Will man daher die Bewegungsgleichungen für ein unfreies System von Massenpunkten, die man Lagrangesche Bewegungsgleichungen 1. Art nennt, herleiten, so muß man vom d'Alembertschen Prinzip ausgehen. Dies erscheint gewöhnlich als ein Variationsprinzip, bei dem ein beliebig herausgegriffener augenblicklicher Zustand des Systems $\boldsymbol{r}(t)$ mit Nachbarzuständen $\boldsymbol{r}(t) + \delta\boldsymbol{r}(t)$, die durch virtuelle Verschiebungen aus $\boldsymbol{r}(t)$ hervorgehen, verglichen wird, wobei die Zeit nicht variiert wird ($\delta t = 0$). Infolge der Vektorschreibweise von Gleichung (4.1.6) ist man unabhängig von der Wahl eines speziellen Koordinatensystems.

Für viele Anwendungen erweisen sich – im Gegensatz zur bisherigen differentiellen Betrachtungsweise – Variationsprinzipien in Form von Integralen als besonders geeignet. Ein solches Prinzip ist das Hamiltonsche Prinzip, bei dem der Zustand des gesamten Systems während einer endlichen Zeitspanne von t_0 bis t_1 mit virtuellen Nachbarzuständen verglichen wird.

Man legt also dem Hamiltonschen Prinzip die Annahme zugrunde, daß der tatsächlich durchlaufene Bahnpunkt und sein variierter Nachbarpunkt synchron von $t = t_0$ bis $t = t_1$ laufen, wobei die Anfangs- und Endpunkte der Bahn nicht variiert werden (Sommerfeld, 1964), d. h. es ist

$$\begin{aligned} &\delta \boldsymbol{r}_{\mathrm{k}} = \boldsymbol{o} \quad \text{für} \quad t = t_0,\ t = t_1 \qquad \mathrm{k} = 1, 2, \ldots \mathrm{N} \\ &\delta t = 0 \end{aligned} \tag{4.1.7}$$

Für die Herleitung des Hamiltonschen Prinzips geht man vom d'Alembertschen Prinzip Gl. (4.1.6) aus, das man zu diesem Zweck in kartesischen Koordinaten ausdrücken kann. Durch Umformungen unter Verwendung der Bedingungen Gl. (4.1.7) sowie durch Integration über das feste Zeitintervall $[t_0, t_1]$ gelangt man zu folgender Aussage (Sommerfeld, 1964)

$$\int_{t_0}^{t_1} (\delta T + \delta W)\mathrm{d}t = 0 \tag{4.1.8}$$

wobei T die kinetische Energie des Systems und W die Arbeit der äußeren Kräfte an den virtuellen Verschiebungen bedeutet. Da wir in diesem Kapitel nur konservative Systeme betrachten, lassen sich die äußeren Kräfte aus einem Potential U herleiten, so daß folgende Beziehung gilt

$$\int_{t_0}^{t_1} \delta W \mathrm{d}t = -\int_{t_0}^{t_1} \delta U \mathrm{d}t \tag{4.1.9}$$

Beachten wir, daß bei unseren Betrachtungen die Zeit nicht variiert werden darf, so können wir Integrations- und Variationszeichen vertauschen und erhalten das Hamiltonsche Prinzip für konservative Systeme

$$\delta \int_{t_0}^{t_1} (T - U)\mathrm{d}t = 0 \tag{4.1.10}$$

das nur physikalische Größen enthält und unabhängig von der Wahl irgendeines Koordinatensystems ist. Der Integrand ist die sogenannte Lagrange-Funktion

$$L = T - U \tag{4.1.11}$$

und er wird gelegentlich auch „freie Energie" genannt. Das Hamiltonische Prinzip, Gl. (4.1.10), besagt, daß die Bewegung derart abläuft, daß die Variation des Zeitintegrals über die Lagrange-Funktion für feste Werte t_0 und t_1 Null ist, d. h. daß das Zeitintegral der Lagrange-Funktion ein Extremum ist. Da die zu variierende Größe die Dimension einer *Wirkung*, also Energie × Zeit, hat, wurde das Hamiltonsche Prinzip früher als „Prinzip der stationären Wirkung" bezeichnet. Gleichung (4.1.10) kann auch in der Form

$$\delta\left(\frac{1}{t_1 - t_0}\int_{t_0}^{t_1} L\mathrm{d}t\right) = 0 \tag{4.1.12}$$

geschrieben werden und besagt in dieser Schreibweise, daß unter allen denkbaren Bewegungen in der Natur diejenige bevorzugt wird, für die der zeitliche Mittelwert der freien Energie einen stationären Wert annimmt. Sowohl aus dem d'Alembertschen wie aus dem Hamiltonschen Prinzip lassen sich nun alle Bewegungsgleichungen für konservative Systeme von Massenpunkten herleiten, d. h. Gln. (4.1.6) und (4.1.10) sind die Ausgangsgleichungen für die gesamte Mechanik starrer Körper.

Sind bei einem System von N Massenpunkten b Zwangsbedingungen einzuhalten, so kann man dazu übergehen, statt der 3N abhängigen Koordinaten f = 3N − b neue *unabhängige* Koordinaten q_k einzuführen, die wir im Vektor

$$\boldsymbol{q} = \{q_1 \quad q_2 \quad \ldots\ldots \quad q_\mathrm{f}\} \tag{4.1.13}$$

zusammenfassen und die man generalisierte Koordinaten nennt. Die Nebenbedingungen sind dann von selbst erfüllt. Kennt man noch dazu die generalisierten Geschwindigkeiten

$$\dot{\boldsymbol{q}} = \{\dot{q}_1 \quad \dot{q}_2 \quad \ldots\ldots \quad \dot{q}_\mathrm{f}\} \tag{4.1.14}$$

so ist der Zustand des Systems vollständig festgelegt. Die Lagrangeschen Bewegungsgleichungen 2. Art ergeben sich sofort aus dem Hamiltonschen Prinzip, wenn man generalisierte Koordinaten $\boldsymbol{q}$ und $\dot{\boldsymbol{q}}$ verwendet und die Variationsrechnung heranzieht (Päsler, 1968). Jede Lösung der zum Variationsproblem

$$\delta\int_{t_0}^{t_1} L(\boldsymbol{q},\dot{\boldsymbol{q}})\mathrm{d}t = 0 \tag{4.1.15}$$

gehörenden Eulerschen Gleichungen

$$\frac{\mathrm{d}}{\mathrm{d}t}\left(\frac{\partial L}{\partial \dot{\boldsymbol{q}}^\mathrm{t}}\right) - \frac{\partial L}{\partial \boldsymbol{q}^\mathrm{t}} = \boldsymbol{o} \tag{4.1.16}$$

die man in der Mechanik als Lagrangesche Bewegungsgleichungen 2. Art für konservative Systeme bezeichnet, führt zu einem stationären Wert des Variationsproblems Gl. (4.1.15). Die Kenntnis der Lagrange-Funktion $L(\boldsymbol{q}, \dot{\boldsymbol{q}})$ genügt daher, um die Bewegung des mechanischen Systems vollständig zu beschreiben. Die Lagrangeschen Bewegungsgleichungen 2. Art bilden ein System von f gewöhnlichen Differentialgleichungen 2. Ordnung in den generalisierten Koordinaten, zu dessen Lösung 2f Anfangsbedingungen

$$\boldsymbol{q}(t_0) = \boldsymbol{q}_0 \quad \text{und} \quad \dot{\boldsymbol{q}}(t_0) = \dot{\boldsymbol{q}}_0 \tag{4.1.17}$$

benötigt werden. In die Lagrangeschen Gleichungen sind zwar die Nebenbedingungen bereits eingearbeitet, Erhaltungssätze (Energie, Impuls) und Symmetrieeigenschaften des Systems führen jedoch nicht zu einer Reduktion der Problemgröße, was bei Verwendung der Hamiltonschen Formulierung, auf die wir nun eingehen wollen, möglich ist. Um die Hamiltonschen Bewegungsgleichungen herzuleiten, wollen wir das System Gl. (4.1.16) auf ein System von 2f Differentialgleichungen 1. Ordnung zurückführen. Würde man, wie allgemein üblich, die Geschwindigkeit $\dot{\boldsymbol{q}}$ als neue Variable hinzunehmen, so hätte das resultierende System keine besonders prägnante Form. Führt man dagegen neue Variablen p_{i} über die Beziehung

$$\boldsymbol{p} = \frac{\partial L}{\partial \dot{\boldsymbol{q}}^{\mathrm{t}}}, \qquad \boldsymbol{p} = \{p_1 \quad p_2 \quad \cdots\cdots \quad p_{\mathrm{f}}\} \tag{4.1.18}$$

ein, so erhält man einprägsame symmetrische Differentialgleichungen 1. Ordnung. Da die Größen p_{i} bei Verwendung rechtwinkliger Koordinaten Impulse sind, bezeichnet man sie als generalisierte Impulskoordinaten.

Während sich die Lagrangeschen Bewegungsgleichungen 2. Art aus der Lagrangeschen Funktion $L = T - U$ herleiten, spielt bei den Hamiltonschen Gleichungen die sogenannte Hamilton-Funktion H, die wie folgt definiert ist, eine zentrale Rolle

$$H(\boldsymbol{p}, \boldsymbol{q}) = \boldsymbol{p}^{\mathrm{t}} \dot{\boldsymbol{q}} - L(\boldsymbol{q}, \dot{\boldsymbol{q}}) \tag{4.1.19}$$

Nun bilden wir einerseits das vollständige Differential der linken Seite

$$\mathrm{d}H = \frac{\partial H}{\partial \boldsymbol{p}} \mathrm{d}\boldsymbol{p} + \frac{\partial H}{\partial \boldsymbol{q}} \mathrm{d}\boldsymbol{q} \tag{4.1.20}$$

und andererseits das der rechten Seite von Gl. (4.1.19)

$$\mathrm{d}H = \dot{\boldsymbol{q}}^{\mathrm{t}} \mathrm{d}\boldsymbol{p} + \boldsymbol{p}^{\mathrm{t}} \mathrm{d}\dot{\boldsymbol{q}} - \frac{\partial L}{\partial \boldsymbol{q}} \mathrm{d}\boldsymbol{q} - \frac{\partial L}{\partial \dot{\boldsymbol{q}}} \mathrm{d}\dot{\boldsymbol{q}} \tag{4.1.21}$$

Setzt man die Definition der generalisierten Impulse $\boldsymbol{p}$ in Gl. (4.1.21) ein, so heben sich der zweite und vierte Summand auf. Überdies liefern die Lagrange-Gleichungen 2. Art, Gl. (4.1.16), zusammen mit der Definition Gl. (4.1.18) die Beziehung

$$\dot{\boldsymbol{p}} = \frac{\partial L}{\partial \boldsymbol{q}^{\mathrm{t}}} \tag{4.1.22}$$

so daß sich schließlich aus einem Vergleich der beiden Ausdrücke für das totale Differential von H, Gln. (4.1.20) und (4.1.21), die vollkommen symmetrische, sogenannte kanonische Form der Bewegungsgleichungen ergibt

$$\begin{aligned}\dot{\boldsymbol{p}} &= -\frac{\partial H}{\partial \boldsymbol{q}^{\mathrm{t}}}\\ \dot{\boldsymbol{q}} &= \frac{\partial H}{\partial \boldsymbol{p}^{\mathrm{t}}}\end{aligned} \tag{4.1.23}$$

die auch Hamiltonsche Gleichungen genannt werden. Die Variablen p_{i} und q_{i} heißen zueinander kanonisch konjugiert. Bildet man die zeitliche Ableitung der Hamilton-Funktion $H(\boldsymbol{p}, \boldsymbol{q})$

$$\dot{H} = \frac{\mathrm{d}H}{\mathrm{d}t} = \frac{\partial H}{\partial \boldsymbol{p}}\dot{\boldsymbol{p}} + \frac{\partial H}{\partial \boldsymbol{q}}\dot{\boldsymbol{q}} = \dot{\boldsymbol{q}}^{\mathrm{t}}\dot{\boldsymbol{p}} - \dot{\boldsymbol{p}}^{\mathrm{t}}\dot{\boldsymbol{q}} = 0 \tag{4.1.24}$$

so erkennt man wegen Gl. (4.1.23), daß H eine Konstante ist. Außerdem kann man zeigen, daß die Hamilton-Funktion mit der Gesamtenergie E des Systems übereinstimmt (Päsler, 1968).

Die charakteristische Größe in den Hamiltonschen Gleichungen ist also die Gesamtenergie

$$H = T + U = E \tag{4.1.25}$$

falls, wie wir hier stets voraussetzen, $H(\boldsymbol{p}, \boldsymbol{q})$ nicht explizit von der Zeit abhängt.

Für Hamiltonsche Systeme mit f Freiheitsgraden wird der Phasenraum von den konjugierten Variablen q_{i} und p_{i} aufgespannt und hat die Dimension 2f. Die Bewegungen eines konservativen Systems unterscheiden sich nun grundlegend von denen dissipativer Systeme. Hauptursache hierfür ist, daß der Phasenfluß der Hamiltonschen Gleichungen (4.1.23) das Volumen eines Elements im Phasenraum nicht ändert. Dies hat weitreichende Konsequenzen. Beispielsweise können Hamiltonsche Systeme niemals asymptotisch stabil sein, insbesondere gibt es keine Punktattraktoren, keine Grenzzyklen und keine seltsamen Attraktoren. Dennoch können „irreguläre“ oder„chaotische“ Gebiete auftreten, die dann jedoch mit regulären Regionen dicht verwoben sind.

Für ein System mit einem Freiheitsgrad kann man sich die Eigenschaft der Flächentreue unmittelbar geometrisch veranschaulichen. Wir setzen wie zuvor voraus, daß die Hamiltonsche Funktion $H(\boldsymbol{p}, \boldsymbol{q})$ nicht von der Zeit abhängt. Da $H = E$ eine Konstante der Bewegung ist, fallen die Trajektorien mit den Höhenlinien $H = \text{const}$ zusammen (siehe Abb. 4.1.1).

Wir betrachten ein kleines rechteckiges Flächenelement im Phasenraum (p, q) zwischen zwei benachbarten Höhenlinien, bei dem die Länge einer Seite gleich dem

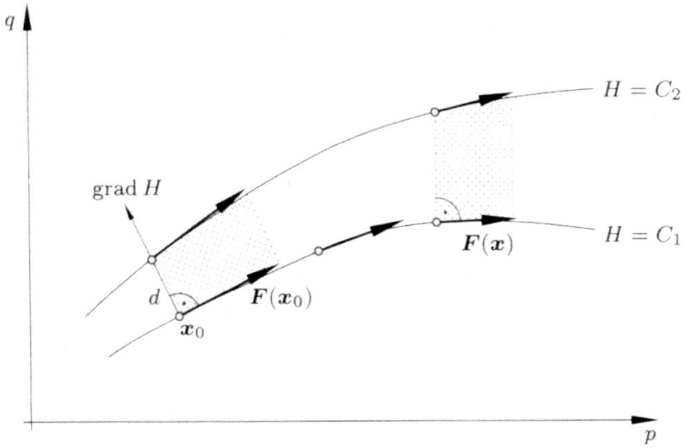

Abb. 4.1.1
Zur Flächentreue konservativer Systeme

Betrag der Phasengeschwindigkeit $\boldsymbol{F}$ ist. Aus den Hamilton-Gleichungen (4.1.23) ergibt sich dann

$$|\boldsymbol{F}| = \left|\left\{-\frac{\partial H}{\partial q} \quad \frac{\partial H}{\partial p}\right\}\right| = \left[\left(\frac{\partial H}{\partial q}\right)^2 + \left(\frac{\partial H}{\partial p}\right)^2\right]^{1/2} \tag{4.1.26}$$

Der Abstand d zweier Höhenlinien ist dagegen umgekehrt proportional zum Betrag des Gradienten der Hamilton-Funktion, also

$$d = \left|\left\{\frac{\partial H}{\partial p} \quad \frac{\partial H}{\partial q}\right\}\right|^{-1} = \left[\left(\frac{\partial H}{\partial p}\right)^2 + \left(\frac{\partial H}{\partial q}\right)^2\right]^{-1/2} \tag{4.1.27}$$

Damit ist also zu jedem Zeitpunkt t der Bewegung der Flächeninhalt des Rechteckelements konstant. In der Strömungsmechanik entspricht dies einer inkompressiblen Strömung.

Für den allgemeinen Fall eines n-dimensionalen Phasenraums wird die Volumentreue Hamiltonscher Systeme im Theorem von Liouville, auf das wir nochmals in Abschnitt 5.1 eingehen werden, ausgedrückt. Bezeichnet man das Volumen eines Bereichs $B(t)$ des Phasenraums mit $V(t)$, so kann der Satz von Liouville in folgender Form geschrieben werden (siehe z. B. Arnol'd, 1978)

$$\left.\frac{\mathrm{d}V(t)}{\mathrm{d}t}\right|_{t=t_0} = \int\limits_{B(t_0)} \operatorname{div} \boldsymbol{F} \, \mathrm{d}p_1 \ldots \mathrm{d}p_\mathrm{f} \mathrm{d}q_1 \ldots \mathrm{d}q_\mathrm{f} \tag{4.1.28}$$

Bildet man die Divergenz (d. h. das „Quellfeld") der Phasengeschwindigkeit für die Hamilton-Gleichungen (4.1.23)

$$\operatorname{div} \boldsymbol{F} = \frac{\partial}{\partial \boldsymbol{p}}\left(-\frac{\partial H}{\partial \boldsymbol{q}^\mathrm{t}}\right) + \frac{\partial}{\partial \boldsymbol{q}}\left(\frac{\partial H}{\partial \boldsymbol{p}^\mathrm{t}}\right) \equiv 0 \tag{4.1.29}$$

so ergibt sich die Volumentreue unmittelbar aus dem besonderen, symmetrischen Aufbau der Hamiltonschen Gleichungen.

4.2 Kanonische Transformationen, Integrierbarkeit

Die Hamiltonschen Gleichungen besitzen in der Physik, und insbesondere in der analytischen Mechanik, als theoretisches Hilfsmittel eine große Bedeutung. Zwar gibt es einige Anwendungsbeispiele, wie z. B. die Bewegung eines Körpers im Gravitationsfeld zweier ruhender Massen, die mit Hilfe der Hamiltonschen Formulierung elegant und einfach gelöst werden können. Für die Mehrzahl von Anwendungen ist dieses Lösungsverfahren allerdings eher schwerfällig. Die Vorteile der Methode liegen in erster Linie darin, daß tiefere Einsichten in die Mechanik möglich werden. Da die generalisierten Impulse $\boldsymbol{p}$ und Koordinaten $\boldsymbol{q}$ gleichberechtigt und unabhängig voneinander in den Gleichungen (4.1.23) auftreten, ergeben sich größere Freiräume bei der Auswahl der physikalischen Größen und ihren Deutungen. So werden abstraktere Formulierungen möglich, die als Ausgangspunkt der statistischen Mechanik und der Quantenmechanik fungieren.

Für unsere Betrachtungen sind die Hamiltonschen Gleichungen deswegen besonders geeignet, weil mit ihrer Hilfe qualitative Eigenschaften der Bewegungsabläufe ermittelt werden können. Ein Beispiel dafür ist das Theorem von Liouville. Aus der Struktur der Hamilton-Gleichungen folgt $\operatorname{div} \boldsymbol{F} = 0$, und damit sofort die Volumentreue des Phasenflusses. Ferner werden wir in diesem Abschnitt sehen, daß sich die Integrierbarkeit eines Systems sehr prägnant in der Form der Hamilton-Funktion niederschlägt. Daher wurde diese Formulierung den Stabilitätsuntersuchungen, die zum KAM-Theorem (siehe Abschnitt 4.4) führen, zugrunde gelegt.

Anhand eines elementaren Beispiels, nämlich der Keplerschen Bewegung eines Planeten um die Sonne, wollen wir nun demonstrieren, wie die Hamiltonschen Bewegungsgleichungen aufgestellt und integriert werden können.

Wir betrachten die ebene Bewegung eines Planeten der Masse m im Gravitationsfeld der Sonne der Masse M, wobei wir uns die Massen von Planet und Sonne jeweils in einem Punkt konzentriert denken; siehe Abb. 4.2.1.

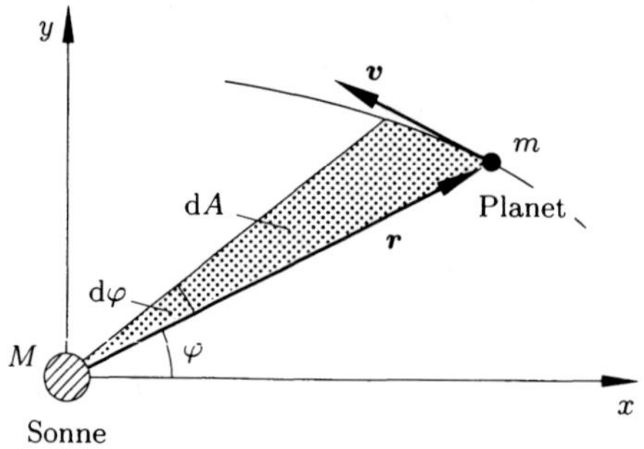

Abb. 4.2.1
Zur Interpretation des Keplerschen Flächensatzes (2. Keplersches Gesetz)

Um die Bewegung in der x, y-Ebene zu beschreiben, führen wir Polarkoordinaten

$$x = r\cos\varphi, \quad y = r\sin\varphi \tag{4.2.1}$$

ein, und wir können dann in ihnen die Geschwindigkeit v des Planeten ausdrücken. Aus

$$\begin{bmatrix} \dot{x} \\ \dot{y} \end{bmatrix} = \begin{bmatrix} \cos\varphi & -\sin\varphi \\ \sin\varphi & \cos\varphi \end{bmatrix} \begin{bmatrix} \dot{r} \\ r\dot{\varphi} \end{bmatrix} \tag{4.2.1a}$$

ergibt sich

$$\begin{aligned} v^2 &= \dot{x}^2 + \dot{y}^2 \\ &= \dot{r}^2 + r^2\dot{\varphi}^2 \end{aligned} \tag{4.2.2}$$

Somit erhält man die kinetische Energie für den Planeten

$$T = \tfrac{1}{2}m(\dot{r}^2 + r^2\dot{\varphi}^2) \tag{4.2.3}$$

und seine potentielle Energie

$$U = -G\frac{mM}{r} \tag{4.2.4}$$

wobei G die Gravitationskonstante bezeichnet. Da es sich um eine ebene Bewegung handelt, hat das System die beiden Freiheitsgrade r und φ, die wir als generalisierte Koordinaten einführen

$$q_1 = r, \quad q_2 = \varphi \tag{4.2.5}$$

Nach Gl. (4.1.11) lautet die Lagrange-Funktion in den generalisierten Koordinaten $\boldsymbol{q}$ und $\dot{\boldsymbol{q}}$

$$\begin{aligned} L = L(\boldsymbol{q}, \dot{\boldsymbol{q}}) &= T - U \\ &= \tfrac{1}{2}m\left(\dot{q}_1^2 + q_1^2\dot{q}_2^2\right) + G\frac{mM}{q_1} \end{aligned} \tag{4.2.6}$$

Zur Herleitung der Hamiltonschen Gleichungen benötigen wir die zu $\boldsymbol{q}$ konjugierten Variablen $\boldsymbol{p}$, die wir mit Hilfe von Gl. (4.1.18) ermitteln

$$\begin{aligned} p_1 &= \frac{\partial L}{\partial \dot{q}_1} = m\dot{q}_1 \\ p_2 &= \frac{\partial L}{\partial \dot{q}_2} = mq_1^2\dot{q}_2 \end{aligned} \tag{4.2.7}$$

Gleichung (4.1.25) erlaubt es nun, sofort die Hamilton-Funktion $H(\boldsymbol{p}, \boldsymbol{q})$ anzugeben, und wir erhalten

$$H = \frac{1}{2m}\left(p_1^2 + \frac{p_2^2}{q_1^2}\right) - G\frac{mM}{q_1} = E \tag{4.2.8}$$

Wir erkennen aus dieser Beziehung, daß H nicht von q_2 abhängt. Daher läßt sich eine der Hamiltonschen Gleichungen, nämlich

$$\dot{p}_2 = -\frac{\partial H}{\partial q_2} = 0 \tag{4.2.9}$$

sofort integrieren, und mit Gl. (4.2.7) ergibt sich

$$p_2 = mq_1^2\dot{q}_2 = mC \tag{4.2.10}$$

Kehrt man mit Hilfe von Gl. (4.2.5) wieder zu Polarkoordinaten zurück, so erhält man den Keplerschen „Flächensatz"

$$r^2\dot{\varphi} = C \tag{4.2.11}$$

der eine einfache geometrische Interpretation erlaubt. Betrachtet man die Änderung der Fläche, die der Radiusvektor $\boldsymbol{r}$ bei einer Änderung um den Winkel $\mathrm{d}\varphi$ überstreicht, so ist nach Abb. 4.2.1

$$\mathrm{d}A = \tfrac{1}{2}r^2\mathrm{d}\varphi + \tfrac{1}{2}r\mathrm{d}\varphi\mathrm{d}r$$

und daher zusammen mit Gl. (4.2.11) in 1. Näherung

$$\frac{\mathrm{d}A}{\mathrm{d}t} \approx \tfrac{1}{2}r^2\frac{\mathrm{d}\varphi}{\mathrm{d}t} = \mathrm{const}$$

Somit ergibt sich aus den Hamiltonschen Gleichungen unmittelbar das 2. Keplersche Gesetz, das aussagt, daß der Radiusvektor von der Sonne zum Planeten in gleichen Zeitabschnitten gleiche Flächen überstreicht.

Die übrigen Hamiltonschen Bewegungsgleichungen lauten nun nach Gl. (4.1.23)

$$\begin{aligned} \dot{p}_1 &= -\frac{\partial H}{\partial q_1} = \frac{p_2^2}{mq_1^3} - G\frac{mM}{q_1^2} \\ \dot{q}_1 &= \frac{\partial H}{\partial p_1} = \frac{p_1}{m} \\ \dot{q}_2 &= \frac{\partial H}{\partial p_2} = \frac{p_2}{mq_1^2} \end{aligned} \tag{4.2.12}$$

Wir interessieren uns in erster Linie für die Bahnkurven $r = r(\varphi)$ bzw. nach Gl. (4.2.5) für $q_1 = q_1(q_2)$, Gl. (4.2.5), die wir durch Integration aus der zweiten und dritten Gleichung von (4.2.12) erhalten

$$\frac{\mathrm{d}q_2}{\mathrm{d}q_1} = \frac{\dot{q}_2}{\dot{q}_1} = \frac{p_2}{p_1 q_1^2} \tag{4.2.13}$$

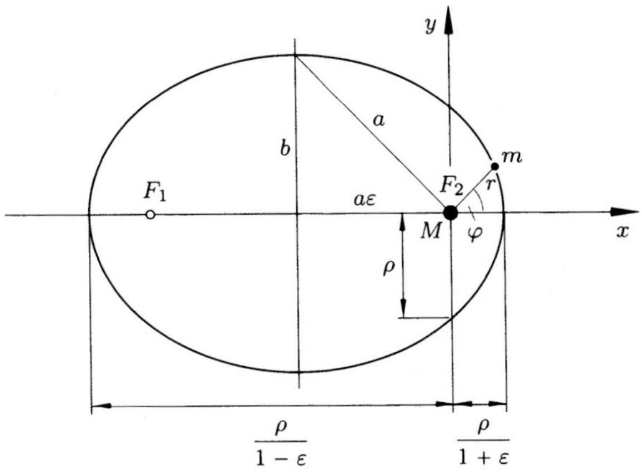

Abb. 4.2.2
Keplersche Ellipse
(1. Keplersches Gesetz)

In dieser Beziehung ersetzen wir p_1 aus Gl. (4.2.8), p_2 aus Gl. (4.2.10), berücksichtigen Gl. (4.2.11) und gelangen zu der Beziehung

$$q_2 = \int \frac{mC}{q_1[2mq_1(Eq_1 + GmM) - m^2C^2]^{1/2}} \mathrm{d}q_1 \tag{4.2.14}$$

Man kann dieses Integral direkt auswerten, und die Lösung lautet, wenn wir wieder Polarkoordinaten einführen,

$$\varphi = \cos^{-1} \frac{m(C^2 - GMr)}{r\left[m(2EC^2 + G^2mM^2)\right]^{1/2}} \tag{4.2.15}$$

wobei wir die Integrationskonstante ohne Beschränkung der Allgemeinheit zu Null gesetzt haben. Mit folgenden Abkürzungen

$$\rho = \frac{C^2}{GM} \quad \text{und} \quad \varepsilon = \left(1 + \frac{2EC^2}{G^2mM^2}\right)^{1/2}, \quad (E < 0) \tag{4.2.16}$$

erkennt man, daß die Bahnkurve des Planeten, aufgefaßt als Funktion $r = r(\varphi)$, die Form

$$r = \frac{\rho}{1 + \varepsilon \cos \varphi} \tag{4.2.17}$$

annimmt. Dies ist die Polargleichung einer Ellipse (siehe Abb. 4.2.2) mit der numerischen Exzentrizität ε und dem Parameter ρ. Die Sonne befindet sich in einem der Brennpunkte der Ellipse, und der Planet beschreibt in der Ekliptik eine ellipsenförmige Bahnkurve.

Beim Keplerschen Problem haben wir gesehen, daß die Hamilton-Funktion H, Gl. (4.2.8), die Variable q_2 nicht explizit enthält. Daher kann eine Bewegungsgleichung

$$\dot{p}_2 = -\frac{\partial H}{\partial q_2} = 0$$

sofort integriert werden, und neben der Gesamtenergie E, Gl. (4.1.25), ergibt sich eine weitere Erhaltungsgröße, die zum 2. Keplerschen Gesetz führt. Nach Helmholtz bezeichnet man eine Variable q_i, die nicht explizit in der Hamilton-Funktion auftritt, als zyklische Variable. Wegen

$$\dot{p}_\mathrm{i} = -\frac{\partial H}{\partial q_\mathrm{i}} = 0 \tag{4.2.18}$$

folgt dann

$$p_\mathrm{i}(t) = p_\mathrm{i}(0) = \alpha \tag{4.2.19}$$

Ersetzt man nun in der Hamilton-Funktion p_i durch den konstanten Parameter α, so hängt H nur noch von (2f − 2) Variablen ab, und man hat die Anzahl der Freiheitsgrade um eins, die Anzahl der Bewegungsgleichungen um zwei reduziert. Bei einem konservativen System mit zwei Freiheitsgraden genügt also die Existenz einer zyklischen Variablen, damit das System der Hamilton-Gleichungen integrierbar ist, da man zusammen mit der Gesamtenergie E des Systems zwei Konstanten der Bewegung bzw. zwei erste Integrale gefunden hat.

Tritt der Sonderfall ein, daß alle Variablen q_i zyklisch sind, d. h. hängt H nur von den f Variablen p_i ab

$$H = H(\boldsymbol{p}) \tag{4.2.20}$$

so nimmt das System der Hamilton-Gleichungen die *Normalform* an und läßt sich sofort integrieren. Es folgt dann

$$p_\mathrm{i}(t) = p_\mathrm{i}(0) = \alpha_\mathrm{i}, \qquad \mathrm{i} = 1, 2, \ldots, \mathrm{f} \tag{4.2.21}$$

und aus Gln. (4.2.20) und (4.1.23) ergibt sich

$$\dot{q}_\mathrm{i}(t) = \frac{\partial H}{\partial p_\mathrm{i}} = \omega_\mathrm{i}(\alpha_1, \alpha_2, \ldots, \alpha_\mathrm{f})$$

oder

$$q_\mathrm{i}(t) = \omega_\mathrm{i} t + \beta_\mathrm{i}, \qquad \mathrm{i} = 1, 2, \ldots, \mathrm{f} \tag{4.2.22}$$

In der Literatur werden in diesem Fall die p_i als *Wirkungsvariable*, die q_i als *Winkelvariable* und die ω_i als *Frequenzen* bezeichnet. Um die besondere Bedeutung der kanonischen Variablen hervorzuheben, für die die Hamiltonschen Gleichungen unmittelbar integriert werden können, führt man für die Wirkungsvariablen $\boldsymbol{p}$ die Bezeichnung

$$\boldsymbol{I}_H = \{I_1 \quad I_2 \quad \ldots\ldots \quad I_\mathrm{f}\} \tag{4.2.23}$$

und für die Winkelvariablen $\boldsymbol{q}$ die Bezeichnung

$$\boldsymbol{\theta} = \{\theta_1 \quad \theta_2 \quad \ldots\ldots \quad \theta_\mathrm{f}\} \tag{4.2.23a}$$

ein. Aus Gl. (4.2.21) ergibt sich, daß jede Wirkungsvariable eine Konstante der Bewegung ist, und nach Gl. (4.2.22) hängt jede Winkelvariable linear von der Zeit ab. Ein besonderer Vorteil bei Verwendung von Wirkungs- und Winkelvariablen besteht darin, daß man die Frequenzen periodischer Bewegungen bestimmen kann, ohne die vollständige Lösung aufstellen zu müssen. Hat man die Gesamtenergie bzw. die Hamilton-Funktion H in Wirkungsvariablen I_i ausgedrückt, so ergeben sich die Frequenzen direkt durch Differentiation

$$\omega_\mathrm{i} = \frac{\partial H}{\partial I_\mathrm{i}} \tag{4.2.24}$$

Elementare, anschauliche Variablen, mit denen man ein gegebenes physikalisches Problem möglichst einfach formuliert und in Gleichungen zusammenfaßt, sind nicht unbedingt die geeignetsten, um eine Lösung zu erzielen. Man wird daher versuchen, die Bewegungsgleichungen (4.1.23) auf eine möglichst einfache Form zu bringen, um die Integration zu erleichtern. Man hat also die Aufgabe,

(a) Transformationen

$$\begin{aligned} \boldsymbol{p} &= \boldsymbol{p}(\boldsymbol{P}, \boldsymbol{Q}) \\ \boldsymbol{q} &= \boldsymbol{q}(\boldsymbol{P}, \boldsymbol{Q}) \end{aligned} \tag{4.2.25}$$

aufzusuchen, die die Form der Hamilton-Gleichungen erhalten, und

(b) spezielle Transformationen zu finden, die die Hamilton-Funktion auf eine einfachere Form reduzieren, eventuell sogar auf Normalform.

Im Rahmen unserer einführenden Darstellung beschränken wir uns auf zeitunabhängige Transformationen. Dabei bleibt dann der Wert der Hamilton-Funktion erhalten

$$H(\boldsymbol{p}, \boldsymbol{q}) = H\big(\boldsymbol{p}(\boldsymbol{P}, \boldsymbol{Q}), \boldsymbol{q}(\boldsymbol{P}, \boldsymbol{Q})\big) = H^*(\boldsymbol{P}, \boldsymbol{Q}) = E \tag{4.2.26}$$

Für zeitabhängige Transformationen würde Gl. (4.2.26) nicht gelten. Beispielsweise treten bei einer Transformation eines Inertialsystems auf ein mitbewegtes (beschleunigtes) Koordinatensystem zusätzliche Kräfte auf, die den Wert von H verändern.

Wenn beim Übergang $\boldsymbol{p}, \boldsymbol{q} \rightarrow \boldsymbol{P}, \boldsymbol{Q}$ die Form der Hamilton-Gleichungen nicht zerstört wird

$$\dot{\boldsymbol{P}} = -\frac{\partial H^*}{\partial \boldsymbol{Q}^{\mathrm{t}}} \tag{4.2.27}$$

$$\dot{\boldsymbol{Q}} = \frac{\partial H^*}{\partial \boldsymbol{P}^{\mathrm{t}}} \tag{4.2.28}$$

heißt die Transformation *kanonisch*. Zur Herleitung der Transformationsgleichungen geht man davon aus, daß sich die alten und die neuen Bewegungsgleichungen aus dem Hamiltonschen Prinzip, Gl. (4.1.15), herleiten lassen (Päsler, 1968). Im Falle einer nichtidentischen Koordinatentransformation stimmen die beiden Lagrange-Funktionen $L(\boldsymbol{q}, \dot{\boldsymbol{q}})$ und $L^*(\boldsymbol{Q}, \dot{\boldsymbol{Q}})$ nur bis auf die totale zeitliche Ableitung einer beliebigen Funktion

$$F = F(\boldsymbol{p}, \boldsymbol{q}, \boldsymbol{P}, \boldsymbol{Q})$$

der sogenannten Erzeugenden, überein. Mit Gl. (4.1.19) erhält man somit

$$\boldsymbol{p}^{\mathrm{t}}\dot{\boldsymbol{q}} - H = \boldsymbol{P}^{\mathrm{t}}\dot{\boldsymbol{Q}} - H^* + \frac{\mathrm{d}F}{\mathrm{d}t} \tag{4.2.29}$$

Allerdings sind von den 4f Variablen der Funktion F infolge der Transformationsgleichungen (4.2.25) nur 2f voneinander unabhängig. In Abb. 4.2.3 haben wir die möglichen Kombinationen zusammengestellt. Nehmen wir beispielsweise an, daß F die Form

$$F = F(\boldsymbol{q}, \boldsymbol{Q}) \tag{4.2.30}$$

hat und setzen wir die totale Ableitung nach der Zeit

$$\frac{\mathrm{d}F}{\mathrm{d}t} = \frac{\partial F}{\partial \boldsymbol{q}}\dot{\boldsymbol{q}} + \frac{\partial F}{\partial \boldsymbol{Q}}\dot{\boldsymbol{Q}} \tag{4.2.31}$$

unabhängige Variable	abhängige Variable			
	$\boldsymbol{p}$	$\boldsymbol{q}$	$\boldsymbol{P}$	$\boldsymbol{Q}$
$\boldsymbol{q}, \boldsymbol{P}$	$\frac{\partial F}{\partial \boldsymbol{q}^{\mathrm{t}}}$			$\frac{\partial F}{\partial \boldsymbol{P}^{\mathrm{t}}}$
$\boldsymbol{q}, \boldsymbol{Q}$	$\frac{\partial F}{\partial \boldsymbol{q}^{\mathrm{t}}}$		$-\frac{\partial F}{\partial \boldsymbol{Q}^{\mathrm{t}}}$	
$\boldsymbol{p}, \boldsymbol{P}$		$-\frac{\partial F}{\partial \boldsymbol{p}^{\mathrm{t}}}$		$\frac{\partial F}{\partial \boldsymbol{P}^{\mathrm{t}}}$
$\boldsymbol{p}, \boldsymbol{Q}$		$-\frac{\partial F}{\partial \boldsymbol{p}^{\mathrm{t}}}$	$-\frac{\partial F}{\partial \boldsymbol{Q}^{\mathrm{t}}}$	

Abb. 4.2.3
Verschiedene Formen der Erzeugenden F

in Gl. (4.2.29) ein, so folgen aus der Unabhängigkeit der Variablen $\boldsymbol{q}$ und $\boldsymbol{Q}$ die Transformationsgleichungen

$$\begin{aligned} \boldsymbol{p} &= \frac{\partial F}{\partial \boldsymbol{q}^{\mathrm{t}}} \\ \boldsymbol{P} &= -\frac{\partial F}{\partial \boldsymbol{Q}^{\mathrm{t}}} \end{aligned} \tag{4.2.32}$$

Die übrigen in Abb. 4.2.3 zusammengestellten Transformationen erhält man mit Hilfe geeigneter Legendre-Transformationen; siehe Abschnitt 8.5.1 sowie (Goldstein, 1978).

Setzt man die erste der Gleichungen (4.2.32) in die Hamilton-Funktion ein, so ergibt sich die sogenannte Hamilton-Jacobische Differentialgleichung

$$H(\boldsymbol{p},\boldsymbol{q}) = H\left(\frac{\partial F}{\partial \boldsymbol{q}^{\mathrm{t}}},\boldsymbol{q}\right) = E \tag{4.2.33}$$

Dies ist eine im allgemeinen nichtlineare partielle Differentialgleichung 1. Ordnung für die Funktion F. Das Aufsuchen der allgemeinen Lösung dieser Gleichung wird im Normalfall ebenfalls schwierig sein, gelegentlich kann man jedoch durch Separation der Variablen ein vollständiges Integral finden.

Eine alternative Möglichkeit, eine Transformation auf Normalform zu finden, bietet in einigen Fällen der Satz von Liouville, Gl. (4.1.28), der die Volumentreue Hamiltonscher Systeme beweist. Offenbar müssen kanonische Transformationen stets das Volumen erhalten. Im zweidimensionalen Phasenraum bedeutet dies, daß die Determinante der Jacobi-Matrix $\boldsymbol{J}$ den Wert 1 hat, d. h.

$$\det \boldsymbol{J} = \det \frac{\partial(p,q)}{\partial(P,Q)} = \begin{vmatrix} \dfrac{\partial p}{\partial P} & \dfrac{\partial p}{\partial Q} \\ \dfrac{\partial q}{\partial P} & \dfrac{\partial q}{\partial Q} \end{vmatrix} = 1 \tag{4.2.34}$$

Zum Beispiel ist die Transformation von Polarkoordinaten auf kartesische Koordinaten

$$p = P\cos Q, \quad q = P\sin Q$$

keine kanonische Transformation, da in diesem Fall

$$\det \boldsymbol{J} = \begin{vmatrix} \cos Q & -P\sin Q \\ \sin Q & P\cos Q \end{vmatrix} = P \neq 1$$

gilt. Dagegen wäre die lineare Transformation

$$p = aP + bQ, \quad q = cP + dQ$$

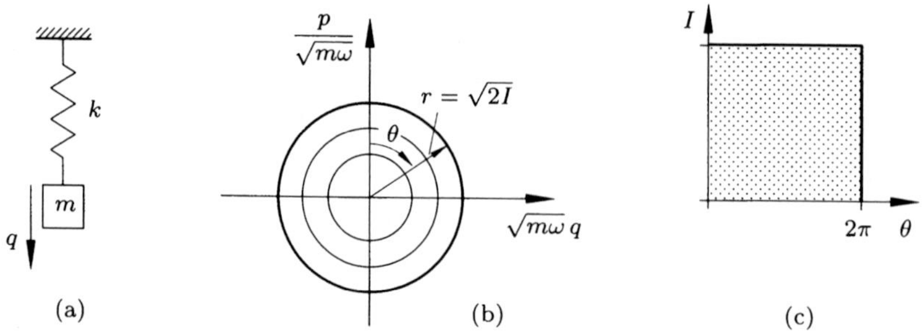

Abb. 4.2.4 Wirkungs- und Winkelvariable für ein ungedämpftes Federpendel

mit

$$ad - bc = 1$$

eine kanonische flächentreue Koordinatentransformation.

Am Beispiel des ungedämpften Federpendels wollen wir nun die Hamilton-Funktion $H(\boldsymbol{p}, \boldsymbol{q})$, Gl. (4.1.19), aufstellen und anschließend unter Verwendung des Satzes von Liouville auf Normalform $H^*(P)$, Gl. (4.2.20), transformieren. Das Pendel habe die Masse m und die Federsteifigkeit k (Abb. 4.2.4a).

Aus der kinetischen Energie

$$T = \tfrac{1}{2} m\dot{q}^2$$

und der potentiellen Energie

$$U = \tfrac{1}{2} kq^2$$

ergibt sich die freie Energie zu

$$L = T - U = \tfrac{1}{2}(m\dot{q}^2 - kq^2)$$

Nach Gl. (4.1.18) führen wir den verallgemeinerten Impuls

$$p = \frac{\partial L}{\partial \dot{q}} = m\dot{q}$$

ein und erhalten die Hamilton-Funktion $H(p, q)$

$$H = T + U = \tfrac{1}{2}\Big(\frac{p^2}{m} + kq^2\Big) = E \tag{4.2.35}$$

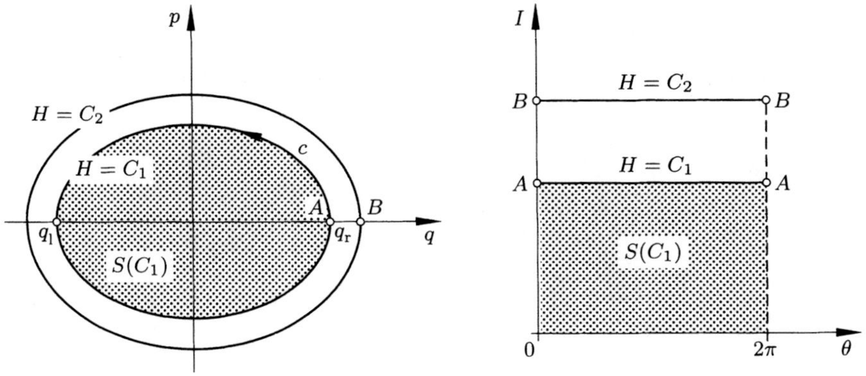

Abb. 4.2.5 Transformation $(p,q) \to (I,\theta)$

Um die Transformation auf Normalform $H^*(I)$, in der nur noch die Wirkungsvariable $P = I$ auftritt, zu finden, machen wir uns die Volumentreue Hamiltonscher Systeme zu Nutze. Wir berechnen die Fläche S, die eine geschlossene Kurve c im Phasenraum einschließt (siehe Abb. 4.2.5). Nach dem Satz von Stokes ergibt sich

$$S = \iint \mathrm{d}p\,\mathrm{d}q = \oint p(q)\mathrm{d}q \tag{4.2.36}$$

Setzt man $p(q)$ aus Gl. (4.2.35) ein, so ist

$$S = \oint \sqrt{m(2E - kq^2)}\mathrm{d}q \tag{4.2.37}$$

Andererseits berechnen wir die Fläche in der I,θ-Ebene zu

$$S = \int_0^{2\pi} I\mathrm{d}\theta = 2\pi I \tag{4.2.38}$$

Aus den letzten beiden Gleichungen erhalten wir unter Beachtung der Symmetrie

$$I = \frac{1}{\pi}\int_{q_l}^{q_r} \sqrt{m(2E - kq^2)}\mathrm{d}q = \frac{\sqrt{mk}}{2\pi}\left[q\sqrt{\frac{2E}{k} - q^2} + \frac{2E}{k}\sin^{-1} q\sqrt{\frac{k}{2E}}\right]_{q_l}^{q_r}$$

Wir können nun die Grenzen q_l, q_r für $p = 0$ aus Gl. (4.2.35) ableiten (siehe Abb. 4.2.5)

$$q_{l,r} = \pm\sqrt{\frac{2E}{k}}$$

Damit haben wir für die Wirkungsvariable I folgenden Ausdruck gefunden

$$I = \sqrt{\frac{m}{k}} E = \frac{1}{\omega} H \tag{4.2.39}$$

wobei wir die Frequenz

$$\omega = \sqrt{k/m} \tag{4.2.40}$$

eingeführt haben. Die Normalform der Hamilton-Funktion des ungedämpften Federpendels lautet nach Gl. (4.2.26) also einfach

$$H^*(I) = \omega I \tag{4.2.41}$$

Die Bewegungsgleichungen in den Winkel- und Wirkungsvariablen nehmen nach Gln. (4.2.27) und (4.2.28) die Form an

$$\begin{aligned} \dot{I} &= -\frac{\partial H^*}{\partial \theta} = 0\,, && \text{d. h. } I = \text{const} \\ \dot{\theta} &= \frac{\partial H^*}{\partial I} = \omega\,, && \text{d. h. } \theta = \omega t + \beta \end{aligned} \tag{4.2.42}$$

Nun stellen wir für unser Beispiel noch den Zusammenhang zwischen den konjugierten Variablen (p, q) und den Wirkungs-, Winkelvariablen (I, θ) auf. Ersetzt man in Gl. (4.2.35) die Variable p nach der Tabelle in Abb. 4.2.3 durch $\partial F/\partial q$ und berücksichtigt Gl. (4.2.26), so erhält man für die Erzeugende $F = F(q, I)$ die Hamilton-Jacobische Differentialgleichung

$$\frac{1}{2}\left[\frac{1}{m}\left(\frac{\partial F}{\partial q}\right)^2 + kq^2\right] = H^* = \omega I \tag{4.2.43}$$

Da wir jedoch nicht die Erzeugende F selbst benötigen, sondern die Koordinatentransformation $(p, q) \to (P, Q) \equiv (I, \theta)$, berechnen wir nach Abb. 4.2.3 die Ableitung

$$\theta = \frac{\partial F}{\partial I} = \int \frac{m\omega}{\sqrt{m(2\omega I - kq^2)}} \mathrm{d}q$$

und erhalten durch Integration

$$\theta = \sin^{-1} \sqrt{\frac{k}{2\omega I}} q$$

oder

$$q = \sqrt{\frac{2I}{m\omega}} \sin\theta \tag{4.2.44}$$

Aus Gl. (4.2.43) ergibt sich schließlich

$$p = \frac{\partial F}{\partial q} = \sqrt{2m\omega I}\cos\theta \tag{4.2.45}$$

Abbildung 4.2.4b zeigt, daß die Trajektorien in der p, q-Phasenebene geschlossene Kurven sind, die bei geeigneter Normierung Kreise ergeben.

Erweitert man das System auf f ungekoppelte Oszillatoren mit den Massen m_i und den Federsteifigkeiten k_i, so kann man in Anlehnung an Gl. (4.2.42) die Bewegungsgleichungen ebenfalls in Wirkungs- und Winkelvariablen angeben

$$\begin{aligned} \dot{I}_i &= -\frac{\partial H}{\partial \theta_i} = 0 \\ \dot{\theta}_i &= \frac{\partial H}{\partial I_i} = \omega_i\ , \qquad i = 1, \dots f \end{aligned} \tag{4.2.46}$$

mit $\omega_i = \sqrt{k_i/m_i}$.

Dieses System läßt sich sofort integrieren, vgl. Gln. (4.2.22), (4.2.23). Man kann daher umgekehrt jedes konservative System, dessen Bewegungsgleichungen sich auf Normalform bringen lassen, als System von f ungekoppelten Oszillatoren interpretieren. Im Gegensatz zu unserem einfachen Beispiel, bei dem alle Frequenzen konstant sind, hängen jedoch im allgemeinen die Frequenzen noch von den Wirkungsvariablen ab: $\omega_i = \omega_i(I_1, \dots I_f)$, d. h. sie ändern sich von Trajektorie zu Trajektorie.

Zusammenfassend stellen wir fest, daß Hamiltonsche Systeme integrierbar sind, wenn f = n/2 Integrale bekannt sind. Der Grund dafür ist im besonderen Aufbau der Hamiltonschen Gleichungen zu finden. Für allgemeine, dissipative Systeme benötigt man dagegen n Integrale.

4.3 f-dimensionale Ringe (Tori) und Trajektorien

Die Suche der Mathematiker und Physiker im 19. Jahrhundert nach der Normalform eines gegebenen Hamiltonschen Systems war nur in einigen glücklichen Ausnahmefällen erfolgreich. Poincaré zeigte, daß bereits für das Dreikörperproblem zu wenige erste Integrale existieren. Wenn schon dieses „einfache“ Problem nicht integrierbar ist, so wird man für höherdimensionale Hamilton-Systeme sicher nur in Sonderfällen geschlossene Lösungen angeben können. Dennoch ist das Studium integrierbarer Systeme hilfreich, um den allgemeinen Fall nichtintegrabler Systeme zu verstehen, bei denen chaotische und reguläre Bereiche dicht miteinander verwoben sind.

Wir wollen uns zunächst mit den Eigenschaften von wiederkehrenden Trajektorien integrierbarer Systeme beschäftigen. Dabei können wir annehmen, daß die ihrer Normalform, Gl. (4.2.42), gegeben ist. Die f Wirkungsvariablen stimmen dann mit den f ersten Integralen $I_k = C_k$ (k = 1, 2, ..., f) überein. Somit verlaufen die Trajektorien des n=2f-dimensionalen Phasenraums auf einer f-dimensionalen Mannigfaltigkeit.

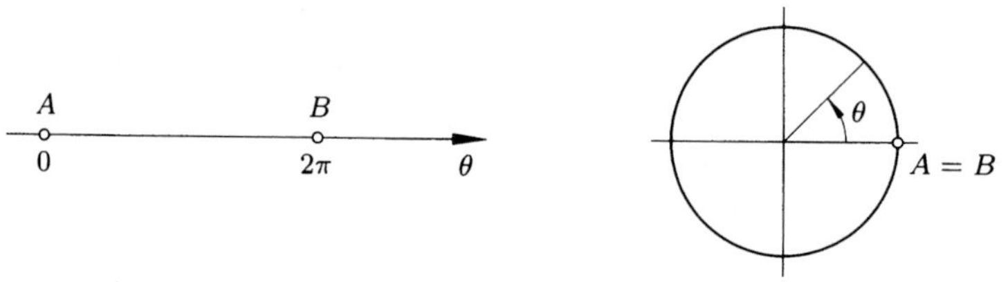

Abb. 4.3.1 Trajektorien für einen Freiheitsgrad

Für den Fall f = 1 betrachten wir nochmals das ungedämpfte Federpendel. Die Trajektorien in der (p, q)-Phasenebene sind geschlossene Kurven. Durch Transformation auf die Wirkungs- und Winkelvariablen (Abb. 4.2.4c) werden sie auf Geradenstücke in der (θ, I)-Ebene abgebildet. Die Parameterpaare (θ, I) und $(\theta + 2\pi, I)$ der periodischen Bewegung beschreiben denselben Zustand des Systems, Anfangs- und Endpunkt des Geradenstücks sind identisch, so daß auch die Bahnkurven in der (θ, I)-Ebene als geschlossen betrachtet werden können. Heftet man Anfangs- und Endpunkt zusammen, so erkennt man, daß die Trajektorien topologisch äquivalent zu Kreisen sind (Abb. 4.3.1).

Für ein integrables System mit f = 2 Freiheitsgraden sind nach Gl. (4.2.22) die Winkelvariablen lineare Funktionen der Zeit

$$\begin{aligned} \theta_1 &= \omega_1 t + \beta_1 \\ \theta_2 &= \omega_2 t + \beta_2 \end{aligned} \tag{4.3.1}$$

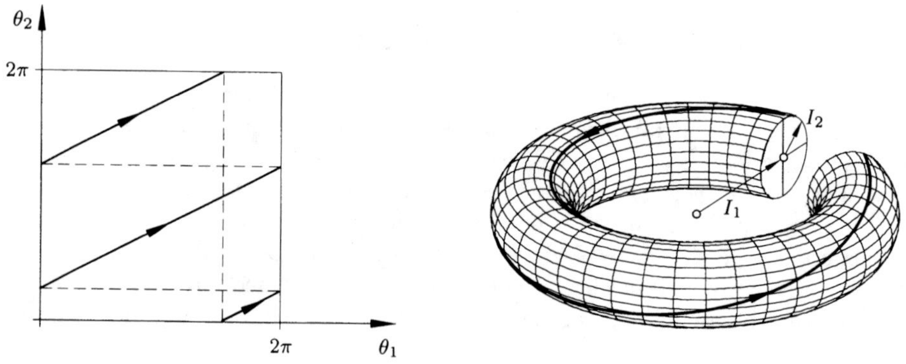

Abb. 4.3.2 Trajektorien für zwei Freiheitsgrade, $\omega_2 : \omega_1 = 1 : 2$

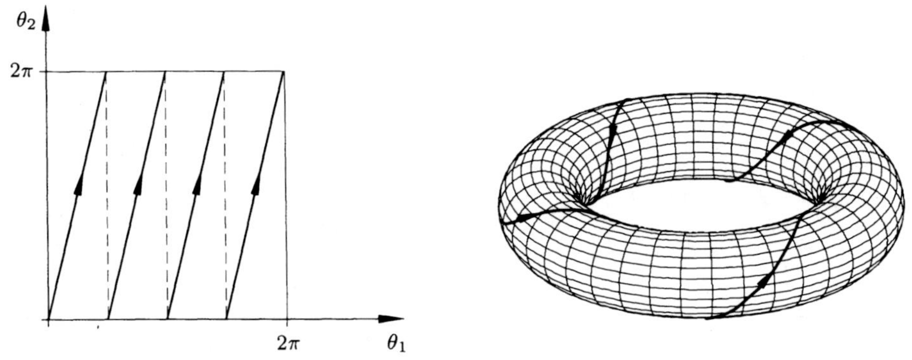

Abb. 4.3.3 Geschlossene Trajektorien für ein rationales Frequenzverhältnis, $\omega_2 : \omega_1 = 4 : 1$

Die Trajektorien liegen in einem 2-dimensionalen Unterraum $(\theta_1, \theta_2, I_1 = C_1, I_2 = C_2)$ des 4-dimensionalen Phasenraums $(\theta_1, \theta_2, I_1, I_2)$. Sie können in einer (θ_1, θ_2)-Ebene als Geraden eingetragen werden (siehe Abb. 4.3.2). Da auch in diesem Fall jedes Paar von kanonischen Variablen (p_i, q_i) periodisch von der Zeit abhängt, wenn auch eventuell mit unterschiedlichen Frequenzen ω_i, sind die Trajektorien bei geeigneter Normierung auf ein Quadrat der Seitenlänge 2π beschränkt, wobei gegenüberliegende Ränder identisch sind: gelangt die Trajektorie an irgendeinen Rand $\theta_i = 2\pi$, so springt sie nach $\theta_i = 0$ zurück. Um die Unstetigkeit bei der Darstellung in der (θ_1, θ_2)-Ebene zu vermeiden, kann man gegenüberliegende Seiten zusammenkleben und durch Biegen einen 2-dimensionalen Torus herstellen. Mathematisch bedeutet dies, daß man eine Abbildung des Quadrats auf einen Torus einführt (siehe Abschnitt 2.4). Durch die Integrale $I_1 = C_1$ und $I_2 = C_2$ sind dabei die beiden „Radien" des Torus festgelegt (Abb. 4.3.2). Ein Wechsel der Anfangsbedingungen führt zu einem Wechsel dieser Radien, d. h. jede Trajektorie verläuft dann auf einem eigenen Torus, wobei sich wegen $\omega_i = \omega_i(I_1, I_2)$ $(i = 1, 2)$ im allgemeinen auch die Frequenzen ändern werden.

Bereits im 2-dimensionalen Fall ist die Steigung der Geraden in der (θ_1, θ_2)-Ebene, auch Windungszahl genannt,

$$\nu = \omega_2 / \omega_1 \tag{4.3.2}$$

ausschlaggebend dafür, ob sich die Trajektorie schließt oder nicht. Die Abbildungen 4.3.3 und 4.3.4 zeigen den Verlauf der Trajektorien für ein rationales bzw. ein irrationales Verhältnis der Frequenzen. Es ergeben sich für rationale Windungszahlen Bahnkurven, die sich – eventuell nach einigen Umläufen – schließen, d. h. die Bewegung ist periodisch. Im Falle einer irrationalen Windungszahl dagegen schließt sich die Trajektorie nie und füllt im Verlauf der Zeit das Quadrat in der (θ_1, θ_2)-Ebene bzw. den Torus vollständig aus. Man spricht dann von einer quasiperiodischen Bewegung.

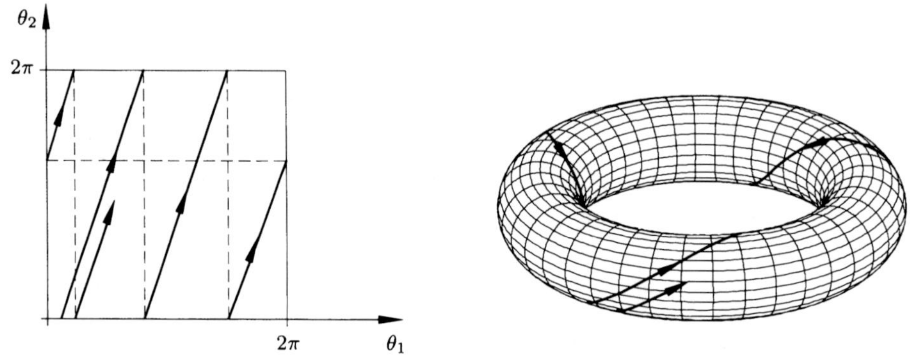

Abb. 4.3.4 Nichtgeschlossene Trajektorie für ein irrationales Frequenzverhältnis

Diese Überlegungen lassen sich ohne weiteres auf Hamiltonsche Systeme mit f Freiheitsgraden übertragen. Geschlossene Trajektorien ergeben sich, wenn die Frequenzen ω_i eine (nichttriviale) lineare Beziehung

$$\mathbf{n}^t \boldsymbol{\omega} = n_1\omega_1 + n_2\omega_2 + \ldots + n_f\omega_f = 0 \tag{4.3.3}$$

mit ganzzahligen Koeffizienten n_i erfüllen. Besteht eine solche rationale Abhängigkeit nicht, so füllen die Bahnkurven die f-dimensionalen Tori überall dicht aus.

Zusammenfassend können wir festhalten, daß die Trajektorien integrierbarer Hamiltonscher Systeme auf ineinandergeschachtelten Tori verlaufen, wobei jede Bahnkurve für immer auf ihrem Torus bleibt. Das bedeutet auch, daß Trajektorien, die auf benachbarten Tori starten, für immer auf diesen Tori bleiben.

4.4 Die Grundzüge der KAM-Theorie

Im vorigen Abschnitt haben wir die Trajektorien integrierbarer Hamilton-Systeme beschrieben. Es stellt sich nun die Frage nach der Stabilität dieser Trajektorien. Die Perturbationstheorie untersucht den Trajektorienverlauf, wenn eine kleine Störung auf die ursprünglich reguläre Bewegung aufgebracht wird. Ihren Ursprung hat die Störungstheorie in der Astronomie, wo sie aus der Notwendigkeit entstand, die Positionen der Planeten für Navigationszwecke möglichst genau vorherzubestimmen. Auch wurde sie von Mathematikern – wie Lagrange, Laplace und Poisson – angewandt, um die Frage nach der Stabilität der Planetenbahnen zu beantworten. Die von ihnen verwendeten Approximationen zum Stabilitätsbeweis ließen jedoch nur Prognosen für den begrenzten Zeitraum von einigen hundert Jahren zu. Poincaré, der eine neue, qualitative Behandlungsweise von Differentialgleichungen einführte, glaubte, daß ein Stabilitätsbeweis für die Trajektorien eines gestörten Torus für $t \to \infty$ nicht möglich sei. Seine Vermutung leitete er aus konnte, daß für dieses Problem zu wenige erste Integrale existieren. Erst ungefähr 60 Jahre später gelang es den Mathematikern Kolmogorov (Kolmogorov, 1954), Arnol'd (Arnol'd, 1963) und Moser (Moser, 1967), die nach ihnen benannte KAM-Theorie aufzustellen, die eine Stabilitätsaussage für Hamiltonsche Systeme macht. Im folgenden wollen wir für ein System mit *zwei* Freiheitsgraden den Beweis in seinen Grundzügen skizzieren (Näheres siehe Arnol'd, 1978; Arnol'd *et al.*, 1988; Tabor, 1989; Lichtenberg und Liebermann, 1983).

Die Beweisführung kann folgendermaßen zusammengefaßt werden. Um die Stabilität einer Trajektorie c_0 zu untersuchen, bringt man auf das integrierbare Ausgangssystem eine Störung auf. Lassen sich die Bewegungsgleichungen des gestörten Systems auf Normalform transformieren, so existiert ein durch die Störung veränderter Torus, auf dem die gestörte Bahnkurve verläuft, und ihre Stabilität ist gesichert. Nach Abschnitt 4.2 ist die Transformation auf Normalform gleichbedeutend mit der Lösung der Hamilton-Jacobischen Differentialgleichung. Somit reduziert sich die Frage nach der Stabilität der Trajektorie c_0 auf die Frage nach der Lösbarkeit der Hamilton-Jacobi-Gleichung.

Wir gehen von einem integrierbaren System aus, dessen Hamilton-Funktion bei Verwendung von Wirkungs- und Winkelvariablen $(\boldsymbol{I}, \boldsymbol{\theta})$ die Normalform $H_0(\boldsymbol{I})$ annimmt. Nun wird eine kleine Störung $\varepsilon H_1(\boldsymbol{I}, \boldsymbol{\theta})$ aufgebracht, so daß

$$H(\boldsymbol{I}, \boldsymbol{\theta}) = H_0(\boldsymbol{I}) + \varepsilon H_1(\boldsymbol{I}, \boldsymbol{\theta}) \tag{4.4.1}$$

die Hamilton-Funktion des gestörten Systems bedeutet, wobei allerdings

$$\boldsymbol{I} = \{I_1 \quad I_2\}, \qquad \boldsymbol{\theta} = \{\theta_1 \quad \theta_2\}$$

jetzt nicht mehr Wirkungs- und Winkelvariablen des gestörten Systems darstellen.

Für das gestörte System lauten die Hamilton-Gleichungen in den allgemeinen kanonisch konjugierten Variablen $\boldsymbol{I}$ und $\boldsymbol{\theta}$

$$\begin{aligned} \dot{\boldsymbol{I}} &= -\frac{\partial}{\partial \boldsymbol{\theta}^{\mathrm{t}}} H(\boldsymbol{I}, \boldsymbol{\theta}) \\ \dot{\boldsymbol{\theta}} &= \frac{\partial}{\partial \boldsymbol{I}^{\mathrm{t}}} H(\boldsymbol{I}, \boldsymbol{\theta}) \end{aligned}$$

wobei für das ungestörte System entsprechend Gl. (4.2.42) gilt

$$\begin{aligned} \dot{\boldsymbol{I}} &= -\frac{\partial}{\partial \boldsymbol{\theta}^{\mathrm{t}}} H_0(\boldsymbol{I}) = \boldsymbol{o} \\ \dot{\boldsymbol{\theta}} &= \frac{\partial}{\partial \boldsymbol{I}^{\mathrm{t}}} H_0(\boldsymbol{I}) = \boldsymbol{\omega}_0(\boldsymbol{I}) \end{aligned} \tag{4.4.2}$$

Betrachten wir nun eine Bahnkurve c_0 des ungestörten Systems, so sind durch die Anfangsbedingungen $I_1 = C_1$ und $I_2 = C_2$ die „Radien“ eines Torus M_0 festgelegt, auf dem c_0 verläuft, wobei sich die Frequenzen nach Gl. (4.2.42) als Funktionen der Anfangsbedingungen ergeben

$$\boldsymbol{\omega}_0 = \boldsymbol{\omega}_0(\boldsymbol{I})$$

Die Frage nach der Stabilität der Trajektorie c_0 wird nun zurückgeführt auf die Frage, ob es eine kanonische Transformation des gestörten Systems auf neue Wirkungs- und Winkelvariable $(\boldsymbol{I}^*, \boldsymbol{\theta}^*)$ gibt, so daß die transformierte Hamilton-Funktion H^* nur noch von $\boldsymbol{I}^*$ abhängt. Gesucht ist also eine kanonische Transformation $(\boldsymbol{I}, \boldsymbol{\theta}) \to (\boldsymbol{I}^*, \boldsymbol{\theta}^*)$ mit einer Erzeugenden $F(\boldsymbol{\theta}, \boldsymbol{I}^*)$, und die Frage ist, ob die zugehörige Hamilton-Jacobische Differentialgleichung (4.2.33)

$$H\left(\frac{\partial F}{\partial \boldsymbol{\theta}^{\mathrm{t}}}, \boldsymbol{\theta}\right) = H^*(\boldsymbol{I}^*) \tag{4.4.3}$$

eine Lösung besitzt. Nach der Tabelle in Abb. 4.2.3 lauten die Transformationsgleichungen

$$\begin{aligned} \boldsymbol{I} &= \frac{\partial}{\partial \boldsymbol{\theta}^{\mathrm{t}}} F(\boldsymbol{\theta}, \boldsymbol{I}^*) \\ \boldsymbol{\theta}^* &= \frac{\partial}{\partial \boldsymbol{I}^{*\mathrm{t}}} F(\boldsymbol{\theta}, \boldsymbol{I}^*) \end{aligned} \tag{4.4.4}$$

Die Erzeugende F wird nun in eine Potenzreihe nach ε entwickelt. Da die kanonische Transformation für die ungestörte Bewegung ($\varepsilon = 0$) die Identität $\boldsymbol{I} = \boldsymbol{I}^*$, $\boldsymbol{\theta} = \boldsymbol{\theta}^*$ liefern soll, muß die Erzeugende nach Gl. (4.4.4) die Form haben

$$F(\boldsymbol{\theta}, \boldsymbol{I}^*) = \boldsymbol{\theta}^{\mathrm{t}} \boldsymbol{I}^* + \varepsilon F_1(\boldsymbol{\theta}, \boldsymbol{I}^*) + \mathcal{O}(\varepsilon^2)$$

Setzt man Gl. (4.4.1) in die Hamilton-Jacobische Differentialgleichung ein, so erhält man

$$H_0\left(\frac{\partial F}{\partial \boldsymbol{\theta}^{\mathrm{t}}}\right) + \varepsilon H_1\left(\frac{\partial F}{\partial \boldsymbol{\theta}^{\mathrm{t}}}, \boldsymbol{\theta}\right) = H^*(\boldsymbol{I}^*) \tag{4.4.5}$$

Unter Berücksichtigung der Reihenentwicklung von $F(\boldsymbol{\theta}, \boldsymbol{I}^*)$ kann man die einzelnen Terme in Gl. (4.4.5) in Taylorreihen nach ε entwickeln und erhält

$$\begin{aligned} H_0\left(\frac{\partial F}{\partial \boldsymbol{\theta}^{\mathrm{t}}}\right) &= H_0\left(\boldsymbol{I}^* + \varepsilon \frac{\partial}{\partial \boldsymbol{\theta}^{\mathrm{t}}} F_1(\boldsymbol{\theta}, \boldsymbol{I}^*) + \mathcal{O}(\varepsilon^2)\right) \\ &= H_0(\boldsymbol{I}^*) + \varepsilon \frac{\partial H_0}{\partial \boldsymbol{I}} \frac{\partial F_1}{\partial \boldsymbol{\theta}^{\mathrm{t}}} + \mathcal{O}(\varepsilon^2) \\ \varepsilon H_1\left(\frac{\partial F}{\partial \boldsymbol{\theta}^{\mathrm{t}}}, \boldsymbol{\theta}\right) &= \varepsilon H_1(\boldsymbol{I}^*, \boldsymbol{\theta}) + \mathcal{O}(\varepsilon^2) \end{aligned}$$

Setzt man diese Beziehung in Gl. (4.4.5) ein, so ergibt sich

$$H_0(\boldsymbol{I}^*) + \varepsilon \frac{\partial H_0}{\partial \boldsymbol{I}} \frac{\partial F_1}{\partial \boldsymbol{\theta}^{\mathrm{t}}} + \varepsilon H_1(\boldsymbol{I}^*, \boldsymbol{\theta}) + \mathcal{O}(\varepsilon^2) = H^*(\boldsymbol{I}^*) \tag{4.4.6}$$

Da die linke Seite dieser Gleichung von $\boldsymbol{\theta}$ unabhängig sein soll (vgl. Schuster, 1988) und nach Gl. (4.4.2)

$$\frac{\partial H_0}{\partial \boldsymbol{I}} = \boldsymbol{\omega}_0^{\mathrm{t}} = [\omega_1 \quad \omega_2]$$

die Frequenzen des ungestörten Systems bedeuten, ergibt sich folgende Bedingung

$$\boldsymbol{\omega}_0^{\mathrm{t}} \frac{\partial F_1}{\partial \boldsymbol{\theta}^{\mathrm{t}}} = -H_1(\boldsymbol{I}^*, \boldsymbol{\theta}) \tag{4.4.7}$$

Die Störungen H_1 und F_1 können nun als periodische Funktionen in den Winkelvariablen θ_1, θ_2 in Form einer verallgemeinerten Fourier-Reihe angesetzt werden

$$H_1(\boldsymbol{I}^*, \boldsymbol{\theta}) = \sum_{\mathrm{n}_1} \sum_{\substack{\mathrm{n}_2 \\ \text{nicht beide}=0}} H_{1\mathrm{n}_1\mathrm{n}_2}(\boldsymbol{I}^*)\, \mathrm{e}^{i(\mathrm{n}_1\theta_1 + \mathrm{n}_2\theta_2)}$$

$$F_1(\boldsymbol{I}^*, \boldsymbol{\theta}) = \sum_{\mathrm{n}_1} \sum_{\substack{\mathrm{n}_2 \\ \text{nicht beide}=0}} F_{1\mathrm{n}_1\mathrm{n}_2}(\boldsymbol{I}^*)\, \mathrm{e}^{i(\mathrm{n}_1\theta_1 + \mathrm{n}_2\theta_2)}$$

Setzt man diese Ansätze in Gl. (4.4.7) ein und vergleicht entsprechende Fourierkoeffizienten, so erhält man schließlich folgende Reihenentwicklung für die Erzeugende F

$$F(\boldsymbol{\theta}, \boldsymbol{I}^*) = \boldsymbol{\theta}^{\mathrm{t}} \boldsymbol{I}^* + i\varepsilon \sum_{\mathrm{n}_1} \sum_{\substack{\mathrm{n}_2 \\ \text{nicht beide}=0}} \frac{H_{1\mathrm{n}_1\mathrm{n}_2}}{\mathrm{n}_1\omega_1 + \mathrm{n}_2\omega_2}\, \mathrm{e}^{i(\mathrm{n}_1\theta_1 + \mathrm{n}_2\theta_2)} \tag{4.4.8}$$

Ein Blick auf die Fourierkoeffizienten dieser Reihenentwicklung zeigt, daß dies sicherlich dann zu einem „gefährlichen“ Verhalten (Resonanz) führen wird, wenn die Frequenzen des ungestörten Systems kommensurabel sind, d. h. wenn eine Beziehung

$$\mathrm{n}_1\omega_1 + \mathrm{n}_2\omega_2 = 0 \tag{4.4.9}$$

mit ganzen Zahlen $\mathrm{n}_1, \mathrm{n}_2$, die auch negativ sein können, besteht und die zugehörigen Koeffizienten $H_{1\mathrm{n}_1\mathrm{n}_2}$ nicht verschwinden. In diesem Fall ist die Hamilton-Jacobische Differentialgleichung nicht lösbar, und damit kann über die Stabilität der Ausgangstrajektorie c_0 nichts ausgesagt werden. Man ist daher gezwungen, von vornherein solche Anfangsbedingungen auszuschließen, die zu Bahnkurven mit rationalen Frequenzverhältnissen führen. Aber selbst wenn man kommenfür die der Nenner der Koeffizienten in der Fourier-Reihe Gl. (4.4.8) beliebig kleine Werte annimmt. Der Grund dafür liegt in der Tatsache, daß sich jede irrationale Zahl beliebig genau durch rationale Zahlen approximieren läßt, da sowohl rationale als auch irrationale Zahlen auf der Zahlengeraden überall dicht liegen. Das heißt, in jeder noch so kleinen Umgebung einer rationalen Zahl findet man stets eine irrationale Zahl, und umgekehrt. Damit stellt sich die Frage, ob die Reihen Gl. (4.4.8) überhaupt konvergieren.

Schon Weierstraß waren Reihenentwicklungen der Form Gl. (4.4.8) bekannt (siehe Moser, 1973), er war jedoch nicht in der Lage, deren Konvergenz unter Ausschluß kommensurabler Frequenzen zu beweisen. Dennoch glaubte er, daß ein Konvergenzbeweis möglich sei. Dabei stützte er sich auf Dirichlet, der kurz vor seinem Tode gegenüber seinem Schüler Kronecker äußerte, er habe den Stabilitätsbeweis gefunden. Da Dirichlet für seine außerordentlich strenge Beweisführung bekannt war, er aber dazu nichts Schriftliches hinterlassen hatte, versuchte Weierstraß, den verlorengegangenen Beweis wiederzufinden, indem er die berühmte Preisfrage nach der Stabilität des Sonnensystems formulierte, die 1885 vom Schwedischen König Oskar II. ausgeschrieben wurde. Poincaré, dem für sein großes Werk der Preis schließlich zuerkannt wurde, konnte zeigen, daß bereits das Dreikörperproblem nicht integrierbar ist, und schloß daraus, daß keine quasiperiodischen Lösungen existieren und die Reihenansätze Gl. (4.4.8) nicht konvergieren. Dies widersprach jedoch den Erwartungen von Weierstraß, der im übrigen eine solche Folgerung (zu Recht) nicht für schlüssig hielt. Eine endgültige Antwort auf dieses „Problem der kleinen Nenner“ erbrachten die Arbeiten von Kolmogorov, Arnol'd und Moser, die in der sogenannten KAM-Theorie zusammengefaßt sind.

Setzt man voraus, daß die Determinante

$$\det \frac{\partial \boldsymbol{\omega}}{\partial \boldsymbol{I}} = \det \begin{bmatrix} \dfrac{\partial \omega_1}{\partial I_1} & \dfrac{\partial \omega_1}{\partial I_2} \\ \dfrac{\partial \omega_2}{\partial I_1} & \dfrac{\partial \omega_2}{\partial I_2} \end{bmatrix} \neq 0$$

ist, so konvergiert die Reihe Gl. (4.4.8), falls die Windungszahl $\nu = \omega_2/\omega_1$ folgende Bedingung erfüllt (Moser, 1973)

$$\left|\nu - \frac{\mathrm{i}}{\mathrm{j}}\right| > k(\varepsilon)\,\mathrm{j}^{-5/2} \tag{4.4.10}$$

wobei i und j beliebige ganze Zahlen sind, die keine gemeinsamen Faktoren besitzen, und k für eine gegebene Störung $\varepsilon \ll 1$ eine Konstante ist, mit $k(\varepsilon) \to 0$ für $\varepsilon \to 0$. Der Ausdruck $\delta(\mathrm{j}) = 2k(\varepsilon)\,\mathrm{j}^{-5/2}$ gibt die Länge des Intervalls um jede rationale Zahl i/j an, für das *keine* Konvergenzaussage gemacht werden kann, wobei der Exponent $^{-5/2}$ nur für die Dimension 2 gilt. Intuitiv könnte man meinen, dadurch wären neben den rationalen auch alle irrationalen Zahlen ν ausgeschlossen. Das ist aber nicht richtig. Abbildung 4.4.1 soll illustrieren, wie schnell bei einer hinreichend kleinen Störung die Länge der ausgeschlossenen Intervalle in Abhängigkeit ein fest gewähltes j nur Werte $i = 0, 1, \ldots, (j-1)$ in Frage. Dann kann man sich aber die Gesamtlänge der ausgeschlossenen Intervalle ausrechnen und erhält

$$l(j) = j\,\delta(j) = 2k(\varepsilon)\,j^{-3/2} \tag{4.4.11}$$

Nun braucht man nur noch über alle j zu summieren. Dabei wird man jedoch die *Gesamtlänge der ausgeschlossenen Intervalle* überschätzen, da viele Intervalle mehrfach gezählt werden. Es ergibt sich erstaunlicherweise

$$L < \sum_{j=1}^{\infty} l(j) = 2k(\varepsilon) \sum_{j=1}^{\infty} j^{-3/2} \approx 5.21k(\varepsilon) \tag{4.4.12}$$

Dies bedeutet, daß für kleine Störungen die meisten Werte von ν die Konvergenzbedingung Gl. (4.4.10) erfüllen, d. h. die meisten Anfangsbedingungen werden zu stabilen Bahnen führen. Aufgrund der Abzählbarkeit der rationalen Zahlen konnte damit die Gesamtlänge der „Löcher" um jede rationale Zahl abgeschätzt werden.

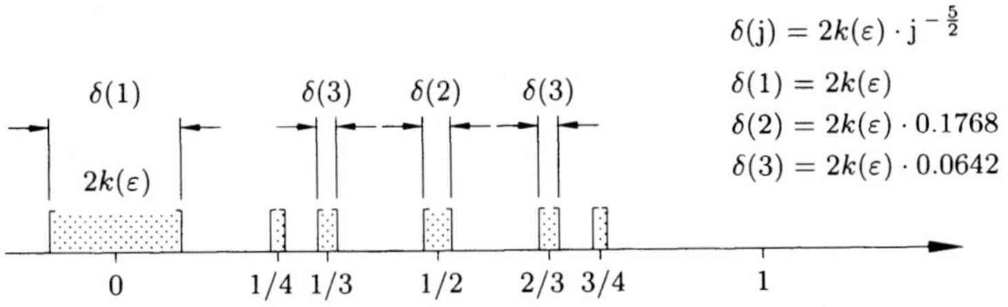

Abb. 4.4.1 Illustration der KAM-Bedingung Gl. (4.4.10): stabile Tori in den Lücken

Vom physikalischen Standpunkt aus gesehen, kann man infolge der begrenzten Meßgenauigkeiten nicht zwischen rationalen und irrationalen Zahlen unterscheiden. Für den Physiker bedeutet die Aussage Gl. (4.4.12), daß für kleine Störungen „die meisten" Tori erhalten bleiben. Mit der KAM-Theorie wurde also ein abgeschwächter Stabilitätsbegriff eingeführt. Die infolge der Störung deformierten, aber weiterhin stabilen Tori nennt man KAM-Flächen.

Es sei noch angemerkt, daß das KAM-Theorem nur *hinreichende* Bedingungen für die Existenz invarianter Tori angibt. Über das Verhalten der ausgeschlossenen Trajektorien wird nichts ausgesagt. Allerdings lassen die obigen Überlegungen vermuten, daß die Tori in der Umgebung von rationalen Frequenzverhältnissen zerfallen. Dies ist Gegenstand der Untersuchungen in Abschnitt 4.5.

Die Ungleichung Gl. (4.4.10) ist eine Bedingung dafür, daß ν genügend weit von jeder rationalen Zahl i/j entfernt ist. Für kleine Störungen kann man Gl. (4.4.10) leicht erfüllen. Wächst ε jedoch an, so werden die Längen der ausgeschlossenen Intervalle, d. h. die schraffierten Bereiche in Abb. 4.4.1, anwachsen, d. h. nach und nach werden alle Tori instabil. Man könnte vermuten, daß der letzte Torus, der zerstört wird, zu einer quasiperiodischen Bewegung mit dem Goldenen Schnitt als Windungszahl

$$\nu = \tfrac{1}{2}(\sqrt{5} - 1)$$

gehört. Diese Zahl ist nämlich von allen irrationalen Zahlen „am weitesten“ von den rationalen Zahlen i/j entfernt. J. Greene hat anhand numerischer Experimente Kriterien aufgestellt (Greene, 1979), die angeben, wann sich die KAM-Flächen auflösen und stochastische Bewegung einsetzt. Er konnte numerisch auch die besondere Rolle des Goldenen Schnittes nachweisen. Für allgemeine Störungsansätze ist jedoch der stabilste Torus nicht mehr mit dem Goldenen Schnitt verbunden (Lichtenberg und Liebermann, 1983). In Abschnitt 4.6 werden wir anhand eines numerischen Beispiels zeigen, daß es empfindlich von den Anfangsbedingungen abhängt, ob chaotisches oder reguläres Verhalten auftritt. Weiterhin diskutieren wir in den Abschnitten 8.3 und 8.5 eingehend quasiperiodische Bewegungen und deren Übergang in chaotische Zustände.

Man mag es für eine mathematische Spielerei halten, sich um Stabilitätsaussagen für unser Sonnensystem zu bemühen, die für unendlich große Zeiträume gelten sollen. Nach den Erfahrungen der letzten Jahrtausende hat noch kein Planet das Sonnensystem verlassen oder ist mit einem anderen kollidiert. Dennoch gibt es eine wichtige praktische Anwendung der Ergebnisse der KAM-Theorie, nämlich den Protonenbeschleuniger von CERN in Genf. Hier werden Elektronen oder Protonen in einer kreisförmigen Röhre so lange beschleunigt, bis sie nahezu Lichtgeschwindigkeit erreicht haben. In den sogenannten Speicherringen sind 10^{10} bis 10^{11} Umläufe nötig, um die höchstmögliche Geschwindigkeit zu erreichen. Die Frage nach der Stabilität der Bahnen ist somit für die Konstruktion solcher Beschleuniger von grundlegender Bedeutung. Treten nämlich chaotische Bewegungen auf, so stoßen die Teilchen an die Wand der Röhre und verlieren so unkontrolliert einen Großteil ihrer Energie. Da man selbst mit den größten Rechenanlagen die Bahnkurven nicht über 10^{10} Umläufe verfolgen kann, ist man auf theoretische Resultate angewiesen. Durch das KAM-Theorem ist nun die Stabilität der meisten Bahnen sichergestellt. Wenn man einen Umlauf der Protonen im Speicherring mit einem Jahr bei astronomischen Problemen gleichsetzt, würde die Zahl von 10^{10} bis 10^{11} Umläufen einer Zeit entsprechen, die das Alter unserer Planeten weit übersteigt, was die zunächst unrealistisch erscheinende Frage nach der Stabilität für unendliche Zeiträume rechtfertigt.

4.5 Instabile Tori, chaotische Bereiche

In diesem Abschnitt wollen wir uns mit denjenigen Tori beschäftigen, über die das KAM-Theorem keine Stabilitätsaussage macht, d. h. wir werden gestörte Bahnkurven untersuchen, deren Anfangsbedingungen so gewählt sind, daß sie in die Lücken zwischen invarianten Tori fallen. Aus Gründen der Anschaulichkeit werden wir uns im folgenden auf Hamilton-Systeme mit zwei Freiheitsgraden beschränken.

Da die Hamilton-Funktion selbst ein erstes Integral ist, verlaufen die Trajektorien im 4-dimensionalen Phasenraum auf einer Schar 3-dimensionaler Hyperflächen $H = \text{const}$. Führen wir noch einen Poincaré-Schnitt ein, so entsteht eine 2-dimensionale Poincaré-Abbildung, die sich besonders eignet, die Bewegungen auf gestörten und ungestörten Tori zu untersuchen. Bezeichnet man wieder mit θ_1, θ_2 die Winkelvariablen auf dem ungestörten Torus, so bieten sich als Poincaré-Schnitte die Ebenen $\theta_1 = \text{const}$ bzw. $\theta_2 = \text{const}$ an (vgl. Abb. 2.4.6). Wir entscheiden uns hier für einen Meridianschnitt $\theta_1 = \text{const}$.

Die Vorteile einer Betrachtungsweise Hamiltonscher Systeme im Poincaré-Schnitt sind evident, deshalb wollen wir vorab einige für ihn gültige allgemeine Eigenschaften aufzählen und mögliche Fixpunkte klassifizieren. Man kann zeigen, daß die Poincaré-Abbildung Hamiltonscher Systeme symplektisch ist (vgl. Arnol'd, 1978). Eine symplektische Struktur auf einem Vektorraum ist durch eine schiefsymmetrische Bilinearform charakterisiert, eine euklidische Struktur hingegen durch eine symmetrische. Die Geometrie eines symplektischen Raumes unterscheidet sich von der euklidischen, und dennoch gibt es viele Ähnlichkeiten. Aus der Simplektizität folgt:

(a) Jede Poincaré-Abbildung Hamiltonscher Systeme ist flächentreu (vgl. Theorem von Liouville in Abschnitt 4.1). Hieraus ergibt sich unter anderem sofort, daß keine Attraktoren auftreten können und asymptotisch stabile Gleichgewichtslagen ausgeschlossen sind.

(b) Periodische Umlaufbahnen entsprechen Fixpunkten der Poincaré-Abbildung. Das Stabilitätsverhalten der Fixpunkte läßt sich anhand der Eigenwerte der zugehörigen Jacobi-Matrix untersuchen (vgl. Abschnitt 3.6). Bei symplektischen Abbildungen, die immer von geradzahliger Dimension $2(f-1)$ sind, können die Eigenwerte stets zu Paaren geordnet werden, deren Produkt 1 ist. Da die charakteristische Gleichung zur Bestimmung der Eigenwerte reelle Koeffizienten besitzt, ergeben sich für die Verteilung der Eigenwerte folgende drei Möglichkeiten (siehe Abb. 4.5.1):

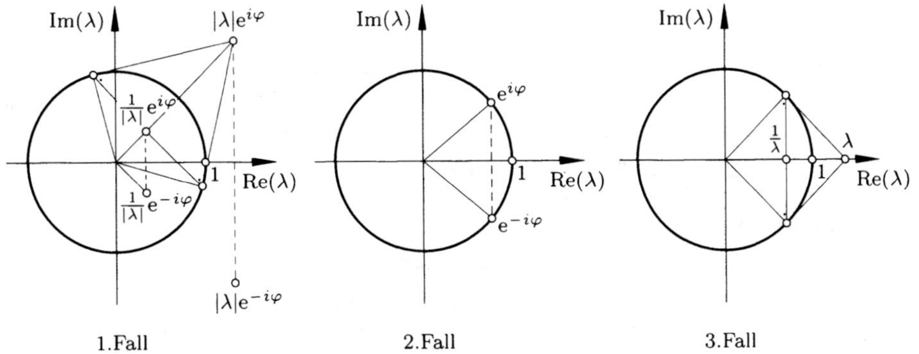

Abb. 4.5.1 Mögliche Eigenwerte von Poincaré-Abbildungen Hamiltonscher Systeme ($f = 2$)

i. Es gibt zwei konjugiert komplexe Eigenwerte

$$\lambda_{1,2} = |\lambda| e^{\pm i\varphi} \qquad \text{mit} \qquad |\lambda| \overset{!}{\neq} 1$$

Dann sind auch

$$\lambda_{3,4} = \left|\frac{1}{\lambda}\right| e^{\pm i\varphi}$$

Eigenwerte dieser Abbildung. Man erhält sie aus $\lambda_{1,2}$ durch Spiegelung am Einheitskreis (siehe Abb. 4.5.1). Dieser Fall kann offenbar nur bei Hamilton-Systemen mit mindestens drei Freiheitsgraden auftreten und soll hier nicht behandelt werden.

ii. Es gibt zwei konjugiert komplexe Eigenwerte

$$\lambda_{1,2} = |\lambda| e^{\pm i\varphi} \qquad \text{mit} \qquad |\lambda| \overset{!}{=} 1$$

die auf dem Einheitskreis der komplexen Zahlenebene liegen. Diesen Fall haben wir bereits in Abschnitt 3.6 behandelt. Das linearisierte System besitzt einen degenerierten stabilen Fixpunkt P_s, den man auch als elliptischen Punkt bezeichnet, da in der linearen Approximation die Bildpunkte einer benachbarten Trajektorie auf einer Ellipse um P_s liegen (siehe Abbn. 3.6.3 und 4.5.2). Beschreibt die benachbarte Trajektorie eine periodische Bewegung, so gibt es eine endliche Anzahl von Fixpunkten auf der Ellipse, während bei einer quasiperiodischen Bewegung im Laufe der Zeit die gesamte Ellipse überstrichen wird. Aufgrund der linearen Stabilitätsanalyse kann man zunächst noch nicht auf die Stabilität von P_s bezüglich der tatsächlichen nichtlinearen Abbildung schließen. Diese Beurteilung wird erst durch das KAM-Theorem möglich. Es folgt nämlich, daß man, abgesehen von einigen Ausnahmefällen (siehe Hénon, 1983), stets eine Umgebung eines elliptischen Punktes finden kann, in der tatsächlich geschlossene invariante Kurven existieren.

iii. Es gibt zwei reelle Eigenwerte λ und $1/\lambda$ mit $|\lambda| \neq 1$.

In diesem Fall liegen die Bildpunkte benachbarter Trajektorien auf Hyperbelästen, wobei die Eigenvektoren die Richtungen der Asymptoten angeben (siehe Abb. 4.5.2). Solche Fixpunkte sind instabil (vgl. Abschnitt 5.4.1) und heißen hyperbolisch. Zur Beurteilung der Stabilität eines Fixpunktes P_s einer konservativen Abbildung genügt also bereits die Existenz eines einzigen Eigenwertes λ der Jacobi-Matrix mit $|\lambda| \neq 1$, um auf die Instabilität von P_s schließen zu können.

Der Grenzfall zusammenfallender reeller Eigenwerte (parabolische Fixpunkte) ist diffiziler und soll hier nicht behandelt werden.

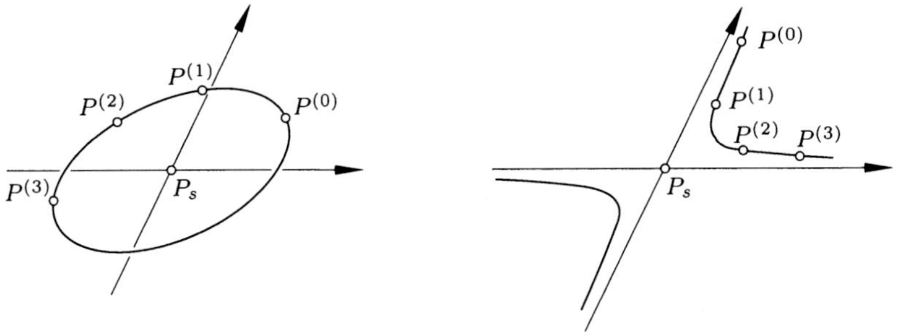

Abb. 4.5.2 Mögliche Fixpunkte von Poincaré-Abbildungen Hamiltonscher Systeme (f = 2)

Wir wenden uns nun unserem eigentlichen Ziel, den instabilen Tori bzw. den chaotischen Regionen, zu und diskutieren das Verhalten einer periodischen Umlaufbahn (rationales Frequenzverhältnis), auf die eine Störung aufgebracht wird. Dazu studieren wir zunächst die Poincaré-Abbildung eines integrierbaren Systems. Führt man im Meridianschnitt des Torus Polarkoordinaten r, θ ein, so lautet die Abbildung T des ungestörten Systems (*Moser's twist map*; Moser, 1973)

$$\begin{aligned} r_{i+1} &= r_i \\ \theta_{i+1} &= \theta_i + 2\pi\nu(r_i) \end{aligned} \tag{4.5.1}$$

Die invarianten Kurven sind also Kreise, und die Windungszahl $\nu = \omega_2/\omega_1$ hängt vom Radius ab. Für quasiperiodische Bewegungen ist ν irrational, und die Bildpunkte $P^{(i)}$ füllen für $i \to \infty$ den Kreis überall dicht aus. Für periodische Bewegungen mit $\nu = k/m$ (k, m haben keinen gemeinsamen Teiler) kehrt die Trajektorie nach genau m Umläufen wieder zu ihrem Ausgangspunkt zurück. Die m-fach iterierte Abbildung bezeichnen wir mit T^m, sie lautet

$$\begin{aligned} r_{i+1} &= r_i \\ \theta_{i+1} &= \theta_i + 2\pi\nu(r_i)m \end{aligned} \tag{4.5.2}$$

Setzt man $\nu = k/m$ ein, so erkennt man, daß jeder Punkt des Kreises c mit Radius r Fixpunkt der Abbildung T^m ist.

Nun betrachten wir innerhalb bzw. außerhalb des Kreises c einen Kreis c_1 bzw. c_2 (siehe Abb. 4.5.3), wobei für die Radien $R_1 < r < R_2$ gilt. Ferner nehmen wir an, daß die Funktion $\nu(r)$ in der Umgebung von r monoton zunimmt, so daß

$$\nu(R_1) < \frac{k}{m} < \nu(R_2)$$

gilt. Wendet man nun die m-fach iterierte Abbildung T^m auf alle drei Kreise an, so wird deutlich, daß Punkte auf dem kleineren Kreis c_1 im Uhrzeigersinn, Punkte

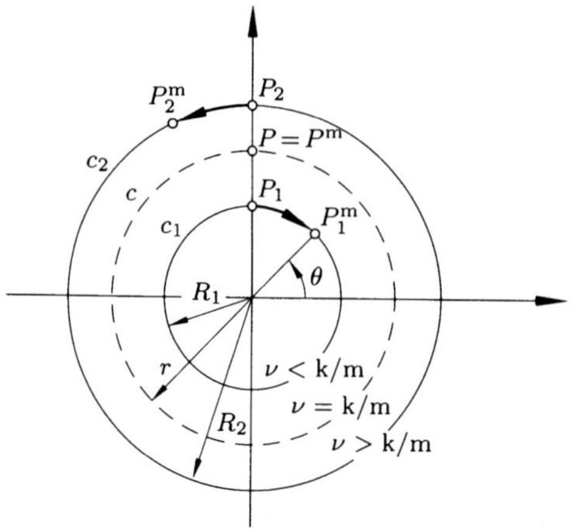

Abb. 4.5.3
Drehsinn der ungestörten Abbildung T^m

auf dem größeren Kreis c_2 im Gegenuhrzeigersinn gedreht werden, während alle Punkte auf c Fixpunkte sind.

Nun bringen wir auf das integrierbare System Gl. (4.5.1) eine kleine Störung im Radius und im Winkel auf, d. h. wir stören die Hamilton-Funktion H_0 des Ausgangssystems durch eine Funktion εH_1, und bezeichnen die gestörte Abbildung mit T_ε

$$r_{i+1} = r_i + \varepsilon f(r_i, \theta_i)$$

$$\theta_{i+1} = \theta_i + 2\pi\nu(r_i) + \varepsilon g(r_i, \theta_i) \tag{4.5.3}$$

Nach dem Satz von Liouville, Gl. (4.1.28), ist auch die Abbildung T_ε flächentreu. Nun wenden wir T_ε m-mal auf die drei Kreise an, wobei wir annehmen, daß c_1 und c_2 KAM-Kurven sind, d. h. ihre Windungszahlen erfüllen die Konvergenzbedingung Gl. (4.4.10). Aus dem KAM-Theorem ergibt sich, daß sowohl der innere als auch der äußere Kreis seine Topologie beibehält und nur wenig von der ursprünglichen Kreisform abweicht (siehe Abb. 4.5.4). Für hinreichend kleine Störungen werden sich bei m-facher Iteration der Abbildung T_ε die Punkte auf der inneren KAM-Kurve wieder im Uhrzeigersinn, Punkte auf der äußeren KAM-Kurve im Gegenuhrzeigersinn drehen. Dann muß es aber zwischen den Kurven $T_\varepsilon^m(c_1)$ und $T_\varepsilon^m(c_2)$ eine Linie geben (c_ε in Abb. 4.5.4), deren Punkte keine Rotation erfahren, die also nur in radialer Richtung verschoben werden. Wendet man die gestörte Abbildung T_ε m-mal auf die Punkte von c_ε an, so ensteht eine Kurve $T_\varepsilon^m(c_\varepsilon)$, die in Abb. 4.5.4 gestrichelt dargestellt ist. Wegen der Flächentreue der Abbildung müssen c_ε und $T_\varepsilon^m(c_\varepsilon)$ die gleiche Fläche einschließen. Das ist aber nur möglich, wenn sich die beiden Kurven in einer geraden Anzahl von Punkten schneiden, die dann Fixpunkte der Abbildung T_ε^m sind. Das bedeutet, daß der ursprüngliche Torus mit einer rationalen Windungszahl instabil ist, jedoch nicht

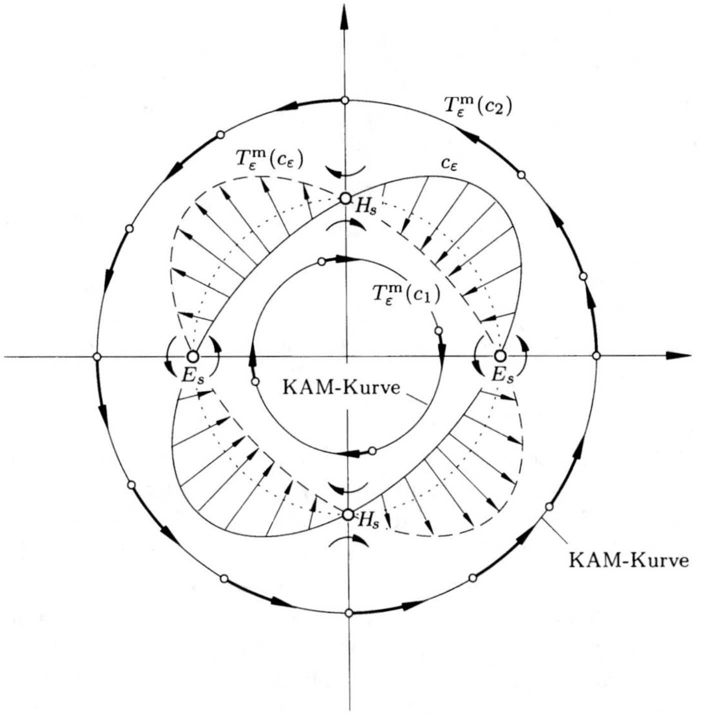

Abb. 4.5.4 Auswirkung der gestörten Abbildung $T_\varepsilon^{\mathrm{m}}$ (Poincaré-Birkhoff-Theorem)

vollständig zerfällt, sondern daß in der Poincaré-Abbildung eine gerade Anzahl von Fixpunkten erhalten bleibt.

Diese Aussage wurde für Systeme mit zwei Freiheitsgraden von Poincaré kurz vor seinem Tod formuliert und von G. D. Birkhoff bewiesen, und sie ist unter dem Namen Poincaré-Birkhoff-Theorem bekannt (siehe Birkhoff, 1927).

Betrachtet man die Fixpunkte in Abb. 4.5.4 genauer, so erkennt man zwei verschiedene Typen. Wir haben zu Beginn dieses Abschnitts gesehen, daß als Fixpunkte einer zweidimensionalen symplektischen Abbildung, die keine zusammenfallenden Eigenwerte besitzt, nur elliptische oder hyperbolische Punkte möglich sind (Abb. 4.5.2). Bei den elliptischen Punkten E_s kann man die radialen Verschiebungen und die Verschiebungen längs der KAM-Kurven zu Kreisen ergänzen, während dies bei den hyperbolischen Punkten H_s nicht der Fall ist. Bei ihnen werden benachbarte Punkte bei wiederholter Anwendung der Abbildung vom Fixpunkt wegtransportiert.

Wenden wir uns zunächst den *elliptischen* Punkten zu. Jeder elliptische Fixpunkt E_s ist wieder von geschlossenen Kurven umgeben, die Poincaré-Schnitte von invarianten Tori sind. Auf diese Tori kann man nun wieder das KAM-Theorem

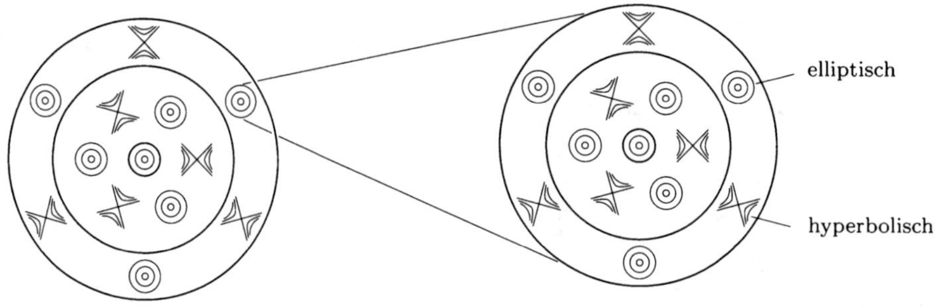

Abb. 4.5.5 Selbstähnliche Struktur der Tori in der Umgebung elliptischer Punkte

anwenden, d. h. es gibt stabile, aber auch instabile Tori in der Umgebung rationaler Frequenzverhältnisse, die wiederum zerfallen, wobei jedoch nach dem Poincaré-Birkhoff-Theorem jeweils eine gerade Anzahl von Punkten erhalten bleibt, nämlich ebenso viele elliptische wie hyperbolische Punkte. Man kann diese Überlegungen nun unendlich oft wiederholen. In Abb. 4.5.5 haben wir die Struktur der Tori für verschiedene Vergrößerungsmaßstäbe schematisch dargestellt. Reguläre Bahnen (KAM-Kurven) und irreguläre Zonen sind also auf jeder Skala ineinandergeschachtelt, so daß sich ein ungeheuer komplexes Bild mit einer selbstähnlichen Struktur ergibt: jeder noch so kleine Ausschnitt gleicht in seinem Aufbau schon der Gesamtheit.

Nun wollen wir noch das Verhalten der Poincaré-Abbildung in der Umgebung der *hyperbolischen* Fixpunkte H_s untersuchen. Im Gegensatz zum stabilen Verhalten der elliptischen Punkte wird die Bewegung in der Nähe von hyperbolischen Punkten instabil, und sie wird von den invarianten Mannigfaltigkeiten bestimmt (siehe Abschnitt 3.3 und Kapitel 6). Da elliptische Punkte mit periodischen und quasiperiodischen Bewegungen verknüpft sind, könnte man vermuten, daß die hyperbolischen Punkte mit chaotischem Verhalten zusammenhängen.

Zum besseren Verständnis kehren wir nochmals zum integrierbaren Fall zurück und betrachten ein klassisches nichtlineares Pendel (siehe Abb. 4.5.6). Die Länge des Pendels sei l, seine Masse m und die Erdbeschleunigung g. Bezeichnen wir mit q den Winkel, den das Pendel mit der vertikalen Richtung einschließt, so lautet die Hamilton-Funktion

$$H = \frac{1}{2ml^2}p^2 - mgl\cos q \tag{4.5.4}$$

Zur Vereinfachung setzen wir $ml^2 = 1$ und $\alpha^2 = mgl$ und erhalten als Gesamtenergie

$$H = \tfrac{1}{2}p^2 - \alpha^2\cos q = E \tag{4.5.5}$$

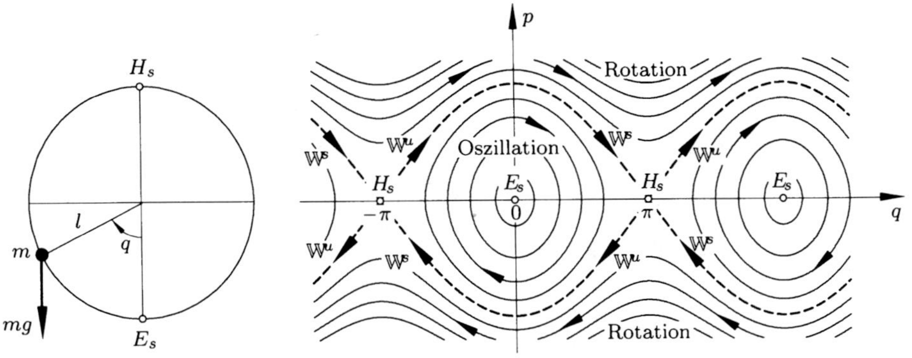

Abb. 4.5.6 Phasenportrait eines nichtlinearen Pendels ohne Reibung

Die Bewegungsgleichungen

$$\begin{aligned} \dot{q} &= p \\ \dot{p} &= -\alpha^2 \sin q \end{aligned} \tag{4.5.6}$$

lassen sich mit Hilfe elliptischer Funktionen integrieren. In Abb. 4.5.6 ist der Fluß in der (p, q)-Phasenebene dargestellt. Die Trajektorien sind die Linien konstanter Energie und ergeben sich aus Gl. (4.5.5). Singuläre Punkte erhält man für $q = 0, \pm 2\pi, \ldots$ (elliptische Punkte E_s) und für $q = \pm\pi, \pm 3\pi, \ldots$ (hyperbolische Punkte H_s). Dem elliptischen Punkt entspricht die Ruhelage des Pendels ($E = 0$). Für Energiewerte $0 < E < \alpha^2$ schwingt das Pendel hin und her, der Punkt im Phasenraum durchläuft dann eine geschlossene Kurve um E_s. Für $E > \alpha^2$ hat das Pendel so viel Energie, daß es überschlägt und rotiert. Dem Grenzfall $E = \alpha^2$ entsprechen die gestrichelt gezeichneten Linien (Separatrizen), die die Gebiete, in denen Oszillation und Rotation stattfinden, voneinander trennen. Die Schnittpunkte der Separatrizen sind hyperbolische Punkte H_s, in denen je zwei stabile Mannigfaltigkeiten $\mathbb{W}^s$ und zwei instabile Mannigfaltigkeiten $\mathbb{W}^u$ zusammenstoßen. Wandert man auf der Separatrix von einem hyperbolischen Punkt zum nächsten, so bewegt man sich zunächst entlang einer instabilen Mannigfaltigkeit $\mathbb{W}^u$, die dann stetig in eine der beiden stabilen Mannigfaltigkeiten $\mathbb{W}^s$ des nächsten hyperbolischen Punkts H_s übergeht.

Kehren wir nun zur Poincaré-Abbildung zurück. Ein dem Phasenportrait der Abb. 4.5.6 entsprechendes Bild würde sich für ein integrierbares Hamilton-System mit zwei Freiheitsgraden ergeben, wobei anstelle der kontinuierlichen Kurven Punktfolgen auftreten würden. Im integrierbaren Fall gibt es neben der Hamilton-Funktion

$$H(p_1, p_2, q_1, q_2) = E \tag{4.5.7}$$

noch ein weiteres Integral

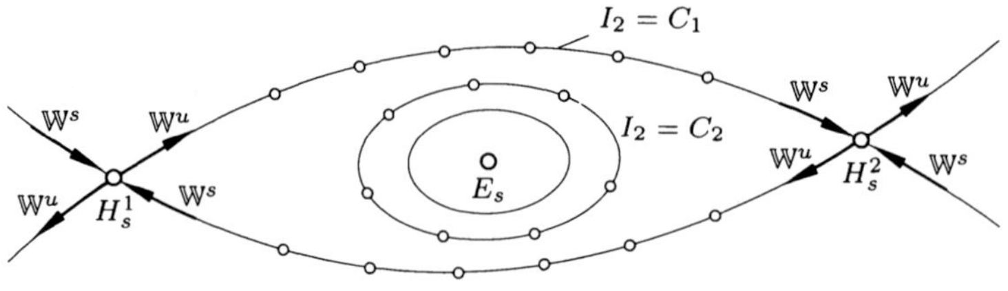

Abb. 4.5.7 Poincaré-Schnitt eines 2-dimensionalen integrierbaren Hamilton-Systems

Führt man einen Poincaré-Schnitt ein, so wird die Schnittfläche durch

$$g(p_1, p_2, q_1, q_2) = 0 \tag{4.5.9}$$

beschrieben. Wählt man z. B. p_1 und q_1 als Koordinaten im Poincaré-Schnitt, so kann man für feste Energiewerte aus Gln. (4.5.7) und (4.5.9) p_2 und q_2 ausrechnen und erhält durch Einsetzen in Gl. (4.5.8)

$$I_2(p_1, q_1) = C \tag{4.5.10}$$

Jedem Wert der Konstanten C entspricht dann eine invariante Kurve, auf der alle Durchstoßpunkte der Trajektorie mit dem Poincaré-Schnitt liegen (kleine Kreise in Abb. 4.5.7), die zu einer durch C und E festgelegten Anfangsbedingung gehören. Stellt man sich einen 3-dimensionalen Raum mit den Achsen p_1, q_1 und C vor, so kann man diese invarianten Kurven als „Höhenlinien" interpretieren. Wie man Abb. 4.5.7 entnimmt, kann man im integrierbaren Fall entlang einer Höhenlinie von einem hyperbolischen Punkt zum nächsten wandern.

Nun betrachten wir die Poincaré-Abbildung eines nichtintegrierbaren Hamilton-Systems (siehe Abb. 4.5.4), bei dem also eine Beziehung Gl. (4.5.10) nicht mehr existiert. Startet man von einem hyperbolischen Fixpunkt H_s^1 auf einer instabilen Mannigfaltigkeit $\mathbb{W}^u$, so kann man davon ausgehen, daß die Bildpunkte im allgemeinen nicht auf dem Niveau $C = \text{const}$ bleiben. Verfolgt man die stabilen und instabilen Mannigfaltigkeiten (Abb. 4.5.8), so werden sie nicht mehr stetig ineinander übergehen, sondern sie werden sich in einem Punkt P_h^0 unter einem gewissen Winkel schneiden. Schnittpunkte von $\mathbb{W}^u$ und $\mathbb{W}^s$, die keine Fixpunkte sind, bezeichnet man als homokline Punkte. Man kann sich nun überlegen, daß aus der Existenz *eines* homoklinen Punktes P_h^0 die Existenz *unendlich vieler* derartiger Schnittpunkte einer stabilen mit einer instabilen Mannigfaltigkeit folgt. Wendet man nämlich die gestörte Abbildung $T_\varepsilon^{\mathrm{m}}$ wiederholt auf P_h^0 (der, wie vorausgesetzt, kein Fixpunkt ist), auf seinen Bildpunkt P_h^1 usw. an, so entsteht, da jeder Bildpunkt sowohl auf einer stabilen wie auch auf einer instabilen Mannigfaltigkeit liegen muß, eine unendliche Folge homokliner Punkte $\{P_h^{\mathrm{k}}\}$, die für $k \to \infty$ gegen den hyperbolischen Punkt streben. $\mathbb{W}^u$ und $\mathbb{W}^s$ können sich jedoch nur dann unendlich oft schneiden, wenn z. B. $\mathbb{W}^u$ um $\mathbb{W}^s$ oszilliert, wie es in Abb. 4.5.8

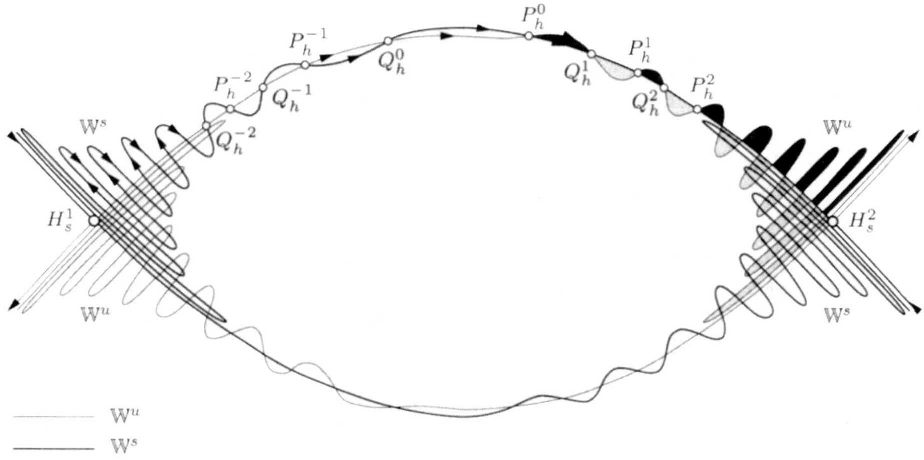

Abb. 4.5.8 Homokline Punkte und irreguläres Verhalten in der Umgebung hyperbolischer Punkte

schematisch dargestellt ist (Moser, 1973). Im Zusammenhang mit dem Zerfall homokliner Orbits bei der Duffing-Gleichung werden wir in Abschnitt 9.5 erneut auf dieses Phänomen zurückkommen.

Wir betonen, daß die Existenz homokliner Punkte *nicht* im Widerspruch zur Eindeutigkeit der Lösungen kontinuierlicher dynamischer Systeme steht, da die invarianten Mannigfaltigkeiten $\mathbb{W}^u$ und $\mathbb{W}^s$ der Poincaré-Abbildung keine Phasenraumtrajektorien sind.

Nun erinnern wir daran, daß $T_\varepsilon^{\mathrm{m}}$ flächen- und orientierungstreu ist. Daher muß es neben der Punktfolge $\{P_h^{\mathrm{k}}\}$ noch eine zweite Punktfolge $\{Q_h^{\mathrm{k}}\}$ von homoklinen Punkten geben, die sich mit den P_h^{k} abwechseln. Wegen der Flächentreue von $T_\varepsilon^{\mathrm{m}}$ müssen aufeinanderfolgende Schleifen von $\mathbb{W}^u$, die auf einer Seite der invarianten Mannigfältigkeit $\mathbb{W}^s$ liegen, gleiche Flächenstücke einschließen, da diese ja durch die Abbildung $T_\varepsilon^{\mathrm{m}}$ auseinander hervorgehen (Abb. 4.5.8). Nun rücken die Bildpunkte P_h^{k} bei Annäherung an H_s^2 immer näher zusammen, daher werden die Schleifen von $\mathbb{W}^u$ immer länger und schmaler und schmiegen sich immer dichter an die vom Fixpunkt H_s^2 ausgehende instabile Mannigfaltigkeit $\mathbb{W}^u$ an, ohne diese jedoch je zu schneiden. Wie in Abschnitt 3.3 dargelegt, können sich wegen der Determiniertheit des zugrunde gelegten Differentialgleichungssystems invariante Mannigfaltigkeiten vom gleichen Typ nie schneiden.

Genau dieselben Überlegungen zur unendlichen Folge homokliner Punkte kann man nun anstellen, wenn man die invarianten Mannigfaltigkeiten für $t \to -\infty$ rückverfolgt. Wieder entstehen zwei ineinandergeschachtelte Folgen von unendlich vielen homoklinen Punkten $\{P_h^{-\mathrm{k}}\}$ und $\{Q_h^{-\mathrm{k}}\}$. Führt man diese Überlegungen für alle invarianten Mannigfaltigkeiten durch, so ergeben sich neue Schnittpunkte der Schleifen von $\mathbb{W}^u$ und $\mathbb{W}^s$ untereinander, die ebenfalls homokline Punkte sind.

Wachsen die Schleifen immer mehr an, so ergeben sich Oszillationen höherer Ordnung, so daß nach und nach die gesamte Fläche zwischen den KAM-Kurven homokline Punkte enthält (Hénon, 1983). Man spricht dann von stochastischen Schichten zwischen den invarianten KAM-Kurven. Es ergibt sich ein ungeheuer komplexes Bild von sich schneidenden invarianten Mannigfaltigkeiten, wobei stets die Flächentreue der Abbildung $T_{\varepsilon}^{\mathrm{m}}$ eingehalten werden muß und sich außerdem niemals zwei stabile oder zwei instabile Mannigfaltigkeiten schneiden dürfen. Dragt und Finn (1976) haben die Oszillation der invarianten Mannigfaltigkeiten numerisch nachvollzogen und Zeichnungen der homoklinen Punkte in der Umgebung eines hyperbolischen Fixpunkts veröffentlicht. Berücksichtigt man noch das in Abb. 4.5.5 dargestellte abwechselnde Auftreten neuer elliptischer und hyperbolischer Punkte, so kann man sich kaum noch ein Bild vom Verlauf der Bahnkurven zwischen zwei invarianten Tori machen. Reguläres und irreguläres Verhalten der Trajektorien ist dicht miteinander verwoben.

Bisher haben wir Hamilton-Systeme mit zwei Freiheitsgraden betrachtet. Jeder invariante 2-dimensionale Torus teilt die 3-dimensionale Mannigfaltigkeit $H = \mathrm{const}$ in zwei Gebiete. Das bedeutet, daß irreguläre Trajektorien zwischen zwei invarianten Tori eingefangen sind und in keine anderen Gebiete der Energie-Hyperfläche vordringen können (Abb. 4.5.5).

Für Systeme mit mehr als zwei Freiheitsgraden ändern sich diese Verhältnisse radikal. Für $\mathrm{f} = 3$ hat die Energie-Hyperfläche $H = \mathrm{const}$ die Dimension $2\mathrm{f} - 1 = 5$, während invariante Tori die Dimension $\mathrm{f} = 3$ haben. In diesem Fall können die Lücken, die den zerfallenen Tori entsprechen, miteinander in Verbindung treten (zum besseren Verständnis kann man sich einen 3-dimensionalen Raum vorstellen, in dem Geraden die Rolle der invarianten Tori übernehmen). Die stabilen Ringe können die irregulären Bahnen nicht davon abhalten, den ganzen 5-dimensionalen Raum der Energie-Hyperfläche zu durchwandern. Man spricht dann von der Arnol'd-Diffusion (Arnol'd, 1964).

Anders ausgedrückt, bedeutet dies, daß sich bei einem System mit zwei Freiheitsgraden, das eine hinreichend kleine Störung erfährt, die Wirkungsvariablen längs einer Bahnkurve nur geringfügig ändern und sich auch für $t \to \infty$ nur wenig von ihren Anfangswerten entfernen werden. Ganz anders werden die Verhältnisse bei Systemen mit mehr als zwei Freiheitsgraden. Obwohl unter gewissen Bedingungen das KAM-Theorem weiterhin gilt und damit die meisten Anfangsbedingungen zu stabilen Bahnen führen, so gibt es doch bei gewissen Startwerten Trajektorien, bei denen sich die Winkelvariablen längs der Kurve ständig von den Ausgangswerten entfernen. Die chaotischen Regionen, in denen Resonanz stattfindet, wandern mehr oder weniger ziellos zwischen den invarianten Tori durch den Raum.

Es sei noch angemerkt, daß für Systeme mit $\mathrm{f} \geqslant 3$ noch viele Fragen offen sind. Beispielsweise kann man das Poincaré-Birkhoff-Theorem nicht ohne weiteres auf höhere Dimensionen erweitern, und es ist bisher unbekannt, ob in diesem Fall auf die Existenz von Fixpunkten in chaotischen Regionen geschlossen werden kann (siehe Arnol'd, 1978).

4.6 Ein numerisches Beispiel: die Hénon-Abbildung

Für eine qualitative Betrachtungsweise ist in erster Linie das Langzeitverhalten der Trajektorie für $t \to \infty$ von Interesse. Dazu genügt es, mit Hilfe eines Poincaré-Schnitts Σ von Zeit zu Zeit „Stichproben“ vom jeweiligen Ort der Bahnkurven vorzunehmen, wobei sich alle wesentlichen Eigenschaften des Systems in der Poincaré-Abbildung widerspiegeln, siehe Abschnitt 3.5. Die Diskussion der Dynamik wird dabei durch die Reduktion der Dimension auf 2(f – 1) erheblich erleichtert. Allerdings ist es im allgemeinen nicht möglich, die Abbildungsfunktion explizit anzugeben, so daß man weiterhin auf die sehr rechenintensive numerische Integration der Hamiltonschen Bewegungsgleichungen angewiesen ist, um die Schnittpunkte der Trajektorie mit Σ zu ermitteln.

Ist man aber nicht an einem speziellen dynamischen Problem interessiert, sondern an allgemeinen Eigenschaften von Hamilton-Systemen, so kann man dazu übergehen, direkt nichtlineare flächentreue iterierte Abbildungen zu studieren. Dadurch werden Zeitintegrationen überflüssig, so daß der Rechenaufwand drastisch reduziert wird (normalerweise handelt es sich um einen Faktor 1 000!) und man infolgedessen in der Lage ist, den Beobachtungszeitraum für das Systemverhalten erheblich zu vergrößern. Ferner wird die Rechengenauigkeit erhöht, so daß nur noch Rundungsfehler auftreten.

In der Literatur wurden einige derartige zweidimensionale rekursive Abbildungsvorschriften intensiv studiert. Erwähnt sei die Arbeit von J. M. Greene (Greene, 1979), der anhand einer Standardabbildung, die unmittelbar aus Mosers gestörter „twist map“, Gl. (4.5.3), hervorgeht, zahlreiche numerische Untersuchungen durchgeführt hat, um der Frage nachzugehen, wann und wo KAM-Kurven auftreten und nach welchen Gesetzmäßigkeiten sie nach und nach infolge einer Zunahme der Störung verschwinden und stochastischen Zonen Platz machen.

Wir wollen uns im folgenden ausführlicher mit einer zweiten Abbildung beschäftigen, deren Studium bereits von C. L. Siegel vorgeschlagen (Siegel, 1956) und die 1969 eingehend von Michel Hénon erforscht wurde (Hénon, 1969). Die Konsequenzen, die sich aus dem KAM-Theorem und aus dem Theorem von Poincaré-Birkhoff ergeben, können anhand dieser Abbildung sehr schön geometrisch veranschaulicht werden.

Als Prototyp einer Poincaré-Abbildung eines Hamilton-Systems mit zwei Freiheitsgraden soll eine flächentreue Abbildung T der x, y-Ebene auf sich selbst

$$\begin{aligned} x' &= g(x,y) \\ y' &= h(x,y) \end{aligned} \tag{4.6.1}$$

konstruiert werden, wobei der Ursprung ein elliptischer Punkt sein soll. Für numerische Untersuchungen ist es am zweckmäßigsten, für g und h Polynome anzusetzen.

Sind g und h lineare Funktionen und ist der Ursprung ein Fixpunkt, so erhält man wegen der postulierten Flächentreue als Abbildung eine Rotation R in der Form

$$\begin{bmatrix} x' \\ y' \end{bmatrix} = \boldsymbol{R} \begin{bmatrix} x \\ y \end{bmatrix} \qquad \text{mit} \qquad \boldsymbol{R} = \begin{bmatrix} \cos\alpha & -\sin\alpha \\ \sin\alpha & \cos\alpha \end{bmatrix} \tag{4.6.2}$$

wobei α den Drehwinkel bezeichnet.

Um aber die Voraussetzung für chaotisches Verhalten zu schaffen, müssen g und h nichtlinear sein. Die allgemeinste quadratische Abbildung T mit dem Ursprung als Fixpunkt kann wie folgt angesetzt werden

$$\begin{aligned} x' &= x\cos\alpha - y\sin\alpha + ax^2 + bxy + cy^2 \\ y' &= x\sin\alpha + y\cos\alpha + dx^2 + exy + fy^2 \end{aligned} \tag{4.6.3}$$

Da für ein Hamiltonsches System T flächentreu ist, muß die Determinante der Jacobi-Matrix, Gl. (4.2.34), identisch gleich 1 sein, also

$$\det\left[\frac{\partial(x',y')}{\partial(x,y)}\right] = \begin{vmatrix} (\cos\alpha + 2ax + by) & (-\sin\alpha + bx + 2cy) \\ (\sin\alpha + 2dx + ey) & (\cos\alpha + ex + 2fy) \end{vmatrix} = 1 \tag{4.6.4}$$

Diese Identität liefert fünf Beziehungen für die sieben Koeffizienten. Führt man zusätzlich noch eine lineare Koordinatentransformation ein (Hénon, 1969), so gelangt man schließlich zu folgender Normalform der quadratischen Abbildung

$$\begin{aligned} x' &= x\cos\alpha - (y - x^2)\sin\alpha \\ y' &= x\sin\alpha + (y - x^2)\cos\alpha \end{aligned} \tag{4.6.5}$$

die nur noch einen freien Systemparameter, α, enthält.

Im folgenden werden wir das Verhalten der Abbildung T in Abhängigkeit von α studieren. Der Ursprung ist Fixpunkt, und sein Stabilitätsverhalten wird in Anlehnung an Abschnitt 4.5 durch die Eigenwerte der zugehörigen Jacobi-Matrix festgelegt. Schließt man den Fall $\alpha = 0$ aus, so ergeben sich die konjugiert komplexen Eigenwerte

$$\lambda_{1,2} = \cos\alpha \pm i\sin\alpha = \mathrm{e}^{\pm i\alpha}$$

vom Betrag 1, d. h. der Ursprung ist tatsächlich ein elliptischer Fixpunkt. Dies kann man sich sofort klarmachen, wenn man Punkte betrachtet, die hinreichend nahe am Ursprung O liegen, für die also die Störung infolge der quadratischen Ausdrücke vernachlässigt werden kann. Diese Punkte werden um O um den Winkel α gedreht, so daß der Ursprung in seiner unmittelbaren Umgebung von konzentrischen Kreisen umgeben ist.

Wenn die Abbildung T ein sinnvolles Modell für die Poincaré-Abbildung eines allgemeinen kontinuierlichen Hamilton-Systems mit zwei Freiheitsgraden sein soll, so muß wegen der Determiniertheit der zugrunde liegenden Differentialgleichung daß die Umkehrabbildung T^{-1} ebenfalls von zweiter Ordnung ist und wie folgt geschrieben werden kann

$$\begin{aligned} x &= \quad x' \cos\alpha + y' \sin\alpha \\ y &= -x' \sin\alpha + y' \cos\alpha + (x' \cos\alpha + y' \sin\alpha)^2 \end{aligned} \tag{4.6.6}$$

Zunächst wollen wir einige geometrische Eigenschaften der Abbildung T untersuchen, anschließend die weiteren, zusätzlich zum Ursprung existierenden Fixpunkte von T und ihren iterierten Abbildungen T^{m} bestimmen und zum Schluß eine Reihe von numerischen Ergebnissen für verschiedene Systemparameter α angeben und interpretieren.

Beginnen wir zunächst mit den geometrischen Eigenschaften von T. Aus der Darstellung Gl. (4.6.5) kann man ablesen, daß T als zusammengesetzte Abbildung aufgefaßt werden kann, indem man den Punkt (x, y) zunächst einer Transformation S

$$\begin{aligned} \overline{x} &= x \\ \overline{y} &= y - x^2 \end{aligned} \tag{4.6.7}$$

unterwirft und anschließend die Rotation R, Gl. (4.6.2), ausführt. Dabei hat S die Bedeutung einer flächentreuen Scherung parallel zur y-Achse. Durch Hintereinanderschalten der beiden Abbildungen ergibt sich T zu

$$T = RS \quad \text{oder} \quad T^{-1} = S^{-1}R^{-1} \tag{4.6.8}$$

woraus man sofort die inverse Abbildung Gl. (4.6.6) herleiten kann. Mit Hilfe dieser Zerlegung der Abbildung T kann man sich nun überlegen, daß T in einem gewissen Sinn „symmetrisch" zu einer Ursprungsgeraden w ist, die mit der x-Achse den Winkel $\alpha/2$ einschließt. Dazu schreiben wir die inverse Abbildung T^{-1} aus Gl. (4.6.8) in folgender Form

$$T^{-1} = R^{-1}(RS^{-1}R^{-1}) \tag{4.6.9}$$

und stellen zunächst eine Beziehung zwischen der Scherung S und der Teilabbildung $RS^{-1}R^{-1}$ her.

In Abb. 4.6.1 haben wir einen Punkt P zunächst der Abbildung T und anschließend T^{-1} unterworfen, wobei wir für die Bildpunkte der einzelnen Teilabbildungen folgende Bezeichnungen verwendet haben

$$\begin{aligned} &P^{(1)} = S(P) \quad , && P^{(2)} = T(P) = R(P^{(1)}) \\ &P^{(3)} = RS^{-1}R^{-1}(P^{(2)}), && P^{(4)} = R^{-1}(P^{(3)}) = T^{-1}T(P) = P \end{aligned}$$

Aus dieser Skizze ergibt sich, daß das Dreieck $OP^{(2)}P^{(3)}$ aus dem Dreieck $OP^{(1)}P$ durch eine Drehung um den Winkel α hervorgeht. Interpretiert man den Vektor $\overrightarrow{PP}^{(1)}$ als Lichtstrahl und betrachtet seine Reflexion an der Geraden w, so erhält

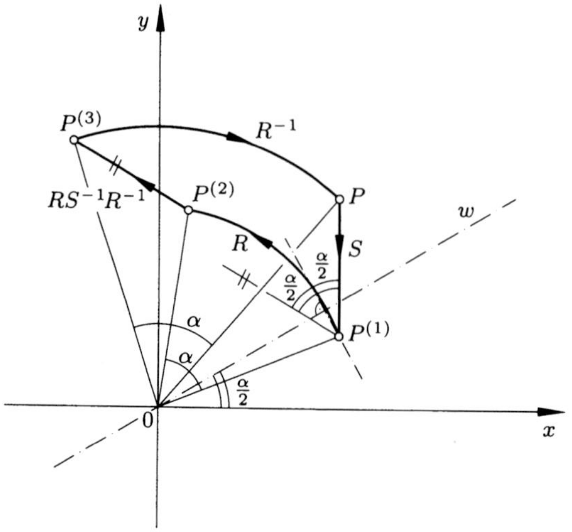

Abb. 4.6.1
Geometrische Eigenschaften von T und T^{-1}

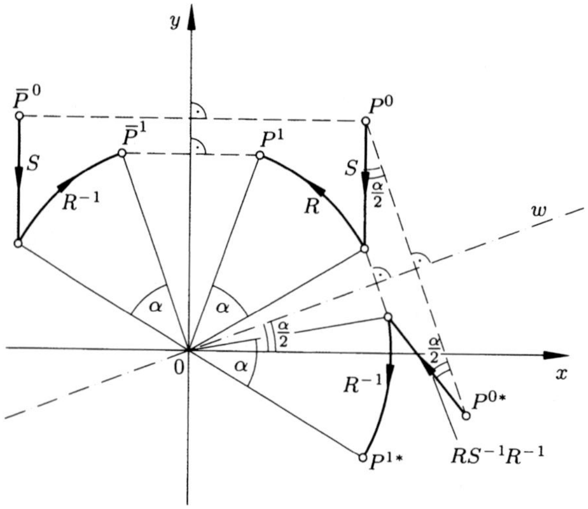

Abb. 4.6.2
Geometrische Interpretation der Beziehung $T^{-1}(P^*) = [T(P)]^*$

man einen Vektor parallel zu $P^{(2)}P^{(3)}$, der die Abbildung $RS^{-1}R^{-1}$ darstellt und wieder die Bedeutung einer Scherung hat.

Kennzeichnet man Punkte, die durch eine Spiegelung an der Geraden w hervorgehen, durch einen Stern, so folgt aus obigen geometrischen Überlegungen

$$T^{-1}(P^*) = [T(P)]^* \tag{4.6.10}$$

d. h. T^{-1} ist die zu T bezüglich der Geraden w symmetrische Abbildung. Dies wird nochmals in Abb. 4.6.2 verdeutlicht. Betrachtet man nun die Folge der Bildpunkte, die bei wiederholter Anwendung von T entsteht so gibt es dazu eine Sequenz von Punkten, die symmetrisch zur Achse w liegen und die durch Iteration von T^{-1} entstehen

$$P^{0*},\ P^{1*} = T^{-1}(P^{0*}),\ P^{2*} = T^{-1}(P^{1*}), \ldots$$

Diese Überlegungen erklären die Symmetrie zur Achse w in den Abbn. 4.6.4 bis 4.6.17. Man kann sich nun leicht überlegen, daß es genügt, den Systemparameter α auf das Intervall

$$0 < \alpha < \pi \tag{4.6.11}$$

zu beschränken. Betrachten wir einen zu P^0 bezüglich der y-Achse symmetrischen Punkt $\overline{P}^0$ und unterwerfen wir ihn der Abbildung $T_{-\alpha}$ (siehe Abb. 4.6.2), wobei der untere Index andeuten soll, daß α in Gl. (4.6.5) durch $-\alpha$ (bzw. $2\pi - \alpha$) ersetzt wird, so liegt der Bildpunkt $\overline{P}^1 = T_{-\alpha}(\overline{P}^0)$ offensichtlich symmetrisch zum Punkt $P^1 = T_\alpha(P^0)$. Ersetzt man also α durch $-\alpha$ (bzw. $2\pi - \alpha$), so wird die Abbildung T durch ihre bezüglich der y-Achse symmetrische Abbildung ersetzt, so daß eine Beschränkung auf $0 \leqslant \alpha \leqslant \pi$ sinnvoll ist. Da T für $\alpha = 0$ mit der Scherung S und T^2 für $\alpha = \pi$ mit der identischen Abbildung übereinstimmt, genügt eine Betrachtung des Intervalls $0 < \alpha < \pi$.

Als nächstes bestimmen wir die Fixpunkte von T und ihren iterierten Abbildungen T^{m} und untersuchen deren Stabilitätsverhalten. Wir bezeichnen die Fixpunkte bzw. invarianten Punkte der m-fach iterierten Abbildung T^{m} mit I_{mj} (siehe Abb. 4.6.3). Aus Gl. (4.6.5) ergeben sich I_{11} und I_{12} als Fixpunkte von T mit den Koordinaten

$$\begin{aligned} I_{11}:&\quad x_{11} = 0 \quad ,&\quad y_{11} &= 0 \\ I_{12}:&\quad x_{12} = 2\tan(\alpha/2), &\quad y_{12} &= 2\tan^2(\alpha/2) \end{aligned} \tag{4.6.12}$$

Neben dem Ursprung I_{11}, einem stabilen elliptischen Punkt, ergibt sich also noch ein weiterer Fixpunkt I_{12}, der auf der „Symmetrieachse" w liegt und dessen Stabilitätsverhalten wir in Anlehnung an Abschnitt 3.6 untersuchen. Dazu bestimmen wir die Eigenwerte der Jacobi-Matrix $\boldsymbol{D}$ für den Punkt I_{12}, also die Eigenwerte λ_1, λ_2 der Matrix

$$\boldsymbol{D} = \begin{bmatrix} \cos\alpha + 4\sin\alpha\tan(\alpha/2) & -\sin\alpha \\ \sin\alpha - 4\cos\alpha\tan(\alpha/2) & \cos\alpha \end{bmatrix} \tag{4.6.13}$$

Für die Eigenwerte gilt wegen Gl. (4.6.11)

$$\operatorname{tr}\boldsymbol{D} = \lambda_1 + \lambda_2 = 2\cos\alpha + 4\sin\alpha\tan(\alpha/2) = 2 + 4\sin^2(\alpha/2) > 2 \tag{4.6.14}$$

wobei wegen der Flächentreue der Abbildung außerdem $\lambda_1\lambda_2 = 1$ erfüllt sein muß (siehe Abschnitt 4.5). Wären λ_1, λ_2 konjugiert komplex, so lägen sie auf dem Einheitskreis der komplexen Ebene, und es wäre $\lambda_1 + \lambda_2 < 2$ (vgl. Abb.

4.5.1). Daraus folgt, daß λ_1 und λ_2 reell sind und daß der invariante Punkt I_{12} ein instabiler hyperbolischer Fixpunkt ist.

Zur Bestimmung der Fixpunkte der iterierten Abbildung T^{m} hat man folgendes System von 2m nichtlinearen Gleichungen zu lösen

$$\begin{aligned} x_{\mathrm{k}+1} &= x_{\mathrm{k}} \cos\alpha - (y_{\mathrm{k}} - x_{\mathrm{k}}^2)\sin\alpha \\ y_{\mathrm{k}+1} &= y_{\mathrm{k}} \sin\alpha + (y_{\mathrm{k}} - x_{\mathrm{k}}^2)\cos\alpha \end{aligned} \qquad (\mathrm{k} = 1, 2, \ldots, \mathrm{m}) \tag{4.6.15}$$

wobei $x_{\mathrm{m}+1} = x_1$ und $y_{\mathrm{m}+1} = y_1$ gelten muß. Aus der ersten der Abbildungsvorschriften Gl. (4.6.6) für die inverse Abbildung T^{-1} erhält man

$$y_{\mathrm{k}} = \frac{1}{\sin\alpha}(x_{\mathrm{k}-1} - x_{\mathrm{k}} \cos\alpha) \tag{4.6.16}$$

Durch Einsetzen in Gl. (4.6.15) erhält man m quadratische Gleichungen für die x-Koordinaten der Fixpunkte

$$x_{\mathrm{k}}^2 \sin\alpha + 2x_{\mathrm{k}} \cos\alpha - x_{\mathrm{k}+1} - x_{\mathrm{k}-1} = 0 \quad (\mathrm{k} = 1, 2, \ldots, \mathrm{m}) \tag{4.6.17}$$
$$(x_{\mathrm{m}+1} = x_1,\ x_{\mathrm{m}} = x_0)$$

Aus den Beziehungen Gln. (4.6.16) und (4.6.17) ergeben sich maximal $\mathrm{n} = 2^{\mathrm{m}}$ Fixpunkte für die Abbildung T^{m}.

Die x-Koordinaten der invarianten Punkte $I_{2\mathrm{n}}$ $(\mathrm{n} = 1, \ldots, 4)$ bestimmen sich somit für $\mathrm{m} = 2$ aus dem System

$$\begin{aligned} x_1^2 \sin\alpha + 2x_1 \cos\alpha - 2x_2 &= 0 \\ x_2^2 \sin\alpha + 2x_2 \cos\alpha - 2x_1 &= 0 \end{aligned} \tag{4.6.18}$$

wobei natürlich wieder die beiden invarianten Punkte von T ($I_{21} = I_{11}$ und $I_{22} = I_{12}$) als Fixpunkte auftreten müssen. Zur Berechnung der restlichen zwei Fixpunkte addieren bzw. subtrahieren wir die beiden Beziehungen in Gl. (4.6.18) und erhalten

$$\begin{aligned} x_1 + x_2 &= -2\cot(\alpha/2) \\ x_1^2 + x_2^2 &= -4 \end{aligned} \tag{4.6.19}$$

Aus der letzten Gleichung folgt, daß die invarianten Punkte I_{23} und I_{24} komplexe Koordinaten haben und für unsere Betrachtungen nicht von Interesse sind.

In Abbildung 4.6.3 haben wir für T, T^2, T^3 und T^4 die invarianten Punkte nach (Hénon, 1969) zusammengestellt, wobei jeweils die Bereiche von α angegeben sind, für die die Fixpunkte reelle Koordinaten besitzen und für die stabiles bzw. instabiles Verhalten vorliegt. Auf die Berechnung der Koordinaten und die Stabilitätsuntersuchungen, die nach obigem Muster erfolgen, möchten wir an dieser

Iterierte Hénon-Abbildung	Anzahl der Fixpunkte	Fixpunkte			
		stabil	instabil	reell für	stets komplex
T	2	I_{11}	I_{12}		
T^2	4	$I_{21} = I_{11}$	$I_{22} = I_{12}$		I_{23}, I_{24}
T^3	8	$I_{31} = I_{11}$	$I_{32} = I_{12}$		
			$I'_{31}, I'_{32}, I'_{33}$		
		$I''_{31}, I''_{32}, I''_{33}$ für $-1/2 < \cos\alpha < 1-\sqrt{2}$	$I''_{31}, I''_{32}, I''_{33}$ für $-1 < \cos\alpha \leqslant -1/2$	$\cos\alpha \leqslant 1-\sqrt{2}$	
T^4	16	$I_{41} = I_{11}$	$I_{42} = I_{12}$		$I_{43} = I_{23}$ $I_{44} = I_{24}$
			$I'_{41}, I'_{42}, I'_{43}, I'_{44}$		
		$I''_{41}, I''_{42}, I''_{43}, I''_{44}$ für $-0.10336 < \cos\alpha < 0$	$I''_{41}, I''_{42}, I''_{43}, I''_{44}$ für $-1 < \cos\alpha \leqslant -0.10336$	$\cos\alpha \leqslant 0$	
					I'''_{41}, I'''_{42} I'''_{43}, I'''_{44}

Abb. 4.6.3 Invariante Punkte der Hénon-Abbildung

Wir wenden uns nun einer Reihe von numerischen Ergebnissen zu. In Abb. 4.6.4 bis Abb. 4.6.17 haben wir die Entwicklung und den Wandel der Abbildung in Abhängigkeit vom Systemparameter α dargestellt. Die gestrichelte Linie gibt jeweils die Symmetrieachse w an, die mit der x-Achse den Winkel $\alpha/2$ einschließt.

Wir betrachten zunächst Abb. 4.6.6a für $\cos\alpha = 0.24$ etwas genauer, da sie schon alle wesentlichen Eigenschaften von Poincaré-Abbildungen Hamiltonscher Systeme mit zwei Freiheitsgraden enthält. In der Umgebung des Ursprungs überwiegen die linearen Terme, so daß die Punktfolgen, die zu einer festen Anfangsbedingung gehören, auf geschlossenen, nahezu kreisförmigen Kurven um O liegen. Hat jedoch der Anfangspunkt einen hinreichend großen Abstand vom Ursprung I_{11}, so dominieren die quadratischen Terme. Aus Gl. (4.6.5) ergibt sich dann näherungsweise

$$x_{\mathrm{i}+1} \approx x_{\mathrm{i}}^2 \sin\alpha$$
$$y_{\mathrm{i}+1} \approx -x_{\mathrm{i}}^2 \cos\alpha$$

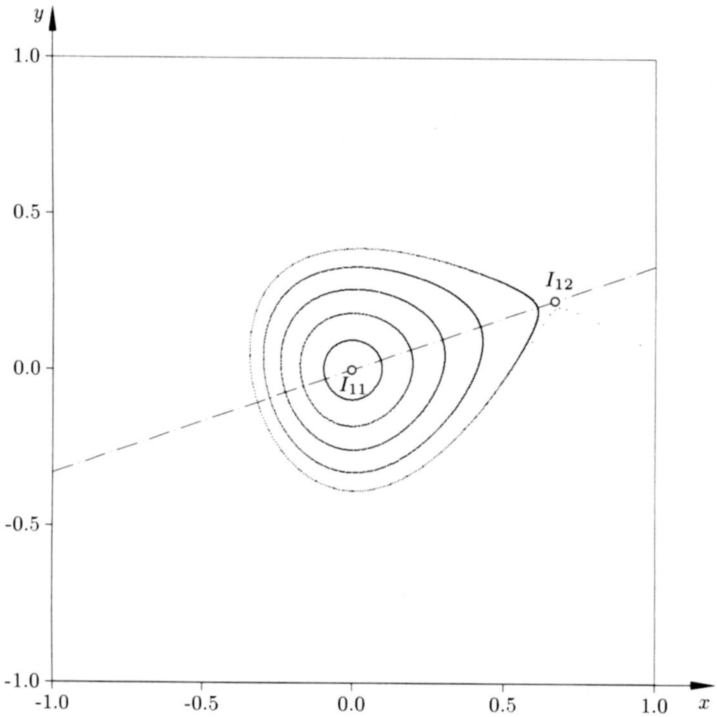

Abb. 4.6.4
Hénon-Abbildung für $\cos\alpha = 0.8$

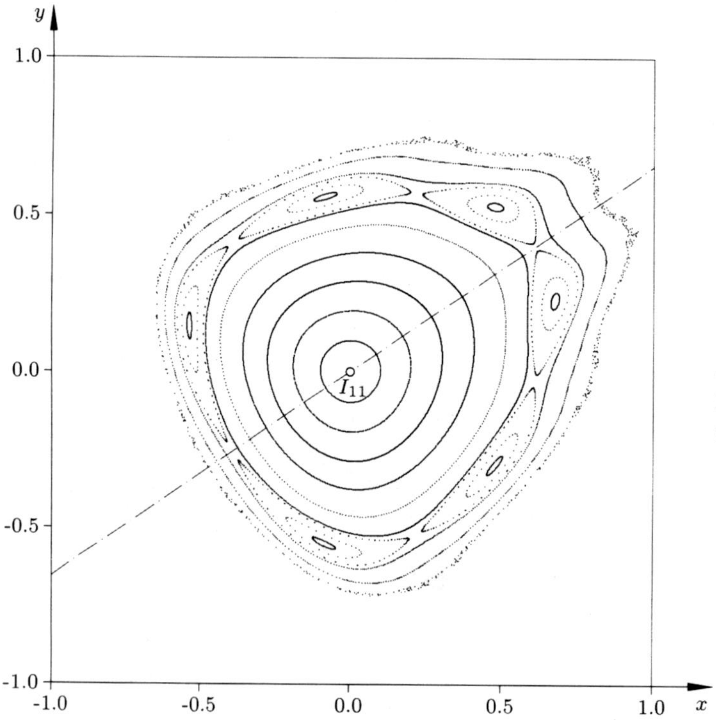

Abb. 4.6.5
Hénon-Abbildung für $\cos\alpha = 0.4$

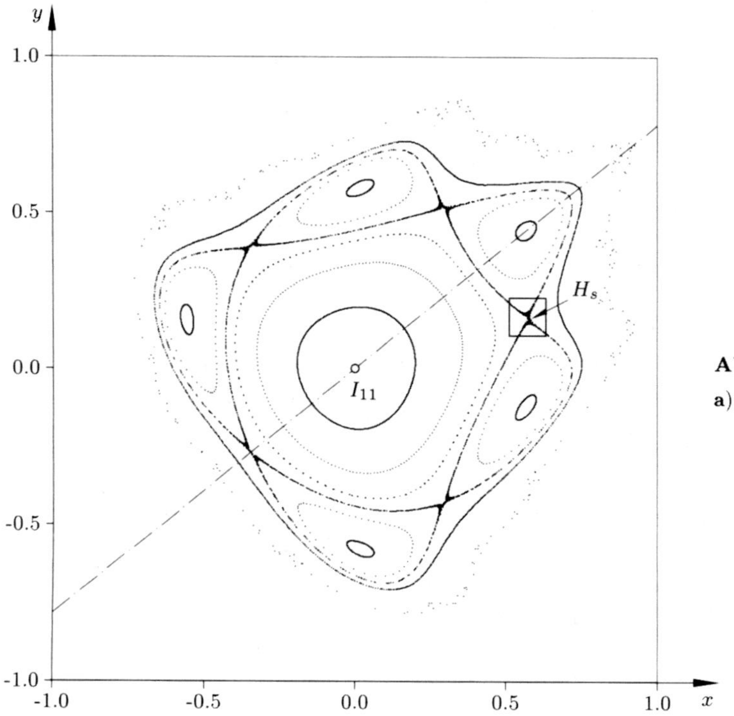

Abb. 4.6.6

a) Hénon-Abbildung für $\cos\alpha = 0.24$

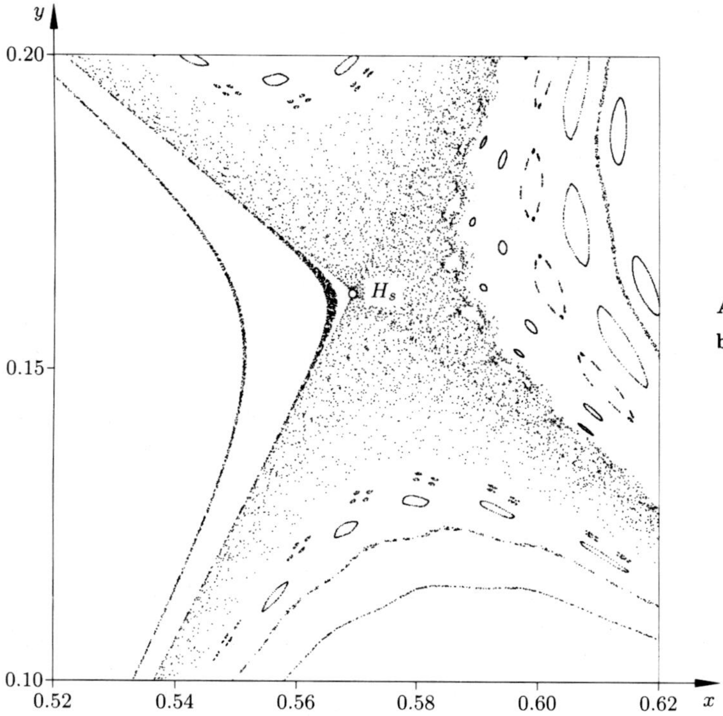

Abb. 4.6.6

b) Ausschnitt der Umgebung eines hyperbolischen Fixpunkts

Multipliziert man die erste Beziehung mit $\sin\alpha$, also

$$x_{i+1}\sin\alpha \approx (x_i \sin\alpha)^2 \tag{4.6.20}$$

so erkennt man, daß die Größe $x_i \sin\alpha$ bei jeder Iteration näherungsweise quadriert wird, so daß für

$$|x_i| > \frac{1}{\sin\alpha} \tag{4.6.21}$$

die Folge der Bildpunkte sehr schnell gegen unendlich strebt. Auf jeder geschlossenen Kurve wird die topologische Anordnung aufeinanderfolgender Bildpunkte durch die zugehörige Windungszahl ν, Gl. (4.3.2), geprägt, die sich stetig von Kurve zu Kurve ändert. Ist ν irrational, so füllen die Bildpunkte nach und nach die gesamte Kurve aus. Für rationale Werte von ν kommt das Theorem von Poincaré-Birkhoff aus Abschnitt 4.5 zum Tragen. Die Kurve zerfällt bis auf eine gerade Anzahl von 2k Fixpunkten, d. h. in der Abbildung entsteht eine Kette von k Inseln. Im Zentrum jeder Insel liegt ein elliptischer Fixpunkt, der jeweils wieder von geschlossenen irrationalen KAM-Kurven umgeben ist. Zwischen je zwei elliptischen Fixpunkten liegt ein hyperbolischer Fixpunkt (vgl. Abb. 4.5.4).

Um nun das Verhalten der Abbildung T in der Umgebung eines hyperbolischen Fixpunkts zu verdeutlichen, haben wir in Abb. 4.6.6b einen Ausschnitt aus der Umgebung eines solchen Punktes H_s aus Abb. 4.6.6a herausgegriffen und vergrößert dargestellt. Dieses Bild zeigt das ungeheuer komplexe Verhalten der Abbildung auf jeder Skala. In der Umgebung des hyperbolischen Punktes H_s liegen die Bildpunkte regellos verstreut; es herrscht chaotisches Verhalten. Eine scharfe Begrenzung des chaotischen Bereichs nach rechts ist nicht erkennbar. Aus Abb. 4.6.6a geht jedoch hervor, daß sie das Gebiet zwischen zwei geschlossenen Kurven nicht verlassen können. Punkte, die in Abb. 4.6.6a auf geschlossenen Kurven zu liegen scheinen, entpuppen sich bei Vergrößerung ebenfalls als verstreut innerhalb schmaler Bänder liegende Punkte. In Abb. 4.6.6b erkennt man weitere Inselketten zweiter und dritter Ordnung, wobei die Ausdehnung der Inselchen sehr schnell gegen Null strebt. Diese Inselchen bilden sich jeweils aus, wenn eine Kurve mit rationaler Windungszahl zerfällt. Jeder elliptische Punkt ist von geschlossenen Kurven umgeben, die zum Teil wiederum zerfallen, wodurch neue elliptische und hyperbolische Punkte entstehen (siehe Abschnitt 4.5, insbesondere die schematische Abb. 4.5.5). In diesen Inselketten tritt die Selbstähnlichkeit der Abbildung sehr deutlich hervor.

Kehren wir zurück zu Abb. 4.6.4, die die Hénon-Abbildung für $\cos\alpha = 0.8$ zeigt. Wir haben den elliptischen Punkt I_{11} eingetragen, der von konzentrischen, nahezu kreisförmigen KAM-Kurven umgeben ist. Eine Punktfolge in der Umgebung des instabilen Fixpunkts I_{12} strebt auf einem Hyperbelast gegen unendlich.

In Abb. 4.6.5 ($\cos\alpha = 0.4$) erkennen wir eine Kette von 6 Inseln. Aufeinanderfolgende Bildpunkte führen dabei eine zusammengesetzte Bewegung aus. Sie springen bei jeder Anwendung von T auf die jeweils im Gegenuhrzeigersinn folgende Insel

Punktfolgen auf konzentrischen Kurven um den zugehörigen elliptischen Fixpunkt. Offenbar gehört die Inselkette zu einer Windungszahl $\nu = 1/6$. In entsprechender Weise gehört die Inselkette in Abb. 4.6.6a für $\cos\alpha = 0.24$ zu einer Windungszahl $\nu = 1/5$.

Für $\cos\alpha = 0.02$ zeigt Abb. 4.6.7 zwei Inselketten. Im Falle der äußeren Kette von 13 Inseln werden bei jeder Anwendung von T zwei Inseln übersprungen, so daß diese Kette zu $\nu = 3/13$ gehört. In analoger Weise kann man durch Berechnung des Bildpunkts eines Punktes auf einer Insel der inneren Kette die Windungszahl $\nu = 4/17$ bestimmen.

Aus Abb. 4.6.8 ($\cos\alpha = 0.01$) geht sehr schön die Hierarchie der Inselketten hervor. Um den Ursprung gibt es geschlossene Kurven, die sich in Ketten von 21 bzw. 17 Inselchen auflösen, wobei die äußere Kette wiederum von noch kleineren Inselketten umgeben zu sein scheint. Man kann sich leicht vorstellen, daß die „Entdeckung" von Inselketten höherer Ordnung durch die Wahl von geeigneten Startpunkten umso schwieriger wird, je kleiner die Ausdehnung der Inselchen ist.

Nach der Tabelle in Abb. 4.6.3 liegt für $\alpha = \pi/2$ ein Grenzfall vor. Für $\cos\alpha \leqslant 0$ treten 4 instabile Fixpunkte $I'_{41}, I'_{42}, I'_{43}, I'_{44}$ neu hinzu, die jedoch zunächst für $\alpha = \pi/2$ alle mit dem Ursprung, also einem stabilen elliptischen Punkt, zusammenfallen, so daß der Ursprung ein entarteter Punkt ist (Moser, 1958). Die Folge ist, daß für diesen α-Wert die geschlossenen Kurven um O nicht mehr kreisförmig sind, sondern sich näherungsweise jeweils aus 4 miteinander verbundenen Hyperbelästen zusammensetzen (Abb. 4.6.9).

Für geringfügig größere α-Werte bilden sich 4 verschiedene stabile und 4 instabile Fixpunkte aus (siehe Abbn. 4.6.10 bis 4.6.13). Zunächst entstehen 4 große Inseln, die vom Außengebiet durch geschlossene Kurven getrennt sind ($\cos\alpha = -0.01$). Wächst der Systemparameter α an, so werden diese äußeren Kurven zerstört, bis schließlich alle 4 Inseln außerhalb der KAM-Kurven um den Ursprung liegen ($\cos\alpha = -0.05$).

Für $\cos\alpha \leqslant 1 - \sqrt{2} \approx -0.414$ treten zwei neue Gruppen von jeweils 3 Fixpunkten hinzu (Abb. 4.6.3). Die erste Gruppe ist stets instabil, während die zweite Gruppe für $-1/2 < \cos\alpha < 1 - \sqrt{2}$ stabil, für $-1 < \cos\alpha \leqslant 1/2$ instabil ist. Die Inseln um die elliptischen Fixpunkte $I''_{31}, I''_{32}, I''_{33}$ liegen zunächst für $\cos\alpha = -0.42$ noch innerhalb einer geschlossenen Kurve um den Ursprung (Abb. 4.6.14), für größere Winkel α jedoch außerhalb (Abb. 4.6.15 für $\cos\alpha = -0.45$). Man beachte, daß für diese beiden Abbildungen ein größerer Maßstab gewählt werden muß.

Moser zeigte (Moser, 1958), daß für $\alpha = 2\pi/3$ ($\cos\alpha = -0.5$) ein weiterer Sonderfall vorliegt, für den überhaupt keine invarianten Kurven existieren. Beobachtet man das Verhalten der instabilen Fixpunkte in der Umgebung dieses kritischen α-Wertes, so erkennt man, daß sich die hyperbolischen Punkte dem Ursprung nähern (siehe Abb. 4.6.14 für $\cos\alpha = -0.42$ und Abb. 4.6.15 für $\cos\alpha = -0.45$), wobei offensichtlich der Bereich der invarianten Kurven um den Ursprung schrumpfen muß. Für $\cos\alpha = -0.5$ fallen die instabilen Fixpunkte im Ursprung zusammen und entfernen sich für $\cos\alpha \leqslant -0.5$ wieder von ihm. Dadurch zieht sich die

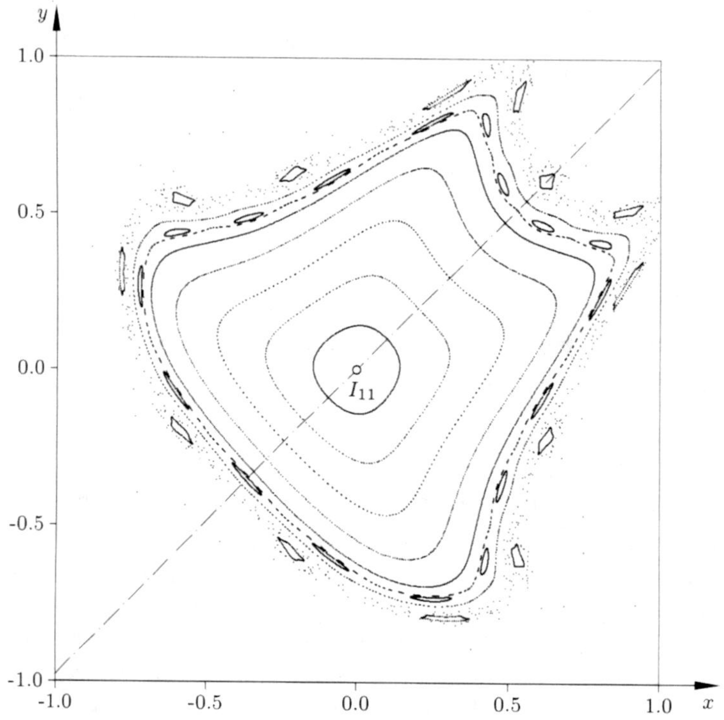

Abb. 4.6.7
Hénon-Abbildung für $\cos\alpha = 0.02$

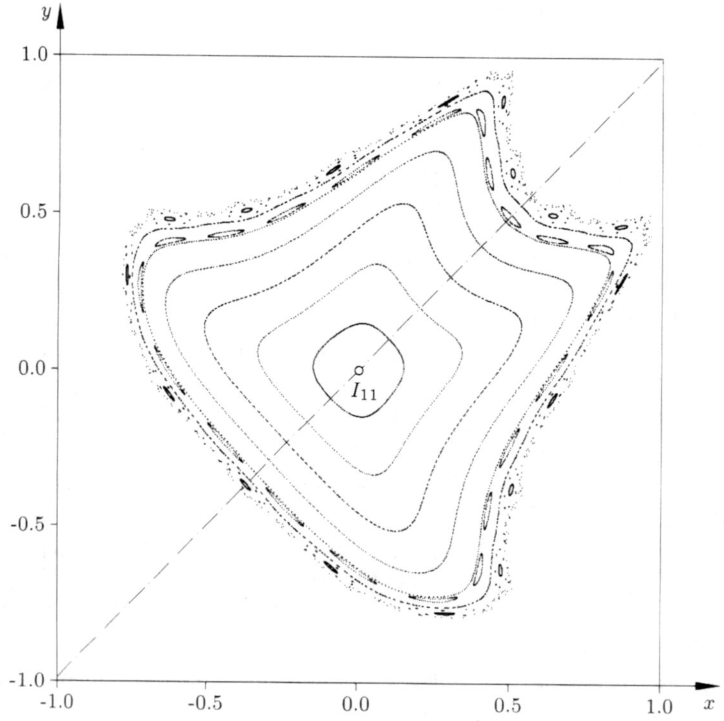

Abb. 4.6.8
Hénon-Abbildung für $\cos\alpha = 0.01$

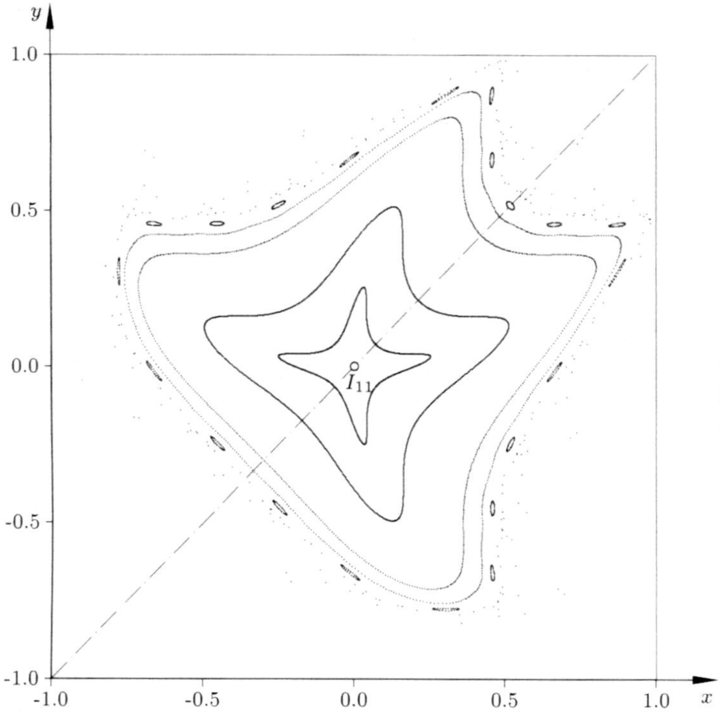

Abb. 4.6.9
Hénon-Abbildung für $\cos\alpha = 0$

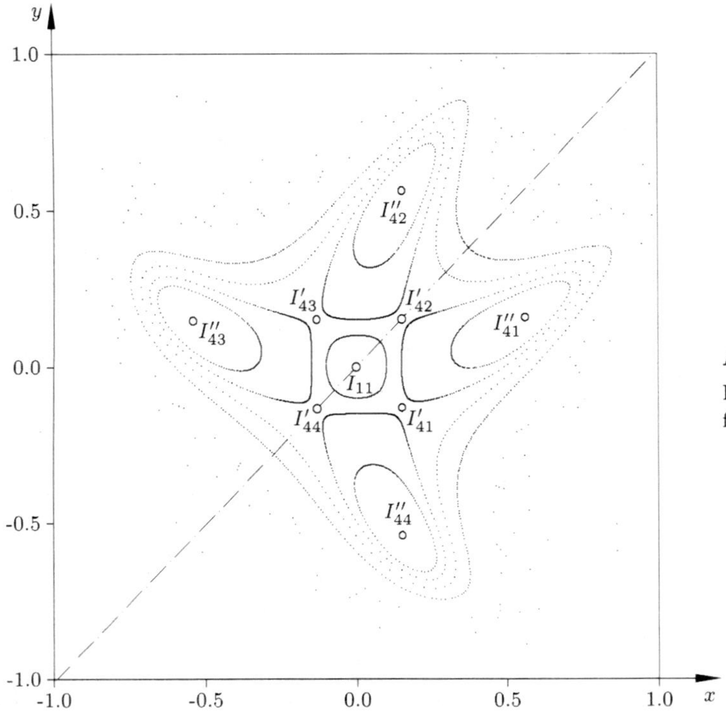

Abb. 4.6.10
Hénon-Abbildung für $\cos\alpha = -0.01$

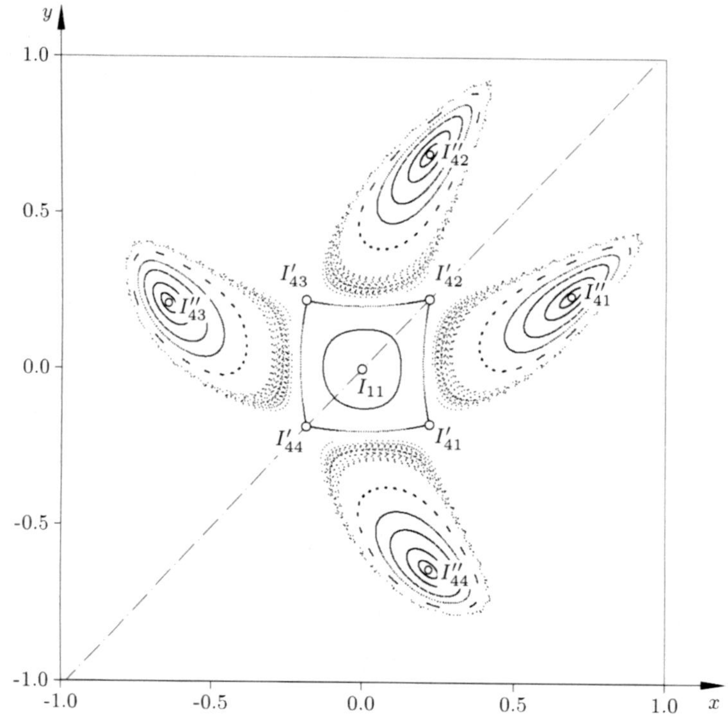

Abb. 4.6.11
Hénon-Abbildung für $\cos\alpha = -0.02$

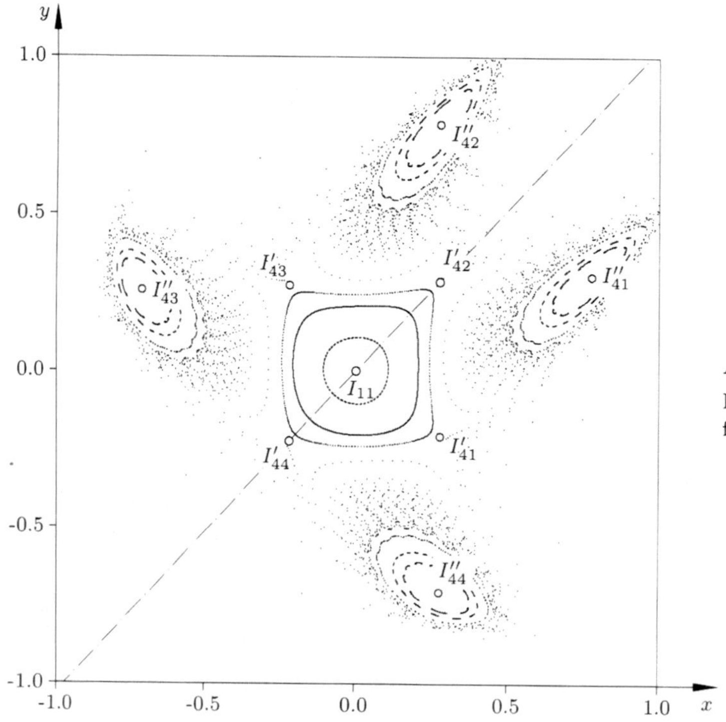

Abb. 4.6.12
Hénon-Abbildung für $\cos\alpha = -0.03$

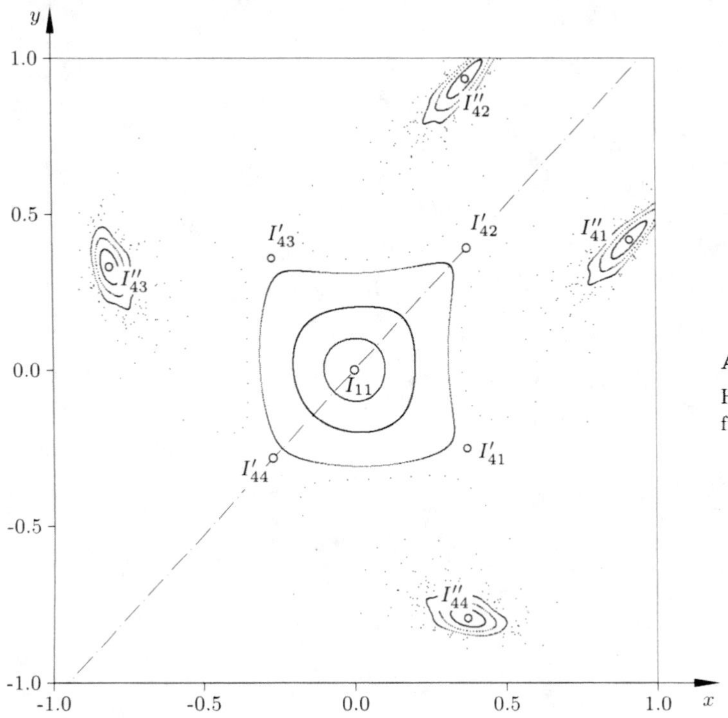

Abb. 4.6.13
Hénon-Abbildung für $\cos\alpha = -0.05$

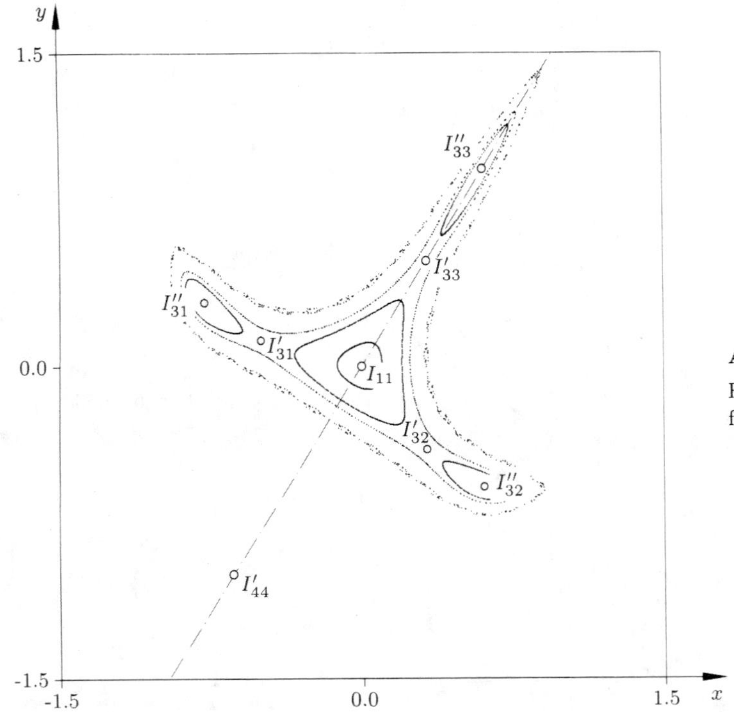

Abb. 4.6.14
Hénon-Abbildung für $\cos\alpha = -0.42$

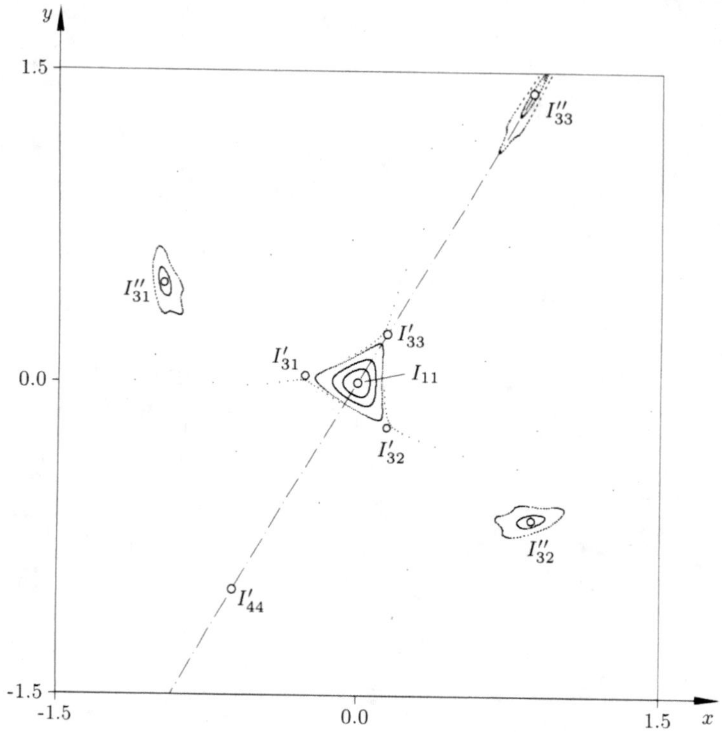

Abb. 4.6.15
Hénon-Abbildung für $\cos\alpha = -0.45$

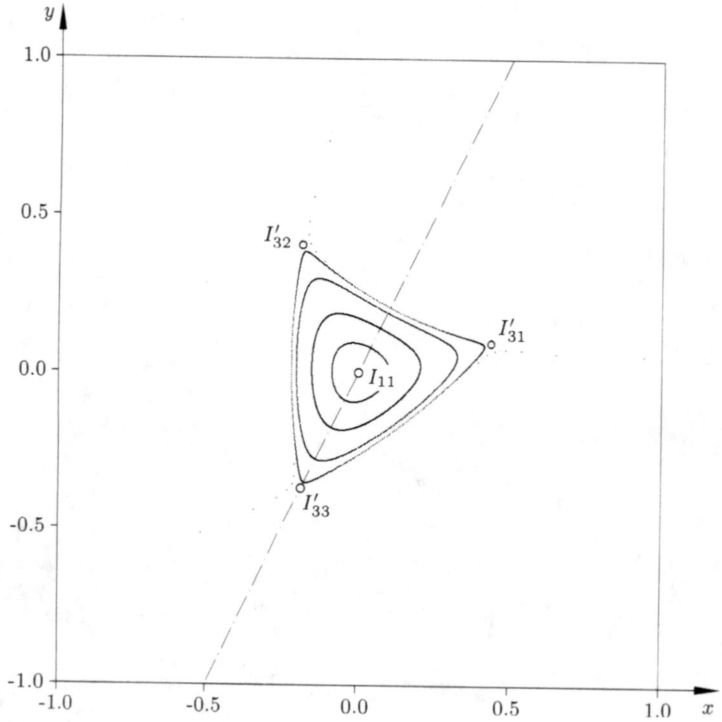

Abb. 4.6.16
Hénon-Abbildung für $\cos\alpha = -0.6$

dreiecksförmige Region geschlossener Kurven auf einen Punkt zusammen und erscheint für $\alpha > 2\pi/3$ wieder in gespiegelter Gestalt (Abb. 4.6.16). Für $\alpha \to \pi$ dehnt sich das Gebiet, in dem geschlossene Kurven existieren, aus, so daß wir für $\cos\alpha = -0.95$ (Abb. 4.6.17) einen wesentlich größeren Ausschnitt dargestellt haben.

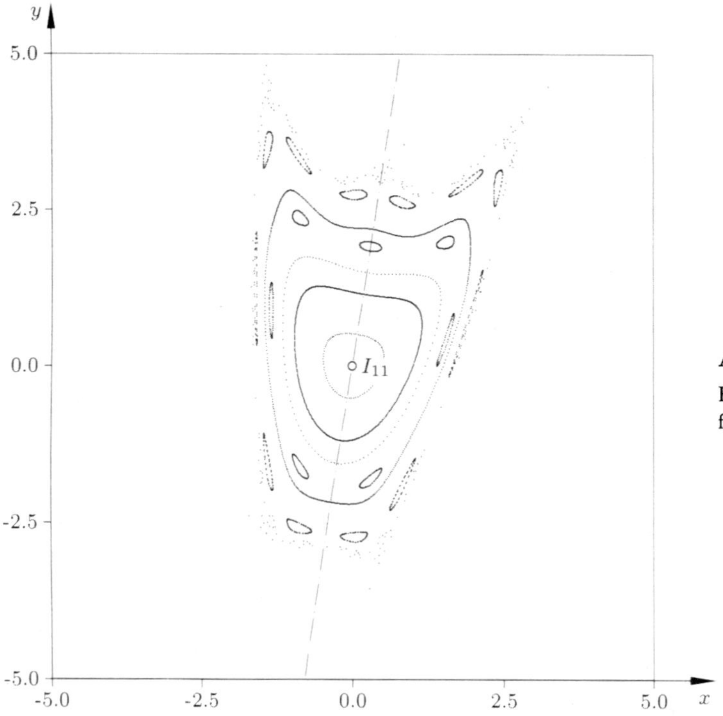

Abb. 4.6.17
Hénon-Abbildung für $\cos\alpha = -0.95$

Anhand der numerischen Ergebnisse der Hénon-Abbildung konnten die wesentlichen Eigenschaften von Poincaré-Abbildungen konservativer dynamischer Systeme mit zwei Freiheitsgraden aufgezeigt werden, nämlich die Existenz geschlossener Kurven um elliptische Punkte, der Zerfall von Kurven mit rationalen Frequenzverhältnissen in Inselketten, wobei ebenso viele stabile wie instabile Punkte erhalten bleiben, die chaotischen Bereiche in der Umgebung hyperbolischer Punkte und schließlich die Selbstähnlichkeit der gesamten Struktur.

Es sei zum Schluß noch angemerkt, daß sämtliche Rechnungen auf einer VAX 785 in einfacher Genauigkeit (ca. 6 Dezimalstellen) durchgeführt wurden. Dies erklärt gewisse Abweichungen unserer Abbildungen von denen in (Hénon, 1969), wo mit einer Genauigkeit von 16 Dezimalstellen gerechnet wurde.

5 Dynamische Systeme mit Dissipation

Mit dem Unerwarteten
ist schwer rechnen
Paul Klee

Im vorhergehenden Kapitel 4 haben wir konservative, also dissipationsfreie dynamische Systeme besprochen. Diese Klasse physikalischer Systeme zeichnet sich dadurch aus, daß sich ein Volumenelement im Phasenraum invariant verhält (siehe Gl. (4.1.28), Liouville-Theorem). In diesem Kapitel wollen wir nun nichtlineare dissipative Systeme, d. h. dynamische Systeme mit Energieverlust, behandeln. Betrachten wir wiederum ein Volumenelement im Phasenraum, so wird es sich für $t \to \infty$ auf einen Attraktor kontrahieren, dessen Dimensionalität geringer ist als die des Phasenraums.

Die latente Neigung nichtlinearer dissipativer Systeme zu irregulären Bewegungen blieb lange Zeit unbekannt. Zwangsläufig beschränkte man sich beim Studium solcher Systeme auf das reguläre Verhalten, das durch die einfachen Attraktoren (wie Fixpunkte, Grenzzyklen oder Tori) gekennzeichnet ist. Ein ganz neuer Horizont in der Betrachtung dissipativer Systeme eröffnete sich, als Edward N. Lorenz (Lorenz, 1963) ein äußerst simples hydrodynamisches Modell für die Meteorologie präsentierte, das eine extreme Vereinfachung der Navier-Stokesschen Gleichung darstellt. Diese Gleichungen führen auf ein „attraktives" Gebilde im Phasenraum, das weder die Eigenschaften eines Fixpunktes, eines Grenzzyklus noch die eines Torus aufweist, sondern ein regelloses, scheinbar erratisches Verhalten der Trajektorien offenbart. Jedoch blieb dieses Phänomen unbeachtet, bis Ruelle und Takens (1971) in ihrer Modellbeschreibung zur Turbulenz unabhängig von Lorenz ebenfalls ein im Phasenraum begrenztes Gebiet entdeckten, das gleichsam die Trajektorien global anzieht und sie lokal wieder exponentiell voneinander entfernt. Sie bezeichneten diese merkwürdige Region des Phasenraums als *strange attractor*, zu deutsch: „seltsamer Attraktor".

Im folgenden werden wir zunächst die grundlegenden Eigenschaften dissipativer Systeme beschreiben. Dazu gehört die Volumenkontraktion im Phasenraum und die Konzeption einfacher Attraktoren, die reguläres Bewegungsverhalten prägen. Danach wird am Beispiel des Lorenz-Attraktors das Phänomen chaotischer Bewegung besprochen, und zur quantitativen Charakterisierung des seltsamen Attraktors werden neben den klassischen Werkzeugen – wie Leistungsspektrum und Autokorrelation – neuere geometrische und numerische Methoden – wie Lyapunov-Exponenten, fraktale Dimensionen und die Kolmogorov-Entropie – diskutiert.

5.1 Volumenkontraktion – eine wesentliche Eigenschaft dissipativer Systeme

Zur Beschreibung der Bewegungsvorgänge betrachten wir sowohl ein System von n nichtlinearen autonomen Differentialgleichungen 1. Ordnung, siehe Gl. (2.3.3),

$$\dot{\boldsymbol{x}} = \boldsymbol{F}(\boldsymbol{x}) \tag{5.1.1}$$

wobei $\boldsymbol{x}$ und $\boldsymbol{F}$ n-dimensionale Vektoren sind und $\boldsymbol{F}$ nicht explizit von der unabhängigen Variablen t abhängt, als auch ein diskretes System von Differenzengleichungen

$$\boldsymbol{x}_{\mathrm{k}+1} = \boldsymbol{f}(\boldsymbol{x}_{\mathrm{k}}) \tag{5.1.2}$$

das man beispielsweise durch eine Diskretisierung in der Zeit oder durch Poincaré-Schnitte gewinnen kann (vgl. Abschnitte 3.4 und 3.5).

Wir betrachten zunächst die Volumenkontraktion für einen dissipativen Fluß, Gl. (5.1.1). Unsere Ausführung folgt der Darstellung von Lichtenberg und Lieberman (1983). Für einen n-dimensionalen nichtlinearen Fluß bestimmen wir die zeitliche Änderung eines kleinen Volumenelementes $\Delta V(\boldsymbol{x})$ im Phasenraum, indem wir ΔV entlang der Trajektorie, die für $t = 0$ durch $\boldsymbol{x}_0$ verläuft, verfolgen. In kartesischen Koordinaten kann man ΔV in folgender Form schreiben

$$\Delta V(\boldsymbol{x}) = \prod_{\mathrm{i}} \Delta x_{\mathrm{i}}(\boldsymbol{x}) \tag{5.1.3}$$

wobei wir die klassische Produktdefinition verwenden. Für die zeitliche Änderung von ΔV gilt

$$\frac{\mathrm{d}(\Delta V(\boldsymbol{x}))}{\mathrm{d}t} = \frac{\mathrm{d}(\Delta x_1(\boldsymbol{x}))}{\mathrm{d}t} \prod_{\mathrm{i}\neq 1} \Delta x_{\mathrm{i}}(\boldsymbol{x}) + \frac{\mathrm{d}(\Delta x_2(\boldsymbol{x}))}{\mathrm{d}t} \prod_{\mathrm{i}\neq 2} \Delta x_{\mathrm{i}}(\boldsymbol{x}) + \ldots$$

$$= \left(\prod_{\mathrm{i}} \Delta x_{\mathrm{i}}(\boldsymbol{x})\right) \frac{\mathrm{d}(\Delta x_1(\boldsymbol{x}))}{\mathrm{d}t} \Delta x_1^{-1}(\boldsymbol{x}) + \left(\prod_{\mathrm{i}} \Delta x_{\mathrm{i}}(\boldsymbol{x})\right) \frac{\mathrm{d}(\Delta x_2(\boldsymbol{x}))}{\mathrm{d}t} \Delta x_2^{-1}(\boldsymbol{x}) + \ldots \tag{5.1.4}$$

Aus den Gln. (5.1.4) und (5.1.3) ergibt sich

$$\frac{\mathrm{d}(\Delta V(\boldsymbol{x}))}{\mathrm{d}t} = \Delta V(\boldsymbol{x}) \sum_{\mathrm{i}} \Delta x_{\mathrm{i}}^{-1}(\boldsymbol{x}) \frac{\mathrm{d}(\Delta x_{\mathrm{i}}(\boldsymbol{x}))}{\mathrm{d}t} \tag{5.1.5}$$

Die Länge $\Delta x_{\mathrm{i}}(\boldsymbol{x})$ der i-ten Kante des Volumenelements läßt sich bei $\boldsymbol{x}_0$ durch das lineare Glied der Taylorreihe approximieren

$$\Delta x_{\mathrm{i}}(\boldsymbol{x}) = \Delta x_{\mathrm{i}}(\boldsymbol{x}_0, t) = \Delta x_{\mathrm{i}}(\boldsymbol{x}_0) \frac{\partial x_{\mathrm{i}}(\boldsymbol{x})}{\partial x_{\mathrm{i}0}} = \Delta x_{\mathrm{i}0} \frac{\partial x_{\mathrm{i}}(\boldsymbol{x})}{\partial x_{\mathrm{i}0}} \tag{5.1.6}$$

Mit Hilfe von Gl. (5.1.6) kann nun die zeitliche Änderung von $\Delta x_\mathrm{i}(\boldsymbol{x})$ angegeben werden

$$\frac{\mathrm{d}(\Delta x_\mathrm{i}(\boldsymbol{x}))}{\mathrm{d}t} = \Delta x_{\mathrm{i}0} \frac{\mathrm{d}}{\mathrm{d}t} \frac{\partial x_\mathrm{i}(\boldsymbol{x})}{\partial x_{\mathrm{i}0}} \tag{5.1.7}$$

Berücksichtigt man Gl. (5.1.7), so ergibt sich aus Gl. (5.1.5) für die Volumenänderungsrate pro Volumeneinheit, Λ, bei Vertauschen der partiellen und zeitlichen Ableitungen folgende Beziehung

$$\Lambda(\boldsymbol{x}) = \frac{1}{\Delta V(\boldsymbol{x})} \frac{\mathrm{d}(\Delta V(\boldsymbol{x}))}{\mathrm{d}t} = \sum_\mathrm{i} \frac{\Delta x_{\mathrm{i}0}}{\Delta x_\mathrm{i}(\boldsymbol{x})} \frac{\partial}{\partial x_{\mathrm{i}0}} \frac{\mathrm{d}x_\mathrm{i}(\boldsymbol{x})}{\mathrm{d}t} \tag{5.1.8}$$

Berücksichtigt man in Gl. (5.1.8) den Phasenfluß von Gl. (5.1.1), so erhält man

$$\Lambda(\boldsymbol{x}) = \sum_\mathrm{i} \frac{\Delta x_{\mathrm{i}0}}{\Delta x_\mathrm{i}(\boldsymbol{x})} \frac{\partial F_\mathrm{i}(\boldsymbol{x})}{\partial x_{\mathrm{i}0}} \tag{5.1.9}$$

Für $t \to t_0$ kann $\Delta x_\mathrm{i}(\boldsymbol{x})$ durch $\Delta x_{\mathrm{i}0}$ ersetzt werden; damit reduziert sich Gl. (5.1.9) für den allgemeinen Phasenpunkt $\boldsymbol{x}$ auf

$$\Lambda(\boldsymbol{x}) = \sum_\mathrm{i} \frac{\partial F_\mathrm{i}}{\partial x_\mathrm{i}} \tag{5.1.10}$$

Gleichung (5.1.10) liefert also die Bedingung für die Volumenkontraktion dynamischer Systeme

$$\Lambda(\boldsymbol{x}) = \sum_\mathrm{i} \frac{\partial F_\mathrm{i}}{\partial x_\mathrm{i}} = \operatorname{div} \boldsymbol{F} = \operatorname{tr} \boldsymbol{D} < 0 \tag{5.1.11}$$

wobei $\boldsymbol{D}$ die Jacobi-Matrix bedeutet, siehe Gl. (3.2.3).

Damit ist die Liouvillesche Formel, Gl. (4.1.28), als Funktion der Phasengeschwindigkeit $\boldsymbol{F}$ bestätigt. Ist in Gl. (5.1.11) $\Lambda(\boldsymbol{x}) > 0$, so ist die Dynamik expandierend, für $\Delta(\boldsymbol{x}) < 0$ kontrahierend. Die Aussage von Gl. (5.1.11) zum Anfangsvolumen im Phasenraum ist lokal; will man für dissipative Systeme als Ganzes Aussagen zur Kontraktion bzw. Expansion machen, so muß eine entlang jeder Trajektorie gemittelte Rate $\bar{\Lambda}$ betrachtet werden, die im Falle von Dissipation negativ sein muß. In Abschnitt 5.4.4 werden wir zeigen, daß der n-dimensionale Lyapunov-Exponent $\sigma^{(\mathrm{n})}$ gerade mit der mittleren exponentiellen Änderungsrate $\bar{\Lambda}$ der Volumenelemente übereinstimmt.

An Hand eines einfachen zweidimensionalen Beispiels soll die Eigenschaft der Volumenkontraktion verdeutlicht werden. Dazu wählen wir die linearisierte Gleichung eines Pendels mit einer viskosen Dämpfung ζ. Diese schreibt sich wie in Gl. (2.2.2)

$$\ddot{x} + 2\zeta\omega_0\dot{x} + \omega_0^2 x = 0 \tag{5.1.12}$$

Nun können wir diese Gleichung mit Hilfe der Substitution $x_1 = x$, $x_2 = \dot{x}$ in ein autonomes System erster Ordnung überführen

$$\begin{bmatrix} \dot{x}_1 \\ \dot{x}_2 \end{bmatrix} = \begin{bmatrix} 0 & 1 \\ -\omega_0^2 & -2\zeta\omega_0 \end{bmatrix} \begin{bmatrix} x_1 \\ x_2 \end{bmatrix}$$

In vereinfachter Notation (siehe auch Gl. (3.1.1)) gilt

$$\dot{\boldsymbol{x}} = \boldsymbol{L}\boldsymbol{x}$$

Wird Gl. (5.1.11) für die Volumenänderungsrate Λ auf die Pendelgleichung (5.1.12) angewandt, ergibt sich

$$\Lambda = \operatorname{div} \boldsymbol{F} = \frac{\partial F_1}{\partial x_1} + \frac{\partial F_2}{\partial x_2} = \operatorname{tr} \boldsymbol{L} = -2\zeta\omega_0$$

Ist $\zeta > 0$, so ist das System dissipativ, und es findet mit $\Lambda < 0$ eine Flächenkontraktion statt. Falls andererseits $\zeta < 0$ ist, expandiert die Fläche. Dieses Phänomen „negativer" Dämpfung bzw. von Energiezufuhr infolge eines negativen Geschwindigkeitsterms ist eine wichtige Eigenschaft der van der Polschen Gleichung, die in Abschnitt 9.4 ausführlich diskutiert wird.

Viele Entwicklungsprozesse lassen sich direkt in zeitdiskrete Rückkopplungsgleichungen fassen. Das bekannteste und zugleich einfachste Beispiel, das zu nichttrivialen Ergebnissen führt, ist die logistische Abbildung auf dem Einheitsintervall [0,1], definiert durch

$$x_{k+1} = \alpha x_k (1 - x_k) \tag{5.1.13}$$

siehe auch Abschnitte 3.7 und 6.7.

Im Falle n-dimensionaler diskreter Systeme bestimmt sich das neue Volumenelement ΔV_{k+1} durch Multiplikation des lokalen Volumenelements ΔV_k mit dem Betrag der Jacobi-Determinante der Abbildungsvorschrift nach der k-ten Iteration (Lichtenberg und Lieberman, 1983)

$$\Delta V_{k+1} = |\det \boldsymbol{D}_k| \Delta V_k \tag{5.1.14}$$

wobei $\boldsymbol{D}_k$ die Jacobi-Matrix an der Stelle $\boldsymbol{x}_k$, d. h. nach der k-ten Iteration, bezeichnet. Damit ergibt sich für die Volumenkontraktionsrate, bezogen auf das k-te Volumenelement

$$\begin{aligned} \Lambda(\boldsymbol{x}_k) &= \frac{1}{\Delta V_k} \frac{d(\Delta V_k)}{dk} = \frac{|\det \boldsymbol{D}_k| \Delta V_k - \Delta V_k}{\Delta V_k} \\ &= |\det \boldsymbol{D}_k| - 1 \end{aligned} \tag{5.1.15}$$

Auch hier stimmt, wie wir sehen werden, die mittlere exponentielle Änderungsrate $\bar{\Lambda}$ mit dem n-dimensionalen Lyapunov-Exponenten $\sigma^{(n)}$, Gl. (5.4.98), überein und

Es sei noch angemerkt, daß Volumenkontraktion nicht automatisch Längenkontraktion in allen Richtungen mit einschließt. Es ist durchaus möglich, daß sich der Abstand zweier zunächst beliebig naher Punkte vergrößert, obwohl sich das Volumen auf Null zusammenzieht.

5.2 Seltsamer Attraktor: Lorenz-Attraktor

In diesem Abschnitt möchten wir am Beispiel des inzwischen berühmt gewordenen Lorenz-Attraktors das Phänomen des seltsamen Attraktors (*strange attractor*) bzw. des chaotischen Determinismus näher erläutern. Der Begriff „seltsamer" Attraktor wurde von Ruelle und Takens (1971) in ihrem Artikel „On the Nature of Turbulence" geprägt, in dem sie Gründe aufzeigen, warum das „Landau-Szenario" zur Modellierung von Turbulenz ungeeignet sei. Ihr Ziel war, Turbulenz nicht als Superposition unendlich vieler Moden zu beschreiben, sondern eben als „seltsamen" Attraktor. Mit dem Begriff seltsam soll verdeutlicht werden, daß dieser Attraktor weder ein Fixpunkt noch ein Grenzzyklus noch ein Torus ist und außerdem keine Mannigfaltigkeit formt. Was definiert ihn dann? Das versuchen wir am Beispiel des Lorenz-Attraktors zu erläutern bzw. transparenter zu gestalten.

Lorenz, ein an Wettermodellen arbeitender Meteorologe, reduzierte (Lorenz, 1963), aufbauend auf einer Arbeit von Saltzman (Saltzman, 1962), die Navier-Stokes-Gleichungen in der Boussinesq-Näherung für ein ebenes, von unten erhitztes Flüssigkeitsmodell (für eine ausführliche Herleitung dieses Modells siehe Abschnitte 7.3, 7.4) auf ein System dreier gewöhnlicher nichtlinearer Differentialgleichungen, das die zeitliche Veränderung dreier wesentlicher Moden, einer Geschwindigkeits- und zweier Temperaturverteilungen, repräsentiert. Die Gleichungen lauten

$$\begin{aligned} \dot{X} &= -\sigma X + \sigma Y \\ \dot{Y} &= \quad rX - Y - XZ \\ \dot{Z} &= -bZ + XY \qquad\qquad \text{für } \sigma, r, b > 0 \end{aligned} \tag{5.2.1}$$

Sie enthalten drei Parameter: die Prandtl-Zahl σ, die relative Rayleigh-Zahl r, die der aufgebrachten Temperaturdifferenz ΔT proportional ist, und das geometrische Maß b, das sich aus den Abmessungen der Konvektionszellen ableitet.

Als erstes bestimmen wir die Divergenz des Systems, um einen globalen Eindruck vom Strömungsbild bzw. von der Bewegung im Phasenraum zu bekommen. Die Volumenkontraktionsrate Λ erhält man nach Gl. (5.1.11) als Spur der Jacobi-Matrix zu

$$\Lambda = \frac{\partial}{\partial X}(-\sigma X + \sigma Y) + \frac{\partial}{\partial Y}(rX - Y - XY) + \frac{\partial}{\partial Z}(-bZ + XY) = -(\sigma + 1 + b) \tag{5.2.2}$$

Die Volumenkontraktionsrate Λ ist negativ, d. h. daß sich ein Volumenelement $V(0)$ nach Gl. (3.1.28) in der Zeit exponentiell kontrahiert

$$V(t) = V(0)\,\mathrm{e}^{\Lambda t} = V(0)\,\mathrm{e}^{-(\sigma+1+b)t} \tag{5.2.3}$$

Lorenz wählte für die Prandtl-Zahl $\sigma = 10$ und für $b = 8/3$. Für diese Zahlenwerte ist in der Zeiteinheit 1 der Faktor der Volumenreduktion gleich $\mathrm{e}^{-41/3} \sim 10^{-6}$. Das Lorenz-System ist folglich hochgradig dissipativ.

Für das Instabilwerden der stationären Konvektionsströmung machte Lorenz eine subkritische Hopfverzweigung (siehe Abschnitt 7.4) verantwortlich, die bei $r_{cr} = 470/19 \approx 24.7368$ auftritt. Er wählte zur numerischen Integration des Gleichungssystems (5.2.1) einen etwas höheren Wert, nämlich $r = 28$. Verfolgt man eine „Ursprungs"-Trajektorie mit der Anfangsbedingung ($X = 0.001$, $Y = 0.001$, $Z = 0.001$), so ist die geometrische Figur, die im Phasenraum, der von den Koordinaten X, Y, Z aufgespannt wird, für $t \to \infty$ entsteht, der sogenannte Lorenz-Attraktor (siehe Abb. 5.2.1 sowie die Farbtafeln Va und Vb, S. 643). Die Behauptung, daß ein derart geordnetes und im Phasenraum begrenztes Gebilde chaotische, nicht vorhersagbare Bewegungen widerspiegelt, klingt anfänglich verblüffend.

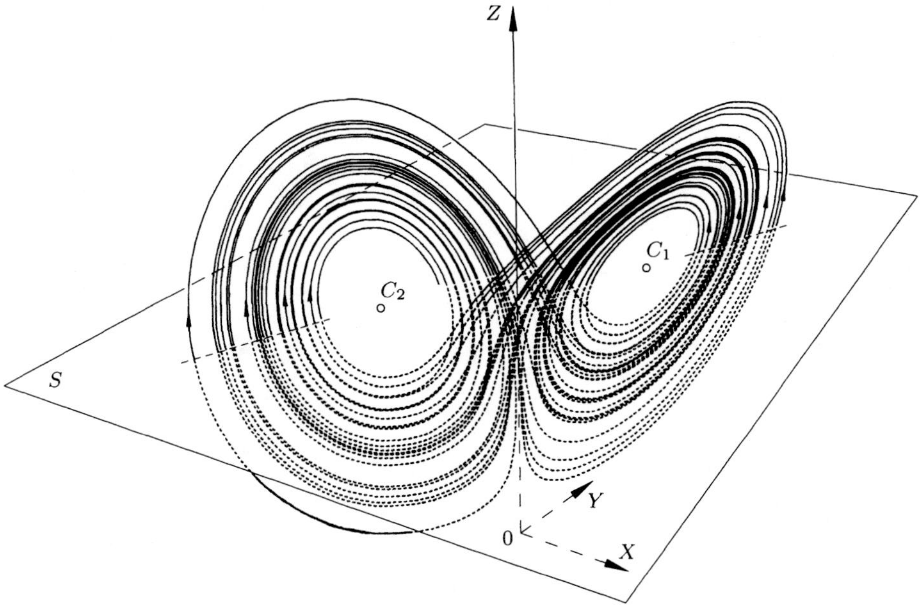

Abb. 5.2.1 Lorenz-Attraktor für $r = 28, \sigma = 10$ und $b = 8/3$.
Der Trajektorienbereich, den die Ebene $Z = r - 1 = 27$ verdeckt, ist punktiert (Lanford, 1977)

Die beiden Punkte C_1 und C_2, Abb. 5.2.1, mit den Koordinaten

$$\left(\pm\sqrt{b(r-1)},\ \pm\sqrt{b(r-1)},\ r-1\right)$$

sind instabile Fixpunkte bzw. Sattelfoki mit jeweils einem negativen Eigenwert und einem Paar konjugiert komplexer Eigenwerte mit positivem Realteil (vgl. Abschnitt 9.3). Diese Eigenwertkonstellation prägt die Trajektorienverläufe in der Nähe von C_1 und C_2. Die stabile Mannigfaltigkeit von C_1 erzwingt für C_1 ein Einströmen, die instabile Mannigfaltigkeit von C_1 (eine Fläche) ein spiralförmiges Ausströmen von C_1. Entsprechend ist der Fluß um C_2.

Wählt man eine andere Darstellungsform, z. B. die zeitliche Entwicklung der unabhängigen Variablen $X(t)$, so wird der chaotische Charakter des Lorenz-Systems eher deutlich. In Abb. 5.2.2 ist der Zeitverlauf von X über einen endlichen Beobachtungszeitraum für $\sigma = 10$, $r = 28$ und $b = 8/3$ dargestellt. Man erkennt innerhalb des begrenzten Zeitraums bis $t = 200$ keine Periodizität und sieht, daß die Wechsel von C_1 nach C_2 zufälliger, stochastischer Natur sind. Unterscheidet man zwischen räumlich-chaotischen und zeitlich-chaotischen Mustern, so zeigt das Lorenz-System chaotisches Verhalten in der Zeit, wohingegen das räumliche Muster im Phasenraum global geordnet auftritt. Die Abb. 5.2.1 sowie die Farbtafeln Va und Vb, S. 643, verdeutlichen, daß die Ursprungstrajektorie sofort in die Hemisphäre des instabilen Fixpunktes bzw. Sattelfokus C_2 überwechselt, dort eine Zeitlang um C_2 kreisend verweilt, um dann unvermittelt, nicht vorhersagbar in die C_1-Einflußsphäre zurückzukehren. Die Attraktion von C_1 reicht jedoch nicht aus, um die Bahnkurve für ewig zu binden, die Verweildauer ist begrenzt, die Trajektorie kehrt in den Anziehungsbereich von C_2 zurück. Dieses Hin- und Herspringen von links nach rechts, von rechts nach links wiederholt sich im unregelmäßigen Wechsel. Die Farbtafel Vb, S. 643 illustriert dies, indem nach jedem Überspringen die Trajektorie die Farbe wechselt.

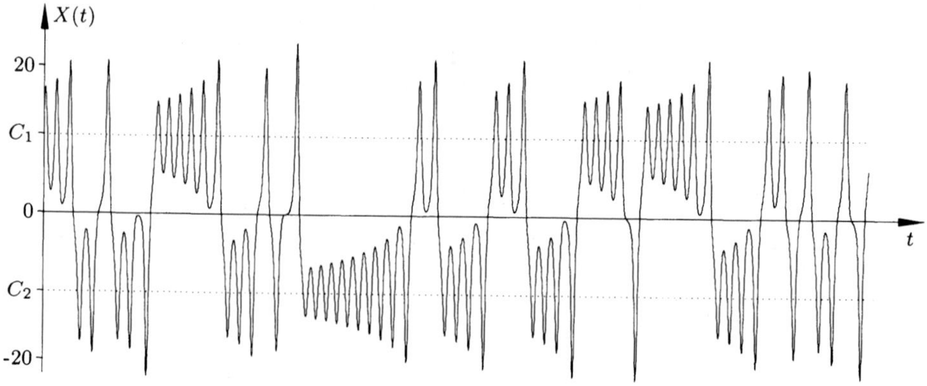

Abb. 5.2.2 Zeitverlauf von X für $r = 28$, $\sigma = 10$ und $b = 8/3$

Eine wesentliche Eigenschaft des Lorenz-Attraktors ist, daß er im Phasenraum attraktiv wirkt. Um dies zu demonstrieren, wurden zwei Trajektorien mit den deutlich unterschiedlichen Anfangsbedingungen (0.001, 0.001, 0.001) und (0.001, 0.001, 60.) gewählt (Farbtafel Vc, S. 643). Beide Trajektorien streben sehr schnell dem Attraktor zu, werden von ihm aufgesogen und bleiben für alle Zeiten von ihm eingefangen. Jede Bahnkurve für sich bildet die gleiche Globalstruktur, wohingegen die lokale Strukturierung durchaus unterschiedlich ausfällt.

Schließlich exemplifiziert Farbtafel Vd, S. 643 das sensitive Verhalten eines seltsamen Attraktors gegenüber Anfangsbedingungen. Nach anfänglicher Unbedeutsamkeit wächst die Abweichung von 1/10 000 explosionsartig an. Die beiden Bahnkurven, die aufgrund der Zeichenungenauigkeit scheinbar identisch verlaufen, spalten sich nach einer endlichen Anzahl von Umläufen in zwei deutlich erkennbare Trajektorien auf und formen trotz individuell verschiedener Bahnverläufe die global charakteristische Struktur des Lorenz-Attraktors.

Zusammenfassend kann für das Lorenz-System festgestellt werden, daß für $r = 28$

1) von einer Trajektorie für $t \to \infty$ ein begrenzter Bereich im Phasenraum durchlaufen wird,
2) die Bewegung erratisch ist, d. h. daß sich die Bahnkurven chaotisch verhalten und ein Überwechseln von der C_1- in die C_2-Hemisphäre unvorhersagbar ist,
3) die Trajektorien äußerst sensibel auf Anfangsbedingungen reagieren und
4) für unterschiedliche Anfangsbedingungen die Attraktoreigenschaften offensichtlich sind.

Zur Erfassung der qualitativen Eigenschaften des Lorenz-Attraktors sind der Poincaré-Schnitt und die Poincaré-Abbildung sehr hilfreich. Aus der Vielzahl von Schnitten bietet sich die Fläche $Z = r - 1$ an, da in ihr die beiden instabilen Fixpunkte C_1 und C_2 zu liegen kommen. Die in Abb. 5.2.3 dargestellte Punktfolge bestätigt stroboskopisch den von einem Fixpunkt auf den anderen überschnappenden Trajektorienverlauf. Verblüffend ist die Aufspaltung in zwei Liniensegmente, die zwar nicht auf einer Geraden liegen, aber jede für sich nahezu eine Gerade bilden. Einer exakten Linie im Poincaré-Schnitt entspricht im Phasenraum eine Fläche der Dimension zwei. Die Dimension von nahezu zwei für ein derart komplexes Gebilde bzw. für einen seltsamen Attraktor hätte man am wenigsten erwartet. Tatsächlich zeigen numerisch ermittelte Werte der Kapazitätsdimension D_c (siehe Abschnitt 5.5, wo die verschiedenen Dimensionsbegriffe definiert werden) für den Lorenz-Attraktor, daß sie sehr nahe bei zwei, aber dennoch darüber liegt. Ermittelt wurde D_c (siehe Abschnitt 9.3) für die Parameter $r = 28$, $\sigma = 10$ und $b = 8/3$ zu

$$D_c = 2.06$$

Betrachtet man die Geometrie des Lorenz-Attraktors, so kann gezeigt werden (Sparrow, 1982; Guckenheimer und Holmes, 1983), daß er sich aus unendlich vielen dicht gepackten Schichten zusammensetzt, deren Gesamtstruktur mit Nullvolumen

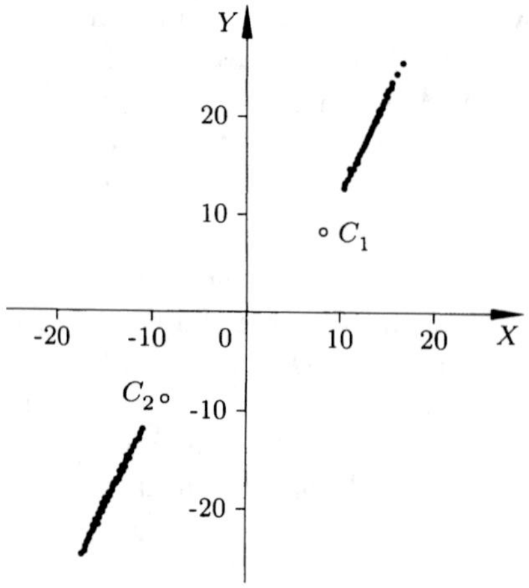

Abb. 5.2.3
Poincaré-Schnitt $Z = r - 1$ des Lorenz-Attraktors für $r = 28$, $\sigma = 10$ und $b = 8/3$; es sind die Durchstoßpunkte in positiver Z-Richtung dargestellt

aber dennoch keine Fläche der Dimension $D_c = 2$ im Phasenraum formt (Farbtafel XIII, S. 651).

Schon Lorenz nutzte den nahezu linearen Charakter der Durchstoßpunkte im Poincaré-Schnitt, Abb. 5.2.3, um die Beschreibung der komplexen Geometrie des Lorenz-Attraktors auf eine einzige Variable zu reduzieren. Die Abbildung einer Variablen erhielt er, indem er die nachfolgenden relativen maximalen Z_{k+1}-Werte als Funktion der vorangegangenen maximalen Z_k-Werte graphisch darstellte. Als Bedingung für die maximalen Z-Werte gilt:

$$\frac{dZ}{dX} = \frac{dZ}{dt} : \frac{dX}{dt} = \frac{XY - bZ}{\sigma(Y - X)} = 0 \tag{5.2.4}$$

In Abb. 5.2.4 ist die diskrete Punktfolge für die Parameter $\sigma = 10$, $b = 8/3$, $r = 28$ dargestellt. Verbindet man die einzelnen Punkte durch eine Linie, so wird deutlich, daß die Steigung der Kurve an jedem Punkt betragsmäßig größer als 1 ist, d. h. daß im betrachteten Intervall für jeden Anfangswert Z_0 die Abbildung zumindest keinen stabilen Fixpunkt besitzt und daß folglich für das Ausgangssystem kein stabiler periodischer Orbit existiert (vgl. Abschnitt 3.7).

Ein dissipatives System zeichnet sich durch eine Volumenkontraktion aus, d. h. daß sich unter der Wirkung des Phasenflusses sein Volumen für $t \to \infty$ auf einen Attraktor von niedrigerer Dimension als der des Phasenraums zusammenzieht. Damit wird die Bedeutung von Attraktoren für dissipative Systeme erneut unterstrichen. Die folgende Definition von Attraktoren geht auf Lanford (1981) zurück.

Ein Attraktor A eines Phasenflusses ϕ_t ist eine kompakte (abgeschlossene und beschränkte) Menge mit folgenden Eigenschaften:

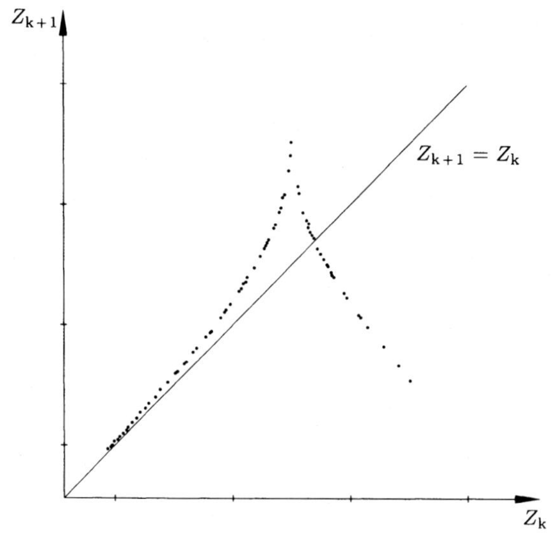

Abb. 5.2.4
Diskrete Abbildung der relativen maximalen Z-Werte (Lorenz, 1963)

i. Der Attraktor A ist für alle t invariant unter der Wirkung des Phasenflusses ϕ_t ($\phi_t A = A$).

ii. Der Attraktor A hat eine offene Umgebung U, die sich unter dem Phasenfluß ϕ_t auf A zusammenzieht.

iii. Der Attraktor A kann nicht in zwei abgeschlossene, nichtüberlappende, invariante Mengen zerlegt werden.

Die bereits bekannten Attraktoren – wie stabile Fixpunkte, Grenzzyklen und Tori – sind Mannigfaltigkeiten, ein seltsamer Attraktor hingegen ist keine.

iv. *Seltsame Attraktoren* zeichnen sich aus durch ihr unvorhersagbares, chaotisches Verhalten, aber dennoch nehmen sie im Phasenraum einen Unterraum mit niedrigerer Dimension ein. Betrachtet man benachbarte Trajektorien auf dem Attraktor, so ist deren exponentielle Divergenz charakteristisch. Aufgrund des Längenwachstums in einzelnen Richtungen, reagiert der seltsame Attraktor äußerst *sensibel auf kleine Änderungen in den Anfangsbedingungen.* Eine Vorhersagbarkeit ist ausgeschlossen, weil die Bewegung weder periodisch ist noch zeitlich weit auseinanderliegende Zustände korreliert sind. Obwohl Langzeitvorhersagen für chaotische Bewegungen unmöglich sind, bewahrt der seltsame Attraktor seine topologische Struktur, er ist unter dem Phasenfluß ϕ_t invariant.

5.3 Leistungsspektrum und Autokorrelation

Im vorigen Abschnitt haben wir uns mit einem in der Literatur sehr intensiv untersuchten seltsamen Attraktor, dem Lorenz-Attraktor, auseinandergesetzt. Es stellt sich nun die Frage, welche Kriterien in der Praxis eine Unterscheidung zwischen einfachen und seltsamen Attraktoren ermöglichen. In diesem und den drei folgenden Abschnitten werden wir verschiedene Möglichkeiten und mathematische Werkzeuge vorstellen, die man zur Charakterisierung regulärer oder chaotischer Bewegungsabläufe heranziehen kann. Zunächst stellen wir zwei klassische Methoden vor, nämlich das Leistungsspektrum und die Autokorrelation, die eng miteinander verknüpft sind.

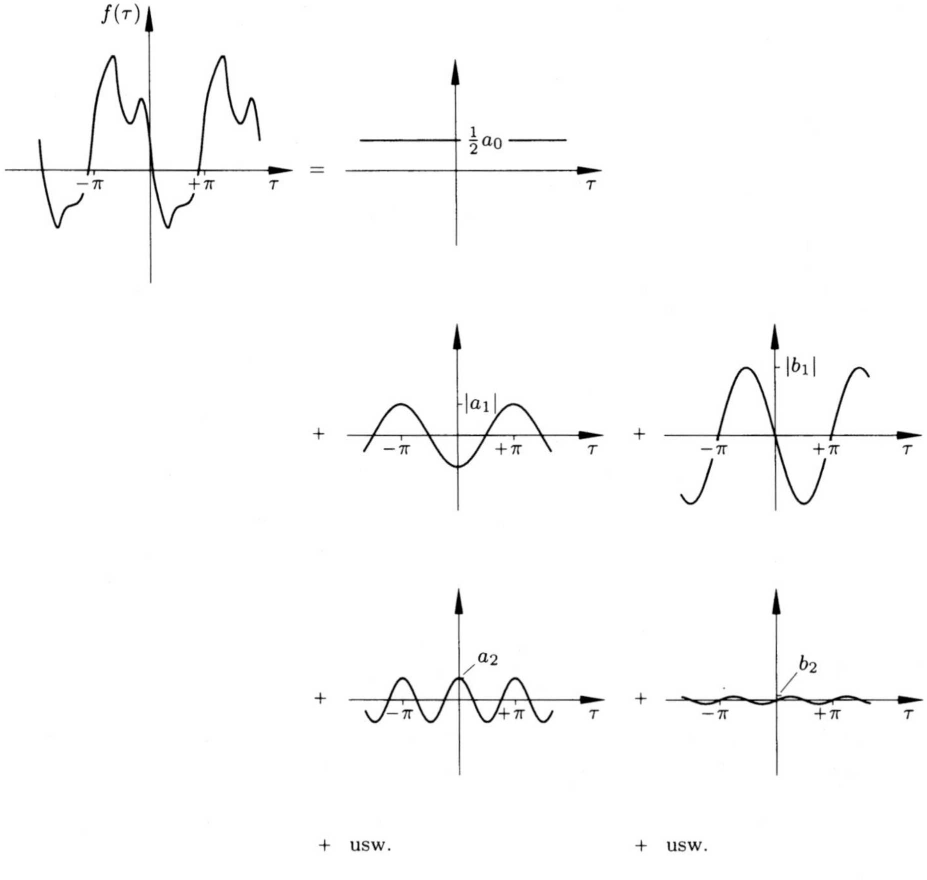

Abb. 5.3.1 Harmonische Analyse

5.3.1 Harmonische Analyse und Fourier-Transformation

Zur Verarbeitung von Signalen $x(t)$ als Funktionen der Zeit wird häufig die Fourier-Analyse oder harmonische Analyse herangezogen. Die Entwicklung dieser Theorie geht auf den französischen Mathematiker Joseph de Fourier (1768 - 1830) zurück, der das Problem der Wärmeausbreitung mit Hilfe trigonometrischer Reihen beschrieb und 1822 in seinem Buch „*Théorie analytique de chaleur*" veröffentlichte. Jede stückweise stetig differenzierbare periodische Funktion $f(\tau)$ mit der Periode 2π läßt sich als Summe einfacher harmonischer Funktionen darstellen, d. h. als Überlagerung von Grund- und Oberschwingungen (siehe Abb. 5.3.1).

Bezeichnet man die n-te Teilsumme mit

$$s_n(\tau) = \frac{a_0}{2} + \sum_{k=1}^{n}(a_k \cos k\tau + b_k \sin k\tau) \tag{5.3.1}$$

so gilt

$$f(\tau) = \lim_{n\to\infty} s_n(\tau) \tag{5.3.2}$$

Ist $f(\tau)$ vorgegeben, so ist es Aufgabe der harmonischen Analyse, die sogenannten Fourier-Koeffizienten a_0, a_k, b_k ($k = 1, 2, \ldots$) zu bestimmen. Man erhält sie aus der Bedingung, daß für jedes feste n der mittlere quadratische Fehler

$$E^2 = \int_{-\pi}^{+\pi} [f(\tau) - s_n(\tau)]^2 d\tau \tag{5.3.3}$$

zum Minimum wird. Da die trigonometrischen Funktionen ein orthogonales System bilden, ergeben sich für die Fourier-Koeffizienten folgende Integrale

$$\begin{aligned} a_0 &= \frac{1}{\pi}\int_{-\pi}^{+\pi} f(\tau) d\tau \\ a_k &= \frac{1}{\pi}\int_{-\pi}^{+\pi} f(\tau)\cos k\tau d\tau \\ b_k &= \frac{1}{\pi}\int_{-\pi}^{+\pi} f(\tau)\sin k\tau d\tau \end{aligned} \tag{5.3.4}$$

Ist $f(\tau)$ eine stückweise stetige und differenzierbare Funktion, die zunächst nur im Intervall $[-\pi, +\pi]$ definiert ist, so kann sie mit Hilfe der Beziehung $f(\tau + 2\pi) = f(\tau)$ periodisch über das Grundintervall hinaus fortgesetzt werden (siehe Abb. 5.3.2). Dabei wird der Funktion an den Sprungstellen der Mittelwert aus den beiden Grenzwerten von links und rechts zugewiesen, wodurch die absolute und

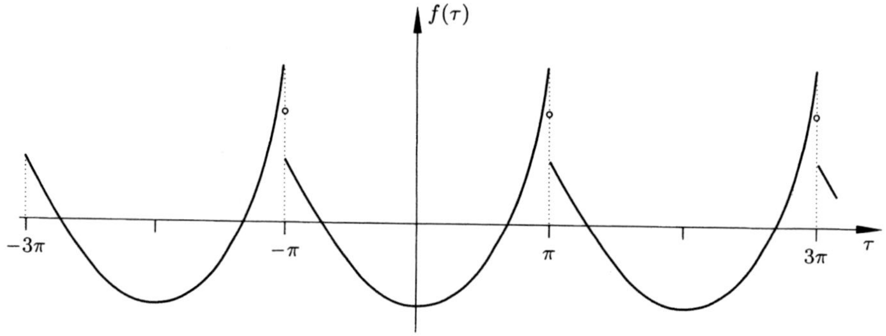

Abb. 5.3.2 Periodische Fortsetzung eines Funktionsverlaufs

gleichmäßige Konvergenz der Fourier-Reihe gewährleistet ist. Dies bringt eine ganz wesentliche Vereinfachung der Rechenregeln mit sich, beispielsweise ist die Vertauschung von Integral und unendlicher Summe erlaubt.

Eine übersichtlichere und kompaktere Darstellung der Fourier-Analyse erhält man, wenn man mit Hilfe der Eulerschen Formel

$$e^{i\varphi} = \cos\varphi + i\sin\varphi \tag{5.3.5}$$

zur komplexen Schreibweise übergeht. Setzt man die Beziehungen

$$\cos k\tau = \frac{1}{2}\left(e^{ik\tau} + e^{-ik\tau}\right) \tag{5.3.6a}$$

sowie

$$\sin k\tau = \frac{1}{2i}\left(e^{ik\tau} - e^{-ik\tau}\right) \tag{5.3.6b}$$

in Gl. (5.3.1) ein und definiert als komplexe Fourier-Koeffizienten die Größen

$$\alpha_0 = \tfrac{1}{2}a_0, \quad \alpha_k = \tfrac{1}{2}(a_k - ib_k), \quad \alpha_{-k} = \tfrac{1}{2}(a_k + ib_k) \tag{5.3.7}$$

so läßt sich die Fourier-Reihe in der Form

$$f(\tau) = \sum_{k=-\infty}^{+\infty} \alpha_k e^{ik\tau} \tag{5.3.8}$$

schreiben mit

$$\alpha_k = \frac{1}{2\pi}\int_{-\pi}^{+\pi} f(\tau)\, e^{-ik\tau} d\tau \tag{5.3.9}$$

Hat die Funktion f eine allgemeine Periodendauer von T, so ersetzt man in obigen Beziehungen τ durch ωt, wobei ω die sogenannte Kreisfrequenz ist

$$\omega = \frac{2\pi}{T} \tag{5.3.10}$$

Die Fourier-Reihe und die Koeffizienten lauten dann

$$f(t) = \sum_{k=-\infty}^{+\infty} \alpha_k e^{ik\omega t} \tag{5.3.11}$$

mit

$$\alpha_k = \frac{1}{T} \int_{-T/2}^{+T/2} f(t)\, e^{-ik\omega t} dt \tag{5.3.12}$$

Man kann sich nun von der Voraussetzung der Periodizität der Funktion $f(t)$ lösen, indem man die Länge des Grundintervalls $T \to \infty$, und damit $\omega \to 0$, gehen läßt. Dies führt zum Fourier-Integral bzw. zur Fourier-Transformation, deren Herleitung man z. B. in (Papoulis, 1962) findet.

Ist eine Funktion $f(t)$ absolut integrierbar, d. h. gilt

$$\int_{-\infty}^{+\infty} |f(t)| dt < \infty$$

so läßt sie sich darstellen in der Form

$$f(t) = \frac{1}{2\pi} \int_{-\infty}^{+\infty} F(\omega)\, e^{i\omega t} d\omega \tag{5.3.13}$$

wobei

$$F(\omega) = \int_{-\infty}^{+\infty} f(t)\, e^{-i\omega t} dt \tag{5.3.14}$$

als das Fourier-Integral oder die Fourier-Transformierte von $f(t)$ bezeichnet wird. In der Literatur gibt es gelegentlich andere Definitionen, die z. B. in beiden Gleichungen einen Faktor $1/\sqrt{2\pi}$ verwenden oder die Vorzeichen der Exponenten verändern. Alle diese Definitionen sind jedoch äquivalent.

Es sei angefügt, daß die absolute Integrierbarkeit von $f(t)$ nur hinreichend, jedoch nicht notwendig für die Existenz von $F(\omega)$ ist. Beispielsweise sind periodische Funktionen nicht absolut integrierbar, dennoch kann man ihnen eine Fourier-

$F(\omega)$ singuläre Funktionen zu, wie z. B. die Diracsche δ-Funktion, so kann man die Bedingung der absoluten Integrierbarkeit fallenlassen.

Ein physikalischer Prozeß kann entweder als Funktion der Zeit durch $f(t)$ oder als Funktion der Frequenz durch $F(\omega)$ beschrieben werden. Daher kann man $f(t)$ und $F(\omega)$ als verschiedene gleichwertige Darstellungsmöglichkeiten desselben Vorgangs betrachten, und man verwendet das Symbol

$$f(t) \Longleftrightarrow F(\omega) \tag{5.3.15}$$

für Paare von Fourier-Transformierten. Jede der beiden Beschreibungsarten ist dabei in der Lage, ganz spezielle Eigenschaften des Prozesses hervorzuheben.

Aus Gl. (5.3.14) geht hervor, daß die Fourier-Transformierte einer reellen Funktion $f(t)$ im allgemeinen komplex ist, d. h.

$$F(\omega) = F_{\mathrm{R}}(\omega) + iF_{\mathrm{I}}(\omega) = A(\omega)\mathrm{e}^{i\phi(\omega)} \tag{5.3.16}$$

Man bezeichnet die Amplitude $A(\omega)$ als Fourier-Spektrum, das Quadrat

$$A^2(\omega) = |F(\omega)|^2 = F(\omega)F^*(\omega) \tag{5.3.17}$$

als Energiespektrum und $\phi(\omega)$ als Phasenwinkel. Konjugiert komplexe Größen schreiben wir mit einem hochgesetzten Stern.

5.3.2 Eigenschaften der Fourier-Transformation; Faltungen und Korrelationen

Die Fourier-Transformation ist eine lineare Operation. Dies führt zu einer Reihe von grundlegenden Beziehungen, die wir in Tabelle 5.3.1 zusammengestellt haben. Sie lassen sich aus den Definitionen (5.3.13) und (5.3.14) herleiten. Ausführliche Beweise findet man z. B. in (Papoulis, 1962). Vorausgesetzt wird dabei, daß sich folgende Transformationspaare entsprechen:

$$f_1(t) \Longleftrightarrow F_1(\omega) \quad \text{und} \quad f_2(t) \Longleftrightarrow F_2(\omega)$$

$$\text{bzw.} \qquad f(t) \Longleftrightarrow F(\omega)$$

Eine wichtige Operation ist die sogenannte *Faltung* (engl. *convolution*) zweier Funktionen, die durch einen Stern gekennzeichnet und sowohl im Zeitbereich als auch im Frequenzbereich wie folgt definiert wird

$$f_1(t) * f_2(t) = \int_{-\infty}^{+\infty} f_1(\tau)f_2(t-\tau)\mathrm{d}\tau \tag{5.3.18}$$

$$F_1(\omega) * F_2(\omega) = \int^{+\infty} F_1(y)F_2(\omega - y)\mathrm{d}y \tag{5.3.19}$$

$a_1 f_1(t) + a_2 f_2(t)$	$\Longleftrightarrow$	$a_1 F_1(\omega) + a_2 F_2(\omega)$	(Superposition)
$f(at)$	$\Longleftrightarrow$	$\frac{1}{\lvert a\rvert} F(\frac{\omega}{a})$	(Veränderung des Zeitmaßstabs)
$f(t - t_0)$	$\Longleftrightarrow$	$F(\omega)\,\mathrm{e}^{-\mathrm{i}\omega t_0}$	(Zeitverschiebung)
$f(t)\,\mathrm{e}^{\mathrm{i}\omega_0 t}$	$\Longleftrightarrow$	$F(\omega - \omega_0)$	(Frequenzverschiebung)
$f_1(t) * f_2(t)$	$\Longleftrightarrow$	$F_1(\omega)\, F_2(\omega)$	(Faltung im Zeitbereich)
$f_1(t)\, f_2(t)$	$\Longleftrightarrow$	$\frac{1}{2\pi} F_1(\omega) * F_2(\omega)$	(Faltung im Frequenzbereich)
$\mathrm{corr}\,(f_1, f_2)$	$\Longleftrightarrow$	$F_1(\omega)\, F_2^*(\omega)$	(Korrelation)
$\mathrm{corr}\,(f, f)$	$\Longleftrightarrow$	$\lvert F(\omega)\rvert^2 = A^2(\omega)$	$(\int_{-\infty}^{+\infty} \lvert f(t)\rvert^2 \mathrm{d}t < \infty)$ (Autokorrelation)

Tab.5.3.1 Wichtige Eigenschaften der Fourier-Transformierten

Man kann zeigen, daß dem Produkt zweier Funktionen im Zeitraum die Faltung der entsprechenden Fourier-Transformierten im Frequenzraum entspricht, und umgekehrt (siehe Tabelle 5.3.1). Mit Hilfe dieser Beziehungen kann man die sogenannte Parsevalsche Gleichung

$$\text{Gesamte Energie} \equiv \int_{-\infty}^{+\infty} \lvert f(t)\rvert^2 \mathrm{d}t = \frac{1}{2\pi} \int_{-\infty}^{+\infty} A^2(\omega) \mathrm{d}\omega \tag{5.3.20}$$

beweisen (Papoulis, 1962), die besagt, daß es, abgesehen von einem Faktor $1/2\pi$, gleichwertig ist, ob man die gesamte Energie eines Signals im Zeitbereich oder im Frequenzbereich berechnet. Der Ausdruck $A^2(\omega)$ ist nach Gl. (5.3.17) das Energiespektrum.

Ein weiteres Hilfsmittel bei der Signalverarbeitung und ihrer Interpretation ist die Korrelation zweier Funktionen f_1 und f_2

$$\mathrm{corr}(f_1, f_2) = \int_{-\infty}^{+\infty} f_1(t + \tau) f_2(t) \mathrm{d}t \tag{5.3.21}$$

bzw. die Autokorrelation, also die Korrelation einer Funktion f mit sich selbst,

$$\mathrm{corr}(f, f) = a(\tau) = \int_{-\infty}^{+\infty} f(t + \tau) f(t) \mathrm{d}t \tag{5.3.22}$$

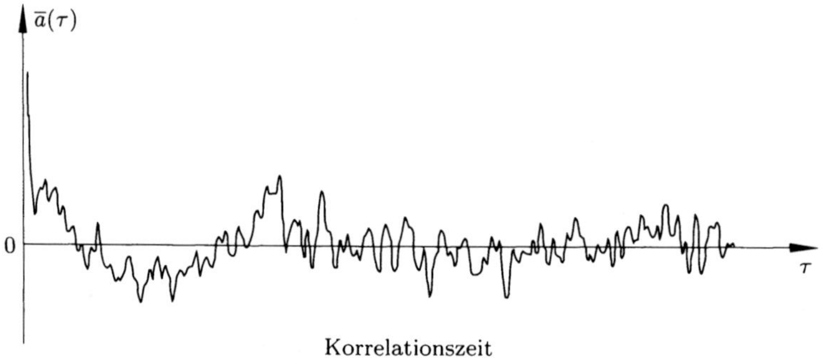

Abb. 5.3.3 Autokorrelation eines chaotischen Bewegungsablaufs

die den Zusammenhang ein und derselben Meßgröße zu verschiedenen Zeitpunkten t und $t + \tau$ untersucht und eine Funktion der Differenz τ ist.

Für Funktionen $f(t)$, die sich über das ganze Intervall $-\infty < t < +\infty$ erstrecken, hat zwar die gesamte Energie Gl. (5.3.20) häufig keinen endlichen Wert, wohl aber deren zeitlicher Mittelwert, also die

$$\text{Gesamte Leistung} \equiv \lim_{T\to\infty} \frac{1}{2T} \int_{-T}^{+T} |f(t)|^2 \mathrm{d}t = \overline{f^2} \tag{5.3.23}$$

Dies gilt beispielsweise für alle periodischen Funktionen, deren Fourier-Koeffizienten die Beziehung $\sum_{\mathrm{k}=-\infty}^{+\infty} |\alpha_{\mathrm{k}}|^2 < \infty$ erfüllen. Für derartige Signale mit endlicher Leistung wird die Autokorrelation als Mittelwert definiert

$$\overline{a}(\tau) = \lim_{T\to\infty} \frac{1}{2T} \int_{-T}^{+T} f(t+\tau) f(t) \mathrm{d}t \tag{5.3.24}$$

Die gemittelte Autokorrelation $\overline{a}(\tau)$ kann zur Charakterisierung eines seltsamen Attraktors verwendet werden. Falls nämlich ein dissipatives System für $t \to \infty$ zu einem chaotischen Bewegungsablauf führt, gehen die zeitlichen Korrelationen zwischen den Signalen $f(t)$ und $f(t + \tau)$ nach und nach verloren, d. h. $\overline{a}(\tau) \to 0$ für $\tau \to \infty$ (siehe Abb. 5.3.3). Dies bedeutet, daß das dynamische System mit der Zeit die Erinnerung an zurückliegende Zustände verliert.

Beschreibt dagegen $f(t)$ „weißes Rauschen“ (*white noise*), also vollkommen zufälliges, stochastisches Verhalten, so besteht von Anfang an keinerlei Zusammenhang zwischen einem Signal zum Zeitpunkt t und irgendeinem späteren Zeitpunkt $t + \tau$. In diesem Fall besteht die Autokorrelationsfunktion aus einer einzigen Spitze bei $\tau = 0$ und verschwindet für alle anderen τ-Werte. Damit bietet die chaotischem Verhalten, bei dem durchaus innere Zusammenhänge bestehen, zu unterscheiden (siehe Tabelle 5.3.3). Man kann zeigen (siehe Papoulis, 1962), daß die Autokorrelation $\operatorname{corr}(f, f) = a(\tau)$ und das Energiespektrum $A^2(\omega)$ gegenseitige Fourier-Transformierte sind (siehe Tabelle 5.3.1). Für Funktionen $f(t)$, deren gesamte Energie zwar nicht endlich ist, wohl aber die gesamte Leistung $\overline{f^2} < \infty$ nach Gl. (5.3.23), muß man allerdings zu Mittelwerten übergehen. In Anlehnung an $a(\tau) \Longleftrightarrow A^2(\omega)$ definiert man das Leistungsspektrum $P(\omega)$ als Fourier-Transformierte der Autokorrelation $\bar{a}(\tau)$, Gl. (5.3.24),

$$\bar{a}(\tau) \Longleftrightarrow P(\omega) \tag{5.3.25}$$

$P(\omega)$ kann auch direkt aus $f(t)$ gewonnen werden. Es gilt

$$P(\omega) = \lim_{T\to\infty} \frac{1}{2T} \left| \int_{-T}^{+T} f(t) \mathrm{e}^{-i\omega t} \mathrm{d}t \right|^2 \tag{5.3.26}$$

Man berechnet also für ein genügend großes Intervall $-T \leqslant t \leqslant +T$ die Fouriertransformierte $F_T(\omega)$ der „abgeschnittenen" Funktion

$$f_T(t) = \begin{cases} f(t) & \text{für } |t| \leqslant T \\ 0 & \text{für } |t| > T \end{cases} \tag{5.3.27}$$

und bestimmt die mittlere Leistung

$$P_T(\omega) = \frac{1}{2T} |F_T(\omega)|^2 \tag{5.3.28}$$

Das Leistungsspektrum ergibt sich dann als Grenzwert

$$P(\omega) = \lim_{T\to\infty} P_T(\omega) \tag{5.3.29}$$

Im Prinzip sind also Autokorrelation $a(\tau)$ und Energiespektrum $A^2(\omega)$ bzw. $\bar{a}(\tau)$ und Leistungsspektrum $P(\omega)$ äquivalente Darstellungen ein und desselben Entwicklungsprozesses. Dennoch heben beide Beschreibungsformen ganz verschiedene Eigenschaften des Ausgangssignals $f(t)$ hervor: die Autokorrelation spiegelt Erinnerungsvermögen und innere Zusammenhänge des Systems wider, während das Leistungsspektrum Auskunft über dominante Grundfrequenzen gibt. Dies wird im nächsten Abschnitt erläutert.

5.3.3 Einfache Fourier-Transformationen, Linienspektren, Diracs δ-Funktion

Im folgenden werden wir einen kleinen Katalog von Fourier-Transformierten einfacher Funktionen zusammenstellen, wobei wir uns insbesondere für die Fourier-Transformationen periodischer und quasiperiodischer Funktionen interessieren, die es erlauben, reguläre periodische und quasiperiodische Bewegungen von aperiodischen, eventuell chaotischen, zu unterscheiden. Die Herleitung dieser Paare von Fourier-Transformierten wird ganz wesentlich erleichtert, wenn man sich auf die Theorie der Distributionen stützt. Eine besonders wichtige Rolle spielt hierbei die Diracsche δ-Funktion (Dirac, 1935).

Distributionen sind verallgemeinerte Funktionen, die nicht über ihre Funktionswerte definiert sind, sondern über gewisse Eigenschaften integraler Natur, die erst dann in Erscheinung treten, wenn man sie auf Testfunktionen anwendet. Betrachtet man z. B. eine beliebige Funktion $f(t)$, die an der Stelle $t = 0$ stetig sein muß, so kann die δ-Funktion als eine Vorschrift angesehen werden, die der Testfunktion $f(t)$ den Wert $f(0)$ zuordnet

$$\int_{-\infty}^{+\infty} \delta(t) f(t) \mathrm{d}t = f(0) \tag{5.3.30}$$

Man kann die δ-Funktion aber auch – wie man üblicherweise vorgeht – als verallgemeinerten Grenzwert einer Folge von Momentanimpulsen der Fläche 1 definieren

$$\delta(t) = \lim_{\varepsilon \to 0} f_\varepsilon(t) \tag{5.3.31}$$

wobei die Impulse $f_\varepsilon(t)$ beispielsweise die Form von Rechtecken oder Gaußverteilungen haben können (siehe Abb. 5.3.4).

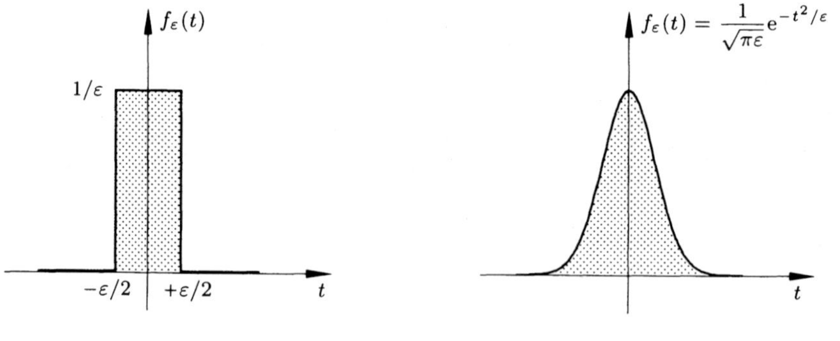

Abb. 5.3.4 Zur Definition der δ-Funktion

Es ist sicher kein Zufall, daß der Grundstein zur Theorie der Distributionen in einer Zeit gelegt wurde, als sich Physiker mit dem Aufbau von Atomen und der Quantenmechanik beschäftigten. Viele physikalische Größen kann man nicht direkt messen, sondern man kann nur auf ihre Existenz schließen, indem man die Gesamtheit ihrer Auswirkungen beobachtet und ihre Wechselwirkungen dazu heranzieht, Rückschlüsse auf die Größen selbst zu ziehen. Die Distributionen stellen daher in gewisser Weise ein adäquates mathematisches Werkzeug zur Beschreibung vieler physikalischer Größen dar.

Eine leicht verständliche Einführung in die Theorie der verallgemeinerten Funktionen findet man z. B. in (Papoulis, 1962) bzw. (Lighthill, 1966). Das Konzept der Distributionen erlaubt es, mit verallgemeinerten Integralen, Ableitungen und Grenzwerten zu operieren, die im klassischen Sinn bedeutungslos sind. Wir wollen diese Theorie im folgenden verwenden, um die für uns wichtigsten Paare von Fourier-Transformierten zusammenzustellen.

Betrachtet man die Fourier-Transformation der δ-Funktion, so erhält man nach der Definition (5.3.14)

$$F(\omega) = \int_{-\infty}^{+\infty} \delta(t)\, \mathrm{e}^{-i\omega t} \mathrm{d}t \tag{5.3.32}$$

Nach Gl. (5.3.30) wird jedoch durch diese Beziehung der Testfunktion $f(t) = \mathrm{e}^{-i\omega t}$ ihr Wert an der Stelle $t = 0$, also $f(0) = 1$, zugewiesen, so daß sich als Fourier-Transfomierte der δ-Funktion die Konstante $F(\omega) = 1$ ergibt

$$\delta(t) \Longleftrightarrow 1 \tag{5.3.33}$$

Eine Zeitverschiebung wirkt sich dann nach Tabelle 5.3.1 wie folgt aus

$$\delta(t - t_0) \Longleftrightarrow \mathrm{e}^{-i\omega t_0} \tag{5.3.34}$$

Umgekehrt kann man durch Rückwärtseinsetzen mit Hilfe der Distributionen auch verifizieren, daß die Fourier-Transformierte der Konstanten $f(t) = 1$ einem Impuls der Fläche 2π entspricht, also

$$F(\omega) = \int_{-\infty}^{+\infty} 1 \cdot \mathrm{e}^{-i\omega t} \mathrm{d}t = 2\pi\delta(\omega) \tag{5.3.35}$$

oder

$$1 \Longleftrightarrow 2\pi\delta(\omega) \tag{5.3.36}$$

Führt man eine Verschiebung im Frequenzbereich aus, so ergibt sich daraus sofort nach Tabelle 5.3.1

Daraus lassen sich nun direkt die Fourier-Transformierten von $\sin\omega_0 t$ bzw. $\cos\omega_0 t$ angeben. Mit Hilfe der Beziehungen (5.3.6) erhalten wir

$$\sin\omega_0 t \Longleftrightarrow i\pi[\delta(\omega+\omega_0)-\delta(\omega-\omega_0)] \qquad (5.3.38)$$

sowie

$$\cos\omega_0 t \Longleftrightarrow \pi[\delta(\omega+\omega_0)+\delta(\omega-\omega_0)] \qquad (5.3.39)$$

d. h. einer sin- oder cos-Schwingung als Funktion der Zeit entspricht im Frequenzraum ein einfaches Linienspektrum, bestehend aus 2 Impulsen für $\omega = \pm\omega_0$ (siehe Tabelle 5.3.2).

Paare von Fourier–Transformierten	Zeitbereich	Frequenzbereich
$\delta(t) \Longleftrightarrow 1$	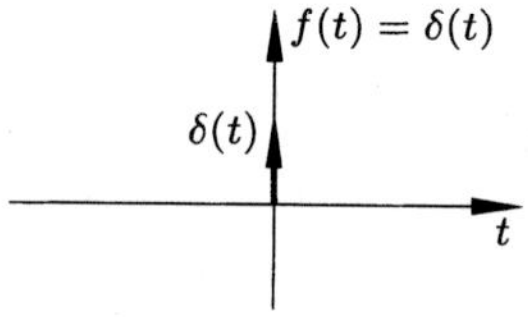	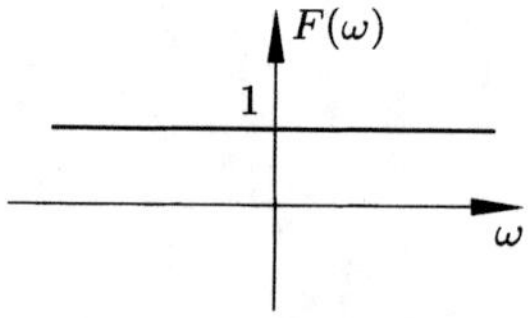
$1 \Longleftrightarrow 2\pi\delta(\omega)$	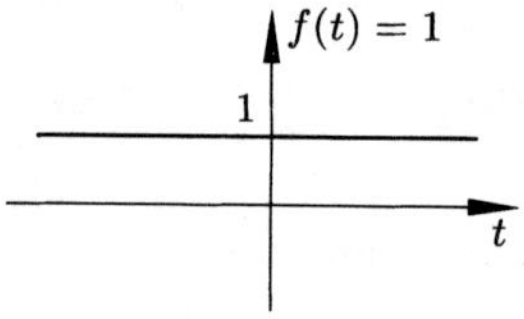	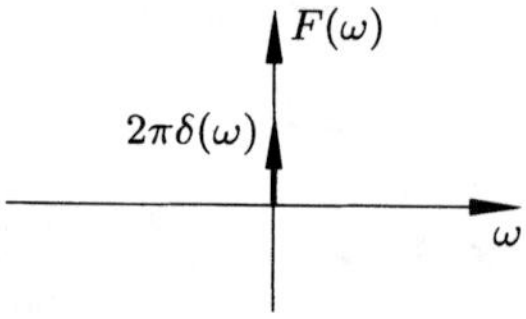
$\sin\omega_0 t$ ⇕ $i\pi\,[\delta(\omega+\omega_0)-\delta(\omega-\omega_0)]$	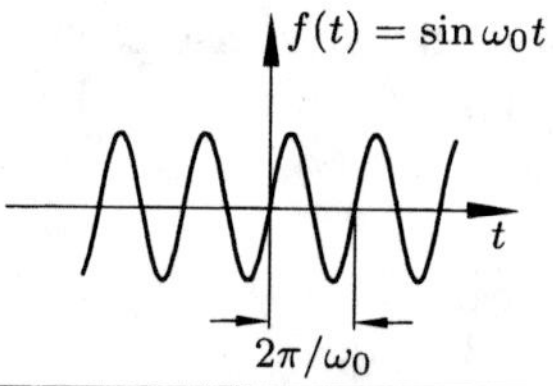	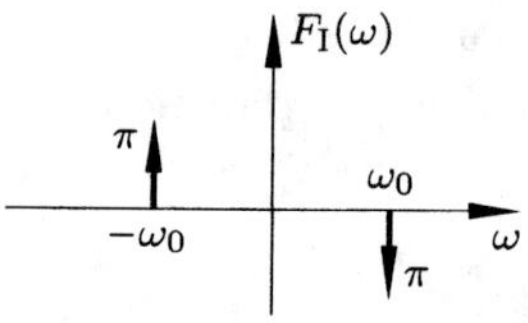
$\cos\omega_0 t$ ⇕ $\pi\,[\delta(\omega+\omega_0)+\delta(\omega-\omega_0)]$	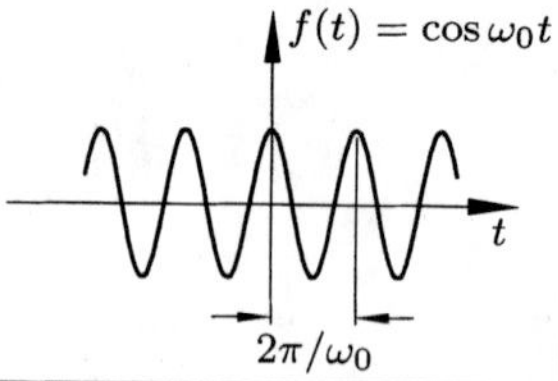	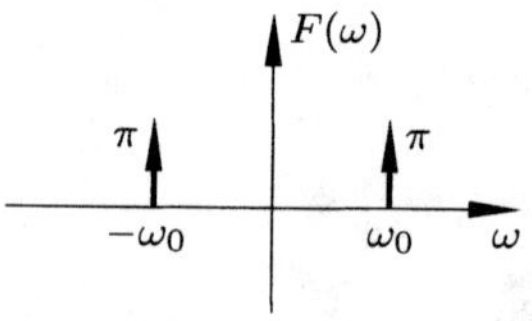

Tab.5.3.2 Die einfachsten Fourier-Transformationen

Damit sind wir in der Lage, die Fourier-Transformierte einer beliebigen periodischen Funktion $f(t)$ mit der Periode T anzugeben. Wir entwickeln $f(t)$ nach Gl. (5.3.11) in eine Fourier-Reihe

$$f(t) = \sum_{\mathrm{k}=-\infty}^{+\infty} \alpha_{\mathrm{k}} \mathrm{e}^{i\mathrm{k}\omega_0 t}, \qquad \omega_0 = \frac{2\pi}{T}$$

und erhalten aufgrund von Gl. (5.3.37) durch Superposition als Fourier-Transformierte $F(\omega)$ eine Folge äquidistanter Impulse

$$F(\omega) = 2\pi \sum_{\mathrm{k}=-\infty}^{+\infty} \alpha_{\mathrm{k}} \delta(\omega - \mathrm{k}\omega_0) \tag{5.3.40}$$

wobei die Fourier-Koeffizienten durch Gl. (5.3.12) gegeben sind. Wir haben somit eine Möglichkeit, Grenzzyklen, d. h. einfache periodische Attraktoren, zu erkennen. Transformiert man nämlich die entsprechende periodische Bewegung $f(t)$ in den Frequenzbereich, so ergibt sich ein Spektrum von äquidistanten Linien (siehe Tabelle 5.3.3).

Wie erkennen wir nun eine Bewegung auf einem Torus? Quasiperiodische Bewegungen mit zwei inkommensurablen Frequenzen ω_1 und ω_2 lassen sich in zweifache Fourier-Reihen entwickeln

$$f(t) = \sum_{\mathrm{k}_1=-\infty}^{+\infty} \sum_{\mathrm{k}_2=-\infty}^{+\infty} \alpha_{\mathrm{k}_1\mathrm{k}_2} \mathrm{e}^{i(\mathrm{k}_1\omega_1 + \mathrm{k}_2\omega_2)t} \tag{5.3.41}$$

Aus Gl. (5.3.37) ergibt sich damit sofort als Fourier-Transformierte

$$F(\omega) = 2\pi \sum_{\mathrm{k}_1=-\infty}^{+\infty} \sum_{\mathrm{k}_2=-\infty}^{+\infty} \alpha_{\mathrm{k}_1\mathrm{k}_2} \delta(\omega - \mathrm{k}_1\omega_1 - \mathrm{k}_2\omega_2) \tag{5.3.42}$$

Einer Bewegung auf einem Torus entspricht also ein Linienspektrum mit Spitzen an den Stellen der Grundfrequenzen ω_1 und ω_2 sowie aller möglichen ganzzahligen Linearkombinationen (vgl. Tabelle 5.3.3).

5.3.4 Charakterisierung von Attraktoren mit Hilfe des Leistungsspektrums und der Autokorrelation

Aufgrund unserer bisherigen Kenntnisse über Fourier-Transformationen mittels der Diracschen δ-Funktion ist es nun möglich, zwischen einfachen und seltsamen Attraktoren zu unterscheiden und sie überdies abzuheben von rein zufälligem, strukturlosem Verhalten, wie dem „weißen Rauschen“. Da nach Gl. (5.3.14) die Fourier-Transformierte $F(\omega)$ eines reellen Signals $f(t)$ im allgemeinen eine kom-

direkt dar, sondern vielmehr das Leistungsspektrum $P(\omega)$ und dessen Fourier-Transformierte, die Autokorrelation $\bar{a}(\tau)$. In Tabelle 5.3.3 haben wir die charakteristischen Funktionsverläufe von $P(\omega)$ und $\bar{a}(\tau)$ für die verschiedenen Attraktor-Typen zusammengestellt.

Für einfache Attraktoren – wie Punktattraktor, Grenzzyklus und Torus, die durch zeitlich konstante, periodische und quasiperiodische Bewegungsabläufe charakterisiert sind – lassen sich Leistungsspektrum und Autokorrelation explizit angeben (siehe Papoulis, 1962). Wir geben im folgenden eine kurze Zusammenfassung der entsprechenden Funktionsverläufe.

i) **Punktattraktor**: (5.3.43)

Ausgangssignal: $f(t) = c$ (konstant)

Leistungsspektrum: $P(\omega) = 2\pi c^2 \delta(\omega)$ (Einzelimpuls)

Autokorrelation: $\bar{a}(\tau) = c^2$ (konstant)

ii) **Grenzzyklus**: (5.3.44)

Ausgangssignal: $f(t) = \sum\limits_{\mathrm{k}=-\infty}^{+\infty} \alpha_{\mathrm{k}} \mathrm{e}^{i\mathrm{k}\omega_0 t}$ (periodisch)

Leistungsspektrum: $P(\omega) = 2\pi \sum\limits_{\mathrm{k}=-\infty}^{+\infty} |\alpha_{\mathrm{k}}|^2 \delta(\omega - \mathrm{k}\omega_0)$ (äquidistante Impulse)

Autokorrelation: $\bar{a}(\tau) = \sum\limits_{\mathrm{k}=-\infty}^{+\infty} |\alpha_{\mathrm{k}}|^2 \cos \mathrm{k}\omega_0 \tau$ (periodisch)

iii) **Torus**: (5.3.45)

Ausgangssignal: $f(t) = \sum\limits_{\mathrm{k}_1=-\infty}^{+\infty} \sum\limits_{\mathrm{k}_2=-\infty}^{+\infty} \alpha_{\mathrm{k}_1\mathrm{k}_2} \mathrm{e}^{i(\mathrm{k}_1\omega_1 + \mathrm{k}_2\omega_2)t}$

(quasiperiodisch)

Leistungsspektrum: $P(\omega) = 2\pi \sum\limits_{\mathrm{k}_1=-\infty}^{+\infty} \sum\limits_{\mathrm{k}_2=-\infty}^{+\infty} |\alpha_{\mathrm{k}_1\mathrm{k}_2}|^2 \delta(\omega - \mathrm{k}_1\omega_1 - \mathrm{k}_2\omega_2)$

(ganzzahlige Linearkombinationen zweier Grund-Impulse)

Autokorrelation: $\bar{a}(\tau) = \sum\limits_{\mathrm{k}_1=-\infty}^{+\infty} \sum\limits_{\mathrm{k}_2=-\infty}^{+\infty} |\alpha_{\mathrm{k}_1\mathrm{k}_2}|^2 \cos(\mathrm{k}_1\omega_1 + \mathrm{k}_2\omega_2)\tau$

(quasiperiodisch)

Möchte man einen dynamischen Prozeß in Abhängigkeit eines Systemparameters untersuchen und klassifizieren, so eignet sich das Leistungsspektrum besonders, um eventuelle Periodenverdoppelungen oder das Auftauchen neuer inkommensurabler Grundfrequenzen erkennbar zu machen. In Kapitel 8 werden wir am Beispiel des

Attraktor-Typ	Leistungsspektrum	Autokorrelation
Punktattraktor 	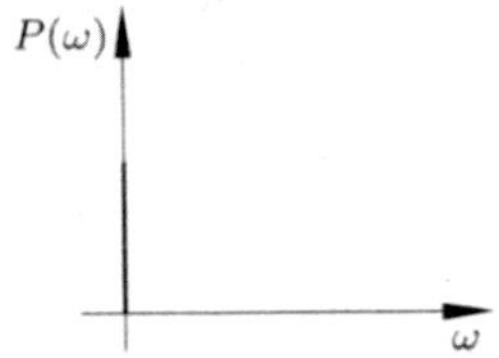	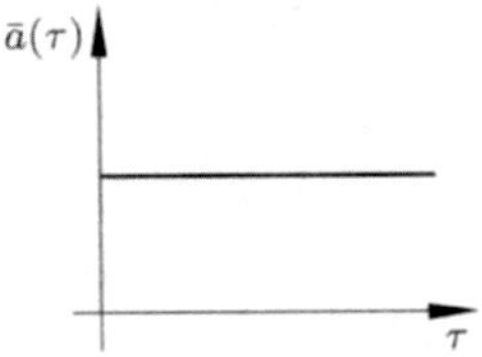
Grenzzyklus 	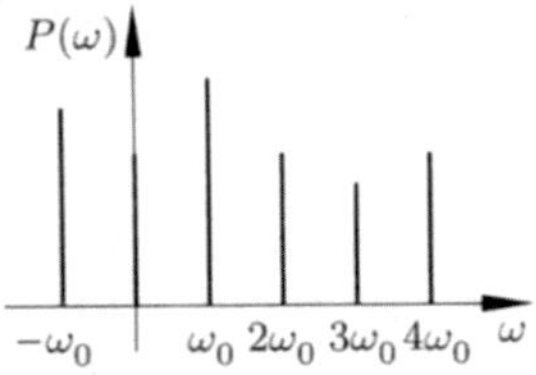	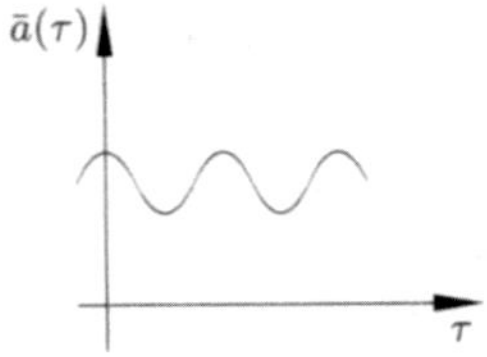
Torus 	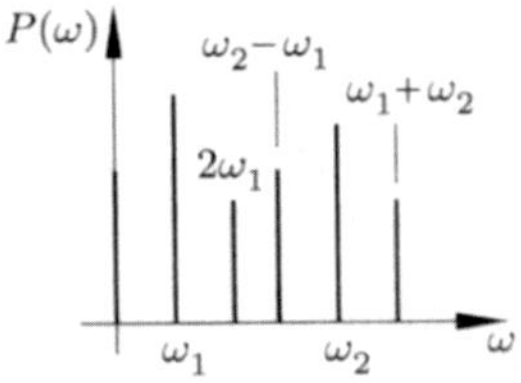	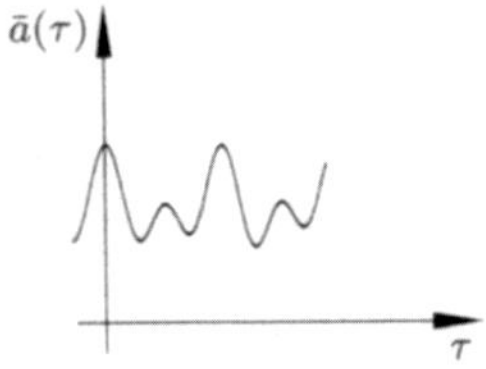
Seltsamer Attraktor 	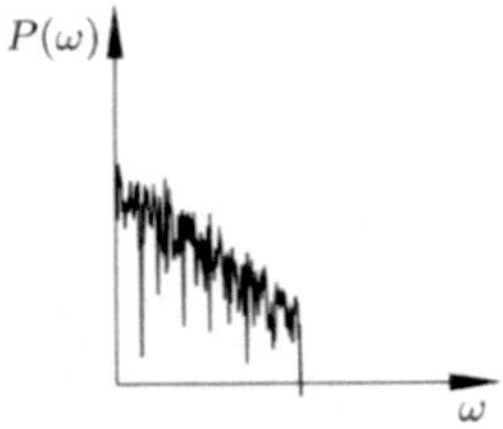	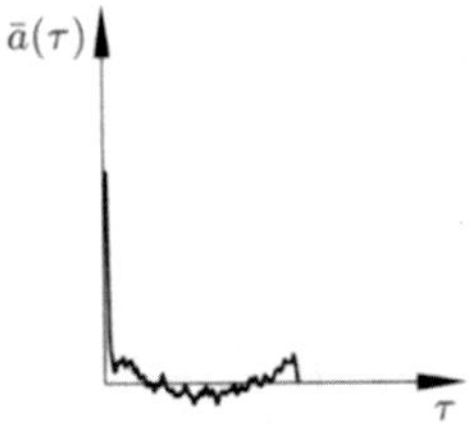
„weißes Rauschen“	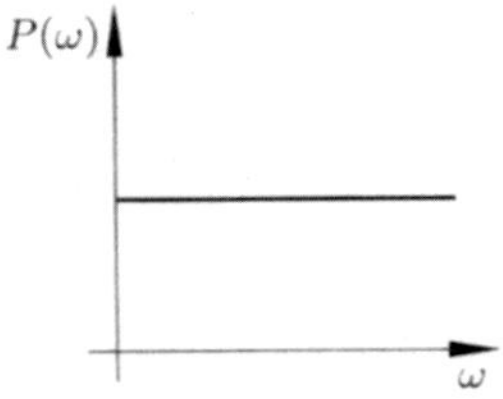	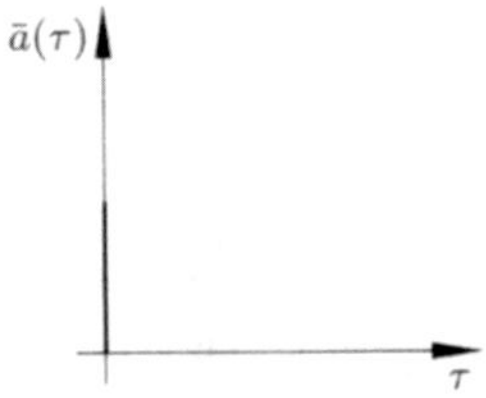

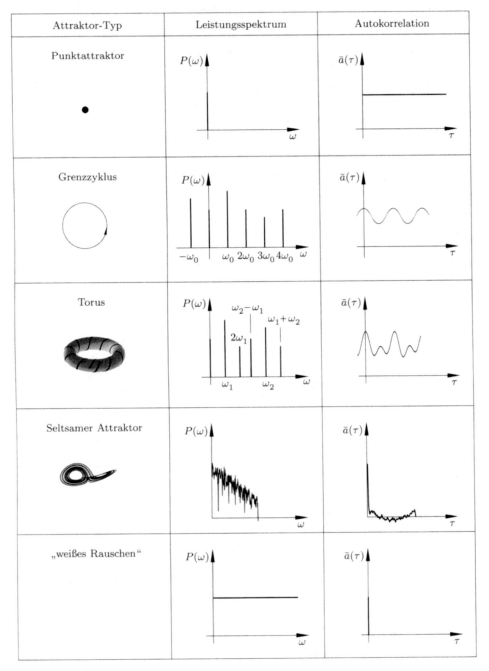

Tab.5.3.3 Charakterisierung von Attraktoren

Rayleigh-Bénard-Experiments verschiedene Wege zu turbulentem Verhalten aufzeigen und durch Auswertung der Leistungsspektren einen Zusammenhang mit den entsprechenden mathematischen Modellen herstellen. Insbesondere werden wir in Abschnitt 8.4 die Fourier-Transformation auf ein diskretes System, die logistische Abbildung, anwenden und die Kaskade der Periodenverdopplungen mit Hilfe des Leistungsspektrums verdeutlichen.

Wie kann man nun deterministisches Chaos von regulären periodischen Vorgängen einerseits und andererseits von weißem Rauschen unterscheiden? Bei völlig zufälligem Verhalten besteht definitionsgemäß zwischen den Signalen zu verschiedenen Zeitpunkten keinerlei Beziehung, d. h. die Autokorrelation besteht aus einem Einzelimpuls für $\tau = 0$. Nach Gl. (5.3.33) ist die Fourier-Transformierte einer δ-Funktion, und damit auch das Leistungsspektrum im Falle des weißen Rauschens, eine Konstante (siehe Tabelle 5.3.3).

Chaotisches Verhalten ist nun dadurch gekennzeichnet, daß das Leistungsspektrum aus einem breiten kontinuierlichen Band von Frequenzen besteht, eventuell mit einzelnen charakteristischen Spitzen (Farmer *et al.*, 1980). Die Autokorrelation hingegen verdeutlicht, daß die Erinnerung an den Ausgangszustand nach und nach verlorengeht, d. h. der Zusammenhang zwischen zwei Signalen zum Zeitpunkt t und $t + \tau$ geht für große Zeitdifferenzen τ gegen Null.

Bei der Berechnung des Leistungspektrums ist man im allgemeinen auf numerische Verfahren für die Fourier-Transformation angewiesen, die allerdings bei normaler Verwendung der diskretisierten Form von Gl. (5.3.14) sehr rechenintensiv sind. Bezeichnet man die Anzahl der Stützstellen mit N, so wächst der Rechenaufwand normalerweise mit N^2 an. Eine standardmäßige Anwendung wurde erst durch Einführung der effektiven schnellen Fourier-Transformation *(fast Fourier transform*, FFT) ermöglicht (Press *et al.*, 1986), die in den 1960er Jahren allgemeine Verbreitung fand, jedoch bereits 1942 von Danielson und Lanczos entdeckt wurde (Danielson und Lanczos, 1942). Bei der FFT wächst die Anzahl der notwendigen Operationen nur mit $\mathrm{N}\log_2 \mathrm{N}$, wobei die Zahl der Stützstellen eine ganzzahlige Potenz von 2 sein muß: $\mathrm{N} = 2^{\mathrm{n}}$. Bereits für $\mathrm{N} = 2^{10} = 1024$ Stützwerte kann der Rechenaufwand auf ungefähr 1% des früheren Aufwandes reduziert werden! Wählt man in festen Zeitabständen Δt $\mathrm{N} = 2^{\mathrm{n}}$ Stützstellen $f_0, f_1, \ldots, f_{\mathrm{N}-1}$, so ergeben sich als diskrete Werte der Fourier-Transformierten

$$F_{\mathrm{k}} = \Delta t \sum_{\mathrm{j}=0}^{\mathrm{k}-1} \mathrm{e}^{-2\pi i \mathrm{jk}/\mathrm{N}} f_{\mathrm{j}} \tag{5.3.46}$$

Diese Rechenvorschrift kann auch direkt auf diskrete Systeme, wie die logistische Abbildung, angewendet werden (vgl. Abschnitt 8.4).

Abschließend sei noch darauf hingewiesen, daß bei der Berechnung und Auswertung des Leistungsspektrums gewisse Probleme auftreten können. Man wird mit Hilfe eines numerischen Verfahrens stets $P(\omega)$ entsprechend Gl. (5.3.26) für ein festes, aber endliches Zeitintervall der Länge $2T$ berechnen. Da man jedoch möglich, daß T zu klein gewählt wurde und somit eine Periodizität nicht erkennbar ist, insbesondere, wenn eine längere Einschwingphase vorausgeht. Ein weiteres Problem entsteht sicherlich dann, wenn die Bewegung durch 3 oder mehr Grundfrequenzen charakterisiert ist. In einem solchen Fall ist es schwer, aus dem komplizierten Linienspektrum Grundfrequenzen herauszulesen, zumal da noch die ganzzahligen Linearkombinationen vertreten sind.

5.4 Lyapunov-Exponenten

Wie wir gesehen haben, gibt es die unterschiedlichsten Attraktortypen, wie den stabilen Fokus (Punktattraktor), den Grenzzyklus, den Torus und schließlich den seltsamen Attraktor. Wir stellen jetzt nach der Autokorrelation und dem Leistungsspektrum ein weiteres Kriterium vor, das der Lyapunov-Exonenten, das es erlaubt, die einzelnen Attraktoren zu unterscheiden. Ist die Zeitmeßreihe die Basisinformation für die Autokorrelation und das Leistungsspektrum, so macht sich die Methode zur Bestimmung der Lyapunov-Exponenten das exponentiell divergente oder konvergente Verhalten benachbarter Trajektorien im Phasenraum zunutze. Im folgenden werden wir diese Methode sowohl für kontinuierliche als auch für diskrete Systeme erläutern.

Der Begriff des Lyapunov-Exponenten ermöglicht eine Aussage über das Stabilitätsverhalten gegebener Trajektorien. Die regulären Attraktoren – wie der stabile Fokus, der Grenzzyklus und der Torus – besitzen eine so starke Anziehungskraft, daß sich alle benachbarten Trajektorien aus einer gewissen Umgebung dem Attraktor asymptotisch nähern und benachbarte Orbits benachbart bleiben. Seltsame Attraktoren haben zwar auch die Fähigkeit, alle Bahnen eines gewissen Einzugsbereiches anzuziehen, auf dem Attraktor jedoch entfernen sich ursprünglich nahe beieinander liegende Trajektorien exponentiell. Es ist also einzusehen, daß man aufgrund des Stabilitätsverhaltens eines dynamischen Systems zu einer Unterscheidung der verschiedenen Attraktortypen gelangen kann.

Im Jahre 1892 veröffentlichte der russische Mathematiker Aleksandr M. Lyapunov eine ausführliche Arbeit, in der er sich mit dem Problem der Stabilität von Bewegungen auseinandersetzte und die grundlegenden Eigenschaften sogenannter charakteristischer Exponenten entwickelte, die zum Begriff des Lyapunov-Exponenten führten (Lyapunov, 1892). Vorausgegangen waren Arbeiten von G. Floquet (Floquet, 1883) zur Stabilität periodischer Bewegungen und von Henri Poincaré, der die Stabilität spezieller Systeme von Differentialgleichungen 2. Ordnung untersucht hatte und dessen Methoden von Lyapunov aufgegriffen und verallgemeinert wurden. Ziel seiner Arbeit war es, auch in solchen Fällen Aussagen über die Stabilität einer Bewegung zu machen, in denen keine geschlossenen Lösungen angegeben werden können. Lyapunov hat die Bedingungen erarbeitet und eine Prozedur angegeben, wie man dennoch zu einer Stabilitätsaussage gelangen kann. Wir folgen der Vorgehensweise von Lyapunov und beantworten zunächst in Abschnitt 5.4.1 die Frage nach der Stabilität eines Gleichgewichtszustands und in Abschnitt 5.4.2

allgemeinen beschränkten Bewegung zum Kriterium der Lyapunov-Exponenten zu gelangen (Abschnitte 5.4.3 bis 5.4.6).

5.4.1 Lineare Stabilitätsanalyse nichtlinearer Systeme: Gleichgewichtszustand

Das Kernproblem dieses Abschnitts ist die asymptotische Stabilität nichtlinearer Systeme. Wir werden sehen, daß dafür die Stabilitätsaussagen linearer Systeme eine wesentliche Rolle spielen. Deshalb scheint es uns angebracht, die Ausführungen zur asymptotischen Stabilität linearer Systeme von Abschnitt 3.1 an dieser Stelle in komprimierter Form zu wiederholen und für die konkrete Anwendung auch zu präzisieren.

Das lineare Ausgangssystem ist entsprechend der Gl. (3.1.1)

$$\dot{\boldsymbol{x}} = \boldsymbol{L}\boldsymbol{x} \tag{5.4.1}$$

Aufgrund der Tatsache, daß das lineare Gleichungssystem (5.4.1) vollständig gelöst werden kann, überrascht es nicht, daß sich in diesem Fall auch das Stabilitätsproblem vollständig lösen läßt. In den mathematischen Lehrbüchern (vgl. Arnol'd, 1980; Braun, 1979) ist der folgende Satz zur Stabilität linearer Systeme zu finden:

i. Jede Lösung $\boldsymbol{x}(t)$ von Gl. (5.4.1) ist stabil, wenn alle Eigenwerte von $\boldsymbol{L}$ einen negativen Realteil besitzen.

ii. Jede Lösung $\boldsymbol{x}(t)$ von Gl. (5.4.1) ist instabil, wenn wenigstens ein Eigenwert von $\boldsymbol{L}$ einen positiven Realteil besitzt.

iii. Ist der Realteil eines oder mehrerer Eigenwerte von $\boldsymbol{L}$ gleich Null und gibt es zu jedem solchen Eigenwert $\lambda_\mathrm{j} = i\sigma_\mathrm{j}$ entsprechend seiner Vielfachheit $\mathrm{k_j}$ genau $\mathrm{k_j}$ linear unabhängige Eigenvektoren und sind alle anderen Realteile negativ, so liegt die sogenannte marginale Stabilität vor.

Im Sonderfall linearer Systeme, Gl. (5.4.1), ist die triviale Lösung $\boldsymbol{x}(t) \equiv \boldsymbol{o}$ immer Gleichgewichtslösung, und entsprechend ist die Stabilitäts- bzw. asymptotische Stabilitätsaussage äquivalent zu der für eine beliebige Lösung $\boldsymbol{x}(t)$ von Gl. (5.4.1). Man kann nun zeigen (Braun, 1980), daß jede Lösung $\boldsymbol{x}(t)$ des linearen Systems Gl. (5.4.1) für $t \to \infty$ gegen Null strebt, wenn alle Eigenwerte von $\boldsymbol{L}$ negative Realteile besitzen. Das wiederum bedeutet, daß die Gleichgewichtslösung $\boldsymbol{x}(t) \equiv \boldsymbol{o}$ dann nicht nur stabil, sondern asymptotisch stabil ist.

Die folgenden drei Beispiele dienen dazu, die Fallunterscheidungen *i.* bis *iii.* zu veranschaulichen.

Beispiel 1

Wir betrachten die linearisierte Pendelgleichung mit Reibung (ohne Erregerkraft), die wir hier in der Form schreiben. Umgewandelt in ein autonomes System erster Ordnung, ergibt dies folgendes System zweier Gleichungen

$$\begin{aligned} \dot{x}_1 &= x_2 \\ \dot{x}_2 &= -x_1 - \delta x_2 \end{aligned}$$

Wählen wir $\delta = 3$, so ist die Systemmatrix $\boldsymbol{L}$

$$\boldsymbol{L} = \begin{bmatrix} 0 & 1 \\ -1 & -3 \end{bmatrix}$$

und deren charakteristische Gleichung von quadratischer Form lautet

$$\lambda^2 + 3\lambda + 1 = 0$$

Beide Wurzeln, $\lambda_1 = (-3 + \sqrt{5})/2$, $\lambda_2 = (-3 - \sqrt{5})/2$, sind negativ, d. h. die Gleichgewichtslösung $\boldsymbol{x}(t) \equiv \boldsymbol{o}$ bzw. jede Lösung $\boldsymbol{x}(t)$ ist asymptotisch stabil.

Beispiel 2

Wir betrachten ein Pendel mit anfachender Rückstellkraft (inverses Pendel)

$$\ddot{x} + \delta \dot{x} - x = 0 \qquad (\delta > 0)$$

Das autonome System lautet

$$\begin{aligned} \dot{x}_1 &= x_2 \\ \dot{x}_2 &= x_1 - \delta x_2 \end{aligned}$$

Die Systemmatrix $\boldsymbol{L}$

$$\boldsymbol{L} = \begin{bmatrix} 0 & 1 \\ 1 & -\delta \end{bmatrix}$$

führt zur charakteristischen Gleichung

$$\lambda^2 + \delta\lambda - 1 = 0$$

Für positives δ ist immer ein Eigenwert positiv, d. h. jede Lösung $\boldsymbol{x}(t)$ ist instabil.

Beispiel 3

Betrachten wir einen Ein-Masse-Schwinger ohne Reibungsverluste (siehe Abschnitt 2.2), so gilt folgende Bewegungsgleichung und als autonomes System dargestellt

$$\begin{aligned} \dot{x}_1 &= \ \ x_2 \\ \dot{x}_2 &= -x_1 \end{aligned}$$

Die Systemmatrix $\boldsymbol{L}$

$$\boldsymbol{L} = \begin{bmatrix} 0 & 1 \\ -1 & 0 \end{bmatrix}$$

führt auf die charakteristische Gleichung

$$\lambda^2 + 1 = 0$$

und ergibt die Eigenwerte $\lambda_{1,2} = \pm i$. Nach *iii.* des Stabilitätssatzes ist jede Lösung des Ein-Masse-Schwingers stabil bzw. marginal stabil, aber nicht asymptotisch stabil. Dies wird auch einsichtig, wenn man die allgemeine Lösung bestimmt. Die Eigenvektoren zu den beiden Eigenwerten $\lambda_{1,2}$ sind

$$\boldsymbol{y}_1 = \begin{bmatrix} 1 \\ i \end{bmatrix} \quad \text{und} \quad \boldsymbol{y}_2 = \begin{bmatrix} 1 \\ -i \end{bmatrix}$$

und da sie linear unabhängig sind, gilt für die allgemeine Lösung

$$\boldsymbol{x}(t) = C_1 \mathrm{e}^{it} \begin{bmatrix} 1 \\ i \end{bmatrix} + C_2 \mathrm{e}^{-it} \begin{bmatrix} 1 \\ -i \end{bmatrix}$$

oder nach der Eulerschen Formel für komplexe Zahlen

$$\boldsymbol{x}(t) = C_1(\cos t + i \sin t) \begin{bmatrix} 1 \\ i \end{bmatrix} + C_2(\cos t - i \sin t) \begin{bmatrix} 1 \\ -i \end{bmatrix}$$

Mit $C_1 = a_1 + ib_1$ und $C_2 = a_1 - ib_1$ erhalten wir als allgemeine Lösung

$$\boldsymbol{x}(t) = 2a_1 \begin{bmatrix} \cos t \\ -\sin t \end{bmatrix} - 2b_1 \begin{bmatrix} \sin t \\ \cos t \end{bmatrix}$$

die im Phasenraum (t eliminiert) konzentrische Kreise um den Ursprung darstellt (vgl. Abschnitt 3.1), deren Radien durch die Anfangsbedingungen für $t = 0$ festgelegt sind. Beispielsweise ist die Lösungskurve für den Anfangspunkt $\{1 \ 0\}$ in der Form $\boldsymbol{x}(t) = \{\cos t \ \ -\sin t\}$ gegeben und in Abb. 5.4.1 dargestellt. Die Kreisgleichung $x_1^2 + x_2^2 = 1$ charakterisiert die Trajektorie im Phasenraum x_1, x_2 (Abb. 5.4.2). Die Lösung ist demnach periodisch und hat die Periode 2π, d. h. daß keine Trajektorie für $t \to \infty$ gegen Null strebt, mit Ausnahme von $\boldsymbol{x}(t) \equiv \boldsymbol{o}$. Das Systemverhalten ist, wie schon aufgrund der Eigenwertanalyse festgestellt wurde, stabil bzw. marginal stabil. (Die Kreisgleichungen im Phasenraum lassen sich

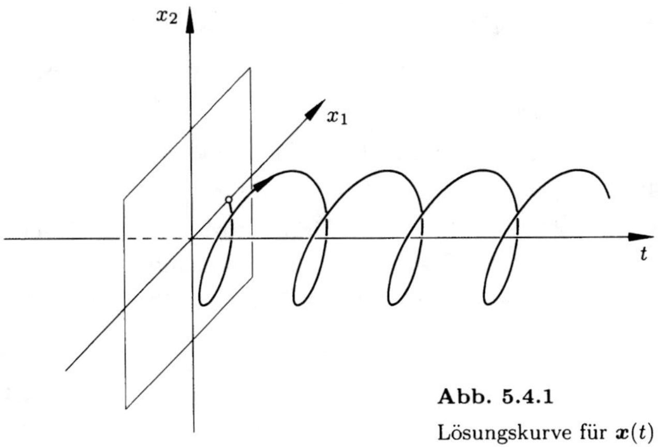

Abb. 5.4.1
Lösungskurve für $\boldsymbol{x}(t) = \{\cos t \quad -\sin t\}$

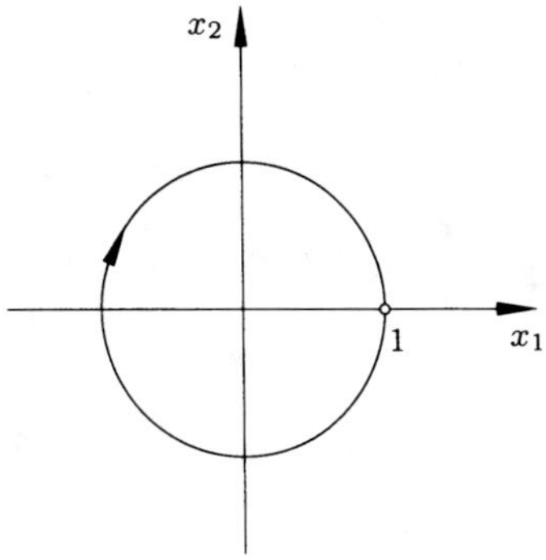

Abb. 5.4.2
Trajektorie der Lösung $\boldsymbol{x}(t) = \{\cos t \quad -\sin t\}$ durch den Punkt $\{1 \quad 0\}$

wesentlich einfacher aus den autonomen Ausgangsgleichungen direkt ermitteln: $x_1\dot{x}_1 + x_2\dot{x}_2 = x_2x_1 - x_1x_2 = 0$ und daraus $x_1^2 + x_2^2 = \text{const.}$)

Zusammenfassend kann festgestellt werden, daß für ein lineares System stets eines der vier folgenden Langzeitmuster möglich ist:

i. die Lösung $\boldsymbol{x}(t)$ ist zeitlich konstant,

ii. die Lösung $\boldsymbol{x}(t)$ ist periodisch in der Zeit,

iii. die Lösung $\boldsymbol{x}(t)$ strebt für $t \to \infty$ einem Gleichgewichtszustand zu oder

iv. die Lösung $\boldsymbol{x}(t)$ geht gegen unendlich für $t \to \infty$.

Demnach ist es für lineare *autonome* Systeme unmöglich, daß eine Trajektorie spiralförmig in eine einfach geschlossene Kurve, d. h. in einen Grenzzyklus einmündet. Ein derartiges periodisches Langzeitverhalten, wie auch das quasi-periodische oder gar das erratische bzw. chaotische ist ausschließlich nichtlinearen Systemen vorbehalten.

Wir wollen nun den Formalismus zur Berechnung der asymptotischen Stabilität nichtlinearer Systeme skizzieren und betrachten das autonome Gleichungssystem

$$\dot{\boldsymbol{x}} = \boldsymbol{F}(\boldsymbol{x}) \tag{5.4.2}$$

Die zeitliche Entwicklung wird durch das Vektorfeld $\boldsymbol{F}$, das eine nichtlineare Funktion von $\boldsymbol{x}$ ist, bestimmt.

Was kann nun die lineare Stabilitätsanalyse zur Charakterisierung des Langzeitverhaltens nichtlinearer Systeme beitragen? Betrachten wir einen Referenzzustand $\boldsymbol{x}_r$, der zunächst durchaus zeitabhängig sein kann und eine spezielle Lösung von Gl. (5.4.2) ist, so gilt

$$\dot{\boldsymbol{x}}_r = \boldsymbol{F}(\boldsymbol{x}_r) \tag{5.4.3}$$

Stören wir den Zustand $\boldsymbol{x}_r$ und betrachten den sich aus der Störung ergebenden Nachbarzustand $\boldsymbol{x}$, so gilt

$$\boldsymbol{x} = \boldsymbol{x}_r + \widetilde{\boldsymbol{x}} \tag{5.4.4}$$

wobei $\widetilde{\boldsymbol{x}}$ die Störung darstellt.

Setzen wir Gl. (5.4.4) in Gl. (5.4.2) ein und formen nach der Störung $\widetilde{\boldsymbol{x}}$ um, so erhalten wir

$$\frac{\mathrm{d}\widetilde{\boldsymbol{x}}}{\mathrm{d}t} = \boldsymbol{F}(\boldsymbol{x}_r + \widetilde{\boldsymbol{x}}) - \boldsymbol{F}(\boldsymbol{x}_r) \tag{5.4.5}$$

Gehen wir davon aus, daß die Störung klein ist

$$|\widetilde{\boldsymbol{x}}|/|\boldsymbol{x}_r| \ll 1 \tag{5.4.6}$$

so kann jede Komponente F_{j} von $\boldsymbol{F}(\boldsymbol{x}_r + \widetilde{\boldsymbol{x}})$ in der unmittelbaren Umgebung von $\boldsymbol{x}_r$ in eine Taylorreihe entwickelt werden

$$F_{\mathrm{j}}(\boldsymbol{x}_r + \widetilde{\boldsymbol{x}}) = F_{\mathrm{j}}(\boldsymbol{x}_r) + \left.\frac{\partial F_{\mathrm{j}}}{\partial \boldsymbol{x}}\right|_{\boldsymbol{x}_r} \widetilde{\boldsymbol{x}} + \frac{1}{2}\widetilde{\boldsymbol{x}}^{\mathrm{t}} \left.\frac{\partial^2 F_{\mathrm{j}}}{\partial \boldsymbol{x} \partial \boldsymbol{x}^{\mathrm{t}}}\right|_{\boldsymbol{x}_r} \widetilde{\boldsymbol{x}} + \ldots \tag{5.4.7}$$

Mit Hilfe der Abkürzung für die Jacobi-Matrix

$$\boldsymbol{D}(\boldsymbol{x}_r) = \left.\frac{\partial \boldsymbol{F}}{\partial \boldsymbol{x}}\right|_{\boldsymbol{x}_r} \tag{5.4.8}$$

und für die Glieder höherer Ordnung

$$N_{\mathrm{j}}(\widetilde{\boldsymbol{x}}) = \frac{1}{2}\widetilde{\boldsymbol{x}}^{\mathrm{t}} \left.\frac{\partial^2 F_{\mathrm{j}}}{\partial \boldsymbol{x} \partial \boldsymbol{x}^{\mathrm{t}}}\right| \widetilde{\boldsymbol{x}} + \ldots \tag{5.4.9}$$

läßt sich das Gleichungssystem (5.4.5) folgendermaßen umformulieren

$$\frac{\mathrm{d}\widetilde{\boldsymbol{x}}}{\mathrm{d}t} = \boldsymbol{D}(\boldsymbol{x}_r)\widetilde{\boldsymbol{x}} + \boldsymbol{N}(\widetilde{\boldsymbol{x}}) \tag{5.4.10}$$

bzw. in der linearisierten Form

$$\frac{\mathrm{d}\widetilde{\boldsymbol{x}}}{\mathrm{d}t} = \boldsymbol{D}(\boldsymbol{x}_r)\widetilde{\boldsymbol{x}} \tag{5.4.11}$$

angeben. Es sei darauf hingewiesen, daß Gln. (5.4.10) und (5.4.11) die triviale Lösung $\widetilde{\boldsymbol{x}}(t) \equiv \boldsymbol{o}$ erfüllen und beide Gleichungen homogen sind.

Für das ursprünglich nichtlineare System kann nun aufgrund des Verhaltens des linearisierten Systems folgende *Stabilitätsaussage* gemacht werden:

i. Ist die triviale Lösung $\widetilde{\boldsymbol{x}}(t) \equiv \boldsymbol{o}$ des *linearisierten* Systems Gl. (5.4.11) asymptotisch stabil, dann ist $\widetilde{\boldsymbol{x}}(t) \equiv \boldsymbol{o}$ auch eine asymptotisch stabile Lösung des *nichtlinearen* Systems Gl. (5.4.10).

ii. Ist die triviale Lösung $\widetilde{\boldsymbol{x}}(t) \equiv \boldsymbol{o}$ des *linearisierten* Problems Gl. (5.4.11) instabil, dann ist $\widetilde{\boldsymbol{x}}(t) \equiv \boldsymbol{o}$ auch eine instabile Lösung des *nichtlinearen* Problems Gl. (5.4.10).

Man beachte, daß diese Aussage noch ganz allgemein gültig ist, da über den Referenzzustand bisher keine speziellen Annahmen gemacht wurden.

Asymptotische Stabilität bzw. Instabilität kann man nun in zwei Sonderfällen besonders einfach erkennen, nämlich dann, wenn der Referenzzustand

(a) $\boldsymbol{x}_r = \boldsymbol{x}_s$, $\dot{\boldsymbol{x}}_s = \boldsymbol{o}$ ein Gleichgewichtszustand ist oder

(b) $\boldsymbol{x}_r(t+T) = \boldsymbol{x}_r(t)$ eine periodische Lösung des Systems Gl. (5.4.2) darstellt.

In diesem Abschnitt behandeln wir Fall (a) und geben Bedingungen für die Stabilität des Gleichgewichtszustands $\boldsymbol{x}_s$ eines nichtlinearen Systems an. Im folgenden Abschnitt 5.4.2 untersuchen wir dann die Stabilität periodischer Lösungen.

Die triviale Lösung $\widetilde{\boldsymbol{x}} = \boldsymbol{o}$ von Gl. (5.4.11) ist gleichbedeutend mit $\boldsymbol{x} = \boldsymbol{x}_r$. Untersuchen wir die Stabilität eines Gleichgewichtszustands $\boldsymbol{x}_s$, so sind die Koeffizienten der Matrix $\boldsymbol{D}(\boldsymbol{x}_s)$ in Gl. (5.4.11) konstant, und die Eigenwerte der Matrix $\boldsymbol{D}$ können für eine Stabilitätsaussage herangezogen werden. Es gilt nach dem Satz von Hartman-Grobman:

i. Die Gleichgewichtslage $\widetilde{\boldsymbol{x}}(t) \equiv \boldsymbol{o}$ von Gl. (5.4.11) bzw. $\widetilde{\boldsymbol{x}}(t) \equiv \boldsymbol{x}_s$ von Gl. (5.4.1) ist asymptotisch stabil, wenn alle Eigenwerte von $\boldsymbol{D}$ negative Realteile ($\mathrm{Re}\,\lambda < 0$) besitzen.

ii. Die Gleichgewichtslösung $\widetilde{\boldsymbol{x}}(t) \equiv \boldsymbol{o}$ von Gl. (5.4.11) bzw. $\widetilde{\boldsymbol{x}}(t) \equiv \boldsymbol{x}_s$ von Gl. (5.4.1) ist instabil, wenn wenigstens ein Eigenwert von $\boldsymbol{D}$ einen *positiven* Realteil besitzt.

iii. Die Stabilität der Gleichgewichtslage $\boldsymbol{x}_s$ für das *nichtlineare* System kann

$\dot{\boldsymbol{x}} = \boldsymbol{D}\boldsymbol{x}$ gefolgert werden, sobald mindestens ein Eigenwert mit verschwindendem Realteil auftritt, selbst wenn die Realteile aller anderen Eigenwerte negativ sind.

Im Fall *iii.*, dem Zustand vorläufiger marginaler Stabilität, ist das linearisierte System eine zu grobe Vereinfachung des nichtlinearen. Ist man dennoch am Stabilitätsverhalten des Ausgangssystems interessiert, so müssen in die Betrachtung prägende nichtlineare Terme mit einbezogen werden. Die Theorie der Zentrumsmannigfaltigkeit, Abschnitt 6.2, und die Technik der Normalform, Abschnitt 6.3, sind Methoden, die dann weiterhelfen.

Zum besseren Verständnis der Ausführungen zur linearen Stabilitätsanalyse wollen wir diesen Abschnitt mit einem einfachen Beispiel beschließen. Wir wählen das nichtlineare Gleichungssystem des Lorenz-Modells (siehe auch Abschnitte 5.2, 7.3, 9.3). Die Gleichungen für die Temperatur- und Geschwindigkeitsverteilungen lauten

$$\begin{aligned} \dot{X} &= -\sigma X + \sigma Y \\ \dot{Y} &= rX - Y - XZ \\ \dot{Z} &= -bZ + XY \qquad \text{für} \quad \sigma, r, b > 0 \end{aligned} \tag{5.4.12}$$

Wir untersuchen das Stabilitätsverhalten des Fixpunktes $X = Y = Z = 0$. Dazu berechnen wir die Jacobi-Matrix $\boldsymbol{D}$ von Gl. (5.4.11) des linearisierten Systems für den Ursprung

$$\boldsymbol{D} = \left.\frac{\partial \boldsymbol{F}}{\partial \boldsymbol{X}}\right|_{X=Y=Z=0} = \left[\begin{matrix} -\sigma & \sigma & 0 \\ r - Z & -1 & -X \\ Y & X & -b \end{matrix}\right]_{X=Y=Z=0} = \left[\begin{matrix} -\sigma & \sigma & 0 \\ r & -1 & 0 \\ 0 & 0 & -b \end{matrix}\right] \tag{5.4.13}$$

Die Eigenwerte der $\boldsymbol{D}$-Matrix, Gl. (5.4.13), sind

$$\lambda_{1,2} = -\frac{\sigma + 1}{2} \pm \frac{1}{2}\sqrt{(\sigma + 1)^2 + 4(r - 1)\sigma}\,, \qquad \lambda_3 = -b \tag{5.4.14}$$

Für $r < 1$ sind alle Eigenwerte negativ und damit streben alle Trajektorien in der Umgebung des Ursprungs für $t \to \infty$ gegen Null. Die triviale Lösung $\boldsymbol{X}(t) \equiv \boldsymbol{o}$ ist asymptotisch stabil, d. h. der Ursprung ist ein Punktattraktor.

5.4.2 Stabilität periodischer Lösungen: Floquet-Theorie

Nachdem wir im vorhergehenden Abschnitt Gleichgewichtszustände auf ihre Stabilität hin untersucht haben, wollen wir uns in diesem Abschnitt mit der Stabilität periodischer Vorgänge befassen. Die Floquet-Theorie, die wir im folgenden erläutern, stellt eine lineare Stabilitätsanalyse periodischer Vorgänge dar und geht auf eine Arbeit von Floquet zurück (Floquet, 1883).

Periodische Bewegungsabläufe der Periodendauer T, $\boldsymbol{x}_r(t) = \boldsymbol{x}_r(t+T)$, können auf verschiedene Weise zustande kommen, d. h. sie können als Lösung unterschiedlicher Differentialgleichungstypen erscheinen. Wir unterscheiden im wesentlichen zwei Fälle:

i. $\boldsymbol{x}_r(t) = \boldsymbol{x}_r(t+T)$ ist Lösung eines periodischen fremderregten Systems, beschrieben durch ein inhomogenes System nichtautonomer Differentialgleichungen

$$\dot{\boldsymbol{x}} = \boldsymbol{F}(\boldsymbol{x}, t) = \boldsymbol{F}(\boldsymbol{x}, t+T) \quad \text{, wobei} \qquad \boldsymbol{F}(\boldsymbol{o}, t) \neq \boldsymbol{o} \tag{5.4.15}$$

Als Beispiel erwähnen wir die Duffing-Gleichung in ihrer nichtautonomen Form

$$\begin{aligned} \dot{x}_1 &= \quad x_2 \\ \dot{x}_2 &= -cx_2 + \beta x_1 - \alpha x_1^3 + f\cos\omega t \end{aligned} \tag{5.4.16}$$

auf die wir in Abschnitt 9.5 ausführlicher eingehen werden. Es zeigt sich, daß dieses System für die Parameterwerte $c = 0.55$, $\beta = -8$, $\alpha = 2$, $f = 24$, $\omega = 1$ (Abb. 9.5.4), beispielsweise, einen stabilen Grenzzyklus aufweist.

ii. $\boldsymbol{x}_r(t) = \boldsymbol{x}_r(t+T)$ ist Lösung eines autonomen Systems

$$\dot{\boldsymbol{x}} = \boldsymbol{F}(\boldsymbol{x}) \tag{5.4.17}$$

Als Beispiel für den zweiten Fall verweisen wir auf das Lorenz-System, Gl. (5.4.12), das z. B. für $r = 151.32$, $\sigma = 10$, $b = 8/3$ einen Grenzzyklus besitzt (siehe Abb. 8.4.4). Beide Fälle *i.* und *ii.* unterscheiden sich in den Eigenwerten einer charakteristischen Matrix, der sogenannten Monodromie-Matrix. Wir werden später noch auf diesen Punkt zurückkommen.

Um die Stabilität der periodischen Lösung $\boldsymbol{x}_r(t)$ zu untersuchen, studieren wir wieder den Einfluß einer kleinen Störung $\widetilde{\boldsymbol{x}}$

$$\boldsymbol{x}(t) = \boldsymbol{x}_r(t) + \widetilde{\boldsymbol{x}}(t) \tag{5.4.18}$$

Für den Fall *i.* eines periodisch fremderregten Systems ergibt sich aus Gl. (5.4.15)

$$\dot{\boldsymbol{x}}_r(t) + \dot{\widetilde{\boldsymbol{x}}}(t) = \boldsymbol{F}(\boldsymbol{x}_r + \widetilde{\boldsymbol{x}}, t) = \boldsymbol{F}(\boldsymbol{x}_r, t) + \dot{\widetilde{\boldsymbol{x}}}(t)$$

oder

$$\begin{aligned} \dot{\widetilde{\boldsymbol{x}}}(t) &= \boldsymbol{F}(\boldsymbol{x}_r + \widetilde{\boldsymbol{x}}, t) - \boldsymbol{F}(\boldsymbol{x}_r, t) \\ &= \widetilde{\boldsymbol{F}}(\widetilde{\boldsymbol{x}}, t) = \widetilde{\boldsymbol{F}}(\widetilde{\boldsymbol{x}}, t+T) \end{aligned} \tag{5.4.19}$$

wobei jetzt für den Phasenfluß der Störung gilt

$$\widetilde{\boldsymbol{F}}(\boldsymbol{o}, t) = \boldsymbol{o}$$

d. h. die Störung $\widetilde{\boldsymbol{x}}$ ist Lösung eines *homogenen* nichtautonomen Systems. Für kleine Störungen kann man nun $\widetilde{\boldsymbol{F}}$ in eine Taylorreihe entwickeln

$$\dot{\widetilde{\boldsymbol{x}}}(t) = \left.\frac{\partial\widetilde{\boldsymbol{F}}(\widetilde{\boldsymbol{x}},t)}{\partial\widetilde{\boldsymbol{x}}}\right|_{\widetilde{\boldsymbol{x}}=\boldsymbol{o}} \widetilde{\boldsymbol{x}}(t) + \text{ Glieder höherer Ordnung} \tag{5.4.20}$$

und die Glieder höherer Ordnung vernachlässigen, d. h. für die Störung haben wir ein lineares Differentialgleichungssystem mit zeitabhängiger Koeffizientenmatrix $\boldsymbol{D}(t)$ zu betrachten

$$\dot{\widetilde{\boldsymbol{x}}}(t) = \boldsymbol{D}(t)\widetilde{\boldsymbol{x}}(t) \tag{5.4.21}$$

Hierbei wird $\boldsymbol{D}(t)$ nach Gln. (5.4.19) und (5.4.20) folgendermaßen ermittelt

$$\boldsymbol{D}(t) = \left.\frac{\partial\widetilde{\boldsymbol{F}}}{\partial\widetilde{\boldsymbol{x}}}\right|_{\widetilde{\boldsymbol{x}}=\boldsymbol{o}} = \left.\frac{\partial\boldsymbol{F}(\boldsymbol{x},t)}{\partial\boldsymbol{x}}\right|_{\boldsymbol{x}_r(t)} \tag{5.4.22}$$

Da $\boldsymbol{x}_r(t)$ eine periodische Funktion ist, ist $\boldsymbol{D}(t)$ ebenfalls periodisch mit der gleichen Periodendauer T

$$\boldsymbol{D}(t) = \boldsymbol{D}(t+T) \tag{5.4.23}$$

Im zweiten Fall *ii.* der periodischen Lösung eines autonomen Systems erhält man für die Störung ein Gl. (5.4.21) entsprechendes System, wobei jetzt gilt

$$\boldsymbol{D}(t) = \left.\frac{\partial\boldsymbol{F}(\boldsymbol{x})}{\partial\boldsymbol{x}}\right|_{\boldsymbol{x}_r(t)} \tag{5.4.24}$$

Wegen der Periodizität von $\boldsymbol{x}_r(t)$ ist $\boldsymbol{D}$ auch in diesem Fall eine Matrix mit periodischen Koeffizienten. Die Lösung $\boldsymbol{x}_r(t) = \boldsymbol{x}_r(t+T)$ des Ausgangssystems Gl. (5.4.15) bzw. Gl. (5.4.17) kann nur in Sonderfällen analytisch angegeben werden. Daher ist auch die Periodendauer T gewöhnlich nicht von vornherein explizit bekannt, sondern muß im allgemeinen numerisch ermittelt werden.

In jedem Fall haben wir zu untersuchen, ob die Lösungen des linearen Differentialgleichungssystems Gl. (5.4.21) mit periodischer Koeffizientenmatrix abklingen, marginales Verhalten zeigen oder sich aufschaukeln.

Die grundlegende Idee, die hinter Floquets Stabilitätstheorie steckt, ist nun, daß infolge der Periodizität der Matrix $\boldsymbol{D}$ eine Reduktion auf ein System mit *konstanten* Koeffizienten möglich ist, einfach dadurch, daß man das Verhalten von $\widetilde{\boldsymbol{x}}(t)$ nur zu den diskreten Zeitpunkten $t = 0,\ T,\ 2T,\ 3T, \ldots$ beobachtet. Aus geometrischer Sicht entspricht dies aber genau einem Poincaré-Schnitt (siehe Abb. 5.4.3). Daher wird man versuchen, aus den Eigenschaften der zugehörigen Poincaré-Abbildung Rückschlüsse auf das Verhalten des kontinuierlichen Systems zu ziehen.

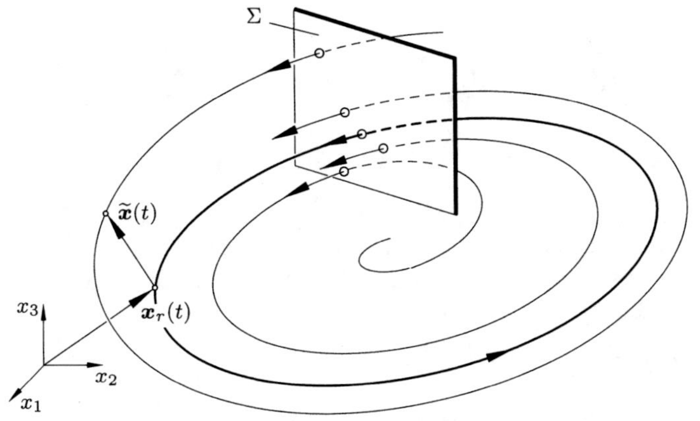

Abb. 5.4.3 Untersuchung des Stabilitätsverhaltens eines periodischen Orbits mit Hilfe der Poincaré-Abbildung

Wir betrachten zuerst das n-dimensionale lineare Differentialgleichungssystem Gl. (5.4.21) für die Störung $\tilde{\boldsymbol{x}}(t)$ im Falle *i.* eines fremderregten Systems. Dieses System besitzt n linear unabhängige Lösungen $\tilde{\boldsymbol{x}}_1(t)$, $\tilde{\boldsymbol{x}}_2(t), \cdots \tilde{\boldsymbol{x}}_\mathrm{n}(t)$, die sogenannten Fundamentallösungen, und jede beliebige Lösung $\tilde{\boldsymbol{x}}(t)$ läßt sich als Superposition dieser Funktionen darstellen

$$\tilde{\boldsymbol{x}}(t) = c_1\tilde{\boldsymbol{x}}_1(t) + c_2\tilde{\boldsymbol{x}}_2(t) + \cdots + c_\mathrm{n}\tilde{\boldsymbol{x}}_\mathrm{n}(t) \tag{5.4.25}$$

Faßt man das Fundamentalsystem von Lösungen in einer (n × n)-Matrix $\tilde{\boldsymbol{X}}(t)$ zusammen

$$\tilde{\boldsymbol{X}}(t) = [\tilde{\boldsymbol{x}}_1(t) \quad \tilde{\boldsymbol{x}}_2(t) \ \ldots \ \tilde{\boldsymbol{x}}_\mathrm{n}(t)] \tag{5.4.26}$$

und führt den konstanten Spaltenvektor $\boldsymbol{c}$ ein

$$\boldsymbol{c} = \{c_1 \quad c_2 \quad \ldots \quad c_\mathrm{n}\} \tag{5.4.27}$$

so kann man Gl. (5.4.25) wie folgt schreiben

$$\tilde{\boldsymbol{x}}(t) = \tilde{\boldsymbol{X}}(t)\boldsymbol{c} \tag{5.4.28}$$

Ist $\tilde{\boldsymbol{x}}(t)$ eine Lösung des Systems Gl. (5.4.21), so ist wegen $\boldsymbol{D}(t) = \boldsymbol{D}(t+T)$ trivialerweise auch $\tilde{\boldsymbol{x}}(t+T)$ eine Lösung. Zu beachten ist, daß daraus im allgemeinen *nicht* die Periodizität von $\tilde{\boldsymbol{x}}(t)$ folgt, sondern lediglich, daß $\tilde{\boldsymbol{x}}(t+T)$ als Linearkombination in der Form, Gl. (5.4.25), dargestellt werden kann.

Nun wählen wir das System der Fundamentallösungen ganz speziell so, daß die Anfangsbedingungen auf einer Hyperkugel vom Radius 1 um den Ursprung liegen, und führen für die Matrix der entsprechenden Fundamentallösungen die Bezeichnung

$$\boldsymbol{\Phi}(t) = [\boldsymbol{\varphi}_1(t) \quad \boldsymbol{\varphi}_2(t) \ \ldots \ \boldsymbol{\varphi}_{\mathrm{n}}(t)] \tag{5.4.29}$$

ein mit

$$\boldsymbol{\Phi}(0) = \boldsymbol{I} \tag{5.4.30}$$

Wenden wir nun obige Überlegung, daß nämlich mit jedem $\widetilde{\boldsymbol{x}}(t)$ auch $\widetilde{\boldsymbol{x}}(t+T)$ Lösung ist, auf das System der Fundamentallösungen selbst an, so finden wir eine konstante (n × n)-Matrix $\boldsymbol{C}$ so, daß gilt

$$\boldsymbol{\Phi}(t+T) = \boldsymbol{\Phi}(t)\boldsymbol{C} \tag{5.4.31}$$

d. h. $\boldsymbol{C}$ bildet $\boldsymbol{\Phi}(t)$ auf $\boldsymbol{\Phi}(t+T)$ ab, beschreibt also gerade eine Poincaré-Abbildung. Wegen der speziellen Anfangsbedingungen Gl. (5.4.30) erhält man aus Gl. (5.4.31) insbesondere

$$\boldsymbol{\Phi}(T) = \boldsymbol{\Phi}(0)\boldsymbol{C} = \boldsymbol{C} \tag{5.4.32}$$

Dies ist eine Rechenvorschrift für $\boldsymbol{C}$, die sogenannte *Monodromie-Matrix.* Im allgemeinen kann auch $\boldsymbol{C}$ nicht analytisch angegeben, sondern muß numerisch ermittelt werden. Kennt man die Periodendauer T, so integriert man das System Gl. (5.4.21) mit den Anfangsbedingungen Gl. (5.4.30) über eine Periode und erhält somit direkt die Monodromie-Matrix $\boldsymbol{C}$.

Eine geometrische Interpretation von Gl. (5.4.32) ist für den Fall n = 3 in Abb. 5.4.4 dargestellt. Die Matrix $\boldsymbol{C}$ definiert eine lineare Poincaré-Abbildung, und wir nehmen im folgenden an, daß $\boldsymbol{C}$ drei linear unabhängige Eigenvektoren besitzt. Wendet man diese Transformation auf die Koordinaten eines Vektors $\boldsymbol{x}$ an, so ergibt sich der Bildvektor $\boldsymbol{x}'$ aus

$$\boldsymbol{x}' = \boldsymbol{C}\boldsymbol{x}$$

oder umgekehrt

$$\boldsymbol{x} = \boldsymbol{C}^{-1}\boldsymbol{x}' \tag{5.4.33}$$

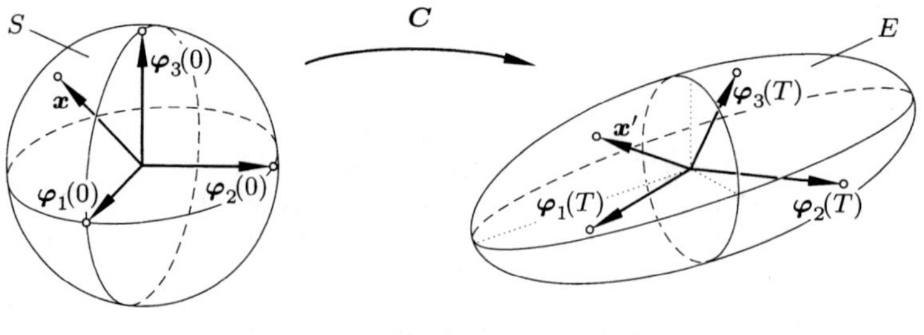

Abb. 5.4.4 Geometrische Interpretation der Monodromie-Matrix $\boldsymbol{C}$ im Euklidischen Raum

Die Punkte der Hyperkugel S vom Radius 1, auf der für $t = 0$ die Anfangsbedingungen $\boldsymbol{\varphi}_{\mathrm{j}}(0)$ ($\mathrm{j} = 1, 2, \ldots \mathrm{n}$) der Fundamentallösungen liegen, werden somit auf ein Ellipsoid E abgebildet, das die Fundamentallösungen $\boldsymbol{\varphi}_{\mathrm{j}}(T)$ nach einem Umlauf enthält. Die Gleichung der Hyperkugel lautet

$$S: \qquad \boldsymbol{x}^{\mathrm{t}}\boldsymbol{x} = 1 \tag{5.4.34}$$

Mit Gl. (5.4.33) erhält man dann die Gleichung des Ellipsoids zu

$$E: \qquad \boldsymbol{x}'^{\mathrm{t}}\boldsymbol{A}\boldsymbol{x}' = 1 \qquad \text{mit} \quad \boldsymbol{A} = \boldsymbol{C}^{-\mathrm{t}}\boldsymbol{C}^{-1} \tag{5.4.35}$$

Transformiert man nun diese quadratische Form auf Hauptachsen, so geben die Eigenwerte von $\boldsymbol{A}$ den Kehrwert der Halbachsenquadrate des Ellipsoids an. Nach Gl. (5.4.35) stimmen daher die Halbachsen des Ellipsoids gerade mit den Eigenwerten von $\boldsymbol{C}$ überein.

Anschaulich ist somit unmittelbar klar, daß die Eigenwerte λ_{j} der Monodromie-Matrix, die sogenannten *Floquet-Multiplikatoren*, Auskunft über die Stabilität des Grenzzyklus $\boldsymbol{x}_r(t)$ geben. Gilt nämlich $|\lambda_{\mathrm{j}}| < 1$ für alle $\mathrm{j} = 1, 2, \ldots \mathrm{n}$, so findet das Ellipsoid E im Innern der Kugel S Platz, d. h. nach einem Umlauf sind die Störungen $\tilde{\boldsymbol{x}}(t)$ in jeder Richtung abgeklungen. Da bei jedem Umlauf erneut dieselbe Matrix $\boldsymbol{C}$ angewendet wird, streben die Störungen asymptotisch gegen Null. Daher ist der Grenzzyklus asymptotisch stabil, falls alle Floquet-Multiplikatoren $|\lambda_{\mathrm{j}}| < 1$ sind. Überdies folgt aus Gl. (5.4.31) zusammen mit Gl. (5.4.32)

$$\boldsymbol{\Phi}(2T) = \boldsymbol{\Phi}^2(T) = \boldsymbol{C}^2$$

oder allgemein

$$\boldsymbol{\Phi}(\mathrm{k}T) = \boldsymbol{\Phi}^{\mathrm{k}}(T) = \boldsymbol{C}^{\mathrm{k}} \tag{5.4.36}$$

Aus dieser Funktionalgleichung kann man nun schließen, daß die Eigenwerte der Monodromie-Matrix eine ganz spezielle Bauart haben. Wir bezeichnen mit $\boldsymbol{\xi}$ den Eigenvektor von $\boldsymbol{\Phi}(T)$ zum Eigenwert $\lambda(T)$, also

$$\boldsymbol{\Phi}(T)\boldsymbol{\xi} = \lambda(T)\boldsymbol{\xi}$$

Multipliziert man diese Gleichung mit $\boldsymbol{\Phi}(T)$, so erkennt man, daß $\boldsymbol{\xi}$ auch Eigenvektor von $\boldsymbol{\Phi}^2(T) = \boldsymbol{\Phi}(2T)$ zum Eigenwert $\lambda(2T)$ ist

$$\boldsymbol{\Phi}^2(T)\boldsymbol{\xi} = \lambda(T)\boldsymbol{\Phi}(T)\boldsymbol{\xi} = \lambda^2(T)\boldsymbol{\xi}$$

oder

$$\boldsymbol{\Phi}(2T)\boldsymbol{\xi} = \lambda(2T)\boldsymbol{\xi}$$

Allgemein gilt daher folgende Beziehung

$$\boldsymbol{\Phi}^{\mathrm{k}}(T)\boldsymbol{\xi} = \lambda^{\mathrm{k}}(T)\boldsymbol{\xi} = \lambda(\mathrm{k}T)\boldsymbol{\xi} \tag{5.4.37}$$

Damit haben wir eine skalare Funktionalgleichung für die Floquet-Multiplikatoren gefunden

$$\lambda^{\mathrm{k}}(T) = \lambda(\mathrm{k}T) \tag{5.4.38}$$

Lösungen dieser Funktionalgleichung sind Exponentialfunktionen, d. h. die Eigenwerte der Monodromie-Matrix können wie folgt dargestellt werden

$$\lambda(T) = \mathrm{e}^{\sigma T} \tag{5.4.39}$$

wobei $\sigma = \sigma_1 + i\sigma_2$ als (komplexer) *Floquet-Exponent* bezeichnet wird und sich bis auf Vielfache des Faktors $2\pi i/T$ aus den Floquet-Multiplikatoren Gl. (5.4.39) bestimmen läßt

$$\sigma = \frac{1}{T}\ln\lambda(T) + \frac{2\pi\mathrm{k}}{T}i \qquad (\mathrm{k} = 0, \pm 1, \pm 2, \ldots) \tag{5.4.40}$$

Man beachte, daß negative λ-Werte ebenfalls eine Darstellung als Exponentialfunktion Gl. (5.4.39) erlauben, da komplexe Exponenten $\sigma = \sigma_1 + i\sigma_2$ zugelassen sind. Wählt man nämlich $\sigma_2 T = \pi$, so gilt

$$\begin{aligned}\mathrm{e}^{(\sigma_1 + i\sigma_2)T} = \mathrm{e}^{\sigma_1 T}\mathrm{e}^{i\sigma_2 T} &= \mathrm{e}^{\sigma_1 T}(\cos\sigma_2 T + i\sin\sigma_2 T)\\ &= -\mathrm{e}^{\sigma_1 T}\end{aligned}$$

Die Lösung Gl. (5.4.39) der skalaren Funktionalgleichung (5.4.38) für die Floquet-Multiplikatoren läßt sich auch auf die Funktionalgleichung (5.4.36) für die Monodromie-Matrix übertragen. Der Ansatz

$$\boldsymbol{C} = \mathrm{e}^{\boldsymbol{S}T} \tag{5.4.41}$$

erfüllt nämlich wegen

$$\boldsymbol{\Phi}(T)\boldsymbol{\Phi}(T) = \boldsymbol{C}^2 = \mathrm{e}^{\boldsymbol{S}T}\mathrm{e}^{\boldsymbol{S}T} = \mathrm{e}^{2\boldsymbol{S}T} = \boldsymbol{\Phi}(2T)$$

beispielsweise für k = 2 die Gl. (5.4.36). Darüber hinaus kann man zeigen (siehe z. B. Hartman, 1964; Haken, 1987), daß die Eigenwerte von $\boldsymbol{S}$ mit den Floquet-Exponenten σ übereinstimmen. Macht man nun für die Matrix der Fundamentallösungen den Ansatz

$$\boldsymbol{\Phi}(t) = \boldsymbol{U}(t)\,\mathrm{e}^{\boldsymbol{S}t} \tag{5.4.42}$$

so ergibt sich mit Gln. (5.4.41) und (5.4.31)

$$\boldsymbol{\Phi}(t+T) = \boldsymbol{U}(t+T)\,\mathrm{e}^{\boldsymbol{S}(t+T)} = \boldsymbol{U}(t+T)\,\mathrm{e}^{\boldsymbol{S}t}\boldsymbol{C} = \boldsymbol{\Phi}(t)\boldsymbol{C}$$

Zusammen mit Gl. (5.4.42) folgt damit die Periodizität der Lösungsmatrix $\boldsymbol{U}(t)$

$$\boldsymbol{U}(t+T) = \boldsymbol{U}(t) \tag{5.4.43}$$

Fassen wir die Ergebnisse für den Fall *i.* periodisch fremderregter Systeme zusammen. Jede Lösung $\widetilde{\boldsymbol{x}}(t)$ des linearisierten Systems Gl. (5.4.21) läßt sich als Linearkombination von Fundamentallösungen schreiben, die sich ihrerseits nach Gln. (5.4.42), (5.4.43) aus einem periodischen Anteil $\boldsymbol{U}(t)$ und einer Exponentialfunktion $e^{\boldsymbol{S}t}$ zusammensetzen. Die Störung $\widetilde{\boldsymbol{x}}(t)$ strebt gegen Null für $t \to \infty$, falls für alle Floquet-Multiplikatoren $|\lambda_j| = |e^{\sigma_j T}| < 1$ gilt bzw. die Realteile aller Floquet-Exponenten $\mathrm{Re}(\sigma_j) < 0$ sind (siehe Abb. 5.4.5). In diesem Fall ist der Grenzzyklus asymptotisch stabil.

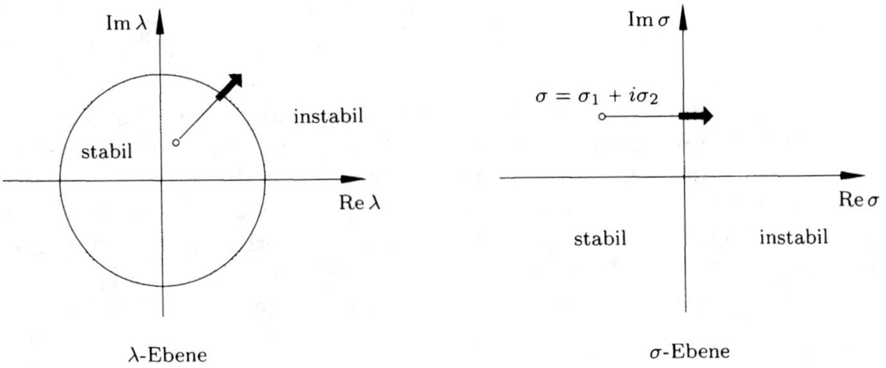

Abb. 5.4.5 Stabilitätsbereiche für Floquet-Multiplikatoren λ und Floquet-Exponenten σ

Ist ein $|\lambda_j| > 1$ bzw. $\mathrm{Re}(\sigma_j) > 0$, so wachsen die Störungen $\widetilde{\boldsymbol{x}}(t)$ exponentiell an, und der entsprechende Orbit ist instabil. Nach dem allgemeinen Satz über die Stabilität des linearisierten Problems, den wir in Abschnitt 5.4.1 angeführt haben, geben die Floquet-Multiplikatoren auch über die Stabilität des nichtlinearen Systems Auskunft, sofern keiner der Floquet-Multiplikatoren den Betrag 1 hat. Gibt es dagegen einen Floquet-Multiplikator, für den $|\lambda| = 1$ gilt, so kann man ganz analog zu den Gleichgewichtszuständen die Stabilitätsaussage des linearisierten Systems nicht mehr auf das nichtlineare übertragen, und es sind zusätzliche Überlegungen notwendig.

Es gibt drei verschiedene Möglichkeiten, wie ein periodischer Orbit seine Stabilität verlieren kann (siehe Abb. 5.4.6):

i. $\lambda = 1\,,\quad \mathrm{Im}(\lambda) = 0$

ii. $\lambda = -1\,,\quad \mathrm{Im}(\lambda) = 0$

iii. $|\lambda| = 1$ und $\mathrm{Im}(\lambda) \neq 0$ (ein Paar konjugiert komplexe Eigenwerte)

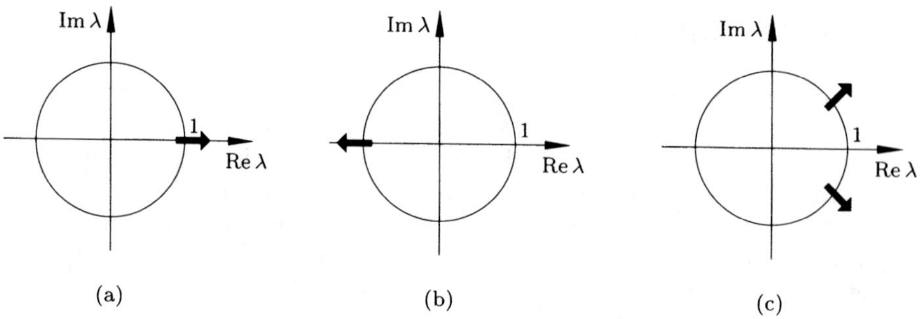

Abb. 5.4.6 Drei Möglichkeiten des Stabilitätsverlusts eines periodischen Orbits, die beim Durchqueren des Einheitskreises auftreten

In Abschnitt 6.4 werden die entsprechenden Verzweigungen ausführlich besprochen.

Im Gegensatz zu periodisch fremderregten Systemen, bei denen das Auftreten eines Floquet-Multiplikators $\lambda = 1$ immer auf eine Bifurkation hinweist, besitzt die Monodromie-Matrix im Fall *ii.*, wenn also der Grenzzyklus $\boldsymbol{x}_r(t)$ Lösung eines *autonomen* Systems ist, stets einen Eigenwert $\lambda = 1$. In diesem Fall können nur die restlichen Eigenwerte Aufschluß über das Stabilitätsverhalten der periodischen Bewegung geben. Um nachzuweisen, daß die Monodromie-Matrix im Fall *ii.* den Eigenwert 1 besitzt, differenziert man Gl. (5.4.17) nach der Zeit und erhält

$$\ddot{\boldsymbol{x}} = \frac{\partial \boldsymbol{F}}{\partial \boldsymbol{x}}\dot{\boldsymbol{x}}$$

Zusammen mit Gl. (5.4.24) gilt also insbesondere für die Lösung $\boldsymbol{x}_r(t)$

$$\ddot{\boldsymbol{x}}_r = \boldsymbol{D}(t)\dot{\boldsymbol{x}}_r \tag{5.4.44}$$

d. h. die Störung $\widetilde{\boldsymbol{x}}(t) \equiv \dot{\boldsymbol{x}}_r(t)$ tangential zum ursprünglichen Orbit $\boldsymbol{x}_r(t)$ ist Lösung des linearisierten Problems. Man kann $\dot{\boldsymbol{x}}_r(t)$ als Linearkombination der Fundamentallösungen darstellen

$$\dot{\boldsymbol{x}}_r(t) = \boldsymbol{\Phi}(t)\dot{\boldsymbol{x}}_r(0)$$

Da $\dot{\boldsymbol{x}}_r(t)$ eine periodische Funktion ist, gilt speziell für $t = T$

$$\dot{\boldsymbol{x}}_r(T) = \boldsymbol{\Phi}(T)\dot{\boldsymbol{x}}_r(0) = \dot{\boldsymbol{x}}_r(0) \tag{5.4.45}$$

d. h. $\lambda = 1$ ist tatsächlich Eigenwert der Monodromie-Matrix $\boldsymbol{\Phi}(T) = \boldsymbol{C}$.

Abschließend wollen wir die Stabilität periodischer Bewegungen noch anhand eines einfachen Beispiels veranschaulichen. Dazu betrachten wir folgendes System von Differentialgleichungen

$$\begin{aligned}\dot{x} &= x[\mu - (x^2 + y^2)] - y \\ \dot{y} &= y[\mu - (x^2 + y^2)] + x\end{aligned} \tag{5.4.46}$$

das die periodische Lösung

$$\boldsymbol{x}_r(t) = \sqrt{\mu}\{\cos t \quad \sin t\} \tag{5.4.47}$$

mit Periodendauer $T = 2\pi$ besitzt. Für $\mu > 0$ handelt es sich um einen Grenzzyklus, einen Kreis vom Radius $\sqrt{\mu}$. Um seine Stabilität zu untersuchen, betrachten wir eine Nachbartrajektorie

$$\boldsymbol{x}(t) = \boldsymbol{x}_r(t) + \widetilde{\boldsymbol{x}}(t)$$

und stellen für die Störung $\widetilde{\boldsymbol{x}}(t)$ entsprechend Gln. (5.4.21), (5.4.24) das lineare System auf

$$\dot{\widetilde{\boldsymbol{x}}} = \boldsymbol{D}(\boldsymbol{x}_r)\widetilde{\boldsymbol{x}}$$

mit

$$\boldsymbol{D}(\boldsymbol{x}_r) = \begin{bmatrix} (\mu - 3x^2 - y^2) & -(1 + 2xy) \\ (1 - 2xy) & (\mu - x^2 - 3y^2) \end{bmatrix}_{\boldsymbol{x}_r(t)}$$

wobei wir in den letzten beiden Beziehungen zwecks typographischer Vereinfachung die Abkürzung $\boldsymbol{x}_r = \boldsymbol{x}_r(t)$ benutzt haben. Setzt man Gl. (5.4.47) ein, so ergibt sich

$$\dot{\widetilde{\boldsymbol{x}}}(t) = -\begin{bmatrix} 2\mu\cos^2 t & (\mu\sin 2t + 1) \\ (\mu\sin 2t - 1) & 2\mu\sin^2 t \end{bmatrix}\widetilde{\boldsymbol{x}}(t) \tag{5.4.48}$$

Durch Einsetzen verifiziert man unmittelbar, daß

$$\boldsymbol{\varphi}_1 = \mathrm{e}^{-2\mu t}\begin{bmatrix}\cos t \\ \sin t\end{bmatrix} \quad \text{und} \quad \boldsymbol{\varphi}_2 = \begin{bmatrix}-\sin t \\ \cos t\end{bmatrix} \tag{5.4.49}$$

ein System von Fundamentallösungen $\boldsymbol{\Phi}(t) = [\boldsymbol{\varphi}_1 \quad \boldsymbol{\varphi}_2]$ bilden, das die Anfangsbedingungen $\boldsymbol{\Phi}(0) = \boldsymbol{I}$ bereits erfüllt.

Nach Gl. (5.4.32) ergibt sich damit die Monodromie-Matrix $\boldsymbol{C}$, die eine lineare Poincaré-Abbildung definiert, zu

$$\boldsymbol{C} = \boldsymbol{\Phi}(T) = \boldsymbol{\Phi}(2\pi) = \begin{bmatrix}\mathrm{e}^{-4\pi\mu} & 0 \\ 0 & 1\end{bmatrix} \tag{5.4.50}$$

mit den Eigenwerten (Floquet-Multiplikatoren)

$$\lambda_1 = \mathrm{e}^{-4\pi\mu}, \quad \lambda_2 = 1 \tag{5.4.51}$$

Da das Gleichungssystem (5.4.46) autonom ist, tritt $\lambda_2 = 1$ als Eigenwert auf und gehört zu einer Störung $\widetilde{\boldsymbol{x}} = \boldsymbol{\varphi}_2$ in Tangentenrichtung. Der zugehörige Floquet-Exponent σ_2 ist Null. Der λ_1 entsprechende Floquet-Exponent ist $\sigma_1 = -2\mu < 0$ (für $\mu > 0$), d. h. es handelt sich um einen stabilen Grenzzyklus. In Abschnitt 6.1 werden wir das Gleichungssystem (5.4.46) in Abhängigkeit des Systemparameters μ untersuchen und zeigen, daß es für $\mu = 0$ eine sogenannte Hopf-Verzweigung beschreibt.

Führt man Polarkoordinaten

$$x = r\cos\theta, \quad y = r\sin\theta$$

ein, so gehen die Gln. (5.4.46) über in

$$\begin{aligned} \dot{r}\cos\theta - (r\sin\theta)\dot{\theta} &= r(\mu - r^2)\cos\theta - r\sin\theta \\ \dot{r}\sin\theta + (r\cos\theta)\dot{\theta} &= r(\mu - r^2)\sin\theta + r\cos\theta \end{aligned}$$

oder

$$\begin{aligned} \dot{r} &= (\mu - r^2)r \\ \dot{\theta} &= 1 \end{aligned} \tag{5.4.52}$$

Diese zwei entkoppelten Differentialgleichungen lassen sich leicht integrieren

$$\int\limits_{r_0}^{r} \frac{\mathrm{d}r}{r(\mu - r^2)} = \int\limits_0^t \mathrm{d}t' \quad , \qquad \theta = t + \theta_0$$

$$\frac{1}{2\mu} \ln \frac{r^2}{\mu - r^2}\Bigg|_{r_0}^{r} = t \quad , \qquad \theta = t + \theta_0$$

Nach einigen Umformungen erhält man schließlich

$$r = \sqrt{\mu}\left[\left(\frac{\mu}{r_0^2} - 1\right)\mathrm{e}^{-2\mu t} + 1\right]^{-1/2} \tag{5.4.53}$$

Betrachtet man die Trajektorie nun in festen Zeitabständen $\Delta t = 2\pi$, d. h. jeweils nach einem Umlauf, so legt man einen Poincaré-Schnitt (z. B. $\theta = 0$) fest und kann leicht die zugehörige Poincaré-Abbildung angeben (siehe Abb. 5.4.7), nämlich die r-Koordinate r_1 der Trajektorie mit dem Startwert $r = r_0$ nach einem Umlauf. Aus Gl. (5.4.53) erhält man

$$r_1 = f(r_0) = \sqrt{\mu}\left[\left(\frac{\mu}{r_0^2} - 1\right)\mathrm{e}^{-4\pi\mu} + 1\right]^{-1/2} \tag{5.4.54}$$

Setzt man z. B. $\mu = 1$, $r_0 = 10$, so ergibt sich als r-Koordinate des Bildpunktes $r_1 = 1.00000173$. Startet man im Innern des Grenzzyklus mit $r_0 = 1/2$, so erhält man $r_1 = 0.99999477$, d. h. die Nachbartrajektorien nähern sich sehr rasch dem periodischen Orbit, einem Kreis mit Radius $r = \sqrt{\mu} = 1$.

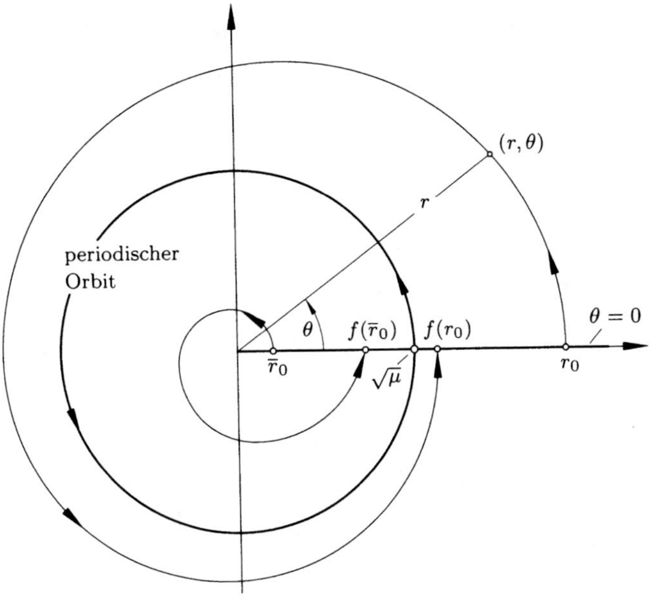

Abb. 5.4.7 Poincaré-Schnitt $\theta = 0$ der Nachbartrajektorien eines periodischen Orbits

Aus Gl. (5.4.53) erkennt man, daß $r_0 = \sqrt{\mu}$ Fixpunkt der Poincaré-Abbildung ist. Zur Untersuchung der Stabilität von Fixpunkten berechnet man nach Abschnitt 3.6 die Ableitung

$$\lambda = \left.\frac{\mathrm{d}f}{\mathrm{d}r_0}\right|_{r_0=\sqrt{\mu}} = -\frac{\sqrt{\mu}}{2}\left[\left(\frac{\mu}{r_0^2}-1\right)\mathrm{e}^{-4\pi\mu}+1\right]^{-3/2}\left.\left(\frac{-2\mu}{r_0^3}\mathrm{e}^{-4\pi\mu}\right)\right|_{r_0=\sqrt{\mu}} = \mathrm{e}^{-4\pi\mu}$$

Dieser Wert stimmt mit dem 1. Eigenwert der Monodromie-Matrix, siehe Gl. (5.4.51), überein. Wegen $\mathrm{e}^{-4\pi\mu} < 1$ für $\mu > 0$ ist $r_0 = \sqrt{\mu}$, wie erwartet, stabiler Fixpunkt der Poincaré-Abbildung.

5.4.3 Lyapunov-Exponent eindimensionaler Abbildungen

In Abschnitt 3.7 haben wir die logistische Abbildung $x_{\mathrm{n+1}} = \alpha x_{\mathrm{n}}(1-x_{\mathrm{n}})$ diskutiert. Für $\alpha = 2.8$ konvergiert die Punktfolge $\{x_{\mathrm{n}}\}$ für alle Startwerte $x_0 \neq 0$ gegen den Fixpunkt $x_s = 1 - 1/2.8 = 0.6428\ldots$. Beschränkt man sich auf das Intervall $0,5 \leqslant x \leqslant 0.7673$, so ist die Abbildung in diesem Bereich eindeutig umkehrbar und kann als Poincaré-Abbildung eines dynamischen Systems interpretiert werden, das für $\alpha = 2.8$ einen Grenzzyklus besitzt. Über dessen Stabilität entscheidet dann der Floquet-Multiplikator

$$\lambda = \left.\frac{\mathrm{d}f}{\mathrm{d}x_{\mathrm{n}}}\right|_{x_s} = \alpha(1 - 2x_s) = -0.8 \tag{5.4.55}$$

Wegen $-1 < \lambda < 0$ ist x_s also ein stabiler Fixpunkt, dem sich die Punktfolge $\{x_{\mathrm{n}}\}$ alternierend annähert. Der entsprechende Floquet-Exponent σ für eine normierte Periodendauer $T = 1$ lautet dann

$$\sigma = \frac{1}{T}\ln\lambda = -0.223 + \pi i \; < 0 \quad , \quad \text{d. h.} \quad \operatorname{Re}\sigma < 0 \tag{5.4.56}$$

Im vorhergehenden Abschnitt wurde gezeigt, daß die Floquet-Exponenten über das Verhalten benachbarter Trajektorien eines Grenzzyklus im Poincaré-Schnitt entscheiden. Lyapunov hat diese Stabilitätsbetrachtung nun auch auf beliebige wiederkehrende Trajektorien, die nicht notwendig geschlossen sein müssen, ausgeweitet. Zur Verdeutlichung der grundlegenden Idee betrachten wir eine eindimensionale Abbildung

$$x \longmapsto f(x)$$

bzw.

$$x_{\mathrm{n+1}} = f(x_{\mathrm{n}}) \tag{5.4.57}$$

von der wir annehmen, daß die Werte x_{n} in einem endlichen Intervall [a, b] liegen für $\mathrm{n} \to \infty$. Zu einer Punktfolge $\{x_{\mathrm{n}}\}$ mit der Anfangsbedingung x_0 betrachten wir eine benachbarte Punktfolge $\{\bar{x}_{\mathrm{n}}\}$ mit der gestörten Anfangsbedingung $x_0 + \delta x_0$. Nach k Iterationen erhalten wir

$$\begin{aligned} \bar{x}_{\mathrm{k}} &= x_{\mathrm{k}} + \delta x_{\mathrm{k}} = f(x_{\mathrm{k-1}} + \delta x_{\mathrm{k-1}}) \\ &= f(x_{\mathrm{k-1}}) + f'(x_{\mathrm{k-1}})\delta x_{\mathrm{k-1}} \quad + \text{Glieder höherer Ordnung} \end{aligned} \tag{5.4.58}$$

Damit ergibt sich durch Linearisierung für die Störung folgender Ausdruck

$$\delta x_{\mathrm{k}} = f'(x_{\mathrm{k-1}})\delta x_{\mathrm{k-1}} \tag{5.4.59}$$

wobei im Gegensatz zu Gl. (5.4.55) $f'(x_{k-1})$ im allgemeinen von k abhängt und nicht konstant ist. Wendet man die Rekursionsvorschrift Gl. (5.4.59) wiederholt an, so erhält man

$$\begin{aligned} \delta x_k &= f'(x_{k-1}) f'(x_{k-2}) \dots f'(x_0) \delta x_0 \\ &= \prod_{k=0}^{k-1} f'(x_k) \delta x_0 \end{aligned} \tag{5.4.60}$$

Der Lyapunov-Exponent σ wird nun definiert als mittlere exponentielle Divergenz oder Konvergenz benachbarter Punktfolgen

$$|\delta x_k| \approx e^{k\sigma} |\delta x_0| \tag{5.4.61}$$

für $k \to \infty$ und $|\delta x_0| \to 0$. Damit ergibt sich für eindimensionale Abbildungen zusammen mit Gl. (5.4.60) der Lyapunov-Exponent zu

$$\sigma = \lim_{k \to \infty} \lim_{|\delta x_0| \to 0} \frac{1}{k} \ln \frac{|\delta x_k|}{|\delta x_0|} \tag{5.4.62}$$

oder

$$\sigma = \lim_{k \to \infty} \frac{1}{k} \sum_{i=0}^{k-1} \ln |f'(x_i)| \tag{5.4.63}$$

und er kann in dieser Form als Verallgemeinerung des Floquet-Exponenten in Gl. (5.4.40) für periodische Bewegungen angesehen werden, wobei allerdings der Lyapunov-Exponent definitionsgemäß reell ist. Falls der Grenzwert nicht existiert, ist er durch den *limes superior*, also den größten Häufungspunkt der Folge $\{a_k\}$ mit

$$a_k = \frac{1}{k} \sum_{i=0}^{k-1} \ln |f'(x_i)|$$

zu ersetzen (siehe auch Haken, 1987)

$$\sigma = \limsup_{k \to \infty} \frac{1}{k} \sum_{i=0}^{k-1} \ln |f'(x_i)| \tag{5.4.64}$$

Aus der Definition des Lyapunov-Exponenten als Grenzwert für $k \to \infty$ folgt, daß der Einfluß der Einschwingsphase eliminiert wird. Daher stimmt auch der

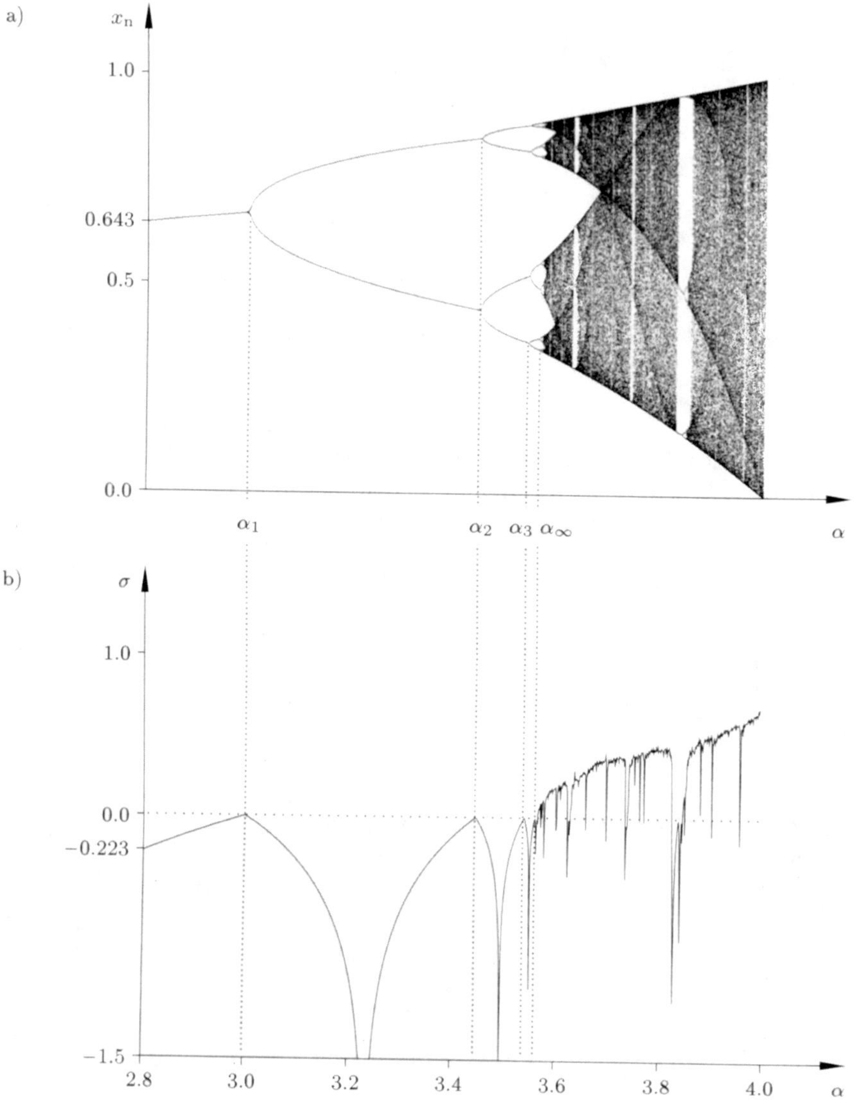

Abb. 5.4.8 (a) Bifurkationsdiagramm für die logistische Abbildung $x_{n+1} = \alpha x_n(1 - x_n)$ und (b) Histogramm des Lyapunov-Exponent $\sigma(\alpha)$

Lyapunov-Exponent für Punktfolgen, die gegen einen Fixpunkt streben, mit dem Realteil des Floquet-Exponenten überein und ist negativ.

Zur Veranschaulichung haben wir den Lyapunov-Exponenten nach Gl. (5.4.63) für die logistische Abbildung $x_{n+1} = \alpha x_n(1 - x_n)$ numerisch berechnet. Im oberen Teil von Abb. 5.4.8 ist das Bifurkationsdiagramm, also das Langzeitverhalten von x_n als Funktion des Systemparameters α, dargestellt. Im unteren Teil ist der entsprechende Verlauf des Lyapunov-Exponenten σ in Abhängigkeit von α aufgetragen. In Übereinstimmung mit Gl. (5.4.56) ergibt sich z. B. für $\alpha = 2.8$ der Wert $\sigma = -0.223$. Der Bereich regulären Verhaltens $0 < \alpha < \alpha_\infty$ ist gekennzeichnet durch Lyapunov-Exponenten $\sigma \leqslant 0$, wobei σ den Wert Null nur für die kritischen Werte α_k annimmt. Bei $\alpha_1 = 3$ findet beispielsweise die erste Verzweigung statt, es entsteht eine periodische Bewegung, der ursprünglich stabile Fixpunkt wird instabil und es entstehen für die iterierte Abbildung $f^2(x_n) = f(f(x_n))$ zwei neue stabile Fixpunkte, die für $\alpha_1 = 3$ zusammenfallen. Berechnet man die Fixpunkte, so ergibt sich aus $x_n = f(f(x_n))$ der Wert $x_s = 2/3$ mit $f'(2/3) = -1$. Für α-Werte, die etwas unter dem kritischen Wert α_1 liegen, also etwa $\alpha = \alpha_1 - \varepsilon = 3 - \varepsilon$, ist $x_s = 1 - 1/(3 - \varepsilon)$ stabiler Fixpunkt, und aus Gl. (5.4.55) ergibt sich

$$\lambda(\varepsilon) = \left.\frac{\mathrm{d}f}{\mathrm{d}x_n}\right|_{x_s} = (3 - \varepsilon)\left[1 - 2\left(1 - \frac{1}{3 - \varepsilon}\right)\right] = -1 + \varepsilon \tag{5.4.65}$$

Durch Logarithmieren erhalten wir den zugehörigen Lyapunov-Exponenten

$$\sigma(\varepsilon) = \ln|1 - \varepsilon| \tag{5.4.66}$$

Läßt man nun $\varepsilon \to 0$ gehen, so strebt der zugehörige Lyapunov-Exponent ebenfalls gegen Null, in Übereinstimmung mit dem numerisch ermittelten Wert in Abb. 5.4.8. Entsprechende Überlegungen können bei allen weiteren kritischen Werten α_k durchgeführt werden, d. h. der Lyapunov-Exponent verschwindet an allen Bifurkationspunkten.

Für $\alpha > \alpha_\infty$ setzt chaotisches Verhalten ein, das durch positive σ-Werte gekennzeichnet ist. Man kann zeigen, daß die stabilen periodischen Zyklen im gesamten Parameterbereich $0 \leqslant \alpha \leqslant 4$ überall dicht sind, d. h. in jeder Umgebung eines beliebigen α-Wertes gibt es einen solchen Zyklus (Lichtenberg und Lieberman, 1983). Daher ist die Darstellung des Lyapunov-Exponenten in Abb. 5.4.8b hochkomplex. Der chaotische Bereich wird immer wieder von periodischen Fenstern unterbrochen, deutlich erkennbar an den negativen σ-Werten im unteren Diagramm. Besonders interessant ist, daß sich die Selbstähnlichkeit der Bifurkations-Kaskaden, auf die wir in Abschnitt 6.7 näher eingehen werden, in einer Selbstähnlichkeit des Lyapunov-Exponenten widerspiegelt. Würde man beispielsweise das größte periodische Fenster bei $\alpha = 1 + \sqrt{8}$ herausgreifen und vergrößern, so wäre eine ähnliche σ-Verteilung zu erkennen wie für $\alpha < \alpha_\infty$.

5.4.4 Lyapunov-Exponenten n-dimensionaler kontinuierlicher Systeme

Das Konzept der Lyapunov-Exponenten läßt sich nun auch auf n-dimensionale kontinuierliche Systeme Gl. (5.4.1) übertragen. Die theoretischen Grundlagen hierzu wurden von Oseledec (1968) entwickelt. Man untersucht das Stabilitätsverhalten einer Referenztrajektorie $\boldsymbol{x}_r(t)$ und gelangt mit Hilfe der Lyapunov-Exponenten zu

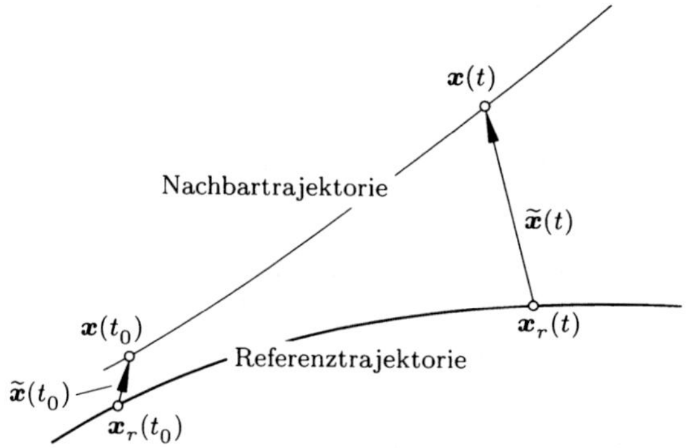

Abb. 5.4.9
Zur Definition des Lyapunov-Exponenten

einer Aussage über die Empfindlichkeit des Systems gegenüber kleinen Störungen in den Anfangsbedingungen.

Zu einer gegebenen Referenztrajektorie $\boldsymbol{x}_r(t)$, für die $\dot{\boldsymbol{x}}_r = \boldsymbol{F}(\boldsymbol{x}_r)$ erfüllt ist, betrachten wir eine infinitesimal benachbarte Trajektorie, die zu einer kleinen Anfangsstörung $\tilde{\boldsymbol{x}}(t_0)$ gehört (Abb. 5.4.9). Wir interessieren uns für das asymptotische Verhalten ($t \to \infty$) der Störung $\tilde{\boldsymbol{x}}(t)$ und entwickeln $\boldsymbol{F}(\boldsymbol{x})$ wie gewohnt in eine Taylorreihe in der Umgebung von $\boldsymbol{x}_r(t)$

$$\begin{aligned}\dot{\boldsymbol{x}}(t) = \dot{\boldsymbol{x}}_r(t) + \dot{\tilde{\boldsymbol{x}}}(t) &= \boldsymbol{F}(\boldsymbol{x}_r(t) + \tilde{\boldsymbol{x}}(t)) \\ &= \boldsymbol{F}(\boldsymbol{x}_r(t)) + \left.\frac{\partial \boldsymbol{F}}{\partial \boldsymbol{x}}\right|_{\boldsymbol{x}_r(t)} \tilde{\boldsymbol{x}}(t) \qquad + \cdots\end{aligned}$$

Berücksichtigen wir nur lineare Glieder in $\tilde{\boldsymbol{x}}(t)$, so erhalten wir ein n-dimensionales lineares homogenes Differentialgleichungssystem mit zeitabhängiger Koeffizientenmatrix

$$\dot{\tilde{\boldsymbol{x}}}(t) = \left.\frac{\partial \boldsymbol{F}}{\partial \boldsymbol{x}}\right|_{\boldsymbol{x}_r(t)} \tilde{\boldsymbol{x}}(t) \tag{5.4.67}$$

Man kann zeigen (Arnol'd, 1980), daß es zu jeder Anfangsbedingung $(t_0, \tilde{\boldsymbol{x}}(t_0))$ eine Lösung $\tilde{\boldsymbol{x}}(t)$ gibt, falls $\boldsymbol{F}(\boldsymbol{x})$ stetig differenzierbar vorausgesetzt wird. Dann existiert ein Fundamentalsystem von n Lösungen und eine Fundamentalmatrix $\boldsymbol{\Phi}(t, t_0)$, so daß man die Lösung von Gl. (5.4.67) rein formal in folgender Form schreiben kann

$$\tilde{\boldsymbol{x}}(t) = \boldsymbol{\Phi}(t, t_0)\tilde{\boldsymbol{x}}(t_0) \tag{5.4.68}$$

Man kann diese Beziehung auch als lineare Abbildung zweier Vektorräume interpretieren. Der Vektor $\tilde{\boldsymbol{x}}(t_0)$ aus dem Tangentialraum $\mathbb{E}_0$ des Flusses im Punkt

$\boldsymbol{x}_r(t_0)$ wird mittels der Matrix $\boldsymbol{\Phi}(t, t_0)$ auf den Bildvektor $\widetilde{\boldsymbol{x}}(t)$ aus dem entsprechenden Tangentialraum $\mathbb{E}_t$ im Punkt $\boldsymbol{x}_r(t)$ abgebildet, wobei offenbar gilt

$$\boldsymbol{\Phi}(t_2, t_0) = \boldsymbol{\Phi}(t_2, t_1)\boldsymbol{\Phi}(t_1, t_0) \tag{5.4.69}$$

Der Lyapunov-Exponent des Vektors $\widetilde{\boldsymbol{x}}(t)$ bezüglich der Referenztrajektorie $\boldsymbol{x}_r(t)$ wird nun entsprechend zu Gl. (5.4.62) wie folgt definiert

$$\sigma_{\boldsymbol{x}_r}(\widetilde{\boldsymbol{x}}) = \limsup_{t\to\infty} \frac{1}{t} \ln \frac{|\widetilde{\boldsymbol{x}}(t)|}{|\widetilde{\boldsymbol{x}}(t_0)|} = \limsup_{t\to\infty} \frac{1}{t} \ln |\widetilde{\boldsymbol{x}}(t)| \tag{5.4.70}$$

Um sicherzustellen, daß $\sigma_{\boldsymbol{x}_r}$ einen endlichen Wert annimmt, setzen wir voraus, daß

$$\limsup_{t\to\infty} \frac{1}{t} \ln \|\boldsymbol{\Phi}(t, t_0)\| < \infty$$

ist. Prinzipiell können Lyapunov-Exponenten sowohl für konservative als auch für dissipative Systeme angegeben werden, wir konzentrieren uns jedoch zunächst auf dissipative Systeme. Der Grundgedanke ist auch hier, daß durch eine Mittelung der infinitesimalen Störungen über der Zeit für $t \to \infty$ der Einfluß der Einschwingphase irrelevant wird und lediglich das Langzeitverhalten ausschlaggebend ist.

Aus der Definition Gl. (5.4.70) folgen nun zwei wichtige Eigenschaften:

i. Wählt man eine reelle Zahl $c \neq 0$, so gilt

$$\sigma_{\boldsymbol{x}_r}(c\widetilde{\boldsymbol{x}}) = \sigma_{\boldsymbol{x}_r}(\widetilde{\boldsymbol{x}}) \tag{5.4.71}$$

ii.
$$\sigma_{\boldsymbol{x}_r}(\widetilde{\boldsymbol{x}}_1 + \widetilde{\boldsymbol{x}}_2) \leqslant \max\{\sigma_{\boldsymbol{x}_r}(\widetilde{\boldsymbol{x}}_1), \sigma_{\boldsymbol{x}_r}(\widetilde{\boldsymbol{x}}_2)\} \tag{5.4.72}$$

Gleichung (5.4.71) folgt sofort aus der Definition, Gl. (5.4.70),

$$\sigma_{\boldsymbol{x}_r}(c\widetilde{\boldsymbol{x}}) = \limsup_{t\to\infty} \frac{1}{t} \ln |c\widetilde{\boldsymbol{x}}| = \limsup_{t\to\infty} \frac{1}{t}(\ln |c| + \ln |\widetilde{\boldsymbol{x}}|) = \sigma_{\boldsymbol{x}_r}(\widetilde{\boldsymbol{x}})$$

Die Beziehung Gl. (5.4.72) ergibt sich aus den Eigenschaften linearer Vektorräume. Wir nehmen an, daß z. B.

$$\max\{\sigma_{\boldsymbol{x}_r}(\widetilde{\boldsymbol{x}}_1), \sigma_{\boldsymbol{x}_r}(\widetilde{\boldsymbol{x}}_2)\} = \sigma_{\boldsymbol{x}_r}(\widetilde{\boldsymbol{x}}_1)$$

gilt. Daraus folgt, daß es einen Zeitpunkt $\bar{t}$ gibt, so daß für alle späteren Zeitpunkte $t > \bar{t}$ mit Hilfe der Dreiecksungleichung folgende Abschätzung gemacht werden kann

$$\frac{1}{t} \ln |\widetilde{\boldsymbol{x}}_1 + \widetilde{\boldsymbol{x}}_2| \leqslant \frac{1}{t} \ln(|\widetilde{\boldsymbol{x}}_1| + |\widetilde{\boldsymbol{x}}_2|) = \frac{1}{t} \ln |\widetilde{\boldsymbol{x}}_1| + \frac{1}{t} \ln\left(1 + \frac{|\widetilde{\boldsymbol{x}}_2|}{|\widetilde{\boldsymbol{x}}_1|}\right)$$

wobei $|\widetilde{\boldsymbol{x}}_1| \geqslant |\widetilde{\boldsymbol{x}}_2|$ gilt. Führt man den Grenzübergang $t \to \infty$ aus, so folgt unmittelbar die Eigenschaft *ii.*

Die Definition Gl. (5.4.70) ist nun in zweierlei Hinsicht noch unbefriedigend. Erstens würde man gerne den *limes superior*, bei dem ja noch Oszillationen auftreten können (Haken, 1983a), durch einen gewöhnlichen *limes* ersetzen. Zum zweiten hängt σ wegen der Beziehungen Gln. (5.4.67) und (5.4.68) nicht nur von der Richtung der Anfangsstörung $\widetilde{\boldsymbol{x}}(t_0)$, sondern auch von der gewählten Referenztrajektorie $\boldsymbol{x}_r(t)$ ab. Eine Antwort auf die Frage, unter welchen Voraussetzungen der Grenzwert existiert und – bis auf wenige Ausnahmen – unabhängig von der gewählten Ausgangstrajektorie ist, liefert die Ergodentheorie, ein wichtiges Teilgebiet der Statistischen Mechanik, und insbesondere das multiplikative Ergodentheorem von Oseledec (Oseledec, 1968), siehe auch (Benettin *et al.*, 1980; Shimada und Nagashima, 1979).

Grundsätzlich gibt es zwei Betrachtungsweisen, um das Langzeitverhalten eines dynamischen Systems zu charakterisieren. Wir haben bisher die *globalen geometrischen* Eigenschaften der Lösungen von Differentialgleichungen und die lineare Stabilitätstheorie herangezogen, d. h. wir haben die geometrische Struktur von Attraktoren bzw. der entsprechenden Trajektorien untersucht. Will man sehr komplexe, höherdimensionale Systeme studieren, so stößt man schnell an die Grenzen der Vorstellung. Um auch in diesen Fällen sinnvolle Informationen aus der Langzeitentwicklung dynamischer Systeme herauszufiltern und um auch Einflüsse von Ausnahmetrajektorien zu vernachlässigen, haben einerseits Oseledec und Ruelle *et al.* in ihren Arbeiten (Oseledec, 1968; Eckmann und Ruelle, 1985; Ruelle, 1989) die Ergodentheorie und andererseits Shaw Methoden der Informationstheorie (Shaw, 1981) herangezogen. Grundlage ist in beiden Fällen, daß Eigenschaften des invarianten natürlichen Maßes oder Wahrscheinlichkeitsmaßes μ untersucht werden, das ein Maß ist für die Dichte der Punkte bzw. Trajektorien im Phasenraum. Im Zusammenhang mit der Entropie bzw. der Informationsdimension werden wir auf diesen Begriff in Abschnitt 5.5.3 zurückkommen. Es würde allerdings den Rahmen dieses Buches sprengen, auf den mathematischen Hintergrund der Ergodentheorie näher einzugehen. Interessierte Leser seien auf weiterführende Literatur verwiesen (z. B. Sinai, 1976; Cornfeld *et al.*, 1982).

Wenn die Bewegung in einem Teil des Phasenraums ergodisch ist, kann man den zeitlichen Mittelwert ersetzen durch einen Mittelwert über die räumliche Verteilung, wobei das invariante Maß μ die Funktion einer Wichtung hat. Dies bedeutet, daß die gesamte Information des dynamischen Systems bereits in (fast) jeder beliebig herausgegriffenen Trajektorie enthalten ist. Oseledec konnte für eine große Kategorie von dynamischen Systemen nachweisen (Oseledec, 1968), daß der Grenzwert in der Definition Gl. (5.4.70) für σ existiert, endlich ist und für fast alle Referenztrajektorien $\boldsymbol{x}_r(t)$ den gleichen Wert annimmt. (Ausnahmetrajektorien, wie z. B. solche, die für $t \to -\infty$ in instabilen Fixpunkten münden, haben zwar andere Lyapunov-Exponenten, sind jedoch i. a. nicht typisch für den Attraktor und vom Maß Null.) Dies ist auch anschaulich einzusehen, da durch die Definition Gl. (5.4.70) der Einfluß der transienten Phase eliminiert wird. Beschränkt man sich auf das Einzugsgebiet eines Attraktors, so münden (fast) alle Trajektorien für $t \to \infty$ in diesen Attraktor, so daß die Wahl der Referenztrajektorie beliebig ist. Daher charakterisieren die Lyapunov-Exponenten nicht nur das Stabilitätsverhalten einzelner Orbits, sondern das des gesamten dynamischen Systems bzw. des entsprechenden Attraktors. Wir können also im folgenden auf den Index $\boldsymbol{x}_r$ bei σ verzichten.

Kommen wir zurück auf die beiden Eigenschaften der Gln. (5.4.71) und (5.4.72) für den Lyapunov-Exponenten σ (vgl. Benettin *et al.*, 1980). Aus diesen Beziehungen folgt unmittelbar, daß alle Vektoren $\widetilde{\boldsymbol{x}}$, für die der Lyapunov-Exponent kleiner oder gleich einer vorgegebenen reellen Zahl r ist, also $\sigma(\widetilde{\boldsymbol{x}}) \leqslant r$, einen Unterraum des Vektorraums $\mathbb{E}_0$ bilden. Daraus kann weiter geschlossen werden, daß der Lyapunov-Exponent in Abhängigkeit von $\widetilde{\boldsymbol{x}}$ höchstens n verschiedene Werte annehmen kann, wobei n= $\dim \mathbb{E}_0$ mit der Dimension des Phasenraums übereinstimmt. Man bezeichnet die n Werte als Spektrum der Lyapunov-Exponenten und kann sie der Größe nach ordnen

$$\sigma_1 \geqslant \sigma_2 \geqslant \ldots \geqslant \sigma_\mathrm{n} \tag{5.4.73}$$

Wir nehmen an, daß es darunter genau s verschiedene Werte gibt, die wir mit ν_k bezeichnen wollen

$$\nu_1 > \nu_2 > \ldots > \nu_\mathrm{s} \qquad (1 \leqslant \mathrm{s} \leqslant \mathrm{n}) \tag{5.4.74}$$

Nach obigen Überlegungen gehört dann zu jedem ν_k ein linearer Vektorraum

$$\mathbb{L}_\mathrm{k} = \{\widetilde{\boldsymbol{x}} \in \mathbb{E}_0 \quad \text{mit} \quad \sigma(\widetilde{\boldsymbol{x}}) \leqslant \nu_\mathrm{k}\} \tag{5.4.75}$$

Diese s linearen Unterräume sind ineinandergeschachtelt, und es gilt

$$\mathbb{E}_0 = \mathbb{L}_1 \supset \mathbb{L}_2 \supset \ldots \supset \mathbb{L}_\mathrm{s}$$

Es läßt sich dann eine Basis $\{\boldsymbol{e}_1, \boldsymbol{e}_2, \ldots, \boldsymbol{e}_\mathrm{n}\}$ in $\mathbb{E}_0$ so bestimmen, daß die Basisvektoren die Unterräume aufspannen (siehe Abb. 5.4.10). Offensichtlich ist diese Basis nicht eindeutig bestimmt, sie muß lediglich die Bedingung erfüllen, daß für Störungen in Richtung der Basisvektoren

$$\sigma(\boldsymbol{e}_\mathrm{i}) = \sigma_\mathrm{i} \qquad (\mathrm{i} = 1, \ldots, \mathrm{n}) \tag{5.4.76}$$

gilt. Ausgehend vom Unterraum $\mathbb{L}_\mathrm{s}$ mit der niedrigsten Dimension kann man die Basisvektoren insbesondere so wählen, daß sie ein orthonormiertes System bilden. Man überzeugt sich nun leicht davon, daß sich im allgemeinen für eine beliebige Störung der größte Lyapunov-Exponent σ_1 einstellt. Dazu setzen wir die Störung an in der Form

$$\widetilde{\boldsymbol{x}} = c_1 \boldsymbol{e}_1 + c_2 \boldsymbol{e}_2 + \cdots + c_\mathrm{n} \boldsymbol{e}_\mathrm{n} \tag{5.4.77}$$

und erhalten für $c_1 \neq 0$ wegen Gln. (5.4.72) und (5.4.76) $\sigma(\tilde{\boldsymbol{x}}) = \sigma_1$. Aus Abb. 5.4.10 erkennt man, daß sich beispielsweise $\sigma_2 < \sigma_1$ nur einstellen würde, wenn $\tilde{\boldsymbol{x}} \in \mathbb{L}_2$, bzw. $\sigma_3 < \sigma_2$ nur, falls $\tilde{\boldsymbol{x}} \in \mathbb{L}_3$ gilt. Dies läßt sich jedoch bei numerischen Berechnungen, auf die wir ja für die Bestimmung der Lyapunov-Exponenten angewiesen sind und die wir in Abschnitt 5.4.6 näher beschreiben werden, niemals exakt erreichen. Numerische Fehler werden stets dafür sorgen, daß eine kleine Komponente in $\boldsymbol{e}_1$-Richtung vorhanden ist, die dann exponentiell verstärkt wird.

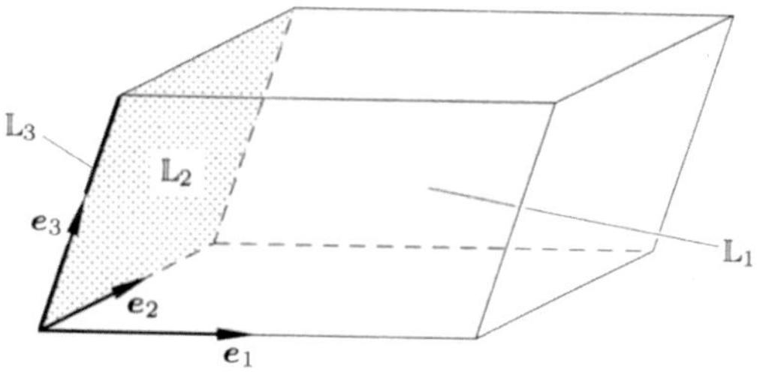

Abb. 5.4.10
Lineare Unterräume und Basisvektoren zur Berechnung der Lyapunov-Exponenten

Es erhebt sich daher die Frage, wie man überhaupt die übrigen Lyapunov-Exponenten $\sigma_i < \sigma_1$ ($i = 2, 3, \ldots, n$) bestimmen kann. Dazu führen wir das von Oseledec beschriebene Konzept der *Lyapunov-Exponenten p-ter Ordnung* ein (Oseledec, 1968). Dementsprechend bezeichnet man die in Gl. (5.4.70) definierte Größe σ als Lyapunov-Exponent 1. Ordnung. Dabei hatten wir die mittlere Expansion oder Kontraktion in einer Richtung, also längs eines Vektors, betrachtet. Beim verallgemeinerten Konzept der Lyapunov-Exponenten p-ter Ordnung studiert man nun die mittlere exponentielle Wachstumsrate des Volumens V_p eines p-dimensionalen Parallelepipeds im tangentialen Raum $\mathbb{E}_0$ und definiert

$$\sigma_{\boldsymbol{x}_r}^{(p)}(V_p) = \limsup_{t\to\infty} \frac{1}{t} \ln \frac{V_p(t)}{V_p(0)} \tag{5.4.78}$$

Wir nehmen wieder an, daß der Grenzwert existiert, endlich ist und für fast alle Trajektorien aus dem Einzugsgebiet eines Attraktors denselben Wert annimmt, so daß wir wieder auf den Index $\boldsymbol{x}_r$ verzichten können. Betrachten wir ein Parallelepiped, das durch die Basisvektoren $\boldsymbol{e}_1, \boldsymbol{e}_2, \ldots \boldsymbol{e}_p$ aufgespannt wird, so gilt

$$\sigma^{(p)}(V_p) = \sigma(\boldsymbol{e}_1) + \sigma(\boldsymbol{e}_2) + \cdots + \sigma(\boldsymbol{e}_p) \tag{5.4.79}$$

d. h. der Lyapunov-Exponent p-ter Ordnung ist gleich der Summe der entsprechenden σ-Werte 1. Ordnung. Diese Beziehung bildet die Grundlage für die Berechnung der Lyapunov-Exponenten p-ter Ordnung (Benettin *et al.*, 1980). Nun gibt es für $p < n$ je nach Wahl der p Basisvektoren verschiedene Möglichkeiten, p-dimensionale Parallelepipede aufzuspannen. Für p = 2 und n = 3 gibt es beispielsweise drei Möglichkeiten (siehe Abb. 5.4.10), nämlich die drei Seitenflächen des Parallelepipeds, und somit

$$\sigma^{(2)}(V_2) = \text{einer der Werte aus der Menge } \{\sigma_1 + \sigma_2,\ \sigma_2 + \sigma_3,\ \sigma_3 + \sigma_1\}$$

Es zeigt sich auch hier wieder, daß sich bei numerischen Berechnungen der größte aller möglichen Werte einstellt, so daß $\sigma^{(\mathrm{p})}(V_{\mathrm{p}})$ nur von der Dimension p, nicht aber vom zufällig ausgewählten Parallelepiped abhängt. Somit können wir Gl. (5.4.79) präzisieren

$$\sigma^{(\mathrm{p})} = \sigma_1 + \sigma_2 + \cdots + \sigma_{\mathrm{p}} \tag{5.4.80}$$

Kennt man daher die Lyapunov-Exponenten p-ter Ordnung für p = 1, ..., n, so kann man sukzessive alle Lyapunov-Exponenten 1. Ordnung aus folgendem Gleichungssystem bestimmen

$$\begin{aligned}
&\sigma^{(1)} = \sigma_1 \\
&\sigma^{(2)} = \sigma_1 + \sigma_2 \quad \Rightarrow \quad \sigma_2 = \sigma^{(2)} - \sigma^{(1)} \\
&\vdots \\
&\sigma^{(\mathrm{n})} = \sigma_1 + \sigma_2 + \cdots + \sigma_{\mathrm{n}} \quad \Rightarrow \quad \sigma_{\mathrm{n}} = \sigma^{(\mathrm{n})} - \sigma^{(\mathrm{n}-1)}
\end{aligned} \tag{5.4.81}$$

Aus den Eigenschaften der Lyapunov-Exponenten können wir nun einige wichtige Folgerungen ziehen:

i. Man kann zeigen, daß für alle Trajektorien, die nicht in einen Fixpunkt münden, mindestens ein Lyapunov-Exponent Null ist (Benettin, 1980; Haken, 1983b). Zum Beweis betrachtet man eine Störung tangential an die Trajektorie $\widetilde{\boldsymbol{x}}(t) = \dot{\boldsymbol{x}}(t)$.

ii. Die Lyapunov-Exponenten ermöglichen es, die verschiedenen Attraktoren voneinander zu unterscheiden. In Abb. 5.4.11 sind die möglichen Attraktortypen für 3-dimensionale Phasenräume sowie die zugehörigen Lyapunov-Exponenten $(\sigma_1, \sigma_2, \sigma_3)$ dargestellt. Ein Fixpunkt hat 3 negative Lyapunov-Exponenten, ein Grenzzyklus ist durch $\sigma_1 = 0$, $\sigma_3 < \sigma_2 < 0$ gekennzeichnet, für einen Torus erhält man $\sigma_1 = \sigma_2 = 0$, $\sigma_3 < 0$. Eine chaotische, irreguläre Bewegung auf einem seltsamen Attraktor ist durch einen positiven Lyapunov-Exponenten $\sigma_1 > 0$ sowie $\sigma_2 = 0$, $\sigma_3 < 0$ charakterisiert.

Ein positiver Lyapunov-Exponent $\sigma_1 > 0$ kennzeichnet das exponentielle Auseinanderdriften (Divergenz) der Trajektorien. Da sich der seltsame Attraktor jedoch nur über einen beschränkten Teil des Phasenraums ausdehnt, kann exponentielles Wachstum nicht in allen Richtungen möglich sein, zwangsläufig müssen auch Kontraktionen und Rückfaltungen auftreten. Dieses Verhalten spiegelt sich in einem negativen Lyapunov-Exponenten $\sigma_3 < 0$ wider. Da sich ursprünglich benachbarte

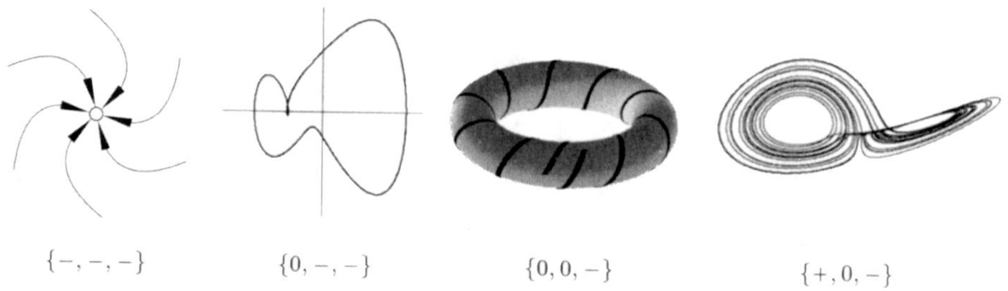

Abb. 5.4.11 Charakterisierung der Attraktortypen im 3-dimensionalen Phasenraum durch Lyapunov-Exponenten

Trajektorien exponentiell voneinander entfernen, ist ein chaotisches System sehr empfindlich gegenüber kleinen Abweichungen in den Anfangsbedingungen.

Es treten in mehrdimensionalen Phasenräumen auch Fälle auf, in denen zwei oder mehr Lyapunov-Exponenten positiv sind. Man spricht dann gelegentlich von Hyperchaos; vgl. (Rössler, 1979; Brun, 1989).

iii. Das Spektrum der Lyapunov-Exponenten kann dazu verwendet werden, Instabilitäten und Bifurkationen des Systems in Abhängigkeit von einem Systemparameter aufzuzeigen. Geht beispielsweise ein stabiler Torus in einen seltsamen Attraktor über, so gibt es einen kritischen Punkt, an dem sich das Spektrum der Lyapunov-Exponenten von $\{0, 0, -\}$ auf $\{+, 0, -\}$ ändert.

iv. In Abschnitt 5.1 haben wir die Volumenkontraktion dissipativer Systeme erläutert, die nach Gl. (5.1.8) durch div $\boldsymbol{F}$ erfaßt wird (vgl. auch Gl. (4.1.28), Satz von Liouville)

$$\frac{\mathrm{d}V(t)}{\mathrm{d}t} = \int \operatorname{div} \boldsymbol{F}(\boldsymbol{x}) \mathrm{d}V$$

Ist daher beispielsweise div $\boldsymbol{F} = C = \text{const} < 0$, so folgt

$$\frac{\mathrm{d}V(t)}{\mathrm{d}t} = C \cdot V(t) \qquad \text{oder} \qquad V(t) = V(0)\mathrm{e}^{Ct}$$

Daraus läßt sich der Lyapunov-Exponent n-ter Ordnung bestimmen

$$\sigma^{(\mathrm{n})} = \lim_{t\to\infty} \frac{1}{t} \ln |V(t)| = C = \operatorname{div} \boldsymbol{F} \tag{5.4.82}$$

Für ein allgemeines dissipatives System ist div $\boldsymbol{F} < 0$, aber nicht konstant. Der Exponent $\sigma^{(\mathrm{n})}$ kann dann als zeitlicher Mittelwert

$$\sigma^{(\mathrm{n})} = \lim_{t\to\infty} \frac{1}{t} \int_0^t \operatorname{div} \boldsymbol{F}(\boldsymbol{x}(\tau)) \mathrm{d}\tau = \sigma_1 + \sigma_2 + \cdots + \sigma_{\mathrm{n}} \tag{5.4.83}$$

interpretiert werden. Dissipative Systeme sind also dadurch gekennzeichnet, daß die Summe ihrer Lyapunov-Exponenten negativ ist

$$\sigma^{(\mathrm{n})} = \sigma_1 + \sigma_2 + \cdots + \sigma_{\mathrm{n}} < 0 \tag{5.4.84}$$

Betrachten wir zum Beispiel das Lorenz-System Gl. (5.2.1). Für die Divergenz ergibt sich ein konstanter negativer Wert

$$\operatorname{div} \boldsymbol{F} = \frac{\partial F_1}{\partial X} + \frac{\partial F_2}{\partial Y} + \frac{\partial F_3}{\partial Z} = -\sigma - 1 - b = \sigma^{(3)} \tag{5.4.85}$$

(σ bedeutet hier die Prandtl-Zahl!). Wegen $\sigma_2 = 0$ genügt also in diesem Fall die Berechnung des größten Lyapunov-Exponenten σ_1. Aus Gln. (5.4.80) und (5.4.85) folgt dann

$$\sigma_3 = -(\sigma + 1 + b) - \sigma_1 \tag{5.4.86}$$

v. In Abschnitt 4.1 hatten wir mit Hilfe des Satzes von Liouville Gl. (4.1.28) die Volumentreue konservativer Systeme gezeigt. Aus Gl. (5.4.82) folgt daher wegen $\operatorname{div} \boldsymbol{F} = 0$ sofort

$$\sigma^{(\mathrm{n})} = \sigma_1 + \sigma_2 + \cdots + \sigma_{\mathrm{n}} = 0 \tag{5.4.87}$$

Liegen die Bewegungsgleichungen in der kanonischen Form Gl. (4.1.23) vor

$$\dot{\boldsymbol{p}} = -\frac{\partial H}{\partial \boldsymbol{q}^{\mathrm{t}}} \quad , \qquad \dot{\boldsymbol{q}} = \frac{\partial H}{\partial \boldsymbol{p}^{\mathrm{t}}}$$

so kann man überdies nachweisen (Benettin *et al.*, 1980), daß stets Paare von Lyapunov-Exponenten mit entgegengesetztem Vorzeichen auftreten

$$\{\sigma_1, \sigma_2, \ldots, \sigma_{f-1}, \sigma_f, -\sigma_f, -\sigma_{f-1}, \ldots, -\sigma_2, -\sigma_1\} \tag{5.4.88}$$

Für periodische Bewegungen ist dies unmittelbar einzusehen und eine direkte Folge der symplektischen Struktur der Poincaré-Abbildung Hamiltonscher Systeme (siehe Abschnitt 4.5, Folgerung (b)). In diesem Fall kann man alle Eigenwerte der zugehörigen Jacobi-Matrix zu Paaren ordnen, deren Produkt 1 ist.

Die Symmetrie in den Hamilton-Gleichungen spiegelt sich also direkt in den Lyapunov-Exponenten wider. Nach *i.* müssen in diesem Fall zwei Lyapunov-Exponenten den Wert Null haben. Die zugehörigen Störungsrichtungen sind einerseits die Richtung der Trajektorientangente und zum zweiten eine weitere Richtung in der Hyperfläche konstanter Energie, auf der alle Trajektorien verlaufen.

5.4.5 Lyapunov-Exponenten n-dimensionaler diskreter Systeme

In Anlehnung an die Definition der Lyapunov-Exponenten für kontinuierliche Systeme wollen wir hier ganz kurz die Lyapunov-Exponenten für n-dimensionale diskrete Systeme einführen. In Abschnitt 5.4.3 hatten wir bereits den Lyapunov-Exponenten für eindimensionale Abbildungen definiert. Wir gehen nun aus von einem n-dimensionalen System

$$\boldsymbol{x}_{\mathrm{k}+1} = \boldsymbol{f}(\boldsymbol{x}_{\mathrm{k}}) \tag{5.4.89}$$

und untersuchen das Stabilitätsverhalten einer Punktfolge $\{\boldsymbol{x}_{r\mathrm{k}}\}$, indem wir wieder die Entwicklung einer kleinen Störung $\widetilde{\boldsymbol{x}}_{\mathrm{k}}$ für $\mathrm{k} \to \infty$ beobachten

$$\boldsymbol{x}_{\mathrm{k}} = \boldsymbol{x}_{r\mathrm{k}} + \widetilde{\boldsymbol{x}}_{\mathrm{k}} \tag{5.4.90}$$

Für eine lineare Stabilitätsanalyse werden wir analog zu Gl. (5.4.89) auf folgendes lineare homogene Gleichungssystem geführt

$$\widetilde{\boldsymbol{x}}_{\mathrm{k}+1} = \boldsymbol{D}_{\mathrm{k}}\widetilde{\boldsymbol{x}}_{\mathrm{k}} \tag{5.4.91}$$

wobei die Jacobi-Matrix

$$\boldsymbol{D}_{\mathrm{k}} = \left.\frac{\partial \boldsymbol{f}}{\partial \boldsymbol{x}}\right|_{\boldsymbol{x}_{r\mathrm{k}}} \tag{5.4.92}$$

von der k-ten Iteration des Referenzpunktes $\boldsymbol{x}_{r\mathrm{k}}$ abhängt. Sukzessive Anwendung von Gl. (5.4.91) führt auf den Produktausdruck

$$\widetilde{\boldsymbol{x}}_{\mathrm{k}+1} = \boldsymbol{D}_{\mathrm{k}}\,\boldsymbol{D}_{\mathrm{k}-1}\cdots\boldsymbol{D}_{1}\widetilde{\boldsymbol{x}}_{1} \tag{5.4.93}$$

Entsprechend zu Gl. (5.4.70) kann man den Lyapunov-Exponenten des Vektors $\widetilde{\boldsymbol{x}}_{\mathrm{k}}$ bezüglich der Referenzfolge $\{\boldsymbol{x}_{r\mathrm{k}}\}$ definieren als

$$\sigma_{\boldsymbol{x}_r}(\widetilde{\boldsymbol{x}}_1) = \limsup_{\mathrm{k}\to\infty} \frac{1}{\mathrm{k}} \ln \frac{|\widetilde{\boldsymbol{x}}_{\mathrm{k}+1}|}{|\widetilde{\boldsymbol{x}}_1|} \tag{5.4.94}$$

Wie im vorigen Abschnitt existiert für eine Klasse von Abbildungen der Grenzwert und ist im allgemeinen unabhängig von der speziell ausgewählten Punktfolge $\{\boldsymbol{x}_{r\mathrm{k}}\}$. In Abhängigkeit von der Anfangsstörung $\widetilde{\boldsymbol{x}}_1$ gibt es wieder höchstens n verschiedene Lyapunov-Exponenten, die sich aus den n Eigenwerten $\lambda_{\mathrm{i}}(\mathrm{k})$ ($\mathrm{i} = 1, \ldots, \mathrm{n}$) der Matrix

$$\boldsymbol{J}_{\mathrm{k}} = \boldsymbol{D}_{\mathrm{k}}\,\boldsymbol{D}_{\mathrm{k}-1}\cdots\boldsymbol{D}_{1} \tag{5.4.95}$$

bestimmen lassen, wobei sowohl die Eigenwerte als auch die Richtungen der zugehörigen Eigenvektoren von Iteration zu Iteration variieren. Die Lyapunov-Exponenten ergeben sich wie folgt

$$\sigma_i = \lim_{k\to\infty} \frac{1}{k} \ln|\lambda_i(k)| \quad (i = 1, \ldots, n) \tag{5.4.96}$$

Interpretiert man die n-dimensionale Abbildung (5.4.89) als Poincaré-Abbildung eines (n+1)-dimensionalen kontinuierlichen Systems, so fällt für das diskrete System die Störung tangential zum Fluß weg, und damit auch der entsprechende Lyapunov-Exponent vom Wert Null. Bezeichnet man die Lyapunov-Exponenten des (n+1)-dimensionalen kontinuierlichen Systems mit $\bar{\sigma}_i$, diejenigen der entsprechenden Poincaré-Abbildung mit σ_i, so kann man die Beziehung aufstellen

$$\sigma_i = \tau\bar{\sigma}_i \tag{5.4.97}$$

wobei τ eine gemittelte Zeit zwischen zwei aufeinanderfolgenden Poincaré-Schnitten bedeutet (Eckmann und Ruelle, 1985).

Da sich für eine beliebige Anfangsstörung $\widetilde{\boldsymbol{x}}_1$ der größte Lyapunov-Exponent σ_1 ergibt, benötigt man zur Bestimmung aller Exponenten wieder die Lyapunov-Exponenten p-ter Ordnung, die auch hier durch die mittlere exponentielle Ausdehnung oder Kontraktion p-dimensionaler Parallelepipede vom Volumen V_p definiert werden

$$\sigma^{(p)} = \lim_{k\to\infty} \frac{1}{k} \ln\frac{V_p(k)}{V_p(1)} \tag{5.4.98}$$

In der Literatur, z.B. (Farmer *et al.*, 1983), findet man häufig den Begriff der Lyapunov-Zahlen $\Lambda_1, \ldots \Lambda_n$ anstelle der Lyapunov-Exponenten. Die Lyapunov-Exponenten sind dabei einfach die natürlichen Logarithmen der Lyapunov-Zahlen. Aus Gl. (5.4.96) erhält man somit

$$\sigma_i = \ln\Lambda_i \qquad (i = 1, \ldots, n) \tag{5.4.99a}$$

oder

$$\Lambda_i = \lim_{k\to\infty} |\lambda_i(k)|^{1/k} \tag{5.4.99b}$$

Die Lyapunov-Zahlen erlauben, ähnlich wie die Floquet-Multiplikatoren in Abschnitt 5.4.2, Abb. 5.4.4, eine anschauliche geometrische Interpretation. Für eine zweidimensionale Abbildung, beispielsweise, bedeuten Λ_1 und Λ_2 die mittleren Hauptdehnungsfaktoren, die nach k Iterationen einen kleinen Kreis vom Radius δr näherungsweise auf eine Ellipse mit den Hauptachsen $\Lambda_1^k\delta r$ bzw. $\Lambda_2^k\delta r$ abbilden (siehe Abb. 5.4.12).

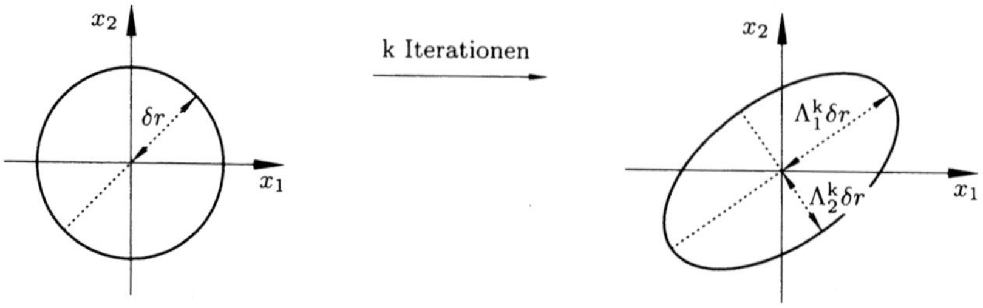

Abb. 5.4.12 Geometrische Interpretation der Lyapunov-Zahlen Λ_1, Λ_2 einer zweidimensionalen Abbildung

5.4.6 Numerische Berechnung der Lyapunov-Exponenten

Zur numerischen Bestimmung der Lyapunov-Exponenten kontinuierlicher Systeme muß man das lineare System Gl. (5.4.67)

$$\dot{\widetilde{\boldsymbol{x}}}(t) = \left.\frac{\partial \boldsymbol{F}}{\partial \boldsymbol{x}}\right|_{\boldsymbol{x}_r(t)} \widetilde{\boldsymbol{x}}(t)$$

integrieren, wobei die Koeffizientenmatrix vom Verlauf der Referenztrajektorie $\boldsymbol{x}_r(t)$ abhängt. Zur Berechnung von $\boldsymbol{x}_r(t)$ muß man daher simultan auch das nichtlineare Ausgangssystem Gl. (5.4.1)

$$\dot{\boldsymbol{x}}_r(t) = \boldsymbol{F}(\boldsymbol{x}_r(t))$$

integrieren. Eine analytische Lösung dieser Differentialgleichungen wird nur in Ausnahmefällen möglich sein, so daß man im allgemeinen auf numerische Integrationen angewiesen ist.

(a) *Bestimmung des größten Lyapunov-Exponenten*

Zu vorgegebenen Anfangsbedingungen $\boldsymbol{x}_r(t_0) = \boldsymbol{x}_{r0}$ und $\widetilde{\boldsymbol{x}}(t_0) = \widetilde{\boldsymbol{x}}_0$ berechnet man die Entwicklung der Störung $\widetilde{\boldsymbol{x}}(t)$ längs der Referenztrajektorie und bestimmt deren Maß

$$d(t) = |\widetilde{\boldsymbol{x}}(t)| \tag{5.4.100}$$

Die Schwierigkeit besteht nun darin, daß $d(t)$ im Falle chaotischen Verhaltens, das ja von besonderem Interesse ist, exponentiell mit der Zeit anwächst, so daß es auf dem Computer neben numerischen Ungenauigkeiten sehr schnell zu einem „overflow“ kommt. Dieses Problem kann man jedoch umgehen, wenn man die Überführungseigenschaft Gl. (5.4.69) der Fundamentalmatrix $\boldsymbol{\Phi}(t, t_0)$ heranzieht.

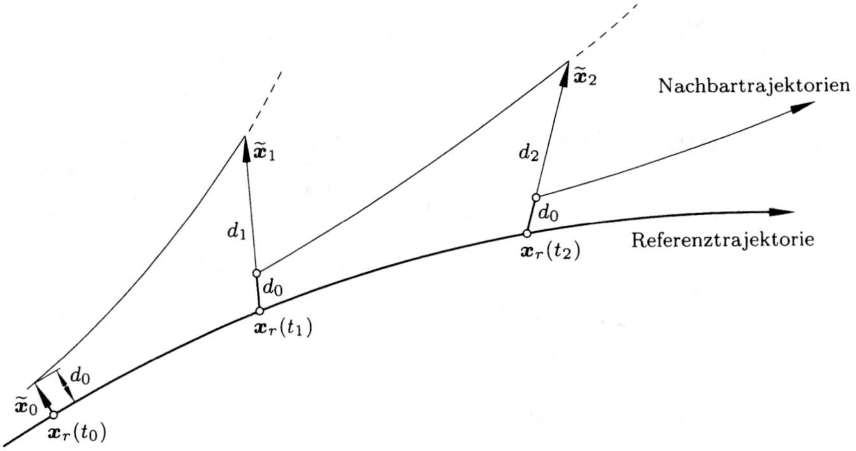

Abb. 5.4.13 Renormierungsverfahren zur numerischen Berechnung von σ_1

Wählt man ein festes Zeitinkrement Δt und bezeichnet die entsprechenden diskreten Zeiten mit

$$t_m = t_0 + m\Delta t$$

so kann man die Beziehung Gl. (5.4.68) folgendermaßen als k-faches Produkt darstellen

$$\tilde{\boldsymbol{x}}(t_k) = \boldsymbol{\Phi}(t_k, t_{k-1})\boldsymbol{\Phi}(t_{k-1}, t_{k-2}) \ldots \boldsymbol{\Phi}(t_1, t_0)\tilde{\boldsymbol{x}}(t_0) \tag{5.4.101}$$

Nun setzt man jeweils nach einer Zeitspanne Δt die Länge des Vektors $\tilde{\boldsymbol{x}}$ auf seine ursprüngliche Länge $d_0 = |\tilde{\boldsymbol{x}}_0|$ zurück (siehe Abb. 5.4.13), wobei man zweckmäßigerweise $d_0 = 1$ wählen wird. Man berechnet also sukzessive die Vektoren

$$\begin{aligned}
\text{k} = 1: \quad & \boldsymbol{\Phi}(t_1, t_0)\tilde{\boldsymbol{x}}(t_0) = \tilde{\boldsymbol{x}}_1 \\
& |\tilde{\boldsymbol{x}}_1| = d_1, \; \bar{\tilde{\boldsymbol{x}}}_1 = \frac{\tilde{\boldsymbol{x}}_1}{d_1} \\
\text{k} = 2: \quad & \boldsymbol{\Phi}(t_2, t_1)\bar{\tilde{\boldsymbol{x}}}_1 = \tilde{\boldsymbol{x}}_2 \\
& |\tilde{\boldsymbol{x}}_2| = d_2, \; \bar{\tilde{\boldsymbol{x}}}_2 = \frac{\tilde{\boldsymbol{x}}_2}{d_2}
\end{aligned} \tag{5.4.102}$$

usw.

Die Länge $|\tilde{\boldsymbol{x}}(t_k)|$ läßt sich dann aus Gl. (5.4.101) wie folgt bestimmen

$$
\begin{aligned}
|\tilde{\boldsymbol{x}}(t_k)| &= |\boldsymbol{\Phi}(t_k, t_{k-1})\boldsymbol{\Phi}(t_{k-1}, t_{k-2}) \ldots \underbrace{\boldsymbol{\Phi}(t_1, t_0)\tilde{\boldsymbol{x}}(t_0)}_{= d_1 \bar{\tilde{\boldsymbol{x}}}_1} | \\
&= |\boldsymbol{\Phi}(t_k, t_{k-1})\boldsymbol{\Phi}(t_{k-1}, t_{k-2}) \ldots \underbrace{\boldsymbol{\Phi}(t_2, t_1)\bar{\tilde{\boldsymbol{x}}}_1}_{= d_2 \bar{\tilde{\boldsymbol{x}}}_2} | d_1 \\
&\;\vdots \\
&= |\underbrace{\boldsymbol{\Phi}(t_k, t_{k-1})\bar{\tilde{\boldsymbol{x}}}_{k-1}}_{= d_k \bar{\tilde{\boldsymbol{x}}}_k} | d_{k-1} d_{k-2} \ldots d_2 d_1
\end{aligned}
$$

Insgesamt erhält man also (beachte $|\bar{\tilde{\boldsymbol{x}}}_k| = 1$)

$$
|\tilde{\boldsymbol{x}}(t_k)| = \prod_{i=1}^{k} d_i \tag{5.4.103}
$$

Falls das Zeitinkrement Δt genügend klein gewählt wird, kann man auf diese Weise auf dem Computer einen „overflow“ vermeiden und erhält nach Gl. (5.4.70) den größten Lyapunov-Exponenten

$$
\begin{aligned}
\sigma_1 &= \lim_{t \to \infty} \frac{1}{t} \ln |\tilde{\boldsymbol{x}}(t)| \\
&= \lim_{k \to \infty} \frac{1}{k\Delta t} \ln \prod_{i=1}^{k} d_i
\end{aligned}
$$

Daraus ergibt sich die einfache Formel

$$
\sigma_1 = \lim_{k \to \infty} \frac{1}{k\Delta t} \sum_{i=1}^{k} \ln d_i \tag{5.4.104}
$$

Für praktische Berechnungen ist es zweckmäßig, simultan die 2n Gleichungen

$$
\begin{aligned}
\dot{\boldsymbol{x}}_r &= \boldsymbol{F}\boldsymbol{x}_r && \text{mit} && \boldsymbol{x}_r(t_0) = \boldsymbol{x}_{r0} \\
\dot{\tilde{\boldsymbol{x}}} &= \left.\frac{\partial \boldsymbol{F}}{\partial \boldsymbol{x}}\right|_{\boldsymbol{x}_r(t)} \tilde{\boldsymbol{x}} && \text{mit} && \tilde{\boldsymbol{x}}(t_0) = \tilde{\boldsymbol{x}}_0
\end{aligned} \tag{5.4.105}
$$

zu integrieren, wobei die Anfangszeit t_0 so gewählt sein sollte, daß Einschwingvorgänge bereits abgeklungen sind. Für ein festes Zeitinkrement berechnet man aus Gl. (5.4.102) die Längen d_k (k = 1, 2, ...) und erhält nacheinander Näherungen für den größten Lyapunov-Exponenten

$$\sigma_{1,\mathrm{k}} = \frac{1}{\mathrm{k}\Delta t} \sum_{\mathrm{i}=1}^{\mathrm{k}} \ln d_\mathrm{i} \tag{5.4.106}$$

Die (k + 1)-te Näherung $\sigma_{1,\mathrm{k}+1}$ ergibt sich dann rekursiv aus der vorhergehenden wie folgt

$$\sigma_{1,\mathrm{k}+1} = \frac{1}{(\mathrm{k}+1)\Delta t} \left(\sum_{\mathrm{i}=1}^{\mathrm{k}} \ln d_\mathrm{i} + \ln d_{\mathrm{k}+1} \right)$$

oder

$$\sigma_{1,\mathrm{k}+1} = \frac{\mathrm{k}}{\mathrm{k}+1} \sigma_{1,\mathrm{k}} + \frac{1}{(\mathrm{k}+1)\Delta t} \ln d_{\mathrm{k}+1} \tag{5.4.107}$$

Konkrete Computerexperimente werden am Beispiel des Lorenz-Systems in Abschnitt 9.3, Abbn. 9.3.3 und 9.3.4, erläutert.

(b) *Bestimmung aller Lyapunov-Exponenten*

In Abschnitt 5.4.4 hatten wir bereits darauf hingewiesen, daß man zur numerischen Bestimmung aller Lyapunov-Exponenten 1. Ordnung $\sigma_1, \ldots, \sigma_\mathrm{n}$ alle Lyapunov-Exponenten p-ter Ordnung $\sigma^{(\mathrm{p})}$ (p = 1, ..., n) berechnen muß. Auch hier tritt offenbar bei exponentiellem Anwachsen der Störungen das „overflow"-Problem auf. Es kommt aber noch eine neue Schwierigkeit hinzu. Jeder Vektor läßt sich entsprechend Gl. (5.4.77) linear in den Vektoren $\boldsymbol{e}_\mathrm{i}$ einer orthonormierten Basis darstellen, d. h.

$$\tilde{\boldsymbol{x}}(0) = c_1\boldsymbol{e}_1 + c_2\boldsymbol{e}_2 + \ldots + c_\mathrm{n}\boldsymbol{e}_\mathrm{n} \tag{5.4.108}$$

wobei wir $c_1 \neq 0$ voraussetzen. Für große Zeiten t läßt sich der Störungsvektor $\tilde{\boldsymbol{x}}(t)$ mit Hilfe der Näherungswerte $\tilde{\sigma}_\mathrm{i} \simeq \sigma_\mathrm{i}$ für die Lyapunov-Exponenten in folgender Form darstellen

$$\begin{aligned}\tilde{\boldsymbol{x}}(t) &\approx c_1 \mathrm{e}^{\tilde{\sigma}_1 t}\boldsymbol{e}_1 + c_2 \mathrm{e}^{\tilde{\sigma}_2 t}\boldsymbol{e}_2 + \ldots + c_\mathrm{n} \mathrm{e}^{\tilde{\sigma}_\mathrm{n} t_1}\boldsymbol{e}_\mathrm{n} \\ &= c_1 \mathrm{e}^{\tilde{\sigma}_1 t}\Big(\boldsymbol{e}_1 + \underbrace{\frac{c_2}{c_1}\mathrm{e}^{(\tilde{\sigma}_2-\tilde{\sigma}_1)t}\boldsymbol{e}_2 + \ldots + \frac{c_\mathrm{n}}{c_1}\mathrm{e}^{(\tilde{\sigma}_\mathrm{n}-\tilde{\sigma}_1)t}\boldsymbol{e}_\mathrm{n}}_{\to 0 \quad \text{für} \quad t\to\infty}\Big)\end{aligned} \tag{5.4.109}$$

Wäre $c_1 = 0$ für $t = 0$, so würden numerische Ungenauigkeiten bald zu einer kleinen Komponente in $\boldsymbol{e}_1$-Richtung führen, die exponentiell anwächst und nach kurzer Zeit dominiert. Daraus ergibt sich in Übereinstimmung mit der Eigenschaft wird. Unterwirft man also zwei Vektoren der Dynamik des Systems, so strebt der Winkel, den die beiden Vektoren einschließen, für wachsendes t gegen Null. Dies bedeutet, daß die Parallelepipede, die zur Berechnung der $\sigma^{(p)}$ betrachtet werden, wie Kartenhäuser zusammenfallen.

Aber auch für dieses Problem gibt es eine Lösung, die in (Benettin *et al.*, 1980, part II; Shimada und Nagashima, 1979) ausführlich erläutert wird. Zusätzlich zur oben beschriebenen Renormierung werden jeweils nach einer festen Zeitspanne Δt die Vektoren, die das Parallelepiped aufspannen, durch ein System orthonormierter Vektoren ersetzt, die wieder denselben Unterraum aufspannen. Ein klassisches Konstruktionsverfahren ist das Orthonormierungsverfahren nach Gram-Schmidt (Golub und van Loan, 1983), das sich sehr anschaulich für den 3-dimensionalen Fall erläutern läßt (siehe Abb. 5.4.14).

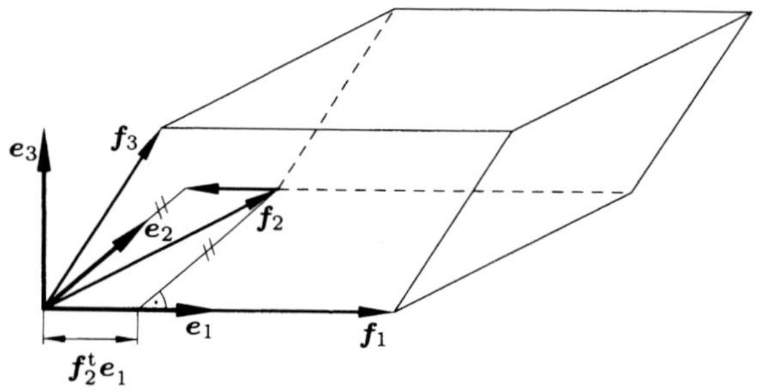

Abb. 5.4.14 Gram-Schmidtsches Orthonormierungverfahren für n=3

Wir gehen aus von 3 linear unabhängigen Vektoren $\{\boldsymbol{f}_1\ \boldsymbol{f}_2\ \boldsymbol{f}_3\}$. Dann konstruieren wir schrittweise eine neue orthonormierte Basis $\{\boldsymbol{e}_1\ \boldsymbol{e}_2\ \boldsymbol{e}_3\}$, die denselben Raum aufspannt

$$\boldsymbol{e}_1 = \frac{\boldsymbol{f}_1}{|\boldsymbol{f}_1|} \tag{5.4.110}$$

$$\overline{\boldsymbol{e}}_2 = \boldsymbol{f}_2 + c_{21}\boldsymbol{e}_1 \quad , \qquad \boldsymbol{e}_2 = \frac{\overline{\boldsymbol{e}}_2}{|\overline{\boldsymbol{e}}_2|} \tag{5.4.111}$$

wobei c_{21} so gewählt wird, daß $\overline{\boldsymbol{e}}_2 \perp \boldsymbol{e}_1$, also

$$c_{21} = -\boldsymbol{f}_2^{\mathrm{t}}\boldsymbol{e}_1 \tag{5.4.112}$$

Entsprechend macht man einen Ansatz für $\overline{\boldsymbol{e}}_3$ mit einer nichtverschwindenden Komponente in $\boldsymbol{f}_3$-Richtung und zwei Komponenten in $\boldsymbol{e}_1$- bzw. $\boldsymbol{e}_2$-Richtung

$$\overline{\boldsymbol{e}}_3 = \boldsymbol{f}_3 + c_{31}\boldsymbol{e}_1 + c_{32}\boldsymbol{e}_2 \quad , \qquad \boldsymbol{e}_3 = \frac{\overline{\boldsymbol{e}}_3}{|\overline{\boldsymbol{e}}_3|} \tag{5.4.113}$$

Dabei werden die Konstanten c_{31} und c_{32} so gewählt, daß $\bar{\boldsymbol{e}}_3 \perp \boldsymbol{e}_1$ und $\bar{\boldsymbol{e}}_3 \perp \boldsymbol{e}_2$ gilt. Wegen der Orthonormiertheit von $\{\boldsymbol{e}_1 \ \boldsymbol{e}_2\}$ ergibt sich einfach

$$c_{31} = -\boldsymbol{f}_3^{\mathrm{t}}\boldsymbol{e}_1 \quad , \qquad c_{32} = -\boldsymbol{f}_3^{\mathrm{t}}\boldsymbol{e}_2 \tag{5.4.114}$$

Dieses Konstruktionsverfahren läßt sich leicht fortsetzen. Im Falle einer p-dimensionalen Basis $\{\boldsymbol{f}_1, \ldots, \boldsymbol{f}_{\mathrm{p}}\}$, die durch eine orthonormierte Basis $\{\boldsymbol{e}_1, \ldots, \boldsymbol{e}_{\mathrm{p}}\}$ ersetzt werden soll, lautet der k-te Schritt

$$\begin{aligned} \bar{\boldsymbol{e}}_{\mathrm{k}} &= \boldsymbol{f}_{\mathrm{k}} + \sum_{\mathrm{i}=1}^{\mathrm{k}-1} c_{\mathrm{ki}}\boldsymbol{e}_{\mathrm{i}} \quad \text{mit} \quad c_{\mathrm{ki}} = -\boldsymbol{f}_{\mathrm{k}}^{\mathrm{t}}\boldsymbol{e}_{\mathrm{i}} \\ \boldsymbol{e}_{\mathrm{k}} &= \frac{\bar{\boldsymbol{e}}_{\mathrm{k}}}{|\bar{\boldsymbol{e}}_{\mathrm{k}}|} \end{aligned} \tag{5.4.115}$$

Die Berechnung der Lyapunov-Exponenten p-ter Ordnung ($\mathrm{p} = 1, \ldots, \mathrm{n}$) kann nun in folgende Schritte unterteilt werden:

i. Man wähle eine orthonormale Basis $\{\boldsymbol{e}_1, \ldots, \boldsymbol{e}_{\mathrm{n}}\}$. Jeweils $\mathrm{p} \leqslant \mathrm{n}$ Vektoren $\boldsymbol{e}_1, \ldots, \boldsymbol{e}_{\mathrm{p}}$ spannen einen p-dimensionalen Hyperwürfel $\mathbb{H}_{\mathrm{p}}$ auf.

ii. Man wähle ein festes Zeitinkrement Δt.

iii. Man unterwerfe die Basis $\{\boldsymbol{e}_{\mathrm{i}}\}$ dem Fluß des dynamischen Systems und bestimme durch numerische Integration nach dem Zeitintervall Δt die verzerrten Vektoren zum Zeitpunkt $t_{\mathrm{k}} = t_0 + \mathrm{k}\Delta t$

$$\boldsymbol{f}_{\mathrm{i}} = \boldsymbol{\Phi}(t_{\mathrm{k}}, t_{\mathrm{k}-1})\boldsymbol{e}_{\mathrm{i}}$$

iv. Man berechne das Volumen $V_{\mathrm{k}}^{(\mathrm{p})}$ des Parallelepipedes, das von $\boldsymbol{f}_1, \ldots, \boldsymbol{f}_{\mathrm{p}}$ aufgespannt wird, für $\mathrm{p} = 1, \ldots, \mathrm{n}$.

v. Man bestimme nach dem Gram-Schmidtschen Orthonormierungsverfahren neue Basisvektoren $\{\boldsymbol{e}_1, \ldots, \boldsymbol{e}_{\mathrm{n}}\}$ so, daß für $\mathrm{p} = 1, \ldots, \mathrm{n}$ jeweils $\{\boldsymbol{e}_1, \ldots, \boldsymbol{e}_{\mathrm{p}}\}$ denselben Raum aufspannen wie $\{\boldsymbol{f}_1, \ldots, \boldsymbol{f}_{\mathrm{p}}\}$, also

$$\operatorname{span}\{\boldsymbol{e}_1, \ldots, \boldsymbol{e}_{\mathrm{p}}\} = \operatorname{span}\{\boldsymbol{f}_1, \ldots, \boldsymbol{f}_{\mathrm{p}}\}$$

Zurück zu *iii.*, Schleife über k.

Wie bei der Bestimmung der Lyapunov-Exponenten 1. Ordnung kann man entsprechend zu Gl. (5.4.103) das Volumen $V_{\mathrm{p}}(t_{\mathrm{k}})$ als Produkt der in Schritt *iv.* berechneten Volumina $V_{\mathrm{i}}^{(\mathrm{p})}$ darstellen

$$V_{\mathrm{p}}(t_{\mathrm{k}}) = \prod_{\mathrm{i}=1}^{\mathrm{k}} V_{\mathrm{i}}^{(\mathrm{p})} \tag{5.4.116}$$

Damit kann der Lyapunov-Exponent p-ter Ordnung nach Gl. (5.4.78) folgendermaßen berechnet werden

$$\sigma^{(\mathrm{p})} = \lim_{\mathrm{k}\to\infty} \sigma_{\mathrm{k}}^{(\mathrm{p})} \tag{5.4.117}$$

$$\text{mit} \quad \sigma_{\mathrm{k}}^{(\mathrm{p})} = \frac{1}{\mathrm{k}\Delta t} \sum_{\mathrm{i}=1}^{\mathrm{k}} \ln V_{\mathrm{i}}^{(\mathrm{p})}$$

Kennt man die k-te Näherung $\sigma_{\mathrm{k}}^{(\mathrm{p})}$, so kann man in Analogie zu Gl. (5.4.107) eine Rekursionsvorschrift aufstellen

$$\sigma_{\mathrm{k}+1}^{(\mathrm{p})} = \frac{\mathrm{k}}{\mathrm{k}+1} \sigma_{\mathrm{k}}^{(\mathrm{p})} + \frac{1}{(\mathrm{k}+1)\Delta t} \ln V_{\mathrm{k}+1}^{(\mathrm{p})} \tag{5.4.118}$$

Die Berechnung der Lyapunov-Exponenten im Falle diskreter Systeme wird wesentlich durch die Tatsache vereinfacht, daß numerische Integrationen nicht erforderlich sind, sondern lediglich Iterationen durchgeführt werden müssen. Anstelle der Gln. (5.4.1) und (5.4.67) werden die Gleichungen

$$\widetilde{\boldsymbol{x}}_{\mathrm{k}+1} = \left.\frac{\partial \boldsymbol{f}}{\partial \boldsymbol{x}}\right|_{\boldsymbol{x}_{\mathrm{k}}} \widetilde{\boldsymbol{x}}_{\mathrm{k}} \tag{5.4.119}$$

$$\boldsymbol{x}_{\mathrm{k}+1} = \boldsymbol{f}(\boldsymbol{x}_{\mathrm{k}})$$

iteriert. Wird nach jedem Iterationsschritt eine Renormierung bzw. Orthonormierung durchgeführt, so ergeben sich den Gln. (5.4.104) und (5.4.117) entsprechende Formeln, wenn dort die Umlaufzeit Δt festgelegt wird und k die Iteration bezeichnet.

Mit Hilfe der Lyapunov-Exponenten lassen sich eine Reihe wichtiger Aussagen über dynamische Systeme machen. Zum einen werden wir in Abschnitt 5.5.6 den Zusammenhang zwischen den Lyapunov-Exponenten und der sogenannten Lyapunov-Dimension des Attraktors diskutieren und zum anderen in Abschnitt 5.6.3 die Kolmogorov-Sinai-Entropie mit Hilfe der positiven Lyapunov-Exponenten abschätzen.

An dieser Stelle wollen wir auf eine dritte Anwendung hinweisen. Die Kenntnis des größten Lyapunov-Exponenten σ_1 einer chaotischen Bewegung erlaubt eine, wenn auch sehr grobe, Abschätzung der sogenannten Relaxationszeit t^*. Damit ist diejenige Zeit gemeint, nach der es keine Korrelation mehr gibt zwischen der Anfangsbedingung $\boldsymbol{x}(0)$ und dem aktuellen Zustand $\boldsymbol{x}(t)$, d. h. t^* ist diejenige Zeit, nach der die gesamte Information über die Lage des Startpunktes im Phasenraum verlorengegangen ist. In der Praxis kann man den Startwert $\boldsymbol{x}_r(0)$ einer Referenztrajektorie $\boldsymbol{x}_r(t)$ nur auf endlich viele Dezimalstellen genau angeben, d. h. $\boldsymbol{x}_r(0)$ ist mit einem Fehler ε behaftet. Betrachten wir nun eine Nachbartrajektorie $\boldsymbol{x}(t)$ mit der Anfangsbedingung $\boldsymbol{x}(0) = \boldsymbol{x}_r(0) + \delta\boldsymbol{x}(0)$, wobei wir $|\delta\boldsymbol{x}(0)| < \varepsilon$ voraussetzen. Die empfindliche Abhängigkeit von kleinen Fehlern in den Anfangsbedingungen hatten wir am Beispiel des Lorenz-Attraktors demonstriert (siehe Farbnahe beieinander. Die lokale Instabilität des Systems, die sich in einem positiven Lyapunov-Exponenten σ_1 niederschlägt, führt jedoch zu einem exponentiellen Auseinanderdriften der beiden Trajektorien, die schließlich in weit auseinander liegende Bereiche des Attraktors gelangen. Bezeichnet man mit L eine charakteristische Ausdehnung des Attraktors im Phasenraum, so läßt sich die Relaxionszeit t^* grob abschätzen. Sind die Anfangsbedingungen mit einem Fehler $|\delta \boldsymbol{x}(0)|$ behaftet, so wächst dieser Fehler exponentiell an

$$|\delta \boldsymbol{x}(t)| \sim |\delta \boldsymbol{x}(0)| \mathrm{e}^{\sigma_1 t}$$

Sehen wir einmal von Rückfaltungen ab, so ist alle Information über die Anfangsbedingung verloren, sobald

$$|\delta \boldsymbol{x}(0)| \mathrm{e}^{\sigma_1 t^*} \sim L$$

gilt. Damit ergibt sich für die Relaxionszeit, d. h. die Zeitspanne, für die noch kurzfristige Vorhersagen möglich sind,

$$t^* \sim \frac{1}{\sigma_1} \ln \frac{L}{|\delta \boldsymbol{x}(0)|} \tag{5.4.120}$$

Diese Abschätzung zeigt, daß t^* umso größer wird, je kleiner $|\delta \boldsymbol{x}(0)|$ ist, d. h. je genauer man den Startwert lokalisieren kann. Andererseits wird t^* um so kleiner sein, je größer σ_1 ist, d. h. je stärker die lokalen Divergenzeigenschaften des Systems sind.

5.5 Dimensionen

Das Langzeitverhalten dissipativer Systeme wird durch Attraktoren verschiedenster Typen geprägt, falls die Trajektorien wiederkehrend sind und nicht gegen unendlich streben. Nach einer Einschwingphase, in der infolge der Dämpfung einige Bewegungsmoden abklingen und schließlich verschwinden, nähert sich der Zustand des Systems einem Attraktor, wobei im allgemeinen die Anzahl der unabhängigen Veränderlichen, die die Dimension des Phasenraums festlegen, erheblich reduziert wird. Das bedeutet, daß zur Beschreibung des Langzeitverhaltens wenige, aber wesentliche Variable ausreichen, weniger jedenfalls, als zur Beschreibung des Anfangszustands benötigt werden. Den Grund dafür haben wir bereits in Abschnitt 5.1 kennengelernt. Dort hatten wir gezeigt, daß die Kontraktion eines Volumenelements im Phasenraum charakteristisch ist für dissipative Systeme und daß daher jeder Attraktor in seinem jeweiligen Phasenraum vom Volumen Null sein muß.

Nachdem wir in Abschnitt 5.4 verschiedene Attraktoren aufgrund ihres Stabilitätsverhaltens charakterisiert haben, stellen wir uns nun die Frage, wie wir mit Hilfe des Dimensionsbegriffs zu einer weiteren Klassifikation der verschiedenen Attraktortypen kommen können. Im zweidimensionalen Phasenraum treten infolge der

Kreuzungsfreiheit der Trajektorien nur einfache Attraktoren auf, nämlich Fixpunkt und Grenzzyklus. Im dreidimensionalen Phasenraum führen Bewegungen mit zwei unabhängigen Frequenzen zu quasiperiodischem Langzeitverhalten, das durch zweidimensionale Tori beschrieben wird. Da die Überschneidungsfreiheit im Raum keine so große Einschränkung mehr bedeutet wie in der Ebene, kann nun allerdings ein vollkommen neuer Attraktortyp hinzukommen, wie etwa der Lorenz-Attraktor, ein komplexes, wirres Gebilde, das sicherlich keine Fläche oder Mannigfaltigkeit mehr formt. Diese seltsamen Attraktoren, die chaotisches irreguläres Verhalten widerspiegeln, können jedoch infolge der Kontraktion der Volumenelemente niemals den gesamten Phasenraum ausfüllen. Der einzige Ausweg aus dieser scheinbar paradoxen Situation ist, daß der seltsame Attraktor ein Mittelding ist zwischen einem räumlichen und einem flächenartigen Gebilde, also zwangsläufig eine nichtganzzahlige Dimensionalität zwischen 2 und 3 besitzt. Wir benötigen daher zu seiner Charakterisierung einen verallgemeinerten Dimensionsbegriff, der im Falle der einfachen Attraktoren Fixpunkt, Grenzzyklus und Torus mit deren herkömmlicher, aus der euklidischen Geometrie stammenden Dimension – also 0, 1 oder 2 – übereinstimmt, im Falle seltsamer Attraktoren jedoch eine nichtganzzahlige Größe liefert.

Die klassische Geometrie, die vor mehr als 2 000 Jahren von Euklid didaktisch aufgebaut wurde, beschäftigt sich mit regelmäßigen Gebilden (wie z. B. Kreisen, Dreiecken und Kugeln), d. h. Objekten mit ganzzahliger Dimension, drastischen Abstraktionen also, die wir in der Natur keineswegs beobachten können. Ist es überhaupt möglich, sich ein komplexes Gebilde nichtganzzahliger Dimensionalität vorzustellen?

Benoit Mandelbrot ging diesem Problem nach im Zusammenhang mit der Frage nach der Länge und dem Wesen der Küstenlinie Großbritanniens. Die Antwort auf diese so trivial anmutende Frage ist keineswegs leicht. Es stellt sich nämlich heraus, daß die Längenmessung der Küste vom verwendeten Maßstab abhängt. Beginnt man zunächst mit einer groben Karte, so erhält man eine erste Annäherung an die Länge. Verwendet man genaueres Kartenmaterial, in dem mehr Buchten und Landzungen eingezeichnet sind, so wird sich eine größere Gesamtlänge ergeben. Dieser Vorgang wiederholt sich, wenn man die Insel mit einer Meßlatte umwandert, in der Hoffnung, nun endlich die ganz genaue Länge angeben zu können. Wieder hängt die gemessene Länge von der Größe des Maßstabs ab (siehe Abb. 5.5.1). Obwohl die Küste eine endliche Landfläche umschließt, nähern sich Messungen der Länge ihrer Umfangslinie, die mit wachsender Genauigkeit durchgeführt werden, keinem Grenzwert, sondern wachsen ins Unendliche an. Dies liegt daran, daß in jedem noch so kleinen Maßstab wieder ähnliche Ausbuchtungen und Verkrumpelungen auftreten, wie wir sie schon von einem gröberen Maßstab her kennen. Mathematisch ausgedrückt ist an keinem Punkt der Küste die Differenzierbarkeit gewährleistet.

Wieder haben wir also eine paradoxe Situation, dieses Mal jedoch direkt aus der Natur, aus der Realität herausgegriffen. Mandelbrot fand die Lösung. Die Küste muß ein Mittelding zwischen einer Linie und einer Fläche sein, ein „Monstrum“, wie er es nannte, von nichtganzzahliger Dimensionalität. Tatsächlich kann man

Abb. 5.5.1 Wie lang ist die Küstenlinie von Großbritannien?

der Küste Großbritanniens eine verallgemeinerte Dimension von etwa 1.2 zuweisen (Barnsley, 1988). Mandelbrot prägte für derartige komplexe Gebilde nichtganzzahliger Dimension, die sich überdies je nach Entfernung des Beobachters vom Objekt anders beschreiben lassen, den Begriff des „Fraktals“.

5.5.1 Cantor-Menge

Gegen Ende des vorigen Jahrhunderts hat sich der Mathematiker Georg Cantor (1845 - 1918), der Begründer der Mengenlehre, intensiv mit dem Begriff des Unendlichen auseinandergesetzt. Beispielsweise haben ihn Fragen wie die Mächtigkeit von Mengen beschäftigt. Obwohl jedes noch so kleine Intervall sowohl unendlich viele rationale wie auch irrationale Zahlen enthält, kann man doch die rationalen Zahlen abzählen, die irrationalen dagegen nicht. Er konstruierte in diesem Zusammenhang eine Menge, die genau in unseren Fragenkomplex paßt. Diese Menge, die ihm zu Ehren Cantor-Menge genannt wird, nimmt eine Zwitterstellung ein zwischen einer Ansammlung diskreter Punkte und einer kontinuierlichen Linie und wird wie folgt konstruiert (siehe Abb. 5.5.2).

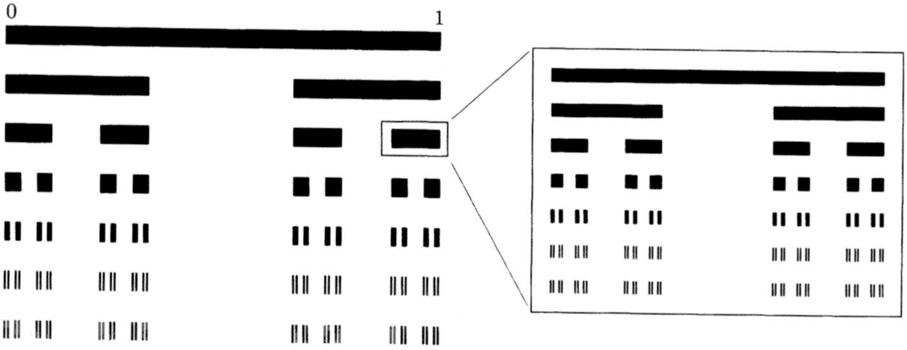

Abb. 5.5.2 Cantor-Menge

Man betrachtet das abgeschlossene Intervall [0,1] und entfernt das mittlere Drittel (1/3, 2/3), jedoch ohne die Randpunkte 1/3 und 2/3 wegzuschneiden. Ebenso verfährt man mit den beiden übriggebliebenen Intervallen [0, 1/3] und [2/3, 1]: man entfernt jeweils das mittlere Drittel und erhält 4 abgeschlossene Teilintervalle. Setzt man dieses Konstruktionsverfahren bis ins Unendliche fort, so entsteht als Grenzmenge eine unendliche, nichtabzählbare Menge von lauter Grenzpunkten, die nicht zusammenhängen.

Um eine Vorstellung von der „Ausdehnung“ der Cantor-Menge zu erhalten, berechnen wir die Länge L der weggeschnittenen Intervalle. Aus Abb. 5.5.2 ergibt sich

$$L = 1 \cdot \frac{1}{3} + 2 \cdot \frac{1}{9} + 4 \cdot \frac{1}{27} + \cdots + 2^{\mathrm{n}-1} \cdot \frac{1}{3^{\mathrm{n}}} + \cdots = \frac{1}{3} \sum_{\mathrm{n}=0}^{\infty} \left(\frac{2}{3}\right)^{\mathrm{n}} \qquad (5.5.1)$$

Dies ist aber eine geometrische Reihe der Form $\sum_{\mathrm{n}=0}^{\infty} x^{\mathrm{n}} = 1/(1-x)$ mit $x = 2/3$, so daß sich als Länge $L = 1$ ergibt, also genau die Länge des Ausgangsintervalls.

Die Cantor-Menge selbst hat also die Länge Null. Dennoch kann man ihr eine verallgemeinerte Dimension zuordnen, die zwischen der eines Punktes und derjenigen einer Linie liegt.

Ebenso lassen sich natürlich Mengen konstruieren, deren Dimension zwischen derjenigen einer Kurve und einer Fläche liegen. Ein Beispiel ist Kochs Schneeflockenkurve, ein idealisiertes Modell zur Beschreibung des Problems der Länge der Küstenlinie Großbritanniens.

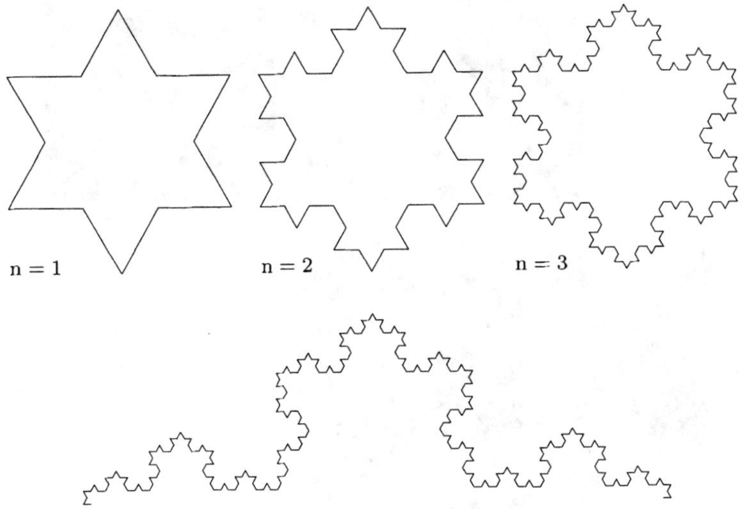

Abb. 5.5.3 Zur Konstruktion der Kochschen Schneeflockenkurve

Die Definition der Kochschen Kurve erfolgt wieder wie bei der Cantor-Menge über eine Iterationsvorschrift. Ausgehend von einem gleichseitigen Dreieck teile man jede Seite in drei gleiche Abschnitte, entferne jeweils das mittlere Drittel und setze statt dessen ein entsprechend kleineres gleichseitiges Dreieck ein (siehe Abb. 5.5.3). Wiederholt man diese Konstruktionsvorschrift unendlich oft, so entsteht in der Grenze eine unendlich zackige Kurve, die an keiner Stelle differenzierbar ist und unendliche Länge besitzt, obwohl sie nur ein endliches Flächenstück umschließt. Im folgenden werden wir sehen, daß man diesem fraktalen Gebilde eine nichtganzzahlige Dimension zuweisen kann, die zwischen 1 und 2 liegt.

Bevor wir uns der Einführung eines allgemeineren Dimensionsbegriffs zuwenden, wollen wir noch auf eine wichtige grundlegende Eigenart der Cantor-Menge und der Kochschen Kurve hinweisen, die eine Verbindung zum Problem der Länge der Küste Großbritanniens herstellt. Ebenso wie die Küste auf jeder noch so feinen Skala „verkrumpelt" erscheint, hat sowohl die Cantor-Menge als auch die Schneeflocken-Kurve infolge ihrer Konstruktionsvorschrift die Eigenschaft, daß jeder Teilausschnitt wieder die Gestalt des Ganzen hat (siehe Abbn. 5.5.2 und 5.5.3), d. h. beide Mengen sind selbstähnlich. Während derartige Mengen im vorigen und

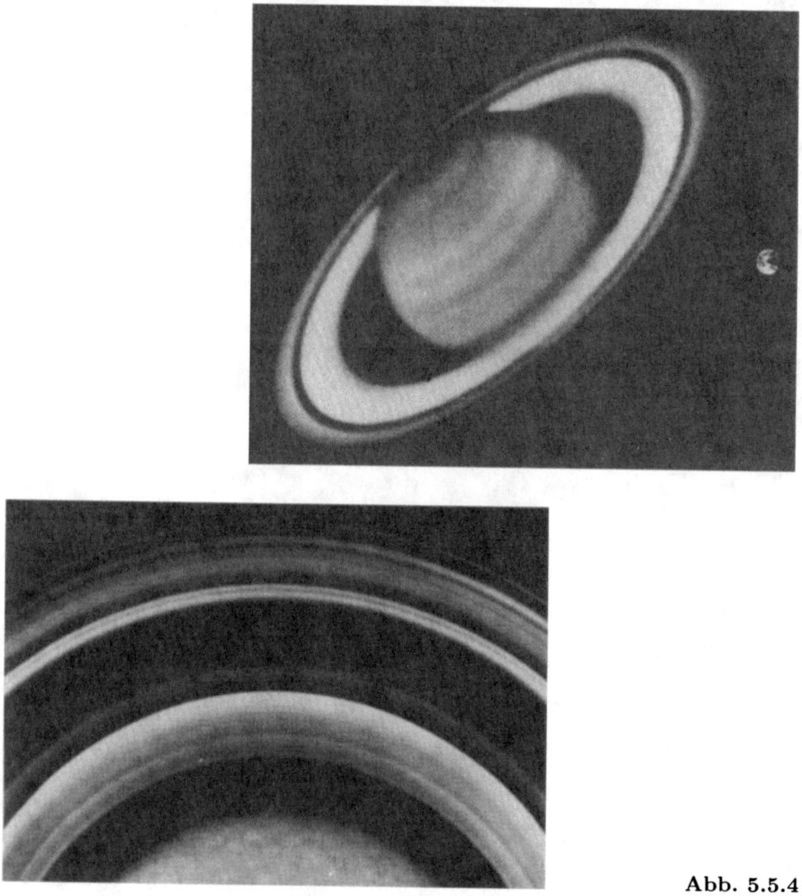

Abb. 5.5.4
Die Ringe des Saturn

zu Beginn dieses Jahrhunderts als pathologische Grenzfälle konstruiert wurden, um etwa den Begriff der Unendlichkeit zu präzisieren, betrachtet man sie heute mit ganz neuem Interesse als Mengen, die zur Beschreibung von Phänomenen aus unserer Anschauung herangezogen werden können. Tatsächlich stieß Mandelbrot auf die Cantor-Menge, als er im Auftrag der IBM das Auftreten von Funkelrauschen (engl. *excess noise*) in Telefonleitungen untersuchte, die zur Datenübertragung zwischen Computern verwendet werden. Es zeigte sich nämlich, daß die Fehler stets in Bündeln auftreten: fehlerfreie Abschnitte werden unterbrochen von Fehlerperioden, die wiederum aufgeteilt werden können in kleinere störungsfreie Abschnitte und kürzere Fehlerperioden. Es gelang Mandelbrot, zu zeigen, daß die Fehlerbündel genau die selbstähnliche Struktur einer Cantor-Menge besitzen.

Ein weiteres Beispiel bietet der Saturnring (Abb. 5.5.4), der von Christian Huygens entdeckt wurde. Zunächst glaubte man, daß es sich um einen einzigen Ring handele. Im Jahre 1675 konnten jedoch Cassini und Maraldi mit Hilfe eines verbesserten Teleskops eine Unterteilung in einen sogenannten A-Ring und einen B-Ring ausmachen, die man als Cassinische Teilung bezeichnet. Die Bilder, die Ende August 1979 von der Pioneer-11-Sonde über 1 500 Millionen Kilometer zur Erde gefunkt wurden, zeigen, daß es nicht nur eine, sondern außerordentlich viele Lücken im Saturnring gibt, deren Struktur nach Mandelbrots Vermutung wieder einer Cantor-Menge ähnelt. Die Cantor-Menge scheint ein grundlegendes Ordnungsprinzip der Natur widerzuspiegeln. Tatsächlich spielt sie im Falle dissipativer System bei der Beschreibung von Attraktoren eine wesentliche Rolle.

Wenden wir uns nun der Definition einer verallgemeinerten Dimension zu. Es gibt verschiedene Möglichkeiten, Attraktoren oder fraktalen Mengen eine nichtganzzahlige Dimension zuzuweisen. Diese Größen geben verschiedene Versuche wieder, die intuitive Vorstellung, wie „dicht" eine Menge den Raum, in dem sie liegt, ausfüllt, zu quantifizieren. Im wesentlichen kann man die Fülle der verschiedenen Dimensionsdefinitionen in zwei Gruppen einteilen (siehe Farmer *et al.*, 1983), die jeweils unterschiedliche mathematische und physikalische Eigenschaften der Menge hervorheben, sowie eine weitere Definition, die auf den dynamischen Eigenschaften eines deterministischen Prozesses basiert. In den folgenden Teilabschnitten werden verschiedene Definitionen, z. T. in etwas vereinfachter Form, vorgestellt. An weiterführender Literatur sei z. B. (Mandelbrot, 1982; Farmer *et al.*, 1983; Hentschel und Procaccia, 1983) empfohlen.

5.5.2 Fraktaldimensionen: Kapazitätsdimension und Hausdorff-Besicovitch-Dimension

Diese Gruppe von Dimensionen benützt zu ihrer Definition lediglich metrische Begriffe, d. h. es wird ein Raum zugrunde gelegt, in dem der Abstand zweier Punkte festgelegt ist, wie beispielsweise im Euklidischen Raum. Man spricht daher auch von metrischen Dimensionen.

In Abb. 5.5.5 sind ein Intervall, ein Quadrat und ein Würfel dargestellt, deren Länge, Fläche bzw. Volumen wir einfach ermitteln können, indem wir die jeweilige Menge in n-dimensionale „Kästchen" der Kantenlänge ε unterteilen, wobei n die Dimension des zugrunde gelegten Euklidischen Raumes angibt.

Bezeichnet man mit $W(\varepsilon)$ die Anzahl der benötigten Kästchen, so gilt für das jeweilige „n-dimensionale Volumen"

$$V = W(\varepsilon)\varepsilon^D \tag{5.5.2}$$

wobei der Exponent D mit der Dimension der gemessenen Menge übereinstimmt.

Ebenso kann man bei der Berechnung einer allgemeinen Fläche A (Abb. 5.5.6) vorgehen. Man überdeckt die Fläche mit Quadraten der Kantenlänge ε und bestimmt die Zahl $W(\varepsilon)$ derjenigen Kästchen, in denen sich Punkte der Menge befinden. Ist

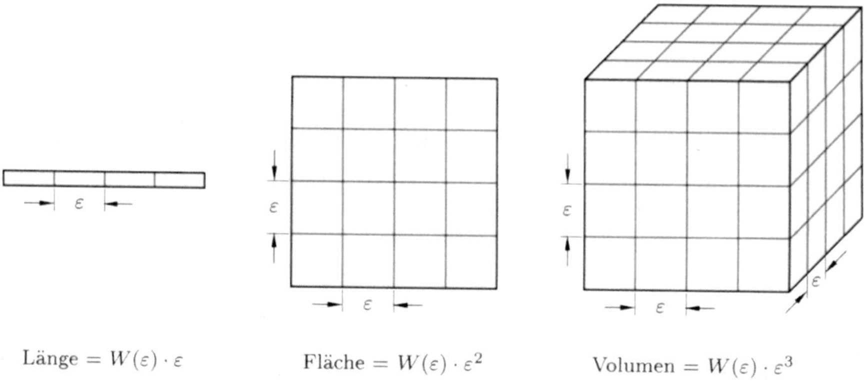

Abb. 5.5.5 Zur Berechnung des n-dimensionalen Volumens

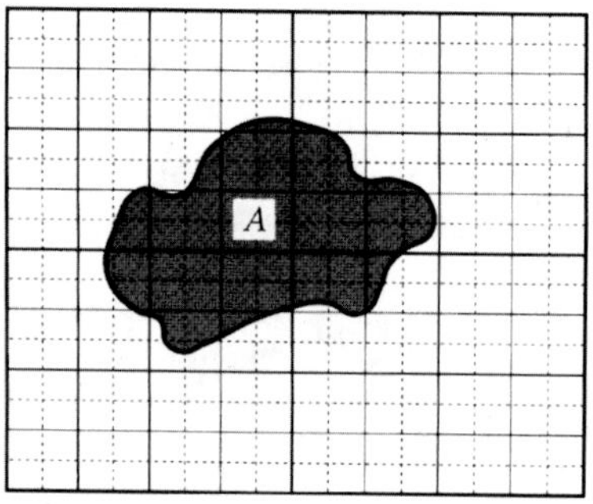

Abb. 5.5.6
Flächenberechnung

ε klein genug, so wird die Anzahl der besetzten Zellen umgekehrt proportional zu ε^2 anwachsen, also

$$W(\varepsilon) \sim \frac{1}{\varepsilon^2} \tag{5.5.3}$$

und als Grenzwert für $\varepsilon \to 0$ erhält man die Fläche

$$A = \lim_{\varepsilon \to 0} W(\varepsilon)\varepsilon^2 \tag{5.5.4}$$

d. h. der Exponent von ε gibt die Euklidische Dimension der Menge an.

Dieses Verfahren kann man nun auch auf allgemeine fraktale Mengen im n-dimensionalen Raum übertragen. Man überdeckt die Menge mit n-dimensionalen Hyperwürfeln der Kantenlänge ε und ermittelt die minimale Zahl $W(\varepsilon)$ solcher Hyperwürfel, die zur vollständigen Überdeckung nötig sind. Ist ε genügend klein, so wird sich $W(\varepsilon)$ in Analogie zu Gl. (5.5.3) umgekehrt proportional zu einer Potenz von ε verhalten

$$W(\varepsilon) \propto \frac{1}{\varepsilon^{D_c}} \tag{5.5.5}$$

Das Zeichen $\propto$ drückt aus, daß sich $W(\varepsilon)$ *in der Grenze* $(\varepsilon \to 0)$ proportional zu $1/\varepsilon^{D_c}$ verhält. Der noch unbekannte Proportionalitätsfaktor $V(\varepsilon)$ spielt für kleine ε die Rolle eines verallgemeinerten Volumens

$$W(\varepsilon) = V(\varepsilon)\frac{1}{\varepsilon^{D_c}} \tag{5.5.6}$$

Löst man diese Beziehung nach dem gesuchten Exponenten D_c auf, so findet man

$$D_c = \frac{\ln W(\varepsilon) - \ln V(\varepsilon)}{\ln(1/\varepsilon)} \tag{5.5.7}$$

Führt man den Grenzwert $\varepsilon \to 0$ aus, so strebt $\ln V(\varepsilon)/\ln(1/\varepsilon)$ gegen Null, da $V(\varepsilon)$ beschränkt ist, und wir erhalten

$$D_c = \lim_{\varepsilon \to 0} \frac{\ln W(\varepsilon)}{\ln(1/\varepsilon)} \tag{5.5.8}$$

D_c bezeichnet man als *Kapazitätsdimension*, eine Definition, die bereits 1958 von Kolmogorov eingeführt wurde (Kolmogorov, 1958). In einem n-dimensionalen Raum bezeichnet $W(\varepsilon)$ die minimale Anzahl von n-dimensionalen Hyperwürfeln der Kantenlänge ε, die zur Überdeckung der Menge benötigt werden.

Als Beispiel betrachten wir die Cantor-Menge (Abb. 5.5.2) und berechnen nach obiger Vorschrift ihre Kapazitätsdimension. Unterteilen wir im ersten Konstruktionsschritt das Ausgangsintervall in drei gleiche Teile der Länge $\varepsilon_1 = 1/3$, so benötigen wir $W_1 = 2$ solcher Intervalle zur Überdeckung der Menge. Drittelt man bei jedem weiteren Konstruktionsschritt wieder die vorhergehenden Intervalle, so sind zur Überdeckung im k-ten Schritt $W_\mathrm{k} = 2^\mathrm{k}$ Intervalle der Länge $\varepsilon_\mathrm{k} = 1/3^\mathrm{k}$ erforderlich. Damit ergibt sich aus Gl. (5.5.8) die Kapazitätsdimension

$$D_c = \lim_{\mathrm{k} \to \infty} \frac{\ln W_\mathrm{k}}{\ln(1/\varepsilon_\mathrm{k})} = \lim_{\mathrm{k} \to \infty} \frac{\ln 2^\mathrm{k}}{\ln 3^\mathrm{k}}$$

d. h. für das fraktale Gebilde des „Cantor-Staubs“ erhalten wir den nichtganzzahligen Wert

$$D_c = \frac{\ln 2}{\ln 3} = 0.6309\ldots \tag{5.5.9}$$

Ebenso läßt sich die Kapazitätsdimension der Kochschen Schneeflockenkurve sehr einfach bestimmen. Zur Überdeckung einer Seite benötigt man im ersten Kon-

Schritt $W_{\mathrm{k}} = 4^{\mathrm{k}}$ Intervalle der Länge $\varepsilon_{\mathrm{k}} = 1/3^{\mathrm{k}}$. Daraus ergibt sich die Kapazitätsdimension zu

$$D_c = \lim_{\mathrm{k}\to\infty} \frac{\ln 4^{\mathrm{k}}}{\ln 3^{\mathrm{k}}} = \frac{\ln 4}{\ln 3} = 1.2618\ldots$$

Die Kapazitätsdimension ist ein Sonderfall der sogenannten *Hausdorff-Besicovitch-Dimension* D_H, einem allgemeineren, ebenfalls nicht notwendig ganzzahligen Dimensionsbegriff, den Felix Hausdorff 1918 einführte (Hausdorff, 1918) und der von A. S. Besicovitch in seine endgültige Form gebracht wurde (siehe Mandelbrot, 1982). Hierbei werden in einem n-dimensionalen Raum Überdeckungen der Menge mit abzählbar vielen n-dimensionalen Hyperwürfeln *variabler* Kantenlänge ε_{i} betrachtet, die eine gewisse Länge ε nicht überschreiten dürfen, und unter diesen Überdeckungen wird diejenige ausgesucht, die ein verallgemeinertes Volumen minimiert. Man kann sich leicht vorstellen, daß es für reale Beispiele und numerische Experimente sehr schwer, wenn nicht unmöglich ist, D_H zu ermitteln, da man ja unter allen möglichen Überdeckungen eine ganz bestimmte optimale herausfinden muß (Umberger *et al.*, 1986b). Allerdings kann man sich leicht davon überzeugen, daß die Kapazitätsdimension D_c nie kleiner sein kann als die Hausdorff-Besicovitch-Dimension

$$D_H \leqslant D_c \tag{5.5.10}$$

Wegen der Minimalforderung in der Definition von D_H kann nämlich sicherlich eine spezielle Überdeckung mit Hyperwürfeln gleicher Kantenlänge, wie sie für D_c erforderlich ist, niemals zu kleineren Werten als D_H führen.

Zur Definition der beiden Dimensionen D_c und D_H waren lediglich metrische Eigenschaften verwendet worden. Dimensionen dieser Art werden wir, wie allgemein üblich, als *Fraktaldimensionen* bezeichnen (Mandelbrot, 1982).

5.5.3 Informationsdimension

Die Kapazitätsdimension hängt nur von den metrischen Eigenschaften des Attraktors ab, da bei ihrer Berechnung alle Hyperwürfel, die zur Überdeckung des Attraktors notwendig sind, mit dem gleichen Gewicht belegt werden, unabhängig davon, wieviele Punkte darin liegen bzw. wie oft sie von einer Trajektorie durchquert werden. Häufig haben jedoch fraktale Mengen, wie z. B. seltsame Attraktoren, eine komplexe inhomogene Struktur: verschiedene Bereiche des Phasenraums sind verschieden dicht mit Trajektorien besetzt.

Derartige Dichteverteilungen kann man gut mit Hilfe von Poincaré-Schnitten sichtbar machen. Als zweidimensionales Modell betrachten wir die sogenannte verallgemeinerte Bäcker-Transformation

$$x_{\mathrm{n}+1} = \begin{cases} \lambda_a x_{\mathrm{n}} & \text{für } y_{\mathrm{n}} < \alpha \\ \frac{1}{2} + \lambda_b x_{\mathrm{n}} & \text{für } y_{\mathrm{n}} > \alpha \end{cases}$$

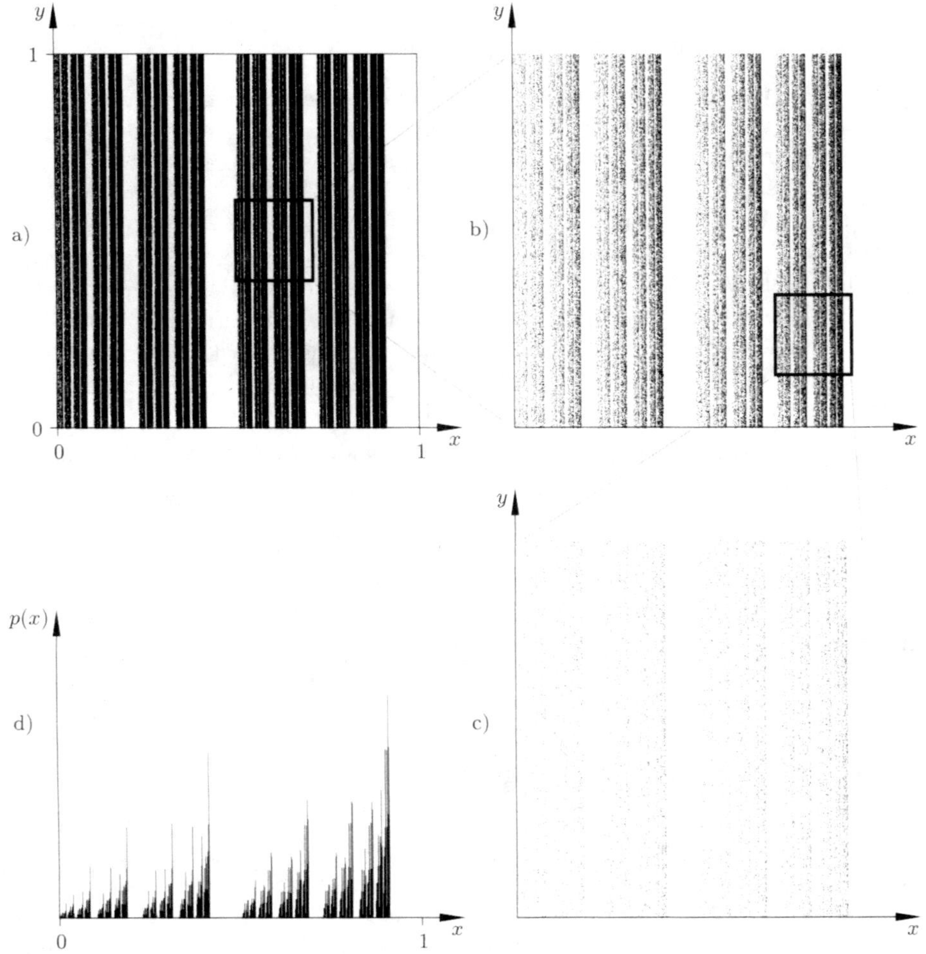

Abb. 5.5.7 Dichteverteilung der Bildpunkte bei der verallgemeinerten Bäcker-Transformation, Gl. (5.5.11); $\lambda_a = \lambda_b = 0.45$, $\alpha = 0.35$

und

$$y_{n+1} = \begin{cases} y_n/\alpha & \text{für } y_n < \alpha \\ (y_n - \alpha)/(1-\alpha) & \text{für } y_n > \alpha \end{cases} \qquad (5.5.11)$$

für das Einheitsquadrat $0 \leqslant x_n \leqslant 1$, $0 \leqslant y_n \leqslant 1$. Abbildung 5.5.7a zeigt die Verteilung der Bildpunkte nach ca. 4 Mio. Abbildungsschritten für die Parameterwerte $\lambda_a = \lambda_b = 0.45$, $\alpha = 0.35$. Betrachtet man nacheinander verschiedene Ausschnittsvergrößerungen der Punktmenge (Abb. 5.5.7b,c), so erkennt man die selbstähnliche Struktur sowie eine ungleichmäßige fraktale Dichteverteilung der Bildpunkte, die sich auf jeder Skala fortsetzt. In Abb. 5.5.7d ist die relative Dichteverteilung $p(x)$

aufgetragen. Dazu wurde das Einheitsquadrat $0 \leqslant x \leqslant 1$, $0 \leqslant y \leqslant 1$ in schmale Streifen der Breite ε parallel zur y-Achse zerlegt und der relative Anteil der Bildpunkte in jedem derartigen Streifen abgezählt.

Die Bäcker-Transformation kann als Modell eines physikalischen Systems gedeutet werden, das infolge seiner sensiblen Abhängigkeit von den Anfangsbedingungen lokal nur sehr unvollständig bekannt ist, da man keine Voraussagen über den exakten Ort der folgenden Bildpunkte machen kann. Zur Behandlung derartiger Systeme, für die Detailkenntnisse fehlen, eignen sich insbesondere Methoden der Statistik und der Informationstheorie. Will man daher in einem Dimensionsbegriff die Häufigkeit, mit der eine Trajektorie verschiedene Bereiche des Attraktors aufsucht, mit berücksichtigen, so muß man neben den metrischen Eigenschaften auch die Dichte- oder Wahrscheinlichkeitsverteilungen zur Definition heranziehen. Dadurch ergibt sich eine neue Familie von Dimensionsbegriffen, die wir als „Dimensionen des natürlichen Maßes“ bezeichnen.

Theoretisch sind die Variablen, die den Phasenraum beschreiben, kontinuierliche Größen. In der Praxis wird jedoch beispielsweise bei einer Messung durch die endliche Auflösung des verwendeten Meßinstruments eine Partitionierung des Phasenraums vorgenommen, da ja jede Ablesung unausweichlich eine rationale Zahl ist, mit einer endlichen Anzahl von Stellen hinter dem Komma. Dasselbe gilt natürlich für jeden numerisch auf einem Computer ermittelten Wert, da hier ebenfalls nur eine endliche Wortlänge zur Verfügung steht. Ist ε die minimale Auflösung, so führt dies zu einer gleichmäßigen Unterteilung des Phasenraums in Hyperwürfel C_i der Kantenlänge ε (siehe Abb. 5.5.8). Wir können also die Lage eines Meßpunktes bzw. eines numerisch berechneten Punktes im Phasenraum nicht beliebig genau angeben, sondern können lediglich den i-ten Hyperwürfel benennen, in dem der betreffende Punkt liegt.

Führt man nun für ein dissipatives System über einen gewissen Zeitraum eine Meßreihe mit N Messungen durch, so kann man die Anzahl $\mathrm{N_i}$ der Meßpunkte im Hyperwürfel C_i abzählen. Wir können auch nach der Wahrscheinlichkeit fragen, einen Meßpunkt im Würfel C_i anzutreffen. Dazu erinnern wir uns an die Definition der Wahrscheinlichkeit, zum Beispiel anhand des Würfelspiels. Die Wahrscheinlichkeit, etwa eine 2 zu würfeln, ist das Verhältnis der positiven Ergebnisse (die 2 wird gewürfelt) zu den möglichen Ergebnissen (eine der Zahlen 1, 2, 3, 4, 5, 6 wird gewürfelt), also $p(2) = 1/6$. Für den Fall unserer Meßreihe kann man somit jedem Hyperwürfel eine Wahrscheinlichkeit $p_\mathrm{i} = \mathrm{N_i/N}$ zuordnen, die natürlich noch von der Auflösegenauigkeit ε abhängen wird. Läßt man $\varepsilon \to 0$ gehen und gleichzeitig die Anzahl der Meßpunkte gegen unendlich streben, so kann man jedem Attraktor eine Wahrscheinlichkeitsdichteverteilung zuordnen, die als *natürliches Maß* (engl. *natural measure*) bezeichnet wird (Farmer *et al.*, 1983; Eckmann und Ruelle, 1985; Ruelle, 1989; Literatur zur Wahrscheinlichkeitsrechnung: Fisz, 1976; Loève, 1963).

Nun kann man fragen, wieviel Information über das System durchschnittlich pro Einzelmessung gewonnen werden kann. Um diese Frage zu beantworten, müssen wir uns zunächst etwas mit den Grundbegriffen der Informationstheorie beschäftigen.

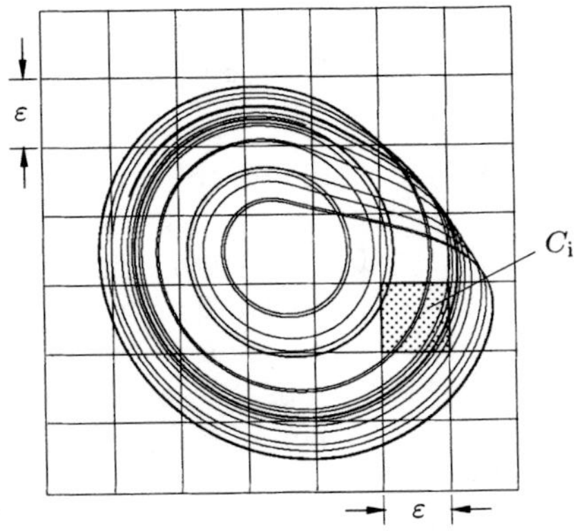

Abb. 5.5.8
Gleichmäßige Unterteilung des Phasenraums

Ohne Kommunikation, ohne Austausch von Informationen ist das menschliche Zusammenleben, sicherlich sogar jegliches Zusammenwirken in der belebten und unbelebten Natur, undenkbar. In unserem täglichen Leben werden durch Gespräche, Zeitungen, Nachrichten- und Fernsehsendungen, Briefe und Messungen ständig Informationen weitergeleitet. Dabei ergeben sich einige grundlegende Fragestellungen, z. B. wieviel Information in einer Messung oder einer Signalfolge enthalten ist, mit welcher Genauigkeit Daten übertragen werden können, wie man Nachrichten besonders effektiv verschlüsseln kann oder wie alte Schriftzeichen entziffert werden können.

Ende der vierziger Jahre hat sich der Nobelpreisträger Claude E. Shannon, mathematischer Forscher bei den Bell Telephone Laboratories, intensiv mit derartigen Problemen der Kommunikationstheorie auseinandergesetzt (Shannon, 1948). Er gilt als Begründer der Informationstheorie (Shannon und Weaver, 1949), die sich außerordentlich schnell verbreitete und in den verschiedensten Wissenschaftszweigen Anwendung fand. So spielt sie heute beispielsweise in allen Bereichen der Datenübertragung eine wesentliche Rolle, wenn es etwa um die Belastbarkeit von Telephonleitungen oder um eine optimale elektronische Speicherung und Wiedergabe von Musik oder Bildern geht. Aber sie gehört auch in der Informatik, der theoretischen Physik, der Biologie sowie im Bereich der nichtlinearen Dynamik zu den grundlegenden Hilfsmitteln.

Wenn man sich mit einer neuen Theorie beschäftigt, muß man zunächst eine genaue Definition der Grundbegriffe vornehmen. Häufig werden wissenschaftliche Begriffe eingeführt, die im normalen Sprachgebrauch eine vollkommen andere Bedeutung haben. Der Begriff „Information“ hat in der Kommunikationstheorie eine ganz spezielle Bedeutung und darf insbesondere nicht mit Sinn, Wert oder Inhalt verwechselt werden (Shannon und Weaver, 1949; Brillouin, 1962). Die Informationstheorie interessiert sich *nicht* für den subjektiv bedingten Inhalt einer Nachricht. Es ist also für die Theorie belanglos, ob ein Telegramm für den Empfänger eine wichtige Botschaft, für jeden anderen jedoch Unsinn enthält. Der Begriff Information bezieht sich nur darauf, was man *sagen könnte*, nicht was man *tatsächlich sagt*, d. h. Information ist ein objektives Maß für die Anzahl der Realisierungen oder Möglichkeiten, die man bei der Auswahl einer Nachricht hat. Daher bezieht sich das Konzept der Information niemals auf ein spezielles Signal, sondern stets auf alle in der vorgegebenen Situation möglichen Signale.

Wir wollen nun Shannons Maß für die Information einführen (Shannon und Weaver, 1949). Dazu betrachten wir zunächst ein System, bei dem R Realisierungen mit gleicher Wahrscheinlichkeit auftreten können. In der Ausgangssituation besitzt man noch keine Information über das System, es ist also $I = 0$. Falls die Anzahl R der möglichen Realisierungen nur eins ist, kann keine Auswahl getroffen werden, d. h. es ist kein Informationsgewinn zu erwarten. Ist jedoch $R > 1$, so gewinnt man nach Eintreffen eines Ereignisses bzw. einer Nachricht eine gewisse Information über das System hinzu, die sicher umso größer sein wird, je größer zu Beginn die Unsicherheit, d. h. die Anzahl R der möglichen Realisierungen war. Es ist daher sinnvoll, für I eine Funktion zu wählen, die für $R > 1$ positiv ist und monoton mit R wächst. Desweiteren soll die Information I additiv sein. Wirft man beispielsweise eine ideale Münze, so erhält man mit gleicher Wahrscheinlichkeit Zahl oder Wappen oder, ausgedrückt in einem Binärsystem, 0 oder 1. Durch einen Münzwurf kann man also eine Entscheidung „0" oder „1" treffen. Wirft man 2 ideale Münzen, so sind $2^2 = 4$ Ergebnisse möglich, wobei durch das Werfen der beiden Münzen 2 Entscheidungen getroffen werden, d. h. die gewonnene Information ist gleich der Summe der Teilinformationen bei zwei Einzelwürfen.

Fordert man allgemein diese Eigenschaften der Additivität und Monotonie, so muß die Information einem logarithmischen Gesetz folgen

$$I = K \ln R \tag{5.5.12}$$

wobei K zunächst eine beliebige Konstante ist. Da jedoch ein enger Zusammenhang zwischen dem Informationsgehalt und der Speicherkapazität von Computern besteht, hat es sich eingebürgert, die Information I in „ja-nein"-Entscheidungen oder „bits" (*binary digits*) anzugeben. Bildet man in einem Binärsystem ein Symbol der Länge n, so gibt es $R = 2^{\mathrm{n}}$ mögliche Darstellungen. Beispielsweise existieren für $\mathrm{n} = 3$ die folgenden 8 Realisierungen: 000, 001, 010, 100, 011, 101, 110, 111, wobei jede Zahl durch 3 Entscheidungen festgelegt ist, d. h. die Information ist $I = 3$. Aus der Forderung $I = \mathrm{n}$ kann man die Konstante K bestimmen

$$I = K \ln R = K \ln 2^{\mathrm{n}} = \mathrm{n} \tag{5.5.13}$$

Dies führt auf

$$K = \frac{1}{\ln 2} = \log_2 \mathrm{e} \tag{5.5.14}$$

Daher läßt sich die Information auch als Logarithmus zur Basis 2 der Anzahl der Möglichkeiten ausdrücken

$$I = \log_2 \mathrm{e} \cdot \ln R = \log_2 R \tag{5.5.15}$$

Bisher haben wir vorausgesetzt, daß alle Ereignisse mit der gleichen Wahrscheinlichkeit eintreten. In Wirklichkeit wird man jedoch Abweichungen und Häufungen feststellen, beispielsweise kann die Münze etwas verbogen sein. Werfen wir diese fehlerhafte Münze nun sehr oft, so möge z. B. in 40% der Fälle das Wappen erscheinen, in 60% der Würfe die Zahl. Wir wollen nun für diesen Fall den Informationsgehalt berechnen. Wir nehmen an, daß bei N Würfen N_1 mal das Wappen und N_2 mal die Zahl erscheint. Dabei werden sich zwei Spiele zu je N Würfen sicherlich in der Reihenfolge des Erscheinens von Zahl und Wappen unterscheiden. Wieviele mögliche Reihenfolgen gibt es nun für festes N_1 und N_2? Aus der Kombinatorik wissen wir, daß die Gesamtzahl der möglichen Kombinationen

$$R = \frac{N!}{N_1!N_2!} \tag{5.5.16}$$

ist, woraus wir mit Gl. (5.5.16) nach Gl. (5.5.13) die Information

$$I = K(\ln N! - \ln N_1! - \ln N_2!) \tag{5.5.17}$$

berechnen. Um Wahrscheinlichkeitsaussagen zu machen, muß die Münze pro Spiel sehr oft geworfen werden, d. h. N ist sehr groß. Da die Information jedoch mit der Anzahl N der Realisierungen, und damit mit der Anzahl der Würfe, anwächst, ist nur ihr mittlerer Wert von Interesse, also die Information pro Wurf

$$\bar{I} = \frac{I}{N} \tag{5.5.18}$$

Zur Berechnung von $\bar{I}$ verwenden wir eine Vereinfachung der Stirlingschen Formel

$$\ln N! \approx N(\ln N - 1) \tag{5.5.19}$$

die für Werte $N > 100$ eine gute Approximation darstellt (siehe Sommerfeld, 1977). Man erhält diese Näherungsformel sehr leicht, wenn man das Integral über die Logarithmusfunktion durch die Fläche unter einer Treppenkurve approximiert

$$\begin{aligned} \ln N! &= \ln 1 + \ln 2 + \ldots + \ln N \approx \int_1^N \ln x dx \\ &= x(\ln x - 1)\Big|_{x=1}^{x=N} = N(\ln N - 1) + 1 \end{aligned}$$

Damit ergibt sich als durchschnittliche Information pro Wurf

$$\bar{I} = \frac{K}{N}\left[N(\ln N - 1) - N_1(\ln N_1 - 1) - N_2(\ln N_2 - 1)\right]$$

oder wegen $N_1 + N_2 = N$

$$\bar{I} = -K\left(\frac{N_1}{N}\ln\frac{N_1}{N} + \frac{N_2}{N}\ln\frac{N_2}{N}\right) \tag{5.5.20}$$

Führen wir noch die relativen Häufigkeiten oder Wahrscheinlichkeiten ein, mit der N_1 bzw. N_2 realisiert werden, so erhält man

$$p_i = \frac{N_i}{N} \quad , \quad i = 1, 2 \tag{5.5.21}$$

Es ergibt sich schließlich für die Information pro Wurf

$$\bar{I} = -K(p_1 \ln p_1 + p_2 \ln p_2) \tag{5.5.22}$$

wobei

$$p_1 + p_2 = 1$$

gilt.

Bisher sind wir davon ausgegangen, daß N_1 und N_2 bekannte feste Zahlen sind und damit auch die relativen Häufigkeiten p_1 und p_2 und die mittlere Information $\bar{I}$ festliegen. Nun kann man aber auch $\bar{I}$ als Funktion der p_i betrachten und sich beispielsweise die Frage stellen, wie die Wahrscheinlichkeitsdichte beschaffen sein muß, um $\bar{I}$ zum Maximum zu machen.

In Abb. 5.5.9 haben wir den Verlauf der Funktion $\bar{I}(p_1)$ dargestellt. Shannon bezeichnet die mittlere Information $\bar{I}(p_1)$, Gl. (5.5.22), als Entropie $H(p_1)$ in Anlehnung an die Begriffsbildung in der statistischen Mechanik (siehe Boltzmanns H-Theorem, Sommerfeld, 1977; siehe auch Gl. (5.5.38) für die binäre Entropiefunktion $H(p)$). Für $p_1 = 1/2$, also im Falle der perfekten Münze, ist die Information, und damit die Zahl der Möglichkeiten, am größten. Jede Imperfektion bedeutet eine Einschränkung und damit eine geringere durchschnittliche Information. Im Grenzfall $p_1 = 0$ ist das Ergebnis von vornherein klar, d. h. die Information ist Null. Dies ist sicher richtig. Ein Gesprächspartner, der jede Frage immer nur mit „ja“ beantwortet, ist sicherlich keine Informationsquelle.

Wie können wir diese Theorie nun zur Bildung eines Dimensionsbegriffs heranziehen? Ein gekoppeltes System von deterministischen Gleichungen, das einen dynamischen Prozeß beschreibt, stellt gewisse Korrelationen zwischen den Variablen her. Solche Bindungen können die Möglichkeiten des Systems, Gebiete des Phasenraums zu durchlaufen, stark einschränken. Die durchschnittliche Information wird also sicher ein Maß dafür sein, wie „dicht“ der Attraktor den Phasenraum ausfüllt, und sie ist damit geeignet, eine Dimensionsaussage zu machen.

Um die Dimension des Attraktors zu bestimmen, müssen wir davon ausgehen, daß Einschwingvorgänge bereits abgeklungen sind. Wir betrachten eine gleichmäßige Unterteilung des Phasenraums in Hyperwürfel der Kantenlänge ε. $W(\varepsilon)$ sei die Anzahl der Kästchen, in denen Meßpunkte liegen, wobei von N Messungen N_k Meßpunkte im k-ten Hyperwürfel liegen. Die relative Häufigkeit, einen Meßpunkt im k-ten Kästchen zu finden, hängt von der Meßgenauigkeit ε, d. h. von der Partitionierung des Phasenraums, ab und ergibt sich zu

$$p_k = \frac{N_k}{N} \tag{5.5.23}$$

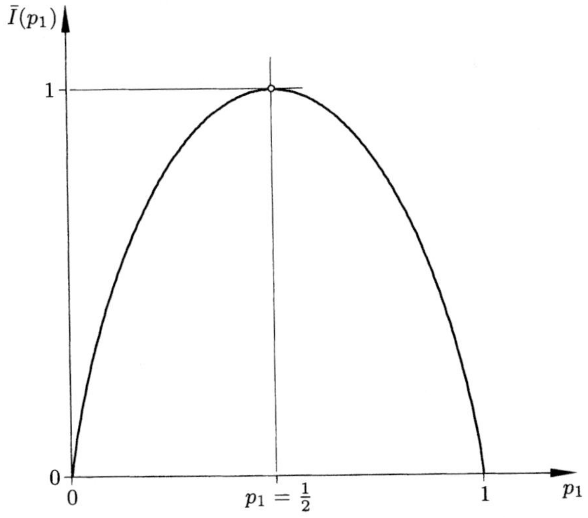

Abb. 5.5.9
Mittlere Information beim Werfen einer Münze

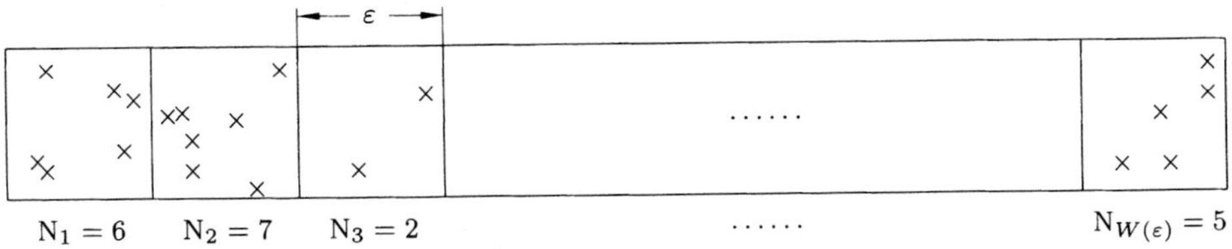

Abb. 5.5.10 Zur Definition der durchschnittlichen Information einer Meßreihe

Die Anzahl der Möglichkeiten, die Meßwerte entsprechend ihren Wahrscheinlichkeiten auf die W Kästchen zu verteilen, beträgt

$$R = \frac{\mathrm{N}!}{\mathrm{N}_1!\mathrm{N}_2!\ldots\mathrm{N}_W!} \tag{5.5.24}$$

mit $\sum_{\mathrm{k}=1}^{W(\varepsilon)} \mathrm{N_k} = \mathrm{N}$ (siehe Abb. 5.5.10). Verallgemeinert man Gl. (5.5.22), so erhält man als durchschnittliche Information pro Einzelmessung

$$\bar{I}(\varepsilon) = \frac{I(\varepsilon)}{\mathrm{N}} = -K \sum_{\mathrm{k}=1}^{W(\varepsilon)} p_\mathrm{k} \ln p_\mathrm{k} \tag{5.5.25}$$

Da alle Werte $p_\mathrm{k} < 1$ sind, ergibt sich insgesamt ein positiver Ausdruck. Die *Informationsdimension* D_I, ursprünglich von Balatoni und Rényi eingeführt (siehe Balatoni und Rényi, 1956; Rényi, 1959), ist nun wie folgt definiert

$$D_I = \lim_{\varepsilon \to 0} \frac{\bar{I}(\varepsilon)}{\log_2(1/\varepsilon)} \tag{5.5.26}$$

D_I ist ein Maß dafür, wie schnell die Information anwächst, die man benötigt, um einen Punkt auf dem Attraktor zu definieren, wenn $\varepsilon \to 0$ geht. Falls alle Hyperwürfel gleiche Wahrscheinlichkeit $p_k = 1/W(\varepsilon)$ besitzen, nimmt $\bar{I}(\varepsilon)$ aus Gl. (5.5.25) den Maximalwert $\bar{I}(\varepsilon) = K \ln W(\varepsilon) = \log_2 W(\varepsilon)$ an. In diesem Fall stimmt die Kapazitätsdimension D_c mit D_I überein. Da für unterschiedliche Wahrscheinlichkeitsverteilungen der Informationsgewinn kleiner ausfällt, also $\bar{I}(\varepsilon) < \log_2 W(\varepsilon)$ ist, gilt allgemein

$$D_I \leqslant D_c \tag{5.5.27}$$

Für die Konstante K kann statt $1/\ln 2$ auch die Boltzmann-Konstante $k_B = 1.38 \cdot 10^{-23}$ J/Grad gewählt werden. Dann stimmt der Informationsbegriff gerade mit der aus der Thermodynamik bekannten Entropie überein (Boltzmann-Planck-Gleichung, siehe Brillouin, 1962). Ist ein System wohlgeordnet und strukturiert, so ist die Zahl der freien Möglichkeiten gering, d. h. Information bzw. Entropie sind klein. Daher ist es verständlich, daß das Konzept der Information, aufgefaßt als Maß für die Anzahl der möglichen Realisierungen oder als Maß für eine Strukturierung, besonders geeignet ist, um einen Dimensionsbegriff einzuführen.

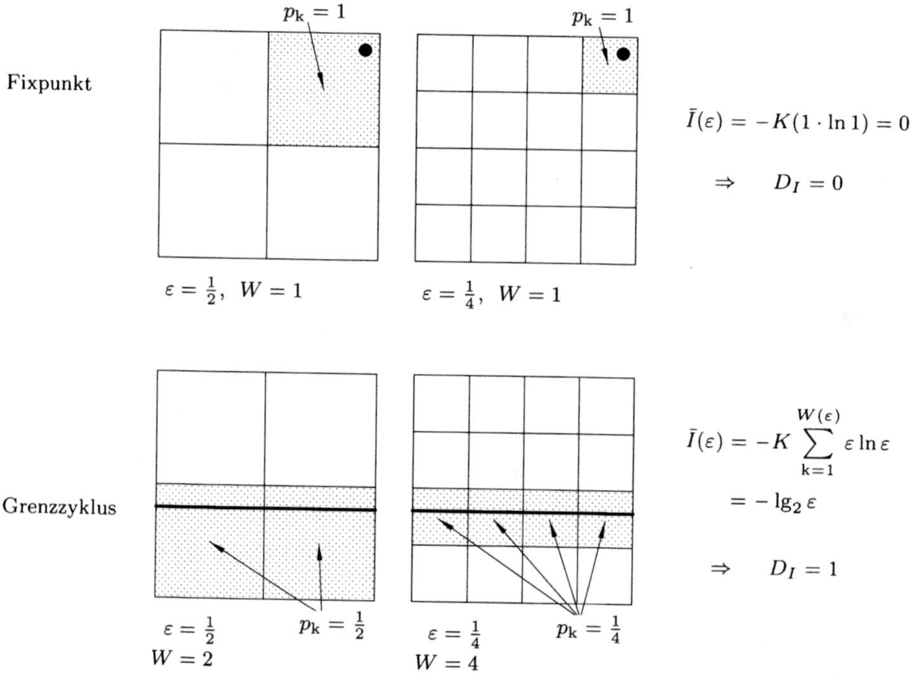

Abb. 5.5.11 Informationsdimension für einfache Attraktoren

Für einen Experimentator bedeutet der Umgang mit dem Informationsbegriff sicher oft ein Umdenken. Normalerweise versucht er, ein theoretisches Modell mit Hilfe eines Experiments zu verifizieren. Bei einer Serie von Messungen wird er allerdings niemals exakt den gleichen Meßwert erhalten, sondern gewisse Abweichungen und Schwankungen feststellen, d. h. anstelle eines Punktes beobachtet er eine ganze Wolke von Meßpunkten, wobei der Zustand, der dem theoretischen Modell entspricht, irgendwo innerhalb der Wolke liegen wird. Bei der Bestimmung der Information eines Systems geht man genau den umgekehrten Weg. Die ursprünglich unendlich vielen Möglichkeiten des Phasenraums werden durch die Meßergebnisse stark eingeschränkt, d. h. die Information nimmt stark ab. Im Falle eines Punktes enthält das System sogar überhaupt keine Information mehr.

In Abb. 5.5.11 haben wir die Informationsdimension für die einfachsten Attraktoren, nämlich einen Fixpunkt und einen Grenzzyklus, beschrieben durch eine gerade Linie, deren Endpunkte identisch sein sollen, berechnet und die Übereinstimmung von D_I mit dem üblichen Dimensionsbegriff gezeigt.

Als nächstes wollen wir am Beispiel einer asymmetrischen Cantor-Menge die Kapazitätsdimension D_c und die Informationsdimension D_I ermitteln (siehe Farmer, 1982c). Eine asymmetrische Cantor-Menge entsteht, beispielsweise, wenn man, ausgehend von einem Einheitsintervall, in jedem Konstruktionsschritt jeweils das dritte Viertel wegläßt. In Abb. 5.5.12 ist das Resultat der einzelnen Schritte dargestellt.

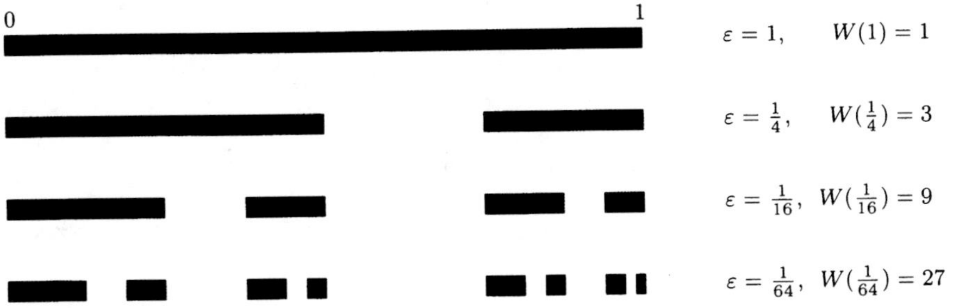

Abb. 5.5.12 Asymmetrische Cantor-Menge

Zunächst berechnen wir die Kapazitätsdimension. Im ersten Konstruktionsschritt benötigen wir $W_1 = 3$ Intervalle der Länge $\varepsilon_1 = 1/4$, um die Menge zu überdecken, im zweiten Schritt $W_2 = 9$ Intervalle der Länge $\varepsilon_2 = 1/16$, im dritten Schritt $W_3 = 27$ Intervalle der Länge $\varepsilon_3 = 1/64$ usw. Im n-ten Schritt sind also zur Überdeckung $W_n = 3^n$ Intervalle der Länge $\varepsilon_n = (1/4)^n$ nötig, d. h. es ergibt sich nach Gl. (5.5.8)

$$D_c = \lim_{n\to\infty} \frac{\ln W_n}{\ln 1/\varepsilon_n} = \lim_{n\to\infty} \frac{\ln 3^n}{\ln 4^n} = \frac{\ln 3}{\ln 4} \tag{5.5.28}$$

oder

$$D_c \approx 0.7925 \tag{5.5.29}$$

Bei der Ermittlung der Informationsdimension ist es zweckmäßig, eine andere Folge von ε-Unterteilungen zur Berechnung der Wahrscheinlichkeitsverteilung zu wählen (siehe Abb. 5.5.13). Wir bezeichnen mit $p_{\mathrm{i}}^{(\mathrm{n})}$ die Wahrscheinlichkeit, einen Punkt nach dem n-ten Konstruktionsschritt im i-ten Intervall zu finden.

Unterteilt man im 1. Schritt das Ausgangsintervall in zwei Teile, so ist die Wahrscheinlichkeit, daß sich der Punkt in der linken Hälfte befindet, doppelt so groß wie für die rechte Hälfte, d. h. wegen $p_1^{(1)} + p_2^{(1)} = 1$ ergibt sich $p_1^{(1)} = 2/3$ und $p_2^{(1)} = 1/3$. Im 2. Schritt wird die Länge der Intervalle wieder halbiert. Die Wahrscheinlichkeit $p_1^{(2)}$, einen Punkt im Intervall [0, 1/4] zu finden, ist doppelt so groß wie die Wahrscheinlichkeit $p_2^{(2)}$ für das Intervall [1/4, 1/2], wobei offenbar $p_1^{(2)} + p_2^{(2)} = p_1^{(1)}$ gelten muß. Im Intervall [1/2, 3/4] liegen keine Punkte der Menge, daher wird es nicht weiter betrachtet. Alle Punkte rechts von der Mitte konzentrieren sich also auf das Intervall [3/4, 1], so daß $p_3^{(2)} = p_2^{(1)}$ gilt. Damit ergeben sich die (von Null verschiedenen) Wahrscheinlichkeiten im 2. Schritt zu

$$\{p_{\mathrm{i}}^{(2)}\} = \tfrac{1}{9}\{\,4\,,\,2\,;\,3\,\} \qquad (\mathrm{i} = 1,2,3) \tag{5.5.30}$$

Setzt man dieses Verfahren fort, so ergeben sich im 3. Konstruktionsschritt $\mathrm{k}_3 = 5$ Intervalle der Länge $\varepsilon_3 = 1/8$ mit folgenden von Null verschiedenen Wahrscheinlichkeiten

$$\{p_{\mathrm{i}}^{(3)}\} = \tfrac{1}{27}\{\,8\,,\,4\,,\,6\,;\,6\,,\,3\,\} \qquad (\mathrm{i} = 1,\ldots,\mathrm{k}_3) \tag{5.5.31}$$

und im 4. Schritt $\mathrm{k}_4 = 8$ von Null verschiedene Wahrscheinlichkeiten

$$\{p_{\mathrm{i}}^{(4)}\} = \tfrac{1}{81}\{\,16\,,\,8\,,\,12\,,\,12\,,\,6\,;\,12\,,\,6\,,\,9\,\} \qquad (\mathrm{i} = 1,\ldots,\mathrm{k}_4) \tag{5.5.32}$$

Aus diesen Beziehungen und Abb. 5.5.13 läßt sich eine allgemeine Gesetzmäßigkeit erkennen. Im n-ten Schritt entsteht die Wahrscheinlichkeitsverteilung in der linken Hälfte [0, 1/2] aus den Wahrscheinlichkeiten im (n − 1)-ten Schritt durch Multiplikation mit dem Faktor 2/3. Für die rechte Hälfte [3/4, 1] muß man die Wahrscheinlichkeitsverteilung des (n − 2)-ten Schritts mit dem Faktor 1/3 multiplizieren, d. h. es gilt

$$p_{\mathrm{i}}^{(\mathrm{n})} = \tfrac{2}{3}\,p_{\mathrm{i}}^{(\mathrm{n}-1)} \qquad \text{für} \qquad \mathrm{i} = 1,\ldots,\mathrm{k}_{\mathrm{n}-1} \tag{5.5.33}$$

$$p_{\mathrm{k}_{\mathrm{n}-1}+\mathrm{i}} = \tfrac{1}{3}\,p_{\mathrm{i}}^{(\mathrm{n}-2)} \qquad \text{für} \qquad \mathrm{i} = 1,\ldots,\mathrm{k}_{\mathrm{n}-2} \tag{5.5.34}$$

Diese Konstruktionsvorschrift impliziert, daß die Anzahl k_n derjenigen Intervalle, die von Null verschiedene Wahrscheinlichkeit besitzen, gerade mit den Fibonacci-Zahlen übereinstimmt

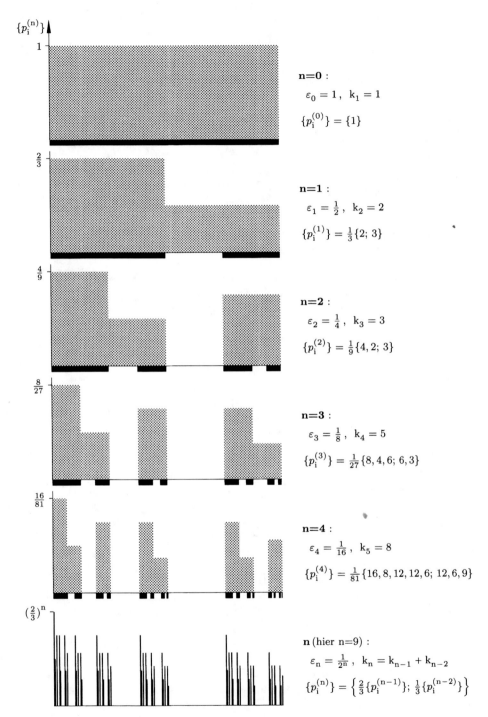

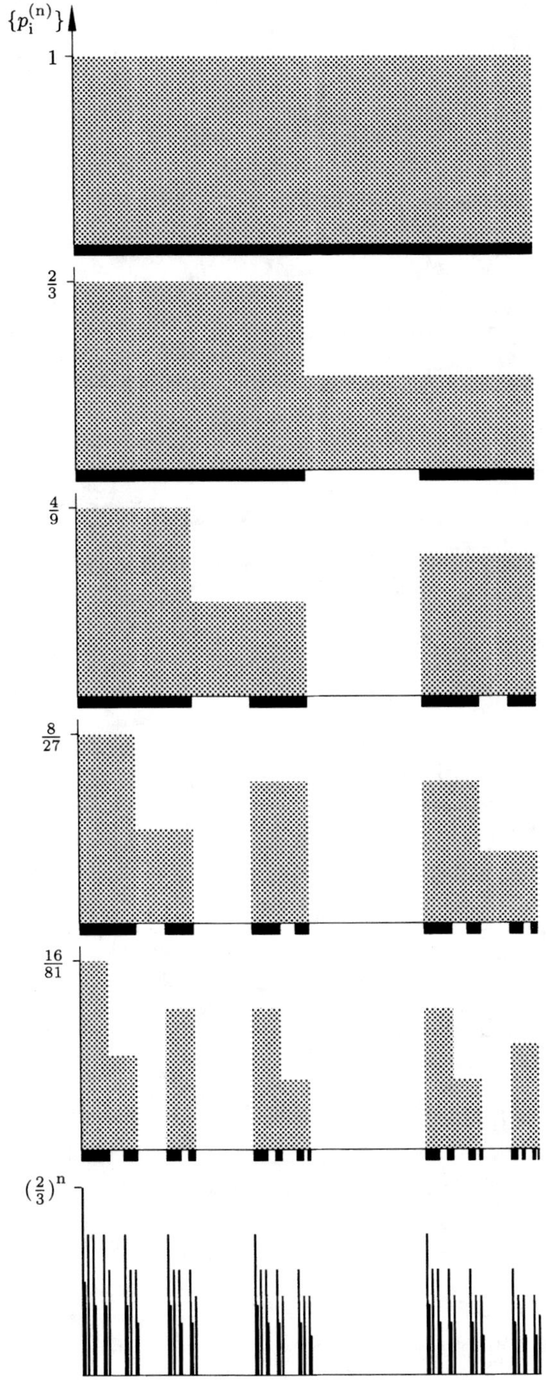

n=0 :

$\varepsilon_0 = 1\,,\;\; k_1 = 1$

$\{p_i^{(0)}\} = \{1\}$

n=1 :

$\varepsilon_1 = \frac{1}{2}\,,\;\; k_2 = 2$

$\{p_i^{(1)}\} = \frac{1}{3}\{2;\, 3\}$

n=2 :

$\varepsilon_2 = \frac{1}{4}\,,\;\; k_3 = 3$

$\{p_i^{(2)}\} = \frac{1}{9}\{4, 2;\, 3\}$

n=3 :

$\varepsilon_3 = \frac{1}{8}\,,\;\; k_4 = 5$

$\{p_i^{(3)}\} = \frac{1}{27}\{8, 4, 6;\, 6, 3\}$

n=4 :

$\varepsilon_4 = \frac{1}{16}\,,\;\; k_5 = 8$

$\{p_i^{(4)}\} = \frac{1}{81}\{16, 8, 12, 12, 6;\, 12, 6, 9\}$

n (hier n=9) :

$\varepsilon_n = \frac{1}{2^n}\,,\;\; k_n = k_{n-1} + k_{n-2}$

$\{p_i^{(n)}\} = \left\{\frac{2}{3}\{p_i^{(n-1)}\};\, \frac{1}{3}\{p_i^{(n-2)}\}\right\}$

Abb. 5.5.13 Approximation der Wahrscheinlichkeitsverteilung für die asymmetrische Cantor-Menge

d. h. folgendermaßen gebildet wird

$$k_n = k_{n-1} + k_{n-2} \tag{5.5.36}$$

Nach Gl. (5.5.25) können wir nun die durchschnittliche Information im n-ten Schritt berechnen

$$\begin{aligned}\bar{I}(n) &= -\sum_{i=1}^{k_n} p_i^{(n)} \log_2 p_i^{(n)} \\ &= -\sum_{i=1}^{k_{n-1}} p_i^{(n)} \log_2 p_i^{(n)} - \sum_{i=k_{n-1}+1}^{k_n} p_i^{(n)} \log_2 p_i^{(n)}\end{aligned}$$

Setzt man die Beziehungen Gln. (5.5.33) und (5.5.34) ein und verwendet Gl. (5.5.36), so erhält man

$$\begin{aligned}\bar{I}(n) &= -\sum_{i=1}^{k_{n-1}} \tfrac{2}{3} p_i^{(n-1)} \log_2\left(\tfrac{2}{3} p_i^{(n-1)}\right) - \sum_{i=1}^{k_{n-2}} \tfrac{1}{3} p_i^{(n-2)} \log_2\left(\tfrac{1}{3} p_i^{(n-2)}\right) \\ &= -\tfrac{2}{3} \sum_{i=1}^{k_{n-1}} p_i^{(n-1)} \left(\log_2 \tfrac{2}{3} + \log_2 p_i^{(n-1)}\right) \\ &\qquad - \tfrac{1}{3} \sum_{i=1}^{k_{n-2}} p_i^{(n-2)} \left(\log_2 \tfrac{1}{3} + \log_2 p_i^{(n-2)}\right)\end{aligned}$$

also

$$\bar{I}(n) = \tfrac{2}{3}\bar{I}(n-1) + \tfrac{1}{3}\bar{I}(n-2) - \tfrac{2}{3}\log_2 \tfrac{2}{3} \sum_{i=1}^{k_{n-1}} p_i^{(n-1)} - \tfrac{1}{3}\log_2 \tfrac{1}{3} \sum_{i=1}^{k_{n-2}} p_i^{(n-2)}$$

Da aber in jedem Schritt die Summe der Wahrscheinlichkeiten eins ergeben muß, ergibt sich folgende einfache Rekursionsformel

$$\bar{I}(n) = \tfrac{2}{3}\bar{I}(n-1) + \tfrac{1}{3}\bar{I}(n-2) + H(\tfrac{1}{3}) \tag{5.5.37}$$

wobei sich $H(1/3)$ aus der sogenannten binären Entropiefunktion

$$H(p) = -p \log_2 p - (1-p) \log_2 (1-p) \tag{5.5.38}$$

für $p = 1/3$ ergibt; siehe auch Gl. (5.5.22) sowie Abb. 5.5.9. Mit den Anfangswerten $\bar{I}(0) = 0$ und $\bar{I}(1) = H(1/3)$ kann man somit aus Gl. (5.5.37) schrittweise jedes $\bar{I}(n)$ berechnen.

Unser Interesse gilt dem Verhalten von $\bar{I}(n)$ für große Werte von n. Um das asymptotische Verhalten von $\bar{I}(n)$ zu ermitteln, betrachten wir die Beziehung Gl.

(5.5.37) als Differenzengleichung, deren allgemeine Lösung, ähnlich wie bei einer Differentialgleichung 2. Ordnung, von 2 Konstanten abhängen muß. Diese allgemeine Lösung kann man entweder erraten oder mit Hilfe allgemeiner Verfahren ermitteln (Boole, 1867). Es ergibt sich

$$\bar{I}(\mathrm{n}) = C_1 + (-\tfrac{1}{3})^{\mathrm{n}} C_2 + \tfrac{3}{4}\,\mathrm{n}\, H(\tfrac{1}{3}) \tag{5.5.39}$$

d. h. für große n-Werte wird sich die durchschnittliche Information unabhängig von den Konstanten C_1, C_2, also unabhängig von jeder Anfangsbedingung, wie $(3/4)\mathrm{n}H(1/3)$ verhalten. Nach Gl. (5.5.26) ergibt sich damit die Informationsdimension zu

$$D_I = \lim_{\mathrm{n}\to\infty} \frac{\bar{I}(\mathrm{n})}{\log_2(1/\varepsilon_\mathrm{n})} = \lim_{\mathrm{n}\to\infty} \frac{1}{\log_2 2^\mathrm{n}} \Big(C_1 + (-\tfrac{1}{3})^{\mathrm{n}} C_2 + \tfrac{3}{4}\,\mathrm{n}\, H(\tfrac{1}{3}) \Big)$$

oder

$$D_I = \tfrac{3}{4}\, H(\tfrac{1}{3}) = \tfrac{3}{4}\, \frac{1}{\ln 2} \big(\tfrac{2}{3} \ln \tfrac{3}{2} + \tfrac{1}{3} \ln 3 \big) \approx 0.6887 \tag{5.5.40}$$

Ein Vergleich mit Gl. (5.5.29), $D_c \approx 0.7925$, ergibt

$$D_I < D_c$$

d. h. die Kapazitätsdimension der asymmetrischen Cantor-Menge ist größer als ihre Informationsdimension. Dies ist dann der Fall, wenn die Dichteverteilung der Punkte nicht homogen ist, sondern ihrerseits wieder fraktalen Charakter hat, d. h. wenn die Wahrscheinlichkeiten $p_\mathrm{i}^{(\mathrm{n})}$ nicht für alle Teilintervalle i konstant sind; siehe Abbn. 5.5.7d und 5.5.13 und (Farmer, 1982c).

Es gibt noch eine breite Familie von Dimensionsbegriffen, die ebenfalls das natürliche Maß bzw. Wahrscheinlichkeitsverteilungen zugrunde legen und auf die wir in den beiden folgenden Abschnitten näher eingehen werden.

5.5.4 Korrelationsdimension, punktweise Dimension und Rekonstruktion von Attraktoren

Ἐξ ὄνυχος τὸν λέοντα γράφειν
Alkaios, ca. 620 v. Chr.

Als nächstes betrachten wir die sogenannte Korrelationsdimension D_K. Sie bietet sich insbesondere für praktische Berechnungen bzw. für die Auswertung von experimentellen Zeitmeßreihen an und wurde in diesem Zusammenhang von Grassberger und Procaccia (1983a) eingeführt. Nach einem Ergebnis von Takens (1981) kann man die Dimension eines Attraktors bereits aus der zeitlichen Entwicklung einer *einzigen* Komponente x_i des Phasenraumvektors $\boldsymbol{x}(t) = \{x_1(t) \ldots x_\mathrm{i}(t) \ldots x_\mathrm{n}(t)\}$ gewinnen.

Betrachten wir jedoch in einem ersten Schritt zunächst den gesamten Phasenraum. Nach dem Abklingen der Einschwingphase ermitteln wir zu einem festen Zeitinkrement Δt einen Satz von N Punkten $\boldsymbol{x}_1$, $\boldsymbol{x}_2$, ..., $\boldsymbol{x}_\mathrm{N}$ des Attraktors nach der Vorschrift $\boldsymbol{x}_\mathrm{k} = \boldsymbol{x}(t + \mathrm{k}\Delta t)$ (k = 1, ..., N). Bestimmt man die Autokorrelationsfunktion Gl. (5.3.24) für die Trajektorie eines seltsamen Attraktors, so zeigt sich, daß zwischen den meisten Punktepaaren $(\boldsymbol{x}_\mathrm{i}, \boldsymbol{x}_\mathrm{j})$ kein zeitlicher Zusammenhang besteht, d. h. sie sind *dynamisch unkorreliert.* Dennoch liegen alle Punkte auf einem Attraktor, der im Phasenraum eine ausgeprägte räumliche Struktur aufweist. Im Hinblick auf eine Dimensionsbestimmung des Attraktors werden wir uns daher für die *räumlichen Korrelationen* von Punktepaaren $(\boldsymbol{x}_\mathrm{i}, \boldsymbol{x}_\mathrm{j})$ interessieren.

Dazu benötigen wir einige Überlegungen aus der Wahrscheinlichkeitsrechnung, die wir uns nochmals etwas ausführlicher an Hand des Würfelspiels veranschaulichen wollen. Stellen wir uns einen idealen Würfel vor, so ist keine der sechs Würfelseiten bevorzugt. Daher tritt jede der Augenzahlen 1, 2, 3, 4, 5 oder 6 mit der gleichen Wahrscheinlichkeit $p_\mathrm{i} = 1/6$ auf. In analoger Weise spielt keiner der Punkte $\boldsymbol{x}_1, \ldots, \boldsymbol{x}_\mathrm{N}$ unserer Zeitmeßreihe eine Sonderrolle. Die Wahrscheinlichkeit, z. B. $\boldsymbol{x}_7$ zu treffen, ist daher $p_7 = 1/\mathrm{N}$.

Als nächstes fragen wir nach der Wahrscheinlichkeit, daß eines von zwei Ereignissen E_1 oder E_2 eintritt, z. B. daß wir eine 2 oder eine 4 würfeln. Unsere Chancen haben sich erhöht, die Wahrscheinlichkeiten für die Einzelwürfe können addiert werden, und es ergibt sich

$$p\,(2 \text{ oder } 4) = p_2 + p_4 = 1/3$$

Im Falle unserer Punktmenge können wir einen Unterraum des Phasenraums, wie z. B. das i-te Kästchen einer Partitionierung oder eine Hyperkugel, herausgreifen und nach der Wahrscheinlichkeit fragen, mit der irgendein Punkt $\boldsymbol{x}_\mathrm{k}$ in diesen Unterraum fallen wird. Finden wir $\mathrm{N_i}$ Punkte in diesem Bereich, so ergibt sich als Wahrscheinlichkeit

$$p_\mathrm{i} = \sum_{\mathrm{i}=1}^{\mathrm{N_i}} \frac{1}{\mathrm{N}} = \frac{\mathrm{N_i}}{\mathrm{N}}$$

Im Zusammenhang mit der Korrelationsdimension sind wir jedoch an der Wahrscheinlichkeit für das simultane Auftreten zweier Ereignisse, die miteinander korrelieren, interessiert. Würfeln wir mit 2 Würfeln, so ist die Wahrscheinlichkeit, mit dem ersten Würfel beispielsweise eine 4, mit dem zweiten eine 6 zu würfeln, gerade gleich dem Produkt der Einzelwahrscheinlichkeiten

$$p\,(4 \text{ und } 6) = p_4 \cdot p_6 = 1/36$$

Diese Produktregel gilt genau dann, wenn die Ereignisse voneinander unabhängig sind. In Analogie dazu ist die Wahrscheinlichkeit, daß ein beliebig herausgegriffenes Punktepaar $(\boldsymbol{x}_\mathrm{i}, \boldsymbol{x}_\mathrm{j})$ zum Beispiel mit dem Paar $(\boldsymbol{x}_7, \boldsymbol{x}_9)$ übereinstimmt, gerade

Bringen wir nun eine Zusatzbedingung ins Spiel, so betrachten wir wieder eine Teilmenge der möglichen Ereignisse, deren Einzelwahrscheinlichkeiten addiert werden können. Beispielsweise könnten wir nach der Wahrscheinlichkeit fragen, mit der die Summe der Augenzahlen bei zwei Würfen gerade 8 beträgt. Unter den 36 möglichen Kombinationen erfüllen 5 diese Bedingung, nämlich die Paare (2,6), (3,5), (4,4), (5,3), (6,2), d. h. die Wahrscheinlichkeit, eines dieser Paare zu würfeln, beträgt $p = 5/36$.

Nach diesen Überlegungen können wir nun die räumlichen Korrelationen von Punkten auf einem Attraktor quantitativ erfassen. Wir fragen nach der Wahrscheinlichkeit, daß zwei beliebig aus einer Punktmenge $\boldsymbol{x}_1, \boldsymbol{x}_2, \ldots, \boldsymbol{x}_\mathrm{N}$ herausgegriffenen Punkte $\boldsymbol{x}_\mathrm{k}$ und $\boldsymbol{x}_\mathrm{m}$ einen Abstand haben, der kleiner ist als eine vorgegebene Zahl r. Hierzu muß man unter den $\mathrm{n}(\mathrm{n}-1)$ möglichen Kombinationen $(\boldsymbol{x}_1, \boldsymbol{x}_2), (\boldsymbol{x}_1, \boldsymbol{x}_3), \ldots, (\boldsymbol{x}_{\mathrm{n}-1}, \boldsymbol{x}_\mathrm{n})$, die jeweils mit der Wahrscheinlichkeit $1/\mathrm{N}^2$ angetroffen werden, diejenigen auswählen, die die Zusatzbedingung $|\boldsymbol{x}_\mathrm{k} - \boldsymbol{x}_\mathrm{m}| < r$ erfüllen. Bezeichnet man diese Wahrscheinlichkeit mit $C(r)$, so ergibt sich

$$C(r) = \frac{1}{\mathrm{N}^2} \times \{\text{Anzahl der Paare } (\boldsymbol{x}_\mathrm{k},\ \boldsymbol{x}_\mathrm{m}) \quad \text{mit} \quad |\boldsymbol{x}_\mathrm{k} - \boldsymbol{x}_\mathrm{m}| \leqslant r \quad (\mathrm{k} \neq \mathrm{m})\} \tag{5.5.41}$$

Formal kann man diese Beziehung mit Hilfe der sogenannten Heaviside-Funktion H wie folgt umschreiben

$$C(r) = \frac{1}{\mathrm{N}^2} \sum_{(\mathrm{k} \neq \mathrm{m})} H(r - |\boldsymbol{x}_\mathrm{k} - \boldsymbol{x}_\mathrm{m}|) \tag{5.5.42}$$

wobei H gegeben ist durch

$$H(x) = \begin{cases} 0 & \text{für} \quad x \leqslant 0 \\ 1 & \text{für} \quad x > 0 \end{cases} \tag{5.5.43}$$

und eine Treppenfunktion darstellt.

Ist die Anzahl der Punkte, d. h. N, genügend groß, so erwarten wir, daß sich $C(r)$ für kleine r-Werte wie $C(r) \propto r^{D_K}$ verhält, wobei der Exponent die Dimensionalität angibt und sich wie folgt berechnen läßt

$$D_K = \lim_{r \to 0} \frac{\ln C(r)}{\ln r} \tag{5.5.44}$$

Die Funktion $C(r)$ drückt daher räumliche Kohärenzen oder Korrelationen aus, also statistisch reproduzierbare Beziehungen, und wird als *Korrelationsintegral* des Attraktors bezeichnet (Grassberger und Procaccia, 1983b). Der Exponent D_K heißt *Korrelationsdimension*.

Grassberger und Procaccia (1983a) haben gezeigt, daß die Korrelationsdimension eine untere Schranke sowohl für die Informationsdimension als auch für die Kapazitätsdimension darstellt, d. h. mit Gl. (5.5.27) erhalten wir die Beziehung

$$D_K \leqslant D_I \leqslant D_c \tag{5.5.45}$$

auf die wir nochmals in Abschnitt 5.5.5 eingehen werden.

Angefügt seien noch drei Anmerkungen für die praktische Bestimmung der Dimension. Zum ersten muß man für die Berechnung der Abstände in Gl. (5.5.41) bzw. Gl. (5.5.42) nicht unbedingt den Euklidischen Abstandsbegriff verwenden. Man kann auch einfach die Summe über die Absolutbeträge der Differenzen der einzelnen Komponenten ermitteln und als Maß für den Abstand einführen. Zum zweiten sollten die Kugelradien so gewählt werden, daß r einerseits wesentlich kleiner ist als der Radius einer Kugel, die den gesamten Attraktor umfaßt, andererseits groß genug, so daß mindestens ein Punktepaar in der entsprechenden Kugel enthalten ist. Ferner genügt es, sich auf eine zufällig verteilte, repräsentative Auswahl von $\mathrm{N}_{\mathrm{ref}}$ Referenzpunkten $\boldsymbol{x}_{\mathrm{k}}$ zu stützen und die Zahl der Punkte zu bestimmen, die in den jeweiligen Hyperkugeln vom Radius r liegen. Das Korrelationsintegral reduziert sich dann auf folgenden Ausdruck

$$C(r) \approx \frac{1}{\mathrm{N}_{\mathrm{ref}}\mathrm{N}} \sum_{\mathrm{k}=1}^{\mathrm{N}_{\mathrm{ref}}} \sum_{\substack{\mathrm{m}=1 \\ (\mathrm{m}\neq\mathrm{k})}}^{\mathrm{N}} H(r - |\boldsymbol{x}_{\mathrm{k}} - \boldsymbol{x}_{\mathrm{m}}|)$$

An dieser Stelle wollen wir noch die punktweise Dimension D_p einführen, die auf einer ähnlichen Berechnungsmethode beruht und die ebenfalls in der Praxis für die Charakterisierung von experimentellen Meßreihen herangezogen wird.

Wir betrachten wieder eine Menge von N Punkten im Phasenraum (oder im Poincaré-Schnitt) $\boldsymbol{x}_1, \boldsymbol{x}_2, \ldots \boldsymbol{x}_{\mathrm{N}}$ und fragen nach der Wahrscheinlichkeit $p_{\mathrm{i}}(r)$, einen beliebigen Punkt der Menge in einer Hyperkugel vom Radius r um den Punkt $\boldsymbol{x}_{\mathrm{i}}$ zu finden. Dazu ermitteln wir einfach die Anzahl $\mathrm{N}_{\mathrm{i}}(r)$ aller Punkte der Menge, die innerhalb der Kugel liegen, und erhalten

$$p_{\mathrm{i}}(r) = \frac{\mathrm{N}_{\mathrm{i}}(r)}{\mathrm{N}} \tag{5.5.46}$$

Es ist leicht einzusehen (siehe Abb. 5.5.14), daß sich $p_{\mathrm{i}}(r)$ proportional zu r verhalten wird, falls die Punkte gleichmäßig verteilt auf einer Linie liegen, bzw. daß $p_{\mathrm{i}}(r)$ für flächenmäßig gleichmäßig verteilte Punkte proportional zu r^2 ausfällt. Im allgemeinen Fall einer fraktalen Menge wird sich $p_{\mathrm{i}}(r)$ für kleine Radien r wie r^{D_p} verhalten, wobei der Exponent ein Maß für die Dimensionalität darstellt und sich aus dem Grenzwert

$$D\ (\boldsymbol{x}.) = \lim \frac{\ln p_{\mathrm{i}}(r)}{} \tag{5.5.47}$$

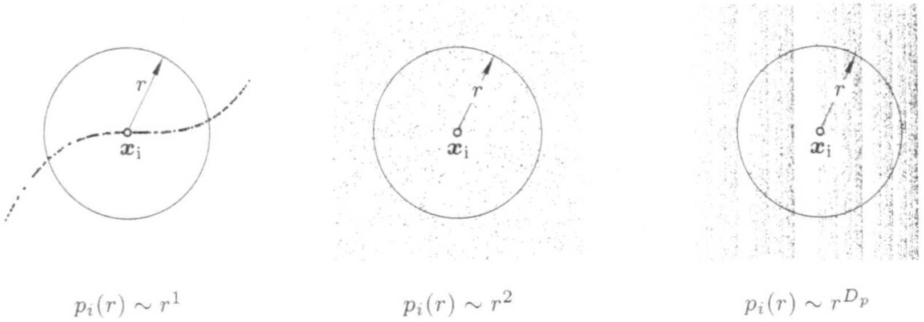

Abb. 5.5.14 Zur Definition der punktweisen Dimension

ergibt. $D_p(\boldsymbol{x}_i)$ ist ein Maß für die relative prozentuale Dichte, mit der Punkte der Menge in einer kleinen Umgebung des Punktes $\boldsymbol{x}_i$ liegen, und wird im allgemeinen von Punkt zu Punkt variieren. Ergibt sich für alle N Punkte der Menge derselbe Wert D_p, so spricht man von der *punktweisen Dimension*. Andernfalls kann man z. B. den Mittelwert über M zufällig herausgegriffene Punkte der Menge bilden und die Größe

$$\bar{D}_p = \frac{1}{\mathrm{M}} \sum_{i=1}^{\mathrm{M}} D_p(\boldsymbol{x}_i) \tag{5.5.48}$$

als durchschnittliche punktweise Dimension bezeichnen.

Der Unterschied zwischen der gemittelten punktweisen Dimension $\bar{D}_p$ und der Korrelationsdimension D_K liegt darin, daß Mittelungsprozeß und Grenzwert in unterschiedlicher Reihenfolge ausgeführt werden.

Eine weitere Methode zur Dimensionsbestimmung eines Attraktors wurde von Termonia und Alexandrowicz (1983) vorgeschlagen. Bei diesem Verfahren mittelt man nicht über Bereiche des Phasenraums mit festem Volumen, sondern über solche, die eine feste Zahl von Attraktorpunkten enthalten. Eine Abschätzung der Fehler, basierend auf der Berechnung von Standard-Abweichungen, die bei der numerischen Ermittlung der Korrelationsdimension D_K, der punktweisen Dimension $\bar{D}_p$ und der Dimension nach Termonia und Alexandowicz auftreten können, zeigt allerdings, daß man in der Praxis keine allzu hohe Genauigkeit des Dimensionswertes erwarten kann (Holzfuss und Mayer-Kress, 1986).

Wir kommen nun zu einer wichtigen Anwendung der Korrelationsdimension bzw. der gemittelten punktweisen Dimension. Bisher sind wir davon ausgegangen, daß der Zeitverlauf *aller* an der Dynamik beteiligten Variablen bekannt ist. Bei einer Vielzahl von Experimenten kann man jedoch nur den Zeitverlauf einiger weniger, mitunter auch nur einer einzigen Zustandsgröße messen. Überdies ist bei kontinuierlichen Systemen, wie sie etwa in der Hydrodynamik oder der Kontinuumsmechanik vorkommen, im allgemeinen nicht bekannt, ob eine endliche Anzahl von Freiheitsgraden genügt, um das Langzeitverhalten des Systems zu beschreiben.

Wir wollen im folgenden dissipative Systeme betrachten, denen deterministische Gesetze zugrunde liegen, und die Frage stellen, welche Information bereits im Zeitverlauf einer einzigen Zustandsgröße enthalten ist. Kann man beispielsweise mit Hilfe *einer* spezifischen Meßreihe einen Attraktor identifizieren und dessen Dimension oder seine Lyapunov-Exponenten bestimmen? Zunächst erscheint es frappierend, daß es möglich sein soll, aus der zeitlichen Entwicklung einer einzigen Zustandsgröße Informationen über zusätzliche, an der Dynamik beteiligte Variable zu erhalten und charakteristische Eigenschaften des Attraktors, also Invarianten des Flusses, ermitteln zu können. Dennoch bewirken die Kopplungen in den zugrunde liegenden deterministischen Gleichungen, daß jede einzelne Komponente bereits wesentliche Informationen der gesamten Dynamik enthält.

Das folgende Beispiel soll veranschaulichen, daß man einen seltsamen Attraktor, hier den Lorenz-Attraktor, aus einer einzigen Komponente rekonstruieren kann, ohne daß dabei die topologischen, qualitativen Eigenschaften des Attraktors verlorengehen. Das zugrunde liegende System von Differentialgleichungen lautet (s. auch Abschnitte 5.2 und 9.3)

$$\begin{aligned} \dot{X} &= -\sigma X + \sigma Y \\ \dot{Y} &= \quad rX - Y - XZ \\ \dot{Z} &= -bZ + XY \end{aligned} \tag{5.5.49}$$

Durch Differentiation der ersten Gleichung zusammen mit der 2. Gleichung erhält man folgendes System

$$\begin{aligned} X &= \quad X \\ \dot{X} &= -\sigma X + \sigma Y \\ \ddot{X} &= -\sigma \dot{X} + \sigma(rX - Y - XZ) \end{aligned} \tag{5.5.50}$$

oder aufgelöst nach X, Y, Z

$$\begin{aligned} X &= X \\ Y &= X + (1/\sigma)\dot{X} \\ Z &= r - 1 - [(\sigma + 1)\dot{X} + \ddot{X}]/(\sigma X) \end{aligned} \tag{5.5.51}$$

d. h. man kann die unabhängigen Variablen $X(t), Y(t), Z(t)$ durch einen Satz von neuen unabhängigen Variablen, in diesem Fall $X(t), \dot{X}(t), \ddot{X}(t)$, ersetzen. Dieser Übergang kann als Transformation auf krummlinige Koordinaten im Phasenraum gedeutet werden, die unter gewissen Stetigkeitsannahmen die Topologie des Attraktors nicht verändert. Der Nachteil dieser speziellen Transformation liegt auf der Hand. Normalerweise geht man bei der Rekonstruktionsmethode von eindimensionalen Zeitserien $x(t_0), x(t_1), \ldots, x(t_k), \ldots$ aus. Die numerische Ermittlung von Ableitungen aus der diskreten Folge $\{x(t_k)\}$ ist jedoch in der Regel sehr problematisch und ungenau. Nach einem Vorschlag von Ruelle (siehe Packard *et al.*,

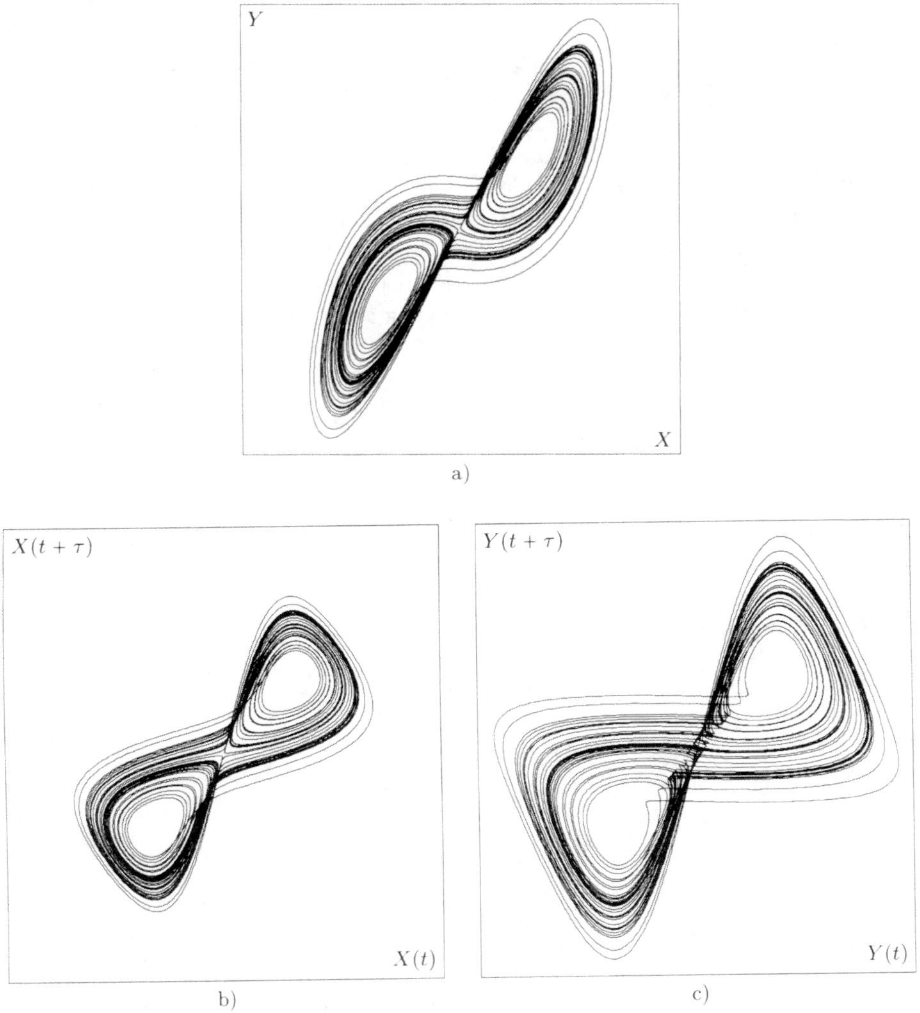

Abb. 5.5.15 Lorenz-Attraktor (a) und Rekonstruktion aus X-Komponente (b) bzw. Y-Komponente (c); $\sigma = 10$, $b = 8/3$, $r = 28$, $\tau = 0.13$

1980, Fußnote 8 bzw. Ruelle, 1989) ist es zweckmäßiger, eine feste Zeitverschiebung τ und als neue unabhängige Größen $x(t), x(t+\tau), x(t+2\tau), \dots$ zu wählen.

Zur Illustration haben wir die Lorenz-Gleichungen numerisch integriert und den Attraktor jeweils aus der X- bzw. Y-Komponente allein rekonstruiert. In Abb. 5.5.15 sind die Ergebnisse dargestellt: in (a) ist die Projektion des Original-Attraktors im XYZ-Phasenraum auf die XY-Ebene geplottet, (b) zeigt eine Projektion des rekonstruierten Attraktors aus den Größen $X(t)$, $X(t+\tau)$, $X(t+2\tau)$ auf die $X(t), X(t+\tau)$-Ebene und (c) die entsprechende Rekonstruktion aus dem Zeitverlauf der Y-Komponente. Vergleicht man die drei Darstellungen, so erkennt man, daß die topologischen Eigenschaften und, im wesentlichen, auch die geometrische Form des Attraktors erhalten bleiben.

Nach dieser heuristischen Einführung wollen wir eine Rekonstruktionsmethode, die sogenannte Zeitverschiebungsmethode *(time-delay method)*, an Hand eines Beispiels, bei dem man nicht, wie beim Lorenz-System, von vornherein die Dimension des Phasenraums kennt, im einzelnen erläutern. Wir gehen aus von diskreten Messungen einer Zustandsgröße $x(t)$, wie z. B. der Veränderung des globalen Eisvolumens auf der Erde während der letzten Million Jahre (Abb. 5.5.16, nach Nicolis, 1984; Nicolis und Prigogine, 1987). In diesem Fall wissen wir nicht von vornherein, wieviel unabhängige Variablen für die Rekonstruktion notwendig sind. Wir nehmen an, daß die x-Werte der ursprünglichen Meßreihe zu festen Zeitabständen Δt ermittelt wurden

$$x_0 = x(t_0),\ x_1 = x(t_0 + \Delta t),\ x_2 = x(t_0 + 2\Delta t),\ \ldots\ , x_{\mathrm{k}} = x(t_0 + \mathrm{k}\Delta t),\ \ldots \tag{5.5.52}$$

Als nächstes wählt man eine feste Zeitverschiebung τ (*delay rate*) (i. a. ein Vielfaches von Δt) und konstruiert aus der Reihe Gl. (5.5.52) eine Folge von Vektoren der festen Länge m ($\mathrm{m} = 2, 3, \ldots$)

$$\begin{aligned}
\boldsymbol{\xi}_0^{(\mathrm{m})} &= \{x(t_0)\quad x(t_0+\tau)\ \ldots\ x(t_0+(\mathrm{m}-1)\tau)\}\\
\boldsymbol{\xi}_1^{(\mathrm{m})} &= \{x(t_1)\quad x(t_1+\tau)\ \ldots\ x(t_1+(\mathrm{m}-1)\tau)\}\\
&\ \vdots\\
\boldsymbol{\xi}_{\mathrm{k}}^{(\mathrm{m})} &= \{x(t_{\mathrm{k}})\quad x(t_{\mathrm{k}}+\tau)\ \ldots\ x(t_{\mathrm{k}}+(\mathrm{m}-1)\tau)\}\\
&\ \vdots
\end{aligned} \tag{5.5.53}$$

wobei $t_{\mathrm{k}} = t_0 + \mathrm{k}\Delta t$ bedeutet. Diese Vektoren können in einem m-dimensionalen Einbettungsraum aufgetragen werden. In Abb. 5.5.17 ist das Vorgehen für $\mathrm{m} = 3$ illustriert.

Abbildung 5.5.18 zeigt z. B. eine 3-dimensionale Einbettung des Klimaattraktors für eine Zeitverschiebung τ von 2 000 Jahren. In dieser Darstellung läßt sich noch nicht die Struktur eines Attraktors erkennen, so daß man davon ausgehen kann, daß die Dimension 3 des Einbettungsraums noch nicht ausreicht.

Wie groß muß nun die Dimension des Einbettungsraums gewählt werden, um aus der Rekonstruktion die gewünschten Informationen zu erhalten? Sicherlich muß die Dimension so hoch sein, daß die Kreuzungsfreiheit der Trajektorien garantiert ist. Je nach Dimension m und Zeitverschiebung τ erhält man unterschiedliche Koordinatentransformationen und damit unterschiedliche Gebilde in den jeweiligen Einbettungsräumen. Nehmen wir an, der Zeitreihe $\{x_{\mathrm{k}}\}$ läge ein dissipatives dynamisches System, beschrieben durch ein System von Differentialgleichungen $\dot{\boldsymbol{x}} = \boldsymbol{F}(\boldsymbol{x})$, zugrunde und es sei n die Dimension des Unterraums bzw. der Mannigfaltigkeit $\mathbb{M}$, die den Attraktor enthält, dann wäre im Falle einer quasiperiodischen

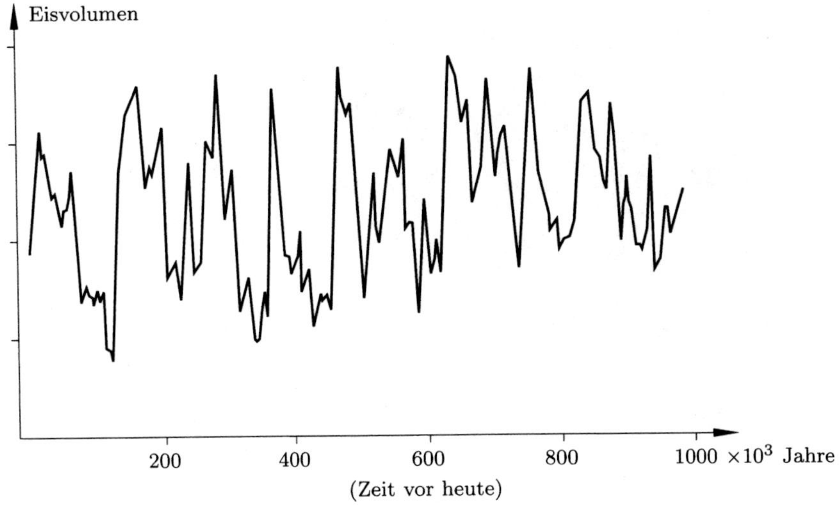

Abb. 5.5.16 Veränderung des globalen Eisvolumens (Nicolis und Prigogine, 1987)

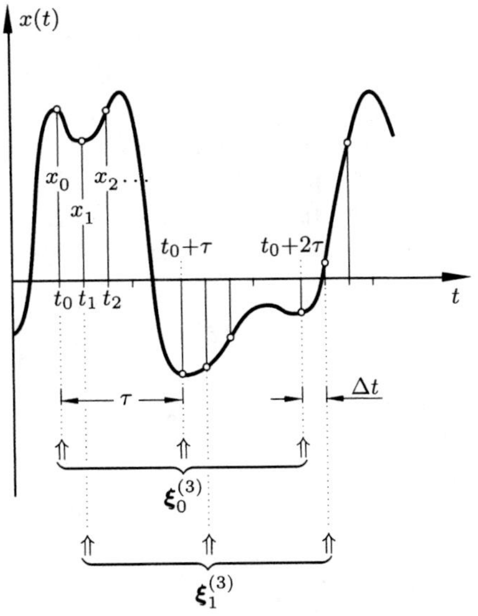

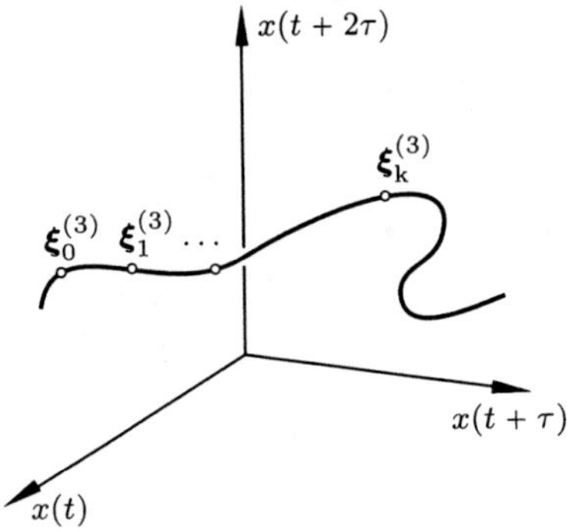

Abb. 5.5.17
Rekonstruktion einer Trajektorie im 3-dimensionalen Einbettungsraum aus einer Zeitreihe

diffeomorphen, d. h. umkehrbar eindeutigen, stetig differenzierbaren Abbildungen von $\mathbb{M}$, deren Umkehrabbildung ebenfalls stetig differenzierbar ist, so ist die Frage nach der Dimension der benötigten Einbettungsräume, in denen Kreuzungsfreiheit gesichert ist, keineswegs trivial. Nehmen wir zum Beispiel diffeomorphe Abbildungen eines Kreises ($n = 1$), so würde man für eine geschlossene Schraubenlinie auf

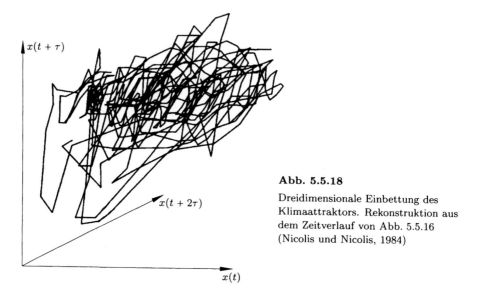

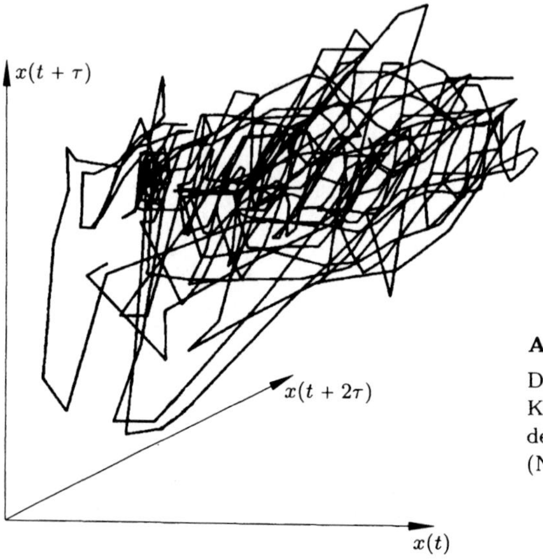

Abb. 5.5.18
Dreidimensionale Einbettung des Klimaattraktors. Rekonstruktion aus dem Zeitverlauf von Abb. 5.5.16 (Nicolis und Nicolis, 1984)

einem Torus einen dreidimensionalen Einbettungsraum benötigen. Ebenso gibt es ein klassisches Beispiel dafür, daß sich nicht alle zweidimensionalen Flächen durchdringungsfrei in einem dreidimensionalen Raum darstellen lassen. Betrachtet man ein Zylinderstück und heftet man die Ränder mit unterschiedlicher Orientierung aneinander, so entsteht eine sogenannte Kleinsche Flasche, zu deren Einbettung man einen vierdimensionalen Raum benötigt. Nach einem Theorem von Whitney ist eine Einbettungsdimension von 2n + 1 jedoch auf jeden Fall ausreichend (Näheres siehe z. B. Guillemin und Pollack, 1974 bzw. Bröcker und Jänisch, 1990).

Basierend auf diesem Sachverhalt hat Takens für die Rekonstruktionsmethode den mathematischen Hintergrund geschaffen, indem er folgenden Satz bewies (Takens, 1981):

Erzeugt das deterministische System $\dot{\boldsymbol{x}} = \boldsymbol{F}(\boldsymbol{x})$ einen Fluß auf einer n-dimensionalen Mannigfaltigkeit $\mathbb{M}$, so stellt

$$\boldsymbol{\xi}(t) = \{x(t)\ x(t+\tau)\ \dots\ x(t+2\mathrm{n}\tau)\} \tag{5.5.54}$$

eine stetig differenzierbare Einbettung dar, wobei x eine beliebige Komponente des Vektors $\boldsymbol{x}$ sein kann.

Dies bedeutet, daß bei der Rekonstruktion die geometrischen Invarianten der Dynamik – wie z. B. die Dimension des Attraktors und die positiven Lyapunov-Exponenten – mit Sicherheit dann erhalten bleiben, wenn als Einbettungsdimension

$$\mathrm{m} \geqslant 2\mathrm{n} + 1 \tag{5.5.55}$$

gewählt wird. Nach dem Satz von Whitney ist m = 2n + 1 eine hinreichende Bedingung für die Einbettungsdimension. Je nach geometrischer Komplexität des Attraktors A bzw. der n-dimensionalen Mannigfaltigkeit $\mathbb{M}$, die A enthält, genügt jedoch in vielen Fällen eine kleinere Einbettungsdimension, um eine Erhaltung der geometrischen Invarianten zu garantieren.

In der Praxis bestimmt man die Einbettungsdimension aus einer gegebenen Zeitreihe, indem man für zunehmende Dimensionen m des Einbettungsraums jeweils nach Gl. (5.5.42) das Korrelationsintegral $C(r)$ der durch Gl. (5.5.53) dargestellten Punktmenge ermittelt. Nach Gl. (5.5.44) wird dann die Dimensionalität d eines Attraktors durch die Steigung der Kurven

$$\ln C(r) = d|\ln r| \tag{5.5.56}$$

in einem gewissen r-Bereich approximiert. Erhöht man die Einbettungsdimension m und erreichen die Steigungen der Kurven für relativ kleine m-Werte eine Sättigung, so existiert für die gegebene Zeitreihe ein Attraktor.

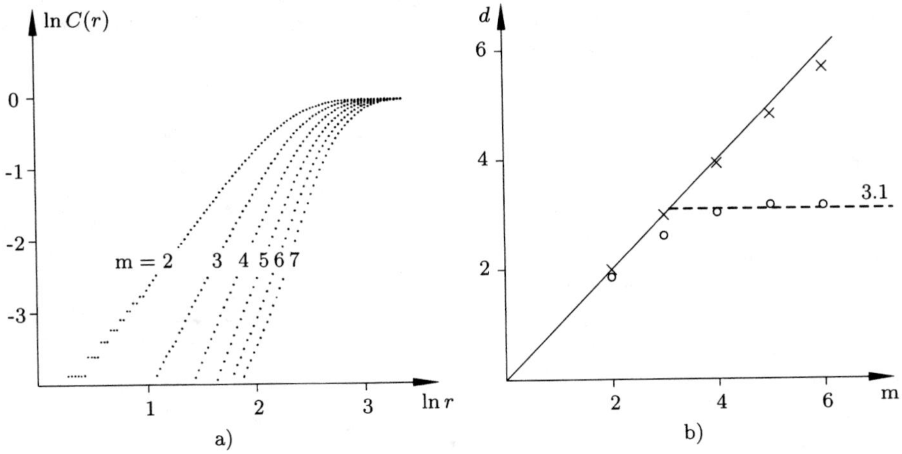

Abb. 5.5.19 Bestimmung der Korrelationsfunktion $C(r)$ und der Dimensionalität d des Klimaattraktors für zunehmende Einbettungsdimension m (Nicolis und Prigogine, 1987)

Zur Erläuterung geben wir hier kurz die Ergebnisse aus der Analyse der Klimadaten von Abb. 5.5.16 wieder (Abb. 5.5.19). In Abb. 5.5.19a ist die Funktion $C(r)$ für verschiedene Werte der Einbettungsdimension aufgetragen. Die Kurvenschar verdeutlicht, daß über einen ausgedehnten Bereich ein linearer Zusammenhang mit der Steigung d existiert. Trägt man die Steigungen d als Funktion der Dimension m des Einbettungsraums auf, so kommt es für m $\approx$ 5 bis 6 zu einer Sättigung, und für den Attraktor ergibt sich die Korrelationsdimension $D_K \approx 3.1$. Würde man hingegen ein zufälliges Signal auswerten, das statistischem weißen Rauschen entspricht, so käme es zu keiner Sättigung, und d würde proportional zu m anwachsen (×-Zeichen in Abb. 5.5.19b). Dieses Ergebnis legt es nahe, daß sich die Entwicklung des Eisvolumens auf einem niedrigdimensionalen seltsamen Attraktor abspielt. Dies bestätigt einerseits die Unvorhersagbarkeit der Klimaentwicklung, andererseits bedeutet das Ergebnis $D_K \approx 3.1$, daß der zugrunde liegende dynamische Prozeß durch ein deterministisches System von gewöhnlichen Differentialgleichungen in ca. 6 wesentlichen Variablen beschrieben werden kann; weitere Diskussionen siehe (Grassberger, 1986; Nicolis und Nicolis, 1987; vgl. auch Fraedrich, 1986).

Am Beispiel der Lorenz-Gleichungen (für $\sigma = 10,\ b = 8/3,\ r = 28$) haben wir zur Bestimmung der Dimension die Korrelationsfunktion $C(r)$ allein aus dem Zeitverlauf der X- bzw. der Z-Komponente ermittelt (Abb. 5.5.20 bzw. Abb. 5.5.21); der Parameter r in $C(r)$ bedeutet hier der früher erwähnte Abstand eines Punktepaares. Bei der Auswertung der Kurven $\ln C(r)$ als Funktion von $\ln r$ ist zu beachten, daß nur ein mittlerer geradliniger Bereich sinnvolle Aussagen liefert. Für zu kleine r-Werte werden die Kurven durch das Rauschen, das durch die Messung bzw. durch Rundungsfehler im Computer zustande kommt, verfälscht. Kommen die r-Werte in die Größenordnung der globalen Abmessung des Attraktors, so sind die zugehörigen $C(r)$-Werte ebenfalls nicht sinnvoll und führen wegen der endlichen Anzahl der Meßpunkte zu einer Abflachung der Kurven.

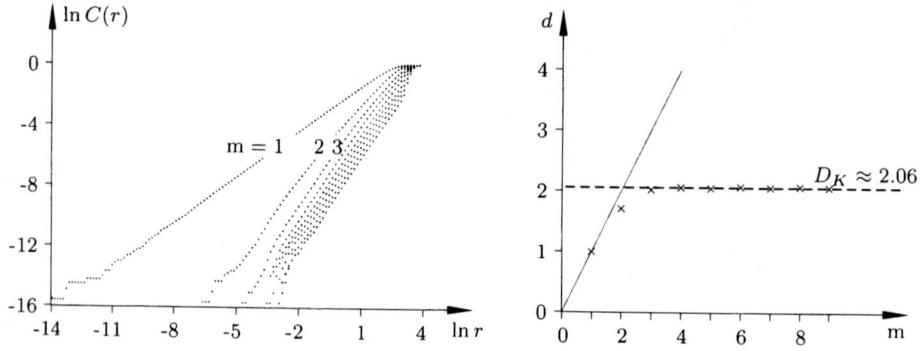

Abb. 5.5.20 Bestimmung der Korrelationsdimension D_K des Lorenz-Attraktors aus der X-Komponente ($D_K \approx 2.06$)

Den Diagrammen entnimmt man $D_K \approx 2.06$, wenn man die X-Komponente zugrunde legt, und $D_K \approx 2.08$ bei Verwendung des Z-Verlaufs, also nahezu gleiche Werte, die in guter Übereinstimmung sind mit der Kapazitätsdimension $D_c \approx 2.06$ für den Attraktor im ursprünglichen XYZ-Phasenraum (vgl. Abschnitt 9.3).

Obwohl die Korrelationsdimension, die aus dem zeitlichen Verlauf der Z-Komponente gewonnen wurde, einen vernünftigen Wert hat, ist in diesem Fall Vorsicht geboten. Der Grund hierfür ist, daß das Lorenz-System zwei (instabile)

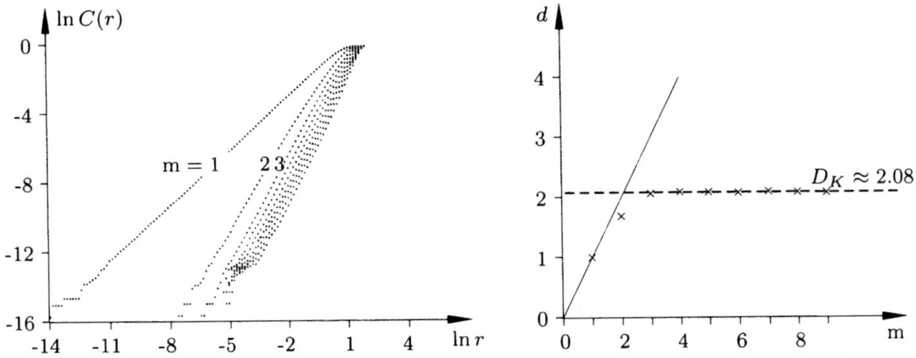

Abb. 5.5.21 Bestimmung der Korrelationsdimension D_K des Lorenz-Attraktors aus der Z-Komponente ($D_K \approx 2.08$)

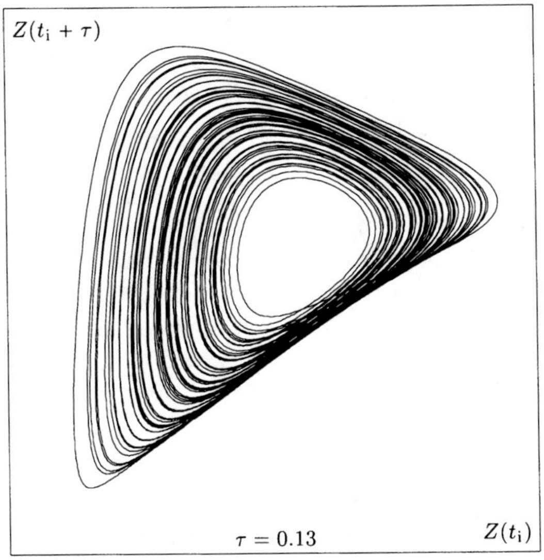

Abb. 5.5.22

Rekonstruktion des Lorenz-Attraktors aus der Z-Komponente: keine topologische Äquivalenz

eine Rekonstruktion aus der Z-Komponente kein zum Lorenz-Attraktor topologisch äquivalentes Bild, siehe Abb. 5.5.22 (vgl. Takens, 1981).

Die Rekonstruktionsmethode wurde in vielen experimentellen Untersuchungen zur Bestimmung der Dimension und der Lyapunov-Exponenten (vgl. Abschnitt 9.8.6) angewendet. Von besonderem Interesse ist eine Analyse der Dynamik beim Einsetzen von Turbulenz im Rayleigh-Bénard-Experiment. Für kleine Rayleigh-Zahlen konnte man auf einen seltsamen Attraktor der Korrelationsdimension $D_K \approx 2.8$ schließen (Malraison *et al.*, 1983; vgl. auch Abschnitt 8.2).

Wir wollen noch einige Bemerkungen zur numerischen Berechnung der Korrelationsdimension aus eindimensionalen Zeitreihen anfügen. Für eine unendliche Menge von rauschfreien Daten kann man im Prinzip für die Rekonstruktion eines Attraktors nach der Zeitverschiebungsmethode die Zeitverschiebung τ beliebig wählen. In der Praxis liegen jedoch nur Datensätze endlicher Länge vor, die überdies durch Meßungenauigkeiten bzw. Rundungsfehler verrauscht sind. Man muß daher die Parameter für die Rekonstruktionsmethode und die Dimensionsberechnung in geeigneter Weise wählen, um zu zuverlässigen Ergebnissen zu gelangen.

Eine Untersuchung von Eckmann und Ruelle (1992) zeigt, in welcher Größenordnung die Länge N des Datensatzes mindestens gewählt werden muß, damit die Dimension einer Punktmenge ermittelt werden kann. Näherungsweise gilt die Abschätzung

$$D_K < 2 \log_{10} \mathrm{N}$$

Beispielsweise sind mindestens 10^5 Meßpunkte nötig, um Dimensionen $D_K \leqslant 10$ zu berechnen (vgl. Diskussion um die Dimension des Klimaattraktors: Grassberger, 1968; Nicolis und Nicolis, 1987).

Die zweite Bemerkung betrifft die Auswahl der Zeitverschiebung τ, die für die „Qualität" der Rekonstruktion und damit auch für die Genauigkeit der daraus berechneten Invarianten wie Dimension und Lyapunov-Exponenten, verantwortlich ist. Wählt man für τ zu kleine Werte, so bewirken die zufälligen Fehler in den Daten bzw. die beschränkte Stellenzahl, daß aufeinanderfolgende Werte $x(t)$ und $x(t+\tau)$ nahezu identisch sind, so daß aufeinanderfolgende Vektoren $\boldsymbol{\xi}_{\mathrm{k}}$ und $\boldsymbol{\xi}_{\mathrm{k+1}}$ in Gl. (5.5.53) nahezu linear abhängig sind. Andererseits darf τ auch nicht zu groß gewählt werden, sonst besteht zwischen aufeinanderfolgenden Signalen kein kausaler Zusammenhang mehr, es entsteht ein Wirrwarr von Linien, und die Struktur des Attraktors geht verloren. Abbildung 5.5.23 illustriert diese Situation für die Y-Komponente des Lorenz-Attraktors.

In der Literatur gibt es eine ganze Reihe von Vorschlägen für die Wahl von τ. Nach (Packard *et al.*, 1980) sollte $\tau \ll \varepsilon/\Lambda$ gewählt werden, wobei ε die Genauigkeit bezeichnet, mit der ein Zustand des Systems spezifiziert werden kann, und $\Lambda = \sum^{+} \sigma_{\mathrm{i}}$ die Summe über die positiven Lyapunov-Exponenten bedeutet. Eine andere Möglichkeit, um lineare Abhängigkeiten der Vektoren $\boldsymbol{\xi}_{\mathrm{k}}$ und $\boldsymbol{\xi}_{\mathrm{k+1}}$ zu vermeiden, ist, für τ die Abklingzeit der Autokorrelationsfunktion (Schuster, 1988) bzw. die erste Nullstelle dieser Funktion zu wählen. Besonders vielversprechend ist ein Vorschlag, im Falle zweidimensionaler Rekonstruktionen für τ die erste Nullstelle der sogenannten Transinformation oder wechselseitigen Information (engl. *transinformation, mutual information*) (siehe Jumarie, 1990) zu wählen (Fraser und Swinney, 1986) und für höherdimensionale Rekonstruktionen eine verallgemeinerte wechselseitige Information, die sogenannte Redundanz, zu minimieren (Fraser, 1989a,b). Die wechselseitige Information gibt an, wieviel Information

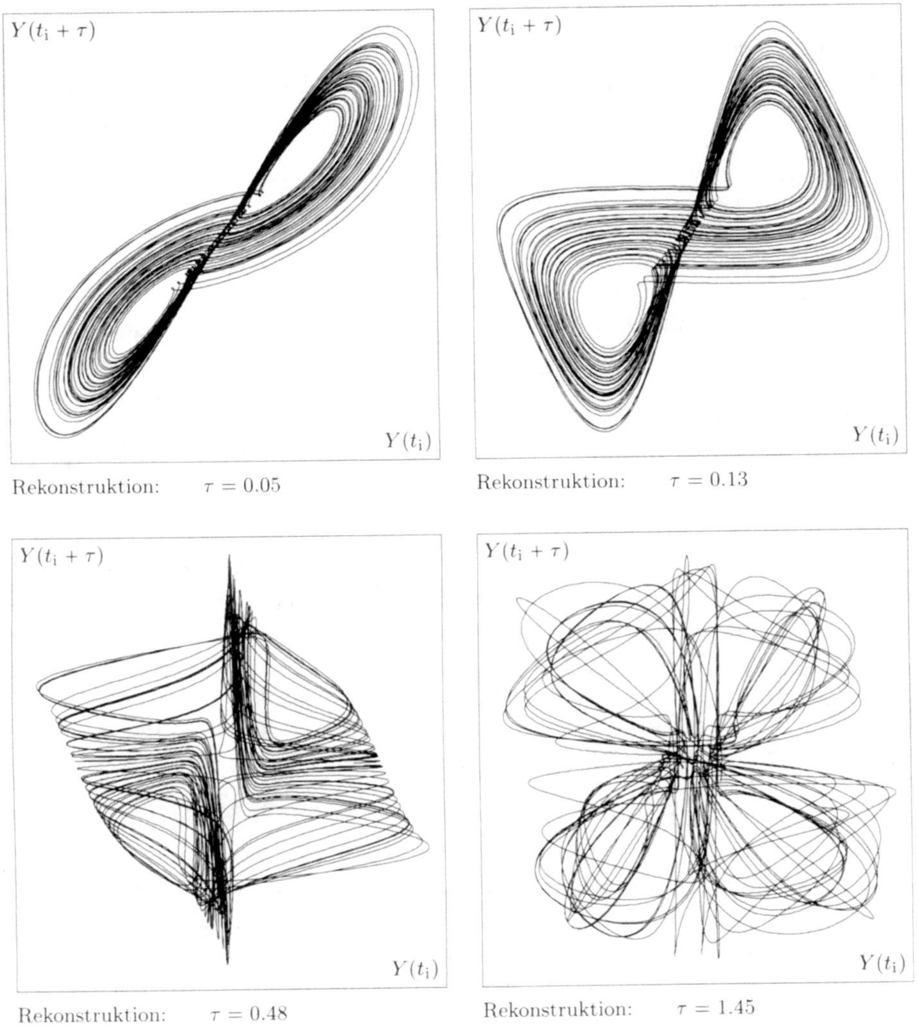

Abb. 5.5.23 Rekonstruktion des Lorenz-Attraktors (aus der Y-Komponente) in Abhängigkeit von der Zeitverschiebung τ

durchschnittlich über einen Zustand zur Zeit $t + \tau$ auf Grund der Kenntnis des Zustandes zum Zeitpunkt t gewonnen werden kann, und sie bietet eine Möglichkeit, *nichtlineare* Zusammenhänge aufzudecken.

Wir wollen abschließend noch auf eine andere Methode hinweisen, die zur Bestimmung der wesentlichen Moden, die das Langzeitverhalten des dynamischen Systems beschreiben, und zur Rekonstruktion von Attraktoren aus eindimensionalen Zeitreihen herangezogen werden kann und die auf der Singulärwertzerlegung beruht (Broomhead und King, 1986; King *et al.*, 1987). Aus dem eindimensionalen Datensatz $x_0(t_0)$, $x_1(t_0 + \Delta t)$, $x_2(t_0 + 2\Delta t), \ldots$, Gl. (5.5.52), bildet man wieder nach Gl. (5.5.53) Vektoren $\boldsymbol{\xi}_0, \boldsymbol{\xi}_1, \dots \boldsymbol{\xi}_N$ der Länge m, wobei hier für τ direkt das feste Zeitinkrement Δt der ursprünglichen Meßreihe verwendet wird. Aus diesem Satz von Vektoren bildet man die (N × m)-dimensionale Trajektorienmatrix

$$\boldsymbol{X} = \begin{bmatrix} \boldsymbol{\xi}_0^t \\ \boldsymbol{\xi}_1^t \\ \vdots \\ \boldsymbol{\xi}_N^t \end{bmatrix}$$

Die Grundidee von Broomhead und King (1986) ist, daß für hinreichend großes m die kleinste ausreichende Einbettungsdimension mit der Anzahl k der linear unabhängigen Vektoren der Trajektorienmatrix $\boldsymbol{X}$ übereinstimmt. Zur Bestimmung des Rangs k der Matrix $\boldsymbol{X}$ verwendet man die Singulärwertzerlegung (Golup und van Loan, 1983), d. h. man bildet die (m×m)-dimensionale Kovarianzmatrix

$$\boldsymbol{C} = \frac{1}{N}\boldsymbol{X}^t\boldsymbol{X}$$

die ebenfalls den Rang k hat, und ermittelt deren Eigenwerte

$$\lambda_1 \geqslant \lambda_2 \geqslant \dots \geqslant \lambda_k > \lambda_{k+1} = \dots \lambda_m = 0$$

und die zugehörigen Eigenvektoren. In der Praxis sorgen allerdings Rauschen und endliche Genauigkeit des Datensatzes für eine Verschiebung der Eigenwerte

$$\lambda_1 \geqslant \lambda_2 \geqslant \dots \geqslant \lambda_k \gg \lambda_{k+1} \geqslant \dots \geqslant \lambda_m > 0$$

Die Anzahl k der signifikanten Eigenwerte oberhalb des Rauschpegels gibt eine hinreichend große Einbettungsdimension an, und eine Projektion der Zeitreihe auf den Raum, der von den zugehörigen Eigenvektoren aufgespannt wird, kann als rauschfreie Rekonstruktion des Attraktors betrachtet werden.

Abbildung 5.5.24 zeigt das Spektrum der Eigenwerte und eine Rekonstruktion des Lorenz-Attraktors aus der X-Komponente nach der Singulärwertzerlegung von Broomhead und King.

Der Vorteil dieses Verfahrens gegenüber der Zeitverschiebungsmethode mit anschließender Bestimmung der Korrelationsdimension ist, daß man die Wahl einer geeigneten Zeitverschiebung τ vermeidet und automatisch über die Anzahl der signifikanten Eigenwerte eine ausreichende Einbettungsdimension ermitteln kann, wobei überdies in der Prozedur ein Filter zur Reduktion des Rauschanteils eingebaut ist. Jedoch hängt auch bei diesem Verfahren die Anzahl k der signifikanten Eigenwerte von der Fensterlänge $\tau_\omega = m\Delta t$ ab (King *et al.*, 1987). Ein weiterer Nachteil der Singulärwertzerlegung ist, daß nur eine optimale *lineare* Einbettung gefunden werden kann, da die Kovarianzmatrix nur lineare, nicht aber allgemeine Abhängigkeiten widerspiegelt (Fraser, 1989a).

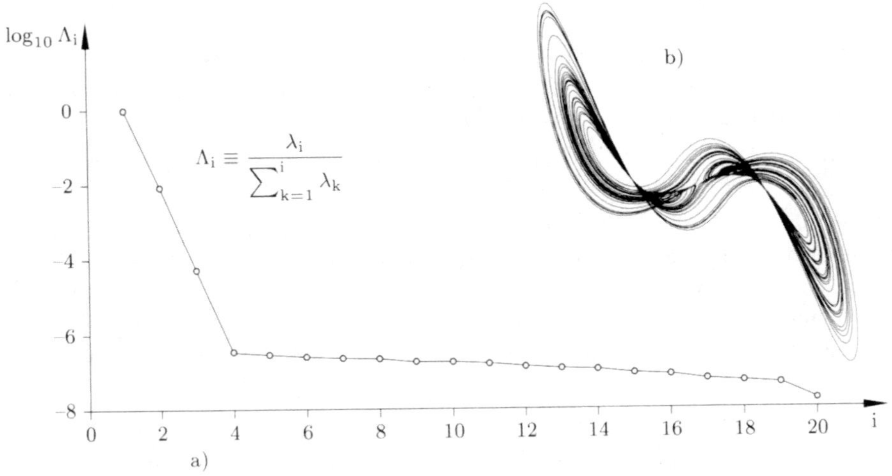

Abb. 5.5.24 Singulärwertzerlegung (Beispiel aus Berndes, 1992):
a) Spektrum der Eigenwerte
b) Rekonstruktion des Lorenz-Attraktors aus der X-Komponente

Worin liegt nun die Bedeutung der verschiedenen Rekonstruktionsmethoden und der Dimensionsbestimmung aus einem einzigen Zeitsignal? Ein Zeitverlauf, wie ihn z. B. Abb. 5.5.16 zeigt, scheint aufgrund seines komplizierten Verlaufs zunächst völlig regellos zu sein. Dieser Darstellung kann man nicht entnehmen, ob der Dynamik irgendwelche deterministischen Gesetze zugrunde liegen und wieviel unabhängige Freiheitsgrade das unregelmäßige Verhalten verursachen. Es ist bekannt – und wir werden in Kapitel 8 ausführlich darauf eingehen –, daß viele dissipative Systeme, wie z. B. die Strömung von Flüssigkeiten, die durch partielle Differentialgleichungen mit unendlich vielen Freiheitgraden beschrieben wird, ein Langzeitverhalten besitzen, das durch niedrigdimensionale Attraktoren bestimmt wird und so eine drastische Reduktion der Freiheitsgrade erlaubt.

Die Rekonstruktionsmethode gibt uns nun ein mathematisches Verfahren in die Hand, um festzustellen, ob einer gegebenen experimentell bestimmten oder im Computer erzeugten Zeitreihe einige wenige deterministische Gesetze zugrunde liegen oder ob die Dynamik durch sehr viele Freiheitsgrade erzeugt wird. Langfristige Vorhersagen sind bei chaotischem Verhalten mit Sicherheit nicht möglich, noch soviel Information kann uns nicht vom Zufall befreien. Während jedoch die statistische Theorie zufälliger Prozesse als ein empirisches Verfahren betrachtet werden muß, um mit unzulänglichen Informationen umzugehen, ermöglicht die Chaostheorie und die fraktale Geometrie im Fall einer niedrigdimensionalen Dynamik wesentlich bessere *Kurzzeit*prognosen, da dann der Dynamik nur wenige feste Regeln zugrunde liegen (Farmer und Sidorowich, 1988).

5.5.5 Verallgemeinerte Dimension D_q

Nach einer Vermutung in (Farmer *et al.*, 1983) gibt es im wesentlichen zwei Dimensionsbegriffe, nämlich metrische Dimensionen (wie die Kapazitätsdimension D_c) und probabilistische Dimensionen (wie die Informationsdimension D_I). Alle weiteren Dimensionen sollten demzufolge entweder zu D_c oder zu D_I äquivalent sein.

Im selben Jahr erschien jedoch eine Veröffentlichung von Hentschel und Procaccia, die Ordnung in die verschiedenen Dimensionsbegriffe brachte (Hentschel und Procaccia, 1983). Die Autoren zeigten, daß zur Beschreibung der fraktalen Eigenschaften eines seltsamen Attraktors mit einer allgemeinen inhomogenen Dichteverteilung eine unendliche Anzahl von verallgemeinerten Dimensionen D_q notwendig ist.

Wie in Abb. 5.5.8 angedeutet, betrachten wir wieder einen seltsamen Attraktor in einem n-dimensionalen Phasenraum und unterteilen den Phasenraum gleichmäßig in n-dimensionale Hyperwürfel der Kantenlänge ε. Bezeichnet $W(\varepsilon)$ die Anzahl der Hyperwürfel, in denen Attraktorpunkte liegen, N die Gesamtzahl der Meßpunkte auf dem Attraktor und N_i die Anzahl der Meßpunkte in der i-ten Zelle, so gibt $p_i = N_i/N$ die Wahrscheinlichkeit an, daß ein Meßpunkt im i-ten Würfel liegt. Nach Balatoni und Rényi kann man eine mittlere Information q-ter Ordnung, die sogenannte Rényi-Information, definieren (Balatoni und Rényi, 1959)

$$\bar{I}_q(\varepsilon) = \frac{1}{1-q} \ln \sum_{i=1}^{W(\varepsilon)} (p_i)^q \tag{5.5.57}$$

und analog dazu wie in Gl. (5.5.26) die verallgemeinerte Dimension q-ter Ordnung einführen

$$D_q = \lim_{\varepsilon \to 0} \frac{\bar{I}_q(\varepsilon)}{\ln 1/\varepsilon} \tag{5.5.58}$$

Wir wollen zunächst zeigen, daß dieser verallgemeinerte Dimensionsbegriff die bereits beschriebenen Kapazitäts-, Informations- und Korrelationsdimensionen als Sonderfälle enthält.

a) $q = 0$ (*Kapazitätsdimension*)

Aus den Gln. (5.5.57) und (5.5.58) ergibt sich

$$D_0 = \lim_{\varepsilon \to 0} \frac{\ln \sum_{i=1}^{W(\varepsilon)} 1}{\ln 1/\varepsilon} = \lim_{\varepsilon \to 0} \frac{\ln W(\varepsilon)}{\ln 1/\varepsilon} \tag{5.5.59}$$

d. h. D_0 stimmt nach Gl. (5.5.8) mit der Kapazitätsdimension überein

$$D_0 = D_c \tag{5.5.60}$$

b) q = 1 (*Informationsdimension*)

Wegen $\sum_{i=1}^{W(\varepsilon)} p_i = 1$ sind zunächst Zähler und Nenner in Gl. (5.5.57) gleich Null. Nach der Regel von l'Hospital kann man jedoch den Grenzwert $q \to 1$ durch Differentiation von Zähler und Nenner berechnen

$$\lim_{q\to 1} \bar{I}_q(\varepsilon) = \lim_{q\to 1} \frac{\frac{d}{dq}\left(\ln \sum_{i=1}^{W(\varepsilon)} p_i^q\right)}{-1} = \lim_{q\to 1} \frac{-\sum_{i=1}^{W(\varepsilon)} p_i^q \ln p_i}{\sum_{i=1}^{W(\varepsilon)} p_i^q} \tag{5.5.61}$$

Zusammen mit Gln. (5.5.25), (5.5.26) erhält man somit

$$D_1 = -\lim_{\varepsilon\to 0} \frac{\sum_{i=1}^{W(\varepsilon)} p_i \ln p_i}{\ln 1/\varepsilon} = D_I \tag{5.5.62}$$

d. h. für q = 1 erhält man gerade die Informationsdimension.

c) $q = 2$ (*Korrelationsdimension*)

In diesem Fall drückt $\sum_{i=1}^{W(\varepsilon)} p_i^2$ die Wahrscheinlichkeit aus, daß 2 Punkte des Attraktors in einem Würfel der Kantenlänge ε liegen, d. h. die Summe stimmt nach Gl. (5.5.41) mit dem Korrelationsintegral $C(r)$ überein. Für q = 2 ergibt sich daher die Korrelationsdimension

$$D_2 = D_K \tag{5.5.63}$$

Ist q eine beliebige natürliche Zahl, so berechnet sich D_q als Mittelwert über die q-ten Potenzen (Momente) von p_i über alle diejenigen Zellen der Partitionierung, die Attraktorpunkte enthalten. So gibt $\sum_{i=1}^{W(\varepsilon)} p_i^q$ die Wahrscheinlichkeit an, daß q Punkte einen Abstand $\leqslant \varepsilon$ haben. Je größer also der Exponent q ist, umso stärker werden häufig frequentierte Bereiche des Attraktors hervorgehoben.

Man kann jedoch q auch für beliebige positive und negative Zahlen q definieren. Dabei zeigt es sich, daß D_q mit wachsender Ordnung q monoton abnimmt (Hentschel und Procaccia, 1983)

$$D_{q'} \leqslant D_q \quad \text{für } q' > q \tag{5.5.64}$$

Diese Relation enthält offenbar Gl. (5.5.45), $D_K \leqslant D_I \leqslant D_0$, als Sonderfall.

Ist die Punkteverteilung auf dem Attraktor homogen, so gilt

$$D_{q'} = D_q \quad \text{für } q' \lesseqgtr q \tag{5.5.65}$$

Um die fraktalen Eigenschaften inhomogener Punktmengen vollständig beschreiben zu können, muß man eine Hierarchie von unendlich vielen Dimensionen D_q heranziehen. Dabei sind die Grenzwerte für $q \to +\infty$ und $q \to -\infty$ von besonderem Interesse. $D_{+\infty}$ bzw. $D_{-\infty}$ ist die Dimension der am häufigsten bzw. am seltensten besuchten Gebiete des Attraktors. In Abschnitt 8.5.1 werden wir am Beispiel des kritischen Attraktors der Kreisabbildung eine derartige *multifraktale* Punktmenge näher kennenlernen.

5.5.6 Lyapunov-Dimension und Kaplan-Yorke-Vermutung

Die Lyapunov-Exponenten, mit denen wir uns in Abschnitt 5.4 auseinandergesetzt haben, charakterisieren die dynamischen Eigenschaften des Attraktors. Sie beschreiben das Stabilitätsverhalten des Systems anhand des *zeitlichen* Mittelwertes der exponentiellen Konvergenz bzw. Divergenz benachbarter Trajektorien. Der Dimensionsbegriff hingegen beschäftigt sich mit den statischen Eigenschaften des Attraktors und basiert auf *räumlichen* Mittelwerten im Phasenraum. Die Brücke zwischen diesen beiden Betrachtungsweisen bildet die Ergodentheorie. Die Existenz eines invarianten natürlichen Maßes μ (vgl. Abschnitt 5.4.4) erlaubt es, zeitliche Mittelwerte durch räumliche zu ersetzen. Vor diesem Hintergrund ist zu verstehen, daß es bereits 1979 Bemühungen gab, die in erster Linie auf Arbeiten von J. L. Kaplan und J. A. Yorke zurückgehen, einen Zusammmenhang zwischen den Lyapunov-Exponenten und der Dimensionalität eines Attraktors herzustellen (Kaplan und Yorke, 1979a; Frederickson *et al.*, 1983).

Im folgenden wollen wir eine heuristische Begründung für die Beziehung zwischen den Lyapunov-Exponenten und der sogenannten Lyapunov-Dimension für den Fall 2-dimensionaler Abbildungen geben; vgl. (Farmer *et al.*, 1983). Dazu betrachten wir zunächst die Hénon-Abbildung (Hénon, 1976), vgl. auch Abschnitt 9.2,

$$\begin{aligned} x_{\mathrm{k}+1} &= y_{\mathrm{k}} + 1 - a x_{\mathrm{k}}^2 \\ y_{\mathrm{k}+1} &= b x_{\mathrm{k}} \end{aligned} \tag{5.5.66}$$

die für die Parameterwerte $a = 1.4$, $b = 0.3$ einen seltsamen Attraktor aufweist. Die Determinante der Jacobimatrix Gl. (5.4.92) ist hier konstant und negativ

$$\det(\boldsymbol{D}_{\mathrm{k}}) = -b = -0.3 \tag{5.5.67}$$

d. h. das Phasenraumvolumen schrumpft gleichmäßig, und nach Gln. (5.4.81) und (5.4.98) gilt

$$\sigma_1 + \sigma_2 = \ln|\det(\boldsymbol{D}_{\mathrm{k}})| = \ln 0.3 \approx -1.204 \tag{5.5.68}$$

Es genügt daher, in diesem Fall den größten Lyapunov-Exponenten zu berechnen, und es ergibt sich $\sigma_1 \approx 0.42$ und, wegen Gl. (5.5.68), $\sigma_2 \approx -1.62$. In Abb. 5.5.25a haben wir diesen seltsamen Attraktor, den Hénon-Attraktor, dargestellt. Zur Bestimmung seiner Dimension überdecken wir ihn mit einem gleichförmigen Raster der Maschenweite ε. Unterwerfen wir nun die gesamte Konfiguration der Abbildung Gl. (5.5.66), so behält der Attraktor im wesentlichen seine Gestalt bei, während sich das Netz schrittweise verformt (Abb. 5.5.25b). Da das ursprüngliche Quadrat der Kantenlänge ε bereits nach einem Iterationsschritt sehr stark verzerrt ist (Abb. 5.5.25b), haben wir die Abbildungen 5.5.25(a) und (b) durch (c) und (d) ersetzt, wobei wir auf der y-Achse einen neuen Maßstab gewählt haben. In Analogie zu Abb. 5.4.12 hat sich ein kleines Quadrat der Kantenlänge ε nach einer Iteration näherungsweise zu einem langgestreckten Parallelogramm der Sei-

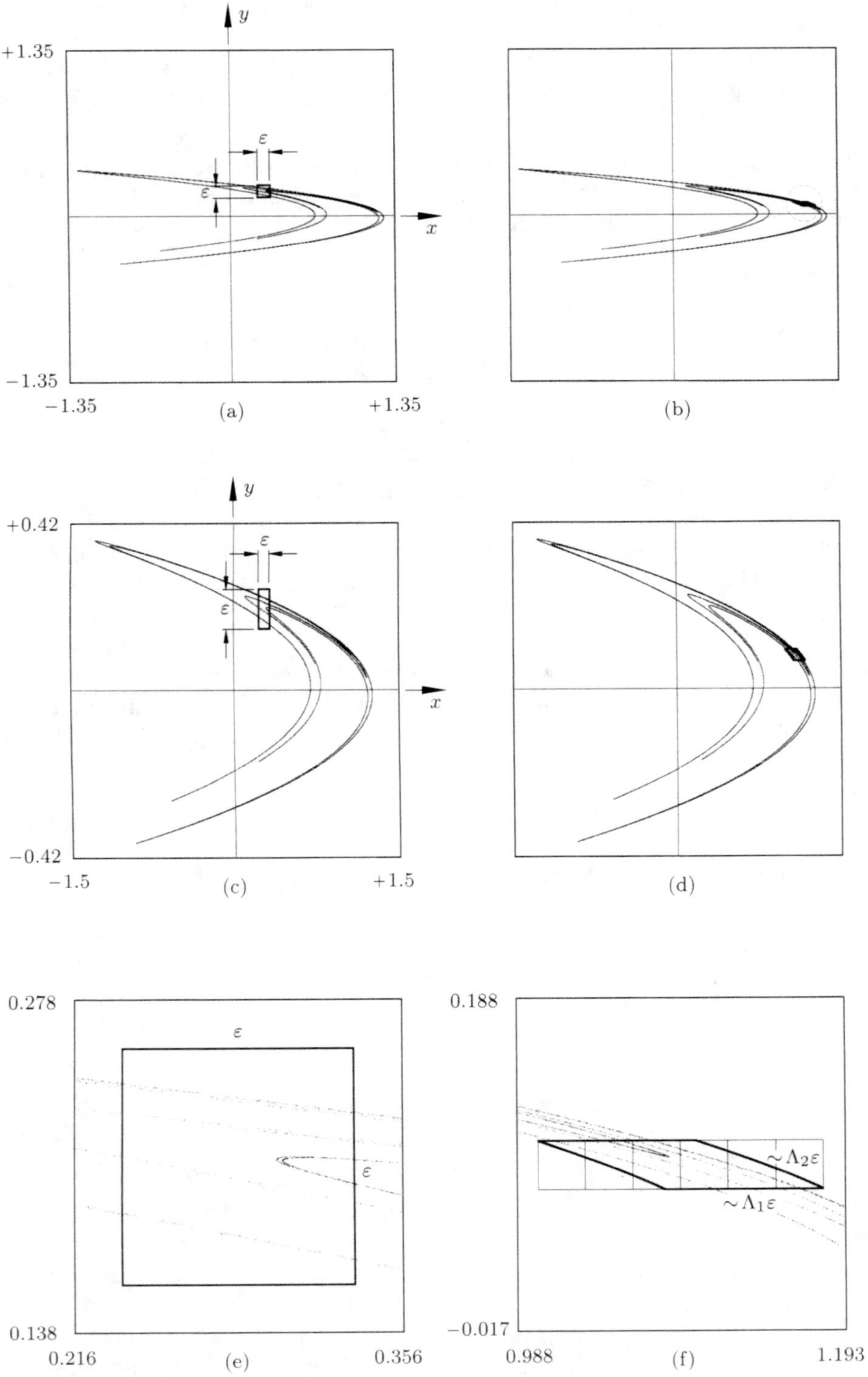

Abb. 5.5.25 Hénon-Attraktor: Zur Erklärung der Lyapunov-Dimension

bedeuten. Abbildung 5.5.25(e) zeigt einen vergrößerten Ausschnitt des Attraktors zusammen mit der in (a) abgebildeten Zelle. Nach einer Iteration wird diese Zelle näherungsweise auf ein Parallelogramm abgebildet (Abb. 5.5.25f), das horizontal ungefähr um den Faktor $\Lambda_1 = \mathrm{e}^{\sigma_1} \approx 1.52$ gestreckt und vertikal um $\Lambda_2 = \mathrm{e}^{\sigma_2} \approx 0.20$ zusammengedrückt wird.

Nach diesem Beispiel wenden wir uns einer allgemeinen 2-dimensionalen Abbildung zu, deren Langzeitverhalten von einem seltsamen Attraktor bestimmt ist, so daß wir für die Lyapunov-Zahlen annehmen können

$$\Lambda_1 > 1 > \Lambda_2 \tag{5.5.69}$$

Nun überdecken wir den Attraktor mit einem Raster von Quadraten der Seitenlänge ε und bestimmen die Zahl $W(\varepsilon)$ der Kästchen, die Punkte des Attraktors enthalten. Iteriert man die Abbildung q-mal, so geht der Attraktor als Ganzes in sich über (siehe Abb. 5.5.25), während das Netz durch die Dynamik verzerrt wird. Ist ε klein genug, so wird ein quadratisches Kästchen nach q Abbildungsschritten näherungsweise auf ein langgestrecktes Parallelogramm abgebildet (Abb. 5.5.26), wobei die durchschnittliche Seitenlänge $\Lambda_1^q\varepsilon$ und die Höhe etwa $\Lambda_2^q\varepsilon$ beträgt. Indem man also das Netz zur Überdeckung des Attraktors der Dynamik der Abbildung unterwirft, erhält man über die Lyapunov-Zahlen eine weitere Information über die Anzahl der benötigten Kästchen. Würde man nämlich eine feinere Überdeckung des Attraktors mit Kästchen der Seitenlänge $\Lambda_2^q\varepsilon$ vornehmen (Abb. 5.5.26), so würde man zur Überdeckung jedes früheren Parallelogramms ungefähr $(\Lambda_1/\Lambda_2)^q$ kleinere Kästchen benötigen. Nimmt man an, daß sich *alle* Kästchen des Attraktors gleichmäßig in der beschriebenen Weise verzerren, so ergibt sich der Zusammenhang

$$W(\Lambda_2^q\varepsilon) \approx (\Lambda_1/\Lambda_2)^q W(\varepsilon) \tag{5.5.70}$$

Erinnern wir uns an die Definition der Kapazitätsdimension Gl. (5.5.6). Hier galt für die Anzahl der zur Überdeckung benötigten Würfel

$$W(\varepsilon) \approx V/\varepsilon^{D_c}$$

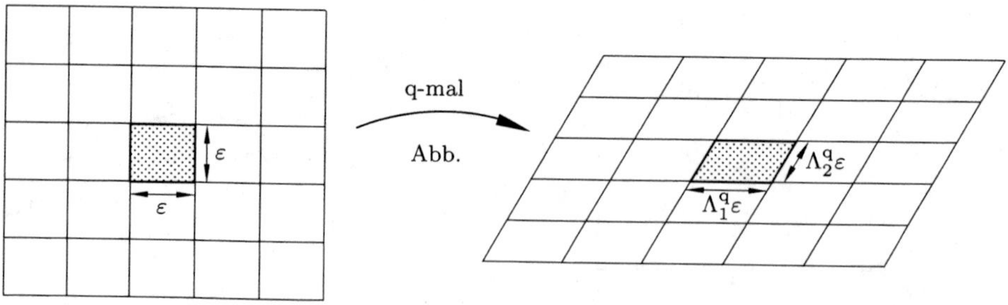

Abb. 5.5.26 Verzerrung der Maschen nach q-facher Ausführung der Abbildungsvorschrift

Setzt man diese Beziehung in Gl. (5.5.70) auf beiden Seiten ein, so ergibt sich

$$V\left(\frac{1}{\Lambda_2^{\mathrm{q}}\varepsilon}\right)^{D_c} = \left(\frac{\Lambda_1}{\Lambda_2}\right)^{\mathrm{q}} V\frac{1}{\varepsilon^{D_c}} \tag{5.5.71}$$

Durch Kürzen und Logarithmieren erhält man

$$\mathrm{q}D_c \ln\frac{1}{\Lambda_2} = \mathrm{q}(\ln\Lambda_1 + \ln\frac{1}{\Lambda_2})$$

oder

$$D_c = 1 + \frac{\ln\Lambda_1}{(-\ln\Lambda_2)} \tag{5.5.72}$$

Führt man nach Gl. (5.4.99a) die Lyapunov-Exponenten σ_1, σ_2 ein und beachtet, daß die Beziehung Gl. (5.5.69) auf

$$\sigma_1 > 0 > \sigma_2 \tag{5.5.73}$$

führt, so ergibt sich

$$D_c = 1 + \frac{\sigma_1}{|\sigma_2|} \tag{5.5.74}$$

Kaplan und Yorke (1979) haben nun auch für solche Fälle, in denen die heuristische Begründung nicht allgemein gültig ist, durch die Beziehung Gl. (5.5.74) einen Dimensionsbegriff eingeführt, die sogenannte Lyapunov-Dimension D_L, die im zweidimensionalen Fall

$$D_L = 1 + \frac{\sigma_1}{|\sigma_2|} \tag{5.5.75}$$

lautet und allgemein im n-dimensionalen Raum

$$D_L = \mathrm{m} + \frac{\sum_{\mathrm{i}=1}^{\mathrm{m}}\sigma_{\mathrm{i}}}{|\sigma_{\mathrm{m}+1}|} = \mathrm{m} + \frac{\sigma^{(\mathrm{m})}}{|\sigma_{\mathrm{m}+1}|} \tag{5.5.76}$$

wobei $\mathrm{m} \leqslant \mathrm{n}$ der größte Index ist, für den der Lyapunov-Exponent m-ter Ordnung $\sigma^{(\mathrm{m})} = \sum_{\mathrm{i}=1}^{\mathrm{m}}\sigma_{\mathrm{i}} \geqslant 0$ ist, wobei wieder $\sigma_1 \geqslant \sigma_2 \geqslant \ldots \geqslant \sigma_{\mathrm{n}}$ vorausgesetzt wird. Ist $\sigma_1 < 0$, so definiert man $D_L = 0$.

Man kann leicht einsehen, daß zumindest der ganzzahlige Anteil m in Gl. (5.5.76) vernünftig ist. Die Bedingung $\sigma^{(\mathrm{m})} \geqslant 0$ bedeutet, daß das Volumen m-dimensionaler Unterräume anwächst oder zumindest im Mittel konstant bleibt, während wegen $\sigma^{(\mathrm{m}+1)} < 0$ das Volumen (m+1)-dimensionaler Unterräume gegen Null strebt (vgl. Abschnitt 5.4.4). Daher muß jede Dimension D des Attraktors zumindest der Beziehung $m \leqslant D < m + 1$ genügen. Der Anteil $\sigma^{(m)}/|\sigma_{m+1}|$ stellt ein Korrekturglied dar für den Fall, daß ein seltsamer Attraktor vorliegt, für den mindestens ein Lyapunov-Exponent positiv ist.

In der Originalveröffentlichung (Kaplan und Yorke, 1979) sprechen die Autoren zunächst die Vermutung aus, daß die Lyapunov-Dimension mit der Kapazitätsdimension übereinstimmt: $D_c = D_L$. Diese Annahme wurde allerdings durch Gegenbeispiele widerlegt. Da die Lyapunov-Exponenten Mittelwerte über den zeitlichen Verlauf der Trajektorien sind, müssen nach der Ergodentheorie die entsprechenden räumlichen Mittelungen mit Hilfe des invarianten natürlichen Maßes gewichtet werden, d. h. die Dichte der Orbits auf dem Attraktor bzw. die Häufigkeit, mit der Teile des Phasenraums aufgesucht werden, wird eine Rolle spielen. Eine neuere Vermutung lautet daher, daß die Lyapunov-Dimension für einen typischen Attraktor mit der Informationsdimension übereinstimmt (Frederickson *et al.*, 1983)

$$D_L = D_I \tag{5.5.77}$$

Diese Vermutung erwies sich in einer Anzahl von konkreten Beispielen als richtig (Farmer *et al.*, 1983) und läßt sich auch für zweidimensionale umkehrbar eindeutige Abbildungsvorschriften bestätigen. Für höherdimensionale Systeme konnte bisher jedoch nur nachgewiesen werden, daß die Lyapunov-Dimension eine obere Grenze für die Hausdorff-Besicovitch-Dimension bildet

$$D_H \leqslant D_L \tag{5.5.78}$$

Eine nähere Diskussion der Lyapunov-Dimension sowie weiterführende Literatur findet man in (Grassberger und Procaccia, 1984) bzw. (Teman, 1988).

Zum Abschluß dieses Kapitels wollen wir noch einige Aspekte zur *numerischen Berechnung der Dimensionen* anfügen. Zur Bestimmung der Kapazitätsdimension wird der Bereich des Phasenraums, in dem der Attraktor liegt, gleichmäßig mit einem Raster von Hyperwürfeln der Kantenlänge ε überdeckt, und man zählt die Anzahl $W(\varepsilon)$ der Würfel, die Attraktorpunkte enthalten. Dabei muß die Maschenweite ε klein genug gewählt werden,damit die Beziehung $W(\varepsilon) \sim \varepsilon^{-D_c}$ erfüllt ist, d. h. die Anzahl der zur Überdeckung notwendigen Würfel wächst exponentiell mit der Dimension an. Geht man daher direkt nach der Definition vor, so wird der Rechenaufwand für Dimensionen größer als 3 unvertretbar hoch (für $\varepsilon = 0.01$ und $D_c = 3$ benötigt man bereits 1 Million Würfel!). Im Prinzip gelten dieselben Überlegungen auch für die Berechnung der Informationsdimension. In Abschnitt 9.3 werden wir ein Verfahren von Hunt/Sullivan zur Bestimmung von D_c vorstellen, das den Rechenaufwand, etwa auf einer CRAY2, für eine Dimensionsbestimmung zwischen 2 und 3 wesentlich reduziert, bei gleichzeitiger effektiver Programmierung.

Ist die Dichteverteilung der Punkte auf dem Attraktor sehr ungleichmäßig, so tritt ein weiteres Problem hinzu. Zur Bestimmung der Kapazitätsdimension muß man wächst allerdings sehr rasch mit ε – werden jedoch nur selten aufgesucht, d. h. um auch sie zu erfassen, werden sehr viele Attraktorpunkte benötigt. Daher ist sicher die Bestimmung der Informationsdimension viel zuverlässiger (Farmer *et al.*, 1983), da dann die unwahrscheinlicheren Würfel irrelevant sind.

Wegen des geringeren Rechenaufwands werden in erster Linie entweder die gemittelte punktweise Dimension $\overline{D}_p$, die Korrelationsdimension D_K (besonders bei Rekonstruktionen aus einer Zeitmeßreihe) oder die Lyapunov-Dimension D_L allen anderen vorgezogen. Im Falle der Lyapunov-Dimension wächst der Rechenaufwand nur etwa quadratisch mit der Anzahl der Dimensionen. Dies bedeutet für höhere Dimensionen eine drastische Reduktion von Rechenzeit und Speicherbedarf.

Was ist nun die *praktische Bedeutung des Dimensionsbegriffs*? Zunächst ist die Dimension ein Kriterium zur Charakterisierung der verschiedenen Attraktortypen: ganzzahlige Dimensionswerte bedeuten reguläre Bewegungen, nichtganzzahlige Werte hingegen irreguläre, langfristig unvorhersagbare dynamische Prozesse. In diesem Sinne kommt es in der Praxis also sicher nicht auf eine hohe Genauigkeit an. Liegt der Wert der Dimension jedoch in der Nähe einer ganzen Zahl, etwa wie im Fall des Lorenz-Attraktors, für den $D_c \approx 2.06$ gilt, so genügt der Dimensionsbegriff nicht zur eindeutigen Charakterisierung der Bewegung. In solchen Fällen muß man noch auf weitere Kriterien, wie das Leistungsspektrum oder die Lyapunov-Exponenten, zurückgreifen.

Eine weitere, vielleicht die wesentliche Bedeutung des Dimensionskonzeptes ist, daß es möglich wird, von der Anzahl der unabhängigen Variablen zu sprechen, die am Langzeitverhalten einer Bewegung beteiligt sind. Die intensive Beschäftigung mit nichtlinearen Prozessen in den letzten 20 Jahren hat ein großes Interesse für kohärente Strukturen in Raum und Zeit geweckt, insbesondere auch im Zusammenhang mit dem Problem der Turbulenz. Mit Hilfe des Dimensionsbegriffs konnte gezeigt werden (Malraison *et al.*, 1983), daß das Einsetzen von Turbulenz im Rayleigh-Bénard-Experiment durch das Zusammenwirken einiger weniger nichtlinearer Moden zustande kommt, obwohl die zugrundeliegenden Navier-Stokes-Gleichungen unendlich viele Freiheitsgrade aufweisen. Die Dimensionalität eines Systems erlaubt es zu entscheiden, ob sein komplexes Verhalten einer komplexen, hochdimensionalen Beschreibung bedarf oder ob, wenigstens prinzipiell, einige wenige Gesetze zur Beschreibung des Langzeitverhaltens genügen.

5.6 Kolmogorov-Sinai-Entropie

Kapitel 5 ist dissipativen Systemen gewidmet, ihren besonderen Eigenschaften und vor allem der quantitativen Charakterisierung ihrer Attraktoren. Als letztes Kriterium wollen wir noch den von Andrej N. Kolmogorov (Kolmogorov, 1958) und Jakov G. Sinai (Sinai, 1959) eingeführten Entropie-Begriff erläutern. Ursprünglich wurde die metrische Entropie von Shannon im Rahmen seiner Kommunikationstheorie eingeführt (Shannon and Weaver, 1949). Kolmogorov und Sinai wandten diesen Begriff auf dynamische Systeme an und konnten nachweisen, daß die nach ihnen benannte KS-Entropie eine topologische Invariante ist. Sie quantifiziert den Grad der Unordnung, den Grad unserer Unkenntnis über das System, und ermöglicht damit auch die Angabe grundlegender Schranken für die Vorhersagbarkeit dynamischer Systeme. Ebenso wie die Lyapunov-Exponenten ist dieses Kriterium jedoch keineswegs nur auf dissipative Systeme anwendbar, sondern kann ebenso zur Charakterisierung konservativer Systeme verwendet werden.

Das Ziel und die Stärke der Naturwissenschaften ist es, Ursache und Wirkung in Zusammenhang zu bringen, d. h. Naturgesetze zu finden, die objektive Vorhersagen von Naturvorgängen erlauben. So ist es aufgrund der Newtonschen Gesetze möglich, über große Zeiträume sehr genaue Vorhersagen über die Planetenbahnen oder etwa die Wiederkehr des Halleyschen Kometen zu machen. Letztlich beruhen ja die großen Erfolge der Weltraumfahrt auf der Vorhersagbarkeit der Bahnkurven. Es gibt jedoch auch andere Naturphänomene, wie z. B. die Bewegung der Atmosphäre oder die Strömung eines Flusses. Obwohl diese Naturvorgänge ebenfalls den Newtonschen Gesetzen gehorchen, kann man hier nur Wahrscheinlichkeitsaussagen machen. Durch die Theorie dynamischer Systeme sind nun Mechanismen aufgezeigt worden, die zu prinzipiellen Schranken in der Vorhersagbarkeit führen können, selbst wenn das System klassischen deterministischen Gesetzen folgt.

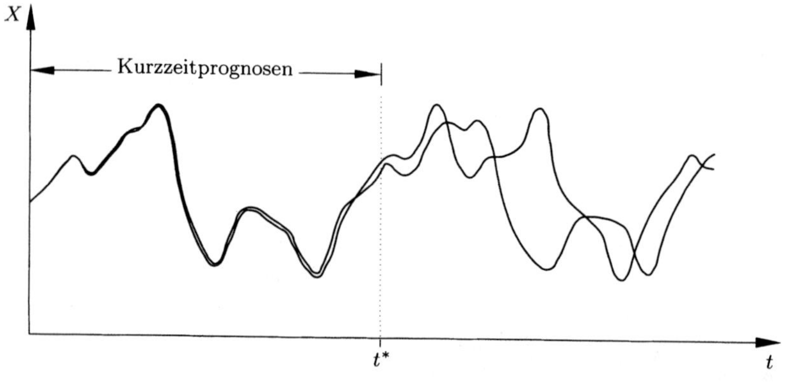

Abb. 5.6.1 Zwei Zeitverläufe der Lorenz-Gleichungen mit nahezu identischen Anfangsbedingungen

Der amerikanische Meteorologe Edward Lorenz erkannte als erster, daß Determinismus nicht notwendig Vorhersagbarkeit impliziert. Beim Versuch, die Wettervorhersage zu verbessern, entwickelte er 1963 ein Modell, das aus 3 deterministischen Gesetzen besteht, also keinerlei stochastische Größen enthält, und das dennoch stochastisches Verhalten erzeugt (siehe auch Abschnitte 5.2, 7.3 und 9.3). Selbst kleinste Abweichungen in den Anfangsbedingungen wachsen exponentiell so stark an, daß sich die Kurven nach kurzer Zeit nicht mehr ähneln (Abb. 5.6.1).

Die Vorhersagbarkeit von Bewegungen, die deterministischen Gesetzen gehorchen, wäre nur dann für unendlich große Zeiträume gewährleistet, wenn die Anfangsbedingungen mit unendlich hoher Genauigkeit vorgegeben werden könnten. In der

Praxis kann man jedoch jede physikalische Größe nur mit einer gewissen endlichen Genauigkeit messen. Ebenso ist jede Zahl im Computer nur mit einer begrenzten Anzahl von Stellen darstellbar. Bei stabilen Bewegungen haben Ungenauigkeiten in den Startwerten im allgemeinen keine wesentliche Auswirkung auf den Ablauf der Bewegung. In chaotischen Zuständen wachsen diese Störungen jedoch innerhalb kurzer Zeit so stark an, daß Vorhersagen nur noch für begrenzte Zeiträume möglich sind.

5.6.1 Der Bernoulli-Shift

Eines der einfachsten deterministischen Systeme, das irreguläres unvorhersagbares Verhalten erzeugt, ist eine eindimensionale Abbildung des Einheitsintervalls auf sich selbst, der sogenannte Bernoulli-Shift (Abb. 5.6.2)

$$x_{\mathrm{n}+1} = 2x_{\mathrm{n}} \pmod 1 \tag{5.6.1}$$

oder ausführlich geschrieben

$$x_{\mathrm{n}+1} = \begin{cases} 2x_{\mathrm{n}} & \text{für } 0 \leqslant x_{\mathrm{n}} < \frac{1}{2} \\ 2x_{\mathrm{n}} - 1 & \text{für } \frac{1}{2} \leqslant x_{\mathrm{n}} < 1 \end{cases} \tag{5.6.2}$$

Diese Abbildung generiert eine Folge von Zahlen $x_0, x_1, x_2, \ldots$, deren Eigenschaften besonders leicht zu überblicken sind, wenn man zu einer Binärdarstellung übergeht.

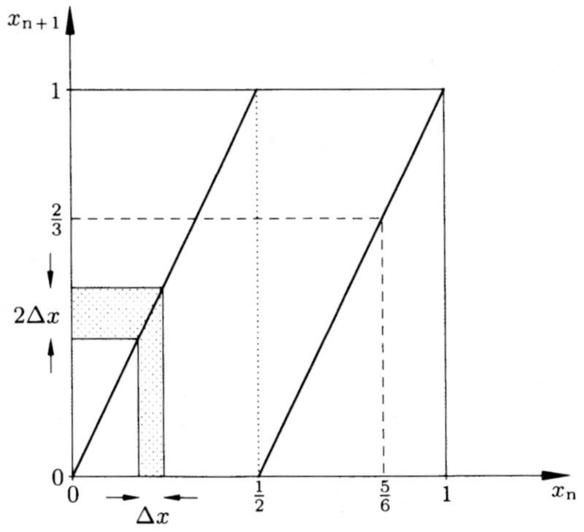

Abb. 5.6.2
Der Bernoulli-Shift

Wir verwenden die Schreibweise

$$x_0 = \sum_{i=1}^{\infty} a_i \frac{1}{2^i} \quad \widehat{=} \quad (.\, a_1\, a_2\, a_3\, a_4 \ldots) \tag{5.6.3}$$

wobei die einzelnen Ziffern a_i nur die Werte 0 oder 1 annehmen können. Punkte in der linken Hälfte des Einheitsintervalls mit $0 \leqslant x_0 < \frac{1}{2}$ sind in dieser Darstellung durch $a_1 = 0$ charakterisiert, Punkte in der rechten Hälfte mit $\frac{1}{2} \leqslant x_0 < 1$ durch $a_1 = 1$. Wendet man die Abbildungsvorschrift Gl. (5.6.2) an, so ergibt sich für $0 \leqslant x_0 < \frac{1}{2}$ (wegen $a_1 = 0$)

$$x_1 = 2 \sum_{i=2}^{\infty} a_i \frac{1}{2^i} = \sum_{k=1}^{\infty} a_{k+1} \frac{1}{2^k} \ \widehat{=} \ (.\, a_2\, a_3\, a_4 \ldots)$$

und für $\frac{1}{2} \leqslant x_0 < 1$ (wegen $a_1 = 1$)

$$x_1 = 2 \left[\frac{1}{2} + \sum_{i=2}^{\infty} a_i \frac{1}{2^i} \right] - 1 = \sum_{k=1}^{\infty} a_{k+1} \frac{1}{2^k} \ \widehat{=} \ (.\, a_2\, a_3\, a_4 \ldots)$$

In beiden Fällen erhalten wir also denselben Wert, wobei die ganze Ziffernfolge um eine Stelle nach links verschoben wurde und die erste Ziffer wegfällt. Ein Beispiel soll den Vorgang illustrieren

$$\begin{aligned}
x_0 &= (.\ 1\ 0\ 0\ 1\ 1\ 0\ 1\ 1\ 1\ \ldots\ ) \\
&\qquad \swarrow \swarrow \swarrow \swarrow \\
x_1 &= (.\ 0\ 0\ 1\ 1\ 0\ 1\ 1\ 1\ ?\ \ldots\ ) \\
&\qquad \swarrow \swarrow \swarrow \\
x_2 &= (.\ 0\ 1\ 1\ 0\ 1\ 1\ 1\ ?\ ?\ \ldots\ )
\end{aligned}$$

usw.

Ist der Startwert eine rationale Zahl, so strebt die Zahlenfolge $\{x_n\}$ entweder einem Fixpunkt zu oder wird periodisch, wie folgende Beispiele zeigen. Dazu nehmen wir an, daß wir den Zustand des Systems auf 4 Binärstellen genau angeben können.

(i)
$$\begin{aligned}
x_0 &= \tfrac{1}{4} \mathrel{\widehat{=}} (.0100) \\
x_1 &= \tfrac{1}{2} \mathrel{\widehat{=}} (.1000) \\
x_2 &= 0 \mathrel{\widehat{=}} (.0000) \\
x_3 &= 0 \mathrel{\widehat{=}} (.0000) \\
&\vdots
\end{aligned}$$

(ii)
$$\begin{aligned}
x_0 &= \tfrac{1}{3} \mathrel{\widehat{=}} (.0101) \\
x_1 &= \tfrac{2}{3} \mathrel{\widehat{=}} (.1010) \\
x_2 &= \tfrac{1}{3} \mathrel{\widehat{=}} (.0101) \\
x_3 &= \tfrac{2}{3} \mathrel{\widehat{=}} (.1010) \\
&\vdots
\end{aligned}$$

Die beiden Beispiele zeigen, daß ein Beobachter nach einigen Iterationen bzw. nach Ablauf der ersten Periode keine neue Information mehr erhält. Es gibt für ihn keine

Überraschungen mehr, er könnte ohne weiteres den Raum verlassen, ohne irgend etwas zu versäumen.

Ist der Startwert dagegen eine irrationale Zahl, so produziert die Abbildung eine unendliche Folge von Ziffern 0 oder 1, d. h. das System liefert pro Iteration 1 bit zusätzliche Information über die Position des Anfangswertes. Abbildung 5.6.3 soll diesen Zoom-Vorgang illustrieren, wieder für den Fall, daß wir die Zahlen auf 4 Stellen genau ablesen können. Das Nachrücken einer 0 in den 4-Ziffern-Bereich bedeutet, daß die Zahl in der linken Hälfte des momentan betrachteten Intervalls liegt, und einer 1, daß sie in der rechten Hälfte zu finden ist.

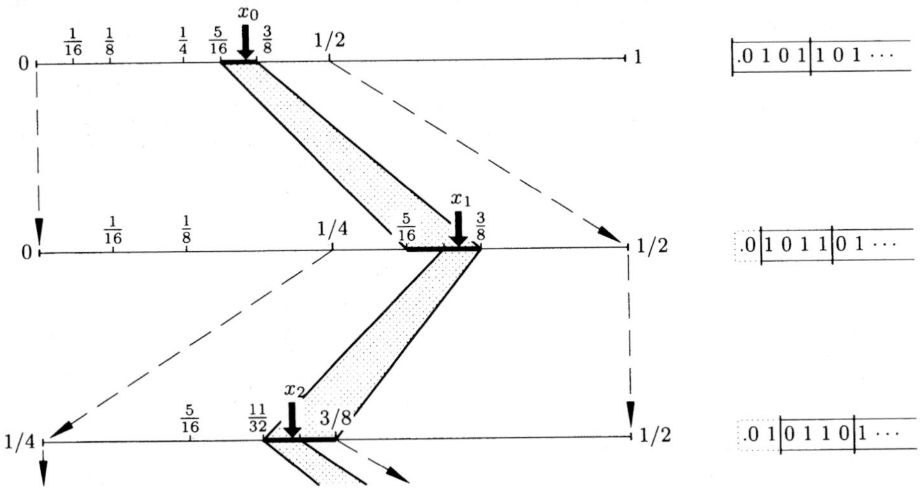

Abb. 5.6.3 Informationsgewinn beim Bernoulli-Shift

Die Information, die man pro Zeiteinheit – oder hier pro Iterationsschritt – gewinnt, ist gerade die KS-Entropie h. Im Falle des Bernoulli-Shifts ist

$$h = 1 \text{ bit } / \text{ Iteration}$$

Es gibt auch eine andere Interpretation der KS-Entropie. Dazu erinnern wir uns, daß in der Thermodynamik der Begriff der Entropie S eingeführt wurde, um die Unordnung eines Systems zu charakterisieren.

Stellen wir uns ein Gefäß mit Gasmolekülen vor. Durch eine Trennwand sorgen wir dafür, daß sich am Anfang alle Gasmoleküle z. B. in der rechten Hälfte des Gefäßes befinden. Der Aufenthaltsort jedes einzelnen Moleküls ist durch eine Ja-Nein-Aussage (nein $\widehat{=}$ links, ja $\widehat{=}$ rechts) eindeutig festgelegt. Entfernt man die Trennwand, so werden sich nach kurzer Zeit die Moleküle über den gesamten Behälter ausbreiten, der Vorgang ist irreversibel, d. h. die Entropie des Systems allerdings auch die Unkenntnis über den Zustand des Systems, d. h. über den Aufenthaltsort – ob links oder rechts – des einzelnen Moleküls angewachsen, was Kolmogorov veranlaßte, den Entropiebegriff auf die Unkenntnis über mikroskopisch chaotische Systeme zu übertragen.

Wie in Abb. 5.6.2 illustriert, ist jede Messung nur innerhalb einer gewissen Genauigkeit Δx möglich. Kann man die Anfangsbedingung x_0 für den Bernoulli-Shift beispielsweise auf n binäre Ziffern genau angegeben, so entspricht dies einer Partitionierung des kontinuierlichen Einheitsintervalls in 2^{-n}-Blöcke. Wir können von jedem Punkt also nur angeben, im wievielten Teilintervall er liegt. Da sich mit jeder Iteration auch die Ungenauigkeit verdoppelt, kann der Punkt nach jedem Schritt theoretisch in der doppelten Anzahl von Teilintervallen aufgefunden werden. Nach n Iterationen hat sich die Ungewißheit, unsere Unkenntnis, über das gesamte Intervall ausgebreitet.

Die KS-Entropie mißt somit den Informationstransport von einer mikroskopischen zu einer makroskopischen, unserer Meßeinrichtung zugänglichen Skala. Es findet hier ein ständiger Informationsfluß von einer mikroskopischen auf eine makroskopische Ebene statt, so daß eine Serie von *aktuellen* Messungen stets neue Auskunft über die Dynamik des Systems liefert.

Robert Shaw (1981a) betrachtet den Bernoulli-Shift als Modell eines physikalischen Prozesses, der auf einer mikroskopischen Skala mit einem „Wärmebad", wie es die Physiker nennen, verbunden ist. Nach endlich vielen Schritten beobachtet der Experimentator nur noch Fluktuationen, die auf einer wesentlich kleineren Zeitskala ablaufen als die Bewegung auf der makroskopischen Beobachtungsebene. Jedes chaotische System kann daher als Vehikel betrachtet werden, das mikroskopische Fluktuationen in kurzer Zeit exponentiell verstärkt und auf eine makroskopische, unseren Sinnesorganen zugängliche Skala transportiert. Dieser Mechanismus kann sehr eindrucksvoll anhand des Lorenz-Attraktors demonstriert werden (siehe Farbtafel VII, S. 645, „Lorenz-Wolke"). Hier haben wir 15 000 Anfangsbedingungen auf einem sehr kleinen Geradenstück gewählt, die Trajektorien berechnet und zu verschiedenen Zeiten Momentaufnahmen gemacht. Zunächst streckt sich das Geradenstück zu einer langen Linie, diese wird mehrfach gefaltet und gestreckt und verteilt sich schließlich als Wolke über den gesamten Attraktor. Es ist jetzt unmöglich, für lange Zeiten Vorhersagen zu machen, der Endzustand kann irgendwo auf dem Attraktor liegen. Meteorologen haben diesen Effekt schon scherzhaft überzogen als Schmetterlingseffekt bezeichnet: ein einzelner Schmetterling, der mit seinen Flügeln die Luft in Peking bewegt, wäre demzufolge imstande, einen Sturm in New York hervorzurufen.

5.6.2 Definition der KS-Entropie

Die Definition der Informationsdimension D_I in Abschnitt 5.5.3 beruhte auf dem Informationsgewinn, den ein Beobachter bei einer Einzelmessung erzielen kann. Im Gegensatz dazu mißt die KS-Entropie die Information pro Zeiteinheit bei einer Serie von aufeinanderfolgenden Messungen. Die Informationsdimension ist also während die KS-Entropie die Dynamik berücksichtigt, indem sie einen „Film" über das System beobachtet (Farmer, 1982c). Liegen der Dynamik deterministische Gesetze zugrunde, so bestehen, zumindest für eine gewisse Zeitspanne, Korrelationen zwischen den einzelnen Messungen, d. h. die Wahrscheinlichkeit für das Auftreten eines bestimmten Meßwerts hängt von den vorhergehenden Meßwerten ab.

Dazu zwei Beispiele. Würfeln wir hintereinander mit einem (idealen) Würfel, so ist jeder neue Wurf vollkommen unabhängig von den vorhergehenden Würfen. Betrachten wir andererseits einen Satz von Skatkarten und ziehen verdeckt eine Karte heraus, so ist z. B. die Wahrscheinlichkeit, eine Herzkarte zu ziehen, 1/4. Würden wir die Karte ins Spiel zurücklegen und gut mischen, so wäre bei einem erneuten Ziehen die Wahrscheinlichkeit, wieder eine Herzkarte zu ziehen, unverändert 1/4. Legen wir die Karte jedoch nicht zurück, so verringern sich unsere Chancen, wieder Herz zu ziehen auf 7/31, da sich ja in den 31 Restkarten nur noch 7 mal das Herz befindet. Dagegen ist es wahrscheinlicher geworden, jetzt ein Pik-Karte zu ziehen (8/31).

Die Theorie bedingter Wahrscheinlichkeiten, bei der also Korrelationen zwischen den einzelnen Ereignissen mit berücksichtigt werden, wurde von dem russischen Mathematiker Andrej Markov entwickelt, und sie ist unter dem Begriff Theorie der Markov-Ketten bekannt. Diese Theorie bildet die Grundlage für viele Untersuchungen in der Meteorologie, der Physik, den Sprachwissenschaften und ist insbesondere auch grundlegend für die Definition der KS-Entropie.

Wir wollen uns im folgenden allerdings nur einen groben Überblick über die Grundideen verschaffen, die zur Definition der KS-Entropie benötigt werden. Weitere Einzelheiten möge der interessierte Leser z. B. aus (Shaw, 1981b; Farmer, 1982c; Walters, 1982; Leven *et al.*, 1989) entnehmen.

Zunächst wollen wir uns mit dem Gewinn bzw. dem Verlust von Information im Zusammenhang mit Messungen oder Rechnungen bei dynamischen Prozessen beschäftigen. In Gl. (5.5.25) hatten wir den Informationsgewinn pro Einzelmessung definiert

$$\bar{I}(\varepsilon) = -K \sum_{i=1}^{W(\varepsilon)} p_i(\varepsilon) \ln p_i(\varepsilon) \,, \quad K = \frac{1}{\ln 2} \tag{5.6.4}$$

Dabei war $W(\varepsilon)$ die Anzahl der Hyperwürfel der Kantenlänge ε, die zur Überdeckung des Attraktors benötigt werden. Da jede Meßeinrichtung nur eine endliche Auflösung erlaubt, erhält man automatisch eine Partitionierung des Phasenraums in Zellen oder Blöcke der Kantenlänge ε, die wir als Makrozustände des Systems bezeichnen wollen. Offenbar wächst $\bar{I}(\varepsilon)$ bei Verfeinerung der Auflösung, d. h. Verringerung von ε, an.

Wir wollen uns nun anhand von drei Beispielen vor Augen führen, welche Auswirkungen Kontraktionen bzw. Expansionen des Phasenraumvolumens auf die einzelnen Zellen, und damit auf den Informationsgewinn oder -verlust, bei Messungen zu zwei verschiedenen Zeitpunkten haben.

Beispiel 1:

Wir betrachten einen gedämpften Einfreiheitsgrad-Schwinger mit der Bewegungsgleichung $\ddot{x} - 2\zeta\dot{x} + x = 0$ oder

$$\begin{aligned} \dot{x}_1 &= -x_2 \\ \dot{x}_2 &= x_1 - 2\zeta x_2 \qquad (\zeta = 0.2) \end{aligned} \tag{5.6.5}$$

Durch die Meßgenauigkeit sei eine Partitionierung des Phasenraums in diskrete Makrozustände gegeben. Zum Zeitpunkt $t_0 = 0$ befinde sich das System in Zelle Z_0, zu einem späteren Zeitpunkt t_1 in Zelle Z_1 (siehe Abb. 5.6.4).

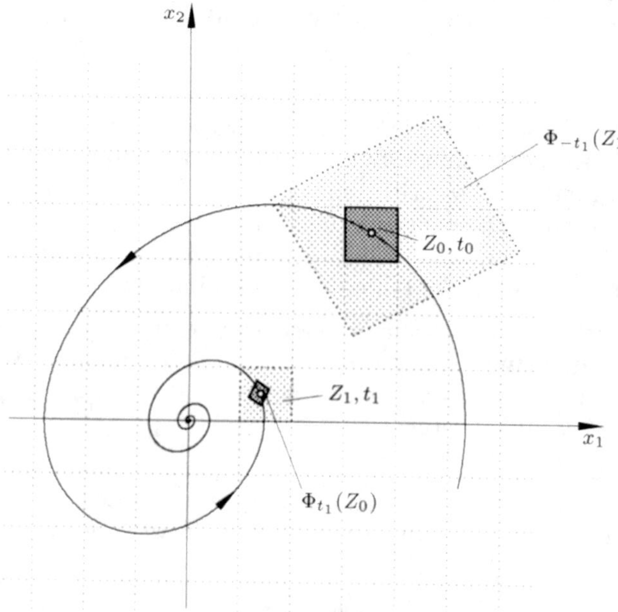

Abb. 5.6.4 Informationsverlust bei einem gedämpften Einfreiheitsgrad-Schwinger

Da das System dissipativ ist, schrumpft das Phasenraumvolumen, und der Fluß Φ_t bildet die ursprüngliche Zelle Z_0 auf eine kleinere Fläche $\Phi_{t_1}(Z_0) \subset Z_1$ ab. Dem Beobachter zum Zeitpunkt t_1 ist somit Information über die Anfangsbedingungen verlorengegangen, da ja umgekehrt $\Phi_{-t_1}(Z_1) \supset Z_0$ gilt, d. h. es gibt auch noch Trajektorien, die zur Zeit $t_0 = 0$ außerhalb von Z_0 starten und sich ebenfalls zum Zeitpunkt t_1 in Z_1 befinden. Die Kontraktion des Phasenraumvolumens bewirkt also, daß Information verlorengeht.

Beispiel 2:

Den umgekehrten Fall demonstriert das folgende Beispiel (siehe Abb. 5.6.5). Wir betrachten die van der Polsche Gleichung $\ddot{x} + \mu(1 - x^2)\dot{x} + x = 0$ (siehe auch Abschnitt 9.4) oder

$$\begin{aligned} \dot{x}_1 &= +x_2 \\ \dot{x}_2 &= -x_1 - \mu(1 - x_1^2)x_2 \qquad (\mu = -0.4) \end{aligned} \tag{5.6.6}$$

und wählen eine Anfangsbedingung für $t_0 = 0$ im Innern des Grenzzyklus mit $|x| \ll 1$, $|\dot{x}| \ll 1$ in einer Zelle Z_0. Zum Zeitpunkt t_1 befindet sich die Trajektorie in Zelle Z_1. Unterwirft man die Ausgangszelle Z_0 dem Fluß Φ_t, so wird sie infolge der Ausdehnung des Phasenraumvolumens größer und umfaßt Z_1 zur Zeit t_1: $\Phi_{t_1}(Z_0) \supset Z_1$. In diesem Fall ist $\Phi_{-t_1}(Z_1) \subset Z_0$, d. h. die zweite Messung zur Zeit t_1 erlaubt jetzt eine genauere Lokalisierung der Anfangsbedingung in Z_0. In diesem Fall haben wir also zusätzlich Information gewonnen, die Ausdehnung des Phasenraumsvolumens wirkt wie eine Informationsquelle.

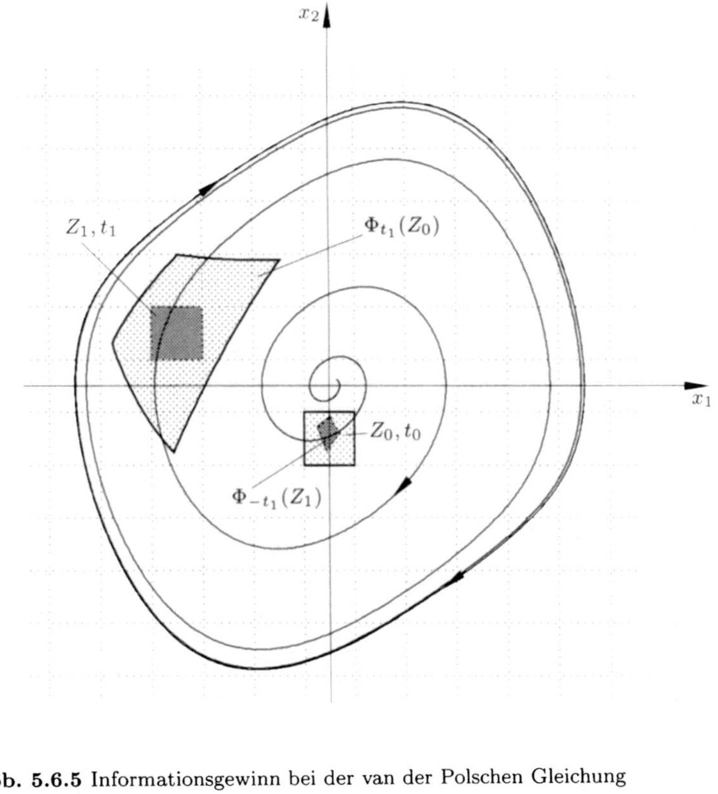

Abb. 5.6.5 Informationsgewinn bei der van der Polschen Gleichung

Es sei allerdings angemerkt, daß in beiden Fällen der Informationsgewinn bzw. -verlust nur während der Einschwingphase beobachtet werden kann. Die beiden regulären Attraktoren Fixpunkt und Grenzzyklus sind vom Standpunkt der Informationstheorie aus gesehen statische Objekte. Sobald man sich im Rahmen der Meßgenauigkeit auf ihnen befindet, produziert das System keine weitere neue Information, d. h. es gibt keine Überraschungen mehr. In den beiden Beispielen haben sich die Zellen in *allen* Richtungen gleich verhalten, sie wurden entweder gestreckt oder verkürzt. Wir wissen jedoch, daß sich bei dissipativen chaotischen (oder mischenden) Systemen Volumelemente in manchen Richtungen ausdehnen, in anderen dagegen schrumpfen. Dieses Verhalten soll das folgende Beispiel illustrieren.

Beispiel 3:

Wir betrachten eine vereinfachte Version der dissipativen Bäcker-Transformation, Gl. (5.5.11),

$$x_{n+1} = 2x_n \pmod 1$$

$$y_{n+1} = \begin{cases} a y_n & \text{für } 0 \leqslant x_n < \frac{1}{2} \\ \frac{1}{2} + a y_n & \text{für } \frac{1}{2} \leqslant x_n < 1, \quad a < \frac{1}{2} \end{cases} \tag{5.6.7}$$

Die Abbildungsvorschrift für die x-Komponente entspricht gerade dem Bernoulli-Shift Gl. (5.6.1), d. h. eine Störung in x-Richtung wird mit jedem Iterationsschritt verdoppelt. Daher ergibt sich der Lyapunov-Exponent in x-Richtung einfach zu $\sigma_1 = \ln 2 > 0$, was zu einer empfindlichen Abhängigkeit von den Anfangsbedingungen führt. Im Gegensatz dazu werden Geradenstücke in y-Richtung verkürzt, und wir erhalten für den Lyapunov-Exponenten in y-Richtung $\sigma_2 = \ln a < 0$. Die Bäcker-Transformation ist daher eine chaotische Abbildung. Das Langzeitverhalten wird durch einen seltsamen Attraktor bestimmt, der aus zwei „Blätterteigschichten" zwischen $0 \leqslant y < \frac{1}{4}$ und $\frac{1}{2} \leqslant y < \frac{3}{4}$ besteht (siehe Abb. 5.6.6b).

Wählt man eine Anfangsbedingung (x_0, y_0) in der Zelle Z_0 und führt einen Iterationsschritt aus, so liegt der Punkt (x_1, y_1) in der Zelle Z_1 (siehe Abb. 5.6.6a), wobei sich das Bild der Zelle Z_0 über Teilbereiche von Z_1 und einer Nachbarzelle Z_1' erstreckt, d. h. $\Phi_1(Z_0) \subset (Z_1 \cup Z_1')$. Nach jedem Iterationsschritt hat sich daher die Anzahl der Zellen verdoppelt, in denen der Punkt möglicherweise liegen kann (in Z_1 oder Z_1'). Andererseits gibt es auch noch weitere Anfangsbedingungen außerhalb Z_0, die nach einem Schritt in die Zelle Z_1 führen. Daher kann man das konkrete Rechenergebnis für $n = 1$ als Informationsgewinn interpretieren. Wendet man nämlich die Umkehrtransformation auf Z_1 an, so muß der Startpunkt in der Schnittmenge $\Phi_{-1}(Z_1) \cap Z_0$ liegen, also in einer Untermenge von Z_0, und er kann damit genauer lokalisiert werden. Die Bäcker-Transformation Gl. (5.6.7) ist also eine ewige Informationsquelle, die auch für $n \to \infty$ nicht versiegt. Bedenkt man,

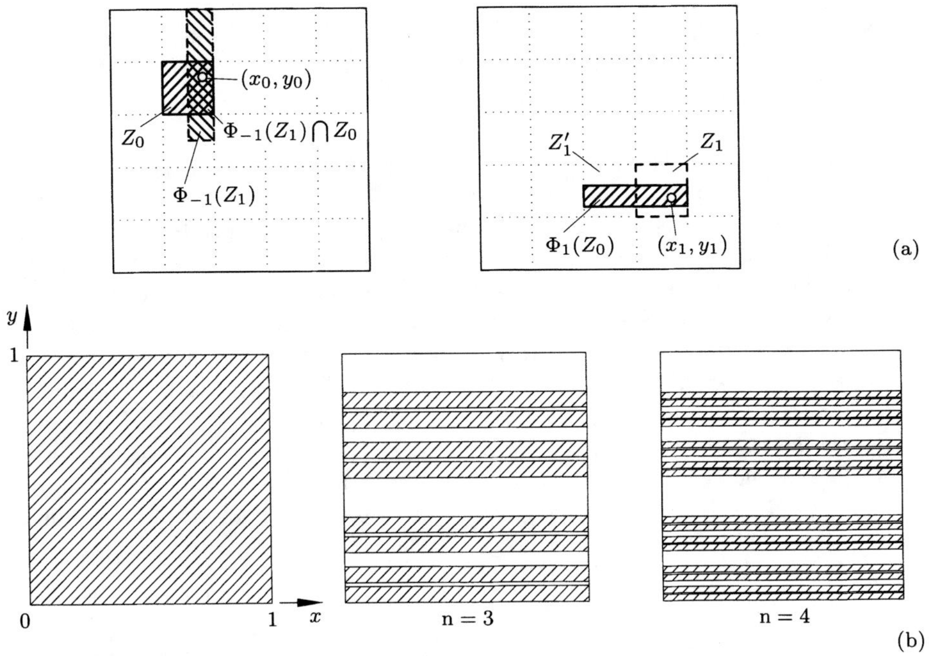

Abb. 5.6.6 a) Informationsgewinn bei der Bäcker-Transformation, $a = 0.4$
b) Entstehung der „Blätterteigschichten"

daß das Langzeitverhalten der Bäcker-Transformation irregulär ist, so heißt das, daß ein chaotischer Attraktor ständig neue Information produziert.

Liegt ein dynamisches System vor, bei dem, wie in unserem Beispiel, die Anzahl der Zellen, in denen sich der Bildpunkt befinden kann, exponentiell mit der Zahl der Iterationen bzw. mit der Zeit anwächst, so sind Langzeitprognosen nicht möglich (Shaw, 1981b). Jede kleine Ungenauigkeit breitet sich exponentiell über den gesamten Attraktor aus, so daß man nach einer endlichen Zeitspanne keine kausale Beziehung zwischen Ausgangs- und Endpunkt mehr herstellen kann.

Nach diesen Beispielen ist es nun möglich, für deterministische Systeme in anschaulicher Weise die KS-Entropie als Antwort auf die Frage einzuführen, wieviel Information man durch eine Folge von n aufeinanderfolgenden Messungen über den Ausgangszustand gewinnen kann, oder umgekehrt ausgedrückt, wieviel Ungewißheit über den zukünftigen Zustand verbleibt, wenn n vorhergehende Zustände bekannt sind. Präzisiert ist die KS-Entropie die obere Grenze der mittleren Informationsproduktion pro Zeiteinheit, wenn sowohl Meßgenauigkeit als auch Aufnahmefrequenz des Datensatzes variiert werden. Liegt reguläres, vorhersagbares Verhalten vor, so liefern von einem gewissen Zeitpunkt an weitere Messungen keine neue Information, d. h. der Informationsgewinn ist Null. Ist dagegen die Dynamik des Systems chaotisch, so divergieren die Trajektorien im Mittel exponentiell, und jede Folgemessung liefert einen weiteren Beitrag zur Information.

Unsere Meß- bzw. Ablesegenauigkeit ε legt eine Partitionierung des Phasenraums in endlich viele Makrozustände, nämlich M(ε) Zellen, fest, die wir durchnumerieren Z_1, Z_2, ..., Z_{M}, wobei der untere Index im Gegensatz zu den vorangegangenen drei Beispielen lediglich eine Identifikation der Zellen bedeutet. Starten wir nun mit einer Anfangsbedingung $\boldsymbol{x}_0$ in Zelle $Z_{\mathrm{i}(0)}$ und messen in festen Zeitabständen Δt jeweils den Ort $\boldsymbol{x}_1$, $\boldsymbol{x}_2$, $\boldsymbol{x}_3$, ... der Bildpunkte von $\boldsymbol{x}_0$, so registriert die Meßapparatur eine Sequenz von Zellen $Z_{\mathrm{i}(1)}$, $Z_{\mathrm{i}(2)}$, $Z_{\mathrm{i}(3)}$, ..., in denen die Bildpunkte lokalisiert werden können. Der untere Index i(k) $\in \{1, 2, \ldots, \mathrm{M}\}$ identifiziert dabei die Zelle $Z_{\mathrm{i(k)}}$, in die der Bildpunkt $\boldsymbol{x}_{\mathrm{k}} = \boldsymbol{x}(t_0 + \mathrm{k}\Delta)$ von $\boldsymbol{x}_0$ nach k Abbildungsschritten fällt. Da sich das System nach deterministischen Gesetzen entwickelt, können wir auch umgekehrt das Urbild $\Phi_{-\Delta t}(Z_{\mathrm{i}(1)})$ der Zelle $Z_{\mathrm{i}(1)}$ rechnerisch bestimmen. Die zweite „Computer"-Messung hat uns somit weitere Informationen über die Lage des Originalpunktes $\boldsymbol{x}_0$ geliefert, er muß nämlich in der Durchschnittsmenge $Z_{\mathrm{i}(0)} \cap \Phi_{-\Delta t}(Z_{\mathrm{i}(1)})$ liegen (siehe Abb. 5.6.7). Die nächste Messung liefert einen Punkt $\boldsymbol{x}_2$ in Zelle $Z_{\mathrm{i}(2)}$, und damit eine neue Information, die eine noch genauere Lokalisierung des Startpunkts ermöglicht, nämlich $\boldsymbol{x}_0 \in Z_{\mathrm{i}(0)} \cap \Phi_{-\Delta t} Z_{\mathrm{i}(1)} \cap \Phi_{-2\Delta t} Z_{\mathrm{i}(2)}$. Setzt man dieses Verfahren fort, so muß $\boldsymbol{x}_0$ nach n Messungen irgendwo innerhalb n solcher Durchschnittsmengen liegen.

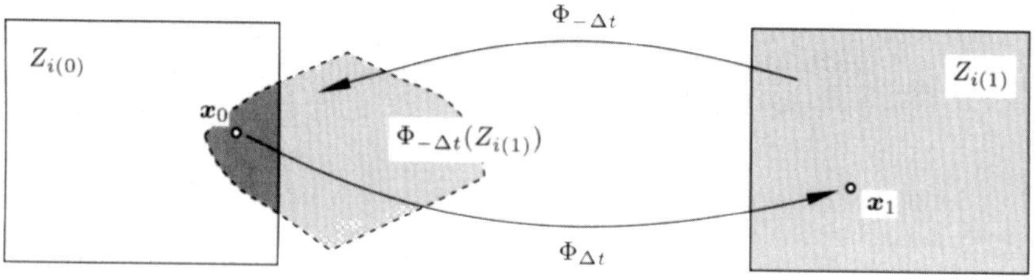

Abb. 5.6.7 Zur Definition der KS-Entropie

Um nun für ein fest vorgegebenes ε eine mittlere Rate für den Informationsgewinn zu erhalten, ist überdies über alle Anfangsbedingungen zu mitteln. Dazu betrachtet man gleichzeitig den Durchschnitt aller Zellen einer gegebenen Partitionierung mit ihren eigenen Urbildern. Bezeichnen wir also eine gegebene Partitionierung mit

$$Z = \{Z_{\mathrm{i}};\ \mathrm{i} = 1, \ldots, \mathrm{M}(\varepsilon)\} \tag{5.6.8}$$

und die entsprechenden Urbilder mit

$$Y = \Phi_{-\Delta t} Z = \{Y_{\mathrm{i}};\ Y_{\mathrm{i}} = \Phi_{-\Delta t} Z_{\mathrm{i}},\ \mathrm{i} = 1, 2, \ldots \mathrm{M}(\varepsilon)\} \tag{5.6.9}$$

so führen wir für die Menge, die aus allen möglichen Schnittmengen besteht, folgende Notation ein wobei sich $X^{(1)}$ aus $\mathrm{M}^2(\varepsilon)$ Teilmengen zusammensetzt, und nennen sie die 1. Verfeinerung der Partitionierung (siehe Abb. 5.6.8). Nach Gl. (5.5.25) können wir den zugehörigen Informationsgewinn

$$\bar{I}(X^{(1)}) = -\sum_{\mathrm{j,k}=1}^{\mathrm{M}} p(X_{\mathrm{jk}}^{(1)}) \ln p(X_{\mathrm{jk}}^{(1)}) \tag{5.6.11}$$

bestimmen, wobei $p(X_{\mathrm{jk}}^{(1)})$ die Wahrscheinlichkeit bedeutet, einen Punkt in Zelle $X_{\mathrm{jk}}^{(1)}$ der 1. Verfeinerung der Partitionierung anzutreffen. Die n-te Verfeinerung bezeichnen wir mit

$$X^{(\mathrm{n})} = Z \wedge \Phi_{-\Delta t} Z \wedge \Phi_{-2\Delta t} Z \wedge \ldots \wedge \Phi_{-\mathrm{n}\Delta t} Z \tag{5.6.12}$$

Entsprechend Gl. (5.6.11) können wir dann den für $X^{(\mathrm{n})}$ maßgebenden Informationsgewinn $\bar{I}(X^{(\mathrm{n})})$ berechnen. Die KS-Entropie h wird als obere Grenze des durchschnittlichen Informationsgewinns pro Zeiteinheit, der von dem dynamischen System produziert wird, definiert

$$h(\mu) = \sup_{Z,\Delta t} \left(\lim_{\mathrm{n}\to\infty} \frac{\bar{I}(X^{(\mathrm{n})})}{\mathrm{n}\Delta t} \right) \tag{5.6.13}$$

Dabei bezieht sich die Supremumbildung auf alle möglichen Partitionierungen Z und auf alle möglichen Zeitinkremente Δt. Die KS-Entropie h hängt vom invarianten natürlichen Maß μ ab (vgl. Abschitt 5.4.4), da man zu ihrer Berechnung entsprechend Gl. (5.6.11) die Wahrscheinlichkeitsdichte benötigt.

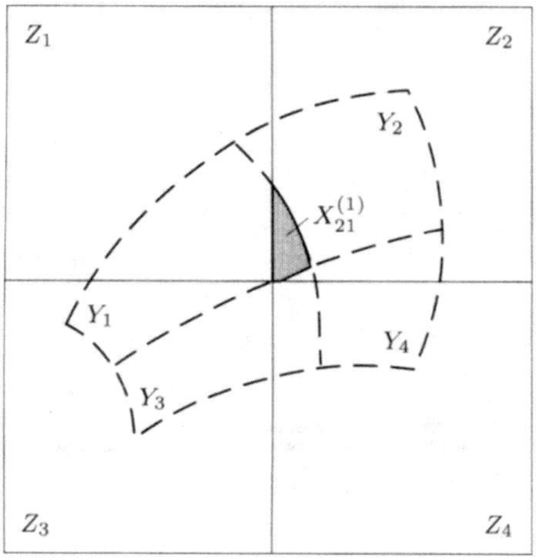

Abb. 5.6.8

Gegebene Partitionierung $\{Z_\mathrm{i}\}$, Urbilder $\{Y_\mathrm{i}\} = \{\Phi_{-\Delta t} Z_\mathrm{i}\}$ und 1. Verfeinerung $\{X_{\mathrm{jk}}^{(1)}\} = \{Z_\mathrm{j} \cap Y_\mathrm{k}\}$

Wie wir in den ersten beiden Beispielen gesehen haben, ist für reguläre Attraktoren – wie Fixpunkt, Grenzzyklus oder Torus – $h(\mu) = 0$. Seltsame Attraktoren sind dagegen durch einen positiven endlichen Wert der KS-Entropie gekennzeichnet: $h(\mu) > 0$. Ist die Dynamik des Systems vollkommen zufällig oder „verrauscht", bestehen also keine Korrelationen im n-dimensionalen Phasenraum, so gilt $h(\mu) \to \infty$ für $n \to \infty$. Die KS-Entropie kann daher ebenfalls zur qualitativen Charakterisierung der Bewegung herangezogen werden. Allerdings wäre eine Berechnung nach der oben angegebenen Formel kaum durchführbar, insbesondere wegen der Supremumbildung. Glücklicherweise ist es jedoch Ya. B. Pesin gelungen (Pesin, 1977), einen Zusammenhang zwischen h und den Lyapunov-Exponenten aufzustellen, der tatsächlich eine praktische Berechnung von h erlaubt.

5.6.3 Zusammenhang zwischen KS-Entropie und Lyapunov-Exponenten

Typisch für chaotische Systeme ist ihre empfindliche Abhängigkeit von den Anfangsbedingungen, die durch das exponentielle Auseinanderdriften benachbarter Trajektorien verursacht wird. Zwei Anfangsbedingungen, die innerhalb einer gewissen Meßgenauigkeit zunächst nicht zu unterscheiden sind, divergieren und können nach einer endlichen Zeitspanne voneinander unterschieden werden. Mikroskopische Abweichungen werden also nach kurzer Zeit auf einer makroskopischen Skala sichtbar, und das dynamische System wirkt somit als Informationsquelle. Intuitiv kann man sich daher vorstellen, daß es einen Zusammenhang zwischen der KS-Entropie $h(\mu)$ und den *positiven*, für das Auseinanderdriften maßgeblichen Lyapunov-Exponenten geben muß.

Betrachten wir zunächst wieder eine eindimensionale Abbildung $x_{k+1} = f(x_k)$ und nehmen an, daß wir zu Beginn eine Einzelmessung mit einer gewissen Genauigkeit $\varepsilon \ll 1$ durchführen. Nach Gl. (5.5.26) gilt dann in guter Näherung für den mittleren Informationsgehalt, der in der Anfangsbedingung steckt,

$$\bar{I}(\varepsilon) \approx D_I \log_2 \frac{1}{\varepsilon} \tag{5.6.14}$$

wobei D_I die Informationsdimension bedeutet. Nach einem Iterationsschritt wird das Intervall der Länge ε im Mittel um den Faktor $\Lambda = e^{\sigma} > 1$ gestreckt (siehe Abb. 5.4.12), wobei Λ die Lyapunov-Zahl bzw. σ der Lyapunov-Exponent bedeutet.

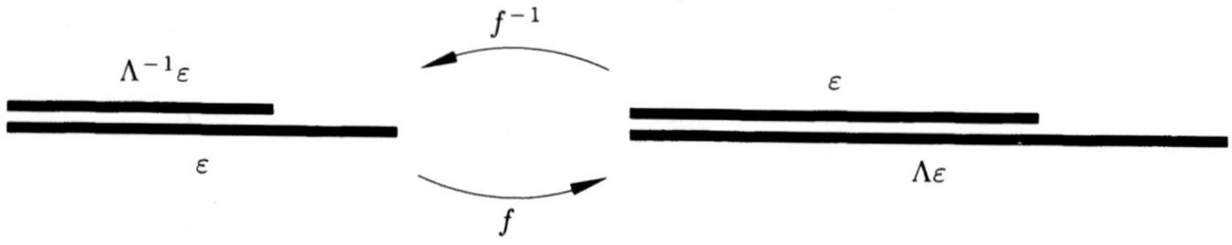

Abb. 5.6.9 Zur Änderung des Informationsgehalts pro Iteration bei eindimensionalen Abbildungen

Bei einer zweiten Messung mit demselben Meßgerät (also derselben Auflösung ε) erhält man ebensoviel Information, wie wenn man ursprünglich von einem kleineren Intervall ε/Λ ausgegangen wäre (siehe Abb. 5.6.9), also

$$\bar{I}\left(\frac{1}{\Lambda}\varepsilon\right) \approx D_I \log_2 \frac{\Lambda}{\varepsilon} \tag{5.6.15}$$

Nach einem Iterationsschritt hat man also einen durchschnittlichen Informationsgewinn von

$$\bar{I}\left(\frac{1}{\Lambda}\varepsilon\right) - \bar{I}(\varepsilon) \approx D_I\left(\log_2 \frac{\Lambda}{\varepsilon} - \log_2 \frac{1}{\varepsilon}\right)$$

Diese mittlere Zuwachsrate bestimmt aber näherungsweise die KS-Entropie, und es ergibt sich

$$h(\mu) \approx D_I \log_2 \Lambda = D_I \frac{\ln \Lambda}{\ln 2} \approx \frac{\sigma D_I}{\ln 2} \tag{5.6.16}$$

Der Faktor $1/\ln 2$ rührt daher, daß $h(\mu)$ in bit pro Zeiteinheit gemessen wird. Er ließe sich umgehen, wenn man für die Lyapunov-Exponenten ebenfalls diese Maßeinheit verwenden würde. Im Falle des Bernoulli-Shifts Gl. (5.6.1) erhält man $D_I = 1$ und $\sigma = \ln 2$, d. h. wir haben unser früheres Ergebnis $h = 1$ bit/Iteration bestätigt. Im allgemeinen wird jedoch $0 \leqslant D_I \leqslant 1$ für eindimensionale Abbildungen sein, so daß die Beziehung

$$h(\mu) \leqslant \frac{\sigma}{\ln 2} \tag{5.6.17a}$$

gilt bzw.

$$h(\mu) \leqslant \sigma \tag{5.6.17b}$$

wenn σ in bit/Zeiteinheit gemessen wird. Für n-dimensionale dynamische Systeme konnte Pesin (1977) unter gewissen Voraussetzungen – Näheres siehe z. B. (Levin *et al.*, 1989; Ruelle, 1989) – zeigen, daß zwischen der KS-Entropie eines Bereichs V des Phasenraums und den Lyapunov-Exponenten folgender Zusammenhang besteht

$$h(\mu) = \int_V \sum{}^{+} \sigma_{\mathrm{i}}(\boldsymbol{x})\mu(\boldsymbol{x})\mathrm{d}\boldsymbol{x} \tag{5.6.18}$$

wobei der obere Index $^+$ andeutet, daß nur über die positiven Lyapunov-Exponenten summiert wird, und $\mu(\boldsymbol{x})$ das invariante natürliche Maß, d. h. die Wahrscheinlichkeitsdichte, bedeutet. Diese Beziehung vereinfacht sich, wenn man als Integrationsbereich einen zusammenhängenden stochastischen Teil des Phasenraums, wie z. B. einen seltsamen Attraktor A, auswählt. Unter dieser Voraussetzung sind die

Lyapunov-Exponenten für fast alle Anfangsbedingungen gleich, also unabhängig von $\boldsymbol{x}$, und Gl. (5.6.18) kann wegen

$$\int_A \mu(\boldsymbol{x})\mathrm{d}\boldsymbol{x} = 1 \tag{5.6.19}$$

vereinfacht werden zu

$$h(\mu) = \sum_{\mathrm{i}}^{+} \sigma_{\mathrm{i}} \tag{5.6.20}$$

Dabei ist zu beachten, daß jeder Lyapunov-Exponent entsprechend seiner Vielfachheit in der Summe berücksichtigt werden muß. Falls die Voraussetzungen für Gl. (5.6.18) nicht erfüllt sind, ist nach Ruelle (1989) jedoch zumindest die Ungleichung

$$h(\mu) \leqslant \sum_{\mathrm{i}}^{+} \sigma_{\mathrm{i}} \tag{5.6.21}$$

gültig, falls das natürliche Maß μ in allen Richtungen mit positiven σ_{i}-Werten stetig ist. Diese Bedingung scheint in den meisten für uns interessanten Fällen erfüllt zu sein.

Man kann auch eine untere Schranke, die sogenannnte Korrelationsentropie $h_2(\mu)$, für die KS-Entropie angeben

$$h_2(\mu) \leqslant h(\mu) \tag{5.6.22}$$

(siehe z. B. Schuster, 1988). Diese Beziehung ist deswegen von Interesse, weil die Berechnung von $h_2(\mu)$ auf dem Korrelationsintegral, Gl. (5.5.41), basiert und daher relativ leicht experimentell ermittelt werden kann, insbesondere im Zusammenhang mit der Rekonstruktion von Attraktoren. Es würde jedoch den Rahmen dieses Buches sprengen, hier auf Einzelheiten einzugehen. Der interessierte Leser sei daher auf weiterführende Arbeiten, wie etwa (Grassberger und Procaccia, 1983b,c, 1984; Ruelle, 1989), verwiesen.

5.6.4 Zeitspanne für verläßliche Prognosen

Abbildung 5.6.1 zeigt für die Lorenz-Gleichung zwei Zeitverläufe, deren Anfangsbedingungen innerhalb unserer Ablesegenauigkeit nicht zu unterscheiden waren. Innerhalb einer gewissen Zeitspanne, bis zum Zeitpunkt t^*, bleiben die Kurven beieinander; jenseits einer Zeitschwelle t^* ähneln sich jedoch die beiden Kurvenverläufe überhaupt nicht mehr, d. h. es können keine Vorhersagen mehr getroffen werden.

Selbst für deterministische Systeme sind Prognosen nur bedingt zuverlässig. In Abschnitt 5.4.6 hatten wir bereits eine Abschätzung der Relaxationszeit, d. h. derjenigen Zeit, nach der die gesamte Information über die Anfangsbedingung verlorengegangen ist, mit Hilfe des größten Lyapunov-Exponenten angegeben. Im Zusammenhang mit der KS-Entropie stellen wir nun erneut die Frage, ob es möglich ist, Grenzen für die Vorhersagbarkeit anzugeben oder sogar zu quantifizieren. Kann man also eine Zeitspanne oder eine maximale Anzahl von Iterationen angeben, nach der alle Anstrengungen, innerhalb einer gewissen Meßgenauigkeit die Vorhersagbarkeit noch weiter zu verbessern, fruchtlos sind?

Offenbar lassen sich Langzeitprognosen um so leichter aufstellen, je „geordneter" die Bewegung ist. Man kann daher vermuten, daß sich ein Zusammenhang zwischen der KS-Entropie $h(\mu)$, die ja ein Gradmesser dafür ist, wie „chaotisch" eine Bewegung ist, und der Zeitschwelle t^* aufstellen läßt. Je größer die Unordnung, um so kürzer ist t^*. Andererseits spielt auch die Ablesegenauigkeit eine Rolle. Je genauer man eine Anfangsbedingung lokalisieren kann, um so größer wird t^* ausfallen. Es ist sicher eine der wichtigsten praktischen Anwendungen der KS-Entropie $h(\mu)$, daß man mit ihrer Hilfe eine Möglichkeit hat, t^* abzuschätzen.

Mit Hilfe der Informationsdimension läßt sich der Informationsgehalt, der in der Anfangsbedingung steckt, abschätzen und mit Hilfe der KS-Entropie die Geschwindigkeit, mit der diese Information abnimmt (Farmer, 1982c).

Kehren wir nochmals zum Bernoulli-Shift, Gl. (5.6.1), zurück. Unterteilt man das Einheitsintervall gleichmäßig in 2^n Teilintervalle, so kann man die Anfangsbedingung in einem Binärsystem auf n Stellen genau angeben. In Abschnitt 5.6.1 haben wir gesehen, daß in jedem Iterationsschritt alle Ziffern um eine Stelle nach links rücken und dabei die erste Ziffer wegfällt. Das bedeutet, daß Ungenauigkeiten in der Zahlendarstellung, d. h. mikroskopische Fluktuationen, nach n Schritten die gesamte Information, die in den Anfangsbedingungen enthalten war, überschrieben haben.

Auf dieser Überlegung beruht nun gerade die Abschätzung von t^*. Zunächst benötigen wir die Informationsmenge $\bar{I}(\varepsilon)$, die in der Anfangsbedingung enthalten ist. Dabei nehmen wir an, daß die Meßgenauigkeit eine Partitionierung des Phasenraums in Zellen der Kantenlänge ε festlegt. Nach Gl. (5.6.14) gilt dann

$$\bar{I}(\varepsilon) \approx D_I \log_2 \frac{1}{\varepsilon}$$

Falls das System Information erzeugt, $h(\mu) > 0$, wird in jedem Zeit- bzw. Iterationsschritt ein Teil der Ausgangsinformation $\bar{I}(\varepsilon)$ überschrieben. Da $h(\mu)$ die mittlere Rate der Informationsproduktion, gemessen in bit/Zeiteinheit, angibt, können wir also abschätzen, wann im Mittel die gesamte Information, die in der Anfangsbedingung steckt, ausgelöscht sein wird. Dann muß nämlich gelten

$$\bar{I}(\varepsilon) - t^* h(\mu) = 0 \qquad (5.6.23)$$

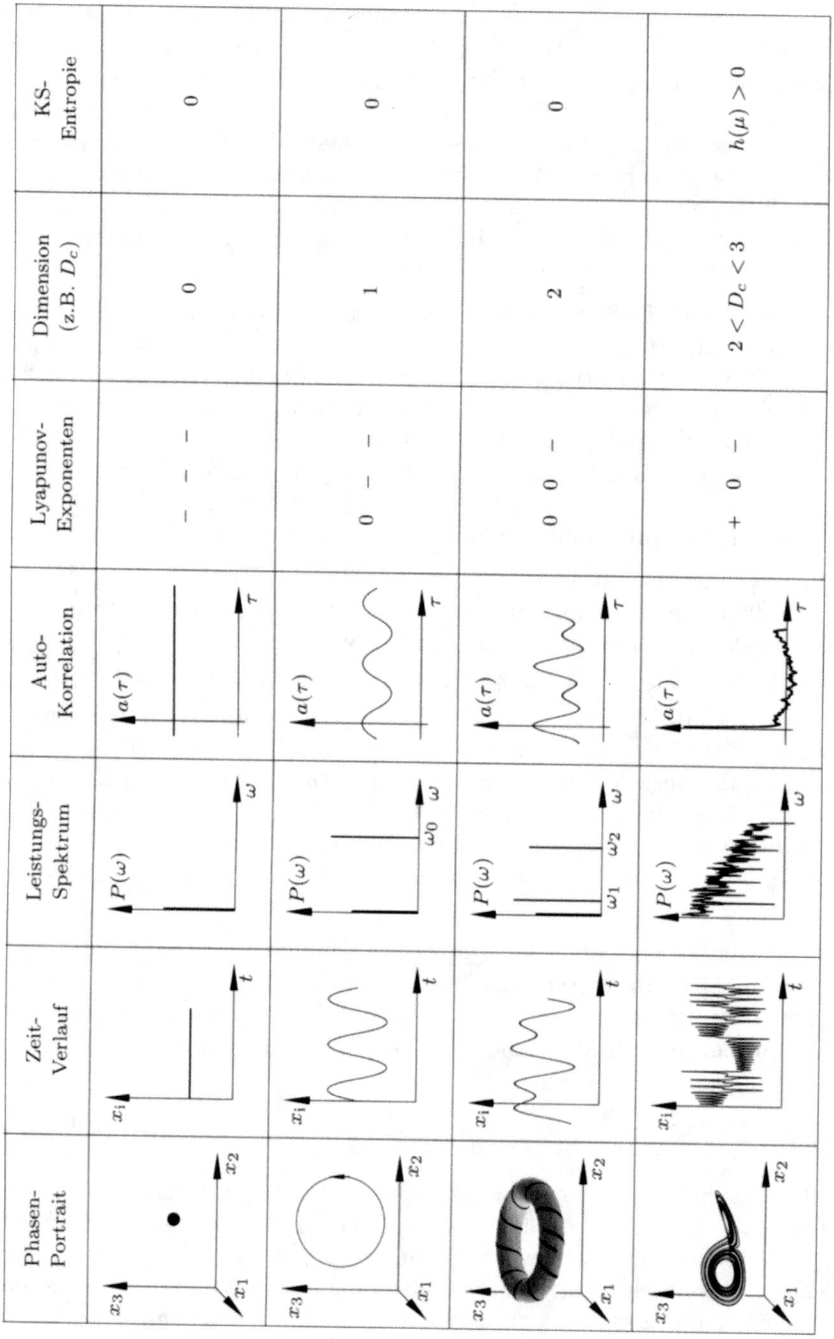
Phasen-Portrait
Zeit-Verlauf
Leistungs-Spektrum
Auto-Korrelation
Lyapunov-Exponenten
Dimension (z.B. D_c)
KS-Entropie
x_1 x_2 x_3
x_i t
$P(\omega)$ ω ω_0 ω_1 ω_2
$a(\tau)$ τ
– – – | 0 | 0
0 – – | 1 | 0
0 0 – | 2 | 0
+ 0 – | $2 < D_c < 3$ | $h(\mu) > 0$

Abb. 5.6.10 Charakterisierung der verschiedenen Attraktortypen im 3-dimensionalen Phasenraum

oder mit der obigen Beziehung

$$t^* = \frac{D_I \log_2 (1/\varepsilon)}{h(\mu)} \tag{5.6.24}$$

Wendet man diese Beziehung auf den Bernoulli-Shift an und gibt die Anfangsbedingung auf n Stellen genau an, so erhält man mit $\varepsilon = 2^{-\mathrm{n}}$, $D_I = 1$, $h(\mu) = 1$ bit/Iteration erwartungsgemäß

$$\mathrm{n}^* = \frac{1 \cdot \log_2 2^{\mathrm{n}}}{1} = \mathrm{n}$$

d. h. nach n Schritten hat das System den Startwert vergessen.

Wir haben in Kapitel 5 eine Vielzahl von Kriterien – wie Leistungsspektrum, Autokorrelation, Lyapunov-Exponent, Dimensionen und KS-Entropie – vorgestellt, die eine Charakterisierung regulärer und seltsamer Attraktoren erlauben. Im allgemeinen wird man aus numerischen Gründen mehrere Kriterien heranziehen müssen, um zu eindeutigen Aussagen zu gelangen. In einer Übersichtstabelle, Abb. 5.6.10, haben wir die einzelnen Charakterisierungsmöglichkeiten nochmals zusammengestellt.

6 Lokale Bifurkationstheorie

Yes, I will be thy priest, and build a fane
In some untrodden region of my mind,
Where branched thoughts, new grown with pleasant pain,
Instead of pines shall murmur in the wind.

John Keats (1795-1821), Ode to Psyche

Änderungen in den Kontrollparametern dynamischer Systeme können zu ganz neuen Langzeitmustern der Bewegung führen. Die bereits erwähnte Duffing-Gleichung (2.2.4) (siehe auch Farbtafeln XIX, XX, S. 657, 658 und Abschnitt 9.4) ist ein sehr illustratives Beispiel dafür, wie kleine Änderungen in der Erregerfrequenz, der Erregeramplitude oder der Dämpfung qualitative Änderungen im physikalischen Verhalten hervorrufen können.

Vollständige Umwandlungen der topologischen Struktur der Trajektorien im Phasenraum aufgrund der Änderung eines oder mehrerer Kontrollparameter werden Verzweigungen bzw. Bifurkationen genannt, die zugehörigen kritischen Parameterwerte heißen Verzweigungswerte. Beispielsweise kann ein ursprünglich stabiler Gleichgewichtszustand für einen kritischen Wert μ_{cr} des Kontrollparameters instabil werden, wobei gleichzeitig zwei neue stabile Gleichgewichtslagen entstehen.

Aufgabe der Bifurkationsanalyse ist es, die Verzweigungswerte μ_{cr} zu bestimmen und die für $\mu > \mu_{cr}$ abzweigenden neuen Lösungen zu konstruieren. Eine Systematisierung der abzweigenden Lösungen, wie sie für eindimensionale Systeme mit einem Kontrollparameter möglich ist, ist für höherdimensionale mit mehreren Parametern außerordentlich schwierig und demzufolge weitgehendst unerforscht.

Wir wollen uns daher in diesem Kapitel auf die einfachsten *lokalen Bifurkationen* von Gleichgewichtszuständen und periodischen Bewegungen konzentrieren, und zwar für Systeme, die nur von *einem* Kontrollparameter abhängen. Mit Hilfe einer linearen Stabilitätsanalyse kann man den Verzweigungswert μ_{cr} ermitteln, für den der Fixpunkt bzw. der periodische Orbit einen nichthyperbolischen Charakter annimmt. Man spricht in diesem Fall von lokalen Bifurkationen, weil man das Vektorfeld des dynamischen Systems in der Umgebung des degenerierten Fixpunktes bzw. des degenerierten geschlossenen Orbits studiert und die neuen Lösungen für $\mu > \mu_{cr}$ in der unmittelbaren Umgebung dieser Grenzmengen ermittelt. Nichtlineare Koordinatentransformationen ermöglichen anschließend eine Transformation auf Normalform und damit eine Zuordnung der auftretenden Bifurkationen zu einigen wenigen typischen Grundmustern.

Neben den lokalen gibt es auch *globale Bifurkationen*, bei denen infolge der Variation von Kontrollparametern globale qualitative Änderungen der dynamischen

Eigenschaften auftreten, die sich nicht aus lokalen Informationen herleiten lassen. Eine systematische Behandlung dieser Bifurkationen werden wir im Rahmen dieses Buches nicht vornehmen, sondern uns vielmehr auf die Diskussion einiger typischer Spezialfälle beschränken.

Beispielsweise tritt bei der ungedämpften Duffing-Gleichung ohne Erregerkraft (siehe Gl. (2.2.8)) eine globale qualitative Änderung ein, wenn man ein kleines Dämpfungsglied hinzufügt. Dadurch kommt es zu einer Änderung der Topologie der invarianten Mannigfaltigkeiten des Sattelpunktes im Ursprung (siehe Abb. 9.5.9 sowie Farbtafel XVIII, S. 656), und damit zu einer Änderung der Einzugsgebiete der beiden stabilen Gleichgewichtslagen. Führt man zusätzlich zur Dämpfung noch eine periodische Erregerkraft ein, so kommt es für eine kritische Erregeramplitude zum Auftreten homokliner Punkte, in deren Umgebung die Dynamik des Prozesses außerordentlich komplex wird und dazu führt, daß die Grenzen der Einzugsgebiete der Attraktoren fraktalen Charakter annehmen. In Abschnitt 9.5 werden wir uns ausführlich mit dieser sogenannten globalen homoklinen Bifurkation beschäftigen (vgl. auch Abschnitt 9.1).

Ein weiteres Beispiel einer globalen Bifurkation tritt beim Lorenz-System für den Wert $r_{cr} \approx 13.92$ ein (vgl. Abschnitt 7.4). Bei diesem kritischen Parameterwert bilden sich am Ursprung zwei homokline Orbits aus, d. h. die beiden Zweige der instabilen Mannigfaltigkeit des Ursprungs kehren für $t \to \infty$ als stabile Mannigfaltigkeiten zum Ursprung zurück. In diesem Fall bleiben alle Attraktoren erhalten, sie ändern weder Typ noch Stabilitätsverhalten. Was sich dagegen grundlegend ändert, sind die Einzugsgebiete der beiden stabilen Fixpunkte.

Topologische Änderungen – wie Schneiden, Berühren oder Meiden der invarianten Mannigfaltigkeiten von Fixpunkten und Grenzzyklen oder wie die spontane Entstehung, Vernichtung oder Änderung von Attraktoren – sind typisch für globale qualitative Änderungen der Dynamik, und damit für *globale* Bifurkationen. Weitere Beispiele findet man in (Thompson und Stewart, 1986), für ein Studium theoretischer Grundlagen seien (Guckenheimer und Holmes, 1983; Wiggins, 1988) empfohlen.

6.1 Motivation

Bevor wir die lokale Bifurkationstheorie ausführlicher behandeln, möchten wir anhand einfacher mathematischer Modelle Verzweigungen von Fixpunkten aufgrund der Änderung *eines* Kontrollparameters vorstellen, die zu einer qualitativen Änderung der Dynamik führen.

a) *Sattelknoten-Verzweigung*

Wir betrachten als erstes die Entwicklungsgleichung einer einzelnen Variablen x. Das dissipative System lautet wobei der Kontrollparameter mit μ bezeichnet ist. Wir bestimmen zuerst die Gleichgewichtszustände bzw. die Fixpunkte x_s

$$x_s = \pm\sqrt{\mu} \tag{6.1.2}$$

und tragen ihre Koordinaten in Abhängigkeit von μ auf, siehe Abb. 6.1.1. Die Figur ist ein Beispiel für ein Verzweigungsdiagramm. Für $\mu < 0$ existieren keine reellen Lösungen bzw. Gleichgewichtslagen. Eine Stabilitätsanalyse

$$\left.\frac{\partial F}{\partial x}\right|_{x_s} = -2x|_{x_s}$$

zeigt, daß für $\mu > 0$ der Gleichgewichtszweig $x_s = \sqrt{\mu}$ stabil ist, dagegen ist der Zweig $x_s = -\sqrt{\mu}$ instabil.

Für $\mu \to +0$ nähern sich der stabile und instabile Lösungszweig soweit an, daß beide bei $\mu = 0$ zusammenfließen und sich gegenseitig aufheben. Das ist der Grund, warum man am Punkt $\mu = 0$ auch von einer Falte spricht.

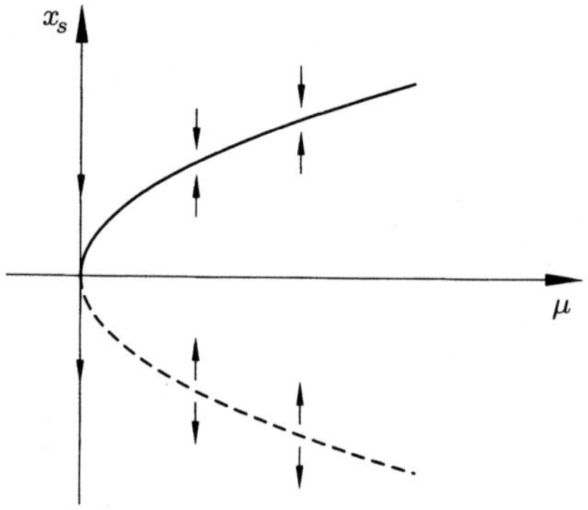

Abb. 6.1.1
Verzweigungsdiagramm einer Sattelknoten-Verzweigung: $\dot{x} = \mu - x^2$

Um den Phasenfluß dieser Verzweigung verdeutlichen zu können, erweitern wir das eindimensionale System Gl. (6.1.1) auf ein zweidimensionales, ohne dadurch die Verzweigungscharakteristik zu verändern. Wir wählen das folgende entkoppelte System

$$\begin{aligned}\dot{x} &= \mu - x^2\\ \dot{y} &= -y\end{aligned} \tag{6.1.3}$$

Längs der x-Achse reduziert sich das zweidimensionale Problem auf das oben erwähnte eindimensionale, Gl. (6.1.1). Für variable Werte $\mu > 0$ ergeben sich die beiden Fixpunktmengen $\boldsymbol{x}_{s1} = \{\sqrt{\mu} \quad 0\}$ und $\boldsymbol{x}_{s2} = \{-\sqrt{\mu} \quad 0\}$. Die Jacobi-Matrix

$$\left.\frac{\partial \boldsymbol{F}}{\partial \boldsymbol{x}}\right|_{\boldsymbol{x}_s} = \begin{bmatrix} \frac{\partial F_1}{\partial x} & \frac{\partial F_1}{\partial y} \\ \frac{\partial F_2}{\partial x} & \frac{\partial F_2}{\partial y} \end{bmatrix}_{\boldsymbol{x}_s} = \begin{bmatrix} -2x & 0 \\ 0 & -1 \end{bmatrix}_{\boldsymbol{x}_s} \tag{6.1.4}$$

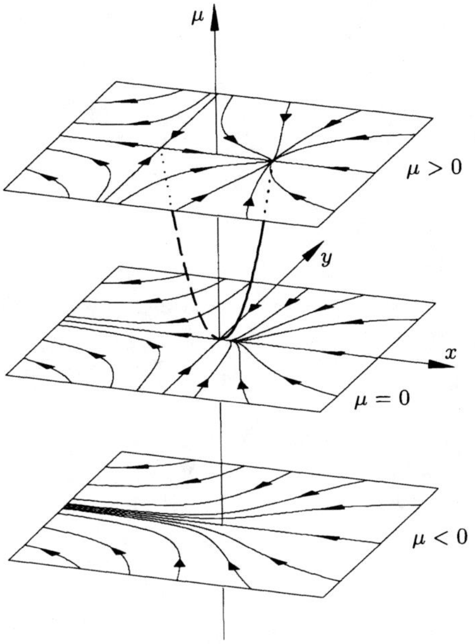

Abb. 6.1.2
Zweidimensionale Sattelknoten-Verzweigung:
$\dot{x} = \mu - x^2, \;\; \dot{y} = -y$

hat die Eigenwerte $\lambda_1 = -2x_s$ und $\lambda_2 = -1$. Da beide Eigenwerte für die Fixpunktmenge $\boldsymbol{x}_{s1}$ negativ sind ($\lambda_1 = -2\sqrt{\mu}$, $\lambda_2 = -1$), liegen stabile Knoten (Abb. 3.1.8) vor. Für $\boldsymbol{x}_{s2}$ ergeben sich Eigenwerte unterschiedlichen Vorzeichens ($\lambda_1 = 2\sqrt{\mu}$, $\lambda_2 = -1$), was auf Sattelpunkte (Abb. 3.1.8) hinweist. Abbildung 6.1.2 zeigt den numerisch ermittelten Phasenfluß und die Verzweigung in Abhängigkeit vom Kontrollparameter μ. Für $\mu < 0$ ist kein Gleichgewichtszustand zu erkennen. Ist μ positiv, formen stabile Knoten den stabilen Lösungszweig und Sattelpunkte den instabilen. Beide Fixpunkttypen verschmelzen für $\mu = 0$, und das Phasenportrait wird hälftig von dem des *Sattel*punktes und dem des *Knoten*punktes geprägt. Das ist der Grund, warum man hier von einer Sattelknoten-Verzweigung spricht.

b) *Gabelverzweigung*

Ein zweites Grundmuster von Verzweigungen ist die Gabelverzweigung. Um diese zu veranschaulichen, betrachten wir die folgende eindimensionale Entwicklungsgleichung

$$\dot{x} = F(x, \mu) = \mu x - x^3 \tag{6.1.5}$$

Wir bestimmen wiederum zuerst die Gleichgewichtslösungen aus Gl. (6.1.5)

$$\mu x_s - x_s^3 = 0 \tag{6.1.6}$$

Es existiert, unabhängig von μ, die triviale Lösung

$$x_{s0} = 0 \tag{6.1.7}$$

Für $\mu > 0$ erhält man für Gleichgewicht zusätzlich ein Lösungspaar

$$x_{s1,2} = \pm\sqrt{\mu} \tag{6.1.8}$$

Alle drei Lösungsmengen sind im Verzweigungsdiagramm Abb. 6.1.3 dargestellt. Nach Gl. (6.1.7) stellt $x_{s0} = 0$ für alle μ-Werte (μ-Achse) eine Gleichgewichtslösung dar. Bei $\mu = 0$ münden für positive μ-Werte noch die beiden Lösungen $x_{s1,2}$ ein, sie zweigen von der x_{s0}-Lösung ab: man spricht deshalb von einer Gabelverzweigung. Die Stabilitätsanalyse $F' = -3x^2 + \mu$ zeigt, daß die Lösung $x_{s0} = 0$ für $\mu < 0$ asymptotisch stabil und für $\mu > 0$ instabil ist. Das Lösungspaar $x_{s1,2} = \pm\sqrt{\mu}$ bleibt für alle positiven μ-Werte asymptotisch stabil. Diese Verzweigung am kritischen Wert $\mu_{cr} = 0$ in zwei stabile Äste wird auch superkritische Verzweigung genannt (Abb. 6.1.3).

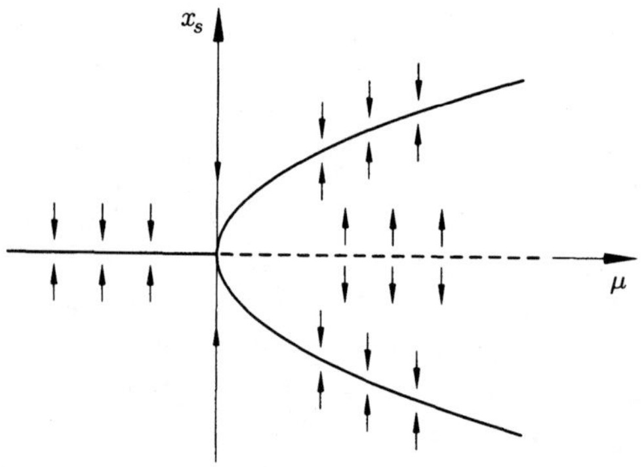

Abb. 6.1.3
Superkritische Gabelverzweigung: $\dot{x} = \mu x - x^3$

Wie entwickelt sich nun der Phasenfluß für die superkritische Verzweigung im zweidimensionalen Phasenraum? Entsprechend zur Sattelknoten-Verzweigung erweitern wir Gl. (6.1.5) um $\dot{y} = -y$ und erhalten das folgende entkoppelte Gleichungssystem

$$\begin{aligned} \dot{x} &= \mu x - x^3 , \\ \dot{y} &= -y \end{aligned} \tag{6.1.9}$$

Aus der Gleichgewichtsbedingung $\boldsymbol{F}(\boldsymbol{x}_s) = \boldsymbol{F}(x_s, y_s) = \boldsymbol{o}$ folgen die Fixpunkte

$$\boldsymbol{x}_{s0} = \{0 \quad 0\} \qquad \text{und} \qquad \boldsymbol{x}_{s1,2} = \{\pm\sqrt{\mu} \quad 0\} \qquad \text{für } \mu \geqslant 0$$

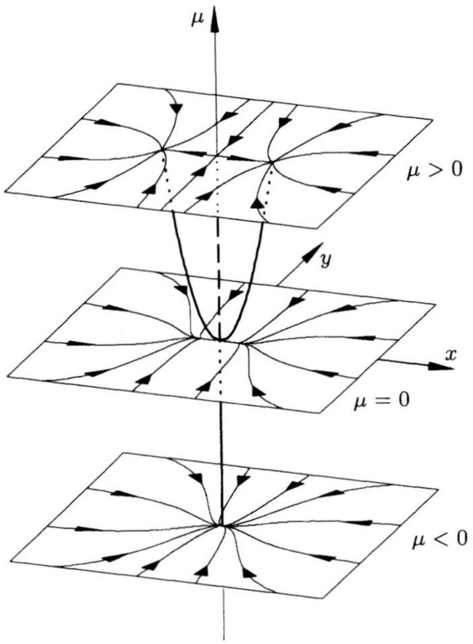

Abb. 6.1.4

Zweidimensionale Gabelverzweigung:
$\dot{x} = \mu x - x^3, \quad \dot{y} = -y$

Bildet man die Jacobi-Matrix

$$\left.\frac{\partial \boldsymbol{F}}{\partial \boldsymbol{x}}\right|_{\boldsymbol{x}_s} = \begin{bmatrix} \frac{\partial F_1}{\partial x} & \frac{\partial F_1}{\partial y} \\ \frac{\partial F_2}{\partial x} & \frac{\partial F_2}{\partial y} \end{bmatrix}_{\boldsymbol{x}_s} = \begin{bmatrix} -3x^2 + \mu & 0 \\ 0 & -1 \end{bmatrix}_{\boldsymbol{x}_s} \tag{6.1.10}$$

so sind die Eigenwerte $\lambda_1 = -3x_s^2 + \mu$ und $\lambda_2 = -1$. Für Fixpunkte auf der μ-Achse, $\boldsymbol{x}_{s0} = \{0 \quad 0\}$, sind für $\mu < 0$ beide Eigenwerte negativ, und es liegt ein stabiler Knoten vor (Abb. 6.1.4). Ändert μ sein Vorzeichen, wird der Eigenwert $\lambda_1 > 0$, wodurch der Gleichgewichtszustand seine asymptotische Stabilität verliert und in x-Richtung instabil wird, d. h. für $\mu > 0$ ist $\boldsymbol{x}_{s0}$ ein Sattelpunkt (Abb. 6.1.4).

Die Eigenwerte der Fixpunkte $\boldsymbol{x}_{s1,2} = \{\pm\sqrt{\mu} \quad 0\}$ sind $\lambda_1 = -2\mu$ und $\lambda_2 = -1$. Wegen $\mu > 0$ bleiben sie negativ und damit asymptotisch stabil (Abb. 6.1.4).

Die numerisch ermittelten Phasenportraits in Abb. 6.1.4 verdeutlichen das eben Geschilderte auf einen Blick. Am kritischen Wert $\mu_{cr} = 0$ tritt eine qualitative Änderung des Trajektorienverlaufs ein. Für negative μ-Werte ist die einzige Gleichgewichtslösung $\boldsymbol{x}_{s0}$ ein stabiler Knoten. Nach der Verzweigung tritt an die Stelle des stabilen Knotens ein Sattelpunkt, der flankiert wird von zwei stabilen Knoten $\boldsymbol{x}_{s1,2} = \{\pm\sqrt{\mu} \quad 0\}$.

c) *Transkritische Verzweigung*

Als weiteres Grundmuster einer Verzweigung eines Verzweigungsparameters sei hier die transkritische Verzweigung erwähnt.

Wir betrachten folgende eindimensionale Entwicklungsgleichung

$$\dot{x} = F(x, \mu) = \mu x - x^2 \tag{6.1.11}$$

Die Gleichgewichtslösungen sind die beiden Geraden $x_{s0} = 0$ und $x_{s1} = \mu$. Für $\mu < 0$ ist die erste asymptotisch stabil ($\frac{\partial F}{\partial x} = -2x + \mu$), die zweite instabil. Bei $\mu = 0$ nehmen die Gleichgewichtslösungen die Stabilitätseigenschaften jeweils des anderen an. Für $\mu > 0$ ist nun die erste instabil, die zweite hingegen asymptotisch stabil, siehe Abb. 6.1.5a. Die Phasenverläufe des erweiterten entkoppelten dissipativen Systems

$$\dot{x} = \mu x - x^2, \quad \dot{y} = -y$$

illustrieren in Abb. 6.1.5b den Stabilitätswechsel: aus dem stabilen Knoten entwickelt sich ein Sattelpunkt und umgekehrt aus dem Sattelpunkt ein Knoten.

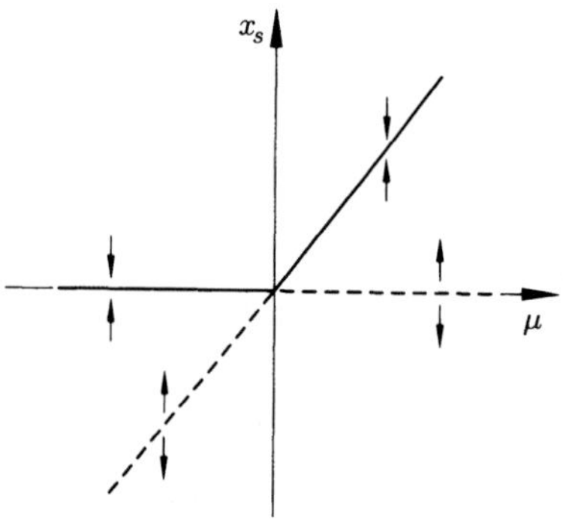

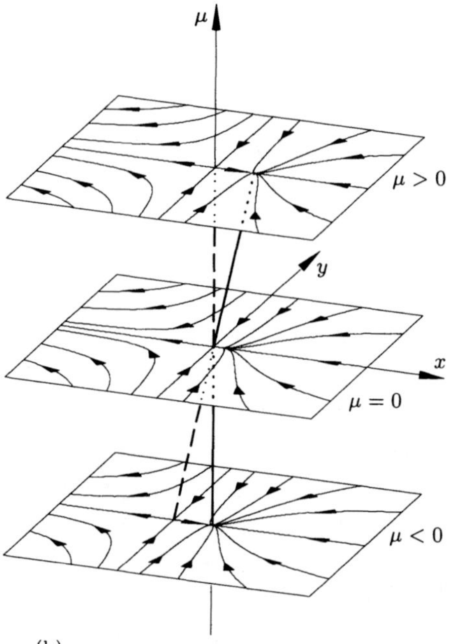

Abb. 6.1.5 Transkritische Verzweigung: $\dot{x} = \mu x - x^2$, $\dot{y} = -y$
a) eindimensional, b) zweidimensional

d) *Hopf-Verzweigung*

Allen bisher erwähnten Beispielen ist gemeinsam, daß die Eigenwerte der Jacobi-Matrix im Gleichgewichtszustand reell sind. Wir haben bisher den Fall konjugiert komplexer Eigenwerte (Abb. 3.1.8) vermieden, aber gerade dieser ist der interessanteste. Er führt zu einem Klassiker unter den Verzweigungen, der sogenannten Hopf-Verzweigung, benannt nach dem Mathematiker Eberhard Hopf, der diesen Verzweigungstyp für den n-dimensionalen Fall studierte (Hopf, 1942). Zur Illustration der Hopf-Verzweigung betrachten wir das folgende zweidimensionale Gleichungssystem

$$\begin{aligned} \dot{x} &= -y + x[\mu - (x^2 + y^2)] \\ \dot{y} &= x + y[\mu - (x^2 + y^2)] \end{aligned} \tag{6.1.12}$$

Für alle μ-Werte ist $x_0 = y_0 = 0$ der einzige Gleichgewichtszustand. Eine Verzweigung in andere Gleichgewichtszustände in Abhängigkeit vom einzigen Kontrollparameter μ ist nicht gegeben. Die Jacobi-Matrix

$$\left.\frac{\partial \boldsymbol{F}}{\partial \boldsymbol{x}}\right|_{\boldsymbol{x}_0=\boldsymbol{o}} = \begin{bmatrix} \mu & -1 \\ 1 & \mu \end{bmatrix} \tag{6.1.13}$$

hat die Eigenwerte $\lambda_{1,2} = \mu \pm i$. Für $\mu < 0$ ist der Gleichgewichtszustand ein stabiler Fokus, $\mathrm{Re}(\lambda_{1,2}) < 0$, und für $\mu > 0$ ein instabiler, $\mathrm{Re}(\lambda_{1,2}) > 0$ (Abb. 3.1.8), d. h. für $\mu = 0$ wechselt der Punktattraktor sein Stabilitätsverhalten.

Welchen Zustand die vom instabilen Fokus weglaufenden Trajektorien für $t \to \infty$ anstreben, ist noch ungeklärt. Laufen sie ins Unendliche oder werden sie von einem anderen Attraktortyp, z. B. einem Grenzzyklus, angezogen? Um dies beantworten zu können, transformieren wir das Ausgangssystem Gl. (6.1.12) in Polarkoordinaten. Mit der Transformationsvorschrift

$$x = r\cos\varphi\,, \; y = r\sin\varphi \tag{6.1.14}$$

erhalten wir folgendes System

$$\begin{aligned} \dot{r}\cos\varphi - r\dot{\varphi}\sin\varphi &= -r\sin\varphi + r(\mu - r^2)\cos\varphi \\ \dot{r}\sin\varphi + r\dot{\varphi}\cos\varphi &= r\cos\varphi + r(\mu - r^2)\sin\varphi \end{aligned} \tag{6.1.15}$$

Multipliziert man die erste Gleichung mit $\cos\varphi$ bzw. $(-\sin\varphi)$ und die zweite mit $\sin\varphi$ bzw. $\cos\varphi$ und addiert die Ergebnisgleichungen, so erhält man das folgende entkoppelte System in Polarkoordinaten

$$\begin{aligned} \dot{r} &= -r^3 + \mu r \\ \dot{\varphi} &= 1 \end{aligned} \tag{6.1.16}$$

wobei die kubische Gleichung in r in ihrer Struktur der Gl. (6.1.5) entspricht. Die Gleichgewichtszustände ($\dot{r} = 0$) sind die triviale Lösung $r_{s0} = 0$ (wie oben) und, für positive Radien, $r_{s1} = \sqrt{\mu}$ (Abb. 6.1.6). Die Lösung r_{s1} führt im Phasenraum x, y zu einer geschlossenen Kurve, einem Grenzzyklus, d. h. einem periodischen Orbit, dessen Amplitude mit $\sqrt{\mu}$ anwächst. Die folgende Stabilitätsbetrachtung (siehe auch Abschnitt 5.4.2)

$$\begin{aligned} r < \sqrt{\mu} &\text{ innerhalb des Grenzzyklus} &\Rightarrow \dot{r} > 0 \\ r > \sqrt{\mu} &\text{ außerhalb des Grenzzyklus} &\Rightarrow \dot{r} < 0 \end{aligned} \tag{6.1.17}$$

zeigt, daß dieser Grenzzyklus stabil ist (Abb. 6.1.6b).

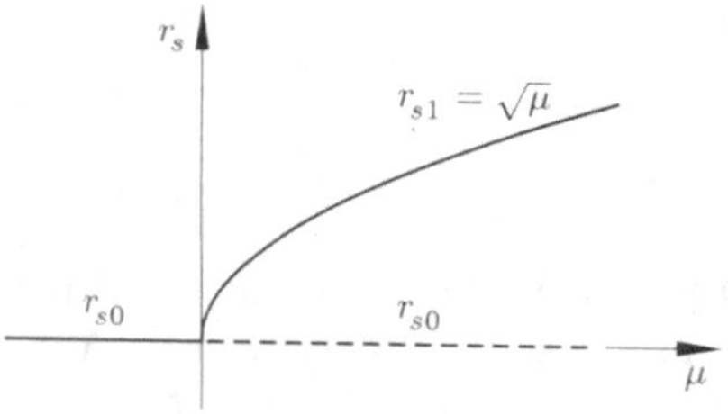

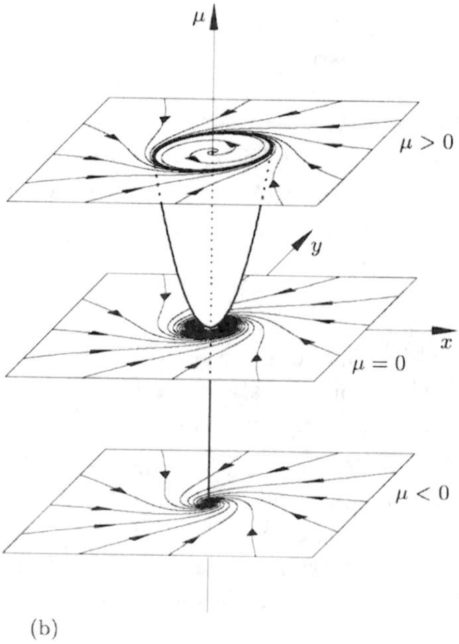

Abb. 6.1.6 Hopf-Verzweigung: a) Verzweigungsdiagramm $r_s(\mu)$, b) im Phasenraum x, y

Aus der Phasenraumdarstellung (Abb. 6.1.6b) ist klar ersichtlich, wie für $\mu < 0$ die Trajektorien zum einzigen Fixpunkt spiralförmig hinstreben und sich für $\mu > 0$ von ihm wegwinden, um gegen die geschlossene Kurve $r_s = \sqrt{\mu}$, dem Grenzzyklus, zu konvergieren. Am Verzweigungspunkt $\mu = 0$ wird nicht nur der Fixpunkt instabil, sondern außerdem wird ein Grenzzyklus geboren. Diese Verzweigung eines Fokus in einen Grenzzyklus, eines Gleichgewichtszustandes in einen periodischen oder eines statischen in einen dynamischen Zustand ist eine Bifurkation ganz neuen Typs. Man nennt sie Hopf-Verzweigung.

Ab einem kritischen Wert μ_{cr} bestimmt der Kontrollparameter in den bisher betrachteten Beispielen sowohl die Existenz neuer Gleichgewichtszustände als auch deren Stabilitätsverhalten. Die Variation des Kontrollparameters μ bewirkt beim

Durchqueren des μ_{cr}-Wertes einen Vorzeichenwechsel im Realteil eines oder mehrerer Eigenwerte der Jacobi-Matrix von negativ nach positiv. Daraus sollte man allerdings nicht den Schluß ziehen, daß dies immer so sein muß. Betrachten wir das folgende zweidimensionale nichtlineare Gleichungssystem (Carr, 1981)

$$\begin{aligned}\dot{x} &= \mu x^3 + x^2 y \\ \dot{y} &= -y + y^2 + xy - x^3\end{aligned} \tag{6.1.18}$$

Die triviale Lösung $\boldsymbol{x}_{s0} = \{0 \quad 0\}$ ist, unabhängig vom μ-Wert, eine Gleichgewichtslösung. Für die Jacobi-Matrix am Punkt $\boldsymbol{x}_{s0}$ erhalten wir

$$\left.\frac{\partial \boldsymbol{F}}{\partial \boldsymbol{x}}\right|_{\boldsymbol{x}_{s0}} = \begin{bmatrix} 3\mu x^2 + 2xy & x^2 \\ y - 3x^2 & -1 + 2y + x \end{bmatrix}_{\boldsymbol{x}_{s0}} = \begin{bmatrix} 0 & 0 \\ 0 & -1 \end{bmatrix} \tag{6.1.19}$$

und dafür die Eigenwerte $\lambda_1 = 0$ und $\lambda_2 = -1$.

Nicht aufgrund der Variation von μ, sondern unabhängig davon ist ein Eigenwert der linearisierten Matrix $\frac{\partial \boldsymbol{F}}{\partial \boldsymbol{x}}$ für die Gleichgewichtslösung $\boldsymbol{x}_{s0}$ Null. Wir sind mit der Präsenz eines *nicht*hyperbolischen Fixpunktes konfrontiert, bei dem es mindestens einen Eigenwert der Jacobi-Matrix $\frac{\partial \boldsymbol{F}}{\partial \boldsymbol{x}}$ mit verschwindendem Realteil gibt. Nach der Stabilitätsaussage linearisierter Systeme in Abschnitt 5.4.1 kann die *lineare* Näherung *keine* Aussage über die Stabilität nichthyperbolischer Fixpunkte liefern. In diesem Fall sind es die *nicht*linearen Terme des Gleichungssystems, die über die Stabilität der Gleichgewichtslösung entscheiden.

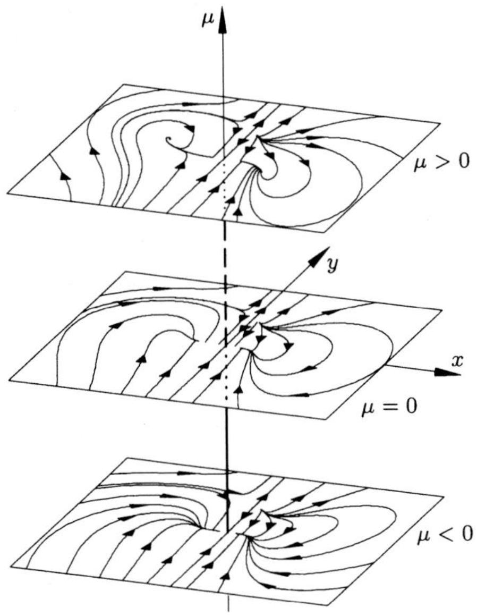

Abb. 6.1.7

Numerisch ermittelter Phasenfluß des nichtlinearen Systems Gl. (6.1.18)

In Abb. 6.1.7 ist der numerisch ermittelte Phasenfluß für $\mu < 0$, $\mu = 0$ und $\mu > 0$ unserer Ausgangsgleichungen (6.1.18) dargestellt. Die drei Phasenbilder verdeutlichen, daß sich dennoch in Abhängigkeit von μ das Stabilitätsverhalten des Fixpunktes $\boldsymbol{x}_{s0}$ in x-Richtung bei $\mu = 0$ entscheidend ändert. Es wechselt von stabil ($\mu < 0$) zu instabil ($\mu > 0$). Die Frage ist, gibt es eine Möglichkeit, auf analytische Weise den Fluß dieses degenerierten Gleichgewichtszustandes $\boldsymbol{x}_{s0}$ zu bestimmen? Die Antwort ist ja, und eine Technik ist die der Zentrumsmannigfaltigkeit, die wir im nachfolgenden Abschnitt näher erläutern wollen.

6.2 Zentrumsmannigfaltigkeit

Wir erinnern uns dessen, was wir zur Klassifizierung nichtlinearer Systeme in Abschnitt 3.2 bzw. 5.4.1 ausgeführt haben. Zwei fundamentale Ergebnisse der Theorie dynamischer Systeme sind einmal der Satz von Hartman-Grobman zur Stabilität hyperbolischer Fixpunkte und zum zweiten das Theorem invarianter Mannigfaltigkeiten hyperbolischer Fixpunkte. Zum besseren Verständnis der Zentrumsmannigfaltigkeit und der Bifurkationstheorie möchten wir die beiden Sätze hier explizit anführen und näher erläutern.

Wir betrachten wieder das nichtlineare System gewöhnlicher Differentialgleichungen (s. Abschnitte 3.2 und 5.4.1)

$$\dot{\boldsymbol{x}} = \boldsymbol{F}(\boldsymbol{x}) \,, \qquad \boldsymbol{x}(t_0) = \boldsymbol{x}_0 \tag{6.2.1}$$

Für die Stabilitätsuntersuchung eines Fixpunktes $\boldsymbol{x}_s$ ist es sinnvoll, die zeitliche Entwicklung des zu $\boldsymbol{x}_s$ benachbarten Punktes $\boldsymbol{x} = \boldsymbol{x}_s + \widetilde{\boldsymbol{x}}$ zu betrachten. Entwickeln wir die Funktion $\boldsymbol{F}(\boldsymbol{x}_s + \widetilde{\boldsymbol{x}})$ in der Umgebung von $\boldsymbol{x}_s$ in eine Taylor-Reihe, erhalten wir

$$\boldsymbol{F}(\boldsymbol{x}_s + \widetilde{\boldsymbol{x}}) = \boldsymbol{F}(\boldsymbol{x}_s) + \left.\frac{\partial \boldsymbol{F}}{\partial \boldsymbol{x}}\right|_{\boldsymbol{x}_s} \widetilde{\boldsymbol{x}} + \mathcal{O}(\widetilde{\boldsymbol{x}}^2) \tag{6.2.2}$$

Berücksichtigt man $\dot{\boldsymbol{x}} = \dot{\boldsymbol{x}}_s + \dot{\widetilde{\boldsymbol{x}}}$, so erhält man für die zeitliche Entwicklung der kleinen Störung $\dot{\widetilde{\boldsymbol{x}}}$ wegen $\dot{\boldsymbol{x}}_s = \boldsymbol{F}(\boldsymbol{x}_s) = \boldsymbol{o}$ (Fixpunkt)

$$\dot{\widetilde{\boldsymbol{x}}} = \left.\frac{\partial \boldsymbol{F}}{\partial \boldsymbol{x}}\right|_{\boldsymbol{x}_s} \widetilde{\boldsymbol{x}} + \mathcal{O}(\widetilde{\boldsymbol{x}}^2) \tag{6.2.3}$$

Ist $\mathcal{O}(\widetilde{\boldsymbol{x}}^2)$ klein gegenüber $\widetilde{\boldsymbol{x}}$, genügt es, das linearisierte System

$$\dot{\widetilde{\boldsymbol{x}}} = \boldsymbol{D}(\boldsymbol{x}_s)\widetilde{\boldsymbol{x}} \qquad \text{mit} \qquad \left.\frac{\partial \boldsymbol{F}}{\partial \boldsymbol{x}}\right|_{\boldsymbol{x}_s} = \boldsymbol{D}(\boldsymbol{x}_s) \tag{6.2.4}$$

zu betrachten.

Wir wissen aber aus Abschnitt 6.1, daß uns die linearisierte Matrix $\boldsymbol{D}(\boldsymbol{x}_s)$ in der Stabilitätsbetrachtung des Beispiels Gl. (6.1.18) nicht weiterhilft. Aus diesem Grund ist es notwendig, etwas weiter auszuholen und als erstes mit dem Satz von Hartman-Grobman zu beginnen (Guckenheimer und Holmes, 1983). Er lautet:

Satz 1 (Hartman-Grobman):

> Besitzt die Matrix $\boldsymbol{D}$ der linearisierten Form Gl. (6.2.4) der nichtlinearen Differentialgleichung (6.2.1) am Fixpunkt $\boldsymbol{x}_s$ keinen Eigenwert mit verschwindendem Realteil, so gibt es in einer Umgebung $U(\boldsymbol{x}_s)$ des Fixpunktes $\boldsymbol{x}_s$ eine eineindeutige und umkehrbar stetige Abbildung h (Homöomorphismus), die die Trajektorien des nichtlinearen Flusses ϕ_t von Gl. (6.2.1) auf die des linearen Flusses von Gl. (6.2.4), $e^{\boldsymbol{D}t}$, abbildet. Der Homöomorphismus h bewahrt dabei die Trajektorienrichtung (stabil, instabil), und h kann außerdem so gewählt werden, daß auch die Parametrisierung in der Zeit t erhalten bleibt.

Was bedeutet dieser Satz? Er bedeutet, daß man für hyperbolische Fixpunkte aus der Matrix $\boldsymbol{D}$ des linearisierten Systems bereits wesentliche Informationen über die Stabilität und das Verhalten der Lösungen in der Umgebung des Fixpunktes gewinnen kann. Der Phasenfluß des nichtlinearen Systems Gl. (6.2.1) ist in diesem Fall in einer Umgebung $U(\boldsymbol{x}_s)$ topologisch äquivalent zum Fluß des linearisierten Systems Gl. (6.2.4), d. h. die beiden Flüsse lassen sich durch eine nichtlineare Koordinatentransformation ineinander überführen (vgl. Abb. 6.2.1).

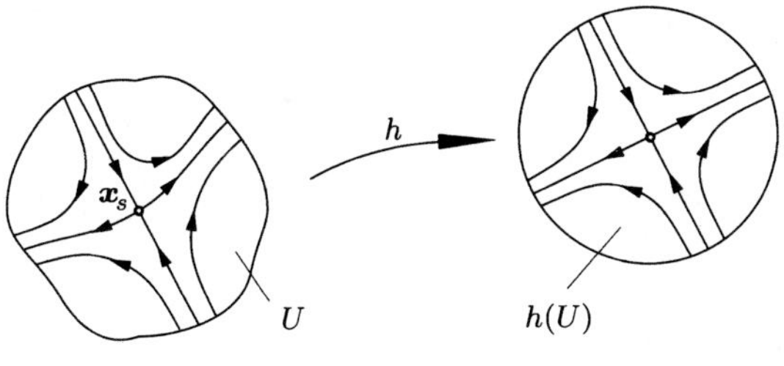

Abb. 6.2.1
Hartman-Grobman-Theorem zur topologischen Äquivalenz von Flüssen in der Umgebung $U(\boldsymbol{x}_s)$

Insbesondere sind unter der Voraussetzung, daß die Realteile aller Eigenwerte der Matrizen $\boldsymbol{D}_1$ und $\boldsymbol{D}_2$ zweier linearisierter Systeme von Null verschieden sind, die beiden Flüsse $e^{\boldsymbol{D}_1 t}$ und $e^{\boldsymbol{D}_2 t}$ dann topologisch äquivalent, wenn die Eigenwerte beider Matrizen gleich viele positive und gleich viele negative Realteile besitzen. Das heißt, daß ein stabiler Knoten einem stabilem Fokus topologisch äquivalent ist, beide aber niemals einem Sattelpunkt (siehe Abb. 3.1.8).

Wir möchten jedoch bemerken, daß unser Interesse weiterhin dem Stabilitätsverhalten des degenerierten Fixpunktes (Realteil eines Eigenwertes = 0) gilt. Dieses Ziel vor Augen, ist es notwendig, weitere Definitionen voranzustellen.

In Abschnitt 3.1 haben wir die unterschiedlichen Phasenflüsse von Singularitäten (wie Knoten, Fokus, Sattelpunkt etc.) in dem von den Eigenvektoren aufgespannten Raum diskutiert. Gewisse Lösungen $e^{\boldsymbol{D}t}$ des Flusses spielen eine spezielle

Rolle, und zwar jene, die in dem linearen Unterraum liegen, der von den Eigenvektoren aufgespannt wird. Diese Unterräume von $e^{\boldsymbol{D}t}$ sind invariant unter dem Fluß, d. h. alle Trajektorien mit Anfangspunkt in diesen Unterräumen verbleiben für alle Zeit darin.

Zusammengefaßt gilt, daß die Eigenräume der linearen Matrix $\boldsymbol{D}$ invariante Unterräume des Flusses $\phi_t = e^{\boldsymbol{D}t}$ sind. Da wir nun wissen, daß es stabile und instabile Unterräume gibt, ist es naheliegend, diese auch entsprechend zu klassifizieren. Bezeichnen wir die n_s Eigenvektoren bzw. Hauptvektoren, die zu Eigenwerten von $\boldsymbol{D}$ mit negativem Realteil gehören, mit $\boldsymbol{u}_1, \ldots, \boldsymbol{u}_{n_s}$ und entsprechend die n_u Eigenvektoren bzw. Hauptvektoren, die zu Eigenwerten von $\boldsymbol{D}$ mit positivem Realteil gehören, mit $\boldsymbol{v}_1, \ldots, \boldsymbol{v}_{n_u}$, so heißt der von ihnen aufgespannte Raum $\mathbb{E}^s$ bzw. $\mathbb{E}^u$ stabiler bzw. instabiler invarianter Unterraum (Abb. 6.2.2):

$$\mathbb{E}^s = \operatorname{span}\{\boldsymbol{u}_1, \ldots, \boldsymbol{u}_{n_s}\}$$
$$\mathbb{E}^u = \operatorname{span}\{\boldsymbol{v}_1, \ldots, \boldsymbol{v}_{n_u}\}$$

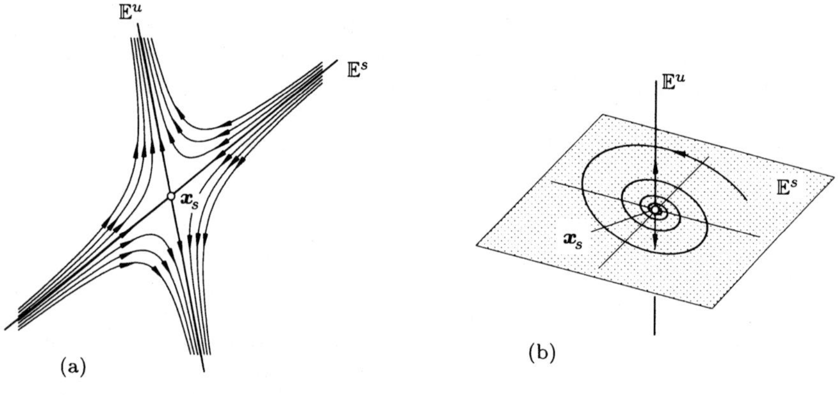

Abb. 6.2.2 Invariante Unterräume: a) $\mathbb{E}^u = \operatorname{span}\left\{\begin{bmatrix}0\\1\end{bmatrix}\right\}$, $\mathbb{E}^s = \operatorname{span}\left\{\begin{bmatrix}1\\0\end{bmatrix}\right\}$

b) $\mathbb{E}^u = \operatorname{span}\left\{\begin{bmatrix}0\\0\\1\end{bmatrix}\right\}$, $\mathbb{E}^s = \operatorname{span}\left\{\begin{bmatrix}1\\0\\0\end{bmatrix}, \begin{bmatrix}0\\1\\0\end{bmatrix}\right\}$

In Analogie zu den linearen invarianten Eigenräumen $\mathbb{E}^s$ und $\mathbb{E}^u$ führen wir nichtlineare lokale stabile und instabile Mannigfaltigkeiten am Fixpunkt $\boldsymbol{x}_s$ ein. Diese bezeichnen wir mit $\mathbb{W}^s_{\text{loc}}(\boldsymbol{x}_s), \mathbb{W}^u_{\text{loc}}(\boldsymbol{x}_s)$ und definieren

$$\begin{aligned} \mathbb{W}^s_{\text{loc}}(\boldsymbol{x}_s) &:= \{\boldsymbol{x} \in U; \phi_t(\boldsymbol{x}) \to \boldsymbol{x}_s \ \text{ für } t \to +\infty \ \text{ und } \phi_t(\boldsymbol{x}) \in U, \ \forall\, t \geqslant 0\} \\ \mathbb{W}^u_{\text{loc}}(\boldsymbol{x}_s) &:= \{\boldsymbol{x} \in U; \phi_t(\boldsymbol{x}) \to \boldsymbol{x}_s \ \text{ für } t \to -\infty \ \text{ und } \phi_t(\boldsymbol{x}) \in U, \ \forall\, t \leqslant 0\} \end{aligned} \tag{6.2.5}$$

wobei U eine Umgebung von $\boldsymbol{x}_s$ ist. Wichtig ist nun, einen Zusammenhang zwischen den invarianten Mannigfaltigkeiten $\mathbb{W}^s_{\text{loc}}, \mathbb{W}^u_{\text{loc}}$ und den invarianten Eigenräumen $\mathbb{E}^s, \mathbb{E}^u$ herzustellen. Der anschließende Satz sagt uns, daß die Unterräume $\mathbb{E}^s, \mathbb{E}^u$ die lokalen Mannigfaltigkeiten $\mathbb{W}^s_{\text{loc}}, \mathbb{W}^u_{\text{loc}}$ in $\boldsymbol{x}_s$ tangieren.

Satz 2 (Theorem über die invarianten Mannigfaltigkeiten im Fixpunkt):

> Unter der Voraussetzung, daß $\dot{\boldsymbol{x}} = \boldsymbol{F}(\boldsymbol{x})$ in $\boldsymbol{x}_s$ einen hyperbolischen Fixpunkt besitzt, existieren lokale stabile und instabile Mannigfaltigkeiten $\mathbb{W}^s_{\text{loc}}(\boldsymbol{x}_s)$, $\mathbb{W}^u_{\text{loc}}(\boldsymbol{x}_s)$ der gleichen Dimensionen $\mathrm{n}_s, \mathrm{n}_u$ wie die Eigenräume $\mathbb{E}^s, \mathbb{E}^u$ der linearisierten Gl. (6.2.4), und sie werden in $\boldsymbol{x}_s$ von letzteren tangiert. Die Mannigfaltigkeiten $\mathbb{W}^s_{\text{loc}}(\boldsymbol{x}_s)$, $\mathbb{W}^u_{\text{loc}}(\boldsymbol{x}_s)$ sind genauso glatt (d. h. aus derselben Differenzierbarkeitsklasse) wie die Funktion $\boldsymbol{F}$.

Zusammenfassend kann gesagt werden, daß die Eigenräume $\mathbb{E}^s, \mathbb{E}^u$ die lokalen Mannigfaltigkeiten $\mathbb{W}^s_{\text{loc}}, \mathbb{W}^u_{\text{loc}}$ in $\boldsymbol{x}_s$ approximieren und daß die Linearisierung (nach Hartman-Grobman) die nichtlinearen Mannigfaltigkeiten $\mathbb{W}^s_{\text{loc}}, \mathbb{W}^u_{\text{loc}}$ auf die linearen Eigenräume $\mathbb{E}^s, \mathbb{E}^u$ eineindeutig abbildet. Das Ergebnis beider Sätze ist in Abb. 6.2.3 dargestellt.

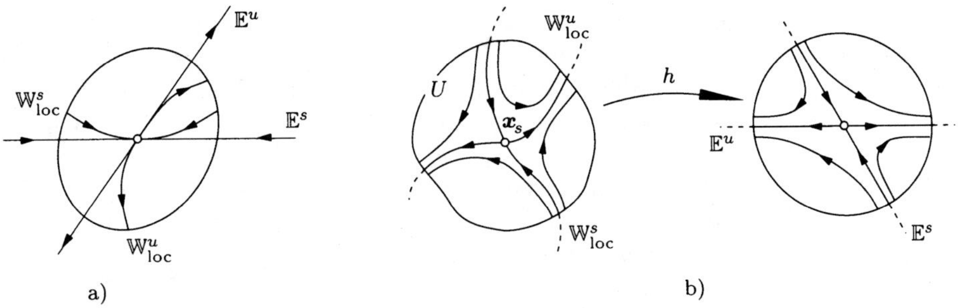

Abb. 6.2.3 Linearisierung und Unterräume:
a) Approximation von $\mathbb{W}^s_{\text{loc}}, \mathbb{W}^u_{\text{loc}}$ durch $\mathbb{E}^s, \mathbb{E}^u$
b) Hartman-Grobman-Theorem zur topologischen Äquivalenz

Sind die lokalen invarianten Mannigfaltigkeiten bekannt, so fragt man sich nach ihren Fortsetzungen über die Umgebung U hinaus. Dies führt zur Definition *globaler* stabiler und instabiler Mannigfaltigkeiten von $\boldsymbol{x}_s$, indem für die Lösung von Gl. (6.2.1) die lokalen Mannigfaltigkeiten als Anfangsbedingungen berücksichtigt werden und die Zeitrichtung so gewählt wird, daß Punkte aus $\mathbb{W}^s_{\text{loc}}$ und aus $\mathbb{W}^u_{\text{loc}}$ vom Fixpunkt $\boldsymbol{x}_s$ weglaufen

$$\mathbb{W}^s(\boldsymbol{x}_s) = \bigcup_{t \leqslant 0} \phi_t(\mathbb{W}^s_{\text{loc}}(\boldsymbol{x}_s))$$

$$\mathbb{W}^u(\boldsymbol{x}_s) = \bigcup \phi_t(\mathbb{W}^u_{\text{loc}}(\boldsymbol{x}_s)) \tag{6.2.6}$$

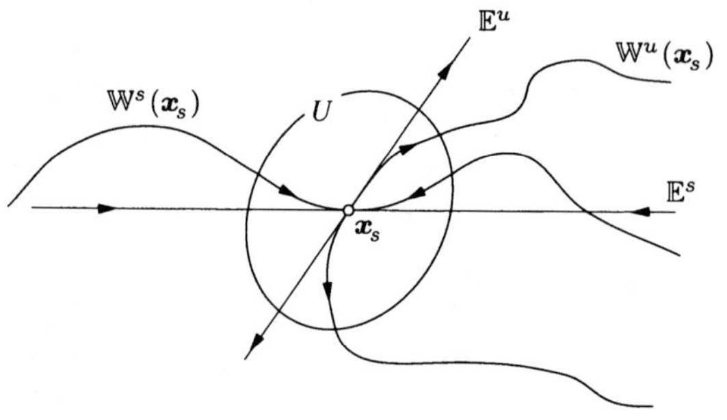

Abb. 6.2.4
Globale stabile und instabile Mannigfaltigkeit für $\boldsymbol{x}_s$

Abb. 6.2.4 zeigt die globalen Mannigfaltigkeiten $\mathbb{W}^s$ und $\mathbb{W}^u$ und verdeutlicht den Unterschied zu den lokalen $\mathbb{W}^s_{\text{loc}}$ und $\mathbb{W}^u_{\text{loc}}$ von Abb. 6.2.3a.

Die Existenz von Lösungen des Systems Gl. (6.2.1) und deren Eindeutigkeit garantiert, daß sich die invarianten Mannigfaltigkeiten zweier Fixpunkte $\boldsymbol{x}_{s1}, \boldsymbol{x}_{s2}$ gleicher bzw. unterschiedlicher Stabilität niemals schneiden, geschweige denn mit sich selbst kreuzen können (Abb. 6.2.5a). Das schließt aber nicht aus, daß invariante Mannigfaltigkeiten unterschiedlicher Stabilität verschiedener Fixpunkte oder desselben Fixpunktes glatt ineinander übergehen (Abb. 6.2.5b). Man beachte, daß im Fall kontinuierlicher Systeme aus der Existenz eines Schnittpunktes P von $\mathbb{W}^u(\boldsymbol{x}_{si})$ mit $\mathbb{W}^s(\boldsymbol{x}_{sj})$ wegen der Eindeutigkeit der Lösungen folgt, daß ganze Teile der Mannigfaltigkeiten identisch sein müssen, da P sonst zwei unterschiedliche Möglichkeiten für Zukunft und Vergangenheit hätte. (Zu transversalen Schnitten stabiler und instabiler Mannigfaltigkeiten, d. h. zu homoklinen Punkten, kann es nur in diskreten Systemen, z. B. in Poincaré-Schnitten, kommen, was dann zu einem außerordentlich komplexen Verhalten des dynamischen Systems führt, Abbn. 4.5.8 und 9.5.9c).

Die bisherigen Ausführungen zu den linearisierten Eigenräumen, den lokalen Mannigfaltigkeiten und den globalen Mannigfaltigkeiten seien für den zweidimensionalen Fall zusammengefaßt. Wir wählen das einfache Beispiel

$$\begin{aligned} \dot{x} &= x \\ \dot{y} &= -y + x^2 \end{aligned} \tag{6.2.7}$$

Der einzige Fixpunkt ist der Ursprung $\boldsymbol{x}_s = \{0 \;\; 0\}$. Wir bestimmen für das linearisierte System

$$\begin{bmatrix} \dot{x} \\ \dot{y} \end{bmatrix} = \begin{bmatrix} 1 & 0 \\ 0 & -1 \end{bmatrix} \begin{bmatrix} x \\ y \end{bmatrix} \tag{6.2.7a}$$

die Eigenwerte $\lambda_u = 1$ (instabil) und $\lambda_s = -1$ (stabil) und die dazugehörigen Eigenvektoren $\boldsymbol{v} = \{1 \;\; 0\}$ und $\boldsymbol{u} = \{0 \;\; 1\}$ bzw. die invarianten Unterräume (Abb. 6.2.6a)

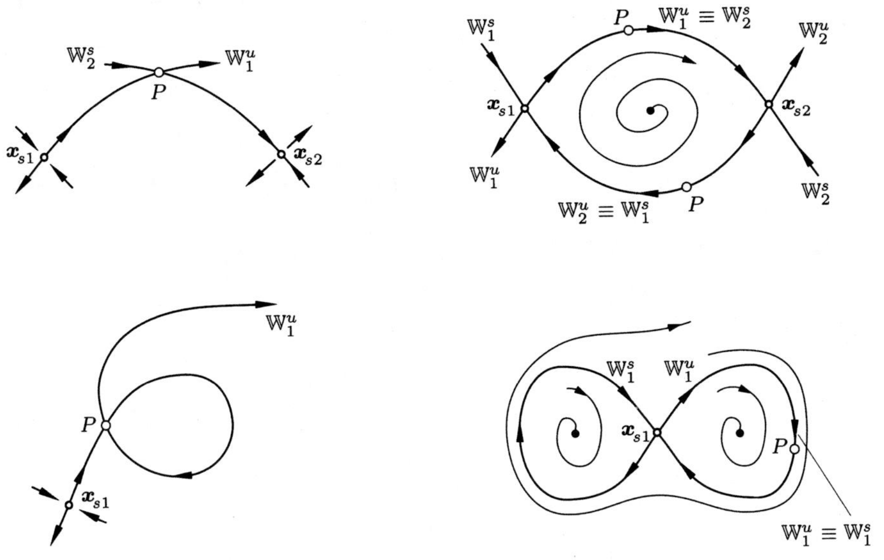

a) unmöglich b) möglich

Abb. 6.2.5 Gemeinsame Punkte P stabiler und instabiler Mannigfaltigkeiten eines Fixpunkts bzw. zweier Fixpunkte

$$\mathbb{E}^s = \operatorname{span}\left\{\begin{bmatrix}0\\1\end{bmatrix}\right\} \quad \text{oder} \quad x = 0$$
$$\mathbb{E}^u = \operatorname{span}\left\{\begin{bmatrix}1\\0\end{bmatrix}\right\} \quad \text{oder} \quad y = 0 \tag{6.2.8}$$

Durch Elimination der Zeit können wir Gl. (6.2.7) in die folgende Form bringen

$$\frac{\mathrm{d}y}{\mathrm{d}x} = -\frac{y}{x} + x \qquad \text{oder} \qquad x\frac{\mathrm{d}y}{\mathrm{d}x} + y = x^2 \tag{6.2.9}$$

Durch direkte Integration erhalten wir die allgemeine Lösung

$$y(x) = \frac{x^2}{3} + \frac{c}{x} \tag{6.2.10}$$

wobei c durch die Anfangsbedingung bestimmt ist. Nach Gl. (6.2.8) ist die x-Achse ein instabiler Unterraum $\mathbb{E}^u$, die nach Satz 2 (dem Theorem stabiler Mannigfaltigkeiten im Fixpunkt) die instabile lokale Mannigfaltigkeit $\mathbb{W}^u_{\text{loc}}(0,0)$ tangiert. Aus Gl. (6.2.10) folgt, daß $\mathbb{W}^u_{\text{loc}}(0,0)$ als Graph $y = h(x)$ dargestellt werden kann, wobei nach Satz 2 die Funktion $h(x)$ im Fixpunkt $\boldsymbol{x}_s = \{0\ 0\}$ die Bedingung $h'(0) = h(0) = 0$ erfüllt.

Da $y(0) = 0$ nach Gl. (6.2.10) nur für $c = 0$ ist, genügt die instabile globale Mannigfaltigkeit der Gleichung $y = x^2/3$, d. h.

$$\mathbb{W}^u(0,0) = \left\{(x,y) \in \mathbb{R}^2 \, ; \, y = \frac{x^2}{3}\right\} \tag{6.2.11}$$

Für die stabile globale Mannigfaltigkeit $\mathbb{W}^s(0,0)$ betrachten wir das Ausgangssystem Gl. (6.2.7). Ist $x(0) = 0$, dann ist $x(t) \equiv 0$ und also die Lösung $x(t) \equiv 0$, $y(t) = y_0 \mathrm{e}^{-t}$ stabil, so daß $\mathbb{W}^s(0,0) \equiv \mathbb{E}^s$ gilt.

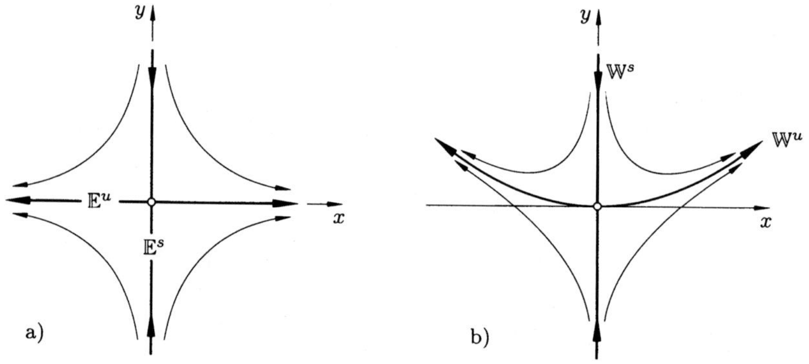

Abb. 6.2.6 Stabile und instabile Mannigfaltigkeiten des Systems Gl. (6.2.7); a) linearisiert, b) nichtlinearisiert

Die Darstellung der stabilen und instabilen Mannigfaltigkeiten sowohl des linearisierten als auch des nichtlinearen Systems ist in Abb. 6.2.6 enthalten. Die Abbildung zeigt einmal die topologische Äquivalenz der Phasenflüsse in den linearisierten und nichtlinearisierten Fällen und zum zweiten die wesentlich bessere Beschreibung des Phasenbildes um den Fixpunkt durch die nichtlinearen Mannigfaltigkeiten.

In allen unseren Überlegungen und Definitionen zur Beschreibung des Systemverhaltens in der Nähe von Fixpunkten haben wir geflissentlich die Entartung „Realteil gleich Null" in den Eigenwerten ausgespart. Nichts hindert uns aber, in Analogie zu den stabilen bzw. instabilen linearen Eigenräumen $\mathbb{E}^s$ bzw. $\mathbb{E}^u$ einen zentralen invarianten Unterraum $\mathbb{E}^c$ einzuführen. Wir definieren als Zentrumseigenraum

$$\mathbb{E}^c = \operatorname{span}\{\boldsymbol{w}_1, \ldots, \boldsymbol{w}_{\mathrm{n}_c}\}$$

dessen Eigenvektoren bzw. Hauptvektoren $\boldsymbol{w}_1, \ldots, \boldsymbol{w}_{\mathrm{n}_c}$ jene sind, deren Eigenwerte einen Null-Realteil besitzen. Da $\mathrm{n} = \mathrm{n}_s + \mathrm{n}_u + \mathrm{n}_c$ gelten muß (n ist die Dimension

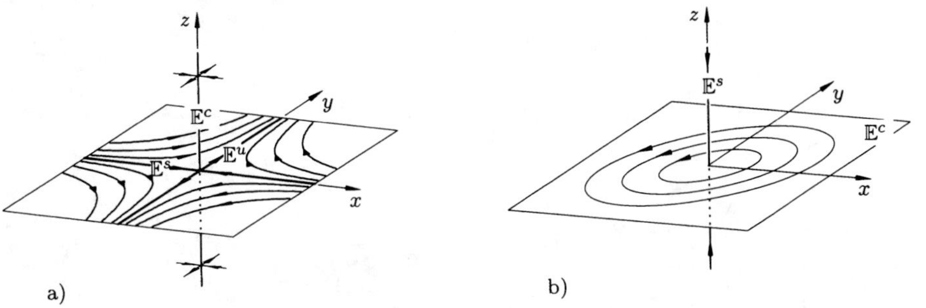

Abb. 6.2.7 Invariante Eigenräume $\mathbb{E}^s, \mathbb{E}^u$ und $\mathbb{E}^c$ der Gleichungssysteme
$\dot{x} = -x,\ \dot{y} = y,\ \dot{z} = 0$ und $\dot{x} = y,\ \dot{y} = -x,\ \dot{z} = 0$

des Systems), liegen alle Lösungen, die weder exponentiell (monoton oder oszillierend) abfallen ($\mathbb{E}^s$) noch exponentiell anwachsen ($\mathbb{E}^u$), im invarianten Unterraum $\mathbb{E}^c$. Im Falle *einfacher* Eigenwerte bleiben die Lösungen in $\mathbb{E}^c$ konstant ($\lambda = 0$), Abb. 6.2.7, oder oszillieren mit konstanter Amplitude ($\lambda_{1,2} = \pm i\omega$).

Entsprechend dem invarianten Unterraum $\mathbb{E}^c$ führen wir das nichtlineare Analogon $\mathbb{W}^c$ ein. Immer dann, wenn die Bedeutung von $\mathbb{W}^c$ klar ist, verzichten wir auf die Unterscheidung in lokal und global und schreiben $\mathbb{W}^c$. Die Definition von $\mathbb{W}^c$ lautet folgendermaßen:

> $\boldsymbol{x}_s$ sei Fixpunkt der Gl. (6.2.1). Die invariante Mannigfaltigkeit heißt Zentrumsmannigfaltigkeit $\mathbb{W}^c$, wenn sie in $\boldsymbol{x}_s$ den zu den Eigenwerten mit Realteil gleich Null gehörigen Eigenraum $\mathbb{E}^c$ tangiert.

Zum besseren Verständnis betrachten wir das folgende zweidimensionale Beispiel

$$\begin{aligned} \dot{x} &= x^2 \\ \dot{y} &= -y \end{aligned} \tag{6.2.12}$$

Als Lösungen erhalten wir

$$x(t) = \frac{x_0}{1 - x_0 t} \qquad \text{und} \qquad y(t) = y_0 \mathrm{e}^{-t}$$

Eliminiert man die Zeit t, so beschreibt die Funktion

$$y(x) = (y_0 \mathrm{e}^{-1/x_0})\mathrm{e}^{1/x}$$

den Trajektorienverlauf. Für $x < 0$ ist die x-Achse im Koordinatenursprung die gemeinsame Tangente für alle Lösungskurven. Für $x \geqslant 0$ ist die x-Achse die einzige Lösungskurve, die sich für $t \to -\infty$ dem Ursprung annähert. Aufgrund der Tatsache, daß die x-Achse Eigenrichtung zum Eigenwert $\lambda_1 = 0$ ist, bildet für

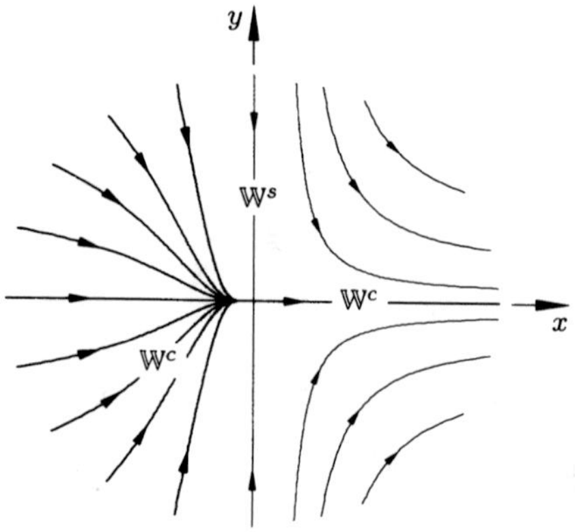

Abb. 6.2.8

Zentrumsmannigfaltigkeiten des Systems $\dot{x} = x^2$, $\dot{y} = -y$

$x \leqslant 0$ jede Trajektorie und für positives x die x-Achse allein eine Zentrumsmannigfaltigkeit $\mathbb{W}^c$. Abbildung 6.2.8 illustriert das oben Gesagte und verdeutlicht, daß die Zentrumsmannigfaltigkeit nicht eindeutig sein muß.

Das eben erwähnte Beispiel soll dazu dienen, das Theorem über die Zentrumsmannigfaltigkeit für Flüsse transparenter zu gestalten. Wir können nun das folgende Existenz-Theorem formulieren (Guckenheimer und Holmes, 1983):

Theorem über die Zentrumsmannigfaltigkeit:

Es sei $\boldsymbol{x}_s$ Fixpunkt des Systems $\dot{\boldsymbol{x}} = \boldsymbol{F}(\boldsymbol{x})$ und $\boldsymbol{D} = \frac{\partial \boldsymbol{F}}{\partial \boldsymbol{x}}\big|_{\boldsymbol{x}_s}$, wobei wir voraussetzen, daß $\boldsymbol{F}(\boldsymbol{x})$ r-mal stetig differenzierbar ist, dann kann das Eigenwert-Spektrum von $\boldsymbol{D}$ in 3 Teilmengen $\{\lambda_{si}\}, \{\lambda_{ci}\}$ und $\{\lambda_{ui}\}$ unterteilt werden, so daß gilt

$$\mathrm{Re}(\lambda) \begin{cases} < 0, & \text{wenn } \lambda \in \{\lambda_{si}\} \\ = 0, & \text{wenn } \lambda \in \{\lambda_{ci}\} \\ > 0, & \text{wenn } \lambda \in \{\lambda_{ui}\} \end{cases}$$

Die den Eigenwerten von $\{\lambda_{si}\}, \{\lambda_{ci}\}$ und $\{\lambda_{ui}\}$ zugeordneten verallgemeinerten Eigenräume sind $\mathbb{E}^s, \mathbb{E}^c$ und $\mathbb{E}^u$. Unter dieser Voraussetzung existieren r-mal differenzierbare stabile und instabile Mannigfaltigkeiten $\mathbb{W}^s$ und $\mathbb{W}^u$, die $\mathbb{E}^s$ und $\mathbb{E}^u$ in $\boldsymbol{x}_s$ tangieren, und eine (r − 1)-mal stetig differenzierbare Zentrumsmannigfaltigkeit $\mathbb{W}^c$, die $\mathbb{E}^c$ in $\boldsymbol{x}_s$ tangiert. Alle drei Mannigfaltigkeiten sind invariant unter dem Fluß von $\boldsymbol{F}$. Die stabilen und instabilen Mannigfaltigkeiten sind eindeutig, für $\mathbb{W}^c$ gilt das nicht unbedingt.

Die geometrische Interpretation des Theorems zur Zentrumsmannigfaltigkeit illustriert Abb. 6.2.9. Um zu entscheiden, ob der Fluß auf $\mathbb{W}^c$ zum Ursprung hin- oder von ihm wegstrebt, sind die Terme höherer Ordung in die Stabilitätsbetrachtung mit einzubeziehen (siehe auch vorheriges Beispiel, Abb. 6.2.8).

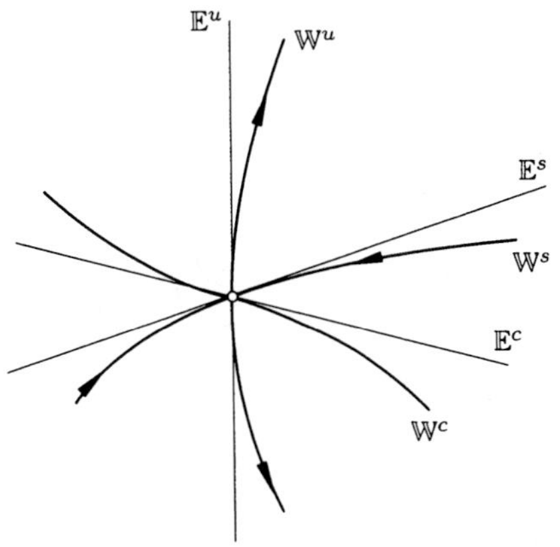

Abb. 6.2.9
Die Mannigfaltigkeiten $\mathbb{W}^s$, $\mathbb{W}^u$ und $\mathbb{W}^c$

Führen wir nun lokal am Ursprung die gekrümmten „Mannigfaltigkeitskoordinaten" $\bar{\boldsymbol{x}}, \bar{\boldsymbol{y}}$ und $\bar{\boldsymbol{z}}$ ein, wobei $\bar{\boldsymbol{x}}$, $\bar{\boldsymbol{y}}$, $\bar{\boldsymbol{z}}$ jeweils den Mannigfaltigkeiten $\mathbb{W}^c$, $\mathbb{W}^s$, $\mathbb{W}^u$ zugeordnet sind, so gilt aufgrund des Zentrumsmannigfaltigkeits-Theorems, daß am singulären Punkt das Ausgangssystem $\dot{\boldsymbol{x}} = \boldsymbol{F}(\boldsymbol{x})$ dem System

$$\begin{aligned} \dot{\bar{\boldsymbol{x}}} &= \bar{\boldsymbol{f}}(\bar{\boldsymbol{x}}) \\ \dot{\bar{\boldsymbol{y}}} &= -\bar{\boldsymbol{y}} \quad , \qquad (\bar{\boldsymbol{x}}, \bar{\boldsymbol{y}}, \bar{\boldsymbol{z}}) \in \mathbb{W}^c \times \mathbb{W}^s \times \mathbb{W}^u \\ \dot{\bar{\boldsymbol{z}}} &= \bar{\boldsymbol{z}} \end{aligned} \tag{6.2.13}$$

lokal topologisch äquivalent ist, d. h. das asymptotische Verhalten des Ausgangssystems kann in der Umgebung des Ursprungs auf das Verhalten des Vektorfelds $\bar{\boldsymbol{f}}(\bar{\boldsymbol{x}})$ reduziert werden. Die Kunst ist nun, eine geeignete Koordinatentransformation zu finden, die das Ausgangssystem auf das System Gl. (6.2.13) überführt und eine Bestimmung der Funktion $\bar{\boldsymbol{f}}$ erlaubt. Um die einzelnen Rechenschritte transparenter zu gestalten, nehmen wir an, daß keine instabile Mannigfaltigkeit $\mathbb{W}^u$ vorhanden ist, und betrachten das folgende System (Abb. 6.2.10)

$$\begin{aligned} \dot{\boldsymbol{x}} &= \boldsymbol{A}\boldsymbol{x} + \boldsymbol{f}(\boldsymbol{x}, \boldsymbol{y}) \\ \dot{\boldsymbol{y}} &= \boldsymbol{B}\boldsymbol{y} + \boldsymbol{g}(\boldsymbol{x}, \boldsymbol{y}) \end{aligned} \tag{6.2.14}$$

wobei $\boldsymbol{x} \in \mathbb{R}^c, \boldsymbol{y} \in \mathbb{R}^s$ ist. Die Aufteilung in die konstanten Matrizen $\boldsymbol{A}$ und $\boldsymbol{B}$ leitet sich aus den Realteilen ihrer Eigenwerte her. Alle Eigenwerte von $\boldsymbol{A}$ haben einen Realteil gleich Null, während alle Eigenwerte von $\boldsymbol{B}$ negative Realteile besitzen.

Die Funktionen $\boldsymbol{f}$ und $\boldsymbol{g}$ sind nichtlineare Funktionen, die zusammen mit ihren ersten Ableitungen im Ursprung verschwinden, d. h. es soll gelten $\boldsymbol{f}(\boldsymbol{o}, \boldsymbol{o}) = \boldsymbol{o}$,

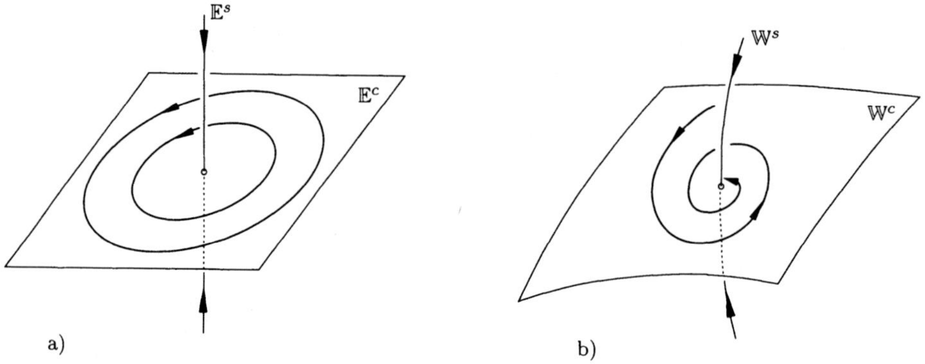

Abb. 6.2.10 Stabile und zentrale Mannigfaltigkeit eines a) linearen Systems und eines b) nichtlinearen System

$\boldsymbol{f}'(\boldsymbol{o},\boldsymbol{o}) = \boldsymbol{o}$ und $\boldsymbol{g}(\boldsymbol{o},\boldsymbol{o}) = \boldsymbol{o}$, $\boldsymbol{g}'(\boldsymbol{o},\boldsymbol{o}) = \boldsymbol{o}$, wobei $\boldsymbol{f}'$ und $\boldsymbol{g}'$ die Ableitungen von $\boldsymbol{f}$ und $\boldsymbol{g}$ nach $\boldsymbol{x}$ und $\boldsymbol{y}$ darstellen, mit der Vereinbarung

$$\boldsymbol{f}' = \begin{bmatrix} \dfrac{\partial \boldsymbol{f}}{\partial \boldsymbol{x}} & \dfrac{\partial \boldsymbol{f}}{\partial \boldsymbol{y}} \end{bmatrix}$$

Wir wollen an dieser Stelle die Idee der Reduktion des Ausgangssystems auf das „Wesentliche“ – ohne Qualitätsverlust im dynamischen Verhalten – aufgreifen und die Überlegungen, die zur Reduktion führen, am Übergang vom linearen System zum nichtlinearen plausibel machen.

Im linearen Sonderfall, die nichtlinearen Anteile $\boldsymbol{f}$ und $\boldsymbol{g}$ von Gl. (6.2.14) sind gleich Null, erhalten wir die zwei invarianten Mannigfaltigkeiten $\mathbb{W}^s : \boldsymbol{x} = \boldsymbol{o}$ und $\mathbb{W}^c : \boldsymbol{y} = \boldsymbol{o}$. Sie sind mit den jeweiligen Eigenräumen $\mathbb{E}^s$ bzw. $\mathbb{E}^c$ identisch. Für den Fluß auf der Zentrumsmannigfaltigkeit $\mathbb{W}^c$ reduziert sich das linearisierte Ausgangssystem Gl. (6.2.14) zu

$$\dot{\boldsymbol{x}} = \boldsymbol{A}\boldsymbol{x} \tag{6.2.15}$$

Da die Lösungen von $\dot{\boldsymbol{y}} = \boldsymbol{B}\boldsymbol{y}$ des Systems Gl. (6.2.14) exponentiell schnell abklingen, bestimmen für $t \to \infty$ die Lösungen von Gl. (6.2.15) das Systemverhalten des vollständigen linearisierten Systems Gl. (6.2.14). Das bedeutet, daß die Gl. (6.2.15) bzw. der Fluß auf $\mathbb{W}^c$ darüber entscheidet, ob der Fixpunkt $\{\boldsymbol{x}\ \boldsymbol{y}\} = \{\boldsymbol{o}\ \boldsymbol{o}\}$ stabil oder instabil ist. Man fragt sich nun, inwieweit die Reduktion auf $\mathbb{W}^c$ auf das nichtlineare System Gl. (6.2.14) übertragbar ist.

Das Existenz-Theorem der Zentrumsmannigfaltigkeit impliziert, daß $\mathbb{W}^c$ durch eine Funktion $\boldsymbol{h}(\boldsymbol{x})$ ausgedrückt werden kann

$$\boldsymbol{y} = \boldsymbol{h}(\boldsymbol{x}) \tag{6.2.16}$$

wobei die Bedingungen

$$\boldsymbol{h}(\boldsymbol{o}) = \boldsymbol{o} \qquad \text{und} \qquad \boldsymbol{h}'(\boldsymbol{o}) = \left.\frac{\partial \boldsymbol{h}}{\partial \boldsymbol{x}}\right|_{\boldsymbol{o}} = \boldsymbol{o}$$

erfüllt sein müssen, damit die Zentrumsmannigfaltigkeit $\boldsymbol{y} = \boldsymbol{o}$ des linearisierten Systems tangential an das nichtlineare $\mathbb{W}^c$ verläuft. Setzen wir Gl. (6.2.16) in das Ausgangssystem Gl. (6.2.14) ein, so erhalten wir die Projektion des Vektorfelds auf der Zentrumsmannigfaltigkeit $\mathbb{W}^c$ auf $\mathbb{E}^c$

$$\dot{\boldsymbol{x}} = \boldsymbol{A}\boldsymbol{x} + \boldsymbol{f}(\boldsymbol{x}, \boldsymbol{h}(\boldsymbol{x})) \tag{6.2.17}$$

Gleichung (6.2.17) ist das nichtlineare Analogon zum linearen Fall, Gl. (6.2.15), und sie entspricht der 1. Gleichung von Gl. (6.2.13). Daß das Stabilitätsverhalten von Gl. (6.2.17) ohne Informationsverlust Auskunft darüber gibt, wie sich die nichtlineare Gl. (6.2.14) für $\{\boldsymbol{x}\ \boldsymbol{y}\} = \{\boldsymbol{o}\ \boldsymbol{o}\}$ verhält, ist ein zentrales Ergebnis der Zentrumsmannigfaltigkeits-Theorie. Carr (1981) und Henry (1981) formulierten das *Äquivalenz-Theorem* wie folgt:

> Ist der Ursprung $\boldsymbol{x} = \boldsymbol{o}$ von Gl. (6.2.17) lokal asymptotisch stabil (resp. instabil), dann ist auch die Nullösung des nichtlinearen Ausgangssystems Gl. (6.2.14) lokal asymptotisch stabil (resp. instabil).

Die Lösungen von Gl. (6.2.17) stellen in der Umgebung des Ursprungs eine gute Näherung für den Fluß von Gl. (6.2.13), $\dot{\bar{\boldsymbol{x}}} = \bar{\boldsymbol{f}}(\bar{\boldsymbol{x}})$, auf der Zentrumsmannigfaltigkeit dar.

Um nun die Funktion $\boldsymbol{h}(\boldsymbol{x})$ zu berechnen, differenzieren wir $\boldsymbol{y}(t) = \boldsymbol{h}(\boldsymbol{x}(t))$ nach der Kettenregel nach t und berücksichtigen die zweite Gleichung von Gl. (6.2.14)

$$\dot{\boldsymbol{y}} = \frac{\partial \boldsymbol{h}}{\partial \boldsymbol{x}}\dot{\boldsymbol{x}} = \boldsymbol{B}\boldsymbol{h}(\boldsymbol{x}) + \boldsymbol{g}(\boldsymbol{x}, \boldsymbol{h}(\boldsymbol{x})) \tag{6.2.18}$$

Ersetzt man $\dot{\boldsymbol{x}}$ durch die erste Gleichung von Gl. (6.2.14), so erhält man ein System von partiellen Differentialgleichungen für die Zentrumsmannigfaltigkeit

$$\frac{\partial \boldsymbol{h}}{\partial \boldsymbol{x}}\left[\boldsymbol{A}\boldsymbol{x} + \boldsymbol{f}(\boldsymbol{x}, \boldsymbol{h}(\boldsymbol{x}))\right] - \boldsymbol{B}\boldsymbol{h}(\boldsymbol{x}) - \boldsymbol{g}(\boldsymbol{x}, \boldsymbol{h}(\boldsymbol{x})) = \boldsymbol{o} \tag{6.2.19}$$

mit den Randbedingungen $\boldsymbol{h}(\boldsymbol{o}) = \boldsymbol{o}$ und $\left.\frac{\partial \boldsymbol{h}}{\partial \boldsymbol{x}}\right|_{\boldsymbol{o}} = \boldsymbol{o}$. Im allgemeinen ist es unmöglich, diese partielle Differentialgleichung exakt zu lösen, wenn ja, hätten wir schon die Lösung des Ausgangssystems Gl. (6.2.14), weil Gl. (6.2.19) diesem äquivalent ist. Kann jedoch $\mathbb{W}^c$ im Ursprung durch eine analytische Funktion beschrieben werden, so läßt sich die Lösung von Gl. (6.2.19) durch eine Taylor-Reihe beliebig genau approximieren. Mit der Näherungsfunktion $\boldsymbol{\psi}$ für $\boldsymbol{h}$ erhalten wir für das Residuum von Gl. (6.2.19)

$$\boldsymbol{R}(\boldsymbol{\psi}(\boldsymbol{x})) = \frac{\partial \boldsymbol{\psi}}{\partial \boldsymbol{x}}\left[\boldsymbol{A}\boldsymbol{x} + \boldsymbol{f}(\boldsymbol{x}, \boldsymbol{\psi}(\boldsymbol{x}))\right] - \boldsymbol{B}\boldsymbol{\psi}(\boldsymbol{x}) - \boldsymbol{g}(\boldsymbol{x}, \boldsymbol{\psi}(\boldsymbol{x})) \tag{6.2.20}$$

Den Genauigkeitsgrad der Approximation bestimmt das folgende Theorem (Henry, 1981 und Carr, 1981):

> Falls eine Funktion $\boldsymbol{\psi}(\boldsymbol{x})$ mit $\boldsymbol{\psi}(\boldsymbol{o}) = \boldsymbol{o}$ und $\boldsymbol{\psi}'(\boldsymbol{o}) = \boldsymbol{o}$ gefunden werden kann, für die $\boldsymbol{R}(\boldsymbol{\psi}(\boldsymbol{x})) = \mathcal{O}(|\boldsymbol{x}|^{\mathrm{q}})$ mit $\mathrm{q} > 1$ erfüllt ist, wenn $|\boldsymbol{x}| \to \boldsymbol{o}$ strebt, so ist der Approximationsgrad von $\boldsymbol{h}$ ebenfalls q-ter Ordnung, d. h. es gilt $\boldsymbol{h}(\boldsymbol{x}) = \boldsymbol{\psi}(\boldsymbol{x}) + \mathcal{O}(|\boldsymbol{x}|^{\mathrm{q}})$ für $|\boldsymbol{x}| \to \boldsymbol{o}$.

Auf zwei Aspekte sei hier noch hingewiesen, einmal, daß in Gl. (6.2.19) das Residuum $\boldsymbol{R}(\boldsymbol{h}(\boldsymbol{x}))= \boldsymbol{o}$ ist, und zum zweiten, daß die Reduktions- und Approximationsprinzipien natürlich auch für den allgemeinen Fall einer zusätzlichen instabilen Mannigfaltigkeit Gl. (6.2.13) gelten.

Die Methode der Zentrumsmannigfaltigkeit ist somit eine Rechentechnik, das Stabilitätsverhalten entarteter Fixpunkte zu bestimmen und die Dynamik in der Nähe dieser Fixpunkte zu approximieren.

Wir wollen nun anhand dreier einfacher Beispiele die Handhabung dieser Methode erläutern.

Beispiel 1

Als erstes betrachten wir das ebene nichtlineare autonome Differentialgleichungssystem

$$\begin{aligned} \dot{x} &= -xy \\ \dot{y} &= -y + x^2 \end{aligned} \qquad (6.2.21)$$

Der einzige Fixpunkt ist der Ursprung $\{x \;\; y\} = \{0 \;\; 0\}$. Zur Bestimmung der Stabilität schreiben wir Gl. (6.2.21) in der Standardform Gl. (6.2.14)

$$\begin{bmatrix} \dot{x} \\ \dot{y} \end{bmatrix} = \begin{bmatrix} 0 & 0 \\ 0 & -1 \end{bmatrix} \begin{bmatrix} x \\ y \end{bmatrix} + \begin{bmatrix} -xy \\ x^2 \end{bmatrix} \qquad (6.2.22)$$

wobei $A = 0$, $B = -1$, $f = -xy$ und $g = x^2$ ist.

Die Eigenwerte $\lambda_1 = 0$ und $\lambda_2 = -1$ der linearisierten Matrix und deren jeweilige Eigenvektoren ergeben die eindimensionalen Eigenräume $\mathbb{E}^c = \{(x,y) \in \mathbb{R}^2; y = 0\}$ und $\mathbb{E}^s = \{(x,y) \in \mathbb{R}^2; x = 0\}$. Aufgrund des Existenztheorems besitzt Gl. (6.2.21) die Zentrumsmannigfaltigkeit $y = h(x)$. Um h durch eine Funktion $\psi(x)$ zu approximieren, bilden wir das Residuum nach Gl. (6.2.20)

$$R(\psi(x)) = \frac{\mathrm{d}\psi}{\mathrm{d}x}\big(-x\psi(x)\big) + \psi(x) - x^2$$

Wir wählen $\psi(x) = \mathcal{O}(x^2)$ und erhalten für $R(\psi(x))$

$$R(\psi(x)) = [\mathcal{O}(x^4)] + \psi(x) - x^2$$

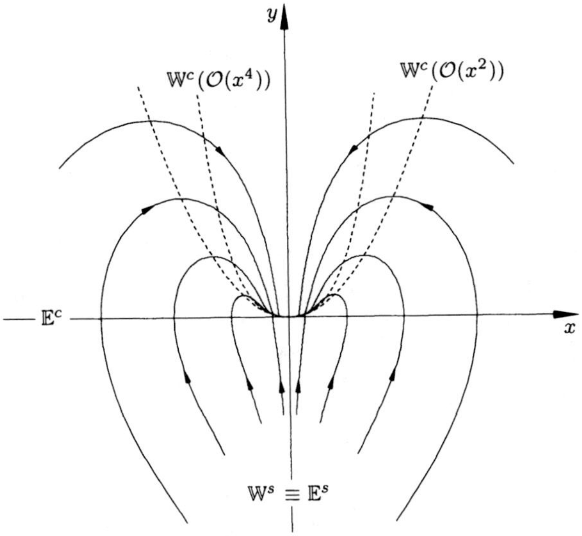

Abb. 6.2.11 Trajektorienverlauf und zwei unterschiedlich approximierte Zentrumsmannigfaltigkeiten $\mathbb{W}^c(\mathcal{O}(x^2))$ bzw. $\mathbb{W}^c(\mathcal{O}(x^4))$

Das Approximationstheorem ($R(\psi(x)) = \mathcal{O}(x^4)$) führt zu

$$\psi(x) = x^2 \qquad \text{und} \qquad h(x) = x^2 + \mathcal{O}(x^4)$$

Setzen wir $h(x)$ in die erste Gleichung von Gl. (6.2.21) ein, so erhalten wir die Beziehung, die aufgrund des Äquivalenztheorems die Stabilität des Ausgangssystems und das dynamische Verhalten in der Umgebung des Ursprungs bestimmt,

$$\dot{x} = -x^3 + \mathcal{O}(x^5) \tag{6.2.23}$$

Gleichung (6.2.23) zeigt, daß die Nullösung von Gl. (6.2.21) asymptotisch stabil ist. In Abb. 6.2.11 sind der numerisch ermittelte Trajektorienverlauf und die approximierte Zentrumsmannigfaltigkeit $\psi(x) = x^2$ dargestellt. Sowohl die Approximation durch $\psi(x)$ in der Umgebung des Ursprungs als auch der eingeschränkte Gültigkeitsbereich von $\mathbb{W}^c(\mathcal{O}(x^2))$ sind deutlich zu erkennen.

Als nächstes fragen wir uns, ob eine Näherung höherer Ordnung von h den Gültigkeitsbereich von $\mathbb{W}^c$ wesentlich erhöht. Zu diesem Zweck wählen wir $\psi(x) = x^2 + \theta(x)$ mit dem Ansatz $\theta(x) = ax^3 + bx^4$. Dann ist das Residuum

$$R(\psi(x)) = -2x^4 + \mathcal{O}(x^5) + x^2 + \theta(x) - x^2$$

oder

und

$$h(x) = x^2 + 2x^4 + \mathcal{O}(x^5)$$

Schließlich erhalten wir für die Dynamik auf $\mathbb{W}^c(\mathcal{O}(x^4))$

$$\dot{x} = -x^3 - 2x^5 + \mathcal{O}(x^6)$$

deren Nullösung gleichfalls asymptotische Stabilität zeigt.

Die genauer approximierte Zentrumsmannigfaltigkeit $\mathbb{W}^c(\mathcal{O}(x^4))$ ist ebenfalls in Abb. 6.2.11 dargestellt. Die höhere Approximationsgenauigkeit geht einher mit einer deutlicheren Abgrenzung des Gültigkeitsbereichs.

Beispiel 2

Unser zweites Beispiel ist das dem Abschnitt Zentrumsmannigfaltigkeit vorangestellte Gleichungssystem Gl. (6.1.18). Wir bringen Gl. (6.1.18) in die Standardform

$$\begin{bmatrix} \dot{x} \\ \dot{y} \end{bmatrix} = \begin{bmatrix} 0 & 0 \\ 0 & -1 \end{bmatrix} \begin{bmatrix} x \\ y \end{bmatrix} + \begin{bmatrix} \mu x^3 + x^2 y \\ y^2 + xy - x^3 \end{bmatrix}$$

Nach Gl. (6.2.14) ist $A = 0$, $B = -1$, $f = \mu x^3 + x^2 y$ und $g = y^2 + xy - x^3$.

Wir sind ausschließlich am Stabilitätsverhalten des Fixpunktes $\{x \quad y\} = \{0 \quad 0\}$ interessiert. Die Eigenwerte und Eigenvektoren lieferten die Eigenräume $\mathbb{E}^s = \{(x, y) \in \mathbb{R}^2; x = 0\}$ und $\mathbb{E}^c = \{(x, y) \in \mathbb{R}^2; y = 0\}$. Für das Residuum der Approximationsfunktion $\psi(x)$ für $h(x)$ erhalten wir

$$R(\psi(x)) = \psi'(x)\big(\mu x^3 + x^2\psi(x)\big) + \psi(x) - \psi^2(x) - x\psi(x) + x^3$$

Wir setzen $\psi(x) = \mathcal{O}(x^2)$ und bekommen

$$R(\psi(x)) = \big(\mathcal{O}(x^4) + \mathcal{O}(x^5)\big) + \psi(x) + \mathcal{O}(x^4) + \mathcal{O}(x^3) + \mathcal{O}(x^3)$$

Nach dem Approximationstheorem gilt

$$\psi(x) = 0 \qquad \text{bzw.} \qquad h(x) = 0 + \mathcal{O}(x^3)$$

Der Fluß $\mathbb{W}^c$ wird dann bestimmt durch

$$\dot{x} = \mu x^3 + \mathcal{O}(x^3)$$

Für $\mu < 0$ ist das Ausgangssystem Gl. (6.1.18) asymptotisch stabil und für $\mu > 0$ instabil (Abb. 6.1.7). Die Frage zur Stabilität für $\mu = 0$ bleibt weiterhin offen. Vielleicht hilft uns ein Polynomansatz höherer Ordnung für $\psi(x)$ weiter.

Wir wählen $\psi(x) = \mathcal{O}(x^3)$. Das Residuum ergibt sich zu

$$R(\psi(x)) = \left(\mathcal{O}(x^5) + \mathcal{O}(x^7)\right) + \psi(x) + \mathcal{O}(x^6) + \mathcal{O}(x^4) + x^3$$

oder

$$\psi(x) = -x^3 \qquad \text{bzw.} \qquad h(x) = -x^3 + \mathcal{O}(x^4)$$

Die Dynamik auf $\mathbb{W}^c$ repräsentiert folgende Differentialgleichung

$$\dot{x} = \mu x^3 - x^5 + \mathcal{O}(x^6)$$

Aus dieser Approximation geht hervor, daß das System Gl. (6.1.19) für $\mu = 0$ asymptotisch stabil ist. Der numerisch ermittelte Trajektorienverlauf in Abb. 6.1.7 ist somit für den Ursprung korrekt dargestellt.

In den bisher angeführten Beispielen waren die Eigenräume identisch mit dem kartesischen Koordinatensystem, die linearisierte Matrix war schon in Diagonalform, d. h. entkoppelt, vorhanden. Das muß nicht immer so sein, wie das nächste Beispiel zeigt.

Beispiel 3

Wir betrachten das folgende nichtlineare Differentialgleichungssystem

$$\begin{aligned} \dot{x} &= y \\ \dot{y} &= -y + ax^2 + bxy \end{aligned} \tag{6.2.24}$$

bzw.

$$\begin{bmatrix} \dot{x} \\ \dot{y} \end{bmatrix} = \begin{bmatrix} 0 & 1 \\ 0 & -1 \end{bmatrix} \begin{bmatrix} x \\ y \end{bmatrix} + \begin{bmatrix} 0 \\ ax^2 + bxy \end{bmatrix}$$

oder

$$\dot{\boldsymbol{x}} = \boldsymbol{D}\boldsymbol{x} + \boldsymbol{N}(\boldsymbol{x})$$

Die Eigenwerte für den einzigen Fixpunkt $\{x \;\; y\} = \{0 \;\; 0\}$ sind $\lambda_1 = 0$ und $\lambda_2 = -1$. Die Eigenvektoren $\boldsymbol{y}_1 = \{1 \quad 0\}$ und $\boldsymbol{y}_2 = \{1 \quad -1\}$, wobei der zweite nicht mit der y-Achse zusammenfällt, bilden die Basisvektoren des transformierten Systems (siehe Gl. (3.1.9)). Mit der Transformation

$$\begin{bmatrix} x \\ y \end{bmatrix} = \boldsymbol{T} \begin{bmatrix} \bar{x} \\ \bar{y} \end{bmatrix} \quad ,$$

$$\boldsymbol{T} = [\boldsymbol{y}_1 \quad \boldsymbol{y}_2] = \begin{bmatrix} 1 & 1 \\ 0 & -1 \end{bmatrix} = \boldsymbol{T}^{-1} \quad \text{und} \quad \boldsymbol{\Lambda} = \boldsymbol{T}^{-1}\boldsymbol{D}\boldsymbol{T} = \begin{bmatrix} \lambda_1 & 0 \\ 0 & \lambda_2 \end{bmatrix}$$

erhalten wir Gl. (6.2.24) in der Standardform

$$\begin{bmatrix}\dot{\bar{x}}\\ \dot{\bar{y}}\end{bmatrix} = \mathbf{\Lambda}\begin{bmatrix}\bar{x}\\ \bar{y}\end{bmatrix} + \boldsymbol{T}\begin{bmatrix}0\\ a(\bar{x}+\bar{y})^2 - b(\bar{x}\bar{y}+\bar{y}^2)\end{bmatrix}$$

oder ausmultipliziert erhält man (wobei wir uns die Querstriche ersparen)

$$\begin{aligned}\dot{x} &= \qquad a(x+y)^2 - b(xy+y^2) &&= Ax + f(x,y)\\ \dot{y} &= -y - a(x+y)^2 + b(xy+y^2) &&= By + g(x,y)\end{aligned} \tag{6.2.25}$$

Für das Residuum des Systems Gl. (6.2.25) mit $A = 0$ und $B = -1$ ergibt sich

$$\begin{aligned}R(\psi(x)) = \psi'(x)\Big(a\big(x+\psi(x)\big)^2 - b\big(x\psi(x)+\psi^2(x)\big)\Big) + \psi(x) + a\big(x+\psi(x)\big)^2\\ - b\big(x\psi(x)+\psi^2(x)\big)\end{aligned}$$

Wir wählen für die Approximation $\psi(x) = \mathcal{O}(x)$ und erhalten

$$R(\psi(x)) = \psi(x) + \mathcal{O}(x^2)$$

Aufgrund der Bedingung $R(\psi(x)) = \mathcal{O}(x^2)$ erhält man für $\psi(x)$ bzw. $h(x)$

$$\psi(x) = 0 \qquad \text{bzw.} \qquad h(x) = 0 + \mathcal{O}(x^2)$$

Die Dynamik im Ursprung repräsentiert der Fluß in erster Näherung auf $\mathbb{W}^c \equiv \mathbb{E}^c$; wir setzen $y = h(x) = 0$ in die erste Gleichung von Gl. (6.2.25) und erhalten

$$\dot{x} = ax^2 + \mathcal{O}(x^3)$$

Die direkte Integration $x = \frac{1}{x_0^{-1} - at}$ zeigt, daß sich für $a > 0$ folgendes Stabilitätsverhalten ergibt

$$x \to -0, \quad \text{für } t \to +\infty \text{ (asymptotisch stabil)}$$

und

$$x \to +0, \quad \text{für } t \to -\infty \text{ (instabil)}$$

d. h. die Trajektorien nähern sich für $x < 0$ dem Ursprung asymptotisch, während sie für $x > 0$ wegstreben. Wählen wir $\psi(x) = \mathcal{O}(x^2)$ bzw. $\psi(x) = \mathcal{O}(x^3)$, so erhalten wir für $h(x)$

$$\begin{aligned}h(x) &= -ax^2 + \mathcal{O}(x^3) \qquad \text{bzw.}\\ h(x) &= -ax^2 + a(4a-b)x^3 + \mathcal{O}(x^4)\end{aligned}$$

und für den Fluß auf $\mathbb{W}^c$

$$\dot{x} = a\big(x^2 + (b-2a)x^3\big) + \mathcal{O}(x^4) \qquad \text{bzw.}$$

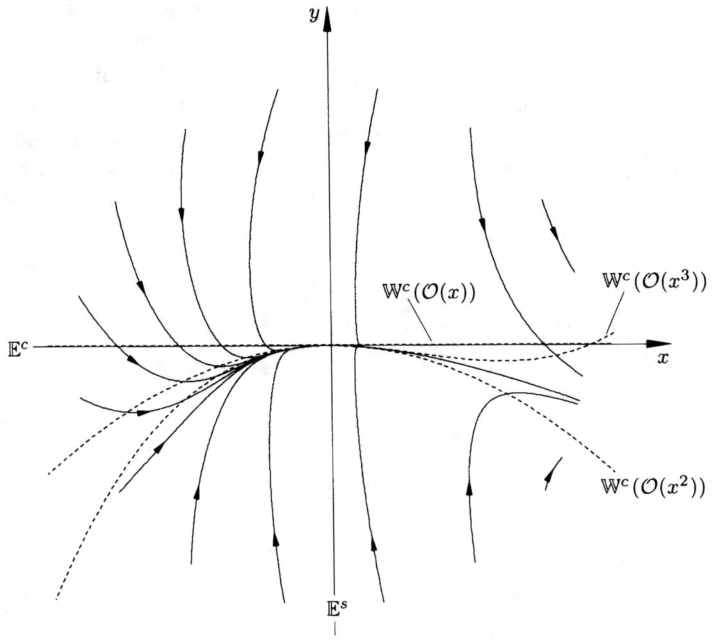

Abb. 6.2.12 Zentrumsmannigfaltigkeit des Systems Gl. (6.2.25) für $a > 0$

Zur Bestimmung des Stabilitätsverhaltens genügt es durchaus, sich auf die lineare Eigenraumapproximation $\psi(x) = 0$ zu beschränken. Abbildung 6.2.12 illustriert den asymptotisch stabilen linken und instabilen rechten Halbraum für das System Gl. (6.2.25).

Nach diesen ausführlichen und durch Beispiele belegten Erläuterungen zur Zentrumsmannigfaltigkeit, die eine Möglichkeit darstellt, die Stabilität degenerierter Fixpunkte zu erfassen, sollten wir uns an das eigentliche Ziel dieses Kapitels erinnern. Wir wissen, daß sich der qualitative Charakter eines Flusses beim kritischen Wert μ_{cr} ändert bzw. daß sich neue Lösungszweige einstellen können. Daß die Zentrumsmannigfaltigkeit eine zweckmäßige Technik darstellt, abzweigende Lösung zu beschreiben, das ist das eigentliche Anliegen dieses Abschnitts. Zu diesem Zweck betrachten wir zwei Beispiele.

1. Beispiel

Wir untersuchen das nichtlineare Differentialgleichungssystem (Carr, 1981)

$$\begin{aligned} \dot{x} &= \mu x - x^3 + xy \\ \dot{y} &= -y + y^2 - x^2 \end{aligned} \tag{6.2.26}$$

wobei der Kontrollparameter mit μ bezeichnet ist. Die Phasenportraits für drei verschiedene μ-Werte sind in Abb. 6.2.13 dargestellt. Sehen wir uns nun den linearisierten Part des Systems Gl. (6.2.26) an, so sind die Eigenwerte $\lambda_1 = \mu$ und $\lambda_2 = -1$. Wir sind an Lösungen für kleine $|\mu|$ interessiert, aber auf diesen Fall ist die Zentrumsmannigfaltigkeits-Theorie nicht direkt anwendbar. Wir benutzen nun den Trick, die Dimension der Gl. (6.2.26) um 1 zu erhöhen, indem wir den Kontrollparameter μ zur Systemvariablen umfunktionieren. Das neue System nimmt dann folgende Form an

$$\begin{bmatrix} \dot{x} \\ \dot{\mu} \\ \dot{y} \end{bmatrix} = \begin{bmatrix} 0 & 0 & 0 \\ 0 & 0 & 0 \\ 0 & 0 & -1 \end{bmatrix} \begin{bmatrix} x \\ \mu \\ y \end{bmatrix} + \begin{bmatrix} \mu x - x^3 + xy \\ 0 \\ y^2 - x^2 \end{bmatrix} \tag{6.2.27}$$

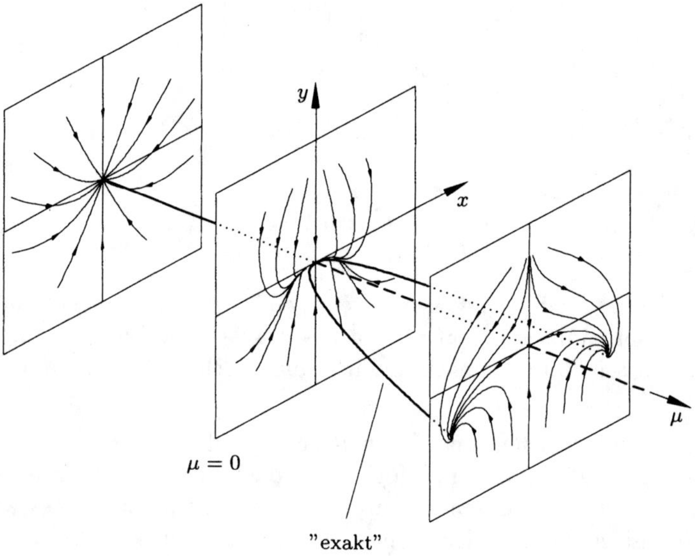

Abb. 6.2.13 Phasenportraits der Gl. (6.2.26) in Abhängigkeit von μ

Was hat man dadurch erreicht? Das Entscheidende an Gl. (6.2.27) ist, daß der vormals lineare Term μx dem nichtlinearen Teil zugerechnet wird. Das linearisierte System weist dann in der Nähe des Ursprungs die Eigenwerte $\lambda_1 = 0$, $\lambda_2 = 0$, $\lambda_3 = -1$ auf, und die Zentrumsmannigfaltigkeits-Theorie findet Anwendung. Gemäß dem Existenz-Theorem besitzt Gl. (6.2.27) eine zweidimensionale Zentrumsmannigfaltigkeit

$$y = h(x, \mu)$$

Zur Approximation von h kann das folgende Residuum in $\psi(x,\mu)$ angesetzt werden

$$R(\psi(x,\mu)) = \begin{bmatrix} \frac{\partial\psi}{\partial x} & \frac{\partial\psi}{\partial\mu} \end{bmatrix} \begin{bmatrix} \mu x - x^3 + x\psi \\ 0 \end{bmatrix} + \psi - \psi^2 + x^2$$

Ist $\psi(x,\mu) = -x^2$, verbleibt für $R(\psi(x,\mu)) = \mathcal{O}(3)$, wobei $\mathcal{O}(3)$ kubische Terme der Form $x^3, x^2\mu, x\mu^2, \mu^3$ enthält. Für die Approximation von h erhalten wir

$$h(x,\mu) = -x^2 + \mathcal{O}(3)$$

Aufgrund des Äquivalenz-Theorems ergibt sich schließlich für den Fluß auf $\mathbb{W}^c$ durch Einsetzen von h in die erste Gleichung von Gl. (6.2.27)

$$\begin{aligned} \dot{x} &= \mu x - 2x^3 + \mathcal{O}(4) \\ \dot{\mu} &= 0 \end{aligned} \tag{6.2.28}$$

Wenn $\mu \leqslant 0$ ist, ist die Lösung $(x,\mu) = (0,0)$ asymptotisch stabil und aufgrund des Äquivalenz-Theorems folglich auch die des Ausgangssystems Gl. (6.2.27). Für $\mu > 0$ ist die Nullösung instabil. Zusätzlich existieren für kleine positive μ-Werte die Fixpunkte $\pm\sqrt{\mu/2}$, die beide ebenfalls asymptotisch stabil sind, d. h. es handelt sich hierbei um eine Gabelverzweigung, siehe Gl. (6.1.5). Abbildung 6.2.14 illustriert die Zentrumsmannigfaltigkeit $\mathbb{W}^c$, den Fluß auf $\mathbb{W}^c$ und die Gabelverzweigung. Ebenfalls zu erkennen ist die Abweichung der approximierten Gabellösungen von den exakten.

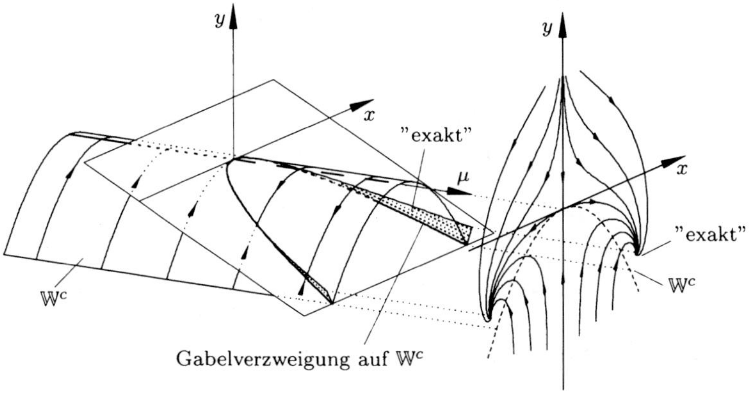

Abb. 6.2.14 Approximation der Gl. (6.2.27) durch die Zentrumsmannigfaltigkeit $h(x,\mu) = -x^2 + \mathcal{O}(3)$

2. Beispiel

Als zweites Beispiel betrachten wir eine quadratische Variante der Duffing-Gleichung (Guckenheimer und Holmes, 1983)

$$\begin{aligned}\dot{x} &= y \\ \dot{y} &= \beta x - x^2 - \delta y\end{aligned} \tag{6.2.29}$$

Wir wählen $\delta > 0$ und β als den Kontrollparameter nahe bei Null. Der Ursprung des Systems

$$\begin{bmatrix}\dot{x}\\ \dot{y}\end{bmatrix} = \begin{bmatrix}0 & 1\\ \beta & -\delta\end{bmatrix}\begin{bmatrix}x\\ y\end{bmatrix} + \begin{bmatrix}0\\ -x^2\end{bmatrix}$$

ist für $\beta = 0$ ein degenerierter Fixpunkt, wobei sich als Eigenwerte der linearisierten Matrix $\lambda_1 = 0$, $\lambda_2 = -\delta$ ergeben. Zur Betrachtung des Gleichungssystems in den Eigenvektorrichtungen benutzen wir die folgende Transformation

$$\begin{bmatrix}x\\ y\end{bmatrix} = \begin{bmatrix}1 & 1\\ 0 & -\delta\end{bmatrix}\begin{bmatrix}\bar{x}\\ \bar{y}\end{bmatrix} \quad \text{oder} \quad \begin{bmatrix}\bar{x}\\ \bar{y}\end{bmatrix} = \begin{bmatrix}1 & 1/\delta\\ 0 & -1/\delta\end{bmatrix}\begin{bmatrix}x\\ y\end{bmatrix}$$

und erhalten damit das um den Kontrollparameter β erweiterte System. Der Einfachheit halber lassen wir den Querstrich für das transformierte System wieder weg

$$\begin{aligned}\dot{x} &= \frac{\beta}{\delta}(x+y) - \frac{1}{\delta}(x+y)^2 \\ \dot{\beta} &= 0 \\ \dot{y} &= -\delta y - \frac{\beta}{\delta}(x+y) + \frac{1}{\delta}(x+y)^2\end{aligned} \tag{6.2.30}$$

Das Aufspalten in einen linearen und einen nichtlinearen Anteil ergibt

$$\begin{bmatrix}\dot{x}\\ \dot{\beta}\\ \dot{y}\end{bmatrix} = \begin{bmatrix}0 & 0 & 0\\ 0 & 0 & 0\\ 0 & 0 & -\delta\end{bmatrix}\begin{bmatrix}x\\ \beta\\ y\end{bmatrix} + \frac{1}{\delta}(x+y)\begin{bmatrix}\beta - (x+y)\\ 0\\ -\beta + (x+y)\end{bmatrix}$$

Aufgrund der linearisierten Matrix kann die Zentrumsmannigfaltigkeit zweidimensional angesetzt werden

$$y = h(x, \beta)$$

Entsprechend approximieren wir h durch $\psi(x,\beta)$ und erhalten als Residuum nach Gl. (6.2.20)

$$R\big(\psi(x,\beta)\big) = \begin{bmatrix}\dfrac{\partial\psi}{\partial x} & \dfrac{\partial\psi}{\partial\beta}\end{bmatrix}\begin{bmatrix}\frac{\beta}{\delta}(x+\psi) - \frac{1}{\delta}(x+\psi)^2\\ 0\end{bmatrix} + \delta\underline{\psi} + \frac{\beta}{\delta}(\underline{x}+\psi) - \frac{1}{\delta}(\underline{x}+\psi)^2$$

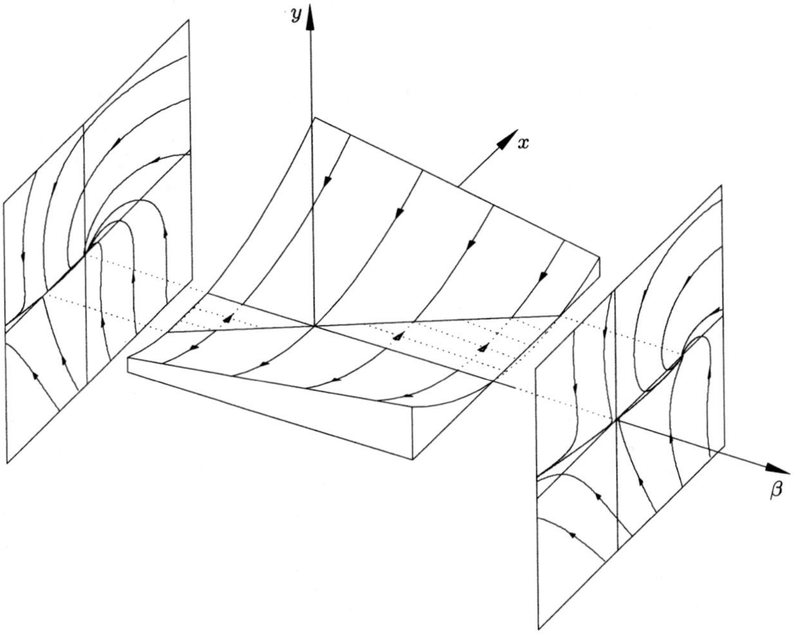

Abb. 6.2.15 Zentrumsmannigfaltigkeit im Ursprung und numerisch ermittelte Trajektorienverläufe für die quadratische Duffing-Gleichung (6.2.29)

Wir wählen für $\psi(x,\beta)$ in der obigen Gleichung einen Polynomansatz 2. Ordnung in x und β. Alle nicht unterstrichenen Terme sind dann von der Ordnung $\mathcal{O}(3)$ in x und β. Für $\psi(x,\beta) = x(x-\beta)/\delta^2$ verbleibt das Residuum $R(\psi(x,\beta)) = \mathcal{O}(3)$, und wir erhalten für die gesuchte Zentrumsmannigfaltigkeit

$$y = h(x,\beta) = \frac{1}{\delta^2}(x^2 - \beta x) + \mathcal{O}(3) \tag{6.2.31}$$

Der Fluß auf $\mathbb{W}^c$ ergibt sich, indem wir Gl. (6.2.31) in Gl. (6.2.30) einsetzen,

$$\begin{aligned} \dot{x} &= \frac{\beta}{\delta}\left[x + \frac{1}{\delta^2}(x^2 - \beta x)\right] - \frac{1}{\delta}\left[x + \frac{1}{\delta^2}(x^2 - \beta x)\right]^2 + \mathcal{O}(4) \\ \dot{\beta} &= 0 \end{aligned} \tag{6.2.32}$$

Berücksichtigt man nur die quadratischen Terme in den Variablen x, β, so vereinfacht sich Gl. (6.2.32) wesentlich

$$\begin{aligned} \dot{x} &= \frac{\beta}{\delta}x - \frac{1}{\delta}x^2 \\ \dot{\beta} &= 0 \end{aligned} \tag{6.2.33}$$

Ist $\delta \gg \beta$ und β genügend klein, so erkennen wir für ein festes δ den transkritischen Bifurkationstyp von Gl. (6.1.11), der schon in Abb. 6.1.5 dargestellt ist. Natürlich muß die Zentrumsmannigfaltigkeit diesen Verzweigungstyp in der Umgebung des Ursprungs widerspiegeln; diese grundlegende Eigenschaft bleibt bei der Polynomapproximation erhalten. Abbildung 6.2.15 illustriert diesen Verzweigungstypus mit seinem Lösungs- und Stabilitätsverhalten. Die Zentrumsmannigfaltigkeit nach Gl. (6.2.31), ein schiefer parabolischer Zylinder, durchstößt bei $x = 0$ und $x = \beta$ die x, β-Ebene.

6.3 Normalformen

Die Methode der Normalformen bietet eine Technik an, um nichtlineare Differentialgleichungen in der Umgebung von Fixpunkten und Grenzzyklen durch eine nichtlineare Transformation auf ihre „einfachste" oder wesentliche Form zu reduzieren, ohne dabei den lokalen Lösungscharakter zu verfälschen. Diese Reduktionstechnik geht auch auf Poincaré zurück und ist ein fundamentales Ergebnis seiner Dissertation. Die Idee, die sich dahinter verbirgt, ist, die nichtlinearen Anteile des Vektorfeldes sukzessive so weit als möglich durch eine Folge nichtlinearer Koordinatentransformationen zu eliminieren. Obwohl die dabei entstehende Potenzreihe für die Koordinatentransformation nicht immer konvergiert, stellt die Methode der Normalformen ein sehr effizientes Werkzeug dar, da oft schon wenige Terme niedriger Ordnung ausreichen, um wesentliche Informationen über das Lösungsverhalten in der Umgebung von Fixpunkten bzw. Grenzzyklen zu erhalten.

Unser Hauptaugenmerk ist in diesem Kapitel auf das Phänomen der lokalen Verzweigungen gerichtet. Mit Hilfe der Technik der Normalformen kann man Ordnung in die Vielfalt der möglichen Bifurkationen bringen, indem man alle Verzweigungen, die die gleiche Normalform besitzen und damit eine qualitativ äquivalente Dynamik aufweisen, einer Familie bzw. einem Verzweigungstyp zuordnet. Wir werden in den folgenden Abschnitten 6.4 und 6.6 ausführlich darauf zurückkommen.

Der mathematische Formalismus, der der Methode der Normalformen zugrunde liegt, erschwert die Darstellung und damit den Zugang zu dieser im allgemeinen rechnerisch sehr aufwendigen Technik. Im folgenden wollen wir die Grundgedanken erläutern und anhand von Beispielen veranschaulichen. In der Präsentation ließen wir uns im wesentlichen von vier Monographien zum Thema nichtlineare dynamische Systeme leiten, nämlich der von Arnol'd (1988), von Guckenheimer und Holmes (1983), von Verhulst (1990) und der von Wiggins (1990).

Die Effekte einer nichtlinearen Transformation lassen sich am anschaulichsten an einem einfachen Beispiel demonstrieren. Wir betrachten das zweidimensionale nichtlineare Gleichungssystem

$$\begin{aligned} \dot{x}_1 &= \lambda_1 x_1 \\ \dot{x}_2 &= \lambda_2 x_2 + a x_1^3 \end{aligned} \qquad (6.3.1)$$

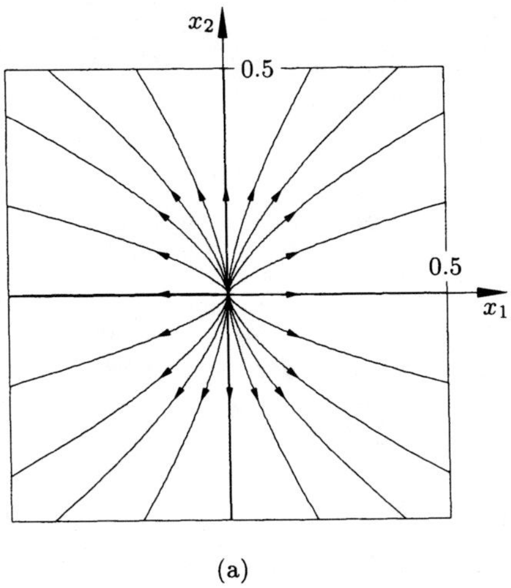

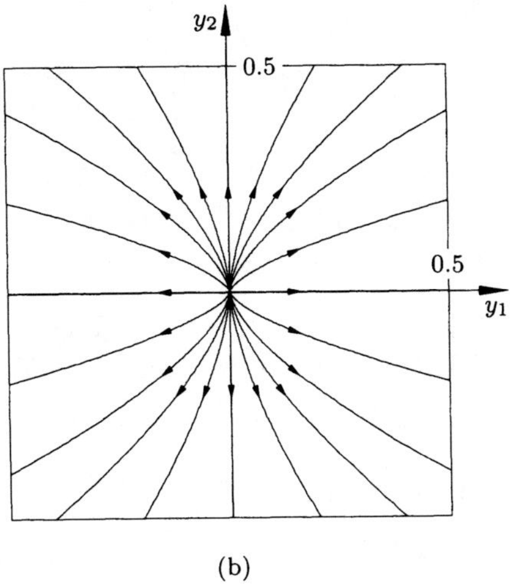

Abb. 6.3.1 Gegenüberstellung eines nichtlinearen Gleichungssystems und seiner Normalform im nichtresonanten Fall (für die Werte $a = 0.05,\ \lambda_1 = 0.9,\ \lambda_2 = 0.6$):
(a) $\dot{x}_1 = \lambda_1 x_1,\ \dot{x}_2 = \lambda_2 x_2 + a x_1^3$ und (b) $\dot{y}_1 = \lambda_1 y_1,\ \dot{y}_2 = \lambda_2 y_2$

Die nichtlineare Transformation

$$\begin{aligned} x_1 &= y_1 \\ x_2 &= y_2 + \frac{a}{3\lambda_1 - \lambda_2} y_1^3 \end{aligned} \tag{6.3.2}$$

reduziert das Ausgangssystem Gl. (6.3.1) auf die einfachste aller Formen, nämlich die Diagonalform

$$\begin{aligned} \dot{y}_1 &= \lambda_1 y_1 \\ \dot{y}_2 &= \lambda_2 y_2 \end{aligned} \tag{6.3.3}$$

unter der einen Voraussetzung, wie die Transformation Gl. (6.3.2) zeigt, daß $3\lambda_1 \neq \lambda_2$ ist. Den Fall, der eine Diagonalisierung ausschließt, bezeichnet man als resonant. Die Definition der Resonanz ergibt sich später zwangsläufig bei der allgemeinen Formulierung der Technik der Normalformen. In Abb. 6.3.1 sind die Lösungskurven in der Umgebung des Ursprungs des nichtlinearen Systems Gl. (6.3.1) und des diagonalisierten Systems Gl. (6.3.3) gegenübergestellt. Für kleine x_i- bzw. y_i-Werte sind keine Unterschiede feststellbar.

Die Verallgemeinerung des Ergebnisses unseres Beispiels ist das fundamentale Resultat von Poincarés Dissertation. Wir gehen aus von einem n-dimensionalen dynamischen System $\dot{\boldsymbol{x}} = \boldsymbol{F}(\boldsymbol{x})$, das einen Fixpunkt $\boldsymbol{x}_s$ besitze, der durch eine

Translation in den Ursprung verschoben wird; das Vektorfeld $\boldsymbol{F}(\boldsymbol{x})$ sei r-mal stetig differenzierbar. Entwickelt man das Vektorfeld in der Umgebung von $\boldsymbol{x}_s = \boldsymbol{o}$ in eine Taylor-Reihe und spaltet in lineare und nichtlineare Anteile auf

$$\dot{\boldsymbol{x}} = \boldsymbol{D}\boldsymbol{x} + \boldsymbol{N}(\boldsymbol{x}) \quad , \quad \boldsymbol{x} \in \mathbb{R}^{\mathrm{n}} \tag{6.3.4}$$

wobei $\boldsymbol{D}$ die konstante Jacobi-Matrix am Ursprung bedeutet, so gilt folgendes *Theorem von Poincaré:*

> Falls die Eigenwerte der Matrix $\boldsymbol{D}$ nichtresonant sind, kann die Gleichung (6.3.4) mittels einer nichtlinearen Transformation (*near-identity transf.*)
>
> $$\boldsymbol{x} = \boldsymbol{y} + \boldsymbol{h}(\boldsymbol{y}) \tag{6.3.5}$$
>
> auf die lineare Gleichung
>
> $$\dot{\boldsymbol{y}} = \boldsymbol{D}\boldsymbol{y} \tag{6.3.6}$$
>
> reduziert werden.

Wir wollen dieses fundamentale Theorem vorerst nur zitieren und hoffen, daß durch eine detailliertere Beschreibung der Normalformtechnik diese Aussage plausibel wird.

Wir beginnen nun damit, den nichtlinearen Term $\boldsymbol{N}(\boldsymbol{x})$ zu vereinfachen. Als erstes entwickeln wir $\boldsymbol{N}(\boldsymbol{x})$ in eine Taylor-Reihe und erhalten für Gl. (6.3.4)

$$\dot{\boldsymbol{x}} = \boldsymbol{D}\boldsymbol{x} + \boldsymbol{N}_2(\boldsymbol{x}) + \boldsymbol{N}_3(\boldsymbol{x}) + \cdots + \boldsymbol{N}_{\mathrm{r}-1}(\boldsymbol{x}) + \mathcal{O}(|\boldsymbol{x}|^{\mathrm{r}}) \tag{6.3.7}$$

wobei die Reihenentwicklung mit dem Term 2. Ordnung $\boldsymbol{N}_2(\boldsymbol{x})$ beginnt und alle Glieder i-ter Ordnung in $\boldsymbol{N}_{\mathrm{i}}(\boldsymbol{x})$ zusammengefaßt sind. Entsprechend entwickeln wir auch die Koordinatentransformation Gl. (6.3.5) in eine Taylor-Reihe

$$\boldsymbol{x} = \boldsymbol{y} + \boldsymbol{h}_2(\boldsymbol{y}) + \boldsymbol{h}_3(\boldsymbol{y}) + \ldots + \boldsymbol{h}_{\mathrm{r}-1}(\boldsymbol{y}) + \mathcal{O}(|\boldsymbol{y}|^{\mathrm{r}}) \tag{6.3.8}$$

und versuchen sukzessive, die quadratischen Terme, die kubischen Terme usw. in Gl. (6.3.7) zu eliminieren bzw. zu vereinfachen. Wir beginnen mit einem quadratischen Ansatz

$$\boldsymbol{x} = \boldsymbol{y} + \boldsymbol{h}_2(\boldsymbol{y}) \tag{6.3.9}$$

Hier stellt $\boldsymbol{h}_2(\boldsymbol{y})$ ein homogenes Vektorpolynom 2. Ordnung dar. Wir setzen Gl. (6.3.9) in Gl. (6.3.7) ein und erhalten

$$\begin{aligned}\dot{\boldsymbol{x}} &= \dot{\boldsymbol{y}} + \frac{\partial \boldsymbol{h}_2}{\partial \boldsymbol{y}}\dot{\boldsymbol{y}} = \left[\boldsymbol{I} + \frac{\partial \boldsymbol{h}_2}{\partial \boldsymbol{y}}\right]\dot{\boldsymbol{y}} \\ &= \boldsymbol{D}[\boldsymbol{y} + \boldsymbol{h}_2(\boldsymbol{y})] + \boldsymbol{N}_2\big(\boldsymbol{y} + \boldsymbol{h}_2(\boldsymbol{y})\big) + \boldsymbol{N}_3\big(\boldsymbol{y} + \boldsymbol{h}_2(\boldsymbol{y})\big) + \\ &\qquad \cdots + \boldsymbol{N}_{\mathrm{r}-1}\big(\boldsymbol{y} + \boldsymbol{h}_2(\boldsymbol{y})\big) + \mathcal{O}(|\boldsymbol{y}|^{\mathrm{r}})\end{aligned} \tag{6.3.10}$$

Die nichtlinearen Terme

$$\boldsymbol{N}_{\mathrm{k}}(\boldsymbol{y}+\boldsymbol{h}_2(\boldsymbol{y})), \quad 2 \leqslant \mathrm{k} \leqslant \mathrm{r}-1 \tag{6.3.11}$$

können ebenfalls in Taylorreihen entwickelt werden

$$\boldsymbol{N}_{\mathrm{k}}(\boldsymbol{y}) + \mathcal{O}(|\boldsymbol{y}|^{\mathrm{k}+1}) + \cdots + \mathcal{O}(|\boldsymbol{y}|^{2\mathrm{k}}) \tag{6.3.12}$$

so daß Gl. (6.3.10) die Form annimmt

$$\left[\boldsymbol{I} + \frac{\partial \boldsymbol{h}_2}{\partial \boldsymbol{y}}\right]\dot{\boldsymbol{y}} = \boldsymbol{D}\boldsymbol{y} + \boldsymbol{D}\boldsymbol{h}_2(\boldsymbol{y}) + \boldsymbol{N}_2(\boldsymbol{y}) + \widetilde{\boldsymbol{N}}_3(\boldsymbol{y}) + \cdots + \widetilde{\boldsymbol{N}}_{\mathrm{r}-1}(\boldsymbol{y}) + \mathcal{O}(|\boldsymbol{y}|^{\mathrm{r}}) \tag{6.3.13}$$

wobei die $\widetilde{\boldsymbol{N}}_{\mathrm{k}}$ die modifizierten $\boldsymbol{N}_{\mathrm{k}}$-Terme sind, die sich aufgrund der Koordinatentransformation ergeben. Unser Ziel ist, Gl. (6.3.13) nach $\dot{\boldsymbol{y}}$ aufzulösen. Für kleine $\boldsymbol{y}$ existiert die inverse Matrix

$$\left[\boldsymbol{I} + \frac{\partial \boldsymbol{h}_2}{\partial \boldsymbol{y}}\right]^{-1}$$

und sie kann in eine Reihe entwickelt werden, so daß gilt

$$\left[\boldsymbol{I} + \frac{\partial \boldsymbol{h}_2}{\partial \boldsymbol{y}}\right]^{-1} = \boldsymbol{I} - \frac{\partial \boldsymbol{h}_2}{\partial \boldsymbol{y}} + \mathcal{O}(|\boldsymbol{y}|^2) \tag{6.3.14}$$

Setzen wir Gl. (6.3.14) in Gl. (6.3.13) ein, so erhalten wir schließlich

$$\dot{\boldsymbol{y}} = \boldsymbol{D}\boldsymbol{y} + \boldsymbol{D}\boldsymbol{h}_2(\boldsymbol{y}) - \frac{\partial \boldsymbol{h}_2}{\partial \boldsymbol{y}}\boldsymbol{D}\boldsymbol{y} + \boldsymbol{N}_2(\boldsymbol{y}) + \widetilde{\boldsymbol{N}}_3(\boldsymbol{y}) + dots \; + \widetilde{\boldsymbol{N}}_{\mathrm{r}-1}(\boldsymbol{y}) + \mathcal{O}(|\boldsymbol{y}|^{\mathrm{r}}) \tag{6.3.15}$$

Unser Ausgangspunkt war, $\boldsymbol{h}_2(\boldsymbol{y})$ in Gl. (6.3.9) so zu wählen, daß die quadratischen Terme in Gl. (6.3.7) entweder eliminiert oder, wenn dies nicht möglich ist, zumindest in die einfachste Form transformiert werden. Betrachtet man Gl. (6.3.15) unter diesem Gesichtspunkt, so erhalten wir unter Berücksichtigung der quadratischen Terme folgende Bestimmungsgleichung für $\boldsymbol{h}_2(\boldsymbol{y})$

$$\boldsymbol{D}\boldsymbol{h}_2(\boldsymbol{y}) - \frac{\partial \boldsymbol{h}_2}{\partial \boldsymbol{y}}\boldsymbol{D}\boldsymbol{y} = -\boldsymbol{N}_2(\boldsymbol{y}) \tag{6.3.16}$$

Die Gleichung (6.3.16) wird *homologische* Gleichung für die unbekannte Funktion $\boldsymbol{h}_2$ genannt (Arnol'd, 1988). In der Lieschen Algebra bezeichnet man den Ausdruck auf der linken Seite als *Liesche Klammer* für die beiden Vektorfelder $\boldsymbol{h}_2(\boldsymbol{y})$ und $\boldsymbol{D}\boldsymbol{y}$:

$$[\boldsymbol{h}_2(\boldsymbol{y}), \boldsymbol{D}\boldsymbol{y}] \equiv \boldsymbol{D}\boldsymbol{h}_2(\boldsymbol{y}) - \frac{\partial \boldsymbol{h}_2}{\partial \boldsymbol{y}}\boldsymbol{D}\boldsymbol{y} \tag{6.3.17}$$

Diese Operation kann man als Abbildung auffassen, die jedem quadratischen Polynom $\boldsymbol{h}_2(\boldsymbol{y})$ wiederum ein quadratisches Polynom zuordnet. Da Differentiation und Multiplikation mit der konstanten Matrix $\boldsymbol{D}$ lineare Operationen sind, ist die Abbildung linear in $\boldsymbol{h}_2$, und ihre Eigenschaften hängen allein von $\boldsymbol{D}$, d. h. vom linearen Anteil des Ausgangssystems Gl. (6.3.4), ab. Wir bezeichnen daher diese Abbildung mit $\boldsymbol{L_D}$ und erhalten

$$\boldsymbol{L_D}(\boldsymbol{h}_2(\boldsymbol{y})) = \boldsymbol{D}\boldsymbol{h}_2(\boldsymbol{y}) - \frac{\partial \boldsymbol{h}_2}{\partial \boldsymbol{y}}\boldsymbol{D}\boldsymbol{y} \tag{6.3.18}$$

Allgemein stellen wir fest, daß der Operator $\boldsymbol{L_D}$ den Raum der homogenen vektorwertigen Polynome beliebigen Grades invariant läßt. Da $\boldsymbol{N}_2(\boldsymbol{y})$ ein Vektor ist, dessen Komponenten homogene Polynome 2. Grades in den Koordinaten von $\boldsymbol{y} = \{y_1 \quad y_2 \quad \dots \quad y_n\}$ sind, ist es sinnvoll, Gl. (6.3.16) als Bestimmungsgleichung von $\boldsymbol{h}_2(\boldsymbol{y})$ aufzufassen. Führt man daher einen linearen Vektorraum ein, dessen Elemente vektorwertige Monome eines bestimmten festen Grades sind, läßt sich Gl. (6.3.16) als *lineare* Beziehung auf diesem Vektorraum interpretieren.

Wir bezeichnen mit $\{\boldsymbol{e}_1 \quad \boldsymbol{e}_2 \quad \dots \quad \boldsymbol{e}_n\}$ eine Basis in $\mathbb{R}^n$ und die Koordinaten eines Vektors $\boldsymbol{y}$ bezüglich dieser Basis mit $\{y_1 \quad y_2 \quad \dots \quad y_n\}$. Die Basisvektoren im Raum der vektorwertigen Monome vom Grad k haben die Bauart

$$y_1^{m_1} y_2^{m_2} \dots y_n^{m_n} \boldsymbol{e}_i \qquad \text{mit} \quad \sum_{j=1}^{n} m_j = k \tag{6.3.19}$$

wobei die ganzzahligen Größen $m_j \geqslant 0$ sind. Die Menge aller vektorwertigen Monome k-ten Grades bildet einen linearen Vektorraum, den wir mit $\mathbb{H}_k$ bezeichnen wollen. Die Vektoren, die den Raum $\mathbb{H}_k$ aufspannen, sind alle möglichen Monome, multipliziert mit allen möglichen Basisvektoren $\boldsymbol{e}_i$.

Wir wollen nun das eben Beschriebene anhand eines Beispiels verdeutlichen. Für den zweidimensionalen Fall wählen wir zu der Standardbasis

$$\boldsymbol{e}_1 = \begin{bmatrix} 1 \\ 0 \end{bmatrix}, \quad \boldsymbol{e}_2 = \begin{bmatrix} 0 \\ 1 \end{bmatrix} \tag{6.3.20}$$

Monome 2. Grades in x und y. Dann wird aufgrund der obigen Erklärung und nach Gl. (6.3.19) der Raum $\mathbb{H}_2$ durch folgende Vektoren aufgespannt

$$\mathbb{H}_2 = \text{span}\left\{ \begin{bmatrix} x^2 \\ 0 \end{bmatrix}, \begin{bmatrix} xy \\ 0 \end{bmatrix}, \begin{bmatrix} y^2 \\ 0 \end{bmatrix}, \begin{bmatrix} 0 \\ x^2 \end{bmatrix}, \begin{bmatrix} 0 \\ xy \end{bmatrix}, \begin{bmatrix} 0 \\ y^2 \end{bmatrix} \right\} \tag{6.3.21}$$

Als nächstes wenden wir uns der Lösung von Gl. (6.3.16) zu. Jeden Vektor $\boldsymbol{h}_2(\boldsymbol{y})$ kann man linear in den Basisvektoren von $\mathbb{H}_2$ kombinieren, ebenso $\boldsymbol{N}_2(\boldsymbol{y})$. Der lineare Operator $\boldsymbol{L_D}$ weist $\boldsymbol{h}_2(\boldsymbol{y})$ einen Bildvektor aus $\mathbb{H}_2$ zu

$$\boldsymbol{h}_2(\boldsymbol{y}) \to \boldsymbol{D}\boldsymbol{h}_2(\boldsymbol{y}) - \frac{\partial \boldsymbol{h}_2}{\partial \boldsymbol{y}}\boldsymbol{D}\boldsymbol{y} \tag{6.3.22}$$

Setzt man für $\boldsymbol{h}_2(\boldsymbol{y})$ der Reihe nach alle Basisvektoren von $\mathbb{H}_2$ ein, so werden die Bildvektoren im allgemeinen nur einen Teilraum $\boldsymbol{L_D}(\mathbb{H}_2)$ von $\mathbb{H}_2$ aufspannen, d. h. man kann $\mathbb{H}_2$ als *direkte Summe* der linear unabhängigen Teilräume $\boldsymbol{L_D}(\mathbb{H}_2)$ und $\mathbb{G}_2$ angeben

$$\mathbb{H}_2 = \boldsymbol{L_D}(\mathbb{H}_2) \oplus \mathbb{G}_2 \tag{6.3.23}$$

$\mathbb{G}_2$ ist dabei ein (nicht eindeutig bestimmter) Komplementärraum zu $\boldsymbol{L_D}(\mathbb{H}_2)$. Damit ist klar, daß Gl. (6.3.18) als lineare Gleichung betrachtet und auch entsprechend gelöst werden kann. Ist $\boldsymbol{N}_2(\boldsymbol{y})$ in $\boldsymbol{L_D}(\mathbb{H}_2)$ enthalten, so kann Gl. (6.3.16) gelöst, d. h. es können alle $\mathcal{O}(|\boldsymbol{y}|^2)$-Glieder in Gl. (6.3.15) eliminiert werden. Für den Fall, daß dem nicht so ist, kann $\boldsymbol{h}_2(\boldsymbol{y})$ so gewählt werden, daß die störenden, nicht wegzutransformierenden Terme $\mathcal{O}(|\boldsymbol{y}|^2)$ im Komplementärunterraum $\mathbb{G}_2$ liegen (Guckenheimer und Holmes, 1983; Theorem 3.3.1). Wir wollen diese Glieder mit dem Index *res* (= Resonanz) bezeichnen

$$\boldsymbol{N}_2^{res}(\boldsymbol{y}) \in \mathbb{G}_2 \tag{6.3.24}$$

Was es mit dem Begriff Resonanz auf sich hat, soll später erklärt werden. Als Zwischenergebnis halten wir fest, daß Gl. (6.3.15) durch eine geeignete nichtlineare Koordinatentransformation auf die folgende Form „einfachster quadratischer Terme“ transformiert werden kann

$$\dot{\boldsymbol{y}} = \boldsymbol{D}\boldsymbol{y} + \boldsymbol{N}_2^{res}(\boldsymbol{y}) + \tilde{\boldsymbol{N}}_3(\boldsymbol{y}) + \cdots + \tilde{\boldsymbol{N}}_{\mathrm{r}-1}(\boldsymbol{y}) + \mathcal{O}(|\boldsymbol{y}|^{\mathrm{r}}) \tag{6.3.25}$$

Der verbleibende Term 2. Ordnung, $\boldsymbol{N}_2^{res}(\boldsymbol{y})$, liegt im Komplementärraum von $\boldsymbol{L_D}(\mathbb{H}_2)$. Ist $\mathbb{G}_2$ leer, d. h. $\boldsymbol{L_D}(\mathbb{H}_2) = \mathbb{H}_2$, können sämtliche Terme 2. Ordnung eliminiert werden.

Im nächsten Schritt vereinfachen wir die Terme 3. Ordnung. Analog zu Gl. (6.3.9) führen wir die Koordinatentransformation

$$\boldsymbol{y} \to \boldsymbol{y} + \boldsymbol{h}_3(\boldsymbol{y}) \tag{6.3.26}$$

durch, wobei für $\boldsymbol{h}_3(\boldsymbol{y}) = \mathcal{O}(|\boldsymbol{y}|^3)$ gilt. Entsprechend den Umformungen Gln. (6.3.10) bis (6.3.15) erhalten wir aus Gl. (6.3.25)

$$\dot{\boldsymbol{y}} = \boldsymbol{D}\boldsymbol{y} + \boldsymbol{N}_2^{res}(\boldsymbol{y}) + \boldsymbol{D}\boldsymbol{h}_3(\boldsymbol{y}) - \frac{\partial \boldsymbol{h}_3}{\partial \boldsymbol{y}}\boldsymbol{D}\boldsymbol{y} + \tilde{\boldsymbol{N}}_3(\boldsymbol{y}) + \tilde{\tilde{\boldsymbol{N}}}_4(\boldsymbol{y}) + \cdots + \tilde{\tilde{\boldsymbol{N}}}_{\mathrm{r}-1} + \mathcal{O}(|\boldsymbol{y}|^{\mathrm{r}}) \tag{6.3.27}$$

Der springende Punkt ist, daß alle linearen und quadratischen Terme in Gl. (6.3.27) von der Transformation Gl. (6.3.26) unberührt bleiben, die kubischen Terme in einer ähnlichen Form wie die quadratischen Terme in Gl. (6.3.15) auftreten und ausschließlich Terme $\tilde{\tilde{\boldsymbol{N}}}_{\mathrm{k}}$ für $\mathrm{k} \geqslant 4$ verändert werden. An dieser Stelle wird also deutlich, daß die Methode für eine sukzessive Eliminierung von Termen höherer Ordnung herangezogen werden kann.

Um nun die Terme 3. Ordnung in Gl. (6.3.27) zu vereinfachen, muß folgende Gleichung gelöst werden

$$\boldsymbol{D}\boldsymbol{h}_3(\boldsymbol{y}) - \frac{\partial \boldsymbol{h}_3}{\partial \boldsymbol{y}}\boldsymbol{D}\boldsymbol{y} = -\tilde{\boldsymbol{N}}_3(\boldsymbol{y}) \tag{6.3.28}$$

Ein Vergleich zu Gln. (6.3.16) und (6.3.18) drängt sich auf. Die Abbildung

$$\boldsymbol{h}_3(\boldsymbol{y}) \to \boldsymbol{D}\boldsymbol{h}_3(\boldsymbol{y}) - \frac{\partial \boldsymbol{h}_3}{\partial \boldsymbol{y}}\boldsymbol{D}\boldsymbol{y} = \boldsymbol{L}_{\boldsymbol{D}}(\boldsymbol{h}_3(\boldsymbol{y})) \tag{6.3.29}$$

ist eine lineare Abbildung des Raums $\mathbb{H}_3$ von vektorwertigen Monomen 3. Grades in $\mathbb{H}_3$. Es gilt für $\mathbb{H}_3$ wieder die Zerlegung

$$\mathbb{H}_3 = \boldsymbol{L}_{\boldsymbol{D}}(\mathbb{H}_3) \oplus \mathbb{G}_3 \tag{6.3.30}$$

wobei $\mathbb{G}_3$ ein Raum komplementär zu $\boldsymbol{L}_{\boldsymbol{D}}(\mathbb{H}_3)$ ist. Ist $\boldsymbol{L}_{\boldsymbol{D}}(\mathbb{H}_3) = \mathbb{H}_3$, dann können alle Terme 3. Ordnung eliminiert werden. Liegt $\tilde{\tilde{\boldsymbol{N}}}_3(\boldsymbol{y})$ nicht im Unterraum $\boldsymbol{L}_{\boldsymbol{D}}(\mathbb{H}_3)$, verbleiben die vereinfachten Terme 3. Ordnung

$$\boldsymbol{N}_3^{res}(\boldsymbol{y}) \in \mathbb{G}_3 \tag{6.3.31}$$

Für den Iterationsprozess kann nun folgendes *Normalform-Theorem* (vgl. Wiggins, 1990) angegeben werden:

> Das Ausgangssystem Gl. (6.3.4) bzw. Gl. (6.3.7) kann durch eine Folge von nichtlinearen Transformationsschritten auf folgende einfachere Form transformiert werden:
>
> $$\dot{\boldsymbol{y}} = \boldsymbol{D}\boldsymbol{y} + \boldsymbol{N}_2^{res}(\boldsymbol{y}) + \cdots + \boldsymbol{N}_{r-1}^{res}(\boldsymbol{y}) + \mathcal{O}(|\boldsymbol{y}|^r) \tag{6.3.32}$$
>
> wobei $\boldsymbol{N}_k^{res} \in \mathbb{G}_k$, $2 \leqslant k \leqslant r-1$ ist und $\mathbb{G}_k$ einen Komplementärraum von $\boldsymbol{L}_{\boldsymbol{D}}(\mathbb{H}_k)$ bezeichnet. Gleichung (6.3.32) bezeichnet man als Normalform.

Bevor wir das eben Beschriebene an einem Beispiel illustrieren, wollen wir noch einige Bemerkungen anfügen:

i. Die Lösbarkeit der homologischen Gleichungen für $\boldsymbol{h}_2(\boldsymbol{y})$, $\boldsymbol{h}_3(\boldsymbol{y})$ usw., und folglich die Struktur der verbleibenden nichtlinearen Terme in Gl. (6.3.32), hängt allein vom linearen Teil des Vektorfelds, also von der konstanten Matrix $\boldsymbol{D}$, ab.

ii. Die Bestimmung der Normalform kann auf die Lösung einer Folge von linearen Gleichungssystemen zurückgeführt werden. Eine sukzessive Elimination nichtresonanter nichtlinearer Terme ist deswegen möglich, weil die bereits ermittelten Terme k-ten Grades durch eine Koordinatentransformation (k+1)-ten Grades unbeeinflußt bleiben.

iii. Auf die Frage, unter welcher Bedingung resonante Terme in Gl. (6.3.32) auftreten, werden wir im Anschluß an das folgende Beispiel eingehen.

iv. Bestimmt man die Normalform eines dynamischen Systems in der Umgebung eines hyperbolischen Fixpunkts, so haben wir gesehen, daß durchaus nichtlineare Terme auftreten können. Wie ist das aber zu vereinbaren mit dem Theorem von Hartman-Grobman (Satz 1, Abschnitt 6.2), demzufolge stets eine Koordinatentransformation existiert, die den nichtlinearen Fluß in der Umgebung eines hyperbolischen Fixpunktes auf den linearen Fluß abbildet? Müßte diesem Satz zufolge nicht stets eine Linearisierung möglich sein, solange kein Eigenwert von $\boldsymbol{D}$ verschwindenden Realteil aufweist? Es liegt jedoch kein Widerspruch vor. Der entscheidende Punkt ist, daß der Satz von Hartman-Grobman nur die Existenz eines Homöomorphismus garantiert, d. h. einer eineindeutigen *stetigen* Abbildung. Die Konstruktion einer solchen Abbildung mit Hilfe der Normalformtechnik ist jedoch i. a. nicht möglich, da hierbei durch die Potenzreihenansätze *differenzierbare* Koordinatentransformationen konstruiert werden.

Beispiel:

Anhand eines Beispiels wollen wir die hier entwickelten Grundzüge der Methode der Normalform verdeutlichen (Wiggins, 1990). Gesucht ist die Normalform eines zweidimensionalen Vektorfeldes (in der Nachbarschaft eines Fixpunktes), dessen linearer Teil in der folgenden Form gegeben ist

$$\boldsymbol{D} = \begin{bmatrix} 0 & 1 \\ 0 & 0 \end{bmatrix} \tag{6.3.33}$$

Wir begnügen uns mit der Bestimmung des Terms 2. Ordnung. Entsprechend Gl. (6.3.21) erhalten wir für $\mathbb{H}_2$

$$\mathbb{H}_2 = \text{span}\left\{ \begin{bmatrix} x^2 \\ 0 \end{bmatrix}, \begin{bmatrix} xy \\ 0 \end{bmatrix}, \begin{bmatrix} y^2 \\ 0 \end{bmatrix}, \begin{bmatrix} 0 \\ x^2 \end{bmatrix}, \begin{bmatrix} 0 \\ xy \end{bmatrix}, \begin{bmatrix} 0 \\ y^2 \end{bmatrix} \right\} \tag{6.3.34}$$

Wir wenden nun den Operator $\boldsymbol{L_D}$, Gl. (6.3.18), auf alle Basisvektoren, die $\mathbb{H}_2$ nach Gl. (6.3.34) aufspannen, an

$$\boldsymbol{L_D}\begin{bmatrix} x^2 \\ 0 \end{bmatrix} = \begin{bmatrix} 0 & 1 \\ 0 & 0 \end{bmatrix}\begin{bmatrix} x^2 \\ 0 \end{bmatrix} - \begin{bmatrix} 2x & 0 \\ 0 & 0 \end{bmatrix}\begin{bmatrix} y \\ 0 \end{bmatrix} = -2\begin{bmatrix} xy \\ 0 \end{bmatrix}$$

$$\boldsymbol{L_D}\begin{bmatrix} xy \\ 0 \end{bmatrix} = \begin{bmatrix} -y^2 \\ 0 \end{bmatrix}$$

$$\boldsymbol{L_D}\begin{bmatrix} y^2 \\ 0 \end{bmatrix} = \begin{bmatrix} 0 \\ 0 \end{bmatrix}$$

$$\boldsymbol{L_D}\begin{bmatrix} 0 \\ x^2 \end{bmatrix} = \begin{bmatrix} x^2 \\ -2xy \end{bmatrix} = \begin{bmatrix} x^2 \\ 0 \end{bmatrix} - 2\begin{bmatrix} 0 \\ xy \end{bmatrix}$$

$$\boldsymbol{L_D}\begin{bmatrix} 0 \\ xy \end{bmatrix} = \begin{bmatrix} xy \\ -y^2 \end{bmatrix} = \begin{bmatrix} xy \\ 0 \end{bmatrix} - \begin{bmatrix} 0 \\ y^2 \end{bmatrix}$$

$$\boldsymbol{L_D}\begin{bmatrix} 0 \\ y^2 \end{bmatrix} = \begin{bmatrix} y^2 \\ 0 \end{bmatrix} \tag{6.3.35}$$

Der Raum, den $\boldsymbol{L_D}(\mathbb{H}_2)$ aufspannt, ist die Linearkombination aller in Gl. (6.3.35) ermittelten Vektoren, von denen offensichtlich die folgenden vier linear unabhängig sind

$$\boldsymbol{L_D}(\mathbb{H}_2) = \text{span}\left\{\begin{bmatrix}-2xy\\0\end{bmatrix}, \begin{bmatrix}x^2\\-2xy\end{bmatrix}, \begin{bmatrix}xy\\-y^2\end{bmatrix}, \begin{bmatrix}y^2\\0\end{bmatrix}\right\} \tag{6.3.36}$$

das heißt, daß nur solche Terme 2. Ordnung eliminiert werden können, die Linearkombinationen dieser vier Terme sind. Terme zweiter Ordnung, die nach Gl. (6.3.23) im Komplementärraum $\mathbb{G}_2$ zu $\boldsymbol{L_D}(\mathbb{H}_2)$ liegen, können dagegen nicht eliminiert werden. In unserem Fall ist der $\mathbb{G}_2$-Raum zweidimensional. Um $\mathbb{G}_2$ zu bestimmen, ist es am sinnvollsten, die lineare Abbildung $\boldsymbol{L_D}$ des Raums $\mathbb{H}_2$ in sich durch eine Matrix zu beschreiben. Die sechs Basisvektoren sind durch Gl. (6.3.34) festgelegt. Die Operation $\boldsymbol{L_D}$ ordnet jedem Element von $\mathbb{H}_2$ ein Element aus $\mathbb{H}_2$ zu, das sich wieder als Linearkombination der Basisvektoren, Gl. (6.3.34), darstellen läßt. Benutzen wir die Ergebnisse von Gl. (6.3.35), so erhalten wir für $\boldsymbol{L_D}(\mathbb{H}_2)$ folgende Matrix

$$\begin{array}{c} \\ \boldsymbol{L_D} = \end{array}
\begin{array}{cccccc}
\begin{bmatrix}x^2\\ \,\end{bmatrix} & \begin{bmatrix}xy\\ \,\end{bmatrix} & \begin{bmatrix}y^2\\ \,\end{bmatrix} & \begin{bmatrix}\,\\x^2\end{bmatrix} & \begin{bmatrix}\,\\xy\end{bmatrix} & \begin{bmatrix}\,\\y^2\end{bmatrix}
\end{array}$$

$$\boldsymbol{L_D} = \begin{bmatrix} 0 & 0 & 0 & 1 & 0 & 0 \\ -2 & 0 & 0 & 0 & 1 & 0 \\ 0 & -1 & 0 & 0 & 0 & 1 \\ 0 & 0 & 0 & 0 & 0 & 0 \\ 0 & 0 & 0 & -2 & 0 & 0 \\ 0 & 0 & 0 & 0 & -1 & 0 \end{bmatrix} \begin{matrix} \{x^2 \quad\} \\ \{xy \quad\} \\ \{y^2 \quad\} \\ \{\quad x^2\} \\ \{\quad xy\} \\ \{\quad y^2\} \end{matrix} \tag{6.3.37}$$

Nur die zu Nulleigenwerten gehörenden Eigenvektoren bzw. Hauptvektoren bilden den $\mathbb{G}_2$-Raum. Daher müssen nur zwei linear unabhängige Linkseigenvektoren zu den Nulleigenwerten der Matrix Gl. (6.3.37) gefunden werden. Mit einer gewissen Erfahrung bestimmt man die beiden folgenden Linkseigenvektoren

$$\{1 \;\; 0 \;\; 0 \;\; 0 \;\; \tfrac{1}{2} \;\; 0\} \quad \text{und} \quad \{0 \;\; 0 \;\; 0 \;\; 1 \;\; 0 \;\; 0\} \tag{6.3.38}$$

Innerhalb der Basisvektoren von Gl. (6.3.34) spannen dann die beiden folgenden Vektoren

$$\begin{bmatrix}x^2\\ \frac{1}{2}xy\end{bmatrix}, \begin{bmatrix}0\\x^2\end{bmatrix} \tag{6.3.39}$$

den zweidimensionalen Unterraum von $\mathbb{H}_2$ auf, der definitionsgemäß einen Komplementärraum zu $\boldsymbol{L_D}(\mathbb{H}_2)$ darstellt. Die Vektoren des $\mathbb{G}_2$-Raums werden von den Termen gebildet, die resonant sind, also nicht durch eine Koordinatentransformation, Gl. (6.3.9), eliminiert werden können. Alle Vektorfelder, deren linearer Anteil in der Umgebung eines Fixpunkts durch die Matrix Gl. (6.3.33) beschrieben wird,

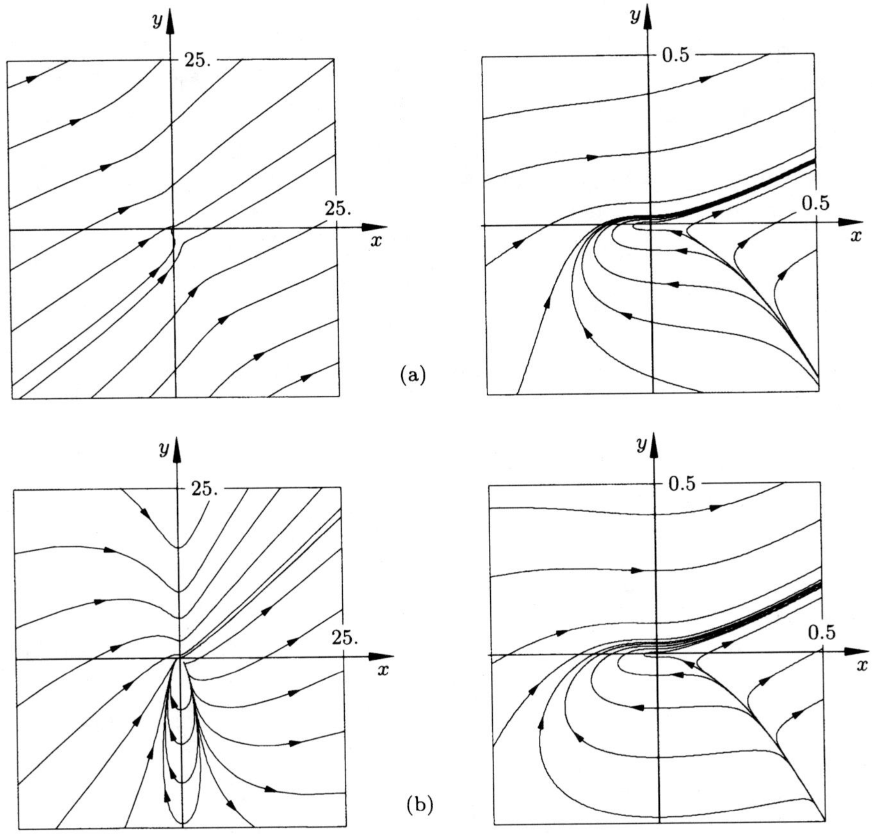

Abb. 6.3.2 Trajektorienverläufe global und lokal für den Linearteil $\boldsymbol{D} = \begin{bmatrix} 0 & 1 \\ 0 & 0 \end{bmatrix}$
a) Gl. (6.3.41) mit $a_1 = 2$, $a_2 = a_3 = 1$, $b_1 = 1.1$, $b_2 = b_3 = 0.6$ und
b) Gl. (6.3.40) mit $a_1 = a_2 = 1$

können somit bis zu Termen 2. Ordnung auf folgende Normalform transformiert werden

$$\begin{aligned} \dot{x} &= y + 2a_1x^2 + \mathcal{O}(3) \\ \dot{y} &= a_1xy + a_2x^2 + \mathcal{O}(3) \end{aligned} \tag{6.3.40}$$

wobei a_1 und a_2 Konstanten sind. Ein vollständiges Polynom 2. Ordnung liefert unter Berücksichtigung aller nichtlinearen Terme folgendes Gleichungssystem

$$\begin{aligned} \dot{x} &= y + a_1x^2 + b_1xy + b_2y^2 \\ \dot{y} &= a_2xy + a_3x^2 + b_3y^2 \end{aligned} \tag{6.3.41}$$

Normalform heißt, daß der Trajektorienverlauf von Gl. (6.3.41) in der Umgebung des Fixpunkts qualitativ vollständig von Gl. (6.3.40) repräsentiert wird. In Abb.

6.3.2 sind für die Systeme Gln. (6.3.40) und (6.3.41) die Trajektorienverläufe um den Ursprung als Fixpunkt zum einen global und zum andern um den Nullpunkt gezoomt dargestellt. Eine verblüffende Übereinstimmung im Trajektorienverlauf in der Nachbarschaft des Ursprungs ist deutlich erkennbar.

Wir wissen, daß der $\mathbb{G}_2$-Raum nicht eindeutig bestimmt ist. Aus dem zweiten Basisvektor von Gl. (6.3.36) und dem ersten von Gl. (6.3.39) läßt sich ein neuer Basisvektor für einen $\mathbb{G}_2$-Aufbau bilden; zum Beispiel finden wir

$$\begin{bmatrix} x^2 \\ -2xy \end{bmatrix} + 4\begin{bmatrix} x^2 \\ \frac{1}{2}xy \end{bmatrix} = 5\begin{bmatrix} x^2 \\ 0 \end{bmatrix} \tag{6.3.42}$$

Unter Beibehaltung des zweiten Vektors von Gl. (6.3.39) können wir einen zweiten Komplementärraum $\mathbb{G}_2$ wie folgt aufspannen

$$\mathbb{G}_2 = \text{span}\left\{\begin{bmatrix} x^2 \\ 0 \end{bmatrix}, \begin{bmatrix} 0 \\ x^2 \end{bmatrix}\right\} \tag{6.3.43}$$

Die sich daraus ergebende Normalform lautet

$$\begin{aligned} \dot{x} &= y + a_1x^2 + \mathcal{O}(3) \\ \dot{y} &= a_2x^2 + \mathcal{O}(3) \end{aligned} \tag{6.3.44}$$

In Abb. 6.3.3 ist wiederum der Trajektorienverlauf in der Umgebung des Fixpunktes $\{0\ 0\}$ für diese zuerst von Takens (1974) studierte Normalform dargestellt.

Als dritte Variante wollen wir die zuerst von Bogdanov (1975) studierte Normalform vorstellen. Durch eine andere Linarkombination der Basisvektoren wie in Gl. (6.3.42) kann ein weiterer linear abhängiger Vektor gebildet werden

$$\begin{bmatrix} x^2 \\ -2xy \end{bmatrix} - \begin{bmatrix} x^2 \\ \frac{1}{2}xy \end{bmatrix} = \begin{bmatrix} 0 \\ -\frac{5}{2}xy \end{bmatrix} = -\frac{5}{2}\begin{bmatrix} 0 \\ xy \end{bmatrix} \tag{6.3.45}$$

Dadurch erhalten wir als weitere Möglichkeit für $\mathbb{G}_2$

$$\mathbb{G}_2 = \text{span}\left\{\begin{bmatrix} 0 \\ x^2 \end{bmatrix}, \begin{bmatrix} 0 \\ xy \end{bmatrix}\right\} \tag{6.3.46}$$

Die Normalform aufgrund von $\mathbb{G}_2$ aus Gl. (6.3.46) bestimmt sich dann zu

$$\begin{aligned} \dot{x} &= y + \mathcal{O}(3) \\ \dot{y} &= a_1xy + a_2x^2 + \mathcal{O}(3) \end{aligned} \tag{6.3.47}$$

Abbildung 6.3.4 illustriert den Trajektorienverlauf.

Was am meisten verblüfft, ist erstens die Tatsache, daß die unterschiedlichsten Termkonstellationen 2. Ordnung das gleiche Verhalten in der Umgebung des Fixpunkts wiedergeben, und zweitens, daß ein derart komplexes Trajektorienverhalten

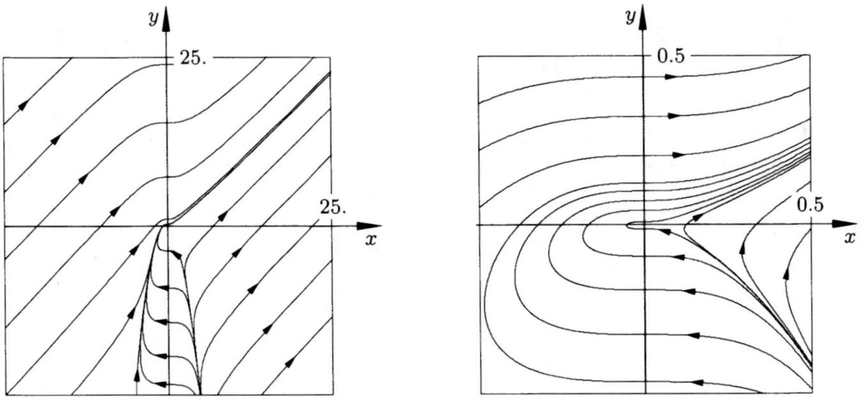

Abb. 6.3.3 Trajektorienverlauf der Normalform Gl. (6.3.44) für den Linearteil $\boldsymbol{D} = \begin{bmatrix} 0 & 1 \\ 0 & 0 \end{bmatrix}$ und für $a_1 = a_2 = 1$ (nach Takens, 1974)

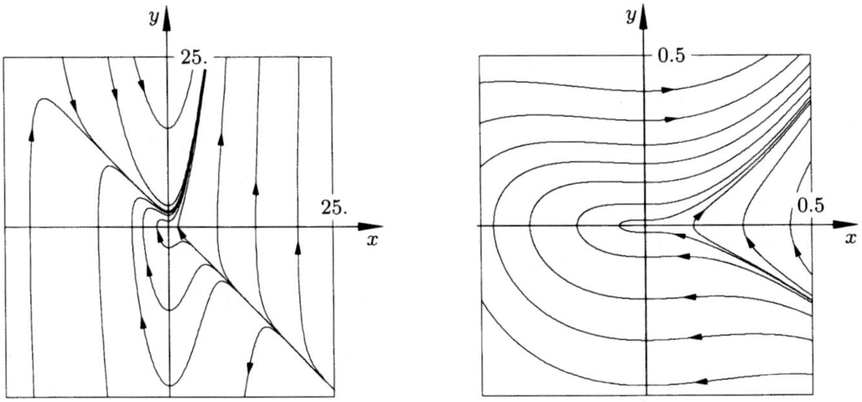

Abb. 6.3.4 Trajektorienverlauf der Normalform Gl. (6.3.47) für den Linearteil $\boldsymbol{D} = \begin{bmatrix} 0 & 1 \\ 0 & 0 \end{bmatrix}$ und für $a_1 = a_2 = 1$ (nach Bogdanov, 1975)

durch wesentlich einfachere Normalformen beschrieben werden kann. Ein Mehr an Nichtlinearität bewirkt nur ein Mehr an Rechenzeit, nicht aber einen Informationsgewinn. Man sollte aber nicht vergessen, daß letztlich der lineare Term über die Konstellation der Nichtlinearität entscheidet.

Es zeigt sich, daß die Bestimmung von Termen höherer Ordnung in der Normalform schnell einen hohen Rechenaufwand erfordert, insbesondere dann, wenn der zugrundeliegende Phasenraum mehr als zwei Dimensionen aufweist. Die Dimension der zu lösenden linearen Gleichungssysteme wächst rasch an, so daß man die

Basisvektoren von $\boldsymbol{L_D}(\mathbb{H}_k)$ und $\mathbb{G}_k$ nicht mehr so einfach wie im vorhergehenden Beispiel ermitteln kann. In diesem Fall empfiehlt es sich, bei der Aufstellung der linearen Gleichungssysteme Methoden der Computer-Algebra heranzuziehen (Rand und Armbruster, 1987) und anschließend die entsprechenden Unterräume mit Hilfe der Singulärwertzerlegung zu ermitteln (Press *et al.*, 1986). Eine weitere sehr effektive Methode zur Konstruktion von Normalformen wird in (Elphick *et al.*, 1987) vorgestellt.

Zum Abschluß wollen wir, wie versprochen, den Begriff der „Resonanz" erläutern. Wir erinnern an die Ausgangsgleichung (6.3.7)

$$\dot{\boldsymbol{x}} = \boldsymbol{D}\boldsymbol{x} + \boldsymbol{N}_2(\boldsymbol{x}) + \boldsymbol{N}_3(\boldsymbol{x}) + \cdots + \boldsymbol{N}_{r-1}(\boldsymbol{x}) + \mathcal{O}(|\boldsymbol{x}|^r), \quad \boldsymbol{x} \in \mathbb{R}^n \tag{6.3.48}$$

die es gilt, in die Normalform zu transformieren. Notwendige Bedingung dafür, daß die nichtlinearen Terme ($\mathcal{O}(|\boldsymbol{x}|^k)$, $2 \leqslant k \leqslant r-1$) der obigen Gl. (6.3.48) eliminiert werden können, ist die Invertierbarkeit des linearen Operators $\boldsymbol{L_D}(\mathbb{H}_k)$ auf $\mathbb{H}_k$. Nichtinvertierbar bedeutet resonant, und wann dieser Fall vorliegt, das versuchen wir jetzt kurz zu erläutern.

Der Operator $\boldsymbol{L_D}(\boldsymbol{h}_k)$ ist entsprechend Gl. (6.3.18) folgendermaßen definiert

$$\boldsymbol{L_D}(\boldsymbol{h}_k(\boldsymbol{x})) \equiv \boldsymbol{D}\boldsymbol{h}_k(\boldsymbol{x}) - \frac{\partial \boldsymbol{h}_k}{\partial \boldsymbol{x}}\boldsymbol{D}\boldsymbol{x} \tag{6.3.49}$$

wobei $\boldsymbol{h}_k \in \mathbb{H}_k$ ist und $\mathbb{H}_k$ den linearen Vektorraum der vektorwertigen Monome k-ten Grades bildet. Zur Vereinfachung nehmen wir zunächst an, daß die Jacobi-Matrix $\boldsymbol{D}$ durch eine lineare Koordinatentransformation auf Diagonalform transformiert werden kann und die Eigenwerte $\lambda_1, \ldots, \lambda_n$ besitzt. Wir bezeichnen mit $x_1, \ldots, x_n$ die Koordinaten in bezug auf die Standardbasis $\boldsymbol{e}_1, \ldots, \boldsymbol{e}_n$, wobei $\boldsymbol{e}_i$ einen n-zeiligen Vektor darstellt, dessen i-te Komponente mit 1 besetzt und der Rest mit Nullen aufgefüllt ist. Es gilt dann

$$\boldsymbol{D}\boldsymbol{e}_i = \lambda_i \boldsymbol{e}_i \tag{6.3.50}$$

Entsprechend Gl. (6.3.19) können wir die Basisvektoren von $\mathbb{H}_k$ folgendermaßen angeben

$$x_1^{m_1} \cdots x_n^{m_n} \boldsymbol{e}_i, \qquad \sum_{j=1}^{n} m_j = k, \quad m_j \geqslant 0 \qquad i = 1, \ldots n \tag{6.3.51}$$

wobei jeder Basisvektor $\boldsymbol{e}_i$ mit allen möglichen Termen k-ter Ordnung multipliziert werden muß (siehe vorangegangenes Beispiel für $k = 2$). Entsprechend Gl. (6.3.35) wenden wir nun den Operator $\boldsymbol{L_D}(\boldsymbol{h}_k)$ auf jeden Basisvektor $\boldsymbol{h}_k$ von $\mathbb{H}_k$ an

$$\boldsymbol{h}_k(\boldsymbol{x}) = x_1^{m_1} \cdots x_n^{m_n} \boldsymbol{e}_i, \qquad \sum_{j=1}^{n} m_j = k, \quad m_j \geqslant 0, \; k \geqslant 2 \tag{6.3.52}$$

Wir verzichten hier auf eine weitere Indizierung von $\boldsymbol{h}_k$, registrieren jedoch, daß $\boldsymbol{h}_k$ sowohl von i als auch von der speziellen Kombination der Exponenten $m_1, \ldots m_n$ abhängt.

Setzt man $\boldsymbol{h}_k(\boldsymbol{x})$ in Gl. (6.3.49) ein und beachtet, daß nur die i-te Komponente von Null verschieden ist, so zeigt sich, daß auch beim Bildvektor $\boldsymbol{L_D}(\boldsymbol{h}_k)$ nur die i-te Komponente $\neq 0$ ist und folgenden Beitrag liefert

$$\lambda_i x_1^{m_1} \cdots x_n^{m_n} - \sum_{j=1}^{n} \frac{\partial}{\partial x_j}(x_1^{m_1} \cdots x_j^{m_j} \cdots x_n^{m_n})\lambda_j x_j = (\lambda_i - \sum_{j=1}^{n} m_j\lambda_j)x_1^{m_1} \cdots x_n^{m_n} \tag{6.3.53}$$

Damit kann Gl. (6.3.49) vereinfacht angegeben werden

$$\boldsymbol{L_D}(\boldsymbol{h}_k) = \Big[\lambda_i - \sum_{j=1}^{n} m_j\lambda_j\Big]\boldsymbol{h}_k(\boldsymbol{x}) \tag{6.3.54}$$

Gleichung (6.3.54) zeigt, daß jeder Basisvektor $\boldsymbol{h}_k$ von $\mathbb{H}_k$ Eigenvektor des Operators $\boldsymbol{L_D}(\boldsymbol{h}_k)$ ist und der Klammerausdruck

$$\lambda_i - \sum_{j=1}^{n} m_j\lambda_j \tag{6.3.55}$$

der dazugehörende Eigenwert. Gleichung (6.3.54) macht deutlich, daß $\boldsymbol{L_D}(\boldsymbol{h}_k)$ dann nicht invertierbar ist, wenn der Ausdruck Gl. (6.3.55) Null ist; in diesem Fall ist

$$\lambda_i = \sum_{j=1}^{n} m_j\lambda_j \tag{6.3.56}$$

Gleichung (6.3.56) ist genau die Bedingung für *Resonanz*, d. h. für die Tatsache, daß die nichtlinearen Terme nicht eliminiert werden können und damit den nichtlinearen Part in der Normalform übernehmen. Die Zahl

$$k = \sum_{j=1}^{n} m_j \geqslant 2 \tag{6.3.57}$$

bezeichnet man als Ordnung der Resonanz.

Bemerkungen:

a) Zur Vereinfachung hatten wir angenommen, daß sich die Jacobi-Matrix $\boldsymbol{D}$ auf Diagonalform transformieren läßt. Ist dies nicht möglich und läßt sich $\boldsymbol{D}$ nur auf Jordansche Normalform reduzieren, so kann man zeigen, daß auch der Operator $\boldsymbol{L_D}$ Jordanform besitzt. Für die Eigenwerte ergibt sich jedoch dieselbe Beziehung wie im Fall diagonalähnlicher Matrizen (Arnol'd, 1988).

b) In diesem Kapitel beschäftigen wir uns mit lokalen Bifurkationen. Eines unserer Ziele ist es, die lokalen Bifurkationen von Fixpunkten mit Hilfe der Normalformen zu klassifizieren. Bestimmt man die Normalform in der Umgebung eines nichthyperbolischen Fixpunkts, so treten mit Sicherheit resonante Terme auf, da die Jacobi-Matrix $\boldsymbol{D}$ in diesem Fall mindestens einen Eigenwert mit verschwindendem Realteil besitzt. Wir können zwei Fälle unterscheiden:

i. Ein reeller Eigenwert von $\boldsymbol{D}$ verschwindet, d. h. es gilt z. B. $\lambda_1 = 0$. Wählt man eine beliebige ganze Zahl $\mathrm{k} \geqq 2$ und setzt $\mathrm{m}_1 = \mathrm{k}$, $\mathrm{m}_2 = \ldots = \mathrm{m}_\mathrm{n} = 0$, so ist die Resonanzbedingung Gl. (6.3.56) erfüllt, d. h. für jede Ordnung k treten in der Normalform resonante Terme auf.

ii. Wir nehmen an, $\boldsymbol{D}$ besitze die Eigenwerte $\lambda_{1,2} = \pm i$. Die Bedingung für Resonanz lautet jetzt

$$\mathrm{m}_1 i - \mathrm{m}_2 i = \pm i$$

bzw.

$$\mathrm{m}_1 - \mathrm{m}_2 = \pm 1 \tag{6.3.58}$$

wobei $\mathrm{k} = \mathrm{m}_1 + \mathrm{m}_2 \geqslant 2$ gelten muß. Ist k geradzahlig, also $\mathrm{k} = 2\mathrm{k}_1$, so hat wegen Gl. (6.3.58) folgende Beziehung

$$2\mathrm{k}_1 = \mathrm{m}_1 + \mathrm{m}_2 = \mathrm{m}_1 + (\mathrm{m}_1 \mp 1)$$

keine Lösung, d. h. Terme gerader Ordnung sind nicht resonant. Dagegen sind alle Terme ungerader Ordnung resonant und lassen sich nicht wegtransformieren.

Was hier am Ende des Abschnitts nur kurz angedeutet und nicht ausformuliert werden soll, ist die Rolle der Kontrollparameter in der Berechnung der Normalform. Eine ausführliche Beschreibung zu diesem Thema und entsprechende weiterführende Literatur kann der Monographie (Wiggins, 1990) entnommen werden. Wir wenden den gleichen Kunstgriff an, den wir schon zur Bestimmung der Zentrumsmannigfaltigkeit eines parametrischen Systems benutzt haben. Wir erweitern das System $\dot{\boldsymbol{x}} = \boldsymbol{f}(\boldsymbol{x}, \boldsymbol{\mu})$ zu

$$\begin{aligned} \dot{\boldsymbol{x}} &= \boldsymbol{f}(\boldsymbol{x}, \boldsymbol{\mu}) \\ \dot{\boldsymbol{\mu}} &= \boldsymbol{o} \end{aligned} \tag{6.3.59}$$

und erklären damit die Parameter $\boldsymbol{\mu}$ zu unabhängigen Variablen. Diese Systemerweiterung ermöglicht die hier beschriebene Technik zur Normalform ohne Parameter auf Parametersysteme direkt anzuwenden, wobei dann die Koeffizienten der Transformation von den Parametern $\boldsymbol{\mu}$ abhängen.

6.4 Normalformen von Verzweigungen einparametriger Flüsse

Wir unterstreichen, daß das übergeordnete Thema dieses Kapitels „lokale Verzweigungen" betrifft, hier wollen wir lokale Bifurkationen von Vektorfeldern und Abbildungen betrachten. Mit dem Begriff „lokal" verbindet man Verzweigungen in der Umgebung von Fixpunkten. Fixpunkte von Vektorfeldern bedeuten Gleichgewichtszustände bzw. stationäre Lösungen. Fixpunkte von Poincaré-Abbildungen spiegeln die periodischen Orbits von Vektorflüssen wider. Verzweigungen von Fixpunkten solcher iterierten Abbildungen sind folglich Bifurkationen in der Umgebung periodischer Orbits. Wir betrachten als erstes Verzweigungen von Fixpunkten von Flüssen bzw. Vektorfeldern.

Wir wissen, daß Verzweigungen von Fixpunkten nur dann auftreten, wenn die Determinante der Jacobi-Matrix $\frac{\partial \boldsymbol{F}}{\partial \boldsymbol{x}}(\boldsymbol{x}_s, \mu_{cr})$ gleich Null bzw. der Fixpunkt nichthyperbolisch ist. Wir beschränken uns hier auf den einfachsten Fall, daß der Realteil eines Eigenwerts Null wird und die Realteile aller anderen Eigenwerte ungleich Null verbleiben. Was uns interessiert, ist die Änderung des dynamischen Verhaltens in der Umgebung eines Fixpunktes bei Änderung des einzigen Parameters μ in der Nähe des kritischen Wertes μ_{cr}, für den der Fixpunkt nichthyperbolischen Charakter hat. Wie wir aus Abschnitt 6.2 wissen, bietet die Theorie der Zentrumsmannigfaltigkeit eine wirkungsvolle Strategie an, Verzweigungen zu diskutieren, indem man den Fluß auf der Zentrumsmannigfaltigkeit, die von niedrigerer Dimension ist, beobachtet. Falls der Realteil eines einfachen Eigenwertes verschwindet, ist das Vektorfeld auf der Zentrumsmannigfaltigkeit eine einparametrige Familie von eindimensionalen Vektorfeldern, das sich durch anschließende Transformation auf Normalform weiterhin vereinfachen läßt.

Als Ausgangsgleichung für den Fluß auf der Zentrumsmannigfaltigkeit schreiben wir

$$\dot{x} = f(x, \mu) \tag{6.4.1}$$

wobei wir annehmen, daß der Verzweigungspunkt (x_s, μ_{cr}) im Ursprung $(0,0)$ liegt, was die Handhabung von Gl. (6.4.1) wesentlich erleichtert und was stets durch eine Translation erreicht werden kann. Für die Verzweigung müssen dann notwendigerweise folgende zwei Bedingungen erfüllt sein

$$f(0,0) = 0, \quad \text{Fixpunktbedingung} \tag{6.4.2}$$

$$\frac{\partial f}{\partial x}(0,0) = 0, \quad \text{Nulleigenwertbedingung} \tag{6.4.3}$$

Die in Abschnitt 6.1 diskutierten Beispiele erfüllen diese Bedingung. Bevor wir den Begriff „Verzweigung" präzisieren, wollen wir die bereits diskutierten Bifurkationsbeispiele nochmals zusammenfassen und um ein Beispiel erweitern, für das zwar Gln. (6.4.2) und (6.4.3) erfüllt sind, das aber dennoch keine Verzweigung aufweist:

1. Sattelknoten-Verzweigung (Abb. 6.4.1a)

$$\dot{x} = f(x, \mu) = \mu - x^2 \tag{6.4.4}$$

2. transkritische Verzweigung (Abb. 6.4.1b)

$$\dot{x} = f(x, \mu) = \mu x - x^2 \tag{6.4.5}$$

3. Gabelverzweigung (Abb. 6.4.1c)

$$\dot{x} = f(x, \mu) = \mu x - x^3 \tag{6.4.6}$$

4. keine Verzweigung (Abb. 6.4.1d)

$$\dot{x} = f(x, \mu) = \mu - x^3 \tag{6.4.7}$$

   Alle Gleichgewichtszustände bzw. Fixpunkte von Gl. (6.4.7) sind bestimmt durch die Beziehung

$$\mu = x^3 \tag{6.4.8}$$

   Trotz der Erfüllung der Bedingungen in Gln. (6.4.2) und (6.4.3) tritt beim Übergang $\mu = 0$ keine qualitative Veränderung in der Dynamik ein. Sowohl für $\mu < 0$ als auch für $\mu > 0$ existiert eine eindeutige Fixpunktlösung.

Die vier Beispiele verdeutlichen, daß die Bedingungen $f(0,0) = 0$ und $\frac{\partial f}{\partial x}(0,0) = 0$ zwar notwendig für das Auftreten einer Bifurkation sind, aber nicht hinreichend. Die Bedingung, daß für $\mu = 0$ ein Eigenwert null ist, reicht nicht aus, um eine dynamische Qualitätsveränderung zu garantieren. Für die einparametrige Schar eindimensionaler Vektorfelder müssen zusätzliche Bedingungen entwickelt werden, die genau die Verzweigungsmuster charakterisieren, wie sie in Abb. 6.4.1a-c illustriert sind.

A) Sattelknoten-Verzweigung

Wir diskutieren als erstes die Sattelknoten-Verzweigung einer einparametrigen Familie von eindimensionalen Vektorfeldern. Welche allgemeinen Bedingungen charakterisieren diesen Verzweigungstyp? Um dies zu beantworten, ist es hilfreich, sich den Graph der Fixpunkte in der μ, x-Ebene zu vergegenwärtigen (Abb. 6.4.1a). Im Gegensatz zur Fixpunktgleichung $x = x(\mu)$ ist die inverse Zuordnung $\mu = \mu(x)$ eindeutig. Es bietet sich daher an, die Verzweigung anhand der inversen Fixpunktgleichung zu studieren.

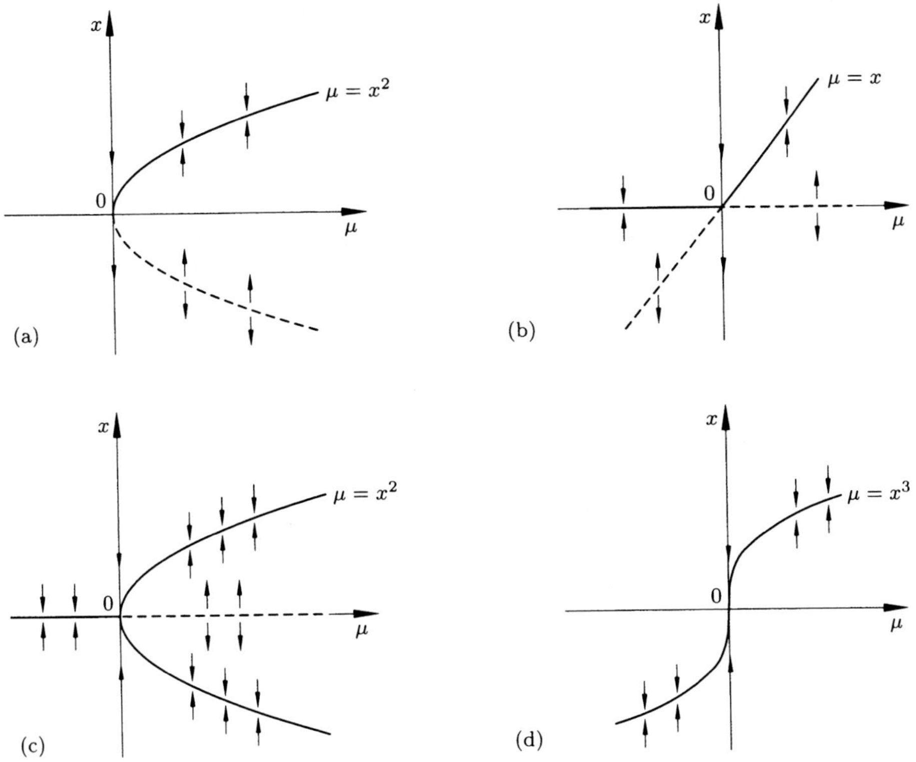

Abb. 6.4.1 Bedingungen $f(0,0) = 0$ und $\frac{\partial f}{\partial x}(0,0) = 0$ erfüllt:
a) Sattelknoten-Verzweigung, b) transkritische Verzweigung
c) Gabelverzweigung, d) keine Verzweigung

Die durch $(\mu, x) = (0,0)$ gehende Fixpunktkurve zeigt die beiden folgenden signifikanten Merkmale:

$$\frac{\mathrm{d}\mu}{\mathrm{d}x}(0) = 0 \tag{6.4.9}$$

d. h. die Gerade $\mu = 0$ ist Tangente in $x = 0$, und weiterhin gilt

$$\frac{\mathrm{d}^2\mu}{\mathrm{d}x^2}(0) \neq 0 \tag{6.4.10}$$

d. h. der Punkt $(\mu, x) = (0,0)$ ist ein regulärer Umkehrpunkt, und die Fixpunktkurve liegt ganz auf einer Seite der Tangente $\mu = 0$.

Unser Ziel ist, Bedingungen abzuleiten, unter denen die Sattelknoten-Verzweigung stattfindet. Einige Bedingungen, die die Verzweigungen charakterisieren, sind allen gemeinsam, durch andere grenzen sie sich gegenseitig ab. Trotz eines möglichen

Einwands der Redundanz ziehen wir es der Übersichtlichkeit wegen vor, für jeden einzelnen Verzweigungstyp erneut alle Bedingungen anzugeben. Die allgemeine einparametrige Ausgangsgleichung eindimensionaler Flüsse lautet

$$\dot{x} = f(x, \mu) \tag{6.4.11}$$

Für den Fixpunkt $(x, \mu) = (0, 0)$ der Gl. (6.4.11) gilt

$$f(0, 0) = 0 \tag{6.4.12}$$

Wir sind interessiert an Verzweigungen von Fixpunkten. Dies ist nur möglich im Falle nichthyperbolischer Fixpunkte, so daß gilt

$$\frac{\partial f}{\partial x}(0, 0) = 0 \tag{6.4.13}$$

Für den weiteren Gang der Herleitung zusätzlicher Verzweigungsbedingungen ist der *Hauptsatz über implizite Funktionen* hilfreich, den wir an dieser Stelle kurz vorstellen möchten:

> Gegeben sei eine stetig differenzierbare Funktion $G(y, \alpha)$, und ferner sei am Punkt (y_0, α_0)
>
> $$G(y_0, \alpha_0) = 0 \qquad \text{und} \qquad \frac{\partial G}{\partial \alpha}(y_0, \alpha_0) \neq 0$$
>
> Dann gibt es offene Umgebungen U von y_0 und V von α_0 und eine stetig differenzierbare Funktion $\alpha = A(y)$, so daß $\alpha_0 = A(y_0)$ ist und $G(y, A(y)) = 0$ für alle $y \in U$ (Abb. 6.4.2).

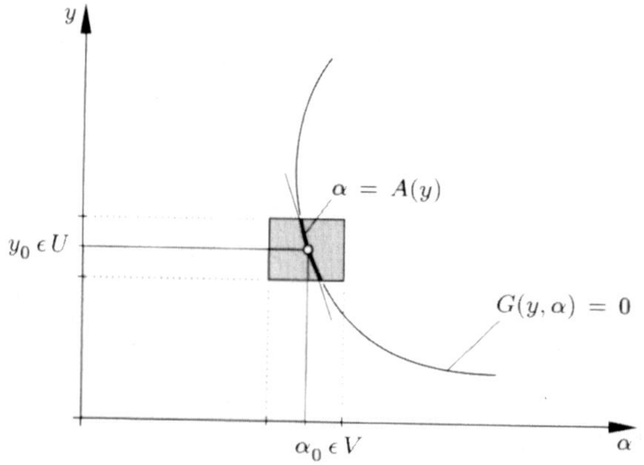

Abb. 6.4.2 Hauptsatz über implizite Funktionen

Angeregt durch dieses Theorem, halten wir für die Sattelknoten-Verzweigung folgendes fest (Abb. 6.4.1a): unter der Voraussetzung, daß

$$\frac{\partial f}{\partial \mu}(0,0) \neq 0 \tag{6.4.14}$$

gilt, besagt das Theorem über implizite Funktionen, daß für genügend kleine x eine eindeutige Funktion $\mu = \mu(x)$ mit $\mu(0) = 0$ existiert und daß dann die Fixpunktgleichung $f\big(x, \mu(x)\big) = 0$ lautet.

Unser Ziel ist nun, an der Verzweigungsstelle $(\mu, x) = (0,0)$ Bedingungen für die Ableitungen von f in Gl. (6.4.11) herzuleiten, so daß die signifikanten Charakteristika $\frac{\mathrm{d}\mu}{\mathrm{d}x}(0) = 0$ und $\frac{\mathrm{d}^2\mu}{\mathrm{d}x^2}(0) \neq 0$ der Sattelknoten-Verzweigung eingehalten werden. Ausgehend von Gl. (6.4.14), gilt

$$f\big(x, \mu(x)\big) = 0 \tag{6.4.15}$$

Durch implizite Differentiation von Gl. (6.4.15) nach x erhalten wir unter Anwendung der Kettenregel, wobei wir der Klarheit wegen das Argument der Gl. (6.4.15) hier nicht anführen,

$$\frac{\partial f}{\partial x} + \frac{\partial f}{\partial \mu}\frac{\mathrm{d}\mu}{\mathrm{d}x} = 0 \tag{6.4.16}$$

bzw. für $(\mu, x) = (0,0)$

$$\frac{\mathrm{d}\mu}{\mathrm{d}x}(0) = -\frac{\dfrac{\partial f}{\partial x}(0,0)}{\dfrac{\partial f}{\partial \mu}(0,0)} \tag{6.4.17}$$

Gleichung (6.4.17) verdeutlicht, daß die in Gln. (6.4.13) und (6.4.14) spezifizierten Ableitungen die 1. Forderung $\frac{\mathrm{d}\mu}{\mathrm{d}x}(0) = 0$ der Sattelknoten-Verzweigung implizieren.

Ein wiederholtes Differenzieren von Gl. (6.4.16) nach x unter Anwendung der Ketten- und Produktregel führt zu

$$0 = \frac{\partial^2 f}{\partial x^2} + 2\frac{\partial^2 f}{\partial x \partial \mu}\frac{\mathrm{d}\mu}{\mathrm{d}x} + \frac{\partial f}{\partial \mu}\frac{\mathrm{d}^2\mu}{\mathrm{d}x^2} + \frac{\partial^2 f}{\partial \mu^2}\left(\frac{\mathrm{d}\mu}{\mathrm{d}x}\right)^2 \tag{6.4.18}$$

Berücksichtigen wir Gl. (6.4.17), so vereinfacht sich Gl. (6.4.18) für den verzweigenden Fixpunkt $(x, \mu) = (0,0)$ zu

$$0 = \frac{\partial^2 f}{\partial x^2}(0,0) + \frac{\partial f}{\partial \mu}(0,0)\frac{\mathrm{d}^2\mu}{\mathrm{d}x^2}(0) \tag{6.4.19}$$

bzw.

$$\frac{d^2\mu}{dx^2}(0) = -\frac{\dfrac{\partial^2 f}{\partial x^2}(0,0)}{\dfrac{\partial f}{\partial \mu}(0,0)} \tag{6.4.20}$$

Damit die 2. Forderung für die Sattelknoten-Verzweigung, $\frac{d^2\mu}{dx^2}(0) \neq 0$, erfüllt ist, muß zusätzlich zu Gl. (6.4.14) noch $\frac{\partial^2 f}{\partial x^2}(0,0) \neq 0$ sein.

Wir können nun für die Sattelknoten-Verzweigung, ausgehend von Gl. (6.4.11), die folgenden vier Bedingungen zusammenfassen:

$$f(0,0) = 0\ , \quad \text{Fixpunkt}$$

$$\frac{\partial f}{\partial x}(0,0) = 0\ , \quad \text{nichthyperbolisch} \tag{6.4.21}$$

$$\frac{\partial f}{\partial \mu}(0,0) \neq 0\ , \quad \text{eindeutige Fixpunktkurve } \mu = \mu(x) \text{ durch } (x,\mu) = (0,0) \tag{6.4.22}$$

$$\frac{\partial^2 f}{\partial x^2}(0,0) \neq 0\ , \quad \text{Fixpunkte auf einer Seite von } \mu = 0 \tag{6.4.23}$$

Wir möchten noch anmerken, daß das Vorzeichen von Gl. (6.4.20) darüber entscheidet, auf welcher Seite von $\mu = 0$ die Fixpunktkurven liegen (Abb. 6.4.3). Damit ist aber nichts darüber ausgesagt, welcher Zweig zu einem stabilen und welcher zu einem instabilen Fixpunktverhalten gehört. Um dies zu klären, formen wir Gl. (6.4.16) folgendermaßen um

$$\frac{\partial f}{\partial x} = -\frac{\partial f}{\partial \mu}\frac{d\mu}{dx} \tag{6.4.24}$$

Ist $\frac{\partial f}{\partial x}(x,\mu) < 0$, so ist der Fixpunktzweig stabil, für $\frac{\partial f}{\partial x}(x,\mu) > 0$ ist er instabil. Wie wir wissen, ändert $\frac{d\mu}{dx}(0)$ im Verzweigungspunkt $(x,\mu) = (0,0)$ sein Vorzeichen, und damit ist aufgrund von Gl. (6.4.24) klar, daß, ist der eine Zweig stabil, der andere instabil sein muß. In Abb. 6.4.3 sind zwei Verzweigungstypen dargestellt, einmal die superkritische (a) und zum anderen die subkritische (b).

Die Herleitung der Bedingungen für die Sattelknoten-Verzweigung ist geprägt von der Verzweigung, die sich für die sehr einfache Gl. (6.4.4) ergibt. Man kann sich nun fragen, welche anderen Gleichungstypen auch zu dieser Sattelknoten-Verzweigung führen. Zu diesem Zweck betrachten wir die allgemeine einparametrige Familie von eindimensionalen Vektorfeldern am nichthyperbolischen Fixpunkt $(x,\mu) = (0,0)$. Ohne Beschränkung der Allgemeinheit ist die Taylor-Entwicklung des Vektorfeldes an dieser Stelle

$$f(x,\mu) = a_0\mu + a_1x^2 + a_2\mu x + a_3\mu^2 + \mathcal{O}(3) \tag{6.4.25a}$$

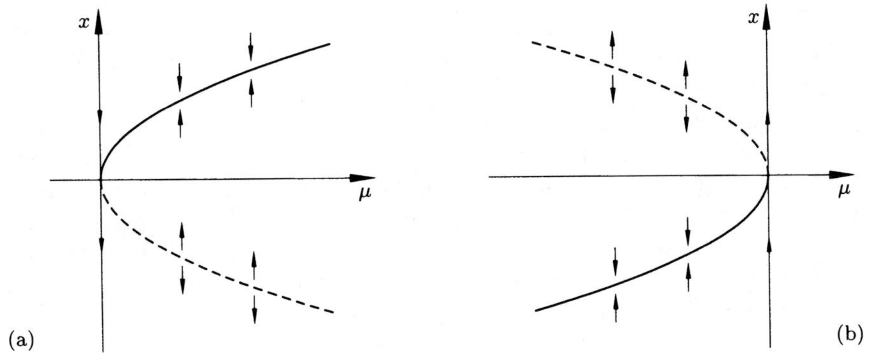

Abb. 6.4.3 Sattelknoten-Verzweigung (siehe Gl. (6.4.20)):
a) superkritisch ($-f_{xx}/f_\mu > 0$), b) subkritisch ($-f_{xx}/f_\mu < 0$)

Abbildung 6.4.4 zeigt, daß das Verzweigungsbild in der Nähe des Verzweigungspunktes $(x, \mu) = (0, 0)$ das gleiche ist wie das des Vektorfeldes

$$\dot{x} = \mu - x^2 \qquad (6.4.25b)$$

Die gegenüber Gl. (6.4.25b) zusätzlichen quadratischen Terme in Gl. (6.4.25a) führen zu keiner qualitativen Änderung im Verzweigungsbild. Sie und die Terme höherer Ordnung lassen sich sukzessive durch nichtlineare Transformationen nach der Methode der Normalformen, Abschnitt 6.3, auf ihre essentielle Form reduzieren. Die Sattelknoten-Verzweigung stellt somit eine Normalform dar.

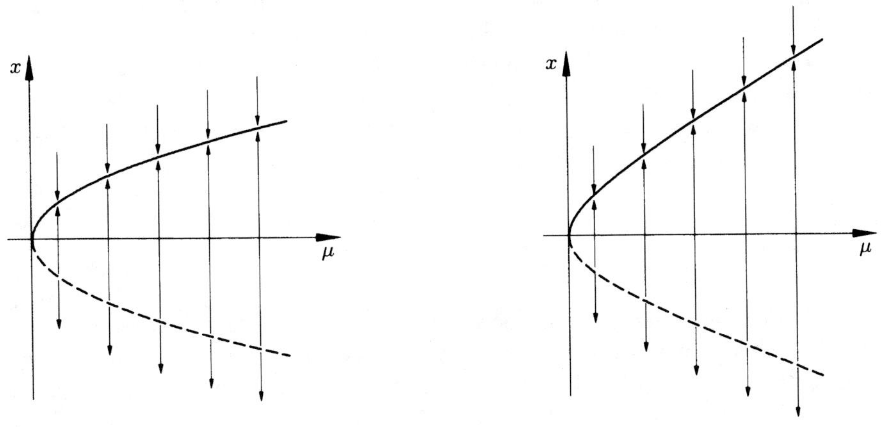

Abb. 6.4.4 Normalform einer Sattelknoten-Verzweigung, Gl. (6.4.25a) contra Gl. (6.4.25b) ($a_0 = 1, a_1 = -1, a_2 = a_3 = 0.2$)

B) Transkritische Verzweigung

Der zweite wesentliche Verzweigungstyp ist der transkritische. Der Hauptsatz über implizite Funktionen ermöglichte im Fall der Sattelknoten-Verzweigung, Bedingungen für die Ableitungen des Vektorfeldes anzugeben, die die Verzweigung charakterisieren. Wir wollen diese erfolgreiche Strategie nun auch auf die transkritische Verzweigung anwenden. Das Motivationsbeispiel Gl. (6.1.11), dargestellt in Abbn. 6.1.5 und 6.4.1b, steckt den Rahmen ab für die Bedingungen, die erfüllt sein müssen, damit von einer transkritischen Verzweigung gesprochen werden kann. Folgende Eigenschaften charakterisieren in der Nähe des Fixpunktes $(x, \mu) = (0, 0)$ die transkritische Verzweigung (Abb. 6.4.1b):

1. links und rechts vom kritischen Punkt $(x, \mu) = (0, 0)$ existieren zwei Fixpunktkurven, gegeben durch die Geradengleichungen $x = \mu$ und $x = 0$;
2. die Stabilität wechselt beim Durchgang durch $\mu = 0$ von stabil nach instabil, und umgekehrt.

Wir beginnen unsere Herleitung der transkritischen Verzweigungsbedingungen wiederum mit der einparametrigen Familie von eindimensionalen Vektorfeldern

$$\dot{x} = f(x, \mu) \tag{6.4.26}$$

Desgleichen sei der Zustand $(x, \mu) = (0, 0)$ ein nichthyperbolischer Fixpunkt, d. h.

$$f(0,0) = 0 \qquad \text{und} \qquad \frac{\partial f}{\partial x}(0,0) = 0 \tag{6.4.27}$$

Im Gegensatz zur Sattelknoten-Verzweigung haben wir in diesem Fall zwei Fixpunktkurven, die sich in $(x, \mu) = (0, 0)$ kreuzen. Ginge durch den Verzweigungspunkt nur eine Fixpunktkurve, so müßte nach dem Satz über implizite Funktionen mindestens eine der beiden Ableitungen $\frac{\partial f}{\partial x}(0,0)$ oder $\frac{\partial f}{\partial \mu}(0,0)$ von Null verschieden sein. Wegen Gl. (6.4.27) käme nur $\frac{\partial f}{\partial \mu}(0,0) \neq 0$ in Frage. Da jedoch durch den Verzweigungspunkt zwei Fixpunktkurven verlaufen, folgt im Fall der transkritischen Verzweigung notwendig

$$\frac{\partial f}{\partial \mu}(0,0) = 0 \tag{6.4.28}$$

Diese Überlegungen zeigen, daß man bei der transkritischen Verzweigung nicht nach demselben Schema vorgehen kann wie bei der Sattelknoten-Verzweigung, da eine direkte Anwendung des Theorems über implizite Funktionen nicht möglich ist. Im folgenden werden wir allerdings zeigen, daß diese Schwierigkeit sehr einfach zu umgehen ist.

Wir beziehen uns auf das Beispiel Gl. (6.4.5) und Abb. 6.4.1b, bei dem durch $x = 0$ für alle μ ein Fixpunktzweig gegeben ist, der im Ursprung den anderen Zweig kreuzt. Für diese Situation kann die allgemeine Ausgangsbeziehung Gl. (6.4.26) in die folgende Form gebracht werden, indem wir die Lösung $x = 0$ ausklammern,

$$\dot{x} = f(x, \mu) = xF(x, \mu) \tag{6.4.29}$$

Die noch verbleibende Funktion $F(x, \mu)$ ist wie folgt definiert

$$\begin{aligned} x \neq 0: \quad & F(x, \mu) = \frac{f(x, \mu)}{x} \\ x = 0: \quad & F(x, \mu) = \frac{\partial f}{\partial x}(0, \mu) \end{aligned} \tag{6.4.30}$$

Da wir die ($x = 0$)-Fixpunktkurve von Gl. (6.4.29) abgespalten haben, konzentrieren wir uns darauf, Verzweigungsbedingungen für F in Ableitungstermen zu finden, die nach Gl. (6.4.30) auch in Bedingungen für die Ableitungen von f transformiert werden können. Die Herleitungsstrategie ist nun ganz analog zur Sattelknoten-Verzweigung, in diesem Fall suchen wir aber Bedingungen für F.

Nach Gl. (6.4.30) gilt

$$\begin{aligned} & F(0, 0) = 0 \\ & \frac{\partial F}{\partial x}(0, 0) = \frac{\partial^2 f}{\partial x^2}(0, 0) \end{aligned} \tag{6.4.31}$$

und

$$\frac{\partial F}{\partial \mu}(0, 0) = \frac{\partial^2 f}{\partial x \partial \mu}(0, 0) \tag{6.4.32}$$

Ist Gl. (6.4.32)$\neq 0$, dann existiert (Satz über implizite Funktionen) für genügend kleine x eine eindeutige Funktion $\mu = \mu(x)$, so daß gilt

$$F(x, \mu(x)) = 0 \tag{6.4.33}$$

Welche Bedingungen muß diese $\mu(x)$-Fixpunktkurve von Gl. (6.4.29) erfüllen? Sie darf erstens nicht mit der Fixpunktkurve $x = 0$ zusammenfallen und zweitens muß sie nach Abb. 6.4.1b links und rechts von $\mu = 0$ existieren, d. h. sie darf $x = 0$ weder berühren noch orthogonal schneiden. Das läßt sich folgendermaßen ausdrücken

$$0 < \left| \frac{\mathrm{d}\mu}{\mathrm{d}x}(0) \right| < \infty \tag{6.4.34}$$

Nach diesen Vorarbeiten können wir nun Gl. (6.4.33) implizit differenzieren, ganz analog zur Strategie der Sattelknoten-Verzweigung. Wir erhalten, bereits umgeformt,

$$\frac{\mathrm{d}\mu}{\mathrm{d}x}(0) = -\frac{\dfrac{\partial F}{\partial x}(0, 0)}{\dfrac{\partial F}{\partial \mu}(0, 0)} \tag{6.4.35}$$

Ersetzt man die Ableitung von F durch die von f, indem man die Gln. (6.4.31) und (6.4.32) berücksichtigt, so kann Gl. (6.4.35) folgendermaßen geschrieben werden

$$\frac{\mathrm{d}\mu}{\mathrm{d}x}(0) = -\frac{\dfrac{\partial^2 f}{\partial x^2}(0,0)}{\dfrac{\partial^2 f}{\partial x \partial \mu}(0,0)} \tag{6.4.36}$$

Gleichung (6.4.36) erfüllt die Bedingung Gl. (6.4.34) der transversal verlaufenden Fixpunktgleichung $\mu = \mu(x)$, wenn sowohl Zähler als auch Nenner ungleich Null sind. Gleichung (6.4.36) stellt somit eine Bedingung für die Steigung der von $x = 0$ verschiedenen Fixpunktkurve dar.

Wir können nun, ausgehend von der allgemeinen einparametrigen Familie eindimensionaler Vektorfelder in Gl. (6.4.26), für die transkritische Verzweigung folgende fünf Bedingungen zusammenfassen:

$$\begin{aligned} f(0,0) &= 0\,, && \text{Fixpunkt} \\ \frac{\partial f}{\partial x}(0,0) &= 0\,, && \text{nichthyperbolisch} \end{aligned} \tag{6.4.37}$$

$$\frac{\partial f}{\partial \mu}(0,0) = 0\,, \quad \text{Schnitt zweier Fixpunktkurven} \tag{6.4.38}$$

$$\left.\begin{aligned} &\frac{\partial^2 f}{\partial x^2}(0,0) \neq 0 && (6.4.39) \\ &\frac{\partial^2 f}{\partial x \partial \mu}(0,0) \neq 0 && (6.4.40) \end{aligned}\right\} \text{„schräge“ Transversalität von } \mu = \mu(x)$$

Sind die Bedingungen Gln. (6.4.37) bis (6.4.40) erfüllt, dann entscheidet das Vorzeichen von $\frac{\mathrm{d}\mu}{\mathrm{d}x}(0)$ in Gl. (6.4.36) darüber, welche der beiden möglichen transkritischen Verzweigungsarten vorliegt. Der Fall $\frac{\mathrm{d}\mu}{\mathrm{d}x}(0) > 0$ bedeutet positive Steigung der von $x = 0$ verschiedenen Fixpunktkurve und $\frac{\mathrm{d}\mu}{\mathrm{d}x}(0) < 0$ negative Steigung. Beide Fälle sind in Abb. 6.4.5 dargestellt, wobei über das Stabilitätsverhalten der einzelnen Fixpunktkurven noch nichts ausgesagt ist.

Wir erinnern uns an Gl. (6.4.24), mittels derer Aussagen zum Stabilitätsverhalten einer Sattelknoten-Verzweigung gemacht werden. Wir betrachten nun die Fixpunktkurve $\mu = \mu(x)$. Im Falle der transkritischen Verzweigung wechselt im Verzweigungspunkt $(x, \mu) = (0, 0)$ der $\frac{\partial f}{\partial \mu}$-Term sein Vorzeichen, wohingegen $\frac{\mathrm{d}\mu}{\mathrm{d}x}$ seines beibehält, weshalb man in diesem Fall von einem Stabilitätsaustausch spricht. In Abb. 6.4.5 sind zwei transkritische Verzweigungen, zum einen eine superkritische (a) und zum anderen eine subkritische (b), dargestellt. Die Gleichung

$$\dot{x} = \mu x \mp x^2 \tag{6.4.41}$$

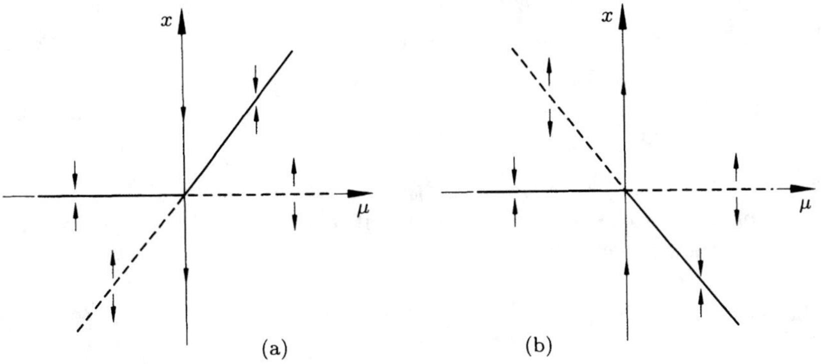

Abb. 6.4.5 Transkritische Verzweigung (siehe Gl. (6.4.36)):
a) superkritisch ($-f_{xx}/f_{x\mu} > 0$), b) subkritisch ($-f_{xx}/f_{x\mu} < 0$)

erfüllt die Bedingungen Gln. (6.4.37) bis (6.4.40). Man bezeichnet daher Gl. (6.4.41) als Normalform der transkritischen Verzweigung, wobei das Minus- für den superkritischen und das Plus-Vorzeichen für den subkritischen Fall gilt.

C) Gabelverzweigung

Die Herleitung der Bedingungen für eine Gabelverzweigung, wie wir sie von Gl. (6.4.6) und Abb. 6.4.1c her kennen, ist stark an die der transkritischen Verzweigung angelehnt.

Wir beginnen als erstes mit einer Charakterisierung der Fixpunktkurven in der Nähe des Verzweigungspunktes $(x, \mu) = (0, 0)$:

1. Die beiden Kurven $x = 0$ und $\mu = x^2$ kreuzen sich im Ursprung $(x, \mu) = (0, 0)$,
2. die Fixpunktkurve $x = 0$ existiert für alle μ, der Kurvenverlauf von $\mu = x^2$ verbleibt auf einer Seite von $\mu = 0$ und
3. die Fixpunktlösung $x = 0$ wechselt beim Durchgang von $\mu = 0$ ihre Stabilität, während diejenige von $\mu = x^2$ erhalten bleibt.

Die Ausgangsgleichung unserer Betrachtung ist das eindimensionale Vektorfeld

$$\dot{x} = f(x, \mu) \tag{6.4.42}$$

Die bereits bekannten Bedingungen für nichthyperbolische Fixpunkte sind

$$\begin{aligned} f(0,0) &= 0 \\ \frac{\partial f}{\partial x}(0,0) &= 0 \end{aligned} \tag{6.4.43}$$

Wir wissen aufgrund unserer Überlegungen zur transkritischen Verzweigung, daß, wenn sich mindestens zwei Kurven im Punkt $(x, \mu) = (0, 0)$ kreuzen, gelten muß

$$\frac{\partial f}{\partial \mu}(0,0) = 0 \tag{6.4.44}$$

Auch hier ist $x = 0$ Fixpunktlösung. Spalten wir diese Lösung ab, so können wir für die Herleitung der charakteristischen Ableitungen das Ausgangssystem Gl. (6.4.42) in die folgende Form bringen

$$\dot{x} = f(x, \mu) = xF(x, \mu) \tag{6.4.45}$$

wobei wiederum für $F(x, \mu)$ gilt

$$\begin{aligned} x \neq 0: \quad & F(x,\mu) = \frac{f(x,\mu)}{x} \\ x = 0: \quad & F(x,\mu) = \frac{\partial f}{\partial x}(0,\mu) \end{aligned} \tag{6.4.46}$$

Wir betrachten den von $x = 0$ verschiedenen Fixpunktzweig, der durch $(x, \mu) = (0, 0)$ verläuft. Setzt man Gl. (6.4.43) in Gl. (6.4.46) ein, so erhalten wir

$$F(0,0) = 0 \tag{6.4.47}$$

und weil von diesem Lösungsast im Bifurkationspunkt keine weitere von $x = 0$ verschiedene Lösung abzweigt, ergibt sich

$$\frac{\partial F}{\partial \mu}(0,0) \neq 0 \tag{6.4.48}$$

Der Satz über implizite Funktionen besagt nun, daß eine eindeutige Funktion $\mu = \mu(x)$ in der Nähe von $(x, \mu) = (0, 0)$ existiert. Damit folgt

$$F\big(x, \mu(x)\big) = 0 \tag{6.4.49}$$

Entsprechend der Sattelknoten-Verzweigungen müssen für $\mu(x)$ folgende Bedingungen gelten

$$\frac{\mathrm{d}\mu}{\mathrm{d}x}(0) = 0 \tag{6.4.50}$$

und

$$\frac{\mathrm{d}^2\mu}{\mathrm{d}x^2}(0) \neq 0 \tag{6.4.51}$$

Welche Ableitungen von F, Gl. (6.4.49), und f, Gl. (6.4.42), erfüllen nun Gln. (6.4.50) und (6.4.51)? Wir differenzieren Gl. (6.4.49) implizit und erhalten, bereits umgeformt,

$$\frac{\mathrm{d}\mu}{\mathrm{d}x}(0) = -\frac{\dfrac{\partial F}{\partial x}(0,0)}{\dfrac{\partial F}{\partial \mu}(0,0)} = 0 \tag{6.4.52}$$

und

$$\frac{\mathrm{d}^2\mu}{\mathrm{d}x^2}(0) = -\frac{\dfrac{\partial^2 F}{\partial x^2}(0,0)}{\dfrac{\partial F}{\partial \mu}(0,0)} \neq 0 \tag{6.4.53}$$

Ersetzen wir F nach Gl. (6.4.46) durch $\frac{\partial f}{\partial x}$, so erhalten wir für die letzten beiden Beziehungen

$$\frac{\mathrm{d}\mu}{\mathrm{d}x}(0) = -\frac{\dfrac{\partial^2 f}{\partial x^2}(0,0)}{\dfrac{\partial^2 f}{\partial x \partial \mu}(0,0)} = 0 \tag{6.4.54}$$

und

$$\frac{\mathrm{d}^2\mu}{\mathrm{d}x^2}(0) = -\frac{\dfrac{\partial^3 f}{\partial x^3}(0,0)}{\dfrac{\partial^2 f}{\partial x \partial \mu}(0,0)} \neq 0 \tag{6.4.55}$$

Wir fassen nun folgendes wichtige Ergebnis für die Gabelverzweigung zusammen. Für das eindimensionale Vektorfeld

$$\dot{x} = f(x,\mu)$$

ist im Ursprung $(x,\mu) = (0,0)$ der Verzweigungstyp eine Gabelverzweigung, wenn folgende sechs Bedingungen erfüllt sind:

$$\left.\begin{aligned} f(0,0) = 0\ , &\quad \text{Fixpunkt} \\ \frac{\partial f}{\partial x}(0,0) = 0\ , &\quad \text{nichthyperbolisch} \end{aligned}\right\} \tag{6.4.56}$$

$$\frac{\partial f}{\partial \mu}(0,0) = 0\ , \quad \text{Schnitt zweier Fixpunktkurven} \tag{6.4.57}$$

$$\frac{\partial^2 f}{\partial x^2}(0,0) = 0\,, \quad \text{der von } x=0 \text{ verschiedene Ast hat } \mu = 0 \text{ zur Tangente} \tag{6.4.58}$$

$$\frac{\partial^2 f}{\partial x \partial \mu}(0,0) \neq 0 \tag{6.4.59}$$

$$\frac{\partial^3 f}{\partial x^3}(0,0) \neq 0 \tag{6.4.60}$$

(6.4.59) und (6.4.60): der von $x = 0$ verschiedene Ast bleibt auf einer Seite

Nach welcher Seite sich die Fixpunktgleichung $F(x,\mu) = 0$ öffnet, bestimmt das Vorzeichen von $\frac{\mathrm{d}^2\mu}{\mathrm{d}x^2}(0,0)$ in Gl. (6.4.55). Beide Möglichkeiten sind zusammen mit zwei Stabilitätsverhältnissen in Abb. 6.4.6 dargestellt, wobei a) die superkritische und b) die subkritische Gabelverzweigung zeigt.

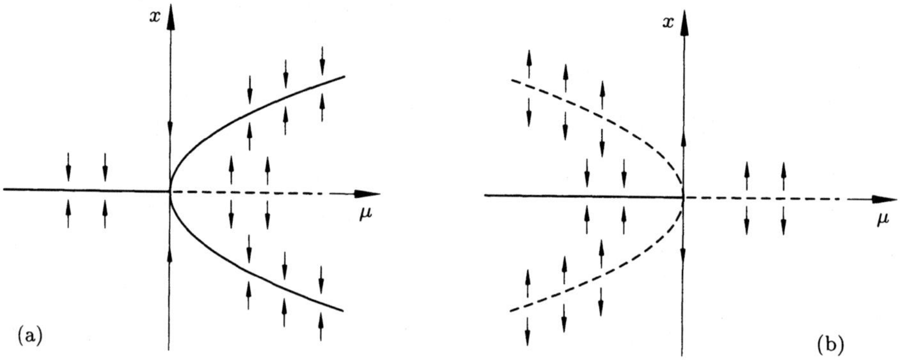

Abb. 6.4.6 Gabelverzweigung (siehe Gl. (6.4.55)):
a) superkritisch ($-f_{xxx}/f_{x\mu} > 0$), b) subkritisch ($-f_{xxx}/f_{x\mu} < 0$)

Die Verzweigungsstrukturen aufgrund der Bedingungen Gln. (6.4.56) bis (6.4.60) entsprechen qualitativ der Gleichung

$$\dot{x} = \mu x \mp x^3 \tag{6.4.61}$$

Das Minus-Vorzeichen gilt für die superkritische und das Plus-Vorzeichen für die subkritische Bifurkation. Man bezeichnet Gl. (6.4.61) als Normalform der Gabelverzweigung.

D) Hopf-Verzweigung

Die als letzte zu beschreibende einfache Verzweigung eines nichthyperbolischen Fixpunktes ist die schon in Abschnitt 6.1 erwähnte Hopf-Verzweigung. Sie ereignet sich dann, wenn ein Paar einfacher konjugiert komplexer Eigenwerte bei μ_{cr} die imaginäre Achse kreuzt. Das allgemeine Gleichungssystem

$$\dot{\boldsymbol{x}} = \boldsymbol{F}(\boldsymbol{x},\boldsymbol{\mu})\,, \qquad \boldsymbol{x} \in \mathbb{R}^{\mathrm{n}}, \quad \boldsymbol{\mu} \in \mathbb{R}^{\mathrm{p}} \tag{6.4.62}$$

läßt sich nun nach der Theorie der Zentrumsmannigfaltigkeit auf eine p-parametrige Familie eines zweidimensionalen Flusses reduzieren. Hält man bis auf einen Parameter μ alle anderen fest, so läßt sich das Vektorfeld auf der zweidimensionalen Zentrumsmannigfaltigkeit, aufgespalten in einen linearen und einen nicht-linearen Anteil, folgendermaßen angeben

$$\begin{bmatrix} \dot{x} \\ \dot{y} \end{bmatrix} = \begin{bmatrix} \alpha(\mu) & -\omega(\mu) \\ \omega(\mu) & \alpha(\mu) \end{bmatrix} \begin{bmatrix} x \\ y \end{bmatrix} + \begin{bmatrix} g_x(x,y,\mu) \\ g_y(x,y,\mu) \end{bmatrix}, \qquad (x,y,\mu) \in \mathbb{R}^1 \times \mathbb{R}^1 \times \mathbb{R}^1 \tag{6.4.63}$$

wobei wir annehmen, daß der Fixpunkt im Ursprung liegt. Die Werte $\lambda(\mu) = \alpha(\mu) \pm i\omega(\mu)$ bedeuten die konjugiert komplexen Eigenwerte der linearisierten Matrix, und g_x, g_y stellen die nichtlinearen Anteile in x, y dar. Der Einfachheit halber soll die Verzweigung bei μ_{cr} erfolgen, dann ist $\mathrm{Re}\lambda(\mu) = 0$, d. h.

$$\begin{aligned} \alpha(0) &= 0 \\ \omega(0) &\neq 0 \end{aligned} \tag{6.4.64}$$

Um zu erfahren, welche höheren Terme topologisch bzw. qualitativ für die Verzweigung nichts Neues bewirken, transformiert man Gl. (6.4.63) in die Normalform. Die Herleitung der Normalform durch sukzessive Elimination von Termen höherer Ordnung wurde in Abschnitt 6.3 ausführlich beschrieben. Die explizite Herleitung der Normalform für den Fall zweier konjugiert komplexer, rein imaginärer Eigenwerte findet man in (Guckenheimer und Holmes, 1983), so daß wir an dieser Stelle das Ergebnis direkt übernehmen können

$$\begin{aligned} \dot{x} &= \alpha(\mu)x - \omega(\mu)y + [a(\mu)x - b(\mu)y](x^2 + y^2) + \mathcal{O}(5) \\ \dot{y} &= \omega(\mu)x + \alpha(\mu)y + [b(\mu)x + a(\mu)y](x^2 + y^2) + \mathcal{O}(5) \end{aligned} \tag{6.4.65}$$

In Polarkoordinaten r, θ läßt sich das System Gl. (6.4.65) wesentlich einfacher darstellen

$$\begin{aligned} \dot{r} &= \alpha(\mu)r + a(\mu)r^3 + \mathcal{O}(r^5) \\ \dot{\theta} &= \omega(\mu) \quad + b(\mu)r^2 + \mathcal{O}(r^4) \end{aligned} \tag{6.4.66}$$

Wir sind an der Dynamik in Abhängigkeit von μ in der Umgebung von $\mu = 0$ interessiert. Zu diesem Zweck ist es naheliegend, die Koeffizienten von Gl. (6.4.66) in Taylor-Reihen für $\mu = 0$ zu entwickeln. Berücksichtigt man nur die führenden Glieder der Taylor-Reihe, so erhält man unter Berücksichtigung von Gl. (6.4.64) schließlich für Gl. (6.4.66)

$$\begin{aligned} \dot{r} &= \frac{\mathrm{d}\alpha}{\mathrm{d}\mu}(0)\mu r + a(0)r^3 \\ \dot{\theta} &= \omega(0) + \frac{\mathrm{d}\omega}{\mathrm{d}\mu}(0)\mu + b(0)r^2 \end{aligned} \tag{6.4.67}$$

bzw. mit $d = \frac{d\alpha}{d\mu}(0)$ und $c = \frac{d\omega}{d\mu}(0)$

$$\dot{r} = d\mu r + ar^3 \quad = f(r) \tag{6.4.68}$$

$$\dot{\theta} = \omega + c\mu + br^2 = g(r) \tag{6.4.69}$$

Die Radiusentwicklung in Gl. (6.4.68) ist unabhängig von θ. Die Bedingung $\dot{r} = 0$ bestimmt somit das Langzeitverhalten $t \to \infty$. Die triviale Lösung $r = 0$ ist Fixpunktlösung für alle μ, und da $\dot{\theta} \neq 0$ ist, kann der Fixpunkt folglich nur ein Fokus sein. Die nichttriviale Lösung $r = (-d\mu/a)^{1/2}$ zeigt, da $\dot{\theta} \neq 0$ ist, daß für $-\infty < d\mu/a < 0$ kreisförmige periodische Trajektorien mit $r > 0$ entstehen. Im Verzweigungsdiagramm liegen die nichttrivialen Lösungen für $a \neq 0$ und $d \neq 0$ auf dem Paraboloid $\mu = -ar^2/d$. Das heißt, daß bei $\mu = 0$ je nach Vorzeichenkonstellation von a und d ein Grenzzyklus entweder verschwindet oder entsteht.

Sind alle Lösungen für $t \to \infty$ gefunden, stellt sich die Frage nach deren Stabilität. Über die Stabilität der Fixpunkte und Grenzzyklen entscheidet das Vorzeichen der Ableitung von Gl. (6.4.68) nach r. Man erhält

$$\frac{df}{dr} = d\mu + 3ar^2 \tag{6.4.70}$$

Für die Fixpunkte $r = 0$ ergibt sich $\frac{df}{dr} = d\mu$, d. h. beim Nulldurchgang des Kontrollparameters μ tritt auf jeden Fall ein Vorzeichenwechsel der Ableitung und damit ein Stabilitätswechsel der Fixpunkte ein. Zur Stabilitätsbestimmung der periodischen Orbits berechnet man die Ableitung $\frac{df}{dr}$ entlang des Paraboloids $\mu = -ar^2/d$ und erhält

$$\frac{df}{dr} = d(-\frac{ar^2}{d}) + 3ar^2 = 2ar^2$$

Wir stellen fest, daß für $a < 0$ der Grenzzyklus asymptotisch stabil ist und für $a > 0$ instabil.

Die Stabilität des Fixpunktes für $\mu = 0$ kann direkt aus Gl. (6.4.70) abgeleitet werden. Es zeigt sich, daß wieder das Vorzeichen von a über die Stabilität entscheidet, nämlich

$\mu = 0$ ist stabil für $a < 0$

$\mu = 0$ ist instabil für $a > 0$

Fassen wir die Ergebnisse hinsichtlich stabiler und instabiler Fixpunktlösung sowie stabiler und instabiler Grenzzyklen kurz zusammen und illustrieren wir sie graphisch. Es sind für $-\infty < \mu < +\infty$ vier Konstellationen möglich:

1. $d > 0\,,\ a < 0$ (Abb. 6.4.7) (superkritisch)
2. $d < 0\,,\ a > 0$ (Abb. 6.4.8)
3. $d < 0\,,\ a < 0$ (Abb. 6.4.9)
4. $d > 0\,,\ a > 0$ (Abb. 6.4.10) (subkritisch)

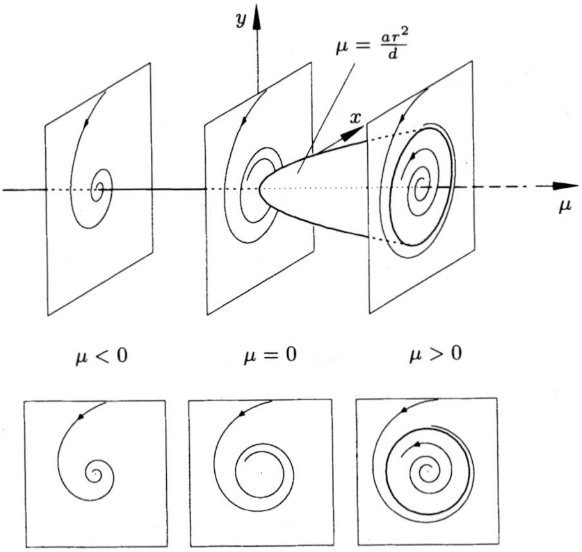

Abb. 6.4.7 Überkritisch *stabile* periodische Abzweigung
= *superkritische* Hopf-Verzweigung ($d > 0$, $a < 0$)

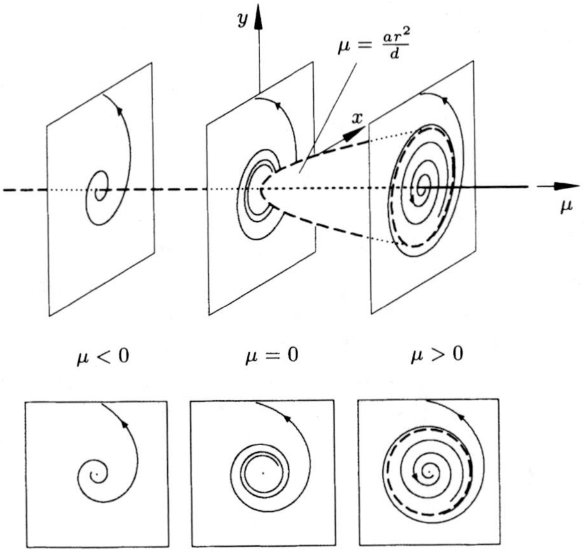

Abb. 6.4.8 Überkritisch *instabile* periodische Abzweigung ($d < 0$, $a > 0$)

ad 1 : $d > 0,\ a < 0$: Für $\mu \leqslant 0$ ist die einzige Lösung ein asymptotisch stabiler Fokus. Bei $\mu = 0$ tritt eine Verzweigung ein, d. h. für das Gleichungssystem existieren für $\mu > 0$ ein zusätzlicher stabiler Grenzzyklus und ein instabiler Fokus. Läßt man μ von $-\infty$ nach $+\infty$ laufen, so ist die periodische Abzweigung überkritisch stabil, und man bezeichnet dies als *superkritische Hopf-Verzweigung* (Abb. 6.4.7).

ad 2 : $d < 0,\ a > 0$: Die einzige Lösung für $\mu \leqslant 0$ ist ein instabiler Fokus. Der Grenzzyklus, der bei $\mu = 0$ einsetzt und für $\mu > 0$ existiert, ist ebenfalls instabil. Der Fokus im Bereich $\mu > 0$ ist hingegen stabil. Für diese überkritisch instabile Grenzzyklusbifurkation von einer instabilen Fixpunktlösung gibt es keine spezielle Bezeichnung (Abb. 6.4.8).

ad 3 : $d < 0,\ a < 0$: Für $\mu < 0$ existieren zwei Langzeitlösungen, ein stabiler Grenzzyklus und ein instabiler Fokus. Bei $\mu = 0$ annulliert sich der Grenzzyklus, was verbleibt, ist für $\mu \geqslant 0$ ein stabiler Fokus. Man beobachtet eine unterkritisch stabile Bifurkation (Abb. 6.4.9).

ad 4 : $d > 0,\ a > 0$: In diesem Fall existiert für $\mu < 0$ ein instabiler Grenzzyklus und ein stabiler Fokus. Ab $\mu = 0$ verbleibt für $\mu \geqslant 0$ als einzige Lösung ein instabiler Fokus. Die unterkritisch instabile periodische Verzweigung bezeichnet man als *subkritische* oder *inverse* (zur superkritischen) *Hopf-Verzweigung* (Abb. 6.4.10).

Die Aufgliederung der Hopf-Verzweigungen in die oben erwähnten 4 Fälle macht deutlich, daß für $a < 0$ die entstehende periodische Lösung stabil und für $a > 0$ instabil ist. Der Verzweigungsmodus ist für $a < 0$, $d > 0$ superkritisch und für $a > 0$, $d > 0$ subkritisch.

Wir haben gesehen, daß das Stabilitätsverhalten der periodischen abzweigenden Lösung vom Parameter a gesteuert wird. Wir haben außerdem gezeigt, daß das Stabilitätsverhalten des Grenzzyklus abhängig ist vom Stabilitätsverhalten des eingeschlossenen Fokus. Ist der Grenzzyklus stabil, so ist der Fokus instabil, und umgekehrt. Wir können demzufolge Aussagen machen zum Stabilitätsverhalten des Grenzzyklus, wenn wir das Stabilitätsverhalten des Fokus kennen. Betrachten wir zu diesem Zweck den linearen Term von Gl. (6.4.68), so wird klar, daß, falls $d > 0$ gilt, für $\mu < 0$ der Fokus $r = 0$ stabil und im Falle $\mu > 0$ instabil ist (Abbn. 6.4.7 und 6.4.10). Umgekehrt verhält es sich für $d < 0$: ist $\mu < 0$, dann ist der Fixpunkt instabil und für $\mu > 0$ asymptotisch stabil. Der Stabilitätswechsel wird klarer, wenn wir an die Bedeutung von d erinnern, Gl. (6.4.67),

$$d = \left.\frac{\mathrm{d}\alpha}{\mathrm{d}\mu}\right|_0 = \left.\frac{\mathrm{d}(\mathrm{Re}\lambda)}{\mathrm{d}\mu}\right|_0 \lessgtr 0 \tag{6.4.71}$$

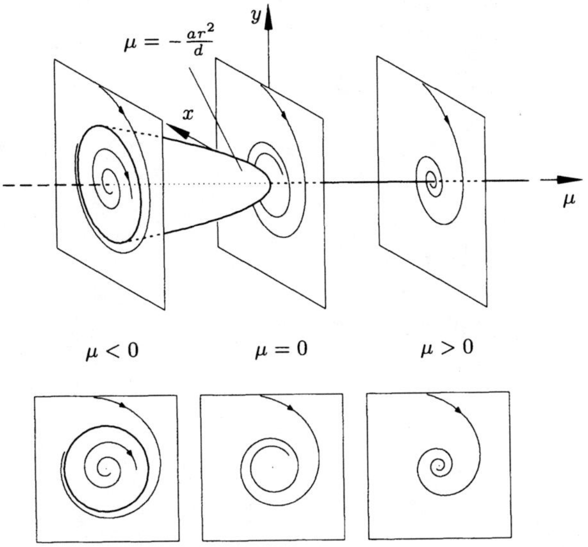

Abb. 6.4.9 Unterkritisch *stabile* periodische Abzweigung ($d < 0$, $a < 0$)

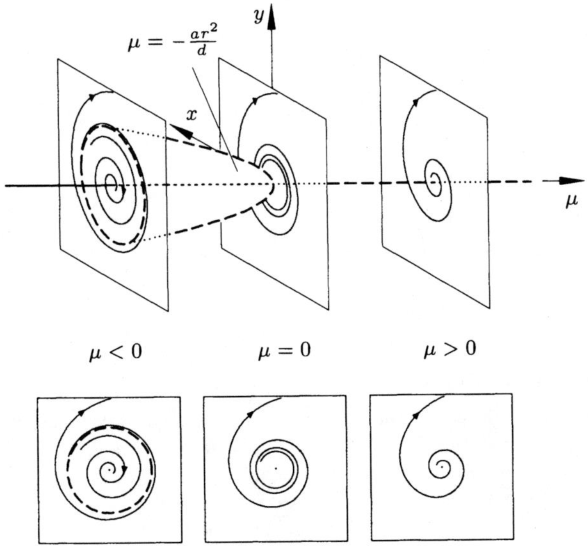

Abb. 6.4.10 Unterkritisch *instabile* periodische Abzweigung
= *subkritische* Hopf-Verzweigung ($d > 0$, $a > 0$)

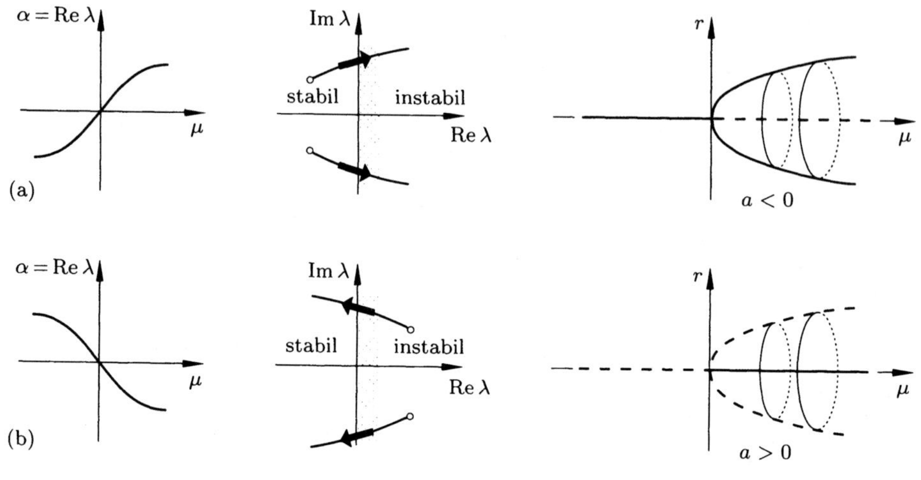

Abb. 6.4.11 Transversalitätsbedingung $d = \left.\frac{\mathrm{d}(\mathrm{Re}\lambda)}{\mathrm{d}\mu}\right|_0 \neq 0$: a) $d > 0$, b) $d < 0$

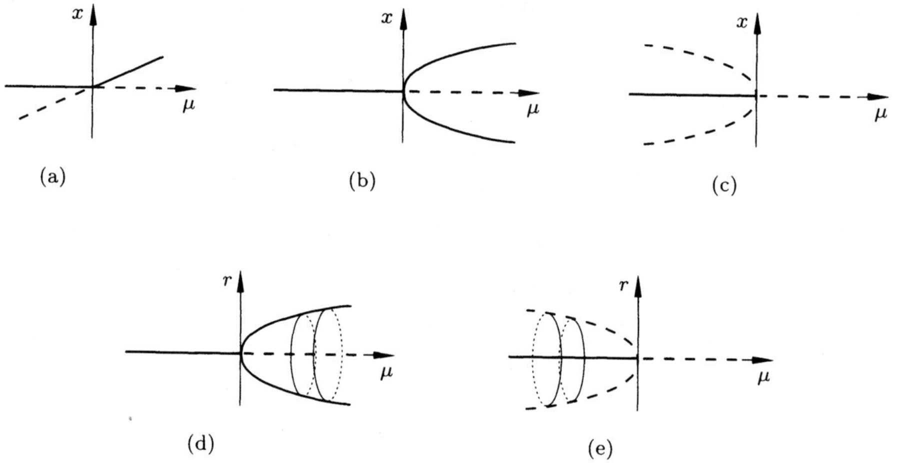

Abb. 6.4.12 Transversalitätsbedingung $\left.\frac{\mathrm{d}(\mathrm{Re}\lambda)}{\mathrm{d}\mu}\right|_0 \neq 0$ erfüllt:
a) transkritische Verzweigung: überkritisch stabil, unterkritisch instabil
b) überkritisch stabile Gabelverzweigung (superkritisch)
c) unterkritisch instabile Gabelverzweigung (subkritisch)
d) überkritisch stabile Hopf-Verzweigung (superkritisch)
e) unterkritisch instabile Hopf-Verzweigung (subkritisch)

Die beiden Möglichkeiten für $d \neq 0$ sind in Abb. 6.4.11 dargestellt. Kreuzt die Funktion $\mathrm{Re}\,\lambda(\mu)$ mit positiver Steigung die μ-Achse im Ursprung (Abb. 6.4.11), so wechseln die Eigenwerte bei anwachsendem μ vom negativen zum positiven

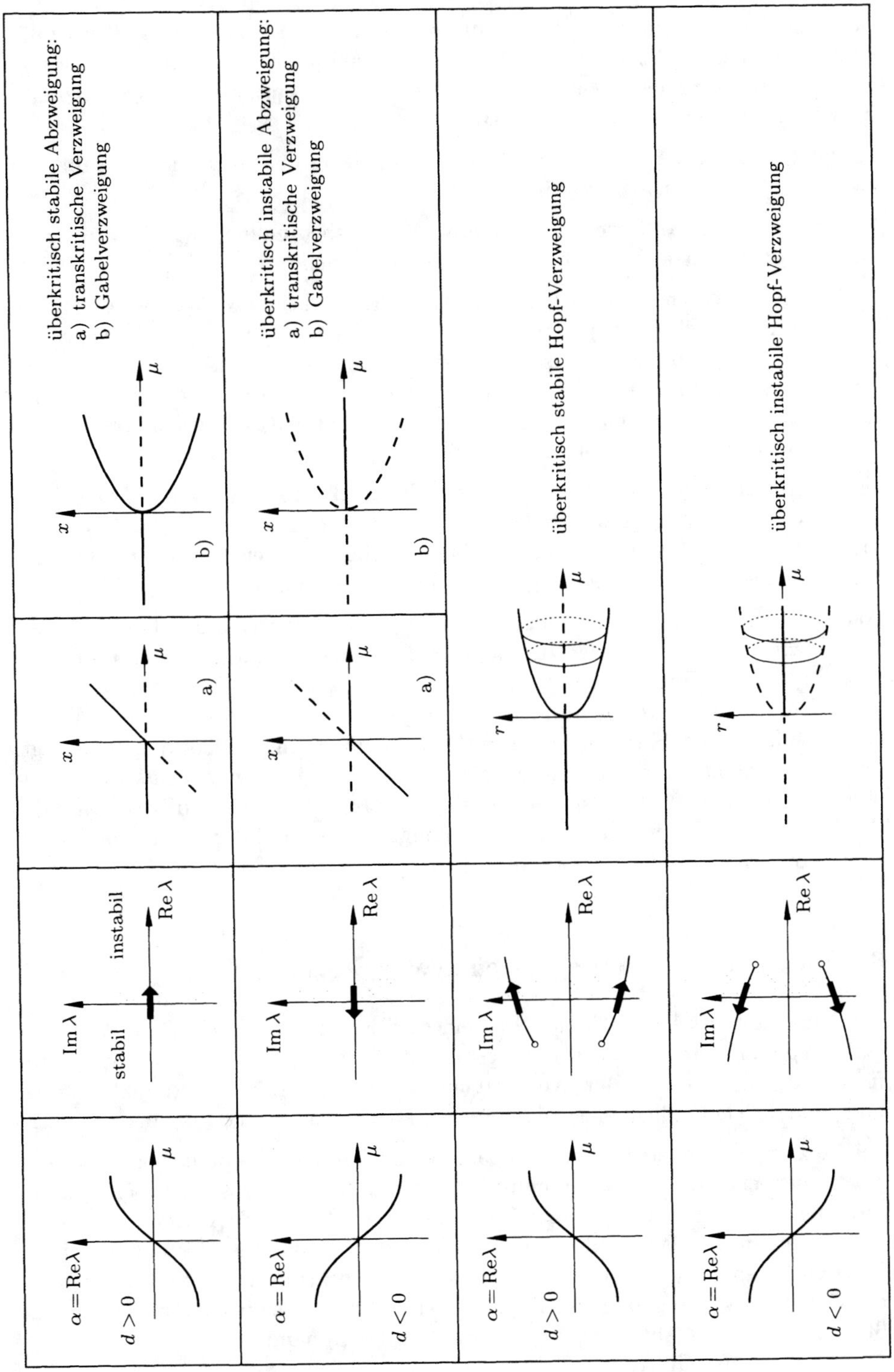

Abb. 6.4.13 Verzweigungstypen: Übersicht

Halbraum, und der ursprünglich asymptotisch stabile Fixpunkt von Gl. (6.4.67) wird instabil. Ist $\mathrm{d}(\mathrm{Re}\lambda)/\mathrm{d}\mu|_0 < 0$, so wechseln die Eigenwerte für anwachsendes μ vom positiven zum negativen Halbraum über, und der vormals instabile Fixpunkt von Gl. (6.4.67) wird asymptotisch stabil.

Entsprechendes gilt für die transkritische Bifurkation und auch für die Gabelverzweigung, bei der $\mathrm{Im}\,\lambda(\mu) = 0$ ist.

Für den Fall der Gültigkeit einer Transversalitätsbedingung, $\mathrm{d}(\mathrm{Re}\lambda)/\mathrm{d}\mu|_0 \neq 0$, kann folgende weitreichende Aussage bewiesen werden:

> Kreuzt bei einem einfachen Eigenwert λ die Funktion $\mathrm{Re}\,\lambda(\mu)$ an der Stelle $\mu = 0$ die μ-Achse mit positiver Steigung $0 < \mathrm{d}(\mathrm{Re}\lambda)/\mathrm{d}\mu|_0 < \infty$, so verzweigt ein für $\mathrm{Re}\lambda < 0$ asymptotisch stabiler Fixpunkt überkritisch stabil bzw. unterkritisch instabil; die abzweigende Lösung ist für $\mathrm{Im}\,\lambda(\mu) = 0$ ein Fixpunkt (transkritische oder Gabelverzweigung) und für $\mathrm{Im}\,\lambda(\mu) \neq 0$ ein Grenzzyklus (Hopf-Verzweigung) (Abb. 6.4.12).

In Abb. 6.4.13 sind in Abhängigkeit vom Kontrollparameter μ die Transversalitätsbedingungen, das Durchstoßen der Realteile von Eigenwerten durch die imaginäre Achse und die entsprechenden überkritischen Abzweigungen der transkritischen, Gabel- und Hopf-Verzweigung nochmals zusammengefaßt.

Nach dieser kurzen abschweifenden Bemerkung zur Transversalitätsbedingung erinnern wir daran, daß in der zur Hopf-Verzweigung führenden Normalform, Gl. (6.4.47), auf die Terme höherer Ordnung verzichtet wurde. Die Frage nach dem Einfluß der höheren Terme auf den Verzweigungstypus liegt nahe. Ein von Hopf (1942) aufgestellter Satz (siehe Guckenheimer und Holmes, 1983; S. 151) besagt, daß die Terme höherer Ordnung für die Verzweigung qualitativ nichts Neues beisteuern. Der Beweis des Hopfschen Theorems ist umfangreich und beruht auf der Anwendung der Theorie der Zentrumsmannigfaltigkeit und der Normalformtransformation (Marsden und McCracken, 1976).

6.5 Stabilität von Verzweigungen infolge Störungen

Wir haben festgestellt, daß in der Nähe eines kritischen Wertes μ_{cr} kleine Änderungen von μ zu qualitativ neuen Lösungsmustern führen können. Zum Beispiel wird für $\mu > \mu_{cr}$ im Falle der Gabelverzweigung ein vormals stabiler Fixpunkt instabil, und zusätzlich entstehen quasi aus dem Nichts zwei neue stabile Fixpunktlösungen.

Die Verzweigungsmuster sind für einparametrige Familien eindimensionaler Flüsse glücklicherweise auf vier Grundmuster beschränkt. Sind diese Urtypen von Bifurkationen aber auch gegenüber Störungen stabil? Das zu klären, ist Thema dieses Abschnitts. Wir wollen nun für die bereits bekannten Normalformen der Verzweigungen – die Sattelknoten-Verzweigung, die transkritische Verzweigung, die Gabelverzweigung und die Hopf-Verzweigung – untersuchen, inwieweit eine Störung zu einer qualitativen Veränderung in der Dynamik in der Nähe des Verzweigungspunktes führt.

A) Sattelknoten-Verzweigung

Wir betrachten als erstes die Sattelknoten-Verzweigung. Ausgehend von einer einparametrigen Familie von eindimensionalen Vektorfeldern

$$\dot{x} = f(x, \mu) \tag{6.5.1}$$

wissen wir, daß nichthyperbolische Fixpunkte, die durch folgende Beziehungen definiert sind

$$f(0,0) = 0 \tag{6.5.2}$$

$$\frac{\partial f}{\partial x}(0,0) = 0 \tag{6.5.3}$$

Verzweigungen auslösen können. Die hinreichende Bedingung für eine Sattelknoten-Verzweigung für $\mu = 0$ haben wir im letzten Abschnitt erarbeitet

$$\frac{\partial f}{\partial \mu}(0,0) \neq 0 \tag{6.5.4}$$

$$\frac{\partial^2 f}{\partial x^2}(0,0) \neq 0 \tag{6.5.5}$$

Die Normalform einer Sattelknoten-Verzweigung lautet, siehe Gl. (6.4.25b),

$$\dot{x} = \mu - x^2 \tag{6.5.6}$$

Die Frage, die sich hinsichtlich Stabilität der Verzweigung stellt, lautet: Kommt es zu einer qualitativen Veränderung in der Dynamik eines Vektorfeldes, wenn man das System einer Störung unterwirft, und wenn ja, wie sieht die Dynamik des gestörten Systems aus? Führen Störungen zu keiner wesentlichen Veränderung der Dynamik, ist also das System robust gegenüber kleinen Abweichungen, so spricht man von Strukturstabilität. Wir werden in Abschnitt 8.2 nochmals auf diesen Begriff zurückkommen. Um die Frage beantworten zu können, ist es notwendig, den Begriff „Störung" zu definieren. Eine Störung des Vektorfeldes $f(x, \mu)$ kann ausgedrückt werden durch

1. einen konstanten Term ε,
2. Terme niedriger Ordnung bzw.
3. Terme höherer Ordnung in der Taylor-Reihe des Vektorfeldes in der Umgebung eines nichthyperbolischen Fixpunktes.

Beginnen wir mit einer Parameterstörung. Es ist offensichtlich, daß die Gleichung

$$\dot{x} = \mu + \varepsilon - x^2 = \mu' - x^2 \,, \qquad \mu' = \mu + \varepsilon \tag{6.5.7}$$

die Bedingungen in Gln. (6.5.2) bis (6.5.5) für eine Sattelknoten-Verzweigung bei $\mu' = 0$ erfüllt.

Der Vektorfluß in der Umgebung eines nichthyperbolischen Fixpunktes kann in eine Taylor-Reihe entwickelt werden. Der quadratische Term in Gl. (6.5.7) ist der erste nichtverschwindende Term für eine Sattelknoten-Verzweigung. Wir stören den Vektorfluß durch einen Term niedrigerer Ordnung als $\mathcal{O}(x^2)$ und erhalten

$$\dot{x} = \mu + \varepsilon x - x^2 \tag{6.5.8}$$

Der Ausdruck Gl. (6.5.8) stellt eine zweiparametrige Familie von eindimensionalen Flüssen mit dem nichthyperbolischen Fixpunkt $(x, \mu, \varepsilon) = (0, 0, 0)$ dar. Der Verzweigungstyp ist vollständig durch die Bedingungen in Gln. (6.5.2) bis (6.5.5) determiniert, d. h. daß das Störungsglied εx die Sattelknoten-Verzweigung qualitativ nicht verändert.

Wie steht es um die Störterme $\mathcal{O}(x^3)$ und höherer Ordnung? Da in den Bedingungen für die Sattelknoten-Verzweigung, Gln. (6.5.2) bis (6.5.5), nur Ableitungen bis zur 2. Ordnung in x auftreten, sieht man, daß auch in diesem Fall der Verzweigungstyp vollständig erhalten bleibt.

Das heißt, daß weder Störungen im Parameter μ noch in Funktionstermen die Sattelknoten-Verzweigung in ihrer Natur verändern. Die Sattelknoten-Verzweigung ist daher *strukturstabil.*

B) Transkritische Verzweigung

Wir betrachten eine einparametrige Familie von eindimensionalen Vektorfeldern

$$\dot{x} = f(x, \mu)$$

mit der nichthyperbolischen Fixpunktbedingung

$$f(0, 0) = 0 \tag{6.5.9}$$

$$\frac{\partial f}{\partial x}(0, 0) = 0 \tag{6.5.10}$$

Für $(\mu, x) = (0, 0)$ liegt eine transkritische Verzweigung vor (siehe Abschnitt 6.4), wenn gilt

$$\frac{\partial f}{\partial \mu}(0, 0) = 0 \tag{6.5.11}$$

$$\frac{\partial^2 f}{\partial \mu \partial x}(0, 0) \neq 0 \tag{6.5.12}$$

$$\frac{\partial^2 f}{\partial x^2}(0, 0) \neq 0 \tag{6.5.13}$$

Wir kennen bereits die Normalform, die die Bedingungen in Gln. (6.5.9) bis (6.5.13) erfüllt,

$$\dot{x} = \mu x - x^2 \tag{6.5.14}$$

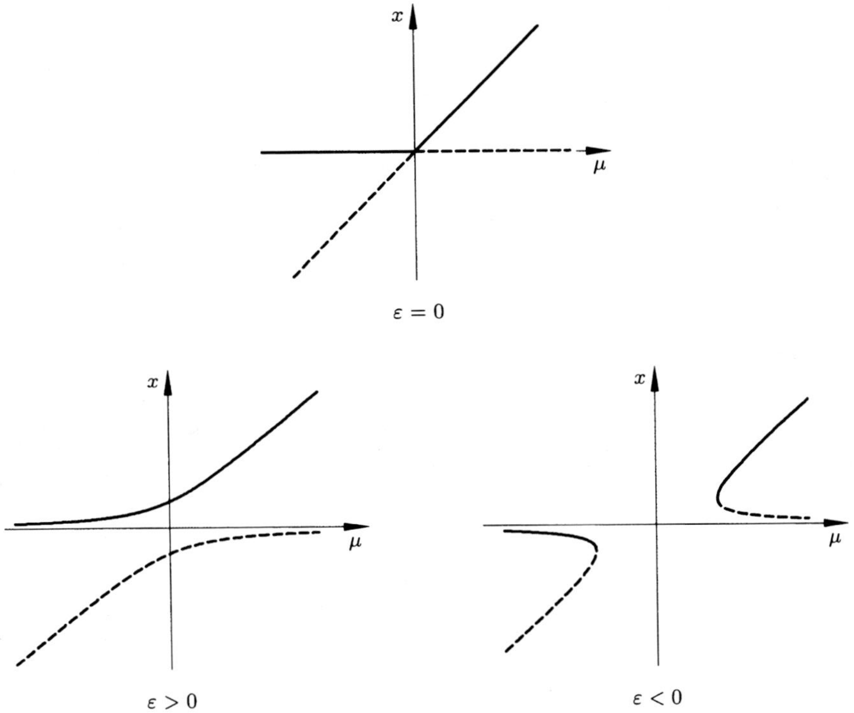

Abb. 6.5.1 Strukturinstabile transkritische Verzweigung

Störungen der transkritischen Verzweigung sind äquivalent zu Störungen in der Normalform Gl. (6.5.14). Ganz analog zu den Überlegungen einer gestörten Sattelknoten-Verzweigung können auch hier die Störterme als Glieder einer Taylor-Entwicklung des Vektorfeldes $f(x,\mu)$ in der Umgebung von $(x,\mu) = (0,0)$ betrachtet werden.

Schon ein konstantes Störglied führt zu Überraschungen. Die Gleichung

$$\dot{x} = \varepsilon + \mu x - x^2 \tag{6.5.15}$$

zeigt eine qualitativ neue Dynamik. In Abb. 6.5.1 sind das transkritische Grundmuster und die Veränderungen für $\varepsilon < 0$ und $\varepsilon > 0$ illustriert. Je nach Vorzeichen des Störungsterms entwickeln sich unterschiedliche Fixpunktkurven. Ist $\varepsilon > 0$, spalten sich die Lösungskurven in zwei völlig getrennte Äste auf, und beim Durchgang durch $\mu = 0$ bleibt die Verzweigung aus. Ist $\varepsilon < 0$, so beobachten wir zwei Sattelknoten-Verzweigungen, die sich für $\mu \geqslant 2\sqrt{-\varepsilon}$ bzw. $\mu \leqslant -2\sqrt{-\varepsilon}$ einstellen.

Wir stellen fest, daß dieser Bifurkationstyp *strukturinstabil* ist, da sich schon aufgrund einer Parameterstörung das Grundmuster der transkritische Verzweigung (Abb. 6.5.1, $\varepsilon = 0$) auflöst.

C) Gabelverzweigung

Wir kennen die Normalform der Gabelverzweigung aus Gl. (6.4.61). Die nur durch einen Parameter ε gestörte Gleichung führt zu

$$\dot{x} = \varepsilon + \mu x - x^3 \tag{6.5.16}$$

Die Verzweigungsstruktur von Gl. (6.5.16) illustriert Abb. 6.5.2 für $\varepsilon > 0$, $\varepsilon = 0$ und $\varepsilon < 0$.

Der symmetrische Urtyp Gabelverzweigung wird durch die Störung $\varepsilon \neq 0$ bereits für kleine Werte von ε aufgebrochen. Es entsteht ein sich nicht verzweigender Ast von Fixpunktlösungen, und für $\mu_{cr} > 0$ kommt eine Sattelknoten-Verzweigung hinzu. Ganz analog zur transkritischen Bifurkation ist die Gabelverzweigung ebenfalls *strukturinstabil.*

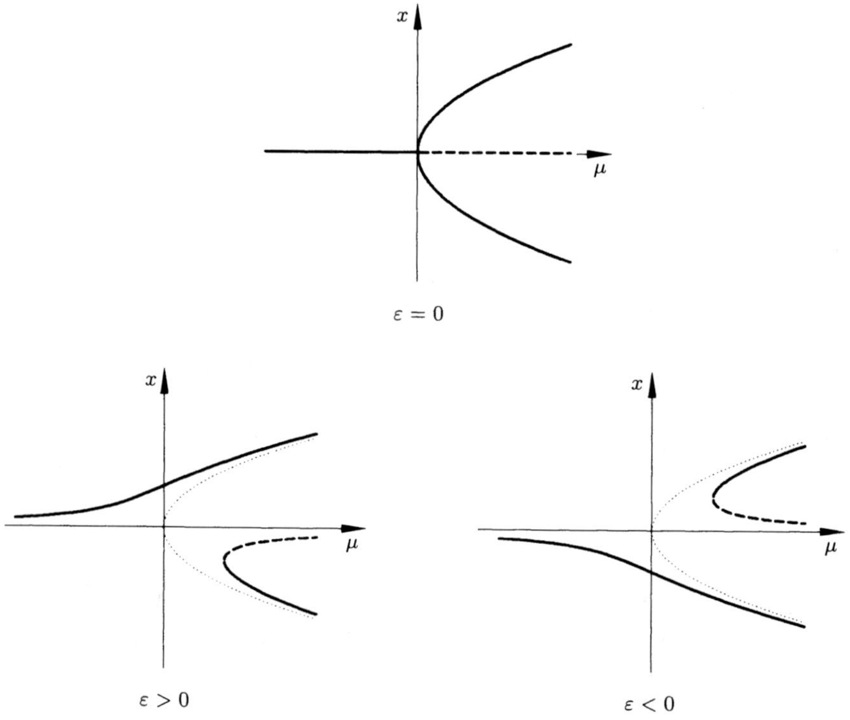

Abb. 6.5.2 Strukturinstabile Gabelverzweigung

D) Hopf-Verzweigung

Die Normalform der Hopf-Verzweigung in Polarkoordinaten r, θ ist uns aus Abschnitt 6.4, Gln. (6.4.68) und (6.4.69), bekannt; sie lautet

$$\dot{r} = d\mu r + ar^3 \tag{6.5.17}$$

$$\dot{\theta} = \omega + c\mu + br^2 \tag{6.5.18}$$

Was uns interessiert, ist der Einfluß einer Störung auf das Lösungsverhalten in der Nähe des Verzweigungspunktes $(\mu, r) = (0, 0)$. Für die Argumentation sind drei Betrachtungen maßgebend:

1. Das Hopf-Theorem besagt, daß für $a \neq 0$, $d \neq 0$ die höheren Terme die Dynamik in der Umgebung von $(\mu, r) = (0, 0)$ topologisch nicht verändern.
2. Die Verzweigungsdynamik wird von Gl. (6.5.17) bestimmt, da für kleine μ und r in Gl. (6.5.18) $\dot{\theta} \approx \omega = \text{const}$ ist.
3. Wir erinnern an die Bemerkung b)*ii.* am Ende von Abschnitt 6.3. Dort haben wir gezeigt, daß für den Fall, daß die Jacobi-Matrix $\boldsymbol{D}$ eines Vektorfeldes ein Paar konjugiert komplexer Eigenwerte mit verschwindendem Realteil besitzt, aufgrund der Resonanzbedingung nur alle Terme gerader Ordnung eliminiert werden können, so daß in der Normalform ausschließlich Terme ungerader Ordnung auftreten. Damit wird klar, daß Störterme der Form ε oder εr^2 in Gl. (6.5.17) keine qualitative Veränderung der Verzweigungsstruktur bewirken.

Insgesamt heißt das, daß die Hopf-Verzweigung *strukturstabil* ist.

Zusammenfassend stellen wir fest, daß von den vier Normalformen der Verzweigungen einparametriger Familien nur die Sattelknoten-Verzweigung und die Hopf-Verzweigung stabil sind gegenüber Störungen. Man könnte daraus schlußfolgern, daß deshalb in physikalischen Systemen nur diese beiden als typische Verzweigungen anzutreffen sind. Die Diskussion darüber ist noch nicht abgeschlossen, da neben Störeffekten in physikalischen Systemen auch Symmetrien, Erhaltungssätze und andere Phänomene entscheidend sind.

6.6 Verzweigungen von Fixpunkten einparametriger Abbildungen

In diesem Abschnitt behandeln wir die einfachsten Bifurkationen von Fixpunkten einparametriger Abbildungen. Bedenkt man, daß periodische Orbits in der Poincaré-Abbildung als Fixpunkte erscheinen, so dokumentieren Verzweigungsformen von Fixpunkten solcher einparametrigen Abbildungen Bifurkationsvarianten periodischer Orbits. Verzweigungen periodischer Lösungen lassen sich daher anhand von Fixpunktbifurkationen iterierter Abbildungen studieren (Abb. 6.6.1). Auch zur Herleitung der Floquet-Theorie, siehe Abschnitt 5.4.2, hat man sich zunutze

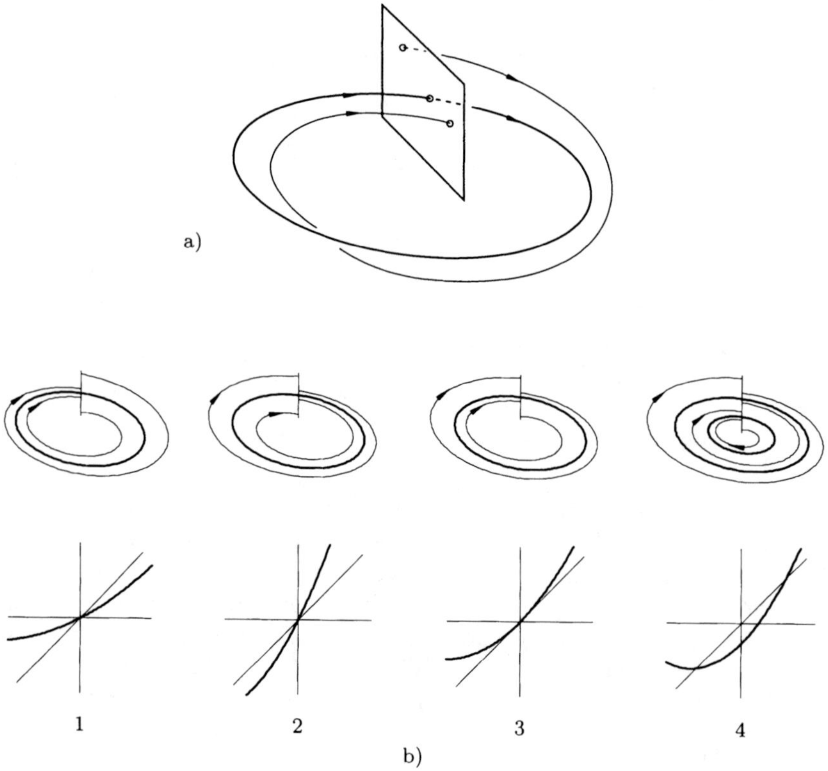

Abb. 6.6.1 a) Poincaré-Abbildung kontinuierlicher wiederkehrender Orbits
b) Zusammenhang zwischen Grenzzyklus im Phasenraum und Fixpunkt als iterierter Abbildung:
1. stabiler Grenzzyklus $\widehat{=}$ stabiler Fixpunkt
2. instabiler Grenzzyklus $\widehat{=}$ instabiler Fixpunkt
3. semistabiler Grenzzyklus $\widehat{=}$ Sattelknoten
4. stabiler und instabiler Grenzzyklus $\widehat{=}$ stabiler und instabiler Fixpunkt (infolge einer Störung von 3.)

gemacht, daß iterierte Abbildungen das dynamische Verhalten periodischer Orbits reflektieren.

In Abschnitt 6.4 wurden die Normalformen einfachster Verzweigungen für kontinuierliche Systeme und die Bedingungen, die diese Bifurkationen erfüllen müssen, vorgestellt. In diesem Abschnitt wollen wir nun jene Ergebnisse auf iterierte Abbildungen übertragen.

Wir betrachten eine einparametrige Abbildungsvorschrift von $\mathbb{R}^n$ in $\mathbb{R}^n$

$$\boldsymbol{x}_{k+1} = \boldsymbol{f}(\boldsymbol{x}_k, \mu) \qquad \text{mit} \quad \boldsymbol{f}(\boldsymbol{x}, \mu),\ \boldsymbol{x} \in \mathbb{R}^n, \quad \mu \in \mathbb{R}^1 \tag{6.6.1}$$

Was uns interessiert, sind die Verzweigungen von Fixpunkten. Die Fixpunkte von Gl. (6.6.1) seien $(\boldsymbol{x}, \mu) = (\boldsymbol{x}_s, \mu_s)$, und die Fixpunktbedingung lautet

$$\boldsymbol{x}_s = \boldsymbol{f}(\boldsymbol{x}_s, \mu_s) \tag{6.6.2}$$

Sind die Fixpunkte bekannt, stellt sich die Frage nach ihrer Stabilität in Abhängigkeit vom Kontrollparameter μ. Wie wir wissen, kann es passieren, daß bei Änderung des Kontrollparameters μ über einen kritischen Wert μ_{cr} hinaus eine Änderung im Stabilitätsverhalten eintritt.

Im Fall hyperbolischer Fixpunkte erlaubt die linearisierte Abbildungsvorschrift in der Störung $\boldsymbol{\eta}_\mathrm{k}$ Aussagen zur Stabilität (siehe Abschnitt 3.6). Es gilt

$$\boldsymbol{\eta}_{\mathrm{k}+1} = \boldsymbol{D}(\boldsymbol{x}_s, \mu_s)\boldsymbol{\eta}_\mathrm{k} \;, \qquad \boldsymbol{D} = \left.\frac{\partial \boldsymbol{f}}{\partial \boldsymbol{x}}\right|_{\boldsymbol{x}_s, \mu_s} \tag{6.6.3}$$

wobei $\boldsymbol{D}(\boldsymbol{x}_s, \mu_s)$ die Jacobi-Matrix der Abbildung am Fixpunkt $(\boldsymbol{x}_s, \mu_s)$ bedeutet. Ist der Betrag aller Eigenwerte von $\boldsymbol{D}(\boldsymbol{x}_s, \mu_s)$ ungleich 1 ($|\lambda| \neq 1$), so ist der Fixpunkt hyperbolisch, und die Stabilität bzw. Instabilität der linearen Abbildung impliziert Stabilität bzw. Instabilität der nichtlinearen Abbildung. Aufgrund des Satzes über implizite Funktionen kann gezeigt werden, daß in unmittelbarer Nachbarschaft zu $(\boldsymbol{x}_s, \mu_s)$ für veränderliches μ die Fixpunktlösung eindeutig ist und ihre Stabilität erhalten bleibt. Die Konsequenz daraus ist, daß sich ein hyperbolischer Fixpunkt nicht verzweigen kann.

Der für diesen Abschnitt relevante Fall ist demnach der nichthyperbolische. Für nichthyperbolische Fixpunkte versagt die lineare Stabilitätsanalyse. Methoden, die die nichtlinearen Terme zur Stabilitätsbestimmung mit einbeziehen, wie die Theorie der Zentrumsmannigfaltigkeit, wurden für den Fall kontinuierlicher Systeme bereits ausführlich besprochen. Die wesentliche Eigenschaft nichthyperbolischer Fixpunkte ist ihre Fähigkeit zur Generierung neuer Gleichgewichtszustände. Wann aber ist ein Fixpunkt nichtlinearer Abbildungen nichthyperbolisch? Wir unterscheiden drei Fälle (siehe Abb. 5.4.6):

1. $\boldsymbol{D}(\boldsymbol{x}_s, \mu_s)$ besitzt einen Eigenwert $+1$, und alle restlichen sind vom Betrag ungleich 1;
2. $\boldsymbol{D}(\boldsymbol{x}_s, \mu_s)$ besitzt einen Eigenwert -1, und alle restlichen sind vom Betrag ungleich 1;
3. $\boldsymbol{D}(\boldsymbol{x}_s, \mu_s)$ besitzt ein Paar konjugiert komplexer Eigenwerte λ, λ^* mit $|\lambda| = 1$, und alle verbleibenden sind vom Betrag ungleich 1.

Für alle drei Fälle erlaubt die Theorie der Zentrumsmannigfaltigkeit eine Reduktion der n-dimensionalen iterierten Abbildung auf eine ein- bzw. zweidimensionale. Wir beginnen mit der eindimensionalen Abbildung mit Eigenwert $+1$.

Fall 1: *Einfacher Eigenwert* $+1$

Für die Verzweigung untersuchen wir nun die folgende eindimensionale Abbildung auf der Zentrumsmannigfaltigkeit

$$x_{k+1} = f(x_k, \mu) \tag{6.6.4}$$

Eine Reduktion auf die Zentrumsmannigfaltigkeit geht einher mit einer Transformation des Fixpunktes (x_s, μ_s) in den Ursprung, so daß für den nichthyperbolischen Fixpunkt gilt

$$f(0,0) = 0 \tag{6.6.5}$$

$$\frac{\partial f}{\partial x}(0,0) = 1 \tag{6.6.6}$$

Entsprechend der Verzweigungen zeitstetiger Flüsse in Abschnitt 6.4 beginnen wir mit der Sattelknoten-Verzweigung für Abbildungen.

A) Sattelknoten-Verzweigung

Wir untersuchen zuerst die eindimensionale Abbildung der Form

$$x_{k+1} = f(x_k, \mu) \qquad \text{mit} \quad f(x,\mu) = x + \mu - x^2 \tag{6.6.7}$$

Die Bedingungen in Gln. (6.6.5) und (6.6.6) für einen nichthyperbolischen Fixpunkt mit Eigenwert $+1$ im Ursprung $(x, \mu) = (0, 0)$ sind von Gl. (6.6.7) erfüllt.

In Abb. 6.6.2 sind für drei μ-Bereiche ($\mu < 0$, $\mu = 0$, $\mu > 0$) der Graph der Funktion Gl. (6.6.7), der Iterationsverlauf und das eindimensionale Phasenportrait sowie das Verzweigungsdiagramm dargestellt. Der Verzweigungsgraph, Abb. 6.6.2c, kann sehr leicht ermittelt werden. Berücksichtigt man die Fixpunktbedingung für Abbildungen, $x = f(x, \mu)$, so ergibt sich für Gl. (6.6.7)

$$f(x,\mu) - x = \mu - x^2 = 0 \tag{6.6.8}$$

bzw. die Parabelgleichung im x, μ-Diagramm

$$\mu = x^2 \tag{6.6.9}$$

Eine anschließende Stabilitätsanalyse zeigt, daß im Ursprung zwei Fixpunktlösungen unterschiedlicher Stabilität zusammenlaufen, und da für negative μ-Werte keine Fixpunktlösungen existieren, erkennen wir das typische Phänomen einer Sattelknoten-Verzweigung. Analog zur Verzweigung zeitstetiger Flüsse wollen wir allgemeine Bedingungen aufstellen, für die sich Sattelknoten-Bifurkationen in Abbildungen entwickeln.

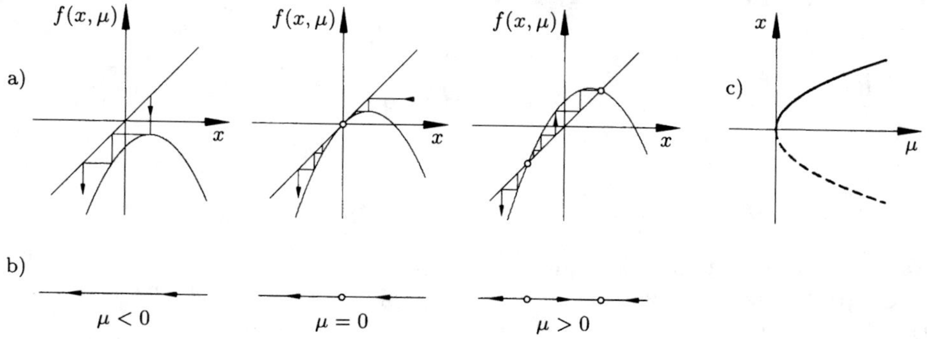

Abb. 6.6.2 Sattelknoten-Verzweigung einer eindimensionalen Abbildung (Eigenwert 1):
a) Iterationsverläufe und
b) zugehörige Phasenportraits in Abhängigkeit von μ;
c) Bifurkationsdiagramm

Aufgrund des Verzweigungsdiagramms, Abb. 6.6.2c, wird ersichtlich, daß die Abbildung Gl. (6.6.7) für $\mu \geqslant 0$ in der x, μ-Ebene eine eindeutige Fixpunktkurve $\mu = \mu(x)$ erzeugt, die durch den Ursprung $(x, \mu) = (0, 0)$ geht. Wegen der Eindeutigkeit der Parabel, Gl. (6.6.9), ist es naheliegend, den Satz über implizite Funktionen auch auf iterierte Abbildungen anzuwenden.

Ausgehend von der Fixpunktbedingung für Abbildungen in Gl. (6.6.8)

$$f(x,\mu) - x \equiv g(x,\mu) = 0 \tag{6.6.10}$$

suchen wir Bedingungen, die für den Graph, Abb. 6.6.2c, eine Sattelknoten-Verzweigung beschreiben. Wir wenden den Satz über implizite Funktionen auf $g(x, \mu)$ an. Unter der Voraussetzung, daß

$$g(0,0) = 0 \qquad \text{und} \qquad \frac{\partial g}{\partial \mu}(0,0) = \frac{\partial f}{\partial \mu}(0,0) \neq 0 \tag{6.6.11 \& 12}$$

ist, existiert für kleine x in der Umgebung des Fixpunktes $(x, \mu) = (0, 0)$ eine eindeutige Funktion $\mu(x)$, die folgende Gleichung erfüllt

$$g\big(x, \mu(x)\big) \equiv f\big(x, \mu(x)\big) - x = 0 \tag{6.6.13}$$

Der Graph des Verzweigungsdiagramm, Abb. 6.6.2c, impliziert die beiden folgenden Bedingungen

$$\frac{\mathrm{d}\mu}{\mathrm{d}x}(0) = 0 \qquad \text{und} \qquad \frac{\mathrm{d}^2\mu}{\mathrm{d}x^2}(0) \neq 0 \tag{6.6.14 \& 15}$$

Angewandt auf Gl. (6.6.13), ergibt die implizite Differentiation nach x und die Kettenregel

$$\begin{aligned} &\frac{\partial g}{\partial x} \quad\;\; + \frac{\partial g}{\partial \mu}\frac{\mathrm{d}\mu}{\mathrm{d}x} = 0 \\ &\frac{\partial f}{\partial x} - 1 + \frac{\partial f}{\partial \mu}\frac{\mathrm{d}\mu}{\mathrm{d}x} = 0 \end{aligned} \tag{6.6.16}$$

wobei wir der typographischen Klarheit wegen die Argumente unterdrückt haben. Nach Umformung erhalten wir für den Ursprung $(x,\mu) = (0,0)$ unter Berücksichtigung von Gln. (6.6.6) und (6.6.12)

$$\frac{\mathrm{d}\mu}{\mathrm{d}x}(0) = -\frac{\frac{\partial g}{\partial x}(0,0)}{\frac{\partial g}{\partial \mu}(0,0)} = -\frac{\frac{\partial f}{\partial x}(0,0) - 1}{\frac{\partial f}{\partial \mu}(0,0)} = 0$$

Wenn wir nun Gln. (6.6.16) nach x differenzieren, erhalten wir für die zweite Bedingung, nämlich Gl. (6.6.15), folgenden Zusammenhang:

$$\frac{\mathrm{d}^2\mu}{\mathrm{d}x^2}(0) = -\frac{\frac{\partial^2 g}{\partial x^2}(0,0)}{\frac{\partial g}{\partial \mu}(0,0)} = -\frac{\frac{\partial^2 f}{\partial x^2}(0,0)}{\frac{\partial f}{\partial \mu}(0,0)} \neq 0 \tag{6.6.17}$$

Nach Gl. (6.6.12) gilt $\frac{\partial f}{\partial \mu}(0,0) \neq 0$, und damit Gl. (6.6.17) erfüllt werden kann, muß $\frac{\partial^2 f}{\partial x^2}(0,0) \neq 0$ sein.

Wir stellen zusammenfassend fest, daß eine einparametrige Familie von eindimensionalen iterierten zweimal stetig differenzierbaren Abbildungen

$$x_{\mathrm{k}+1} = f(x_{\mathrm{k}}, \mu) \tag{6.6.18}$$

eine Sattelknoten-Verzweigung im Ursprung $(x,\mu) = (0,0)$ erfährt, wenn die folgenden Bedingungen erfüllt sind:

$$f(0,0) = 0\ , \quad \text{Fixpunkt}$$

$$\frac{\partial f}{\partial x}(0,0) = 1\ , \quad \text{nichthyperbolisch} \tag{6.6.19}$$

$$\frac{\partial f}{\partial \mu}(0,0) \neq 0\ , \quad \text{eindeutige Fixpunktkurve } \mu = \mu(x) \text{ durch } (x,\mu) = (0,0) \tag{6.6.20}$$

$$\frac{\partial^2 f}{\partial x^2}(0,0) \neq 0\ , \quad \text{Fixpunkte auf einer Seite von } \mu = 0 \tag{6.6.21}$$

Es sei noch bemerkt, daß das Vorzeichen von Gl. (6.6.17) darüber entscheidet, auf welcher Seite von $\mu = 0$ der Bifurkationsgraph liegt. Sind die Vorzeichen

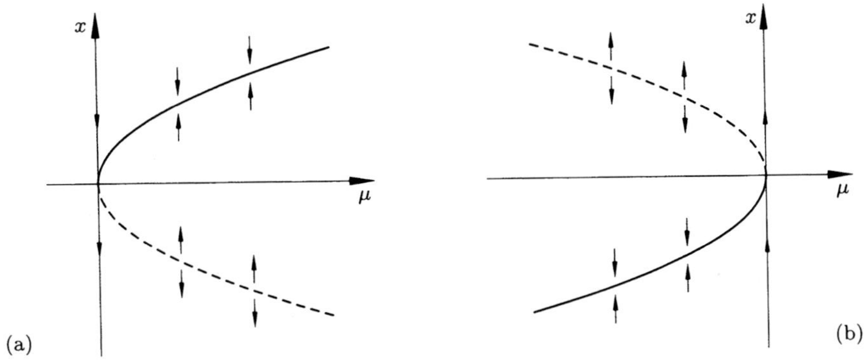

Abb. 6.6.3 Sattelknoten-Verzweigung:
a) superkritisch ($-f_{xx}/f_\mu > 0$), b) subkritisch ($-f_{xx}/f_\mu < 0$)

von $\frac{\partial^2 f}{\partial x^2}(0,0)$ und $\frac{\partial f}{\partial \mu}(0,0)$ entgegengesetzt, d. h. ist die Krümmung und damit $\frac{d^2\mu}{dx^2}(0) > 0$, so liegt die Verzweigungsparabel in der positiven μ-Hälfte, ansonsten in der negativen. Beide Möglichkeiten sind in Abb. 6.6.3 dargestellt.

Die Bedingungen der Sattelknoten-Bifurkation einer iterierten Abbildung, Gln. (6.6.19) bis (6.6.21), stimmen bis auf $\frac{\partial f}{\partial x}(0,0) = 1$ mit den Bedingungen zeitstetiger Flüsse, Gln. (6.4.21) bis (6.4.23), überein. Der obere Fixpunktast in Abb. 6.6.3a ist für positive μ aufgrund der Bedingung $\frac{\partial f}{\partial x}\big|_{x_s,\mu_s} < 1$ stabil, der untere ist entsprechend instabil. Die Normalform Gl. (6.6.7) ist offensichtlich eine superkritische Sattelknoten-Verzweigung. Andererseits ist

$$f(x,\mu) = x + \mu + x^2$$

die Normalform einer subkritischen Sattelknoten-Verzweigung, die in Abb. 6.6.3b dargestellt ist.

B) Transkritische Verzweigung

Wir betrachten die Abbildungsvorschrift

$$x_{k+1} = f(x_k, \mu) \qquad \text{mit} \quad f(x,\mu) = x + \mu x - x^2 \tag{6.6.22}$$

Die notwendigen Bedingungen für eine Bifurkation werden von Gl. (6.6.22) erfüllt. Der Ursprung $(x,\mu) = (0,0)$ ist ein nichthyperbolischer Fixpunkt mit Eigenwert $+1$, das bedeutet

$$f(0,0) = 0 \tag{6.6.23}$$

$$\frac{\partial f}{\partial x}(0,0) = 1 \tag{6.6.24}$$

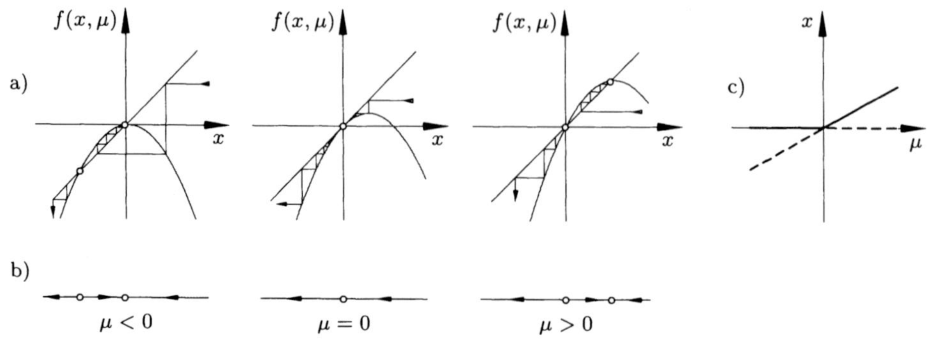

Abb. 6.6.4 Transkritische Verzweigung einer eindimensionalen Abbildung (Eigenwert 1):
a) Iterationsverläufe und
b) zugehörige Phasenportraits in Abhängigkeit von μ;
c) Bifurkationsdiagramm

Konzentrieren wir uns zunächst auf die iterative Abbildungsvorschrift. Abbildung 6.6.4a zeigt die Abhängigkeit der Funktion Gl. (6.6.22) vom Systemparameter μ. Das eindimensionale Phasenportrait, Abb. 6.6.4b, illustriert für $\mu < 0$, $\mu = 0$ und $\mu > 0$ das Stabilitätsverhalten der jeweiligen Fixpunkte, das unter anderem direkt aus dem Iterationsverlauf ersichtlich ist. Der Verzweigungsgraph, Abb. 6.6.4c, errechnet sich aus der Fixpunktbedingung $x = f(x, \mu)$ für Abbildungen; es gilt für Gl. (6.6.22)

$$f(x, \mu) - x = \mu x - x^2 = 0 \tag{6.6.25}$$

Die Fixpunkte liegen somit auf den Geraden

$$x = 0 \qquad \text{und} \qquad \mu = x \tag{6.6.26 \& 27}$$

die sich im Ursprung $(x, \mu) = (0, 0)$ kreuzen: eine typische transkritische Verzweigung. Was uns nun, wie zuvor bei der die Sattelknoten-Verzweigung, interessiert, sind die allgemeinen Bedingungen, die diesen speziellen Verzweigungstyp charakterisieren. Das Verzweigungsdiagramm, Abb. 6.6.4c, illustriert das typische Verhalten: zwei Fixpunktkurven kreuzen sich im Ursprung und existieren, jedoch mit unterschiedlicher Stabilität, beidseitig von diesem.

Wir betrachten nun die allgemeine eindimensionale zweimal stetig differenzierbare iterierte Abbildung

$$x_{k+1} = f(x_k, \mu) \tag{6.6.28}$$

mit dem nichthyperbolischen Fixpunkt im Ursprung $(x, \mu) = (0, 0)$ bzw.

$$f(0, 0) = 0 \qquad \text{und} \qquad \frac{\partial f}{\partial x}(0, 0) = 1 \tag{6.6.29}$$

Für die Fixpunkte der Gl. (6.6.28) gilt

$$f(x,\mu) - x = g(x,\mu) = 0 \tag{6.6.30}$$

Der Satz über implizite Funktionen drückt über die Bedingung $\frac{\partial g}{\partial \mu}(0,0) \neq 0$ aus, daß durch den Verzweigungspunkt $(x,\mu) = (0,0)$ genau eine Kurve geht. Da sich aber im Ursprung zwei Kurven kreuzen, muß notwendigerweise gelten

$$\frac{\partial g}{\partial \mu}(0,0) = \frac{\partial f}{\partial \mu}(0,0) = 0 \tag{6.6.31}$$

Ganz analog zur Herleitung der transkritischen Bifurkation zeitstetiger Flüsse (Abschnitt 6.4) berücksichtigen wir die Tatsache, daß $x = 0$ Fixpunktlösung ist. Gleichung (6.6.30) läßt sich durch Ausklammern von x in die folgende Form bringen

$$g(x,\mu) = xG(x,\mu) = x[F(x,\mu) - 1] \tag{6.6.32}$$

wobei per Definition gilt

$$\begin{aligned} x \neq 0: &\qquad G(x,\mu) = \frac{g(x,\mu)}{x} \\ x = 0: &\qquad G(x,\mu) = \frac{\partial g}{\partial x}(0,\mu) \end{aligned} \tag{6.6.33}$$

bzw.

$$\begin{aligned} x \neq 0: &\qquad F(x,\mu) = \frac{f(x,\mu)}{x} \\ x = 0: &\qquad F(x,\mu) = \frac{\partial f}{\partial x}(0,\mu) \end{aligned} \tag{6.6.34}$$

Wir erwarten, daß die von $x = 0$ verschiedene Fixpunktlösung, die durch den Ursprung geht, eindeutig ist und auf beiden Seiten von $\mu = 0$ existiert. Dann muß gelten

$$\frac{\partial G}{\partial \mu}(0,0) = \frac{\partial F}{\partial \mu}(0,0) \neq 0 \tag{6.6.35}$$

Zusammen mit Gl. (6.6.34) erhalten wir schließlich für Gl. (6.6.35) eine wichtige Ableitungsbedingung

$$\frac{\partial^2 f}{\partial x \partial \mu}(0,0) \neq 0 \tag{6.6.36}$$

Die Anwendung des Satzes über implizite Funktionen auf $G(x,\mu)$ weist darauf hin, daß für kleine x eine eindeutige Funktion $\mu(x)$ existiert. Der von $x = 0$ verschiedene Fixpunktast von Gl. (6.6.32) ermittelt sich dann folgendermaßen

$$G\big(x,\mu(x)\big) = F\big(x,\mu(x)\big) - 1 = 0 \tag{6.6.37}$$

Wir wissen aus dem Verzweigungsdiagramm, Abb. 6.6.4c, daß für die von $x = 0$ verschiedene Fixpunktlösung gelten muß

$$\frac{\mathrm{d}\mu}{\mathrm{d}x}(0) \neq 0 \tag{6.6.38}$$

Gleichung (6.6.37), implizit differenziert, führt zu

$$\frac{\mathrm{d}\mu}{\mathrm{d}x}(0) = -\frac{\dfrac{\partial G}{\partial x}(0,0)}{\dfrac{\partial G}{\partial \mu}(0,0)} = -\frac{\dfrac{\partial F}{\partial x}(0,0)}{\dfrac{\partial F}{\partial \mu}(0,0)} \tag{6.6.39}$$

Unter Berücksichtigung von Gl. (6.6.34) kann die Bedingung Gl. (6.6.38) folgendermaßen angegeben werden

$$\frac{\mathrm{d}\mu}{\mathrm{d}x}(0) = -\frac{\dfrac{\partial^2 f}{\partial x^2}(0,0)}{\dfrac{\partial^2 f}{\partial x \partial \mu}(0,0)} \neq 0 \tag{6.6.40}$$

Wir können nun die Verzweigungsbedingungen für eine transkritische Bifurkation aufgrund der Gln. (6.6.29), (6.6.31), (6.6.36) und (6.6.40) zusammenfassen

$$\begin{aligned} &f(0,0) = 0\,, \qquad \frac{\partial f}{\partial x}(0,0) = 1\,, \qquad \frac{\partial f}{\partial \mu}(0,0) = 0 \\ &\frac{\partial^2 f}{\partial x^2}(0,0) \neq 0\,, \qquad \frac{\partial^2 f}{\partial x \partial \mu}(0,0) \neq 0 \end{aligned} \tag{6.6.41}$$

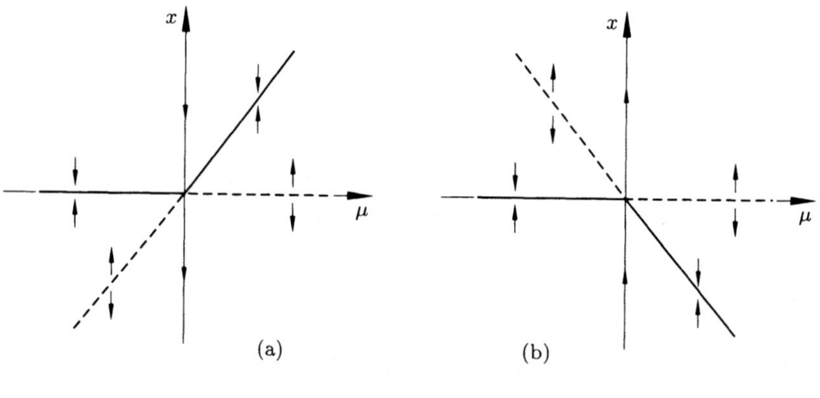

Abb. 6.6.5 Transkritische Verzweigung einer eindimensionalen Abbildung (Eigenwert 1):
a) superkritisch ($-f_{xx}/f_{x\mu} > 0$)
b) subkritisch ($-f_{xx}/f_{x\mu} < 0$)

Das Vorzeichen von Gl. (6.6.40) entscheidet über die Steigung der von $x = 0$ verschiedenen Fixpunktgeraden. In Abb. 6.6.5 sind die beiden Möglichkeiten positiver und negativer Steigung dargestellt. Für Gl. (6.6.22), die die Bedingungen von Gl. (6.6.41) erfüllt und für die $\frac{d\mu}{dx}(0) > 0$ ist, illustriert Bild a) den jeweiligen Stabilitätswechsel im Ursprung. Vergleicht man Abb. 6.6.5a mit Abb. 6.6.4c, so ist offensichtlich, daß Gl. (6.6.22) Normalform einer transkritischen Verzweigung ist, die des öfteren zusätzlich als superkritisch bezeichnet wird. Die Normalform

$$f(x, \mu) = x + \mu + x^2$$

führt zu einer transkritischen Bifurkation, für die $\frac{d\mu}{dx}(0) < 0$ ist (Bild b)) und die demzufolge auch als subkritisch etikettiert wird.

C) Gabelverzweigung

Wir betrachten die Abbildungsvorschrift

$$x_{k+1} = f(x_k, \mu) \qquad \text{mit} \quad f(x, \mu) = x + \mu x - x^3 \tag{6.6.42}$$

Der Ursprung $(x, \mu) = (0, 0)$ ist ein nichthyperbolischer Fixpunkt mit Eigenwert 1 und damit „verdächtig“ für eine Verzweigung. Somit gilt

$$\begin{aligned} f(0,0) &= 0 \\ \frac{\partial f}{\partial x}(0,0) &= 1 \end{aligned} \tag{6.6.43}$$

Die Fixpunktbedingung $x = f(x, \mu)$, berücksichtigt in Gl. (6.6.42), ergibt

$$f(x, \mu) - x = \mu x - x^3 = x(\mu - x^2) = 0 \tag{6.6.44}$$

eine Bestimmungsgleichung für zwei Fixpunktkurven, die durch den Ursprung verlaufen

$$x = 0 \qquad \text{und} \qquad \mu = x^2$$

In Abb. 6.6.6 sind der Graph der Gl. (6.6.42) für drei verschiedene μ-Bereiche ($\mu < 0$, $\mu = 0$, $\mu > 0$), die einzelnen Iterationsschritte, das eindimensionale Phasenportrait und das Bifurkationsdiagramm dargestellt. Der Iterationsverlauf in der Umgebung der Fixpunkte weist deren Stabilitätsverhalten aus.

Wir kommen nun zur Herleitung der allgemeinen Bedingungen für eindimensionalen Abbildungen, die eine Gabelverzweigung auszeichnen. Das Verzweigungsdiagramm, Abb. 6.6.6c, zeigt, daß die Fixpunktlösung $x = 0$ für alle μ-Werte existiert, die Fixpunktparabel hingegen nur für positive μ-Werte reell ist.

Die eindimensionale iterierte dreimal stetig differenzierbare Abbildung

$$x_{k+1} = f(x_k, \mu) \tag{6.6.45}$$

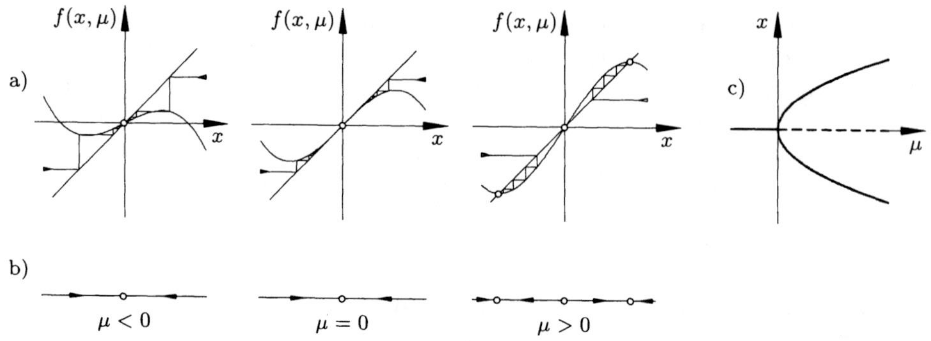

Abb. 6.6.6 Gabelverzweigung einer eindimensionalen Abbildung (Eigenwert 1):
a) Iterationsverläufe und
b) zugehörige Phasenportraits für verschiedene μ-Werte;
c) Bifurkationsdiagramm

habe einen nichthyperbolischen Fixpunkt im Ursprung $(x, \mu) = (0, 0)$

$$\begin{aligned} f(0,0) &= 0 \\ \frac{\partial f}{\partial x}(0,0) &= 1 \end{aligned} \tag{6.6.46}$$

Die Fixpunkte von Gl. (6.6.45) sind bestimmt durch

$$f(x,\mu) - x = g(x,\mu) = 0 \tag{6.6.47}$$

Das Argument Mehrdeutigkeit bzw. Eindeutigkeit der Fixpunktlösung in der Nachbarschaft vom Verzweigungspunkt führt auch hier wie bei allen früheren Herleitungen zu der Aussage, daß im Falle des Sichkreuzens von zwei oder mehr Fixpunktkurven die Bedingung gilt

$$\frac{\partial g}{\partial \mu}(0,0) = \frac{\partial f}{\partial \mu}(0,0) = 0 \tag{6.6.48}$$

Wir wissen, daß $x = 0$ eine Fixpunktlösung ist, und können daher Gl. (6.6.47) folgendermaßen umschreiben (siehe auch Gl. (6.6.32))

$$g(x,\mu) = xG(x,\mu) = x[F(x,\mu) - 1] \tag{6.6.49}$$

wobei für $G(x,\mu)$ und $F(x,\mu)$ wieder gilt

$$\begin{aligned} x \neq 0: &\qquad G(x,\mu) = \frac{g(x,\mu)}{x} \\ x = 0: &\qquad G(x,\mu) = \frac{\partial g}{\partial x}(0,\mu) \end{aligned} \tag{6.6.50}$$

und

$$\begin{aligned} x \neq 0: \qquad & F(x,\mu) = \frac{f(x,\mu)}{x} \\ x = 0: \qquad & F(x,\mu) = \frac{\partial f}{\partial x}(0,\mu) \end{aligned} \tag{6.6.51}$$

Unser Augenmerk richten wir jetzt auf die von $x = 0$ verschiedene Fixpunktlösung, die ebenfalls durch den Ursprung $(x,\mu) = (0,0)$ verläuft und eindeutig sein soll. Dann muß gelten

$$\frac{\partial G}{\partial \mu}(0,0) = \frac{\partial F}{\partial \mu}(0,0) \neq 0 \tag{6.6.52}$$

Aus Gln. (6.6.51) und (6.6.52) erhalten wir eine wichtige Ableitungsbedingung für die ursprüngliche Funktion $f(x,\mu)$

$$\frac{\partial^2 f}{\partial x \partial \mu}(0,0) \neq 0 \tag{6.6.53}$$

Aufgrund des Verzweigungsdiagramms, Abb. 6.6.6c, ist ersichtlich, daß folgende Bedingungen erfüllt sein müssen

$$\frac{\mathrm{d}\mu}{\mathrm{d}x}(0) = 0 \qquad \text{und} \qquad \frac{\mathrm{d}^2\mu}{\mathrm{d}x^2}(0) \neq 0 \tag{6.6.54 \& 55}$$

Die Bedingung Gl. (6.6.52) legt nahe, den Satz über implizite Funktionen auf G anzuwenden. Für kleine x existiert demnach eine einzige Kurve $\mu(x)$, so daß gelten muß

$$G\big(x,\mu(x)\big) = F\big(x,\mu(x)\big) - 1 = 0 \tag{6.6.56}$$

Gleichung (6.6.56) ergibt nach implizitem Differenzieren und Umformen

$$\frac{\mathrm{d}\mu}{\mathrm{d}x}(0) = -\frac{\dfrac{\partial G}{\partial x}(0,0)}{\dfrac{\partial G}{\partial \mu}(0,0)} = -\frac{\dfrac{\partial F}{\partial x}(0,0)}{\dfrac{\partial F}{\partial \mu}(0,0)} \tag{6.6.57}$$

und

$$\frac{\mathrm{d}^2\mu}{\mathrm{d}x^2}(0) = -\frac{\dfrac{\partial^2 G}{\partial x^2}(0,0)}{\dfrac{\partial G}{\partial \mu}(0,0)} = -\frac{\dfrac{\partial^2 F}{\partial x^2}(0,0)}{\dfrac{\partial F}{\partial \mu}(0,0)} \tag{6.6.58}$$

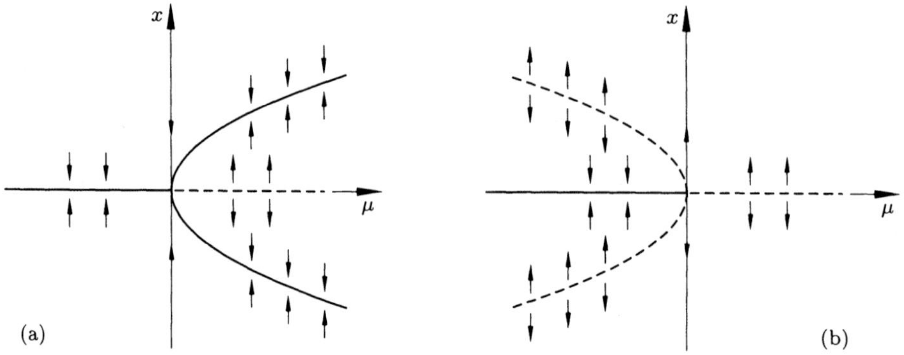

Abb. 6.6.7 Gabelverzweigung einer eindimensionalen Abbildung (Eigenwert 1):
a) superkritisch ($-f_{xxx}/f_{x\mu} > 0$)
b) subkritisch ($-f_{xxx}/f_{x\mu} < 0$)

Schließlich wollen wir einen Zusammenhang herstellen zwischen den Forderungen der Gln. (6.6.54) und (6.6.55) sowie der Ausgangsfunktion $f(x,\mu)$. Die Bedingung Gl. (6.6.51), eingesetzt in Gln. (6.6.57) und (6.6.58), führt zu

$$\frac{\mathrm{d}\mu}{\mathrm{d}x}(0) = -\frac{\dfrac{\partial^2 f}{\partial x^2}(0,0)}{\dfrac{\partial^2 f}{\partial x \partial \mu}(0,0)} = 0 \tag{6.6.59}$$

$$\frac{\mathrm{d}^2\mu}{\mathrm{d}x^2}(0) = -\frac{\dfrac{\partial^3 f}{\partial x^3}(0,0)}{\dfrac{\partial^2 f}{\partial x \partial \mu}(0,0)} \neq 0 \tag{6.6.60}$$

Wir fassen nun die Bedingungen für eindimensionale dreimal stetig differenzierbare Abbildungen zusammen, die, sind sie erfüllt, zu einer Gabelverzweigung im Ursprung $(x,\mu) = (0,0)$ führen

$$f(0,0) = 0\,, \qquad \frac{\partial f}{\partial x}(0,0) = 1\,, \qquad \frac{\partial f}{\partial \mu}(0,0) = 0$$
$$\frac{\partial^2 f}{\partial x^2}(0,0) = 0\,, \qquad \frac{\partial^2 f}{\partial x \partial \mu}(0,0) \neq 0\,, \qquad \frac{\partial^3 f}{\partial x^3}(0,0) \neq 0 \tag{6.6.61}$$

In Abb. 6.6.7 sind, je nach Vorzeichen von Gl. (6.6.60), die beiden Parabeln der Fixpunktlösungen dargestellt, d. h. bei positiver Krümmung bzw. $\frac{\mathrm{d}^2\mu}{\mathrm{d}x^2}(0) > 0$ existiert die Verzweigungsparabel für $\mu \geqslant 0$ (Bild a)), ansonsten für $\mu \leqslant 0$ (Bild b)). Gleichung (6.6.42) erfüllt die Bedingungen Gl. (6.6.61); die Krümmung der im Ursprung abzweigenden Fixpunktparabel ist positiv, $\frac{\mathrm{d}^2\mu}{\mathrm{d}x^2}(0) > 0$. Eine Untersuchung der Fixpunktlösungen auf Stabilität zeigt das in Bild a) illustrierte Verhalten. Gleichung (6.6.42) ist folglich die Normalform einer superkritischen Gabelverzweigung. Die Normalform der subkritischen Gabelverzweigung, Bild b), ist

$$f(x,\mu) = x + \mu x + x^3$$

Fall 2: *Einfacher Eigenwert* -1: *Periodenverdopplung oder Flip-Verzweigung*

Daß ein Eigenwert der linearisierten Abbildungsvorschrift für einen Fixpunkt den Wert -1 besitzt, hat fundamentale Folgen. Die $+1$-Eigenwerte führen, wie wir festgestellt haben, zu Verzweigungstypen, die denen der zeitstetigen Flüsse analog sind. Das Auftreten von Bifurkationen nichthyperbolischer Fixpunkte mit Eigenwert -1 ist eine spezifische Eigenschaft iterierter Abbildungen, die in der Dynamik eindimensionaler Vektorfelder nicht anzutreffen ist. Was neuartig ist, kann am besten anhand eines Beispiels aufgezeigt werden.

Wir betrachten die folgende einparametrige Familie eindimensionaler Abbildungen

$$x_{\mathrm{k}+1} = f(x_{\mathrm{k}},\mu) \qquad \text{mit} \quad f(x,\mu) = -x - \mu x + x^2 \tag{6.6.62}$$

Man erkennt sofort, daß der nichthyperbolische Fixpunkt $(x,\mu) = (0,0)$ von Gl. (6.6.62) den Eigenwert -1 besitzt; es gilt

$$\begin{aligned} &f(0,0) = 0 \\ &\frac{\partial f}{\partial x}(0,0) = -1 \end{aligned} \tag{6.6.63}$$

Wir bestimmen nun die Fixpunkte für Gl. (6.6.62)

$$f(x,\mu) - x = x[x - (2+\mu)] = 0 \tag{6.6.64}$$

Gleichung (6.6.62) besitzt zwei Fixpunktgeraden

$$x = 0 \qquad \text{und} \qquad x = 2 + \mu \tag{6.6.65 \& 66}$$

Eine Stabilitätsanalyse der linearisierten Abbildungsvorschrift zeigt folgendes Verhalten

$$x = 0 \qquad \text{ist für} \quad \begin{cases} \mu < -2 & \text{instabil} \\ \mu = -2 & \text{semistabil (Sattelknoten)} \\ -2 < \mu \leqslant 0 & \text{stabil} \\ \mu > 0 & \text{instabil} \end{cases}$$

und

$$x = 2 + \mu \text{ ist für } \begin{cases} \mu < -4 & \text{instabil} \\ -4 \leqslant \mu < -2 & \text{stabil} \\ \mu = -2 & \text{semistabil (Sattelknoten)} \\ \mu > -2 & \text{instabil} \end{cases}$$

Abbildung 6.6.8 illustriert die beiden Fixpunktkurven und deren Stabilität. Man erkennt deutlich die transkritische Verzweigung für $(x, \mu) = (0, -2)$ und, was das Wichtigste ist, für $\mu > 0$ sind sämtliche Fixpunkte, die existieren (in unserem Fall zwei), instabil, ein Phänomen, daß wir von den zeitstetigen Flüssen her nicht kennen.

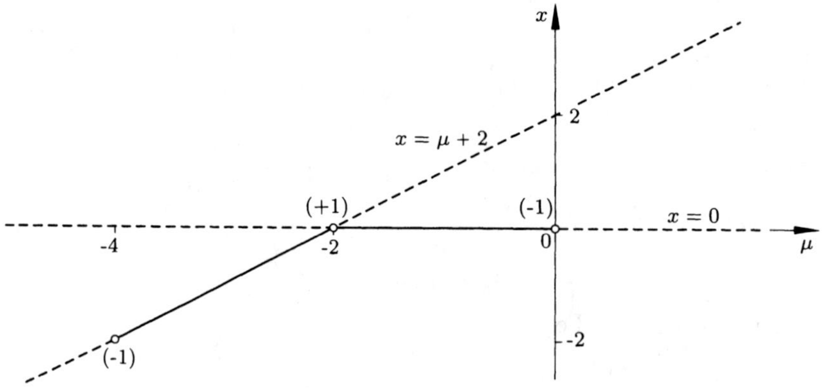

Abb. 6.6.8 Verzweigungsdiagramm der Abbildung $x_{k+1} = -(1+\mu)x_k + x_k^2$; die Angaben in Klammern beziehen sich auf die Eigenwerte der jeweiligen nichthyperbolischen Fixpunkte $f_x(-2,-4) = -1$, $f_x(0,-2) = 1$, $f_x(0,0) = -1$

Neuartig ist, daß der nichthyperbolische Fixpunkt $(x_s, \mu_s) = (0, 0)$ mit Eigenwert -1 zwar sein Stabilitätsverhalten ändert, aber das ansonsten typische Phänomen der Fixpunktbifurkation ausbleibt. Verfolgt man den Iterationsprozeß der einfach iterierten Abbildung $f(x, \mu)$ für $\mu > 0$, Abb. 6.6.9, so wird deutlich, daß der Fixpunkt $x_s = 0$ zwar instabil ist, aber die Funktionswerte der einzelnen Iterationen beschränkt bleiben und oszillieren. Pickt man sich aus der Iterationsfolge jeden 2. Wert heraus, so ist es plausibel, daß diese Folge gegen einen Grenzwert x_1^* konvergiert, die übersprungenen Werte gegen $x_2^* = f(x_1^*)$. In diesem Fall ist $f(x_1^*) \neq x_1^*$, d. h. x_1^* (bzw. x_2^*) ist ein periodischer Punkt der Periode 2. Es leuchtet ein, daß man diesen Verzweigungstyp als Periodenverdopplung bezeichnet.

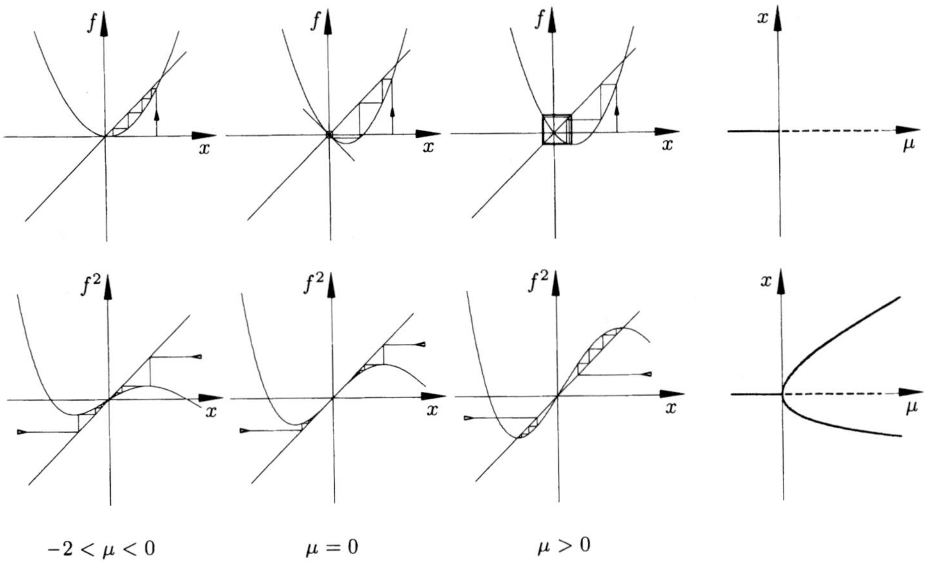

Abb. 6.6.9 Periodenverdopplung beim nichthyperbolischen Fixpunkt $(x_s, \mu_s) = (0,0)$ (Eigenwert -1)

Inwieweit unsere Überlegungen korrekt sind, läßt sich am einfachsten anhand unseres Beispiels überprüfen. Dazu bilden wir die zweite Abbildungsiteration $f^2(x, \mu)$ von Gl. (6.6.62)

$$x_{k+2} = f^2(x_k, \mu)$$

mit

$$f^2(x, \mu) = (1 + \mu)^2 x + \mu(1 + \mu)x^2 - 2(1 + \mu)x^3 + x^4 \tag{6.6.67}$$

Auch für die zweite iterierte Abbildung $f^2(x, \mu)$ ist der Ursprung $(x, \mu) = (0,0)$ ein nichthyperbolischer Fixpunkt, aber mit Eigenwert $+1$

$$f^2(0,0) = 0$$
$$\frac{\partial f^2}{\partial x}(0,0) = 1$$

Wir vermuten eine Gabelverzweigung für die zweite Iteration $f^2(x, \mu)$ und überprüfen dies anhand der bereits hergeleiteten Bedingungen, Gl. (6.6.61). Es ist dann

$$\frac{\partial f^2}{\partial \mu}(0,0) = 0\,, \qquad \frac{\partial^2 f^2}{\partial x^2}(0,0) = 0\,, \qquad \frac{\partial^2 f^2}{\partial x \partial \mu}(0,0) = 2$$
$$\frac{\partial^3 f^2}{\partial x^3}(0,0) = -12 \tag{6.6.68}$$

Die Überprüfung der $f^2(x,\mu)$-Funktion auf ihr Fixpunktverhalten hin in Abhängigkeit von μ zeigt das typische Phänomen der superkritischen Gabelverzweigung im Ursprung $(x,\mu) = (0,0)$. In Abb. 6.6.9 ist das bisher erarbeitete nochmals graphisch zusammengefaßt. Dargestellt sind die f- und f^2-Graphen, der Iterationsprozeß und die entsprechenden Verzweigungsdiagramme. Es wird deutlich, daß die für $\mu > 0$ neu hinzutretenden Fixpunkte von $f^2(x,\mu)$ keine Fixpunkte von $f(x,\mu)$ sind, demzufolge müssen sie Punkte der Periode 2 von $f(x,\mu)$ sein. Das bedeutet, daß sich die ursprüngliche Abbildung $f(x,\mu)$ bei $(x,\mu) = (0,0)$ in eine Periodenverdopplung verzweigt.

Zusammenfassend stellen wir für eine Periodenverdopplung folgendes fest: eine Periodenverdopplung ereignet sich immer dann, wenn ein nichthyperbolischer Fixpunkt mit Eigenwert -1 auftritt und die zweite iterierte Abbildung als Gabelbifurkation verzweigt. Das geschieht, wenn für eine einparametrige Familie eindimensionaler dreimal stetig differenzierbarer Abbildungen folgende Bedingungen erfüllt sind

$$f(0,0) = 0$$
$$\frac{\partial f}{\partial x}(0,0) = -1 \quad \Rightarrow \quad \frac{\partial f^2}{\partial x}(0,0) = +1$$
$$\frac{\partial f^2}{\partial \mu}(0,0) = 0\,, \qquad \frac{\partial^2 f^2}{\partial x^2{}^2}(0,0) = 0$$
$$\frac{\partial^2 f^2}{\partial x \partial \mu}(0,0) \neq 0\,, \qquad \frac{\partial^3 f^2}{\partial x^3}(0,0) \neq 0 \tag{6.6.69}$$

Abbildung 6.6.9 illustriert, daß aus dem für $\mu < 0$ stabilen Fixpunkt nur dann ein für $\mu > 0$ stabiler Orbit der Periode 2 entstehen kann, wenn $\frac{\mathrm{d}^2\mu}{\mathrm{d}x^2}\big|_0 > 0$ bzw. $\frac{\partial^3 f^2}{\partial x^3}\big|_0 < 0$ gilt, d. h. wenn die Gabelverzweigung der iterierten Abbildung superkritisch ist.

Den Abschnitt einfacher reeller Eigenwerte $+1$ oder -1 wollen wir mit einem kleinen Beispiel beenden, in dem für unterschiedliche μ-Werte zwei verschiedene Verzweigungstypen auftreten. Wir betrachten die Abbildung

$$x_{\mathrm{k}+1} = f(x_{\mathrm{k}},\mu) \qquad \text{mit} \quad f(x,\mu) = (\mu - \tfrac{1}{4}) - x^2 \tag{6.6.70}$$

Die Fixpunkte sind gegeben durch

$$f(x,\mu) - x = (\mu - \tfrac{1}{4}) - x^2 - x = 0$$

bzw. durch

$$x_{1,2} = -\tfrac{1}{2} \pm \sqrt{\mu} \tag{6.6.71}$$

Für $\mu < 0$ existiert keine reelle Fixpunktlösung, für $\mu > 0$ existieren zwei. Das deutet auf eine Sattelknoten-Verzweigung im Punkt $(x, \mu) = (-\frac{1}{2}, 0)$ hin. Erste Voraussetzung dafür ist die Nichthyperbolizität des Fixpunktes $(-\frac{1}{2}, 0)$ mit Eigenwert 1, was sich für Gl. (6.6.70) sehr leicht verifizieren läßt

$$\frac{\partial f}{\partial x}(-\tfrac{1}{2}, 0) = 1 \tag{6.6.72}$$

Desweiteren müssen die Bedingungen der Gln. (6.6.20) und (6.6.21) erfüllt sein. Man erhält

$$\frac{\partial f}{\partial \mu}(-\tfrac{1}{2}, 0) = 1 \neq 0 \qquad \text{und} \qquad \frac{\partial^2 f}{\partial x^2}(-\tfrac{1}{2}, 0) = -2 \neq 0$$

Damit sind alle Bedingungen für eine Sattelknoten-Verzweigung erfüllt. Aber die Diskussion des Bifurkationsverhaltens ist damit noch nicht beendet. Bei $\mu = 1$ ergibt sich nämlich am Fixpunkt $x = 1/2$ der Eigenwert -1, das heißt, der für $0 < \mu < 1$ stabile Fixpunktast wird bei $\mu = 1$ instabil. Dies ist ein erstes Indiz für eine Periodenverdopplung, zumal sich für $\mu > 1$ keine weitere Fixpunktlösung abzeichnet. Die Bedingungen für eine Periodenverdopplung sind in Gl. (6.6.69) zusammmengefaßt. Für das Beispiel Gl. (6.6.70) ist die zweite Abbildungsiteration

$$f^2(x, \mu) = (\mu - \tfrac{1}{4})(\tfrac{5}{4} - \mu + 2x^2) - x^4$$

Wir überprüfen $f^2(x, \mu)$ hinsichtlich Periodenverdopplung, aufgrund der Bedingungen in Gl. (6.6.69),

$$\begin{aligned}
& f(\tfrac{1}{2}, 1) - \tfrac{1}{2} = 0 \\
& \frac{\partial f}{\partial x}(\tfrac{1}{2}, 1) = -1 \quad \Rightarrow \quad \frac{\partial f^2}{\partial x}(\tfrac{1}{2}, 1) = 1 \\
& \qquad\qquad \frac{\partial f^2}{\partial \mu}(\tfrac{1}{2}, 1) = 0\,, \qquad \frac{\partial^2 f^2}{\partial x \partial \mu}(\tfrac{1}{2}, 1) = 2 \neq 0 \\
& \qquad\qquad \frac{\partial^2 f^2}{\partial x^2}(\tfrac{1}{2}, 1) = 0\,, \qquad \frac{\partial^3 f^2}{\partial x^3}(\tfrac{1}{2}, 1) = -12 \neq 0
\end{aligned} \tag{6.6.73}$$

Die Bedingungen für eine Periodenverdopplung im Fixpunkt $(x, \mu) = (1/2, 1)$ sind damit erfüllt. Gleichung (6.6.70) ist ein illustratives Beispiel dafür, daß eine Funktion an verschiedenen μ_{cr}-Werten zu ganz unterschiedlichen Verzweigungstypen führen kann. In Abb. 6.6.10 ist die obige Diskussion nochmals graphisch zusammengefaßt.

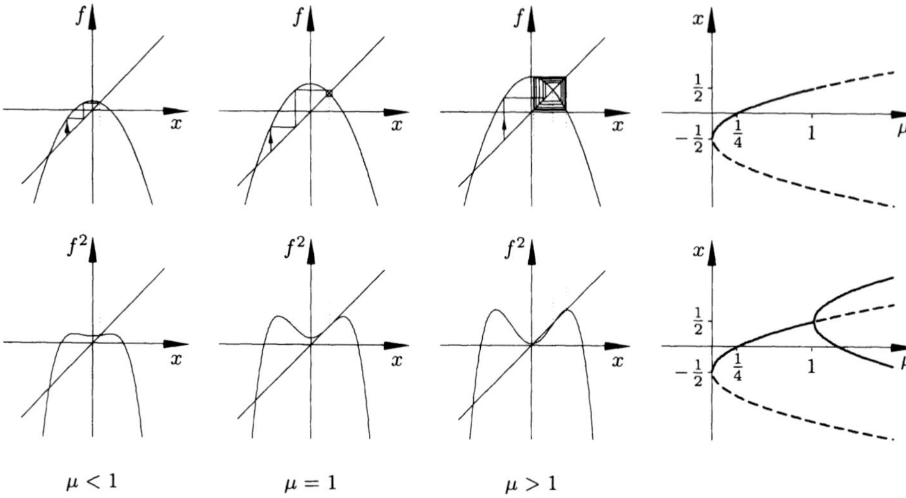

Abb. 6.6.10 Sattelknoten-Verzweigung und Periodenverdopplung der Abbildungsvorschrift $x_{k+1} = (\mu - \frac{1}{4}) - x_k^2$

Im folgenden Abschnitt 6.7 werden wir uns erneut ausführlich mit Periodenverdopplungen auseinandersetzen und die Mechanismen beschreiben, die zu einer Kaskade von unendlich vielen Periodenverdopplungen und schließlich zu chaotischen Bewegungen führen.

Fall 3: *Einfaches Paar konjugiert komplexer Eigenwerte mit Betrag* 1: *Neĭmark-Sacker-Verzweigung*

Den Abschnitt über die Bifurkationstheorie von Abbildungen möchten wir mit der Verzweigung infolge eines einfachen Paares von konjugiert komplexen Eigenwerten mit Betrag 1 ($|\lambda| = 1$) abschließen. Dieser Verzweigungstypus wird des öfteren als „Hopf-Verzweigung für Abbildungen“ bezeichnet, obwohl das Verzweigungstheorem zuerst und unabhängig voneinander von Neĭmark (1959) und Sacker (1965) bewiesen wurde. Wir werden deshalb konsequenterweise für diesen Typus den Begriff Neĭmark-Sacker-Verzweigung verwenden.

Wir gehen davon aus, daß die Dynamik auf der zweidimensionalen Zentrumsmannigfaltigkeit in der Nähe des Verzweigungspunktes die Dynamik der allgemeinen Gl. (6.6.1) vollständig wiedergibt. In diesem Fall genügt es, die auf zwei Dimensionen reduzierte Abbildungsvorschrift in der einparametrigen Form zu diskutieren

$$\boldsymbol{x}_{k+1} = \boldsymbol{f}(\boldsymbol{x}_k, \mu), \qquad \boldsymbol{x} \in \mathbb{R}^2, \ \mu \in \mathbb{R}^1 \tag{6.6.74}$$

Ist mehr als ein Kontrollparameter gegeben, läßt sich das Systemverhalten studieren, indem allen anderen Parametern, jeweils bis auf einen, feste Werte zugewiesen werden. Wie bei allen früheren Beschreibungen eindimensionaler generischer Verzweigungen transformieren wir den Verzweigungspunkt in den Ursprung $(\boldsymbol{x}, \mu) = (\boldsymbol{o}, 0)$, so daß für den nichthyperbolischen Fixpunkt die Bedingung

$$\boldsymbol{f}(\boldsymbol{o}, 0) = \boldsymbol{o} \tag{6.6.75}$$

erfüllt ist, wobei die Jacobi-Matrix $\boldsymbol{D}$

$$\boldsymbol{D}(\boldsymbol{o}, 0) = \frac{\partial \boldsymbol{f}}{\partial \boldsymbol{x}}(\boldsymbol{o}, 0) \tag{6.6.76}$$

zwei konjugiert komplexe Eigenwerte $\lambda(0)$, $\lambda^*(0)$ mit dem Betrag

$$|\lambda(0)| = 1 \tag{6.6.77}$$

besitzt. Zusätzlich soll für die Eigenwerte selbst gelten

$$\lambda^{\mathrm{k}}(0) \neq 1 \quad , \quad \mathrm{k} \leqslant 4 \tag{6.6.78}$$

Die ausgeschlossenen Sonderfälle bezeichnet man als *starke Resonanzen.* Für $\mathrm{k} = 1$ bzw. $\mathrm{k} = 2$ ergeben sich 2 zusammenfallende reelle Eigenwerte $\lambda_{1,2} = 1$ bzw. $\lambda_{1,2} = -1$. Für $\mathrm{k} = 3$ bzw. $\mathrm{k} = 4$ erhält man 2 konjugiert komplexe Eigenwerte $\lambda_{1,2} = \frac{1}{2}(-1 \pm i\sqrt{3})$ bzw. $\lambda_{1,2} = \pm i$. In diesen beiden Fällen haben die Normalformen der Bifurkationen eine spezielle Struktur, die in (Arnol'd, 1988) diskutiert wird.

Die Herleitung der Normalform für den Fall zweier konjugiert komplexer Eigenwerte λ und λ^* wird wesentlich erleichtert, wenn man durch eine lineare Koordinatentransformation auf komplexe Variable $z = x + iy$, $z^* = x - iy$ übergeht. Die komplexe Darstellung hat den Vorteil, daß sich die Dynamik im Falle konjugiert komplexer Eigenwerte auf *eine* Gleichung in der komplexen Variablen z reduziert, d. h. die Abbildungsvorschrift hat die Form

$$z_{\mathrm{n}+1} = f(z_{\mathrm{n}}, \mu) , \qquad z \in \mathbb{C}, \ \mu \in \mathbb{R}^1 \tag{6.6.79a}$$

Die Technik der Normalform, die wir in Abschnitt 6.3 ausführlich für kontinuierliche Systeme beschrieben haben, läßt sich nun auch auf Abbildungen erweitern. Zu diesem Zweck wird die Abbildungsvorschrift $f(z, \mu)$ von Gl. (6.6.79a) in eine Taylorreihe entwickelt, und man versucht, Terme höherer Ordnung sukzessive durch nichtlineare Koordinatentransformationen zu eliminieren. Erwartungsgemäß (vgl. Abschnitt 6.3, Bem. (b) *ii.*) können alle Terme gerader Ordnung eliminiert werden, und man gelangt zu folgender Normalform (vgl. Arnol'd, 1988; Wiggins, 1990)

$$f(z, \mu) = \lambda(\mu) z + c(\mu) z^2 z^* + \mathcal{O}|z|^5 \tag{6.6.79b}$$

Eine Transformation von Gl. (6.6.79b) auf Polarkoordinaten erleichtert die Diskussion dieser Normalform. Es gilt

$$z = re^{2\pi i\theta}, \quad z^2 = r^2 e^{4\pi i\theta}, \quad z^* = re^{-2\pi i\theta} \tag{6.6.80}$$

Mit Gl. (6.6.80) erhalten wir für $f(z,\mu)$, Gl. (6.6.79b), eine neue Funktion in den Variablen r, θ, μ, die wir wiederum mit f bezeichnen

$$f(r,\theta,\mu) = re^{2\pi i\theta}[\lambda(\mu) + c(\mu)r^2] + \mathcal{O}(r^5) \tag{6.6.81}$$

Es sei daran erinnert, daß hier neben z auch $\lambda(\mu)$ und $c(\mu)$ komplexe Größen sind

$$\begin{aligned} \lambda(\mu) &= \lambda_r(\mu) + i\lambda_i(\mu) \\ c(\mu) &= \alpha(\mu) + i\omega(\mu) \end{aligned} \tag{6.6.82}$$

Wir spalten Gl. (6.6.81) auf in eine Abbildungsgleichung $r \to f_1(r,\mu)$ für die Länge r des Radiusvektors und in eine Abbildungsgleichung $\theta \to f_2(r,\theta,\mu)$ für den Phasenwinkel θ. Die komplexen Größen $\lambda(\mu)$ und $c(\mu)$ liefern einen Beitrag zur Länge r, und wir erhalten für $f_1(r,\mu)$

$$\begin{aligned} f_1(r,\mu) &= r|\lambda(\mu) + r^2 c(\mu) + \mathcal{O}(r^4)| \\ &= r|\lambda(\mu)|\left|1 + r^2\frac{c(\mu)}{\lambda(\mu)} + \mathcal{O}(r^4)\right| \\ &= r|\lambda(\mu)|\left[1 + 2r^2 \mathrm{Re}\frac{c(\mu)}{\lambda(\mu)} + \mathcal{O}(r^4)\right]^{1/2} \end{aligned}$$

Entwickelt man den Wurzelausdruck in eine Reihe nach Potenzen von r, so ergibt sich für die Länge des Radiusvektors

$$f_1(r,\mu) = r|\lambda(\mu)|\left[1 + r^2 \mathrm{Re}\frac{c(\mu)}{\lambda(\mu)} + \mathcal{O}(r^4)\right] \tag{6.6.83}$$

Um die Abbildungsgleichung $f_2(r,\theta,\mu)$ für den Phasenwinkel θ zu bestimmen, formt man Gl. (6.6.81) wie folgt um

$$f(r,\theta,\mu) = re^{2\pi i\theta}\lambda(\mu)\left[1 + r^2\frac{c(\mu)}{\lambda(\mu)}\right] + \mathcal{O}(r^5) \tag{6.6.84}$$

bzw.

$$f(r,\theta,\mu) = re^{2\pi i\theta}|\lambda(\mu)|\, e^{2\pi i\phi(\mu)}\left|1 + r^2\frac{c(\mu)}{\lambda(\mu)}\right| e^{2\pi i\varphi(r,\mu)} + \mathcal{O}(r^5) \tag{6.6.85}$$

Betrachten wir von Gl. (6.6.85) nur die Phasenwinkel, so erhalten wir

$$f_2(r,\theta,\mu) = \theta + \phi(\mu) + \varphi(r,\mu) + \mathcal{O}(r^4) \tag{6.6.86}$$

mit

$$\phi(\mu) = \frac{1}{2\pi}\tan^{-1}\frac{\lambda_i}{\lambda_r}$$

Aufgrund von Gl. (6.6.85) gilt für den Phasenwinkel $\varphi(r,\mu)$ in Gl. (6.6.86)

$$\tan 2\pi\varphi(r,\mu) = \frac{r^2 \mathrm{Im}\dfrac{c(\mu)}{\lambda(\mu)}}{1 + r^2 \mathrm{Re}\dfrac{c(\mu)}{\lambda(\mu)}} = r^2 \mathrm{Im}\frac{c(\mu)}{\lambda(\mu)} + \mathcal{O}(r^4)$$

Löst man diese Gleichung nach $\varphi(r,\mu)$ auf und entwickelt $\tan^{-1}$ ebenfalls in eine Potenzreihe, so ergibt sich

$$\varphi(r,\mu) = \frac{1}{2\pi} r^2 \mathrm{Im}\frac{c(\mu)}{\lambda(\mu)} + \mathcal{O}(r^4)$$

Berücksichtigt man den Ausdruck für $\varphi(r,\mu)$ in Gl. (6.6.86), so erhält man

$$f_2(r,\theta,\mu) = \theta + \phi(\mu) + \frac{1}{2\pi} r^2 \mathrm{Im}\frac{c(\mu)}{\lambda(\mu)} + \mathcal{O}(r^4) \tag{6.6.87}$$

Wir entwickeln nun die Koeffizienten der Gln. (6.6.83) und (6.6.87) in Taylor-Reihen in der Umgebung des Verzweigungspunktes $\mu = 0$ und erhalten, wenn wir $|\lambda(0)| = 1$ berücksichtigen,

$$\begin{aligned} f_1(r,\mu) &= r + \frac{\mathrm{d}}{\mathrm{d}\mu}|\lambda(\mu)|\Big|_{\mu=0}\mu r + r^3 \mathrm{Re}\frac{c(0)}{\lambda(0)} + \mathcal{O}(\mu^2 r, \mu r^3, r^5) \\ f_2(r,\theta,\mu) &= \theta + \phi(0) + \frac{\mathrm{d}}{\mathrm{d}\mu}(\phi(\mu)\Big|_{\mu=0}\mu + \frac{1}{2\pi} r^2 \mathrm{Im}\frac{c(0)}{\lambda(0)} + \mathcal{O}(\mu^2, \mu r^2, r^4) \end{aligned} \tag{6.6.88}$$

Zur Vereinfachung von Gl. (6.6.88) führen wir folgende Definitionen ein

$$d \equiv \frac{\mathrm{d}}{\mathrm{d}\mu}|\lambda(\mu)|\Big|_{\mu=0}$$

$$a \equiv \mathrm{Re}\frac{c(0)}{\lambda(0)}$$

$$\phi_0 \equiv \phi(0)$$

$$\phi_1 \equiv \frac{\mathrm{d}}{\mathrm{d}\mu}\phi(\mu)\Big|_{\mu=0}$$

$$b \equiv \frac{1}{2\pi}\mathrm{Im}\frac{c(0)}{\lambda(0)}$$

und erhalten schließlich für Gl. (6.6.88)

$$\begin{aligned} f_1(r,\mu) &= (1+d\mu)r + ar^3 + \mathcal{O}(\mu^2 r, \mu r^3, r^5) \\ f_2(r,\theta,\mu) &= \theta + \phi_0 + \phi_1\mu + br^2 + \mathcal{O}(\mu^2, \mu r^2, r^4) \end{aligned} \tag{6.6.89}$$

Diese Abbildungsgleichungen sind denen der Hopf-Verzweigung kontinuierlicher Systeme, Gl. (6.4.66), sehr ähnlich. Wir verfolgen zum Studium der Verzweigungs-Dynamik von Gl. (6.6.89) eine analoge Strategie, wie wir sie für die Hopf-Verzweigung von Vektorfeldern in Abschnitt 6.4 vorgestellt haben. Wir betrachten zuerst die Dynamik der Normalform ohne die höheren Terme und prüfen danach den Einfluß der nicht berücksichtigten höheren Terme auf die bereits bekannte Dynamik der „abgebrochenen“ Normalform.

Die Normalform ohne die Terme höherer Ordnung ist

$$\begin{aligned} f_1(r,\mu) &= (1+d\mu)r + ar^3 \\ f_2(r,\theta,\mu) &= \theta + \phi_0 + \phi_1\mu + br^2 \end{aligned} \tag{6.6.90}$$

Betrachten wir sinnvollerweise für die Fixpunktbestimmung die erste Gleichung von Gl. (6.6.90), so liefert $f(r,\mu) - r = 0$ die triviale Fixpunktlösung $r = 0$. Die Stabilität dieser Lösung ist sehr leicht zu verifizieren; sie ist

asymptotisch stabil für $d\mu < 0$,
instabil für $d\mu > 0$,
instabil für $\mu = 0, a > 0$ und
asymptotisch stabil für $\mu = 0, a < 0$.

Die nichttriviale Fixpunktlösung führt zur Gleichung eines Kreises mit dem Radius $r = (-d\mu/a)^{1/2}$. Die geometrische Interpretation entspricht der der Hopf-Verzweigung, wohingegen sich die Dynamik wesentlich unterscheidet aufgrund der Tatsache, daß ein Kreis in der Abbildung einen Torus repräsentiert. Der Kreis wird aufgebaut aus einer Menge diskreter Punkte, die invariant ist, da Anfangsbedingungen, die auf dem Kreis starten, während des Iterationsprozesses auf dem Kreis bleiben. Für welche μ-Werte eine Lösung $r \neq 0$ existiert, darüber entscheidet die Vorzeichenkonstellation von a und d. Sind Lösungen existent, so stellt sich die Frage nach deren Stabilität. Wählt man einen Startwert außerhalb des Kreises und nähert sich die Abbildungsfolge diesem, so ist es naheliegend, von einem *stabilen invarianten Kreis* der iterierten Abbildung zu sprechen, wohingegegen wegstrebende Punkte einen *instabilen invarianten Kreis* signalisieren. Diese Überlegung, angewandt auf die Ausgangsbeziehung Gl. (6.6.90), zeigt, daß der Parameter a die Stabilität steuert. Wir stellen fest, daß der invariante Kreis der Abbildung für $a < 0$ asymptotisch stabil und für $a > 0$ instabil ist.

Wir wollen nun die Ergebnisse hinsichtlich Lösung für den Fixpunkt und invarianten Kreis und deren Stabilität kurz zusammenfassen und graphisch im Verzweigungsdiagramm illustrieren. Für $-\infty < \mu < +\infty$ sind vier Fälle durch die Vorzeichen von d und a vorgegeben:

1. $d > 0\,,\ a < 0\,,$ Abb. 6.6.11
2. $d < 0\,,\ a > 0\,,$ Abb. 6.6.12
3. $d < 0\,,\ a < 0\,,$ Abb. 6.6.13
4. $d > 0\,,\ a > 0\,,$ Abb. 6.6.14

Diese vier Fälle beschreiben das folgende Verhalten:

ad 1 : $d > 0, a < 0$: Für $\mu < 0$ ist die triviale Lösung $r = 0$ asymptotisch stabil, für $\mu > 0$ instabil. Die nichttriviale Lösung $r = (-d\mu/a)^{1/2}$ existiert nur für $\mu > 0$, und der invariante Kreis ist asymptotisch stabil (Abb. 6.6.11).

ad 2 : $d < 0, a > 0$: In diesem Fall ist für $\mu < 0$ der Ursprung ein instabiler Fixpunkt. Für $\mu > 0$ hingegen ist der Ursprung asymptotisch stabiler Fixpunkt, umrahmt von einem instabilen invarianten Kreis (Abb. 6.6.12).

ad 3 : $d < 0, a < 0$: Für $\mu < 0$ ist der Ursprung ein instabiler Fixpunkt und der existierende invariante Kreis asymptotisch stabil. Die triviale Lösung $r = 0$ ist für $\mu > 0$ asymptotisch stabil (Abb. 6.6.13).

ad 4 : $d > 0, a > 0$: In diesem Fall ist für $\mu < 0$ der Ursprung asymptotisch stabil und der existierende invariante Kreis instabil. Für $\mu > 0$ ist die einzige Fixpunktlösung im Ursprung instabil (Abb. 6.6.14).

Abschließende Bemerkungen:

Nachdem wir die Bedeutung des Vorzeichenwechsels von a und d in wechselseitiger Abhängigkeit erläutert und illustriert haben, fragen wir nach der Bedeutung jedes einzelnen Parameters. Betrachten wir zuerst den Vorzeichenwechsel von d allein und erinnern daran, daß d gegeben ist durch

$$d = \frac{\mathrm{d}}{\mathrm{d}\mu}|\lambda(\mu)|\Big|_{\mu=0}$$

Der Wert d ist ein Maß für die Geschwindigkeit, mit der die Eigenwerte den Einheitskreis beim Nulldurchgang von μ kreuzen. Ist $d > 0$, wächst $|\lambda(\mu)|$ an, falls μ von negativen zu positiven Werten wechselt, d. h. die konjugiert komplexen Eigenwerte überqueren den Einheitskreis von innen nach außen. Ist $d < 0$, passiert das Umgekehrte, nämlich ein Durchstoßen des Einheitskreises von außen nach innen. Die Eigenwerte ($|\lambda(\mu)| \lesseqgtr 1$) definieren die Stabilität; daraus folgt, daß für $d > 0$ beim Nulldurchgang von μ die Stabilität des Ursprungs von asymptotisch stabil zu instabil wechselt. Ist $d < 0$, so ist der Stabilitätswechsel umgekehrt. Der Parameter d gehört zum linearen r-Term, steuert demzufolge den Stabilitätswechsel des Fixpunktes und löst die Verzweigung aus.

Welcher Einfluß geht nun vom Parameter a aus? Ist $a > 0$, so verdeutlichen die Abbn. 6.6.12 und 6.6.14, daß die jeweils existierenden invarianten Kreise instabil sind. Entsprechend sind sie für $a < 0$ asymptotisch stabil (Abbn. 6.6.11 und

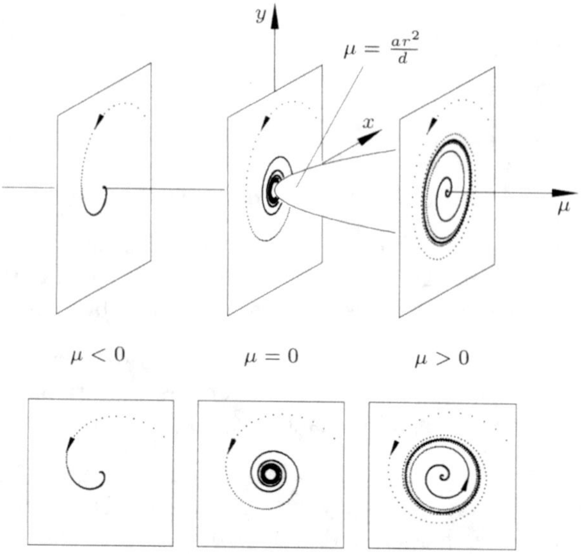

Abb. 6.6.11 Überkritisch stabile periodische Abzweigung = superkritische Neĭmark-Sacker-Verzweigung ($d > 0$, $a < 0$)

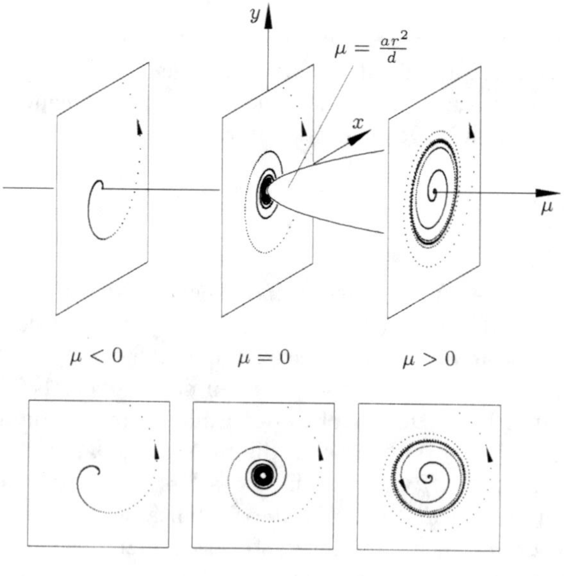

Abb. 6.6.12 Überkritisch instabile periodische Abzweigung ($d < 0$, $a > 0$)

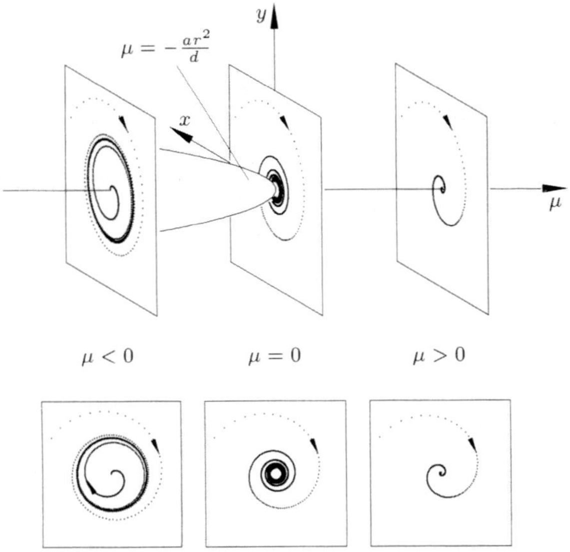

Abb. 6.6.13 Unterkritisch stabile periodische Abzweigung ($d < 0$, $a < 0$)

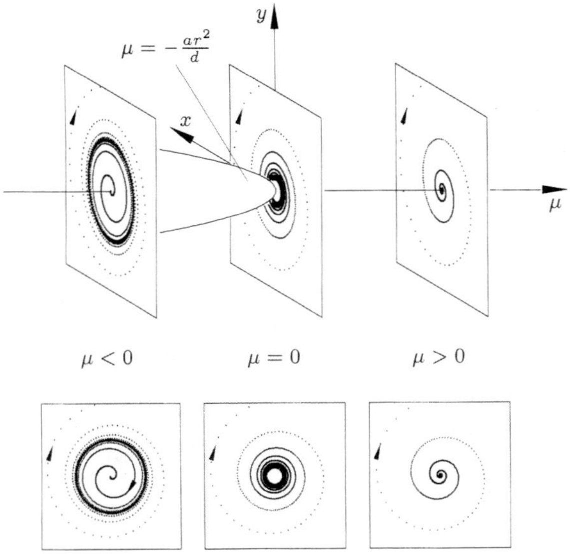

Abb. 6.6.14 Unterkritisch instabile periodische Abzweigung = subkritische Neĭmark-Sacker-Verzweigung ($d > 0$, $a > 0$)

6.6.13). Der Parameter a gehört zum kubischen Term von r und steuert demzufolge das Stabilitätsverhalten des abzweigenden invarianten Kreises.

Unsere bisherige Diskussion der Verzweigung einfacher komplexer Eigenwerte mit Betrag 1 war beschränkt auf die Normalform mit Termen niedrigster Ordnung. Zu beantworten bleibt noch die Frage nach dem Einfluß der Terme höherer Ordnung auf den Verzweigungstypus. Die Antwort gibt das Theorem von Neĭmark und Sacker, nämlich, daß die höheren Terme in der Normalform Gl. (6.6.29) gegenüber der abgeschnittenen Normalform Gl. (6.6.90) topologisch keine wesentliche Änderung bewirken.

Dem Leser wird in der Gegenüberstellung der Verzweigungsdiagramme der Hopf-Verzweigung kontinuierlicher Systeme, Abbn. 6.4.7 bis 6.4.10, und der Neĭmark-Sacker-Bifurkation, Abbn. 6.6.11 bis 6.6.14, die verblüffende Ähnlichkeit aufgefallen sein. Daraus zu folgern, daß die Dynamik in beiden Situationen mit ähnlich einfacher Gesetzmäßigkeit abläuft, wäre eine falsche Schlußfolgerung. Sowohl bei der Hopf-Verzweigung als auch bei allen anderen bisher behandelten Verzweigungen iterierter Abbildungen werden attraktive Mengen erzeugt, die einzelne Orbits sind. Im vorliegenden Fall aber entsteht im Poincaré-Schnitt ein invarianter Kreis, der jedoch von unterschiedlichen Orbits geformt wird. Dennoch spiegelt sich die Dynamik des Ausgangssystems Gl. (6.6.90) in der Dynamik dieses invarianten Kreises wider. Es genügt somit, die Dynamik auf dem Kreis zu studieren, und dies kann erreicht werden, indem man nur solche Anfangsbedingungen wählt, die auf dem invarianten Kreis liegen. In unserem Fall ist der Radius des invarianten Kreises gegeben durch

$$r = \sqrt{-\frac{d}{a}\mu}$$

Berücksichtigt man diesen als festen r-Wert in der Winkelentwicklung θ, so erhält man nach Gl. (6.6.90) die dazugehörige lineare Kreisabbildung (vgl. Abschnitt 8.3.2)

$$\theta_{n+1} = f(\theta_n, \mu) \qquad \text{mit} \quad f(\theta, \mu) = \theta + \phi_0 + \left(\phi_1 - \frac{bd}{a}\right)\mu \tag{6.6.91}$$

Gleichung (6.6.91) vereinfacht die Diskussion der Dynamik gegenüber Gl. (6.6.90) erheblich. Geprägt wird die Dynamik vom Ausdruck $\Omega = \phi_0 + (\phi_1 - bd/a)\mu$. Ist Ω rational, dann sind alle Trajektorien auf dem Torus geschlossene Kurven (Abb. 4.3.3), d. h. die Bewegung ist periodisch. Ist aber Ω irrational, so ist ein Schließen der Trajektorien beim Umlauf auf dem Torus ausgeschlossen (Abb. 4.3.4). In diesem Fall wird der Torus durch dichtgepackte Orbits vollständig überdeckt. Änderungen im Parameter μ führen somit zu einem ständigen Wechsel des Winkels θ von rational zu irrational, und damit zu alternierenden periodischen und quasiperiodischen Bewegungen.

Abschließend sei angemerkt, daß die eben geschilderten Bewegungen auf dem Torus nur für die lineare Kreisabbildung Gl. (6.6.91) gelten, die sich aus der „abgebrochenen" Normalform Gl. (6.6.90) herleitet. Welchen Verlauf die Orbits auf dem Torus nehmen, wenn Glieder höherer Ordnung auftreten, Gl. (6.6.89), ist nicht so einfach zu beantworten. Wir verweisen hinsichtlich dieser Thematik auf die nichtlineare Kreisabbildung in Abschnitt 8.3.2.

6.7 Renormierung und Selbstähnlichkeit am Beispiel der logistischen Abbildung

6.7.1 Der Mechanismus der Periodenverdopplung ad infinitum

In Abschnitt 3.7 bereits hatten wir eine besonders einfache nichtlineare Rekursionsvorschrift, nämlich die logistische Abbildung, besprochen

$$\begin{aligned} x_{\mathrm{n}+1} &= f(x_{\mathrm{n}}) \\ f(x) &= \alpha x(1-x) \quad , \qquad 0 \leqslant x \leqslant 1,\ 0 < \alpha \leqslant 4 \end{aligned} \tag{6.7.1}$$

Dabei hatten wir gesehen, daß der Charakter des Langzeitverhaltens der Folge $\{x_{\mathrm{n}}\}$ vom Wert des Kontrollparameters α abhängt. Für $0 < \alpha \leqslant 1$ ist der einzige Fixpunkt $x_s = 0$ im Intervall [0,1] stabil, d. h. jede Folge strebt unabhängig von ihrem Startwert gegen den Ursprung. Für $\alpha > 1$ wird der Ursprung instabil, und es taucht innerhalb von $0 \leqslant x \leqslant 1$ ein neuer Fixpunkt $x_s = 1 - 1/\alpha$ auf, der nach Gl. (3.7.7) im Bereich $1 < \alpha < \alpha_1$ ($\alpha_1 = 3$) stabil ist. Bei weiterer Erhöhung des Systemparameters verliert auch dieser Gleichgewichtszustand seine Stabilität, es tritt eine Periodenverdopplung auf und die Folge $\{x_{\mathrm{n}}\}$ oszilliert periodisch zwischen zwei festen Werten x_1^* und x_2^*. Überschreitet α den nächsten kritischen Wert α_2, so kommt eine zweite Periodenverdopplung zustande. Es treten dann in immer kürzeren Abständen weitere Periodenverdopplungen auf (Metropolis *et al.*, 1973), bis das Langzeitverhalten schließlich ab einem Grenzwert $\alpha_\infty = 3.5699\ldots$ irregulär, chaotisch wird, wobei allerdings der chaotische Bereich immer wieder von periodischen Fenstern unterbrochen wird (siehe Abb. 3.7.6).

Feigenbaum erkannte als erster (Feigenbaum, 1978), daß dieser Übergang von regulärem zu chaotischem Verhalten keineswegs an die spezielle Form der logistischen Abbildung gebunden ist. Vielmehr führt für alle Rekursionsvorschriften $x_{\mathrm{n}+1} = f(x_{\mathrm{n}})$, die – nach geeigneter Normierung – das Einheitsintervall in sich selbst abbilden und in diesem Bereich ein einziges Maximum besitzen, der Weg ins Chaos über eine Kaskade von Periodenverdopplungen. Tatsächlich kann man diesen Übergang zu irregulärem Verhalten in vielen nichtlinearen gekoppelten Systemen von Differentialgleichungen und in vielen Experimenten beobachten (siehe Farbtafeln IX, S. 647, bzw. XX, S. 648, für das Lorenz-System bzw. die Duffing-Gleichung). Ist beispielsweise die Poincaré-Abbildung eines Systems infolge von Dissipation annähernd eindimensional und weist sie nur ein einziges Maximum auf, so sind bereits die Voraussetzungen für diesen Übergang ins Chaos erfüllt.

Die Interpretation einer nicht-monotonen Funktion als Poincaré-Abbildung ist allerdings nur näherungsweise möglich, beispielsweise in Systemen, die eine starke

Dissipation aufweisen. Würden die Trajektorien exakt auf einer zweidimensionalen Fläche liegen, so wäre die Poincaré-Abbildung streng eindimensional und müßte wegen der Determiniertheit des Systems bzw. der Kreuzungsfreiheit der Trajektorien umkehrbar eindeutig sein. Eindimensionale eineindeutige Iterationsvorschriften können aber nur reguläres Verhalten beschreiben. Dies deckt sich natürlich mit der Tatsache, daß im zweidimensionalen Phasenraum keine chaotischen Bewegungen möglich sind.

Die eigentliche Ursache für das Auftreten eines komplexen Langzeitverhaltens liegt in der Doppelwertigkeit der Umkehrabbildung. Dabei hängt die Geschwindigkeit, mit der die Periodenverdopplungen aufeinanderfolgen, also der Grenzwert, gebildet aus den Abständen zwischen den kritischen Werten α_i,

$$\lim_{k\to\infty} \frac{\alpha_k - \alpha_{k-1}}{\alpha_{k+1} - \alpha_k}$$

allein vom Charakter des Maximums ab. Für Abbildungen mit einem quadratischen Maximum (wie bei der logistischen Abbildung) ergibt sich beispielsweise als Grenzwert die Feigenbaum-Konstante (Feigenbaum, 1978)

$$\delta = 4.669\,201\ldots$$

In diesem Abschnitt wollen wir die Hintergründe für dieses universelle Verhalten aufzeigen. Eine Entschlüsselung der Selbstähnlichkeitseigenschaften führt zu faszinierenden Skalierungsgesetzen, die es erlauben, die Universalität quantitativ meßbar zu machen. Letztendlich sind es nur einige wenige Eigenschaften, die bei der Zusammensetzung bzw. Hintereinanderausführung gewisser Funktionen – wie der logistischen Abbildung – auftreten und die zur Entstehung einer unendlichen Folge von Periodenverdopplungen und neuen Zyklen, der sogenannten „Feigenbaum-Route“, führen. Wir wollen am Beispiel der logistischen Abbildung diese Eigenschaften untersuchen, wobei wir gleichzeitig erkennen werden, daß eine Übertragung auf eine ganze Klasse von Funktionen möglich ist.

Im folgenden beschränken wir uns auf Rekursionsvorschriften, die das Einheitsintervall [0,1] in sich selbst abbilden und an der Stelle $x_{\max}$ ihr einziges Maximum besitzen, d. h. $f'(x_{\max}) = 0$.

Punkte x_{cr}, für die $f'(x_{cr}) = 0$ gilt, werden auch als *kritische Punkte* der Abbildung $f(x)$ bezeichnet. Als kritische Punkte kommen Maxima, Minima und Sattelpunkte in Frage. Die Orbits der kritischen Punkte spielen eine wichtige Rolle, wenn man die Dynamik einer Rekursionsvorschrift analysieren will, vgl. (Devaney, 1987). Diffeomorphismen besitzen offenbar keine kritischen Punkte und damit auch kein komplexes Langzeitverhalten.

Im Falle der logistischen Abbildung ist $x_{\max} = \frac{1}{2}$. Wendet man die Kettenregel auf die iterierte Abbildung f^2 an, so ergibt sich

$$\frac{\mathrm{d}}{\mathrm{d}x} f^2(x)\Big|_{x_{\max}} = f'(f(x_{\max}))f'(x_{\max}) = 0 \tag{6.7.2}$$

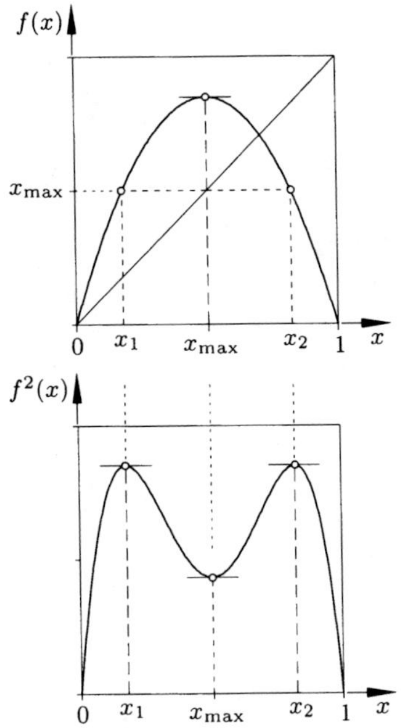

Abb. 6.7.1
Extremwerte von $f(x)$ und der Iterierten $f^2(x)$

d. h. an der Stelle $x_{\max}$ tritt auch bei allen iterierten Abbildungen ein Extremwert auf. Die Iterierte $f^2(x)$ besitzt noch zwei weitere Extremwerte, und zwar genau an den Stellen $x_{1,2}$, für die $f(x_{1,2}) = x_{\max}$ gilt (siehe Abb. 6.7.1). Entsprechend zu Gl. (6.7.2) gilt nämlich

$$\frac{\mathrm{d}}{\mathrm{d}x} f^2(x)\bigg|_{x_{1,2}} = f'\big(f(x_{1,2})\big) f'(x_{1,2}) = f'(x_{\max}) f'(x_{1,2}) = 0 \tag{6.7.3}$$

Als nächstes gehen wir nochmals auf die Stabilität der Fixpunkte von $f(x)$ und $f^2(x)$ ein. Der Wert x_s bestimmt einen stabilen Fixpunkt der Abbildung Gl. (6.7.1), wenn

$$x_s = \alpha x_s(1 - x_s)$$
und
$$|f'(x_s)| = \alpha|1 - 2x_s| < 1 \tag{6.7.4}$$

gilt. Daraus folgt unmittelbar, daß $x_s = 0$ für $0 < \alpha < 1$ der einzige Punktattraktor ist, der im Parameterbereich $1 < \alpha < 3$ von $x_s = 1 - 1/\alpha$ abgelöst wird. Die Steigung der Funktion ergibt sich dann zu

$$f'(x_s) = 2 - \alpha \tag{6.7.5}$$

Für wachsendes α wird die Tangente im Fixpunkt immer steiler, bis sie für $\alpha_1 = 3$ den Wert $f'(x_s) = -1$ erreicht (siehe Abb. 6.7.2), d. h. für $\alpha_1 = 3$ wird der Fixpunkt x_s nichthyperbolisch.

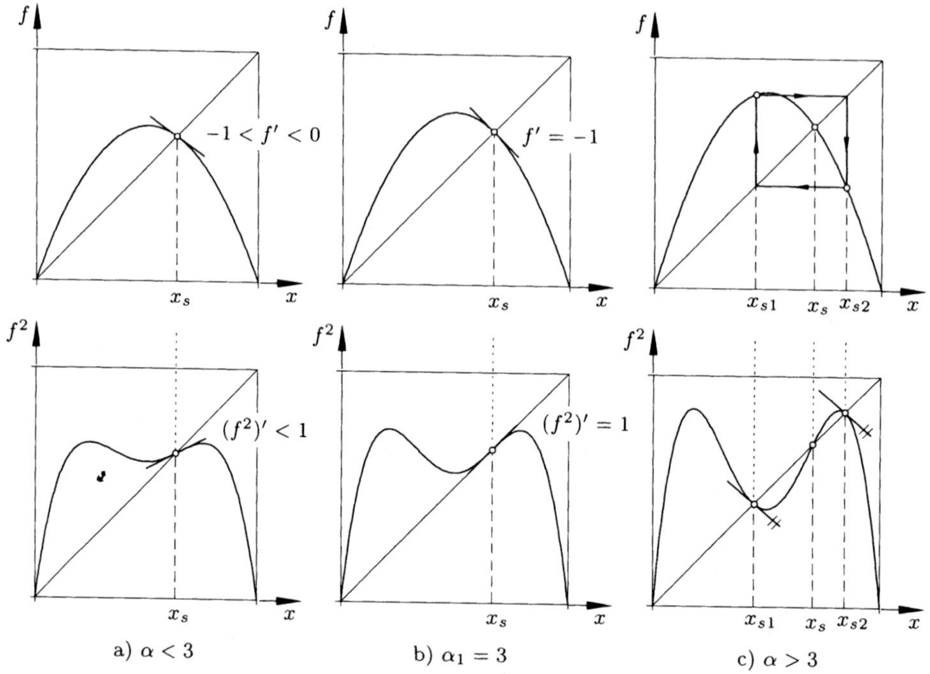

Abb. 6.7.2 Mechanismus der Periodenverdopplung bei $\alpha_1 = 3$ für die logistische Abbildung
a) stabiler Fixpunkt x_s von f und f^2
b) Periodenverdopplung für x_s
c) 2er-Zyklus von f zwischen x_{s1} und x_{s2}

Im eindimensionalen Fall stimmt dieser Wert mit dem Eigenwert der linearisierten Abbildung überein. Anhand der Bedingungen in Gl. (6.6.69) kann man leicht verifizieren, daß bei diesem kritischen Wert α_1 für die logistische Abbildung eine Periodenverdopplung auftritt: der ursprünglich stabile Fixpunkt x_s wird instabil, und in der iterierten Abbildung $f^2(x)$ tauchen zwei neue Fixpunkte x_{s1} und x_{s2} auf, für die gilt (siehe Abb. 6.7.2c)

$$x_{s1} = f^2(x_{s1}) \,, \quad x_{s2} = f^2(x_{s2}) \tag{6.7.6}$$

Wendet man die Abbildungsvorschrift erneut auf die erste Beziehung bzw. $x_{s1} = f\big(f(x_{s1})\big)$ an, so ergibt sich

$$f(x_{s1}) = f^2\big(f(x_{s1})\big) \tag{6.7.7}$$

d. h. $f(x_{s1})$ ist ebenfalls Fixpunkt von f^2 und muß daher, weil es nur zwei Fixpunkte gibt, mit x_{s2} übereinstimmen. Die Funktion f führt somit die Fixpunkte x_{s1} und x_{s2} von f^2 wechselseitig ineinander über

$$x_{s1} = f(x_{s2}) \,, \quad x_{s2} = f(x_{s1}) \tag{6.7.8}$$

Da jeder Fixpunkt von f unabhängig von seinen Stabilitätseigenschaften auch Fixpunkt der iterierten Funktion f^2 ist, besitzt $f^2(x)$ für $\alpha > \alpha_1$ insgesamt vier Fixpunkte, zwei instabile und – in einem gewissen Parameterbereich – zwei neue stabile (siehe Abb. 6.7.2c). Jede Iterationsfolge $\{x_n\}$ (mit $x_0 \neq 0$, $x_0 \neq x_s$) strebt dann einem Attraktor der Periode 2 von f bzw. einem 2er-Zyklus (x_{s1}, x_{s2}) zu.

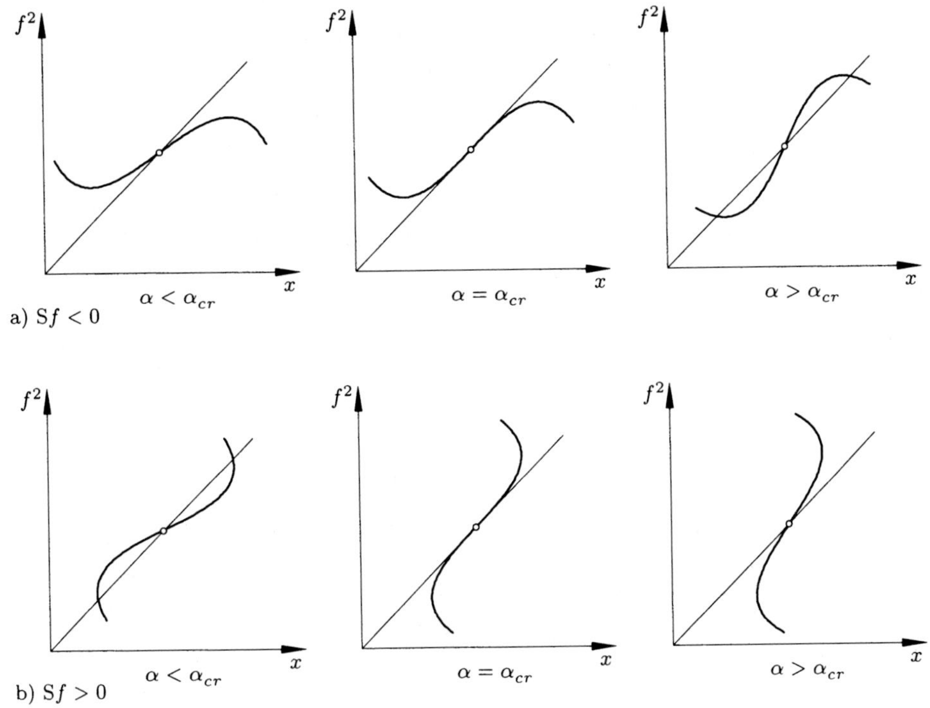

Abb. 6.7.3 Zur Erläuterung der Schwarzschen Ableitung: a) $Sf < 0$, b) $Sf > 0$

Wir hatten uns die Entstehung einer Periodenverdopplung in Abb. 6.7.2 anhand der logistischen Abbildung verdeutlicht. Wird bei einer allgemeinen Abbildungsfunktion ein Fixpunkt x_s für einen kritischen Wert α_{cr} des Kontrollparameters instabil, so ergeben sich für die iterierte Abbildung $f^2(x)$ grundsätzlich zwei Verhaltensweisen, die wir in Abb. 6.7.3 aufzeigen. Offenbar führt nur die in Abb. 6.7.3a dargestellte Möglichkeit zu einer Periodenverdopplung; im Falle b) wird x_s zwar instabil, es tauchen für wachsendes α jedoch keine neuen Fixpunkte auf. Eine notwendige Bedingung dafür, daß $f^2(x)$ ein Verhalten wie in Abb. 6.7.3a zeigt, ist, daß die sogenannte Schwarzsche Ableitung

$$\mathrm{S}f = \frac{f'''}{f'} - \frac{3}{2}\left(\frac{f''}{f'}\right)^2 \qquad (6.7.9)$$

der dreimal stetig differenzierbaren Funktion $f(x)$ in einer Umgebung des verzweigenden Fixpunkts negativ ist, d. h. notwendige Bedingung für das Auftreten einer Periodenverdopplung ist $\mathrm{S}f < 0$ in der Nähe der Verzweigungsstelle. Die Bedeutung der Schwarzschen Ableitung für die Dynamik eindimensionaler Abbildungen wurde zuerst von Singer (1978) erkannt. Man kann durch Nachrechnen verifizieren, daß aus $\mathrm{S}f < 0$ auch für alle iterierten Funktionen $\mathrm{S}f^n < 0$ folgt (vgl. Misuriewicz, 1983).

Um die Bedingung $\mathrm{S}f < 0$ plausibel zu machen, beachten wir, daß $f'(x_s) = -1$, $(f^2)'(x_s) = +1$ am kritischen α-Wert gilt und f^2 einen Wendepunkt besitzt, d. h. es gilt

$$(f^2)''(x_s) = 0 \tag{6.7.10}$$

Da aus $\mathrm{S}f < 0$ insbesondere $\mathrm{S}f^2 < 0$ folgt, reduziert sich wegen Gl. (6.7.10) die Bedingung $\mathrm{S}f^2 < 0$ auf $(f^2)'''(x_s) < 0$. Dies entspricht aber gerade dem in Abb. 6.7.3a dargestellten Fall.

Man könnte nun vermuten, es würde genügen vorauszusetzen, daß $f'(x)$ und $f'''(x)$ in einer Umgebung von x_s entgegengesetztes Vorzeichen haben, also

$$\frac{f'''}{f'} < 0$$

ist. Dieselbe Bedingung würde dann jedoch nicht mehr für die iterierte Funktion f^2 gelten. Dies ist der Grund, weshalb Singer die zunächst kompliziert erscheinende Schwarzsche Bedingung eingeführt hat, die ebenfalls ausreicht, um das Entstehen neuer Fixpunkte zu garantieren (vgl. Collet und Eckmann, 1980; Misuriewicz, 1983), die aber dann auch für alle Iterierten gilt.

Mayer-Kress und Haken haben gezeigt (Mayer-Kress und Haken, 1982), daß es bei Abbildungen, die in Teilintervallen eine positive Schwarzsche Ableitung $\mathrm{S}f > 0$ haben, zur Koexistenz von Attraktoren verschiedener Periode kommen kann und daß der Übergang ins Chaos dann einer Intermittenz vom Typ III entsprechen kann (vgl. Abschnitt 8.6.4). Um eine unendliche Kaskade von Periodenverdopplungen zu garantieren, setzen wir also im folgenden $\mathrm{S}f(x) < 0$ für das gesamte Intervall voraus (mit Ausnahme des kritischen Punktes $x_{\max}$, für den $f'(x_{\max}) = 0$ gilt). Diese Bedingung ist für die logistische Abbildung offenbar wegen $f''' = 0$ identisch erfüllt.

Die so trivial erscheinende Beziehung Gl. (6.7.6) spielt die eigentliche Schlüsselrolle für die Entstehung einer unendlichen Folge von Periodenverdopplungen. Zusammen mit der Kettenregel ergibt sich nämlich aus Gl. (6.7.6) mit Gl. (6.7.8)

$$\frac{\mathrm{d}}{\mathrm{d}x} f^2(x)\Big|_{x_{s1}} = f'(f(x_{s1}))f'(x_{s1}) = f'(x_{s2})f'(x_{s1}) = \frac{\mathrm{d}}{\mathrm{d}x} f^2(x)\Big|_{x_{s2}} \tag{6.7.11}$$

d. h. die iterierte Abbildung f^2 besitzt, unabhängig vom Kontrollparameter α, an den beiden Fixpunkten x_{s1} und x_{s2} Tangenten mit der gleichen Neigung (Abb.

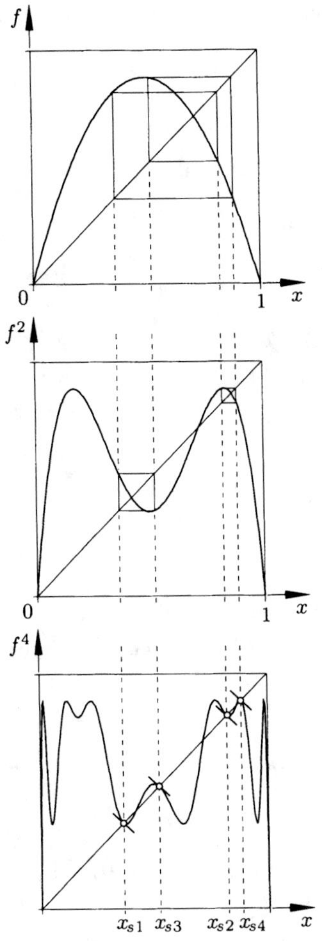

Abb. 6.7.4
Grenzzyklus der Periode 4 bzw. 4er-Zyklus ($\alpha = 3.54$)

6.7.2c). Ein weiteres Anwachsen von α bewirkt dann, daß für einen höheren kritischen Wert α_2

$$(f^2)'(x_{s1}) = (f^2)'(x_{s2}) = -1 \tag{6.7.12}$$

gilt, d. h. die beiden Fixpunkte x_{s1} und x_{s2} werden *gleichzeitig* instabil. Das Spiel beginnt von neuem: jeder der beiden Fixpunkte x_{s1} und x_{s2} wird instabil, es tritt eine Periodenverdopplung von $f^2(x)$ auf und es entstehen jeweils 2 neue stabile Fixpunkte der iterierten Funktion $f^2(f^2) = f^4$. Dies führt zu vier stabilen Punktattraktoren für f^4, die zwei Zyklen der Periode 2 von f^2 bzw. einem 4er-Zyklus $(x_{s1}, x_{s2}, x_{s3}, x_{s4})$ von f entsprechen (siehe Abb. 6.7.4), wobei gilt

$$\begin{aligned} x_{si+1} &= f(x_{si})\,, \qquad \mathrm{i} = 1,2,3 \\ x_{s1} &= f(x_{s4}) \end{aligned} \tag{6.7.13}$$

Durch wiederholte Anwendung der Kettenregel und der Beziehung Gl. (6.7.13) erhalten wir wiederum

$$\begin{aligned} \frac{\mathrm{d}}{\mathrm{d}x} f^4(x)\Big|_{x_{s1}} &= f'(f^3(x_{s1}))f'(f^2(x_{s1}))f'(f(x_{s1}))f'(x_{s1}) \\ &= f'(x_{s4})f'(x_{s3})f'(x_{s2})f'(x_{s1}) \end{aligned} \tag{6.7.14}$$

d. h. die Tangenten in den Fixpunkten $x_{s1}, x_{s2}, x_{s3}, x_{s4}$ haben alle die gleiche Steigung und sind somit miteinander gekoppelt, werden also wieder bei einem kritischen Wert α_3 gleichzeitig instabil.

Wir sind jetzt in der Lage, den Mechanismus der Periodenverdopplung bis ins Unendliche zu durchschauen. Eine Periodenverdopplung, die an einem kritischen Parameterwert α_k auftritt, kommt durch die Geburt eines 2^k-Zyklus von f zustande $(x_{s1}, x_{s2}, \ldots, x_{s2^k})$, wobei gilt

$$\begin{aligned} x_{si+1} &= f(x_{si}), \qquad \mathrm{i} = 1, 2, \ldots, (2^k - 1) \\ x_{s1} &= f(x_{s2^k}) \end{aligned} \tag{6.7.15}$$

Dieser Zyklus der Periode 2^k der Abbildung f löst sich in 2^k Fixpunkte der iterierten Funktion f^{2^k} auf, deren dynamisches Verhalten durch gleiche Steigungen aneinandergekoppelt ist

$$\frac{\mathrm{d}}{\mathrm{d}x} f^{2^k}(x)\Big|_{x_{sj}} = \prod_{i=1}^{2^k} f'(x_{si}), \qquad \mathrm{j} = 1, 2, \ldots, 2^k \tag{6.7.16}$$

Daher genügt es, wenn wir im folgenden nur denjenigen Fixpunkt von f^{2^k} betrachten, der dem Extremum $x = x_{\max} = 1/2$ am nächsten liegt.

6.7.2 Superstabile Zyklen

Jeder Zyklus der Periode 2^k der logistischen Abbildung $f(x)$ ist in einem bestimmten α-Intervall stabil. Betrachten wir zunächst einen 2er-Zyklus, so gibt es einen Parameterwert $\alpha = A_1$, für den der Extremwert an der Stelle $x = 1/2$ gleichzeitig Fixpunkt der iterierten Abbildung $f^2(x)$ ist (siehe Abb. 6.7.5a). Es gilt also $x_{s1} = 1/2$, $x_{s2} = f(x_{s1})$, $x_{s1} = f(x_{s2})$ und $f'(x_{s1}) = 0$. An einem solchen Punkt wird wegen $\frac{\mathrm{d}}{\mathrm{d}x} f^2(x_{s_i}) = 0$ (i=1,2) die Bedingung für Stabilität, $|\frac{\mathrm{d}}{\mathrm{d}x} f^2(x_{si})| < 1$, optimal erfüllt, man spricht daher von Superstabilität, und der entsprechende 2er-Zyklus heißt *superstabil*. Bezeichnen wir den Abstand $x_{s2} - x_{s1}$ der beiden stabilen Fixpunkte von f^2 mit d_1, so gilt

$$d_1 = f_{A_1}(\tfrac{1}{2}) - \tfrac{1}{2} \tag{6.7.17}$$

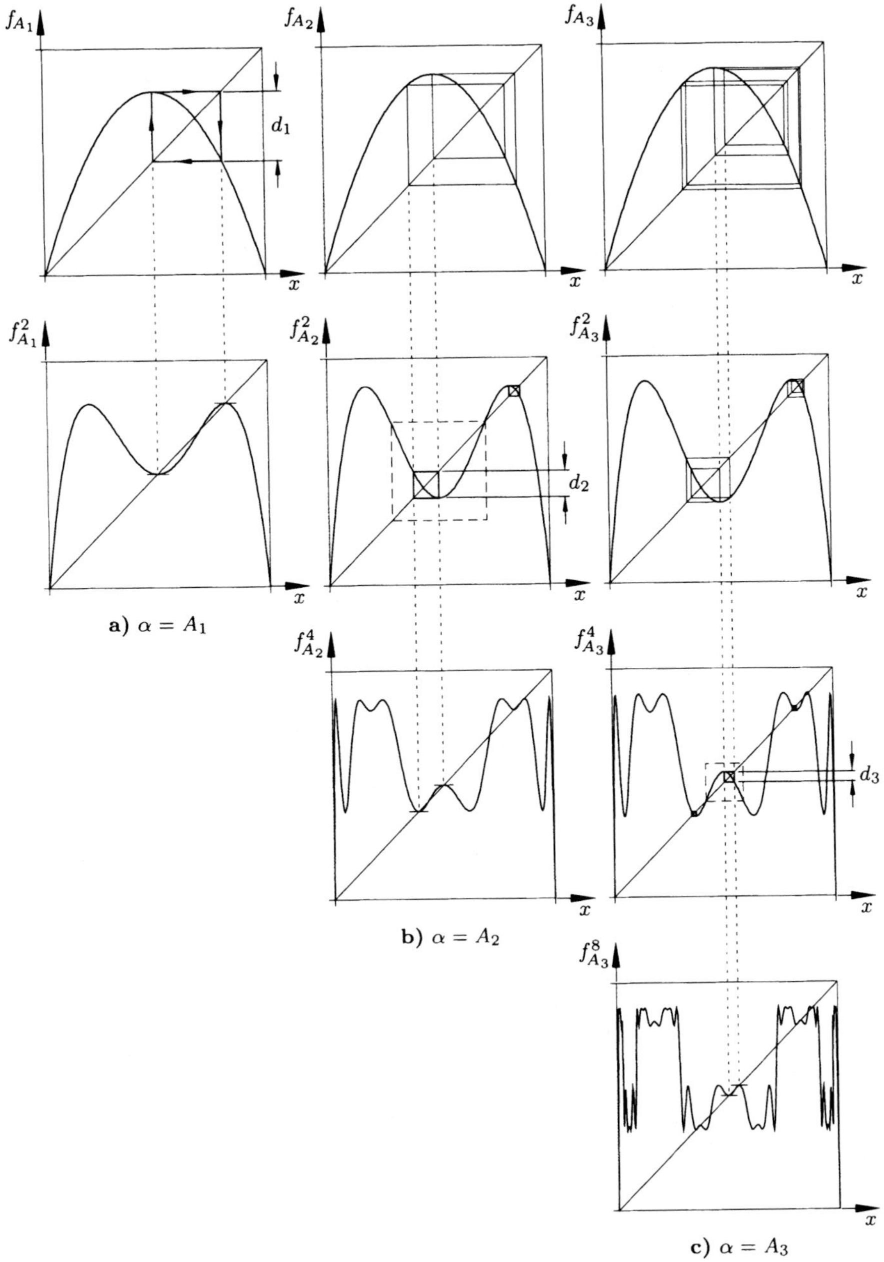

Abb. 6.7.5 Superstabile Zyklen der logistischen Abbildung $x_{n+1} = \alpha x_n(1 - x_n)$

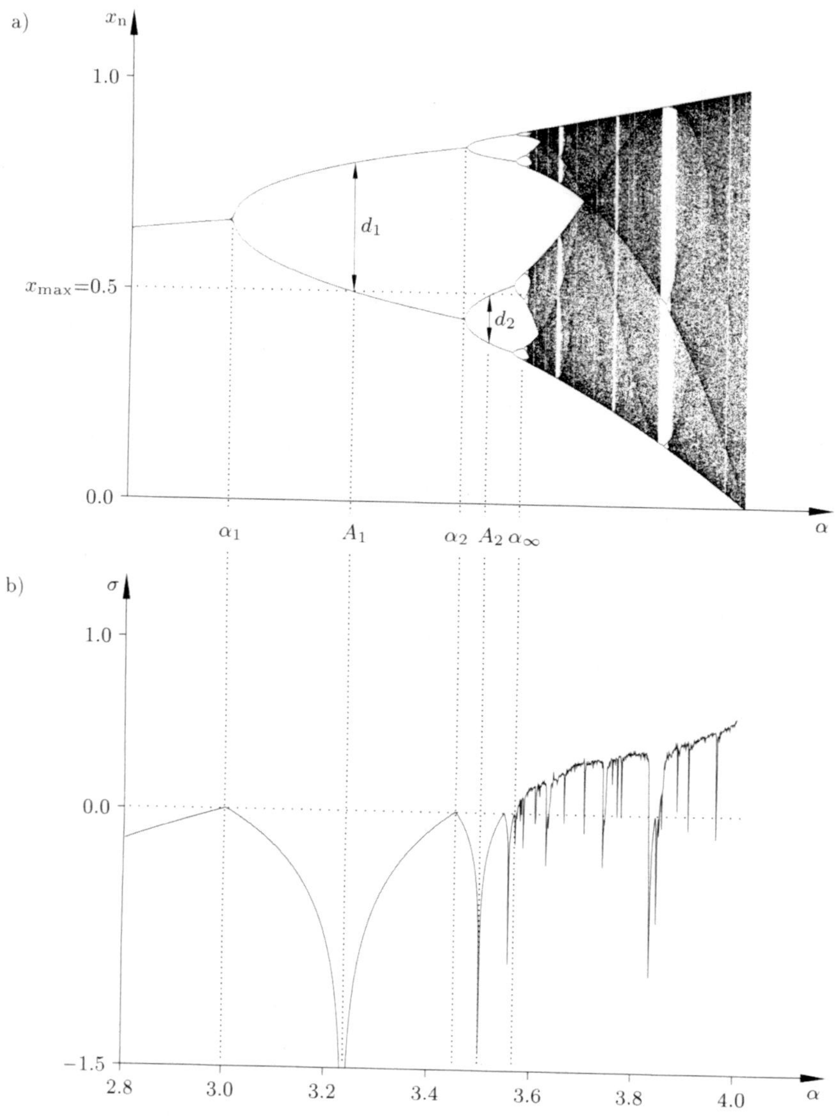

Abb. 6.7.6 Bifurkationsdiagramm und Lyapunov-Exponent σ für die logistische Abbildung $x_{n+1} = \alpha x_n(1 - x_n)$

Wir haben bei der Funktion f einen unteren Index A_1 eingeführt, um sicherzustellen, daß der Parameterwert α in f dem superstabilen 2er-Zyklus entspricht. Erhöht man den Systemparameter α weiter, so stellt sich nach der Periodenverdopplung bei $\alpha = \alpha_2$ ein superstabiler 2^2-Zyklus für $\alpha = A_2 > \alpha_2$ ein (Abb. 6.7.5b). Die vier stabilen Fixpunkte von $f_{A_2}^4$ auf der Diagonalen haben dann horizontale Tangenten, und es sind in der Abbildung $f_{A_2}^2$ zwei superstabile periodische

Zyklen entstanden, die miteinander gekoppelt sind. Daher genügt es wieder, denjenigen Zyklus zu betrachten, der $x_s = 1/2$ enthält. Wir bezeichnen mit d_2 den Abstand desjenigen Fixpunktes von $f_{A_2}^4$, der $x_s = 1/2$ am nächsten liegt. Dann gilt

$$d_2 = f_{A_2}^2(\tfrac{1}{2}) - \tfrac{1}{2} \tag{6.7.18}$$

oder allgemein für einen superstabilen 2^k-Zyklus

$$d_k = f_{A_k}^{2^{(k-1)}}(\tfrac{1}{2}) - \tfrac{1}{2} \tag{6.7.19}$$

Man beachte, daß $d_1, d_2, \ldots, d_k$ alternierende Vorzeichen haben. Die Ursache dafür ist, daß durch die Iteration der Funktion f das ursprüngliche Maximum zu einem Minimum wird und nach unten klappt. Jede Iteration beinhaltet daher neben einer Skalierung auch eine Spiegelung.

Berechnet man nach Gl. (5.4.63) für einen superstabilen 2^k-Zyklus den Lyapunov-Exponenten σ, der ja ein Maß für dessen Stabilität darstellt, so ergibt sich $\sigma = -\infty$. Im oberen Teil von Abb. 6.7.6 haben wir das Bifurkationsdiagramm der logistischen Abbildung aufgetragen und darunter die entsprechenden Lyapunov-Exponenten σ in Abhängigkeit von α. An den kritischen Stellen α_k, an denen Periodenverdopplungen auftreten, verschwindet σ nach Gl. (5.4.63). Zwischen je zwei kritischen Werten α_k und α_{k+1} liegt ein A_k, an dem der 2^k-Zyklus superstabil wird. An diesen Stellen nehmen die zugehörigen numerisch ermittelten Lyapunov-Exponenten jeweils den größten negativen Wert an. Aus dem Bifurkationsdiagramm können wir d_k ablesen, also den Abstand, den $x_s = 1/2$ vom nächstgelegenen stabilen Fixpunkt der Abbildung $f^{2^k}(x)$ hat.

In analoger Weise haben wir in Abb. 6.7.7 für die Rekursionsvorschrift

$$x_{n+1} = \frac{\alpha}{4} \sin \pi x_n \ , \quad 0 \leqslant x \leqslant 1 \ , \ 0 < \alpha < 4 \tag{6.7.20}$$

ebenfalls das Verzweigungsdiagramm und den Lyapunov-Exponenten berechnet. Für die Schwarzsche Ableitung ergibt sich nach Gl. (6.7.9)

$$\mathrm{S}f = -\pi^2(1 + \tfrac{3}{2}\tan^2 \pi x) < 0 \tag{6.7.21}$$

d. h. es kommt auch hier zu einer unendlichen Kaskade von Periodenverdopplungen. Die folgenden Überlegungen zeigen, daß die weitgehende Übereinstimmung der beiden Abbildungen darauf zurückzuführen ist, daß beide Rekursionsvorschriften ein quadratisches Maximum besitzen.

Beide Bifurkationsdiagramme sind sowohl bezüglich der Variablen x als auch bezüglich des Kontrollparameters α selbstähnlich: jeder neue Zweig ähnelt wieder dem gesamten Bild auf einer kleineren Skala. Betrachtet man einerseits die superstabilen Zyklen, so nehmen die Abstände d_k für hinreichend großes k bei jeder neuen Verzweigung etwa um einen Faktor 2.5 ab. Andererseits beobachtet man,

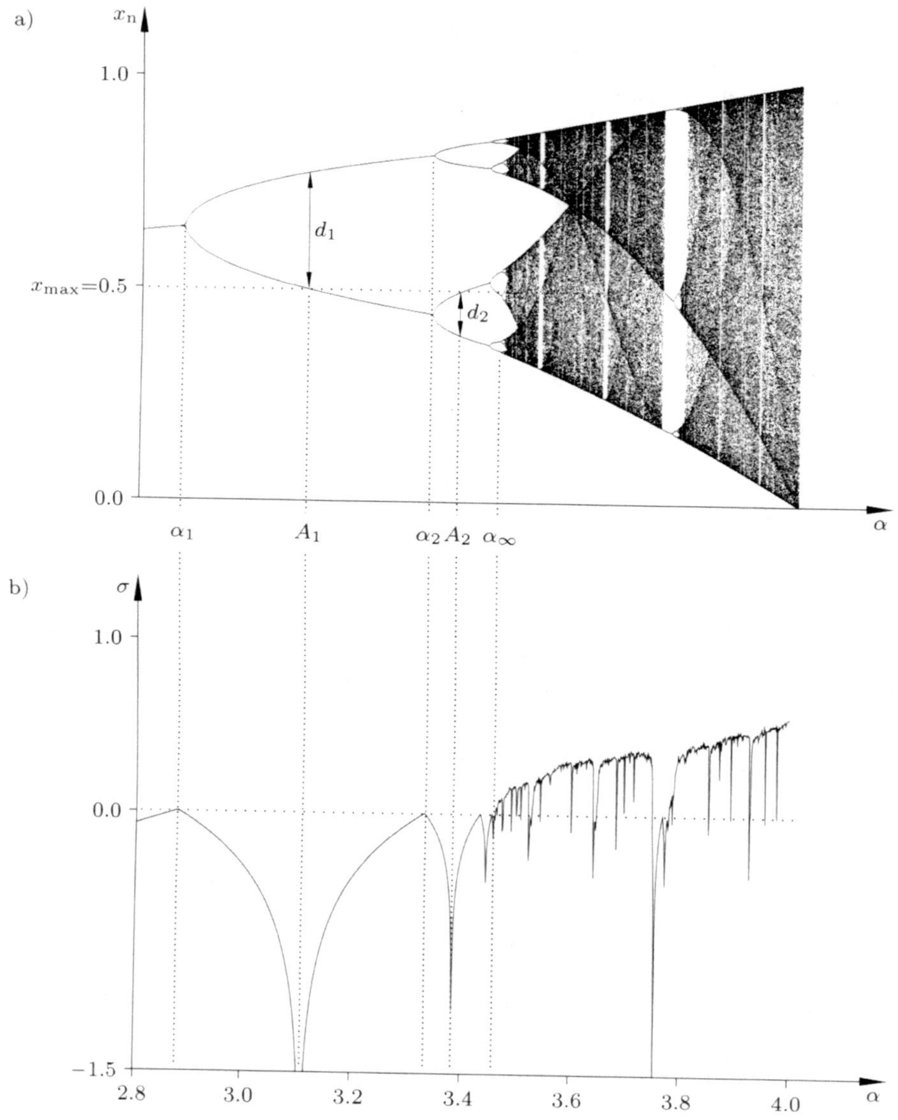

Abb. 6.7.7 Bifurkationsdiagramm und Lyapunov-Exponent σ für die Abbildung $x_{n+1} = \frac{\alpha}{4} \sin \pi x_n$

daß die Periodenverdopplungen an den Parameterwerten α_k in immer kürzeren Abständen auftreten und geometrisch gegen einen Grenzwert α_∞ streben.

An dieser Stelle wollen wir noch zwei Bemerkungen anführen:

i. Die beiden Bifurkationsdiagramme in Abb. 6.7.6 und 6.7.7 zeigen, daß die chaotischen Bereiche für Werte $\alpha > \alpha_\infty$ immer wieder von periodischen Fenstern unterschiedlicher Breite unterbrochen werden. In Abschnitt 8.6 werden wir ausführlich den Mechanismus erläutern, der für den Übergang von chaotischem zu periodischem Verhalten verantwortlich ist.

Besonders auffällig ist das Fenster der Periode 3. Man erkennt, daß bei Erhöhung des Kontrollparameters der Zyklus der Periode 3 wiederum über eine Kaskade von Periodenverdopplungen in chaotisches Verhalten übergeht. Nach dem Theorem von Sarkowskii folgt für stetige Abbildungsvorschriften $f(x)$ aus der Existenz eines Zyklus der Periode 3, daß $f(x)$ auch Zyklen aller anderen Perioden n besitzen muß, wobei n eine beliebige ganze Zahl ist (vgl. Devaney, 1987). Man beachte, daß es sich hier allerdings nur um eine Existenzaussage handelt, die Frage nach der Stabilität dieser n-Zyklen bleibt offen.

ii. Ein weiteres typisches Merkmal der Bifurkationsdiagramme ist die unterschiedliche Dichteverteilung der Punkte für $\alpha > \alpha_\infty$. Die Lage der Spitzenwerte der Wahrscheinlichkeitsdichteverteilung ändert sich in Abhängigkeit von α und bildet ein Netzwerk charakteristischer Linien. Man kann nachweisen, daß sich diese Linien aus den Bildern der kritischen Punkte x_{cr} der n-fach iterierten Abbildung $f^{\mathrm{n}}(x)$ ergeben, also derjenigen Punkte, für die $(f^{\mathrm{n}})'(x_{cr}) = 0$ gilt (Jensen und Myers, 1985).

6.7.3 Selbstähnlichkeit im x-Raum

Großmann und Thomae bzw. Feigenbaum haben die Gesetzmäßigkeit aufgedeckt, die hinter der selbstähnlichen Struktur des Verzweigungsdiagramms der logistischen Abbildung bzw. einer ganzen Klasse eindimensionaler diskreter Prozesse steckt (Großmann und Thomae, 1977; Feigenbaum, 1978, 1979a). Im folgenden wollen wir die Beziehungen für die Vergrößerungsfaktoren a_{k} und δ_{k}

$$\frac{d_{\mathrm{k}}}{d_{\mathrm{k+1}}} = -a_{\mathrm{k}}\,, \qquad \lim_{\mathrm{k}\to\infty} a_{\mathrm{k}} = a \tag{6.7.22}$$

$$\frac{\alpha_{\mathrm{k+1}} - \alpha_{\mathrm{k}}}{\alpha_{\mathrm{k+2}} - \alpha_{\mathrm{k+1}}} = \delta_{\mathrm{k}}\,, \qquad \lim_{\mathrm{k}\to\infty} a_{\mathrm{k}} = \delta \tag{6.7.23}$$

verifizieren, den universellen Charakter der Konstanten a und δ verdeutlichen und den Wert der *Feigenbaum-Konstanten*

$$\begin{aligned} a &= 2.502\,907\,875\ldots \\ \delta &= 4.669\,201\,609\ldots \end{aligned} \tag{6.7.24}$$

näherungsweise numerisch ermitteln.

Wir wollen zunächst die Selbstähnlichkeit bezüglich der x-Koordinate studieren und gehen nochmals zurück zu Abbildung 6.7.5. Betrachtet man die Funktion f^2 innerhalb des gestrichelten Quadrats für $\alpha = A_2$ (Abb. 6.7.5b), so ähnelt sie dem gesamten Funktionsverlauf f in Abb. 6.7.5a für $\alpha = A_1$. Insbesondere kann man die beiden superstabilen 2er-Zyklen durch Spiegelung am Punkt $x = 1/2$, $f^2_{A_2} = 1/2$ und durch Vergrößerung um den Faktor $a_1 = -d_1/d_2$ übereinander zeichnen und miteinander vergleichen. In Abb. 6.7.8 haben wir die Funktionsverläufe von

f_{A_1}, $f_{A_2}^2$ bzw. $f_{A_3}^4$ innerhalb der 2er-Zyklen entsprechend gespiegelt und vergrößert übereinander geplottet. Dabei zeigt es sich, daß die Funktionen innerhalb der Quadrate sehr schnell gegen eine Grenzfunktion $g_1(x)$ konvergieren. Abbildung 6.7.5 zeigt, daß jeder superstabile 2er-Zyklus auf dem Maßstab x/a_k stattfindet. Wir können daher einen Operator T^* definieren, der, angewandt auf eine Funktion f für $\alpha = A_k$, die iterierte Funktion f^2 erzeugt, dabei den Kontrollparameter α auf den superstabilen 2er-Zyklus verschiebt und gleichzeitig eine Skalierung vornimmt, um so durch Übereinanderlegen die iterierte Funktion f^2 mit der Ausgangsfunktion f vergleichen zu können. Für T^* setzen wir daher folgende Operation an

$$T^* f_{A_1}(x) = -a_1 f_{A_2}^2(-\frac{x}{a_1})$$

oder allgemein

$$T^* f_{A_k}(x) = -a_k f_{A_{k+1}}^2(-\frac{x}{a_k}) \tag{6.7.25}$$

Mit Hilfe von T^* kann man also immer kleinere Ausschnitte der Folge von iterierten Funktionen $f_{A_1}, f_{A_2}^2, f_{A_3}^4, \dots f_{A_k}^{2^{(k-1)}}$ herauszoomen und wie durch ein Mikroskop betrachten. Man stellt dabei fest, daß diese Funktionsverläufe nach wenigen Iterationen nicht mehr voneinander zu unterscheiden sind, daß sie auf die Grenzkurve $g_1(x)$ hin konvergieren (vgl. Abb. 6.7.8, linke Hälfte).

Im folgenden wollen wir einen analytischen Ausdruck für die Grenzfunktion $g_1(x)$ herleiten. Zur Approximation von $g_1(x)$ in Abb. 6.7.8 hatten wir die Funktionsverläufe der Folge von iterierten Funktionen $f_{A_k}^{2^{(k-1)}}$ innerhalb von Intervallen um $x = 1/2$ betrachtet, deren Länge d_k mit zunehmendem α sehr rasch gegen Null strebt. Wir führen nun zweckmäßigerweise eine Koordinatentransformation durch, so daß $x = 1/2$ der Ursprung des neuen Systems wird. Dadurch läßt sich Gl. (6.7.19) vereinfachen zu

$$d_k = f_{A_k}^{2^{(k-1)}}(0) \tag{6.7.26}$$

Gehen wir von einer Skalierungsbeziehung der Form Gl. (6.7.22) aus, so gilt

$$d_1 = -a_1 d_2 = a_1 a_2 d_3 = \dots = (-1)^k \prod_{i=1}^{k} a_i d_{k+1} \qquad \text{mit} \qquad \lim_{i\to\infty} a_i = +a$$

d. h. man kann schreiben $d_1 = \text{const} \cdot (-a)^k d_{k+1}$. Für $k \to \infty$ konvergieren daher die renormierten Abstände $(-a)^k d_{k+1}$, und damit nach Gl. (6.7.26) auch die Folge $(-a)^k f_{A_{k+1}}^{2^k}(0)$, gegen einen endlichen Grenzwert

$$\lim_{k\to\infty} (-a)^k f_{A_{k+1}}^{2^k}(0) = c \tag{6.7.27}$$

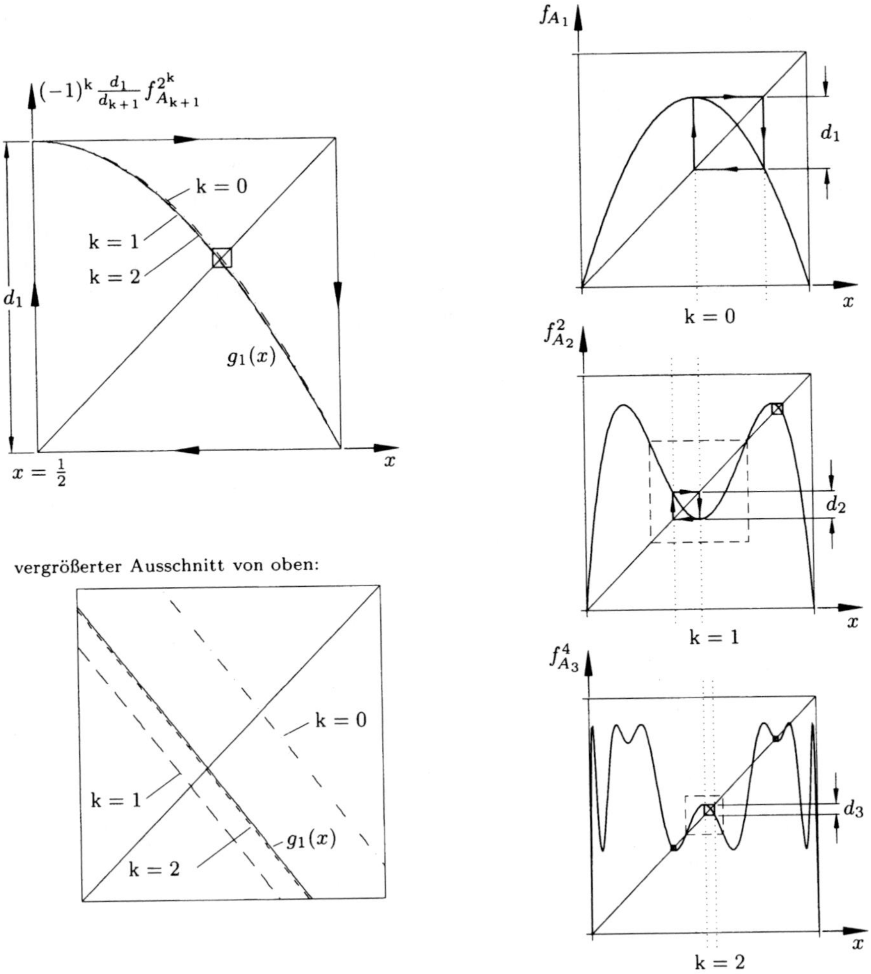

Abb. 6.7.8 Überlagerung von f_{A_1} und den entsprechend vergrößerten und gespiegelten Funktionsverläufen $f^2_{A_2}$ und $f^4_{A_3}$ innerhalb der 2er-Zyklen

Aus der Existenz der Skalierungsbeziehung Gl. (6.7.22) folgt daher die Existenz eines Grenzwertes c, ja, wir erhalten nach Abb. 6.7.8 noch mehr, nämlich die Existenz einer Grenzfunktion. Vergrößert man für hinreichend große Werte k die k-fach iterierte Funktion $f^{2^k}_{A_{k+1}}$ um einen Faktor $(-a)^k$, so konvergiert die Funktionenfolge gegen $g_1(x)$, deren Wert am Ursprung entsprechend Gl. (6.7.27) mit c übereinstimmt

$$g_1(x) = \lim_{k \to \infty} (-a)^k f^{2^k}_{A_{k+1}}\left(\frac{x}{(-a)^k}\right) \tag{6.7.28}$$

oder unter Verwendung der Abkürzung $\xi_k = (-a)^{-k}x$

$$g_1(x) = \lim_{k\to\infty} (-a)^k f_{A_{k+1}}^{2^k}(\xi_k)$$

Für die Grenzfunktion $g_1(x)$ kommt es durch das fortwährende Herauszoomen immer kleinerer Intervalle um den Punkt $x = 1/2$ nur auf die spezielle Natur des Maximums von $f(x)$ an und nicht auf den Funktionsverlauf im gesamten Intervall $0 \leqslant x \leqslant 1$, d. h. für alle Funktionen, die das Einheitsintervall in sich abbilden und dort ein einziges Maximum p-ter Ordnung aufweisen, ergibt sich dieselbe Grenzfunktion, sie hat somit universellen Charakter (Feigenbaum, 1978 und 1979a).

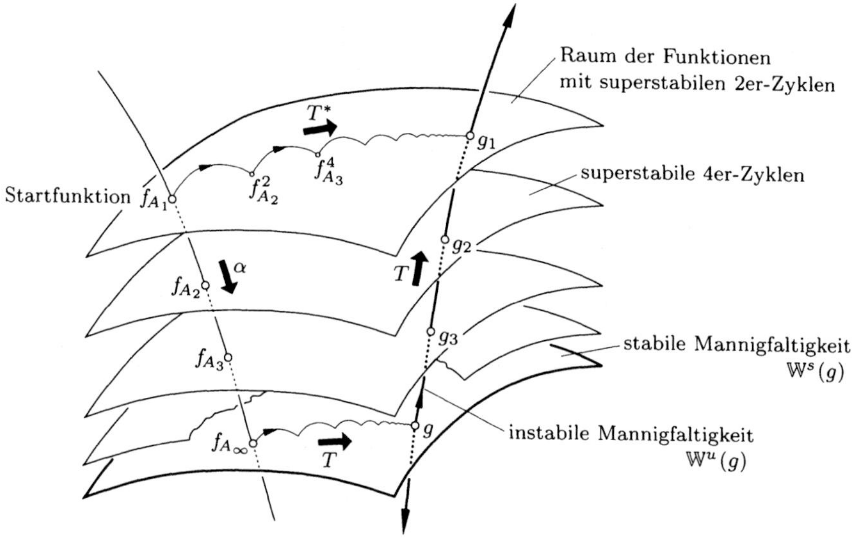

Abb. 6.7.9 Konstruktion der Grenzfunktionen g_i (bzw. g) durch wiederholte Anwendung der Transformation T^* (bzw. T)

Diese Universalität der Grenzfunktion erlaubt es uns, auf eine höhere Betrachtungsebene überzugehen: anstelle von Funktionen und Variablen betrachten wir Operatoren und Funktionenräume. Letztendlich ermöglicht diese Erweiterung die Bestimmung der Feigenbaum-Konstanten a. Der Operator T^* besitzt z. B. im Raum aller Funktionen, die das Einheitsintervall in sich abbilden und dort ein einziges quadratisches Maximum und einen superstabilen 2er-Zyklus aufweisen, eine universelle Grenzfunktion $g_1(x)$, die die Rolle eines stabilen Fixpunkts spielt, siehe Abb. 6.7.9. Eine wiederholte Anwendung von T^* bewirkt langfristig, daß die gesamte Information über den Funktionsverlauf – mit Ausnahme der Eigenschaften des Maximums – verlorengeht, d. h. das System vergißt fast den gesamten Verlauf der Startfunktion.

Die Grenzfunktion $g_1(x)$ entsteht durch wiederholte Anwendung des Operators T^* auf die Funktion f_{A_1}. Abbildung 6.7.5 legt es nahe, daß man ebensogut f_{A_2} als Startfunktion verwenden könnte, also eine Funktion mit einem superstabilen 2^2-Zyklus: wiederum ähneln sich die Funktionsverläufe von f_{A_2}, $f^2_{A_3}$ etc. innerhalb dieser Zyklen und streben gegen eine Grenzfunktion, die 4er-Zyklen aufweist. Wir können daher analog zu Gl. (6.7.28) eine ganze Familie von Grenzfunktionen definieren

$$g_{\rm i}(x) = \lim_{\rm k\to\infty} (-a)^{\rm k} f^{2^{\rm k}}_{A_{\rm k+i}}(\xi_{\rm k}) \;, \qquad {\rm i} = 0, 1, 2, \ldots \tag{6.7.29}$$

die $2^{\rm i}$-Zyklen besitzen.

Wendet man den Operator T^* insbesondere auf die Funktion $f_{A_\infty}(x)$ an, so reduziert sich seine Funktionsweise auf eine Iteration von f_{A_∞}, bei der sich der Kontrollparameter nicht verändert, wobei gleichzeitig die Variable x mit einer festen Konstante a skaliert wird (vgl. Abbn. 6.7.9 und 6.7.10). Daher ist es zweckmäßig, in diesem Grenzfall eine besondere Bezeichnung für die Transformation einzuführen. Man bezeichnet dann den Operator mit T (engl. *doubling transformation*), und es gilt

$$Tf(x) = -af\big(f(-\tfrac{x}{a})\big)$$

bzw. (6.7.30)

$$Tf(x) = -af\big(f(\xi)\big) \qquad \text{mit} \quad \xi = -x/a$$

Man kann nachweisen, daß die Grenzfunktionen durch Anwendung von T auseinander hervorgehen

$$g_{\rm i}(x) = Tg_{\rm i+1}(x) \tag{6.7.31}$$

Unter Verwendung der Abkürzung $\xi_{\rm k} = (-a)^{-\rm k}x$ gilt nämlich nach Gl. (6.7.29)

$$\begin{aligned} g_{\rm i}(x) &= \lim_{\rm k\to\infty} (-a)^{\rm k} f^{2^{\rm k}}_{A_{\rm k+i}}(\xi_{\rm k}) \\ &= \lim_{\rm k\to\infty} (-a)(-a)^{\rm k-1} f^{2^{\rm k-1+1}}_{A_{\rm k+i}}(-a^{-1}\xi_{\rm k-1}) \end{aligned}$$

Ersetzt man den Index (k − 1) durch m, so ergibt sich wegen $f^{2^{\rm m}}(f^{2^{\rm m}}) = f^{2^{\rm m+1}}$

$$g_{\rm i}(x) = -a \lim_{\rm m\to\infty} (-a)^{\rm m} f^{2^{\rm m}}_{A_{\rm m+i+1}}\Big((-a)^{-\rm m}(-a)^{\rm m} f^{2^{\rm m}}_{A_{\rm m+i+1}}(-a^{-1}\xi_{\rm m})\Big) \tag{6.7.32}$$

Andererseits gilt nach Gl. (6.7.29), wenn man i durch i + 1 und x durch $\xi_1 = -a^{-1}x$ ersetzt

$$g_{\rm i+1}(\xi_1) = \lim_{\rm m\to\infty} (-a)^{\rm m} f^{2^{\rm m}}_{A_{\rm m+i+1}}((-a)^{-\rm m}\xi_1)$$

Wegen $(-a)^{-m}\xi_1 = -a^{-1}\xi_m$ läßt sich damit Gl. (6.7.32) wie folgt vereinfachen

$$g_i(x) = -a \lim_{m\to\infty} (-a)^m f^{2^m}_{A_{m+i+1}}\big((-a)^{-m} g_{i+1}(\xi_1)\big)$$

oder schließlich

$$g_i(x) = -a g_{i+1}\big(g_{i+1}(\xi_1)\big) = T g_{i+1}(x)$$

womit Gl. (6.7.31) bewiesen ist.

Führt man in dieser Beziehung noch den Grenzübergang $i \to \infty$ aus, so erhält man eine Funktion

$$g(x) = \lim_{i\to\infty} g_i(x) = \lim_{k\to\infty} (-a)^k f^{2^k}_{A_\infty}(\xi_k) \qquad \text{mit} \quad \xi_k = (-a)^{-k} x \tag{6.7.33}$$

Wegen Gl. (6.7.31) ist $g(x)$ bezüglich der Transformation T ein Fixpunkt, d. h. es gilt

$$g(x) = Tg(x) = -ag\big(g(-\frac{x}{a})\big) \tag{6.7.34}$$

bzw.

$$Tg(x) = -ag\big(g(\xi)\big) \qquad \text{mit} \quad \xi = -x/a$$

Dabei erhält man $g(x)$ als Grenzwert von iterierten Funktionen f^{2^k} jeweils für einen *festen* Wert A_∞ des Systemparameters, der wegen $\alpha_k < A_k < \alpha_{k+1}$ und $\lim_{k\to\infty}(\alpha_k) = \alpha_\infty$ mit α_∞ übereinstimmt, also dem α-Wert, für den chaotisches Verhalten einsetzt. Dies ist für die numerische Berechnung wichtig, da man zunächst weder die Verzweigungsstellen α_k noch die zu den superstabilen Zyklen gehörigen Parameterwerte A_k explizit kennt.

Die Existenz eines Grenzwertes α_∞ folgt direkt aus der Beziehung Gl. (6.7.23). Die Folge $\{\alpha_k\}$ ist nach Konstruktion monoton ansteigend. Gleichung (6.7.23) sagt aus, daß aufeinanderfolgende Abstände $\{\alpha_{k+1} - \alpha_k\}$ für hinreichend große k-Werte beliebig wenig von einer geometrischen Folge $\{r_k\}$ abweichen, für die also gilt

$$\frac{r_{k+1}}{r_k} = \text{const} \tag{6.7.35}$$

Genauer gesagt, gibt es zu jedem $\varepsilon > 0$ einen Index $k_0(\varepsilon)$, so daß

$$\delta - \varepsilon < \frac{\alpha_{k+1} - \alpha_k}{\alpha_{k+2} - \alpha_{k+1}} < \delta + \varepsilon \tag{6.7.36}$$

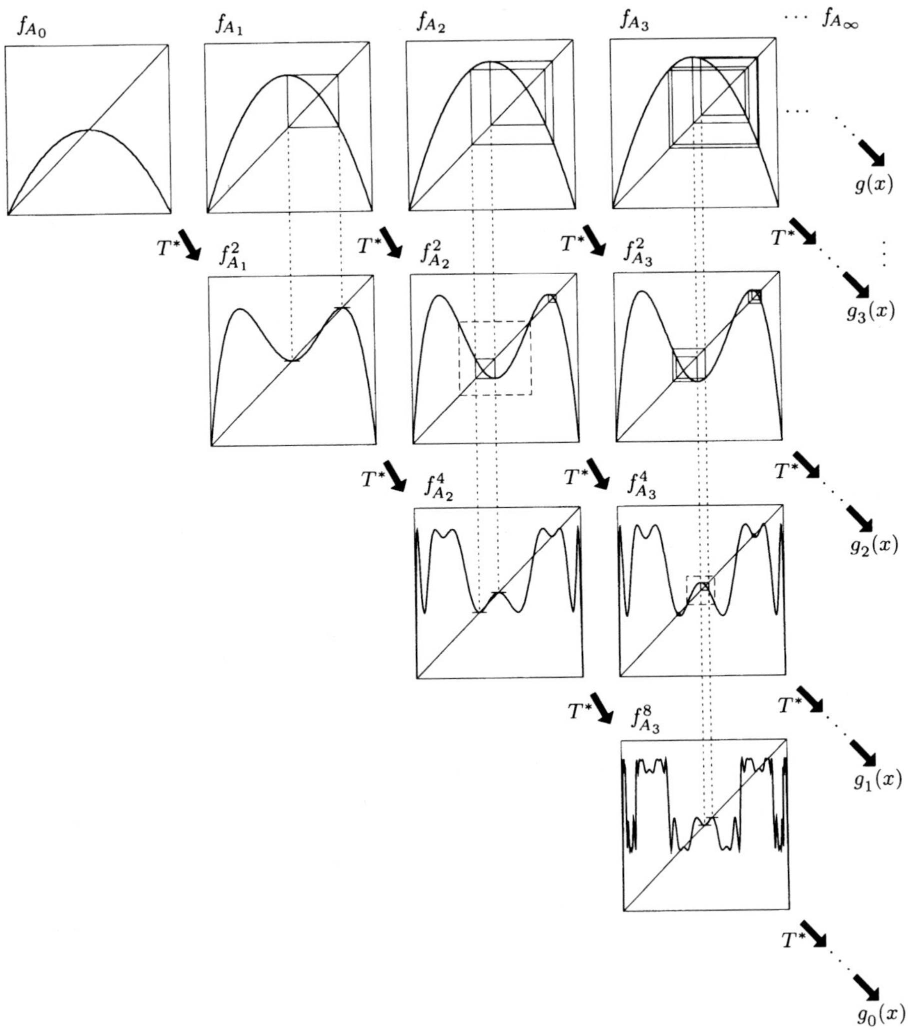

Abb. 6.7.10 Approximation der Grenzfunktionen $g_i(x)$

gilt für alle Indizes $\mathrm{k} \geqslant \mathrm{k}_0$. Wegen $\delta > 4$ können wir uns auf Werte $\varepsilon < \delta - 1$ beschränken. Der Kehrwert der Beziehung Gl. (6.7.36) lautet für k_0

$$0 < \frac{1}{\delta + \varepsilon} < \frac{\alpha_{\mathrm{k}_0+2} - \alpha_{\mathrm{k}_0+1}}{\alpha_{\mathrm{k}_0+1} - \alpha_{\mathrm{k}_0}} < \frac{1}{\delta - \varepsilon} \tag{6.7.37}$$

und daher erst recht

$$0 < \frac{1}{\delta + \varepsilon} < \frac{\alpha_{\mathrm{k}_0+3} - \alpha_{\mathrm{k}_0+2}}{\alpha_{\mathrm{k}_0+2} - \alpha_{\mathrm{k}_0+1}} < \frac{1}{\delta - \varepsilon} \tag{6.7.38}$$

Das Produkt von Gl. (6.7.37) und Gl. (6.7.38) führt auf

$$0 < \frac{1}{(\delta+\varepsilon)^2} < \frac{\alpha_{k_0+3} - \alpha_{k_0+2}}{\alpha_{k_0+1} - \alpha_{k_0}} < \frac{1}{(\delta-\varepsilon)^2}$$

oder allgemein für alle $p = 2, 3, \ldots$

$$0 < \frac{1}{(\delta+\varepsilon)^p} < \frac{\alpha_{k_0+p+1} - \alpha_{k_0+p}}{\alpha_{k_0+1} - \alpha_{k_0}} < \frac{1}{(\delta-\varepsilon)^p} \tag{6.7.39}$$

Wegen $\delta - \varepsilon > 1$ läßt sich also zu jedem beliebigen $\varepsilon_0 > 0$ stets ein Index p_0 finden, so daß

$$0 < \alpha_{k_0+p+1} - \alpha_{k_0+p} < \frac{\alpha_{k_0+1} - \alpha_{k_0}}{(\delta-\varepsilon)^p} < \varepsilon_0 \tag{6.7.40}$$

gilt für alle $p \geqslant p_0$. Damit strebt der Abstand aufeinanderfolgender Bifurkationsstellen gegen Null, und die Folge $\{\alpha_k\}$ besitzt einen Grenzwert α_∞.

Aus Gl. (6.7.31) erkennt man, daß $g(x)$ instabiler Fixpunkt von T ist. Wählt man nämlich einen hinreichend großen Index i, so daß $g_i(x)$ beliebig wenig von $g(x)$ abweicht, so transportiert T die Funktion $g_i(x)$ von $g(x)$ weg. Zur Veranschaulichung haben wir die Verhältnisse in Abb. 6.7.9 schematisch dargestellt (vgl. Collet und Eckmann, 1980; Cvitanović, 1984).

Die Approximation der Grenzfunktionen $g_i(x)$ innerhalb der einzelnen Funktionsunterräume durch wiederholte Anwendung von T^* auf f_{A_i} wird in Abb. 6.7.10 nochmals verdeutlicht. Abbildung 6.7.11 zeigt eine Näherung der universellen Funktion $g_1(x)$.

Die Fixpunkteigenschaft von $g(x)$ ermöglicht nun eine sehr elegante Bestimmung der Feigenbaum-Konstanten a, die die Skalierung der Variablen x regelt. Für $x = 0$ ergibt sich aus Gl. (6.7.34)

$$g(0) = -ag(g(0)) \tag{6.7.41}$$

Die folgende einfache Rechnung zeigt, daß man in der Wahl von $g(0)$ noch frei ist. Aus der Fixpunkteigenschaft Gl. (6.7.34) der Funktion $g(x)$ folgt nämlich unmittelbar die Fixpunkteigenschaft aller Funktionen der Bauart $g^*(x) = \mu g(x/\mu)$

$$\begin{aligned} -ag^*(g^*(-\frac{x}{a})) &= -a\mu g(\frac{1}{\mu}\mu g(-\frac{x}{\mu a})) \\ &= \mu g(\frac{x}{\mu}) = g^*(x) \end{aligned} \tag{6.7.42}$$

Gilt daher zunächst $g(0) = c$, so hat die Funktion $g^*(x) = c^{-1}g(cx)$ an der Stelle $x = 0$ den Wert 1, d. h. wir können ohne Beschränkung der Allgemeinheit auf den Stern * verzichten und

$$g(0) = 1 \tag{6.7.43}$$

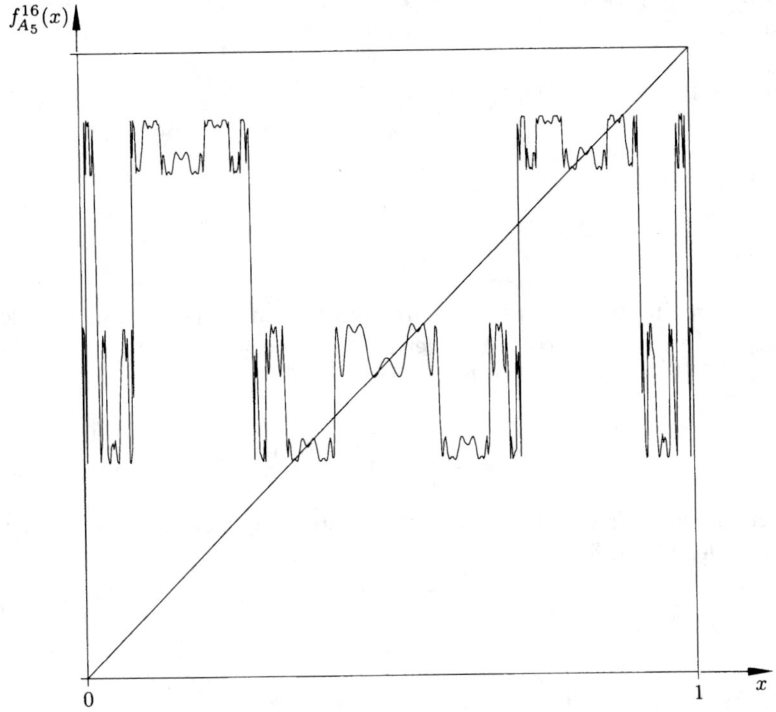

Abb. 6.7.11 Approximation der Grenzfunktion $g_1(x)$; dargestellt ist $f_{A_5}^{16}(x)$

setzen. Damit ergibt sich aus Gl. (6.7.41)

$$a = -\frac{1}{g(1)} \tag{6.7.44}$$

Eine allgemeine Lösung von Funktionalgleichungen wie Gl. (6.7.34) ist uns nicht bekannt. Spezifizieren wir jedoch die Eigenschaften des Maximums und setzen voraus, daß $g(x)$ r-mal stetig differenzierbar ist, so hat Gl. (6.7.34) eine eindeutige Lösung.

Nehmen wir z. B. an, daß $f(x)$ in der Rekursionsvorschrift Gl. (6.7.1) ein quadratisches Maximum besitzt, so können wir $g(x)$ als gerade analytische Funktion ansetzen

$$g(x) = 1 + \gamma_1 x^2 + \gamma_2 x^4 + \ldots \tag{6.7.45}$$

da sich durch die Iterationen die lokale Symmetrie der Funktion $f(x)$ in der Umgebung des Maximums auf die Grenzfunktionen überträgt. Bricht man die Potenzreihe nach dem ersten relevanten Glied ab und setzt diesen Ausdruck in Gl. (6.7.34) ein, so ergibt sich

$$1 + \gamma_1 x^2 = -a\Big[1 + \gamma_1\big(1 + \gamma_1 \frac{x^2}{a^2}\big)^2\Big] + \mathcal{O}(x^4)$$

Durch Koeffizientenvergleich der absoluten und quadratischen Terme erhält man zwei Gleichungen für die ersten Näherungen von a und γ_1

$$1 = -a(1+\gamma_1) \qquad \text{und} \qquad a = -2\gamma_1 \tag{6.7.46}$$

oder

$$\begin{aligned} a &= 1+\sqrt{3} \approx 2.732 \\ \gamma &\approx -1.366 \end{aligned} \tag{6.7.47}$$

Eine bessere Approximation der Feigenbaum-Konstanten a und der universellen Funktion $g(x)$ ergibt sich, wenn man in der Potenzreihe Glieder 4. Ordnung berücksichtigt. Die Fixpunktbedingung liefert dann

$$1+\gamma_1 x^2+\gamma_2 x^4 = -a\Big[1+\gamma_1\big(1+\gamma_1\frac{x^2}{a^2}+\gamma_2\frac{x^4}{a^4}\big)^2+\gamma_2\big(1+\gamma_1\frac{x^2}{a^2}+\gamma_2\frac{x^4}{a^4}\big)^4\Big]+\mathcal{O}(x^6)$$

Der Koeffizientenvergleich liefert jetzt 3 nichtlineare Beziehungen zwischen a, γ_1 und γ_2, die man leicht auf folgende Form bringen kann

$$\begin{aligned} 1 &= -a(1+\gamma_1+\gamma_2) \\ 0 &= \quad a+2\gamma_1+4\gamma_2 \\ 0 &= \quad \gamma_1^2(\gamma_1+6\gamma_2)+\gamma_2 a(a^2-1) \end{aligned} \tag{6.7.48}$$

Dieses Gleichungssystem kann man z. B. nach dem Verfahren von Newton-Raphson lösen (Press *et al.*, 1986), wobei man als Startwerte für a und γ_1 zweckmäßigerweise die ersten Näherungen aus Gl. (6.7.47) verwendet und mit diesen Werten aus der dritten Beziehung von Gl. (6.7.48) einen Anfangswert für γ_2 ermittelt. Das Iterationsverfahren konvergiert sehr rasch, und man erhält eine zweite Näherung für die Feigenbaum-Konstante

$$a \approx 2.534 \tag{6.7.49}$$

und für die universelle Funktion

$$g(x) \approx 1 - 1.522x^2 + 0.128x^4 + \dots \tag{6.7.50}$$

Dieses Verfahren kann man fortsetzen, indem man schrittweise höhere Glieder der Potenzreihe berücksichtigt, bis die gewünschte Genauigkeit erreicht ist. Berechnet man die universelle Funktion $g(x) = 1 + \Sigma_i \gamma_i x^{2i}$ und die Feigenbaum-Konstante a unter Berücksichtigung der ersten sieben Koeffizienten $\gamma_1, \dots \gamma_7$, so ergeben sich bei Verwendung von 15 Dezimalstellen die folgenden Werte, die wir hier auf 5 signifikante Ziffern beschränken (vgl. Tabelle 6.7.1)

$$\begin{aligned} a &= 2.5029 \\ \gamma_1 &= -1.5276 \\ \gamma_2 &= 1.0481 \cdot 10^{-1} \\ \gamma_3 &= 2.6707 \cdot 10^{-2} \\ \gamma_4 &= -3.5284 \cdot 10^{-3} \\ \gamma_5 &= 8.2132 \cdot 10^{-5} \\ \gamma_6 &= 2.5078 \cdot 10^{-5} \\ \gamma_7 &= -2.4989 \cdot 10^{-6} \end{aligned} \tag{6.7.51}$$

in guter Übereinstimmung mit Feigenbaums Angaben (Feigenbaum, 1979a)

$$a = 2.502\,907\,875\ldots \tag{6.7.52}$$

und

$$\begin{aligned} g(x) = 1 &- 1.52763 \cdot 10^{0} x^2 \quad + 1.04815 \cdot 10^{-1} x^4 \\ &+ 2.67057 \cdot 10^{-2} x^6 \ \ - 3.52741 \cdot 10^{-3} x^8 \\ &+ 8.15819 \cdot 10^{-5} x^{10} + 2.53684 \cdot 10^{-5} x^{12} \\ &- 2.68777 \cdot 10^{-6} x^{14} + \ldots \end{aligned} \tag{6.7.53}$$

Damit ist es gelungen, die Feigenbaum-Konstante a und die universelle Funktion $g(x)$ aus der Fixpunktbedingung Gl. (6.7.34) zu ermitteln. Dies gibt uns nun auch die Möglichkeit, den Parameterwert α_∞ zu berechnen, für den irreguläres Verhalten einsetzt.

a	γ_1	γ_2 $[10^{-1}]$	γ_3 $[10^{-2}]$	γ_4 $[10^{-3}]$	γ_5 $[10^{-5}]$	γ_6 $[10^{-5}]$	γ_7 $[10^{-6}]$
2.5340	−1.5222	1.2761	–	–	–	–	–
2.4789	−1.5218	0.7293	4.5509	–	–	–	–
2.5032	−1.5278	1.0533	2.6309	−3.3438	–	–	–
2.5031	−1.5277	1.0518	2.6417	−3.3882	3.0166	–	–
2.5029	−1.5276	1.0479	2.6733	−3.5451	9.0691	2.1666	–
2.5029	−1.5276	1.0481	2.6707	−3.5284	8.2132	2.5078	−2.4989

Tabelle 6.7.1 Schrittweise Berechnung von a und $g(x) = 1 + \gamma_1 x^2 + \gamma_2 x^4 + \ldots$

Aus den beiden Bifurkationsdiagrammen in Abbn. 6.7.6 und 6.7.7 für die logistische Abbildung und die sin-Funktion geht bereits hervor, daß α_∞ von der jeweiligen Rekursionsvorschrift abhängt

$$\alpha_\infty = \alpha_\infty(f) \tag{6.7.54}$$

Der schematischen Darstellung in Abb. 6.7.9 entnimmt man, daß sich $g(x)$ aus $f_{A_\infty} = f_{\alpha_\infty}$ durch fortwährende Anwendung der Transformation T approximieren läßt. Eine grobe erste Näherung für $g(x)$ ist bereits die Startfunktion f_{α_∞} selbst, die jedoch noch so transformiert und skaliert werden muß, daß – wie bei $g(x)$ – das Maximum an der Stelle $x = 0$ auftritt und dort $f_{\alpha_\infty}(0) = 1$ gilt. Im folgenden wollen wir sowohl für die logistische Abbildung Gl. (6.7.1) als auch für die sin-Funktion Gl. (6.7.20) den zugehörigen α_∞-Wert numerisch bestimmen.

Wir führen zunächst für die logistische Abbildung die Translation $\bar{x}_n = x_n - 1/2$ durch, so daß das Maximum an die Stelle $\bar{x} = 0$ rückt. Aus Gl. (6.7.1) ergibt sich dann

$$\bar{x}_{n+1} = \tfrac{1}{4}\alpha_\infty(1 - 4\bar{x}_n^2) - \tfrac{1}{2} = \bar{f}_{\alpha_\infty}(\bar{x}_n) \tag{6.7.55}$$

Nun skalieren wir mit dem Funktionswert an der Stelle 0

$$\mu = \bar{f}_{\alpha_\infty}(0) = \tfrac{1}{4}\alpha_\infty - \tfrac{1}{2} \tag{6.7.56}$$

wobei wir die Querstriche wieder weglassen

$$\mu x_{n+1} = \tfrac{1}{4}\alpha_\infty(1 - 4\mu^2 x_n^2) - \tfrac{1}{2}$$

oder

$$x_{n+1} = 1 - \alpha_\infty \mu x_n^2 = 1 - \frac{\alpha_\infty}{2}\left(\frac{\alpha_\infty}{2} - 1\right)x_n^2 = \hat{f}_{\alpha_\infty}(x_n) \tag{6.7.57}$$

$\hat{f}_{\alpha_\infty}$ ist nun eine erste Näherung für die Funktion $g(x)$, deren Wert an der Stelle $x = 1$ nach Gl. (6.7.44) $-1/a$ ist. Da wir die Feigenbaum-Konstante a bereits berechnet haben, können wir die Beziehung

$$\hat{f}_{\alpha_\infty}(1) = 1 - \frac{\alpha_\infty}{2}\left(\frac{\alpha_\infty}{2} - 1\right) = -\frac{1}{a} \tag{6.7.58}$$

als Bestimmungsgleichung für die 1. Näherung von α_∞ betrachten. Löst man die quadratische Gleichung und berücksichtigt $\alpha \in (0, 4]$, so ergibt sich mit Gl. (6.7.52)

$$\alpha_\infty = 1 + \sqrt{5 + \frac{4}{a}} \approx 3.5687 \tag{6.7.59}$$

Dies ist bereits eine überraschend gute Approximation; der Wert zeigt eine Abweichung von nur knapp 0.04% vom genauen Wert

$$\alpha_\infty = 3.569\,945\ldots \tag{6.7.60}$$

Bessere Approximationen erhält man durch wiederholte Anwendung der Transformation T aus

$$T\hat{f}_{\alpha_\infty}(1) = -\frac{1}{a}\,, \qquad T^2\hat{f}_{\alpha_\infty}(1) = -\frac{1}{a} \text{ etc.}$$

In analoger Weise transformieren wir die Rekursionsvorschrift Gl. (6.7.20). Rückt man das Maximum in den Ursprung, so ergibt sich, wenn wir sofort auf Querstriche verzichten,

$$x_{n+1} = \tfrac{1}{4}\alpha_\infty \sin\pi(x_n + \tfrac{1}{2}) - \tfrac{1}{2}$$

Skalierung mit dem Wert der Rechthandseite an der Stelle $x_n = 0$

$$\mu = \tfrac{1}{4}\alpha_\infty - \tfrac{1}{2}$$

führt auf die Funktion

$$\hat{f}_{\alpha_\infty}(x) = \frac{1}{\mu}\left(\tfrac{1}{4}\alpha_\infty \sin\pi(\mu x + \tfrac{1}{2}) - \tfrac{1}{2}\right) \approx g(x) \tag{6.7.61}$$

Setzt man wieder $\hat{f}_{\alpha_\infty}(1) = -1/a$, so ergibt sich die transzendente Gleichung

$$\frac{\alpha_\infty}{4}\sin\left(\pi\frac{\alpha_\infty}{4}\right) - \frac{1}{2} = -\frac{1}{2a}\left(\frac{\alpha_\infty}{2} - 1\right) \tag{6.7.62}$$

Diese Gleichung kann man wieder nach dem Newtonschen Iterationsverfahren lösen und erhält

$$\alpha_\infty \approx 3.464 \tag{6.7.63}$$

in guter Übereinstimmung mit dem α_∞-Wert, der sich aus Abb. 6.7.7 ergibt.

6.7.4 Selbstähnlichkeit im Parameterraum

Die *Fixpunkteigenschaft* von $g(x)$ bezüglich der Operation T hat es ermöglicht, die Selbstähnlichkeit des Bifurkationsdiagramms im x-Raum zu entschlüsseln und die Feigenbaum-Konstante a zu ermitteln. Als nächstes wollen wir zeigen, daß aus den *Stabilitätseigenschaften* des Fixpunktes die zweite universelle Konstante δ bestimmt werden kann, die der selbstähnlichen Struktur der Bifurkationskaskade bezüglich des Kontrollparameters zugrunde liegt (siehe Abb. 6.7.12). Wie im gesamten Abschnitt können wir auch hier nicht auf mathematische Details eingehen, sondern wir werden nur die wesentlichen Schritte angeben, die zur Berechnung von δ führen.

Ähnlich wie in früheren Abschnitten werden wir wieder versuchen, über eine lineare Stabilitätsanalyse, d. h. über die Eigenwerte des linearisierten Systems, zu

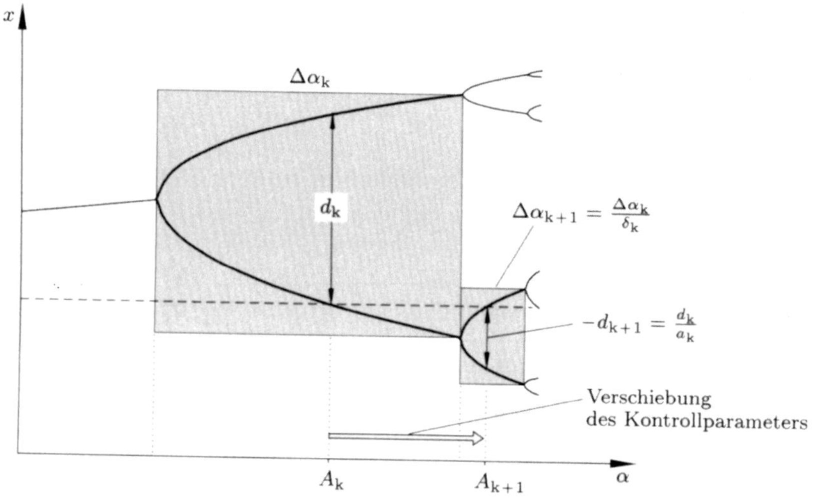

Abb. 6.7.12 Skalierungseigenschaften des Bifurkationsdiagramms

Aussagen über die Stabilität des Fixpunktes $g(x)$ zu gelangen. Neu ist hier allerdings, daß jetzt Funktionen die Rolle von Punkten im Phasenraum übernehmen und Operatoren die Rolle von Funktionsvorschriften. Unser Ziel wird es also sein, den Operator T an der Stelle $g(x)$ zu linearisieren und das entsprechende Eigenwertproblem zu formulieren.

Die Instabilität des Fixpunktes $g(x)$, die sich aus den Gln. (6.7.31) und (6.7.33) ablesen läßt und in Abb. 6.7.9 veranschaulicht wird, läßt vermuten, daß der größte Eigenwert positiv ist und die abstoßende Wirkung des Fixpunkts charakterisiert. Es ist daher zu erwarten, daß der größte Eigenwert für hinreichend großes k Auskunft gibt über den Abstand aufeinanderfolgender Funktionen g_k und g_{k+1} und damit auch über den Abstand der Parameterwerte aufeinanderfolgender superstabiler Zyklen A_k und A_{k+1}. Da die Folgen $\{\alpha_k\}$ und $\{A_k\}$ ineinandergeschachtelt sind

$$\alpha_k < A_k < \alpha_{k+1} < A_{k+1} \tag{6.7.64}$$

erhofft man schließlich wegen Gl. (6.7.23) einen Zusammenhang zwischen δ und dem größten Eigenwert des linearisierten Problems.

Zunächst wollen wir uns klarmachen, daß aus Gl. (6.7.23)

$$\lim_{k\to\infty} (\alpha_\infty - \alpha_k)\delta^k = \text{const} \tag{6.7.65a}$$

und wegen Gl. (6.7.64) ebenso

$$\lim_{k\to\infty} (A_\infty - A_k)\delta^k = \text{const} \tag{6.7.65b}$$

folgt. Analog zu Gl. (6.7.36) gibt es nämlich zu jedem $\varepsilon > 0$ ein k_0, so daß die Ungleichung

$$0 < (A_{\mathrm{k}+2} - A_{\mathrm{k}+1})(\delta - \varepsilon) < (A_{\mathrm{k}+1} - A_{\mathrm{k}}) < (A_{\mathrm{k}+2} - A_{\mathrm{k}+1})(\delta + \varepsilon) \tag{6.7.66a}$$

für alle Indizes $\mathrm{k} \geqslant \mathrm{k}_0$ richtig ist. Dann gelten auch die folgenden Beziehungen

$$0 < (A_{\mathrm{k}+3} - A_{\mathrm{k}+2})(\delta - \varepsilon) < (A_{\mathrm{k}+2} - A_{\mathrm{k}+1}) < (A_{\mathrm{k}+3} - A_{\mathrm{k}+2})(\delta + \varepsilon) \tag{6.7.66b}$$

usw.

Addiert man zu Gl. (6.7.66a) alle folgenden Ungleichungen, so heben sich die meisten Terme paarweise auf, und es bleibt nur das erste und das „letzte" Glied übrig

$$0 < (A_\infty - A_{\mathrm{k}+1})(\delta - \varepsilon) < (A_\infty - A_{\mathrm{k}}) < (A_\infty - A_{\mathrm{k}+1})(\delta + \varepsilon) \tag{6.7.67}$$

d. h.

$$\lim_{\mathrm{k}\to\infty} \frac{A_\infty - A_{\mathrm{k}}}{A_\infty - A_{\mathrm{k}+1}} = \delta \tag{6.7.68}$$

Dies bedeutet, daß die Folge $\{A_\infty - A_{\mathrm{k}}\}$ für hinreichend große k-Werte beliebig wenig von einer geometrischen Folge $\{r_{\mathrm{k}}\}$ abweicht, für die $r_{\mathrm{k}}/r_{\mathrm{k}+1} = \delta$ bzw. $r_{\mathrm{k}} = C/\delta^{\mathrm{k}}$ gilt. Daraus folgt schließlich die Richtigkeit der Beziehungen Gln. (6.7.65a,b).

Feigenbaum nahm ursprünglich intuitiv das Skalierungsgesetz Gl. (6.7.23) an und untermauerte seine Vermutung durch numerische Experimente. Später gelang es ihm dann, hierfür die Theorie zu entwickeln, die Beziehung Gl. (6.7.23), und damit auch Gln. (6.7.65a,b), zu verifizieren und die Feigenbaum-Konstante δ mit beliebiger Genauigkeit zu berechnen. Im folgenden wollen wir die dazu notwendigen Gedankenschritte in groben Zügen skizzieren (vgl. Schuster, 1988).

Als erstes linearisieren wir den Operator T und wenden ihn auf eine Nachbarfunktion $f(x)$ von $f_0(x)$ an

$$f(x) = f_0(x) + \tilde{f}(x)$$

Hierbei bezeichnet $\tilde{f}(x)$ eine kleine Abweichung. Nach Gl. (6.7.34) erhält man mit der Abkürzung $\xi = -x/a$

$$\begin{aligned} Tf(x) &= T\big(f_0(x) + \tilde{f}(x)\big) = -a(f_0 + \tilde{f})\big((f_0 + \tilde{f})(\xi)\big) \\ &= -a\Big[(f_0 + \tilde{f})\big(f_0(\xi)\big) + (f_0 + \tilde{f})'\big(f_0(\xi)\big)\tilde{f}(\xi) + \ldots\Big] \\ &= -a\Big[f_0\big(f_0(\xi)\big) + \tilde{f}\big(f_0(\xi)\big) + f_0'\big(f_0(\xi)\big)\tilde{f}(\xi) + \mathcal{O}(\tilde{f}^2)\Big] \end{aligned}$$

oder

$$Tf(x) = Tf_0(x) + L_{f_0}\tilde{f} + \mathcal{O}(\tilde{f}^2)$$

Aus den letzten beiden Beziehungen läßt sich der linearisierte Operator L_{f_0} ablesen

$$L_{f_0}\tilde{f} = -a\big[\tilde{f}\big(f_0(\xi)\big) + f_0'\big(f_0(\xi)\big)\tilde{f}(\xi)\big] \qquad \text{mit} \quad \xi = -x/a \tag{6.7.69}$$

Unser Ziel ist es, den Operator T an der Stelle $g(x)$ zu linearisieren. Dazu betrachten wir eine Nachbarfunktion $f_A(x)$ von $f_{A_\infty}(x)$ und entwickeln sie in eine Taylorreihe

$$f_A(x) = f_{A_\infty}(x) + (A - A_\infty)\partial_A f(x) + \mathcal{O}(2) \tag{6.7.70}$$

wobei

$$\partial_A f(x) = \left.\frac{\partial f_A(x)}{\partial A}\right|_{A=A_\infty}$$

ist. Nun wenden wir T auf $f_A(x)$ an und erhalten

$$Tf_A(x) = Tf_{A_\infty}(x) + (A - A_\infty)L_{f_{A_\infty}}\partial_A f(x) + \mathcal{O}(2)$$

wobei der linearisierte Operator $L_{f_{A_\infty}}$ nach Gl. (6.7.69) die Form hat

$$L_{f_{A_\infty}}\partial_A f(x) = -a\big[\partial_A f\big(f_{A_\infty}(\xi)\big) + f_{A_\infty}'\big(f_{A_\infty}(\xi)\big)\partial_A f(\xi)\big] \tag{6.7.71}$$

wiederum mit $\xi = -x/a$. Wendet man den Operator n-mal an, so ergibt sich

$$T^{\mathrm{n}} f_A(x) = T^{\mathrm{n}} f_{A_\infty}(x) + (A - A_\infty)L_{T^{\mathrm{n}-1}f_{A_\infty}} \cdots L_{f_{A_\infty}}\partial_A f(x) + \mathcal{O}(2) \tag{6.7.72}$$

wobei wir uns an dieser Stelle beim Leser für die vielen Indizes entschuldigen möchten. Für große Werte n strebt $T^{\mathrm{n}} f_{A_\infty}(x)$ gegen $g(x)$ (vgl. Abb. 6.7.9). Vernachlässigt man Glieder höherer Ordnung in $\partial_A f(x)$, so ergibt sich für $\mathrm{n} \gg 1$ näherungsweise

$$T^{\mathrm{n}} f_A(x) \approx g(x) + (A - A_\infty)L_g^{\mathrm{n}}\partial_A f(x) \tag{6.7.73}$$

wobei L_g aus T nach Gl. (6.7.69) durch Linearisierung an der Stelle $g(x)$ hervorgeht

$$L_g\partial_A f(x) = -a\big[\partial_A f\big(g(\xi)\big) + g'\big(g(\xi)\big)\partial_A f(\xi)\big] \tag{6.7.74}$$

Die Beziehung Gl. (6.7.73) läßt sich nun weiter vereinfachen, wenn man $\partial_A f(x)$ nach den Eigenfunktionen von L_g entwickelt. Bezeichnet man die Eigenfunktionen mit φ_{i}, die entsprechenden Eigenwerte mit λ_{i}, so gilt definitionsgemäß

$$L_g\varphi_{\mathrm{i}} = \lambda_{\mathrm{i}}\varphi_{\mathrm{i}} \qquad (\mathrm{i} = 1, 2, 3\ldots) \tag{6.7.75}$$

Da die Eigenfunktionen eine Basis im zugehörigen Funktionenraum bilden, kann man $\partial_A f(x)$ nach den φ_i entwickeln

$$\partial_A f(x) = \sum_i a_i \varphi_i(x) \tag{6.7.76}$$

und es gilt

$$L_g \partial_A f(x) = \sum_i a_i L_g \varphi_i(x) = \sum_i a_i \lambda_i \varphi_i(x) \tag{6.7.77}$$

bzw.

$$L_g^n \partial_A f(x) = \sum_i a_i \lambda_i^n \varphi_i(x) \tag{6.7.78}$$

Für $n \gg 1$ erkennt man, daß der Einfluß aller Eigenfunktionen, für deren Eigenwerte $|\lambda_i| < 1$ gilt, sehr rasch abnimmt, so daß für großes n nur noch diejenigen Moden relevant sind, die zu Eigenwerten mit $|\lambda_i| > 1$ gehören. Wir nehmen nun an, daß es nur einen einzigen positiven Eigenwert λ_1 gibt und nennen die zugehörige Eigenfunktion $\varphi_1(x) = h(x)$. (Der Beweis für die Existenz eines einzigen positiven Eigenwertes ist aufwendig und kann z. B. in (Collet *et al.*, 1980) nachgelesen werden.) Damit läßt sich Gl. (6.7.73) für $n \gg 1$ näherungsweise wie folgt schreiben

$$T^n f_A(x) \approx g(x) + (A - A_\infty) a_1 \lambda_1^n h(x) \tag{6.7.79}$$

Wir wollen diese Beziehung an der Stelle $x = 0$ für $A = A_n$ auswerten. Die Bedingung für einen superstabilen 2^n-Zyklus war, daß der Extremwert bei $x = 1/2$ gleichzeitig Fixpunkt der iterierten Abbildung $f^{2^n}(x)$ ist, also

$$f_{A_n}^{2^n}(\tfrac{1}{2}) = \tfrac{1}{2} \tag{6.7.80}$$

(vgl. Abb. 6.7.5). Wendet man die Translation, die $x = 1/2$ in den Ursprung überführt, an, so geht Gl. (6.7.80) in

$$f_{A_n}^{2^n}(0) = 0 \tag{6.7.81}$$

über. Andererseits ist aber nach Gl. (6.7.30)

$$T^n f_{A_n}(x) = (-a)^n f_{A_n}^{2^n}(\xi) \tag{6.7.82}$$

woraus sich zusammen mit Gl. (6.7.81)

$$T^n f_{A_n}(0) = 0 \tag{6.7.83}$$

ergibt. Nach Gl. (6.7.43) konnten wir $g(0) = 1$ wählen. Damit führt Gl. (6.7.79) an der Stelle $x = 0$ zu

$$1 + (A_n - A_\infty)\lambda_1^n a_1 h(0) \approx 0$$

oder

$$(A_\infty - A_n)\lambda_1^n \approx \frac{1}{a_1 h(0)} = \text{const} \tag{6.7.84}$$

Diese Beziehung stimmt aber gerade mit dem Skalierungsgesetz Gl. (6.7.65b) überein, wenn man δ mit dem Eigenwert λ_1 identifiziert.

Uns bleibt also nur noch die Aufgabe, die Feigenbaum-Konstante δ numerisch zu ermitteln. Dies kann schrittweise analog zur Berechnung von a erfolgen. Schreibt man die Eigenwertgleichung

$$L_g h(x) = \delta h(x) \tag{6.7.85}$$

mit Hilfe von Gl. (6.7.74) ausführlich

$$-a\big[h\big(g(\xi)\big) + g'\big(g(\xi)\big)h(\xi)\big] = \delta h(x) \tag{6.7.86}$$

und führt in diese Beziehung die bereits bekannte Größe a und die bekannte Funktion $g(x)$, Gln. (6.7.52) und (6.7.53), ein, so erhält man eine Bestimmungsgleichung für δ und $h(x)$. Aus Gl. (6.7.79) entnehmen wir, daß im Potenzreihenansatz für $h(x)$ ebenfalls nur gerade Potenzen in x auftreten können

$$h(x) = h(0)(1 + \eta_1 x^2 + \eta_2 x^4 + \ldots)$$

Da Gl. (6.7.86) eine lineare Beziehung in $h(x)$ ist, spielt der Funktionswert an der Stelle $x = 0$ keine Rolle, d. h. der Faktor $h(0)$ kürzt sich heraus.

Wir haben nun Schritt für Schritt Näherungswerte für δ und $h(x)$ berechnet, indem wir in der Potenzreihenentwicklung von $h(x)$ nur Glieder bis zur zweiten, vierten Ordnung usw. berücksichtigt haben. In Tabelle 6.7.2 sind die Ergebnisse zusammengestellt, wobei für die Rechnungen 15 signifikante Stellen berücksichtigt wurden. Feigenbaum hat folgende Resultate angegeben (Feigenbaum, 1978; 1979a)

$$\delta = 4.669\ 201\ 609\ldots \tag{6.7.87a}$$

$$\begin{aligned} h(x) = h(0)(1 &-3.25651 \cdot 10^{-1}x^2 - 5.05539 \cdot 10^{-2}x^4 \\ &+1.45598 \cdot 10^{-2}x^6 - 8.81042 \cdot 10^{-4}x^8 \\ &-1.06217 \cdot 10^{-4}x^{10} + 1.98399 \cdot 10^{-5}x^{12}) \end{aligned} \tag{6.7.87b}$$

δ	η_1 $[10^{-1}]$	η_2 $[10^{-2}]$	η_3 $[10^{-2}]$	η_4 $[10^{-4}]$	η_5 $[10^{-4}]$	η_6 $[10^{-5}]$	η_7 $[10^{-7}]$
4.5409	−3.1136	–	–	–	–	–	–
4.7089	−3.3399	−4.4492	–	–	–	–	–
4.6653	−3.2449	−5.1654	1.5087	–	–	–	–
4.6689	−3.2554	−5.0670	1.4627	−9.0661	–	–	–
4.6693	−3.2568	−5.0508	1.4525	−8.6152	−1.1482	–	–
4.6692	−3.2564	−5.0558	1.4564	−8.8331	−1.0598	2.0278	–
4.6692	−3.2564	−5.0559	1.4564	−8.8360	−1.0583	2.0222	1.5562

Tabelle 6.7.2 Schrittweise Berechnung von δ und $h(x) = h(0)(1 + \eta_1 x^2 + \eta_2 x^4 + \ldots)$

Damit haben wir alle wesentlichen Größen, die den Weg ins Chaos über Periodenverdopplungen charakterisieren, am Beispiel der logistischen Abbildung bzw. für die Rekursionsvorschrift Gl. (6.7.20) hergeleitet. Die wesentlichen Punkte seien im folgenden nochmals zusammengefaßt:

i. Das universelle Verhalten eindimensionaler dissipativer Abbildungen bezieht sich auf den asymptotischen Bereich ($\alpha \to \alpha_\infty$). Ausschlaggebend für die Art der Verzweigungen, d. h. Voraussetzung für das Auftreten von Periodenverdopplungen, ist allerdings, daß für die Schwarzsche Ableitung nach Gl. (6.7.9) $Sf < 0$ gilt für alle x.

ii. Die Selbstähnlichkeit bezüglich des x-Raumes wird durch die Fixpunktgleichung $g(x) = Tg(x)$ in Gl. (6.7.34) beschrieben, die es erlaubt, a und $g(x)$ zu ermitteln, die allein durch die Ordnung des Maximums bestimmt sind.

iii. Die Selbstähnlichkeit bezüglich des Parameterraums wird durch die Eigenwertgleichung $L_g h(x) = \delta h(x)$ in Gl. (6.7.85) erfaßt und ermöglicht die Ermittlung der Feigenbaum-Konstanten δ, die mit dem größten (positiven) Eigenwert des linearisierten Operators T an der Stelle $g(x)$ übereinstimmt, sowie die Bestimmung der zugehörigen Eigenfunktion $h(x)$.

Die Universalität des Übergangs ins Chaos über Periodenverdopplung und das damit verbundene Phänomen der Selbstähnlichkeit sollen zum Abschluß anhand zweier dynamischer Systeme aus vollkommen unterschiedlichen Wissenschaftszweigen demonstriert werden, nämlich am Beispiel der logistischen Abbildung, die ursprünglich zur Beschreibung der Dynamik biologischer Populationen herangezogen wurde, und am Beispiel eines nichtlinearen periodisch erregten elektrischen Schaltkreises. In Abb. 6.7.13 haben wir die Bifurkationsdiagramme beider Systeme aufgetragen, oben dasjenige der logistischen Abbildung und darunter ein experimentell ermitteltes Bifurkationsdiagramm von (Van Buskirk und Jeffries, 1985). In beiden Diagrammen folgt der Übergang ins Chaos einer Feigenbaumkaskade mit denselben Skalierungsgesetzen. Die Eigenschaft der Selbstähnlichkeit wird in Abb. 6.7.13a verdeutlicht: die Vergrößerung eines kleines Ausschnitts innerhalb

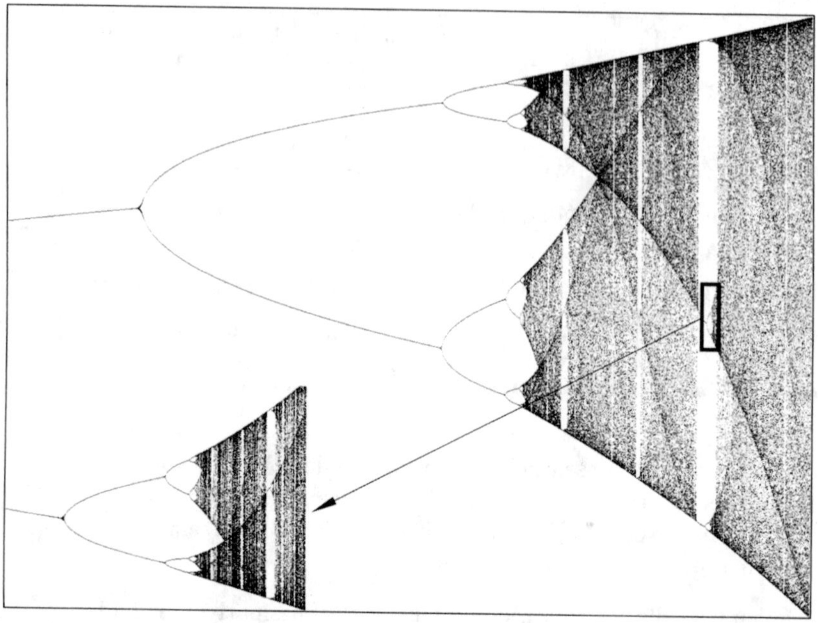

a)

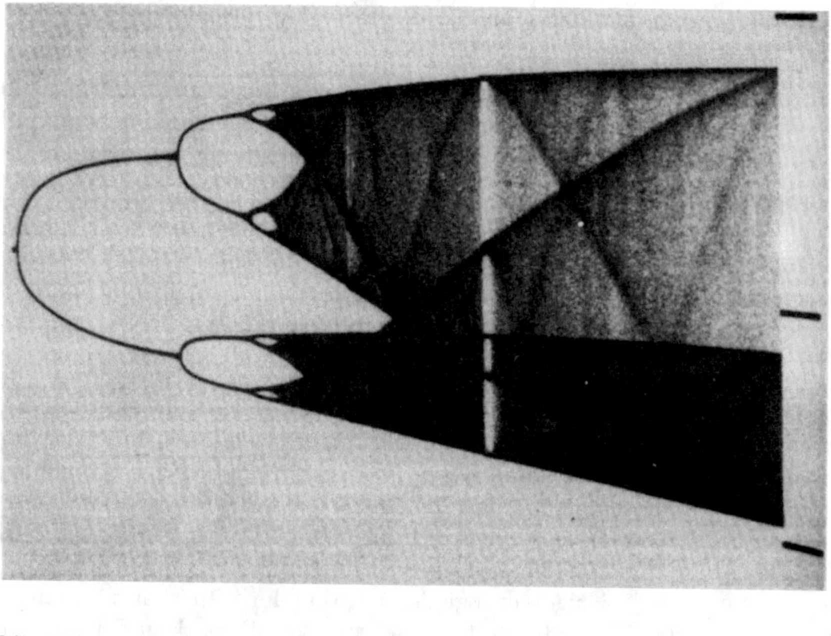

b)

Abb. 6.7.13 Universalität und Selbstähnlichkeit - Bifurkationsdiagramm
a) der logistischen Abbildung und
b) eines nichtlinearen elektrischen Schaltkreises (Van Buskirk und Jeffries, 1985)

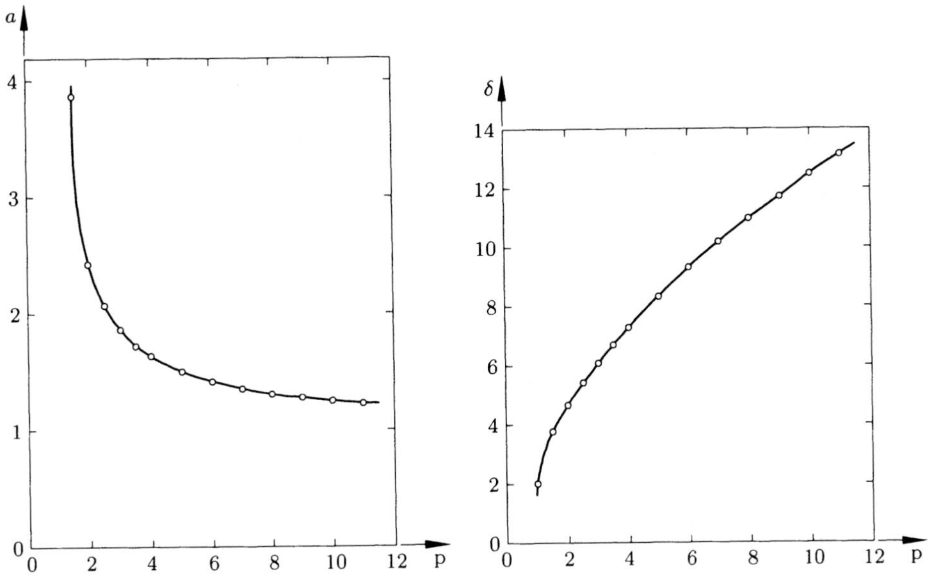

Abb. 6.7.14 Die universellen Konstanten a und δ in Abhängigkeit von der Ordnung des Maximums (Hu und Satija, 1983)

des 3-periodischen Fensters zeigt eine Struktur, die derjenigen des gesamten Bifurkationsdiagramms verblüffend ähnlich ist.

Wir haben gesehen, daß die Werte der Feigenbaum-Konstanten a und δ von der Ordnung des Maximums der Abbildungsvorschrift abhängen. Hu und Satija haben diese Konstanten für alle Abbildungsvorschriften

$$f(x) = 1 - \alpha|x|^{\mathrm{p}} \qquad (1 < \mathrm{p} \leqslant 12) \tag{6.7.88}$$

ermittelt (Hu und Satija, 1983), wobei p die Ordnung des Maximums angibt. Die Ergebnisse haben wir in Abb. 6.7.14 wiedergegeben.

Die von Hu und Satija untersuchten Abbildungsvorschriften Gl. (6.7.88) zeichnen sich alle durch eine Symmetrie bezüglich des Maximums aus. Es stellt sich nun die Frage, welchen Einfluß ein asymmetrischer Funktionsverlauf auf die universelle Funktion $g(x)$, auf ihre Symmetrieeigenschaften, und damit auf die entsprechenden Konstanten a und $g(x)$, hat. Dazu betrachten wir ein typisches Wachstumsmodell aus der Populationsdynamik (vgl. Arnol'd, 1988; May, 1976)

$$x_{\mathrm{n}+1} = A x_{\mathrm{n}} \mathrm{e}^{-x_{\mathrm{n}}} \tag{6.7.89a}$$

In Abb. 6.7.15 ist der Graph der Funktion

$$f(x) = A x \mathrm{e}^{-x} \qquad (A > 0) \tag{6.7.89b}$$

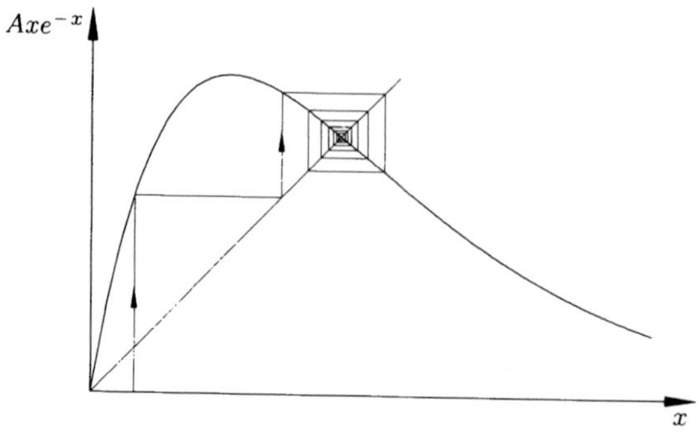

Abb. 6.7.15
Die asymmetrische Abbildung $f(x) = Axe^{-x}$

dargestellt. Wegen

$$f'(x) = A(1-x)e^{-x} \tag{6.7.90}$$

besitzt die Funktion für alle A ein einziges Maximum an der Stelle $x = 1$. Die Fixpunkte ergeben sich aus $x = Axe^{-x}$ zu $x = 0$ und $x = \ln A$. Aus Gl. (6.7.90) erhält man $f'(0) = A$, d. h. $x = 0$ ist für $A < 1$ stabil und für $A > 1$ instabil. Setzt man $x = \ln A$ in Gl. (6.7.90) ein, so erhält man

$$f'(\ln A) = 1 - \ln A \tag{6.7.91}$$

d. h. der Fixpunkt $x = \ln A$ ist für $A < 1$ und $A > e^2$ instabil und im Zwischenbereich $1 < A < e^2$ stabil. Das zugehörige Bifurkationsdiagramm ist in Abb. 6.7.16a dargestellt. Für $A = 1$ liegt eine transkritische Verzweigung vor. Schließen wir negative x-Werte aus, so ist $x = 0$ für $0 < A < 1$ einziger relevanter Fixpunkt und dort stabil. Für $A > 1$ wird $x = 0$ instabil, und es kommt ein neuer stabiler Fixpunkt $x = \ln A$ hinzu, der an der Stelle $A = e^2$ wegen $f'(2) = -1$ seine Stabilität verliert, allerdings ohne sich dabei zu verzweigen. Um entscheiden zu können, ob an dieser Stelle eine Periodenverdopplung vorliegt, überprüfen wir die Bedingungen von Gl. (6.6.69), oder aber wir berechnen die Schwarzsche Ableitung. Aus Gl. (6.7.90) ergibt sich durch Differentiation

$$f''(x) = A(x-2)e^{-x}, \quad f'''(x) = A(-x+3)e^{-x}$$

Nach Gl. (6.7.9) erhält man damit die Schwarzsche Ableitung

$$Sf = \frac{f'''}{f'} - \frac{3}{2}\left(\frac{f''}{f'}\right)^2 = \frac{x-3}{x-1} - \frac{3}{2}\left(\frac{x-2}{x-1}\right)^2$$

oder

$$Sf = -\frac{1}{2}\frac{x^2 - 4x + 6}{(x-1)^2} \tag{6.7.92}$$

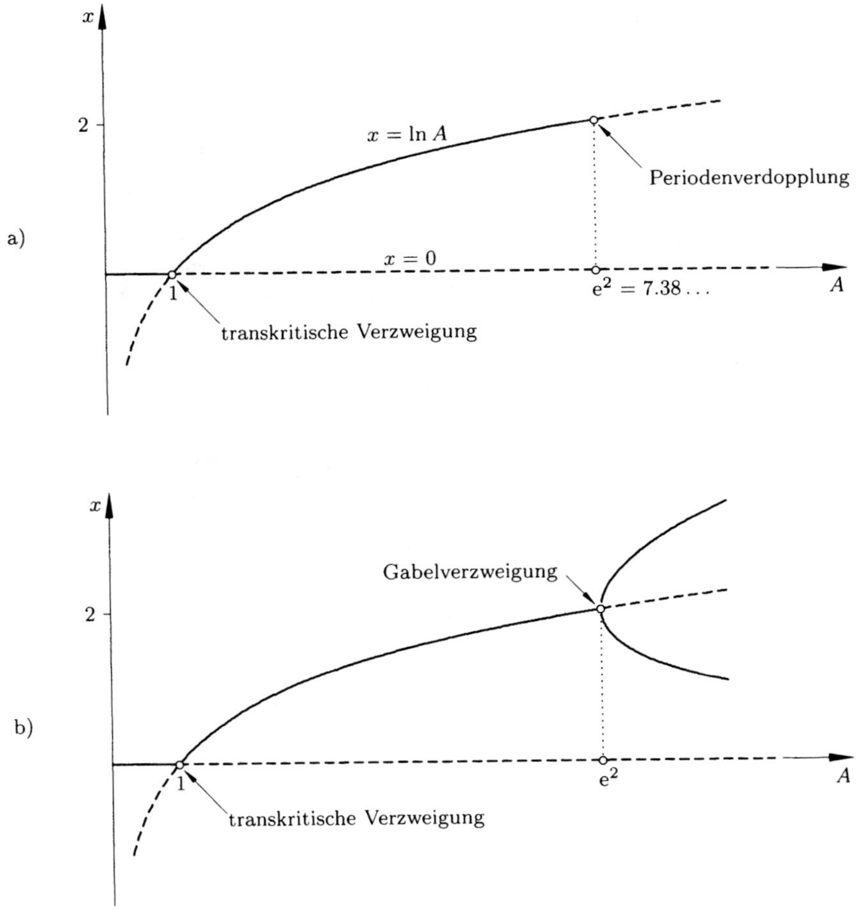

Abb. 6.7.16 Verzweigungsdiagramm
a) von $f(x) = Axe^{-x}$ und b) der iterierten Funktion $f^2(x)$

Da für alle x-Werte $x^2 - 4x + 6 > 0$ ist, ist Sf durchwegs negativ, so daß am Fixpunkt $x = 2$, der bei $A = e^2$ seine Stabilität verliert, eine Periodenverdopplung stattfindet. Für die iterierte Funktion $f^2(x)$ liegt an dieser Stelle eine superkritische Gabelverzweigung vor (siehe Abb. 6.7.16b).

Da $Sf < 0$ im ganzen x-Intervall gilt, führt auch bei dieser Rekursionsvorschrift der Weg ins Chaos über eine Folge von Periodenverdopplungen. In Abb. 6.7.17 haben wir für die Parameterbereiche $7 \leqslant A \leqslant 19$ und $7 \leqslant A \leqslant 50$ jeweils das Bifurkationsdiagramm aufgetragen. Der Übergang ins Chaos ähnelt sehr stark dem der logistischen Abbildung (Abb. 6.7.6) bzw. der Sinusabbildung (Abb. 6.7.7). Da der Systemparameter A jedoch nicht nach oben beschränkt ist, kann man beliebig große Ausschnitte des Bifurkationsdiagramms auftragen. Dabei werden die periodischen Fenster stark aufgeweitet, und man kann Krisen, d. h. abrupte Änderungen in den

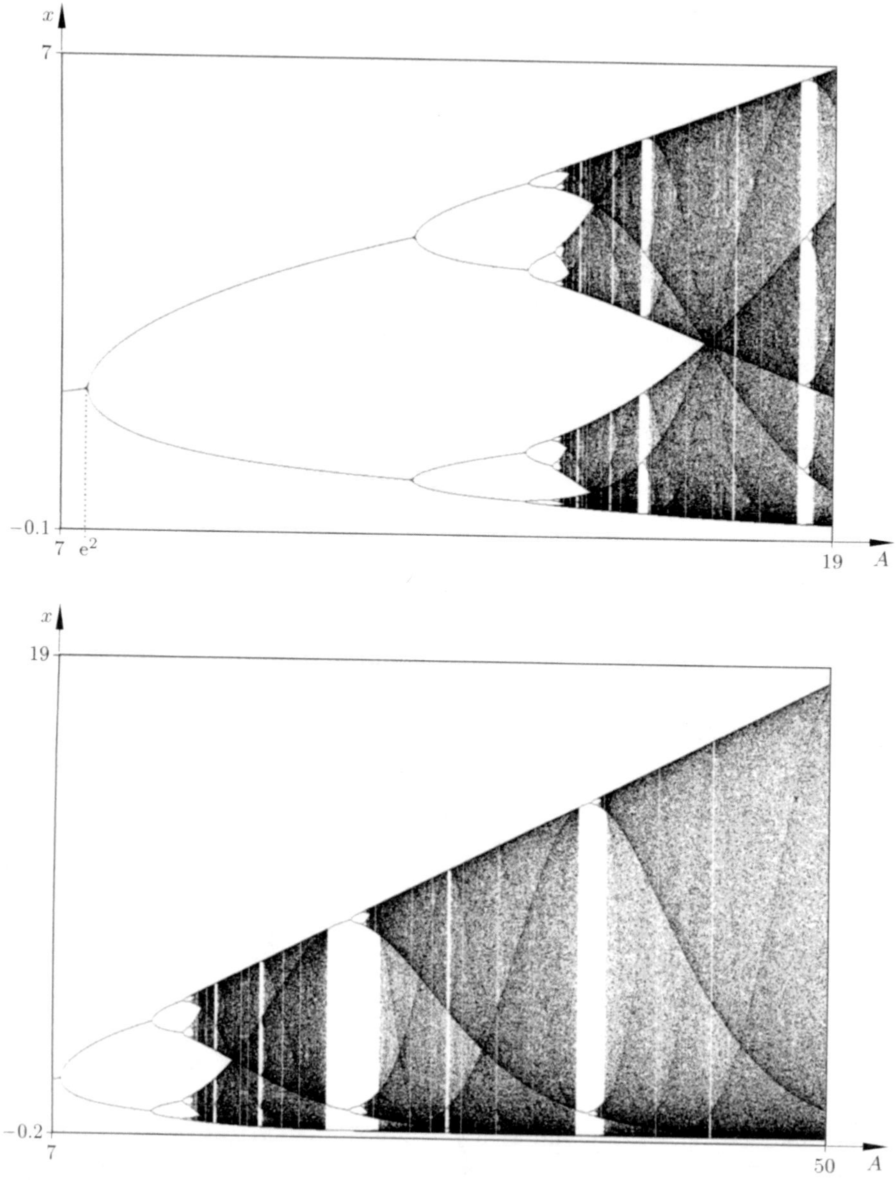

Abb. 6.7.17 Bifurkationsdiagramm der Abbildung $f(x) = Axe^{-x}$

chaotischen Attraktoren (Grebogi *et al.*, 1983), sowie die selbstähnliche Struktur erneuter Periodenverdopplungen beobachten (siehe Abb. 6.7.18).

Wir wenden uns nun unserer eigentlichen Fragestellung zu, nämlich inwieweit sich die Asymmetrie im Funktionsverlauf von Axe^{-x} auf die Grenzfunktion $g(x)$ und auf die Konstanten a und δ auswirken. Ausgehend von der Fixpunktbedingung Gl.

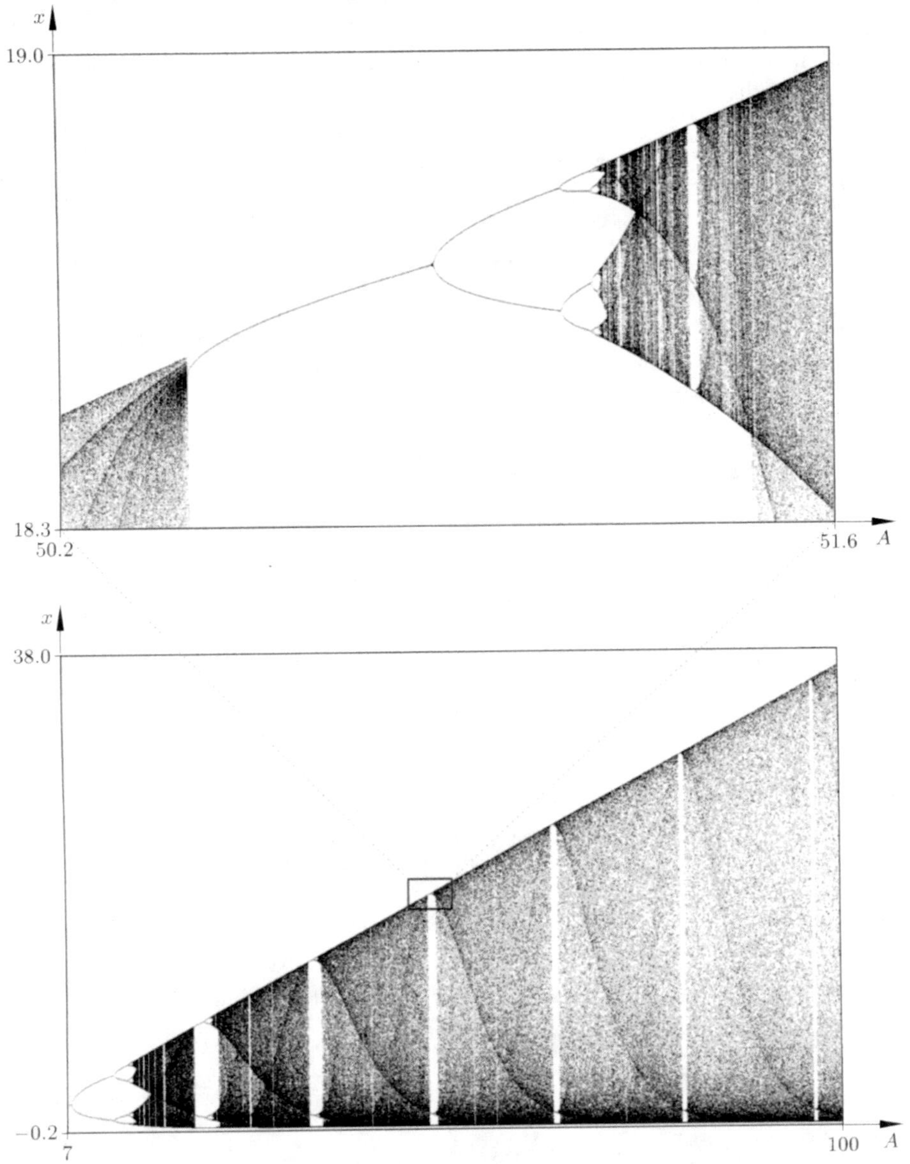

Abb. 6.7.18 Periodische Fenster: Krisen und Selbstähnlichkeit

(6.7.34) für $g(x)$ machen wir einen Potenzreihenansatz für $g(x)$, wobei wieder $g(x)$ an der Stelle $x = 0$ auf 1 normiert sein soll und dort ein quadratisches Maximum besitzt, d. h. wir setzen voraus

$$g(0) = 1\,, \quad g'(0) = 0\,, \quad g''(0) \neq 0 \tag{6.7.93}$$

Allerdings können wir jetzt nicht von vornherein annehmen, daß aus Symmetriegründen in der Reihenentwicklung nur gerade Potenzen in x auftauchen. Differenziert man die Beziehung $g(x) = -ag(g(-x/a))$, siehe Gl. (6.7.34), so ergibt sich nacheinander

$$g'(x) = g'(g) \cdot g' \tag{6.7.94}$$

$$g''(x) = -\frac{1}{a}\left[g''(g)g'^2 + g'(g)g''\right] \tag{6.7.95}$$

$$g'''(x) = \frac{1}{a^2}\left[g'''(g)g'^3 + 3g''(g)g'g'' + g'(g)g'''\right] \tag{6.7.96}$$

Zur Vereinfachung der Schreibweise haben wir die Argumente der Funktionen immer dann weggelassen, wenn sie mit $(-x/a)$ übereinstimmen. Aus Gl. (6.7.95) erhält man zusammen mit Gl. (6.7.93)

$$g''(0) = -\frac{1}{a}g'(1)g''(0)$$

oder wegen $g''(0) \neq 0$

$$g'(1) = -a \tag{6.7.97}$$

Wertet man Gl. (6.7.96) an der Stelle $x = 0$ aus, so ergibt sich zusammen mit den bisherigen Beziehungen

$$g'''(0) = \frac{1}{a^2}[-ag'''(0)] \tag{6.7.98}$$

Sicherlich können wir $a = -1$ ausschließen, da sonst aus der Fixpunktgleichung Gl. (6.7.34) $g(x) \equiv 1$ folgen würde. Dies bedeutet aber

$$g'''(0) = 0 \tag{6.7.99}$$

d. h. in der Reihenentwicklung für $g(x)$ verschwindet das kubische Glied. Wir können nun schon angeben, welche Bauart die höheren Ableitungen von $g(x)$ haben, nämlich

$$g^{(\mathrm{k})}(x) = (-a)^{1-\mathrm{k}} \sum_{\mathrm{i}=1}^{\mathrm{k}} f_{\mathrm{i}}(\xi) g^{(\mathrm{i})}(g(\xi)), \qquad \text{mit} \quad \xi = -x/a \tag{6.7.100}$$

wobei

$$g^{(\mathrm{k})}(x) = \frac{\mathrm{d}^{\mathrm{k}} g(x)}{\mathrm{d}x^{\mathrm{k}}}$$

ist. Dabei sind die Faktoren $f_{\mathrm{i}}(\xi)$ Produkte, gebildet aus Ableitungen von $g(\xi)$, die sich durch implizite Differentiation der iterierten Funktion $g(g(\xi))$ ergeben. Ferner wird für $\mathrm{i} = 1$ $f_1 = g^{(\mathrm{k})}(\xi)$, und an der Stelle $x = 0$ gilt $g'(g(0)) = g'(1) = -a \neq 1$.

Die Entscheidung, ob $g^{(k)}(0) \neq 0$ gilt, hängt also davon ab, ob in der Summe Gl. (6.7.100) noch weitere Faktoren f_i ($i \neq 1$) auftauchen, die an der Stelle $x = 0$ nicht verschwinden. Betrachten wir daher die Bauart der einzelnen Produkte von f_i für $i \neq 1$

$$c_i (g')^{n_1} (g'')^{n_2} \dots (g^{(k-1)})^{n_{k-1}} \tag{6.7.101a}$$

wobei gilt ($n_j \dots$ natürliche Zahlen)

$$1 \cdot n_1 + 2 \cdot n_2 + \dots + (k-1) \cdot n_{k-1} = k \tag{6.7.101b}$$

Enthält hierbei ein Produkt in Gl. (6.7.101a) den Faktor g' bzw. g''' (d. h. $n_1 \neq 0$ oder $n_3 \neq 0$), so verschwindet dieser Term bei der Auswertung an der Stelle $x = 0$. Gleichung (6.7.101b) ist eine diophantische Gleichung für die n_j, die eine Reihe von Kombinationen zuläßt. Setzen wir z. B. $k = 4$, so ergibt sich

$$1 \cdot n_1 + 2 \cdot n_2 + 3 \cdot n_3 = 4$$

wobei wir nur an Lösungen mit $n_1 = 0$ und $n_3 = 0$ interessiert sind. Für $n_2 = 2$, $n_1 = n_3 = 0$ erhalten wir einen nichtverschwindenden Faktor in Gl. (6.7.101b). Schreibt man die 4. Ableitung explizit an

$$g''''(x) = -\frac{1}{a^3}\left[g''''(g)g'^4 + 6g'''(g)g''g'^2 + 4g''(g)g'''g' + 3g''(g)g''^2 + g'(g)g''''\right] \tag{6.7.102}$$

und wertet sie an der Stelle 0 aus, so entspricht das vorletzte Glied gerade dem nichtverschwindenden Term mit $n_2 = 2$, und man erkennt, daß i. a. $g''''(0) \neq 0$ gilt.

Andererseits wird aus Gl. (6.7.101b) für $k = 5$

$$1 \cdot n_1 + 2 \cdot n_2 + 3 \cdot n_3 + 4 \cdot n_4 = 5$$

Da die Summe ungerade ist, läßt sich diese Gleichung nur dann erfüllen, wenn n_1 und n_3 nicht gleichzeitig verschwinden. An der Stelle $x = 0$ wird also jeder Faktor f_i ($i \neq 1$) entweder $g'(0)$ oder $g'''(0)$ enthalten, so daß auch $g^{v}(0) = 0$ gilt, d. h. auch Potenzen 5. Ordnung tauchen in der Reihenentwicklung von $g(x)$ nicht auf. Mit vollständiger Induktion kann man schließlich nachweisen, daß die Voraussetzungen in Gl. (6.7.93) dazu führen, daß $g(x)$ nur gerade Potenzen in x enthält. Daher hängen $g(x)$ – und damit auch die Feigenbaum-Konstanten a und δ – nur von der Ordnung des Maximums der Rekursionsvorschrift $f(x)$ ab, nicht aber von Symmetrie oder Asymmetrie in $f(x)$. Betrachten wir nochmals Abb. 6.7.9 bzw. 6.7.10, so impliziert dieses Ergebnis, daß eventuelle Asymmetrien durch Iteration verschwinden. Wir haben also das Ergebnis, daß die Abbildungsvorschrift $f(x) = Axe^{-x}$ dieselbe universelle Funktion $g(x)$ und dieselben Feigenbaum-Konstanten a und δ wie die logistische Abbildung besitzt.

6.7.5 Zusammenhang mit Phasenübergängen 2. Ordnung und Renormierungsmethoden

Feigenbaums Vorgehen zur Bestimmung der universellen Größen, die den Übergang ins Chaos über Periodenverdopplungen charakterisieren, entstammt den Renormierungstechniken, die Ende der sechziger, Anfang der siebziger Jahre zur Untersuchung von Phasenübergängen 2. Ordnung entwickelt wurden, bei denen die 2. Ableitung der freien Energie (nicht aber die erste) am kritischen Punkt unstetig ist (vgl. Peitgen und Richter, 1986a). Man spricht auch von kontinuierlichen Phasenübergängen, da am kritischen Punkt die Entropie stetig ist (Stanley, 1971). Grundlegende Ideen zur Selbstähnlichkeit hatte L. P. Kadanoff bereits 1966 entwickelt, die explizite Formulierung der Renormierungstheorie geht jedoch auf K. G. Wilson zurück, der 1982 für seine Arbeiten auf dem Gebiet der kritischen Phänomene mit dem Nobelpreis der Physik ausgezeichnet wurde; ausführliche Referenzliste siehe (Wilson, 1983).

Im allgemeinen kann jede Substanz in drei Aggregatzuständen auftreten: fest, flüssig, gasförmig. Es können jedoch noch zahlreiche andere Zustandsformen oder Phasen hinzutreten, die sich beispielsweise in ihrer kristallinen Struktur, ihren elektrischen oder magnetischen Eigenschaften voneinander unterscheiden. Durch Veränderung äußerer Parameter, wie z. B. Druck oder Temperatur, kann man die verschiedenen Phasen eines Stoffes ineinander überführen (Bruce und Wallace, 1989; Lipowsky, 1983).

Ein klassisches Beispiel für einen Phasenübergang 2. Ordnung ist der Übergang von Wasser in Wasserdampf. Bei einem Druck von 1 at liegt der Siedepunkt von Wasser bei 100°C. Beim Übergang vom flüssigen in den dampfförmigen Zustand dehnt sich das Volumen eines Masseteilchens sprungartig auf das 1 600-fache Volumen aus, d. h. der Phasenübergang wird von einem abrupten Sprung in der Dichte begleitet. Erhöht man den äußeren Druck, so steigt auch der Siedepunkt an, wobei die Differenz der Dichten $\varrho_F - \varrho_G$ von flüssiger und gasförmiger Phase stetig abnimmt, bis sie schließlich an einem kritischen Punkt Null wird und der Siedepunkt bei einem kritischen Druck $p_{cr} = 218$ at und einer kritischen Temperatur $T_{cr} = 374$°C erreicht wird (vgl. Abb. 6.7.19).

Die Gleichung, die Druck, Dichte und Temperatur eines Systems zueinander in Beziehung setzt, wird als Zustandsgleichung bezeichnet: $f(p, \varrho, T) = 0$. In einem 3-dimensionalen Raum mit den Koordinaten p, ϱ und T beschreibt die Zustandsgleichung eine Fläche, wobei jeder Punkt der Fläche einem Gleichgewichtszustand des Systems entspricht. Man kann nun auf dieser Fläche die Grenzlinien zwischen den einzelnen Phasen markieren. Abbildung 6.7.19a zeigt die Projektion dieser Koexistenzkurven, längs derer gleichzeitig 2 Phasen auftreten können, auf die p, T-Ebene. Für kleine Temperaturen und geringen Druck werden Gebiete fester und dampfförmiger Phase durch die Sublimationsdruckkurve I getrennt, die sich in einem Tripelpunkt in die Schmelzdruckkurve II und die Dampfdruckkurve III verzweigt. Im Gegensatz zur Schmelzdruckkurve endet die Koexistenzkurve zwischen gasförmiger und flüssiger Phase in einem kritischen Punkt mit den Koordinaten p_{cr}, T_{cr}. Für $T < T_{cr}$ ist der Übergang vom gasförmigen in den flüssigen

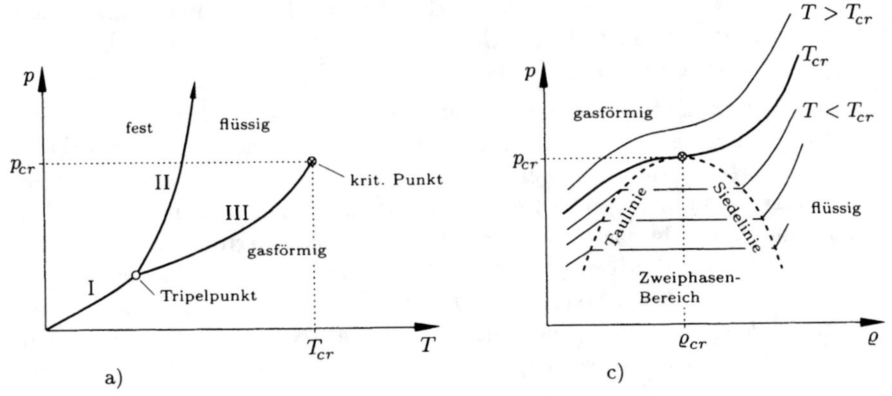

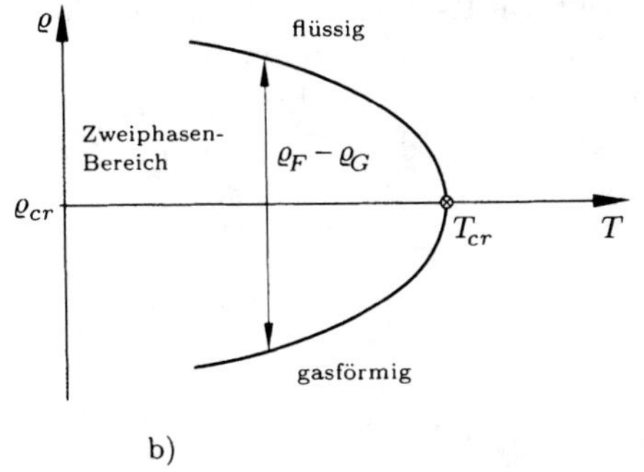

Abb. 6.7.19

Kritischer Punkt einer Flüssigkeit

a) Koexistenzkurven: (I) Sublimationsdruckkurve, (II) Schmelzdruckkurve, (III) Dampfdruckkurve

b) Dichtesprung zwischen flüssiger und gasförmiger Phase entlang der Koexistenzkurve

c) Isothermen

Zustand mit einem Sprung in der Dichte, $\varrho_G - \varrho_F$, verbunden. Im kritischen Zustand hat der trockene Dampf dieselbe Dichte wie die siedende Flüssigkeit, d. h. man kann die beiden Zustände nicht voneinander unterscheiden. Für $T > T_{cr}$ erfolgt der Übergang von kleiner zu großer Dichte kontinuierlich. Daher spricht man in diesem Fall von einem kontinuierlichen Phasenübergang Abbildung 6.7.19b zeigt die Projektion der Dampfdruckkurve III, d. h. der Koexistenzkurve zwischen gasförmigem und flüssigem Zustand, auf die ϱ, T-Ebene. Hierbei wird deutlich, daß für $T < T_{cr}$ die Überführung von einem in den anderen Aggregatzustand mit einem Dichtesprung $\varrho_F - \varrho_G$ einhergeht. Zur Ergänzung sind in Abb. 6.7.19c in einem p, ϱ-Diagramm einige Isothermen aufgetragen. Für niedrige Temperaturen ergibt sich eine große Differenz zwischen den Dichten von gasförmiger und flüssiger Phase, die für $T \to T_{cr}$ gegen Null geht. Für $T > T_{cr}$ existiert nur noch eine einzige „fluide“ Phase, man kann nicht mehr zwischen „gasförmig“ und „flüssig“ unterscheiden. Am kritischen Punkt findet man Dampfblasen und Wassertropfen auf allen Skalen miteinander vermischt, vom sichtbaren Bereich bis hinunter zu atomaren Abmessungen. In der Nähe des kritischen Punktes erreichen die Tröpfchen Ausdehnungen in der Größenordnung der Wellenlänge des Lichts, wodurch es zu starken Streueffekten kommt; das Wasser-Dampf-Gemisch wird dann milchig und man spricht von „kritischer Opaleszenz“ (Stanley, 1971). An der kritischen Stelle sieht die Substanz daher auf den unterschiedlichsten Skalen gleich aus. Sie besitzt dann eine besondere Symmetrieeigenschaft, die sogenannte Selbstähnlichkeit, die sich durch Skaleninvarianz auszeichnet.

Ein weiterer kontinuierlicher Phasenübergang tritt bei Ferromagneten am sogenannten Curie-Punkt auf. Ein Ferromagnet, wie z. B. die Nadel eines Kompasses, weist bei Zimmertemperatur eine permanente Magnetisierung auf, d. h. die atomaren Elementarmagneten, aus denen er zusammengesetzt ist, sind im wesentlichen parallel ausgerichtet. Je nach Vorgeschichte gibt es zwei ferromagnetische Phasen, die sich in einer positiven ($M_\uparrow$) bzw. einer negativen ($M_\downarrow$) Magnetisierung M äußern. Ist kein äußeres Magnetfeld H wirksam ($H = 0$), so koexistieren bei Temperaturen $T < T_{cr}$ beide Phasen (Abb. 6.7.20a). Eine Erhöhung der Temperatur, die mit einer Verstärkung der thermischen Fluktuationen verbunden ist, führt dazu, daß nach und nach immer mehr Elementarmagnete umklappen. Der geordnete Zustand geht in einen ungeordneten über, die Magnetisierung nimmt stetig ab und erreicht z. B. für Eisen bei einer Curie-Temperatur $T_{cr} = 770°\text{C}$ den Wert Null (Abb. 6.7.20 a, b). Oberhalb T_{cr} bricht die „Kommunikation" der Elementarmagnete zusammen, d. h. sie können sich nicht mehr über große Distanzen und über längere Zeiträume parallel ausrichten. Die Magnetisierung wird als „Ordnungsparameter" bezeichnet und folgt bei Annäherung an die kritische Temperatur einem Potenzgesetz

$$M \propto |T - T_{cr}|^\beta \tag{6.7.103}$$

oder

$$\lim_{T \to T_{cr}} M|T - T_{cr}|^{-\beta} = \text{const}$$

Experimentelle Messungen an dreidimensionalen Magneten liefern für den sogenannten kritischen Exponenten den Wert $\beta \approx 1/3$. Ferner beobachtet man, daß einige Materialkennwerte, wie die Suszeptibilität oder die spezifische Wärme, für $T = T_{cr}$ unendlich groß werden.

Das Überraschende ist nun, daß völlig verschiedenartige kontinuierliche Phasenübergänge am kritischen Punkt dieselben Eigenschaften aufweisen: der Ordnungsparameter geht stetig gegen Null, verschiedene „Materialkonstanten" divergieren und – das ist das Erstaunliche – die kritischen Exponenten haben einen universellen Charakter, d. h. sie stimmen für vollkommen unterschiedliche physikalische Systeme überein. Das bedeutet, daß am kritischen Punkt Details der mikroskopischen Wechselwirkungen verschiedener physikalischer Systeme keinen Einfluß auf das qualitative Verhalten haben. (Dies erklärt auch den Erfolg besonders einfacher Modelle, wie z. B. des Ising-Modells; siehe z. B. (Bruce und Wallace, 1989).) Die Renormierungstheorie hat nun nicht nur praktische Methoden – wenn auch keine Kochrezepte – zur Bestimmung der kritischen Exponenten zur Verfügung gestellt, sondern es ist mit ihrer Hilfe auch gelungen, eine ganze Reihe von Phasenübergängen 2. Ordnung in Universalitätsklassen einzuteilen. Hierbei sind offenbar (nur) 2 Parameter wesentlich, nämlich die räumliche Dimension des betrachteten physikalischen Systems und die Anzahl der Freiheitsgrade, d. h. die Anzahl der

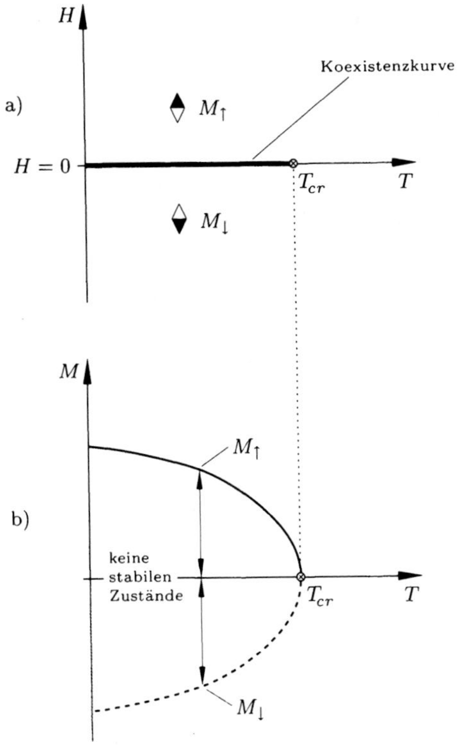

Abb. 6.7.20
Kritischer Punkt eines Ferromagneten
a) Koexistenzkurven zweier magnetischer Phasen $M_\uparrow$ und $M_\downarrow$ für $H = 0$
b) Spontane Magnetisierung der beiden Phasen (oberer Zweig $M_\uparrow$, unterer Zweig $M_\downarrow$) entlang der Koexistenzkurve

möglichen diskreten Zustände, des Ordnungsparameters (Lipowsky, 1983; Peitgen und Richter, 1986a).

Um einen Zusammenhang zwischen dem Übergang ins Chaos über Periodenverdoppelungen bei eindimensionalen Abbildungen und dem Phasenübergang bei einem Ferromagneten herzustellen, wollen wir nochmals auf die grundlegenden Ideen der Selbstähnlichkeit zurückkommen, die auf Kadanoff zurückgehen. Dazu betrachtet man denselben Magneten auf verschiedenen Skalen.

Für $T = 0$ herrscht absolute Ordnung, alle Elementarmagnete sind parallel ausgerichtet. Im Gegensatz dazu herrscht bei sehr hohen Temperaturen absolute Unordnung, es gibt keine Korrelationen mehr zwischen benachbarten magnetischen Dipolen. In beiden Fällen sieht der Magnet auf jeder Skala gleich aus, entweder sind alle Elementarmagnete gleichgerichtet oder vollkommen zufällig verteilt. Bei niedrigen Temperaturen $T < T_{cr}$ gibt es eine sehr starke Kopplung zwischen den Spins benachbarter magnetischer Dipole. Global erscheint der Magnet geordnet, d. h. der thermodynamische Mittelwert der Spins, seine Magnetisierung, ist von Null verschieden. Zoomt man jedoch kleinere Ausschnitte heraus, so kann man Fluktuationen erkennen. Es treten „Cluster" von korrelierten Spins auf, die eine von der globalen Ausrichtung abweichende Magnetisierung haben. Eine Erhöhung der Temperatur ist mit einer Abnahme der Spinkoppelung und einer Ausdehnung der Cluster verbunden. Zoomt man also einen Ausschnitt heraus, so hat man denselben Eindruck, als würde man den gesamten Magneten im Zustand geringerer Ordnung bzw. bei einer höheren Temperatur betrachten. Einer Änderung der Skala entspricht also eine Änderung der Temperatur. Am kritischen Punkt bewirkt eine Vergrößerung oder Verkleinerung des Ausschnitts keine Änderung, es gibt auf jeder Skala Cluster von korrelierten Spins, d. h. am kritischen Punkt befindet sich der Magnet in einem skaleninvarianten Zustand. Aufgabe der Renormierungstheorie ist es, die entsprechenden Transformationen und Skalierungsgesetze aufzustellen. Dabei sind $T = 0$ und $T = \infty$ stabile Fixpunkte, $T = T_{cr}$ ist dagegen ein instabiler Fixpunkt. Aus den Eigenschaften des instabilen Fixpunkts lassen sich dann die kritischen Exponenten herleiten. Im Falle der logistischen Abbildung bestand die Aufgabe darin, die Transformationen T^* bzw. T, Gln. (6.7.25) und (6.7.30), aufzustellen und die universellen Konstanten zu bestimmen. In (Schuster, 1988) sind die Analogien zwischen dem Phasenübergang bei einem Ferromagneten und dem Weg ins Chaos über Periodenverdopplung in einer Tabelle zusammengestellt.

Die Anwendung von Renormierungsmethoden ist dann vielversprechend, wenn dem physikalischen Problem ein komplexes mikroskopisches Verhalten zugrunde liegt, das Einfluß hat auf das makroskopische Verhalten. In Problemstellungen, wie wir sie z. B. in den Ingenieurwissenschaften häufig antreffen, ist der Mittelwert der mikroskopischen Fluktuationen Null, und eine klassische Beschreibung auf der Grundlage von Kontinuumsgleichungen ist möglich. Ist man an der statischen oder dynamischen Auslenkung eines Balkens oder am Druck- und Geschwindigkeitsprofil einer laminaren Strömung interessiert, so braucht man sich nicht um die Fluktuationen auf einer mikroskopischen Ebene zu kümmern.

Es gibt jedoch auch ganz andere Probleme, bei denen sich Fluktuationen hartnäckig auf allen Längenskalen behaupten, und dazu gehören die Phasenübergänge 2. Ordnung und die voll entwickelte Turbulenz. Bei voll entwickelter Turbulenz, beispielsweise in der Atmosphäre, wird die globale Zirkulation der Luft instabil: es kommt zu großen Wirbeln, die Ausdehnungen von einigen tausend Kilometern besitzen können. Diese riesigen Wirbel werden instabil und zerfallen in Kaskaden von immer kleiner werdenden Wirbeln bis zu Größenordnungen im Millimeterbereich. Der Wirbelzerfall findet eine untere Grenze in Abhängigkeit von der Viskosität und der pro Zeit- und Masseneinheit zugeführten Energie. Diese Energie, die ständig von außen eingefüttert werden muß, um einen „stationären" turbulenten Zustand aufrecht zu erhalten, wird größtenteils in den kleinsten Wirbel dissipiert, d. h. in Form von Wärmeenergie abgeführt.

Unabhängig davon, um welche Art von turbulenter Strömung es sich handelt, ob man nun atmosphärische Konvektionsströmungen oder die Umströmung eines Körpers untersucht, das grundlegende Problem bei voll entwickelter Turbulenz ist die Beantwortung der Frage, wie sich die Energie, die dem System ständig zugeführt wird, aufteilt in die kinetische Energie der mittleren Hauptströmung und die turbulente Energie der zahllosen ineinandergreifenden Wirbel und wie sie schließlich in Wärmeenergie umgewandelt wird. Die grundlegenden Ideen zur Verteilung der Energiedichte als Funktion der Wellenzahl im Bereich der Selbstähnlichkeit gehen auf Kolmogorov (1941) zurück. Im Falle von isotroper Turbulenz stimmt dieses Energiespektrum im trägheitsbeherrschten Teil der Strömung (*inertial range*) gut mit experimentellen Erfahrungen übereinstimmt. Allerdings bleiben noch viele Fragen offen. Beispielsweise erklärt diese Theorie noch nicht das sehr häufig zu beobachtende Phänomen der Intermittenz, so daß die vollentwickelte Turbulenz auch heute noch eine der großen Herrausforderungen der Physik darstellt; siehe z. B. (Rose und Sulem, 1978; Frisch, 1980; Großmann, 1990).

6.8 Ein beschreibender Exkurs in die Synergetik

In diesem letzten Abschnitt des 6. Kapitels wollen wir eine kurze Übersicht über einen noch sehr jungen, aber in rascher Entwicklung befindlichen Wissenschaftszweig, die Synergetik, geben. Die Synergetik hat eine interessante Entwicklung im Verständnis von Selbstorganisationsvorgängen in der Biologie, Soziologie, Ökonomie und Medizin eingeleitet. Dementsprechend lang ist auch die Liste der Veröffentlichungen zu diesem Thema. Wer sich eher einen allgemeinverständlichen Überblick verschaffen möchte, dem seien die beiden Bücher (Haken, 1981) und (Haken u. Wunderlin, 1991), dem mehr mathematisch orientierten Leser die beiden Standardwerke (Haken, 1982 u. 1983a) empfohlen.

In den beiden früheren Abschnitten „6.2 Zentrumsmannigfaltigkeit“ und „6.3 Normalform“ haben wir zwei Methoden vorgestellt, die es ermöglichen, Systeme nichtlinearer gewöhnlicher Differentialgleichungen so zu vereinfachen, daß der qualitative Charakter des Flusses in der Umgebung einer Verzweigung gesichert erhalten bleibt. Die Methode der Normalform ist eine Transformationstechnik, mit der das nichtlineare Ausgangssystem wesentlich vereinfacht, wenn nicht gar linearisiert werden kann. Die Methode der Zentrumsmannigfaltigkeit dagegen ist eine Approximationstechnik, um die Anzahl der zur Beschreibung des Langzeitverhaltens notwendigen Gleichungen wesentlich zu reduzieren. Für die Synergetik ist die Reduktion der Freiheitsgrade am kritischen Punkt bzw. am Bifurkationspunkt das grundlegende Prinzip. Es wird im synergetischen Kontext als *Versklavungsprinzip* bezeichnet und wurde 1975 von Hermann Haken formuliert (1975a). Es besagt: „In der Umgebung von kritischen Punkten, wo ein System von einem Zustand in einen anderen wechseln kann, legen wenige kollektive Variable, die *Ordnungsparameter*, den makroskopisch selbstorganisierten Zustand eines offenen Systems fest, indem sie die übrigen Freiheitsgrade dominieren“ (Wunderlin, 1985).

Damit wird klar, daß das Versklavungsprinzip als ein ureigenstes physikalisches Phänomen betrachtet wird, das immer dann Wirkung zeigt, wenn sich das Gesamtsystem an einem kritischen Punkt befindet. Eine wichtige Konsequenz daraus ist i. a. eine drastische, systemimmanente Reduzierung der Anzahl von Freiheitsgraden. Im Falle rein zeitlicher Prozesse führen das Versklavungsprinzip und die Methode der Zentrumsmannigfaltigkeit zu qualitativ gleichen Aussagen, doch der synergetische Anspruch ist weitergesteckt. Synergetische Systeme sind Bewegungsbzw. Evolutionsgleichungen, die neben der zeitlichen Entwicklung auch räumliche Inhomogenitäten und fluktuierende Kräfte miteinbeziehen.

Im folgenden wollen wir die Synergetik in ihren Grundideen kurz vorstellen. Das Wort ist dem Griechischen entlehnt und bedeutet soviel wie die „Lehre vom Zusammenwirken“. Der Terminus Synergetik wurde von H. Haken eingeführt, um ein neues Forschungsgebiet zu kennzeichnen, daß das Zusammenwirken von Untersystemen zu einem Ganzen beschreibt.

Eine beliebte und oft sehr erfolgreiche Methode, Prozesse oder Strukturen in der Natur zu verstehen, ist die analytische Vorgehensweise, indem man das Gesamtsystem in immer kleinere Einzelteile zerlegt und aus deren Verhalten Rückschlüsse auf das Verhalten des Ausgangssystems zieht. Doch mehr denn je muß man heutzutage erkennen, daß das Ganze mehr ist als die Summe der Einzelteile, oder wie Goethe es formulierte: „Die Teile hab ich nun in meiner Hand, fehlt leider noch das geistige Band.“ Was Goethe noch beklagend feststellte, das macht sich die Synergetik zum Thema. Sie fragt nach den Grundprinzipien, nach denen einzelne Teile selbstorganisatorisch zusammenwirken, um letzlich ein strukturelles Ganzes zu ergeben. Neuartige Strukturen treten spontan immer dann auf, wenn sich das Verhalten dramatisch ändert, und genau in dieser Phase der Instabilität scheinen regulierende bzw. selbstorganisatorische „Kräfte“ am Werk zu sein, die das Auftreten neuer Strukturen bewirken.

Strukturbildung bzw. geordnete Strukturen beobachten wir nicht nur in der Physik, Chemie, Biologie, sondern ebenso in der Soziologie, Wirtschaft und Medizin. Trotz der Verschiedenartigkeit der beteiligten Teile stellt sich die Frage nach einheitlichen Grundgesetzen, die es ermöglichen zu verstehen, wie derartig neue Strukturen zustandekommen. Beschränkt man sich auf qualitative Änderungen auf makroskopischer Ebene, so deckt die Synergetik Gesetzmäßigkeiten auf, die auf ganz wenigen Konzepten – wie Instabilität, Ordner und Versklavung – basieren und die zudem mathematisch formuliert werden können.

Zusammenfassend kann man sagen, daß die Synergetik ein interdisziplinäres Forschungsgebiet ist, das in den bereits erwähnten unterschiedlichen Bereichen (von der Physik bis zur Psychologie) Anwendung findet. Behandelt werden dabei offene Systeme, aufgebaut aus vielen Untersystemen, deren Dynamik durch einen Energie- und/oder Materiefluß genährt wird. Erreicht der Austausch von Energie und Materie mit der Umgebung einen kritischen Wert μ_{cr}, so können sich durch Selbstorganisation der Untersysteme (mikroskopische Ebene) auf makroskopischer Beobachtungsebene spontan sowohl räumliche als auch zeitliche Strukturen bzw. Muster bilden. Die Synergetik ermöglicht, diesen Strukturbildungsprozeß mathematisch nachzuvollziehen und dadurch verständlich zu machen. Voraussetzung für die Strukturbildung ist, daß sich das System fern vom thermodynamischen Gleichgewicht befindet und daß die beteiligten Untersysteme wechselwirkend nichtlinear verknüpft sind, da nur die Nichtlinearität Verzweigungen, und damit Musterbildung, ermöglicht.

Das Ziel der Synergetik ist es, in der Nähe eines Instabilitätspunktes (Phasenübergang) das komplexe Verhalten eines Systems durch die (raum-) zeitliche Entwicklung weniger Größen anzugeben. Diese Größen werden als Ordnungsparameter bezeichnet. Sie hängen unter anderem von den Energie- und Materieflüssen durch das System ab, die durch einen Satz von Kontrollparametern $\boldsymbol{\mu}$ charakterisiert werden. Entscheidend ist, daß sich die überwiegende Mehrzahl von Freiheitsgraden des Systems eindeutig durch die Ordnungsparameter ausdrücken läßt, d. h. daß sie von den Ordnungsparametern versklavt werden. Die praktische Konsequenz des Versklavungsprinzips ist die Reduktion des Systems auf wenige wesentliche Freiheitsgrade, da die sehr vielen restlichen von den wenigen Ordnungsparametern, die das gesamte Verhalten des Systems festlegen, dominiert werden.

Nach diesen sehr allgemein gehaltenen Ausführungen zur Synergetik möchten wir nun in sechs Schritten das mathematische Grundgerüst zur Beschreibung von Strukturbildung skizzieren.

i. Bewegungsgleichung

Im 1. Schritt gilt es, auf der Beschreibungsebene der Untersysteme die Evolutionsgleichungen bzw. die Bewegungsgleichungen aufzustellen. Wir fassen die unabhängigen Variablen, die den Zustand des Systems bestimmen, im Zustandsvektor $\boldsymbol{x}$ zusammen. Die Bewegungsgleichung hat dann, beispielsweise, folgende Form

$$\dot{\boldsymbol{x}} = \boldsymbol{F}(\boldsymbol{x}, \nabla, \boldsymbol{\mu}) + \boldsymbol{f}(t) \tag{6.8.1}$$

Dabei ist $\boldsymbol{F}$ eine nichtlineare Funktion des momentanen Zustandes $\boldsymbol{x}$ des gesamten Systems. Der Operator ∇ bringt die Abhängigkeit von den räumlichen Ableitungen zum Ausdruck, und die Tatsache, daß es sich dabei um ein offenes System handelt, dokumentiert ein Satz von Kontrollparametern, die im Vektor $\boldsymbol{\mu}$ zusammengefaßt sind. Der Einfluß stochastischer Fluktuationen wird durch $\boldsymbol{f}(t)$ berücksichtigt.

Um die weiteren Ausführungen in den Kontext der vorangegangenen Kapitel einzubinden, beschränken wir uns im folgenden auf rein zeitliche Prozesse ohne Fluktuationen, ohne dabei das konzeptionell Wesentliche der Synergetik zu verfälschen. Gleichung (6.8.1) vereinfacht sich dann zu einem determinierten System gewöhnlicher Differentialgleichungen

$$\dot{\boldsymbol{x}} = \boldsymbol{F}(\boldsymbol{x}, \boldsymbol{\mu}) \tag{6.8.2}$$

ii. Stationäre Grundlösung

Im 2. Schritt bestimmen wir den stationären Grundzustand der Gl. (6.8.2), wie z. B. die Grenzmenge: Fixpunkt, Grenzzyklus und Torus. Der einfachste Fall ist der Gleichgewichtszustand $\boldsymbol{x}_s$, den wir aus der Lösung der Gleichung

$$\dot{\boldsymbol{x}}_s = \boldsymbol{o} \qquad \text{bzw.} \qquad \boldsymbol{F}(\boldsymbol{x}_s, \boldsymbol{\mu}) = \boldsymbol{o} \tag{6.8.3}$$

erhalten (vgl. Abschnitte 3.1 und 3.2).

iii. Lineare Stabilitätsanalyse

Im 3. Schritt wollen wir das dynamische Verhalten in der näheren Umgebung des Fixpunktes $\boldsymbol{x}_s$ analysieren. Wir wählen zu diesem Zweck eine kleine Abweichung $\widetilde{\boldsymbol{x}}(t)$ vom stationären Zustand $\boldsymbol{x}_s$, so daß gilt

$$\boldsymbol{x} = \boldsymbol{x}_s + \widetilde{\boldsymbol{x}} \tag{6.8.4}$$

Aufgrund der linearen Stabilitätsanalyse, Abschnitt 5.4.1, ergibt sich für die Umgebung eines Fixpunktes $\boldsymbol{x}_s$ folgende Bewegungsgleichung

$$\dot{\widetilde{\boldsymbol{x}}} = \boldsymbol{L}\widetilde{\boldsymbol{x}} + \boldsymbol{N}(\widetilde{\boldsymbol{x}}, \boldsymbol{\mu}) \tag{6.8.5}$$

bzw. in der linearisierten Form

$$\dot{\widetilde{\boldsymbol{x}}} = \boldsymbol{L}\widetilde{\boldsymbol{x}} \tag{6.8.6}$$

mit

$$\boldsymbol{L} = \left.\frac{\partial \boldsymbol{F}}{\partial \widetilde{\boldsymbol{x}}}\right|_{\boldsymbol{x}_s} = \boldsymbol{L}(\boldsymbol{x}_s, \boldsymbol{\mu}) \tag{6.8.7}$$

Da die lineare Matrix $\boldsymbol{L}$ nicht von der Zeit abhängt, führt der Lösungsansatz $\widetilde{\boldsymbol{x}}(t) = \mathrm{e}^{\lambda t}\widetilde{\boldsymbol{x}}_0$ (vgl. Abschnitt 3.1) auf ein Eigenwertproblem

$$[\boldsymbol{L} - \lambda \boldsymbol{I}]\widetilde{\boldsymbol{x}}_0 = \boldsymbol{o} \tag{6.8.8}$$

das lösbar ist, falls die Systemdeterminante verschwindet (vgl. Gl. (3.1.4)). Die Eigenwerte λ_i und die dazugehörigen Eigenvektoren $\boldsymbol{y}_\mathrm{i}$ erfüllen die Bedingung

$$\lambda_\mathrm{i}\boldsymbol{y}_\mathrm{i} = \boldsymbol{L}\boldsymbol{y}_\mathrm{i} \tag{6.8.9}$$

Wählt man die Eigenvektoren $\boldsymbol{y}_\mathrm{i}$ als Basisvektoren für das neue Koordinatensystem $\boldsymbol{\xi}$, so kann nach Gl. (3.1.11) das linearisierte Ausgangssystem, Gl. (6.8.6), im Fall linear unabhängiger Eigenvektoren in ein entkoppeltes transformiert werden

$$\dot{\xi}_\mathrm{i} = \lambda_\mathrm{i}\xi_\mathrm{i} \qquad \text{oder} \qquad \dot{\boldsymbol{\xi}} = \lceil \boldsymbol{\lambda} \rfloor \boldsymbol{\xi} \tag{6.8.10}$$

wobei $\boldsymbol{\lambda} = \lceil \lambda_1 \ldots \lambda_\mathrm{n} \rfloor$ ist. Nach Gl. (3.1.6) läßt sich Gl. (6.8.10) unmittelbar lösen, und wir erhalten

$$\xi_\mathrm{i}(t) = \xi_\mathrm{i}(0)\mathrm{e}^{\lambda_\mathrm{i} t} \tag{6.8.11}$$

Die Lösung Gl. (6.8.11) verdeutlicht, daß, wenn die Realteile aller Eigenwerte λ_i negativ sind, die Störung $\widetilde{\boldsymbol{x}}$ abklingt und folglich der Gleichgewichtszustand $\boldsymbol{x}_s$ stabil ist (vgl. Abschnitt 5.4.1). Wir erinnern daran, daß die linearisierte Matrix, Gl. (6.8.7), von den Kontrollparametern $\boldsymbol{\mu}$ abhängt. Schon die Änderung eines Kontrollparameters, etwa die von μ_1, kann zur Folge haben, daß ein vormals stabiler Gleichgewichtszustand $\boldsymbol{x}_s$ instabil wird. Wie wir wissen, wird die Gleichgewichtslösung $\boldsymbol{x}_s$ dann instabil, wenn der Realteil wenigstens eines Eigenwertes von negativ nach positiv wechselt (vgl. Abschnitt 6.2). Damit ist der Instabilitätspunkt für den ersten Eigenwert λ_1, beispielsweise, durch folgende Bedingung festgelegt

$$\mathrm{Re}(\lambda_1(\mu_1)) = 0 \tag{6.8.12}$$

Zusammenfassend stellen wir fest, daß die lineare Stabilitätsanalyse folgende wichtige Erkenntnis über das nichtlineare Ausgangssystem Gl. (6.8.2) liefert:

a. Durch sie ist der kritische Punkt bzw. Instabilitätspunkt festgelegt. Das bedeutet, daß der oder die Kontrollparameter kritische Werte annehmen und daß der Gleichgewichtszustand $\boldsymbol{x}_s$ bzw. Fixpunkt für $\boldsymbol{\mu}_{cr}$ nichthyperbolisch ist.
b. Sie liefert die Eigenvektoren $\boldsymbol{y}_\mathrm{i}$ bzw., wenn man an eine schwingende Saite denkt, die Eigenformen, die auch als Moden bezeichnet werden.
c. Sie erlaubt eine Klassifizierung in die Äquivalenzklassen stabil und instabil, eine Vorgehensweise, die uns aus Abschnitt 6.2 (Zentrumsmannigfaltigkeit) vertraut ist.

Damit sind die Möglichkeiten der Linearisierung ausgeschöpft. Für eine weitere Behandlung des Ausgangssystems, Gl. (6.8.2), muß die Nichtlinearität berücksichtigt werden.

iv. Die vollständigen nichtlinearen Gleichungen

Durch die lineare Stabilitätsanalyse haben wir Kenntnisse bis nahe an den kritischen Punkt gewonnen. Was uns im folgenden interessiert, ist das dynamische Verhalten über den kritischen Punkt hinaus. In Abschnitt 6.2 wurde verdeutlicht, daß dies nur möglich ist, wenn man die vollständigen nichtlinearen Gleichungen, Gl. (6.8.5), in der Analyse betrachtet. Außerdem wissen wir, daß die Raumrichtungen $\boldsymbol{y}_\mathrm{i}$, die durch die Eigenvektoren vorgegeben sind, eine ausgezeichnete Rolle in der Stabilitätsbetrachtung spielen. Es ist daher naheliegend, die nichtlinearen Gleichungen Gl. (6.8.5) in das Basissystem $\boldsymbol{y}_\mathrm{i}$ zu transformieren. Wir erinnern daran, daß sich aufgrund von Gl. (3.1.6) die allgemeine Lösung des linearisierten Systems, Gl. (6.8.6), folgendermaßen darstellen läßt

$$\widetilde{\boldsymbol{x}}(t) = \sum_{\mathrm{i}=1}^{\mathrm{n}} \xi_\mathrm{i} \mathrm{e}^{\lambda_\mathrm{i} t} \boldsymbol{y}_\mathrm{i} \tag{6.8.13}$$

In Anlehnung an Gl. (6.8.13) stellen wir nun den Lösungsvektor $\widetilde{\boldsymbol{x}}(t)$ des nichtlinearen Systems, Gl. (6.8.5), in der Basis der Eigenvektoren $\boldsymbol{y}_\mathrm{i}$ dar, wobei die Zeitabhängigkeit in den dazugehörigen Amplituden $\xi_i(t)$ berücksichtigt ist. Wir erhalten fogenden Ansatz in den Basisvektoren $\boldsymbol{y}_i$

$$\tilde{\boldsymbol{x}}(t) = \sum_{i=1}^{n} \xi_i(t)\boldsymbol{y}_i \tag{6.8.14}$$

Unter Berücksichtigung von Gl. (6.8.9) und der Tatsache, daß die Eigenwerte λ_i von $\boldsymbol{\mu}$ abhängen, setzen wir den Lösungsansatz Gl. (6.8.14) in die Ausgangsgleichung Gl. (6.8.5) ein und erhalten

$$\sum_{i=1}^{n} \dot{\xi}_i(t)\boldsymbol{y}_i = \sum_{i=1}^{n} \lambda_i(\boldsymbol{\mu})\xi_i(t)\boldsymbol{y}_i + \boldsymbol{N}\Big(\sum_{i=1}^{n} \xi_i\boldsymbol{y}_i, \boldsymbol{\mu}\Big) \tag{6.8.15}$$

Um die Bewegungsgleichung für die Amplituden $\xi_i(t)$ der Eigenformen bzw. Moden zu erhalten, führen wir die adjungierten Zeilenvektoren $\boldsymbol{y}_i^+$ ein, die mit den Eigenvektoren $\boldsymbol{y}_i$ ein Biorthogonalsystem bilden,

$$\boldsymbol{y}_i^+\boldsymbol{y}_j = \delta_{ij} \tag{6.8.16}$$

wobei für das Kronecker-Symbol δ_{ij} die Konvention δ_{ij} gleich 1 für i = j und Null für i $\neq$ j gilt. Nach der Multiplikation der Gl. (6.8.15) mit $\boldsymbol{y}_j^+$ ergeben sich folgende Evolutionsgleichungen für die Amplituden $\xi_i(t)$

$$\dot{\boldsymbol{\xi}} = \boldsymbol{\lambda}(\boldsymbol{\mu})\boldsymbol{\xi} + \overline{\boldsymbol{N}}(\boldsymbol{\xi}, \boldsymbol{\mu}) \tag{6.8.17}$$

wobei sich die Diagonalform in den Eigenwerten beispielsweise dann ergibt, wenn alle Eigenwerte des Eigenwertproblems Gl. (6.8.8) verschieden sind. Die Komponenten von $\overline{\boldsymbol{N}}$ ergeben sich aus dem Skalarprodukt von $\boldsymbol{N}$ und $\boldsymbol{y}_j^+$.

Abschließen wollen wir den 4. Schritt damit, daß wir die Komponenten des $\boldsymbol{\xi}$-Vektors, Gl. (6.8.17), in zwei Gruppen aufspalten. Die Kontrollparameter sind so gewählt, daß sich das System in der Nähe einer Instabilität befindet. Das bedeutet, daß die Realteile eines oder mehrerer Eigenwerte λ_i gerade einen Nulldurchgang vollzogen haben. Wir sammeln nun alle Eigenwerte mit negativen Realteilen ($\mathrm{Re}\lambda^s < 0$) in $\boldsymbol{\lambda}^s$ und alle mit positiven Realteilen ($\mathrm{Re}\lambda^u \gtrsim 0$) in $\boldsymbol{\lambda}^u$. Die dazugehörigen Eigenvektoren sind $\boldsymbol{y}^s$ und $\boldsymbol{y}^u$. Entsprechend unterteilen wir die Komponenten des Amplitudenvektors $\boldsymbol{\xi}(t)$ in $\boldsymbol{\xi}^s$ und $\boldsymbol{\xi}^u$. Wir verzichten in der folgenden Darstellung auf die Abhängigkeit von $\boldsymbol{\mu}$, da sich das System, wie bereits angedeutet, in der Nähe der Instabilität befindet. Aufgrund der Aufspaltung stellt sich nun Gl. (6.8.17) wie folgt dar (vgl. Gln. (6.2.14))

$$\dot{\boldsymbol{\xi}}^u = \boldsymbol{\lambda}^u\boldsymbol{\xi}^u + \overline{\boldsymbol{N}}^u(\boldsymbol{\xi}^u, \boldsymbol{\xi}^s) \tag{6.8.18}$$

$$\dot{\boldsymbol{\xi}}^s = \boldsymbol{\lambda}^s\boldsymbol{\xi}^s + \overline{\boldsymbol{N}}^s(\boldsymbol{\xi}^u, \boldsymbol{\xi}^s) \tag{6.8.19}$$

Wir betonen, daß die beiden Gln. (6.8.18) und (6.8.19) ohne jegliche Approximation aus der nichtlinearen Ausgangsgleichung (6.8.5) hergeleitet wurden, sie sind demzufolge exakt. Der nun wesentliche Schritt, um die Ausgangsgleichung (6.8.5) bzw. die Gln. (6.8.18) und (6.8.19) zu lösen, beruht auf der Grundidee der Synergetik, dem Versklavungsprinzip.

v. Versklavungsprinzip

Wir erinnern daran, daß wir bei der Behandlung der Zentrumsmannigfaltigkeit, Abschnitt 6.2, mit einer ähnlichen Problematik (dort $\lambda^c = 0$, hier $\lambda^u \gtrsim 0$) konfrontiert wurden, nämlich, wie kann das nichtlineare Gleichungssystem (6.2.14) approximativ gelöst werden – eine exakte Lösung ist ausgeschlossen –, ohne dabei den Lösungscharakter zu verfälschen. Die Idee dort war (vgl. Abbn. 6.2.11 und 6.2.12), daß die Zentrumsmannigfaltigkeit $\mathbb{W}^c$ für kleine $|\boldsymbol{x}|$ durch die Funktion $\boldsymbol{y} = \boldsymbol{h}(\boldsymbol{x})$ approximiert werden kann. Das aber bedeutet für die Lösung $(\boldsymbol{x}(t), \boldsymbol{y}(t))$ des Gleichungssystems (6.2.14), daß sie im kritischen Punkt auf der Zentrumsmannigfaltigkeit $\boldsymbol{y} = \boldsymbol{h}(\boldsymbol{x})$ zu liegen kommt und demzufolge die Dynamik die implizite Form in der Zeit, $\boldsymbol{y}(t) = \boldsymbol{h}(\boldsymbol{x}(t))$, annimmt. Daß die Zentrumsmannigfaltigkeit existiert, garantiert unter den entsprechenden Voraussetzungen die Theorie der Zentrumsmannigfaltigkeit.

Diese doch recht abstrakte Formulierung, die im wesentlichen von der geometrischen Interpretation des Flusses im Phasenraum geprägt ist, läßt sich auch aus dem Blickwinkel der Dynamik deuten. Wir betrachten erneut die Abbn. 6.2.11 und 6.2.12, und dabei wird deutlich, daß die stabilen Trajektorien auf die Zentrumsmannigfaltigkeit zulaufen, d. h. das Verhalten der stabilen Trajektorien in der Nähe des Ursprungs wird von der Dyamik auf $\mathbb{W}^c$ vorgegeben. Berücksichtigen wir nun die Klassifizierung in Amplituden $\boldsymbol{y}(t)$ stabiler Eigenformen oder Moden (Realteile der Eigenwerte negativ) und Amplituden $\boldsymbol{x}(t)$ zentraler Eigenformen (Realteile der Eigenwerte Null), so wird klar, daß sich die Lösung der Amplituden $\boldsymbol{y}(t)$ der stabilen Eigenformen als Funktion der Lösung der (zentralen) Amplituden $\boldsymbol{x}(t)$ angeben läßt, $\boldsymbol{y}(t) = \boldsymbol{h}(\boldsymbol{x}(t))$.

Nach dieser kurzen Wiederholung der Grundidee der Theorie der Zentrumsmannigfaltigkeit kommen wir nun zum Kernstück der Synergetik, dem Versklavungsprinzip. Wie oben angedeutet, sind zusätzliche Bedingungen notwendig, um die nichtlinearen Gleichungen (6.8.18) und (6.8.19) zu lösen. Das Versklavungsprinzip ist genau der Schritt, der die notwendigen Voraussetzung schafft.

Begründet wird das Versklavungsprinzip durch eine Hierarchie von Zeitmaßstäben, die das System in der Nähe der Instabilität selbst generiert. Betrachten wir die Gl. (6.8.10), so zeigt eine einfache Dimensionsanalyse, daß „1/Zeit“ die Dimension der Eigenwerte λ sein muß. Entsprechend läßt sich jeweils für die Amplituden $\boldsymbol{\xi}^u$ der instabilen Moden in der Umgebung des kritischen Punktes ein charakteristischer Zeitmaßstab festlegen

$$\tau^u = \frac{1}{|\mathrm{Re}\lambda^u|} \tag{6.8.20}$$

Ein ebensolcher Zeitmaßstab wird für die Amplituden $\boldsymbol{\xi}^s$ der stabilen Moden definiert

$$\tau^s = \frac{1}{|\mathrm{Re}\lambda^s|} \tag{6.8.21}$$

Aufgrund des Nulldurchgangs der λ^u-Eigenwerte ($\mathrm{Re}\lambda^u < \mathrm{Re}\lambda^s$) erzeugt das System im kritischen Gebiet die bemerkenswerte Ungleichung

$$\tau^u > \tau^s \tag{6.8.22}$$

Die Zeitskala der Amplitude $\boldsymbol{\xi}^s$ der stabilen Moden ist demnach sehr viel kleiner als die der Amplituden $\boldsymbol{\xi}^u$ der instabilen Moden. Die vergleichsweise schnelle Dämpfung der Amplituden $\boldsymbol{\xi}^s$ führt dazu, daß sie unmittelbar den Amplituden $\boldsymbol{\xi}^u$ der instabilen Moden folgen. Die zeitliche Abhängigkeit der Amplituden $\boldsymbol{\xi}^s$ ist demnach nicht direkt, sondern erfolgt implizit über die Zeitabhängigkeit der Amplitude $\boldsymbol{\xi}^u$ der instabilen Moden. Daraus folgt die mathematische Formulierung des Versklavungsprinzips

$$\boldsymbol{\xi}^s(t) = \boldsymbol{\xi}^s(\boldsymbol{\xi}^u(t)) \tag{6.8.23}$$

Das Versklavungsprinzip besteht also darin, $\boldsymbol{\xi}^s$ als Funktion der $\boldsymbol{\xi}^u$ auszudrücken. Das wiederum bedeutet, $\boldsymbol{\xi}^s$ als Funktion von $\boldsymbol{\xi}^u$ aus Gl. (6.8.19) zu bestimmen. Da diese Gleichung nichtlinear ist, ist es ausgeschlossen, sie im allgemeinen explizit zu lösen. Haken schlägt für die Konstruktion von $\boldsymbol{\xi}^s$ ein Iterationsverfahren vor (Haken, 1975b und 1983a).

vi. Die Ordnungsparametergleichung

Wir können nun Gl. (6.8.23) dazu benutzen, die Anzahl der nichtlinearen Gleichungen, Gln. (6.8.18) und (6.8.19), drastisch zu reduzieren. Wir setzen zu diesem Zweck Gl. (6.8.23) in Gl. (6.8.18) ein und erhalten die Ordnungsparametergleichung

$$\dot{\boldsymbol{\xi}}^u = \lambda^u \boldsymbol{\xi}^u + \overline{\boldsymbol{N}}^u(\boldsymbol{\xi}^u, \boldsymbol{\xi}^s(\boldsymbol{\xi}^u)) \tag{6.8.24}$$

die ausschließlich von den Amplituden $\boldsymbol{\xi}^u$ der instabilen Moden bestimmt ist. Auch hier sei der Vergleich mit Gl. (6.2.17) erlaubt, die die Dynamik auf der Zentrumsmannigfaltigkeit beschreibt. Ist die Lösung von Gl. (6.8.24) bekannt, kann man die Lösung $\boldsymbol{x}(t) = \boldsymbol{x}_s + \widetilde{\boldsymbol{x}}(t)$ des Ausgangssystems angeben. Es gilt

$$\boldsymbol{x}(t) = \boldsymbol{x}_s + \sum_u \xi^u(t)\boldsymbol{y}_u + \sum_s \xi^s(\xi^u(t))\boldsymbol{y}_s \tag{6.8.25}$$

Zusammenfassung:

Wir haben die systematische Vorgehensweise der Synergetik am einfachsten Fall, dem rein zeitlicher Prozesse, herausgearbeitet, wobei für den Ausgangszustand

$\boldsymbol{x}_s$ Gleichgewicht und $\boldsymbol{f}(t) = \boldsymbol{o}$ vorausgesetzt wurde. Komplizierte dynamische Langzeitzustände, wie Grenzzyklen oder Tori, erhöhen zwar den mathematischen Aufwand erheblich, aber sie stellen die Synergetik nicht grundsätzlich in Frage.

Das Paradebeispiel für Synergetik ist der Laser, an dem ursprünglich die allgemeinen Konzepte entwickelt wurden (Haken, Graham, 1971).

Ein weiteres wichtiges Anwendungsgebiet der synergetischen Methoden ist die Hydrodynamik. Die mathematische Beschreibung z. B. des Taylor- und Bénard-Problems (vgl. Kapitel 7) erfolgt durch partielle nichtlineare Differentialgleichungen. Das Auftreten von Instabilitäten und die damit verbundene spontane, selbstorganisierte, raum-zeitliche Strukturbildung wurde in (Friedrich, 1986; Bestehorn, 1988) behandelt.

Innerhalb der Synergetik nehmen nichtphysikalische Systeme einen wesentlichen Platz ein. Behandelt werden dabei Modelle zur Strukturbildung innerhalb der Biologie, der Chemie, der Soziologie und der Wahrnehmungsphysiologie. In diesen Fällen sind bereits die Untersysteme außerordentlich komplex, so daß die Grundgleichungen normalerweise nicht bekannt sind, anders als in physikalischen Systemen. Man ist daher auf eine phänomenologische Modellbildung angewiesen. Die Synergetik liefert auch hierfür einen systematischen Zugang (Haken, 1988).

Neueste Forschungsaktivitäten auf dem Gebiet der Mustererkennung haben gezeigt, daß die Prinzipien der Synergetik zur Beschreibung von Strukturbildungen erfolgreich auf die Mustererkennung übertragen werden können. Die Idee, daß die Umkehrung der Musterbildung als Mustererkennung aufgefaßt werden kann, konnte inzwischen realisiert werden, indem ein assoziativer Speicher, eines der wichtigsten Konzepte der modernen Theorie der Mustererkennung, durch synergetische Systeme modelliert wurde (Haken, 1991).

7. Konvektionsströmungen: Bénard-Problem

Though this be madness,
yet there is method in't
William Shakespeare, Hamlet, II, 2

In diesem Kapitel wollen wir das bereits in Abschnitt 5.2 erwähnte Lorenz-Modell eingehender diskutieren, und wir untersuchen zu diesem Zweck Strömungen und Musterbildungen von Flüssigkeiten oder Gasen, die sich unter dem Einfluß von Temperaturinhomogenitäten ausbilden und verändern. Man spricht dann von Konvektionsströmungen, thermischer Konvektion oder auch nur von Konvektion. Spektakuläre geophysikalische Beispiele hierfür sind die Zirkulation der Atmosphäre und der Ozeane, aber auch die Kontinentalverschiebung, ein meßbares Wegdriften der Kontinentalplatten, das durch Strömungen im Erdmantel ausgelöst wird. Auch außerhalb unserer Erde, z. B. in der Gasatmosphäre des Jupiters, beobachtet man Strömungsmuster, die sich global mit dem Mechanismus konvektiver Durchmischung von Masse und Wärme erklären lassen.

Es sind im wesentlichen zwei Gründe, die einen theoretischen Zugang zu derartigen Strömungsvorgängen erschweren. Zum einen sind es die unterschiedlichen Einflußgrößen, die das Strömungsverhalten prägen. Unter Einflußgrößen versteht man die Kräfte, die auf die Strömung wirken, den Wärmetransport des strömenden Mediums und deren komplexe Stoffeigenschaften. Die Kräfte gliedern sich in die Auftriebs-, Widerstands- und Corioliskräfte, die das Gravitationsfeld und die Oberflächeninteraktion bewirken. Zum Wärmetransport tragen die Konvektion, die Wärmeleitung, die Wärmediffusion und die Wärmestrahlung bei. Zum anderen handelt es sich bei den zu betrachtenden Systemen um offene Systeme, die sich in einem Zustand fern vom thermodynamischen Gleichgewicht befinden. Dies ist eine notwendige Voraussetzung für die Musterbildung in Strömungen, jedoch auch der Grund dafür, daß bei einer theoretischen Behandlung die Schwierigkeiten wachsen. Das soll uns aber nicht davon abhalten, uns mit der Problematik „Konvektion" auseinanderzusetzen. Schon die Beschäftigung mit einfachen Formen thermischer Konvektion eröffnet eine tiefere Einsicht in die physikalischen Gesetzmäßigkeiten und ermöglicht, die charakteristischen Strömungseigenschaften und Muster zu erkennen und zu verstehen.

Das grundlegende Phänomen der Konvektion ist ein aufsteigender Wärmefluß in einem Gravitationsfeld. Erhitzt sich, wie auch immer, eine untere Flüssigkeits- oder Gasschicht, so verringert sich ihre Dichte und ein Aufsteigen dieser unteren Schicht in kältere Regionen setzt ein, während umgekehrt kältere obere Schichten absinken. Wird die Strömung durch Kräfte in Gang gesetzt, die im Medium selbst wirken, so spricht man von freier bzw. natürlicher Konvektion. Im Gegensatz

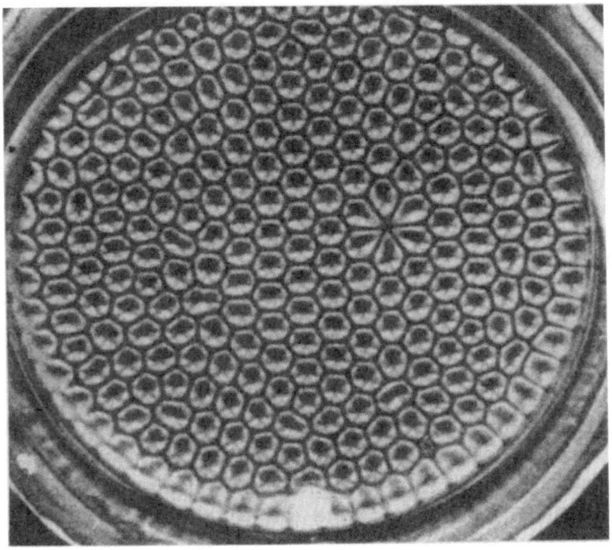

Abb. 7.0.1
Sechseckige Konvektionszellen: gleichmäßige Erwärmung einer dünnen Flüssigkeitsschicht mit freier Oberfläche (Koschmieder, 1974)

dazu nennt man die Konvektion erzwungen, wenn die Bewegung der Flüssigkeit durch äußere Einflüsse generiert wird, beispielsweise durch einen Ventilator oder durch eine Pumpe. Beschreibungen zur freien Konvektion gehen bis ins 18. Jahrhundert zurück, aber die wichtigsten experimentellen Beiträge lieferte erst der französische Physiker Henri Bénard um die Jahrhundertwende (1900, 1901). Seine Leistung war die Entdeckung einer bienenwabenartigen fluiden Zellstruktur (Abb. 7.0.1), die sich ausbildet, wenn eine dünne Flüssigkeitsschicht von unten erhitzt wird. Erklärungen zur Strukturierung in Bénard-Zellen sind erst neueren Datums, obwohl ihre Anfänge weit zurückliegen und auf Lord Rayleighs Theorie zur Konvektion aus dem Jahre 1916 zurückgehen. Die Bénard-Zellen können damit wohl nicht erklärt werden, dennoch lassen sich an einem modifizierten Bénard-Experiment ohne freie Oberfläche, eine Reihe erstaunlicher Phänomene verdeutlichen. Zu diesem Zweck denkt man sich die Flüssigkeit in viele dünne Schichten unterteilt und eine repräsentative Schicht von zwei horizontal verlaufenden, parallelen Platten begrenzt. Um die störenden Randeffekte auf das Strömungsverhalten in der Mitte praktisch auszuschließen, sei die Horizontalausdehnung dieser Schicht viel größer als ihre Höhe. Geht man davon aus, daß sämtliche relevante physikalische Größen, insbesondere die Temperatur, vollkommen homogen verteilt sind, so ist offensichtlich, daß keine makroskopischen (aber dafür mikroskopische) Strömungsbewegungen stattfinden, solange in der Flüssigkeitsschicht und in den Begrenzungsplatten die gleiche Temperatur herrscht. Das System befindet sich im Gleichgewicht. Desweiteren kann man sich leicht vorstellen, daß kleine Störungen, indem man z. B. die Plattentemperatur kurzfristig und lokal um 10°C erhöht, sehr schnell absorbiert werden und sich der alte homogene Gleichgewichtszustand wieder einstellt, ohne bleibende Spuren im System zu hinterlassen. Befindet sich ein

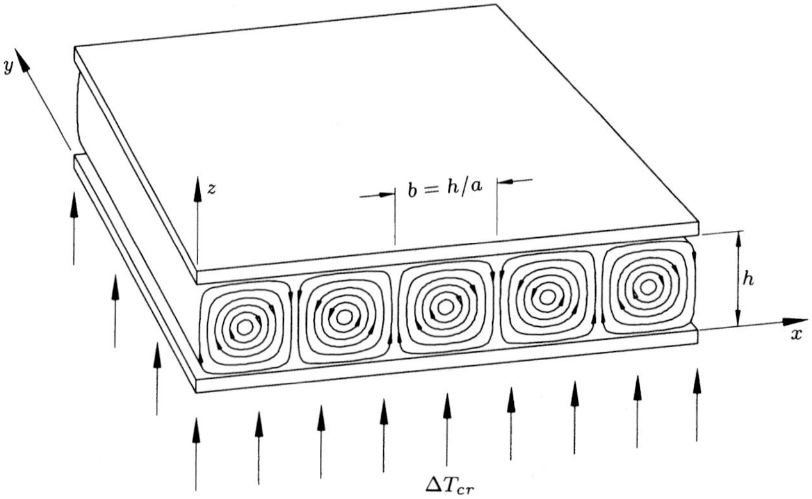

Abb. 7.0.2 Einsetzen rollenförmiger Konvektionszellen bei ΔT_{cr}

System in einem derartigen Zustand, daß einwirkende Störungen über kurz oder lang aussterben, so bezeichnet man diesen Zustand als *asymptotisch stabil.*

Wir wollen diesem System nun von außen Energie zuführen, indem wir den Flüssigkeitsboden gleichmäßig erwärmen. Halten wir die Temperaturzufuhr konstant, so wird durch die Wärmeleitung der Flüssigkeit die obere Platte ebenfalls erwärmt. Aufgrund der Wärmeabgabe an die Umgebung verbleibt aber die Temperatur der oberen Platte geringer als die der unteren. Es stellt sich eine Temperaturdifferenz zwischen Ober- und Unterseite ein, die konstant und überall gleich ist. Im Gegensatz zum eingangs erwähnten Gleichgewichtszustand sind die Temperatur, der Druck und die Dichte nicht mehr homogen verteilt, sondern sie variieren in erster Näherung linear zwischen oben und unten, zwischen kalt und warm. Auch dieser neue Zustand ist trotz äußerer Wärmezufuhr für kleine Temperaturdifferenzen ΔT stabil, die Flüssigkeitsschicht bleibt makroskopisch in Ruhe, und das Systemverhalten kann als ähnlich einfach bezeichnet werden wie das des Gleichgewichtszustandes. Steigert man die Wärmezufuhr, und damit die Temperaturdifferenz ΔT zwischen den beiden Platten, so geschieht etwas Überraschendes. Ab einem bestimmten Wert ΔT beginnt die Flüssigkeit spontan makroskopisch zu strömen und sich in regelmäßigen kleinen Zellen zu strukturieren. Der Zustand der Bénard-Konvektion ist jetzt erreicht. Die Strömung der Flüssigkeit ist zunächst vollkommen regelmäßig und laminar (Abb. 7.0.2).

Um dieses Phänomen in groben Zügen qualitativ zu erklären, vereinfachen wir das Problem folgendermaßen:

1) Die Flüssigkeit sei inkompressibel.

2) Aufgrund der Temperaturerhöhung nimmt die Dichte ab, weil sich die Flüssigkeit ausdehnt.

3) Die einzige äußere Kraft, die auf die Flüssigkeit wirkt, sei die Schwerkraft.

Erzwingen wir nun eine Temperaturdifferenz zwischen oben und unten, so entsteht aufgrund der thermischen Ausdehnung der Flüssigkeitsschicht ein Dichtegradient, wobei die Flüssigkeitselemente in der wärmeren unteren Zone eine geringere Dichte aufweisen als die im kälteren oberen Bereich. Dadurch, daß sich im Gravitationsfeld wärmere Flüssigkeitsteilchen mit geringerer spezifischer Dichte unterhalb schwerer Flüssigkeitsschichten befinden, bewirkt das Temperaturgefälle eine instabile Dichteverteilung. Fragen wir nach den Kräften, die die Flüssigkeitsbewegung in Gang halten, so ist es vorteilhaft, ein kugelförmiges Flüssigkeitselement herauszugreifen und an diesem die beschleunigenden und bremsenden Einflußgrößen zu untersuchen.

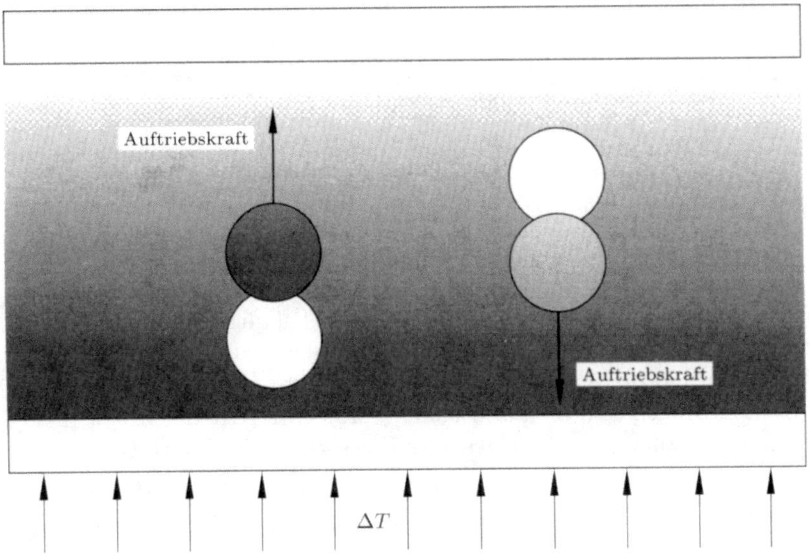

Abb. 7.0.3 Auftriebskraft aufgrund des Temperaturgefälles $\Delta T = T_{unten} - T_{oben}$ (nach Velarde und Normand,1980)

Betrachten wir zuerst ein Flüssigkeitströpfchen in Bodennähe der Schicht. Hier herrscht eine erhöhte Temperatur und demzufolge eine geringere Dichte gegenüber der darüberliegenden Schicht. Solange das Flüssigkeitsteilchen am gleichen Ort bleibt, herrscht Ruhe, da alle am Flüssigkeitsvolumen angreifenden Kräfte im Gleichgewicht sind. Im Gegensatz dazu kann dieses Flüssigkeitsteilchen aber auch zufällig (durch innere Molekularbewegungen) eine kleine Verschiebung nach oben erfahren. Nun befindet sich das Teilchen in einer kälteren, und damit dichteren, Flüssigkeitsumgebung, was eine nach oben gerichtete Auftriebskraft zur Folge hat. Die Auftriebskraft wirkt in Richtung Anfangsbewegung und verstärkt diese noch. Aus einer zufälligen Aufwärtsbewegung, die durch den Dichtegradienten verstärkt wird, setzt ein Strömen nach oben ein. Wird umgekehrt ein Flüssigkeitsteilchen,

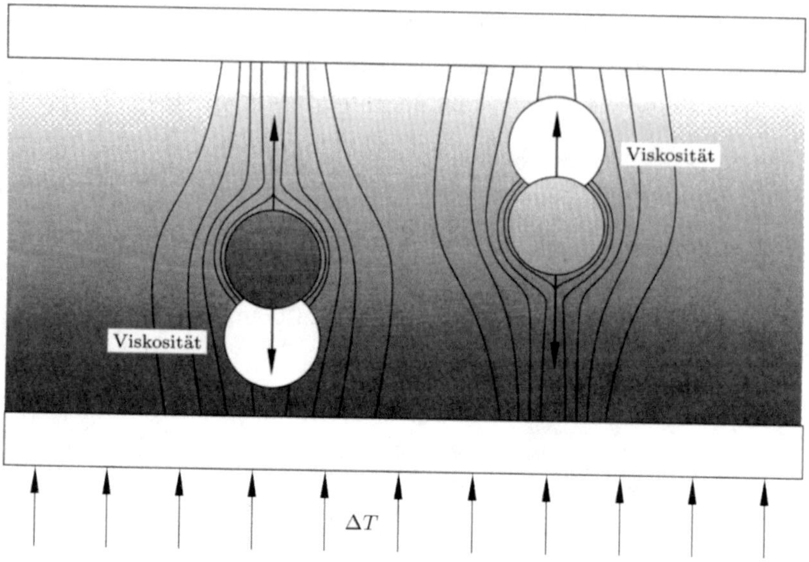

Abb. 7.0.4 Widerstandskraft infolge Viskosität bzw. innerer Reibung (nach Velarde und Normand,1980)

das sich in der Nähe der oberen Platte aufhält, zufällig nach unten gedrängt, so erzeugt die Umgebung niedrigerer Dichte in diesem Fall eine Auftriebskraft nach unten, die diesmal die Abwärtsbewegung verstärkt (Abb. 7.0.3). Diese Auf- und Abwärtsbewegungen sind die auslösenden „Momente“ der freien bzw. natürlichen Konvektion, die zum Schluß die gesamte Flüssigkeitsschicht erfaßt.

Die auf- und absteigenden Strömungen, wie sie sich im Experiment ausbilden und als Konvektionszellen strukturieren, können im Prinzip durch die Auftriebskraft, die sich aufgrund des Dichtegradienten einstellt, erklärt werden, nicht aber die Tatsache, daß die makroskopische Strömung erst ab einem gewissen Schwellwert von ΔT in Gang kommt. Es müssen der destabilisierenden Wirkung der Auftriebskraft, die schon bei kleinstem ΔT ausgelöst wird, stabilisierende Kräfte entgegenwirken, die ein sofortiges Einsetzen der makroskopischen Bewegung verzögern. Neben dem Dichtegefälle bestehen tatsächlich mindestens zwei weitere Faktoren, die die Bewegung des Flüssigkeitsteilchen beeinflussen: da ist einmal die Zähigkeit oder Viskosität der Flüssigkeit, die eine Bewegung bremst (Abb. 7.0.4), zum anderen der Wärmetransport infolge von Wärmeleitung bzw. von Wärmediffusion, der einen Temperaturausgleich zwischen Flüssigkeitsparzelle und z. B. kühlerer Umgebung bewirkt (Abb. 7.0.5).

Ist nun die Konvektionsströmung, ausgelöst durch die Auftriebskraft und vermindert um den Reibungswiderstand, langsamer als der Wärmeaustausch infolge Diffusion, so kommt die Konvektion zum Stillstand. Die der Flüssigkeit von unten zugeführte Wärme wird dann allein durch Wärmediffusion abgeführt. Damit

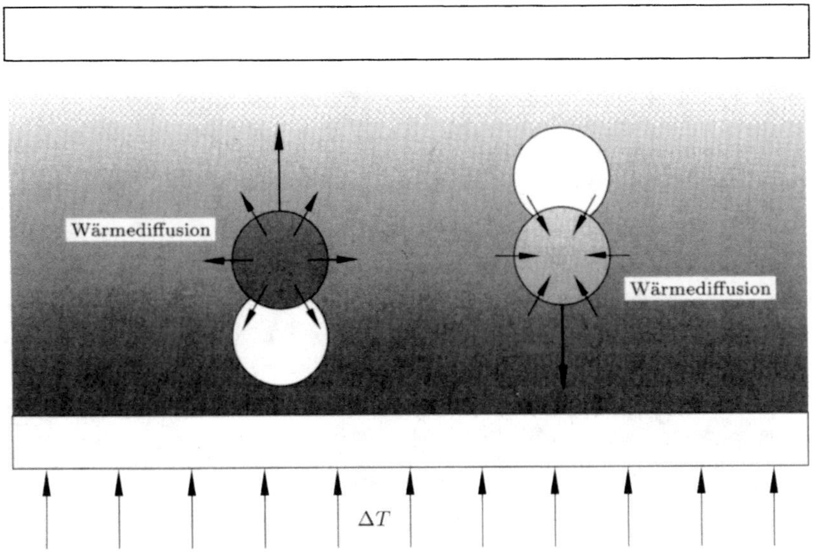

Abb. 7.0.5 Temperaturausgleich infolge Wärmediffusion (nach Velarde und Normand, 1980)

erklärt sich die Existenz eines kritischen Schwellwertes ΔT_{cr}, wie wir ihn vom Experiment her kennen. Temperaturen knapp über der kritischen Temperatur ΔT_{cr} zeigen die schon mehrfach erwähnte Strukturierung der Flüssigkeit in Bewegungsmuster. Überwiegt der Auftrieb, so steigt die Flüssigkeit an einer beliebigen Stelle nach oben, streicht entlang der oberen Platte, kühlt dabei ab, sinkt nun nach unten, bewegt sich entlang der unteren Platte in Richtung Ausgangszustand, erwärmt sich dabei, um anschließend wieder nach oben zu steigen. Die Flüssigkeitszellen, die sich dabei selbstorganisatorisch und spontan strukturieren, rotieren, wie in Abb. 7.0.2 dargestellt, abwechselnd links- und rechtsherum.

Zusammenfassend kann festgestellt werden, daß die wichtigsten an der Bénard-Konvektion beteiligten physikalischen Prozesse die Ausdehnung der Flüssigkeit bei Erwärmung, die Reibungsprozesse innerhalb der Flüssigkeit und der Wärmeaustausch zwischen verschiedenen Flüssigkeitselementen sind.

Das Verblüffende an diesen Bénard-Zellen ist, daß sie sich mit einer charakteristischen Länge im Millimeterbereich (10^{-1}cm) ausbilden, während die mittlere Reichweite der intermolekularen Kräfte in Ångström (10^{-8}cm) angebbar ist. Vergegenwärtigt man sich, daß die ungeheuere Anzahl von 10^{21} Molekülen in einer Bénard-Zelle im Zusammenspiel thermischer Bewegungen kohärentes Verhalten entwickelt, so wird deutlich, daß sich eine derartige Komplexität lange Zeit einer klassischen physikalischen Beschreibung entzog. Das Bénard-Experiment konfrontiert uns mit Gegebenheiten, die in der Physik bisher eine Domäne der Quantenmechanik waren, nämlich der Dualität von Zufall und Determinismus. Daß sich immer völlig reproduzierbar zum gleichen Schwellwert ΔT_{cr} Konvektionsmuster bilden, ist reiner Determinismus. Ob aber eine beliebig herausgegriffene Zelle

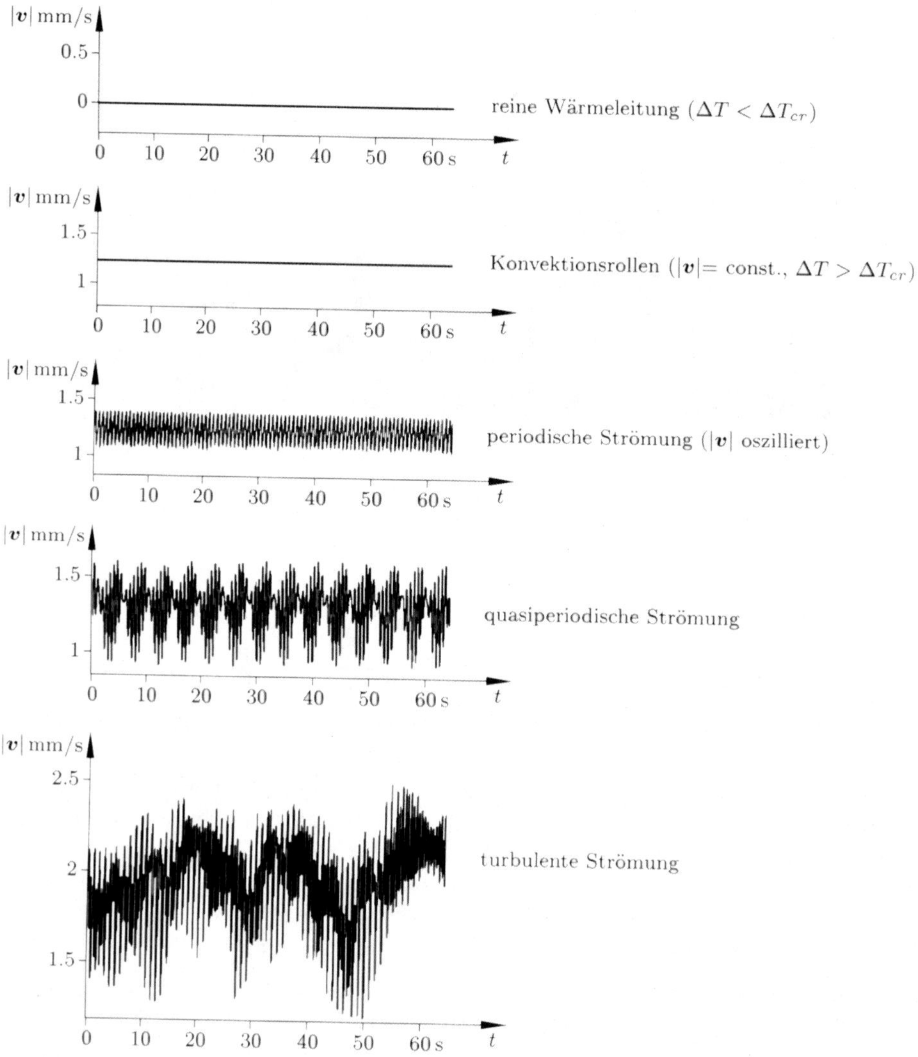

Abb. 7.0.6 Fünf unterschiedliche Strömungszustände des Bénard-Experiments bei steigender Temperaturdifferenz ΔT (nach Graham, 1982)

rechts- oder linksherum rotiert, ist nicht vorhersagbar und bleibt ausschließlich dem Zufall bzw. mikroskopischen Anfangsstörungen überlassen (Symmetriebrechung). Ein schönes Beispiel dafür, daß nicht nur auf atomarer Ebene, sondern in der durchaus den Sinnen zugänglichen makroskopischen Welt, das Zusammenspiel von Zufall und Determinismus wirkt.

Natürlich fragt man sich, welche Phänomene bei weiterem Steigern der äußeren Temperatur einsetzen. Trotz Ausbildung der Bénard-Zellen verbleibt anfänglich das Strömungsverhalten zeitlich konstant. Übersteigt aber die Temperaturdifferenz einen zweiten kritischen Wert, so beginnt die Strömung periodisch zu pulsieren. Anschließend überlagert sich der ersten eine zweite periodische Teilströmung. Das Strömungsverhalten ist zwar komplexer, aber dennoch regulär bzw. laminar und damit bis auf die Symmetriebrechung vorhersagbar. Bei weiterem Erhöhen der Temperaturdifferenz, jenseits eines erneuten kritischen Schwellwertes, wird die Zellstruktur konturlos, der Zeitverlauf der Strömungsgeschwindigkeit zeigt keine erkennbare Periodizität, die Strömung ist turbulent, und damit räumlich und zeitlich chaotisch (Abb. 7.0.6).

Nach diesen einleitenden qualitativen Beschreibungen des Bénardschen Konvektionsproblems wollen wir die Gleichungen aufstellen, die für eine mathematische Beschreibung des Modells notwendig sind.

7.1 Hydrodynamische Grundgleichungen

In diesem Abschnitt wollen wir die Grundgleichungen für ein Ein-Komponenten-Fluid herleiten. Diese Grundgleichungen beschreiben die Dynamik flüssiger und gasförmiger Systeme phänomenologisch. Für die charakteristischen Eigenschaften auf makroskopischer Ebene ist die diskrete Struktur der Moleküle ohne Belang. Demgemäß ist die Flüssigkeit oder das Gas ein Kontinuum, und die kontinuierliche Massenverteilung in Raum und Zeit kann durch das Dichtefeld $\varrho(\boldsymbol{x}, t)$ beschrieben werden. Im Sinne der Thermodynamik wird der Zustand durch den Druck $p(\boldsymbol{x}, t)$ und die Temperatur $T(\boldsymbol{x}, t)$ festgelegt. Den Bewegungszustand des Mediums am Ort $\boldsymbol{x}$ und zum Zeitpunkt t beschreibt die Geschwindigkeitsverteilung $\boldsymbol{v}(\boldsymbol{x}, t)$. Das Strömungsverhalten kann nun aus den folgenden drei Erhaltungssätzen abgeleitet werden: der Erhaltung der Masse, dem Impuls- und dem Energieerhaltungssatz (Chandrasekhar, 1961; Landau und Lifschitz, 1991).

i. Erhaltung der Masse

Die Größe der Massenänderung in einem raumfesten gegebenen Volumen $V(\boldsymbol{x})$ wird durch die Änderung des Dichtefeldes $\varrho(\boldsymbol{x}, t)$ (Masse pro Volumeneinheit) ausgedrückt

$$\frac{\mathrm{d}}{\mathrm{d}t} \int_V \varrho \mathrm{d}V = \int_V \frac{\partial \varrho}{\partial t} \mathrm{d}V \tag{7.1.1}$$

Diese Größe kann mit der Zeit nur dann zunehmen, wenn über die Oberfläche Ω des Kontrollvolumens mehr Flüssigkeit ein- als ausströmt. Damit gilt folgende integrale Form der Massenbilanz

$$\int_V \frac{\partial \varrho}{\partial t} \mathrm{d}V = - \int_\Omega \varrho \boldsymbol{v} \cdot \mathrm{d}\boldsymbol{\Omega} \tag{7.1.2}$$

Hierbei ist $\mathrm{d}\boldsymbol{\Omega}$ ein Vektor der Länge $\mathrm{d}\Omega$ normal zur Oberfläche Ω. Per Definition ist die Richtung von innen nach außen positiv. Ferner ist $\boldsymbol{v}(\boldsymbol{x}, t)$ das Geschwindigkeitsfeld des durchströmten Kontrollvolumens. Nach dem Gaußschen Integralsatz läßt sich das Oberflächenintegral von Gl. (7.1.2) in ein Volumenintegral umformen, und wir erhalten

$$\int_V \left[\frac{\partial \varrho}{\partial t} + \operatorname{div}(\varrho \boldsymbol{v})\right] \mathrm{d}V = 0 \tag{7.1.3}$$

Da das Integrationsvolumen völlig beliebig ist, kann das Integral nur dann Null werden, wenn der Integrand verschwindet. Gleichung (7.1.3) führt somit auf die differentielle Form der Massenbilanz bzw. der Erhaltung der Masse, auf die sogenannte *Kontinuitätsgleichung*

$$\frac{\partial \varrho}{\partial t} + \operatorname{div}(\varrho \boldsymbol{v}) = 0 \tag{7.1.4}$$

Gleichung (7.1.4) drückt die Tatsache aus, daß die Masse erhalten bleibt, d. h. daß sich die Masse in einem Volumenelement nur ändern kann, wenn Materie in das Volumenelement hinein- oder aus ihm herausfließt. Durch Aufspalten von $\operatorname{div}(\varrho \boldsymbol{v})$ kann Gl. (7.1.4) in die folgende Form gebracht werden

$$\frac{\partial \varrho}{\partial t} + \varrho \operatorname{div} \boldsymbol{v} + \boldsymbol{v} \operatorname{grad} \varrho = 0$$

Für weitere Ausführungen ist eine Umformung in kartesische Schreibweise recht hilfreich

$$\frac{\partial \varrho}{\partial t} + v_1 \frac{\partial \varrho}{\partial x_1} + v_2 \frac{\partial \varrho}{\partial x_2} + v_3 \frac{\partial \varrho}{\partial x_3} = -\varrho \left(\frac{\partial v_1}{\partial x_1} + \frac{\partial v_2}{\partial x_2} + \frac{\partial v_3}{\partial x_3}\right) \tag{7.1.5}$$

Im Falle inkompressibler oder dichtebeständiger Strömungen vereinfacht sich Gl. (7.1.5) wegen $\varrho = \text{const}$ zu

$$\operatorname{div} \boldsymbol{v} = 0 \tag{7.1.6}$$

In unserer bisherigen Herleitung der zeitlichen Änderung der Feldgröße $\varrho(\boldsymbol{x}, t)$ gingen wir von einem ortsfesten Beobachter aus, der offenbar die *lokale* Zeitableitung $\frac{\partial \varrho(\boldsymbol{x},t)}{\partial t}$ registriert. Eine dazu alternative zeitliche Ableitung ist die totale, die ein von einem individuellen Strömungsteilchen mitbewegter Beobachter feststellt. In diesem zweiten Fall spricht man von einer *substantiellen* zeitlichen Ableitung, die wir mit dem Symbol $\frac{\mathrm{d}\varrho(\boldsymbol{x},t)}{\mathrm{d}t}$ bezeichnen. Der Zusammenhang zwischen beiden Zeitableitungen ergibt sich wie folgt: da für jede beliebige, an ein bewegtes Massenelement angeheftete skalare Feldgröße $a(\boldsymbol{x}, t)$ die Ortskoordinaten explizite Funktionen der Zeit darstellen, gilt nach der Kettenregel

$$\frac{\mathrm{d}a}{\mathrm{d}t} = \frac{\partial a}{\partial x_1}\frac{\mathrm{d}x_1}{\mathrm{d}t} + \frac{\partial a}{\partial x_2}\frac{\mathrm{d}x_2}{\mathrm{d}t} + \frac{\partial a}{\partial x_3}\frac{\mathrm{d}x_3}{\mathrm{d}t} + \frac{\partial a}{\partial t} \equiv \frac{\partial a}{\partial t} + \boldsymbol{v}^{\mathrm{t}} \operatorname{grad} a \tag{7.1.7}$$

Die substantielle zeitliche Ableitung der skalaren Feldgröße a setzt sich daher aus zwei Anteilen zusammen, einmal aus der lokalen zeitlichen Änderung $\frac{\partial a}{\partial t}$, die die Feldgröße am Ort $\boldsymbol{x}$ erfährt, und zum zweiten aus einem konvektiven Anteil $\boldsymbol{v}\,\mathrm{grad}\,a$, der dadurch zustande kommt, daß das mit der Geschwindigkeit $\boldsymbol{v}$ bewegte Massenelement den Feldgradienten von a durchläuft.

Eine interessante Beziehung ergibt sich, wenn man für eine beliebige lokale Feldgröße $a(\boldsymbol{x}, t)$ (sie kann ein Skalar oder eine Komponente eines Vektors oder Tensors sein) die Bilanzgleichung der Form der Gln. (7.1.4) und (7.1.7) berücksichtigt

$$\varrho \frac{\mathrm{d}a}{\mathrm{d}t} = \frac{\partial(a\varrho)}{\partial t} + \mathrm{div}(a\varrho\boldsymbol{v}) \tag{7.1.8}$$

ii. Impulserhaltungssatz

Ein fundamentales Prinzip der Newtonschen Mechanik eines Systems von Massenpunkten ist der Impulssatz, der besagt, daß sich der Gesamtimpuls dieses Systems nur unter Einwirkung von äußeren Kräften ändern kann. In Analogie zur Newtonschen Punktmechanik hat nun Cauchy den Impulssatz für ein kompressibles Medium (Flüssigkeiten bzw. Gase) formuliert: Der Impuls eines beliebigen materiellen Flüssigkeits- bzw. Gasvolumens kann nur durch die Summe aller auf dieses Volumen einwirkenden Kräfte eine substantielle Änderung erfahren. Die Kräfte, die auf ein kompressibles Medium einwirken, sind einmal Massen- bzw. Volumenkräfte und zum anderen Oberflächenkräfte. Die Volumenkräfte sind äußere Kräfte, wie z. B. die Gravitationskraft. Sie greifen an jedem Punkt des Volumens an, und sie sind unabhängig vom Bewegungszustand des materiellen Volumens. Im Gegensatz dazu sind die Oberflächenkräfte abhängig vom Bewegungszustand des materiellen Volumens, und sie sind für dessen Verformung verantwortlich. Außerdem sind sie eine Funktion des Ortes, der Zeit und der Orientierung des Oberflächenelementes, und sie haben normale und tangentielle Komponenten zur Oberfläche.

Wir bezeichnen mit $\boldsymbol{F}$ die Volumenkräfte pro Masseneinheit, mit $\varrho\boldsymbol{F}$ die Volumenkraftdichte und mit $\boldsymbol{t}_n(\boldsymbol{x}, t, \boldsymbol{n})$ die Oberflächenkräfte pro Flächeneinheit, die von der Umgebung auf das Volumenelement einwirken. Der Vektor $\boldsymbol{n}$ ist der nach außen gerichtete Normalen-Einheitsvektor. Damit erhält man für die substantielle Änderung des Impulses eines beliebigen materiellen Volumens V, das von der Oberfläche Ω umschlossen wird, nach dem Reynoldsschen Transporttheorem (vgl. Becker und Bürger, 1975; Chorin und Marsden, 1979)

$$\frac{\mathrm{d}}{\mathrm{d}t} \int\limits_V \varrho\boldsymbol{v}\mathrm{d}V = \int\limits_V \varrho \frac{\mathrm{d}\boldsymbol{v}}{\mathrm{d}t}\mathrm{d}V = \int\limits_V \varrho\boldsymbol{F}\mathrm{d}V - \int\limits_\Omega \boldsymbol{t}_n \mathrm{d}\Omega \tag{7.1.9}$$

Berücksichtigt man den Normalen-Einheitsvektor $\boldsymbol{n}$ auf die Oberfläche Ω, so kann die Oberflächenkraft $\boldsymbol{t}_n$ mit Hilfe des symmetrischen Cauchyschen Spannungstensors $\boldsymbol{\sigma}$ ausgedrückt werden

$$\int\limits_\Omega \boldsymbol{t}_n \mathrm{d}\Omega = \int\limits_\Omega \boldsymbol{\sigma}\boldsymbol{n}\mathrm{d}\Omega \tag{7.1.10}$$

Auf jede Komponente des Oberflächenintegrals in Gl. (7.1.10) kann der Gaußsche Integralsatz angewendet werden, und man erhält damit die substantielle Änderung des Impulses, Gl. (7.1.9), wieder in Vektorschreibweise

$$\int_V [\varrho \frac{\mathrm{d}\boldsymbol{v}}{\mathrm{d}t} - \varrho \boldsymbol{F} + \operatorname{Div} \boldsymbol{\sigma}] \mathrm{d}V = \boldsymbol{o} \tag{7.1.11}$$

Hierbei bezeichnet $\operatorname{Div} \boldsymbol{\sigma}$ den Vektor, dessen i-te Komponente mit der Divergenz der i-ten Spalte des Tensors $\boldsymbol{\sigma}$ übereinstimmt

$$(\operatorname{Div} \boldsymbol{\sigma})_\mathrm{i} = \frac{\partial \sigma_\mathrm{ji}}{\partial x_\mathrm{j}} = \frac{\partial \sigma_\mathrm{1i}}{\partial x_1} + \frac{\partial \sigma_\mathrm{2i}}{\partial x_2} + \frac{\partial \sigma_\mathrm{3i}}{\partial x_3}$$

(beachte die Einsteinsche Summenkonvention). Das Volumen V ist wieder beliebig, somit kann das Volumenintegral in Gl. (7.1.11) nur dann verschwinden, wenn der Integrand Null ist. Daraus folgt unmittelbar die substantielle Änderung des Impulses pro Volumeneinheit in differentieller Form für ein zähes Medium

$$\varrho \frac{\mathrm{d}\boldsymbol{v}}{\mathrm{d}t} = \varrho \boldsymbol{F} - \operatorname{Div} \boldsymbol{\sigma} \tag{7.1.12}$$

Als nächstes wollen wir die Oberflächenkräfte genauer spezifizieren. Ist das Medium in Ruhe, so treten ausschließlich Normalspannungen auf, die als Druck im thermodynamischen Sinne über die Zustandsgleichung $p = p(\varrho, T)$ ausdrückbar sind. Der Spannungstensor $\boldsymbol{\sigma}$ hat dann die Form

$$\boldsymbol{\sigma} = p\boldsymbol{I} \tag{7.1.13}$$

wobei $\boldsymbol{I}$ den Einheitstensor darstellt.

Infolge der molekularen Kräfte hat jedes reale Medium (Flüssigkeit, Gas) eine gewisse Viskosität bzw. Zähigkeit. Ist die Flüssigkeit in Ruhe, so ist die Auswirkung der molekularen Kräfte auf den Spannungstensor $\boldsymbol{\sigma}$ gleich Null. Die Situation ändert sich grundlegend, wenn sich die viskose Flüssigkeit bewegt und Relativbewegungen der Flüssigkeitspartikel zueinander auftreten. Die dann auftretenden Reibungskräfte werden im Spannungstensor $\boldsymbol{\sigma}$ berücksichtigt, indem man diesen in die folgenden additiven Anteile zerlegt

$$\boldsymbol{\sigma} = p\boldsymbol{I} - \boldsymbol{\sigma}' \tag{7.1.14}$$

Man nennt $\boldsymbol{\sigma}'$ den Tensor der Reibungsspannungen oder kurz den Reibungstensor. Die innere Reibung aufgrund der Molekularkräfte kommt über $\boldsymbol{\sigma}'$ im Spannungstensor zur Wirkung. Das Minuszeichen verdeutlicht die dem Druck entgegengesetzte Wirkungsrichtung. Setzt man Gl. (7.1.14) in Gl. (7.1.12) ein, so erhält die Bewegungsgleichung für ein zähes Medium die folgende Form

$$\varrho \frac{\mathrm{d}\boldsymbol{v}}{\mathrm{d}t} = \varrho \boldsymbol{F} - \operatorname{grad} p + \operatorname{Div} \boldsymbol{\sigma}' \tag{7.1.15}$$

Die Kraft pro Volumeneinheit von Gl. (7.1.15) setzt sich zusammen aus $\varrho \boldsymbol{F}$, der äußeren Kraft pro Volumeneinheit, $-\operatorname{grad} p$, dem Druckgradienten pro Volumeneinheit, und $\operatorname{Div} \boldsymbol{\sigma}'$, der molekularen Reibungskraft pro Volumeneinheit. Der Reibungstensor $\boldsymbol{\sigma}'$, der nur existiert, wenn das Medium strömt, kann in den Geschwindigkeiten angesetzt werden. Unter Verwendung des Tensors $\boldsymbol{\varepsilon}$ der Verzerrungsgeschwindigkeiten

$$\boldsymbol{\varepsilon} = [\varepsilon_{\mathrm{ij}}] \qquad \text{mit} \quad \varepsilon_{\mathrm{ij}} = \frac{1}{2}\left(\frac{\partial v_{\mathrm{i}}}{\partial x_{\mathrm{j}}} + \frac{\partial v_{\mathrm{j}}}{\partial x_{\mathrm{i}}}\right) \tag{7.1.16}$$

benutzen wir dafür das Navier-Stokes-Modell (vgl. Landau und Lifschitz, 1991)

$$\sigma'_{\mathrm{ij}} = 2\eta\left(\varepsilon_{\mathrm{ij}} - \frac{1}{3}\delta_{\mathrm{ij}}\frac{\partial v_{\mathrm{k}}}{\partial x_{\mathrm{k}}}\right) + \eta_V \delta_{\mathrm{ij}}\frac{\partial v_{\mathrm{k}}}{\partial x_{\mathrm{k}}} \tag{7.1.17a}$$

bzw.

$$\boldsymbol{\sigma}' = 2\eta\left[\boldsymbol{\varepsilon} - \frac{1}{3}(\operatorname{div} \boldsymbol{v})\boldsymbol{I}\right] + \eta_V (\operatorname{div} \boldsymbol{v})\boldsymbol{I} \tag{7.1.17b}$$

wobei der Koeffizient η als Scherviskosität oder auch als dynamische Viskosität und η_V als Volumenviskosität bezeichnet werden.

Wenn wir die Beziehung Gl. (7.1.8) auf die zeitliche Ableitung von Gl. (7.1.15) anwenden und außerdem für den Reibungsterm $\boldsymbol{\sigma}'$ Gl. (7.1.17b) berücksichtigen, dann erhalten wir die Navier-Stokes-Gleichungen für viskose Strömungen in den lokalen zeitlichen Ableitungen

$$\frac{\partial(\varrho \boldsymbol{v})}{\partial t} + \operatorname{Div}(\varrho \boldsymbol{v}\boldsymbol{v}^{\mathrm{t}}) = \varrho \boldsymbol{F} - \operatorname{grad} p + \operatorname{Div} \boldsymbol{\sigma}' \tag{7.1.18}$$

wobei die i-te Komponente des Vektors $\operatorname{Div} \boldsymbol{\sigma}'$ lautet

$$(\operatorname{Div} \boldsymbol{\sigma}')_{\mathrm{i}} = \frac{\partial}{\partial x_{\mathrm{j}}}\left[2\eta\left(\varepsilon_{\mathrm{ij}} - \frac{1}{3}\delta_{\mathrm{ij}}\frac{\partial v_{\mathrm{k}}}{\partial x_{\mathrm{k}}}\right) + \eta_V \delta_{\mathrm{ij}}\frac{\partial v_{\mathrm{k}}}{\partial x_{\mathrm{k}}}\right]$$

Für den Fall konstanter bzw. geschwindigkeitsunabhängiger Stoffkoeffizienten η und η_V läßt sich Gl. (7.1.18) wie folgt vereinfachen

$$\frac{\partial(\varrho \boldsymbol{v})}{\partial t} + \operatorname{div}(\varrho \boldsymbol{v}\boldsymbol{v}^{\mathrm{t}}) = \varrho \boldsymbol{F} - \nabla p + \eta \nabla^2 \boldsymbol{v} + \left(\eta_V + \frac{\eta}{3}\right)\nabla \operatorname{div} \boldsymbol{v} \tag{7.1.19}$$

wobei der skalare Operator ∇^2, der sogenannte Laplace-Operator, in einem kartesischen Referenzsystem folgende Form hat

$$\nabla^2 = \frac{\partial^2}{\partial {x_1}^2} + \frac{\partial^2}{\partial {x_2}^2} + \frac{\partial^2}{\partial {x_3}^2}$$

Ist die Strömung inkompressibel, dann gilt nach Gl. (7.1.6) $\operatorname{div} \boldsymbol{v} = 0$. Für ein divergenzfreies Fluid vereinfacht sich die Bewegungsgleichung, Gl. (7.1.19), wesentlich. Wir erhalten dann die Navier-Stokes-Gleichungen für inkompressible zähe Strömungen

$$\varrho \frac{\partial \boldsymbol{v}}{\partial t} + \varrho(\boldsymbol{v}^{\mathrm{t}} \nabla)\boldsymbol{v} = \varrho \boldsymbol{F} - \nabla p + \eta \nabla^2 \boldsymbol{v} \tag{7.1.20}$$

Auch der Reibungstensor $\boldsymbol{\sigma}'$, Gl. (7.1.17b), bekommt dann eine einfachere Form

$$\boldsymbol{\sigma}' = 2\eta \boldsymbol{\varepsilon} \tag{7.1.21}$$

Wir sehen, daß sich das Zähigkeitsverhalten inkompressibler Medien allein durch die dynamische Viskosität η beschreiben läßt.

iii. Energieerhaltungssatz

Die Gesamtenergie in einem Teilvolumen V kann sich nach dem Prinzip der Erhaltung der Energie nur dann ändern, wenn durch die Oberfläche Ω des betrachteten Volumens V Energie hinein- oder herausfließt (vgl. De Groot und Mazur, 1969)

$$\frac{\mathrm{d}}{\mathrm{d}t} \int_V (\varrho e) \mathrm{d}V = \int_V \frac{\partial(\varrho e)}{\partial t} \mathrm{d}V = - \int_\Omega \boldsymbol{J}^e \cdot \mathrm{d}\boldsymbol{\Omega} \tag{7.1.22}$$

Mit e bezeichnen wir die Energie pro Masseneinheit und mit $\boldsymbol{J}^e$ den Energiefluß pro Oberflächen- und Zeiteinheit. Die Richtung des Vektors $\boldsymbol{J}^e$ stimmt mit der Richtung des am Ort $\boldsymbol{x}$ zur Zeit t herrschenden Energiestroms überein. Der Betrag $|\boldsymbol{J}^e|$ ist gleich der Energiemenge, die pro Zeiteinheit durch die senkrecht zur Energieströmung stehende Flächeneinheit transportiert wird. Zum Austausch zwischen dem Teilvolumen und der Umgebung trägt nur die Komponente normal zur Oberfläche Ω bei. Nach dem Gaußschen Integralsatz kann das Oberflächenintegral von Gl. (7.1.22) in ein Volumenintegral umgeformt werden, und wir erhalten den Energieerhaltungssatz in differentieller und lokaler Form

$$\frac{\partial(\varrho e)}{\partial t} = - \operatorname{div} \boldsymbol{J}^e \tag{7.1.23}$$

Die spezifische Gesamtenergie e kann zerlegt werden in die Anteile: kinetische Energie e_{kin}, potentielle Energie e_{pot} und innere Energie u

$$e = e_{kin} + e_{pot} + u \tag{7.1.24}$$

Zum Fluß der Gesamtenergie $\boldsymbol{J}^e$ tragen drei Anteile bei: die durch Konvektion wegtransportierten Energiebeiträge $\varrho e \boldsymbol{v}$, der durch den Spannungstensor $\boldsymbol{\sigma}$ an der Oberfläche erzeugte Arbeitsfluß $\boldsymbol{\sigma v}$ und der Wärmefluß $\boldsymbol{J}^q$

$$\boldsymbol{J}^e = \varrho e \boldsymbol{v} + \boldsymbol{\sigma v} + \boldsymbol{J}^q \tag{7.1.25}$$

Was wir nun anstreben, ist die substantielle Änderung der inneren Energie, weil deren Bilanzgleichung im Sinne der Gleichgewichtsthermodynamik den ersten Hauptsatz der Thermodynamik darstellt.

Wir beginnen damit, die lokale Änderung der spezifischen potentiellen Energie e_{pot} herzuleiten. Ein Massenelement besitzt potentielle Energie, wenn es einem konservativen, nur vom Ort abhängigen, äußeren Kraftfeld ausgesetzt ist. Per Definition gilt dann für die äußere Kraft $\boldsymbol{F}$ pro Masseneinheit

$$\boldsymbol{F} = -\operatorname{grad} e_{pot} \tag{7.1.26}$$

Da ein zeitunabhängiges Kraftfeld, d. h. $\frac{\partial \boldsymbol{F}}{\partial t} = 0$, vorausgesetzt ist, gilt

$$\frac{\partial e_{pot}}{\partial t} = 0 \qquad \text{bzw.} \qquad \frac{\partial(\varrho e_{pot})}{\partial t} = e_{pot}\frac{\partial \varrho}{\partial t} \tag{7.1.27}$$

und aufgrund der Kontinuitätsbedingung, Gl. (7.1.4), erhalten wir

$$\frac{\partial(\varrho e_{pot})}{\partial t} = -e_{pot}\operatorname{div}(\varrho \boldsymbol{v}) \tag{7.1.28}$$

Nach den Regeln zur Berechnung der Divergenz und unter Berücksichtigung von Gl. (7.1.26) erhält man die Bilanz der potentiellen Energie in der lokalen zeitlichen Änderung

$$\frac{\partial(\varrho e_{pot})}{\partial t} = -\operatorname{div}(\varrho e_{pot}\boldsymbol{v}) - \varrho \boldsymbol{v}^{\mathrm{t}}\boldsymbol{F} \tag{7.1.29}$$

Als nächstes wollen wir nun die Bilanzgleichung für die kinetische Energie ableiten. Für die substantielle zeitliche Änderung der spezifischen kinetischen Energie $e_{kin} = \frac{1}{2}\boldsymbol{v}^2$ erhält man mit Gl. (7.1.12)

$$\varrho\frac{\mathrm{d}(\frac{1}{2}\boldsymbol{v}^2)}{\mathrm{d}t} = \varrho \boldsymbol{v}^{\mathrm{t}}\frac{\mathrm{d}\boldsymbol{v}}{\mathrm{d}t} = \varrho \boldsymbol{v}^{\mathrm{t}}\boldsymbol{F} - \boldsymbol{v}^{\mathrm{t}}\operatorname{Div}\boldsymbol{\sigma} \tag{7.1.30}$$

Wendet man die Regel zur Berechnung der Divergenz auf Tensoren an, so gilt

$$\operatorname{div}(\boldsymbol{\sigma}\boldsymbol{v}) = \boldsymbol{v}^{\mathrm{t}}\operatorname{Div}\boldsymbol{\sigma} + \boldsymbol{\sigma} : \operatorname{Grad}\boldsymbol{v} \tag{7.1.31}$$

Der Ausdruck $\operatorname{Grad}\boldsymbol{v}$ bezeichnet hierbei einen Tensor, dessen i-te Spalte aus dem Gradienten der i-ten Komponente von $\boldsymbol{v}$ gebildet wird

$$(\operatorname{Grad}\boldsymbol{v})_{\mathrm{ij}} = \frac{\partial v_{\mathrm{i}}}{\partial x_{\mathrm{j}}}$$

und der skalare Term $\boldsymbol{\sigma} : \operatorname{Grad}\boldsymbol{v}$ hat folgende Form

$$\boldsymbol{\sigma} : \operatorname{Grad}\boldsymbol{v} = \sigma_{\mathrm{ij}}\frac{\partial v_{\mathrm{i}}}{\partial x_{\mathrm{j}}}$$

Wieder gilt die Einsteinsche Summation, aber diesmal über i und j. Berücksichtigt man Gl. (7.1.31) in Gl. (7.1.30), so ergibt sich

$$\varrho \frac{\mathrm{d}e_{kin}}{\mathrm{d}t} = \varrho \boldsymbol{v}^{\mathrm{t}} \boldsymbol{F} - \operatorname{div}(\boldsymbol{\sigma v}) + \boldsymbol{\sigma} : \operatorname{Grad} \boldsymbol{v} \tag{7.1.32}$$

Nach Gl. (7.1.8) kann die substantielle Änderung der kinetischen Energie in die lokale Form gebracht werden

$$\frac{\partial(\varrho e_{kin})}{\partial t} = -\operatorname{div}(\varrho e_{kin} \boldsymbol{v} + \boldsymbol{\sigma v}) + \boldsymbol{\sigma} : \operatorname{Grad} \boldsymbol{v} + \varrho \boldsymbol{v}^{\mathrm{t}} \boldsymbol{F} \tag{7.1.33}$$

Wir bilden nun die Summe aus potentieller, Gl. (7.1.29), und kinetischer Energie, Gl. (7.1.33),

$$\frac{\partial}{\partial t} \varrho(e_{kin} + e_{pot}) = -\operatorname{div}\left\{\varrho(e_{kin} + e_{pot})\boldsymbol{v} + \boldsymbol{\sigma v}\right\} + \boldsymbol{\sigma} : \operatorname{Grad} \boldsymbol{v} \tag{7.1.34}$$

Unser Ziel ist, die Bilanzgleichung für die innere Energie u, Gl. (7.1.24), herzuleiten. Zu diesem Zweck subtrahieren wir Gl. (7.1.34) von Gl. (7.1.23) und erhalten unter Berücksichtigung der Gl. (7.1.25) die Bilanz der inneren Energie u in lokaler Form

$$\frac{\partial(\varrho u)}{\partial t} = -\operatorname{div}(\varrho u \boldsymbol{v} + \boldsymbol{J}^q) - \boldsymbol{\sigma} : \operatorname{Grad} \boldsymbol{v} \tag{7.1.35}$$

Die Beziehung Gl. (7.1.8), angewandt auf Gl. (7.1.35), führt zur substantiellen Bilanz der inneren Energie u

$$\varrho \frac{\mathrm{d}u}{\mathrm{d}t} = -\operatorname{div} \boldsymbol{J}^q - \boldsymbol{\sigma} : \operatorname{Grad} \boldsymbol{v} \tag{7.1.36}$$

Mit der Definitionsgleichung für dq, der pro Masseneinheit zugeführten Wärme,

$$\varrho \frac{\mathrm{d}q}{\mathrm{d}t} = -\operatorname{div} \boldsymbol{J}^q \tag{7.1.37}$$

erhalten wir für Gl. (7.1.36)

$$\varrho \frac{\mathrm{d}u}{\mathrm{d}t} = \varrho \frac{\mathrm{d}q}{\mathrm{d}t} - \boldsymbol{\sigma} : \operatorname{Grad} \boldsymbol{v} \tag{7.1.38}$$

Für die weitere Behandlung von Gl. (7.1.38) berücksichtigen wir die Aufspaltung des Spannungstensors $\boldsymbol{\sigma}$ in Gl. (7.1.14). Der ($\boldsymbol{\sigma} : \operatorname{Grad} \boldsymbol{v}$)-Term läßt sich folgendermaßen umrechnen

$$\boldsymbol{\sigma} : \operatorname{Grad} \boldsymbol{v} = (p\boldsymbol{I} - \boldsymbol{\sigma}') : \operatorname{Grad} \boldsymbol{v} = p \operatorname{div} \boldsymbol{v} - \boldsymbol{\sigma}' : \operatorname{Grad} \boldsymbol{v} \tag{7.1.39}$$

Gleichung (7.1.39) in Gl. (7.1.38) berücksichtigt, ergibt

$$\varrho \frac{\mathrm{d}u}{\mathrm{d}t} = \varrho \frac{\mathrm{d}q}{\mathrm{d}t} - p \operatorname{div} \boldsymbol{v} + \boldsymbol{\sigma}' : \operatorname{Grad} \boldsymbol{v} \tag{7.1.40}$$

Führen wir das spezifische Volumen $v = \varrho^{-1}$ ein, so gilt nach Gl. (7.1.8) für $a = v$ und wegen $\varrho v = 1$ die Beziehung

$$\varrho \frac{\mathrm{d}v}{\mathrm{d}t} = \operatorname{div} \boldsymbol{v} \qquad \text{bzw.} \qquad \varrho \frac{\mathrm{d}\varrho^{-1}}{\mathrm{d}t} = \operatorname{div} \boldsymbol{v} \tag{7.1.41}$$

Aufgrund der Gl. (7.1.41) kann Gl. (7.1.40) in eine Form gebracht werden, die dem ersten Hauptsatz der Thermodynamik ($\frac{\mathrm{d}q}{\mathrm{d}t} = \frac{\mathrm{d}u}{\mathrm{d}t} + p\frac{\mathrm{d}\varrho^{-1}}{\mathrm{d}t}$) entspricht

$$\varrho \frac{\mathrm{d}u}{\mathrm{d}t} + p\varrho \frac{\mathrm{d}\varrho^{-1}}{\mathrm{d}t} = \varrho \frac{\mathrm{d}q}{\mathrm{d}t} + \boldsymbol{\sigma}' : \operatorname{Grad} \boldsymbol{v} \tag{7.1.42}$$

Zur weiteren Behandlung von Gl. (7.1.42) berücksichtigen wir das Fouriersche Wärmeleitungsgesetz, das besagt, daß ein Wärmestrom fließt, wenn ein Temperaturgradient vorhanden ist

$$\boldsymbol{J}^q = -\boldsymbol{\Lambda} \nabla T \tag{7.1.43}$$

wobei

$$\boldsymbol{\Lambda} = \begin{bmatrix} \lambda_{11} & \lambda_{12} & \lambda_{13} \\ & \lambda_{22} & \lambda_{23} \\ & & \lambda_{33} \end{bmatrix} \tag{7.1.44}$$

die symmetrische Matrix der Wärmeleitkoeffizienten im anisotropen Fall darstellt. Im isotropen Medium reduziert sich die $\boldsymbol{\Lambda}$-Matrix auf einen Skalar λ

$$\boldsymbol{\Lambda} = \lambda \boldsymbol{I} \qquad \text{bzw.} \qquad \Lambda_{\mathrm{ik}} = \lambda \delta_{\mathrm{ik}} \tag{7.1.45}$$

Der Wärmeleitkoeffizient λ wird auch als Konduktivität bezeichnet. Mit den Gln. (7.1.43) und (7.1.45) kann nun die zugeführte Wärmemenge, Gl. (7.1.37), in der Temperatur ausgedrückt werden

$$\varrho \frac{\mathrm{d}q}{\mathrm{d}t} = \operatorname{div}(\lambda \nabla T) \tag{7.1.46}$$

Der Term $\boldsymbol{\sigma}' : \operatorname{Grad} \boldsymbol{v}$ in Gl. (7.1.42) verkörpert die Energie, die infolge der Viskosität in Wärme umgewandelt wird. Für eine spätere Klassifizierung in inkompressible und quasi-inkompressible Strömungen ist es sinnvoll, diesen Term umzuformen. Für das Navier-Stokes-Modell und konstante Stoffwerte η, η_V, Gl. (7.1.17a), gilt

$$\sigma'_{\mathrm{ij}} \frac{\partial v_{\mathrm{i}}}{\partial x_{\mathrm{j}}} = 2\eta \frac{\partial v_{\mathrm{i}}}{\partial x_{\mathrm{j}}} \left(\varepsilon_{\mathrm{ij}} - \frac{1}{3} \delta_{\mathrm{ij}} \frac{\partial v_{\mathrm{k}}}{\partial x_{\mathrm{k}}} \right) + \eta_V \frac{\partial v_{\mathrm{i}}}{\partial x_{\mathrm{j}}} \delta_{\mathrm{ij}} \frac{\partial v_{\mathrm{k}}}{\partial x_{\mathrm{k}}} \tag{7.1.47}$$

Mit

$$\bar{\boldsymbol{\varepsilon}} = \boldsymbol{\varepsilon} - \frac{1}{3}(\operatorname{div} \boldsymbol{v})\boldsymbol{I}$$

vereinfacht sich Gl. (7.1.47) zu

$$\boldsymbol{\sigma}' : \operatorname{Grad} \boldsymbol{v} = 2\eta\bar{\boldsymbol{\varepsilon}} : \bar{\boldsymbol{\varepsilon}} + \eta_v(\operatorname{div} \boldsymbol{v})^2 \tag{7.1.48}$$

Setzen wir die Gln. (7.1.46) und (7.1.48) in Gl. (7.1.42) ein, so erhalten wir die folgende Wärmetransportgleichung

$$\varrho\frac{\mathrm{d}u}{\mathrm{d}t} + p\varrho\frac{\mathrm{d}\varrho^{-1}}{\mathrm{d}t} = \operatorname{div}(\lambda\nabla T) + 2\eta\bar{\boldsymbol{\varepsilon}} : \bar{\boldsymbol{\varepsilon}} + \eta_v(\operatorname{div} \boldsymbol{v})^2 \tag{7.1.49}$$

Aufgrund des ersten Hauptsatzes der Thermodynamik (vgl. Sommerfeld, 1964; Kubo, 1968; Callen, 1985) gilt

$$\varrho T\mathrm{d}s = \varrho\mathrm{d}u + \varrho p\mathrm{d}\varrho^{-1} \tag{7.1.50}$$

und damit kann die linke Seite der Gl. (7.1.49) in der Entropiedichte s ausgedrückt werden

$$\varrho T\frac{\mathrm{d}s}{\mathrm{d}t} = \varrho\frac{\mathrm{d}u}{\mathrm{d}t} + \varrho p\frac{\mathrm{d}\varrho^{-1}}{\mathrm{d}t} \tag{7.1.51}$$

Für den weiteren Verlauf der Darstellung wollen wir die in der Thermodynamik übliche Wärmekapazität eines Stoffes benutzen. Die Wärmekapazität ist die Wärmemenge, bei deren Aufnahme sich die Temperatur des Körpers um eine Temperatureinheit erhöht. Die Wärmekapazität ist abhängig von der Art der Erwärmung. Findet der Erwärmungsprozeß bei konstantem Druck statt, so mißt man die spezifische Wärmekapazität c_p, hält man das Volumen konstant, so ist die Meßgröße c_v. Für die beiden Wärmekapazitäten c_p und c_v können die folgenden Beziehungen hergestellt werden

$$c_p = T\left(\frac{\partial s}{\partial T}\right)_p \quad , \quad c_v = T\left(\frac{\partial s}{\partial T}\right)_v \tag{7.1.52}$$

Auch die Änderung der Entropiedichte ds ist prozeßabhängig, und man erhält für $p = \text{const}$ bzw. $v = \text{const}$ den folgenden Zusammenhang (vgl. Bošnjaković und Knoche, 1988)

$$\mathrm{d}s = \frac{c_p}{T}\mathrm{d}T - \left(\frac{\partial v}{\partial T}\right)_p \mathrm{d}p \tag{7.1.53}$$

und

$$\mathrm{d}s = \frac{c_v}{T}\mathrm{d}T + \left(\frac{\partial p}{\partial T}\right)_v \mathrm{d}v \tag{7.1.54}$$

Mit den Gln. (7.1.53) und (7.1.54) können wir die linke Seite von Gl. (7.1.49), die Gl. (7.1.51), in eine Form bringen, woraus die Sonderfälle inkompressibel und quasi-inkompressibel direkt ableitbar sind

$$\varrho T \frac{\mathrm{d}s}{\mathrm{d}t} = \varrho c_p \frac{\mathrm{d}T}{\mathrm{d}t} - \varrho \left(\frac{\partial v}{\partial T}\right)_p T \frac{\mathrm{d}p}{\mathrm{d}t} = \varrho c_v \frac{\mathrm{d}T}{\mathrm{d}t} + \varrho \left(\frac{\partial p}{\partial T}\right)_v T \frac{\mathrm{d}v}{\mathrm{d}t} \tag{7.1.55}$$

Die folgenden gebräuchlichen Approximationen der Gl. (7.1.49) lassen sich mit Gl. (7.1.51) aufgrund von Gln. (7.1.55), (7.1.7) sofort anschreiben:

i. Inkompressibel

Im inkompressiblen Fall ist $\frac{\mathrm{d}v}{\mathrm{d}t} = 0$, $c_v = c_p$ und $\operatorname{div} \boldsymbol{v} = 0$, so daß gilt

$$\varrho c_v \frac{\mathrm{d}T}{\mathrm{d}t} = \varrho c_v \left(\frac{\partial T}{\partial t} + \boldsymbol{v}^{\mathrm{t}} \nabla T\right) = \operatorname{div}(\lambda \nabla T) + 2\eta \boldsymbol{\varepsilon} : \boldsymbol{\varepsilon} \tag{7.1.56}$$

ii. Quasi-inkompressibel

Im quasi-inkompressiblen Fall ist per Definition der Druck p konstant, d. h. $\frac{\mathrm{d}p}{\mathrm{d}t} = 0$. Somit gilt

$$\varrho c_p \frac{\mathrm{d}T}{\mathrm{d}t} = \varrho c_p \left(\frac{\partial T}{\partial t} + \boldsymbol{v}^{\mathrm{t}} \nabla T\right) = \operatorname{div}(\lambda \nabla T) + 2\eta \bar{\boldsymbol{\varepsilon}} : \bar{\boldsymbol{\varepsilon}} + \eta_v (\operatorname{div} \boldsymbol{v})^2 \tag{7.1.57}$$

wobei wir

$$\bar{\boldsymbol{\varepsilon}} = \boldsymbol{\varepsilon} - \frac{1}{3}(\operatorname{div} \boldsymbol{v})\boldsymbol{I}$$

eingesetzt haben.

Zusammenfassend stellen wir fest, daß ein gekoppeltes Strömungs- und Temperaturproblem vollständig beschrieben wird durch die Kontinuitätsgleichung, Gl. (7.1.4), die Bewegungsgleichung bzw. die Navier-Stokes-Gleichungen, Gln. (7.1.18) bzw. (7.1.19), und die Energiegleichung, ausgedrückt in der inneren Energie u, Gl. (7.1.49). Diesen fünf Gleichungen stehen die sieben Unbekannten $\boldsymbol{v}, T, \varrho, p, u$ gegenüber. Es ist daher notwendig, diese fünf Gleichungen durch zwei Zustandsgleichungen zu ergänzen, wie z. B. durch

$$\begin{aligned} p &= p(\varrho, T) \\ u &= u(\varrho, T) \end{aligned} \tag{7.1.58}$$

Gleichungen (7.1.4), (7.1.19), (7.1.49) und (7.1.58) beschreiben vollständig das zeitliche Verhalten der unbekannten Größen $\boldsymbol{v}, T, \varrho, p, u$ einer isotropen Strömung für vorgegebene Anfangs- und Randbedingungen.

Für die weiteren Ausführungen wollen wir uns auf ein inkompressibles zähes Medium mit konstanten Stoffwerten beschränken und fassen deshalb die dafür relevanten Gleichungen nochmals zusammen:

i. Kontinuitätsbedingung, Gl. (7.1.6):

$$\operatorname{div} \boldsymbol{v} = 0 \tag{7.1.59}$$

ii. Navier-Stokes-Gleichungen, Gl. (7.1.20):

$$\varrho \left(\frac{\partial \boldsymbol{v}}{\partial t} + (\boldsymbol{v}^{\mathrm{t}} \nabla) \boldsymbol{v} \right) = \varrho \boldsymbol{F} - \nabla p + \eta \nabla^2 \boldsymbol{v} \tag{7.1.60}$$

iii. Wärmetransportgleichung, Gl. (7.1.56):

$$\varrho c_v \left(\frac{\partial T}{\partial t} + \boldsymbol{v}^{\mathrm{t}} \nabla T \right) = \lambda \nabla^2 T + 2\eta \boldsymbol{\varepsilon} : \boldsymbol{\varepsilon} \tag{7.1.61}$$

Wie eingangs zu Kapitel 7 schon erläutert wurde, spricht man von freier Konvektion, wenn ein Fluid im Schwerefeld von selbst, d. h. ohne Hilfe von außen, durch Bewegung die Temperaturunterschiede ausgleicht. Setzt die Konvektion ein, so ist das statische Gleichgewicht gestört. Ist die Temperaturverteilung eine Funktion des Ortsvektors $\boldsymbol{x}$, $T = T(\boldsymbol{x})$, dann kann sich im Medium kein statisches Gleichgewicht einstellen. Aber auch für den Sonderfall $T = T(z)$, vorausgesetzt der Temperaturgradient zeigt in die Richtung der Erdbeschleunigung, ist ab einem kritischen Wert T_{cr} ein statischer Gleichgewichtszustand unmöglich. Die Bénard-Konvektion entspricht genau diesem Sonderfall. Die Basisgleichungen (7.1.59) bis (7.1.61) zur Beschreibung der Bénard-Konvektion lassen sich noch wesentlich vereinfachen. Diese Vereinfachungen wurden zuerst von Oberbeck und Boussinesq um die Jahrhundertwende bearbeitet, und man bezeichnet daher dieses Modell der freien Konvektion als Boussinesq-Oberbeck-Approximation.

7.2 Boussinesq-Oberbeck-Approximation

Es ist offensichtlich, daß in einer Konvektionsströmung eine Auftriebskraft wirkt, die die Bewegung von Gas- bzw. Flüssigkeitsteilchen in Gang setzt bzw. aufrechthält. Die Auftriebskraft ist eine Folge von Dichteunterschieden im Fluid. Das Boussinesq-Oberbeck-Modell, das die Grundgleichungen (7.1.59) bis (7.1.61) zur Beschreibung von Konvektionsbewegungen erheblich reduziert, basiert auf der Tatsache, daß die von kleinen Temperaturunterschieden ausgelösten Dichteänderungen ebenfalls gering sind. Im Boussinesq-Oberbeck-Modell wird deshalb die Dichte überall als konstant angesetzt, außer im Term der volumenspezifischen äußeren Kraft $\varrho \boldsymbol{F}$, da hier die Beschleunigung, die von $(\delta\varrho)\boldsymbol{F}$ herrührt, größer sein kann als alle anderen Terme der Gleichung. Es geht nun nur noch darum, diese Dichteabhängigkeit im äußeren Kraftterm $\varrho \boldsymbol{F}$ zu formulieren. Im Fall inkompressibler Strömungen kann man davon ausgehen, daß sich der Druck im Medium so geringfügig ändert, daß eine Dichteänderung aufgrund der Druckänderung vernachlässigt werden kann. Was dagegen Wirkung zeigt, ist die Dichteänderung infolge inhomogener Temperaturverteilung. In erster Näherung kann man erwarten, daß die Dichteänderung linear von der Temperaturdifferenz abhängt. Wir bezeichnen die Referenztemperatur mit T_0 und den isobaren Volumenausdehnungskoeffizienten mit α

$$\alpha \equiv \frac{1}{v}\left(\frac{\partial v}{\partial T}\right)_p = \varrho\left(\frac{\partial \varrho^{-1}}{\partial T}\right)_p = -\frac{1}{\varrho}\left(\frac{\partial \varrho}{\partial T}\right)_p$$

Damit erhalten wir bei kleinen Temperaturabweichungen $\Delta T = T - T_0$ von der Referenztemperatur T_0 für die Dichte $\varrho(T)$

$$\varrho(T) = \varrho_0[1 - \alpha(T - T_0)] \tag{7.2.1}$$

wobei sich der konstante Dichtewert ϱ_0 und der thermische Volumenausdehnungskoeffizient α auf den Referenzzustand T_0 beziehen. Unter den bereits erwähnten Voraussetzungen, daß die Strömung inkompressibel ist und daß die Stoffdaten η, c_p, λ und α geschwindigkeits- bzw. temperaturunabhängig sind, erhalten wir, ausgehend von den Gln. (7.1.59) bis (7.1.61), mit (7.2.1) das vollständige System von Gleichungen in der Boussinesq-Oberbeck-Approximation zur Beschreibung der Bénard-Konvektion:

i. Kontinuitätsgleichung

$$\operatorname{div} \boldsymbol{v} = 0 \tag{7.2.2}$$

ii. Bewegungsgleichung

$$\begin{aligned}\frac{\partial \boldsymbol{v}}{\partial t} + (\boldsymbol{v}^{\mathrm{t}}\nabla)\boldsymbol{v} &= \frac{\varrho}{\varrho_0}\boldsymbol{g} - \frac{1}{\varrho_0}\nabla p + \frac{\eta}{\varrho_0}\nabla^2\boldsymbol{v} \\ &= [1 - \alpha(T - T_0)]\boldsymbol{g} - \frac{1}{\varrho_0}\nabla p + \nu\nabla^2\boldsymbol{v}\end{aligned} \tag{7.2.3}$$

mit dem Erdbeschleunigungsvektor $\boldsymbol{g} = \{0 \quad 0 \quad -g\}$ und der kinematischen Viskosität $\nu = \eta/\varrho_0$.

iii. Wärmetransportgleichung

$$\frac{\partial T}{\partial t} + (\boldsymbol{v}^{\mathrm{t}}\nabla)T = \chi\nabla^2 T \tag{7.2.4}$$

wobei $\chi = \frac{\lambda}{\varrho_0 c_v}$ die Temperaturleitfähigkeit bezeichnet.

Der Term $2\eta\boldsymbol{\varepsilon} : \boldsymbol{\varepsilon}$, der den Energieverlust aufgrund der inneren Reibung in Gl. (7.1.61) repräsentiert, kann hier vernachlässigt werden, weil er bei den normalerweise verwendeten Flüssigkeiten, wie Wasser oder Silikonöl, für das Bénard-Experiment um einen Faktor der Größenordnung 10^{-7} kleiner ist als der Wärmeleitterm $\chi\nabla^2 T$.

Der amerikanische Meteorologe Edward N. Lorenz benutzte die Grundgleichungen (7.2.2) bis (7.2.4) in den frühen sechziger Jahren, um die Genauigkeit von Wetterprognosen zu analysieren (Lorenz, 1963). Sein vereinfachtes Modell zum Bénard-Problem, drei gewöhnliche Differentialgleichungen, hielt zwar einer experimentellen Verifikation hinsichtlich instabilem Systemverhalten nicht stand, aber dennoch sind seine Ergebnisse als ein wesentlicher Beitrag und Anstoß zur Entwicklung der Chaos-Theorie zu bewerten. Das erstaunliche und gänzlich unerwartete Resultat seiner Arbeit war, daß bereits drei nichtlineare deterministische Evolutionsgleichungen zu irregulärem, chaotischem Verhalten führen können.

7.3 Lorenz-Modell

Barry Saltzman hat das dreidimensionale Konvektionsproblem auf ein zweidimensionales reduziert (Saltzman, 1962), indem er annahm, daß sich die Bénard-Zellen in der x, z-Ebene unabhängig von der y-Koordinatenrichtung entwickeln, d. h. daß das Rollenmuster konstant bzw. homogen in y-Richtung bleibt (Abb. 7.0.2). Formal heißt dies, daß die Geschwindigkeitskomponente in y-Richtung und alle Ableitungen $\partial/\partial y$ verschwinden. Durch diese Annahme vereinfachen sich die hydrodynamischen Grundbeziehungen, Gln. (7.2.2) bis (7.2.4), wesentlich. Wir setzen

$$x = x_1, \; z = x_3, \; u = v_1, \; w = v_3$$

und erhalten für das zweidimensionale Konvektionsproblem die folgenden Grundgleichungen in Komponentenschreibweise

$$\frac{\partial u}{\partial x} + \frac{\partial w}{\partial z} = 0 \tag{7.3.1}$$

$$\begin{aligned} \frac{\partial u}{\partial t} + u\frac{\partial u}{\partial x} + w\frac{\partial u}{\partial z} &= -\frac{1}{\varrho_0}\frac{\partial p}{\partial x} + \nu\nabla^2 u \\ \frac{\partial w}{\partial t} + u\frac{\partial w}{\partial x} + w\frac{\partial w}{\partial z} &= -\frac{\varrho}{\varrho_0}g - \frac{1}{\varrho_0}\frac{\partial p}{\partial z} + \nu\nabla^2 w \end{aligned} \tag{7.3.2}$$

$$\frac{\partial T}{\partial t} + u\frac{\partial T}{\partial x} + w\frac{\partial T}{\partial z} = \chi\nabla^2 T \tag{7.3.3}$$

Für diesen zweidimensionalen Fall bietet es sich an, eine Stromfunktion $\psi(x, z, t)$ einzuführen, durch deren Ableitung nach den Ortskoordinaten die Geschwindigkeiten

$$u = -\frac{\partial \psi}{\partial z}, \quad w = \frac{\partial \psi}{\partial x} \tag{7.3.4}$$

bestimmt werden, wobei die zweidimensionale Kontinuitätsbedingung, Gl. (7.3.1), automatisch erfüllt ist. Ausgehend von den Randbedingungen für die Temperatur

$$\begin{aligned} T(x,z,t)\big|_{z=0} &= T_0 + \Delta T \\ T(x,z,t)\big|_{z=h} &= T_0 \end{aligned} \tag{7.3.5}$$

postulieren wir eine Abweichung $\theta(x,z,t)$ vom linearen Temperaturprofil und erhalten damit für die Beschreibung des Temperaturfeldes $T(x,z,t)$

$$T(x,z,t) = T_0 + \Delta T\left(1 - \frac{z}{h}\right) + \theta(x,z,t) \tag{7.3.6}$$

Um den Druck p in den Gln. (7.3.2) für das Geschwindigkeitsfeld $\boldsymbol{v}(x,z)$ zu eliminieren, bilden wir

$$\frac{\partial}{\partial z}(\text{erste Gleichung}) - \frac{\partial}{\partial x}(\text{zweite Gleichung})$$

was einer Rotationsbildung von Gl. (7.3.2) entspricht

$$\begin{aligned}&\frac{\partial}{\partial t}\left(\frac{\partial u}{\partial z}\right) + \frac{\partial u}{\partial z}\frac{\partial u}{\partial x} + u\frac{\partial^2 u}{\partial x \partial z} + \frac{\partial w}{\partial z}\frac{\partial u}{\partial z} + w\frac{\partial^2 u}{\partial z^2} + \frac{1}{\varrho_0}\frac{\partial^2 p}{\partial x \partial z} - \nu\frac{\partial}{\partial z}(\nabla^2 u)\\ &-\frac{\partial}{\partial t}\left(\frac{\partial w}{\partial x}\right) - \frac{\partial u}{\partial x}\frac{\partial w}{\partial x} - u\frac{\partial^2 w}{\partial x^2} - \frac{\partial w}{\partial x}\frac{\partial w}{\partial z} - w\frac{\partial^2 w}{\partial x \partial z} - g\frac{\partial}{\partial x}\left(\frac{\varrho}{\varrho_0}\right) - \frac{1}{\varrho_0}\frac{\partial^2 p}{\partial x \partial z}\\ &+\nu\frac{\partial}{\partial x}(\nabla^2 w) = 0\end{aligned} \tag{7.3.7}$$

Unter Verwendung der Inkompressibilitätsbedingung, Gl. (7.3.1), und der Gl. (7.3.4) vereinfacht sich Gl. (7.3.7) zu

$$-\frac{\partial}{\partial t}(\nabla^2\psi) + \frac{\partial \psi}{\partial z}\frac{\partial}{\partial x}(\nabla^2\psi) - \frac{\partial \psi}{\partial x}\frac{\partial}{\partial z}(\nabla^2\psi) - g\frac{\partial}{\partial x}\left(\frac{\varrho}{\varrho_0}\right) + \nu\nabla^4\psi = 0 \tag{7.3.8}$$

Wir weisen darauf hin, daß $\nabla^2\psi = \partial^2\psi/\partial x^2 + \partial^2\psi/\partial z^2 = -(\partial u/\partial z - \partial w/\partial x)$ die Rotation der Flüssigkeit in der x,z-Ebene repräsentiert und daß für $\nabla^4\psi = \nabla^2\nabla^2\psi = \partial^4\psi/\partial x^4 + 2\partial^4\psi/\partial x^2\partial z^2 + \partial^4\psi/\partial z^4$ gilt. Die Substitution der Gln. (7.2.1) und (7.3.6) in Gln. (7.3.8) und (7.3.3) führt auf die Grundgleichungen des Konvektionsmodells

$$\frac{\partial}{\partial t}(\nabla^2\psi) - \frac{\partial \psi}{\partial z}\frac{\partial}{\partial x}(\nabla^2\psi) + \frac{\partial \psi}{\partial x}\frac{\partial}{\partial z}(\nabla^2\psi) - g\alpha\frac{\partial \theta}{\partial x} - \nu\nabla^4\psi = 0 \tag{7.3.9}$$

$$\frac{\partial \theta}{\partial t} - \frac{\partial \psi}{\partial z}\frac{\partial \theta}{\partial x} + \frac{\partial \psi}{\partial x}\left(\frac{\partial \theta}{\partial z} - \frac{\Delta T}{h}\right) - \chi\nabla^2\theta = 0 \tag{7.3.10}$$

Die Gleichungen (7.3.9) und (7.3.10) lassen sich noch vereinfachen, indem man die nichtlinearen konvektiven Terme in Form des Jacobi-Operators

$$\frac{\partial(a,b)}{\partial(x,z)} = \frac{\partial a}{\partial x}\frac{\partial b}{\partial z} - \frac{\partial a}{\partial z}\frac{\partial b}{\partial x}$$

anschreibt. Damit erhält man die Ausgangsgleichungen, die E. N. Lorenz für seine numerischen Untersuchungen benutzte und die ihn zu der revolutionären Erkenntnis führten, daß deterministische Gleichungen durchaus irreguläres Bewegungsverhalten aufweisen können (Saltzman, 1962; Lorenz, 1963)

$$\frac{\partial}{\partial t}\nabla^2\psi = -\frac{\partial(\psi,\nabla^2\psi)}{\partial(x,z)} + \nu\nabla^4\psi + g\alpha\frac{\partial\theta}{\partial x} \tag{7.3.11}$$

$$\frac{\partial}{\partial t}\theta = -\frac{\partial(\psi,\theta)}{\partial(x,z)} + \frac{\Delta T}{h}\frac{\partial\psi}{\partial x} + \chi\nabla^2\theta \tag{7.3.12}$$

Unter Verwendung der folgenden dimensionslosen, durch einen * bezeichneten Größen

$$\begin{aligned} x &= hx^* & \nabla^2 &= \left(\frac{1}{h^2}\right)\nabla^{*2} \\ z &= hz^* & \psi &= \chi\psi^* \\ t &= \frac{h^2}{\chi}t^* & \theta &= \left(\frac{\chi\nu}{g\alpha h^3}\right)\theta^* \end{aligned} \tag{7.3.13}$$

erhalten wir aus Gln. (7.3.11) und (7.3.12) folgende Beziehungen für die Stromfunktion ψ^* und die Temperaturabweichung θ^*

$$\frac{\partial}{\partial t^*}\nabla^{*2}\psi^* = -\frac{\partial(\psi^*,\nabla^{*2}\psi^*)}{\partial(x^*,z^*)} + \sigma\frac{\partial\theta^*}{\partial x^*} + \sigma\nabla^{*4}\psi^* \tag{7.3.14}$$

$$\frac{\partial}{\partial t^*}\theta^* = -\frac{\partial(\psi^*,\theta^*)}{\partial(x^*,z^*)} + Ra\frac{\partial\psi^*}{\partial x^*} + \nabla^{*2}\theta^* \tag{7.3.15}$$

In den letzten beiden Gleichungen treten zwei neue dimensionslose Größen auf,

$$\sigma = \frac{\nu}{\chi}\,, \qquad \text{die Prandtl-Zahl,} \tag{7.3.16}$$

die in diesem Fall eine untergeordnete Rolle spielt, und

$$Ra = \frac{g\alpha h^3\Delta T}{\chi\nu}\,, \qquad \text{die Rayleigh-Zahl} \tag{7.3.17}$$

Die Rayleigh-Zahl, die von den Stoffeigenschaften α, χ und ν, der Geometrie h und der aufgeprägten äußeren Temperaturdifferenz ΔT abhängt, spielt beim Bénard-Problem die Rolle eines Kontrollparameters.

Als nächstes betrachten wir die Randbedingungen. Im Modell wird angenommen, daß sich die Konvektionsschicht in horizontaler Richtung bis ins Unendliche erstreckt und daß sie in z-Richtung durch zwei Ebenen begrenzt ist. Die Temperaturänderungen θ aufgrund der Konvektionsströmung verschwinden auf den Grenzflächen, da hier die Temperaturen T_0 und $T_0 + \Delta T$ konstant gehalten werden.

Im Falle der Randbedingungen für den Geschwindigkeitsvektor $\boldsymbol{v}$ unterscheidet man zwei Extremfälle, nämlich daß die Strömung an der Grenzebene haftet bzw. daß sie nicht haftet. Man spricht dann von einer festen bzw. freien Grenzebene. Im Fall der festen Grenzebene ist $\boldsymbol{v} = \boldsymbol{o}$. Im Fall der freien Grenzebene verschwindet nur die Normalkomponente der Geschwindigkeit ($w = 0$), und außerdem dürfen keine Schubspannungen σ_{zx} auftreten.

Lorenz setzte die freie Randbedingung für das Strömungsverhalten an der oberen ($z = h$) und unteren ($z = 0$) Ebene voraus (weil dies mathematisch am einfachsten zu behandeln ist). Das heißt, daß die Vertikalgeschwindigkeit $w|_{z=0,h}$ und die Tangentialspannung $\sigma_{zx}|_{z=0,h}$ verschwinden. Daraus können nun für $z = 0$ und $z = h$ folgende Randbedingungen abgeleitet werden:

$$i. \quad w\big|_{z=0,h} = \frac{\partial \psi}{\partial x}\bigg|_{z=0,h} = 0 \qquad \Longrightarrow \qquad \psi\big|_{z=0,h} = \text{const} = 0 \tag{7.3.18}$$

Aus Gl. (7.1.21) erhalten wir

$$ii. \quad \sigma'_{zx}\big|_{z=0,h} = \eta \, \frac{\partial u}{\partial z}\bigg|_{z=0,h} = 0 \qquad \Longrightarrow \qquad \frac{\partial^2 \psi}{\partial z^2}\bigg|_{z=0,h} = 0$$

Aus *i.* und *ii.* folgt

$$\nabla^2 \psi\big|_{z=0,h} = \frac{\partial^2 \psi}{\partial x^2}\bigg|_{z=0,h} + \frac{\partial^2 \psi}{\partial z^2}\bigg|_{z=0,h} = 0 \tag{7.3.19}$$

$$iii. \quad T_0,\, T_0 + \Delta T = \text{const} \qquad \Longrightarrow \qquad \theta\big|_{z=0,h} = 0 \tag{7.3.20}$$

Für die dimensionslosen Gleichungen in ψ^* und θ^* werden somit folgende Randbedingungen angesetzt

$$\begin{aligned} &\theta^*(x,0,t) = \theta^*(x,h,t) = \psi^*(x,0,t) = \psi^*(x,h,t) = 0 \\ &\nabla^{*2}\psi^*(x,0,t) = \nabla^{*2}\psi^*(x,h,t) = 0 \end{aligned} \tag{7.3.21}$$

Saltzman entwickelte die Stromfunktion ψ^* und die Temperaturabweichungen θ^* in eine zweifache Fourier-Reihe mit den Wellenlängen l in x-Richtung und $2h$ in z-Richtung (Saltzman, 1962)

$$\begin{aligned} \psi^*(x^*, z^*, t^*) &= \sum_{\mathrm{m}=-\infty}^{\infty} \sum_{\mathrm{n}=-\infty}^{\infty} \psi_{\mathrm{mn}}(\mathrm{m}, \mathrm{n}, t^*) \exp\left(2\pi i \left[\mathrm{m}\frac{h}{l}x^* + \frac{\mathrm{n}}{2}z^*\right]\right) \\ \theta^*(x^*, z^*, t^*) &= \sum_{\mathrm{m}=-\infty}^{\infty} \sum_{\mathrm{n}=-\infty}^{\infty} \theta_{\mathrm{mn}}(\mathrm{m}, \mathrm{n}, t^*) \exp\left(2\pi i \left[\mathrm{m}\frac{h}{l}x^* + \frac{\mathrm{n}}{2}z^*\right]\right) \end{aligned} \tag{7.3.22}$$

Für seine numerische Analyse berücksichtigte Saltzmann 52 Moden. Das Ergebnis seiner Studie war, daß in den meisten Fällen alle Moden, bis auf drei, gegen Null streben und daß diese drei irreguläres, nicht-periodisches Verhalten zeigen. Dieses Resultat inspirierte Lorenz dazu, die Stromfunktion ψ und die Temperaturentwicklung θ in nur drei Amplituden $X(t)$, $Y(t)$ und $Z(t)$ anzusetzen

$$\begin{aligned} \psi(x,z,t) &= \frac{\chi(1+a^2)\sqrt{2}}{a} X(t) \sin\Big(\frac{\pi a}{h}x\Big) \sin\Big(\frac{\pi}{h}z\Big) \\ \theta(x,z,t) &= \frac{\Delta T}{\pi}\frac{Ra_{cr}}{Ra}\Big[\sqrt{2}\,Y(t)\cos\Big(\frac{\pi a}{h}x\Big)\sin\Big(\frac{\pi}{h}z\Big) - Z(t)\sin\Big(\frac{2\pi}{h}z\Big)\Big] \end{aligned} \tag{7.3.23}$$

wobei Ra die bereits erwähnte dimensionslose Rayleigh-Zahl ist

$$Ra = \frac{\alpha g h^3 \Delta T}{\chi \nu}$$

und Ra_{cr} ihr kritischer Wert

$$Ra_{cr} = \frac{\pi^4 (1+a^2)^3}{a^2} \tag{7.3.24}$$

In Abb. 7.3.1 ist die Bedeutung der drei Moden illustriert. Die X-Mode ist proportional zum Betrag der Konvektionsgeschwindigkeit, sie repräsentiert damit das Strömungsmuster. Die Y-Mode ist proportional zur Temperaturdifferenz zwischen aufsteigender und fallender Strömung, sie ist Repräsentant der Temperaturzellen. Die Z-Mode ist proportional zur Abweichung vom linearen vertikalen Temperaturprofil, sie repräsentiert die nichtlineare Temperaturschichtung.

Setzen wir Gl. (7.3.23) in die Ausgangsbeziehungen Gln. (7.3.11) und (7.3.12) ein, dann erhalten wir nach algebraischen Umformungen und bei Verwendung entsprechend skalierter Größen die sogenannten Lorenz-Gleichungen

$$\begin{aligned} \dot{X} &= -\sigma X + \sigma Y \\ \dot{Y} &= \ \ rX - Y - XZ \\ \dot{Z} &= -bZ + XY \end{aligned} \tag{7.3.25}$$

Der Punkt bezeichnet die Ableitung nach der skalierten Zeit $\tau = \pi^2(1+a^2)\chi h^{-2} t$, $\sigma = \nu/\chi$ die schon erwähnte Prandtl-Zahl (wobei ν die kinematische Viskosität und χ die Temperaturleitfähigkeit ist), $r = Ra/Ra_{cr}$ die relative Rayleigh-Zahl und $b = 4/(1+a^2)$ ein Maß für die Zellgeometrie in x-Richtung. Die kritische Rayleigh-Zahl Ra_{cr} definiert den marginalen (neutralen) Stabilitätszustand aufgrund einer linearen Stabilitätsanalyse, d. h. im Zustand $Ra = Ra_{cr}$ wechselt der Eigenwert der kritischen Mode sein Vorzeichen. Der kleinste Ra_{cr}-Wert hat für $a^2 = 1/2$ den Wert $27\pi^4/4 \approx 657.5$.

Bevor wir das Lorenz-System Gl. (7.3.25) hinsichtlich Langzeitverhalten und entsprechender Abbildung im Phasenraum und hinsichtlich seiner Bifurkationen aufgrund von Änderungen von r diskutieren, wollen wir nochmals auf die physikalische Bedeutung der Lorenz-Variablen X, Y und Z zurückkommen. In Farbtafel IV,

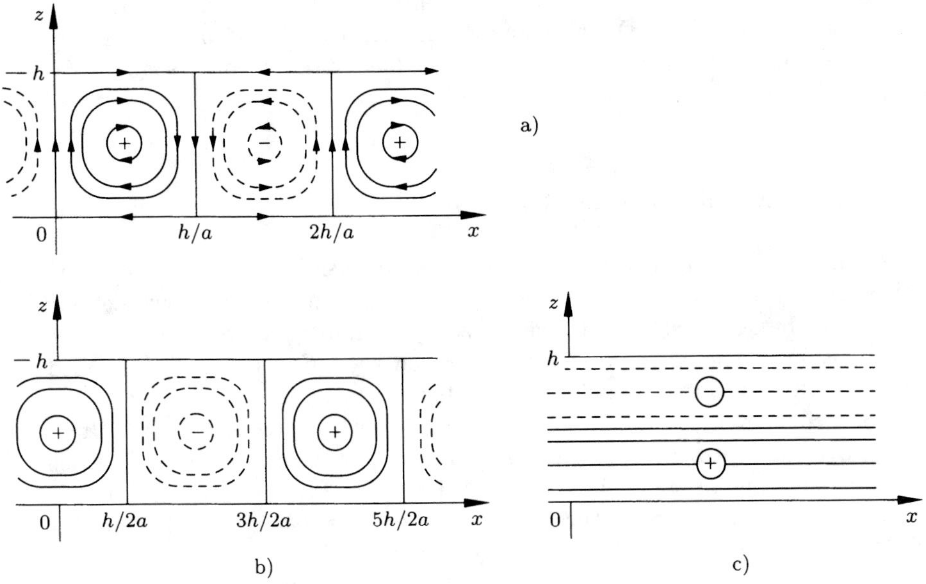

Abb. 7.3.1 Die Lorenz-Moden in Gl. (7.3.23):
a) Strömungsmuster (X-Mode), b) Temperaturzellen (Y-Mode),
c) Temperaturschichtung (Z-Mode)

S. 642, sind die räumliche und zeitliche Entwicklung der Abweichung vom linearen Temperaturprofil $T^* = \theta$ (Bild a), des Geschwindigkeitsbetrages $|\boldsymbol{v}|$ (Bild b) und der Vertikalgeschwindigkeit w (Bild c) dargestellt. Die Farben verdeutlichen die räumliche Ausbreitung der Feldgrößen. Für $T^* = \theta$ in Bild a wurde rot für wärmer als die lineare Temperaturverteilung und blau für kälter gewählt. Mit der Wahl von $r = 28$ sind wir im zeitlich chaotischen Regime. Unterhalb der Farbbilder ist die zeitliche Entwicklung von $T^* = \theta$ und der Y-Mode für den weißen Raumpunkt aufgetragen. Der weiße Raumpunkt liegt in der oberen Hälfte der Konvektionsschicht, folgerichtig muß der Mittelwert von $T^* = \theta$ über t negativ sein. Die schwarzen geschlossenen Linien innerhalb der Momentaufnahmen sind die Linien gleichen Betrags des Geschwindigkeitsvektors ($|\boldsymbol{v}| = \text{const}$). Der Pfeil gibt die Drehrichtung der Konvektionsrollen an. Die Temperaturentwicklung von $T^* = \theta$ – oben kalt, unten warm – ist deutlich erkennbar. Ein sich nicht wiederholendes räumliches Muster in der Temperaturverteilung signalisiert den chaotischen Bereich.

In Bild b und c sind strömungsmusterprägende Größen aufgetragen. Bild b illustriert die $X(t)$-Mode und den Betrag der Geschwindigkeit $\boldsymbol{v}$, $|\boldsymbol{v}| = \sqrt{u^2 + w^2}$. Durch den Farbgrundton wird die Drehrichtung charakterisiert, blau bedeutet Drehrichtung im Gegenuhrzeigersinn, grün im Uhrzeigersinn. Der Geschwindigkeitsbetrag wird durch die Farbskala angezeigt. Tiefblau oder gelbgrün sind jeweils maximale Geschwindigkeitsbeträge.

Bild c zeigt die für die Konvektionsrollen im wesentlichen verantwortliche Geschwindigkeit, nämlich die Vertikalkomponente w. Der Grundton Blau steht für abwärts, der Grundton Rot für aufwärts. Auch hier ist der unvorhersagbare Wechsel der Rollenbewegung deutlich zu erkennen.

7.4 Entwicklung des Lorenz-Systems

Um die Lorenz-Gleichungen zu studieren, um also einen Eindruck von den Trajektorienverläufen im Phasenraum (X, Y, Z) zu bekommen, benutzen wir die derzeit verfügbaren numerischen und mathematischen Techniken. Sind die rechentechnischen Ausführungen zu umfangreich, verzichten wir auf eine detaillierte Wiedergabe zugunsten einer mehr beschreibenden Interpretation der Lorenz-Gleichungen, ohne jedoch dem Leser die weiterführende Literatur vorzuenthalten. Um das Lorenz-System im wesentlichen zu verstehen, ist es notwendig, die Gleichgewichtszustände zu kennen und in Abhängigkeit des freien Parameters r, der ein Maß für die aufgebrachte Temperaturdifferenz ΔT ist, das Systemverhalten in seinen lokalen und seinen globalen Verzweigungen zu ermitteln.

Eine wichtige Vorabinformation eines dissipativen Systems ist seine Volumenkontraktion (siehe Gl. (5.1.11)). In der Tat ist die Spur der Jacobi-Matrix, die Divergenz des Vektorfeldes,

$$\frac{\partial}{\partial X}(\sigma(Y - X)) + \frac{\partial}{\partial Y}(rX - Y - XZ) + \frac{\partial}{\partial Z}(-bZ + XY) = -(\sigma + 1 + b) \tag{7.4.1}$$

negativ, so daß sich ein Volumenelement $V(0)$ durch den Fluß exponentiell in der Zeit auf das Volumen

$$V(t) = V(0)\,\mathrm{e}^{-(\sigma+1+b)t} \tag{7.4.2}$$

kontrahiert (vgl. Gl. (4.1.28)). Was bedeutet dies für das Lorenz-System? Aufgrund von Gl. (7.4.2) wird jedes Anfangsvolumen $V(0)$ des Phasenraums kontrahieren, d. h. das Lorenz-System ist dissipativ. Es sei wieder angemerkt, daß Volumenkontraktion nicht zwangsläufig bedeutet, daß alle drei Mannigfaltigkeiten eines Fixpunktes stabil sein müssen. Dies läßt sich sehr leicht am zweidimensionalen Beispiel eines Sattelknotens, für den die Summe der Eigenwerte $\lambda_1 + \lambda_2 < 0$ ist, verdeutlichen.

Als nächstes soll nun die Dynamik des Lorenz-Systems im Phasenraum diskutiert werden. Zur Bestimmung der Gleichgewichtszustände bzw. der stationären Punkte gilt die Bedingung: keine zeitlichen Veränderungen in den unabhängigen Variablen. Für die Lorenz-Gleichungen (7.3.21) erhalten wir dann

$$\begin{aligned} 0 &= -\sigma X + \sigma Y \\ 0 &= rX - Y - XZ \\ 0 &= -bZ + XY \end{aligned} \tag{7.4.3}$$

Wir betrachten als erstes die triviale Lösung $X = Y = Z = 0$ und interessieren uns für deren lineare Stabilitätseigenschaften. Nach Abschnitt 5.4.1 setzen wir

$$\begin{aligned} X &= 0 + \tilde{X} \\ Y &= 0 + \tilde{Y} \\ Z &= 0 + \tilde{Z} \end{aligned} \tag{7.4.4}$$

Führen wir Gl. (7.4.4) in Gl. (7.4.3) ein, so erhalten wir, indem wir die nichtlinearen Terme ignorieren (im weiteren können wir auf das Tilde-Zeichen ˜ verzichten),

$$\dot{\boldsymbol{X}} = \boldsymbol{L}\boldsymbol{X} , \qquad \boldsymbol{X} = \begin{bmatrix} X \\ Y \\ Z \end{bmatrix} , \quad \boldsymbol{L} = \begin{bmatrix} -\sigma & \sigma & 0 \\ r & -1 & 0 \\ 0 & 0 & -b \end{bmatrix} \tag{7.4.5}$$

Nach Gl. (3.1.2) machen wir für das lineare Gleichungssystem Gl. (7.4.5) den folgenden Ansatz

$$\boldsymbol{X} = \mathrm{e}^{\lambda t}\boldsymbol{y} \tag{7.4.6}$$

und berechnen nach Gl. (3.1.4) die drei Eigenwerte λ_i der $\boldsymbol{L}$-Matrix

$$\begin{aligned} \lambda_{1,2} &= -\frac{\sigma + 1}{2} \pm \frac{1}{2}\sqrt{(\sigma + 1)^2 + 4\sigma(r - 1)} \\ \lambda_3 &= -b \end{aligned} \tag{7.4.7}$$

Die drei Eigenwerte sind verschieden, d. h. es gibt drei linear unabhängige Eigenvektoren $\boldsymbol{y}_i$ mit $\boldsymbol{X}_i = \mathrm{e}^{\lambda_i t}\boldsymbol{y}_i$ als Lösung. Die beiden Eigenwerte $\lambda_{1,2}$ sind vom Kontrollparameter r abhängig, d. h. für $0 < r < 1$ sind alle drei Eigenwerte negativ, und damit ist der Fixpunkt (0,0,0) stabil. Für $r = 1$ wird der größte Eigenwert $\lambda_1 = 0$, die restlichen beiden bleiben negativ ($\lambda_2 = -[\sigma + 1]$, $\lambda_3 = -b$). Die marginale Stabilität des Ursprungs deutet auf eine qualitative Änderung der Trajektorienverläufe hin. Für $r > 1$ ist der größte Eigenwert positiv ($\lambda_1 > 0$), die restlichen beiden bleiben negativ. Der Fixpunkt (0,0,0) hat sich von einem stabilen Knoten in einen Sattelpunkt gewandelt, da für $r > 1$ der Fluß in Richtung zweier Eigenvektoren stabil und in Richtung des dritten Eigenvektors instabil ist (Abb. 7.4.1).

Zur Beschreibung des nichtlinearen dynamischen Verhaltens über den kritischen Punkt r_{cr} hinaus haben wir zwei Methoden vorgestellt, zum einen die Methode der Zentrumsmannigfaltigkeit, Abschnitt 6.2, und zum zweiten das Versklavungsprinzip innerhalb einer synergetischen Betrachtungsweise, Abschnitt 6.8. Für die Bestimmung des Grundmusters der Verzweigung am kritischen Punkt $r_{cr} = 1$ wollen wir uns hier auf die Methode der Zentrumsmannigfaltigkeit beschränken.

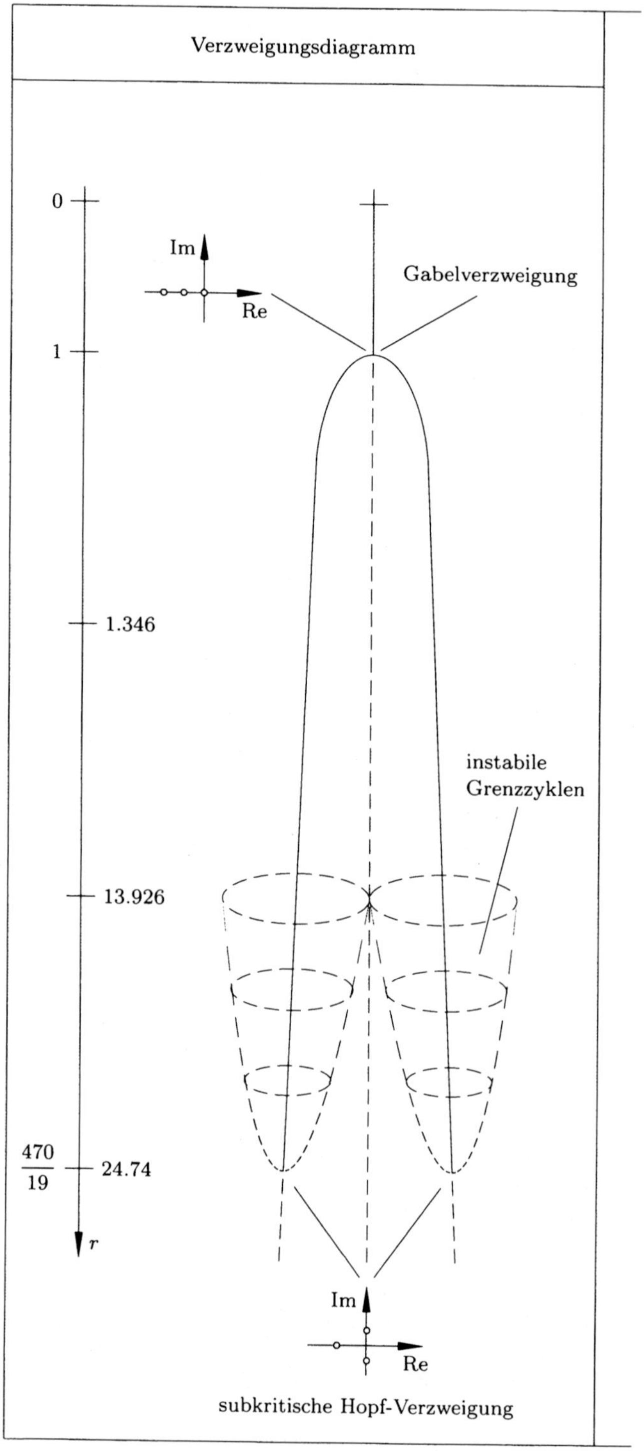

Abb. 7.4.1 Das Lorenz-System in Abhängigkeit vom Kontrollparameter r ($\sigma = 10$, $b = 8/3$); *Teil 1:* Verzweigungsdiagramm

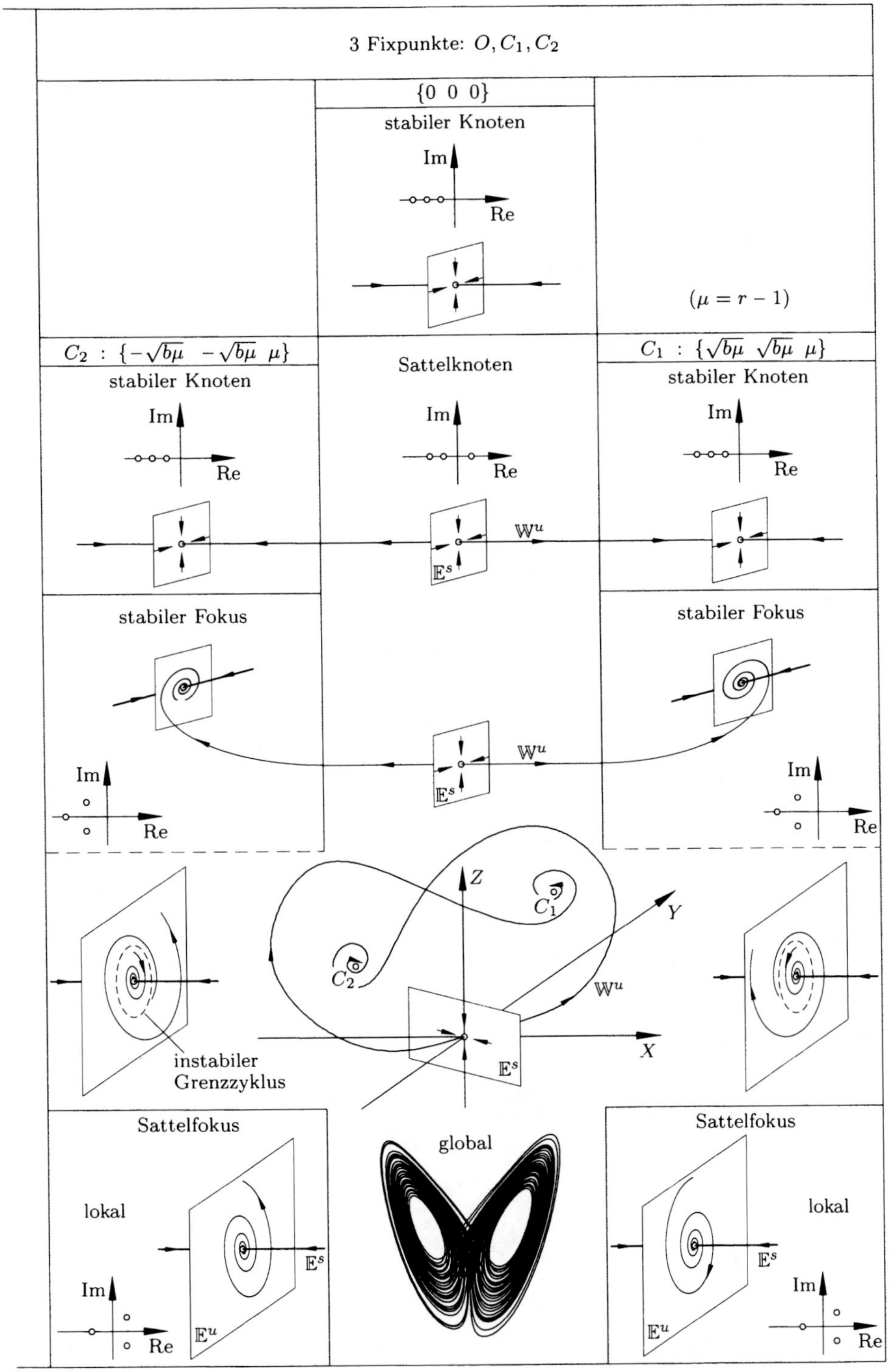

Abb. 7.4.1 Das Lorenz-System in Abhängigkeit vom Kontrollparameter r ($\sigma = 10$, $b = 8/3$); *Teil 2:* Entwicklung der Fixpunkte

Als erstes führen wir einen neuen Kontrollparameter $\mu = r - 1$ ein und erweitern das Lorenz-System, Gl. (7.3.25), entsprechend Gl. (6.2.27) wie folgt

$$\begin{aligned} \dot{\boldsymbol{X}} &= \boldsymbol{L}\boldsymbol{X} + \boldsymbol{N}(\boldsymbol{X}) = \begin{bmatrix} -\sigma & \sigma & 0 \\ 1 & -1 & 0 \\ 0 & 0 & -b \end{bmatrix} \boldsymbol{X} + \begin{bmatrix} 0 \\ \mu X - XZ \\ XY \end{bmatrix} \\ \dot{\mu} &= 0 \end{aligned} \tag{7.4.8}$$

Wir müssen nun diese Gleichungen auf die in Gl. (6.2.14) vorgegebene Form überführen, d. h. wir transformieren zunächst $\boldsymbol{L}$ auf Diagonalform. Dazu bestimmen wir den zu den Eigenwerten $\lambda_1 = 0$, $\lambda_2 = -(\sigma + 1)$, $\lambda_3 = -b$ gehörigen Satz von Rechtseigenvektoren

$$\boldsymbol{y}_1 = \begin{bmatrix} 1 \\ 1 \\ 0 \end{bmatrix} , \qquad \boldsymbol{y}_2 = \begin{bmatrix} -\sigma \\ 1 \\ 0 \end{bmatrix} , \qquad \boldsymbol{y}_3 = \begin{bmatrix} 0 \\ 0 \\ 1 \end{bmatrix} \tag{7.4.9}$$

Diese Eigenvektoren sind nun die Basisvektoren des neuen $\overline{\boldsymbol{X}}$-Koordinatensystems. Nach den Gln. (3.1.9) und (3.1.10) erhalten wir die folgende Koordinatentransformation

$$\boldsymbol{X} = \boldsymbol{T}\overline{\boldsymbol{X}} \qquad \text{mit} \quad \boldsymbol{T} = [\boldsymbol{y}_1 \quad \boldsymbol{y}_2 \quad \boldsymbol{y}_3] = \begin{bmatrix} 1 & -\sigma & 0 \\ 1 & 1 & 0 \\ 0 & 0 & 1 \end{bmatrix} \tag{7.4.10}$$

Wir benötigen außerdem die inverse Matrix $\boldsymbol{T}^{-1}$

$$\boldsymbol{T}^{-1} = \frac{1}{1+\sigma} \begin{bmatrix} 1 & \sigma & 0 \\ -1 & 1 & 0 \\ 0 & 0 & (1+\sigma) \end{bmatrix} \tag{7.4.11}$$

Im $\overline{\boldsymbol{X}}$-Koordinatensystem lautet das um μ erweiterte Lorenz-System, Gl. (7.4.8),

$$\begin{aligned} \dot{\overline{\boldsymbol{X}}} &= \boldsymbol{T}^{-1}\boldsymbol{L}\boldsymbol{T}\overline{\boldsymbol{X}} + \boldsymbol{T}^{-1}\boldsymbol{N}(\boldsymbol{T}\overline{\boldsymbol{X}}) = \boldsymbol{D}\overline{\boldsymbol{X}} + \overline{\boldsymbol{N}}(\overline{\boldsymbol{X}}) \\ \dot{\mu} &= 0 \end{aligned} \tag{7.4.12}$$

bzw. in umgeordneter Komponentendarstellung

$$\begin{aligned} \begin{bmatrix} \dot{\overline{X}} \\ \dot{\mu} \end{bmatrix} &= \begin{bmatrix} 0 & 0 \\ 0 & 0 \end{bmatrix} \begin{bmatrix} \overline{X} \\ \mu \end{bmatrix} + (\overline{X} - \sigma\overline{Y}) \begin{bmatrix} \frac{\sigma}{\sigma+1}(\mu - \overline{Z}) \\ 0 \end{bmatrix} \\ \begin{bmatrix} \dot{\overline{Y}} \\ \dot{\overline{Z}} \end{bmatrix} &= -\begin{bmatrix} \sigma+1 & 0 \\ 0 & b \end{bmatrix} \begin{bmatrix} \overline{Y} \\ \overline{Z} \end{bmatrix} + (\overline{X} - \sigma\overline{Y}) \begin{bmatrix} \frac{1}{\sigma+1}(\mu - \overline{Z}) \\ (\overline{X} + \overline{Y}) \end{bmatrix} \end{aligned} \tag{7.4.13}$$

Ein Vergleich von Gl. (7.4.13) mit Gl. (6.2.14) liefert folgende lineare und nichtlineare Anteile einer Einteilung in Zentrumsmannigfaltigkeit und stabile Mannigfaltigkeit

$$\boldsymbol{A} = \boldsymbol{O} \quad ; \quad \boldsymbol{f}(\overline{X}, \mu, \overline{Y}, \overline{Z}) = (\overline{X} - \sigma\overline{Y})\begin{bmatrix} \frac{\sigma}{\sigma+1}(\mu - \overline{Z}) \\ 0 \end{bmatrix}$$

$$\boldsymbol{B} = \lceil -(\sigma+1) \quad -b \rfloor \; ; \; \boldsymbol{g}(\overline{X}, \mu, \overline{Y}, \overline{Z}) = (\overline{X} - \sigma\overline{Y})\begin{bmatrix} \frac{1}{\sigma+1}(\mu - \overline{Z}) \\ (\overline{X} + \overline{Y}) \end{bmatrix} \tag{7.4.14}$$

Aufgrund der Ergebnisse von Abschnitt 6.2 existiert eine Zentrumsmannigfaltigkeit $\mathbb{W}^c$, die sich durch $\overline{\boldsymbol{X}}_s = \boldsymbol{h}(\overline{\boldsymbol{X}}_c)$ bzw. durch zwei Gleichungen der Form

$$\overline{\boldsymbol{X}}_s = \begin{bmatrix} \overline{Y} \\ \overline{Z} \end{bmatrix} = \begin{bmatrix} h_1(\overline{X}, \mu) \\ h_2(\overline{X}, \mu) \end{bmatrix} \tag{7.4.15}$$

beschreiben läßt. Aus der Differentialgleichung (6.2.19) zusammen mit den Randbedingungen $\boldsymbol{h}(\boldsymbol{o}) = \boldsymbol{h}'(\boldsymbol{o}) = \boldsymbol{o}$ läßt sich die Zentrumsmannigfaltigkeit berechnen, jedoch ist im allgemeinen eine exakte Lösung dieser Gleichung nicht möglich. Wir können aber die Funktion $\boldsymbol{h}(\overline{X}, \mu)$ durch $\boldsymbol{\psi}(\overline{X}, \mu)$ approximieren und erhalten nach Gl. (6.2.20) für das Residuum folgende Beziehung

$$\begin{bmatrix} R_1(\psi_1(\overline{X}, \mu)) \\ R_2(\psi_2(\overline{X}, \mu)) \end{bmatrix} = \begin{bmatrix} \frac{\partial \psi_1}{\partial \overline{X}} & \frac{\partial \psi_1}{\partial \mu} \\ \frac{\partial \psi_2}{\partial \overline{X}} & \frac{\partial \psi_2}{\partial \mu} \end{bmatrix} \left[\begin{bmatrix} 0 & \\ & 0 \end{bmatrix} \begin{bmatrix} \overline{X} \\ \mu \end{bmatrix} + \begin{bmatrix} \frac{\sigma}{\sigma+1}(\overline{X} - \sigma\psi_1)(\mu - \psi_2) \\ 0 \end{bmatrix} \right]$$
$$- \begin{bmatrix} -(\sigma+1) & 0 \\ 0 & -b \end{bmatrix} \begin{bmatrix} \psi_1 \\ \psi_2 \end{bmatrix} - \begin{bmatrix} \frac{1}{\sigma+1}(\overline{X} - \sigma\psi_1)(\mu - \psi_2) \\ (\overline{X} - \sigma\psi_1)(\overline{X} + \psi_1) \end{bmatrix} \tag{7.4.16}$$

Aus Gl. (7.4.16) lassen sich die beiden Komponenten R_1 und R_2 des Residuums berechnen

$$\begin{aligned} R_1(\psi_1(\overline{X}, \mu)) =& \frac{\sigma}{\sigma+1}\frac{\partial \psi_1}{\partial \overline{X}}(\overline{X} - \sigma\psi_1)(\mu - \psi_2) + (\sigma+1)\psi_1 \\ &- \frac{1}{\sigma+1}(\overline{X} - \sigma\psi_1)(\mu - \psi_2) \\ R_2(\psi_2(\overline{X}, \mu)) =& \frac{\sigma}{\sigma+1}\frac{\partial \psi_2}{\partial \overline{X}}(\overline{X} - \sigma\psi_1)(\mu - \psi_2) + b\psi_2 - (\overline{X} - \sigma\psi_1)(\overline{X} + \psi_1) \end{aligned} \tag{7.4.17}$$

In einer ersten Näherung berücksichtigen wir in $\psi_1(\overline{X}, \mu)$ und $\psi_2(\overline{X}, \mu)$ nur quadratische Terme, d. h. $\psi_{\mathrm{i}} = \mathcal{O}(2)$ für i = 1,2 vereinfacht Gl. (7.4.17) zu

$$\begin{aligned} R_1 =& (\sigma+1)\psi_1 - \frac{1}{\sigma+1}\mu\overline{X} + \mathcal{O}(3) \\ R_2 =& b\psi_2 - \overline{X}^2 + \mathcal{O}(3) \end{aligned} \tag{7.4.18}$$

Aus Gl. (7.4.18) erhalten wir schließlich aufgrund des Approximations-Theorems, Abschnitt 6.2, die Zentrumsmannigfaltigkeit in erster Näherung

$$\begin{aligned} h_1(\overline{X},\mu) &= \frac{1}{(\sigma+1)^2}\,\mu\overline{X} + \mathcal{O}(3) \\ h_2(\overline{X},\mu) &= \frac{1}{b}\overline{X}^2 + \mathcal{O}(3) \end{aligned} \tag{7.4.19}$$

Die Dynamik auf der Zentrumsmannigfaltigkeit ergibt sich, wenn man in der ersten Gleichung von Gl. (7.4.13) $\overline{Y}$ durch h_1 und $\overline{Z}$ durch h_2 aus Gl. (7.4.19) ersetzt (vgl. Gl. (7.4.15))

$$\begin{aligned} \dot{\overline{X}} &= \frac{\sigma}{\sigma+1}\left[\overline{X} - \frac{\sigma}{(\sigma+1)^2}\mu\overline{X}\right]\left[\mu - \frac{1}{b}\overline{X}^2\right] + \mathcal{O}(4) \\ &= \frac{\sigma}{\sigma+1}\left[\mu\overline{X} - \frac{1}{b}\overline{X}^3 - \frac{\sigma}{(\sigma+1)^2}\mu^2\overline{X}\right] + \mathcal{O}(4) \end{aligned} \tag{7.4.20}$$

Anhand der Bedingungen Gln. (6.4.56) bis (6.4.60) überprüft man leicht, daß es sich hierbei um eine Gabelverzweigung handelt. Für kleines μ erhält man aus Gl. (7.4.20) die Normalform einer Gabelverzweigung (vgl. Gl. (6.4.61))

$$\dot{\overline{X}} = \frac{\sigma}{\sigma+1}\left(\mu\overline{X} - \frac{1}{b}\overline{X}^3\right) , \qquad \mu = r - 1 \tag{7.4.21}$$

d. h. für $r > 1$ wird der Ursprung instabil und es entstehen zwei neue stabile Fixpunkte $\overline{C}_1$ und $\overline{C}_2$ mit den Koordinaten $\overline{X}_{1,2} = \pm\sqrt{b\mu}$ im $\overline{\boldsymbol{X}}$-System. Zu diesem Resultat zweier neuer stabiler Fixpunkte gelangt man auch, wenn man das Ausgangssystem, Gl. (7.4.3), hinsichtlich Fixpunkte und deren Stabilität untersucht. Man erhält neben der trivialen Lösung zwei Fixpunkte C_1 und C_2 mit den Koordinaten (Abb. 7.4.1)

$$C_{1,2} : \boldsymbol{X} = \{X \quad Y \quad Z\}_{1,2} = \{\pm\sqrt{b\mu} \quad \pm\sqrt{b\mu} \quad \mu\} \tag{7.4.22}$$

wobei $\mu = r - 1$ ist.

Die Übereinstimmung der $\overline{X}_{1,2}$- und $X_{1,2}$-Koordinaten der Fixpunkte $\overline{C}_{1,2}$ und $C_{1,2}$ ist rein zufällig. Über die Güte der Approximation durch die Zentrumsmannigfaltigkeit ist damit nichts ausgesagt.

Untersucht man das Stabilitätsverhalten der Fixpunkte C_1 und C_2, so liefert die Jacobi-Matrix

$$\left.\frac{\partial \boldsymbol{F}}{\partial \boldsymbol{X}}\right|_{C_1,C_2} = \begin{bmatrix} -\sigma & \sigma & 0 \\ 1 & -1 & \mp\sqrt{b\mu} \\ \pm\sqrt{b\mu} & \pm\sqrt{b\mu} & -b \end{bmatrix} \tag{7.4.23}$$

folgende charakteristische Gleichung 3. Grades zur Bestimmung der Eigenwerte

$$P(\lambda) = \lambda^3 + (\sigma + b + 1)\lambda^2 + b(\sigma + r)\lambda + 2\sigma b(r-1) = 0 \tag{7.4.24}$$

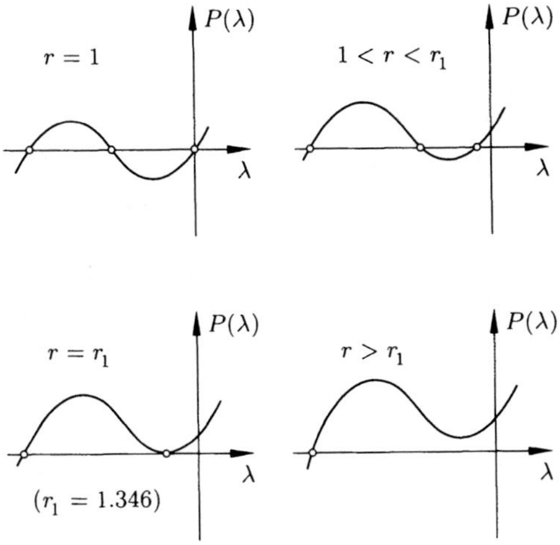

Abb. 7.4.2
Qualitativer Verlauf der charakteristischen Gleichung (7.4.24) für C_1 und C_2 in Abhängigkeit von r

Der qualitative Verlauf der Funktion $P(\lambda)$ in Abb. 7.4.2 zeigt, daß für $1 < r < r_1 = 1.346\ldots$ alle drei Eigenwerte negativ sind. Demzufolge sind die Fixpunkte C_1, C_2 stabile Knoten (Abb. 7.4.1).

Bei $r_1 = 1.346\ldots$ (numerisch) fallen zwei Eigenwerte zusammen, und sie treten für $r > r_1$ paarweise konjugiert komplex auf. Der stabile Attraktortyp von C_1 und C_2 wandelt sich von einem stabilen Knoten in eine stabile Knoten-Fokus-Kombination (Abb. 7.4.1). Wir erinnern daran, daß im Zustand $r = 1$ für den Ursprung der klassische Fall einer Gabelverzweigung eintritt: der einzige stabile Knoten wird in einer Richtung instabil (Sattelpunkt) und gleichzeitig entstehen die beiden stabilen Knoten C_1 und C_2 (Abb. 7.4.1). Physikalisch bedeutet die Gabelverzweigung ($r = 1$) das Einsetzen der Rollenströmung, d. h. daß die Wärme infolge ΔT über Konvektionsrollen abtransportiert wird, zusätzlich zur reinen Wärmeleitung.

Wir kommen zurück zum Fixpunkt im Ursprung. Sein Sattelpunkt-Charakter bleibt für alle $r > 1$ erhalten. Aufgrund der Eigenwertkonstellation $\mathrm{Re}(\lambda_{1,2}) < 0$ und $\mathrm{Re}(\lambda_3) > 0$ besitzt er eine zweidimensionale stabile Mannigfaltigkeit und eine eindimensionale instabile (vgl. Gl. (7.4.21)). Verfolgt man numerisch die instabile Mannigfaltigkeit des Ursprungs in positiver und negativer Richtung, so erkennt man, daß diese genau von den beiden Foki C_1 und C_2 eingefangen wird (Farbtafel X, S. 648, unteres Bild). Die Frage ist nun, wohin entwickelt sich die zweidimensionale stabile Mannigfaltigkeit des Ursprungs bzw. woher kommen die Trajektorien, die die stabile Mannigfaltigkeit des Ursprungs formen. Die oberen vier Bilder der Farbtafel X, S. 648, zeigen die Ausbreitung der stabilen Mannigfaltigkeit im Phasenraum. Für die numerische Analyse der Fläche, die von stabilen Trajektorien geformt wird, nutzt man den Trick der Zeitumkehr ($t \to -t$), um so ihr Entfernen vom Ursprung zu simulieren. Die stabilen Eigenvektoren $\boldsymbol{y}_2$ und $\boldsymbol{y}_3$ von Gl. (7.4.9) spannen nahe genug am Ursprung die Startfläche auf. Die numerische Rekonstruktion der stabilen und instabilen Mannigfaltigkeiten ist in Farbtafel X,

S. 648, zusammengefaßt. Der besseren Anschaulichkeit wegen wurde die Vorderseite der Fläche rot und die Rückseite blau eingefärbt.

Die vier oberen Bilder der Farbtafel X, S. 648, zeigen, daß sich die stabile zweidimensionale Mannigfaltigkeit zwischen den beiden Ästen der instabilen eindimensionalen Mannigfaltigkeit hindurchwindet und sich dabei um die Z-Achse dreht. Die instabilen Äste münden in die Foki C_1 und C_2. Die stabile Fläche umwickelt beide Fokusschleifen durch Verwindung. Nach Umschlingen der C_1- und C_2-Schleifen kehrt die Fläche zum Ursprung zurück, und zwar beidseitig zur Ausgangsfläche, indem die vormals rote Vorderseite als blaue Rückseite und die blaue Rückseite als rote Vorderseite sichtbar wird. Aufgrund der Eindeutigkeit von Trajektorien im Phasenraum können sich diese nicht schneiden, ein Wegklappen der blauen Fläche nach unten ist zwangsläufig. Verfolgt man nun einzelne Startpunkte entweder nahe der blauen Seite oder nahe der roten der stabilen Fläche, so lassen sich Aussagen zum Einzugsgebiet von C_1 und C_2 machen: Trajektorien mit Startpunkten in der blauen Hemisphäre enden immer im blauen Fokus, Startpunkte in der roten laufen immer in den gelben Fokus. Die Spiralschleifen der instabilen Mannigfaltigkeiten, die sich für r-Werte etwas größer als 1 sehr eng um C_1 und C_2 abspulen, nehmen in der Ausdehnung mit wachsendem r kontinuierlich zu. Beim Parameterwert $r = 13.926\ldots$ beobachtet man, daß die instabile Mannigfaltigkeit, die jeweils in einem weiten Bogen den Fixpunkten C_1 und C_2 entgegenstrebt, zum Ursprung zurückkehrt (Abb. 7.4.3).

Man spricht in einem derartigen Fall, wenn die Trajektorie für $t \to +\infty$ und $t \to -\infty$ zum gleichen Fixpunkt läuft, von einem homoklinen Orbit. Abbildung 7.4.3 zeigt zwei homokline Orbits für den Ursprung, die entlang der instabilen Mannigfaltigkeit für $r = 13.926\ldots$ im Ursprung starten und als stabile Mannigfaltigkeit zu diesem zurückkehren. Für $r > 13.926\ldots$ ereignet sich Dramatisches, die instabile Mannigfaltigkeit springt über, so daß die in positiver Richtung startende Linie im linken Fixpunkt und die in negativer Richtung startende im rechten endet (Farbtafel XI, S. 649, unteres Bild). Man beachte, daß sich für $r = 13.926\ldots$ an der Eigenwertkonstellation nichts ändert, beispielsweise ist für keinen Eigenwert ein Nulldurchgang des Realteils zu beobachten.

Diese signifikante Änderung der trajektoriellen Struktur aufgrund von Kontrollparameteränderungen ist ein typisches Beispiel einer globalen Bifurkation. Die globale Bifurkationstheorie kann leider nicht Gegenstand dieses Buches sein; wir verweisen aber auf die umfangreiche Monographie von Wiggins (Wiggins, 1988).

Was uns im Fall $r > 13.926\ldots$ interessiert, ist, welchen Weg nehmen in dieser wesentlich komplexer erscheinenden Situation die Trajektorien, die die stabile Mannigfaltigkeit des Ursprungs formen. Die ersten vier Bilder der Farbtafel XI, S. 649, zeigen die Ausbreitung der zweidimensionalen stabilen Mannigfaltigkeit. Die Fläche beginnt sich entsprechend dem Zustand $r = 12$, Farbtafel X, S. 648, zu entwickeln. Der Unterschied entsteht im Ursprung. Der zurückkehrenden zweidimensionalen Mannigfaltigkeit ist es verwehrt, durch die überspringende instabile Mannigfaltigkeit nach unten wegzuklappen. Die Regel zur Farbtafel X, S. 648, daß alle Startpunkte der roten Hemisphäre zum rechten Fokus laufen und alle blauen zum linken, ist jetzt nicht mehr für alle Anfangsbedingungen gültig, d. h. aufgrund

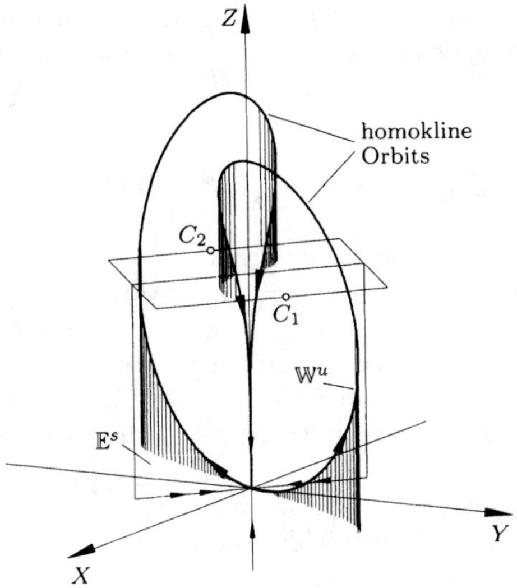

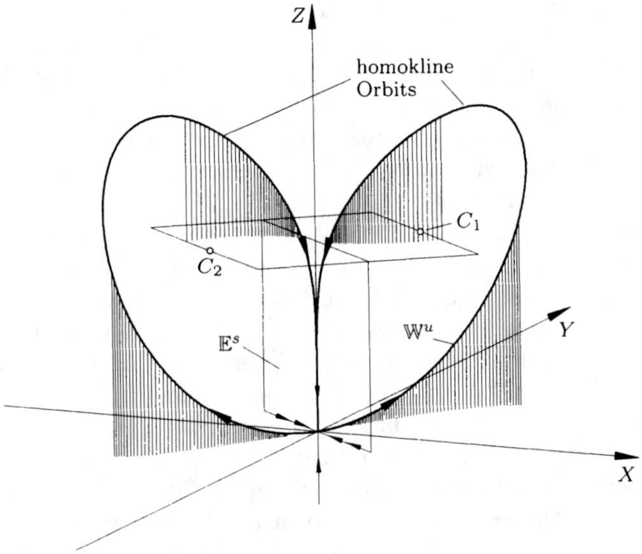

Abb. 7.4.3 Zwei verschiedene Ansichten homokliner Orbits des Lorenz-Systems ($r = 13.9265$)

der globalen Bifurkation haben sich die Einzugsgebiete der beiden Foki C_1 und C_2 grundlegend geändert.

Wir steigern r und stellen fest, daß für

$$r = r_{cr} = \frac{\sigma(\sigma + b + 3)}{(\sigma - b - 1)}\,, \quad \sigma > b + 1 \tag{7.4.25}$$

von den vormals negativen Realteilen nun der Realteil der konjugiert komplexen Eigenwerte, Gl. (7.4.24), der beiden Fixpunkte C_1 und C_2 Null wird. Die Eigenwerte sind

$$\lambda_{1,2} = \pm i\sqrt{\frac{2\sigma b(\sigma+1)}{\sigma - b - 1}} \qquad \lambda_3 = -(\sigma + b + 1) \tag{7.4.26}$$

Berücksichtigt man die von Lorenz gewählten Werte $\sigma = 10$ und $b = 8/3$, so gilt, daß im Parameterbereich $1 < r < r_{cr} = 470/19 \approx 24.74$ die Fixpunkte C_1 und C_2 stabil sind (Abb. 7.4.1). Bei $r = r_{cr}$ wandeln sich die stabilen Fixpunkte C_1 und C_2 in Sattelfoki mit einer zweidimensionalen instabilen und einer eindimensionalen stabilen Mannigfaltigkeit. Im Zustand $r > r_{cr}$ erscheint der sogenannte Lorenz-Attraktor. Die numerischen Studien der Lorenzschen Bewegungsgleichung für $\sigma = 10$, $b = 8/3$ und $r = 28$ hinsichtlich Einzugsgebiet, Sensibilität gegenüber den Anfangsbedingungen und aperiodischem, erratischen Verhalten wurden in Abschnitt 5.2 behandelt. Wir erinnern in diesem Zusammenhang an die Darstellungen in Farbtafeln XII, S. 650, und XIII, S. 651.

Bei $r = r_{cr}$ durchstoßen die imaginären Eigenwerte die komplexe Achse ($\mathrm{Re}(\lambda_{1,2}) < 0$), wobei der Realteil des dritten Eigenwertes negativ bleibt ($\mathrm{Re}(\lambda_3) < 0$). Der Fokusfluß von C_1 und C_2 wird instabil: das klassische Beispiel einer Hopf-Verzweigung. Wie wir aus Abschnitt 6.4 wissen, sind zwei Verzweigungstypen bekannt: die superkritische und die subkritische. Marsden und McCracken (1976) konnten zeigen, daß es sich im vorliegenden Fall um eine subkritische Hopf-Verzweigung handelt (Abb. 7.4.1). Die nichttrivialen Fixpunkte C_1 und C_2 werden jeweils von instabilen Grenzzyklen begleitet, die mit zunehmendem r bei $r = r_{cr}$ auf Null zusammenschrumpfen. Für $r > 24.74\ldots$ haben alle drei Fixpunkte $(0, C_1, C_2)$ Sattelpunktcharakter, d. h. den Fluß von C_1, C_2 prägen jeweils ein instabiler Fokus (zweidimensionale Mannigfaltigkeit) und eine eindimensionale stabile Mannigfaltigkeit und den Fluß im Ursprung formen unverändert für Werte $r > 1$ eine zweidimensionale stabile und eine eindimensionale instabile Mannigfaltigkeit. Das Wechselspiel von stabil und instabil dieser drei Fixpunkte führt zur global begrenzten und lokal erratischen Struktur des Lorenz-Attraktors. Da der Lorenz-Attraktor der einzige Attraktor im Phasenraum ist, führen alle Anfangsbedingungen zu chaotischen Bewegungen. Das „vorturbulente“ (nach Kaplan und Yorke, 1978b) oder das „metastabile chaotische“ (nach Yorke und Yorke, 1979) Intervall zwischen $13.926\ldots < r < 24.06\ldots$ und das sich daran anschließende Intervall $24.06\ldots < r < 24.74\ldots$ der Koexistenz zweier stabiler Fixpunkte und eines chaotischen Attraktors wollen wir hier nur erwähnen, und wir verweisen in diesem Zusammenhang auf die detaillierten Ausführungen in (Sparrow, 1982) und (Bergé *et al.*, 1984).

Die Entwicklung des Lorenz-Systems in Abhängigkeit vom Kontrollparameter r wollen wir vorläufig mit einigen Farbillustrationen zum Lorenz-Attraktor ($r = 28$) abschließen. Numerische Untersuchungen zum Lorenz-Attraktor wurden von zahlreichen Autoren durchgeführt, repräsentativ für alle beschränken wir uns hier auf die Arbeiten von (Sparrow, 1982) und (Guckenheimer und Holmes, 1983) und verweisen auf die dort aufgeführte, recht umfangreiche Literatur zu diesem Thema.

Die drei Bilder der Farbtafel XII, S. 650, zeigen die Ausbreitung der stabilen Mannigfaltigkeit des Ursprungs für den chaotischen Bereich $r > 24.74\ldots$. Wir erinnern uns, daß die eindimensionale instabile Mannigfaltigkeit in positiver und negativer Richtung den Ursprung verläßt und spiralig die C_1- und C_2-Nähe sucht. Sie wird jedoch von C_1 oder C_2 niemals eingefangen, sondern zufällig, unvorhersagbar, ohne Vorankündigung, eben launisch, zur anderen Seite überspringen. Und zwischen diesem chaotisch verworrenen Linienspiel muß sich die stabile flächige Mannigfaltigkeit hindurchschlängeln. Die Konsequenz ist ein Aufspulen zu einer Blätterteigstruktur (*mille feuilles*) um die Sattel-Foki C_1 und C_2, was in der Darstellung der Farbtafel XIII, S. 651, sehr schön verdeutlicht wird. Wir wissen, daß die Blätterteiglamellen unendlich dicht liegen, das heißt, daß eine Trennung in eine blaue und rote Hemisphäre, und damit eine Zuordnung von roter oder blauer Startbedingung, praktisch unmöglich wird. Damit wird klar, daß jeder Punkt des seltsamen Attraktors zu jedem Zeitpunkt unsicher darüber ist, ob er zu blau oder rot gehört. Diese Ungewißheit könnte man als lokale Unvorhersagbarkeit bezeichnen, die auch durch Ausnützung der besten Computer nicht in eine Vorhersagbarkeit umgewandelt werden kann. Man muß, ob man will oder nicht, einfach akzeptieren, daß ein rein deterministisches Gleichungssystem „Unvorhersagbarkeit" erzeugen kann. Die filigrane, ineinander verschlungene, ästhetisch beeindruckende Struktur des seltsamen Attraktors im Phasenraum bringt uns gewissermaßen das Erscheinen des mysteriösen Unvorhersagbaren nahe.

8 Wege zur Turbulenz

Big whorls have little whorls,
Which feed on their velocity;
And little whorls have lesser whorls,
And so on to viscosity.

Lewis Fry Richardson (1882 - 1953), 1922

Turbulenz ist ein Phänomen, das wir tagtäglich beobachten können: im Rauch einer Zigarette, in der flackernden Flamme einer Kerze, beim Zusammenströmen zweier Flüsse oder in der Verwirbelung der Strömung hinter einem Brückenpfeiler. Turbulenzen in der Erdatmosphäre sind die Ursache für das Entstehen bizarrer, die Phantasie anregenden Wolkenbildungen und für zerstörerische Orkane. Auch in der Astronomie spielen Turbulenzen eine wichtige Rolle, denken wir nur an die Eruptionen auf der Sonne oder an die turbulenten Vorgänge in der Jupiteratmosphäre; siehe Abb. 8.0.1.

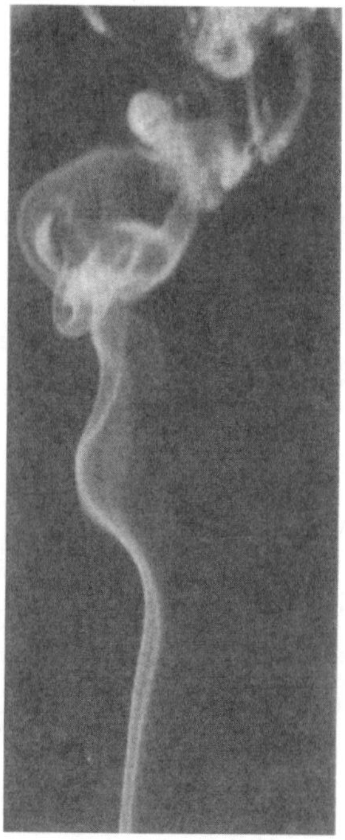

a)

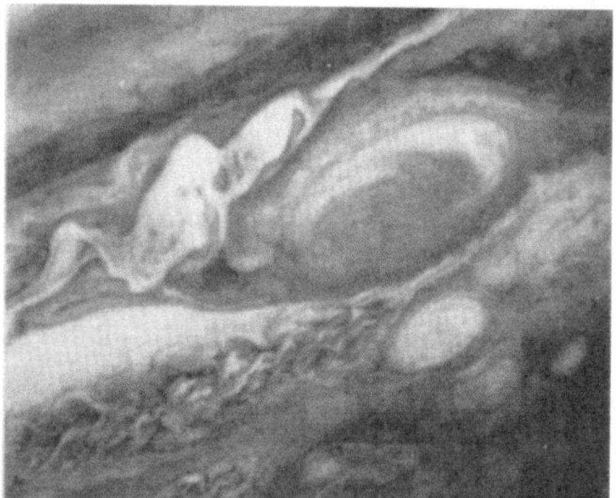

b)

Abb. 8.0.1

Zwei extreme Beispiele turbulenter Erscheinungen:
a) aufsteigender Rauch einer Zigarette
b) turbulente Strömung um den Roten Fleck auf dem Jupiter

Die komplexen Muster und das regellose Durcheinanderwirbeln turbulenter Strömungen haben Künstler wie Leonardo da Vinci fasziniert, der in einer Zeichnung bereits die wesentlichen Eigenschaften der Turbulenz erkennen läßt, nämlich das Zerfallen der großen Wirbel in eine Kaskade von immer kleiner werdenden Wirbeln bis zur vollständigen Durchmischung der Flüssigkeit; siehe Abb. 8.0.2.

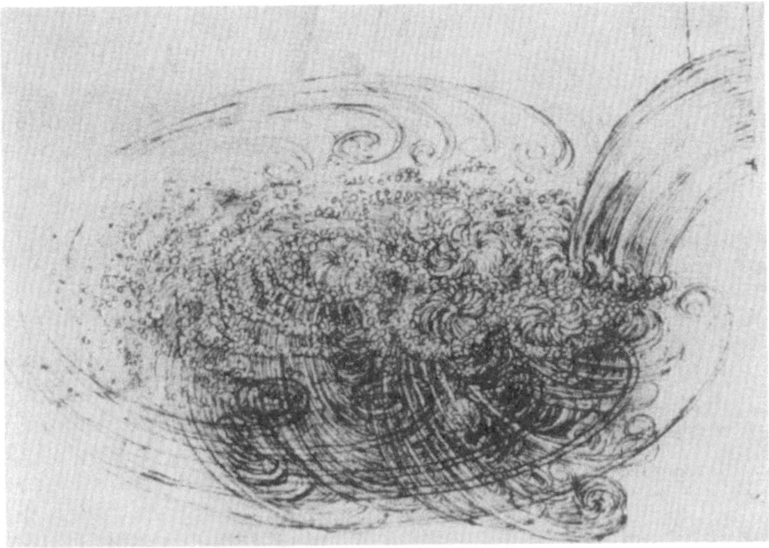

Abb. 8.0.2 Leonardo da Vincis Zeichnung zur Turbulenz: ein großer Wirbel zerfällt in eine Kaskade von kleineren

Ingenieure haben in vielen Bereichen gelernt, turbulentes Verhalten technisch zu beherrschen, wie etwa in der Aerodynamik von Flugzeugen oder bei der Durchmischung verschiedener Stoffe, wie sie für eine optimale Verbrennung oder in der chemischen Industrie notwendig ist. Daher könnte man vermuten, daß die physikalischen Hintergründe für das Phänomen Turbulenz vollkommen verstanden sind, zumal die Bewegungsgesetze der Hydrodynamik seit der Mitte des 19. Jahrhunderts bekannt sind, deren Anwendung aber auf turbulente Strömungen Zweifel zuläßt. Ausgehend vom Impulserhaltungssatz formulierte Leonhard Euler bereits 1755 die Grundgleichungen für reibungsfreie Flüssigkeiten. Louis Navier (1822) und Sir George Gabriel Stokes (1845) erweiterten diese Beziehungen, indem sie zusätzlich die molekularen Reibungskräfte, beschrieben durch die kinematische Viskosität $\nu = \eta/\varrho$, berücksichtigten. Dies führte zur bekannten Navier-Stokes-Gleichung (vgl. Gl. (7.1.20)), die für inkompressible Strömungen lautet

$$\frac{\partial \boldsymbol{v}}{\partial t} + (\boldsymbol{v}^{\mathrm{t}} \nabla)\boldsymbol{v} = \boldsymbol{F} - \frac{1}{\varrho}\nabla p + \nu \nabla^2 \boldsymbol{v} \qquad (8.0.1)$$

Hierbei bezeichnet $\boldsymbol{v}$ den Geschwindigkeitsvektor, p den hydrostatischen Druck und $\boldsymbol{F}$ ein äußeres Kraftfeld. Diese Gleichung drückt das Newtonsche Gesetz aus: die Beschleunigung eines bewegten Flüssigkeitsvolumens der Masse 1 ist gleich der Summe aus der äußeren Kraft, der Druckkraft und den viskosen Kräften. Das Verhältnis aus äußerer Antriebsrate (u/l) und interner Dissipationsrate (ν/l^2) wird durch die dimensionslose Reynolds-Zahl (Reynolds, 1883) bestimmt

$$Re = \frac{lu}{\nu} \tag{8.0.2}$$

wobei l eine typische Länge in der Geometrie der Strömung und u eine typische Geschwindigkeit auf der Längenskala l bezeichnet. Strömungen mit derselben Reynolds-Zahl sind in skalierter Form und mit skalierten Randbedingungen gleich, und damit im Rahmen der Gln. (8.0.1) geometrisch ähnlich. Dadurch ist es möglich, experimentell an Modellen, z. B. im Windkanal, ermittelte Strömungsdaten auf 1:1-Verhältnisse zu übertragen. Das Problem ist aber nicht so einfach, wie hier dargestellt.

Die ersten Arbeiten auf dem Gebiet der Turbulenz gehen auf Boussinesq und Reynolds zurück, die postulierten, daß es hoffnungslos ist, derart komplexe Vorgänge, wie sie in turbulenten Strömungen auftreten, in allen Einzelheiten durch deterministische Bewegungsgleichungen beschreiben zu wollen, daß vielmehr die einzige Möglichkeit darin besteht, eine statistische Theorie der Turbulenz zu entwickeln. In den folgenden Jahren hat sich eine ganze Generation von herausragenden Wissenschaftlern – wie L. Prandtl, G. I. Taylor, Th. von Kàrmàn, A. N. Kolmogorov, W. Heisenberg und andere – intensiv mit dem Problem der Turbulenz auseinandergesetzt.

Je nach Fragestellung gibt es unterschiedliche Auffassungen darüber, was man unter der Lösung des Turbulenzproblems zu verstehen habe. Ingenieure sind in erster Linie an gemittelten Größen des Strömungsgeschehens interessiert, wie beispielsweise am mittleren Geschwindigkeitsprofil oder am mittleren Druckgradienten. Physiker dagegen wollen zu einem Verständnis der nichtlinearen physikalischen Prozesse gelangen, die Turbulenz auslösen bzw. in entwickelter Turbulenz auftreten und die sowohl für die gemittelten Eigenschaften als auch für die detaillierte Struktur verantwortlich sind.

Obwohl eine Reihe wesentlicher qualitativer Ergebnisse bekannt ist, gibt es dennoch bis heute keine vollständige quantitative Theorie der ausgebildeten Turbulenz, so daß die Turbulenz für die Physiker immer noch eines der großen bisher ungelösten Probleme darstellt. Eine kleine Anekdote, die gelegentlich Heisenberg zugeschrieben wird, unterstreicht die Schwierigkeiten, mit denen Physiker nach wie vor konfrontiert sind, wenn sie sich um eine Klärung des Turbulenzproblems bemühen. Als Heisenberg am Ende seines Lebens stand, gab es noch zwei wichtige Fragen, die er an Gott stellen wollte: warum Relativität und warum Turbulenz? Er selbst glaubte, daß Gott eine Antwort auf die erste Frage geben könnte.

Die Schwierigkeiten zeigen sich bereits beim Versuch, den Begriff Turbulenz zu definieren. Eine endgültige Definition in mathematischen Größen wird erst dann möglich sein, wenn die physikalischen Ursachen für das Entstehen und für die voll entwickelte Turbulenz bekannt sind. Ingenieure verstehen unter turbulentem Verhalten die zufälligen, statistischen Fluktuationen in einer Flüssigkeit oder einem Gas, die häufig einer mittleren Strömung überlagert sind. Allerdings hängt es bei einer solchen Definition vom Standpunkt des Beobachters ab, was er unter der mittleren Strömung und was er unter turbulenten Wirbeln versteht. Beobachtet man z. B. an einem stürmischen Tag eine Fahne aus der Nähe, so wird man eine mittlere Windrichtung feststellen, um die herum die Fahne unregelmäßig flattert. Aus größerer Entfernung bzw. auf einer anderen Zeitskala zeigt es sich, daß die mittlere Windrichtung keineswegs konstant ist, sondern ebenfalls als Fluktuation betrachtet werden kann, die z. B. einer nordwestlichen Strömung überlagert ist. Ein Wettersatellit wird seinerseits aufzeigen, daß es sich auch hierbei nur um kurzzeitige Fluktuationen um die globale westliche Windrichtung handelt. Diese Beobachtungen lassen aber schon eine ganz wesentliche Eigenschaft turbulenten Verhaltens erkennen, nämlich das Fehlen eines natürlichen Maßstabs im Phänomen Turbulenz, was gleichbedeutend ist mit Skaleninvarianz. Wir können also davon ausgehen, daß die Wirbelverteilungen in voll entwickelten turbulenten Strömungen statistisch selbstähnlich sind (Großmann, 1989).

Vorläufig sind wir also auf phänomenologische Beschreibungen der Turbulenz angewiesen. Folgende Eigenschaften treten dabei besonders hervor:

a) irreguläres, zufälliges Verhalten des Geschwindigkeitsvektors in Raum und Zeit;

b) empfindliche Abhängigkeit des Strömungsbildes von kleinen Störungen, d. h. benachbarte Flüssigkeitsteilchen entfernen sich äußerst rasch voneinander, was eine effektive Durchmischung der Flüssigkeit bewirkt;

c) zahllose ineinandergreifende Wirbel führen zu einer statistisch selbstähnlichen Struktur.

Die stürmischen Entwicklungen der letzten 20 bis 25 Jahre auf dem Gebiet der Chaos-Theorie lassen diese Eigenschaften in einem völlig neuen Licht erscheinen. Selbst einfache deterministische Gleichungen – wie z. B. das Lorenz-System, die logistische und die Hénonsche Abbildung – können zu Bewegungen führen, die charakteristische Eigenschaften turbulenten Verhaltens (wie Irregularität, Durchmischen und Skaleninvarianz im Phasenraum) widerspiegeln. Seit der Veröffentlichung der grundlegenden Arbeit von E. N. Lorenz aus dem Jahre 1963 hat ein prinzipielles Umdenken eingesetzt (Lorenz, 1963). Der angebliche Widerspruch zwischen deterministischen Bewegungsgleichungen und chaotischem Verhalten hat sich aufgelöst. Daher setzt man in letzter Zeit große Hoffnungen auf die Theorie nichtlinearer Systeme und die Bifurkationstheorie und glaubt, einen Ansatzpunkt gefunden zu haben, der die Ursachen zufälligen Verhaltens der Turbulenz aufdeckt und damit auch zu ihrem Verständnis beiträgt.

Die offenen Fragen lassen sich in zwei Problemkreise unterteilen. Zum ersten kann man nach den Ursachen für das *Einsetzen der Turbulenz* fragen. Warum entsteht aus einer laminaren, glatten Strömung plötzlich eine regellose, turbulente Bewegung? Ist der Übergang abrupt oder fließend? Der zweite Problemkreis umfaßt alle Fragen, die die *entwickelte Turbulenz* betreffen. Hier interessieren in erster Linie die Transporteigenschaften turbulenter Strömungen und in welcher Weise die kinetische Energie der mittleren Strömung auf die ineinandergreifenden Wirbel verteilt und schließlich in Wärme übergeführt wird.

Wesentliche Erfolge sind vor allem für den ersten Problemkreis, das Einsetzen von Turbulenz, erzielt worden, und zwar in Systemen, in denen wenige räumliche Moden dominieren, wie z. B. der Bénard-Konvektion, der Taylor-Couette-Strömung bzw. der Konvektionsströmung zwischen zwei Kugelschalen (Friedrich, 1986). Die Beschreibung der Dynamik basiert dann nicht direkt auf den partiellen Differentialgleichungen der Hydrodynamik, sondern auf niedrigdimensionalen Systemen gewöhnlicher Differentialgleichungen, die durch eine Beschränkung auf wenige Glieder einer Reihenentwicklung bzw. durch synergetische Überlegungen gewonnen werden.

Der zweite Problemkreis, die entwickelte Turbulenz, läßt noch viele Fragen offen. Das Charakteristische an Strömungen mit hohen Reynolds-Zahlen ist, daß es ein breites Band von signifikanten Skalen gibt, auf denen die Bewegung abläuft. Die enorme Komplexität turbulenter Strömungen rührt daher, daß es zwischen den einzelnen Skalen keine Trennung gibt, d. h. Turbulenz bedeutet Anregung der Moden auf allen Skalen. Bezeichnet l eine typische Länge des Strömungsgeschehens, so enthält ein Volumen der Größenordnung l^3 Freiheitsgrade in der Größenordnung von $(Re)^{9/4}$. Für eine Reynolds-Zahl $Re = 10^8$, die für geophysikalische Verhältnisse durchaus realistisch ist, gibt es also $\sim 10^{18}$ aktive Freiheitsgrade pro l^3-Volumen. Diese Tatsache macht das Studium turbulenter Strömungen bei großen Reynolds-Zahlen mit Hilfe direkter Simulationen unmöglich, selbst bei Verwendung von Höchstleistungsrechnern, und hat zur Einführung einer ganzen Reihe von Turbulenzmodellen geführt, die jedoch nicht universell einsetzbar sind. Die Entwicklung besserer Turbulenzmodelle wird jedoch erst dann möglich sein, wenn man die zugrunde liegenden physikalischen Prozesse versteht.

Im folgenden wollen wir uns auf den ersten Problemkreis beschränken und die einzelnen mathematischen Modelle vorstellen, die zu zeitlich chaotischem Verhalten führen. Das Überraschende dabei ist, daß es gar nicht so sehr auf die Form des Bewegungsgesetzes im einzelnen ankommt, sondern daß die einzelnen Wege ins Chaos universellen Charakter haben. Denselben Übergang zu chaotischem Verhalten, den man z. B. bei einem Duffing-Balken feststellt, kann man auch im Rayleigh-Bénard-Experiment beobachten. Der hohen Präzision in der Durchführung physikalischer Experimente aufgrund hochauflösender Meßverfahren ist es zu verdanken, daß die einzelnen Wege zur Turbulenz von verschiedenen Gruppen experimentell nachgewiesen werden konnten.

Die neuesten Forschungen gehen in die Richtung, auch die Entwicklung von turbulentem Verhalten in *Raum und Zeit* zu verstehen und mathematisch zu erfassen. Aus der Vielzahl der Untersuchungen wollen wir zwei Themen anführen, zum einen Versuche, die multifraktale Struktur voll entwickelter Turbulenz zu erfassen (Argoul *et al.*, 1989), zum anderen Arbeiten, die die Dynamik kohärenter Strukturen auf der Grundlage der Theorie dynamischer Systeme analysieren (Aubry *et al.*, 1988). Im Vorfeld entwickelter Turbulenz kann man häufig organisierte Bewegungen erkennen, kohärente Strukturen, die auf räumliche Korrelationen und damit auf eine begrenzte Anzahl von Freiheitsgraden hinweisen. Allerdings wird die Anzahl der Moden, die an derartigen Bewegungen beteiligt sind, bei allgemeinen Geometrien und bei Erhöhung der Reynolds-Zahl erheblich anwachsen, so daß weiterhin stochastische Hilfsmittel unumgänglich sein werden (Großmann, 1990).

8.1 Landau-Szenario

In den vierziger Jahren wurde zuerst von Lev Davidovich Landau und dann, unabhängig, von Eberhard Hopf ein mathematisches Modell vorgeschlagen (Landau, 1944; Hopf, 1948), das den sanften Übergang einer stationären, laminaren zu einer turbulenten Strömung durch eine unendliche Folge von Instabilitäten erklären sollte und an dessen Gültigkeit bis zu Beginn der siebziger Jahren nicht gezweifelt wurde. Landau betrachtete die Strömung einer inkompressiblen zähen Flüssigkeit, deren Bewegung durch die Navier-Stokes-Beziehungen Gl. (8.0.1) gegeben ist, und nahm zeitunabhängige Randbedingungen an. Osborne Reynolds hatte nicht nur erkannt, daß auf der Grundlage der Navier-Stokes-Gleichungen bei gleicher Reynolds-Zahl – siehe Gl. (8.0.2); diese Strömungskennzahl wurde später nach ihm benannt – die Stromlinienbilder geometrisch ähnlich sind, sondern auch, daß bei einem kritischen Wert Re_{cr} ein Umschlag von laminarer zu turbulenter Strömung erfolgt. Für kleine Re-Werte ist der glättende Einfluß der Viskosität so groß ($\nu \gg lu$), daß eine stationäre Strömung gegenüber kleinen Störungen stabil bleibt und dieselben Symmetrien widerspiegelt, die durch die äußeren Bedingungen vorgegeben sind. Landau untersuchte nun die Stabilität einer durch $\boldsymbol{v}_0(\boldsymbol{x})$ und $p_0(\boldsymbol{x})$ gegebenen stationären inkompressiblen Strömung in einem Gebiet $\mathcal{B}$ in Abhängigkeit von $Re \sim 1/\nu$, indem er den Einfluß kleiner zeitabhängiger Störungen $\boldsymbol{v}_1(\boldsymbol{x}, t)$, $p_1(\boldsymbol{x}, t)$ betrachtete. Dabei erfüllt $\boldsymbol{v}_0$ für alle Re- bzw. ν-Werte die folgenden Gleichungen

$$(\boldsymbol{v}_0^{\mathrm{t}}\nabla)\boldsymbol{v}_0 = \boldsymbol{F} - \frac{1}{\varrho}\nabla p_0 + \nu\nabla^2\boldsymbol{v}_0 \qquad \text{und} \qquad \nabla\boldsymbol{v}_0 = 0 \tag{8.1.1}$$

wobei die Werte von $\boldsymbol{v}_0$ an den Rändern $\partial\mathcal{B}$ vorgeschrieben sind. Setzt man $\boldsymbol{v} = \boldsymbol{v}_0 + \boldsymbol{v}_1$ und $p = p_0 + p_1$ in Gl. (8.0.1) ein und nimmt an, daß die Störungen $\boldsymbol{v}_1$, p_1 klein genug sind, so kann man Glieder höherer Ordnung vernachlässigen und erhält unter Berücksichtigung von Gl. (8.1.1) folgendes System linearer partieller Differentialgleichungen

$$\begin{aligned} \frac{\partial\boldsymbol{v}_1}{\partial t} + (\boldsymbol{v}_0^{\mathrm{t}}\nabla)\boldsymbol{v}_1 + (\boldsymbol{v}_1^{\mathrm{t}}\nabla)\boldsymbol{v}_0 &= -\frac{1}{\rho}\nabla p_1 + \nu\nabla^2\boldsymbol{v}_1 \\ \nabla\boldsymbol{v}_1 &= 0 \end{aligned} \tag{8.1.2}$$

mit der Randbedingung $\boldsymbol{v}_1\big|_{\partial\mathcal{B}} = \boldsymbol{o}$ und der Anfangsbedingung $\boldsymbol{v}_1\big|_{t=0} = \boldsymbol{v}_{10}(\boldsymbol{x})$, wobei die Koeffizienten von Gl. (8.1.2) nur vom Ort, nicht aber von der Zeit

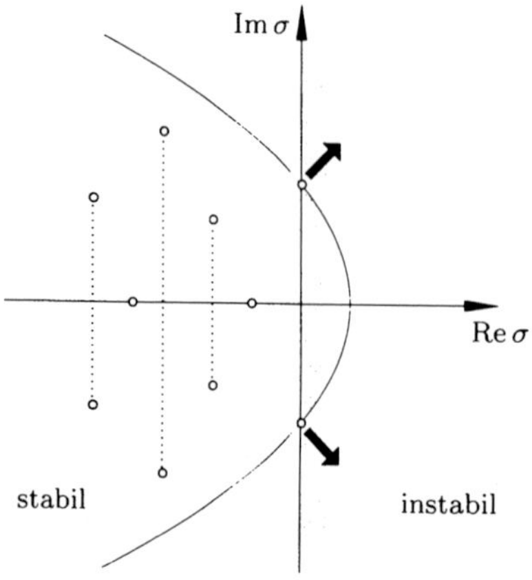

Abb. 8.1.1
Hopf-Verzweigung der stationären Strömung $\boldsymbol{v}_0$ bei Re_1 und Eigenwertspektrum der Gl. (8.1.4)

abhängen. Obwohl die Lösung dieses allgemeinen Randwertproblems im allgemeinen schwierig ist, kann man prinzipiell durch einen Produktansatz

$$\boldsymbol{v}_1 = \mathrm{e}^{\sigma t}\boldsymbol{f}(\boldsymbol{x}) \,, \qquad p_1 = \mathrm{e}^{\sigma t}p(\boldsymbol{x}) \tag{8.1.3}$$

eine Separation der Variablen durchführen und gelangt so zu folgendem Eigenwertproblem

$$\begin{gathered} \sigma\boldsymbol{f}(\boldsymbol{x}) + (\boldsymbol{v}_0^{\mathrm{t}}\nabla)\boldsymbol{f}(\boldsymbol{x}) + \big(\boldsymbol{f}^{\mathrm{t}}(\boldsymbol{x})\nabla\big)\boldsymbol{v}_0 = -\frac{1}{\varrho}\nabla p(\boldsymbol{x}) + \nu\nabla^2\boldsymbol{f}(\boldsymbol{x}) \\ \nabla\boldsymbol{f}(\boldsymbol{x}) = 0 \end{gathered} \tag{8.1.4}$$

mit $\boldsymbol{f}\big|_{\partial\mathcal{B}} = \boldsymbol{o}$. Diejenigen Werte σ, für die dieses Gleichungssystem nichttriviale Lösungen $\boldsymbol{f}(\boldsymbol{x})$ und $p(\boldsymbol{x})$ besitzt, heißen Eigenwerte, die zugehörigen Lösungen Eigenfunktionen. Da der Bereich $\mathcal{B}$, in dem sich die Flüssigkeit befindet, endlich ist, gibt es eine abzählbar unendliche Menge von diskreten, i. a. komplexen Eigenwerten σ_{j} ($\mathrm{j} = 1, 2, \ldots$)

$$\sigma_{\mathrm{j}}(Re) = \gamma_{\mathrm{j}}(Re) + i\omega_{\mathrm{j}}(Re) \tag{8.1.5}$$

die von der Reynolds-Zahl Re abhängen und in der komplexen σ-Ebene innerhalb einer nach links geöffneten Parabel liegen (Joseph, 1985), siehe Abb. 8.1.1.

Für genügend kleine Reynolds-Zahlen Re gilt $\gamma_{\mathrm{j}}(Re) < 0$ für alle j= $1, 2, \ldots$, d. h. die Störungen klingen exponentiell mit der Zeit ab und die stationäre Lösung $\boldsymbol{v}_0$ ist stabil. Erhöht man jedoch Re, so gibt es einen kritischen Wert Re_1, für den $\gamma_1(Re_1) = 0$ wird. Nehmen wir an, daß für Re_1 gerade ein Paar konjugiert komplexer Eigenwerte die imaginäre Achse kreuzt, so gilt

$$\mathrm{Re}\big(\sigma(Re_1)\big) = 0 \,, \qquad \mathrm{Im}\big(\sigma(Re_1)\big) = \pm i\omega_1(Re_1) \neq 0 \tag{8.1.6}$$

In diesem Fall tritt eine Hopf-Verzweigung auf (vgl. Abschnitt 6.4). Für etwas höhere Reynoldszahlen $Re > Re_1$ wird $\gamma_1(Re) > 0$. Nun ergibt sich die Lösung des linearisierten Problems aus Gl. (8.1.3) unter Heranziehung von Gl. (8.1.5)

$$\boldsymbol{v}_1 = \mathrm{e}^{\gamma_1 t}\mathrm{e}^{i\omega_1 t}\boldsymbol{f}(\boldsymbol{x}) \tag{8.1.7}$$

Die Linearisierung suggeriert ein sehr rasches Anwachsen der Amplitude $\mathrm{e}^{\gamma_1 t}$ für positive γ_1-Werte. In Wirklichkeit wird aber aufgrund der Nichtlinearität des Strömungsverhaltens die Amplitude einem endlichen Grenzwert entgegenstreben. Landau konnte zeigen, daß die Amplitude A der einsetzenden Bewegung endlich bleibt und proportional zu $\sqrt{Re - Re_1}$ anwächst (vgl. Landau und Lifschitz, 1991).

Zusammenfassend können wir also sagen, daß für Re-Werte, die nur wenig oberhalb von Re_1 liegen, die Strömung als Überlagerung der stationären und der periodischen Strömung mit der Frequenz $\omega_1(Re)$ und der endlichen Amplitude A dargestellt werden kann

$$\boldsymbol{v} = \boldsymbol{v}_0 + A\mathrm{e}^{i(\omega_1 t+\beta_1)}\boldsymbol{f}(\boldsymbol{x}) \tag{8.1.8}$$

wobei die Anfangsphase β_1 durch eine beliebige Anfangsbedingung bestimmt wird.

Für größere Re-Werte verliert die Superposition ihre Gültigkeit. Die Strömung ist dann eine allgemeine periodische Funktion mit der Grundfrequenz $\omega_1(Re)$ und kann in eine Fourier-Reihe entwickelt werden

$$\boldsymbol{v}(\boldsymbol{x},t) = \sum_{\mathrm{k}} A_{\mathrm{k}}\boldsymbol{f}_{\mathrm{k}}(\boldsymbol{x})\mathrm{e}^{i\mathrm{k}(\omega_1 t+\beta_1)} \tag{8.1.9}$$

d. h. es treten jetzt auch Glieder auf, die zu ganzzahligen Vielfachen von ω_1 gehören. Im Gegensatz zur stationären Strömung $\boldsymbol{v}_0$, die durch die Problemstellung eindeutig bestimmt ist, hat die periodische Strömung einen willkürlichen Freiheitsgrad, nämlich die Anfangsphase β_1, die von den zufälligen Anfangsbedingungen zu Beginn der Strömung abhängt.

Wächst die Reynolds-Zahl $Re > Re_1$ noch weiter an, so ist zu fragen, wie lange diese periodische Strömung $\boldsymbol{v}$ ihrerseits stabil bleibt. Um dies zu prüfen, wird $\boldsymbol{v}$ eine kleine Störung $\boldsymbol{v}_2$ überlagert und ihre zeitliche Entwicklung untersucht. Setzt man $\boldsymbol{v} + \boldsymbol{v}_2$ wieder in die Navier-Stokes-Gleichungen ein und vernachlässigt Glieder höherer Ordnung, so erhält man analog zu Gl. (8.1.2) ein System linearer partieller Differentialgleichungen, deren Koeffizienten jetzt aber periodische Funktionen der Periodendauer $T = 2\pi/\omega_1(Re)$ sind. Die Stabilität der periodischen Lösung $\boldsymbol{v}$ kann mit Hilfe der in Abschnitt 5.4.2 beschriebenen Floquet-Theorie untersucht werden, wobei jetzt allerdings noch die Ortsabhängigkeit berücksichtigt werden muß. Überlagert man der periodischen Lösung $\boldsymbol{v}(\boldsymbol{x},t)$ in Gl. (8.1.9) eine Störung

$$\boldsymbol{v}_2 = \mathrm{e}^{\sigma t}\tilde{\boldsymbol{f}}(\boldsymbol{x},t)\ , \quad \sigma = \gamma_2(Re) + i\omega_2(Re) \tag{8.1.10}$$

wobei die Funktion $\widetilde{\boldsymbol{f}}(\boldsymbol{x},t) = \widetilde{\boldsymbol{f}}(\boldsymbol{x},t+2\pi/\omega_1)$ dieselbe Periode aufweist wie die Lösung $\boldsymbol{v}$, und linearisiert man das Ausgangssystem Gl. (8.0.1) in der Umgebung von $\boldsymbol{v}$, so erhält man folgendes Spektralproblem

$$\sigma\widetilde{\boldsymbol{f}} + \frac{\partial\widetilde{\boldsymbol{f}}}{\partial t} + (\boldsymbol{v}^{\mathrm{t}}\nabla)\widetilde{\boldsymbol{f}} + (\widetilde{\boldsymbol{f}}^{\mathrm{t}}\nabla)\boldsymbol{v} = -\frac{1}{\varrho}\nabla p + \nu\nabla^2\widetilde{\boldsymbol{f}}$$

mit (8.1.11)

$$\nabla\widetilde{\boldsymbol{f}} = 0\,,\quad \widetilde{\boldsymbol{f}}\big|_{\partial\mathcal{B}} = \boldsymbol{o}$$

Die Eigenwerte σ entsprechen den Floquet-Exponenten und geben Auskunft über das Stabilitätsverhalten (vgl. Abschnitt 5.4.2). Solange $\gamma_2(Re) < 0$ gilt, bleibt die periodische Bewegung stabil. An einem kritischen Wert $Re = Re_2$ mit $\gamma_2(Re_2) = 0$ verliert die Strömung wiederum ihre Stabilität. Wie wir in Abschnitt 6.6 gesehen haben, kann die Verzweigung von Grenzzyklen durch Einführung einer Poincaré-Abbildung f auf die Bifurkation von Fixpunkten einparametriger Abbildungen zurückgeführt werden, wobei allerdings einige Zusatzschwierigkeiten auftreten. (Das Problem der Verzweigung von Grenzzyklen ist bisher noch nicht vollständig gelöst, vgl. (Arnol'd, 1988).)

In Abschnitt 5.4.2 haben wir 3 Möglichkeiten unterschieden, in welcher Weise eine periodische Bewegung instabil werden kann. Dabei kommt es auf die i. a. komplexen Eigenwerte $\lambda = \mathrm{e}^{\sigma T}$ der Monodromie-Matrix Gl. (5.4.32) an, die nach Gl. (5.4.39) und wegen $\gamma_2(Re_2) = 0$ die Form $\lambda = \mathrm{e}^{i\omega_2 T}$ haben und somit auf dem Einheitskreis liegen:

i. $\lambda = 1$ Typischerweise tritt in der Poincaré-Abbildung eine Sattelknoten-Verzweigung auf, die begleitet wird vom Entstehen oder Verschwinden eines Grenzzyklus. Falls das physikalische Problem gewisse Symmetrien und Regularitäten aufweist, kann jedoch auch eine Gabelverzweigung oder eine transkritische Verzweigung auftreten; Einzelheiten siehe z. B. Abschnitt 6.6 und (Guckenheimer und Holmes, 1983).

ii. $\lambda = -1$ In Abschnitt 6.6 wurde gezeigt, daß der Stabilitätsverlust in diesem Fall nicht von einer Verzweigung begleitet wird. Allerdings hat die iterierte Abbildung $f^2(p) = f(f(p))$ den Eigenwert 1, d. h. in der Nähe des kritischen Punktes treten Fixpunkte von f^2 auf, die nicht Fixpunkte von f sind, für die also $P = f^2(P)$ und $P \neq f(P)$ gilt, d. h. die iterierte Abbildung erfährt eine Gabelverzweigung. Im superkritischen Fall liegt ein Zyklus der Periode 2 vor (vgl. Abschnitt 3.6), d. h. $\lambda = -1$ führt zu einer Periodenverdopplung des Orbits.

iii. $|\lambda| = 1\,,$ $\mathrm{Im}\,\lambda \neq 0\,:\ \lambda_{1,2} = \mathrm{e}^{\pm i\omega_2 T}$

Wir nehmen an, daß für $Re = Re_2$ ein einziges Paar konjugiert komplexer Eigenwerte λ, λ^* den Einheitskreis überschreitet, d. h. es ist $\sigma(Re_2) = \pm i\omega_2$, wobei $\mathrm{d}\gamma_2/\mathrm{d}Re|_{Re_2} > 0$ gelten soll. Dann zweigt eine neue Lösung ab, deren Eigenschaften durch das Verhältnis der Frequenzen, ω_2/ω_1, und durch die Bauart der Normalform geprägt werden (vgl. Abschnitt 6.6, Neĭmark-Sacker-Verzweigung). Gilt für die Eigenwerte $\lambda^k = 1$ mit $k = 1, 2, 3, 4$, so spricht man von *starker Resonanz* (engl. *strong resonance*). In diesen Fällen treten bei der Herleitung der Normalform Terme auf, die eine besondere Behandlung erforderlich machen; Einzelheiten siehe (Takens, 1974; Arnol'd, 1977).

Schließt man starke Resonanzen aus, so kann man nachweisen, daß für $Re > Re_2$ ein invarianter Kreis existiert, im dreidimensionalen Phasenraum also ein invarianter Torus, auf dem die Bewegung verläuft. Damit ist allerdings noch nicht die Frage beantwortet, ob die tatsächliche Bewegung auf dem Torus periodisch oder quasiperiodisch ist. Treten nämlich in der Normalform Glieder höherer Ordnung auf, so können zusätzliche Effekte – wie die Synchronisation von Frequenzen – hinzukommen, die zu periodischen Bewegungen führen. Wir werden in Abschnitt 8.3 im Zusammenhang mit der Kreisabbildung noch ausführlich auf diese Problematik zu sprechen kommen (vgl. auch Abschnitt 6.6).

Landau nahm in seinem Modell an, daß am Instabilitätspunkt $Re = Re_2$ ein Paar konjugiert komplexer Eigenwerte $\sigma = \pm i\omega_2$ der Gl. (8.1.11) mit einer neuen inkommensurablen Frequenz ω_2 auftritt und die periodische Bewegung durch eine quasiperiodische Bewegung auf dem Torus abgelöst wird

$$\boldsymbol{v}(\boldsymbol{x}, t) = \boldsymbol{v}(\boldsymbol{x}, \omega_1 t + \beta_1, \omega_2 t + \beta_2) \tag{8.1.12}$$

die jetzt 2 unabhängige Anfangsphasen β_1 und β_2 enthält, d. h. die neue Strömung hat 2 willkürliche Freiheitsgrade. Nach Landaus Vorstellung treten bei weiterer Erhöhung der Reynolds-Zahl nacheinander immer weitere Verzweigungen vom Hopf-Typus auf (siehe Abb. 8.1.2), was bedeutet, daß jedesmal eine neue unabhängige Frequenz ω_i hinzukommt und die Abstände zwischen 2 aufeinanderfolgenden kritischen Reynolds-Zahlen Re_{i-1} und Re_i rasch abnehmen. Mit jeder Bifurkation gewinnt die Strömung einen neuen Freiheitsgrad in Form einer neuen beliebigen Anfangsphase β_i hinzu. Auf diese Weise wird die Strömung sehr schnell kompliziert und verworren, die Zeitverläufe sind komplex und scheinen irregulär zu sein und das Leistungsspektrum erscheint als Band von unendlich vielen diskreten Frequenzen $\omega_1, \omega_2 \ldots$ und ihren ganzzahligen Linearkombinationen (siehe Abschnitt 5.3). In Abb. 8.1.2 ist Landaus Szenario schematisch dargestellt.

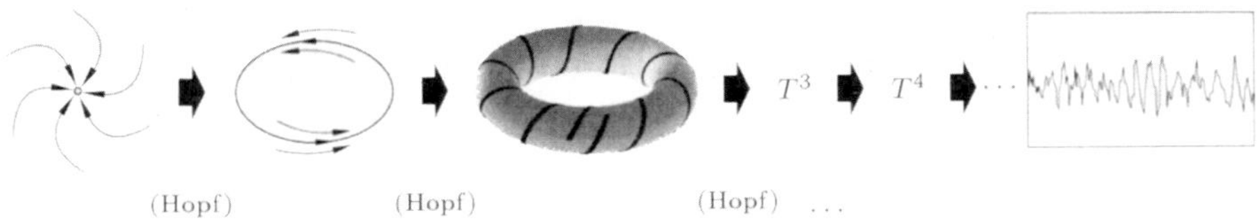

Abb. 8.1.2 Landaus Turbulenzmodell (1944)

8.2 Ruelle-Takens-Szenario

Die Vorstellungen von Landau und Hopf, daß ein so komplexes Phänomen wie eine turbulente Strömung eine komplexe Beschreibung mit unendlich vielen Freiheitsgraden erfordert, sind erst durch die stürmischen Entwicklungen auf dem Gebiet der nichtlinearen Dynamik und der Chaos-Theorie hinterfragt worden. Nachdem Lorenz gezeigt hatte, daß bereits drei gewöhnliche nichtlineare Differentialgleichungen zu einem außerordentlich komplexen Verhalten führen können, wurde auch Landaus Turbulenzmodell kritisch unter die Lupe genommen.

Die Bewegung auf einem seltsamen Attraktor hat nämlich zwei wesentliche Eigenschaften, die auch für turbulente Strömungen charakteristisch sind, die jedoch eine quasiperiodische Bewegung auf einem n-dimensionalen Torus ($n \to \infty$) niemals aufweisen kann. Da ist in erster Linie die empfindliche Abhängigkeit von kleinen Störungen, die dazu führt, daß beliebig benachbarte Trajektorien exponentiell auseinanderdriften, und die sich quantitativ durch positive Lyapunov-Exponenten erfassen läßt. Bei einer quasiperiodischen Bewegung auf einem n-dimensionalen Torus bleiben dagegen ursprünglich benachbarte Trajektorien für alle Zeiten benachbart: in diesem Fall gibt es ($n - 1$) verschwindende und einen negativen Lyapunov-Exponenten, aber sicher keinen positiven.

Eine direkte Folgerung und eine weitere wesentliche Kritik an Landaus Modell ist, daß quasiperiodische Bewegungen – im Gegensatz zu turbulentem Verhalten – im Phasenraum nicht zu einer Durchmischung der Trajektorien (durch Dehnen und Falten; siehe Abschnitt 9.2) führen. Durchmischung ist dadurch gekennzeichnet, daß die gemittelte Autokorrelation, Gl. (5.3.24), für $\tau \to \infty$ gegen Null strebt

$$\bar{a}(\tau) = \lim_{T\to\infty} \frac{1}{2T} \int\limits_{-T}^{+T} f(t+\tau) f(t) \mathrm{d}t \to 0 \tag{8.2.1}$$

Experimentelle Ergebnisse bestätigen für turbulente Strömungen, daß tatsächlich $\bar{a}(\tau)$ gegen Null geht. In Abschnitt 5.3 wurde jedoch gezeigt, daß für quasiperiodische Bewegungen auch $\bar{a}(\tau)$ eine quasiperiodische Funktion ist (vgl. Tabelle 5.3.3), d. h. mit Landaus Modell kann eine Durchmischung überhaupt nicht erfaßt werden.

Die Ursache für die Unzulänglichkeiten des Landau-Modells ist, daß der Weg zur Turbulenz weitgehend auf linearen Vorstellungen beruht insofern, als angenommen wird, daß vorhandene periodische Lösungen im Verlauf der Bifurkationsfolge weder verschwinden können noch sich wesentlich verändern. Die Strömung, die sich in Landaus Turbulenzmodell einstellt, ist letztendlich eine Superposition derartiger sich nicht verändernder Lösungen (Landau und Lifschitz, 1991).

8.2.1 Instabilität quasiperiodischer Bewegungen auf dem 3D-Torus

Ohne die Arbeit von Lorenz zu kennen, die in einer speziellen Meteorologie-Zeitschrift erschienen war und daher in Mathematikerkreisen lange Zeit weitgehend unbekannt blieb, entwickelten Ruelle und Takens 1971 ein mathematisches Modell, das in einem hydrodynamischen System den Übergang zur Turbulenz beschreiben soll (Ruelle und Takens, 1971); in dieser Arbeit wurde auch der Begriff des seltsamen Attraktors eingeführt. Sie verwendeten darin ein Verfahren auf der Basis der invarianten Mannigfaltigkeiten, um die Stabilität und Bifurkation von komplexen dynamischen Systemen zu untersuchen, wobei sie sich auf den „generischen" Fall der Verzweigung konzentrierten.

Der Begriff „generisch" wird in jüngerer Zeit in der qualitativen Theorie der Differentialgleichungen häufig verwendet. Eigenschaften eines Systems oder einer Lösung heißen generisch, wenn sie den typischen Fall bezeichnen, also den Fall, der in der Regel auftritt und nicht den Sonderfall, die Ausnahme, darstellt. Betrachtet man also beispielsweise die komplexen Eigenwerte λ auf dem Einheitskreis, so ist $\lambda = \pm 1$ ein Sonderfall, der i. a. nicht eintritt, ebenso wie alle rationalen Zahlen, da sie vom Lebesgue-Maß Null sind. Bei physikalischen Problemen ist man an generischen Lösungen interessiert, die im allgemeinen in Experimenten nachweisbar und reproduzierbar sind. Allerdings führen Symmetrien und Erhaltungssätze, die physikalischen Systemen zugrunde liegen, zu Einschränkungen des allgemeinen generischen Falls. Wir werden am Ende dieses Abschnitts auf diese Problematik zurückkommen. Leser, die sich für eine mathematisch exakte Definition des Begriffs „generisch" interessieren, seien auf (Hirsch und Smale, 1974) verwiesen.

Ebenso wie Landau gingen Ruelle und Takens zunächst von einer ruhenden Flüssigkeit aus, die bei Erhöhung der Energiezufuhr durch eine periodische Strömung abgelöst wird. Die Bifurkation des Grenzzyklus untersuchten sie ebenfalls mit Hilfe der Poincaré-Abbildung, und sie gingen, um den generischen Fall zu erfassen, wie Landau davon aus, daß genau ein Paar konjugiert komplexer (nicht reeller) Eigenwerte den Einheitskreis überquert, während alle anderen Eigenwerte im Innern des Kreises bleiben. Eine entscheidende Idee war, die Theorie der Zentrumsmannigfaltigkeit (vgl. Abschnitt 6.2) anzuwenden, die es erlaubt, das hochdimensionale allgemeine Problem auf ein zweidimensionales zu reduzieren, ohne wesentliche qualitative Eigenschaften des Langzeitverhaltens der Lösung nach der Verzweigung zu verlieren.

Im Zentrum der weiteren Untersuchungen stand die Frage nach der strukturellen Stabilität der Lösung nach der Verzweigung auf einem invarianten Torus. Dazu verwendeten Ruelle und Takens ein Theorem von Peixoto (Peixoto, 1962), das auf Ideen von Poincaré und eine Arbeit von Andronov und Pontryagin (Andronov und Pontryagin, 1937) zurückgeht, und das notwendige und hinreichende Bedingungen für die Strukturstabilität zweidimensionaler Flüsse aufstellt. Der Begriff der Strukturstabilität wurde 1937 von Andronov und Pontryagin eingeführt, um die Robustheit eines Systems $\dot{\boldsymbol{x}} = \boldsymbol{F}(\boldsymbol{x})$, d. h. die Anfälligkeit der Systemgleichungen selbst gegenüber Störungen bzw. kleinen Änderungen, zu charakterisieren. Die Frage nach der Robustheit eines Systems stellt sich ganz automatisch, wenn man die Ergebnisse abstrakter mathematischer Untersuchungen auf die reale Welt, d. h. auf physikalische Vorgänge, übertragen will. Zur Untersuchung eines natürlichen Prozesses entwirft man zunächst ein Modell, das sich auf die wesentlichen Größen konzentriert, und stellt dann die zugehörigen Evolutionsgleichungen auf. Lösungen sind nur dann sinnvoll auf die tatsächlichen Abläufe übertragbar, wenn kleine Änderungen der Gleichungen das qualitative Verhalten der Lösung nicht verändern, wobei auch hier wieder Symmetrien und Erhaltungssätze zu berücksichtigen sind.

Ein System heißt *strukturstabil*, wenn kleine Perturbationen zu keiner qualitativen Änderung des Systemverhaltens führen, d. h. wenn der Fluß des ungestörten und des gestörten Systems topologisch äquivalent sind. Beispielsweise ist die Gl. (2.2.1) eines Pendels ohne Reibung strukturinstabil, diejenige eines Pendels mit Reibung, Gl. (2.2.6), dagegen strukturstabil. Für eine exakte Definiton siehe z. B. (Guckenheimer und Holmes, 1983; Hirsch und Smale, 1974). Im Gegensatz zur orbitalen Stabilität bezieht sich die Strukturstabilität nicht auf eine einzelne Trajektorie, sondern auf das gesamte System, und sie setzt daher auch nicht voraus, daß keine empfindliche Abhängigkeit von den Anfangsbedingungen vorliegt. Anosovs Theorem sagt z. B. aus, daß die chaotische „Katzenabbildung" (*cat map*) strukturstabil ist, vgl. (Arnol'd, 1988).

Der Satz von Hartman-Grobman, den wir in Abschnitt 5.4.1 behandelt haben, macht eine Aussage über die topologische Äquivalenz eines nichtlinearen Systems mit seinem linearisierten Teil in der Umgebung eines hyperbolischen Fixpunkts. Aufgrund des Theorems über implizite Funktionen sind daher hyperbolische Fixpunkte strukturstabil. Ein nichthyperbolischer Fixpunkt $\boldsymbol{x}_0$ kann dagegen nicht strukturstabil sein, da das linearisierte System

$$\dot{\boldsymbol{x}} = \left.\frac{\partial \boldsymbol{F}}{\partial \boldsymbol{x}}\right|_{\boldsymbol{x}_0} \boldsymbol{x}$$

in diesem Fall einen Eigenwert mit verschwindendem Realteil besitzt. Jede kleine Störung führt i. a. zu einer Bifurkation, der Null-Eigenwert verschwindet und der degenerierte Fixpunkt geht in eine Quelle, eine Senke oder einen Sattelpunkt über.

Die Bedingung, die Flüsse erfüllen müssen, um strukturstabil zu sein, sind für den zweidimensionalen Fall im Theorem von Peixoto zusammengefaßt (Guckenheimer und Holmes, 1983). Für Flüsse in drei oder mehr Dimensionen bzw. für Abbildungen in zwei und mehr Dimensionen wird die Situation wesentlich komplexer, und es sind bisher keine entsprechenden Sätze bekannt.

Theorem von Peixoto

Ein r-mal stetig differenzierbares Vektorfeld $\dot{\boldsymbol{x}} = \boldsymbol{F}(\boldsymbol{x})$ ($r \geqslant 1$) auf einer kompakten zweidimensionalen Mannigfaltigkeit $\mathbb{M}^2$ ist genau dann strukturstabil,

i. wenn die Anzahl der Fixpunkte und periodischen Orbits endlich und jeder von ihnen hyperbolisch ist, *ii.* wenn es keine Trajektorien gibt, die Sattelpunkte verbinden (keine homoklinen und heteroklinen Orbits), und

iii. wenn die nichtwandernde Menge nur aus Fixpunkten und periodischen Orbits besteht.

In Teil *iii.* des Theorems taucht der Begriff der „nichtwandernden Mengen“ auf, die das Langzeitverhalten eines Systems beschreiben und den wir kurz erläutern wollen; siehe (Guckenheimer und Holmes, 1983). Ein Punkt P heißt nichtwandernd, wenn es zu jeder Umgebung U des Punktes P ein beliebig großes t gibt, so daß

$$\phi_t(U) \cap U \neq \text{ leere Menge} \tag{8.2.2}$$

gilt. Unterwirft man also U dem Fluß ϕ_t, so überlappen sich U und die Bildumgebung $\phi_t(U)$, d. h. nichtwandernde Punkte liegen auf oder nahe bei Trajektorien, die nach einer gewissen Zeitspanne ihrem Ausgangspunkt wieder beliebig nahe kommen. Die Menge der nichtwandernden Punkte erfaßt das Langzeitverhalten des dynamischen Systems im Phasenraum. Beispiele für nichtwandernde Mengen sind Fixpunkte, Grenzzyklen, quasiperiodische Bewegungen auf einem Torus und seltsame Attraktoren.

Nach dem Satz von Peixoto enthält also ein 2-dimensionales strukturstabiles System nur Quellen, Senken, Sattelpunkte sowie stabile und instabile Grenzzyklen als invariante Mengen. In Abb. 8.2.1 haben wir einige Beispiele für strukturstabile bzw. strukturinstabile zweidimensionale Flüsse zusammengestellt. Strukturstabilität ist für zweidimensionale Flüsse auf orientierbaren Mannigfaltigkeiten eine generische Eigenschaft (Guckenheimer und Holmes, 1983).

Mit der dritten Bedingung *iii.* in Peixotos Theorem werden quasiperiodische Orbits auf 2D-Tori ausgeschlossen, und diese sind damit strukturinstabil. Und genau dieses Argument verwendeten Ruelle und Takens in ihrer Arbeit. Entsteht aus dem Grenzzyklus eine quasiperiodische Bewegung, so können beliebig kleine Perturbationen angegeben werden, die dazu führen, daß eine periodische Bewegung, d. h. ein geschlossener Orbit auf dem invarianten Torus T^2, entsteht. Ruelle und Takens wiesen in ihrer Arbeit nur die Existenz eines invarianten Torus nach (Ruelle und Takens, 1971), ließen aber die analytischen Eigenschaften der Lösungen nach der Verzweigung, ob periodisch oder quasiperiodisch, offen. Die Diskussion der Lösungen auf dem Torus ist im allgemeinen Fall sehr kompliziert. Auch hier tritt, wie in Abschnitt 4.4, das Problem der kleinen Nenner und der Windungszahlen auf, und es ist die Gültigkeit einer KAM-Bedingung zu überprüfen. Es geht über den Rahmen dieser Einführung hinaus, auf Einzelheiten einzugehen; interessierte Leser seien daher auf weiterführende Literatur, wie z. B. (Guckenheimer und Holmes, 1983) und (Haken, 1987), verwiesen.

Nach der Originalarbeit von Ruelle und Takens führen weitere verallgemeinerte Hopf-Bifurkationen zu quasiperiodischen Bewegungen auf einem vierdimensionalen Torus T^4, in einer späteren Arbeit (Newhouse *et al.*, 1978) auf einem dreidimensionalen Torus T^3, die nicht mehr strukturstabil sind, da beliebig kleine Störungen

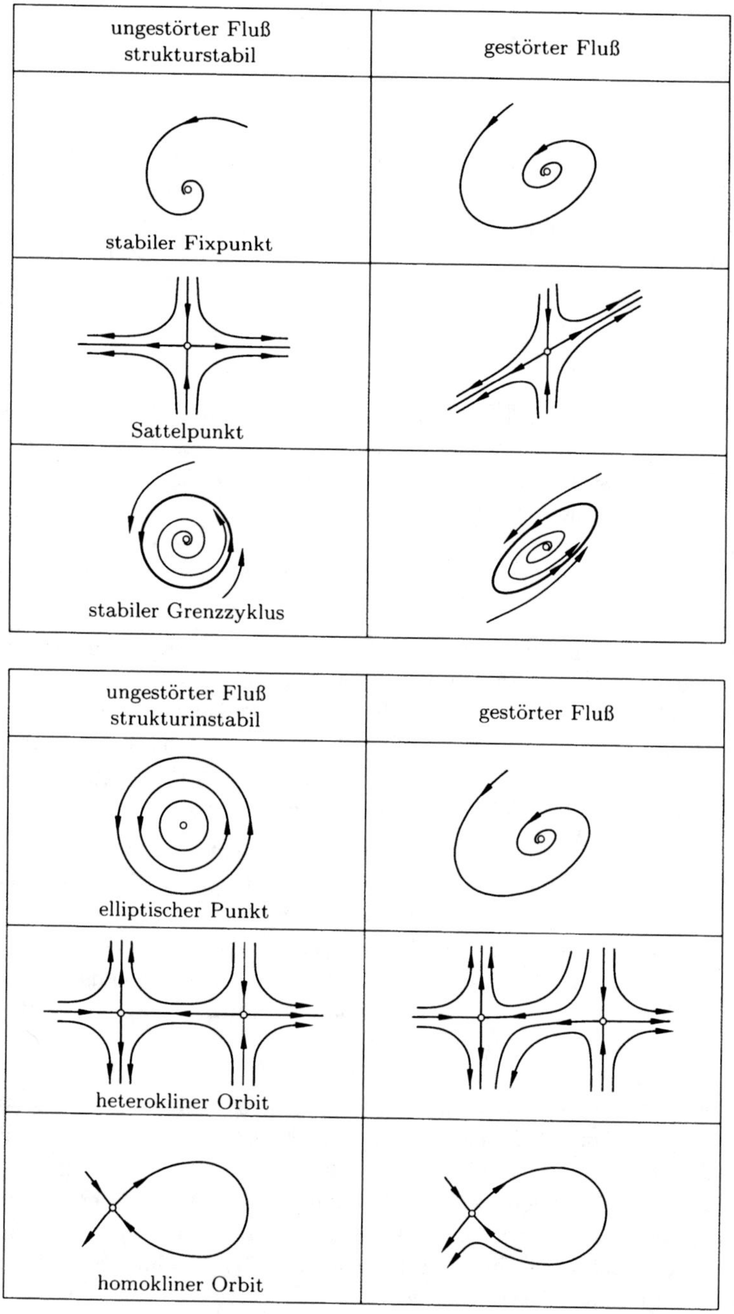

Abb. 8.2.1 Beispiele einiger strukturstabiler und strukturinstabiler Flüsse

dieser quasiperiodischen Bewegungen mit drei inkommensurablen Frequenzen zu chaotischem Verhalten auf dem T^3-Torus führen können. Erst die dritte Dimension des Torus ermöglicht, daß dieser qualitativ neue Attraktortyp, der seltsame Attraktor, auftreten kann. Diese Aussage von Ruelle/Takens bedeutet aber nicht, daß *jede* kleine Störung zu einem seltsamen Attraktor auf T^3 führt, vielmehr gibt es Störungen, die den Charakter der quasiperiodischen Bewegung erhalten.

Das wesentliche Resultat ist also, daß Landaus Vorstellungen eines Übergangs zur Turbulenz nach einer Kaskade von unendlich vielen Hopf-Bifurkationen sehr unwahrscheinlich bzw. untypisch ist, daß vielmehr unmittelbar nach der dritten Bifurkation, d. h. mit dem Erscheinen einer dritten inkommensurablen Frequenz, höchstwahrscheinlich ein seltsamer Attraktor auftritt. In Abb. 8.2.2 haben wir das Ruelle-Takens-Szenario schematisch dargestellt.

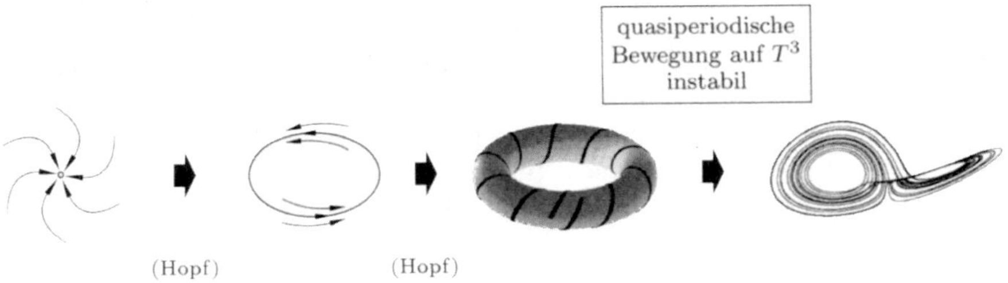

Abb. 8.2.2 Ruelle-Takens-Szenario

8.2.2 Experimente von Swinney und Gollub

Es ist wohl keine Übertreibung festzustellen, daß die Physik bis etwa 1970 die experimentelle Seite der Hydrodynamik als Stiefkind betrachtete. Die verwendete Meßtechnik war relativ unentwickelt, und die Kontrolle von Geschwindigkeiten oder Temperaturen wurde nicht mit ausreichender Präzision durchgeführt, so daß die Mechanismen, die den Übergang von laminarer zu turbulenter Strömung bewirken, experimentell nicht genügend präzise studiert werden konnten. In den Jahren nach 1970 änderte sich diese Situation dramatisch. Die theoretischen Arbeiten von Lorenz (1963) und von Ruelle/Takens (1971) ließen vermuten, daß das Einsetzen einer turbulenten Bewegung durch ein Verzweigung in einen niedrigerdimensionalen seltsamen Attraktor beschrieben werden kann. Diese theoretischen Modelle und Hypothesen zu verifizieren, motivierte einen kleinen Kreis von Experimentatoren aus den USA und Europa, die sich vorher zum Teil intensiv damit beschäftigt hatten, Phasenübergänge zu erforschen, und die nun die dort verwendeten Meßmethoden auf hydrodynamische Experimente übertrugen. Zur Messung der Strömungsgeschwindigkeit an einem Punkt wurde z. B. die Laser-Doppler-Interferometrie eingesetzt, da sie nahezu keinen störenden Einfluß auf die Flüssigkeit ausübt. Methoden der Tieftemperaturtechnik ermöglichten sehr genaue Messungen der zeitlichen Änderung des Wärmestroms durch eine Flüssigkeitsschicht.

Es ist bekannt, daß die Eigenschaften einer Strömung beim Einsetzen der Turbulenz stark von den räumlichen Abmessungen des betrachteten Flüssigkeitsvolumens abhängen, also vom Verhältnis der horizontalen zur vertikalen Ausdehnung der Flüssigkeitsschicht. Ist dieses Verhältnis klein, so bewirken die Ränder eine starke Einschränkung, so daß nur wenige wesentliche Moden angeregt werden, die das Einsetzen von Turbulenz verursachen. Der Grund hierfür ist, daß das Spektrum der Eigenwerte der linearisierten Gleichung diskret ist und daß im allgemeinen nur eine kleine Anzahl von Moden mit $Re\lambda_i > 0$ instabil wird. Daher bevorzugten die Experimentatoren die zwei klassischen Modellversuche, die Rayleigh-Bénard-Konvektion und die Taylor-Couette-Strömung, anhand derer aufgrund günstiger Abmessungsverhältnisse Standard-Szenarios nachgewiesen werden konnten.

Betrachtet man eine Flüssigkeitsschicht zwischen zwei koaxialen Zylindern und läßt man den inneren Zylinder mit einer Winkelgeschwindigkeit ω rotieren, während der äußere Zylinder festgehalten wird, so kann man die Hierarchie der sogenannten Taylor-Instabilitäten beobachten. Bei Erhöhung von ω bilden sich zunächst toroidale Rollen aus (Abb. 8.2.3a), diese beginnen zuerst periodisch (Bild b) und dann mit zwei oder mehr inkommensurablen Frequenzen zu oszillieren (Bild c), bis schließlich chaotische, turbulente (Bild d) Bewegung einsetzt.

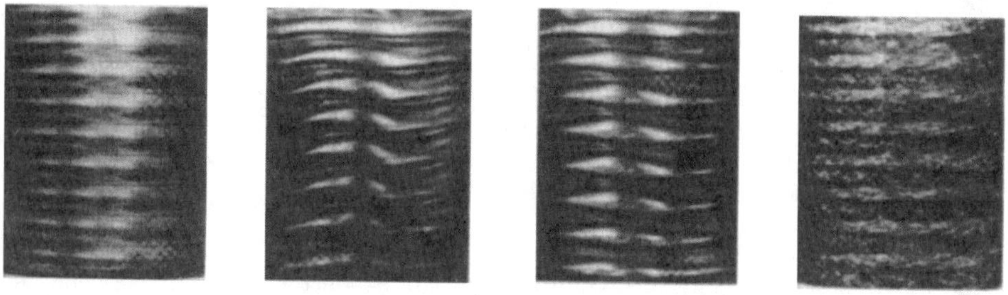

a) b) c) d)

Abb. 8.2.3 Instabilitäten bei der Taylor-Couette-Strömung (Swinney *et al.*, 1977)

Das erste Experiment, in dem mit genügender Genauigkeit der Übergang zu turbulentem Verhalten beobachtet werden konnte, wurde 1975 von den amerikanischen Physikern J. P. Gollub und H. L. Swinney an einer Taylor-Couette-Strömung durchgeführt (Gollub und Swinney, 1975). Die Leistungsspektren zeigten nach einer endlichen Anzahl von Bifurkationen Chaos: nach dem Auftreten zeitunabhängiger torusförmiger Rollen setzt periodisches Verhalten ein, dann quasiperiodische Bewegungen auf einem Torus, gefolgt von einem abrupten Übergang ins Chaos. Dieses Ergebnis war die erste experimentelle Bestätigung der Vorstellungen von Ruelle und Takens und stand im Gegensatz zu Landaus Modell. Im Jahre 1978 führten Swinney und Gollub entsprechende Experimente mit der Rayleigh-Bénard-Konvektion durch (Swinney und Gollub, 1978). Abbildung 8.2.4 zeigt für verschiedene relative Rayleigh-Zahlen $r = Ra/Ra_{cr}$ (vgl. Abschnitt 7.3)

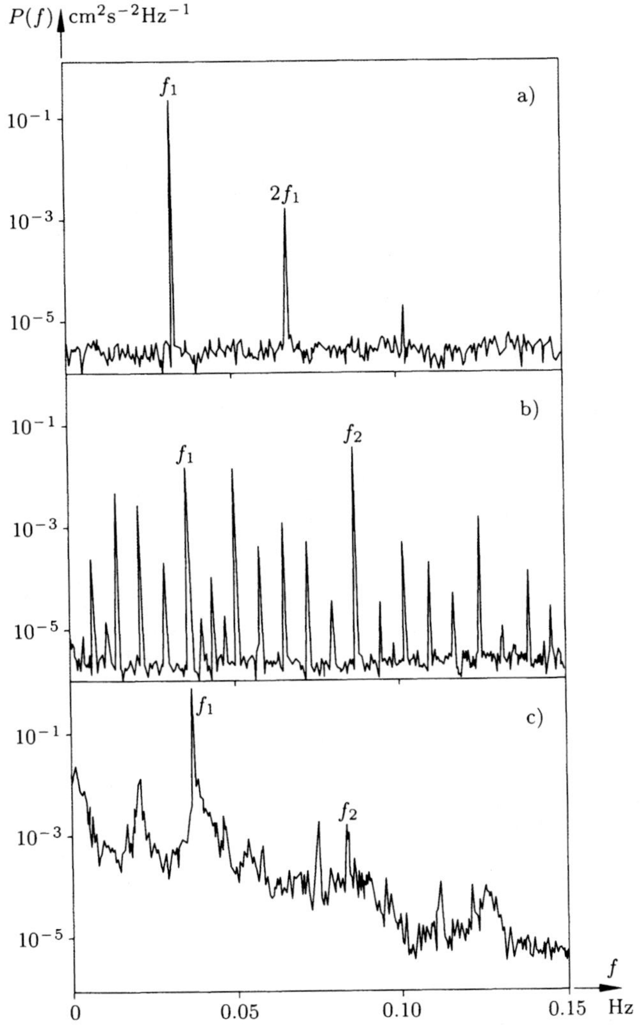

Abb. 8.2.4 Experiment von (Swinney und Gollub, 1978); Leistungsspektren für die Rayleigh-Bénard-Konvektion

a) eine periodische Oszillation der Konvektionsrollen mit einer Grundfrequenz f_1,

b) eine quasiperiodische Bewegung mit 2 inkommensurablen Grundfrequenzen f_1 und f_2 (das Leistungsspektrum zeigt scharfe Spitzen für f_1 und f_2 und ihre Linearkombinationen) und schließlich

c) ein Breitbandspektrum mit einigen scharfen Spitzen, das auf das Einsetzen einer chaotischen Bewegung hindeutet.

Dieser Übergang entspricht genau dem Szenario von Ruelle/Takens. Unmittelbar nach der 3. Hopf-Bifurkation setzt Chaos ein. Dabei kann im Experiment eine quasiperiodische Bewegung mit drei inkommensurablen Frequenzen nicht beobachtet werden, da sie bereits durch eine kleine Störung in eine chaotische Bewegung übergeführt wird.

Diese Schlußfolgerung stützt sich allerdings nur auf die Eigenschaften von Fourierspektren einer einzigen Variablen des Systems. Man könnte einwenden, daß es nicht ausgeschlossen ist, daß zwischen Abb. 8.2.4b und Abb. 8.2.4c eine Reihe weiterer Bifurkationen auftreten, die sehr rasch aufeinander folgen, da ein breites Band von Frequenzen wie in Abb. 8.2.4c ja noch keinen Aufschluß darüber gibt, wieviele Moden an der Bewegung beteiligt sind. Dieser Einwand konnte durch eine Arbeit von (Malraison *et al.*, 1983) entkräftet werden. Mit Hilfe der in Abschnitt 5.5.4 beschriebenen Methode zur Rekonstruktion von Attraktoren konnte aus den Daten einer eindimensionalen Meßreihe ein Attraktor rekonstruiert werden, dessen Korrelationsdimension $D_K \approx 2.8 \pm 0.1$ betrug. Damit war es gelungen nachzuweisen, daß die irreguläre Bewegung tatsächlich auf einem niedrigdimensionalen seltsamen Attraktor verläuft.

Allerdings beobachtete man nicht in allen Experimenten unmittelbar nach der 3. Hopf-Bifurkation einen Übergang zu turbulentem Verhalten. Es zeigte sich zum Beispiel, daß in Abhängigkeit von der Prandtl-Zahl und dem Abmessungsverhältnis der Flüssigkeitsschicht verschiedene Szenarien auftreten können. So konnten etwa Gollub und Benson (Gollub und Benson, 1980) in einem Rayleigh-Bénard-Experiment das Auftreten einer quasiperiodischen Bewegung mit 3 inkommensurablen Frequenzen beobachten (Abb. 8.2.5); siehe auch (Fauve und Libchaber, 1981).

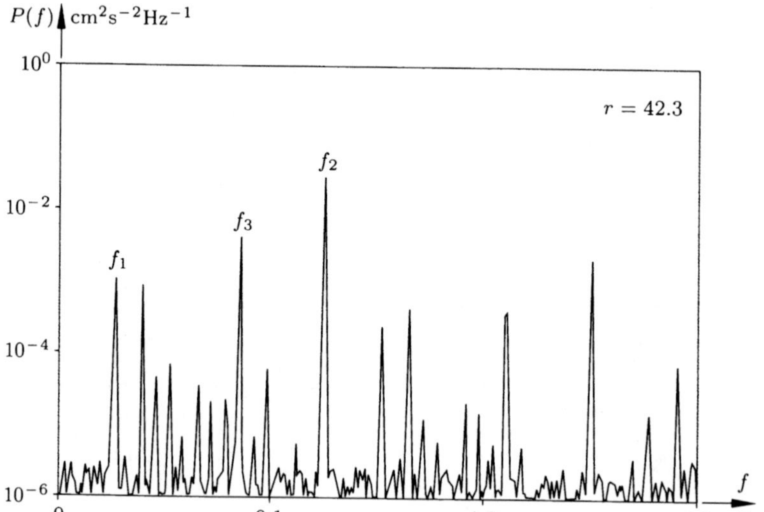

Abb. 8.2.5 Drei inkommensurable Frequenzen bei einer Rayleigh-Bénard-Konvektion, für $r = Ra/Ra_{cr} = 42.3$ (Gollub und Benson, 1980)

Es stellt sich daher die Frage, warum in einigen Fällen die Vorstellungen von Ruelle und Takens verifiziert werden können, in anderen Fällen jedoch nicht. Eine der Annahmen von Ruelle/Takens war, daß die Lösungen generisch sind. Das ist zunächst ein rein mathematischer Begriff, der auf physikalische Probleme nur bedingt angewendet werden kann. Grundlegende Symmetrien oder Invarianten können bewirken, daß die Lösungen nicht generisch sind. Zum Beispiel konnte bisher nicht bewiesen werden, ob die Lösungen der Navier-Stokes-Gleichungen generisch sind oder nicht. Erfüllen die Grundfrequenzen einer quasiperiodischen Bewegung beispielweise eine KAM-Bedingung, d. h. besitzt ihr Quotient einen gewissen „Grad an Irrationalität“, so kann es wahrscheinlicher sein, daß die quasiperiodische Bewegung nach der dritten Bifurkation stabil bleibt und nicht sofort nach der Verzweigung in eine chaotische Bewegung übergeht (Haken, 1983a). Allerdings wird das Auftreten weiterer Hopf-Verzweigungen immer unwahrscheinlicher, so daß das Turbulenzmodell von Landau seine Gültigkeit verliert. Das Konzept des seltsamen Attraktors hat mit Sicherheit dazu beigetragen, daß man heute viele Phänomene im Zusammenhang mit der Entstehung chaotischer Bewegungen versteht, die früher nicht erklärt werden konnten, wie z. B. die Mischungseigenschaften und die empfindliche Abhängigkeit irregulärer Bewegungen von kleinen Störungen in den Anfangsbedingungen, obwohl die Modellbeschreibung rein deterministischen Gesetzen folgt.

8.3 Universelle Eigenschaften des Übergangs von Quasiperiodizität zu Chaos

In Abschnitt 6.7 hatten wir anhand eindimensionaler Abbildungen den Übergang ins Chaos über eine Periodenverdopplungskaskade untersucht und die universellen Aspekte herausgearbeitet. Nachdem Ruelle und Takens für das Einsetzen von turbulentem bzw. chaotischem Verhalten ein neues Modell vorgeschlagen hatten, das auch durch experimentelle Ergebnisse bestätigt werden konnte, stellte sich die Frage, ob bei diesem Übergang von Quasiperiodizität zu Chaos ebenfalls universelle Eigenschaften eine Rolle spielen. Im Jahre 1982 erschienen die Arbeiten von zwei Gruppen (Rand *et al.*, 1982; Feigenbaum *et al.*, 1982), die zunächst unabhängig voneinander die Theorie der Renormierungsgruppen aufgriffen und auf diese Problematik anwandten. Wir wollen uns nun im vorliegenden Abschnitt etwas näher mit diesen Untersuchungen befassen.

Viele dynamische Systeme, die durch mindestens zwei verschiedene Frequenzen charakterisiert sind, zeigen quasiperiodisches Langzeitverhalten. Bereits vor 60 Jahren hatte man festgestellt, daß in elektrischen Schaltkreisen, die die Herztätigkeit modellieren, durch eine Änderung der Erregerfrequenz eine Reihe verschiedener Typen von Ausgangssignalen beobachtet werden können, die sowohl normalen als auch pathologischen Herzrhythmen ähneln (van der Pol, 1928; van der Mark, 1928). Anfang der 80er Jahre befaßten sich, angeregt durch die Arbeiten zur Chaostheorie, Ärzte und Physiker erneut mit der Auswirkung von Herzschrittmachern auf die Herzrhythmen der Patienten (Glass und Perez, 1982), d. h. mit den Auswirkungen von kurzen elektrischen Impulsen, mit denen die spontane Herztätigkeit stimuliert wird. In Abhängigkeit von Intensität und Frequenz des Impulses wurden periodisches Verhalten, Frequenzkopplung und Periodenverdopplungskaskaden beobachtet.

Herzkammerflimmern führt im allgemeinen innerhalb von Sekunden zum Tod. Während sich bei der normalen Herztätigkeit die einzelnen Muskelzellen koordiniert zusammenziehen und entspannen, flattert bei Herzflimmern das gesamte Gewebe in völlig unkontrollierter Weise, die globale Koordination der Bewegung des Herzmuskelgewebes geht verloren, so daß kein Blut mehr in die Arterien gepumpt werden kann. Versuche zeigen, daß bereits ein relativ schwacher elektrischer Impuls genügt, um Kammerflimmern auszulösen. Umgekehrt versuchen daher Ärzte beim Auftreten von Herzarrhythmien, durch einen Stromstoß das Herz wieder in den normalen Rhythmus zurückspringen zu lassen. Ein besseres Verständnis der nichtlinearen Dynamik des Herzens könnte die Grundlagen dafür schaffen, Zeitpunkt und Stärke dieses elektrischen Impulses genauer festzulegen und somit gezielte Therapien bei Herzrhythmusstörungen zu ermöglichen. Als einfachstes mathematisches Modell zur Simulierung der Herztätigkeit wurde ein periodisch erregter nichtlinearer Oszillator herangezogen und dessen Poincaré-Abbildung studiert.

8.3.1 Der impulsartig erregte gedämpfte Oszillator

Für ein kontinuierliches nichtlineares System ist es im allgemeinen nicht möglich, die Poincaré-Abbildung explizit anzugeben, so daß man gewöhnlich auf numerische Integrationen angewiesen ist. Eine Ausnahme bildet der gedämpfte Oszillator, auf den in festen Zeitabständen T eine äußere Kraft K_0 und ein konstantes Drehmoment M_0 impulsartig einwirken (siehe Abb. 8.3.1).

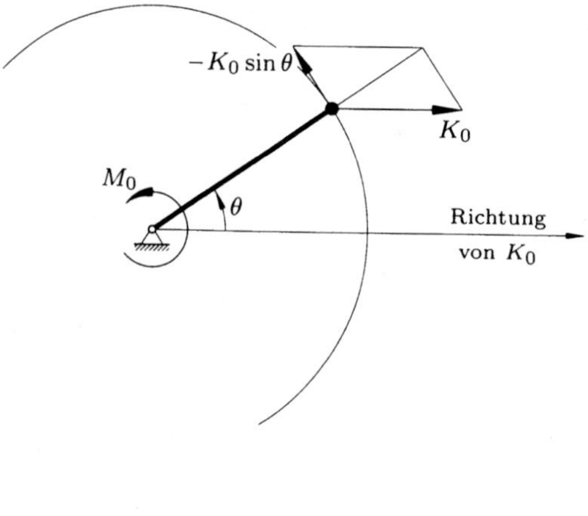

Abb. 8.3.1
Impulsartig angeregter Rotator

Bezeichnet man die Dämpfungskonstante mit c, so lautet die Bewegungsgleichung, wenn das Massenträgheitsmoment zu eins gesetzt wird (zur Definition der Diracschen *delta*-Funktion vgl. Abschnitt 5.3.3),

$$\ddot{\theta} + c\dot{\theta} = \sum_{\mathrm{n}=0}^{\infty} \big(M_0 - K_0 \sin 2\pi\theta(t)\big)\delta(t - \mathrm{n}T) \tag{8.3.1}$$

Durch die Substitutionen

$$x = \theta, \quad y = \dot{\theta}, \quad z = t \quad (0 \leqslant \theta < 1)$$

wird die Bewegungsgleichung (8.3.1) in ein autonomes System von Differentialgleichungen 1. Ordnung übergeführt

$$\begin{aligned} \dot{x} &= y \\ \dot{y} &= -cy + \sum_{\mathrm{n}=0}^{\infty} [M_0 - K_0 \sin 2\pi x(z)]\delta(z - \mathrm{n}T) \\ \dot{z} &= 1 \end{aligned} \tag{8.3.2}$$

Dieses System kann man jeweils zwischen 2 Impulsen stückweise integrieren. Dazu bezeichnen wir die Koordinaten x und y unmittelbar vor dem n-ten Impuls mit x_{n} und y_{n}, also

$$\begin{aligned} x_{\mathrm{n}} &= \lim_{\varepsilon \to 0} x(\mathrm{n}T - \varepsilon) \\ y_{\mathrm{n}} &= \lim_{\varepsilon \to 0} y(\mathrm{n}T - \varepsilon) \end{aligned} \tag{8.3.3}$$

Betrachtet man die zweite Gleichung des Systems Gl. (8.3.2) für das Zeitintervall $-\varepsilon \leqslant t \leqslant T - \varepsilon$, so reduziert sich die Summe auf das Glied mit $\mathrm{n} = 0$

$$\dot{y} = -cy + [M_0 - K_0 \sin 2\pi x(t)]\delta(t) \tag{8.3.4}$$

Diese Differentialgleichung läßt sich geschlossen integrieren, und die Lösung der homogenen Gleichung lautet $y = A\mathrm{e}^{-ct}$. Die gesamte Lösung ergibt sich durch Variation der Konstanten A

$$\dot{A}\mathrm{e}^{-ct} - cA\mathrm{e}^{-ct} = -cA\mathrm{e}^{-ct} + [M_0 - K_0 \sin 2\pi x(t)]\delta(t)$$

$$A(t) = A_0 + \lim_{\varepsilon \to 0} \int_{-\varepsilon}^{t} [M_0 - K_0 \sin 2\pi x(t')]\delta(t')\mathrm{e}^{ct'}\mathrm{d}t'$$

d. h.

$$A(t) = A_0 + M_0 - K_0 \sin 2\pi x_0 \tag{8.3.5}$$

Aus der Anfangsbedingung $y(0) = y_0$ folgt schließlich $A_0 = y_0$. Man erhält also

$$y(t) = \mathrm{e}^{-ct}(y_0 + M_0 - K_0 \sin 2\pi x_0) \tag{8.3.6}$$

Durch Integration der 1. Gleichung von Gl. (8.3.2) ergibt sich

$$x(t) = x_0 + \frac{1 - \mathrm{e}^{-ct}}{c}(y_0 + M_0 - K_0 \sin 2\pi x_0) \tag{8.3.7}$$

Daraus kann man sehr einfach eine Beziehung für die Koordinaten (x_1, y_1) unmittelbar vor dem nächsten Impuls in Abhängigkeit von (x_0, y_0) ableiten

$$\begin{aligned} x_1 &= x_0 + \frac{1 - \mathrm{e}^{-cT}}{c}(y_0 + M_0 - K_0 \sin 2\pi x_0) \qquad (\mathrm{mod}\ 1) \\ y_1 &= \mathrm{e}^{-cT}(y_0 + M_0 - K_0 \sin 2\pi x_0) \end{aligned} \tag{8.3.8}$$

woraus sich auf die Rekursionsformel

$$\begin{aligned} x_{\mathrm{n}+1} &= x_{\mathrm{n}} + \frac{1 - \mathrm{e}^{-cT}}{c}(y_{\mathrm{n}} + M_0 - K_0 \sin 2\pi x_{\mathrm{n}}) \qquad (\mathrm{mod}\ 1) \\ y_{\mathrm{n}+1} &= \mathrm{e}^{-cT}(y_{\mathrm{n}} + M_0 - K_0 \sin 2\pi x_{\mathrm{n}}) \end{aligned} \tag{8.3.9}$$

schließen läßt. Die Modulo-Funktion muß man wegen $0 \leqslant x_{\mathrm{n}} < 1$ einführen. Gleichung (8.3.9) entspricht aber gerade einer Poincaré-Abbildung, wenn man Poincaré-Schnitte jeweils kurz vor dem nächsten Impuls einführt. Durch eine Reihe von Substitutionen

$$\begin{aligned} &x_{\mathrm{n}} = \theta_{\mathrm{n}}\,, \qquad \frac{\mathrm{e}^{cT} - 1}{c} y_{\mathrm{n}} = r_{\mathrm{n}} + \Omega \\ &M_0 = c\Omega\,, \qquad \frac{1 - \mathrm{e}^{-cT}}{c} K_0 = \frac{K}{2\pi}\,, \qquad \mathrm{e}^{-cT} = b \end{aligned} \tag{8.3.10}$$

lassen sich diese Gleichungen einfacher schreiben. Setzt man diese Beziehungen in Gl. (8.3.9) ein, so ergibt sich nach einigen Umformungen

$$\begin{aligned} \theta_{\mathrm{n}+1} &= \theta_{\mathrm{n}} + \Omega - \frac{K}{2\pi} \sin 2\pi\theta_{\mathrm{n}} + b r_{\mathrm{n}} \qquad (\mathrm{mod}\ 1) \\ r_{\mathrm{n}+1} &= b r_{\mathrm{n}} - \frac{K}{2\pi} \sin 2\pi\theta_{\mathrm{n}} \end{aligned} \tag{8.3.11}$$

Hierbei bezeichnet θ_{n} den Winkel des Rotators unmittelbar vor dem n-ten Impuls; r_{n} ist nach Gl. (8.3.10) bis auf eine Konstante Ω proportional zur entsprechenden Winkelgeschwindigkeit $y_{\mathrm{n}} = \dot{\theta}|_{t=\mathrm{n}}$. Deutet man θ_{n} und r_{n} als Polarkoordinaten, so kann man Gl. (8.3.11) als dissipative Kreisabbildung interpretieren. Dabei steuert

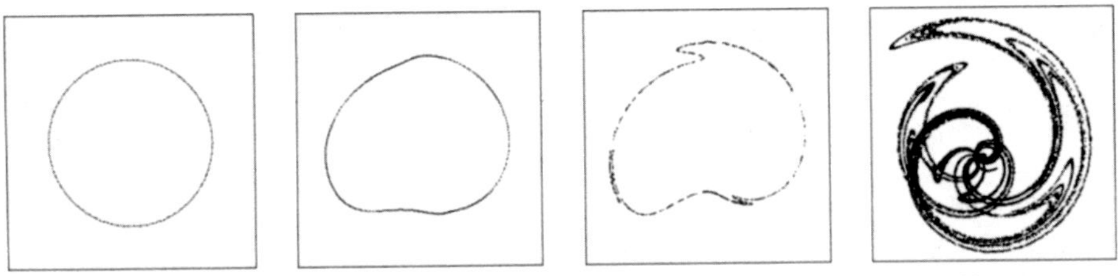

$K = 0$ $K = 0.9$ $K = 1.2$ $K = 4.3$

Abb. 8.3.2 Die dissipative Kreisabbildung: ein Modell zur Veranschaulichung des Zerfalls eines 2D-Torus

die Konstante $b = e^{-cT} < 1$ die Dämpfung, und K ist ein Maß für die Stärke des nichtlinearen äußeren Impulses.

Abbildung 8.3.2 zeigt die Veränderung der dissipativen Kreisabbildung bei Erhöhung der Nichtlinearität K bei sonst festen Systemparametern $b = 0.5$, $\Omega = 0.612$. Dabei wurden r_n und θ_n aus Gl. (8.3.11) für die Startwerte ($r_0 = 0$, $\theta_0 = 0$) ermittelt und aufeinanderfolgende Iterationspunkte mit den Polarkoordinaten $r = 1 + 4r_n$, $\theta = \theta_n$ aufgetragen. Für $K = 0$ erhält man einen Kreis mit Radius $r = 1$, der für $K = 0.9$ leicht deformiert wird. Für $K > 1$ wird die Umfangslinie gedehnt und auf sich zurückgefaltet, d. h. der Torus löst sich auf. Eine weitere Erhöhung der K-Werte führt schließlich zu einem seltsamen Attraktor. Deutet man die dissipative Kreisabbildung als Poincaré-Abbildung, so kann sie als Modell für den Zerfall eines 2D-Torus in einem dreidimensionalen Phasenraum dienen.

Für sehr starke Dämpfung ($b \approx 0$) ergibt sich aus Gl. (8.3.11) die eindimensionale Kreisabbildung

$$\theta_{n+1} = \theta_n + \Omega - \frac{K}{2\pi} \sin 2\pi\theta_n \qquad (\text{mod } 1) \tag{8.3.12}$$

deren Eigenschaften wir im nächsten Abschnitt studieren wollen. Durch den Zeittakt T des äußeren Impulses und die Größe der ruckartigen Verdrehungen jeweils um den Winkel $2\pi\Omega$ besitzt das dynamische System zwei voneinander unabhängige Frequenzen, so daß, je nach deren Größenverhältnis, periodische oder quasiperiodische Bewegungen zu erwarten sind.

8.3.2 Die eindimensionale Kreisabbildung

Die zweidimensionale Kreisabbildung, Gl. (8.3.11), ist in gewisser Weise das dissipative Gegenstück zur Standardabbildung Hamiltonscher Systeme, Gl. (4.5.3) (*Moser's perturbed twist map*), die wir in Abschnitt 4.5 bei der Untersuchung der Stabilität invarianter Tori konservativer Systeme studiert hatten. Hier, wie auch in der KAM-Theorie, haben wir zu unterscheiden zwischen rationalen und irrationalen Frequenzverhältnissen. Die eindimensionale Kreisabbildung

$$f(\theta) = \theta + \Omega - \frac{K}{2\pi}\sin 2\pi\theta \qquad (\text{mod } 1) \tag{8.3.13}$$

ist die einfachste Abbildungsvorschrift, die über das Zusammenspiel periodischer, quasiperiodischer und chaotischer Bewegungen Aufschluß gibt. Ihre Eigenschaften wurden bereits 1965 eingehend von Arnol'd untersucht (Arnol'd, 1965).

Verschwindet der nichtlineare Anteil ($K = 0$), so erhält man die einfache lineare Kreisabbildung

$$\theta_{n+1} = \theta_n + \Omega \qquad (\text{mod } 1) \tag{8.3.14}$$

Gleichung (8.3.14) kann interpretiert werden als Poincaré-Abbildung einer Bewegung auf einem 2D-Torus, die durch 2 Frequenzen ω_1 und ω_2 charakterisiert ist (vgl. hierzu Abschnitt 4.3). Dabei bezeichnet $\Omega = \Delta\theta = \omega_2/\omega_1$ die Phasenverschiebung nach einem Umlauf (siehe Abb. 8.3.3). Stehen die Frequenzen in einem rationalen Verhältnis $\omega_2/\omega_1 = p/q$, wobei p, q teilerfremde ganze Zahlen sind mit $p \leqslant q$, so schließt sich die Trajektorie nach q Umläufen, und die Bewegung ist periodisch. Das Verhältnis p/q heißt im linearen Fall Windungszahl W. Irrationale Zahlen Ω führen zu quasiperiodischen Bewegungen, die den Torus dicht ausfüllen. Fügt man den nichtlinearen Term $(K/2\pi)\sin 2\pi\theta$ in Gl. (8.3.14) hinzu, so wird es schwieriger, die Windungszahl zu bestimmen. Verwendet man die Darstellung

$$f(\theta) = \theta + g(\theta) \tag{8.3.15}$$

so ist die Windungszahl als durchschnittliche Umdrehung pro Iteration definiert

$$W(K, \Omega) = \lim_{n\to\infty} \frac{g(\theta_0) + g(\theta_1) + \cdots + g(\theta_{n-1})}{n} \tag{8.3.16}$$

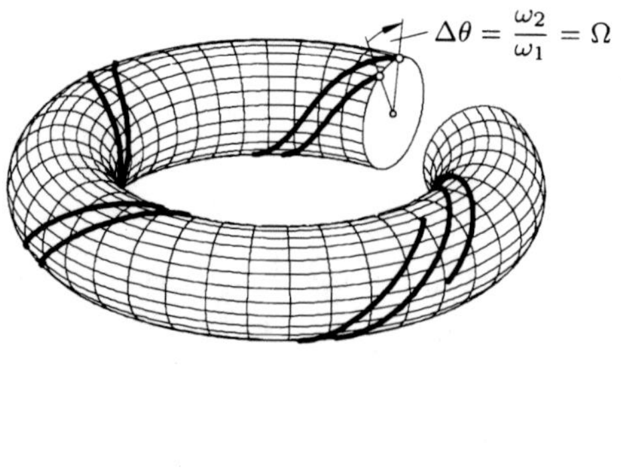

Abb. 8.3.3
Phasenverschiebung bei der linearen Kreisabbildung

Bei der Berechnung der Windungszahl bleibt die Modulo-Vorschrift unberücksichtigt. Für die lineare Kreisabbildung ist $g(\theta) = \Omega$, so daß in diesem Fall, wie erwartet, $W(K, \Omega) \equiv \Omega$ gilt. Führt man Gl. (8.3.15) ein und verwendet die Beziehung $\theta_{i+1} = f(\theta_i)$, so ist Gl. (8.3.16) gleichbedeutend mit der einfacheren Definition

$$W(K, \Omega) = \lim_{n \to \infty} \frac{\theta_n - \theta_0}{n} = \lim_{n \to \infty} \frac{f^n(\theta_0) - \theta_0}{n} \tag{8.3.17}$$

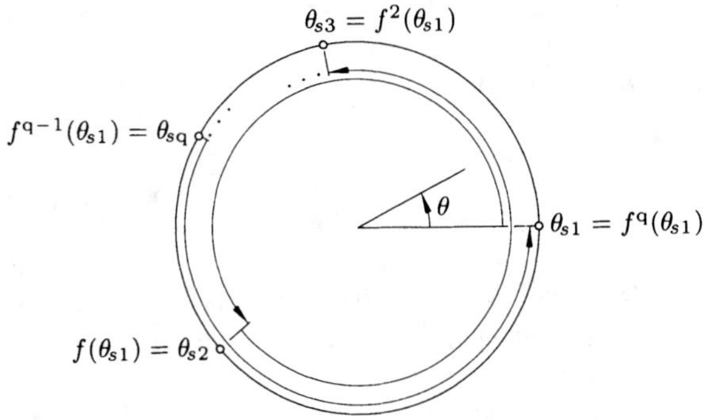

Abb. 8.3.4
q-Zyklus der Kreisabbildung, θ (mod 1)

Für $0 < K < 1$ ist daher Ω nicht länger allein dafür verantwortlich, ob die Bewegung periodisch oder quasiperiodisch ausfällt. Diese Entscheidung hängt von beiden Systemparametern Ω und K ab. Geben wir uns z. B. eine feste rationale Windungszahl $W = p/q$ vor, wobei p und q keinen gemeinsamen Teiler haben, so stellt sich als Langzeitverhalten im Poincaré-Schnitt ein q-Zyklus $(\theta_{s1}, \theta_{s2}, \dots \theta_{sq})$ ein, d. h. nach q Iterationen und p Kreisumläufen wird der Ausgangspunkt wieder erreicht, so daß für die q-te Iteration der Abbildung gilt (wiederum ohne Berücksichtigung der Modulo-Vorschrift)

$$f^q(\theta_{si}) = \theta_{si} + p \qquad (i = 1, 2, \dots q) \tag{8.3.18}$$

wobei θ_{si} $(i = 1, \dots, q)$ die Winkel-Koordinaten der Kreispunkte des q-Zyklus bezeichnen (siehe Abb. 8.3.4). Diese periodische Bewegung ist stabil, solange

$$\left| \frac{d}{d\theta}(f^q)\Big|_{\theta_{si}} \right| = \left|(f^q)'_{\theta_{si}}\right| < 1 \tag{8.3.19}$$

gilt (vgl. Abschnitt 3.6). Setzen wir zunächst $q = 2$, so gilt z. B. für $i = 1$ nach der Kettenregel (siehe auch Gl. (6.7.11))

$$(f^2)'_{\theta_{s1}} = \left[f(f(\theta))\right]'_{\theta_{s1}} = f'(f(\theta_{s1}))f'(\theta_{s1}) = f'(\theta_{s2})f'(\theta_{s1})$$

oder allgemein für q

$$(f^{\mathrm{q}})'_{\theta_{s1}} = f'(\theta_{s\mathrm{q}})f'(\theta_{s,\mathrm{q}-1})\cdots f'(\theta_{s2})f'(\theta_{s1}) = \prod_{\mathrm{i}=1}^{\mathrm{q}} f'(\theta_{s\mathrm{i}}) \tag{8.3.20}$$

Damit lautet die Stabilitätsbedingung für eine periodische Bewegung mit der Windungszahl $W = \mathrm{p}/\mathrm{q}$

$$\left|\prod_{\mathrm{i}=1}^{\mathrm{q}} f'(\theta_{s\mathrm{i}})\right| < 1 \tag{8.3.21}$$

oder speziell für die Kreisabbildung Gl. (8.3.12)

$$\left|\prod_{\mathrm{i}=1}^{\mathrm{q}} (1 - K\cos 2\pi\theta_{s\mathrm{i}})\right| < 1 \tag{8.3.22}$$

Wir interessieren uns nun für die Grenzen der Stabilitätsbereiche, die erreicht werden für $|(f^{\mathrm{q}})'_{\theta_{s\mathrm{i}}}|=1$. Beispielsweise ergibt sich für $\mathrm{p} = 0$, $\mathrm{q} = 1$, also für die Windungszahl $W = 0/1$,

$$\left|1 - K\cos 2\pi\theta_{s1}\right| = 1 \tag{8.3.23}$$

Dabei können wir uns ohne Beschränkung der Allgemeinheit im folgenden auf Werte $K > 0$ konzentrieren. Negative K-Werte erfaßt man nämlich, indem man $\sin 2\pi\theta$ durch $\sin(2\pi\theta + \pi)$ oder θ durch $\theta + \frac{1}{2}$ ersetzt. Ferner betrachten wir vorläufig nur K-Werte < 1. Dann erhält man aus Gl. (8.3.23) $2\pi\theta_{s1} = \pi/2$ bzw. $3\pi/2$ oder $\theta_{s1} = 1/4$ bzw. $3/4$, und damit aus Gl. (8.3.18) die linearen Beziehungen

$$\Omega = \pm\frac{K}{2\pi} \tag{8.3.24}$$

Entsprechend erhält man für $W = 1/1$ die Beziehungen $\Omega = 1 \pm K/2\pi$, d. h. die Parameterbereiche, in denen periodische Bewegungen mit der Windungszahl $W = 0/1$ bzw. $W = 1/1$ auftreten und stabil sind, werden durch die Geraden $\Omega = \pm K/2\pi$ bzw. $\Omega = 1 \pm K/2\pi$ begrenzt.

Für die Windungszahl $W = 1/2$ ($\mathrm{p} = 1$, $\mathrm{q} = 2$) ergeben sich aus Gl. (8.3.18) und $|(f^2)'_{\theta_{s\mathrm{i}}}| = 1$ folgende Bestimmungsgleichungen für die Grenzen des Stabilitätsbereichs

$$\begin{aligned}
(1 - K\cos 2\pi\theta_{s1})(1 - K\cos 2\pi\theta_{s2}) &= 1\\
f^2(\theta_{s1}) &= \theta_{s1} + 1\\
\theta_{s2} &= f(\theta_{s1})
\end{aligned} \tag{8.3.25}$$

Aus diesen drei nichtlinearen Beziehungen kann man θ_{s1} und θ_{s2} eliminieren, und man erhält so eine Gleichung $\Omega = \Omega(K)$ für die Grenzen des Stabilitätsbereichs der periodischen Bewegung mit der Windungszahl $W = 1/2$. Für eine Windungszahl $W = \mathrm{p/q}$ ergeben sich allgemein (q+1) nichtlineare Gleichungen für die Koordinaten $\theta_{s1}, \theta_{s2}, \cdots \theta_{sq}$ des q-Zyklus und für die Stabilitätsgrenze $\Omega = \Omega(K)$.

Zweckmäßigerweise löst man das System Gl. (8.3.25) numerisch mit Hilfe eines Newtonschen Iterationsverfahrens. Die Struktur der Bereiche in der Ω, K-Ebene, in denen infolge einer Synchronisation der Frequenzen periodisches Verhalten auftritt, wurde eingehend von Arnol'd untersucht (Arnol'd, 1965); man bezeichnet sie daher als *Arnol'd-Zungen.*

Wir wollen die Lösung des Gleichungssystems (8.3.25) umgehen und für kleine K-Werte die Begrenzung der Arnol'd-Zunge für die Windungszahl $W = 1/2$ näherungsweise berechnen. Für $K > 0$ (jedoch $K \ll 1$) gibt es ein ganzes Ω-Intervall um die Stelle $\Omega = 1/2$, das zu periodischen Bewegungen mit $W = 1/2$ führt. Bezeichnet man die Abweichung von $\Omega = 1/2$ mit $\bar{\Omega}$, d. h.

$$\Omega = \tfrac{1}{2} + \bar{\Omega} \tag{8.3.26}$$

und setzt diese Beziehung in die Kreisabbildung ein, so erhält man

$$f(\theta) = \theta + \tfrac{1}{2} + \bar{\Omega} - \frac{K}{2\pi} \sin 2\pi\theta \tag{8.3.27}$$

Nach Gl. (8.3.18) muß für Bewegungen mit $W = 1/2$ gelten

$$f^2(\theta_s) = \theta_s + 1$$

oder mit Gl. (8.3.27)

$$\theta_s + \tfrac{1}{2} + \bar{\Omega} - \frac{K}{2\pi} \sin 2\pi\theta_s + \tfrac{1}{2} + \bar{\Omega} - \frac{K}{2\pi} \sin 2\pi(\theta_s + \tfrac{1}{2} + \bar{\Omega} - \frac{K}{2\pi} \sin 2\pi\theta_s) = \theta_s + 1 \tag{8.3.28}$$

Den letzten Ausdruck auf der linken Seite dieser Gleichung können wir an der Stelle $\theta_s + 1/2$ in eine Taylorreihe entwickeln und dabei wegen $K \ll 1$ und $\bar{\Omega} \ll 1$ Glieder 2. Ordnung vernachlässigen. Damit läßt sich Gl. (8.3.28) vereinfachen zu

$$2\bar{\Omega} - \frac{K}{2\pi} \sin 2\pi\theta_s - \frac{K}{2\pi} \left[\sin 2\pi(\theta_s + \tfrac{1}{2}) + 2\pi \cos 2\pi(\theta_s + \tfrac{1}{2})(\bar{\Omega} - \frac{K}{2\pi} \sin 2\pi\theta_s)\right] = 0$$

Wegen $\sin 2\pi(\theta_s + 1/2) = -\sin 2\pi\theta_s$ und $\cos 2\pi(\theta_s + 1/2) = -\cos 2\pi\theta_s$ folgt

$$2\bar{\Omega} + K \cos 2\pi\theta_s \left(\bar{\Omega} - \frac{K}{2\pi} \sin 2\pi\theta_s\right) = 0$$

bzw.

$$\bar{\Omega}(2 + K \cos 2\pi\theta_s) = \frac{K^2}{4\pi} \sin 4\pi\theta_s \tag{8.3.29}$$

Für kleine K-Werte gilt daher näherungsweise

$$2\bar{\Omega} = \frac{K^2}{4\pi} \sin 4\pi\theta_s$$

d. h. die Abweichungen von $\Omega = 1/2$ lassen sich abschätzen durch

$$|\bar{\Omega}| \leqslant \frac{K^2}{8\pi} \tag{8.3.30}$$

Für sehr kleine Nichtlinearitäten kann man daher die Grenzen der Arnol'd-Zunge zur Windungszahl 1/2 durch die Parabeln

$$\Omega = \frac{1}{2} \pm \frac{K^2}{8\pi} \tag{8.3.31}$$

annähern.

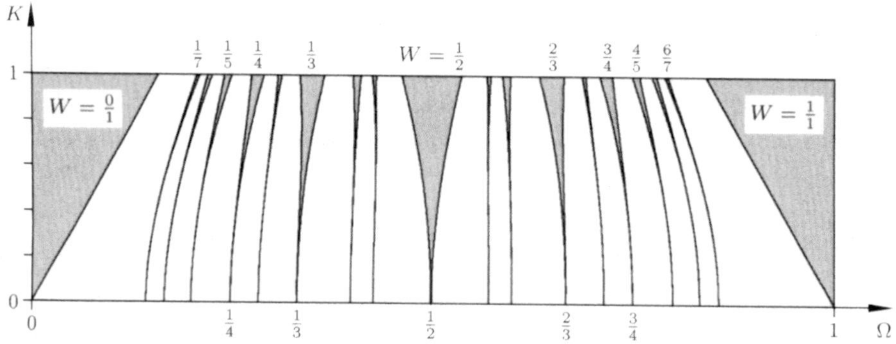

Abb. 8.3.5 Die Arnol'd-Zungen der Kreisabbildung

In Abbildung 8.3.5 sind die Stabilitätsgrenzen der periodischen Bereiche in der (K, Ω)-Ebene für eine Reihe von Windungszahlen aufgetragen. Die schraffierten Gebiete, in denen eine periodische Bewegung mit fester Windungszahl auftritt, werden als Arnol'd-Zungen bezeichnet. Zu jeder rationalen Windungszahl $W = \mathrm{p/q}$ ergibt sich eine solche Zone, in der eine Synchronisation der Frequenzen, eine Frequenzkopplung (*frequency locking*), auftritt, d. h. an jedem rationalen Wert auf der Ω-Achse entspringt ein periodisches Fenster, das sich mit zunehmendem K aufweitet. Da die Menge der rationalen Zahlen im Intervall [0,1] vom Maß Null ist, ist die Wahrscheinlichkeit, für sehr kleine K-Werte periodisches Verhalten anzutreffen, nahezu gleich Null (siehe Abb. 8.3.5). Obwohl es abzählbar unendlich viele derartige Resonanzbereiche gibt, nehmen sie mit wachsendem Nenner q in der Breite so rasch ab, daß sie nicht die gesamte (K, Ω)-Ebene für $0 < K < 1$ ausfüllen, sondern Raum für quasiperiodische Bewegungen lassen, wobei allerdings mit Zunahme der Nichtlinearität die Synchronisation der Frequenzen immer dominanter wird.

Nach einem Theorem von Denjoy ist jede umkehrbar eindeutige, zweimal stetig differenzierbare, orientierungstreue Abbildung des Kreises auf sich selbst – insbesondere also die Kreisabbildung, Gl. (8.3.13), für $0 \leqslant K < 1$ und Parameterwerte Ω, die zu quasiperiodischen Bewegungen mit irrationaler Windungszahl W führen – topologisch äquivalent zu einer einfachen Drehung um den Winkel $2\pi W$ (siehe z. B. (Arnol'd, 1988)). Die Grundlagen zu diesem Theorem gehen auf Arbeiten von Poincaré zurück, der diese Vermutung bereits 1885 (ohne Beweis) für eine gewisse Klasse von Differentialgleichungen formulieren konnte.

Die Kopplung zweier Frequenzen ist ein bekannter Effekt, der in dissipativen Systemen mit zwei konkurrierenden Frequenzen auftritt und der bereits im 17. Jahrhundert von dem holländischen Physiker Christian Huygens beobachtet wurde. Hängt man zwei Uhren mit ursprünglich nur geringfügig voneinander abweichenden Frequenzen Rücken an Rücken an einer Wand auf, so tritt eine Kopplung der Oszillationen auf, und die Uhren tendieren dazu, ihre Frequenzen zu synchronisieren. Auf diesem Synchronisationseffekt beruhen beispielsweise auch die Quarz-Uhren.

Betrachtet man die Windungszahl W für feste Werte $0 \leqslant K_0 < 1$ und variables Ω, so kann man zeigen, daß $W(K_0, \Omega)$ eine hochgradig nichtlineare, monoton steigende, stetige, aber nicht differenzierbare Funktion von Ω ist (Arnol'd 1965; Herman, 1977). Für $K_0 = 0$ beschreibt die Kreisabbildung eine reine Rotation mit $W(0, \Omega) = \Omega$. Für $0 < K_0 < 1$ gibt es zu jeder rationalen Windungszahl $W = \mathrm{p}/\mathrm{q}$ ein ganzes Ω-Intervall, für das periodische Bewegungen mit dieser Windungszahl p/q auftreten, während es zu jedem irrationalen W nur einen Ω-Wert gibt, d. h. die Funktion $W(K_0, \Omega)$ hat einen treppenartigen Charakter.

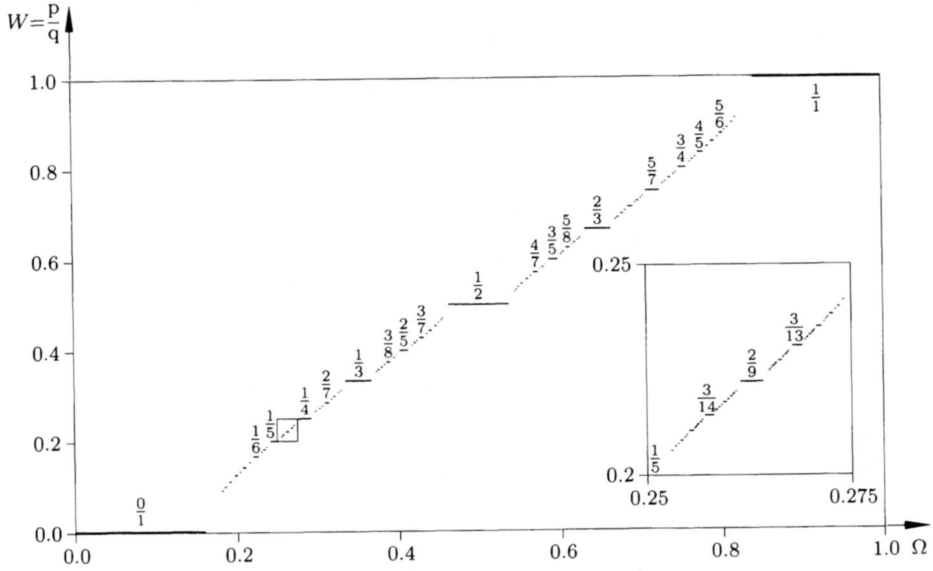

Abb. 8.3.6 Windungszahl $W(K_0, \Omega)$ für $K_0 = 1$: Teufelstreppe (*devil's staircase*)

Jensen, Bak und Bohr haben gezeigt (Jensen *et al.*, 1984), daß für $K_0 = 1$ die Plateaus mit konstanter Windungszahl eine sogenannte vollständige „Teufelstreppe“ (engl. *devil's staircase*) bilden, vollständig deshalb, weil die Summe der Längen aller Intervalle, in denen Frequenzkopplung auftritt, gerade gleich 1 ist. Abbildung 8.3.6 zeigt die selbstähnliche, fraktale Struktur der *devil's staircase*, d. h. jeder noch so kleine Ausschnitt besitzt bereits dieselben Eigenschaften wie das Ganze. Im nächsten Abschnitt 8.3.3 werden wir nochmals auf diese Selbstähnlichkeit zurückkommen.

Wir haben gesehen, daß die Ränder der Arnol'd-Zungen gerade die Grenzen der Stabilitätsbereiche periodischer Bewegungen darstellen. Es stellt sich nun die Frage, ob an diesen Linien Verzweigungen auftreten und welchem Typ sie gegebenenfalls zugeordnet werden können.

Als einfachsten Fall betrachten wir dazu für feste Parameterwerte $0 < K_0 < 1$ periodisches Verhalten mit der Windungszahl $W = 0/1$, d. h. wir untersuchen die Fixpunkte θ_s von $f(\theta)$

$$\theta_s = \theta_s + \Omega - \frac{K_0}{2\pi} \sin 2\pi\theta_s$$

oder

$$\sin 2\pi\theta_s = \frac{2\pi\Omega}{K_0} \tag{8.3.32}$$

Nach Gl. (8.3.23) verlieren diese Fixpunkte ihre Stabilität, wenn

$$|f'(\theta_s)| = |1 - K_0 \cos 2\pi\theta_s| = 1$$

gilt, also für $\theta_s = \pm 1/4$. An diesen Stellen ist $f'(\theta_s) = +1$, d. h. mit dem Stabilitätsverlust tritt für den Parameterwert $\Omega_{K_0} = \pm K_0/2\pi$ (vgl. Gl. (8.3.24)) eine Bifurkation auf. In Abschnitt 6.6 haben wir die Normalformen von Bifurkationen einparametriger Abbildungen kennengelernt und die Bedingungen für $f(\theta, \Omega)$ zusammengestellt, die eine Zuordnung zum jeweiligen Verzweigungstyp erlauben. Wegen

$$\frac{\partial f}{\partial \Omega}(\theta_s, \Omega_{K_0}) = 1 \neq 0 \tag{8.3.33}$$

und

$$\frac{\partial^2 f}{\partial \theta^2}(\theta_s, \Omega_{K_0}) = 2\pi K_0 \sin 2\pi\theta_s = \pm 2\pi K_0 \neq 0 \tag{8.3.34}$$

liegt nach Gln. (6.6.19) bis (6.6.21) eine Sattelknoten-Verzweigung vor.

In Abb. 8.3.7 wird demonstriert, daß am Rand der zu $W = 0/1$ gehörigen Arnol'd-Zunge Sattelknoten-Verzweigungen auftreten. Dazu wurden in Abb. 8.3.7a für einen festen Wert $0 < K_0 < 1$ die drei Ω-Werte $\Omega_{K_0}-\varepsilon$, Ω_{K_0} und $\Omega_{K_0}+\varepsilon$ ausgewählt, und in Abb. 8.3.7b wurden die zugehörigen Funktionsverläufe dargestellt. Für $\Omega > \Omega_{K_0}$ existiert noch kein Fixpunkt. Für $\Omega = \Omega_{K_0}$ berührt die Funktion $f(\theta, \Omega)$ die Winkelhalbierende, d. h. ein Fixpunkt wird geboren, der sich für $\Omega < \Omega_{K_0}$ in zwei Fixpunkte verzweigt, wobei die Steigung der Funktion jeweils Auskunft gibt über die Stabilität. Bei weiterer Abnahme von Ω laufen der stabile und der instabile Fixpunkt in entgegengesetzter Richtung um den Kreis herum, bis sie schließlich wieder zusammentreffen und verschwinden. Ein ähnliches Phänomen tritt auch bei den anderen Arnol'd-Zungen auf.

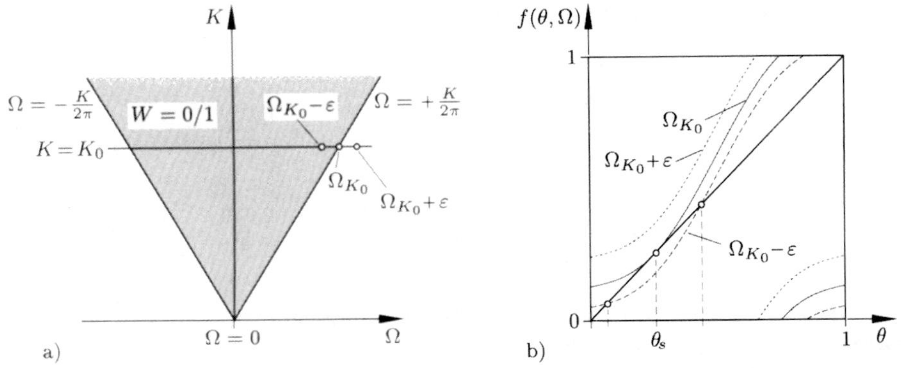

Abb. 8.3.7 Sattelknoten-Verzweigung am Rand der Arnol'd-Zunge für Windungszahl $W = 0/1$
a) Darstellung in der Parameterebene
b) Funktionsverläufe (Parameter Ω) in der Nähe des Verzweigungspunktes (θ_s, Ω_{K_0})

Eine genaue Diskussion der Verzweigung bei einem p/q-„Resonanz-Horn" findet man z. B. in (Aronson *et al.*, 1982). In Abb. 8.3.8a haben wir das Bifurkationsdiagramm für $W = 0/1$ aufgetragen. Wegen der Identität von $\theta = 0$ und $\theta = 1$ handelt es sich hierbei um eine geschlossene Kurve, die sich auch auf einem Zylinder darstellen läßt (siehe Abb. 8.3.8b).

Bisher haben wir uns auf den Parameterbereich $0 \leqslant K < 1$ beschränkt. Für $K = 1$ ist eine kritische Grenze erreicht. Die Arnol'd-Zungen wachsen zusammen und lassen nur noch für eine Ω-Menge vom Maß Null quasiperiodische Bewegungen zu. Erhöht man K auf Werte $K > 1$, so beginnen die schmalsten Arnol'd-Zungen in der Nähe der kritischen Linie zu überlappen, die größeren Zungen folgen für höhere K-Werte. Sobald allerdings zwei Arnol'd-Zungen mit den Windungszahlen $W_1 = p_1/q_1$ und $W_2 = p_2/q_2$ überlappen, gibt es dazwischen noch unendlich viele Zungen, die sich ebenfalls überschneiden, da im Intervall $W_1 \leqslant W \leqslant W_2$ noch unendlich viele weitere rationale Zahlen liegen (vgl. Abschnitt 9.7, insbesondere Abb. 9.7.2). Die Windungszahl W ist dann nicht mehr eindeutig bestimmt, sondern wird durch ein Windungsintervall $[W_1, W_2]$ ersetzt (MacKay und Tresser, 1986). In Abhängigkeit von der Anfangsbedingung können dann periodische Bewegungen mit unterschiedlicher Windungszahl auftreten. Schließlich kann es zu

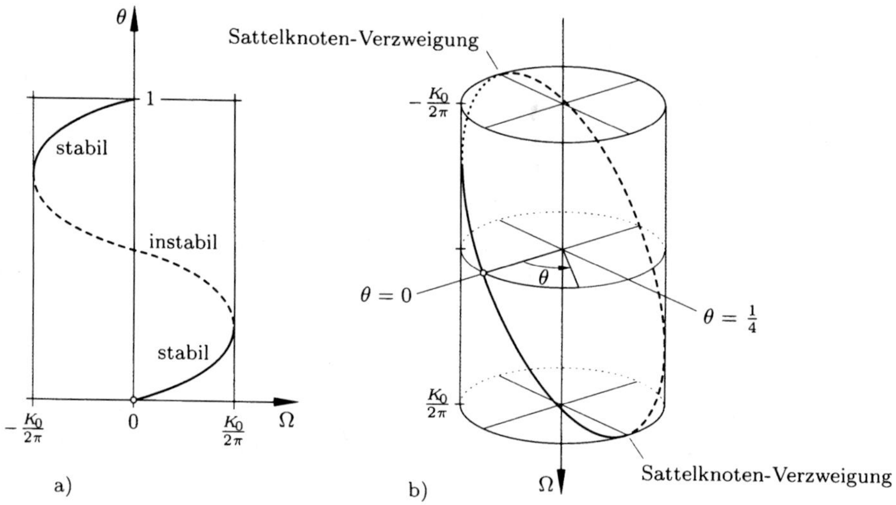

Abb. 8.3.8 Bifurkationsdiagramm für $W = 0/1$: a) ebene Darstellung, $\theta = \theta\,(\mathrm{mod}\ 1)$
b) Darstellung in Zylinderkoordinaten

einem Wettstreit zwischen den verschiedenen Windungszahlen kommen, der eine chaotische Bewegung zur Folge haben kann.

Auf der Farbtafel I, S. 639 ist der Lyapunov-Exponent σ für die Kreisabbildung über der (Ω, K)-Ebene aufgetragen. Dabei charakterisieren verschiedene Farben unterschiedliches Langzeitverhalten. Für negative σ-Werte wurde schwarz gewählt. Dies entspricht im 3-dimensionalen Phasenraum einer periodischen Bewegung, also einem Fixpunkt oder einem Zyklus im zugehörigen Poincaré-Schnitt bzw. in der Kreisabbildung. Unterhalb der kritischen Linie $K = 1$ erkennt man die schwarzen Arnol'd-Zungen vor einem dunkelroten Hintergrund, der quasiperiodisches Verhalten ($\sigma = 0$) beschreibt. Oberhalb der kritischen Linie überlappen die Arnol'd-Zungen, und es können chaotische Regionen mit $\sigma > 0$, charakterisiert durch die Farben gelb-blau, auftreten. In dieser Darstellung tritt die selbstähnliche Struktur der Arnol'd-Zungen und die enge Vernetzung irregulärer und regulärer, periodischer Bereiche für $K > 1$ besonders deutlich hervor. Aus dem Verlauf des Lyapunov-Exponenten $\sigma(\Omega, K)$ kann man auch detaillierte Informationen über die Anatomie der Arnol'd-Zungen herauslesen. In Abschnitt 9.7 wird die Struktur der Arnol'd-Zunge nochmals mit Hilfe von σ numerisch studiert und mit theoretischen Ergebnissen verglichen.

Welche Bedeutung hat nun die kritische Linie $K = 1$ für die Kreisabbildung? In Abb. 8.3.9a-c haben wir für $\Omega = 0.48$ und jeweils für $K = 0.4$, 1.0 und 1.9 den Funktionsverlauf der Kreisabbildung und die zugehörige Iterationsfolge der Winkel θ_n dargestellt. Für $K \leqslant 1$ ist $f(\theta)$ eine monoton steigende, eindeutig umkehrbare glatte Funktion, d. h. ein Diffeomorphismus. Die Kombination $\Omega = 0.48$, $K = 0.4$ führt offenbar zu quasiperiodischem Verhalten (Abb. 8.3.9a), d. h. weitere Iterationen würden dazu führen, daß der Orbit das Gebiet zwischen dem Kurvenverlauf

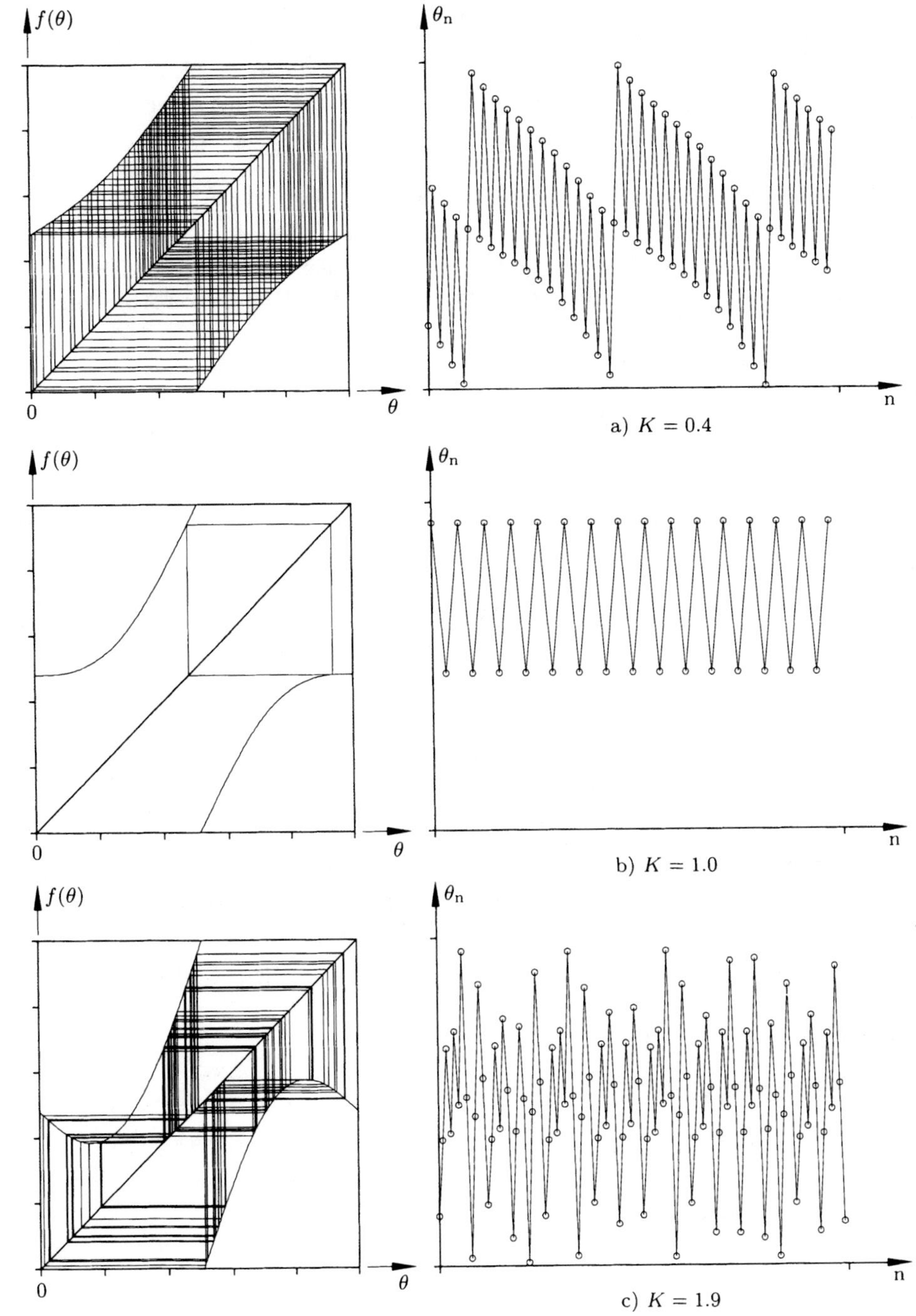

Abb. 8.3.9 Funktionsverlauf der Kreisabbildung und zugehöriges Langzeitverhalten (für $\Omega = 0.48$ und $K = 0.4$, 1.0, 1.9)

und der Winkelhalbierenden gleichmäßig ausfüllt. Für $K = 1$ tritt an der Stelle $\theta = 0$ ein kubischer Wendepunkt mit einer horizontalen Tangente auf, d. h. die Umkehrabbildung $f^{-1}(\theta)$ ist an dieser Stelle nicht mehr differenzierbar. Abbildung 8.3.9b zeigt für $\Omega = 0.48, K = 1.0$ periodisches Verhalten mit einer Windungszahl $W = 1/2$. Für $K > 1$ existiert schließlich keine eindeutige Umkehrabbildung mehr, d. h. der Kreisumfang wird auf sich selbst zurückgefaltet, und für $K = 1.9$ erhält man chaotisches Verhalten; siehe Abb. 8.3.9c (vgl. auch Abb. 8.3.2).

Das Interessante ist nun, daß, wie im Fall der logistischen Abbildung (Abschnitt 6.7), der Übergang ins Chaos nicht von der speziellen Form der Funktion $f(\theta)$ abhängt. Betrachtet man allgemein die zweiparametrige Familie von Abbildungen

$$f_{\Omega,K}(\theta) = \theta + \Omega + Kg(\theta) \qquad (\text{mod } 1) \tag{8.3.35}$$

wobei $g(\theta + 1) = g(\theta)$ eine periodische Funktion ist, so hat $f_{\Omega,K}$ wegen (mod 1) die Eigenschaft

$$f_{\Omega,K}(\theta + 1) = 1 + f_{\Omega,K}(\theta) = f_{\Omega,K}(\theta) \tag{8.3.36}$$

Falls überdies

a) $f_{\Omega,K}(\theta)$ für $|K| < 1$ ein Diffeomorphismus ist (d. h. $f_{\Omega,K}(\theta)$ ist invertierbar und differenzierbar),

b) für $|K| = 1$ ein kubischer Wendepunkt auftritt, so daß $f^{-1}_{\Omega,K}(\theta)$ nicht mehr differenzierbar ist, und

c) $f_{\Omega,K}(\theta)$ nicht mehr invertierbar ist für $|K| > 1$,

so besitzt die Abbildung $f_{\Omega,K}$ ebenfalls ein Muster von „Arnol'd-Zungen", in denen Frequenzkopplung auftritt, und sie weist dieselben universellen Eigenschaften wie die eindimensionale Kreisabbildung Gl. (8.3.12) auf. Die Nichtumkehrbarkeit von $f_{\Omega,K}(\theta)$ für $|K| > 1$ ist – wie generell im Falle eindimensionaler Abbildungen – eine notwendige Voraussetzung für das Zustandekommen chaotischer Bewegungen.

Zur Illustration betrachten wir die abgewandelte kubische Kreisabbildung

$$f_{\Omega,K}(\theta) = \theta + \Omega - Kg(\theta) \qquad (\text{mod } 1) \tag{8.3.37}$$

wobei der nichtlineare Anteil im Intervall $0 \leqslant \theta < 1$ wie folgt definiert wird

$$g(\theta) = \theta(2\theta^2 - 3\theta + 1) \qquad (0 \leqslant \theta < 1) \tag{8.3.38}$$

und durch die Vorschrift

$$g(\theta + 1) = g(\theta) \tag{8.3.39}$$

periodisch fortgesetzt wird. Diese kubische Kreisabbildung hat die Eigenschaft von Gl. (8.3.36), $f_{\Omega,K}(\theta + 1) = f_{\Omega,K}(\theta)$, und erfüllt außerdem die Bedingungen a) bis

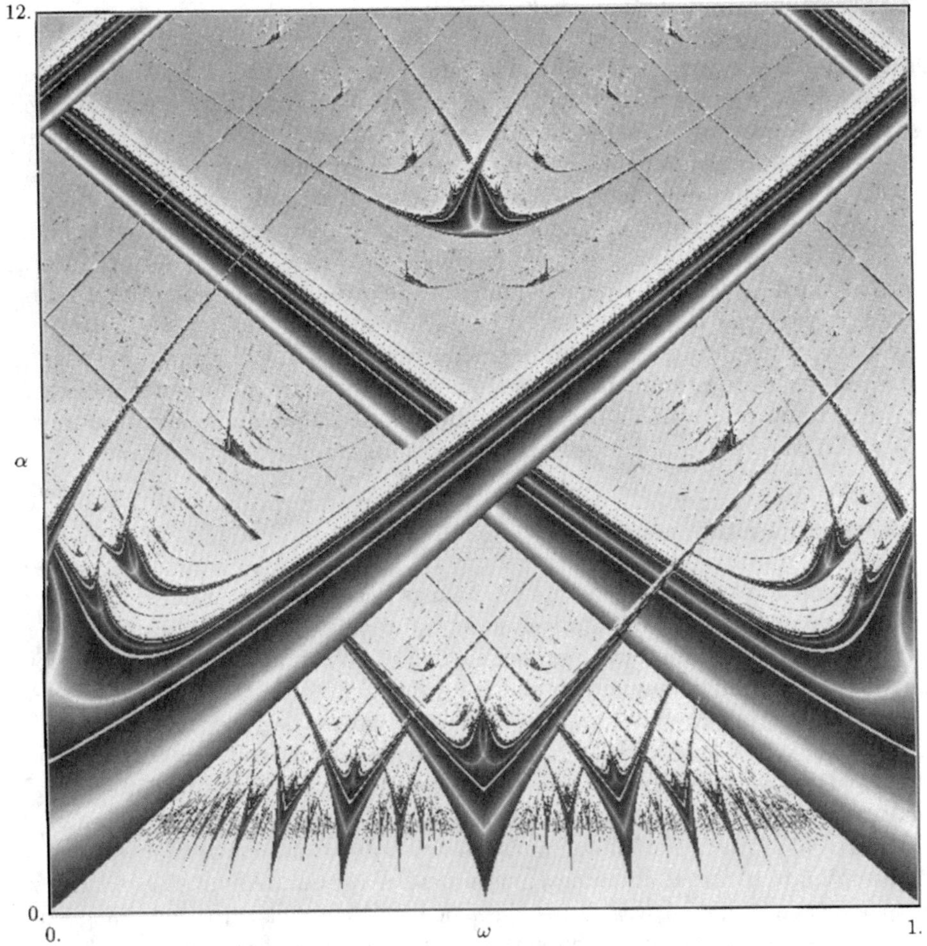

Abb. 8.3.10 Lyapunov-Exponenten der kubischen Kreisabbildung, Gln. (8.3.37) – (8.3.39)

c). Berechnet man für diese Iterationsvorschrift wieder den Lyapunov-Exponenten σ und trägt ihn als Funktion von Ω und K auf (Abb. 8.3.10), so ergibt sich ein ganz ähnliches Muster wie für die Standardabbildung Gl. (8.3.12).

Auch hier gibt es unendlich viele Arnol'd-Zungen, in denen Frequenzkopplung zu periodischen Bewegungen führt. Oberhalb der kritischen Grenze $K = 1$ überlappen diese Bereiche wieder, und es kommt zu Hysterese-Effekten und schließlich zu chaotischen Bewegungen. Die weitgehende Übereinstimmung mit Farbtafel I, S. 639 zeigt, daß dem asymptotischen Verhalten beider Rekursionsvorschriften dieselben universellen Gesetze zugrunde liegen. Im nächsten Abschnitt werden wir auf die universellen Eigenschaften der Kreisabbildung eingehen.

8.3.3 Skalierungseigenschaften der Kreisabbildung

Die selbstähnliche Struktur der Arnol'd-Zungen für $0 \leqslant K \leqslant 1$ (siehe Farbtafel I, S. 639, und Abb. 8.3.5) und der Teufelstreppe (Abb. 8.3.6) suggeriert, daß bei der Kreisabbildung an der kritischen Linie ein ähnlicher Übergang stattfindet, wie wir ihn in Abschnitt 6.7 bei Phasenübergängen 2. Ordnung am Beispiel der logistischen Abbildung kennengelernt haben. Angeregt durch die Theorie der Renormierungsgruppen und durch Feigenbaums erfolgreiche Anwendung dieser Methode auf die logistische Abbildung haben verschiedene Gruppen von Wissenschaftlern versucht, auch im Fall der Kreisabbildung die Selbstähnlichkeit mit Hilfe der Renormierungstechnik zu entschlüsseln. Dabei kristallisierten sich zwei Typen von universellen Übergängen heraus: zum einen kann man den Übergang für eine spezielle *feste* Windungszahl untersuchen (*lokale* Universalität), zum anderen lassen sich Skalierungsgesetze für einen ganzen Bereich von Windungszahlen aufstellen (*globale* Universalität). Wir beginnen zunächst mit den lokalen Gesetzen.

8.3.3.1 Lokale Skalierungsgesetze

Eine experimentelle Verifikation des Übergangs von quasiperiodischem Verhalten zu Chaos bei einer festen Windungszahl ist aufwendig, da zwei Systemparameter so aufeinander abgestimmt werden müssen, daß die Windungszahl konstant bleibt. Überdies haben wir im letzten Abschnitt gesehen, daß die Arnol'd-Zungen in der Kreisabbildung bei $K = 1 + \varepsilon$ ($\varepsilon > 0$) zu überlappen beginnen und die Wahrscheinlichkeit, quasiperiodische Orbits anzutreffen, von 1 (bei $K = 0$) auf 0 (bei $K = 1$) abnimmt. Kleinste Änderungen in den Parametern können also bereits zu Änderungen in den Windungszahlen, und damit zu *frequency locking*, führen. Die größten Chancen, den Zerfall von quasiperiodischen Orbits im dreidimensionalen Phasenraum bzw. von invarianten Kreisen bei der Kreisabbildung zu beobachten, bietet daher ein Windungsverhältnis, das „möglichst irrational" ist bzw. „möglichst weit" von allen rationalen Zahlen entfernt ist. Diese Überlegungen erinnern uns stark an diejenigen, die wir in den Abschnitten 4.4 und 4.5 beim Studium der Standard-Abbildung, Gln. (4.5.1) und (4.5.3), dem konservativen Gegenstück zur Kreisabbildung, angestellt hatten. Die letzte Bastion von KAM-Kurven vor ihrem Zerfall bildeten bei der Standard-Abbildung diejenigen mit einer irrationalen Windungszahl, dem Goldenen Mittel,

$$W_{\mathrm{G}} = \frac{\sqrt{5} - 1}{2} \tag{8.3.40}$$

das mit dem Goldenen Schnitt verknüpft ist.

Teilt man eine Strecke so, daß das Verhältnis von größerem Abschnitt a zur Gesamtlänge l wie das Verhältnis von kleinerem zu größerem Abschnitt ausfällt, also

$$\frac{a}{l} = \frac{l - a}{a}$$

so bezeichnet man diese Teilung als Goldenen Schnitt. Für das Teilungsverhältnis a/l erhält man die Beziehung

$$\left(\frac{a}{l}\right)^2 + \frac{a}{l} - 1 = 0$$

Als Lösung kommt nur der positive Wert $a/l = (\sqrt{5} - 1)/2$ in Frage, also gerade das Goldene Mittel W_G, Gl. (8.3.40).

Shenker untersuchte daher im Anschluß an eine gemeinsame Arbeit mit Kadanoff (Shenker und Kadanoff, 1982) den Zerfall eines invarianten Kreises bzw. den Übergang einer quasiperiodischen Bewegung mit dieser speziellen Windungszahl W_G ins Chaos (Shenker, 1982). Dabei fand er heraus, daß sich das System in der Nähe der kritischen Grenze $K_{cr} = 1$ wie ein Phasenübergang 2. Ordnung verhält, und stellte Parallelen zum Feigenbaum-Szenario (Abschnitt 6.7) her.

Bei der Berechnung der Arnol'd-Zunge zu einer rationalen Windungszahl $W = \mathrm{p}/\mathrm{q}$ haben wir in Abschnitt 8.3.2 gesehen, daß sich für einen festen K-Wert aufgrund der Beziehungen der Gln. (8.3.18) und (8.3.21) ein ganzer Ω-Bereich angeben läßt, für den sich periodische Bewegungen einstellen. Gibt man sich dagegen ein irrationales Windungsverhältnis vor und stellt sich die Aufgabe, zu einem festen K den zugehörigen eindeutig bestimmten Ω-Wert zu berechnen, so muß man einen Kunstgriff anwenden, der von J. M. Greene für Hamiltonsche Systeme vorgeschlagen wurde (Greene, 1979). Der Grund dafür ist, daß die Windungszahl nach Gl. (8.3.16) bzw. (8.3.17) als Grenzwert definiert ist, und sich daher Ω aus diesem Zusammenhang nicht direkt berechnen läßt. Die Idee ist nun, das irrationale Verhältnis W durch eine Folge rationaler Verhältnisse zu approximieren, die sich durch endliche Kettenbrüche darstellen lassen. Irrationale Zahlen lassen sich als unendliche Kettenbrüche darstellen, die wie folgt definiert sind

$$W = \cfrac{1}{\mathrm{n}_1 + \cfrac{1}{\mathrm{n}_2 + \cfrac{1}{\mathrm{n}_3 + \cdots}}} = < \mathrm{n}_1\ \mathrm{n}_2\ \mathrm{n}_3 \ldots > \tag{8.3.41}$$

wobei n_i natürliche Zahlen bedeuten. Bricht man nach einer endlichen Zahl von Stellen n_k ab, so entsteht ein endlicher Kettenbruch, der einer rationalen Zahl entspricht.

Das Goldene Mittel W_G hat eine besonders einfache Kettenbruchdarstellung

$$W_\mathrm{G} = \cfrac{1}{1 + \cfrac{1}{1 + \cfrac{1}{1 + \cdots}}} = < 1\ 1\ 1 \cdots > \tag{8.3.42}$$

Aus dieser Gleichung liest man nämlich unmittelbar die Beziehung

$$W = \frac{1}{1 + W} \tag{8.3.43}$$

ab. Dies entspricht der Gleichung $W^2 + W - 1 = 0$, die gerade $W_G = (\sqrt{5} - 1)/2$ als Lösung besitzt. Man kann nun W_G durch die Folge rationaler Zahlen approximieren, die sich durch sukzessives Abschneiden des Kettenbruchs Gl. (8.3.42) ergeben

$$\begin{aligned} W_1 &= \langle 1 \rangle = \frac{1}{1} \\ W_2 &= \langle 1\ 1 \rangle = \frac{1}{1+1} = \frac{1}{2} \\ W_3 &= \langle 1\ 1\ 1 \rangle = \frac{1}{1+\frac{1}{1+1}} = \frac{2}{3} \\ &\vdots \end{aligned} \tag{8.3.44}$$

usw.

Da in dieser Darstellung alle $n_i = 1$ sind, zeichnet sich das Goldene Mittel offenbar dadurch aus, daß die Approximation durch rationale Zahlen besonders langsam konvergiert. W_n läßt sich sehr einfach durch die sogenannten Fibonacci-Zahlen F_n darstellen, die durch die Rekursionsformel

$$F_{n+1} = F_n + F_{n-1} \tag{8.3.45}$$

mit den Startwerten $F_0 = 0$, $F_1 = 1$ definiert sind. Es gilt nämlich in Übereinstimmung mit Gl. (8.3.44) für große Werte n

$$W_n = \frac{F_n}{F_{n+1}} = \frac{F_n}{F_n + F_{n-1}} = \frac{1}{1 + \frac{F_{n-1}}{F_n}} = \frac{1}{1 + W_{n-1}} \tag{8.3.46}$$

Als Konvergenzrate dieser Folge $\{W_n\}$ ergibt sich mit Gl. (8.3.46)

$$\frac{W_{n+1} - W_n}{W_n - W_{n-1}} = \frac{\frac{1}{1+W_n} - W_n}{W_n - \frac{1-W_n}{W_n}} = -\frac{W_n}{1+W_n} = -W_n W_{n+1} \tag{8.3.47}$$

In der Grenze erhält man

$$\lim_{n\to\infty} \frac{W_{n+1} - W_n}{W_n - W_{n-1}} = -W_G^2 \tag{8.3.48}$$

d. h. die Folge $\{W_n\}$ konvergiert wie eine geometrische Folge gegen den Grenzwert W_G. Für $n \gg 1$ gilt

$$W_n = W_G - \text{const}\cdot\delta^{-n} \tag{8.3.49}$$

wobei

$$\delta = \lim_{n\to\infty} \frac{W_n - W_{n-1}}{W_{n+1} - W_n} = -\frac{1}{W_G^2} \tag{8.3.50}$$

ist; vgl. auch Gln. (6.7.23) und (6.7.65a, b).

Gibt man nun einen festen K-Wert aus dem Intervall $0 < K < 1$ vor, so kann man sich nacheinander für die Folge rationaler Windungszahlen $W_i = F_i/F_{i+1}$ ($i = 1, 2, 3, \ldots$) Ω-Intervalle bestimmen, die zu periodischen Bewegungen gehören. Um nun aus dem zu W_i gehörigen Intervall eindeutig einen Wert $\Omega_i(K)$ festzulegen, fordert man, daß $\theta = 0$ zum F_{i+1}-Zyklus gehören soll, so daß also entsprechend Gl. (8.3.18) gilt

$$f^{F_{i+1}}_{\Omega_i(K)}(0) = F_i \tag{8.3.51}$$

Da die Windungszahlen $W_i = F_i/F_{i+1}$ gegen W_G konvergieren und die Breite der zugehörigen Arnol'd-Zungen sehr rasch abnimmt, ist zu erwarten, daß auch die Folge der zugehörigen Ω_i-Werte gegen einen Grenzwert strebt und dasselbe Konvergenzverhalten aufweist wie die Folge der Windungsverhältnisse. In Abb. 8.3.11 haben wir die zugehörigen Funktionen $f^{F_{i+1}}_{\Omega_i}(\theta)$ zusammen mit den entsprechenden Phasenportraits für die Windungszahlen W_1, W_2, W_3 bei $K = 0.9$ aufgetragen.

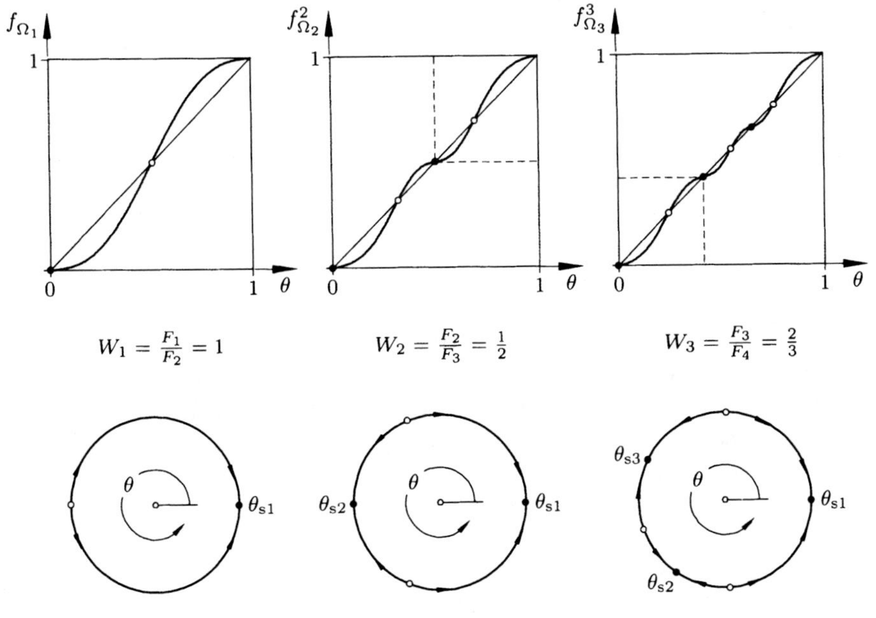

Abb. 8.3.11 q-Zyklen der Kreisabbildung: Darstellung der Funktionen $f^{F_{i+1}}_{\Omega_i}(\theta)$ für $i = 1, 2, 3$ und entsprechende Phasenportraits (für $K = 0.9$)

Die numerischen Resultate von Shenker haben bestätigt (Shenker, 1982), daß die Folge von Ω_i-Werten, wie erwartet, gegen einen festen Grenzwert Ω_∞ strebt, der gerade zu einer quasiperiodischen Bewegung mit der Windungszahl W_G gehört

$$\lim_{i\to\infty} \Omega_i(K) = \Omega_\infty(K) \tag{8.3.52}$$

und zwar mit derselben Konvergenzrate wie die Folge der Windungszahlen W_i, Gl. (8.3.46), d. h. im Parameterraum gilt für große Indizes n die Skalierungsbeziehung

$$\Omega_n(K) = \Omega_\infty(K) - \text{const}\cdot\delta^{-n} \tag{8.3.53}$$

oder entsprechend Gl. (6.7.65a, b)

$$\lim_{n\to\infty} (\Omega_\infty - \Omega_n)\delta^n = \text{const} \tag{8.3.54a}$$

bzw.

$$\delta = \lim_{n\to\infty} \frac{\Omega_{n+1} - \Omega_n}{\Omega_{n+2} - \Omega_{n+1}} \tag{8.3.54b}$$

Abbildung 8.3.11 suggeriert nun, daß es auch hier – wie bei der logistischen Abbildung – Skalierungsregeln im θ-Raum gibt. Ähnlich wie in Gl. (6.7.26) führen wir die Abstände d_n von $\theta = 0$ (modulo 1) zum benachbarten Element des Zyklus mit der Windungszahl W_n ein

$$d_n = f_{\Omega_n}^{F_n}(0) - F_{n-1} \tag{8.3.55}$$

(siehe Abbn. 8.3.11, 8.3.12). Shenker konnte numerisch nachweisen, daß auch diese Abstände entsprechend Gl. (6.7.22) wie eine geometrische Folge konvergieren

$$\lim_{n\to\infty} \frac{d_n}{d_{n+1}} = a \tag{8.3.56}$$

Die Konstanten δ und a in Gln. (8.3.54) und (8.3.56) haben ebenfalls universellen Charakter in dem Sinn, daß sie unabhängig von der speziellen Form der zugrunde gelegten Abbildungsfunktionen $f(\theta)$ sind, solange diese nur die Eigenschaften a) bis c) von Abschnitt 8.3.2 erfüllen. Ihr Wert hängt allerdings von der ausgewählten irrationalen Windungszahl W ab. Solange $f(\theta)$ ein Diffeomorphismus ist, d. h. im subkritischen Fall für $0 < K < 1$, ergeben sich die „trivialen" Werte (vgl. auch Gl. (8.3.50))

$$K < 1: \quad \delta = -\frac{1}{W_G^2} = -2.6180339\ldots \tag{8.3.57}$$

$$a = -\frac{1}{W_G} = -1.6180339\ldots \tag{8.3.58}$$

Entlang der kritischen Linie $K = 1$ im (Ω, K)-Parameterraum hat $f(\theta)$ für $\theta = 0$ einen kubischen Wendepunkt, d. h. es gilt $f'(0) = 0$ und $f''(0) = 0$. Daher beginnt die Reihenentwicklung in der Umgebung des Wendepunkts erst mit kubischen Gliedern. Dies deutet schon auf eine singuläre Stelle hin, an der neue Bewegungsmuster entstehen, was sich auch in speziellen „nichttrivialen" Werten für die universellen Konstanten äußert (Feigenbaum *et al.*, 1982)

$$K = 1: \quad \delta = -2.83360 \pm 3 \cdot 10^{-5} \tag{8.3.59}$$

und

$$a = -1.28857 \pm 2 \cdot 10^{-5} \tag{8.3.60}$$

Wie im Feigenbaum-Szenario, das wir ausführlich in Abschnitt 6.7 besprochen haben, kann über die Skalierungseigenschaften wieder eine Fixpunktgleichung für eine universelle Grenzfunktion aufgestellt werden, die die Berechnung von a ermöglicht. Aus den Stabilitätseigenschaften des Fixpunkts kann schließlich auch die Konstante δ ermittelt werden. Wir wollen im folgenden kurz die Herleitung der Skalierungsbeziehungen und der Fixpunktgleichung skizzieren. Detailliertere Beschreibungen findet der interessierte Leser in den bereits zitierten Arbeiten (Shenker, 1982; Feigenbaum *et al.*, 1982) und in einer unabhängig davon entstandenen Veröffentlichung (Rand *et al.*, 1982) sowie in (Cvitanović *et al.*, 1985a).

In Anlehnung an Abb. 6.7.10 haben wir in Abb. 8.3.12 die zu den $F_{\rm i+1}$-Zyklen mit den Windungszahlen $W_{\rm i} = F_{\rm i}/F_{\rm i+1}$ $({\rm i} = 1, 2, 3, \ldots)$ gehörigen Funktionsverläufe und Iterationen, die $\theta = 0$ als Element enthalten, aufgetragen. Vergleicht man nun z. B. den Funktionsverlauf $f_{\Omega_2}^{F_3}(\theta)$ bzw. $f_{\Omega_3}^{F_4}(\theta)$ innerhalb des gestrichelten Quadrats mit dem Verlauf von $f_{\Omega_1}^{F_2}(\theta)$ im gesamten θ-Bereich, so stellt man auch hier wieder eine erstaunliche Ähnlichkeit fest: durch eine Vergrößerung um den Faktor d_2/d_1 bzw. d_3/d_1 und Spiegelungen an der 1. und 2. Winkelhalbierenden kann man die entsprechenden Kurven übereinanderplotten und vergleichen. Die Skalierungsfaktoren sind durch Gl. (8.3.55) gegeben. Aus dem Skalierungsgesetz Gl. (8.3.56) erhalten wir

$$\lim_{{\rm n}\to\infty} a^{\rm n} d_{\rm n+1} = {\rm const} \tag{8.3.61}$$

Multipliziert man $d_{\rm n+1}$ aus Gl. (8.3.55) mit $a^{\rm n}$, so ergibt sich daher

$$\lim_{{\rm n}\to\infty} a^{\rm n}\left[f_{\Omega_{\rm n+1}}^{F_{\rm n+1}}(0) - F_{\rm n}\right] = {\rm const} \tag{8.3.62}$$

Wie bei der logistischen Abbildung kann man auch hier nicht nur Konvergenz an der Stelle $\theta = 0$ beobachten, sondern, bei entsprechender Skalierung, Konvergenz gegen eine Grenzfunktion $\tilde{g}_1(\theta)$, vgl. Gl. (6.7.28),

$$\lim_{{\rm n}\to\infty} a^{\rm n}\left[f_{\Omega_{\rm n+1}}^{F_{\rm n+1}}(\vartheta_{\rm n}) - F_{\rm n}\right] = \tilde{g}_1(\theta) \tag{8.3.63}$$

wobei wir die Notation

$$\frac{\theta}{a^{\mathrm{n}}} \equiv \vartheta_{\mathrm{n}} \tag{8.3.63a}$$

verwendet haben. Zur Abkürzung führen wir außerdem die Bezeichnung

$$f_{\Omega_{\mathrm{n}+1}}^{(\mathrm{n})}(\theta) = f_{\Omega_{\mathrm{n}+1}}^{F_{\mathrm{n}+1}}(\theta) - F_{\mathrm{n}} \tag{8.3.64}$$

ein, so daß Gl. (8.3.63) lautet

$$\lim_{\mathrm{n}\to\infty} a^{\mathrm{n}} f_{\Omega_{\mathrm{n}+1}}^{(\mathrm{n})}(\vartheta_{\mathrm{n}}) = \tilde{g}_1(\theta) \tag{8.3.65}$$

Zu Beginn unserer Betrachtungen hatten wir Selbstähnlichkeit in den Verläufen $f_{\Omega_1}^{F_2}$, $f_{\Omega_2}^{F_3}$, $f_{\Omega_3}^{F_4}$, ... festgestellt. Auch diese Funktionen streben gegen eine Grenzfunktion $\tilde{g}_0(\theta)$

$$\lim_{\mathrm{n}\to\infty} a^{\mathrm{n}} f_{\Omega_{\mathrm{n}}}^{(\mathrm{n})}(\vartheta_{\mathrm{n}}) = \tilde{g}_0(\theta) \tag{8.3.66}$$

Man beachte die Unterschiede der Indizes in den Gln. (8.3.65) und (8.3.66). Allgemein können wir aus den Funktionsfolgen $f_{\Omega_{\mathrm{n}+\mathrm{i}}}^{(\mathrm{n})}$ für i= 0,1,2,3,... eine Folge von Grenzfunktionen konstruieren

$$\lim_{\mathrm{n}\to\infty} a^{\mathrm{n}} f_{\Omega_{\mathrm{n}+\mathrm{i}}}^{(\mathrm{n})}(\vartheta_{\mathrm{n}}) = \tilde{g}_{\mathrm{i}}(\theta) \tag{8.3.67}$$

Gleichung (8.3.20) zeigt, daß die einzelnen Zykluselemente θ_1=0, θ_2, $\theta_3, \ldots \theta_{\mathrm{q}}$ eines q-Zyklus durch gleiche Steigungen aneinander gekoppelt sind. Es genügt daher, die iterierten Abbildungen in der Umgebung *eines* Zykluspunktes $\theta = 0$ zu betrachten. Die für die Konstruktion der Grenzfunktionen notwendigen Skalierungen bedeuten ein fortwährendes Heraus-Zoomen von immer kleiner werdenden Umgebungen der Stelle $\theta = 0$. Für die Grenzfunktion kommt es daher nicht auf den speziellen Verlauf der Abbildungsfunktion $f(\theta)$ an, sondern nur auf die Eigenschaften a) - c) von Abschnitt 8.3.2, die zu dem in Farbtafel I, S. 639, gezeigten Muster von Arnol'd-Zungen führen, d. h. die Grenzfunktionen $\tilde{g}_{\mathrm{i}}(\theta)$ sind universell.

Als nächstes wollen wir in Anlehnung an Gl. (6.7.31) eine Beziehung der Grenzfunktionen untereinander aufstellen. Zunächst halten wir alle Systemparameter fest und können daher zur Vereinfachung der Schreibweise vorläufig bei $f^{(\mathrm{n})}$ den unteren Index weglassen. Aus der Definition von $f^{(\mathrm{n})}$, Gl. (8.3.64), ergibt sich zusammen mit Gl. (8.3.45)

$$\begin{aligned} f^{(\mathrm{n}+1)}(\theta) &= f^{F_{\mathrm{n}+2}}(\theta) - F_{\mathrm{n}+1} \\ &= f^{F_{\mathrm{n}+1}+F_{\mathrm{n}}}(\theta) - (F_{\mathrm{n}} + F_{\mathrm{n}-1}) \end{aligned}$$

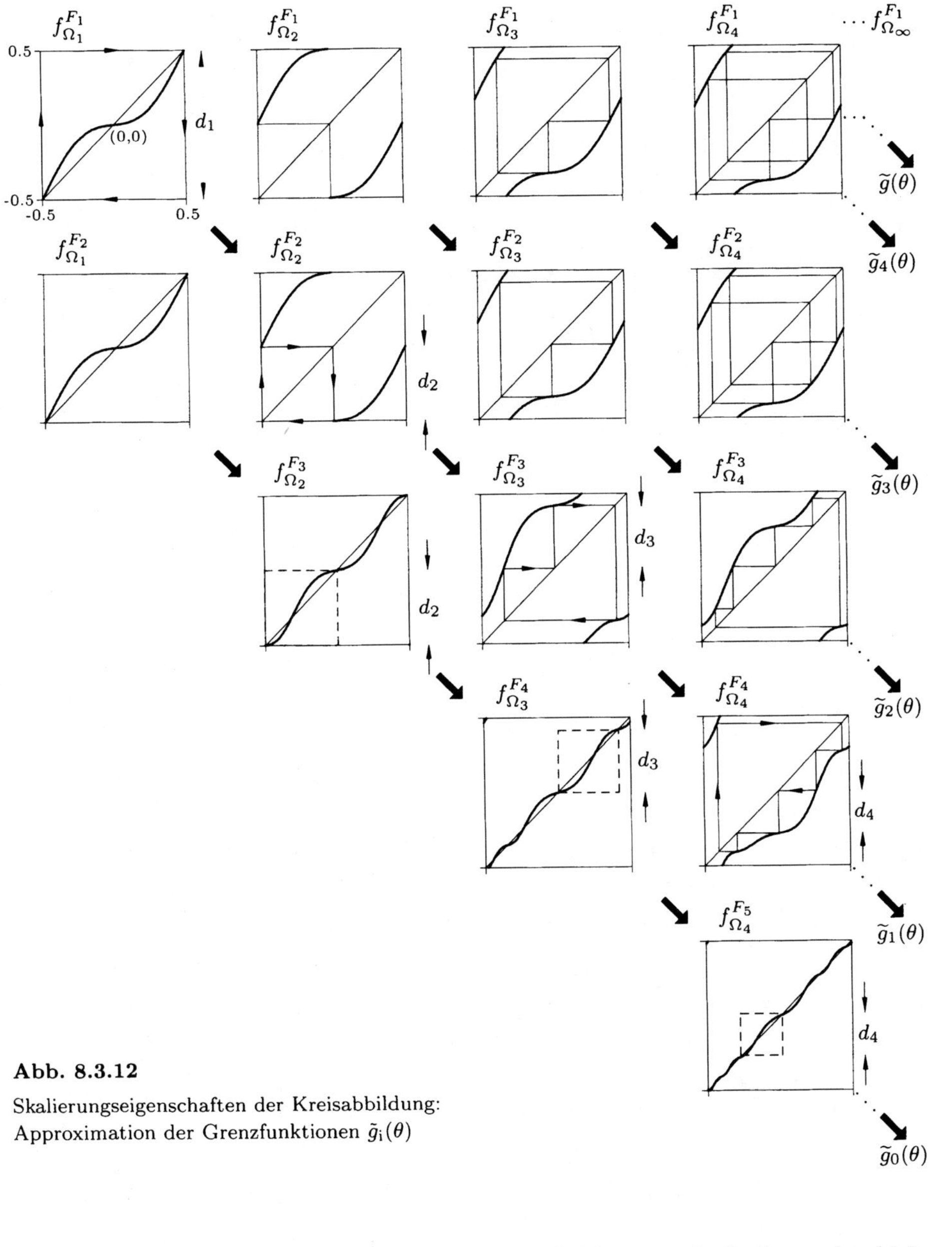

Abb. 8.3.12

Skalierungseigenschaften der Kreisabbildung: Approximation der Grenzfunktionen $\tilde{g}_i(\theta)$

Da die Rekursionsvorschrift für die Fibonacci-Zahlen von 2. Ordnung ist (d. h. F_{n+1} und F_n erzeugen F_{n+2}), ergeben sich zwei Rekursionsregeln für $f^{(n+1)}(\theta)$. Unter Verwendung von $f(\theta+1) = f(\theta) + 1$ erhält man einerseits

$$
\begin{aligned}
f^{(n+1)}(\theta) &= \left(f^{F_{n+1}+F_n}(\theta) - F_{n-1}\right) - F_n = \left(f^{F_{n+1}}\left(f^{F_n}(\theta)\right) - F_{n-1}\right) - F_n \\
&= f^{F_{n+1}}\left(f^{F_n}(\theta) - F_{n-1}\right) - F_n = f^{(n)}\left(f^{(n-1)}(\theta)\right) \qquad (8.3.68)
\end{aligned}
$$

und andererseits

$$f^{(n+1)}(\theta) = f^{F_n}\big(f^{F_{n+1}}(\theta) - F_n\big) - F_{n-1} = f^{(n-1)}\big(f^{(n)}(\theta)\big) \tag{8.3.69}$$

d. h. die Operation der Iteration ist kommutativ. Mit der Bezeichnung

$$\bar{f}^{(n)}(\theta) = a^n f^{(n)}(\vartheta_n) \tag{8.3.70}$$

lassen sich Gl. (8.3.68) bzw. Gl. (8.3.69) wie folgt umformen

$$\bar{f}^{(n+1)}(\theta) = a \cdot a^n f^{(n)}\Big(\frac{a \cdot a^{n-1}}{a^n} f^{(n-1)}\big(\frac{\theta}{a^{n-1}a^2}\big)\Big)$$

d. h. es ergibt sich, mit der Abkürzung Gl. (8.3.63a),

$$\bar{f}^{(n+1)}(\theta) = a\bar{f}^{(n)}\big(a\bar{f}^{(n-1)}(\vartheta_2)\big) \tag{8.3.71}$$

oder alternativ

$$\begin{aligned} \bar{f}^{(n+1)}(\theta) &= a^2 a^{n-1} f^{(n-1)}\Big(\frac{a^n}{a \cdot a^{n-1}} f^{(n)}\big(\frac{\theta}{a \cdot a^n}\big)\Big) \\ &= a^2 \bar{f}^{(n-1)}\Big(\frac{1}{a}\bar{f}^{(n)}(\vartheta_1)\Big) \end{aligned} \tag{8.3.72}$$

Wenn wir $f(\theta + 1) = f(\theta) + 1$ voraussetzen, ist die zweite Beziehung redundant (Ostlund *et al.*, 1983). Wir können uns daher im folgenden auf Gl. (8.3.71) stützen.

Unser Ziel ist es, eine Relation zwischen aufeinanderfolgenden Grenzfunktionen aufzustellen. Dazu müssen wir wieder den Ω-Wert spezifizieren und mit unteren Indizes arbeiten. Mit der Abkürzung Gl. (8.3.70) läßt sich $\tilde{g}_{i-1}(\theta)$ nach Gl. (8.3.67) einfach schreiben

$$\tilde{g}_{i-1}(\theta) = \lim_{n\to\infty} \bar{f}^{(n)}_{\Omega_{n+i-1}}(\theta) \tag{8.3.73}$$

Setzt man die Beziehung Gl. (8.3.71) ein, so kann man in Analogie zu Gl. (6.7.31) folgende Rekursionsvorschrift herleiten

$$\tilde{g}_{i-1}(\theta) = \lim_{n\to\infty} a\bar{f}^{(n-1)}_{\Omega_{n-1+i}}\big(a\bar{f}^{(n-2)}_{\Omega_{n-2+i+1}}(\vartheta_2)\big) \qquad \text{mit } \vartheta_2 = a^{-2}\theta$$

oder

$$\tilde{g}_{i-1}(\theta) = a\tilde{g}_i\big(a\tilde{g}_{i+1}(\vartheta_2)\big) \tag{8.3.74}$$

Im Gegensatz zur Iterationsvorschrift Gl. (6.7.31), die wir bei der Periodenverdopplungs-Route hergeleitet haben, führt die Rekursionsformel für die Fibonacci-Zahlen, Gl. (8.3.45), dazu, daß Gl. (8.3.74) ebenfalls eine Rekursionsvorschrift

2. Ordnung ist, d. h. zwei Funktionen $\tilde{g}_{i+1}$ und $\tilde{g}_i$ sind notwendig, um $\tilde{g}_{i-1}$ zu erzeugen. Dies hat offenbar Konsequenzen für die Definition einer der Transformation T aus Gl. (6.7.31) entsprechenden Transformation; vgl. (Feigenbaum *et al.*, 1982) und (Rand *et al.*, 1982). Wir gehen jedoch hier auf diesen Punkt nicht näher ein und beschränken uns in diesem Abschnitt auf die Grundgedanken, die zur Herleitung der universellen Konstanten notwendig sind. Führt man den Grenzübergang $i \to \infty$ aus, so strebt die Folge $\tilde{g}_i(\theta)$ gegen eine Grenzfunktion $\tilde{g}(\theta)$, und nach Gl. (8.3.73) gilt

$$\tilde{g}(\theta) = \lim_{i\to\infty} \tilde{g}_i(\theta) = \lim_{n\to\infty} \bar{f}^{(n)}_{\Omega_\infty}(\theta) \tag{8.3.75}$$

d. h. man erhält $\tilde{g}(\theta)$ durch Iteration der Abbildungsfunktion $f(\theta)$ zum *festen* Parameterwert $\Omega_\infty(K)$, vgl. Gl. (8.3.52). Die Funktion $\tilde{g}(\theta)$ ist dann nach Gl. (8.3.74) Lösung der Fixpunktgleichung

$$\tilde{g}(\theta) = a\tilde{g}\big(a\tilde{g}(\vartheta_2)\big) \qquad \text{mit } \vartheta_2 = a^{-2}\theta \tag{8.3.76}$$

Aus dieser Beziehung läßt sich, ähnlich wie beim Feigenbaum-Szenario, mit der Normierung $\tilde{g}(0) = 1$ die universelle Konstante a bestimmen.

An dieser Stelle muß man zwischen $0 < K < 1$ und $K = 1$ unterscheiden. Entwickelt man die Kreisabbildung Gl. (8.3.13) in der Umgebung von $\theta = 0$ in eine Taylorreihe, so erhält man

$$\begin{aligned} f(\theta) &= \theta + \Omega - \frac{K}{2\pi}\sin 2\pi\theta \\ &= \theta + \Omega - \frac{K}{2\pi}\Big[2\pi\theta - \frac{1}{3!}(2\pi\theta)^3 + \cdots\Big] \\ &= \Omega + (1-K)\theta + \frac{2\pi^2}{3}K\theta^3 - \cdots \end{aligned}$$

d. h. für $0 < K < 1$ tritt in der Abbildungsfunktion ein linearer Term in θ auf. Diese Eigenschaft überträgt sich auf die Grenzfunktion $\tilde{g}(\theta)$, und Gl. (8.3.76) besitzt eine „triviale" geschlossene Lösung

$$\tilde{g}(\theta) = 1 + \theta \tag{8.3.77}$$

Setzt man nämlich Gl. (8.3.77) in Gl. (8.3.76) ein, so erhält man aus

$$1 + \theta = a\big[1 + a(1 + \vartheta_2)\big] = a + a^2 + \theta$$

eine Bestimmungsgleichung für a

$$a^2 + a - 1 = 0 \tag{8.3.78}$$

wobei wir hier nur an der negativen Lösung interessiert sind. Man erhält

$$a = -\frac{1+\sqrt{5}}{2} = \frac{2}{1-\sqrt{5}} = -\frac{1}{W_G} \tag{8.3.79}$$

in Übereinstimmung mit Gl. (8.3.58).

Da die Kreisabbildung für $K = 1$ am Punkt $\theta = 0$ einen kubischen Wendepunkt mit horizontaler Tangente besitzt, fällt das lineare θ-Glied in der Potenzreihenentwicklung weg, d. h. sie reduziert sich auf die Form

$$f(\theta) = \Omega + \text{const} \cdot \theta^3 + \cdots$$

Daher fällt auch bei der Grenzfunktion der lineare Term weg. Gehen wir von einer allgemeinen Kreisabbildung aus, die bei $K = 1$ einen *kubischen* Wendepunkt mit horizontaler Tangente besitzt, so kann man mit dem Ansatz

$$\tilde{g}(\theta) = 1 + \gamma_1\theta^3 + \gamma_2\theta^6 + \cdots \tag{8.3.80}$$

sukzessive Näherungen für die Konstante a und für die Grenzfunktion $\tilde{g}(\theta)$ gewinnen. Die numerischen Berechnungen in (Feigenbaum *et al.*, 1982; Rand *et al.*, 1982) ergeben den Wert

$$a = -1.28857 \pm 2 \cdot 10^{-5} \qquad (K = 1) \tag{8.3.81}$$

Aus Gl. (8.3.74) läßt sich aufgrund der Indizierung ablesen, daß $\tilde{g}(\theta)$ ein instabiler Fixpunkt (Sattelpunkt) ist. Ähnlich wie bei der Periodenverdopplungskaskade kann die zweite universelle Konstante δ in Gl. (8.3.53), die die Selbstähnlichkeit bezüglich des Ω-Parameters entschlüsselt, mit dem Eigenwert identifiziert werden, dessen zugehöriger Eigenvektor die instabile Mannigfaltigkeit im Fixpunkt $\tilde{g}(\theta)$ berührt. Für $K < 1$ ergibt sich, wie nach Gl. (8.3.50) zu erwarten ist, der „triviale" Wert

$$\delta = -\frac{1}{W_G^2} = -2.61803\ldots \qquad (K < 1) \tag{8.3.82}$$

Die Berechnung von δ für $K = 1$ ist wesentlich komplizierter. Wie bei der logistischen Gleichung (vgl. Abschnitt 6.7.4) muß man den Iterationsoperator, Gl. (8.3.68) bzw. Gl. (8.3.69), am Fixpunkt $\tilde{g}(\theta)$ linearisieren und kann dann den größten Eigenwert δ numerisch bestimmen. Die Tatsache, daß für den Iterationsoperator zwei Funktionen $f^{(n)}$ und $f^{(n-1)}$ spezifiziert werden müssen, um $f^{(n+1)}$ zu erzeugen, sorgt für zusätzliche Schwierigkeiten. Wir beschränken uns hier auf die Angabe des Ergebnisses

$$\delta = -2.83360 \pm 3 \cdot 10^{-5} \qquad (K = 1) \tag{8.3.83}$$

und verweisen auf die Literatur (vgl. Feigenbaum *et al.*, 1982).

Wir haben uns in diesem Abschnitt zunächst auf die Herleitung lokaler Skalierungsbeziehungen konzentriert, d. h. wir haben den Übergang von quasiperiodischen Bewegungen ins Chaos bei einer festen Windungszahl betrachtet. Die Frage ist nun, inwieweit sich diese Gesetzmäßigkeiten beim Übergang zu anderen Windungszahlen ändern. Sowohl Shenker *et al.* als auch Ostlund *et al.* haben dieses Problem untersucht (Shenker *et al.*, 1982; Ostlund *et al.*, 1983), indem sie das sogenannte „Silberne Mittel" (*silver mean*) W_S als Windungszahl zugrunde legten und die entsprechenden Konstanten a und δ numerisch zunächst durch Iteration der Kreisabbildung Gl. (8.3.13) ermittelten. Der Wert W_S hat die einfache Kettenbruchdarstellung

$$W_S = < 2\ 2\ 2\ \ldots > \tag{8.3.84}$$

Ähnlich wie in Gl. (8.3.43) kann man aus dieser Darstellung die entsprechende irrationale Zahl berechnen. Man erhält

$$W_S = \frac{1}{2 + W_S} \qquad \text{oder} \qquad W_S^2 + 2W_S - 1 = 0$$

Die Lösung $W_S = \sqrt{2} - 1$ wird als Silbernes Mittel bezeichnet. Auch hier kann man die Skalierungsgrößen für Parameter- und Phasenraum berechnen, und es ergeben sich die nichttrivialen Werte für $K = 1$

$$\begin{aligned} a &= -1.5868 \quad \pm 10^{-4} \\ \delta &= -6.79925 \pm 5 \cdot 10^{-5} \end{aligned} \tag{8.3.85}$$

Ein Vergleich mit Gln. (8.3.81) und (8.3.83) zeigt, daß diese Werte von den dem Goldenen Mittel zugeordneten Konstanten abweichen; andererseits zeigten die numerischen Untersuchungen die Universalität der Größen. Die spezielle Bauart der Abbildungsfunktion hat nämlich keinen Einfluß auf das Ergebnis, solange diese an der kritischen Grenze K_{cr} einen kubischen Wendepunkt mit horizontaler Tangente besitzt. Aus dem Ansatz Gl. (8.3.80) für die Grenzfunktion $\tilde{g}(\theta)$ ist jedoch ersichtlich, daß die Ordnung des Wendepunkts den Wert von a, und damit auch δ, beeinflußt. Eine weitere numerische Untersuchung Shenkers zeigte (Shenker, 1982), daß es nur auf das „Ende" des Kettenbruchs und nicht auf eine endliche Zahl von führenden Stellen ankommt. So führt beispielsweise die Windungszahl

$$W = < 3\ 1\ 4\ 1\ 1\ 1\ \ldots > \tag{8.3.86}$$

zu denselben Skalierungsgesetzen wie das Goldene Mittel W_G.

Insbesondere das letzte Ergebnis wirft jedoch einen ganzen Komplex von Fragen auf. Prinzipiell kann man sich ja offenbar zu jeder irrationalen Zahl W mit der Kettenbruchdarstellung $W = < \mathrm{n}_1\ \mathrm{n}_2\ \mathrm{n}_3\ \ldots >$ irrationale Zahlen W' und W'' konstruieren, deren führende Ziffern in der Kettenbruchdarstellung mit W

übereinstimmen, deren „Ende“ jedoch mit lauter Ziffern „1“ bzw. „2“ aufgefüllt wird, also

$$W' = < \mathrm{n}_1\ \mathrm{n}_2\ \ldots\ \mathrm{n}_\mathrm{k}\ 1\,1\,1\,1\ \ldots >$$

bzw.

$$W'' = < \mathrm{n}_1\ \mathrm{n}_2\ \ldots\ \mathrm{n}_\mathrm{k}\ 2\,2\,2\,2\ \ldots >$$

Wählt man k groß genug, so weicht sowohl W' als auch W'' beliebig wenig von W ab, beide Frequenzen führen jedoch zu verschiedenen Skalierungsgesetzen!

Es stellt sich also die Frage, inwieweit die Skalierungsgesetze und die „lokalen universellen“ Konstanten für die Erklärung physikalischer Phänomene herangezogen werden können und wo die Grenzen liegen. Sicherlich hängt die Antwort davon ab, ob man einen mathematischen oder einen physikalischen Standpunkt einnimmt. Ein Mathematiker wird untersuchen, mit welcher Wahrscheinlichkeit eine gewisse Bewegung auftritt und welche Stabilitätseigenschaften sie besitzt. Da man in Wirklichkeit jedoch Frequenzen nicht mit unendlicher Genauigkeit messen kann und stets mikroskopische Fluktuationen auftreten, wäre es sicherlich sinnvoll, unter Berücksichtigung von Fluktuationen die Eigenschaften von Kreisabbildungen auf Skalierungsgesetze und auf das Konzept der lokalen Universalität hin zu untersuchen. Allerdings entfernt man sich damit von der deterministischen Beschreibungsweise, die der Theorie dynamischer Systeme zugrunde liegt.

Bisher haben wir uns in diesem Abschnitt mit Skalierungsgesetzen für irrationale Windungszahlen beschäftigt, die eine periodische Kettenbruchdarstellung haben. Diese Zahlen sind jedoch Spezialfälle, typischerweise ist eine irrationale Zahl transzendent, wie etwa π oder e, und hat eine ergodische Kettenbruchdarstellung. In diesen Fällen können keine geometrischen Skalierungsgesetze aufgestellt werden. Die Rolle des hyperbolischen Fixpunkts $\tilde{g}(\theta)$ in einem geeigneten Funktionsraum wird dann von einer hyperbolischen „seltsamen Menge“ (*strange set*, e.g. *a horse shoe*) im Funktionenraum übernommen. Die komplizierten Implikationen sind in (Umberger *et al.*, 1986; Rand, 1987) beschrieben.

In Abschnitt 8.5 werden Experimente zum Übergang von quasiperiodischem zu chaotischem Verhalten beschrieben. Dabei wird das Goldene Mittel als „irrationalste“ aller Windungszahlen ausgewählt, und die Skalierungsgesetze werden anhand der Struktur von Leistungsspektren und Dichteverteilungen verifiziert.

8.3.3.2 Globale Skalierungsgesetze

Lokale Universalitätsgesetze lassen sich experimentell nur schwer überprüfen, da kleine Änderungen in den Windungszahlen große Änderungen im Skalierungsverhalten zur Folge haben. Experimentell leichter nachzuweisen sind dagegen globale universelle Eigenschaften, die für einen ganzen Bereich von Windungsverhältnissen gelten. Im folgenden untersuchen wir daher die selbstähnliche Struktur der Arnol'd-Zungen in der Nähe der kritischen Linie $K_{cr} = 1$.

In Abb. 8.3.6 haben wir die Struktur der Ω-Intervalle, in denen eine Synchronisation der Frequenzen auftritt, die sogenannte Teufelstreppe, dargestellt. Das Diagramm zeigt, daß die zu einer Windungszahl p/q gehörige Länge des Intervalls $\Delta\Omega(\mathrm{p/q})$ um so kleiner wird, je größer der Nenner ist. Tatsächlich kann man nachweisen, daß die Länge des Stabilitätsintervalls eines q-Zyklus

$$\Delta\Omega(\frac{1}{\mathrm{q}}) \sim \frac{1}{\mathrm{q}^{\gamma}} \qquad (\gamma > 2) \tag{8.3.87}$$

ist (Jensen *et al.*, 1984). Mit Hilfe des sogenannten Farey-Baums (*Farey tree*) lassen sich diese Stabilitätsbereiche systematisch ihrer Größe nach ordnen.

Farey-Folgen (*Farey sequences*) sind spezielle Anordnungen rationaler Zahlen im Einheitsintervall. Eine Farey-Folge $F^{(\mathrm{n})}$ der Ordnung n ordnet alle rationalen Zahlen $\mathrm{p/q} \in [0,1]$ mit $\mathrm{q} \leqslant \mathrm{n}$ (p, q sind ganze Zahlen mit $\mathrm{p} \geqslant 0$, $\mathrm{q} > 0$, p/q teilerfrei) und besitzt folgende Eigenschaften:

Sind $\mathrm{p_1/q_1}$, $\mathrm{p_2/q_2}$, $\mathrm{p_3/q_3}$ drei aufeinander folgende Terme der Farey-Folge, d. h. ist $\mathrm{p_1/q_1} < \mathrm{p_2/q_2} < \mathrm{p_3/q_3}$, so gilt

$$\mathrm{q_1 p_2 - p_1 q_2} = 1 \tag{8.3.88}$$

und, wenn mit dem Symbol $\oplus$ die sogenannte Farey-Mediante als zusammengesetzter Bruch eingeführt wird,

$$\frac{\mathrm{p_2}}{\mathrm{q_2}} = \frac{\mathrm{p_1}}{\mathrm{q_1}} \oplus \frac{\mathrm{p_3}}{\mathrm{q_3}} \equiv \frac{\mathrm{p_1 + p_3}}{\mathrm{q_1 + q_3}} \tag{8.3.89}$$

Beispielsweise ist die Reihenfolge in einer Farey-Folge der Ordnung 5

$$F^{(5)} = \left\{\frac{0}{1}, \frac{1}{5}, \frac{1}{4}, \frac{1}{3}, \frac{2}{5}, \frac{1}{2}, \frac{3}{5}, \frac{2}{3}, \frac{3}{4}, \frac{4}{5}, \frac{1}{1}\right\}$$

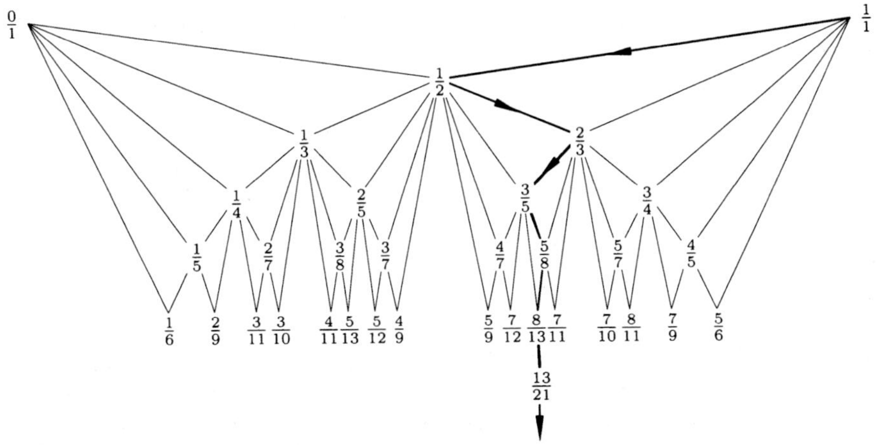

Abb. 8.3.13 Struktur des Farey-Baums;
der stärker ausgezogene Linienzug markiert die Approximation des Goldenen Mittels durch Quotienten von Fibonacci-Zahlen

Nach diesem Muster kann man alle rationalen Zahlen aus dem Intervall [0,1] in einem Farey-Baum entsprechend der Größe der Nenner anordnen. Dazu beginnt man mit den Endpunkten des Intervalls $[0, 1]$, d. h. mit $\frac{0}{1}$ und $\frac{1}{1}$, und bildet nacheinander die Farey-Medianten. Im ersten Schritt erhält man $\frac{0}{1} \oplus \frac{1}{1} = \frac{1}{2}$, danach $\frac{0}{1} \oplus \frac{1}{2} = \frac{1}{3}$, $\frac{1}{2} \oplus \frac{1}{1} = \frac{2}{3}$ usw. (siehe Abb. 8.3.13) (Cvitanović *et al.*, 1985). Greift man zwei rationale Zahlen p_1/q_1 und p_2/q_2 heraus, so zeigt dieses Schema anschaulich, daß $p/q = (p_1 + p_2)/(q_1 + q_2)$ diejenige rationale Zahl zwischen p_1/q_1 und p_2/q_2 ist, die den *kleinsten* Nenner hat. Überträgt man die Struktur des Farey-Baums auf die Teufelstreppe (Abb. 8.3.6), so führt die rationale Zahl mit dem kleinsten Nenner auf das längste Plateau p/q zwischen den zwei beliebig herausgegriffenen Plateaus p_1/q_1 und p_2/q_2 (z. B.: $p_1/q_1 = \frac{1}{2}$, $p_2/q_2 = \frac{1}{3}$ ergibt $p/q = \frac{2}{5}$). Das Farey-Baumschema kann nun dazu benutzt werden, die Arnol'd-Zungen für $K_{cr} = 1$ entsprechend der Ausdehnung der Ω-Intervalle, in denen *frequency locking* auftritt, zu ordnen.

Wählt man zwei Windungszahlen p_1/q_1 und p_2/q_2 aus und bezeichnet die stabilen Bereiche periodischen Verhaltens der zugehörigen q_1- bzw. q_2-Zyklen mit $\Delta\Omega(p_1/q_1)$ bzw. $\Delta\Omega(p_2/q_2)$, so gehört das *größte* dazwischen liegende Intervall $\Delta\Omega_{\max}$ zur Windungszahl

$$\frac{p}{q} = \frac{p_1 + p_2}{q_1 + q_2} \tag{8.3.90}$$

Da die Struktur der Arnol'd-Zungen unabhängig von der speziellen Abbildungsfunktion ist (vgl. Farbtafel I, S. 639 und Abb. 8.3.10), gewinnt man aus diesen Überlegungen ein Ordnungsschema für diejenigen Bereiche, in denen Frequenzkopplung auftritt, was insbesondere für experimentelle Beobachtungen von großer Bedeutung ist. Dieselbe Struktur wurde nämlich nicht nur abstrakt bei der Kreisabbildung beobachtet, sondern bei vielen physikalischen Systemen, in denen 2 Frequenzen gekoppelt sind, wie z. B. bei erzwungenen Schwingungen eines Pendels, beim Josephson-Übergang, bei stimulierten Herzrhythmen und bei der Bénard-Konvektion, der durch Anlegen eines Wechselstroms eine zusätzliche Frequenz aufgeprägt wird (vgl. Abschnitt 8.5.1), um nur einige Beispiele zu nennen.

In (Jensen *et al.*, 1984) studierten die Autoren die den Arnol'd-Zungen zugrunde liegenden Skalierungsgesetze. Sie wiesen numerisch nach, daß an der kritischen Linie K_{cr} die Gesamtlänge S der Stabilitätsbereiche aller periodischen Bewegungen

$$S = \sum_{\forall \frac{p}{q}} \Delta\Omega\left(\frac{p}{q}\right) = 1 \tag{8.3.91}$$

ist und die Komplementärmenge die fraktale Struktur einer Cantor-Menge besitzt. Dazu berechneten sie auf verschiedenen Skalen die Gesamtlänge der Plateaus, indem sie für steigende Werte q als Skala die Länge des kleinsten Plateaus $\varepsilon_q = \Delta\Omega(1/q)$ zugrunde legten. Die Gesamtlänge der Stabilitätsbereiche aller q-Zyklen mit $1 \leqslant q \leqslant n$ ergibt sich zu

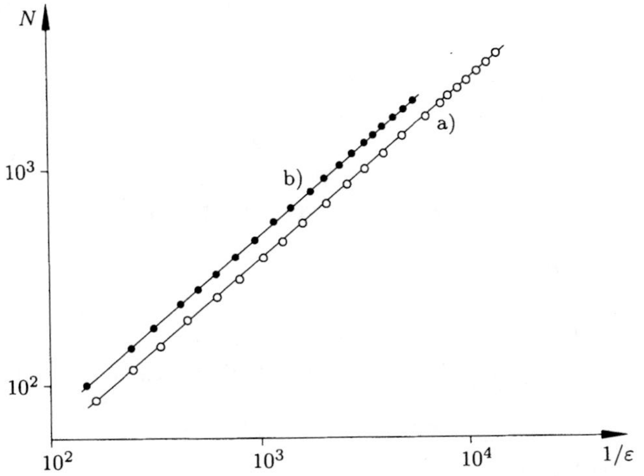

Abb. 8.3.14 $\log N(\varepsilon)$ als Funktion von $\log(1/\varepsilon)$ für zwei kritische Kreisabbildungen:
a) $f(\theta) = \theta + \Omega - \frac{1}{2\pi}\sin(2\pi\theta)$, b) $f(\theta) = \theta + \Omega - \frac{1}{2\pi}[\sin(2\pi\theta) - 0.8\sin^3(2\pi\theta)]$
(Jensen *et al.*, 1983)

$$S(\varepsilon_{\mathrm{n}}) = \sum_{\frac{\mathrm{p}}{\mathrm{q}} \in F^{(\mathrm{n})}} \Delta\Omega(\frac{\mathrm{p}}{\mathrm{q}}) \tag{8.3.92}$$

wobei sich die Summation über die Windungszahlen der Farey-Folge $F^{(\mathrm{n})}$ der Ordnung n erstreckt. Die Länge der Zwischenräume ist bei dieser Auflösung gegeben durch

$$l(\varepsilon_{\mathrm{n}}) = 1 - S(\varepsilon_{\mathrm{n}}) \tag{8.3.93}$$

oder, bezogen auf die Skala ε_{n},

$$N(\varepsilon_{\mathrm{n}}) = \frac{1 - S(\varepsilon_{\mathrm{n}})}{\varepsilon_{\mathrm{n}}} \tag{8.3.94}$$

$N(\varepsilon_{\mathrm{n}})$ ist dabei die Anzahl der Intervalle der Länge ε_{n}, in denen keine Frequenz-Synchronisation stattfindet.

In Abb. 8.3.14 wurde $\log N(\varepsilon)$ über $\log(1/\varepsilon)$ für zwei verschiedene Kreisabbildungen aufgetragen. Es ergeben sich, unabhängig von der speziellen Form der Abbildungsfunktion, zwei innerhalb der Rechengenauigkeit parallele Geraden $\log N = \text{const} + D\log(1/\varepsilon)$ mit der Steigung $D \approx 0.87$. Die Anzahl $N(\varepsilon)$ von Intervallen der Länge ε, die zu quasiperiodischen Bewegungen führen, gehorcht also einem Potenzgesetz

$$N(\varepsilon) \propto \frac{1}{\varepsilon^D} \tag{8.3.95}$$

wobei der Exponent D nach Gl. (5.5.5) der Kapazitätsdimension der Ω-Menge, die zu quasiperiodischen Bewegungen führt, entspricht. Die Gesamtlänge der „Lücken" zwischen den *frequency locking*-Plateaus ist daher

$$l(\varepsilon) = N(\varepsilon) \cdot \varepsilon \propto \varepsilon^{1-D} \tag{8.3.96}$$

und es strebt wegen $D < 1$ für $\varepsilon \to 0$ auch $l(\varepsilon) \to 0$. Die Komplementärmenge der zu den q-Zyklen gehörigen Ω-Werte hat somit die Struktur einer selbstähnlichen Cantor-Menge, wie wir sie in Abschnitt 5.5.1 beschrieben haben. An der kritischen Grenze K_{cr} ist daher kein Raum für quasiperiodische Bewegungen, die Menge der zugehörigen Ω-Werte ist vom Maß Null.

Das wesentliche Resultat ist jedoch, daß D eine universelle Größe ist, die nicht von der speziellen Form der Abbildungsfunktion abhängt. Diese Universalitätseigenschaft ist von entscheidender Bedeutung, da sie es erlaubt, die theoretischen Aussagen zur Interpretation von Meßergebnissen bei einer Vielzahl von Experimenten heranzuziehen, für die man ja die jeweilige Poincaré-Abbildung nicht kennt.

Betrachtet man die Kreisabbildung unterhalb der kritischen Grenze, d. h. für $K<1$, so bilden die Stabilitätsbereiche der q-Zyklen eine unvollständige Teufelstreppe mit $S(K) < 1$. Entsprechend ist die Komplementärmenge vom Maß $l(K) > 0$. Numerische Untersuchungen zeigen (Jensen *et al.*, 1984), daß $l(K)$ einem Potenzgesetz

$$l(K) \propto (1 - K)^{\beta} \tag{8.3.97}$$

folgt mit $\beta = 0.34$, genauere Rechnungen ergaben $\beta = 0.31$ (Alstrøm *et al.*, 1987); auch β hat universellen Charakter.

Diese Resultate legen es nahe, den Übergang ins Chaos bei $K = 1$ als Phasenübergang 2. Ordnung zu deuten. Ein Vergleich von Gl. (8.3.97) mit dem Potenzgesetz Gl. (6.7.103), das den Phasenübergang bei Ferromagneten beschreibt, zeigt, daß l die Rolle eines Ordnungsparameters und β die eines kritischen Exponenten spielt.

In (Jensen *et al.*, 1984) wurde die Kapazitätsdimension D der Cantor-Menge für $K = 1$ konventionell, wie in Abschnitt 5.5.2 beschrieben, durch Aufsummieren der Breite aller Ω-Intervalle, die eine bestimmte Länge nicht unterschreiten, ermittelt (siehe Gln. (8.3.92) bis (8.3.95)). Diese Methode ist für experimentelle Untersuchungen nicht besonders zu empfehlen, da die Breite einer großen Anzahl von Arnol'd-Zungen bestimmt werden muß. Viel eleganter ist eine lokale Methode, die auf Ideen von Hentschel und Procaccia zurückgeht (Hentschel und Procaccia, 1983) und die im Falle homogener Fraktale angewandt werden kann, bei denen die Dimension für alle Bereiche, in denen Lücken auftreten, gleich ist.

Dazu greift man zwei beliebige Windungszahlen $\frac{p'}{q'}$ und $\frac{p''}{q''}$ heraus und mißt die Länge der dazwischen liegenden Lücke S. Aus der Farey-Baumstruktur der Arnol'd-Zungen wissen wir, daß das größte dazwischen liegende Ω-Intervall zur Windungszahl $\frac{p'+p''}{q'+q''}$ gehört. Die Lücken zwischen den neuen Intervallen und den beiden vorhergehenden bezeichen wir mit S' und S'' (siehe Abb. 8.3.15).

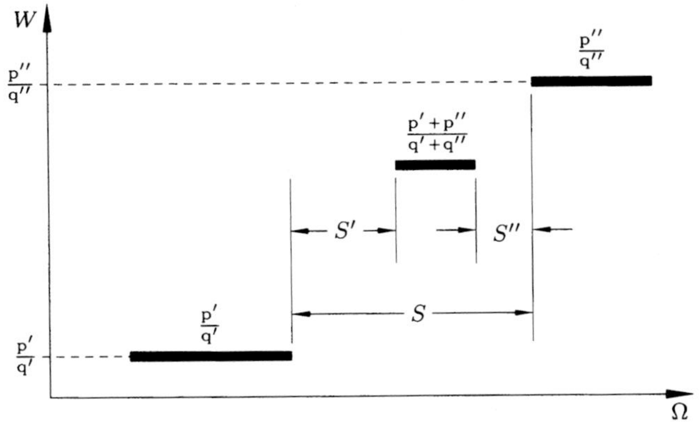

Abb. 8.3.15 Farey-Konstruktion zur Bestimmung der Dimension D'

Nach (Hentschel und Procaccia, 1983) läßt sich eine Näherung D' für die Dimension D aus der Beziehung

$$\left(\frac{S'}{S}\right)^{D'} + \left(\frac{S''}{S}\right)^{D'} = 1 \tag{8.3.98}$$

gewinnen. Die Idee ist nun (Cvitanović *et al.*, 1985a), durch das Heraus-Zoomen von immer kleineren Bereichen bessere Näherungen für die Dimension zu gewinnen. Beispielsweise kann man als Frequenzen drei aufeinanderfolgende Approximationen W_{n-1}, W_n und $W_{n+1} = W_{n-1} \oplus W_n$ des Goldenen Mittels (vgl. Gl. (8.3.46)) herausgreifen. Abbildung 8.3.16 entnimmt man die entsprechenden Lücken S_n, S'_n und S''_n. Eine gute Approximation für die Dimension der Cantor-Menge folgt aus der Beziehung (vgl. Glazier und Libchaber, 1988)

$$D' = \lim_{n\to\infty} D_n \qquad \text{mit} \qquad \left(\frac{S'_n}{S_n}\right)^{D_n} + \left(\frac{S''_n}{S_n}\right)^{D_n} = 1 \tag{8.3.99}$$

Ausgehend von den Windungszahlen $\frac{8}{13}$ und $\frac{13}{21}$ ergibt die numerische Berechnung nach 11 Schritten einen Wert von $D' = 0.868 \pm 2.10^{-3}$ (Cvitanović *et al.*, 1985a), in guter Übereinstimmung mit (Jensen *et al.*, 1983). Überraschenderweise führten bereits die ersten beiden Lücken auf einen Wert D_1, der nur 1% von D' abweicht. Eine andere Wahl der Ausgangsintervalle bzw. eine andere Abbildungsfunktion hatte keinen Einfluß auf die Ergebnisse.

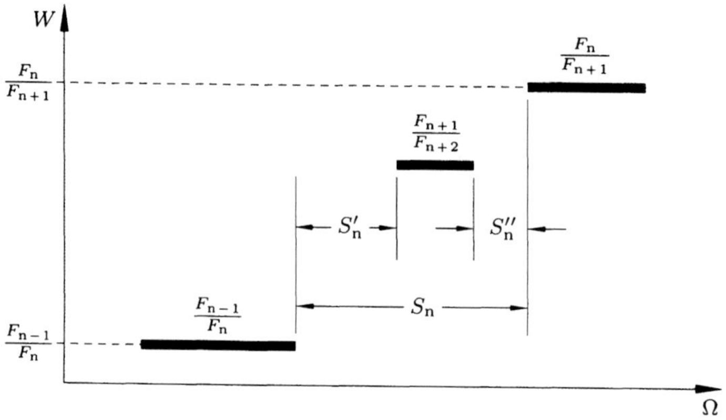

Abb. 8.3.16 Drei rationale Approximationen des Goldenen Mittels zur Berechnung der Kapazitätsdimension D'

Ziel dieses Abschnitts ist es, die theoretischen Grundlagen und Universalitätseigenschaften zu erläutern, die verschiedenen Übergängen ins Chaos zugrunde liegen. Kontinuierliche Systeme können nur dann irreguläres Verhalten zeigen, wenn ihr Phasenraum mindestens die Dimension 3 besitzt. Daher werden viele Systeme bei kontinuierlicher Veränderung eines Systemparameters die Bifurkationsfolge „Fixpunkt – Grenzzyklus – 2D-Torus“ durchlaufen. Eine weitere Erhöhung eines oder mehrerer Kontrollparameter kann entweder zu einer Synchronisation der Frequenzen, und damit erneut zu einer periodischen Bewegung, führen, oder die quasiperiodische Bewegung bleibt erhalten. Mit Hilfe der Kreisabbildung können nun verschiedene Möglichkeiten erklärt werden, wie der Übergang ins Chaos im einzelnen abläuft. Die Universalitätsgesetze rechtfertigen schließlich die intensive Beschäftigung mit einer speziellen Abbildungsfunktion und erlauben die Übertragung der Ergebnisse auf eine Vielzahl von Phänomenen.

In den beiden folgenden Abschnitten werden wir uns auf zwei Szenarien des Übergangs ins Chaos konzentrieren, nämlich auf die Feigenbaum-Route über Periodenverdopplungen (Abschnitt 8.4) und auf den quasiperiodischen Übergang, (Abschnitt 8.5), wobei wir insbesondere am Ende des jeweiligen Abschnitts auf die experimentelle Verifikation eingehen werden.

8.4 Die Feigenbaum-Route über Periodenverdopplungen ins Chaos

In Abschnitt 8.2 hatten wir das Modell von Ruelle und Takens vorgestellt, demzufolge irreguläres turbulentes Verhalten „typischerweise“ unmittelbar nach der Verzweigung von einem zweidimensionalen Torus T^2 in einen dreidimensionalen Torus T^3 einsetzt. Dem Szenario lag die Annahme zugrunde, daß die angeregten Moden nur schwach miteinander gekoppelt sind (Eckmann und MacKay, 1983). Dieses mathematische Modell konnte durch eine Anzahl von hydrodynamischen

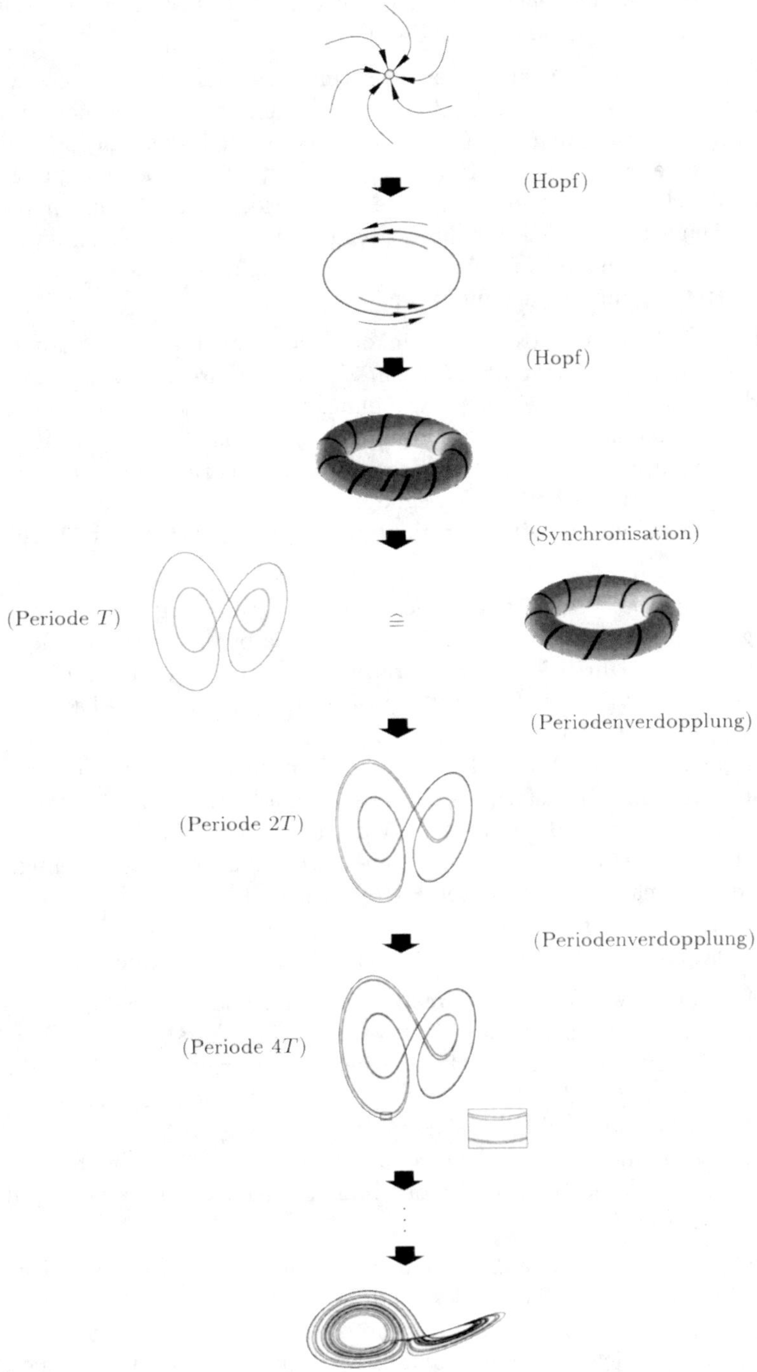

Abb. 8.4.1 Feigenbaums Szenario: über Periodenverdopplungen zum Chaos

Experimenten in abgeschlossenen Systemen, wie der Rayleigh-Bénard-Konvektion oder der Taylor-Couette-Strömung, bestätigt werden.

Genauere Messungen zeigten in einigen Experimenten, daß es nach der zweiten Bifurkation auf einen zweidimensionalen Torus häufig zu einer Synchronisation der beiden inkommensurablen Frequenzen kommt, wodurch das quasiperiodische Verhalten von einer periodischen Bewegung abgelöst wird. Der entsprechende Grenzzyklus durchläuft dann eine Kaskade von Periodenverdopplungen bis hin zum Chaos. Feigenbaum hatte für diese Übergänge universelle Konstanten und Skalierungsgesetze gefunden (siehe Abschnitt 6.7). Abbildung 8.4.1 zeigt eine schematische Darstellung des Feigenbaum-Szenarios.

Nach der 2. Hopf-Bifurkation treten zwei inkommensurable Frequenzen auf, die zu einer quasiperiodischen Bewegung auf einem 2D-Torus führen. Bewirkt eine Veränderung des Systemparameters eine Erhöhung der nichtlinearen Kopplung der Grundmoden, so kommt es häufig zu einer Synchronisation (*locking*) der Frequenzen, ein Phänomen, das uns aus den unterschiedlichsten Bereichen vertraut ist. Am augenfälligsten tritt es bei der Bewegung des Mondes zutage, bei der die Zeiten für einen Erdumlauf und eine Rotation um die eigene Polachse im Verhältnis 1:1 gekoppelt sind.

Frequenzkopplung kennt man auch in gedämpften, fremderregten mechanischen Schwingungssystemen – auf diesem Effekt beruht, wie bereits erwähnt, die Funktionsweise von Quarz-Uhren –, in der Hydrodynamik bei Konvektionsströmungen, in der Chemie bei der Belousov-Zhabotinsky-Reaktion (siehe z. B. Abschnitt 9.8) oder in biologischen Zyklen. Die Erkenntnisse aus der nichtlinearen Dynamik ermöglichen es, diese in den unterschiedlichsten Bereichen auftretenden Phänomene durch eine universelle Systemtheorie qualitativ zu erklären und die zugrundeliegenden Skalierungseigenschaften quantitativ nachzuweisen. Dabei kommt es nicht auf die spezifischen Details der verschiedenen Systeme an, sondern es genügt, das Phänomen der Synchronisation zweier Frequenzen und die anschließenden Periodenverdopplungen bis hin zu chaotischen Bewegungen am Prototyp einer Poincaré-Abbildung, nämlich der dissipativen Kreisabbildung, zu studieren.

In Abb. 8.4.2a haben wir für die eindimensionale Kreisabbildung Gl. (8.3.13) das Langzeitverhalten von θ in Abhängigkeit von K ($0 \leqslant K \leqslant 10$) für $\Omega = 1/2$ aufgetragen. Die Struktur des Bifurkationsdiagramms erinnert stark an die der logistischen Abbildung (vgl. Abb. 6.7.6), und man erkennt deutlich, daß es innerhalb der Arnol'd-Zunge für die Windungszahl $W = 1/2$ (vgl. Abb. 8.3.5) für $K > 1$ zu einer Kaskade von Periodenverdopplungen kommt, bis schließlich Chaos einsetzt. Diese irregulären Bereiche werden immer wieder von Fenstern regulären Verhaltens unterbrochen.

In Abb. 8.4.2b ist der Lyapunov-Exponent $\sigma(K)$ für $0 \leqslant K \leqslant 10$ aufgetragen. Es lassen sich drei Bereiche unterscheiden, die jeweils einer Feigenbaum-Periodenverdopplungs-Route und einem anschließenden Chaos-Bereich entsprechen und durch ihre „selbstähnliche“ Struktur auffallen. Deutlich erkennt man die Stellen, an denen Periodenverdopplungen ($\sigma = 0$) auftreten. Die K-Werte, für die σ den größten negativen Wert annimmt, gehören zu superstabilen Zyklen. In Abb.

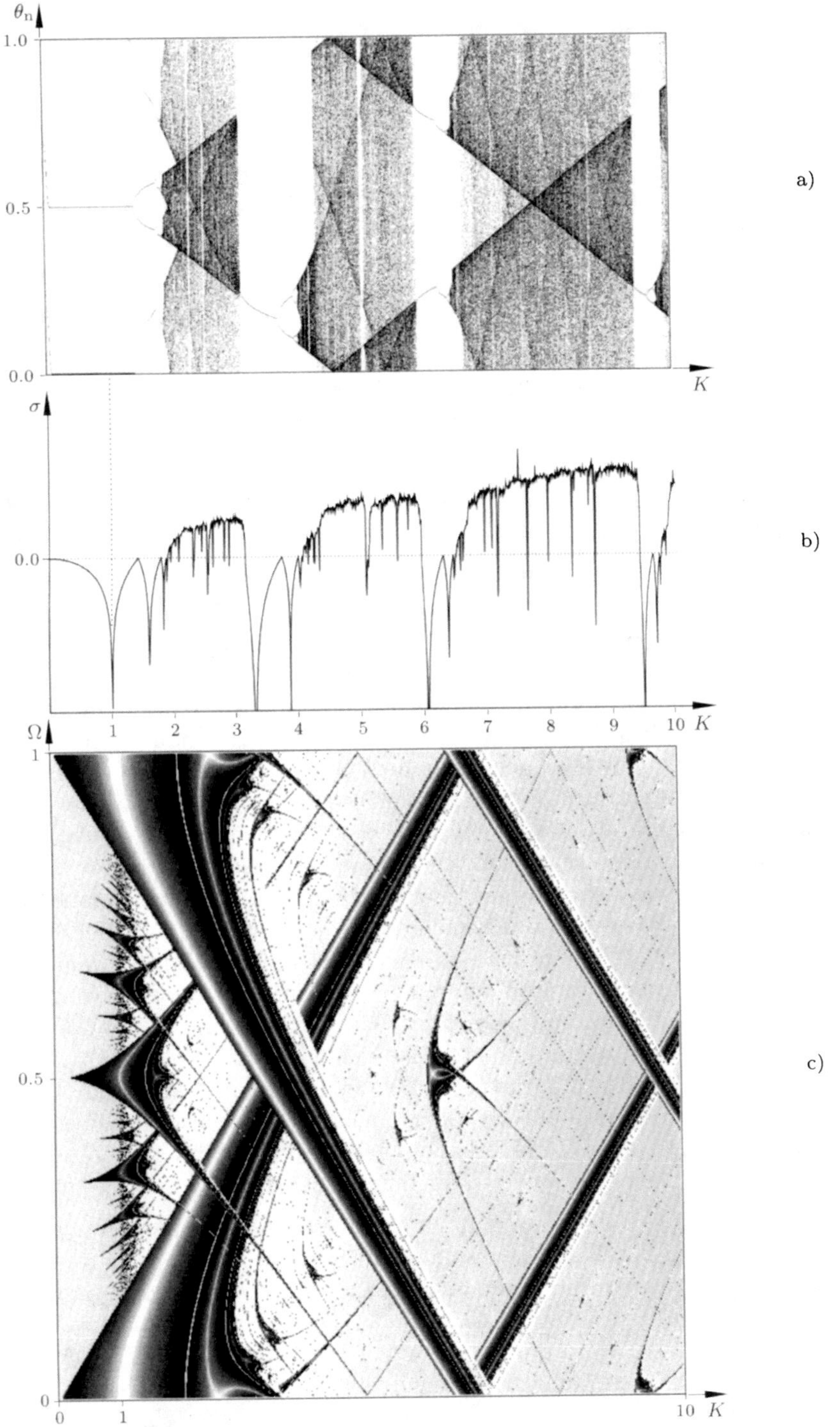

Abb. 8.4.2 Periodenverdopplungs-Route am Modell der Kreisabbildung:
a) Langzeitverhalten von θ_n für $\Omega = \frac{1}{2}$, $\theta_0 = 0.2$
b) Lyapunov-Exponent $\sigma(K)$ für $\Omega = \frac{1}{2}$
c) Lyapunov-Exponent $\sigma(K, \Omega)$ für $0 \leqslant K \leqslant 10$, $0 \leqslant \Omega \leqslant 1$

8.4.2c liegen die superstabilen Zyklen jeweils innerhalb der weißen Bänder in den Arnol'd-Zungen. Weitere Einzelheiten über die Struktur der Arnol'd-Zungen sind in Abschnitt 9.7 zusammengestellt.

Überschneiden sich die Arnol'd-Zungen (Abb. 8.4.2c), so existieren mehrere Attraktoren, d. h. verschiedene Anfangsbedingungen können zu unterschiedlichem Langzeitverhalten führen. Dies erkennt man deutlich an den Lücken im Bifurkationsdiagramm (Abb. 8.4.2a), das für eine einzige Anfangsbedingung ($\theta_0 = 0.2$) berechnet wurde. Der Verlauf des Lyapunov-Exponenten $\sigma(\Omega, K)$ zeigt beispielsweise, daß sich im Bereich $3 < K < 4$, $\Omega = 1/2$ die Arnol'd-Zungen zu den Windungszahlen $W = 0/1$ und $W = 1/1$ überschneiden, was zur Koexistenz zweier Attraktoren, in diesem Fall zweier Fixpunkte, führt. Aus dem Bifurkationsdiagramm geht hervor, daß $\theta_0 = 0.2$ in diesem Bereich im Einzugsbereich des Fixpunktes $\theta_s < 0.5$ liegt und damit zur Windungszahl $W = 0/1$ gehört.

Im folgenden wollen wir uns auf den Bereich beschränken, in dem Periodenverdopplungen auftreten, bis hin zum Einsetzen von Chaos. Dabei ist es unser Ziel, aus numerischen bzw. experimentellen Zeitreihen Rückschlüsse auf die zugrundeliegenden Gesetze und Skalierungseigenschaften zu ziehen.

8.4.1 Weitere Skalierungseigenschaften der Periodenverdopplungskaskade

In Abschnitt 7.3 hatten wir das Lorenz-Modell zur Rayleigh-Bénard-Konvektion kennengelernt. Zur Illustrierung der Skalierungseigenschaften haben wir für dieses System die drei Lyapunov-Exponenten $\sigma_1 \geqslant \sigma_2 \geqslant \sigma_3$ berechnet und in Abb. 8.4.3a für den Parameterbereich $0 \leqslant r \leqslant 240$ aufgetragen. Abbildung 8.4.3b zeigt einen vergrößerten Ausschnitt ($142 \leqslant r \leqslant 169$). Da σ_1 im Bereich $146.7 \lesssim r \lesssim 166.1$ Null wird und σ_2 und σ_3 negativ sind, liegt dort periodisches Verhalten vor. Für $r > r_0 \approx 154.5$ existiert ein einziger Grenzzyklus, der durch die Transformation $X \to -X$, $Y \to -Y$, $Z \to -Z$ in sich übergeht und damit die Symmetrie des Lorenz-Systems widerspiegelt. Bei $r = r_0$ wird dieser Grenzzyklus instabil, und infolge einer Gabelverzweigung entstehen für $r < r_0$ zwei getrennte punktsymmetrisch gelegene Grenzzyklen (vgl. auch Abschnitt 9.3 und Farbtafel IX, S. 647). Vergleicht man den Verlauf von σ_2 in diesem Bereich mit dem Lyapunov-Exponenten für die logistische Abbildung (Abb. 6.7.6), so erkennt man, daß es sich um eine Rückwärtskaskade von Periodenhalbierungen handelt. Diejenigen Parameterwerte r_i, für die $\sigma_2 = 0$ ist, geben die Bifurkationsstellen an; „superstabile" Zyklen sind dadurch gekennzeichnet, daß σ_2 einen maximalen negativen Ausschlag hat.

Am einfachsten läßt sich die *Skalierung im Parameterraum* anhand des Lyapunov-Exponenten $\sigma_2(r)$ beobachten, in unserem Fall für abnehmende r-Werte. Kennt man den Abstand zweier Bifurkationsstellen $\Delta r = r_{n-1} - r_n$, so sagt die Feigenbaum-Konstante $\delta \approx 4.67$, Gl. (6.7.24), aus, daß der Abstand zur nächsten Verzweigung $\Delta r' = r_n - r_{n+1}$ ungefähr ein Fünftel des vorhergehenden Inkrements Δr beträgt. Diese hohe Konvergenzrate ist Vor- und Nachteil zugleich. Einerseits nähert sich das Verhältnis der Abstände aufeinanderfolgender Verzweigungen $(r_{n-1} - r_n)/(r_n - r_{n+1})$ sehr rasch dem Wert δ, andererseits können infolge

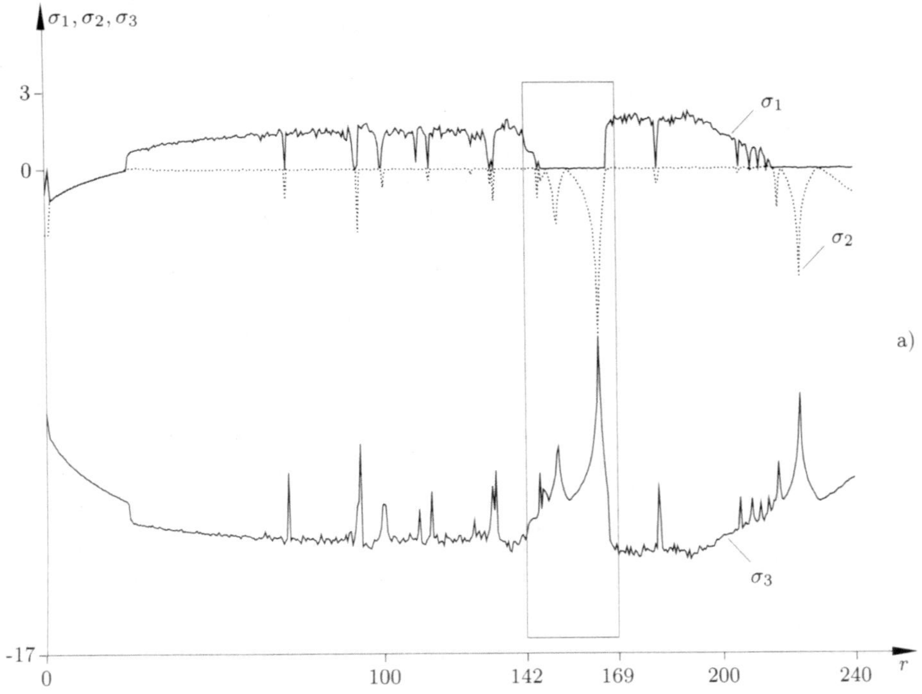

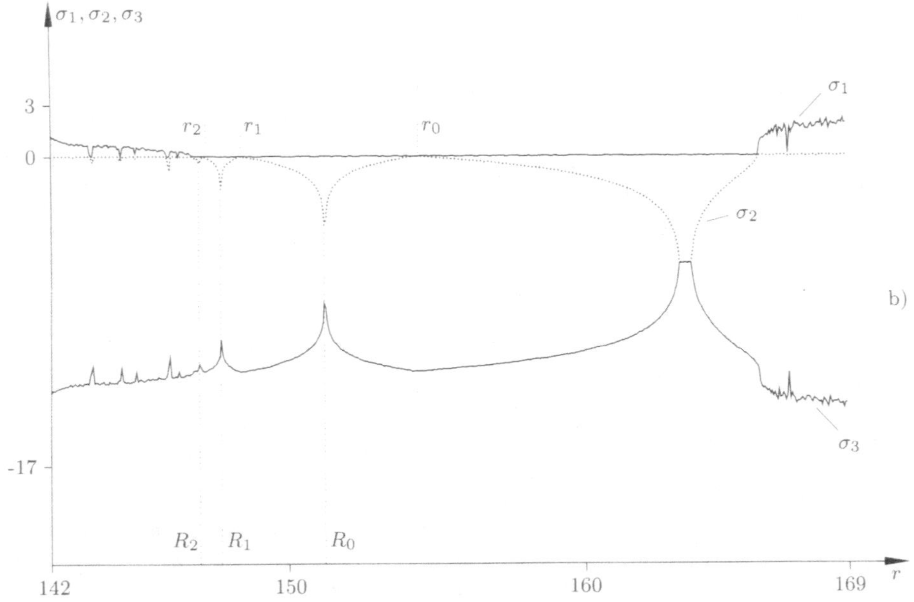

Abb. 8.4.3 Lyapunov-Exponenten $\sigma_1 \geqslant \sigma_2 \geqslant \sigma_3$ des Lorenz-Systems für zwei Parameterbereiche: a) $0 \leqslant r \leqslant 240$, b) $142 \leqslant r \leqslant 169$

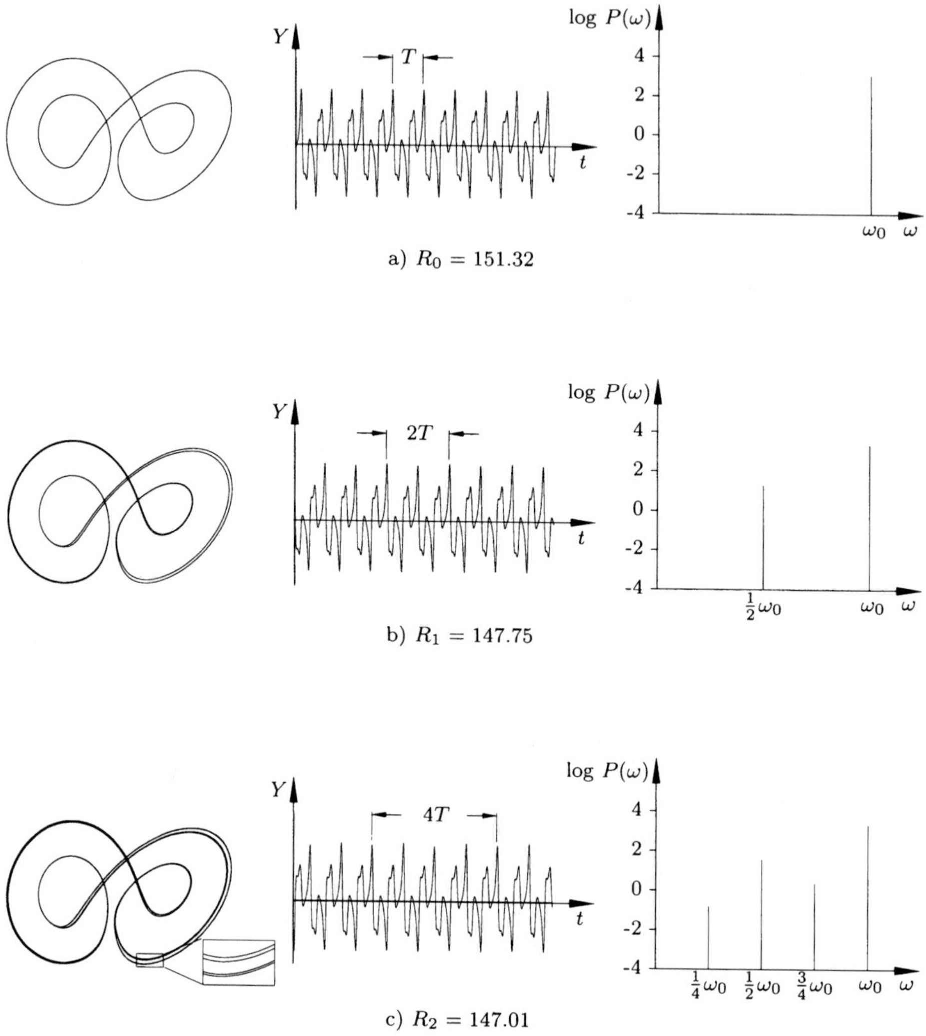

Abb. 8.4.4 Periodenverdopplungskaskade beim Lorenz-System: Phasenportraits, Zeitverläufe und Leistungsspektren

des Rauschens dadurch auch nur wenige Bifurkationen aus der Kaskade experimentell beobachtet werden.

Als nächstes fragen wir nach den *Skalierungsgesetzen im Phasenraum*, die durch die universelle Konstante $a \approx 2.5$ charakterisiert sind. In Abb. 8.4.4 haben wir für drei aufeinanderfolgende superstabile Zyklen mit $r = R_0 = 151.32$, $R_1 = 147.75$, $R_2 = 147.01$ die Phasenportraits nach Ablauf der Einschwingphase, die zugehörigen Zeitverläufe sowie die Leistungsspektren aufgetragen. Für $R_0 = 151.32$ liegt ein einfacher Grenzzyklus vor, und aus dem Zeitverlauf entnehmen wir die

Periodendauer T (Abb. 8.4.4a). Der Parameterwert $r = R_1 = 147.75$ gehört zu einem superstabilen Grenzzyklus der doppelten Periode $2T$ (Abb. 8.4.4b), $r = R_2 = 147.01$ ebenfalls zu einem superstabilen Grenzzyklus der vierfachen Periode $4T$ (Abb. 8.4.4c). Offenbar ist bereits große Sorgfalt erforderlich, um die zweite Periodenverdopplung aus den Zeitverläufen abzulesen. Dagegen kann man aus den Phasenportraits die Anzahl der Umläufe, die eine Trajektorie benötigt, bis sich der Zyklus schließt, einfacher ablesen. Dabei wird deutlich, daß es bei jeder Periodenverdopplung zu einer immer feiner werdenden Aufspaltung der früheren Orbits kommt, so daß man den Eindruck von Bändern auf verschiedenen Skalen erhält.

Entsprechende Skalierungen erkennt man auch bei den Leistungsspektren. Für den einfachen Grenzzyklus erhält man einzelne äquidistante Linien bei der Grundfrequenz ω_0 und, da der Grenzzyklus kein Kreis ist, auch für die Vielfachen $\mathrm{n}\omega_0$ (vgl. Tabelle 5.3.3). Um die Skalierungseigenschaften zu demonstrieren, haben wir uns jeweils auf den Ausschnitt $0 \leqslant \omega \leqslant \omega_0$ der Leistungsspektren beschränkt. Nach der ersten Periodenverdopplung taucht eine neue Frequenzspitze bei $\omega_0/2$ auf, bei der zweiten Periodenverdopplung bei $\omega_0/4$ und $3\omega_0/4$ usw. Bei jeder weiteren Periodenverdopplung wiederholt sich dieser Vorgang, es treten jeweils in der Mitte neue Frequenzen hinzu, wobei die Amplituden immer kleiner werden. Die dominante Frequenz ist ω_0, dann folgt diejenige des 2er-Zyklus usw.

Es liegt nun nahe, nach einem Zusammenhang zwischen der Bandstruktur der Zyklen höherer Ordnung und den Amplituden der subharmonischen Frequenzen zu suchen. Dazu wählen wir im Phasenraum eine Ebene, die den Grenzzyklus transversal schneidet. Aufeinanderfolgende Durchstoßpunkte definieren dann eine Poincaré-Abbildung, so daß man in Abhängigkeit des Systemparameters r (ähnlich wie bei der logistischen Abbildung) ein Verzweigungsdiagramm erhält (vgl. Abb. 6.7.6a). In Abb. 8.4.5 haben wir für das Bifurkationsschema der logistischen Abbildung die Poincaré-Schnitte dreier aufeinanderfolgender superstabiler Zyklen sowie die entsprechenden Phasenportraits eingetragen. Man erkennt sehr deutlich, daß sich die Skalierung in der Bandstruktur der Zyklen höherer Ordnung auf die Skalierung im x-Raum zurückführen läßt und daher von der universellen Konstante a, die lediglich von der Ordnung des Maximums der Poincaré-Abbildung abhängt, bestimmt wird.

Bei der Herleitung der universellen Konstanten a in Abschnitt 6.7 hatten wir zunächst eine Koordinatentransformation durchgeführt, die den kritischen Punkt x_{max} in den Ursprung rückt, und uns dann auf die Skalierung der Abstände $d_{\mathrm{n}}(0)$ konzentriert, die die Entfernung des kritischen Punktes $x_{\mathrm{max}} = 0$ vom nächstgelegenen Zykluspunkt messen, und es galt

$$\frac{d_{\mathrm{k}+1}(0)}{d_{\mathrm{k}}(0)} \to -\frac{1}{a} \qquad \text{für} \quad \mathrm{k} \to \infty \tag{8.4.1}$$

Wie Abb. 8.4.5 zeigt, ist jedoch der Abstand benachbarter Zykluspunkte sehr unterschiedlich, beispielsweise hat der am weitesten von $x_{\mathrm{max}} = 0$ entfernte Punkt $f(x_{\mathrm{max}})$ einen wesentlich kleineren Abstand von seinem Nachbarn als x_{max} selbst.

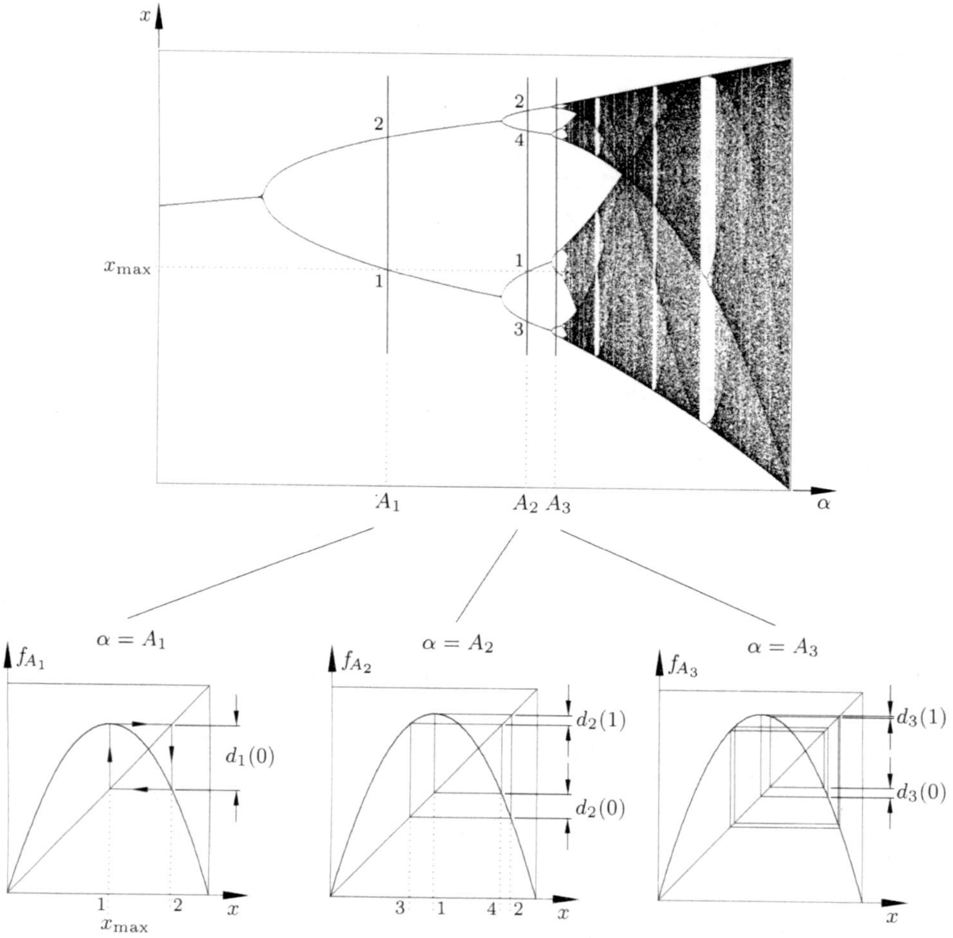

Abb. 8.4.5 Skalierung der superstabilen Zyklen für die logistische Abbildung Gl. (3.7.3)

Feigenbaum hat nun eine Skalierungsfunktion $\zeta(\tau)$ eingeführt (Feigenbaum, 1979; 1983) – üblicherweise wird diese Funktion mit $\sigma(\tau)$ bezeichnet, wovon wir hier allerdings abweichen wollen, da in diesem Abschnitt σ bereits für den Lyapunov-Exponenten und die Prandtl-Zahl verwendet wird –, die für $k \gg 1$ das Verhältnis der Abstände aller benachbarten Zykluspunkte beim Übergang von einem 2^k- auf einen 2^{k+1}-Zyklus beschreibt. Ein Element des superstabilen 2^k-Zyklus ist definitionsgemäß x_{max} (vgl. Abb. 6.7.10). Bezeichnet man die m-te Iteration von x_{max} mit x_m, so ist der Abstand zum nächstgelegenen Zykluspunkt gegeben durch, vgl. Gl. (6.7.26),

$$d_k(m) = x_m - f_{A_k}^{2^{k-1}}(x_m) \qquad (8.4.2)$$

Geht man zum nächsten superstabilen 2^{k+1}-Zyklus über, so erhält man als Verhältnis der Abstände

$$\zeta_k(m) = \frac{d_{k+1}(m)}{d_k(m)} \tag{8.4.3}$$

Für m = 0 ergibt sich der Grenzwert

$$\lim_{k\to\infty} \zeta_k(0) = -\frac{1}{a} \tag{8.4.4}$$

Führt man als neue Variable $\tau = m/2^k$ ein, so kann man nach Gl. (8.4.3) für $k \to \infty$ eine Grenzfunktion $\zeta(\tau)$ bestimmen

$$\zeta(\tau) = \lim_{k\to\infty} \zeta_k(m) \tag{8.4.5}$$

In Abb. 8.4.6 ist der Kehrwert der Skalierungsfunktion $\zeta(\tau)$ aufgetragen.

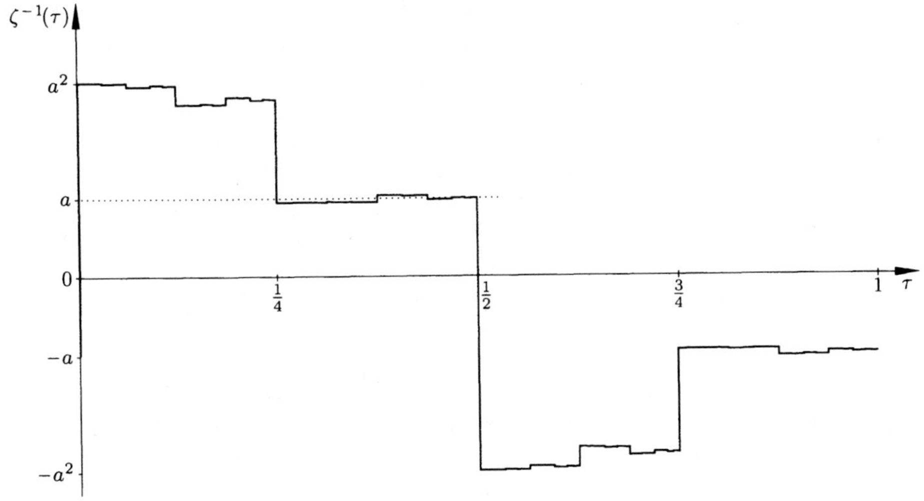

Abb. 8.4.6 Die universelle Skalierungsfunktion $\zeta(\tau)$

Da die explizite Herleitung der Funktion $\zeta(\tau)$ über den Rahmen des Buches hinausgeht, verweisen wir auf Feigenbaums Originalveröffentlichung (Feigenbaum, 1980) bzw. auf die gut lesbare Darstellung in (Feigenbaum, 1983) und fassen nur die wichtigsten Eigenschaften zusammen. Die Skalierungsfunktion $\zeta(\tau)$ gehorcht der Symmetriebedingung

$$\zeta(\tau + \tfrac{1}{2}) = -\zeta(\tau) \tag{8.4.6}$$

ist daher periodisch mit der Periode 1 und hat an allen rationalen Stellen $\tau = \mathrm{m}/2^{\mathrm{k}}$ Diskontinuitäten, die umso kleiner werden, je größer k ist. Insbesondere hat $\zeta(\tau)$ für $\tau = 0$ eine Sprungstelle. Genauere Untersuchungen zeigen, daß $\zeta(0+\varepsilon) = 1/a$ und $\zeta(0-\varepsilon) = 1/a^2$ gilt, wenn $\varepsilon \to 0_+$ strebt. Zusammen mit Gl. (8.4.6) erhält man daraus die Beziehungen für den links- und rechtsseitigen Grenzwert an der Stelle $\tau = \frac{1}{2}$, nämlich $\zeta(\frac{1}{2}-\varepsilon) = 1/a$ und $\zeta(\frac{1}{2}+\varepsilon) = -1/a^2$.

Abbildung 8.4.6 zeigt, daß im wesentlichen zwei Skalen auftreten, nämlich a und a^2, wobei a ein Maß ist für die Skalierung in der Umgebung des kritischen Punktes $x_{\max}$, a^2 dagegen für die Skalierung in der Umgebung von $f(x_{\max})$. Da bei der Herleitung von $\zeta(\tau)$ nach (Feigenbaum, 1980) nur die universellen Grenzfunktionen $g_{\mathrm{i}}(x)$, Gl. (6.7.29), eingehen, hat auch die Skalierungsfunktion $\zeta(\tau)$ universellen Charakter.

Um aus den theoretischen Kenntnissen über die Skalierungsfunktion praktischen Nutzen ziehen zu können, gilt es nun als nächstes, experimentell leicht zugängliche Größen zu finden, die das universelle Verhalten des Übergangs widerspiegeln. Feigenbaums Idee war es nun (Feigenbaum, 1979), die Veränderung der Leistungsspektren bei Periodenverdopplungen zu untersuchen und insbesondere quantitative Aussagen über die Amplituden der bei jeder Periodenverdopplung neu hinzukommenden Frequenzspitzen zu machen (siehe Abb. 8.4.4).

Im folgenden skizzieren wir Feigenbaums Überlegungen und betrachten einen 2^{k}-Zyklus der Periodendauer $T_{\mathrm{k}} = 2^{\mathrm{k}} T_0$, der durch k Periodenverdopplungen aus einem einfachen Grenzzyklus der Periodendauer T_0 entstanden ist. Wir können nun eine Poincaré-Abbildung konstruieren, indem wir alle T_0 Sekunden die Koordinaten $x^{(\mathrm{k})}(t_{\mathrm{m}})$ der Trajektorie messen, wobei $t_{\mathrm{m}} = \mathrm{m}T_0$ ($\mathrm{m} = 1, 2, 3, \ldots 2^{\mathrm{k}}$) ist. Mit Hilfe von Gl. (8.4.2) kann man die Abstände zwischen benachbarten Zykluspunkten angeben

$$d_{\mathrm{k}}(t_{\mathrm{m}}) = x^{(\mathrm{k})}(t_{\mathrm{m}}) - x^{(\mathrm{k})}(t_{\mathrm{m}} + T_{\mathrm{k}-1}) \tag{8.4.7}$$

Eine entsprechende Beziehung erhält man für einen $2^{\mathrm{k}+1}$-Zyklus der Periodendauer $T_{\mathrm{k}+1} = 2T_{\mathrm{k}}$, und man kann mit Hilfe der Skalierungsfunktion ζ nach Gl. (8.4.3) schreiben (Feigenbaum, 1983)

$$\begin{aligned} d_{\mathrm{k}+1}(t_{\mathrm{m}}) &= x^{(\mathrm{k}+1)}(t_{\mathrm{m}}) - x^{(\mathrm{k}+1)}(t_{\mathrm{m}} + T_{\mathrm{k}}) \\ &\approx \zeta\left(\frac{t_{\mathrm{m}}}{2T_{\mathrm{k}}}\right) d_{\mathrm{k}}(t_{\mathrm{m}}) \end{aligned} \tag{8.4.8}$$

Aus Stetigkeitsgründen gelten die obigen Beziehungen nicht nur für die Poincaré-Abbildung, sondern näherungsweise auch für die dazwischen liegenden Trajektorienabschnitte, so daß wir im folgenden die diskreten Werte t_{m} durch t ersetzen können.

Abbildung 8.4.6 legt es nahe, die Funktion $\zeta(t/2T_k)$ für $0 < t < T_k$ in 1. Näherung wie folgt zu approximieren

$$\zeta(\frac{t}{2T_k}) \approx \begin{cases} \frac{1}{a^2} & \text{für} \quad 0 < t < T_{k-1} \\ \frac{1}{a} & \text{für} \quad T_{k-1} < t < T_k \end{cases} \tag{8.4.9}$$

Zusammen mit Gl. (8.4.7) läßt sich $d_{k+1}(t)$ daher weiter abschätzen

$$d_{k+1}(t) \approx \begin{cases} \frac{1}{a^2}[x^{(k)}(t) - x^{(k)}(t + T_{k-1})] & \text{für} \quad 0 < t < T_{k-1} \\ \frac{1}{a}[x^{(k)}(t) - x^{(k)}(t + T_{k-1})] & \text{für} \quad T_{k-1} < t < T_k \end{cases} \tag{8.4.10}$$

Unser Ziel ist es, den Einfluß der Skalierungsgesetze auf die Fourier-Koeffizienten, und damit auf das Leistungsspektrum, zu untersuchen. Dazu entwickeln wir die Komponente $x^{(k+1)}(t)$ eines 2^{k+1}-Zyklus entsprechend Gl. (5.3.11) in eine Fourier-Reihe

$$x^{(k+1)}(t) = \sum_n \alpha_n^{(k+1)} \exp(2\pi i \frac{nt}{T_{k+1}}) = \sum_n \alpha_n^{(k+1)} \exp(\pi i \frac{nt}{T_k}) \tag{8.4.11}$$

wobei sich die Fourier-Koeffizienten nach Gl. (5.3.12) mit $T_{k+1} = 2T_k$ wie folgt berechnen lassen

$$\alpha_n^{(k+1)} = \frac{1}{2T_k} \int_0^{T_{k+1}} x^{(k+1)}(t) \exp(-\pi i \frac{nt}{T_k}) dt \tag{8.4.12}$$

Dieses Integral zerlegen wir in zwei Teilintegrale über $[0, T_k]$ und $[T_k, T_{k+1}]$ und fassen die beiden Terme wie folgt zusammen

$$\alpha_n^{(k+1)} = \frac{1}{2T_k} \int_0^{T_k} \left[x^{(k+1)}(t) \exp(-\pi i \frac{nt}{T_k}) + x^{(k+1)}(t + T_k) \exp(-\pi i \frac{n(t + T_k)}{T_k})\right] dt$$

oder wegen $\exp(-\pi i n) = (-1)^n$

$$\alpha_n^{(k+1)} = \frac{1}{2T_k} \int_0^{T_k} \left[x^{(k+1)}(t) + (-1)^n x(t + T_k)\right] \exp(-\pi i \frac{nt}{T_k}) dt \tag{8.4.13}$$

Für gerade n-Werte können wir für hinreichend großes k in Gl. (8.4.13) näherungsweise

$$x^{(k+1)}(t) \approx x^{(k+1)}(t + T_k) \approx x^{(k)}(t)$$

setzen, d. h. für gerade Koeffizienten ergibt sich

$$\alpha_{2n}^{(k+1)} = \frac{1}{2T_k}\int_0^{T_k}\left[x^{(k+1)}(t) + (-1)^{2n}x^{(k+1)}(t+T_k)\right]\exp(-2\pi i\frac{nt}{T_k})dt$$

$$\approx \frac{1}{2T_k}\int_0^{T_k} 2x^{(k)}(t)\exp(-2\pi i\frac{nt}{2T_{k-1}})dt$$

und nach Gl. (8.4.12)

$$\alpha_{2n}^{(k+1)} \approx \alpha_n^{(k)} \tag{8.4.14}$$

d. h. die geraden Fourier-Koeffizienten $\alpha_{2n}^{(k+1)}$ des 2^{k+1}-Zyklus stimmen nahezu mit den Fourier-Koeffizienten $\alpha_n^{(k)}$ des alten 2^k-Zyklus überein.

Als nächstes wenden wir uns den ungeraden Koeffizienten $\alpha_{2n+1}^{(k+1)}$ zu. Aus Gl. (8.4.13) folgt zusammen mit Gl. (8.4.8)

$$\alpha_{2n+1}^{(k+1)} = \frac{1}{2T_k}\int_0^{T_k}\left[x^{(k+1)}(t) - x^{(k+1)}(t+T_k)\right]\exp(-\pi i\frac{(2n+1)t}{T_k})dt$$

$$\approx \frac{1}{2T_k}\int_0^{T_k}\zeta(\frac{t}{2T_k})\left[x^{(k)}(t) - x^{(k)}(t+T_{k-1})\right]\exp(-\pi i\frac{(2n+1)t}{T_k})dt \tag{8.4.15}$$

Um einen Zusammenhang mit den Fourier-Koeffizienten des 2^k-Zyklus herzustellen, ersetzen wir in Gl. (8.4.15) $x^{(k)}(t)$ bzw. $x^{(k)}(t+T_{k-1})$ wieder durch die entsprechenden Fourier-Reihen und erhalten

$$\alpha_{2n+1}^{(k+1)} = \frac{1}{2T_k}\int_0^{T_k}\zeta(\frac{t}{2T_k})\sum_m \alpha_m^{(k)}\left[1-(-1)^m\right]\exp(2\pi i\frac{mt}{T_k})\exp(-\pi i\frac{(2n+1)t}{T_k})dt$$

Verwendet man für $\zeta(t/2T_k)$ wieder die Näherung Gl. (8.4.9) und beachtet, daß nur ungerade m-Werte einen Beitrag liefern, so ergibt sich weiter

$$\alpha_{2n+1}^{(k+1)} \approx \frac{1}{a^2T_k}\int_0^{T_{k-1}}\sum_m \alpha_{2m+1}^{(k)}\exp(\frac{2\pi i}{T_k}[2m+1-\tfrac{1}{2}(2n+1)]t)dt$$

$$+\frac{1}{aT_k}\int_{T_{k-1}}^{T_k}\sum_m \alpha_{2m+1}^{(k)}\exp(\frac{2\pi i}{T_k}[2m+1-\tfrac{1}{2}(2n+1)]t)dt \tag{8.4.16}$$

Ersetzt man im 2. Integral t durch $t + T_{k-1}$, so erhält man

$$\alpha_{2n+1}^{(k+1)} \approx \frac{1}{a^2 T_k} \sum_m \alpha_{2m+1}^{(k)} [1 + i(-1)^n a] \int_0^{T_{k-1}} \exp(\frac{\pi i}{T_{k-1}} [2m + 1 - \tfrac{1}{2}(2n+1)]t) dt$$

$$= \frac{1}{a^2 T_k} [1 + i(-1)^n a] \sum_m \alpha_{2m+1}^{(k)} \frac{T_{k-1}[i(-1)^n - 1]}{\pi i [2m + 1 - \frac{1}{2}(2n+1)]}$$

Als Ergebnis all dieser Integralmanipulationen erhalten wir schließlich die Approximation (vgl. Feigenbaum, 1980)

$$\alpha_{2n+1}^{(k+1)} \approx \frac{1}{2\pi i\, a^2} [1 + i(-1)^n a][i(-1)^n - 1] \sum_m \frac{\alpha_{2m+1}^{(k)}}{2m + 1 - \frac{1}{2}(2n+1)} \tag{8.4.17}$$

Aus diesem Resultat läßt sich zunächst ablesen, daß sich die neuen ungeraden Fourier-Koeffizienten des 2^{k+1}-Zyklus allein aus den „alten“ ungeraden Koeffizienten des 2^k-Zyklus bestimmen lassen.

Für großes k läßt sich Gl. (8.4.17) noch weiter vereinfachen. Die Periodendauer $T_k = 2^k T_0$ wächst dann rasch an, so daß die Fourierkoeffizienten $\alpha_n^{(k)}$ in ein kontinuierliches Spektrum $\alpha^{(k)}(\omega)$ übergehen. Daher kann für großes k die Summe in Gl. (8.4.17) näherungsweise durch ein Integral ersetzt werden

$$\sum_m \frac{\alpha_{2m+1}^{(k)}}{2m + 1 - \frac{1}{2}(2n+1)} \approx \frac{1}{2} \int_{-\infty}^{+\infty} \frac{\alpha^{(k)}(\omega')}{\omega' - \omega/2} d\omega' \tag{8.4.18}$$

wobei wir die Substitutionen $\omega' = (2m+1)/T_k$ und $\omega = (2n+1)/T_k$ verwendet haben. Da die zugrundeliegende Funktion $x^{(k)}(t)$ keine Singularitäten aufweist, kann man das Integral mit Hilfe der sogenannten Hilbert-Transformation (Papoulis, 1962) weiter auswerten. Ist $F(\omega) = F_R(\omega) + iF_I(\omega)$ die Fourier-Transformierte einer Funktion $f(t)$, die für $t = 0$ keine Singularität aufweist und für die $f(t) = 0$ für $t < 0$ vorausgesetzt wird, so gelten die folgenden Beziehungen

$$\begin{aligned} F_I(\omega) &= -\frac{1}{\pi} \int_{-\infty}^{+\infty} \frac{F_R(\omega')}{\omega - \omega'} d\omega' \\ F_R(\omega) &= \frac{1}{\pi} \int_{-\infty}^{+\infty} \frac{F_I(\omega')}{\omega - \omega'} d\omega' \end{aligned} \tag{8.4.19}$$

und sie werden als Hilbert-Transformationen bezeichnet. Daraus folgt unmittelbar für die Beträge

$$\left| \frac{1}{\pi} \int_{-\infty}^{+\infty} \frac{F(\omega')}{\omega - \omega'} d\omega' \right| = |-F_I(\omega) + iF_R(\omega)| = |F(\omega)| \tag{8.4.20}$$

Wendet man diese Transformation auf Gl. (8.4.18) an, so erhält man für Beträge der ungeraden Fourierkoeffizienten, Gl. (8.4.17), Feigenbaums Abschätzung

$$|\alpha_{2n+1}^{(k+1)}(\omega)| \approx \frac{1}{4a^2}\Big|\big[1 + i(-1)^n a\big]\big[i(-1)^n - 1\big]\Big|\big|\alpha^{(k)}(\omega/2)\big|$$

oder

$$\left|\alpha_{2n+1}^{(k+1)}\right| \approx \mu^{-1}\left|\alpha_{\frac{1}{2}(2n+1)}^{(k)}\right| \tag{8.4.21}$$

wobei sich der Faktor μ nach Gl. (6.7.24) ergibt zu

$$\mu = 4a^2\big[2(1 + a^2)\big]^{-1/2} \approx 6.574 \tag{8.4.22a}$$

Diese grobe Abschätzung bedeutet, daß die ungeraden Fourier-Koeffizienten, die bei jeder Periodenverdopplung neu hinzutreten, größenordnungsmäßig dem Mittelwert der vorhergehenden ungeraden Fourier-Koeffizienten, um einen Faktor $\mu^{-1} \approx 0.152$ reduziert, entsprechen.

In Abb. 8.4.7 haben wir die Leistungsspektren für eine Folge superstabiler 2^k-Zyklen in der logistischen Abbildung aufgetragen. Man erkennt, daß die Amplituden der bei jeder Periodenverdopplung neu hinzukommenden subharmonischen Beiträge im Mittel etwa um den Faktor $\mu^{-1} \approx 0.21$ abnehmen, d. h. $\mu \approx 4.7$ (auf der logarithmischen Skala des Leistungsspektrums entspricht dies einem Faktor $10\log_{10}\mu = 6.78\,\mathrm{db}$), wobei die einzelnen Beiträge allerdings stark moduliert sind. Dabei werden die bereits vorhandenen Spitzen entsprechend Gl. (8.4.14) nur wenig verändert.

Eine genauere theoretische Untersuchung Feigenbaums (Feigenbaum, 1981) bestätigte die Beobachtung, die wir in Abb. 8.4.7 machen konnten, nämlich daß unterschiedliche Teile des Spektrums unterschiedlich skaliert werden und daß sich insbesondere die aktuellen neu hinzukommenden ungeraden Spektralkomponenten aus den vorgehenden, Gl. (8.4.21), durch Skalierung mit dem Faktor

$$\mu = 2a^2(1 + a^2)^{-1/2} \approx 4.649 \tag{8.4.22b}$$

ergeben. Auf der logarithmischen Skala des Leistungsspektrums entspricht dies einem Faktor $10\log_{10}\mu = 6.7\mathrm{db}$, in Übereinstimmung mit den Ergebnissen für die logistische Abbildung, Abb. 8.4.7. Dieses Resultat stimmt auch weitgehend mit einer Abschätzung von Nauenberg und Rudnick überein, die als Skalierungsfaktor $\mu \approx 4.579$ angeben (Nauenberg und Rudnick, 1981).

Bisher haben wir das universelle Verhalten anhand der diskreten zeitlichen Entwicklung einer Variablen untersucht. Höherdimensionale dissipative Systeme haben häufig die Eigenschaft, daß das Phasenraumvolumen in verschiedenen Richtungen verschieden schnell schrumpft, so daß das asymptotische Verhalten von einer Mode bestimmt wird, die in eine periodische Bewegung einmündet und bei

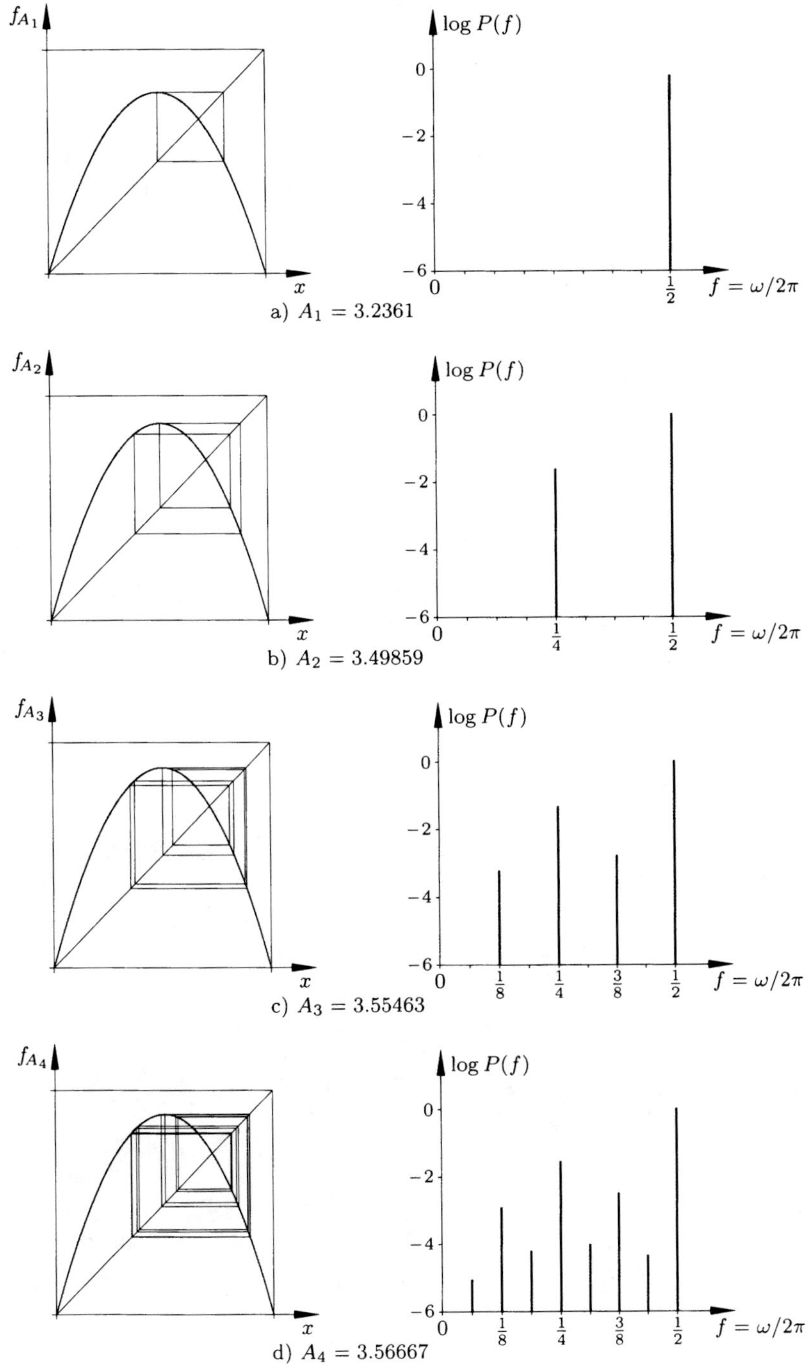

Abb. 8.4.7 Leistungsspektren aufeinanderfolgender superstabiler 2^k-Zyklen der logistischen Abbildung (Skalierungsverhalten)

Veränderung eines Systemparameters eine Kaskade von Periodenverdopplungen durchläuft.

Ein solches Verhalten tritt beispielsweise bei fremderregten gedämpften Schwingungssystemen, wie der Duffing-Gleichung oder beim Lorenz-System, auf. Allerdings zeigt bereits das einfache Beispiel in Abb. 8.4.7, daß die Interpretation der Leistungsspektren in der Praxis durchaus ihre Tücken hat. Falls nämlich der ursprüngliche Grenzzyklus im Phasenraum kein exakter Kreis ist, weist sein Leistungsspektrum nicht nur bei der Grundfrequenz ω_0, sondern auch bei höheren Subharmonischen $k\omega_0$ Spitzen auf. In diesem Fall wird also das Auffinden von Skalierungseigenschaften im Leistungsspektrum erschwert, zumindest müßte man die gesamten Spektren kennen, die bei den ersten Periodenverdopplungen auftreten (vgl. Cvitanović, 1984).

8.4.2 Experimenteller Nachweis der Feigenbaum-Route

Feigenbaums Weg über Periodenverdopplungen ins Chaos konnte in vielen Experimenten nachgewiesen werden, so z. B. bei elektrischen Schaltkreisen (Abb. 8.4.8), in mechanischen Systemen – wie dem parametrisch erregten Pendel (Pompe *et al.*, 1984) oder der Duffing-Gleichung, auf die wir in Abschnitt 9.5 näher eingehen werden –, aber auch in der Hydrodynamik, also in Systemen mit unendlich vielen Freiheitsgraden.

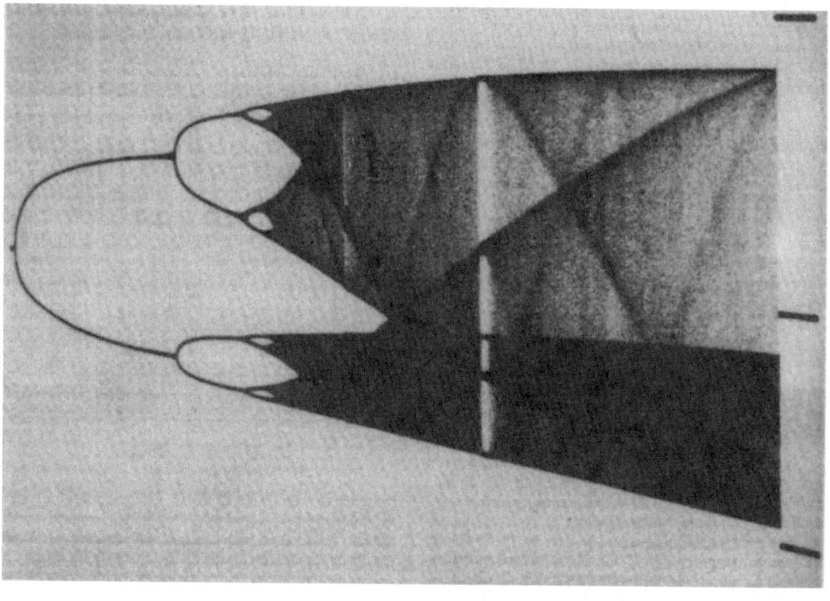

Abb. 8.4.8 Experimentell ermitteltes Bifurkationsdiagramm eines periodisch erregten nichtlinearen elektronischen Schwingkreises (van Buskirk und Jeffries, 1985)

Ende der 70er Jahre versuchten A. Libchaber und J. Maurer anhand eines Rayleigh-Bénard-Experiments mit flüssigem Helium, die Feigenbaum-Route qualitativ und quantitativ nachzuweisen. Erhöht man die Temperaturdifferenz ΔT zwischen den Platten, die die Rolle des Kontrollparameters spielt, so sollte der Theorie zufolge im Idealfall eine Reihe von charakteristischen Beobachtungen gemacht werden können:

i. Jede Periodenverdopplung läßt sich im Leistungsspektrum am Auftauchen von Subharmonischen der Frequenz $\omega_0/2$, $\omega_0/4$, $\omega_0/8$ etc. sowie deren Vielfachen erkennen, wobei ω_0 die Frequenz der Basisoszillation bedeutet.

ii. Das Leistungsspektrum besitzt Skalierungseigenschaften: die Größenordnung der bei einer Periodenverdopplung neu hinzutretenden Subharmonischen ist (im Mittel) um einen Faktor μ^{-1}, vgl. Gln. (8.4.22a,b), kleiner als die der vorausgehenden Subharmonischen.

iii. Die Abstände der Kontrollparameter zwischen zwei aufeinanderfolgenden Periodenverdopplungen nehmen jeweils um einen Faktor $\delta \sim 4.7$ ab, wobei δ die Feigenbaum-Konstante nach Gl. (6.7.24) bedeutet.

Ein quantitativer Nachweis dieser Skalierungseigenschaften erfordert einen außerordentlich störungs- und vibrationsfreien Versuchsaufbau sowie hochempfindliche Meßeinrichtungen. Um einen Eindruck von der Problematik zu geben, mit der die Experimentatoren konfrontiert waren, haben wir in Abb. 8.4.9 Libchabers Versuchsaufbau wiedergegeben (Libchaber und Maurer, 1978; 1982).

Will man überhaupt die ersten 3 bis 4 Periodenverdopplungen verfolgen, so müssen alle erdenklichen Störeffekte ausgeschaltet werden. Da Ortsabhängigkeiten bei Feigenbaums Übergang nicht berücksichtigt werden, mußte zunächst die Geometrie der Konvektionszellen „eingefroren" werden. Dies wurde einerseits durch Wahl eines kleinen Verhältnisses aus horizontaler Abmessung D des Flüssigkeitsbehälters und Plattenabstand h ($\Gamma = D/2h = b/h = 1/a$ (vgl. Abb. 7.0.2)) erreicht und andererseits durch eine niedrige Prandtl-Zahl $\sigma < 1$, die dafür sorgt, daß das Strömungsmuster nach dem Einsetzen von stationärer Konvektion zweidimensionalen Charakter hat. Verschiedene Experimente zeigten nämlich, daß die Prandtl-Zahl einen großen Einfluß auf das Szenario hat, welches für den Übergang ins Chaos ausgewählt wird (Busse, 1978). Niedrige Prandtl-Zahlen führten nach der 2. Hopf-Bifurkation zu *frequency locking* mit anschließender Periodenverdopplungskaskade. Höhere Prandtl-Zahlen führten dagegen häufig zu Intermittenz (vgl. Abschnitt 8.6) oder zu quasiperiodischen Übergängen mit zwei oder mehr inkommensurablen Frequenzen (Maurer und Libchaber, 1980). Um Prandtl-Zahlen im Bereich $0.4 < \sigma < 1$ zu realisieren, verwendeten Libchaber und Maurer flüssiges Helium bei Temperaturen zwischen 2.5 und $4.5°K$ (und bei einem Druck von 1 bis 5 at). Die außerordentlich kleinen Abmessungen der eigentlichen Konvektionszelle (Abb. 8.4.9b) und die Auswahl spezieller Materialien für die Seitenwände sowie die obere und untere Platte des Behälters dienten ebenfalls zur Stabilisierung der Rollen und zur Unterdrückung von Störeffekten (Libchaber und Maurer, 1982).

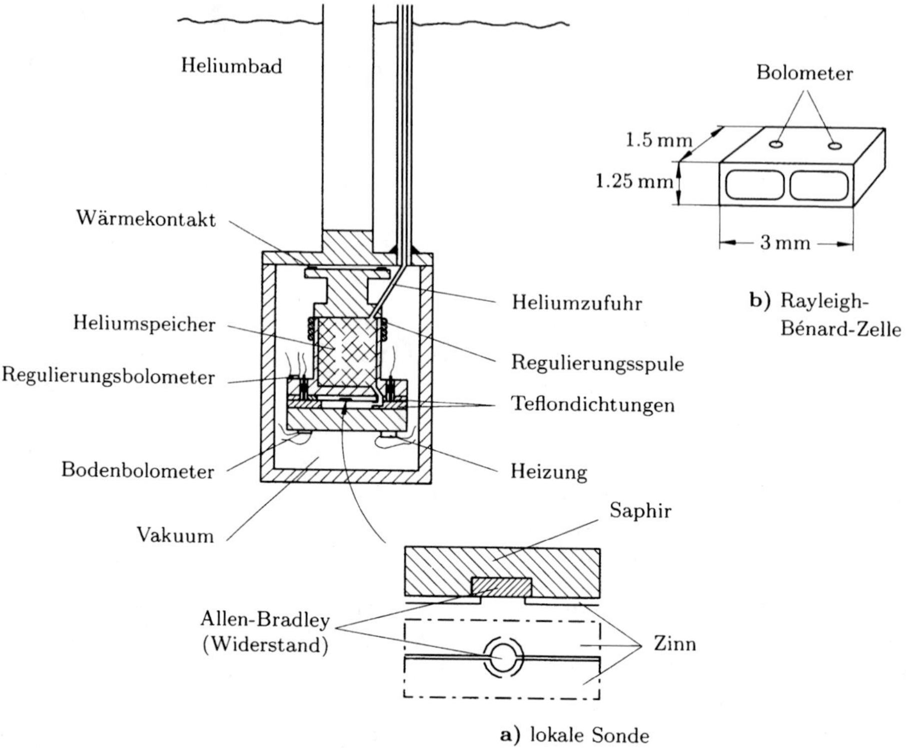

Abb. 8.4.9 Flüssiges Helium in einem kleinen Behälter: Libchabers Versuchsaufbau (Libchaber und Maurer, 1978)

Mit Hilfe hochempfindlicher lokaler Bolometer (ein Instrument für die Temperaturmessung durch Strahlungsabsorption) konnte der zeitliche Verlauf der Temperatur mit außerordentlich hoher Genauigkeit gemessen werden. In den Abbn. 8.4.10 und 8.4.11 sind aus den Arbeiten von Libchaber und Maurer verschiedene Leistungsspektren für ansteigende Rayleigh-Zahlen Ra wiedergegeben.

Das Linienspektrum bei $Ra = 2.98 \cdot 10^4$ (Abb. 8.4.10) gehört zu einer quasiperiodischen Bewegung mit den beiden inkommensurablen Grundfrequenzen f_1 und f_2 sowie deren Linearkombinationen. Bei Erhöhung der Temperaturdifferenz ($Ra = 3.3 \cdot 10^4$) kommt es zu einer Synchronisation der Frequenzen mit $f_1/f_2 = 7$, und damit zu einer periodischen Bewegung. Ein weiterer Anstieg der Rayleigh-Zahl führt dann zu einer Kaskade von Periodenverdopplungen (Abb. 8.4.11a - c), d. h. es tauchen nacheinander zur Grundfrequenz f_1 die Subharmonischen $f_1/2$, $f_1/4$, $f_1/8$ etc. sowie deren ungerade Vielfache auf. Untersucht man die Skalierungseigenschaften der Leistungsspektren (Abb. 8.4.11) und beginnt bei k = 2 mit der Interpolation der Subharmonischen bei den Frequenzen $f_1/4$ und $3f_1/4$ durch eine horizontale Linie, so sollten nach Feigenbaums erster Abschätzung die bei der nächsten Periodenverdopplung neu hinzukommenden Beiträge ungefähr um einen Betrag $10 \log_{10} \mu^{-1} \approx 8.2$ db kleiner sein. Abbildung 8.4.11d entnimmt

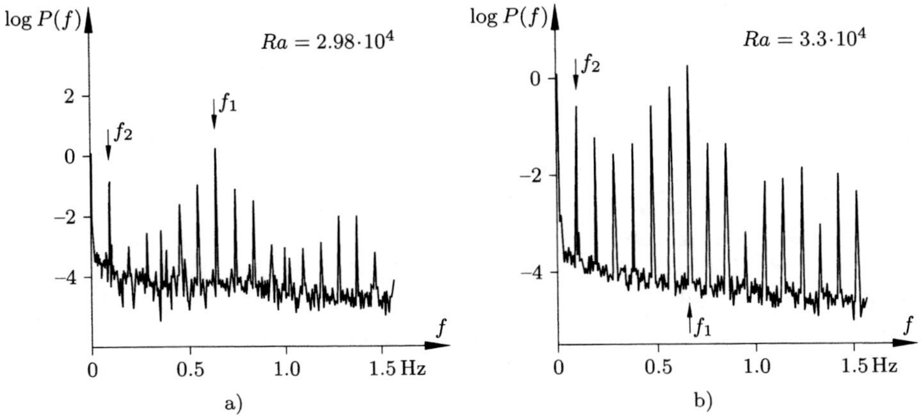

Abb. 8.4.10 Frequenzkopplung im Rayleigh-Bénard-Experiment (Maurer und Libchaber, 1979)

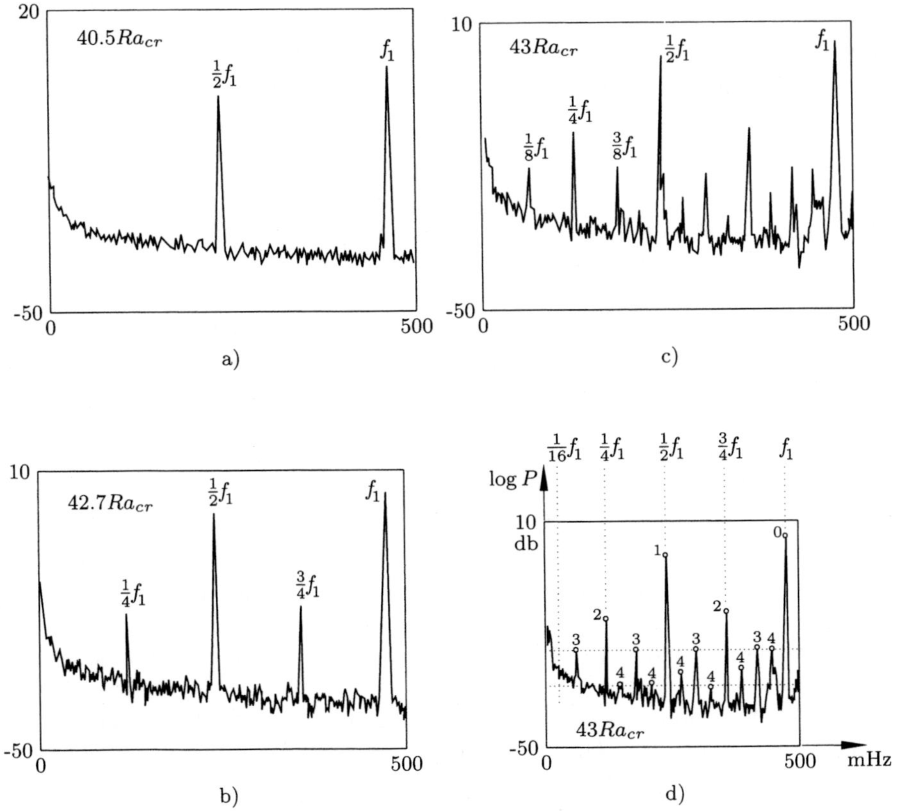

Abb. 8.4.11 Bénard-Konvektion: (a) - (c) Periodenverdopplungskaskade und (d) Skalierungseigenschaften des Leistungsspektrums (Libchaber und Maurer, 1980)

man, daß die Absenkung bei k = 2 im Mittel um 8.5 ± 0.5 db tiefer und bei k = 4 nochmals um etwa 8.3 ± 0.4 db tiefer liegt. Diese Werte sind in überraschend guter Übereinstimmung mit Feigenbaums erster Prognose (Feigenbaum, 1979) nach Gl. (8.4.22a).

Die experimentelle Bestimmung der Feigenbaum-Konstanten δ durch Messung der Kontrollparameter bei aufeinanderfolgenden Bifurkationen lieferte wesentlich ungenauere Ergebnisse, nämlich $\delta \sim 3.5 \pm 1.5$ (Libchaber und Maurer, 1982). Eine Verbesserung der Meßgenauigkeit ist deshalb sehr schwierig, weil der Kontrollparameter bei jeder Bifurkation mit einer etwa 5fach höheren Genauigkeit ($\delta \sim 4.67$) bestimmt werden müßte, während die Auflösung der Trajektorien im Phasenraum jeweils „lediglich" eine 2,5fach ($a \sim 2.5$) höhere Meßgenauigkeit erfordert. Überdies verdoppelt sich die Dauer der transienten Phase bei jeder Periodenverdopplung in etwa, so daß der Einfluß von Störungen anwächst.

Das eigentlich überraschende Ergebnis ist jedoch der universelle Charakter dieses Übergangs ins Chaos, daß man das Feigenbaum-Szenario – ursprünglich konzipiert als theoretisches Modell, das für eine Klasse eindimensionaler Abbildungsfunktionen den Übergang über Periodenverdopplung ins Chaos beschreibt – auch in komplexen kontinuierlichen Systemen, wie dem Rayleigh-Bénard-Experiment, nachweisen kann, und zwar nicht nur qualitativ, sondern, daß man auch – im Rahmen der Meßgenauigkeit – eine quantitative Übereinstimmung mit den theoretischen Prognosen feststellen kann.

8.5 Quasiperiodischer Übergang bei fester Windungszahl

Bei der Klassifizierung der Übergänge ins Chaos gelangt man bei allen bisher behandelten theoretischen Modellen nach zwei Hopf-Bifurkationen zu einem physikalischen System, das durch zwei Oszillationen mit inkommensurablen Frequenzen charakterisiert ist. Eine Erhöhung der nichtlinearen Kopplung kann dann entweder, wie in Abschnitt 8.4 beschrieben, zu einer Synchronisation der Grundfrequenzen (*locking*), und damit zu einer periodischen Bewegung in einem 3-dimensionalen Phasenraum, führen, wobei der Weg ins Chaos in diesem Fall über eine Kaskade von Periodenverdopplungen verläuft, oder man kann die (irrationale) Windungszahl festhalten und direkt vom quasiperiodischen Verhalten ins Chaos gelangen.

Es gibt eine ganze Anzahl von experimentellen Untersuchungen, die diesen quasiperiodischen Übergang zu irregulärem Verhalten bestätigen. Voraussetzung ist dabei wieder, daß das physikalische System nur eine rein zeitliche Dynamik besitzt und sich durch starke Dissipation auszeichnet, so daß sich das Langzeitverhalten durch niedrigdimensionale Attraktoren beschreiben läßt. Es gibt auch bei quasiperiodischen Übergängen ins Chaos universelle Eigenschaften, die sich unabhängig von systemspezifischen Details anhand der Kreisabbildung sowohl qualitativ veranschaulichen als auch quantitativ nachweisen lassen.

In Abb. 8.5.1 ist der quasiperiodische Übergang schematisch dargestellt. Eine Erhöhung der nichtlinearen Kopplung führt i. a. zu einer Erhöhung der effektiven

Dimension des Langzeitverhaltens. Symptomatisch dafür ist das Auftreten von Falten im Poincaré-Schnitt, die sich mit Hilfe der dissipativen Kreisabbildung Gl. (8.3.11) erklären lassen.

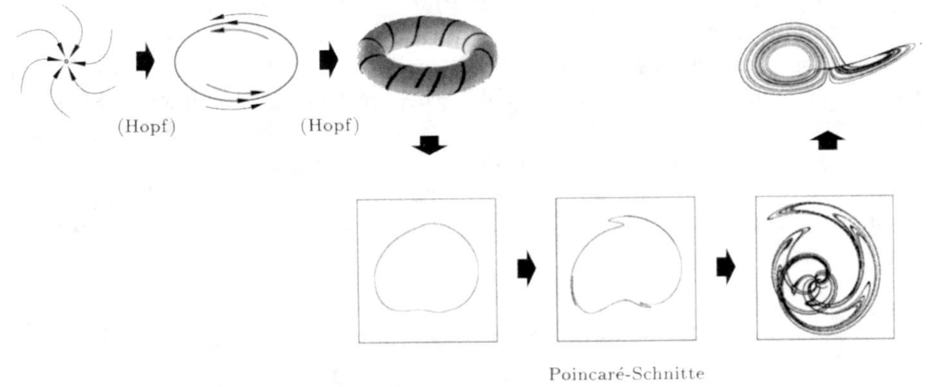

Abb. 8.5.1 Quasiperiodischer Übergang ins Chaos

In Abschnitt 8.3.3 hatten wir bereits einige lokale und globale universelle Größen des quasiperiodischen Übergangs ins Chaos kennengelernt, z. B. die Konstanten a und δ in Gln. (8.3.59) und (8.3.60) – die zwar von der ausgewählten festen Windungszahl, nicht aber von der spezifischen Form der zugrundegelegten Kreisabbildung abhängen – oder die Dimension $D \approx 0.87$ der Menge von Ω-Werten, die für $K = 1$ zu quasiperiodischen Bewegungen führt (Abschnitt 8.3.3.2). In diesem Abschnitt wollen wir zwei weitere charakteristische Funktionen vorstellen, die beim Übergang ins Chaos markante Änderungen erfahren und die auch experimentell beobachtet werden können. Zum einen handelt es sich dabei um eine Funktion $u(t)$, die ein Maß ist für die Abweichung von einer reinen Rotation im Poincaré-Schnitt, der durch die Kreisabbildung modelliert wird. Zum anderen werden wir eine Funktion $f(\alpha)$ einführen, die die multifraktalen Eigenschaften des kritischen Attraktors (für $K = 1$) beschreibt. In beiden Fällen handelt es sich um *lokale* Größen, die für eine feste Windungszahl berechnet werden.

Sowohl in numerischen Berechnungen als auch in Experimenten hat man als irrationale Windungszahl vorzugsweise das Goldene Mittel W_G ausgewählt, da W_G die einfachste Kettenbruchdarstellung besitzt

$$W_G = < 1 \;\, 1 \;\, 1 \ldots >$$

mit der Eigenschaft, daß die Folge der rationalen Zahlen W_n, die sich durch sukzessives Abschneiden des unendlichen Kettenbruchs ergeben, die Folge mit den kleinsten monoton ansteigenden Nennern ist und deshalb besonders langsam gegen W_G konvergiert; vgl. Gl. (8.3.44) ff. und Abschnitt 8.3.3.2. Die Folge der zugehörigen Arnol'd-Zungen zeichnet sich daher durch maximale Breiten der Plateaus aus und wird deswegen für experimentelle Beobachtungen bevorzugt.

Wir legen wieder die Kreisabbildung zugrunde und wählen $W_G = (\sqrt{5} - 1)/2$ als Windungszahl aus. Zu jedem festen Wert K_0 mit $0 \leqslant K_0 < 1$ gibt es einen eindeutig bestimmten Wert $\Omega_\infty(K_0)$, den wir nach dem Konstruktionsverfahren von Rand/Shenker, wie in Abschnitt 8.3.3.1 beschrieben, approximieren (Shenker, 1982; Ostlund *et al.*, 1983). Abbildung 8.5.2 zeigt eine schematische Darstellung dieses Approximationsverfahrens. Dabei ist zu beobachten, daß die rationalen Näherungen W_n für die Windungszahl W_G so angeordnet sind, daß W_{n+2} immer im Intervall zwischen W_n und W_{n+1} liegt.

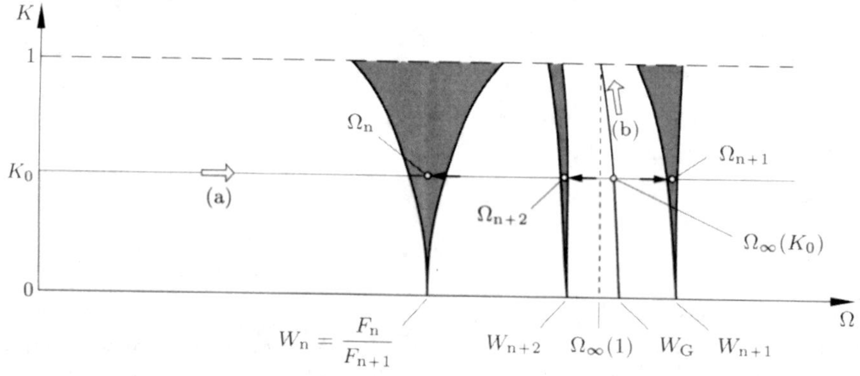

Abb. 8.5.2 Quasiperiodischer Übergang ins Chaos:
a) Konstruktion von $\Omega_\infty(K_0)$ für $0 < K_0 < 1$, b) Grenzübergang $K \to 1$

Zunächst wollen wir die Funktion $u(t)$ definieren und ihre Eigenschaften für $K < 1$ studieren. Nach dem Theorem von Denjoy (vgl. Abschnitt 8.3.2) ist die Kreisabbildung für jedes irrationale Windungsverhältnis W topologisch äquivalent zu einer reinen Drehung, solange $0 \leqslant K < 1$ gilt, d. h. es gibt eine umkehrbar stetige Koordinatentransformation $\theta \mapsto t$, die – ganz im Sinne der Normalformtechnik (Abschnitte 6.3 und 6.4) – die quasiperiodische Bewegung $\theta \mapsto f(\theta)$ im Poincaré-Schnitt in eine reine Drehung überführt

$$t \longmapsto R(t) = t + W \tag{8.5.1}$$

Die zugehörige Koordinatentransformation hat die Form

$$\theta(t) = t + u(t) \tag{8.5.2}$$

wobei $u(t)$ eine periodische Funktion ist, die die Abweichung der Koordinatentransformation von der Identität bei einer gleichmäßigen Rotation beschreibt.

Das Theorem von Denjoy war der Ausgangspunkt intensiver mathematischer Studien, die schließlich in die KAM-Theorie mündeten. Ist die Windungszahl hinreichend irrational, d. h. erfüllt sie eine KAM-Bedingung der Form Gl. (4.4.10), so zeigt sich, daß $u(t)$ für $0 \leqslant K < 1$ eine *glatte* Kurve bildet; nähere Einzelheiten siehe (Arnol'd, 1965; Herman, 1977). Fast alle irrationalen Windungszahlen genügen dieser Bedingung, insbesondere auch das Goldene Mittel W_{G}. Wir werden nun im folgenden sehen, daß die Funktion $u(t)$ für $K = 1$ ihre Differenzierbarkeitseigenschaft verliert und damit am Phasenübergang eine drastische Änderung erfährt.

In (Shenker, 1982) wurde eine Konstruktionsvorschrift angegeben, mit deren Hilfe sich $u(t)$ für eine allgemeine irrationale Windungszahl W approximieren läßt. Man hält K_0 $(0 \leqslant K_0 < 1)$ fest und betrachtet eine Folge rationaler Zahlen $W_{\mathrm{n}} = \mathrm{p_n}/\mathrm{q_n}$ mit $\lim_{\mathrm{n}\to\infty} W_{\mathrm{n}} = W$. Für festes n ist die periodische Bewegung für alle Ω-Werte innerhalb der zugehörigen Arnol'd-Zunge stabil (siehe Abb. 8.5.2). Man wählt aus diesem Stabilitätsintervall denjenigen Wert $\Omega_{\mathrm{n}}(K_0)$ aus, der $\theta = 0$ als Zykluselement enthält, für den also nach Gl. (8.3.18) gilt

$$f^{\mathrm{q_n}}_{\Omega_{\mathrm{n}}(K_0)}(0) = \mathrm{p_n} \tag{8.5.3}$$

(wobei die Modulo-Vorschrift nicht berücksichtigt wird). Dann führt man eine diskrete Zeitvariable ein

$$t_{\mathrm{k}} = \mathrm{k}\frac{\mathrm{p_n}}{\mathrm{q_n}} \pmod 1 \qquad (\mathrm{k} = 0, \ldots, \mathrm{q_n} - 1) \tag{8.5.4}$$

und konstruiert eine Funktion $\theta^{(\mathrm{n})}$, die an den diskreten Stellen $t_{\mathrm{k+1}}$ wie folgt definiert ist

$$\theta^{(\mathrm{n})}(t_{\mathrm{k+1}}) = f\big(\theta^{(\mathrm{n})}(t_{\mathrm{k}})\big) \pmod 1 \tag{8.5.5}$$

mit der Anfangsbedingung

$$\theta^{(\mathrm{n})}(0) = 0 \tag{8.5.6}$$

Die Funktion

$$u^{(\mathrm{n})}(t_{\mathrm{k}}) = \theta^{(\mathrm{n})}(t_{\mathrm{k}}) - t_{\mathrm{k}} \tag{8.5.7}$$

ist dann eine diskrete periodische Funktion der Periode 1, die die Abweichung der einzelnen Zykluspunkte von einer gleichmäßigen Rotation mit der Windungszahl W_{n} mißt und die für $\mathrm{n} \to \infty$ (d. h. für $W_{\mathrm{n}} \to W$) in eine periodische Funktion $u(t)$ der kontinuierlichen Variablen t übergeht.

In Abb. 8.5.3 haben wir für zwei verschiedene Approximationen des Goldenen Mittels, $W_7 = 13/21$ und $W_8 = 21/34$, die jeweilige Abweichung $u^{(\mathrm{n})}(t_{\mathrm{k}})$ ($\mathrm{n} = 7$ und $\mathrm{n} = 8$) bei $K = 0.9$ dargestellt. In der linken Spalte wurde der $F_{\mathrm{n+1}}$-Zyklus geplottet: am inneren Rand des Rings ist die gleichmäßige Anordnung der Zykluspunkte für $K = 0$ aufgetragen, am äußeren Rand die Position der Zykluspunkte für $K = 0.9$, wobei diese Punkte entsprechend der Anzahl der benötigten Iterationen, ausgehend von $\theta_0 = 0$, bezeichnet wurden. Die jeweiligen Winkelabweichungen entsprechen dann gerade den Werten der diskreten Funktion $u^{(\mathrm{n})}(t_\mathrm{k})$ an den Stellen $t_\mathrm{k} = \mathrm{k}\, F_\mathrm{n}/F_{\mathrm{n}+1}$ (mod 1) und sind, linear interpoliert, in der mittleren Spalte dargestellt. Die Zeichnungen in der linken Spalte und die dominanten Linien in den Leistungsspektren in der rechten Spalte suggerieren, daß sich der Zyklus der Periode $F_{\mathrm{n}+1}$ nach $F_{\mathrm{n}-1}$ bzw. F_n Iterationen schon nahezu schließt, d. h. die Zykluspunkte mit den Kennziffern F_n bzw. $F_{\mathrm{n}-1}$ sind die unmittelbaren Nachbarn von $\theta_0 = 0$ mit der Kennziffer $F_{\mathrm{n}+1}$. Man kann diese Vermutung auch sehr leicht bestätigen, indem man die Richtigkeit der Beziehungen

$$\left(\frac{F_\mathrm{n}}{F_{\mathrm{n}+1}}\right) F_\mathrm{n} \quad (\mathrm{mod}\ 1) = \frac{(-1)^{\mathrm{n}+1}}{F_{\mathrm{n}+1}} \tag{8.5.8}$$

und

$$\left(\frac{F_\mathrm{n}}{F_{\mathrm{n}+1}}\right) F_{\mathrm{n}-1} \ (\mathrm{mod}\ 1) = \frac{(-1)^{\mathrm{n}}}{F_{\mathrm{n}+1}} \tag{8.5.9}$$

z. B. mit vollständiger Induktion nachweist, wobei wir $F_0 = 0$, $F_1 = 1$ wählten. Für die Funktion $u^{(\mathrm{n}+1)}$ bedeutet dies, daß der Funktionsverlauf im wesentlichen der Form von $u^{(\mathrm{n})}$ folgt, wobei, abgesehen von der feineren Diskretisierung, nur kleine zusätzliche Ausbuchtungen hinzukommen. Dieses Verhalten wird noch deutlicher, wenn man $u^{(\mathrm{n})}(t_\mathrm{k})$ in eine Fourier-Reihe entwickelt. Aus Gl. (5.3.12) erhält man durch Diskretisierung folgende Beziehung

$$A^{(\mathrm{n})}(f_\mathrm{j}) = \frac{1}{F_{\mathrm{n}+1}} \sum_{\mathrm{k}=0}^{F_{\mathrm{n}+1}-1} u^{(\mathrm{n})}(t_\mathrm{k}) \exp(-2\pi i f_\mathrm{j} t_\mathrm{k}) \ , \qquad f_\mathrm{j} = 0, 1, \cdots, F_{\mathrm{n}+1} \tag{8.5.10}$$

Für $\mathrm{n} \to \infty$ strebt $u^{(\mathrm{n})}(t_\mathrm{k})$ gegen eine kontinuierliche glatte Kurve $u(t)$, d. h. die Fourierkoeffizienten nehmen im Bereich $0 \leqslant K < 1$ wegen der stetigen Differenzierbarkeit der Grenzfunktion $u(t)$ exponentiell mit der Frequenz f ab. Unser Interesse ist, den Einfluß der höheren Frequenzen hervorzuheben; daher ist es zweckmäßig, anstelle von $|A^{(\mathrm{n})}(f)|$ die Größe $f|A^{(\mathrm{n})}(f)|$ aufzutragen (rechte Spalte in Abb. 8.5.3). Setzt man ferner nach Gl. (8.5.4)

$$t_\mathrm{k} = \mathrm{k}\frac{F_\mathrm{n}}{F_{\mathrm{n}+1}} \ (\mathrm{mod}\ 1) = \frac{\mathrm{m_k}}{F_{\mathrm{n}+1}} \tag{8.5.11}$$

in Gl. (8.5.10) ein, wobei $\mathrm{m_k}$ eine ganze Zahl zwischen 0 und $(F_{\mathrm{n}+1} - 1)$ bedeutet, so ergibt sich die Symmetriebeziehung

$$A^{(\mathrm{n})}(f_\mathrm{j}) = \left(A^{(\mathrm{n})}(F_{\mathrm{n}+1} - f_\mathrm{j})\right)^* \tag{8.5.12}$$

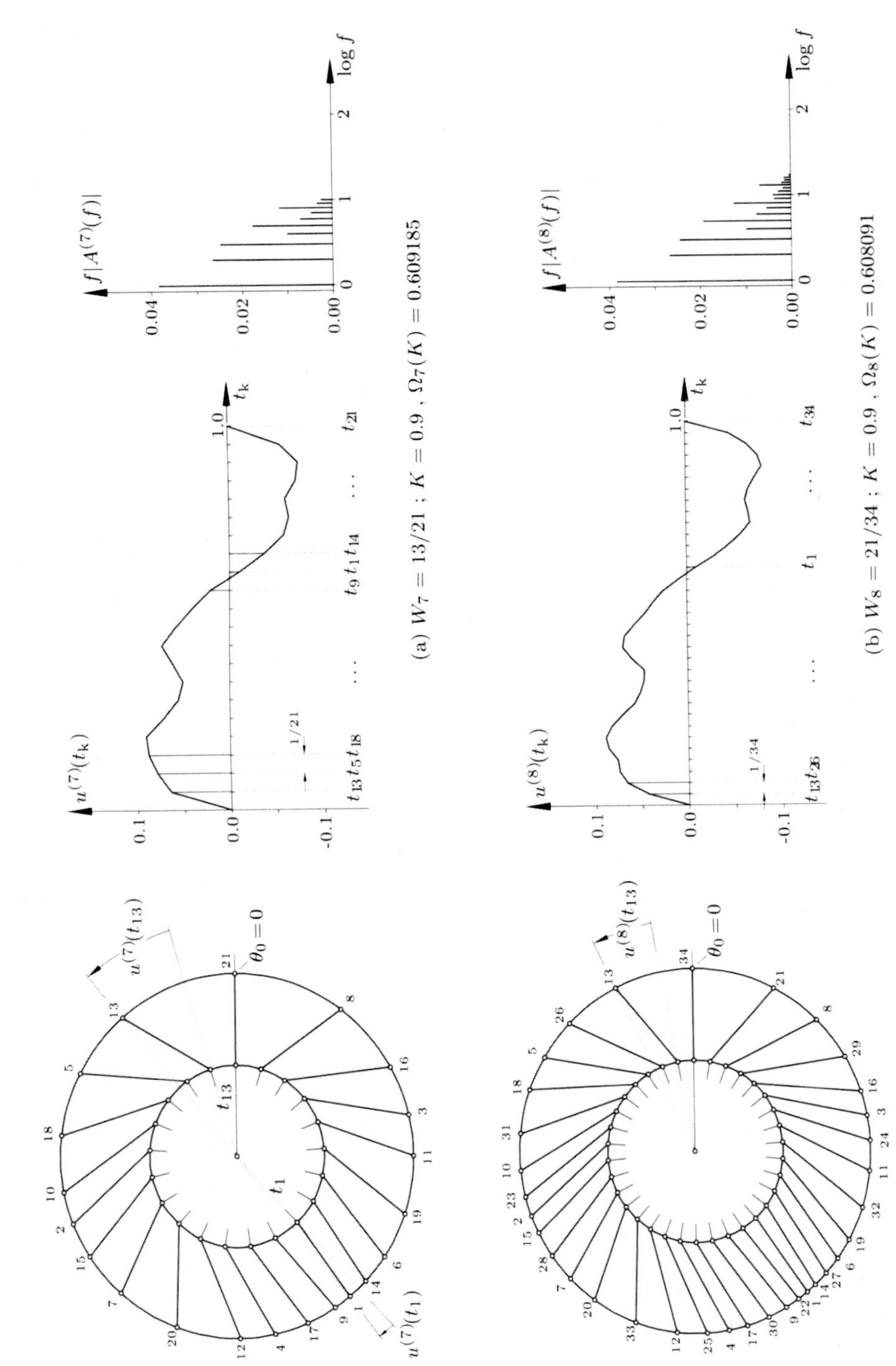

Abb. 8.5.3 Die Funktion $u^{(n)}(t_k)$ und ihre Fourierkoeffizienten für n = 7 und n = 8

wobei der Asteriskus (*) wieder den konjugiert komplexen Wert bezeichnet. Daher genügt es, sich bei den Leistungsspektren in Abb. 8.5.3 auf die linke Hälfte des f-Intervalls zu beschränken. Die exponentielle Abnahme der Spitzen ist deutlich zu erkennen. Geht man von der Windungszahl $W_7 = 13/21$ zu $W_8 = 21/34$ über, so erkennt man außerdem, daß die alten Spektrallinien im neuen Spektrum nahezu übernommen werden. Dies ist ein Ausdruck dafür, daß sich der 34er-Zyklus nach 21 Iterationen nahezu schließt. Die größte der neu hinzukommenden Spitzen tritt bei der nächsthöheren Fibonacci-Zahl auf.

Die exponentielle Abnahme der dominanten Spitzen mit zunehmendem f gilt allerdings nur für $K < 1$. In Abb. 8.5.4 haben wir für eine feste Windungszahl $W_{14} = 377/610$, die nur etwa $2 \cdot 10^{-4}$ % vom Goldenen Mittel abweicht, die Funktion $u^{(14)}(t)$ zusammen mit den zugehörigen Leistungsspektren für Werte $K \to 1$ aufgetragen. Man erkennt deutlich, daß die höheren Frequenzen immer dominanter werden, bis diese Spitzen schließlich bei $K = 1$ für Frequenzen, die mit den Fibonacci-Zahlen übereinstimmen, einen nahezu konstanten Wert annehmen. Führt man den Grenzübergang $\lim_{n\to\infty} W_n = W_G$ aus (vgl. Abb. 8.5.2b), so treten an unendlich vielen Fibonacci-Zahlen dominante Frequenzen auf, und somit verliert die Funktion $u(t)$ an der kritischen Linie ihre Differenzierbarkeitseigenschaften, d. h. sie erscheint ähnlich wie Kochs Schneeflockenkurve (vgl. Abb. 5.5.3) auf allen Skalen „zackig“. Diese Selbstähnlichkeit drückt sich auch in den Leistungsspektren aus: zwischen Paaren dominanter Spitzen treten jeweils gleiche Muster von Spektrallinien auf, die selbstähnlichen Charakter haben. Die zugrundeliegende Skalierungstheorie ist in (Ostlund *et al.*, 1983) beschrieben.

In Abb. 8.5.5a ist die Funktion $u^{(14)}(t)$ für $K = 1$ ohne die Modulo-Vorschrift aufgetragen, d. h. der Zyklus schließt sich nach $F_{15} = 610$ Iterationen und hat dabei $F_{14} = 377$ Umläufe benötigt. Abb. 8.5.5b zeigt das zugehörige skalierte Leistungsspektrum $\log |A(f) f_{\max}/f|^2$ als Funktion von $\log f/f_{\max}$. Man beobachtet eine äquidistante Folge gleich hoher Spitzenwerte, die interessanterweise bei den Frequenzen W_G, W_G^2, W_G^3 etc. auftreten. Dieses Ergebnis ist auf eine spezielle Eigenschaft des Goldenen Mittels W_G zurückzuführen. In Abschnitt 5.3 hatten wir gesehen, daß im Leistungsspektrum einer quasiperiodischen Bewegung mit den Basisfrequenzen f_1 und f_2 Einzelimpulse bei f_1, f_2 und allen Linearkombinationen $n f_1 + m f_2$ auftreten. Mit Hilfe der Beziehung Gl. (8.3.43) und vollständiger Induktion kann man leicht folgende Relation herleiten

$$W_G^n = (-1)^n [F_{n-1} \cdot 1 - F_n \cdot W_G] \tag{8.5.13}$$

d. h. jede Potenz von W_G ist eine spezielle Linearkombination der beiden inkommensurablen Grundfrequenzen $f_1 = 1$ und $f_2 = W_G$.

Die Skalierungseigenschaften der Leistungsspektren haben wiederum universellen Charakter, d. h. am Übergang von quasiperiodischer Bewegung ins Chaos bei einer *festen* irrationalen Windungszahl ergeben sich unabhängig vom zugrundegelegten dynamischen System dieselben Spektren. Dabei bilden sich jedoch nur für solche Windungszahlen, die sich als periodischer Kettenbruch ausdrücken lassen, einfache Muster aus (Ostlund *et al.*, 1983).

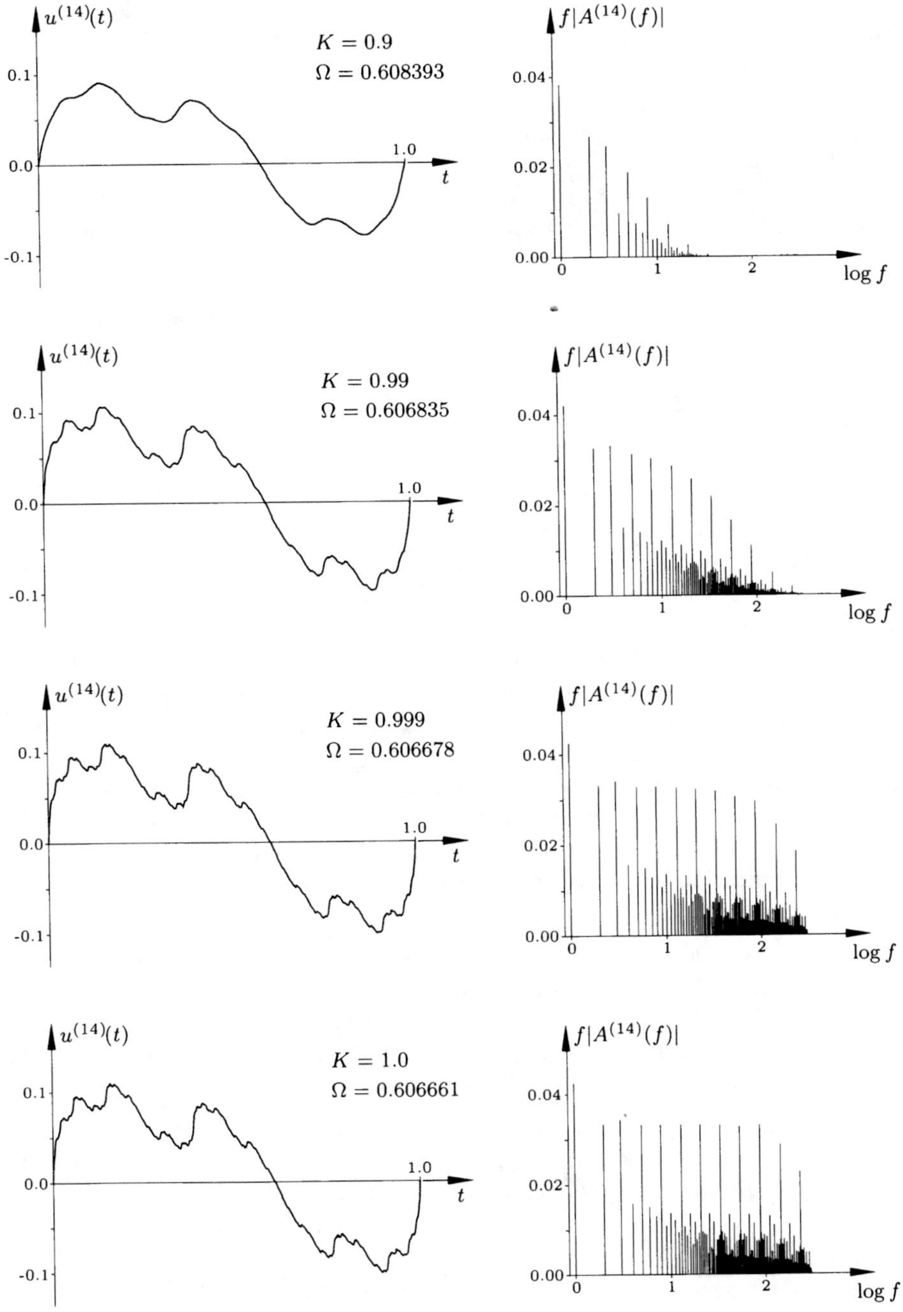

Abb. 8.5.4 Entwicklung der Funktion $u^{(14)}(t)$ und des Leistungsspektrums $f|A^{(14)}(f)|$ bei Annäherung an die kritische Grenze $K = 1$ für eine feste Windungszahl $W_{14} = 377/610$

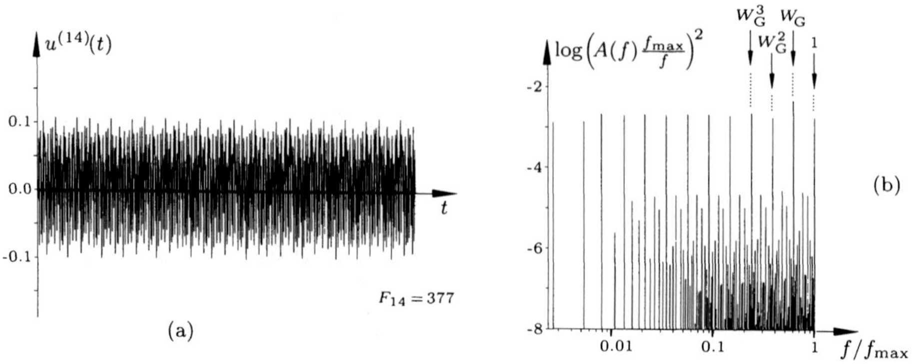

Abb. 8.5.5 Zeitverlauf (a) und skaliertes Leistungsspektrum (b) von $u^{(14)}(t)$ für $K = 1$ und $\Omega = 0.606661$

Wie bereits angekündigt, wollen wir als nächstes die multifraktalen Eigenschaften des Attraktors am kritischen Wert $K = 1$ untersuchen, der auch als *kritischer Attraktor* bezeichnet wird. Analog zur linken Spalte von Abb. 8.5.3 haben wir in Abb. 8.5.6a für die Windungszahl $W_{14} = 377/610 \approx W_G$ und $K = 1$ die Winkelabweichungen $u(t)$ von der entsprechenden reinen Rotation aufgetragen. Dabei wird bereits deutlich, daß die Strahlen an einigen Stellen besonders dicht liegen, an anderen dagegen große Lücken offen lassen, wobei sich die Verdichtungen und Ausdünnungen auf unterschiedlichen Skalen an verschiedenen Stellen wiederholen. Für $W = W_G$ ist die Kreisabbildung noch topologisch äquivalent zu einer reinen Rotation, d. h. nach genügend vielen Iterationen werden alle Lücken ausgefüllt. In Abb. 8.5.6b haben wir die entsprechende Punktverteilung des kritischen Attraktors direkt durch Iteration der Kreisabbildung für $K = 1$, $W_{14} \approx W_G$ angenähert; sie stimmt qualitativ mit der Verteilung der Punkte am äußeren Rand des linken Strahlenkranzes überein.

Obwohl für $n \to \infty$ der gesamte Kreis überstrichen wird, gibt es doch in der Dichteverteilung der Punkte sehr starke Schwankungen, deren multifraktale Struktur man offensichtlich nicht mit einer einzigen Dimensionszahl, wie z. B. der Kapazitätsdimension, erfassen kann. Zur vollständigen Charakterisierung des kritischen Attraktors bieten sich nun zwei Möglichkeiten an.

Die erste hatten wir bereits in Abschnitt 5.5.5 kennengelernt. Dort hatten wir Inhomogenitäten in den Skalierungseigenschaften von Attraktoren durch die verallgemeinerten Dimensionen D_q beschrieben, siehe Gln. (5.5.57) und (5.6.58),

$$D_q = \frac{1}{q-1} \lim_{\varepsilon \to 0} \frac{\ln \sum_i p_i^q}{\ln \varepsilon} \tag{8.5.14}$$

Zur Bestimmung von D_q wird der Attraktor (Abb. 8.5.6b) mit Intervallen der Länge ε überdeckt. Entsprechend der Anzahl N_i von Attraktorpunkten im i-ten

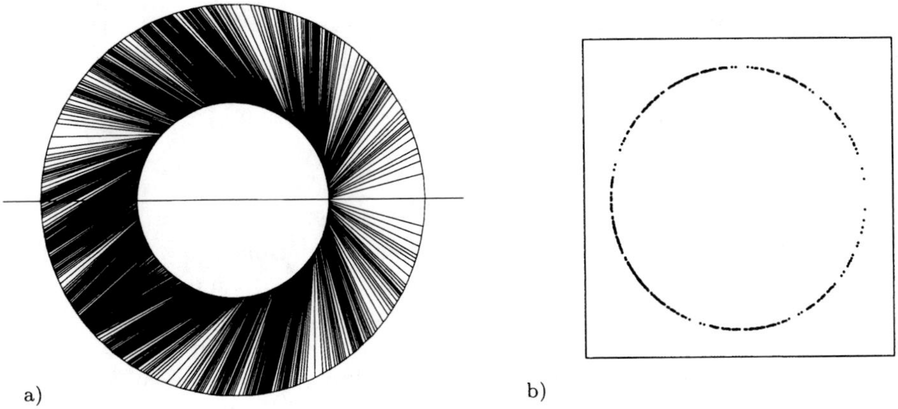

Abb. 8.5.6 Zur multifraktalen Struktur des kritischen Attraktors für $K = 1$

Intervall wird diesem eine Wichtung

$$p_i(\varepsilon) = \frac{N_i}{N} \tag{8.5.15}$$

zugeordnet, wobei N die Gesamtzahl der betrachteten Punkte bezeichnet. Für ganzzahlige Werte von q enthält D_q die q-ten Momente der Wahrscheinlichkeitsverteilung. Die Dimension D_q ist jedoch auch für allgemeine reelle Werte von q definiert. Für große positive q-Werte liefert die Funktion D_q eine Aussage zu den dichtesten Regionen des Attraktors, für sehr kleine negative q-Werte dagegen zu den am dünnsten besiedelten Regionen. In Abb. 8.5.7a ist D_q für den kritischen Attraktor der Kreisabbildung ($K = 1$, $W = W_G$) aufgetragen (Halsey *et al.*, 1986).

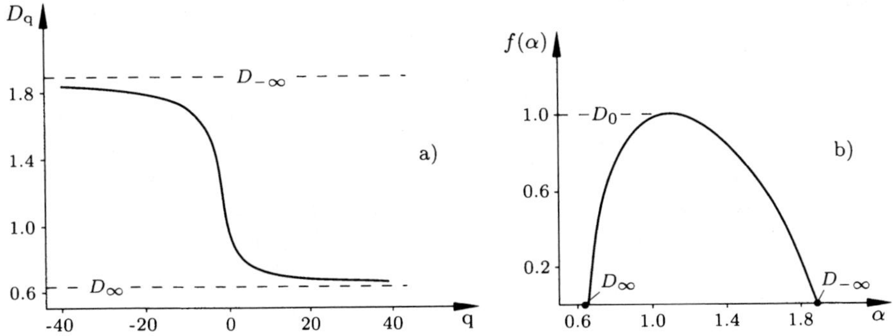

Abb. 8.5.7 Zwei Möglichkeiten zur Charakterisierung der multifraktalen Struktur des kritischen Attraktors der Kreisabbildung ($K = 1$, $W = W_G$):
a) verallgemeinerte Dimension D_q und b) multifraktales Spektrum $f(\alpha)$;
nach (Halsey *et al.*, 1986)

Die zweite Möglichkeit zur Charakterisierung der Struktur des Attraktors besteht darin, an jedem Punkt θ_i des Kreisumfangs die zugehörige punktweise Dimension α_i zu berechnen (vgl. Abschnitt 5.5.4). Dazu bestimmt man nach Gl. (8.5.15) die Wahrscheinlichkeit $p_i(\varepsilon)$, daß ein Attraktorpunkt in einer ε-Umgebung von θ_i liegt. Für kleine ε-Werte gilt dann

$$p_i(\varepsilon) \sim \varepsilon^{\alpha_i(\varepsilon)} \tag{8.5.16}$$

In der Grenze $\varepsilon \to 0$ stimmt α_i mit der punktweisen Dimension überein, die in unserem Fall von Punkt zu Punkt stark schwankt, d. h. α nimmt Werte aus einem Intervall $[\alpha_{\min}, \alpha_{\max}]$ an. Im Gegensatz zu der suggestiven Aussage im linken Teil der Abb. 5.5.14 in Abschnitt 5.5.4, wo wir von einer homogenen eindimensionalen Punktmenge ausgegangen waren, kann die punktweise Dimension einer multifraktalen Menge durchaus Werte kleiner als 1 bzw. größer als 1 annehmen, selbst wenn alle Punkte auf einer Linie, in unserem Fall auf einem Kreis, angeordnet sind. Man kann sich leicht überlegen, daß Anhäufungen von Punkten auf der Linie zu einem α-Wert < 1 führen, da sie in ihrer Dimensionalität mehr zu der eines einzelnen Punktes tendieren. Umgekehrt ist die punktweise Dimension sehr dünn besiedelter Regionen > 1. Halbiert man nämlich, beispielsweise, sukzessive die Intervalle der Länge ε, so liegen in jeder kleineren Umgebung jeweils weniger als halb so viele Punkte, was nur durch einen Exponenten $\alpha > 1$ in Gl. (8.5.16) erreicht werden kann. Um nun die multifraktale Struktur zu erfassen, geht man noch einen Schritt weiter und bestimmt zu jedem Wert α die Kapazitätsdimension $f(\alpha)$ jener Punkte, die gleiches α als punktweise Dimension besitzen. Das Ergebnis ist in Abb. 8.5.7b aufgetragen. Die Funktion $f(\alpha)$ bezeichnet man als multifraktales Spektrum.

In der Praxis wird allerdings $f(\alpha)$ nicht über die Kapazitätsdimension, d. h. das Auszählen von Intervallen, bestimmt. Vielmehr geht man einen Umweg, der sich auf einen Nachweis in (Halsey *et al.*, 1986; vgl. auch Schuster, 1988) stützt, daß nämlich die verallgemeinerte Dimension D_q und das multifraktale Spektrum $f(\alpha)$ äquivalente Beschreibungsformen der inhomogenen Struktur des kritischen Attraktors sind. Die Grundgedanken, die zum Nachweis dieser Äquivalenz führen, wollen wir hier kurz skizzieren.

In Abb. 8.5.8 haben wir die Dichteverteilung p_i über dem Kreisumfang für $\varepsilon = 1/100$, $W = W_G$, $K = 1$ geplottet. Offenbar ist diese Wahrscheinlichkeitsverteilung, und damit auch das invariante Maß, *lokal* sehr starken Schwankungen unterworfen: man erkennt deutlich eine selbstähnliche Struktur. Die Idee ist nun, eine integrale Aussage über die Folge der α_i-Werte zu machen und einen Zusammenhang mit D_q herzustellen. Dazu führen wir für die Summe in Gl. (8.5.14) die Abkürzung

$$\chi(q) = \sum_{i=1}^{N(\varepsilon)} p_i^q \tag{8.5.17}$$

ein und ordnen die Summe um: Wir summieren nicht der Reihe nach über die N ε-Intervalle des Kreisumfangs, sondern teilen den α-Bereich ($\alpha_{\min} \leqslant \alpha \leqslant \alpha_{\max}$)

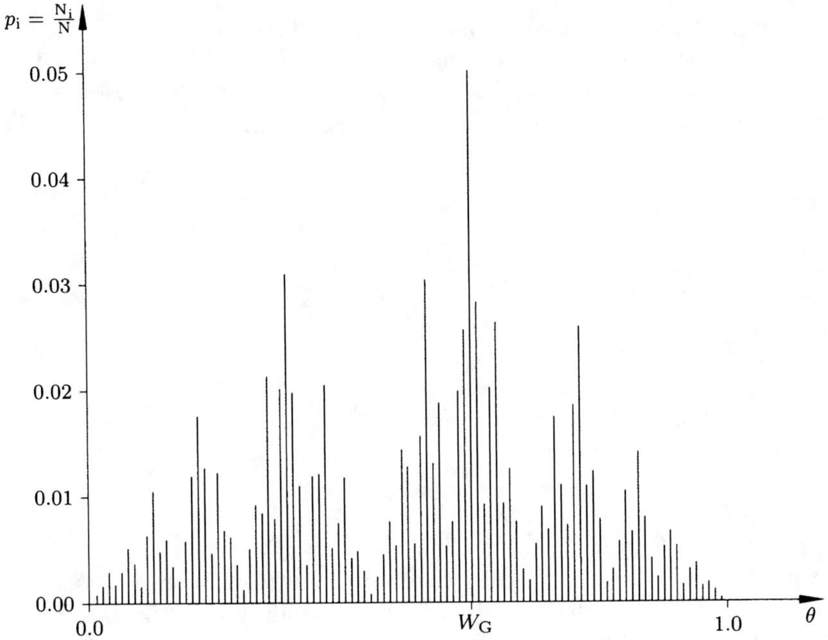

Abb. 8.5.8 Dichteverteilung der Punkte auf dem kritischen Attraktor ($K = 1$, $W = W_G$)

in M kleine Intervalle der Länge $\Delta\alpha$ ein und summieren schrittweise über alle ε-Intervalle, deren Dichteverteilung in Gl. (8.5.16) zu einem α_i-Wert zwischen α und $(\alpha + \Delta\alpha)$ gehört. Auf diese Weise arbeitet man der Reihe nach alle M Intervalle der Länge $\Delta\alpha$ ab. Die Anzahl $Z(\alpha, \varepsilon)$ der ε-Intervalle, in denen ein Wert zwischen α und $(\alpha + \Delta\alpha)$ angenommen wird, hat folgende Form

$$Z(\alpha, \varepsilon) \approx \rho(\alpha)\varepsilon^{-f(\alpha)}\Delta\alpha \tag{8.5.18}$$

wobei $\rho(\alpha) \neq 0$ ist und nicht von ε abhängt. Gleichung (8.5.17) kann dann mit Gl. (8.5.16) folgendermaßen umgeschrieben werden

$$\begin{aligned} \chi(\mathrm{q}) \sim \sum_{j=1}^{M} \sum_{i=1}^{Z(\alpha,\varepsilon)} \varepsilon^{\alpha \mathrm{q}} &= \sum_{j=1}^{M} \rho(\alpha)\varepsilon^{-f(\alpha)}\Delta\alpha \cdot \varepsilon^{\alpha \mathrm{q}} \\ &\approx \int_{\alpha_{min}}^{\alpha_{max}} \rho(\alpha)\varepsilon^{(\alpha \mathrm{q} - f(\alpha))} \mathrm{d}\alpha \end{aligned} \tag{8.5.19}$$

Nach Gln. (8.5.14), (8.5.17) muß zur Berechnung der Funktion

$$\tau(\mathrm{q}) = (\mathrm{q} - 1)D_\mathrm{q} = \lim_{\varepsilon \to 0} \frac{\ln \chi(\mathrm{q})}{\ln \varepsilon} \tag{8.5.20}$$

der Grenzübergang $\varepsilon \to 0$ ausgeführt werden. Betrachtet man den Integranden in Gl (8.5.19), so erkennt man, daß die Funktion $\varepsilon^{\alpha q - f(\alpha)}$ für abnehmende ε-Werte mehr und mehr ein ausgeprägtes scharfes Maximum ausbildet, und zwar an der Stelle desjenigen Wertes α^*, der den Exponenten zum Minimum macht

$$\frac{\mathrm{d}}{\mathrm{d}\alpha}\big(\alpha q - f(\alpha)\big)\Big|_{\alpha^*} = 0 \tag{8.5.21}$$

wobei gilt

$$\frac{\mathrm{d}^2}{\mathrm{d}\alpha^2}\big(\alpha q - f(\alpha)\big)\Big|_{\alpha^*} > 0 \tag{8.5.22}$$

Gleichung (8.5.21) zeigt, daß der Extremwert α^* von q abhängt, d. h. $\alpha^* = \alpha(q)$, und man erhält die Bedingungen

$$f'\big(\alpha(q)\big) = q \qquad \text{und} \qquad f''\big(\alpha(q)\big) < 0 \tag{8.5.23}$$

Integrale über ein scharf ausgeprägtes Maximum kann man unter gewissen Voraussetzungen mit Hilfe der Methode der Sattelpunkte auswerten (Schuster, 1988; Sommerfeld, 1977). Sie wird dann angewendet, wenn der Integrand im Integrationsintervall durchwegs sehr klein ist, außer in der Umgebung eines scharfen Maximums.

Betrachtet man z. B. für kleine ε-Werte das Integral

$$I = \int_{\alpha_1}^{\alpha_2} \mathrm{e}^{-|\ln\varepsilon| F(\alpha)} \mathrm{d}\alpha \tag{8.5.24}$$

wobei wir $F'(\alpha^*) = 0$, $F''(\alpha^*) > 0$ und $\alpha^* \in [\alpha_1, \alpha_2]$ voraussetzen, so wird I mit Hilfe der Sattelpunktmethode approximiert durch

$$\begin{aligned} I &\approx \int_{\alpha_1}^{\alpha_2} \exp\Big(-|\ln\varepsilon|\big[F(\alpha^*) + \tfrac{1}{2}F''(\alpha^*)(\alpha - \alpha^*)^2\big]\Big)\mathrm{d}\alpha \\ &\approx \mathrm{e}^{-|\ln\varepsilon| F(\alpha^*)} \int_{-\infty}^{+\infty} \exp\Big(\frac{-|\ln\varepsilon| F''(\alpha^*)}{2}(\alpha - \alpha^*)^2\Big)\mathrm{d}\alpha \\ &= \mathrm{e}^{-|\ln\varepsilon| F(\alpha^*)} \left[\frac{2\pi}{|\ln\varepsilon| F''(\alpha^*)}\right]^{1/2} \end{aligned} \tag{8.5.25}$$

d. h. I stimmt näherungsweise bis auf einen Faktor mit dem Integranden an der Stelle α^* überein. Da der Integrand mit zunehmendem Abstand von α^* sehr rasch gegen Null strebt, konnten die Integrationsgrenzen bis ins Unendliche ausgedehnt werden.

Wendet man die Sattelpunktsmethode auf das Integral Gl. (8.5.19) an, so ergibt sich für kleine positive ε-Werte näherungsweise mit $\alpha^* = \alpha(\mathrm{q})$ und einem konstanten Faktor C

$$\chi(\mathrm{q}) \approx \frac{C}{\sqrt{|\ln \varepsilon|}} \, \mathrm{e}^{\ln \varepsilon [\mathrm{q}\alpha(\mathrm{q}) - f(\alpha(\mathrm{q}))]}$$

und nach Ausführung des Grenzübergangs $\varepsilon \to 0$ nach Gl. (8.5.20)

$$\tau(\mathrm{q}) = \mathrm{q}\alpha(\mathrm{q}) - f\big(\alpha(\mathrm{q})\big) \tag{8.5.26}$$

siehe (Halsey *et al.*, 1986). Dies ist der gesuchte Zusammenhang zwischen der verallgemeinerten Dimension $D_\mathrm{q} = \tau(\mathrm{q})/(\mathrm{q}-1)$ und $f(\alpha)$, der sich geometrisch besonders schön interpretieren läßt.

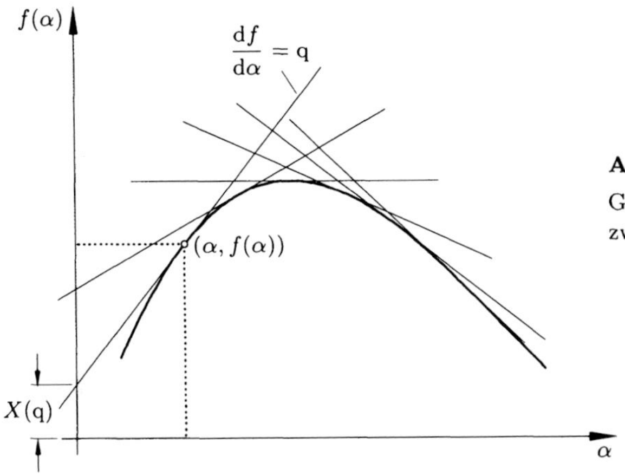

Abb. 8.5.9

Geometrischer Zusammenhang zwischen $f(\alpha)$ und $\tau(\mathrm{q}) = -X(\mathrm{q})$

Abbildung 8.5.9 zeigt eine schematische Darstellung der Funktion $f = f(\alpha)$, die man auch als Einhüllende der Schar ihrer Tangenten beschreiben kann. Jeder Punkt der Kurve ist durch das Koordinatenpaar $\big(\alpha, f(\alpha)\big)$ festgelegt, die entsprechende Tangente durch den Achsenabschnitt $X(\mathrm{q})$ als Funktion der Steigung $\mathrm{q} = \mathrm{d}f/\mathrm{d}\alpha$, also durch das Koordinatenpaar $\big(\mathrm{q}, X(\mathrm{q})\big)$. Sind α und $f(\alpha)$ gegeben, so berechnet sich der Achsenabschnitt X aus der Beziehung

$$\frac{f(\alpha) - X(\mathrm{q})}{\alpha} = \mathrm{q}$$

Zusammen mit Gl. (8.5.26) erhält man also

$$X(\mathrm{q}) = -\alpha\mathrm{q} + f(\alpha) = -\tau(\mathrm{q}) \tag{8.5.27}$$

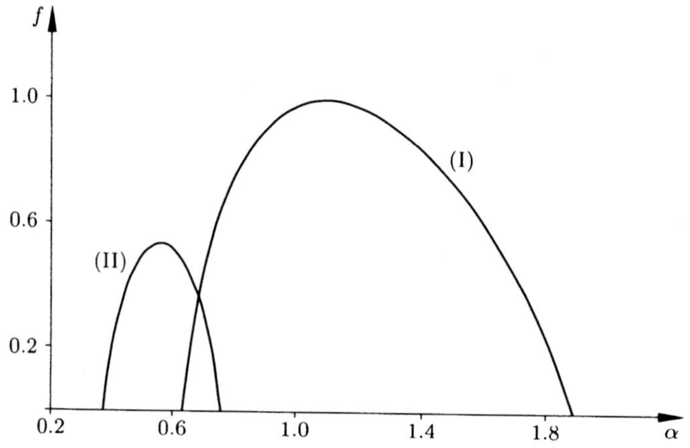

Abb. 8.5.10 $f(\alpha)$-Kurven für den quasiperiodischen Übergang ins Chaos (Kurve I) und den Übergang bei Periodenverdopplung (Kurve II); nach (Halsey *et al.*, 1986)

In der Literatur wird $-\tau(\mathrm{q})$ als die Legendre-Transformierte von $f(\alpha)$ bezeichnet, siehe z. B. (Callen, 1985). Die Symmetrie zwischen der Legendre-Transformation und ihrer Inversen bzw. zwischen $\tau(\mathrm{q})$ und $f(\alpha)$ sei nochmals zusammengestellt:

$$\begin{aligned} f &= f(\alpha) & \tau &= \tau(\mathrm{q}) \\ \frac{\mathrm{d}f(\alpha)}{\mathrm{d}\alpha} &= \mathrm{q} \quad \Rightarrow \alpha(\mathrm{q}) & \frac{\mathrm{d}\tau(\mathrm{q})}{\mathrm{dq}} &= \alpha \quad \Rightarrow \mathrm{q}(\alpha) \\ \tau(\mathrm{q}) &= \mathrm{q}\alpha(\mathrm{q}) - f\big(\alpha(\mathrm{q})\big) & f(\alpha) &= \alpha\mathrm{q}(\alpha) - \tau\big(\mathrm{q}(\alpha)\big) \end{aligned} \tag{8.5.28}$$

Damit hat sich gezeigt, daß $f(\alpha)$ und $\tau(\mathrm{q})$, und somit auch die verallgemeinerte Dimension D_q, zwei völlig äquivalente Charakterisierungsmöglichkeiten für inhomogene fraktale Strukturen darstellen. Darüber hinaus kann man auch mit Hilfe von $f(\alpha)$ eindeutig zwischen dem Übergang von periodischer (frequenzgekoppelter) und quasiperiodischer Bewegung ins Chaos unterscheiden. Abbildung 8.5.10 zeigt die $f(\alpha)$-Kurven der Kreisabbildung für den quasiperiodischen Übergang mit dem Goldenen Mittel als Windungszahl für $K = 1$ (Kurve I) und für den Übergang über eine Periodenverdopplungskaskade innerhalb einer Arnol'd-Zunge mit der Windungszahl $W = 8/13$ (Kurve II). Für beide Routen sind die jeweiligen Extremwerte von $f(\alpha)$ sowie der α-Bereich zwischen $\alpha_{\min} = D_\infty$ und $\alpha_{\max} = D_{-\infty}$ unabhängig von der speziellen Form der zugrundegelegten Abbildung, d. h. $f(\alpha)$ ist eine universelle Funktion (Glazier und Libchaber, 1988).

8.5.2 Experimenteller Nachweis des quasiperiodischen Übergangs

Die Akzeptanz, die die Chaostheorie heute in vielen Zweigen der Naturwissenschaften erreicht hat, beruht zum großen Teil auf der quantitativen Bestätigung ihrer theoretischen Aussagen zum Einsetzen von Turbulenz durch hochpräzise Experimente. So konnten in einer Reihe von Experimenten die universellen mathematischen Eigenschaften einfacher Abbildungen, wie der Kreisabbildung, beim quasiperiodischen Übergang hydrodynamischer Systeme ins Chaos, speziell für das Rayleigh-Bénard-Experiment, nachgewiesen werden (Stavans *et al.*, 1985; Jensen *et al.*, 1985).

Will man diesen Übergang zu irregulärem Verhalten für eine feste Windungszahl, z. B. das Goldene Mittel W_G, studieren, so genügt es nicht, ausgehend von einer quasiperiodischen Bewegung der Flüssigkeitsrollen, einen einzigen Kontrollparameter, wie z. B. die Temperaturdifferenz, zu erhöhen. Dabei käme es unweigerlich zu einer Frequenzkopplung, und damit wieder zu einer periodischen Bewegung. Die Idee ist vielmehr, von einer periodischen Bewegung der Flüssigkeitsrollen auszugehen und danach bei fester Rayleigh-Zahl eine zweite inkommensurable Frequenz von außen aufzuprägen. Um eine konstante Windungszahl, z. B. $W = W_G$, aufrechtzuerhalten, ist wie bei der Kreisabbildung eine Abstimmung zweier Kontrollparameter notwendig.

Für das angeregte Rayleigh-Bénard-Experiment wurde in (Stavans *et al.*, 1985; Jensen *et al.*, 1985) eine kleine quaderförmige, mit Quecksilber gefüllte Zelle (1,4cm $\times$ 0,7cm $\times$ 0,7cm) gewählt, zum einen wegen der elektrischen Leitfähigkeit des Quecksilbers und zum zweiten wegen seiner niedrigen Prandtl-Zahl. Bei einer kritischen Temperaturdifferenz ΔT_1 zwischen oberer und unterer Platte wird die Wärmeleitung durch Konvektion abgelöst. Man beobachtet zwei Konvektionsrollen, deren Achsen senkrecht zur langen Quaderachse verlaufen. Zusätzlich wurde die Zelle einem konstanten äußeren Magnetfeld M parallel zu den Achsen der Rollbewegung ausgesetzt. Das Magnetfeld dämpft alle Bewegungen senkrecht zu den Feldlinien und sorgt damit für eine stabile Ausrichtung der Achsen der Konvektionsrollen parallel zur kurzen Seite der Bénard-Zelle.

Erhöht man die Temperaturdifferenz weiter, so wird bei einem zweiten kritischen Wert ΔT_2 die konstante Rollbewegung instabil. Bei Flüssigkeiten mit niedrigen Prandtl-Zahlen kommt es dann zu einer Hopf-Bifurkation, und damit zu einer transversalen Oszillation mit einer Frequenz f_i, die sich wellenförmig entlang der Rollen bewegt (Busse, 1978).

Eine zweite unabhängige Frequenz f_{ext} wird durch einen elektromagnetischen Vorgang aufgeprägt. Dazu wird in der vertikalen Ebene zwischen den Rollen ein äußeres elektrisches Feld angelegt, das mit einer Frequenz f_{ext} pulsiert. Das angelegte magnetische Feld führt nun zu zwei Effekten: einerseits führt die Bewegung der elektrisch leitenden Flüssigkeitsteilchen senkrecht zu den magnetischen Feldlinien zu einer Veränderung des elektrischen Feldes und andererseits erfährt ein geladenes Flüssigkeitsteilchen beim Überqueren des Magnetfeldes eine Lorentz-Kraft. Diese ruft in der beschriebenen Versuchsanordnung eine zusätzliche vertikale Komponente des Wirbelfeldes der Geschwindigkeiten hervor, die mit der Frequenz f_{ext} oszilliert. Die Amplitude A und die Frequenz f_{ext} des Wechselstroms dienen in diesem Experiment als äußere Kontrollparameter. Eine Erhöhung der Amplitude A bewirkt eine stärkere nichtlineare Kopplung der beiden Oszillationen, entspricht also in der Kreisabbildung Gl. (8.3.12) einer Erhöhung des Parameters K, während

Änderungen der Wechselstromfrequenz f_{ext} Änderungen des Parameters Ω entsprechen. Der Übergang von quasiperiodischem zu chaotischem Verhalten bei fester Windungszahl W_{G} wird, wie in Abb. 8.5.2 skizziert, gesteuert. Für jeden festen Wert A der Stromstärke wird die Wechselstromfrequenz f_{ext} sukzessive entsprechend Gl. (8.3.46) angepaßt, so daß jeweils eine periodische Bewegung mit der Windungszahl W_{n} erreicht wird, bis sich nach hinreichend vielen Schritten eine quasiperiodische Bewegung mit der Windungszahl W_{G} einstellt. Mit Hilfe eines Halbleiter-Bolometers wird an einem festen Punkt der Zelle der Temperaturverlauf gemessen. Der raffinierte Versuchsaufbau und die Empfindlichkeit der Meßeinrichtungen erlauben eine sehr genaue Bestimmung der Windungszahlen bis auf einen Fehler von maximal $2 \cdot 10^{-4}$. Erhöht man die nichtlineare Kopplung der beiden Oszillationen, so erreicht A schließlich eine kritische Grenze, und die Bewegung der Rollen wird irregulär.

Der kritische Wert A_{cr} läßt sich am einfachsten anhand von Leistungsspektren ermitteln. Abbildung 8.5.11 zeigt drei Leistungsspektren für eine feste Rayleigh-Zahl $Ra = 4.09 Ra_{cr}$ (Stavans *et al.*, 1985). Das Linienspektrum unterhalb der kritischen Amplitude (Abb. 8.5.11a) enthält die beiden Grundfrequenzen f_{i} und f_{ext} sowie deren Linearkombinationen. In Abb. 8.5.11b ist näherungsweise die kritische Grenze erreicht, erkennbar an einer starken Zunahme der beteiligten Frequenzen. Für $A > A_{cr}$ (Abb. 8.5.11c) beobachtet man einen deutlich höheren Rauschpegel, d. h. es ergibt sich ein breites Frequenzband, wobei gleichzeitig die Anzahl der dominanten Spitzenwerte stark reduziert wird.

Trägt man wie im Fall der Kreisabbildung an der kritischen Grenze das skalierte Spektrum ($\log P(f)/f^2$) über $\log(f/f_{\mathrm{ext}})$ auf, so treten entsprechend zu Abb. 8.5.5 die Skalierungseigenschaften des Spektrums am Übergang ins Chaos hervor. Abbildung 8.5.12 zeigt das aus Abb. 8.5.11b gewonnene, reskalierte Spektrum, wobei aus Gründen der Übersichtlichkeit nicht alle Frequenzen aufgetragen wurden (Stavans *et al.*, 1985). Wie für die Kreisabbildung treten auch hier annähernd gleich große Spitzenwerte an den äquidistanten Stellen W_{G}^1, W_{G}^2, $W_{\mathrm{G}}^3, \ldots$ (gekennzeichnet durch die Nummer 1) auf. Die dazwischen liegenden Linien des Spektrums, gekennzeichnet durch die Zahlen 2 bis 6, entsprechen weiteren Linearkombinationen der inkommensurablen normierten Grundfrequenzen W_{G} und 1

$$W = |\mathrm{m} W_{\mathrm{G}} - \mathrm{n} \cdot 1| \qquad \mathrm{m}, \mathrm{n} \ldots \text{Fibonacci-Zahlen}$$

(vgl. Gl. (8.5.13)).

In Abschnitt 8.3.3 hatten wir lokale und globale Skalierungsgesetze für die Kreisabbildung studiert. In Abhängigkeit von einer fest gewählten Windungszahl konnte man, ähnlich wie für Feigenbaums Periodenverdopplungskaskade, auch für den quasiperiodischen Weg ins Chaos zwei universelle Konstanten a und δ bestimmen; siehe Gln. (8.3.59) und (8.3.60). Für das angeregte Rayleigh-Bénard-Experiment ist es gelungen, an der kritischen Linie die in Gl. (8.3.54b) definierte Konstante δ für zwei Windungszahlen, das Goldene und das Silberne Mittel, experimentell zu verifizieren.

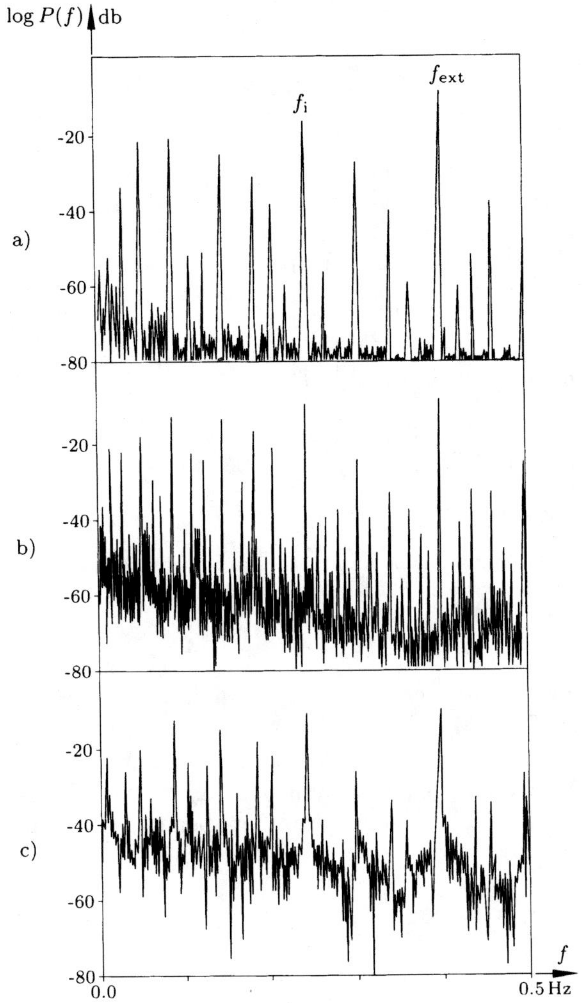

Abb. 8.5.11
Leistungsspektren unterhalb (a), an (b) und oberhalb (c) der kritischen Amplitude für quasiperiodische Bewegungen mit der Windungszahl W_{G} (Stavans *et al.*, 1985)

Allerdings ist es im Experiment nicht möglich, die Abstände aufeinanderfolgender Ω_{n}-Werte zu messen. Dagegen kann man mit hoher Genauigkeit die Breite aufeinanderfolgender Arnol'd-Zungen bestimmen. Dabei ist es möglich, Stabilitätsbereiche zu lokalisieren, die zu Windungszahlen mit einem Nenner > 200 gehören. Glücklicherweise folgen am Übergang ins Chaos die Breiten $\Delta\Omega(W_{\text{n}})$ der Arnol'd-Zungen demselben Skalierungsgesetz (Glazier und Libchaber, 1988), d. h. es gilt

$$|\delta| = \lim_{\text{n}\to\infty} \frac{\Delta\Omega(W_{\text{n}-1}) - \Delta\Omega(W_{\text{n}})}{\Delta\Omega(W_{\text{n}}) - \Delta\Omega(W_{\text{n}+1})} \tag{8.5.29}$$

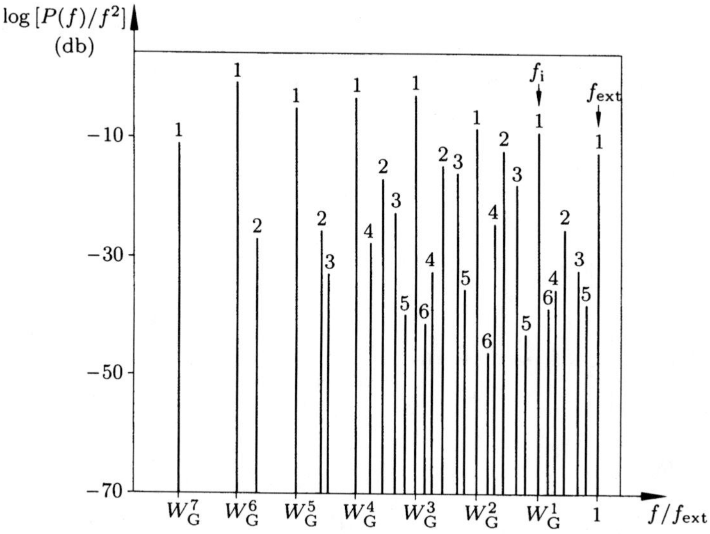

Abb. 8.5.12 Skalierungseigenschaften des skalierten Leistungsspektrums am Übergang ins Chaos für quasiperiodische Bewegungen mit der Windungszahl W_G (Stavans *et al.*, 1985)

In Abb. 8.5.13 sind die experimentell ermittelten Arnol'd-Zungen für das Rayleigh-Bénard-Experiment aufgezeichnet (Stavans *et al.*, 1985). Aus der Breite der Zungen konnte sowohl die fraktale Dimension D der Cantor-Menge aller Ω-Werte, die zu quasiperiodischen Bewegungen gehören (siehe Abschnitt 8.3.3.2), als auch δ bestimmt werden. Für das Goldene Mittel als Windungszahl ergaben sich folgende Meßwerte

$$D = 0.86 \pm 3\%$$

$$\delta = 2.8 \pm 10\% \tag{8.5.30}$$

In Gl. (8.3.87) hatten wir angegeben, wie sich die Breite der zu einer Windungszahl $W = \mathrm{p/q}$ gehörigen Arnol'd-Zunge in Abhängigkeit von q ändert: für $\mathrm{q} \gg 1$ gilt näherungsweise

$$\Delta\Omega\left(\frac{\mathrm{p}}{\mathrm{q}}\right) \approx \frac{1}{\mathrm{q}^{\gamma}}$$

Legt man für δ die Definition Gl. (8.5.29) zugrunde, so liefert eine einfache Rechnung den Exponenten γ für die Annäherung mit den Windungszahlen $W_\mathrm{n} = F_\mathrm{n}/F_{\mathrm{n}+1}$ an das Goldene Mittel W_G

$$|\delta| = \lim_{\mathrm{n}\to\infty} \frac{F_\mathrm{n}^{-\gamma} - F_{\mathrm{n}+1}^{-\gamma}}{F_{\mathrm{n}+1}^{-\gamma} - F_{\mathrm{n}+2}^{-\gamma}} = \lim_{\mathrm{n}\to\infty} \frac{\left(\frac{F_\mathrm{n}+1}{F_\mathrm{n}}\right)^{\gamma} - 1}{1 - \left(\frac{F_{\mathrm{n}+1}}{F_{\mathrm{n}+2}}\right)^{\gamma}} = \frac{W_\mathrm{G}^{-\gamma} - 1}{1 - W_\mathrm{G}^{\gamma}} = W_\mathrm{G}^{-\gamma} \tag{8.5.31}$$

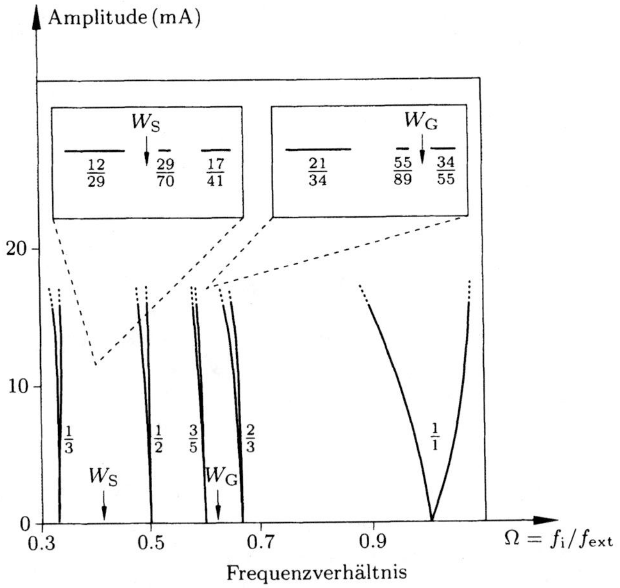

Abb. 8.5.13 Stabilitätsbereiche für das angeregte Rayleigh-Bénard-Experiment, skizziert im Diagramm der Stromstärkeamplitude A als Funktion des Frequenzverhältnisses f_i/f_{ext} (Stavans *et al.*, 1985)

bzw.

$$\gamma = -\frac{\ln|\delta|}{\ln W_G} \tag{8.5.32}$$

Aus dem Meßergebnis Gl. (8.5.30) ergibt sich danach $\gamma \approx 2.14$. Der theoretische Wert wurde in (Shenker, 1982) angegeben als

$$\gamma = 2.16443 \pm 2 \cdot 10^{-5} \tag{8.5.33}$$

Die Meßergebnisse zeigen, daß die Kreisabbildung als mathematisches Modell für das Einsetzen turbulenten Verhaltens in rein zeitlichen Prozessen, wie sie im angeregten Rayleigh-Bénard-Experiment simuliert werden, hervorragend geeignet ist und daß die Skalierungsgesetze, die für die Kreisabbildung beim quasiperiodischen Übergang gelten, tatsächlich universellen Charakter haben.

Eine weitere Bestätigung dieser Hypothese erhält man durch eine Untersuchung der multifraktalen Struktur der Poincaré-Schnitte am Übergang ins Chaos. Abbildung 8.5.14 zeigt einen experimentell ermittelten Poincaré-Schnitt des kritischen Attraktors, ebenfalls für den quasiperiodischen Übergang mit fester Windungszahl W_G (Jensen *et al.*, 1985). Analog wie bei der Kreisabbildung kann man deutlich die Dichteschwankungen in der Punkteverteilung erkennen (vgl. Abb. 8.5.6b). Der Zerfall des Torus wird begleitet von einem Auftauchen von Falten, wie wir sie von

Abb. 8.5.14
Experimentell im Rayleigh-Bénard-Versuch ermittelter kritischer Attraktor (Jensen *et al.*, 1985)

der dissipativen Kreisabbildung her kennen. Bestimmt man, wie im vorigen Abschnitt beschrieben, von dieser Punktmenge das multifraktale Spektrum $f(\alpha)$, so erkennt man eine überraschende Übereinstimmung mit den theoretischen Vorhersagen (Abbn. 8.5.7 und 8.5.10). In Abb. 8.5.15 sind die $f(\alpha)$-Kurven für den quasiperiodischen Übergang bei der Windungszahl W_G und für den Übergang bei Periodenverdopplungen in der zur Windungszahl $W = 8/13$ gehörigen Arnol'd-Zunge geplottet. Die durchgezogenen Linien entsprechen den theoretischen Resultaten für die Kreisabbildung, Punkte und Fehlerschranken, angedeutet durch Bälkchen, markieren die experimentellen Ergebnisse.

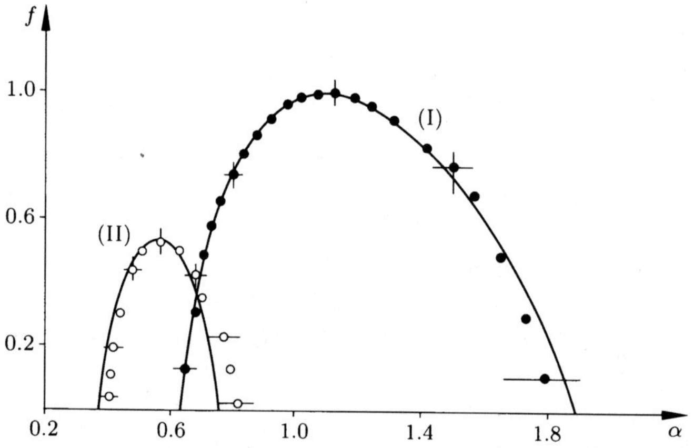

Abb. 8.5.15 Multifraktale Spektren $f(\alpha)$
(I) für den quasiperiodischen Übergang bei $W_G = (\sqrt{5} - 1)/2$ und
(II) für den Übergang innerhalb einer Arnol'd-Zunge für $W_G = 8/13$.
Experimentelle Daten aus angeregten Rayleigh-Bénard-Experimenten sind durch Punkte • und ∘ gekennzeichnet; vgl. (Libchaber, 1987)

Insgesamt kann aus den Ergebnissen gefolgert werden, daß die Kreisabbildung und das oben beschriebene Rayleigh-Bénard-Experiment derselben Universalitätsklasse angehören. Entsprechende Übergänge von quasiperiodischem zu chaotischem Verhalten konnten auch in einer Reihe weiterer Experimente aus der Festkörperphysik beobachtet werden. Einen umfassenden Überblick findet man in (Jensen *et al.*, 1984).

8.6 Der Weg über Intermittenz ins Chaos

Unsere Beschreibung verschiedener Wege ins Chaos, die auf lokalen Bifurkationen beruhen, wollen wir mit dem Intermittenz-Szenario abschließen, dessen theoretischer Hintergrund von Y. Pomeau und P. Manneville zu Beginn der achtziger Jahre eingehend untersucht wurde (Pomeau und Manneville, 1980). Es gibt keine einheitliche präzise Definition des Begriffs der Intermittenz. Man nennt gewöhnlich ein Signal intermittent, wenn sein zeitlicher Verlauf über lange Zeiträume regulär (laminar) erscheint, ab und zu jedoch von kurzen irregulären (sprich: turbulenten) Abschnitten mit größeren veränderlichen Amplituden unterbrochen wird. Bei Veränderung eines äußeren Systemparameters kommt es zu einer Zunahme der Häufigkeit der turbulenten Ausbrüche. Intermittenz stellt daher einen kontinuierlichen Übergang von regulärem periodischen zu chaotischem Verhalten dar.

In der Hydrodynamik ist Intermittenz ein häufig zu beobachtendes Phänomen mit einem im allgemeinen raum-zeitlichen Charakter. Stört man z. B. eine Strömung mit einer hohen Reynolds-Zahl, indem man parallel zur Strömungsrichtung eine Platte einführt, so bildet sich über einen gewissen Bereich eine im zeitlichen Mittel wohldefinierte turbulente Grenzschicht aus, wobei es jedoch in unregelmäßigen Zeitabständen an unterschiedlichen Stellen zu Ablösungen der Grenzschicht kommt (siehe Abb. 8.6.1). Die Fluktuationen des Geschwindigkeitsfeldes im Übergangsbereich zwischen Grenzschicht und ungestörter Strömung haben dann intermittenten Charakter, d. h. lange laminare Phasen in Raum und Zeit werden in zufälliger Weise von kurzen turbulenten Phasen unterbrochen.

Die mathematischen Modelle zur Beschreibung des Übergangs von regulären zu chaotischen Bewegungen, die wir in diesem Buch vorstellen, beziehen sich jedoch nur auf rein zeitliche Prozesse. Die Einbeziehung räumlicher Abhängigkeiten führt zu weitaus komplexeren Systemen, deren Behandlung aus der Sicht dynamischer Systeme noch in den Anfängen steckt (Holmes, 1990); es sei auch auf katalytische chemische Phänomene in Abschnitt 9.8 verwiesen.

8.6.1 Intermittenz bei der logistischen Abbildung

Einer der möglichen Mechanismen, die zu Intermittenz führen, läßt sich besonders leicht am Beispiel der logistischen Abbildung

$$x \longmapsto f(x) = \alpha x(1-x) \qquad (8.6.1)$$

Abb. 8.6.1 Grenzschichtströmung (Fernholz, 1964)

veranschaulichen, wenn man sich mit der Frage nach dem Entstehen der periodischen Fenster innerhalb des chaotischen Bereichs $\alpha_\infty < \alpha < 4$ beschäftigt (siehe Abb. 6.7.6). Als einfachsten Fall untersuchen wir das Auftreten eines stabilen dreiperiodischen Zyklus, bei dem das größte Fenster im Bifurkationsdiagramm Abb. 6.7.6 auftritt. Aus der Existenz eines Zyklus der Periode 3 folgt nach Sarkowskiis Theorem dann die Existenz von Zyklen aller anderen Perioden, vgl. Abschnitt 6.7.2.

Zur Bestimmung des 3er Zyklus muß man die Fixpunkte der 3fach iterierten Funktion $f^3(x)$ ermitteln, d. h. die Schnittpunkte des Polynoms 8. Ordnung $y = f^3(x)$ mit der 1. Winkelhalbierenden $y = x$. Zwei der acht Nullstellen von $P_8(x)$

$$P_8(x) \equiv f^3(x) - x = 0 \tag{8.6.2}$$

stimmen mit den beiden (instabilen) Fixpunkten $x = 0$ und $x = 1 - 1/\alpha$ der logistischen Abbildung $f(x)$ überein. Die übrigen 6 Nullstellen können in Abhängigkeit vom α-Wert entweder drei Paare konjugiert komplexer Lösungen sein (siehe Abb. 8.6.2a) oder drei Paare reeller Nullstellen (Abb. 8.6.2c), die zwei Zyklen, einem stabilen (x_{s1}, x_{s2}, x_{s3}) und einem instabilen (x_{u1}, x_{u2}, x_{u3}), der Periode 3 entsprechen. An einer Stelle $\alpha = \alpha_{cr}$ findet daher eine Sattelknoten-Verzweigung statt, d. h. bei $\alpha = \alpha_{cr}$ taucht ein dreiperiodischer Zyklus auf (Abb. 8.6.2b), der sich für Werte $\alpha > \alpha_{cr}$ in einen stabilen und einen instabilen 3er-Zyklus aufspaltet. Den kritischen Wert α_{cr}, bei dem es zur Geburt des dreiperiodischen Zyklus

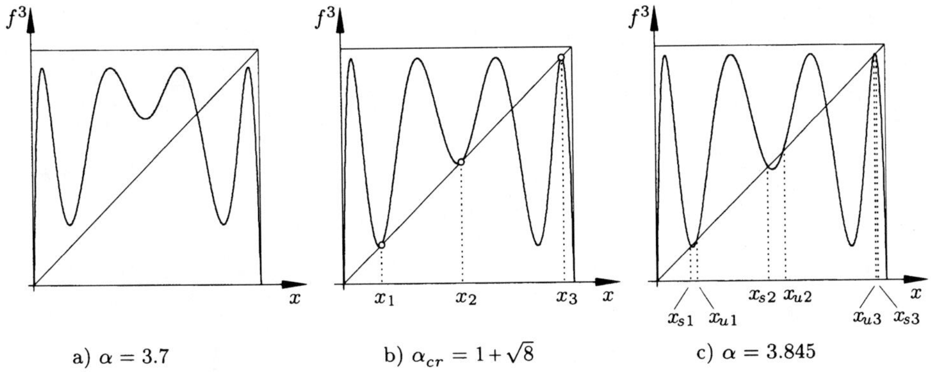

Abb. 8.6.2 Entstehung des dreiperiodischen Fensters durch eine Sattelknoten-Verzweigung

kommt, sowie die dabei neu auftretenden reellen Fixpunkte x_1, x_2, x_3 von $f^3(x)$, kann man aus den drei Gleichungen

$$\begin{aligned} x_2 &= f(x_1) = \alpha_{cr} x_1 (1 - x_1) \\ x_3 &= f(x_2) = \alpha_{cr} x_2 (1 - x_2) \\ x_1 &= f(x_3) = \alpha_{cr} x_3 (1 - x_3) \end{aligned} \tag{8.6.3}$$

sowie der Bedingung

$$\frac{\mathrm{d}}{\mathrm{d}x} f^3(x) = f'(x_1) f'(x_2) f'(x_3) = 1 \tag{8.6.4}$$

oder

$$(1 - 2x_1)(1 - 2x_2)(1 - 2x_3) = 1/\alpha_{cr}^3$$

bestimmen. Um die etwas mühsame Berechnung von α_{cr} zu erleichtern, kann man sich aus den obigen Gleichungen zunächst durch Addition und Multiplikation folgende Beziehungen herleiten

$$\begin{aligned} Q &\equiv x_1 x_2 + x_2 x_3 + x_3 x_1 = \tfrac{7}{4} A + \tfrac{3}{2} S \\ R &\equiv x_1 x_2 x_3 \qquad\qquad\quad\;\; = \tfrac{3}{4} A + \tfrac{1}{2} S \end{aligned} \tag{8.6.5}$$

wobei die Abkürzungen

$$\begin{aligned} S &\equiv x_1 + x_2 + x_3 \\ A &\equiv \alpha_{cr}^{-3} - 1 \end{aligned} \tag{8.6.6}$$

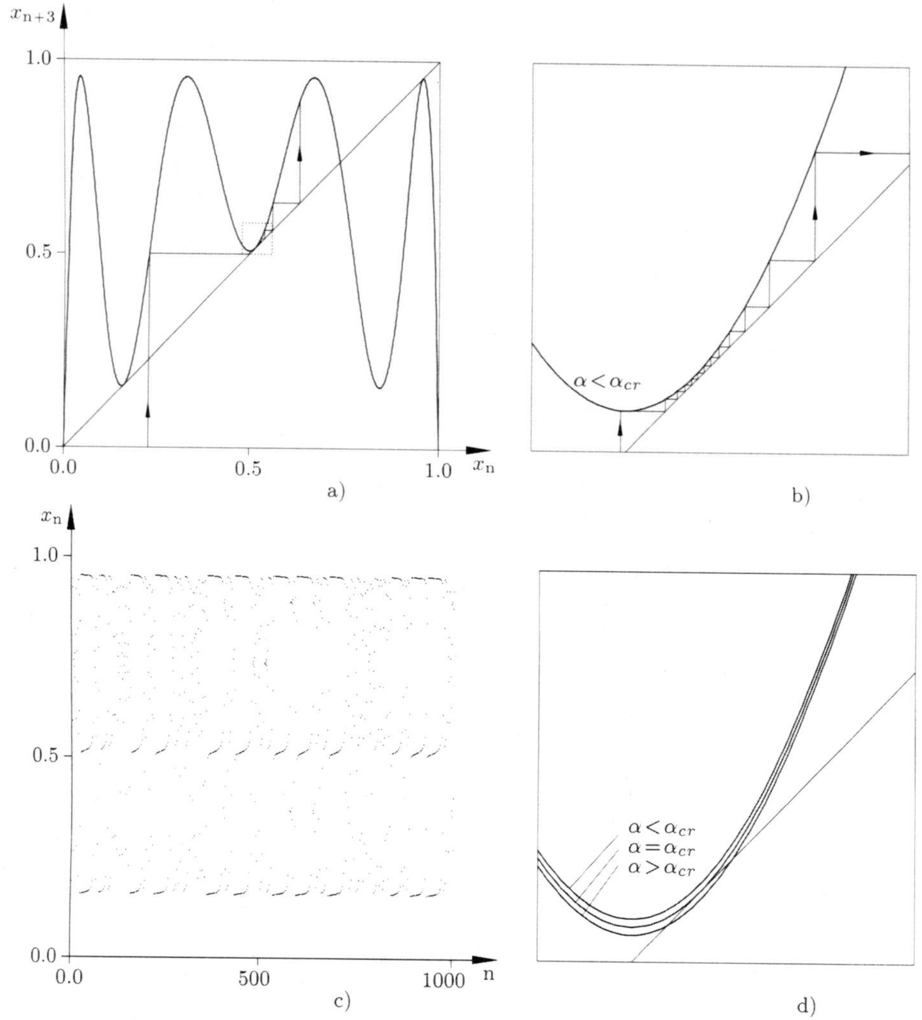

Abb. 8.6.3 Intermittenz bei der logistischen Abbildung $f(x)$ für $\alpha = 3.8278 \lesssim \alpha_{cr}$:
a) die dreifach iterierte Abbildung $x_{n+3} = f^3(x_n)$
b) vergrößerter Ausschnitt von a)
c) drei reguläre Zonen innerhalb eines chaotischen Umfelds
d) Verhalten von $f^3(x)$ in der Umgebung von α_{cr}

verwendet werden. Im folgenden verzichten wir wieder auf den Index $_{cr}$ bei α. Macht man für die Fixpunktbedingung Gl. (8.6.2) den Ansatz

$$P_8(x) = f^3(x) - x = Cx[x - (1 - \alpha^{-1})](x - x_1)^2(x - x_2)^2(x - x_3)^2 \qquad (8.6.7)$$

so ergibt sich mit Gln. (8.6.5) und (8.6.6)

$$P_8(x) = Cx[x^7 + a_6x^6 + \ldots + a_1x + a_0] \tag{8.6.8}$$

wobei man

$$a_6 = \alpha^{-1} - 1 - 2S \qquad \text{und} \qquad a_0 = (\alpha^{-1} - 1)R^2$$

findet. Andererseits berechnen wir $f^3(x) - x$ explizit zu

$$f^3(x) - x = \alpha^3 x[-\alpha^{-4}x^7 + 4\alpha^4x^6 + \ldots + (1 - \alpha^{-3})] \tag{8.6.9}$$

Durch Koeffizientenvergleich der Terme x^8, x^7 und x ergeben sich die Beziehungen

$$\begin{aligned} C &= -\alpha^7 \\ C(\alpha^{-1} - 1 - 2S) &= 4\alpha^7 \\ C(\alpha^{-1} - 1)R^2 &= \alpha^3 - 1 \end{aligned}$$

und damit unter Verwendung von Gl. (8.6.5) eine Bestimmungsgleichung für den kritischen Wert $\alpha = \alpha_{cr}$

$$\alpha^4 - 10\alpha^2 - 16\alpha - 7 = 0 \tag{8.6.10}$$

Wir interessieren uns hier nur für Lösungen aus dem Parameterbereich $0 \leqslant \alpha \leqslant 4$. Nach der Descartesschen Regel gibt es höchstens eine positive Wurzel der Gl. (8.6.10), da in den Koeffizienten nur ein Vorzeichenwechsel auftritt. Man überzeugt sich leicht, daß diese positive Lösung

$$\alpha_{cr} = 1 + \sqrt{8} \approx 3.8284 \tag{8.6.11}$$

lautet.

In Abb. 8.6.3a haben wir den Graphen der Funktion $f^3(x)$ für $\alpha = 3.8278 \lesssim \alpha_{cr}$ aufgetragen, also für einen α-Wert knapp unterhalb des kritischen Wertes, an dem die Sattelknoten-Verzweigung auftritt. Abbildung 8.6.3b zeigt einen vergrößerten Ausschnitt. Im Zustand $\alpha > \alpha_{cr}$ existieren in diesem Bereich zwei Fixpunkte, ein stabiler und ein instabiler (Abb. 8.6.3d). Sie kollabieren beide für $\alpha = \alpha_{cr}$. Nähert sich für $\alpha \lesssim \alpha_{cr}$ eine Iteration x_n dem Tunnel zwischen der Winkelhalbierenden und der Funktion $f^3(x)$, so ändert sich ihr Wert beim Passieren der Verengung über viele Iterationen nur sehr wenig, d. h. die Folge von x_n-Werten zeigt ein nahezu periodisches, laminares Verhalten (Abb. 8.6.3c). Ist der Tunnel jedoch durchquert, so beobachtet man wiederum unkontrollierte Sprünge, also chaotisches Verhalten, bis die Trajektorie schließlich wieder von der Tunnelzone eingefangen wird. Dies entspricht aber genau einem intermittenten Verhalten (siehe auch Abb. 8.6.4).

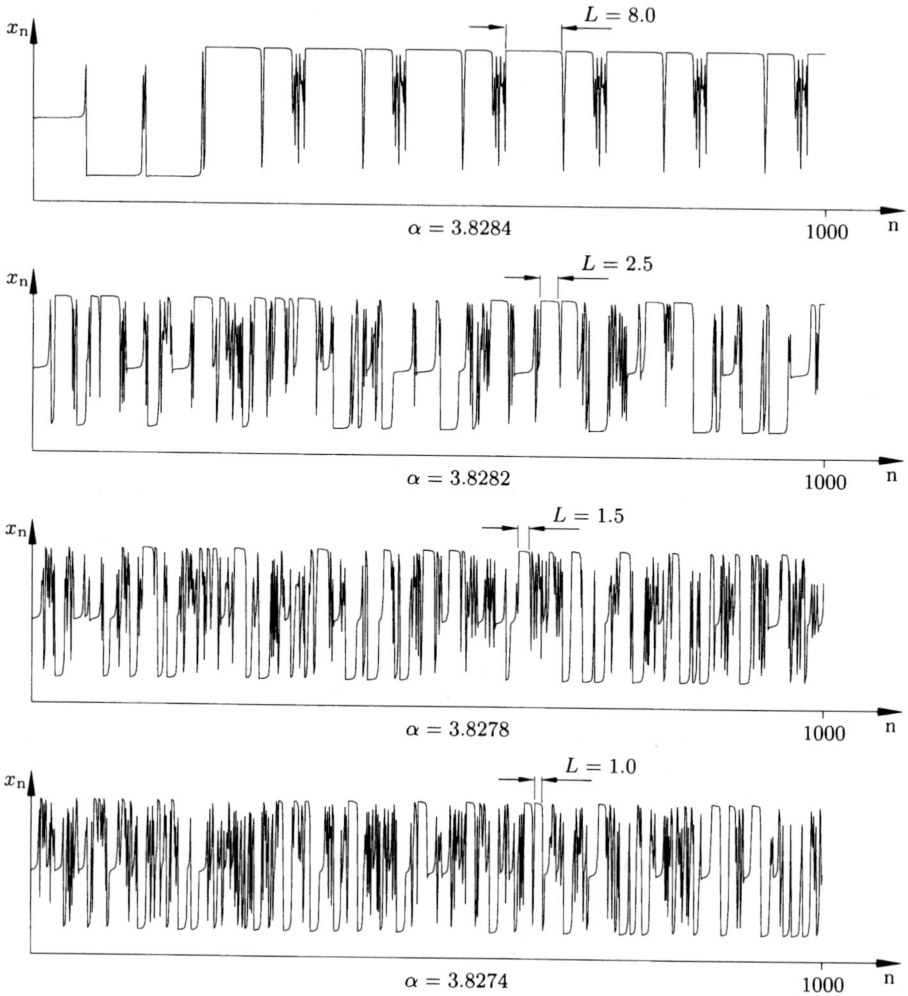

Abb. 8.6.4 Punktfolgen x_n für abnehmendes α am Übergang ins Chaos für die 3fach iterierte logistische Abbildung $x \mapsto f^3(x)$

Der Einfluß der Rechnergenauigkeit auf die numerischen Ergebnisse wurde in (Mayer-Kress und Haken, 1981) untersucht. Es zeigt sich, daß numerische Simulationen in der Nähe einer Sattelknoten-Bifurkation periodisches Verhalten vortäuschen können, obwohl sich der Kontrollparameter noch in einem Bereich befindet, in dem das Systemverhalten irregulär ist.

Wir wollen an dieser Stelle eine ganz grobe Abschätzung der maximalen Längen L der laminaren Abschnitte in Abhängigkeit vom (normierten) Abstand von der Bifurkationsstelle $\mu = (\alpha_{cr} - \alpha)/\alpha_{cr}$ vornehmen, indem wir einfach L aus den vier Diagrammen ablesen. Wir erhalten folgende Tabelle

α	μ	L(mm)
3.8284	$7.085 \cdot 10^{-6}$	8.0
3.8282	$5.933 \cdot 10^{-5}$	2.5
3.8278	$1.638 \cdot 10^{-4}$	1.5
3.8274	$2.683 \cdot 10^{-4}$	1.0

In Abb. 8.6.5 ist L über μ auf einer doppeltlogarithmischen Skala aufgetragen. Die vier Punkte liegen nahezu auf einer Geraden, deren Steigung ungefähr $-1/2$ beträgt. Wir werden in Abschnitt 8.6.3 sehen, daß sich diese Gesetzmäßigkeit auch theoretisch untermauern läßt.

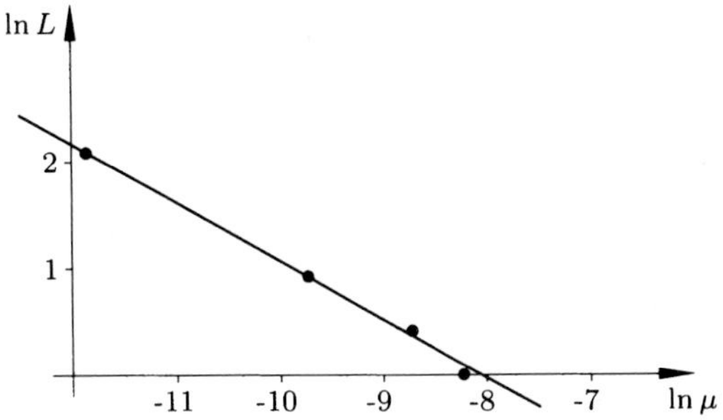

Abb. 8.6.5
Grobe Abschätzung der maximalen Länge L der laminaren Abschnitte in Abhängigkeit von μ

Das Entstehen des dreiperiodischen Fensters aus dem Chaos kommt also durch eine Sattelknoten-Verzweigung zustande. Der Übergang von chaotischem zu regulärem Verhalten erfolgt hierbei kontinuierlich über Intermittenz.

8.6.2 Klassifikation der Intermittenz

Das Auftreten von intermittentem Verhalten ist stets verknüpft mit dem Stabilitätsverlust einer periodischen Bewegung. In Abschnitt 5.4.2 hatten wir die Floquet-Theorie besprochen, die eine lineare Stabilitätsanalyse von Grenzzyklen ermöglicht. Die möglicherweise komplexen Eigenwerte λ_i der Monodromie-Matrix, die Floquet-Multiplikatoren, geben Auskunft über das Stabilitätsverhaltens des linearisierten Systems (vgl. Abb. 5.4.5). Gilt für alle Eigenwerte $|\lambda_i| < 1$, so ist die periodische Bewegung stabil. Überquert dagegen ein Eigenwert den Einheitskreis in der komplexen Ebene, so verliert der Grenzzyklus seine Stabilität. In Abb. 5.4.6 hatten wir die drei Möglichkeiten für den Stabilitätsverlust eines periodischen Orbits aufgetragen. Je nachdem, ob ein Eigenwert den Kreis bei $+1$ oder bei -1 kreuzt oder ob ein Paar konjugiert komplexer Eigenwerte den Einheitskreis überquert, entsteht ein anderer Verzweigungstyp. Betrachtet man anstelle des kontinuierlichen Systems die entsprechende Poincaré-Abbildung, so kann man die Bifurkation eines Grenzzyklus auf die Bifurkation von Fixpunkten iterierter Abbildungen zurückführen, wie wir sie in Abschnitt 6.6 vorgeführt haben. Ist

$\lambda = +1$, so kann grundsätzlich eine Sattelknoten-Verzweigung, eine transkritische Verzweigung oder eine Gabelverzweigung auftreten, für $\lambda = -1$ setzt eine Periodenverdopplung ein, während für $\lambda = \alpha \pm i\beta$ ($|\lambda| = 1$) eine Neĭmark-Sacker-Verzweigung auftritt.

Beginnen wir zunächst mit dem Fall, daß λ bei $+1$ den Einheitskreis überquert. Abbildung 8.6.6 zeigt die drei möglichen Bifurkationstypen sowie die entsprechenden Iterationsverläufe kurz vor ($\mu < \mu_{cr}$), genau an der Verzweigungsstelle ($\mu = \mu_{cr}$) bzw. kurz danach ($\mu > \mu_{cr}$). Offenbar kann es nur im Falle einer Sattelknoten-Verzweigung zu intermittendem Verhalten kommen. Nur in diesem Fall kommt es für $\mu > \mu_{cr}$ zur Bildung eines engen Kanals, durch den die Trajektorie geschleust wird, um anschließend wieder in den Phasenraum hinauskatapultiert zu werden, was zu einem chaotischen Ausbruch nach einer laminaren Phase führt. Abbildung 8.6.6 zeigt außerdem, daß die Sattelknoten-Verzweigung subkritisch sein muß, vgl. auch Abb. 6.6.3b. Kurz nach der Verzweigung setzt intermittentes Verhalten ein.

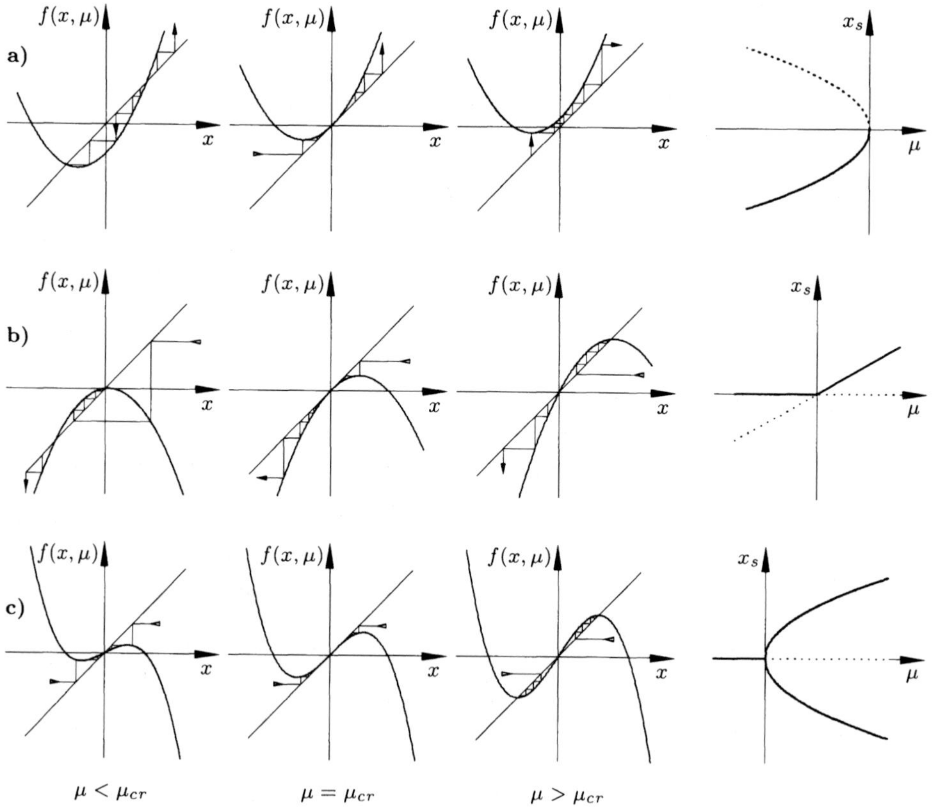

Abb. 8.6.6 Bifurkationen für $\lambda = +1$: a) Sattelknoten-Verzweigung, b) transkritische Verzweigung, c) Gabelverzweigung

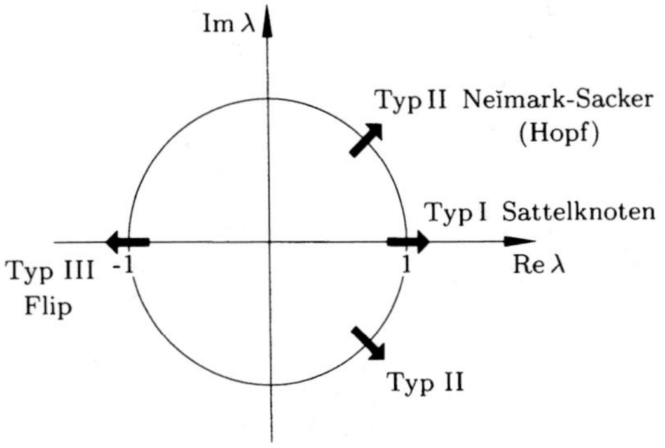

Abb. 8.6.7
Klassifikation der Intermittenz auf der Basis der Eigenwerte der Monodromie-Matrix

Entsprechend dem Verhalten der Eigenwerte beim Überqueren des Einheitskreises teilt man auch die Intermittenz in drei Klassen ein (Abb. 8.6.7): Überquert λ den Kreis bei $+1$, so spricht man von Intermittenz vom Typ I, überquert ein Paar konjugiert komplexer Eigenwerte den Einheitskreis, so liegt Intermittenz vom Typ II vor, für $\lambda = -1$ Intermittenz vom Typ III. Die zugehörigen Verzweigungen müssen dabei *subkritisch* sein, da der Einfluß der nichtlinearen Terme nach der Verzweigung zu einer Vergrößerung der Störung, d. h. zu einem Entfernen vom ursprünglich stabilen periodischen Verhalten, führen muß.

Die Untersuchung von Intermittenz zerfällt stets in zwei Teile: im ersten, *lokalen* Teil, bei der Destabilisierung des periodischen Vorgangs, setzt man sich mit lokalen Bifurkationen auseinander, und man kann aufgrund der Eigenwerte der Monodromie-Matrix eine Zuordnung zu einer der drei Intermittenz-Klassen vornehmen. Obwohl Intermittenz durch subkritische Bifurkation eines Grenzzyklus zustande kommt, genügt nicht die Kenntnis des Phasenraums in der Umgebung des instabil werdenden Attraktors. Nach der laminaren Phase kommt es zu einem chaotischen Ausbruch, vgl. Abbn. 8.6.3c und 8.6.4, d. h. die Trajektorie entfernt sich vom Grenzzyklus und durchquert, wie wir in den folgenden Abschnitten noch sehen werden, in unvorhersagbarer Weise große Teile des Phasenraums. In einem zweiten Teil muß man sich daher mit der Relaminarisierung auseinandersetzen, wobei das erneute Einfangen der Trajektorie von der *globalen* Struktur des Phasenraums abhängt. In diesem Sinne spielen bei Intermittenz sowohl lokale als auch globale Eigenschaften des dynamischen Systems eine Rolle.

8.6.3 Typ I-Intermittenz

Im vorigen Abschnitt haben wir Intermittenz vom Typ I definiert als Übergangsphänomen von periodischem zu chaotischem Verhalten, das durch eine Sattelknoten-Verzweigung zustande kommt, bei der ein Eigenwert λ der Monodromie-Matrix den Wert $+1$ annimmt. Die Entstehung des dreiperiodischen Fensters bei der logistischen Abbildung, die wir in Abschnitt 8.6.1 diskutiert haben, kann als einfachstes Modell für das Zustandekommen von Intermittenz vom Typ I verstanden werden. Welcher Zusammenhang besteht aber nun zwischen der simplen Rekursionsformel Gl. (8.6.1) und einem realistischen dynamischen System, dessen Phasenraum n-dimensional ist?

Betrachtet man ein n-dimensionales dissipatives System, so entspricht der ursprünglich stabilen periodischen Bewegung in der Poincaré-Abbildung ein stabiler Fixpunkt. Die Monodromie-Matrix stimmt dabei mit der Jacobi-Matrix der (n − 1)-dimensionalen Abbildung an diesem Fixpunkt überein, wobei die Eigenwerte alle betragsmäßig < 1 sind und die zugehörigen (verallgemeinerten) Eigenvektoren den Raum $\mathbb{E}^s = \mathbb{R}^{n-1}$ aufspannen. Wir nehmen nun an, daß bei Variation eines Systemparameters r an einer kritischen Stelle $r = r_{cr}$ ein Eigenwert $+1$ wird. An der Bifurkationsstelle entsteht dann tangential zu dem zugehörigen Eigenvektor eine eindimensionale Zentrumsmannigfaltigkeit $\mathbb{W}^c$. In den Abschnitten 6.2 bis 6.4 hatten wir gezeigt, daß in diesem Fall das Langzeitverhalten des hochdimensionalen Systems in der Umgebung des Fixpunktes auf die Dynamik in der Zentrumsmannigfaltigkeit reduziert werden kann. Führen wir die Koordinate x in $\mathbb{W}^c$ ein, so läßt sich die Sattelknoten-Verzweigung, eventuell nach geeigneter Koordinatentransformation, auf die Normalform (siehe Abschnitt 6.6) zurückführen

$$x \longmapsto f(x,\mu) = x + \mu + x^2 \tag{8.6.12}$$

wobei $\mu = (r - r_{cr})/r_{cr}$ gesetzt wurde.

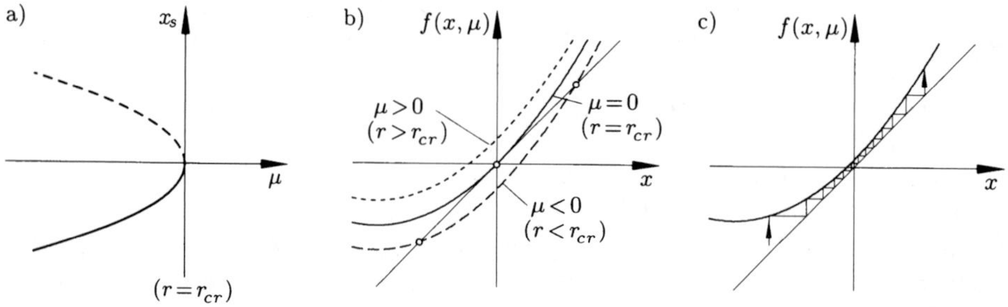

Abb. 8.6.8 Sattelknoten-Verzweigung: a) Verzweigungsdiagramm, b) Abbildungsfunktion in der Nähe der Bifurkationsstelle, c) laminare Phase bei Intermittenz vom Typ I

In Abb. 8.6.8a,b haben wir das Verzweigungsdiagramm sowie die Abbildungsfunktion Gl. (8.6.12) in der Umgebung der Bifurkationsstelle aufgetragen, Abb. 8.6.8c zeigt eine Reihe von Iterationen beim Durchlaufen des schmalen Korridors für $\mu > 0$ (vgl. Abb. 8.6.3b für die logistische Abbildung). Man erkennt deutlich, daß sich für $\mu \gtrsim 0$ das System über viele Iterationen hinweg in der Nähe eines fiktiven Fixpunktes aufhält, d. h. das entsprechende kontinuierliche System bleibt lange in der Umgebung des ursprünglichen Grenzzyklus ($\mu = 0$) gefangen, der für $\mu > 0$ im Komplexen verschwindet. Während einer Zeitspanne T beobachtet man daher nahezu periodisches Verhalten. Ist die Tunnelzone durchlaufen, so entflieht die

Trajektorie in den freien Phasenraum, was zu einem erneuten chaotischen Ausbruch führt. Nach einem gewissen Zeitintervall wird die Trajektorie wieder im Korridor eingefangen, und damit wird wiederum eine laminare Phase eingeleitet. Während man über die Verteilung der laminaren Phasen keine allgemeinen Aussagen machen kann, da sie von der globalen Struktur des Phasenraums abhängen, ist es möglich, die mittlere Dauer $< \tau >$ der laminaren Abschnitte in Abhängigkeit von μ abzuschätzen (Pomeau und Manneville, 1980).

Dazu schreiben wir die Abbildungsfunktion Gl. (8.6.12) in Form einer Rekursionsvorschrift

$$x_{\mathrm{n}+1} = x_{\mathrm{n}} + \mu + x_{\mathrm{n}}^2 \tag{8.6.13}$$

Während der laminaren Phase befindet sich die Trajektorie in dem schmalen Korridor, siehe Abb. 8.6.8c, der bei $x = 0$ seine engste Stelle aufweist. In diesem Bereich ändern sich die x-Werte während einer Iteration nur sehr geringfügig, d. h. solange $|x_{\mathrm{n}}| < C$ gilt mit einer fest vorgegebenen Schranke $C \ll 1$, kann man den Differenzenquotienten

$$\frac{x_{\mathrm{n}+1} - x_{\mathrm{n}}}{(\mathrm{n}+1) - \mathrm{n}}$$

näherungsweise durch den Differentialquotienten $\mathrm{d}x_{\mathrm{n}}/\mathrm{dn}$ ersetzen, und aus Gl. (8.6.13) ergibt sich dann folgende Differentialgleichung

$$\frac{\mathrm{d}x_{\mathrm{n}}}{\mathrm{dn}} = \mu + x_{\mathrm{n}}^2 \tag{8.6.14}$$

die sich leicht integrieren läßt

$$\int_{\mathrm{n}_1}^{\mathrm{n}_2} \mathrm{dn} = \int_{x_b}^{x_e} \frac{\mathrm{d}x_{\mathrm{n}}}{\mu + x_{\mathrm{n}}^2}$$

Mit Hilfe der Arcustangensfunktion ergibt sich

$$\mathrm{n}_2 - \mathrm{n}_1 = \frac{1}{\sqrt{\mu}} \left[\tan^{-1} \frac{x_e}{\sqrt{\mu}} - \tan^{-1} \frac{x_b}{\sqrt{\mu}} \right] \tag{8.6.15}$$

Nimmt man an, daß die x-Werte am Anfang und am Ende des Korridors betragsmäßig von der Größenordnung C sind, so strebt der Klammerausdruck von Gl. (8.6.15) für $\mu \to 0$ bzw. $r \to r_{cr}$ gegen den Wert π. Für die Zahl n der Iterationen, die zum Durchlaufen des Tunnels benötigt werden, gilt dann die folgende Proportionalitätsbeziehung

$$\mathrm{n}_2 - \mathrm{n}_1 \sim \frac{1}{\sqrt{\mu}}$$

Dabei hängt zwar die aktuelle Verweildauer noch davon ab, an welcher Stelle x_b die Trajektorie den Korridor betritt, da aber die Arcustangensfunktion für große Argumente gegen $\pi/2$ strebt, kann man die mittlere Dauer $<\tau>$ der laminaren Phase ebenfalls durch das Potenzgesetz

$$<\tau> \sim \left[\frac{r - r_{cr}}{r_{cr}}\right]^{-1/2} = \mu^{-1/2} \tag{8.6.16}$$

abschätzen, d. h. die laminaren Abschnitte werden für wachsende μ-Werte kürzer und es handelt sich um einen kontinuierlichen Übergang von periodischem zu chaotischem Verhalten.

In Abb. 8.6.9 ist die Wahrscheinlichkeitsverteilung $p(\tau, \mu)$ der Dauer τ der laminaren Phasen, die sich wesentlich einfacher messen läßt als das Skalierungsgesetz Gl. (8.6.16), qualitativ aufgetragen. Die Verteilungsfunktion ist charakteristisch für Intermittenz vom Typ I, hat aber nur qualitativen Charakter. Details hängen vom Relaminarisierungsprozeß, und damit von der globalen Struktur des Phasenraums, ab, wobei allerdings die obere Grenze für τ proportional zu $1/\sqrt{\mu}$ ist.

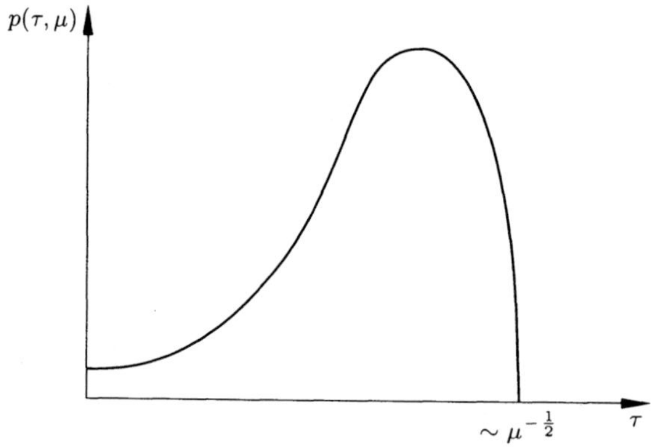

Abb. 8.6.9
Wahrscheinlichkeitsverteilung der Längen der laminaren Abschnitte bei Intermittenz vom Typ I

Am Ende von Abschnitt 5.4.6 hatten wir mit Hilfe des größten Lyapunov-Exponenten σ_1 die Relaxationszeit t^* abgeschätzt, also die Zeit, nach der die gesamte Information über den Ausgangszustand verlorengegangen ist. Nach Gl. (5.4.120) ist t^* umgekehrt proportional zu σ_1. Bei einem intermittenten Übergang von periodischer zu turbulenter Bewegung kann man davon ausgehen, daß zum Zeitpunkt des chaotischen Ausbruchs die Information über den Ausgangszustand der laminaren Phase verloren gegangen ist. Für sehr kleine μ-Werte entspricht die Relaxationszeit dann gerade der Zeit, die zur Tunneldurchquerung benötigt wird und die nach Gl. (8.6.16) in der Größenordnung von $1/\sqrt{\mu}$ liegt. Daraus kann man folgern, daß der größte Lyapunov-Exponent für $\mu \to 0$ dem Skalengesetz

$$\sigma_1 \sim \sqrt{\mu} \tag{8.6.17}$$

folgt.

Die mittlere Dauer der regulären Abschnitte, Gl. (8.6.16), kann man auch mit Hilfe von Renormierungstechniken herleiten, wie wir sie in Abschnitt 6.7 bei der Feigenbaum-Route kennengelernt haben (Hu und Rudnick, 1982). Es ist dies eines der wenigen Beispiele, bei dem sowohl die Fixpunktgleichung als auch die linearisierte Renormierungsgruppen-Gleichung exakt gelöst werden kann.

Intermittenz vom Typ I läßt sich sehr schön am Lorenz-Modell, Gl. (5.2.1), beobachten. In Abb. 8.4.3 hatten wir alle drei Lyapunov-Exponenten für $\sigma = 10.0$, $b = 8/3$ in Abhängigkeit von r, der relativen Rayleigh-Zahl, aufgetragen. Im Bereich von etwa $145.9 < r < 166.1$ beobachtet man innerhalb der chaotischen Region ähnlich wie bei der logistischen Abbildung ein periodisches Fenster, das im Fall des Lorenz-Systems durch eine Rückwärtskaskade von Periodenhalbierungen zustande kommt. Bei $r_{cr} \approx 166.07$ verliert die periodische Bewegung ihre Stabilität.

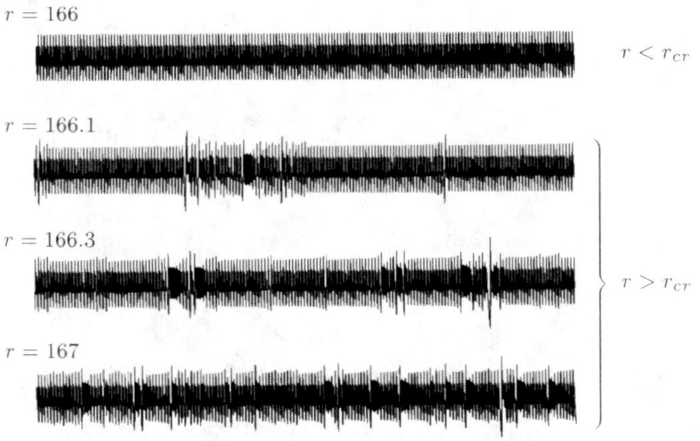

Abb. 8.6.10 Lorenz-System: Übergang ins Chaos über Intermittenz vom Typ I (Manneville und Pomeau, 1979)

Manneville und Pomeau haben für verschiedene r-Werte den zeitlichen Verlauf der Z-Komponente aufgetragen, siehe Abb. 8.6.10 (Manneville und Pomeau, 1979). Für $r = 166.0$ variiert Z streng periodisch, für $r = 166.1$ werden lange laminare Phasen plötzlich von kurzen chaotischen Abschnitten unterbrochen. Eine weitere Erhöhung des Systemparameters führt zu immer kürzeren regulären Phasen, bis schließlich irreguläres Verhalten die Oberhand gewinnt.

Betrachtet man für $r = 166.2$ die Durchstoßpunkte einer Trajektorie mit der Ebene $X = 0$, d. h. einen Poincaré-Schnitt, und trägt Y_{n+1} über Y_n auf (Abb. 8.6.11), so zeigt sich deutlich, daß der Übergang von periodischem zu chaotischem Verhalten durch eine Sattelknoten-Verzweigung zustande gekommen ist und daher Intermittenz vom Typ I beobachtet werden kann.

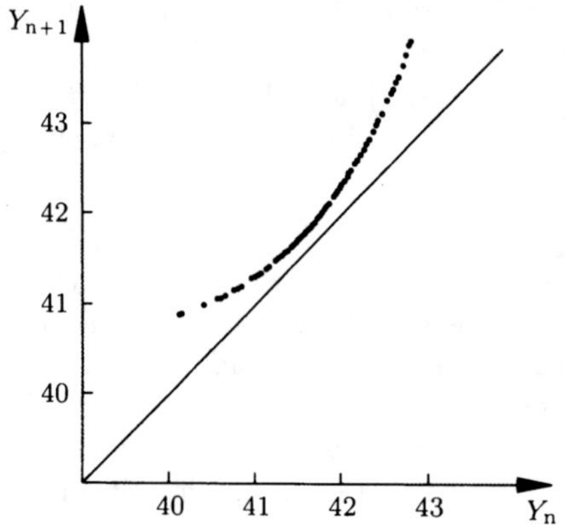

Abb. 8.6.11
Lorenz-System:
Poincaré-Abbildung für $r = 166.2$
(Manneville und Pomeau, 1979)

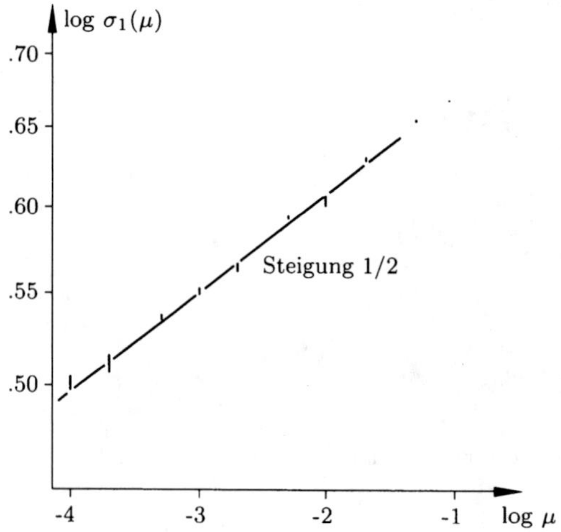

Abb. 8.6.12
Veränderung des Lyapunov-Exponenten in Abhängigkeit von $\mu = (r - r_{cr})/r_{cr}$
(Pomeau und Manneville, 1980)

Für r-Werte knapp oberhalb des kritischen Wertes r_{cr} konnte beim Lorenz-System auch das in Gl. (8.6.17) vorhergesagte Skalierungsverhalten des größten Lyapunov-Exponenten beobachtet werden, ein Indiz dafür, daß es sich hierbei um eine universelle Abschätzung handelt, die charakteristisch für Intermittenz vom Typ I ist (Abb. 8.6.12).

In Abschnitt 8.6.2 hatten wir bereits darauf hingewiesen, daß der Relaminarisierungsprozeß von der globalen Struktur des Phasenraums abhängt, d. h. von der spezifischen Bauart des Systems. Anhand der Kreisabbildung, Gl. (8.3.13), kann man sich leicht vor Augen führen, daß es beim Übergang von periodischem zu quasiperiodischem Verhalten zu Intermittenz vom Typ I kommen kann (Näheres siehe Bergé *et al.*, 1984; vgl. Abb. 8.3.7). Wir wollen uns jedoch im folgenden auf den Übergang von periodischem zu chaotischem Verhalten konzentrieren. Pomeau und Manneville haben ein Modell einer Poincaré-Abbildung angegeben (Pomeau und

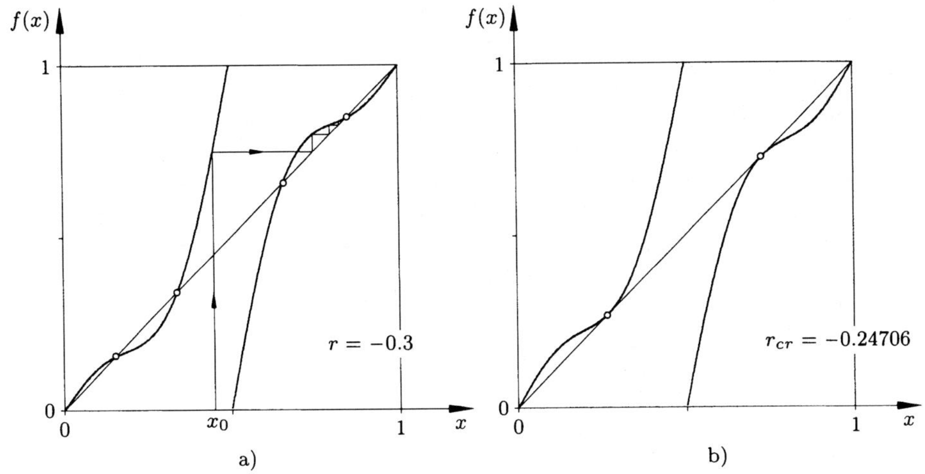

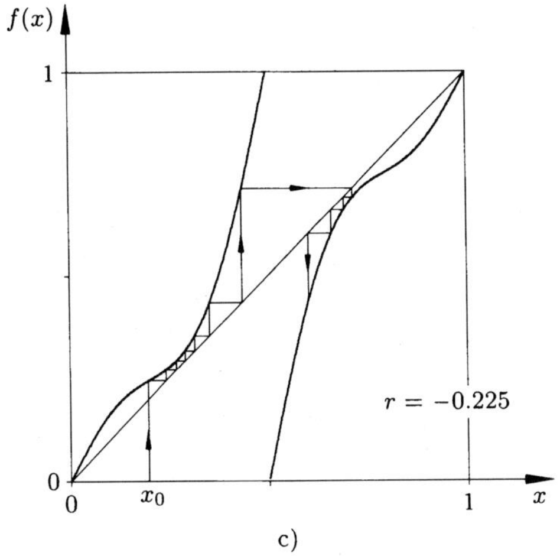

Abb. 8.6.13

Modell für den Relaminarisierungsprozeß bei Intermittenz vom Typ I

Manneville, 1980), das für kleine Werte des Kontrollparameters qualitativ dasselbe Verhalten wie das Lorenz-Modell in der Umgebung von $r_{cr} \approx 166.07$ aufweist

$$x \longmapsto f(x) = 2x + r\sin 2\pi x + 0.1 \sin 4\pi x \qquad (\text{mod } 1) \tag{8.6.18}$$

Abbildung 8.6.13 zeigt die Abbildungsfunktion $f(x)$ für drei verschiedene r-Werte. Die Abbildungsvorschrift kann als nichtlineare Variante des Bernoulli-Shifts (vgl. Abschnitt 5.6.1) betrachtet werden, besitzt also unvorhersagbares Langzeitverhalten und ermöglicht zusätzlich infolge ihrer Nichtlinearität das Auftreten einer Sattelknoten-Verzweigung. Für $r = -0.3$ (Abb. 8.6.13a) ergeben sich fünf Fixpunkte, der Ursprung $x = 0$, der für r-Werte größer als -0.359 stets instabil ist, sowie zwei Paare von je einem stabilen und einem instabilen Fixpunkt, die jeweils bei $r_{cr} = -0.24706$ verschmelzen (Abb. 8.6.13b) und anschließend verschwinden.

Für $r \gtrsim r_{cr}$ entstehen daher zwei Tunnelzonen (Abb. 8.6.13c), die Intermittenz vom Typ I hervorrufen.

In Abb. 8.6.14 haben wir für ansteigende r-Werte größer r_{cr} die entsprechenden Zeitverläufe aufgetragen. Da die globale Struktur des Phasenraums bei dieser Abbildung ganz anders ist als die der dreifach iterierten logistischen Abbildung von Abschnitt 8.6.1, verlaufen auch die beiden Relaminarisierungsprozesse nach anderen Gesetzmäßigkeiten, was sich in einem sehr unterschiedlichen Charakter der Punktfolgen widerspiegelt (vgl. Abb. 8.6.4). Daß es sich in beiden Fällen um Intermittenz vom Typ I handelt, ist lediglich an der mittleren Dauer der laminaren Phasen in Abhängigkeit von $\mu = (r - r_{cr})/r_{cr}$, Gl. (8.6.16), bzw. an der Wahrscheinlichkeitsverteilung der Längen der laminaren Abschnitte (vgl. Abb. 8.6.9) zu erkennen. Wir werden im nächsten Abschnitt sehen, daß Intermittenz vom Typ III ganz anderen Gesetzen gehorcht.

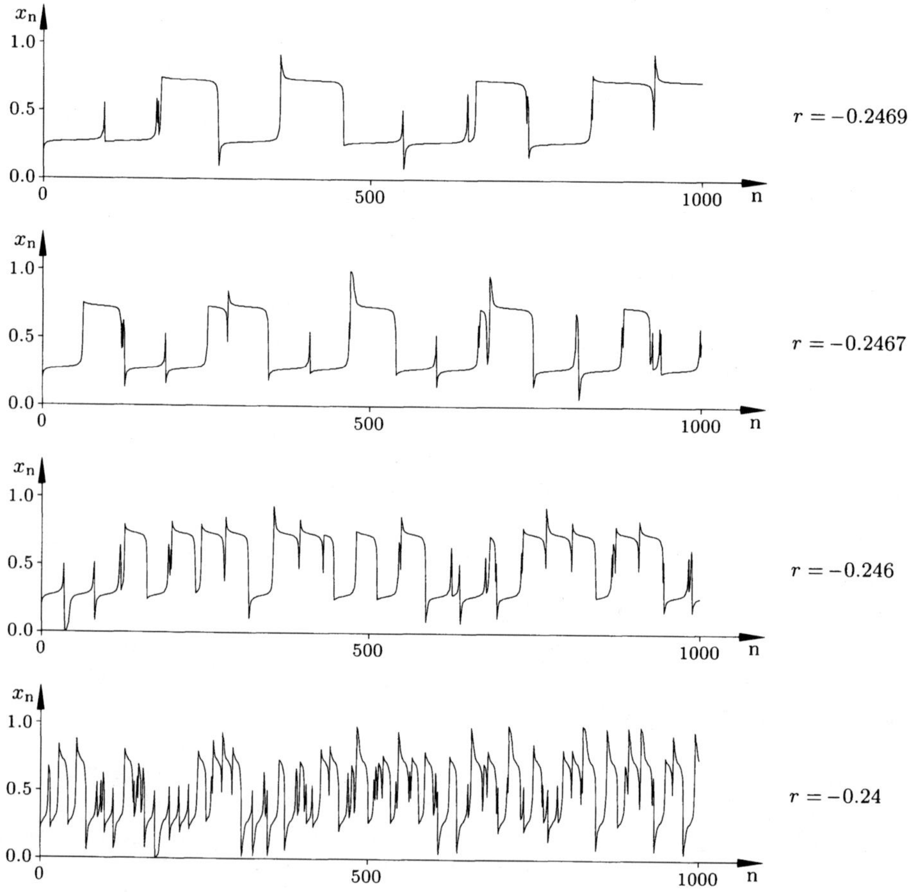

Abb. 8.6.14 Punktfolgen x_n für anwachsendes r am Übergang ins Chaos für die Abbildungsvorschrift Gl. (8.6.18)

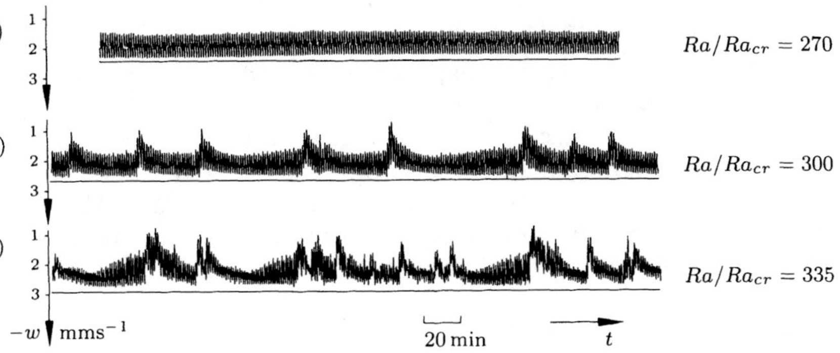

Abb. 8.6.15 Zeitverlauf der vertikalen Geschwindigkeitskomponente w, gemessen am Mittelpunkt der Zelle, für wachsende Rayleigh-Zahlen: Übergang ins Chaos über Intermittenz vom Typ I beim Rayleigh-Bénard-Experiment (Bergé *et al.*, 1980)

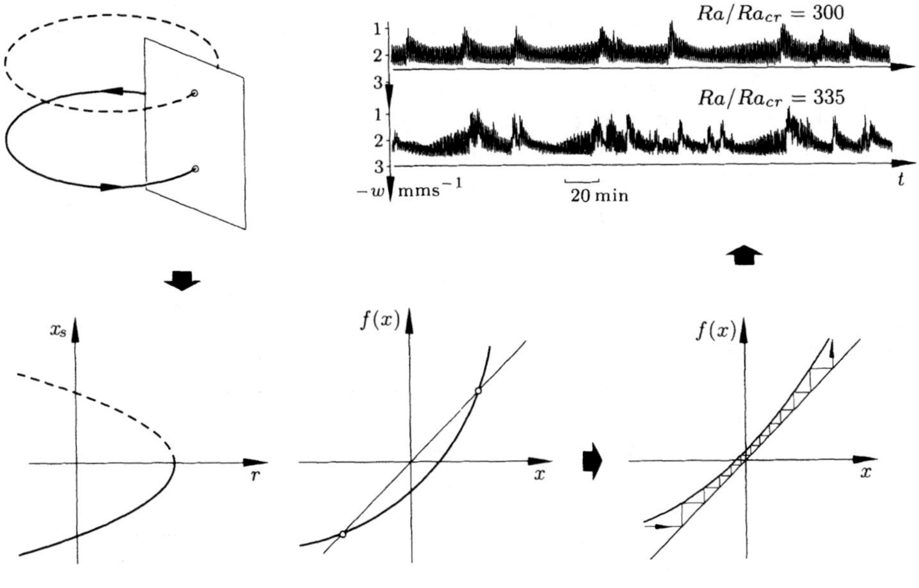

Abb. 8.6.16 Der Weg ins Chaos über Intermittenz vom Typ I

Intermittenz vom Typ I konnte auch experimentell bei der Rayleigh-Bénard-Konvektion am Übergang von periodischem zu chaotischem Verhalten nachgewiesen werden (Bergé *et al.*, 1980). Als Flüssigkeit wurde Silikonöl mit einer Prandtl-Zahl von $\sigma = 130$ verwendet. Abbildung 8.6.15 zeigt für verschiedene Rayleigh-Zahlen den zeitlichen Verlauf der vertikalen Geschwindigkeitskomponente. Für $Ra = 270 Ra_{cr}$ beobachtet man eine periodische Oszillation (Abb. 8.6.15a), die oberhalb einer Schranke $Ra_I \approx 290 Ra_{cr}$ plötzlich von kurzen turbulenten Ausbrüchen gestört wird (Abb. 8.6.15b). Eine weitere Erhöhung der Rayleigh-Zahl führt zu einer stetigen Verkürzung der laminaren Abschnitte (Abb. 8.6.15c), bis die Bewegung schließlich vollkommen irregulär wird.

Abbildung 8.6.16 faßt noch einmal schematisch den Übergang ins Chaos über Intermittenz vom Typ I zusammen. Das zugrundeliegende theoretische Modell erklärt beim Rayleigh-Bénard-Experiment auf verblüffend einfache Weise eine Reihe von experimentellen Beobachtungen, bei denen ein kontinuierlicher Übergang von periodischen Bewegungen zu Chaos stattfindet, wobei lange laminare Abschnitte explosionsartig von zunächst kurzen turbulenten Phasen abgelöst werden, deren Länge dann bei wachsendem Systemparameter zunimmt.

8.6.4 Typ III-Intermittenz

Nach der Klassifikation in Abschnitt 8.6.2 verliert die periodische Bewegung bei dieser Art von Intermittenz ihre Stabilität dadurch, daß ein Eigenwert der Monodromie-Matrix bei -1 den Einheitskreis überquert, wobei die zugehörige Flip-Bifurkation subkritisch ist.

In Abb. 8.6.17a haben wir das Stabilitätsverhalten eines Fixpunktes einer Funktion $f(x, \mu)$ mit einem Eigenwert $\lambda < -1$ dargestellt: man erhält eine alternierende Punktfolge, wobei das System für λ-Werte knapp unterhalb von -1 jeweils nach zwei Iterationen nahezu wieder denselben Zustand erreicht (Abb. 8.6.17b), d. h. das System befindet sich in einer laminaren Phase, die einer Periodenverdopplung ähnelt (vgl. Abb. 6.6.9). Ist die Engstelle passiert, so kommt es zu einem chaotischen Ausbruch, d. h. zu einem Durchlaufen großer Teile des Phasenraums, bis die Trajektorie wieder in den Spalt eintritt.

Wie im Fall der Intermittenz vom Typ I kann das Langzeitverhalten in der Nähe der Bifurkationsstelle durch die Dynamik in der Zentrumsmannigfaltigkeit approximiert werden, und es genügt auch hier, sich auf die Normalform zu beschränken. Dabei ist zu beachten, daß die Normalform einer subkritischen Flip-Verzweigung einen kubischen Term enthalten muß, der es ermöglicht, die Stabilitätsverhältnisse zu regeln. Die Normalform lautet in diesem Fall

$$x \longmapsto f(x, \mu) = -x - \mu x - x^3 \tag{8.6.19}$$

wobei wir wieder $\mu = (r - r_{cr})/r_{cr}$ gesetzt haben.

In Abb. 8.6.18 haben wir für verschiedene μ-Werte in der Umgebung der Bifurkationsstelle sowohl die Funktion $f(x, \mu)$ als auch ihre Iterierte $f^2(x, \mu)$ sowie die entsprechenden Bifurkationsdiagramme aufgetragen. Für $-3 < \mu < -2$ hat $f(x, \mu)$ einen instabilen und zwei stabile Fixpunkte, nämlich $x = 0$ und $x = \pm\sqrt{-(2 + \mu)}$, die bei $\mu = -2$ infolge einer Gabelverzweigung mit $x = 0$ zusammenfallen. Für $\mu > -2$ gibt es im Reellen dann nur noch $x = 0$ als Fixpunkt. Dieser ist im Bereich $-2 < \mu < 0$ stabil und verliert bei $\mu = 0$ erneut seine Stabilität, ohne daß jedoch eine Verzweigung stattfindet (Abb. 8.6.18a). Betrachtet man die zweifach iterierte Funktion

$$f^2(x, \mu) = -(1 + \mu)\left[-(1 + \mu)x - x^3\right] - \left[-(1 + \mu)x - x^3\right]^3 \tag{8.6.20}$$

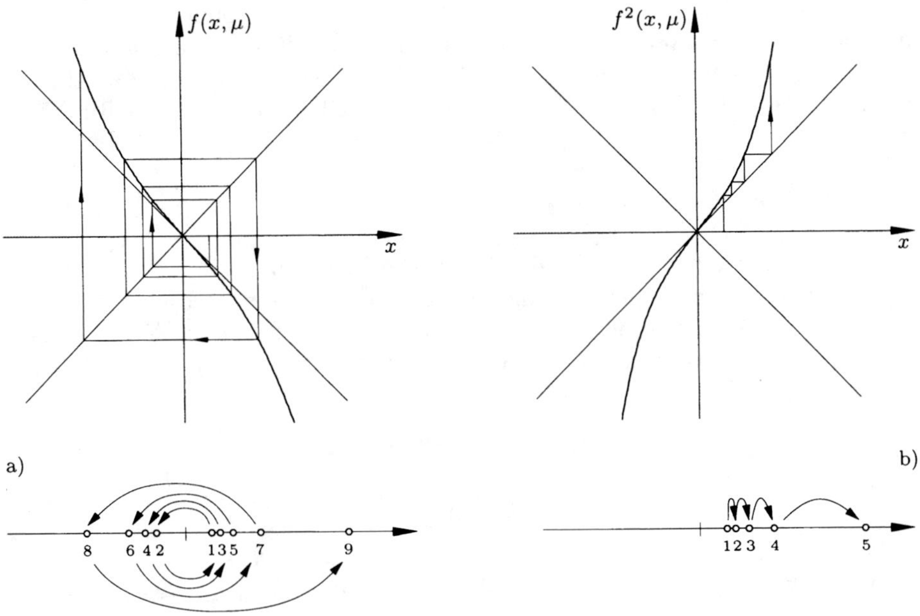

Abb. 8.6.17 Laminare Phase bei Intermittenz vom Typ III: Punktfolge a) der einfachen und b) der iterierten Poincaré-Abbildung

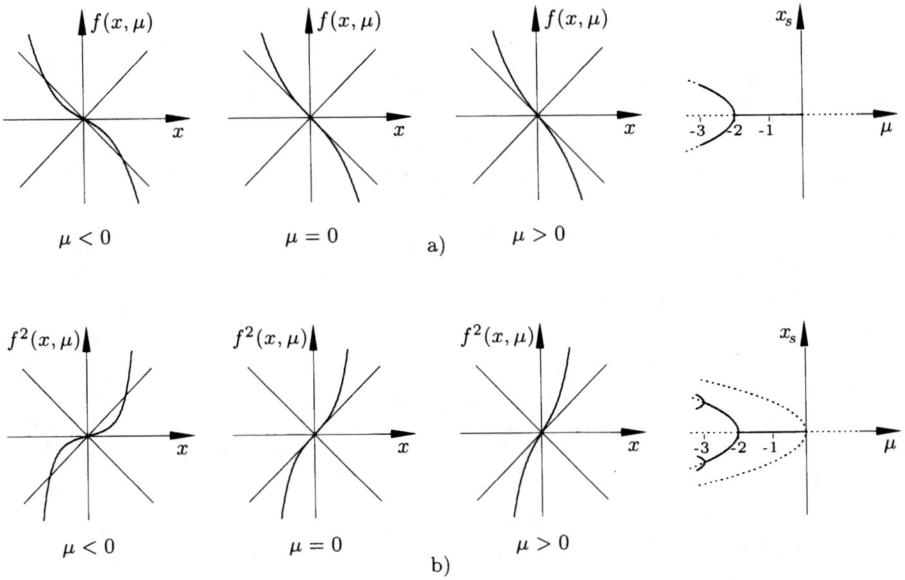

Abb. 8.6.18 Subkritische Flip-Verzweigung: Graphen und Bifurkationsdiagramm a) von $f(x,\mu)$ und b) der Iterierten $f^2(x,\mu)$

so erkennt man, daß für $\mu < 0$ zusätzlich zwei instabile Fixpunkte $x = \pm\sqrt{-\mu}$ auftauchen (Abb. 8.6.18b), d. h. bei $\mu = 0$ tritt eine Flip-Verzweigung auf, die subkritisch ist. Dies geht auch aus dem Vorzeichen der Schwarzschen Ableitung Sf hervor (vgl. Abb. 6.7.3b). Nach Gl. (6.7.9) erhält man aus Gl. (8.6.19) für $x = 0$ und $\mu = 0$

$$\mathrm{S}f = 6 > 0 \tag{8.6.21}$$

d. h. es tritt nicht, wie z. B. bei der logistischen Abbildung, eine Periodenverdopplung auf, vielmehr dreht sich die Funktion $f^2(x, \mu)$ für wachsende μ-Werte in positiver Richtung von der Winkelhalbierenden weg. Dadurch öffnet sich ein keilförmiger Spalt zwischen der iterierten Funktion $f^2(x, \mu)$ und der Winkelhalbierenden.

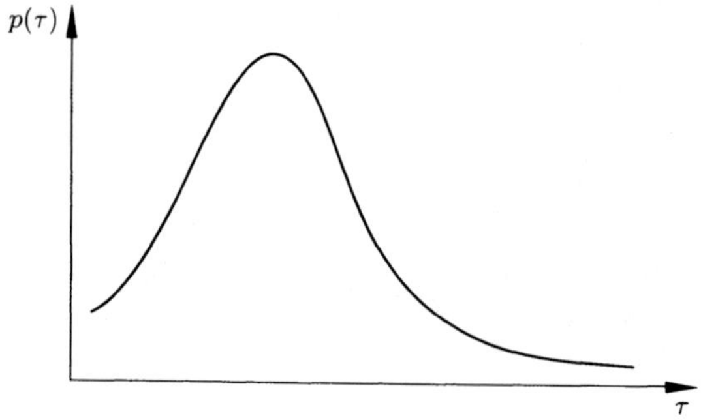

Abb. 8.6.19
Wahrscheinlichkeitsverteilung der Längen der laminaren Abschnitte bei Intermittenz vom Typ III

Im Gegensatz zu Intermittenz vom Typ I existiert beim Typ III jedoch auch für positive μ-Werte der (instabile) Fixpunkt $x = 0$. Daher hängt die Dauer der laminaren Phase davon ab, an welcher Stelle die Trajektorie wieder in den Spalt eintritt. Würde sie z. B. exakt auf $x = 0$ treffen, so wäre die laminare Phase unendlich lang. Je näher der Wiedereintrittspunkt bei $x = 0$ liegt, umso länger kann man reguläres Verhalten beobachten. In ähnlicher Weise wie im Falle der Intermittenz vom Typ I kann man nachweisen, daß sich die mittlere Dauer der laminaren Abschnitte umgekehrt proportional zu μ verhält (Bergé *et al.*, 1984)

$$< \tau > \sim \frac{1}{\mu} \tag{8.6.22}$$

Die Verteilung der Längen der nahezu periodischen Abschnitte ist schematisch in Abb. 8.6.19 aufgetragen.

Im Gegensatz zu Typ I-Intermittenz gibt es hier keine charakteristische, von μ abhängige maximale Dauer der laminaren Phasen, sondern die Wahrscheinlichkeitsverteilung $p(\tau, \mu)$ verhält sich typischerweise für große τ-Werte wie $\mathrm{e}^{-2\mu\tau}$ (Bergé *et al.*, 1984).

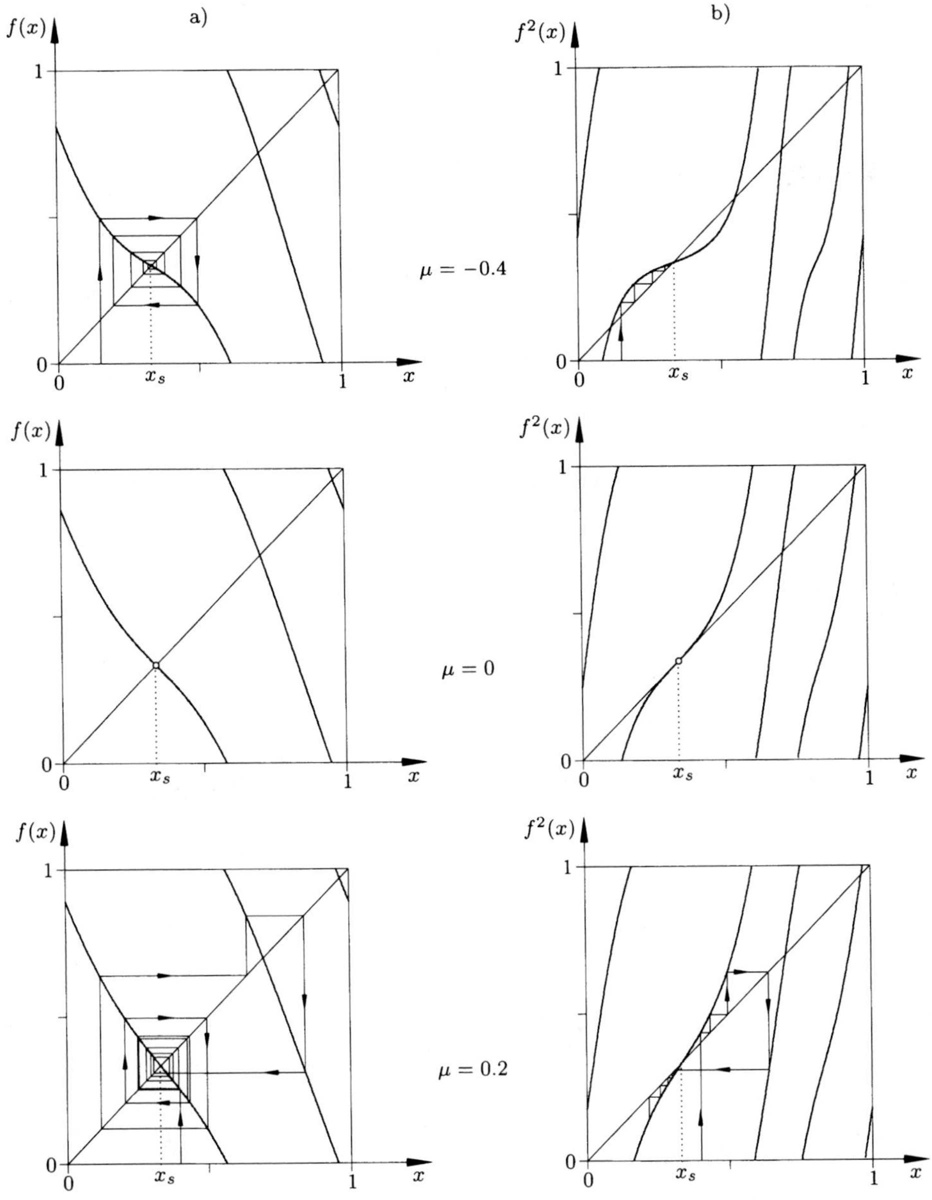

Abb. 8.6.20 Modell für den Relaminarisierungsprozeß bei Intermittenz vom Typ III

Um eine Vorstellung vom intermittenten Verhalten vom Typ III zu bekommen, muß man den Relaminarisierungsprozeß in die Modellgleichung mit einbeziehen. Dazu reicht die Normalform Gl. (8.6.19) nicht aus, sie beschreibt lediglich das lokale qualitative Verhalten des dynamischen Systems in der Nähe der Bifurkationsstelle $x = 0$, $\mu = 0$, wobei jedoch für $\mu > 0$ alle Punktfolgen divergieren. Als

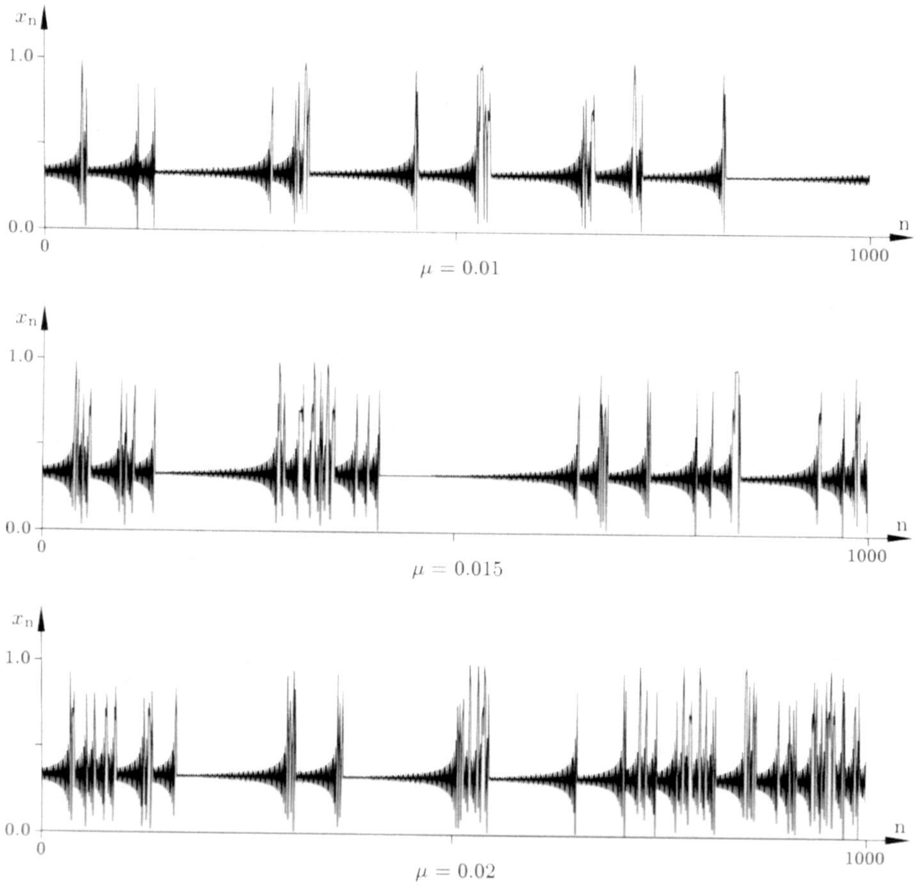

Abb. 8.6.21 Punktfolgen x_n für anwachsendes μ am Übergang ins Chaos für die Abbildungsvorschrift Gl. (8.6.23)

Beispiel für Intermittenz vom Typ III betrachten wir daher folgende Iterationsvorschrift

$$x \longmapsto f(x,\mu) = 1 - 2x - \frac{1}{2\pi}(1-\mu)\cos\bigl(2\pi(x - \tfrac{1}{12})\bigr) \qquad (\text{mod } 1) \qquad (8.6.23)$$

die, ähnlich wie die Funktion Gl. (8.6.18), den Bernoulli-Shift abwandelt und dabei für $\mu = 0$ an der Stelle $x = 1/3$ einen Fixpunkt mit der Steigung -1 aufweist. Abbildung 8.6.20a zeigt die Entwicklung der Abbildungsfunktion für wachsende μ-Werte. Man erkennt, daß der Fixpunkt x_s seine Stabilität bei $\mu = 0$ verliert und für positive μ-Werte weiterhin existiert, ohne eine Verzweigung durchlaufen zu haben. In Abb. 8.6.20b sind für dieselben Parameterwerte die 2fach iterierten Funktionen aufgetragen. Für negative μ-Werte gibt es in der Nähe des stabilen Fixpunktes x_s zwei weitere instabile Fixpunkte, die infolge einer subkritischen Gabelverzweigung für $\mu = 0$ mit x_s zusammenfallen, der für $\mu > 0$ instabil wird.

In Abb. 8.6.21 haben wir für verschiedene μ-Werte die Iterationsverläufe der Abbildungsfunktion Gl. (8.6.23) dargestellt. Zwar nimmt die Häufigkeit der turbulenten Ausbrüche für wachsende Werte des Systemparameters zu, eine Abnahme der maximalen Länge der laminaren Abschnitte kann jedoch im Gegensatz zum Übergang ins Chaos über Intermittenz vom Typ I (Abbn. 8.6.4 und 8.6.14) nicht beobachtet werden.

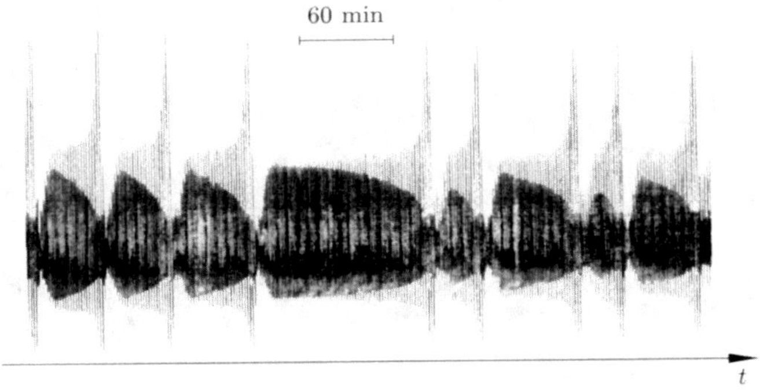

Abb. 8.6.22 Intermittenz vom Typ III: Experimentell ermittelter zeitlicher Verlauf des horizontalen Temperaturgradienten beim Rayleigh-Bénard-Experiment (Dubois *et al.*, 1983)

Ebenso wie Intermittenz vom Typ I konnte auch Intermittenz vom Typ III experimentell im Rayleigh-Bénard-Experiment nachgewiesen werden (Dubois *et al.*, 1983). Dabei wurde Silikonöl mit einer niedrigen Prandtl-Zahl $\sigma \approx 38$ verwendet. Für Rayleigh-Zahlen Ra im Bereich des 300- bis 400-fachen der kritischen Rayleigh-Zahl Ra_{cr} konnte eine reguläre periodische Oszillation der Konvektionszellen beobachtet werden. Für $r = Ra/Ra_{cr} \approx 416.7$ taucht plötzlich eine subharmonische Frequenz auf, begleitet von intermittentem Verhalten.

Abbildung 8.6.22 zeigt einen experimentell ermittelten zeitlichen Verlauf des horizontalen Temperaturgradienten nahe der kritischen Rayleigh-Zahl, für die Typ III-Intermittenz auftritt. Zwischen je zwei turbulenten Ausbrüchen erkennt man eine subharmonische Oszillation, die durch ein kontinuierliches Anwachsen der Amplituden gekennzeichnet ist. Erreichen die Amplituden der Schwingung eine gewisse Größe, so wird die reguläre Phase beendet, und es kommt zu einem chaotischen Ausbruch. Nach kurzer Zeit beginnt erneut ein regulärer Abschnitt. Man beobachtet zunächst sehr kleine Amplituden, die stetig anwachsen, wobei offenbar die Länge des laminaren Abschnitts umso größer ist, je kleiner die Amplitude zu Beginn des Abschnitts war (Dubois *et al.*, 1983). Dies ist in Übereinstimmung mit dem theoretischen Modell. Je näher der Startwert zu Beginn der laminaren Phase dem instabilen Fixpunkt kommt (Abb. 8.6.17b), umso länger benötigt die Punktfolge, um den Tunnel zu verlassen. Abbildung 8.6.21 verdeutlicht ebenfalls diesen Mechanismus: je kleiner die Amplituden unmittelbar nach dem chaotischen Ausbruch sind, umso länger dauert die laminare Phase, wobei die Amplituden kontinuierlich anwachsen. Aufgrund der Meßergebnisse konnte auch nachgewiesen

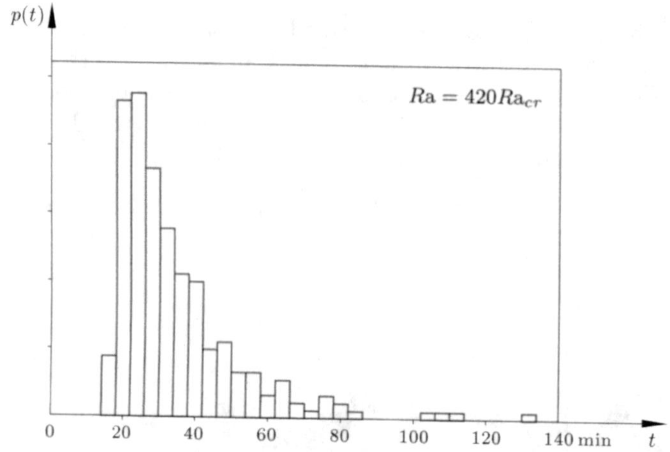

Abb. 8.6.23 Experimentell ermittelte Wahrscheinlichkeitsverteilung der Längen der laminaren Abschnitte bei Typ III-Intermittenz (Bergé *et al.*, 1984)

werden, daß das qualitative Verhalten der statistischen Verteilung der Längen der laminaren Abschnitte mit dem Verlauf in Abb. 8.6.19 übereinstimmt (siehe Abb. 8.6.23). Die regulären Phasen dauerten von 18 Minuten bis zu 2 Stunden, wobei das sanfte Auslaufen der Verteilung für lange reguläre Phasen typisch für Typ III-Intermittenz ist.

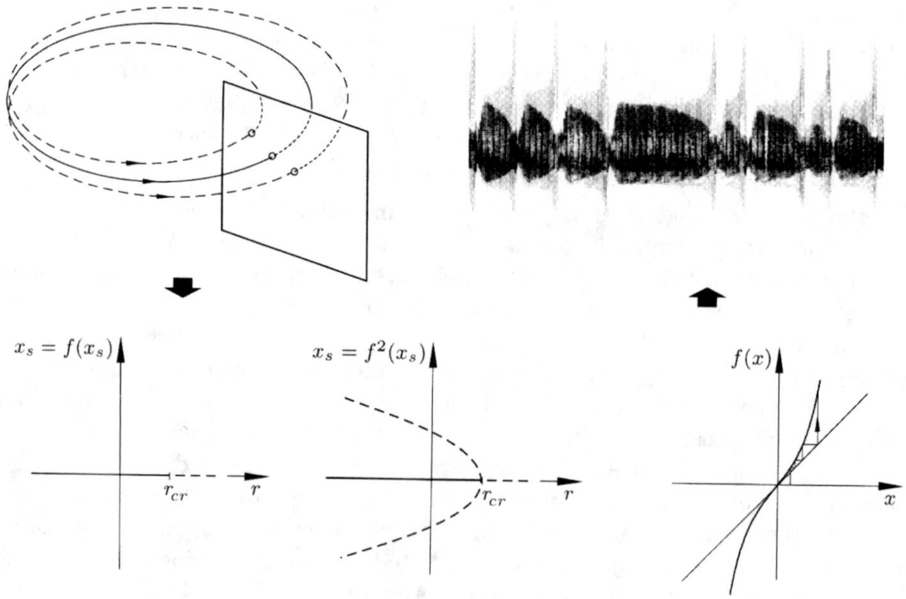

Abb. 8.6.24 Der Weg ins Chaos über Typ III-Intermittenz

Abschließend fassen wir den Weg ins Chaos über Intermittenz vom Typ III wieder schematisch in Abb. 8.6.24 zusammen.

8.6.5 Typ II-Intermittenz

Intermittenz vom Typ II entsteht, wenn eine periodische Bewegung ihre Stabilität dadurch verliert, daß ein Paar konjugiert komplexer Eigenwerte der Monodromie-Matrix den Einheitskreis überquert und Störungen durch die nichtlinearen Anteile der Poincaré-Abbildung nicht abgefangen, sondern verstärkt werden; in anderen Worten, Typ II-Intermittenz wird durch eine subkritische Neĭmark-Sacker-Bifurkation hervorgerufen (vgl. Abschnitt 6.6). Das Langzeitverhalten kann wiederum durch die Dynamik in der in diesem Fall zweidimensionalen Zentrumsmannigfaltigkeit angenähert werden, wobei das qualitative Verhalten anhand der entsprechenden Normalform studiert werden kann.

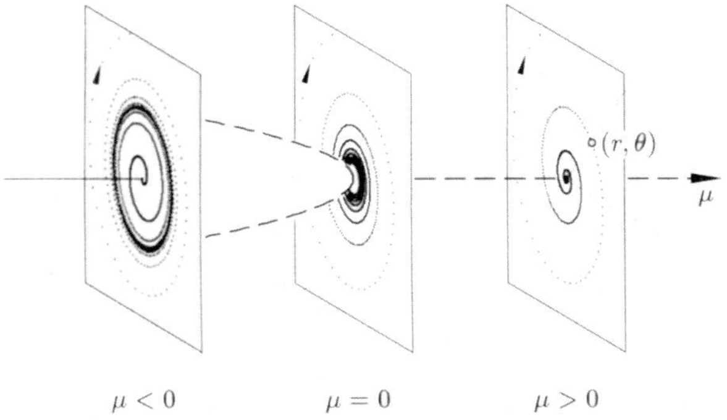

Abb. 8.6.25
Subkritische Neĭmark-Sacker-Verzweigung

Führt man Polarkoordinaten r, θ ein, so erhält man als Normalform, vgl. Gl. (6.6.90), die Abbildungsvorschrift

$$\begin{aligned} r &\longmapsto f_1(r,\mu) = (1 + d\mu)r + ar^3 \\ \theta &\longmapsto f_2(\theta,\mu) = \theta + \phi_0 + \phi_1\mu + br^2 \end{aligned} \tag{8.6.24}$$

wobei im subkritischen Fall $d > 0$, $a > 0$ gilt.

Das Bifurkationsdiagramm der subkritischen Neĭmark-Sacker-Verzweigung ist in Abb. 8.6.25 gezeigt (vgl. auch Abb. 6.6.14). Für $\mu > 0$ wird der ursprünglich stabile Grenzzyklus instabil. Eine Anfangsstörung wächst bei jeder Iteration betragsmäßig an und wird gleichzeitig um einen Winkel θ ($\neq 0$, $\pi/4$, $2\pi/3$, π; starke Resonanzen, Gl. (6.6.78)) gedreht. Die Normalform Gl. (8.6.24) zeigt, daß sich die Nichtlinearitäten in unterschiedlicher Weise auf Radius und Drehwinkel auswirken. Die Instabilität beeinflußt in erster Linie den Radius, der für $\mu = 0$ marginal stabil ist. Offenbar ändert sich der Radius infolge einer kleinen Störung für kleine μ-Werte sehr viel langsamer als sein Phasenwinkel θ. Der Einfluß der sich schnell ändernden Variablen θ ist in der ersten Gl. (8.6.24) eliminiert, in

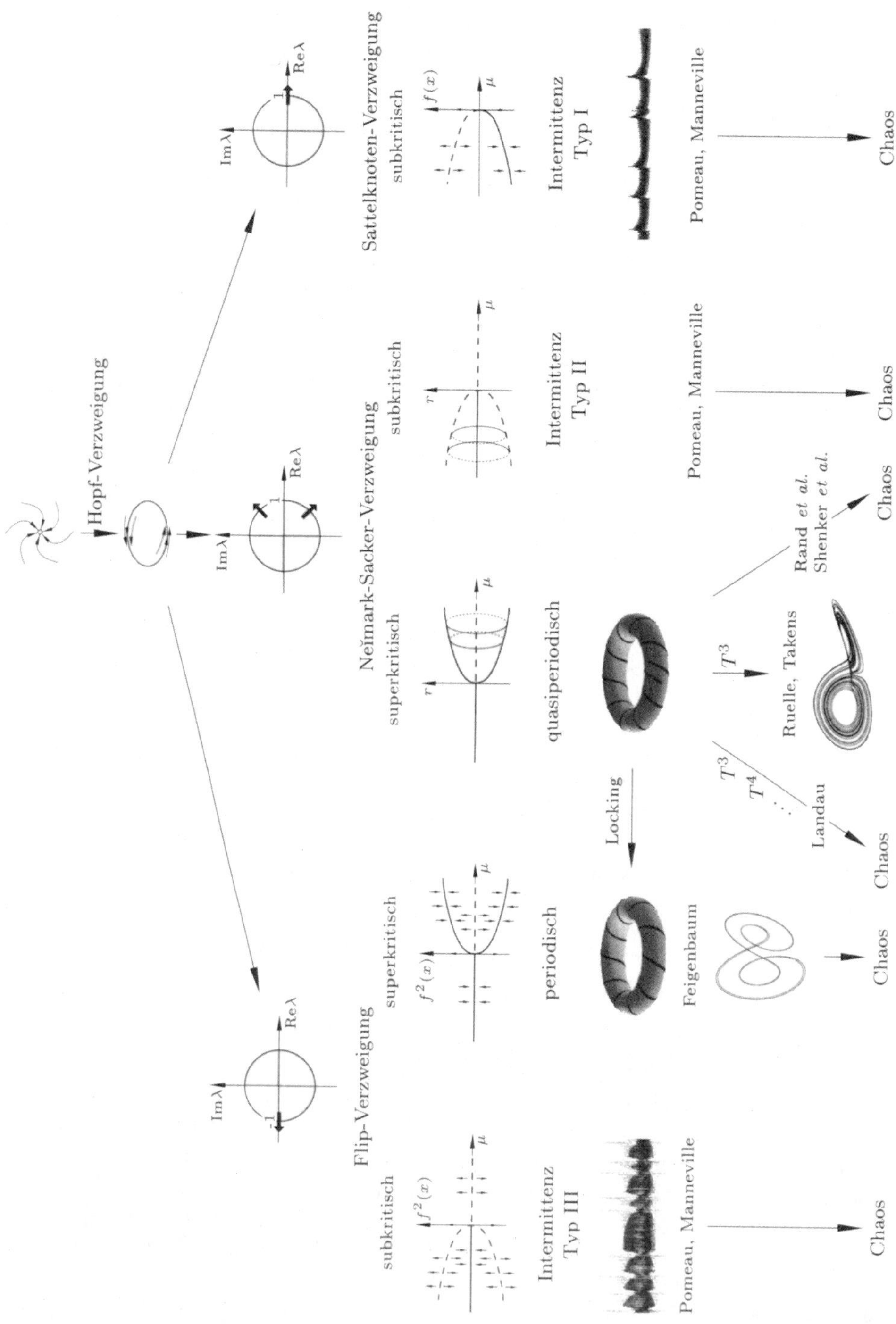

Abb. 8.6.26 Zusammenstellung der verschiedenen Wege ins Chaos aufgrund lokaler Bifurkationen

Übereinstimmung mit dem Versklavungsprinzip der Synergetik (Abschnitt 6.8), wonach die sich schnell ändernde Variable als Funktion der sich langsam ändernden Variablen ausgedrückt werden kann. Nach geeigneter Normierung lautet daher die Abbildungsfunktion für den Radius

$$r \longmapsto f(r, \mu) = (1 + \mu)r + r^3 \tag{8.6.25}$$

Diese Gleichung stimmt formal mit der iterierten Abbildungsfunktion Gl. (8.6.20) bei Intermittenz vom Typ III überein, wobei in unserem Fall allerdings bei jeder Iteration noch eine Drehung hinzukommt. Dies hat zur Folge, daß die Länge der laminaren Abschnitte wieder vom Wert r_0 zu Beginn der regulären Phase abhängt und sich daher ähnlich wie bei Typ III -Intermittenz abschätzen läßt (Pomeau und Manneville, 1980)

$$< \tau > \sim - \ln r_0 \cdot \frac{1}{\mu} \tag{8.6.26}$$

Dagegen weicht die statistische Verteilung der Längen der laminaren Abschnitte aufgrund der Tatsache, daß die Normalform der Poincaré-Abbildung zweidimensional ist, von den Vorhersagen für Typ III-Intermittenz ab. Einzelheiten können (Bergé *et al.*, 1984) entnommen werden.

Unseres Wissens konnte bisher dieser Weg ins Chaos über Intermittenz vom Typ II experimentell noch nicht nachgewiesen werden.

In Abb. 8.6.26 sind alle Wege ins Chaos nochmals zusammengefaßt.

8.7 Wege aus dem Chaos, Steuerung des Chaos

Chaotisches Verhalten ist ein in der Natur, aber auch in vielen Bereichen der Technik weitverbreitetes Phänomen. Will man beispielsweise eine optimale Durchmischung verschiedener Stoffe oder eine Zunahme chemischer Reaktionen erzielen, so ist chaotisches Verhalten wünschenswert, da es einen Mechanismus in sich birgt, der einen besonders effektiven Massen- und Wärmetransport garantiert. In anderen Situationen dagegen ist Chaos ein unerwünschtes Phänomen, da es infolge unkontrollierbarer Oszillationen zu Schäden, zu vorzeitiger Materialermüdung oder, beispielsweise, zu einer Erhöhung des Strömungswiderstands führen kann. Wir verweisen in diesem Zusammenhang auf *panel flutter*-Phänomene, die im hypersonischen Flug zu großen Gefahren führen können.

Im vorliegenden Kapitel 8 haben wir uns mit Wegen ins Chaos auseinandergesetzt, d. h. wir haben eine Reihe von Mechanismen kennengelernt, die von regulären zu chaotischen Bewegungen führen. Es erhebt sich nun die Frage, ob es umgekehrt möglich ist, chaotisches Systemverhalten in kontrollierter Weise in periodisches Verhalten überzuführen.

Obwohl diese Fragestellung im Ingenieurbereich von großem Interesse ist – man denke nur an das Ausschalten störender Oszillationen in Satellitenstrukturen oder etwa im gekoppelten System Kraftfahrzeug-Anhänger –, steckt die Kontrolle von Chaos noch in den Anfängen. Im wesentlichen gibt es in der Literatur hierzu zwei Strategien, die wir im folgenden kurz vorstellen möchten.

Bei der ersten Methode, die von der Arbeitsgruppe um A. W. Hübler eingeführt wurde, handelt es sich um ein Verfahren zur resonanten Anregung und Steuerung nichtlinearer Schwinger (Hübler, 1987; Hübler *et al.*, 1988). Die Grundidee stammt aus Beobachtungen von linearen Schwingungssystemen. Will man einen gedämpften harmonischen Oszillator zu einer bestimmten Schwingungsamplitude anregen oder ihm Energie entziehen, so geschieht dies am effektivsten durch einen Antrieb in Resonanz, d. h. wenn Antriebskraft und Geschwindigkeit des Oszillators in Phase schwingen.

Diese Idee der resonanten Anregung kann auch auf nichtlineare Oszillatoren erweitert werden. Auf diese Weise ist es möglich, chaotische Schwingungen in stabile periodische Bewegungen überzuführen. Hübler wandte seine Methode in erster Linie auf nichtlineare gedämpfte Pendel an bzw. auf Schwinger, die ein nichtlineares Potential besitzen (Wagner *et al.*, 1988). Eine optimale Energieübertragung findet auch hier statt, wenn die Erregerkraft so gesteuert wird, daß sie proportional zur jeweiligen Geschwindigkeit des nichtlinearen Schwingers verläuft. Praktisch simuliert man durch Anbringen einer äußeren Erregerkraft damit eine Änderung der Dämpfung (vom viskosen Typ) des Systems. Um diese Methode auf ein experimentelles Schwingungssystem anwenden zu können, muß es zunächst praktisch möglich sein, eine äußere Erregerkraft anzubringen bzw. zu modifizieren. Ferner müssen die Modellgleichungen (zumindest näherungsweise) bekannt sein bzw. aus einer vorliegenden experimentellen Zeitreihe rekonstruiert werden. Letztendlich versucht man, durch eine Veränderung der zugrundeliegenden Bewegungsgleichungen stabile periodische Schwingungen zu erzielen, wobei keine Rückkopplung mit dem System stattfindet.

Die zweite Methode von Ott, Grebogi und Yorke beruht auf einem völlig anderen Ansatz (Ott *et al.*, 1990; vgl. auch Romeiras *et al.*, 1992). Anstatt die dynamischen Gleichungen des zugrundegelegten Systems durch Einführung einer äußeren Erregerkraft zu verändern, versucht man, ein chaotisches Signal in ein periodisches umzuwandeln, indem man einen Kontrollparameter μ des Systems, den man von außen steuern kann, kleinen zeitabhängigen Perturbationen unterwirft, mit dem Ziel, einen instabilen periodischen Orbit des Systems zu stabilisieren. Grundlage dieser Strategie ist die Feststellung, daß ein chaotischer Orbit im Phasenraum typischerweise unendlich viele geschlossene instabile Orbits, d. h. Grenzzyklen mit Sattelpunktcharakter (vgl. Abb. 3.3.2), umschließt. Diese instabilen Grenzzyklen liegen dicht in dem Attraktor, das heißt: wählt man einen Punkt P auf dem Attraktor, so gibt es zu jeder noch so kleinen Umgebung U von P einen instabilen Grenzzyklus, der U durchquert (vgl. Auerbach *et al.*, 1987).

Im folgenden wollen wir kurz die einzelnen Schritte des Verfahrens beschreiben. Zunächst ermittelt man eine Auswahl von instabilen Grenzzyklen, und zwar möglichst solche, die eine niedrige Periodizität aufweisen. Dann analysiert man diese periodischen Bewegungen und wählt diejenige aus, die dem gewünschten Systemverhalten am nächsten kommt. Nehmen wir der Einfachheit halber an, bei dem ausgewählten Orbit handele es sich um einen einfach periodischen Grenzzyklus, dessen Poincaré-Schnitt aus einem einzigen Punkt besteht. Um diesen Orbit zu stabilisieren, benötigt man lediglich Informationen über die lokale Dynamik der Abbildung in der Umgebung des Fixpunkts sowie Auskunft darüber, in welche Richtung sich der Fixpunkt verlagert, wenn man den Kontrollparameter μ etwas ändert. Da der Grenzzyklus hyperbolisch ist, hat der Fixpunkt der zugehörigen Poincaré-Abbildung Sattelpunkt-Charakter. Die Jacobi-Matrix der Abbildung liefert die Eigenwerte λ_{si} und λ_{ui} sowie die entsprechenden Eigenvektoren, die den stabilen und den instabilen invarianten Unterraum $\mathbb{E}^s$ bzw. $\mathbb{E}^u$ aufspannen. Eine kleine Variation von μ ermöglicht die Bestimmung des Ortsvektors zum Fixpunkt des geänderten Systems.

Diese Informationen genügen im allgemeinen, um durch kleine zeitliche Änderungen des Kontrollparameters μ die Folge der Poincaré-Schnitte so zu steuern, daß der jeweils folgende Bildpunkt näherungsweise auf die stabile Mannigfaltigkeit des ursprünglichen Fixpunkts zu liegen kommt. Auf diese Weise ist es möglich, durch Rückkopplung mit der Ausgangsdynamik den gewählten periodischen Orbit zu stabilisieren. In (Nitsche und Dressler, 1992) werden zwei Modifikationen des Verfahrens von Ott, Grebogi und Yorke vorgeschlagen, die die Abhängigkeit der Poincaré-Abbildung nicht nur vom aktuellen Wert des Kontrollparameters, sondern auch von seinem Wert im vorangehenden Schritt berücksichtigen.

Dieses zunächst sehr theoretisch anmutende Verfahren läßt sich auch erfolgreich auf experimentelle Zeitreihen anwenden. Die Bestimmung von instabilen periodischen Orbits aus eindimensionalen Zeitreihen wird in (Lathrop und Kostelich, 1989) beschrieben. Ditto *et al.* wandten diese Methode an, um die Schwingungen eines unter Schwerkraft ausgeknickten Streifens aus amorphem, magnetoelastischem Material zu stabilisieren (Ditto *et al.*, 1990), während in (Singer *et al.* 1991) eine chaotische Konvektionsströmung in eine laminare übergeführt wird.

Das Verfahren von Ott, Grebogi und Yorke zeigt, daß die potentielle Möglichkeit eines Systems, sich chaotisch zu verhalten, von außerordentlichem Vorteil sein kann. Durch gezielte Perturbationen eines Kontrollparameters lassen sich aus dem chaotischen Bereich heraus eine Reihe von unterschiedlichen periodischen Bewegungen ansteuern und stabilisieren, so daß im Prinzip ein und dasselbe System für unterschiedliche Aufgaben entworfen und ausgelegt werden kann. Man könnte sich daher auch vorstellen, daß sich Systeme in der belebten Natur dieser Regulationsmechanismen bedienen, um auf Veränderungen äußerer Bedingungen möglichst flexibel reagieren zu können.

9 Computerexperimente

Plus ça change,
plus c'est la même chose
Alphonse Karr (1808 - 1890), Les Guêpes

In den vorangegangenen Kapiteln wurde versucht zu verdeutlichen, daß sich mit der modernen Theorie dynamischer Systeme und mit den in diesem Zusammenhang entwickelten neuen Methoden komplexes dynamisches Verhalten, das in den unterschiedlichsten Bereichen – wie Biologie, Medizin, Hydrodynamik, klassische Mechanik, Elektrotechnik, Chemie, Himmelsmechanik etc. – auftritt, analysieren läßt. Dementsprechend weitgefächert sind auch die Beispiele, die wir im letzten Kapitel 9, Computerexperimente, diskutieren wollen. In den Kapiteln 1 bis 8 haben wir uns bemüht, die theoretischen mathematischen und physikalischen Grundlagen zu vermitteln. In Kapitel 9 verlagern sich die Akzente mehr in Richtung Anwendung und computergestützte Diskussion klassischer Modellsysteme, deren charakteristische Eigenschaften sich auf eine Vielzahl dynamischer Systeme übertragen lassen.

Unser erstes Beispiel, Abschnitt 9.1, entstammt der Biomechanik bzw. Orthopädie. Seit längerem ist man bemüht, die Lebensdauer künstlicher Hüftgelenke zu steigern. Die Möglichkeiten, die der Computer bietet – hinsichtlich statischer und dynamischer Berechnung nach der Methode der Finiten Elemente, hinsichtlich Rekonstruktion und Visualisierung von Geometrie und Dichteverteilung aufgrund zweidimensionaler computertomographischer Schnitte –, werden zunehmend genutzt. Was noch fehlt, sind Modelle zum Knochenumbau. Sind die Prinzipien zur Knochenbildung mathematisch formuliert, lassen sich darauf aufbauend quantitative Aussagen zur Verankerung von Implantaten in Knochenstrukturen formulieren. Auf der Grundlage dynamischer Systeme wird in einer ersten Studie die Modellierung von Knochenumbauprozessen andiskutiert.

In Abschnitt 9.2 soll am Beispiel der dissipativen, zweidimensionalen Hénon-Abbildung demonstriert werden, wie durch wiederholtes Dehnen und Falten eine vollständige Durchmischung der Trajektorien im Phasenraum erreicht wird. Mit diesem Dehn- und Faltmechanismus läßt sich auch ein Phänomen seltsamer Attraktoren erklären, nämlich daß trotz divergenten Verhaltens benachbarter Trajektorien die Ausdehnung des Attraktors im Phasenraum begrenzt bleibt. Dies illustrieren wir anhand einer Bildserie zum Lorenz-Attraktor.

In Abschnitt 9.3 werden weitere charakteristische Eigenschaften des Lorenz-Systems diskutiert. Von Interesse ist hier sein dynamisches Verhalten über einem größeren Kontrollparameterbereich. Dargestellt werden das Bifurkationsdiagramm und die Entwicklung der Lyapunov-Exponenten in Abhängigkeit des Kontrollparameters r (relative Rayleigh-Zahl). Außerdem werden zur Bestimmung der Kapazitätsdimension D_c des Lorenz-Attraktors der Algorithmus von Hunt und Sullivan vorgestellt und die Ergebnisse ausgewertet.

In Abschnitt 9.4 wird die van der Polsche Gleichung mit und ohne Fremderregung betrachtet. Die van der Polsche Gleichung, die ursprünglich als Modell zur Beschreibung elektrischer Schwingkreise gedacht war, zeigt für kleine Amplituden das Phänomen „negativer" oder anfachender Reibung, wohingegen für große Amplituden der Reibungsterm energiedissipierend wirkt. Die physikalische Bedeutung von „Negativ"-Reibung und die dynamische Antwort auf das Wechselspiel von energiezuführendem negativen und energieverzehrendem positiven Reibungsverhalten wird eingehend diskutiert. Bei kleinen Dämpfungswerten ist das Schwingungsverhalten des van der Polschen Oszillators nahezu sinusförmig, bei großen ist die selbsterregte Schwingung relaxierend. Daß im gesamten Phasenraum genau ein Grenzzyklus existiert, ist nicht selbstverständlich. Die Theoreme, die notwendig sind, um diesen Nachweis zu führen, werden angegeben.

Im nächsten Schritt erweitern wir den van der Polschen Schwinger um eine periodische Fremderregung. Sind Dämpfung und Erregeramplitude klein, kann das Ausgangssystem mittels der *averaging*-Methode durch ein autonomes, zweidimensionales System approximiert werden. Diese Methode, die durch einen Mittelungsprozeß die Oberschwingungen herausfiltert, wird vorgestellt, und das damit gewonnene autonome Gleichungssystem, das zwei Kontrollparameter enthält, wird hinsichtlich stationärer Lösungen und Verzweigungen diskutiert. Für große Dämpfungswerte und periodische Fremderregung wird die von Shaw modifizierte van der Polsche Gleichung betrachtet. Diese van der Polsche Modifikation zeigt chaotisches Verhalten. Der entsprechende seltsame Attraktor wird als Birkhoff-Shaw-Attraktor bezeichnet. Ein Charakteristikum dieses Attraktors ist die sogenannte Schnabelbildung, die anhand von Poincaré-Schnitten und dreidimensionalen Phasenportraits vermittelt wird.

Ein weiterer Klassiker unter den Modellsystemen nichtlinearer Dynamik ist die Duffing-Gleichung. Sie wird in Abschnitt 9.5 in Erweiterung früherer Aussagen eingehend untersucht. Das nichtlineare Schwingungsverhalten eines periodisch fremderregten, geknickten Balkens läßt sich mittels modaler Reduktion unter Berücksichtigung der 1. Grundmode in erster Näherung durch die Duffing-Gleichung approximieren. Der Duffing-Schwinger ist ein Einfreiheitsgrad-Schwinger, der von 5 Kontrollparametern abhängt. Die Wahl der Kontrollparameter hat entscheidenden Einfluß auf das Systemverhalten. Folgende Phänomene können dabei unter anderem beobachtet werden: periodisches und chaotisches Verhalten, das gleichzeitige Auftreten zweier periodischer oder seltsamer Attraktoren im Phasenraum und fraktale Grenzen zwischen den Einzugsgebieten zweier Attraktoren und eine damit verbundene Unvorhersagbarkeit. Für eine Reihe von Parameterwerten illustrieren Phasenportraits, Poincaré-Schnitte und Verzweigungsdiagramme die für die Duffing-Gleichung charakteristischen Phänomene. Abschließend wird die sogenannte Holmes-Melnikov-Kurve berechnet. Sie stellt die obere Schranke für die

Kontrollparameter dar, ab der fraktale Grenzen zwischen den Einzugsgebieten der beiden periodischen Attraktoren auftreten.

Abschnitt 9.6 ist den Julia-Mengen und deren Ordnungsprinzip, der Mandelbrot-Menge, vorbehalten. Der Computer als Experimentierstube und Graphiklabor, so oder ähnlich könnte die Überschrift zu diesem Abschnitt lauten. Die hohe Komplexität von Grenzen, die aufgrund einfachster nichtlinearer Rekursionsvorschriften entsteht, verblüfft, regt an zu neuen Ideen, eröffnet neue Perspektiven und beflügelt die Phantasie. Die Bilder sprechen für sich.

In Abschnitt 9.7 greifen wir nochmals die Kreisabbildung von Kapitel 8 auf und nutzen die graphischen Möglichkeiten, die der Computer bietet, um die komplexe Struktur der Arnol'd-Zungen transparenter zu gestalten. Die Lyapunov-Exponenten dienen dazu, verschiedene Übergänge ins Chaos zu demonstrieren, die entsprechenden Bifurkationsdiagramme illustrieren ihre selbstähnliche Struktur.

In Abschnitt 9.8 wenden wir uns dynamischen Phänomenen in der physikalischen Chemie zu, einem Gebiet, das sonst in diesem Buch nicht angesprochen wird. Laufen chemische Reaktionen in Strömungen homogener oder inhomogener Medien ab und werden dabei die äußeren Kontrollparameter festgehalten, so stellt sich im allgemeinen eine stationäre konstante Rate der Reaktionsprodukte ein. Es sind jedoch auch viele Fälle bekannt, in denen das System periodisches oder sogar aperiodisches Verhalten aufweist. Das berühmteste, auch Laien bekannte Beispiel ist die Belousov-Zhabotinsky-Reaktion, die in einer durchgerührten homogenen speziellen Lösung auftritt und bei der periodische oder irreguläre Farbänderungen Überschüsse der einzelnen Reaktanden anzeigen. Von Interesse sind auch gewisse heterogene Prozesse, die an den Grenzflächen von Gas-Festkörpern oder Flüssigkeit-Festkörpern auftreten und die Phänomene zeitlicher Selbstorganisationsvorgänge an den Tag legen. Darunter sind bekannte elektrochemische Systeme sowie heterogene katalytische Reaktionen, die beispielsweise bei „Real-Katalysatoren" bei annähernd atmosphärischem Druck auftreten oder im Ultrahochvakuum an der Oberfläche von Einkristallen.

Innerhalb dieses weitgefächerten Spektrums komplexer physikalisch-chemischer Phänomene konzentrieren wir uns in Abschnitt 9.8 auf die Mechanismen, die bei der katalytischen Reaktion $2CO + O_2 = 2CO_2$ an der Oberfläche von Platinkristallen auftreten. Bei der Adsorption der zwei Gaskomponenten, nämlich CO und O_2, kommt es zu einem Wettstreit um die freien Plätze auf der Platinoberfläche, wobei sich die einzelnen Komponenten allerdings unterschiedlich verhalten. Das Modell, das wir in Abschnitt 9.8 ausgewählt haben und diskutieren, basiert auf einer Approximation und ist daher nicht in der Lage, alle experimentellen Beobachtungen, die in der nichtlinearen Dynamik auftreten, wiederzugeben. Diese Problemstellung hat in vielen Forschungseinrichtungen große Aufmerksamkeit erregt, aber die ersten und zugleich profundesten Arbeiten auf diesem Gebiet wurden von Gerhard Ertl und seinen Mitarbeitern am Fritz-Haber-Institut der Max-Planck-Gesellschaft in Berlin durchgeführt. Wir versuchen in diesem Abschnitt, einige ihrer bemerkenswertesten Beobachtungen, die bei den Reaktionsprozessen zwischen dem homogenen Medium und der Oberfläche von Platinkristallen zu registrieren sind, zu beschreiben. Dazu gehören periodische Abläufe, die (bei Variation eines Kontrollparameters) zu einer ersten und zweiten Periodenverdopplung führen und schließlich auch in irregulär-chaotisches Verhalten münden, das im Phasenraum durch seltsame Attraktoren charakterisiert wird. Dieses chaotische Verhalten kann auch von Hyperchaos abgelöst werden, bei dem nicht nur der erste Lyapunov-Exponent positiv ist, sondern bei dem zwei positive Lyapunov-Exponenten existieren, ein Verhalten, das zuvor nicht in chemischen Reaktionen beobachtet werden konnte. Dieses Ergebnis zeigt den Erfolg der Forschungsarbeiten, die von der Gruppe unter Gerhard Ertl durchgeführt wurden.

Bis zu diesem Punkt haben wir das rein zeitliche Verhalten integraler Eigenschaften homogener Systeme diskutiert. Um einen homogenen Zustand zu erzielen, können wir uns beispielsweise vorstellen, daß die Lösung gut verrührt wird. Dies läßt sich allerdings in der Gasschicht, die über einem Platinkristall liegt, nicht durchführen. Daher werden die Variablen im allgemeinen nicht nur von der Zeit, sondern auch vom Ort abhängen. Unter derartigen Bedingungen treten viele ungewöhnliche Phänomene auf, wie stehende Wellen und Solitonen sowie sich ausbreitende Wellen, die beispielsweise spiralförmige Muster bilden, aber auch chaotisches und hyperchaotisches Verhalten. Wir versuchen in diesem Abschnitt, einen kurzen Überblick über diese komplexen Erscheinungen zu geben.

Wir kommen nun zu einer kurzen Zusammenfassung des letzten Abschnitts 9.9 dieses Buches. Darin wenden wir uns erneut einem Thema aus der Himmelsmechanik zu, die wir in Verbindung mit der KAM-Theorie bereits in Kapitel 4, insbesondere in Abschnitt 4.4, gestreift haben. Dabei wollen wir uns mit der Frage auseinandersetzen, ob chaotisches Verhalten in unserem Sonnensystem auftreten kann oder in der Vergangenheit bereits aufgetreten ist. Tatsache ist, daß es eine Reihe von physikalischen Gegebenheiten in unserem Sonnensystem gibt, die die Möglichkeit chaotischen Verhaltens zulassen. Diesem Fragenkomplex wurde auf internationaler Ebene eine beträchtliche Forschungsarbeit gewidmet. In Abschnitt 9.9 möchten wir unseren Lesern einen Überblick über die Beiträge von Jack Wisdom am MIT in Boston geben. So erfahren wir, daß einer der weiter entfernten Monde des Saturns, der Hyperion, gerade alle Anzeichen eines chaotischen Torkelns aufweist. Dieses Verhalten ist unter anderem seiner asphärischen Gestalt zuzuschreiben, die sehr stark von der einer Kugel abweicht, und seiner hohen Exzentrizität. So seltsam dies auch klingen mag, so bietet doch Hyperion nicht das einzige Beispiel für Chaos in unserem Sonnensystem. In weit zurückliegenden Äonen unseres Sonnensystems hat eine ganze Reihe von anderen Planetensatelliten, wie z. B. die beiden Marsmonde Phobos und Deimos, über lange Perioden chaotische Bewegungen ausgeführt. Es gibt auch Beispiele für chaotische Entwicklungen der Umlaufbahnen von Asteroiden, wie beispielsweise des Asteroidengürtels, der sich zwischen Mars und Jupiter bewegt. Aufgrund von Resonanz- oder Synchronisationsphänomenen sind sie plötzlich auftretenden großen Änderungen der Exzentrizität unterworfen, die ihre Umlaufbahnen stark beeinflussen (dadurch kommen Asteroide dem Mars sehr nahe, was auch zu einem Aufprall eines Asteroids führen kann). In diesem Zusammenhang werden Meteorite gebildet und durch den Einfluß einer chaotischen Zone aus dem Asteroidengürtel geschleudert, so daß sie dann z. B. Kurs auf unsere Erde nehmen. Derartige chaotische Erscheinungen sind auch der eigentliche Grund für die ungleichförmige räumliche Verteilung der Asteroiden, wie z. B. die 3:1-Kirkwood-Lücke. Wir gehen auch kurz auf den komplexen Pluto-Orbit ein, wobei allerdings noch keine endgültige Antwort auf die Frage gegeben werden kann, ob seine Bewegung tatsächlich chaotisch ist. Mit diesem Fragezeichen beenden wir das letzte Kapitel des Buches.

9.1 Einblick in Knochenumbauprozesse

It is a capital mistake to theorize before one has data. Insensibly one begins to twist facts to suit theories, instead of theories to suit facts.

Sherlock Holmes in
Arthur Conan Doyle: A Scandal in Bohemia

Die dauerhafte Verankerung statisch und dynamisch belasteter Hüftprothesen ist nach wie vor das zentrale Problem der Endoprothetik. Dieser Gesichtspunkt ist umso wichtiger, als mehr als 50% dieser Hüftgelenkprothesen, mit steigender Tendenz, in Zweitoperationen eingebaut werden müssen. Das Lockerwerden und der mögliche Verlust der Endoprothese ist eine Folge von Knochenrückbildung. Bereits seit Ende des letzten Jahrhunderts vermutet man, daß mechanische Reize (Wolffsches Gesetz) eine Knochenbildung (Hypotrophie) stimulieren und daß, andererseits, ihr Ausbleiben den Knochenabbau (Atrophie) fördert. Das Körpergewebe registriert die Änderungen äußerer Rahmenbedingungen und ist nun seinerseits bestrebt, durch Knochenumbau die Funktionstüchtigkeit der Struktur aufrecht zu erhalten. Man spricht in diesem Zusammenhang von funktioneller Anpassung durch aktive Veränderung, eine Fähigkeit, die allein lebender Materie vorbehalten ist. Ohne verläßliche numerische Vorhersagen der Knochenumbauprozesse als Reaktion auf Veränderungen, z. B. der Belastungsverteilung, kann jeder Endoprothesentyp letztlich nicht mehr und nicht weniger sein als ein Produkt aus Erfahrung und Intuition. Das momentane Angebot von über 800 Prothesentypen allein für die Hüfte macht deutlich, wie sehr auf diesem Sektor aufgrund fehlender Knochenumbaumodelle noch experimentiert wird. Erste Ansätze für den Knochenumbau sind natürlich schon bekannt, aber der große Durchbruch relevanter Modelle für die klinische Praxis steht noch aus. Die momentan bekannten Ideen und Ansätze zum Knochenumbau wollen wir kurz vorstellen.

- Knochenumbau aus physiologischer Sicht:

  Knochen sind, wie jedes organisch aktive Gewebe, einem ständigen Umformungsprozeß ausgesetzt, in dem altes Knochenmaterial abgebaut und neues synthetisiert wird. An diesem Prozeß sind im wesentlichen drei Zelltypen aktiv beteiligt: Osteoblasten, Osteoklasten und Osteocyten. Osteoblasten bilden neues Knochenmaterial, Osteoklasten bauen das Knochenmaterial ab und Osteocyten sind umgebaute Osteoblasten, die als Informationsträger die Calcium-Konzentration im Blutplasma regeln.

- Knochenumbau als Regelkreismechanismus nach Pauwels und Kummer:

  Ohne die Mechanismen im Detail zu kennen, durch die die mechanischen Belastungen auf das Osteoblasten-Osteoklasten-Gleichgewicht einwirken, kann man sich dennoch einen belastungsgesteuerten Regelkreismechanismus vorstellen. Stellvertretend für die verschiedenen Ansätze zur Ermittlung einer für den Umbau relevanten Steuerungsvariablen sei vorerst zur Erläuterung des Regelkreisprozesses der von Pauwels (1960) gewählte Vergleichspannungsparameter $\bar{\sigma}$ benutzt. Um das bestehende Gleichgewicht zwischen Osteoblasten und Osteoklasten aufrechtzuerhalten, muß ständig ein regelnder Stimulus $\bar{\sigma}$ wirken. Steigt infolge erhöhter mechanischer Belastung der Stimulus $\bar{\sigma}$ an, so führt dies zu einer verstärkten Knochenbildung, fällt andererseits der Stimulus $\bar{\sigma}$ unter einen Sollwert $\bar{\sigma}_s$ ab, so kommt es zu Knochenabbau (Kummer und Lohscheidt, 1984; Faust *et al.*, 1986).

- Selbst-Optimierungs-Ansatz nach Carter und Fyhrie:

  Carter und Fyhrie entwickelten einen Algorithmus, der den Knochen als ein sich durch lokale Umbaureaktionen auf verschiedene mögliche technische Versagenskriterien selbst-optimierendes Material beschreibt (Carter *et al.*, 1987).

- Adaptive Elastizitätstheorie nach Cowin:

  Ausgehend von einer thermodynamischen Kontinuumstheorie, die den Knochen als mit Flüssigkeit gefülltes, poröses, elastisches Mehrphasenmaterial beschreibt, ist die treibende Kraft des Umbaus der lokale Verzerrungszustand. In dieser Formulierung wird unterschieden zwischen *surface* und *internal remodelling* (Cowin und Hegedus, 1976; Cowin, 1987).

Allen hier erwähnten Umbaumodellen ist der große Durchbruch noch nicht gelungen. Der Hauptgrund dafür ist unserer Meinung darin zu sehen, daß alle Knochenumbaumodelle nicht der Tatsache gerecht werden, daß biologische Systeme offene Systeme sind, die aufgrund ihres Stoffwechsels in regem Austausch von Energie und Materie mit der Umgebung stehen. Man bezeichnet sie auch als Systeme fern vom thermodynamischen Gleichgewicht. Biologische Systeme beeindrucken außerdem durch ihre filigrane Struktur, ihre mannigfaltigen Funktionen und ihre ungeheuere Komplexität. Der ungewöhnlich hohe Grad an Koordinierung einzelner Subsysteme ist eine besondere Eigenschaft biologischer Systeme, alles Merkmale, die es nicht gerade erleichtern, adäquate Modelle für biologische Systeme zu entwickeln.

Tatsächlich wurden in den 60er und 70er Jahren in verschiedenen Disziplinen unabhängig voneinander Theorien entwickelt, welche die Dynamik und die spontane Strukturbildung, die Ausdifferenzierung und die Hierarchisierung von Systemen zum Gegenstand haben. Schlüsselbegriffe dieser neuen, eher evolutionären Auffassung der physikalischen Welt sind: Selbstorganisation, dissipative Strukturen, Nichtlinearität, Rückkopplung, Instabilität, Verzweigung, Ordnungsparameter, Versklavung etc. (Haken und Graham, 1971; Prigogine, 1979; Haken und Wunderlin, 1991). Daß diese hier verbal formulierten neuen Wirkungsweisen und neuen physikalischen Einsichten zu grundsätzlich neuen naturwissenschaftlichen Konzepten, ja sogar neuen Wissenschaftszweigen – wie der Synergetik (siehe die

Übersicht in Abschnitt 6.8) – führten, zeigt, wie reif die Zeit war für eine Erneuerung der klassischen Dynamik, indem die Dynamik biologischer Systeme mit einbezogen wurde.

Das eben Gesagte sei an einem Beispiel aus der Morphogenese (Gestaltbildung von Lebewesen bzw. ihrer Organe) deutlich gemacht. Ein besonders oft zitiertes Experiment zur biologischen Strukturbildung ist die Regeneration der Hydra. Die Hydra ist ein Süßwasserpolyp, einige Millimeter lang und aus ca. 100 000 Zellen aufgebaut. Sie hat einen Kopf und einen Fuß, d. h. sie ist polar strukturiert. Trennt man die Hydra in der Mitte durch, so bilden sich zwei neue Tiere, indem dem Fußteil ein Kopf wächst und zur Kopfhälfte ein Fuß regeneriert. Die Frage ist nun: woher weiß ein und dieselbe Gewebezelle an der Trennfläche, ob sie Kopf oder Fuß ausformen soll? Die Entscheidung zur Kopf- bzw. Fußbildung kann also nicht von einer lokalen Eigenschaft des Gewebes herrühren, sondern muß auf der Kommunikation der gesamten Gewebestruktur basieren. Weitere Experimente geben vielleicht Auskunft über die Mechanismen, die hier wirken. Implantiert man Gewebeteile eines fremden Kopfes in den Mittelteil einer Hydra, so bildet sich der Fremdkörper-Kopf zurück, wenn er nahe genug am vorhandenen Kopf eingepflanzt wird. Ist er hingegen weit genug entfernt, so bilden sich die neu eingepflanzten Kopfzellen zu einem kompletten Kopf aus. Das heißt, daß in geringer Entfernung eines Kopfes das Wachstum eines neuen Kopfes verhindert, gehemmt bzw. inhibiert wird. Andererseits wird in genügend großer Entfernung vom alten Kopf durch Aktivierung von Zellen ein neuer Kopf geformt.

Im Jahre 1972 entwarfen A. Gierer und H. Meinhardt ein mathematisches Modell, mit dessen Computerergebnissen die Fuß- und Kopfbildung der Hydra wiedergegeben werden konnte. Ihr Modell basiert auf der Annahme, daß morphogenetische Felder aufgrund ihrer inhomogenen Konzentrationsverteilung die Strukturbildung regeln. Die Experimente zur Kopf- und Fußregeneration legen die Vermutung nahe, daß mindestens zwei chemische Substanzen bzw. „Reaktanden" für den Gestaltungsprozeß verantwortlich sein müssen: ein Aktivator (Anregungsstoff) und ein Inhibitor (Hemmstoff).

Folgende Überlegungen sollten in einem mathematischen Modell berücksichtigt sein: damit der Prozeß in Gang kommt, sollten beide Stoffe z. B. in der Kopfregion produziert werden. Außerdem zeigen die Experimente, daß die Hemmung über eine gewisse Entfernung vom bereits vorhandenen Kopf Wirkung zeigt, d. h. der Inhibitor muß diffundieren können. Auch der Aktivator muß dazu befähigt sein, ansonsten könnte er die Nachbarzellen zum Transplantat nicht dazu aktivieren, eine Kopfregion zu bilden.

Zur mathematischen Formulierung dieses biologischen Prozesses bezeichnen wir die Konzentration des Aktivators mit a, die des Inhibitors mit h. Die räumliche Abhängigkeit von a und h ist durch die Koordinate x bestimmt. Gierer und Meinhardt haben die folgenden partiellen Differentialgleichungen vorgeschlagen und numerisch behandelt

$$\frac{\partial a}{\partial t} = \rho + k\frac{a^2}{h} - \mu a + D_a \frac{\partial^2 a}{\partial x^2} \tag{9.1.1a}$$

$$\frac{\partial h}{\partial t} = ca^2 - \nu h + D_h \frac{\partial^2 h}{\partial x^2} \tag{9.1.1b}$$

Der a^2-Term wirkt zum einen autokatalytisch (9.1.1a) und zum andern kreuzkatalytisch, indem der Inhibitor mit Hilfe des Aktivators erzeugt wird (9.1.1b). Die Terme $-\mu a$ und $-\nu h$ sind Zerfalls- bzw. Verlustraten, ρ ein aktivatorunabhängiger Produktionsterm, und die Ausdrücke $D_a \partial^2 a/\partial x^2$ sowie $D_h \partial^2 h/\partial x^2$ steuern die Diffusion. Eine ausführliche Herleitung dieser nichtlinearen partiellen Differentialgleichung des Reaktions-Diffusions-Typs ist außer in der Originalveröffentlichung auch in (Haken, 1982) zu finden. Vergleicht man die Computersimulation mit den experimentellen Befunden zur Hydra-Regeneration, so gibt das Modell die Regulationsfähigkeit sehr gut wieder. In Abb. 9.1.1a ist die Regenerationsfähigkeit, die Erneuerung des gesamten Organismus aus Teilen, am Beispiel der Hydra dargestellt. Abbildung 9.1.1b zeigt Ergebnisse der eindimensionalen Modellrechnung.

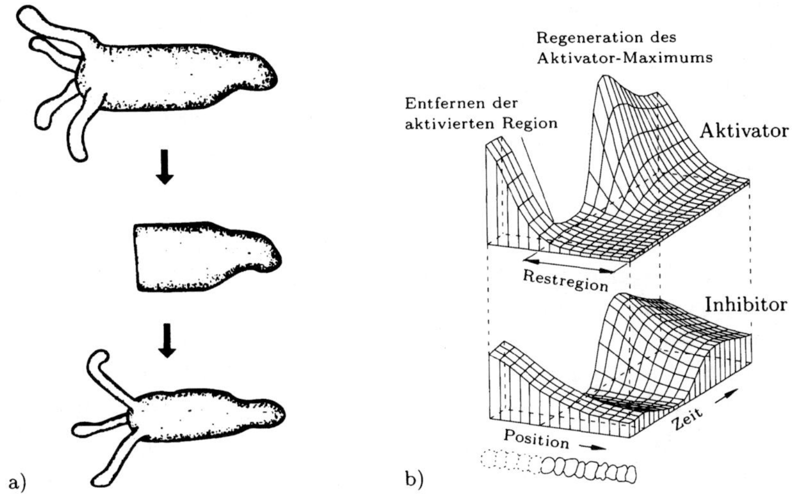

Abb. 9.1.1 Regenerationsfähigkeit der Hydra, nach (Meinhardt, 1987)
a) Zu einem Fußteil wächst ein Kopf
b) für $t \to \infty$ erreicht die Restregion ihre alte Konzentrationsverteilung für a und h

Aufgetragen ist in Abb. 9.1.1b die raum-zeitliche Konzentrationsverteilung der Aktivator- und Inhibitorsubstanz für die Kopfregion. Die ersten vier Kurvenverläufe von a und h sind die Konzentrationen vor Durchtrennung der Hydra. Nach der Abtrennung der Kopfregion, der Aktivzone sowohl für den Aktivator a als auch den Inhibitor h, sinken für die Restregion die Aktivatorwerte, aber vor allem die Inhibitorwerte h, soweit ab, daß eine Neuzündung der Autokatalyse möglich wird. Der Produktionsprozeß von a und h kommt neu in Gang. Für $t \to \infty$ stellt sich wiederum eine inhomogene Konzentrationsverteilung ein, die nun für die verkleinerte Region in Übereinstimmung mit der experimentell gefundenen regenerierten Hydra ist bzw. qualitativ mit der Konzentrationsverteilung in der Hydra vor der Durchtrennung übereinstimmt.

Die Computerresultate von Gierer und Meinhardt wurden in (Granero *et al.*, 1977) auf analytische Weise im Rahmen der Verzweigungstheorie bestätigt. In (Haken und Olbricht, 1978) wurde anhand des Gierer-Meinhardt-Modells die synergetische Betrachtungsweise demonstriert und deren Potential, räumliche und zeitliche Strukturbildungen in der Biologie durch das Versklavungsprinzip und durch die Reduktion auf wenige Freiheitgrade, die Ordnungsparameter, zu beschreiben.

Nach diesem Exkurs in die Morphogenese kehren wir zurück zum eigentlichen Thema dieses Abschnitts, den Knochenumbauprozessen. Aufgrund von Beobachtungen ist bekannt, daß der Knochen auf Veränderungen in der Beanspruchung mit Dichteänderung und mit Veränderung der Querschnittsfläche reagiert. Die Dichteänderung erfolgt sehr schnell, wohingegen das „Draufpacken" von Material an den Rändern erst einsetzt, wenn sich abzeichnet, daß die neue Beanspruchung von Dauer ist. Überraschend ist, daß die Natur beim Knochenumbau dem Prinzip einer schnellen bzw. kurzzeitigen und einer langsamen bzw. auf Dauer angelegten Reaktion folgt.

Ein weiteres Indiz für ein Modell in Richtung dynamischer Systeme sind die Studien in (O'Connor *et al.*, 1982; Rubin und Lanyon, 1984), die zeigen, daß rein konstante Belastungen keinen nennenswerten Stimulus für Knochenumbau bilden, hingegen tägliche, wenn auch kurzzeitige dynamische Beanspruchung deutliche Knochenzunahme bewirkt. Selbst dynamische Belastungen mit extrem geringen täglichen Lastzykluszahlen (nur 36) führen zu deutlichen Remodelling-Reaktionen. Obwohl auch gegenteilige Beobachtungen veröffentlicht wurden (Hassler *et al.*, 1980), glauben wir, daß die Dynamik den auslösenden Faktor eines mechanischen Stimulus darstellt und dementsprechend die Theorie nichtlinearer dynamischer Systeme die geeigneten Werkzeuge bietet, Knochenumbauprozesse zu modellieren.

In der nun folgenden ersten Studie geht es uns ausschließlich darum, das Langzeitverhalten eines nichtlinearen dynamischen Systems zweier Variablen zu studieren. Uns interessierte als erstes die Koexistenz von verschiedenen Punktattraktoren und von eventuell unterschiedlichen Attraktortypen, wie Punktattraktoren und Grenzzyklen, im Phasenraum. Systeme mit mehreren Attraktoren im Phasenraum signalisieren für unterschiedliche Anfangsbedingungen unterschiedliches stationäres Verhalten, ein durchaus erwünschtes Phänomen für Knochenumbau. Als zweites gilt es, die Abhängigkeit der Attraktortypen von den Kontrollparametern zu studieren.

Wie bereits erwähnt, verstehen wir unter Knochenumbau sowohl die Änderung des Materialverhaltens als auch die Veränderung der Knochenquerschnittsfläche, d. h. der Geometrie der inneren und äußeren Ränder. Seit (Pauwels, 1960, 1965) wissen wir, daß die Knochenzelle einmal den hydrostatischen Druck als Reiz aufgrund einer Volumenänderung wahrnimmt und zum zweiten die erste Hauptdehnung des Dehnungsdeviators als Stimulus aufgrund einer Gestaltänderung registriert (Faust *et al.*, 1986). Aus der Elastomechanik kennen wir die Dekomposition isotropen Materialverhaltens in einen Kompressionsmodul, der die Volumenänderung und den hydrostatischen Druck zueinander in Beziehung setzt, und in einen Schubmodul, der die Gestaltänderung mit der Schubspannung verknüpft. Die Idee ist nun, die Aktivator-Inhibitor-Vorstellung auf die zeitliche Veränderung in der Erhöhung oder Erniedrigung der Stoffkennwerte einer Knochenstruktur und deren Dehnungsverhalten zu übertragen. Die unabhängigen Variablen unseres Systems sind der Schubmodul q_1, der Kompressionsmodul q_2, die erste Hauptdehnung des Dehnungsdeviators q_3 und die volumetrische Dehnung q_4. Im Kontext dynamischer Systeme fassen wir die q_i-Variablen im Vektor $\boldsymbol{q} = \{q_1\ q_2\ q_3\ q_4\}$ zusammen. Der Raum, den die Gesamtheit aller möglichen Vektoren $\boldsymbol{q}$ aufspannt, ist dann der Phasenraum. Die Evolutionsgleichung des Vektors $\boldsymbol{q}$ können wir nun in der folgenden allgemeinen Form anschreiben

$$\dot{\boldsymbol{q}} = \boldsymbol{F}(\boldsymbol{q}, \nabla, \boldsymbol{\mu}) \tag{9.1.2}$$

Durch die Gl. (9.1.2) soll ausgedrückt werden, daß die zeitliche Entwicklung $\dot{\boldsymbol{q}}$ eine nichtlineare Funktion des momentanen Zustandes $\boldsymbol{q}$ des Systems ist. Die räumliche inhomogene Verteilung von $\boldsymbol{q}$ symbolisiert ∇ und im Vektor $\boldsymbol{\mu}$ sind die Kontrollparameter, die die Offenheit des Systems berücksichtigen, zusammengefaßt. Die Gleichung (9.1.2) für den konkreten Fall der Knochenumwandlung aufzustellen, ist die eigentliche Herausforderung sowohl an Experimentatoren als auch an theoretisch orientierte Biomechaniker. Was leider fehlt bzw. uns unbekannt ist, sind kontrollierte Laborexperimente über zeitlich variierende Beanspruchungen und die Reaktion des Knochens darauf in Zeit und Raum.

Die einzige Möglichkeit, die in Ermangelung experimenteller Befunde bleibt, ist, einfache Modellansätze auf dem Computer „durchzuspielen“ und diese anhand der Kriterien Langzeitverhalten und Verzweigungsmuster auf ihre Relevanz hinsichtlich Knochenumbau zu überprüfen.

Für die nun folgenden beiden einfachsten Studien reduzieren wir das Gleichungssystem (9.1.2) mit vier unabhängigen Variablen auf ein zweidimensionales System und lassen zusätzlich die räumliche Abhängigkeit von $\boldsymbol{q}$ außer acht. Als unabhängige Variable wählen wir den Schubmodul q_1 und den Kompressionsmodul q_2 und setzen die Evolutionsgleichungen für das Materialverhalten in folgender Form an

$$\begin{aligned} \dot{q}_1 &= \gamma_1 q_1 + a_1 q_1 q_2 - a_2 q_2^2 \\ \dot{q}_2 &= -\gamma_2 q_2 + b q_1^2 \end{aligned} \tag{9.1.3}$$

wobei in der Wahl der linearen und nichtlinearen „Produktions-“ und „Verlustterme“ noch eine gewisse Willkür zu beobachten ist. Es erweist sich als zweckmäßig, zu neuen Variablen überzugehen und die Zahl der Parameter über die Transformation

$$t' = \gamma_2 t, \qquad q_1 = \sqrt{\frac{\gamma_1\gamma_2}{a_1 b}}\, x_1, \qquad q_2 = \frac{\gamma_1}{a_1} x_2$$

zu reduzieren. Wir erhalten damit das System

$$\begin{aligned}\dot{x}_1 &= Ax_1 + Ax_1x_2 - Bx_2^2 \\ \dot{x}_2 &= -x_2 + x_1^2\end{aligned} \tag{9.1.4}$$

wobei wir die Abkürzungen

$$A = \frac{\gamma_1}{\gamma_2}, \qquad B = \frac{a_2\gamma_1}{a_1\gamma_2}\sqrt{\frac{b\gamma_1}{a_1\gamma_2}}$$

verwendet haben. Zunächst setzen wir für unsere weitere Betrachtung $B = 1$. Gleichung (9.1.4) vereinfacht sich dann zu

$$\begin{bmatrix}\dot{x}_1\\ \dot{x}_2\end{bmatrix} = \begin{bmatrix}A & 0\\ 0 & -1\end{bmatrix}\begin{bmatrix}x_1\\ x_2\end{bmatrix} + \begin{bmatrix}Ax_1x_2 - x_2^2\\ x_1^2\end{bmatrix} \tag{9.1.5}$$

Für Gl. (9.1.5) bestimmen wir als erstes die Gleichgewichtszustände bzw. singulären Punkte $\boldsymbol{x}_s$. Die Gleichgewichtslagen sind bestimmt durch

$$\dot{\boldsymbol{x}} = \begin{bmatrix}\dot{x}_1\\ \dot{x}_2\end{bmatrix} = \begin{bmatrix}0\\ 0\end{bmatrix} \tag{9.1.6}$$

Damit erhalten wir aus Gl. (9.1.5) folgende Bestimmungsgleichungen für die Fixpunkte

$$\begin{aligned}Ax_1 + Ax_1x_2 - x_2^2 &= 0 \\ -x_2 + x_1^2 &= 0\end{aligned} \tag{9.1.7}$$

bzw.

$$x_2 = x_1^2 \tag{9.1.8a}$$

$$x_1(A + Ax_1^2 - x_1^3) = 0 \tag{9.1.8b}$$

Die Gleichungen (9.1.8) zeigen, daß der Koordinatenursprung unabhängig vom Kontrollparameter A Fixpunkt ist, $F_1(0,0)$. Zur Bestimmung weiterer Fixpunkte diskutieren wir die kubische Gleichung in Gl. (9.1.8b). Durch die Substitution

$$y = x - \frac{A}{3} \tag{9.1.9}$$

erhält man folgende Normalform

$$y^3 + 3py + 2q = 0 \tag{9.1.10}$$

mit

$$q = -\left(\frac{A^3}{27} + \frac{A}{2}\right) , \quad p = -\frac{A^2}{9}$$

Das Vorzeichen der Diskriminante $D = q^2 + p^3$ entscheidet über die Anzahl der reellen Lösungen in Abhängigkeit von A. Im vorliegenden Fall ist

$$D = \frac{A^4}{27} + \frac{A^2}{4} \geqslant 0 \tag{9.1.11}$$

d. h. Gl. (9.1.10) besitzt für $-\infty < A < +\infty$ nur 1 reelle Lösung, den Fixpunkt $F_2(x_{12}, x_{22})$.

Die Koordinaten x_{12}, x_{22} von F_2 sind abhängig vom Kontrollparameter A

$$\begin{aligned} x_{12} &= A^{1/3}\Big[\big(A_1 + \sqrt{A_2}\big)^{1/3} + \big(A_1 - \sqrt{A_2}\big)^{1/3}\Big] + \tfrac{1}{3}A \\ x_{22} &= x_{12}^2 \end{aligned} \tag{9.1.12}$$

wobei folgende Abkürzungen

$$A_1 = \tfrac{1}{27}A^2 + \tfrac{1}{2} \qquad \text{und} \qquad A_2 = \tfrac{1}{27}A^2 + \tfrac{1}{4}$$

verwendet wurden. Aufgrund der Gl. (9.1.12) ist ersichtlich, daß der Fixpunkt F_2 für $A < 0$ im 2. Quadranten der Phasenebene x_1, x_2, für $A = 0$ im Ursprung und für $A > 0$ im 1. Quadranten liegt.

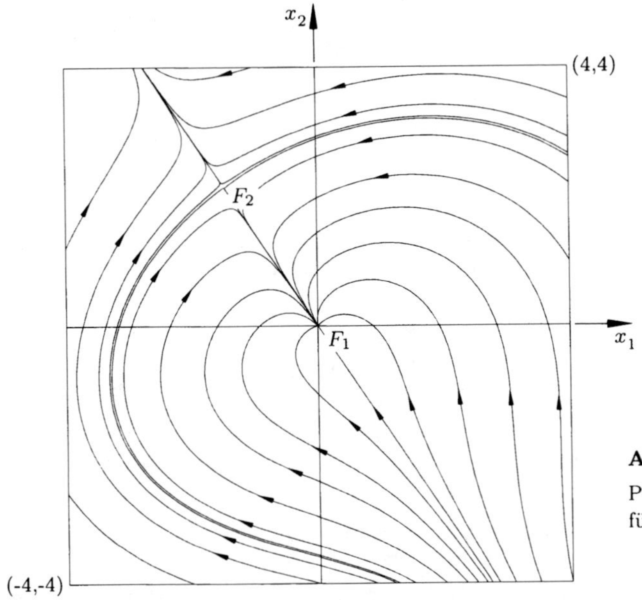

Abb. 9.1.2

Phasenportrait der Gl. (9.1.4) für $A = -1$

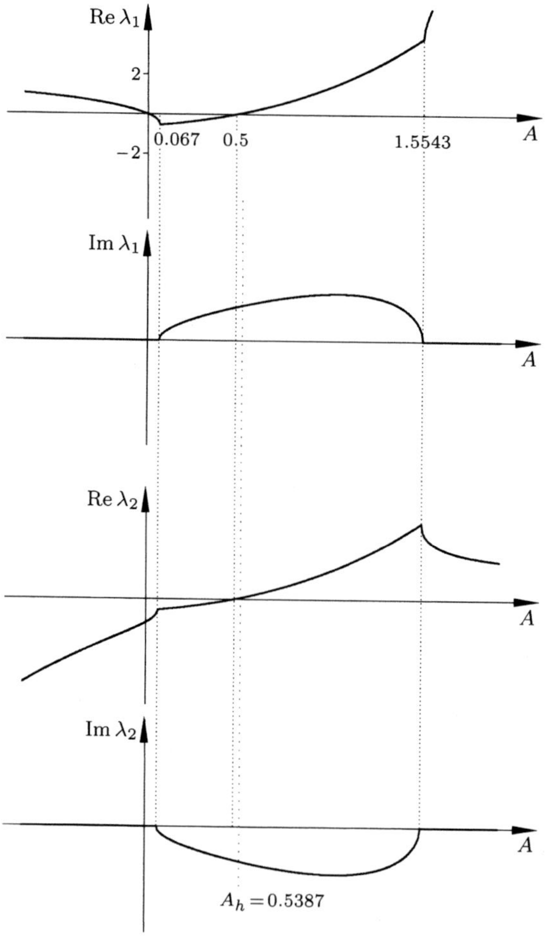

Abb. 9.1.3 Entwicklung der Eigenwerte λ_1, λ_2 des Fixpunktes $F_2(x_{12}, x_{22})$ von Gl. (9.1.4) in Abhängigkeit vom Kontrollparameter A

Wir untersuchen nun das Stabilitätsverhalten der beiden Fixpunkte $F_1(0,0)$ und $F_2(x_{12}, x_{22})$. Dazu bestimmt man die Jacobi-Matrix $\frac{\partial \boldsymbol{F}}{\partial \boldsymbol{x}}|_{F_1,F_2}$ für das Gleichungssystem (9.1.5)

$$\left.\frac{\partial \boldsymbol{F}}{\partial \boldsymbol{x}}\right|_{F_1} = \begin{bmatrix} A & 0 \\ 0 & -1 \end{bmatrix}, \qquad \left.\frac{\partial \boldsymbol{F}}{\partial \boldsymbol{x}}\right|_{F_2} = \begin{bmatrix} A(1+x_{22}) & Ax_{12} - 2x_{22} \\ 2x_{12} & -1 \end{bmatrix} \quad (9.1.13\text{a, b})$$

Als erstes diskutieren wir das Stabilitätsverhalten von F_1 und betrachten dazu Gl. (9.1.13a). Die Jacobi-Matrix ist eine Diagonalmatrix, d. h. die Diagonalelemente sind gleichzeitig die Eigenwerte des linearisierten Systems. Für $A < 0$ sind beide reellen Eigenwerte negativ. Der Fixpunkt $F_1(0,0)$ ist folglich ein stabiler Knoten (siehe Abbn. 3.1.2 und 9.1.2). Im Fall $A > 0$ haben die beiden reellen Eigenwerte

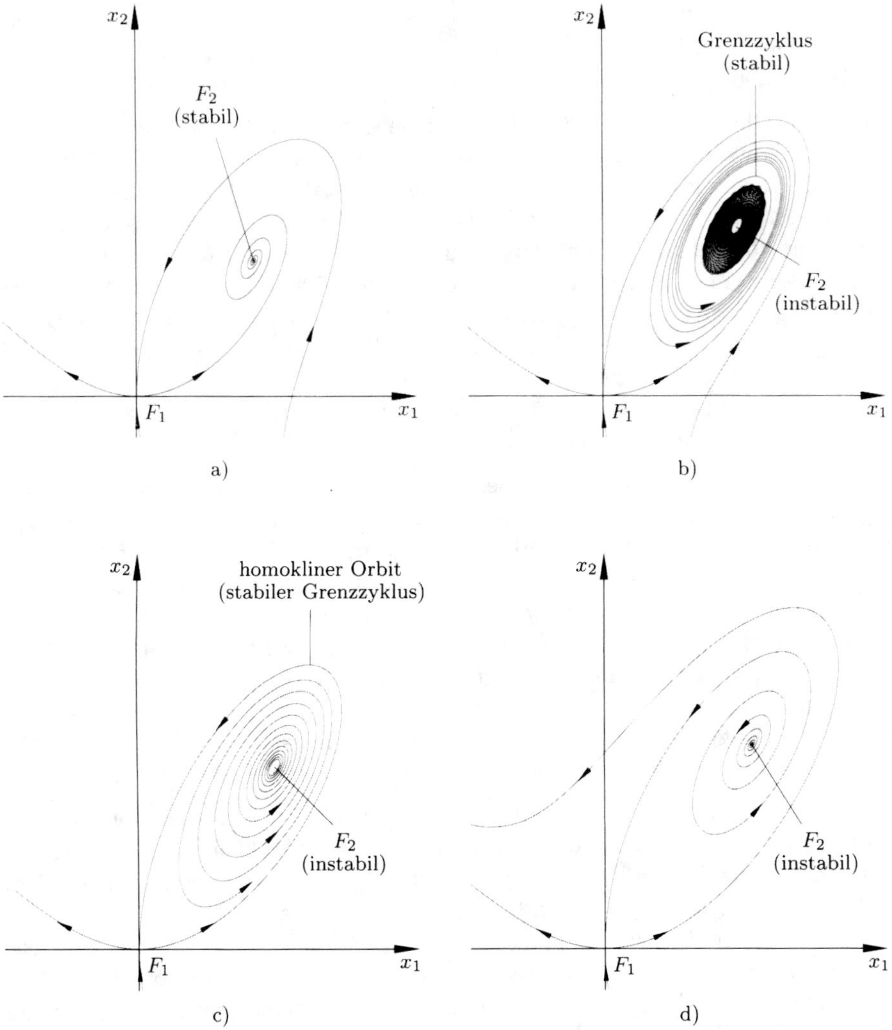

Abb. 9.1.4 Vier Phasenportraits der Gl. (9.1.4) für $A > 0$:
a) $A = 0.4$, b) $A = 0.505$, c) $A_h = 0.5387$, d) $A = 0.6$

entgegengesetzte Vorzeichen, d. h. der Fixpunkt $F_1(0,0)$ ist ein Sattelpunkt (siehe Abbn. 3.1.3 und 9.1.4).

Die Berechnung der Eigenwerte zur Bestimmung der Stabilität des Fixpunkts $F_2(x_{12}, x_{22})$ aufgrund von Gl. (9.1.13b) ist etwas aufwendiger. Die Entwicklung der Eigenwerte λ_1, λ_2 des linearisierten Systems in Abhängigkeit vom Kontrollparameter A ist in Abb. 9.1.3 dargestellt.

Im Bereich $-\infty < A < 0$ sind die Vorzeichen der beiden reellen Eigenwerte λ_1, λ_2 verschieden, d. h. der Fixpunkt F_2 ist ein Sattelpunkt (siehe Abb. 9.1.2). Bei $A = 0$ wechselt λ_1 sein Vorzeichen, beide reellen Eigenwerte sind für $0 < A < 0.067$

negativ, damit ist für F_2 die Situation eines stabilen Knotens gegeben. F_2 hat sich beim Durchlaufen von A durch den Ursprung von einem Sattelpunkt in einen stabilen Knoten gewandelt.

Im Bereich $0.067 < A < 1.5543$ sind die beiden Eigenwerte λ_1, λ_2 konjugiert komplex. Der Fixpunkt F_2 ist folglich ein Fokus (vgl. Abb. 9.1.4). Für $0.067 < A < 0.5$ sind beide Realteile negativ, d. h. der Fokus ist stabil (vgl. Abb. 9.1.4a). Bei $A = 0.5$ wechseln die Realteile von λ_1 und λ_2 ihr Vorzeichen nach plus, der Fokus F_2 wird instabil. Aufgrund der Ausführungen von Abschnitt 6.4, Teil *D)* wissen wir, daß, wenn ein Paar konjugiert komplexer Eigenwerte die imaginäre Achse vom Realteil negativ nach positiv durchstößt, eine superkritische Hopf-Verzweigung vorliegt (vgl. Abb. 6.4.7). In Abb. 9.1.4b ist das Phasenportrait für $A = 0.505$ dargestellt. Der Trajektorienverlauf verdeutlicht zum einen den instabilen Charakter von F_2 und zum anderen die Existenz eines stabilen Grenzzyklus, der sich bei $A = 0.5$ auszubilden beginnt.

Wie bereits erwähnt, ereignet sich bei $A = 0.5$ eine Hopf-Verzweigung. Mit ansteigendem A wächst auch die Ausdehnung des Grenzzyklus. Für $A_h = 0.5387$ geht dieser in einen homoklinen Orbit des Sattelpunktes im Ursprung über (Abb. 9.1.4c). Weiteres Erhöhen von A führt dazu, daß diese homokline Schleife aufbricht und demzufolge der Grenzzyklus abrupt aufhört zu existieren (Abb. 9.1.4d). Diesen Verzweigungstyp, der nicht aufgrund der Eigenwertkonstellation (s. Abb. 9.1.3), sondern aufgrund globaler Eigenschaften des Flusses zustande kommt, bezeichnet man als homokline Bifurkation. Im Rahmen der globalen Verzweigungstheorie (vgl. Wiggins, 1988; Guckenheimer und Holmes, 1983) spielt dieser sehr einfache Verzweigungstypus ebener Flüsse eine wichtige Rolle.

Aufgrund der Diskussion von Gl. (9.1.5) hinsichtlich Attraktoren in Abhängigkeit vom Kontrollparameter A wird deutlich, daß nur für einen kleinen Ausschnitt von positiven A-Werten, nämlich für $0 < A < 0.5387$, und für einen begrenzten Bereich von Anfangsbedingungen stabiles Langzeitverhalten existiert. Interpretiert man die Struktur des Phasenraums als zeitlichen „Indikator", auf dessen Basis Knochenumbauprozesse ablaufen, so beschränken sich die Umbauprozesse mit stabilem Langzeitverhalten auf einen sehr kleinen Parameterbereich, vor allem im Hinblick auf die Tatsache, daß der Parameter eine experimentell zu bestimmende Größe darstellt. Ein möglicher „Ansatz", der aus dem eben beschriebenen Dilemma des zu kleinen Parameterbereichs führt, könnte das folgende System sein

$$\begin{aligned} \dot{x}_1 &= Ax_1 - Ax_1x_2 - x_2^2 \\ \dot{x}_2 &= -x_2 + x_1^2 \end{aligned} \tag{9.1.14}$$

wobei die x_1-Rate durch den x_1x_2-Term nicht, wie in Gl. (9.1.5), angefacht, sondern abgebremst wird.

Berechnet man für Gl. (9.1.14) die Fixpunkte, so zeigt sich auch hier, daß der Ursprung, unabhängig von A, Fixpunkt ist, $F_1(0,0)$. Die weiteren Fixpunkte sind Lösungen einer kubischen Gleichung. Die Diskriminante D ist für den Ausschnitt

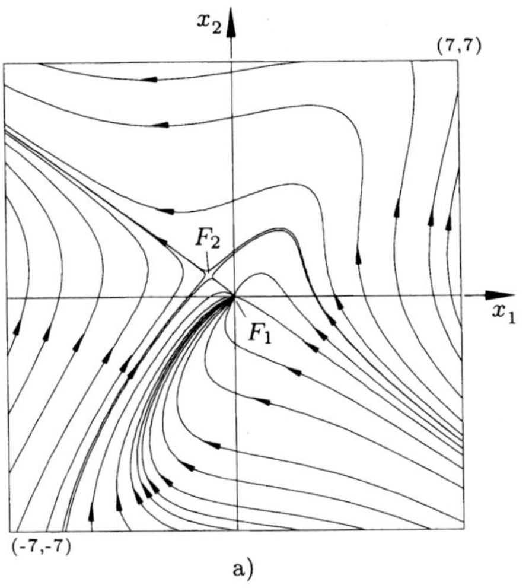

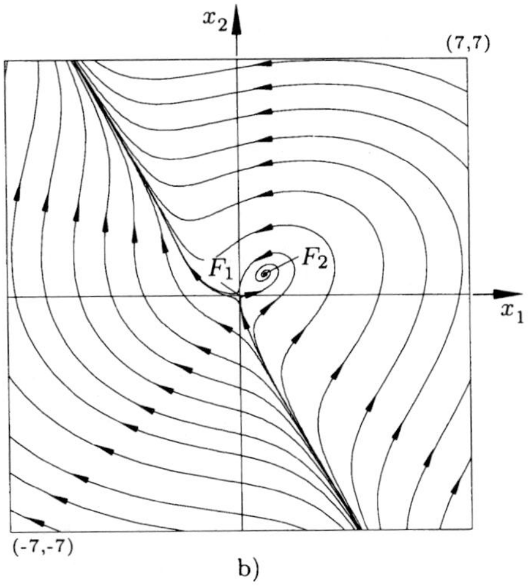

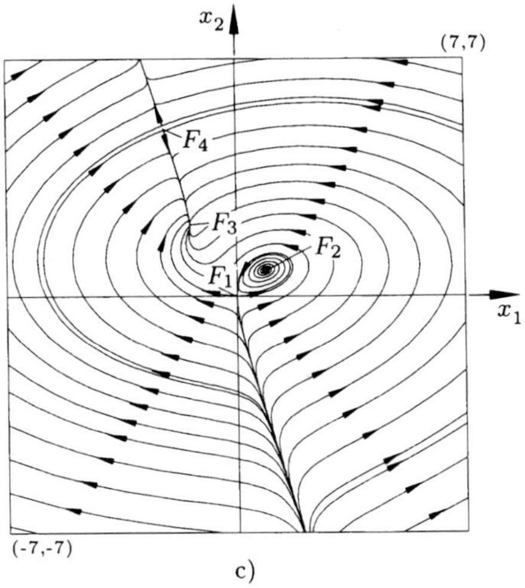

Abb. 9.1.5

Drei Phasenportraits der Gl. (9.1.14) für verschiedene Parameterwerte A:
a) $A = -1.3$, b) $A = 1.3$, c) $A_h = 2.7935$

$-\sqrt{27/4} < A < \sqrt{27/4}$ größer Null, d.h. in diesem A-Bereich existiert mit Ausnahme von $A = 0$ nur eine reelle Lösung. Für $|A| > \sqrt{27/4} \approx 2.598$ ist $D < 0$ und damit sind alle drei Lösungen reell. In Abb. 9.1.5 sind drei Phasenportraits der Gl. (9.1.14) für die Parameterwerte $A = -1.3$, 1.3 und 2.7935 dargestellt. Die beiden Bilder a) und b) zeigen Trajektorienverläufe für das Regime $D > 0$. Zu erkennen sind die Fixpunkte $F_1(0,0)$ und $F_2(-0,79,0.62)$ im 2. bzw. $F_2(0.79,0.62)$ im 1. Quadranten der x_1, x_2-Phasenebene. Wie bereits erwähnt, existieren für $|A| > 2.598$ vier Fixpunkte, die in Abb. 9.1.5c für $A_h = 2.7935$ dargestellt sind. Der Fixpunkt F_4 nimmt im Vergleich zu den restlichen drei mit anwachsendem A sehr rasch hohe Koordinatenwerte an. Zum Beispiel ermittelt man für $A = 50$

folgende Koordinatenkonstellation: $F_1(0,0)$, $F_2(0.99, 0.98)$, $F_3(-1.01, 1.02)$ und $F_4(-49.98, 2498.)$.

Die lineare Stabilitätsanalyse bestätigt aufgrund der Eigenwerte für $A = -1.3$, Bild a), den stabilen Knoten F_1 ($\lambda_1 = -1.3$, $\lambda_2 = -1$) und den Sattelpunkt F_2 ($\lambda_1 = 1.16$, $\lambda_2 = -2.66$). Beim Nulldurchgang von A wechseln beide Fixpunkte ihre Stabilitätseigenschaften. Für $A = 1.3$, Bild b), ist F_1 ein Sattelpunkt ($\lambda_1 = 1.3$, $\lambda_2 = -1$) und F_2 ein stabiler Fokus ($\lambda_1 = -0.25 + 1.74i$, $\lambda_2 = -0.25 - 1.74i$). Die in Abb. 9.1.5c neu hinzugekommenen Fixpunkte sind ein stabiler Knoten F_3 ($\lambda_1 = -0.86$, $\lambda_2 = -3.1$) und ein Sattelpunkt F_4 ($\lambda_1 = 0.44$, $\lambda_2 = -12.6$). Für den numerisch ermittelten Parameterwert $A_h = 2.7935$ formiert sich am Ursprungssattelpunkt F_1 eine homokline Schleife, die für anwachsende A-Werte wieder aufbricht. Beim Aufbrechen löst sich vom homoklinen Orbit ein diesmal instabiler Grenzzyklus ab, von dessen Innerem der stabile Fokus F_2 (A_h: $\lambda_1 = -0.17 + 2.5i$, $\lambda_2 = -0.17 - 2.5i$) gespeist wird. Die Realteile der Eigenwerte von F_2 bleiben negativ, damit ist eine Hopf-Verzweigung ausgeschlossen. Die Verzweigung ist globaler Natur und entspricht dem einfachen Typus einer homoklinen Bifurkation (Wiggins, 1988).

Farbtafel XVI, S. 654, zeigt vier weitere Phasenportraits, und zwar für $A = 3.5$, 5, 14 und 50. Innerhalb der hier gewählten Ausschnitte $-3 \leqslant x_1 \leqslant 3$, $-1 \leqslant x_2 \leqslant 3$ sind die drei Fixpunkte F_1, F_2 und F_3 zu erkennen, wohingegen F_4 weit außerhalb zu liegen kommt. Die Farbtafeln XVIa,b zeigen in Gelb sowohl den durch die homokline Bifurkation geborenen instabilen Grenzzyklus als auch die vom Grenzzyklus nach innen weg und zum stabilen Fokus F_2 hinlaufenden Trajektorien. Die Trajektorien, die vom Grenzzyklus nach außen starten, sind rot gezeichnet. Diese nähern sich zunächst dem Sattelpunkt $F_1(0,0)$ entlang des oberen Zweiges seiner stabilen Mannigfaltigkeit, um schließlich von F_1 abgestoßen zu werden. Manche gelangen vorübergehend wieder in die Einflußsphäre des Grenzzyklus, andere werden sofort in Richtung des stabilen Fokus F_3

$$A = 3.5: \quad F_3(-1.2462,\ 1.5529)\ , \ \lambda_{1,2} = -1.47 \pm 1.7i$$

$$A = 5.0: \quad F_3(-1.1378,\ 1.2946)\ , \ \lambda_{1,2} = -1.24 \pm 2.6i$$

abgedrängt, so daß letztlich alle vom äußeren Rand des instabilen Grenzzyklus kommenden Trajektorien von F_3 eingefangen werden.

Die blauen Trajektorien starten links und rechts vom unteren Zweig der stabilen Mannigfaltigkeit von $F_1(0,0)$. Beide Trajektorienscharen enden schließlich im Fokus F_3, wobei das Einfließen in F_3 vom unteren Zweig der instabilen Mannigfaltigkeit des nichtsichtbaren Sattelpunktes F_4 bestimmt wird (vgl. Abb. 9.1.5c).

Die beiden restlichen Bilder der Farbtafel XVIc,d zeigen die Trajektorienverläufe für $A = 14$ bzw. $A = 50$. Der Eindruck, den diese Bilder vermitteln, daß zwischen $A = 5$ und $A = 14$ der instabile Grenzzyklus aufgrund einer subkritischen Hopf-Verzweigung (vgl. Abb. 6.4.19) verschwindet und daß der vormals stabile Fokus F_2 nun instabil ist, trügt. Eine lineare Stabilitätsuntersuchung für F_2 zeigt nämlich, daß zumindest bis $A = 50$ die Realteile beider Eigenwerte negativ bleiben. Ein

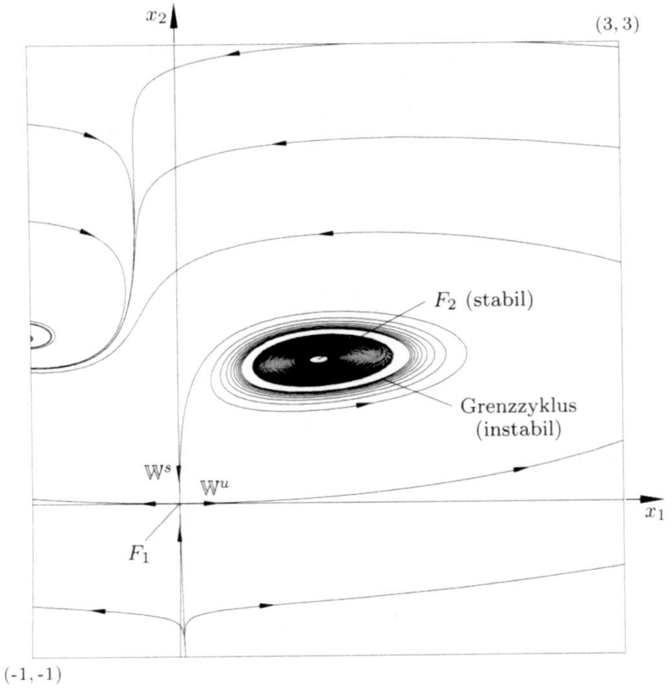

Abb. 9.1.6 Phasenportrait der Gleichung (9.1.14) für $A = 14$: Auschnittsvergrößerung von Farbtafel XVIc, S. 654

Stabilitätswechsel von F_2 findet folglich nicht statt; das wiederum bedeutet, daß der instabile Grenzzyklus bis $A = 50$ existent sein muß, was die Ausschnittsvergrößerung von XVIc, dargestellt in Abb. 9.1.6, bestätigt.

Die ausführliche Diskussion von Gl. (9.1.14) macht deutlich, daß der Parameterbereich von A, für den stabiles Langzeitverhalten auftritt, wesentlich ausgedehnter ist als der von Gl. (9.1.5). Zumindest in dieser Hinsicht wäre der zweite Ansatz zur Formulierung des Materialverhaltens als Knochenumbauprozeß geeigneter.

Wir kommen nochmals zurück zum Gleichungssystem (9.1.4) mit den beiden Kontrollparamentern A und B. Anhand dieses Systems möchten wir für einen speziellen Fixpunkt im ersten Quadranten des Phasenraums die verschiedenen Fixpunkttypen und deren Stabilität demonstrieren. Die Fixpunktbedingungen lauten

$$\begin{aligned} A(x_1 + x_1 x_2) - B x_2^2 &= 0 \\ -x_2 + x_1^2 &= 0 \end{aligned} \tag{9.1.15}$$

An dieser Stelle ist eine weitere Vereinfachung der Kontrollparameter möglich

$$C = \frac{A}{B} = \frac{a_1}{a_2}\sqrt{\frac{a_1 \gamma_2}{b \gamma_1}} \tag{9.1.16}$$

wodurch Gl. (9.1.15) dem Typ von Gl. (9.1.7) angepaßt wird.

Der Koordinatenursprung ist der Fixpunkt F_1. Wir konzentrieren unsere Betrachtungen auf den einzigen weiteren Fixpunkt $F_2(x_{12}, x_{22})$ im Reellen. Seine Koordinaten ergeben sich entspechend Gl. (9.1.12) zu

$$\begin{aligned} x_{12} &= C^{1/3}\left[\left(C_1 + \sqrt{C_2}\right)^{1/3} + \left(C_1 - \sqrt{C_2}\right)^{1/3}\right] + \tfrac{1}{3}C \\ x_{22} &= x_{12}^2 \end{aligned} \tag{9.1.17}$$

mit den analogen Abkürzungen

$$C_1 = \tfrac{1}{27}C^2 + \tfrac{1}{2} \qquad \text{und} \qquad C_2 = \tfrac{1}{27}C^2 + \tfrac{1}{4}$$

Zu Demonstrationszwecken wählen wir $C = 10$. Die Koordinaten des zweiten singulären Punktes F_2 sind dann

$$x_{12} = 10.0981, \quad x_{22} = 101.971$$

Was nun von Interesse ist, ist der Trajektorienverlauf in der Umgebung von F_2, und zwar in Abhängigkeit von positiven A-Werten. Dies geht einher mit der Frage nach den stabilen und instabilen Zuständen für verschiedene A-Werte und nach den Eigenwertkonfigurationen, die dafür verantwortlich sind (Abb. 3.1.8). Das Ergebnis entspricht dem von Gl. (9.1.5) und ist in Abb. 9.1.7 zusammengefaßt.

Unter Berücksichtigung von Gl. (9.1.16) haben wir explizit für das Gleichungssystem (9.1.4) Trajektorien mit unterschiedlichen Anfangsbedingungen numerisch berechnet – für anwachsende A-Werte, aber für einen festen C-Wert ($C = 10$) – und im x_1, x_2 -Phasenraum farbig geplottet, um damit den Entwicklungsprozeß des Fixpunktes F_2 und seiner Umgebung zu visualisieren. Das Ergebnis ist in den Farbtafeln II und III, S. 640, 641 dargestellt.

Beginnen wir mit Farbtafel IIa, S. 640. Für $A = 0.0001$ ist der stationäre Punkt F_2 ein stabiler Knoten. Die Trajektorien, die jeweils bei $x_2 = 0$ beginnen, münden in eine Parabel mit dem Exponenten k > 1, die im Ursprung, der instabilen Mannigfaltigkeit von F_1 folgend, startet und direkt auf den Fixpunkt F_2 zuläuft. Die weiteren Abbildungen (Farbtafel IIb-e) zeigen den Wandel von einem stabilen Knoten zu einem stabilen Fokus (Farbtafel IIe); das spiralige Einmünden der Trajektorien in den Fixpunkt zeichnet sich mit anwachsendem A immer deutlicher ab. Der Umschlag, Knoten zu Fokus, vollzieht sich bei dem analytisch errechneten Wert $A = 0.00164$ (Abb. 9.1.7).

In den Bildern der Farbtafel IIg,h wird zusätzlich zur Entwicklung von F_2, durch die Farbwahl von Grün und Rot, das Einzugsgebiet von F_2 abgegrenzt. Die Trajektorien, die in dem hier gewählten Ausschnitt auf der x_1-Achse starten und im Fokus F_2 enden, sind grün gezeichnet. Die roten Trajektorien streben gegen unendlich. Beide Einzugsgebiete trennt eine Separatrix (vgl. Abschnitt 3.3). Bei weiterem Anwachsen von A schrumpft das Einzugsgebiet des Punktattraktors (Farbtafel IIIh für $A = 0.0075$).

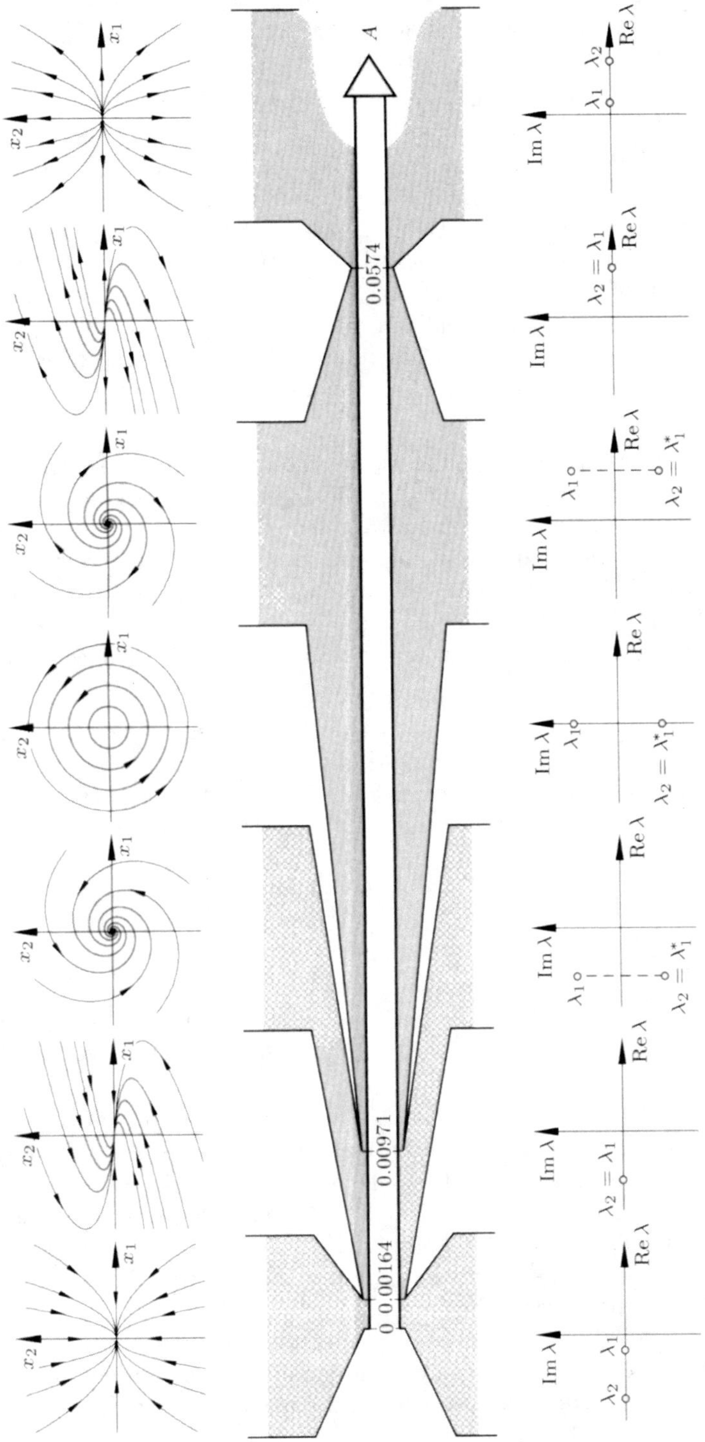

Abb. 9.1.7 Stabilitätsverhalten des singulären Punktes F_2, Gl. (9.1.17), für $C = 10$ in Abhängigkeit vom Systemparameter A

Farbtafel IIIi demonstriert das klassische Beispiel einer Hopf-Verzweigung; für den Wert $A = 0.01$ hat sich ein stabiler Grenzzyklus ausgebildet. Der stabile Gleichgewichtszustand von Gl. (9.1.4) ist von einer stabilen Oszillation abgelöst worden. Der singuläre Punkt F_2 schlägt vom Zustand des stabilen Fokus in den eines instabilen um.

Die Verzweigung erfolgt bei dem analytisch ermittelten Wert $A = 0.00971$ (siehe Abb. 9.1.7). Im weiteren Verlauf wächst der Grenzzyklus deutlich an, und sein äußeres Einzugsgebiet verringert sich zusehends. Der Grenzzyklus hat die Tendenz, einen homoklinen Orbit des Sattelpunktes F_1 zu bilden (Farbtafel IIIj,k). Im letzten Bild, Farbtafel III l, ist für $A = 0.015$ der Grenzzyklus aufgrund einer globalen Verzweigung, der homoklinen Bifurkation (vgl. Abbn. 9.1.4c, 9.1.5c), verschwunden. Der gesamte x_1, x_2 -Phasenraum wird nun von instabilen Bahnkurven ausgefüllt, d. h. ab dem Moment der homoklinen Verzweigung ist das Ausgangssystem, Gl. (9.1.4), instabil.

Wir haben die beiden sehr einfachen zweidimensionalen dynamischen Systeme Gln. (9.1.4) und (9.1.14) dazu benutzt, typische Eigenschaften nichtlinearer Systeme – wie Attraktoren, Koexistenz von Attraktoren, Einzugsgebiet und Verzweigungen aufgrund kritisch werdender Kontrollparameter – zu demonstrieren. Wir erinnern uns, daß diese Gleichungssysteme mit dem Ziel aufgestellt wurden, Knochenumbau zu modellieren. Es ist klar, daß die hier diskutierten Ansätze aufgrund der sehr vereinfachenden Annahmen noch weit davon entfernt sind, Knochenwachstum zu simulieren.

Die hier kurz angerissenen Beispiele aus der Morphogenese und Biomedizin unterstreichen die Notwendigkeit der Erforschung raum-zeitlicher Selbstorganisation auf der Grundlage dynamischer Systeme. Es bleibt zu hoffen, daß der interdisziplinäre Charakter dieses Themenkreises auch auf die betroffenen Wissenschaftsbereiche ausstrahlen wird.

9.2 Hénon-Abbildung

Everything should be made as
simple as possible, but not simpler

Albert Einstein

Eines der Hauptargumente, das gegen Landaus Modell zur Beschreibung des Einsetzens von Turbulenz spricht, ist, daß komplexe quasiperiodische Bewegungen auf einem hochdimensionalen Torus niemals eine empfindliche Abhängigkeit von den Anfangsbedingungen aufweisen können. Turbulente Strömungen haben aber gerade die charakteristische Eigenschaft, daß anfänglich benachbarte Flüssigkeitsteilchen rasch auseinandergetrieben werden, was zu einer vollkommenen Durchmischung der Flüssigkeit führt. Andererseits ist bereits das einfache Wettermodell von Lorenz in der Lage, dieses typische sensible Verhalten zu simulieren: Anfangsstörungen schaukeln sich auf und führen nach kurzer Zeit zu vollkommen unterschiedlichen Zeitverläufen.

Betrachtet man das Einsetzen von Turbulenz am Beispiel der Entwickung einer von Kàrmànschen Wirbelstraße (Abb. 9.2.1), so scheinen sich die Wirbel durch wiederholtes Dehnen und Falten der Stromlinien auszubilden, ein Mechanismus, der im Falle turbulenter Strömung die Durchmischung der Flüssigkeit, und damit auch die sensible Abhängigkeit von kleinen Störungen, erklären könnte. In Farbtafel VII, S. 645, wird demonstriert, daß ähnliche Mechanismen offenbar auch in dynamischen Systemen chaotisches, unvorhersagbares Verhalten erzeugen.

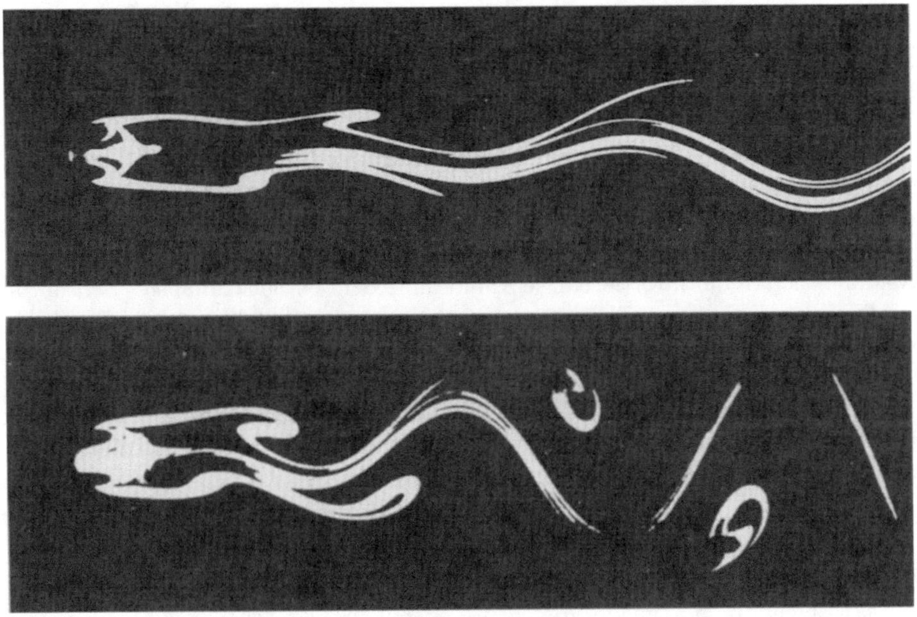

Abb. 9.2.1 Entwicklung einer von Kàrmànschen Wirbelstraße

Dargestellt ist in der Bildserie der Lorenz-Attraktor als Hintergrund, und im ersten Bild für den Zeitpunkt $t = 0.0$ sind 15 000 Anfangsbedingungen markiert, die auf einem winzigen Geradenstück um einen gelben Punkt so dicht gepackt sind, daß nur unter dem Mikroskop die Chance besteht, sie einzeln zu erkennen. Eine Reihe von Momentaufnahmen zeigt die zeitliche Entwicklung der 15 000 Trajektorien im Phasenraum, wobei der jeweilige momentane Ort als Punkt abgebildet wird. Die ursprünglich von einem gelben „Punkt" ausgehenden Orbits haben sich für $t = 6.7$ makroskopisch so weit voneinander entfernt, daß die Punkte in der Momentaufnahme auf einer gelben Linie aufgereiht sind. Die Verlängerung der gelben Linie wächst kontinuierlich, und zum Zeitpunkt $t = 8.2$ beginnt der Prozeß des Zurückfaltens. Die gelbe Linie selbst erscheint noch zusammenhängend. Zum Zeitpunkt $t = 9.3$ ist die exponentielle Divergenz benachbarter Trajektorien offensichtlich, die geschlossene gelbe Linie reißt auf, der diskrete Charakter der einzelnen Orbits wird durch deutlich unterscheidbare Liniensegmente offenkundig. Wir bemerken, daß der Faltungsprozeß in Gang gekommen ist. Zum Zeitpunkt $t = 11.2$

ist das vollständige Durchmischen durch Dehnen und Falten nicht mehr aufzuhalten. Der Endzustand einer vollständigen Durchmischung ist für $t = 100$ erreicht. Jetzt noch von einer zeitlichen Vorhersagbarkeit zu sprechen, nachdem sich die ursprünglichen 15 000 Anfangspunkte durch wiederholtes Dehnen und Falten über den gesamten Lorenz-Attraktor als Wolke verteilt haben, wäre vermessen.

Die Abbildungsfolge zeigt deutlich, daß die Durchmischung durch wiederholtes Strecken und Rückfalten zustande kommt und daß dadurch mikroskopische Fluktuationen, kleinste Abweichungen in den Anfangsbedingungen, auf eine makroskopische Ebene transportiert und dort sichtbar werden. Dennoch sei vor Analogieschlüssen gewarnt. Während der Dehn- und Faltvorgang in Abb. 9.2.1 im realen physikalischen Raum stattfindet, ist in Farbtafel VII der abstrakte Phasenraum eines rein zeitlichen Prozesses dargestellt.

Es war die Idee von M. Hénon und Y. Pomeau, ein Modell zu finden, mit dem man die Durchmischung, wie sie z. B. auf dem Lorenz-Attraktor stattfindet, einfach beschreiben kann (Hénon und Pomeau, 1976; Hénon, 1976). Sie konstruierten eine diskrete Abbildung, die, ähnlich wie die Poincaré-Abbildung des Lorenz-Systems, zweidimensional und invertierbar sein und außerdem ein gleichmäßiges Schrumpfen des Phasenraums gewährleisten sollte. Neben der Reduktion der Dimension bietet ein diskretes System den Vorteil, daß keine numerischen Integrationen erforderlich sind. Dadurch wird die Rechenzeit drastisch herabgesetzt, d. h. man kann die Dynamik des Systems über viele Iterationen hinweg sehr leicht mit Hilfe eines programmierbaren Taschenrechners verfolgen, wobei eine Akkumulation der Rechenfehler durch Integrationsverfahren ausgeschlossen wird.

Die Grundidee ist, jede Iteration in drei Abbildungsschritte zu unterteilen, die den Mechanismus des Streckens und Faltens beinhalten. In Abb. 9.2.2 sind die drei Teilabbildungen T', T'', T''' dargestellt. Im ersten Schritt wird ein Bereich der $(x_\mathrm{n}, y_\mathrm{n})$-Ebene durch folgende Vorschrift gedehnt und gebogen

$$T': \quad \begin{aligned} x'_\mathrm{n} &= x_\mathrm{n} \\ y'_\mathrm{n} &= y_\mathrm{n} + 1 - a x_\mathrm{n}^2 \end{aligned} \tag{9.2.1}$$

wobei die Wahl des Parameters a noch offen ist. Dieser Teil der Abbildung ist flächentreu. Im zweiten Schritt wird der Faltvorgang durch eine Kontraktion in x-Richtung verstärkt

$$T'': \quad \begin{aligned} x''_\mathrm{n} &= b x'_\mathrm{n} \\ y''_\mathrm{n} &= y'_\mathrm{n} \end{aligned} \tag{9.2.2}$$

wobei $0 < b < 1$ gewählt wird. Den Abschluß jedes Iterationsschritts bildet eine Spiegelung an der 1. Winkelhalbierenden, die den Flächenbereich wieder in seine Ausgangsorientierung zurückführt

$$T''': \quad \begin{aligned} x_{\mathrm{n}+1} &= y''_\mathrm{n} \\ y_{\mathrm{n}+1} &= x''_\mathrm{n} \end{aligned} \tag{9.2.3}$$

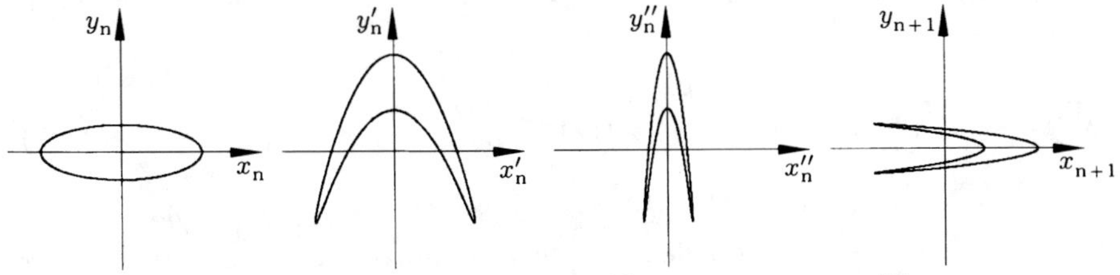

Abb. 9.2.2 Die drei Grundoperationen der Hénon-Abbildung. Der ursprüngliche Bereich (a) wird gefaltet (b), kontrahiert (c) und gespiegelt (d)

Die zusammengesetzte Abbildung $T = T'''T''T'$ kann dann wie folgt geschrieben werden

$$T: \quad \begin{aligned} x_{n+1} &= y_n + 1 - ax_n^2 \\ y_{n+1} &= bx_n \end{aligned} \tag{9.2.4}$$

T wird Hénon-Abbildung genannt und besitzt offenbar eine eindeutige Umkehrabbildung T^{-1} und ist daher ein Diffeomorphismus. Berechnet man die Determinante der Jacobi-Matrix, so ergibt sich

$$\det \boldsymbol{D} = \begin{vmatrix} -2ax_n & 1 \\ b & 0 \end{vmatrix} = -b \tag{9.2.5}$$

d. h. bei jedem Iterationsschritt werden alle Flächenelemente gleichmäßig um den Faktor b verkleinert. Diese Flächenkontraktion kommt durch die 2. Teilabbildung zustande und ist im Einklang mit dem Lorenz-System, das infolge seiner konstanten Divergenz

$$\Lambda = \operatorname{div} \boldsymbol{F} = -\sigma - 1 - b \tag{9.2.6}$$

nach Gl. (5.1.11) ebenfalls ein gleichmäßiges Schrumpfen des Phasenraumvolumens bewirkt. Im Falle der diskreten Abbildung bedeutet jedoch der negative Wert von $\det \boldsymbol{D}$ eine Umkehrung des Orientierungssinns und wird durch die Spiegelung T''' hervorgerufen. Dadurch läßt sich die Hénon-Abbildung, Gl. (9.2.4), letztendlich doch nicht direkt als eine Poincaré-Abbildung interpretieren, da dabei der Orientierungssinn stets erhalten bleibt. Obwohl die Rekursionsvorschrift ursprünglich empirisch als Falt- und Dehnprozeß aufgestellt wurde, konnten Hénon und Pomeau im nachhinein zeigen, daß jede quadratische Abbildung mit konstanter Jacobi-Determinante auf die „kanonische Form“ Gl. (9.2.4) gebracht werden kann.

Aus Gl. (9.2.4) kann man die beiden Fixpunkte H_1 und H_2 der Abbildung bestimmen. Man erhält

$$x_{1,2} = \frac{(b-1) \pm \sqrt{(b-1)^2 + 4a}}{2a}, \qquad y_{1,2} = bx_{1,2} \tag{9.2.7}$$

Die Stabilitätseigenschaften dieser Fixpunkte ergeben sich aus den zugehörigen Eigenwerten

$$\lambda_{1,2}^{(\mathrm{i})} = -ax_{\mathrm{i}} + \sqrt{a^2 x_{\mathrm{i}}^2 + b} \qquad (\mathrm{i} = 1, 2) \tag{9.2.8}$$

In diesem Abschnitt wollen wir allerdings nicht die Eigenschaften der Hénon-Abbildung in Abhängigkeit von den beiden Systemparametern a und b untersuchen, sondern Hénons Überlegungen folgen. Um einerseits einen ausgeprägten Faltvorgang simulieren zu können und andererseits die Struktur des Attraktors deutlich sichtbar zu machen, wählte Hénon als Kontraktionsparamter $b = 0.3$. Den Wert von a setzte er so fest, daß beide Fixpunkte Sattelpunktcharakter haben: $a = 1.4$. Numerische Untersuchungen von J. H. Curry demonstrieren (Curry, 1979), daß sich die stabile und die instabile Mannigfaltigkeit des Sattelpunktes H_2 in homoklinen Punkten schneiden (vgl. Abschnitt 4.5 und Abb. 4.5.8), was ein sehr komplexes (wahrscheinlich chaotisches) Verhalten nach sich zieht; vgl. (Guckenheimer und Holmes, 1983, S. 268). Eine sorgfältige qualitative und quantitative Untersuchung des komplexen Verlaufs der verschiedenen Zweige der stabilen und instabilen Mannigfaltigkeiten in den beiden Sattelpunkten H_1 und H_2 findet man in (Simó, 1979).

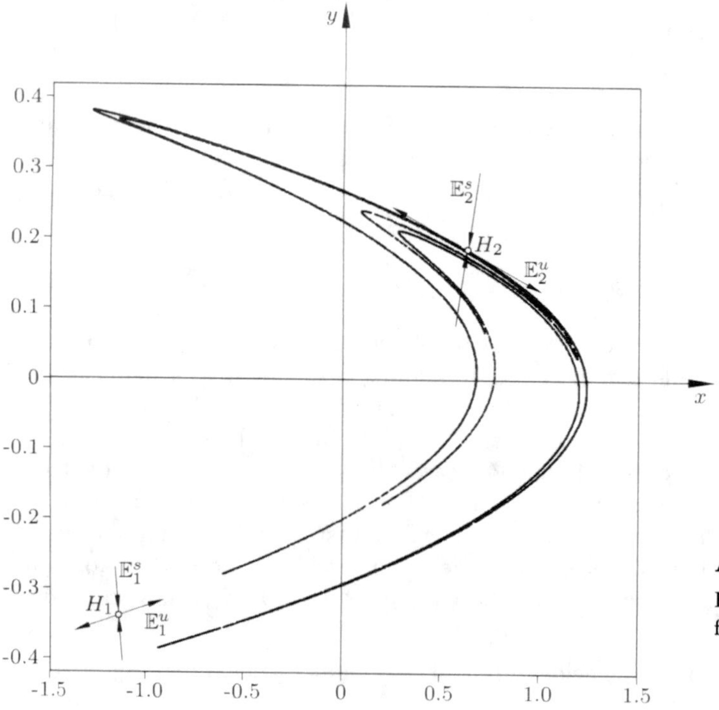

Abb. 9.2.3

Der Hénon-Attraktor für $a = 1.4$, $b = 0.3$

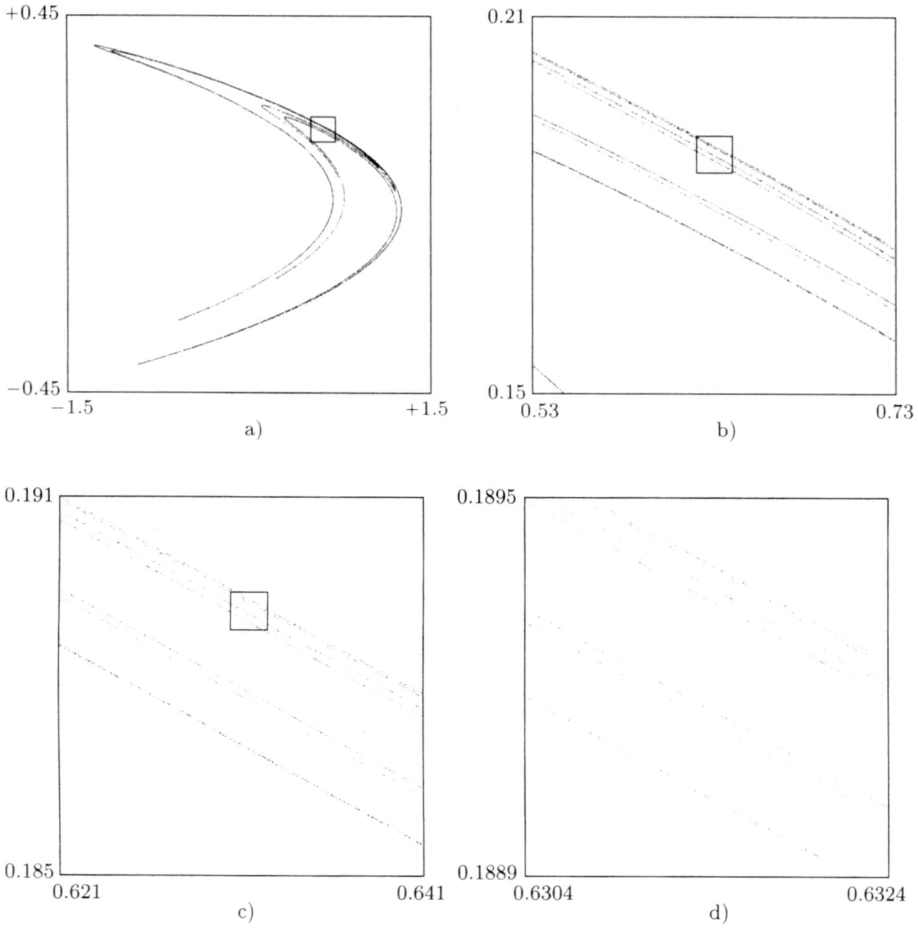

Abb. 9.2.4 Die selbstähnliche Struktur des Hénon-Attraktors (Hénon, 1976)

Abbildung 9.2.3 zeigt die mehrfach gefaltete komplexe Struktur des Hénon-Attraktors bei 15 000 Iterationen, wobei wir die beiden Sattelpunkte mit ihren instabilen und stabilen Richtungen eingetragen haben. Wählt man als Startpunkt nicht einen beliebigen Punkt aus dem Einzugsgebiet des Attraktors, sondern einen Punkt, der möglichst nahe beim Sattelpunkt H_2 bzw. auf $\mathbb{E}_2^s$ liegt, so nähern sich aufeinanderfolgende Bildpunkte sehr rasch der instabilen Mannigfaltigkeit $\mathbb{W}_2^u$, so daß man bald keinen Unterschied mehr zwischen der Folge von iterierten Punkten und $\mathbb{W}_2^u$ feststellen kann (vgl. Hénon, 1976). Dies legt die Vermutung nahe, daß der Attraktor mit der abgeschlossenen Hülle der instabilen Mannigfaltigkeit $\mathbb{W}_2^u$ von H_2 übereinstimmt (Ruelle, 1989). (Die abgeschlossene Hülle umfaßt noch alle Häufungspunkte von $\mathbb{W}_2^u$.)

Wir wollen nun die Struktur des Attraktors in der Nähe des singulären Punktes H_2 genauer betrachten. Als Ganzes gesehen erscheint der Attraktor wie eine mehrfach gefaltete Linie (Abb. 9.2.4a). Vergrößert man den markierten Ausschnitt in der Nähe des Sattelpunktes H_2, so erkennt man eine gebänderte Struktur von nahezu parallelen Linien (Abb. 9.2.4b). Sukzessive Vergrößerungen zeigen, daß sich das Ausgangsmuster auf allen Skalen wiederholt (Abb. 9.2.4c,d). Diese selbstähnliche Struktur transversal zur instabilen Mannigfaltigkeit $\mathbb{E}_2^u$ bzw. $\mathbb{W}_2^u$ erinnert stark an eine Cantor-Menge.

Zwei numerische Experimente sollen den Durchmischungsvorgang, der durch die ständige Wiederholung der Dehn- und Faltoperationen zustande kommt, verdeutlichen. In den beiden linken Spalten der Farbtafeln XIV und XV (S. 652, 653) ist die Entwicklung des Hénon-Attraktors dargestellt. Es wurden 60 000 Anfangsbedingungen gewählt, die gleichmäßig über ein Quadrat $-c \leqslant x, y \leqslant +c$ der x, y-Ebene verteilt sind. Dabei wurde allen Punkten, die im 1. Quadranten des Quadrates liegen, die Farbe türkis und allen Punkten im 2., 3. bzw. 4. Quadranten die Farbe orange, gelb bzw. blau zugeordnet. Untereinander dargestellt wurden der Ausgangszustand sowie die Lage der Bildpunkte für die Iterationen $\mathrm{n} = 1, 3$ (Tafel XIV, linke Spalte) sowie $\mathrm{n} = 6, 11, 29$ (Tafel XV, linke Spalte), wobei jeder Punkt seine Anfangsfarbe mit auf den Weg nimmt. Für $\mathrm{n} = 1$ und $\mathrm{n} = 3$ kann man deutlich den Streck- und Faltvorgang beobachten, wobei sich die Punkte sehr schnell dem Attraktor nähern. Bereits nach der 3. Iteration durchziehen die vier Farben weite Teile des Bildgebiets. Weitere Iterationen führen sehr rasch zu einer vollkommenen Durchmischung der Farben: zwischen der 11. und 29. Iteration läßt sich kaum noch ein Unterschied erkennen. In nächster Umgebung jedes beliebig herausgegriffenen Punktes auf dem Attraktor findet man Punkte mit den restlichen drei Farben. Im vollkommen durchmischten Zustand ist es daher nicht mehr möglich, die Anfangskoordinaten eines bestimmten Punktes anzugeben. Selbst die Information darüber, in welchem Quadranten der Anfangspunkt lag, ist verlorengegangen.

Durch die starke Dissipation der Hénon-Abbildung und die feine linienartige Struktur des Attraktors ist der Durchmischungsvorgang in den beiden linken Spalten der Farbtafeln XIV und XV nur mit Mühe zu erkennen. Daher haben wir in den beiden rechten Spalten die Ergebnisse einer weiteren Rechnung hinzugefügt, die einerseits den Mischvorgang besser hervorheben und andererseits das Einzugsgebiet des Attraktors approximieren sollen. Den vier Quadranten werden, wie oben rechts in Tafel XIV angegeben, die Farben schwarz – oliv – dunkelgelb – hellgelb zugeordnet. Es werden wieder 60 000 gleichmäßig verteilte Startpunkte betrachtet. Jetzt hält man jedoch die Koordinaten (x_0, y_0) eines Startpunktes P_0 fest, berechnet nacheinander die Bildpunkte $P_1, P_2, \ldots$ und weist dem Punkt (x_0, y_0) die Farbe desjenigen Quadranten zu, in dem der Bildpunkt P_n nach der n-ten Iteration landet. In der rechten Spalte von Tafel XIV sind untereinander wieder der Ausgangszustand und die Ergebnisse der Iterationen $\mathrm{n} = 1$ und $\mathrm{n} = 3$ dargestellt, in Tafel XV, rechte Spalte, die Resultate nach $\mathrm{n} = 6, 11, 29$ Iterationen. Punkte, die nach unendlich divergieren, erhalten die Farbe blau. Schon nach wenigen Iterationsschritten hebt sich das Einzugsgebiet des Hénon-Attraktors (schwarz-oliv-gelbe Farbskala) deutlich gegen den blauen Hintergrund ab. Durch die flächenartige Ausdehnung des Einzugsgebiets treten hier die Dehn- und Faltvorgänge wesentlich besser als in der linken Bildtafelhälfte hervor. Nach n = 29 Iterationsschritten kann man von einer vollständigen Durchmischung sprechen. Die Grenze des Einzugsgebiets des Hénon-Attraktors wird von den beiden Ästen der stabilen Mannigfaltigkeit $\mathbb{W}_1^s$ des Sattelpunktes H_1 gebildet und stimmt sehr gut mit Simós Berechnungen überein (Simó, 1979).

9.3 Wiederbegegnung mit dem Lorenz-System

Ἄλλοτε μητρυιὴ πέλει ἡμέρη,
ἄλλοτε μήτηρ

Hesiod, *Ἔργα καὶ ἡμέραι*, I, 825
(ca. 800 v. Chr.)

Wie wir aus den Abschnitten 5.2, 7.3 und 7.4 zum Lorenz-System, Gl. (7.3.21), wissen, ist der Lorenz-Attraktor das als erstes entdeckte Beispiel eines chaotischen oder seltsamen Attraktors. Edward N. Lorenz erkannte bei seinen Computerstudien zur Wetterprognose den Grundmechanismus für die Unvorhersagbarkeit, nämlich, daß kleine Störungen im mikroskopischen Bereich infolge Divergenz auf makroskopischer Skala Wirkung zeigen. Bei diesem Phänomen, das auch als Schmetterlingseffekt bekannt geworden ist, bleiben zwei Trajektorien eines Attraktors mit fast identischen Anfangsbedingungen nur kurze Zeit benachbart, danach entfernen sie sich rasch voneinander nach einem exponentiellen Gesetz. Diese Beobachtung steht in krassem Gegensatz zu der eines regulären, also nicht chaotischen, Langzeitverhaltens. In diesem Fall bleiben benachbarte Trajektorien eines Attraktors für immer benachbart, und kleine Abweichungen bleiben klein. Damit ist das dynamische Verhalten vorhersagbar.

Der Schlüssel zum Verständnis des exponentiellen Auseinanderdriftens benachbarter Trajektorien und Dennoch-Verbleibens in einem begrenzten Raum ist im Mechanismus des Dehnens und Faltens von Trajektorien im Phasenraum begründet. Trajektorien, die exponentiell divergieren, müssen sich zwangsläufig zurückfalten, ansonsten bliebe der Raum, den der Attraktor einnimmt, nicht begrenzt. Die Konsequenz des Dehnens und Faltens bis in alle Ewigkeit demonstriert die Hénon-Abbildung (siehe Abschnitt 9.2, Abb. 9.2.2). Ihr Langzeitverhalten ist sehr komplex, und die Struktur des Attraktors ist fraktal. Farbtafel VII, S. 645, die durch die Veröffentlichung (Crutchfield *et al.*, 1986) angeregt wurde, illustriert zum einen die Wirkung der wiederholten Operation des Dehnens und Faltens und zum anderen die unvorhersagbaren Folgen kleinster Veränderungen in den Anfangsbedingungen.

Im vorangegangenen Abschnitt 9.2 haben wir die einzelnen Bilder zur Farbtafel VII ausführlich beschrieben. Auf einen Effekt chaotischer Systeme möchten wir an dieser Stelle nochmals hinweisen. Sie haben nämlich die besondere Eigenschaft, Fluktuationen auf mikroskopischer Ebene exponentiell zu verstärken, so daß diese nach endlicher Zeit auf makroskopischer Ebene sichtbar werden, was die Abfolge der Bilder der Farbtafel VII eindrucksvoll demonstriert.

Wir haben schon des öfteren erwähnt, daß Edward N. Lorenz das deterministische Chaos im System Gl. (7.3.21) für die Parameter $r = 28$, $\sigma = 10$ und $b = 8/3$ entdeckt hat. Steigert man die relative Rayleigh-Zahl r, so verblüffen die Lorenz-Gleichungen erneut. Zwischen $r = 146.5$ und $r = 166$ verliert das Lorenz-System seinen chaotischen Charakter über einen ausgedehnten r-Bereich, indem sich der seltsame Attraktor in einer Kaskade von unendlich vielen Periodenhalbierungen in einen einperiodischen Grenzzyklus verwandelt (Manneville und Pomeau, 1979); vgl. auch Abschnitt 8.4.1.

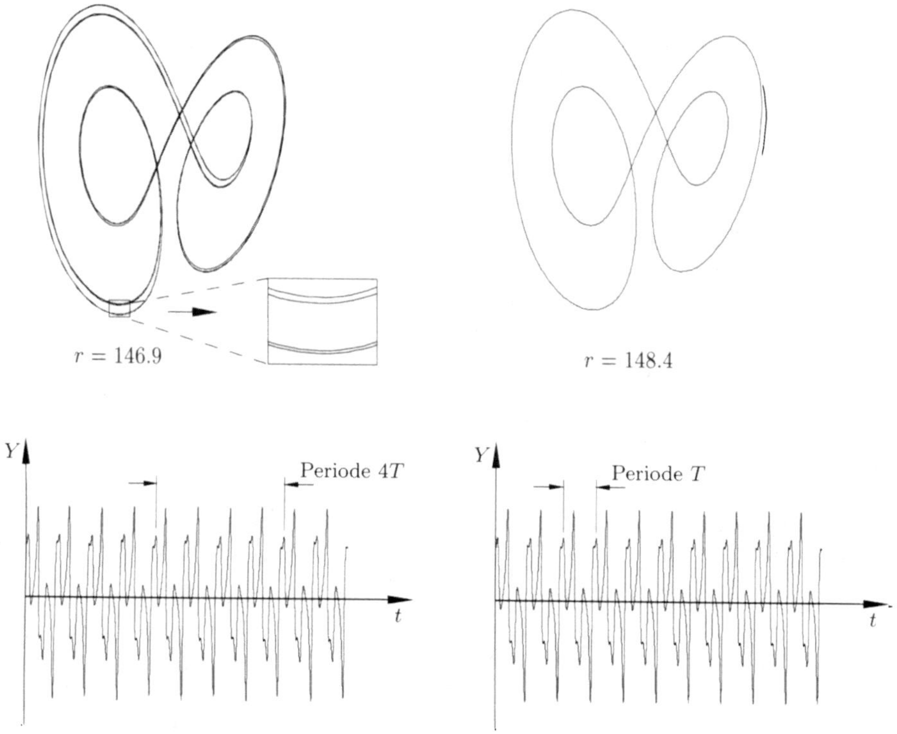

Abb. 9.3.1 Zwei Grenzzyklen aus einer inversen Verzweigungskaskade des Lorenz-Systems

In Abb. 9.3.1 sind die Rückwärtskaskade von Verzweigungen von einem vierfach periodischen in einen einfach periodischen Grenzzyklus sowie die entsprechenden Zeitverläufe dargestellt. Der linke Trajektorienverlauf ist für $r = 146.9$, der rechte für $r = 148.4$ numerisch ermittelt worden.

Das Verzweigungsdiagramm in Abb. 9.3.2a gibt einen qualitativen Überblick darüber, wann das Lorenz-System im Intervall $25 < r < 320$ chaotisches und wann periodisches Verhalten zeigt. Dargestellt ist das Langzeitverhalten der Y-Koordinate in der Durchstoßebene $X = 0$ über dem Kontrollparameter r, wobei als Anfangsbedingung $X_0 = Y_0 = Z_0 = 10$ gewählt wurde. Bis auf die Unterbrechungen in den Bereichen $214 \lesssim r \lesssim 314$ und $146.5 \lesssim r \lesssim 154.5$ ist das Bifurkationsdiagramm

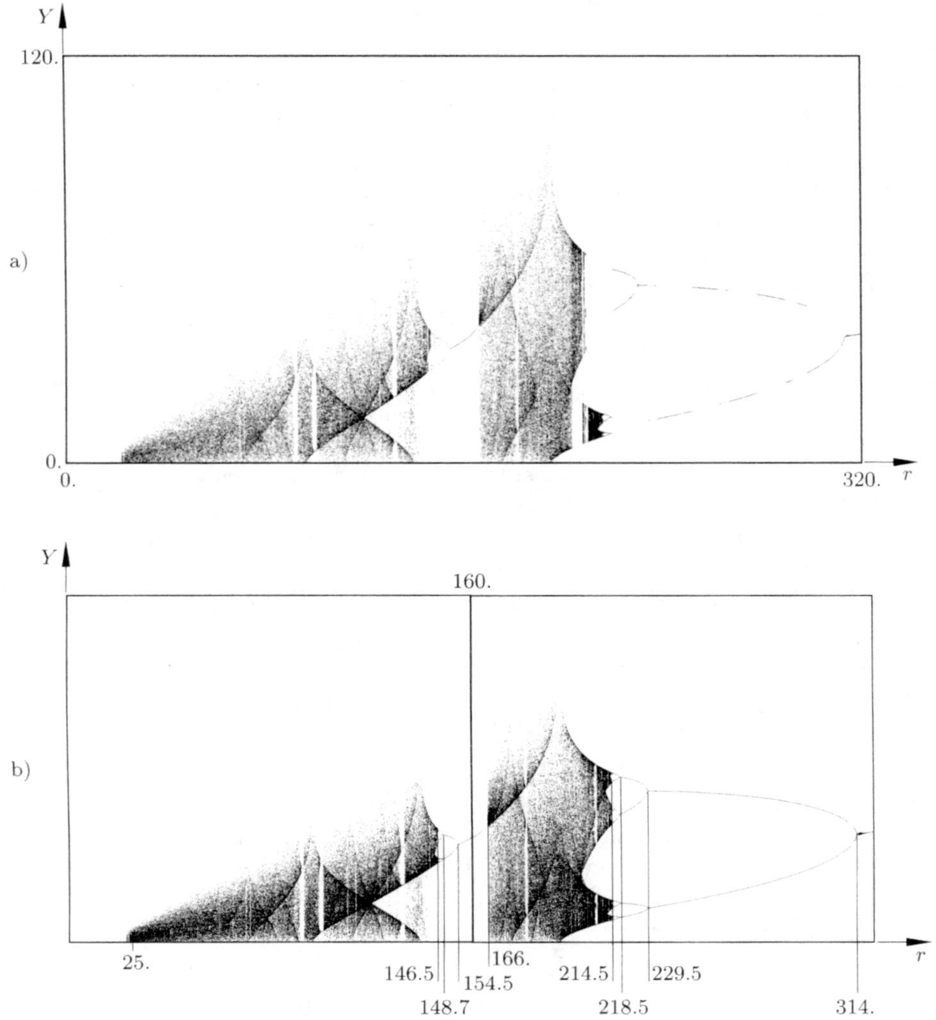

Abb. 9.3.2 Verzweigungsdiagramm des Lorenz-Systems, Abhängigkeit vom Parameter r:
a) für feste Anfangsbedingungen $X_0 = Y_0 = Z_0 = 10$
b) für variable Anfangsbedingungen

demjenigen der logistischen Abbildung (Abb. 3.7.6) verblüffend ähnlich. Diese Unterbrechungen deuten bereits darauf hin, daß sich für eine feste Anfangsbedingung bei Variation von r unterschiedliches Langzeitverhalten einstellt, d. h. wir können auf die Koexistenz zweier Attraktoren schließen. Diese Vermutung wird bei einer Betrachtung der Grenzzyklen in Farbtafel VIII, S. 646, bestätigt: während für $r = 330$ nur ein Grenzzyklus existiert, der in sich symmetrisch ist (d. h. durch die Substitution $X \to -X,\ Y \to -Y,\ Z \to Z$ in sich übergeht), beobachtet man für $r = 233$ zwei Grenzzyklen, einen gelben und einen symmetrisch gelegenen blauen. Dabei verändern sich die Einzugsgebiete der Attraktoren in Abhängigkeit von r

so, daß die feste Anfangsbedingung $X_0 = Y_0 = Z_0 = 10$ abwechselnd in das Einzugsgebiet des gelben bzw. des blauen Attraktors fällt. Bei $r_{cr} \approx 314$ tritt damit keine Periodenverdopplung ein, sondern wir beobachten das typische Beispiel einer Gabelverzweigung (siehe Abschnitt 6.6).

Diese beiden einfach periodischen Attraktoren mit getrennten Einzugsgebieten durchlaufen nun für abfallendes r eine Kaskade von Periodenverdopplungen (vgl. auch Abb. 8.4.3). Für $r = 216$ ist z. B. die Periode 4 zu erkennen, für $r = 215$ schon die Periode 8. Eine minimale Reduktion des Kontrollparameters r führt bereits bei $r = 214$ ins Chaos bzw. in zwei getrennte seltsame Attraktoren. Daß der chaotische Bereich immer wieder von periodischen Fenstern unterbrochen wird, verdeutlichen die beiden Grenzzyklen für $r = 205$. In Farbtafel IX, S. 647, haben wir für den Bereich $24 \leqslant r \leqslant 320$ die Poincaré-Schnitte des Lorenz-Attraktors mit der Ebene $X = 0$ aufgetragen. Diese Darstellung bestätigt die Gabelverzweigung bei $r \approx 314$. Der allein existierende grüne Grenzzyklus für $r < 314$ wird instabil und zwei neue stabile, ein blauer und ein gelber, entstehen. Die sich daran anschließende Kaskade von Periodenverdopplungen bis hin zu zwei koexistierenden seltsamen Attraktoren für abnehmendes r ist deutlich zu erkennen. Mit weiterem Absinken von r nimmt die Ausdehnung der beiden seltsamen Attraktoren, des gelben und des blauen, im Phasenraum stetig zu, bis sie schließlich „aneinanderstoßen" und verschmelzen. Abbildung 9.3.2b zeigt ein weiteres Verzweigungsdiagramm, bei dessen Berechnung im Falle koexistierender Attraktoren mehrere Anfangsbedingungen zugrunde gelegt wurden, um alle Möglichkeiten unterschiedlichen Langzeitverhaltens zu erfassen. Dieses Diagramm ist somit vollkommen äquivalent zur Darstellung der Poincaré-Schnitte in Farbtafel IX, S. 647.

Die Bilder in Abb. 9.3.2 und Farbtafel IX, S. 647, zeigen ein ausgeprägtes periodisches Fenster für das Intervall $146.5 \lesssim r \lesssim 166$. Das Verzweigungsverhalten mit abnehmendem r – beginnend mit einem einfach periodischen Grenzzyklus (grüne Linie, Farbtafel IX, S. 647), über eine inverse Gabelverzweigung und eine Kaskade von Periodenverdopplungen schließlich endend im Chaos – wiederholt sich selbstähnlich zum Intervall $214.5 \lesssim r < 320$.

Durch die bisherigen Ausführungen in diesem Abschnitt wird eindrucksvoll demonstriert, daß ein sehr einfaches dissipatives System wie das Lorenz-Modell zu höchst komplexen und irregulären Formen der Bewegung führen kann. Die mathematische Beschreibung chaotischen Verhaltens dissipativer Systeme beruht auf dem Konzept des seltsamen Attraktors, der eine attraktive Menge mit komplexer, fraktaler Struktur darstellt. Zu seiner Charakterisierung wollen wir Methoden wie den Lyapunov-Exponenten und die Dimensionsbestimmung (siehe Abschnitte 5.4 und 5.5) heranziehen, die es erlauben, reguläre von chaotischer Bewegung zu unterscheiden.

Wir betrachten als erstes das Konzept der Lyapunov-Exponenten. Wie aus Abschnitt 5.4 bekannt ist, lassen sich aufgrund der Lyapunov-Exponenten σ_i folgende Attraktortypen klassifizieren: ein Fixpunkt, beispielsweise, hat ausschließlich negative σ_i-Werte, für einen Grenzzyklus ist der größte Wert $\sigma_1 = 0$ und die restlichen sind negativ. Seltsame Attraktoren im dreidimensionalen Phasenraum sind durch die folgende Konstellation der Lyapunov-Exponenten charakterisierbar: einen positiven Exponenten (der die Divergenz benachbarter Trajektorien widerspiegelt), die Null repräsentiert die Störung in Tangentenrichtung und der dritte, negative Exponent bringt die Anziehung des Attraktors, und damit auch die Faltung der Trajektorien, zum Ausdruck. In höherdimensionalen Phasenräumen können seltsame Attraktoren auch mehr als einen positiven Lyapunov-Exponenten aufweisen; man spricht in diesem Fall gelegentlich von „Hyperchaos", siehe (Rössler, 1979) und z. B. (Brun, 1989); siehe auch Abschnitt 9.8.

Abbildung 9.3.3 zeigt den größten Lyapunov-Exponenten σ_1 für das Lorenz-System in Abhängigkeit vom Kontrollparameter r (siehe auch Abb. 8.4.3). Man erkennt im Intervall $1 < r < 24$ das Fixpunktverhalten des Systems, der σ_1-Wert ist negativ. Im sich daran anschließenden Intervall $24 \lesssim r \lesssim 146.5$ überwiegt der chaotische Charakter des Systems, der ab und an von periodischen Fenstern unterbrochen wird. Im chaotischen Bereich gilt für die Lyapunov-Konstellation $\{\sigma_1\ \sigma_2\ \sigma_3\} = \{+\ 0\ -\}$.

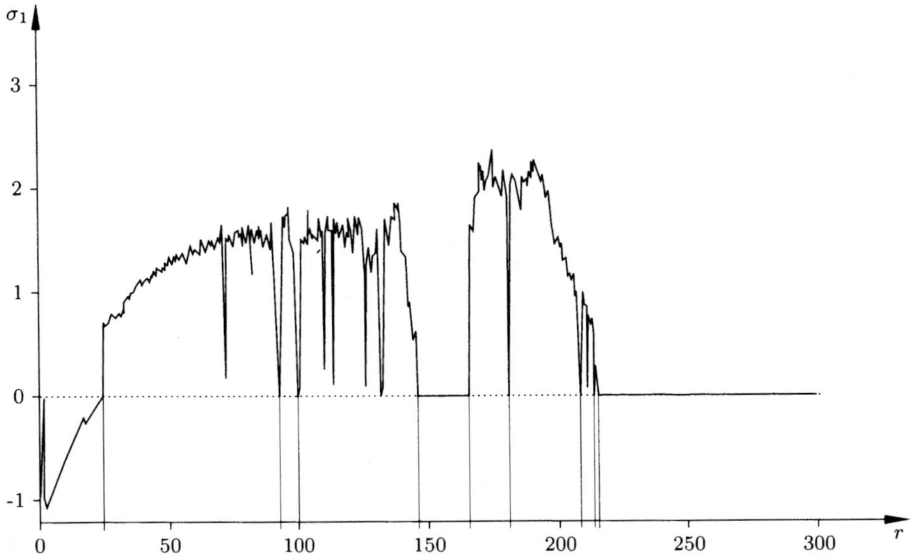

Abb. 9.3.3 Maximaler Lyapunov-Exponent σ_1 des Lorenz-Systems für $0 \leqslant r \leqslant 300$ (Lindell, 1988)

Ein ausgedehnter Bereich periodischen Verhaltens erstreckt sich über das Intervall $146.5 \lesssim r \lesssim 166$ (vgl. Abb. 9.3.1). Der sich daran anschließende kleinere chaotische Bereich wird wieder von einem deutlich ausgeprägten periodischen Intervall abgelöst. Vergleiche mit Abb. 9.3.2 und den Farbtafeln VIII und IX, S. 646, 647, zeigen konsistentes Verhalten von Lyapunov-Exponenten, Poincaré-Schnitt und der Trajektoriendarstellung. In Abb. 9.3.4 sind die unterschiedlichen Attraktortypen durch Phasenportraits, Zeitverläufe und die Abhängigkeit des größten

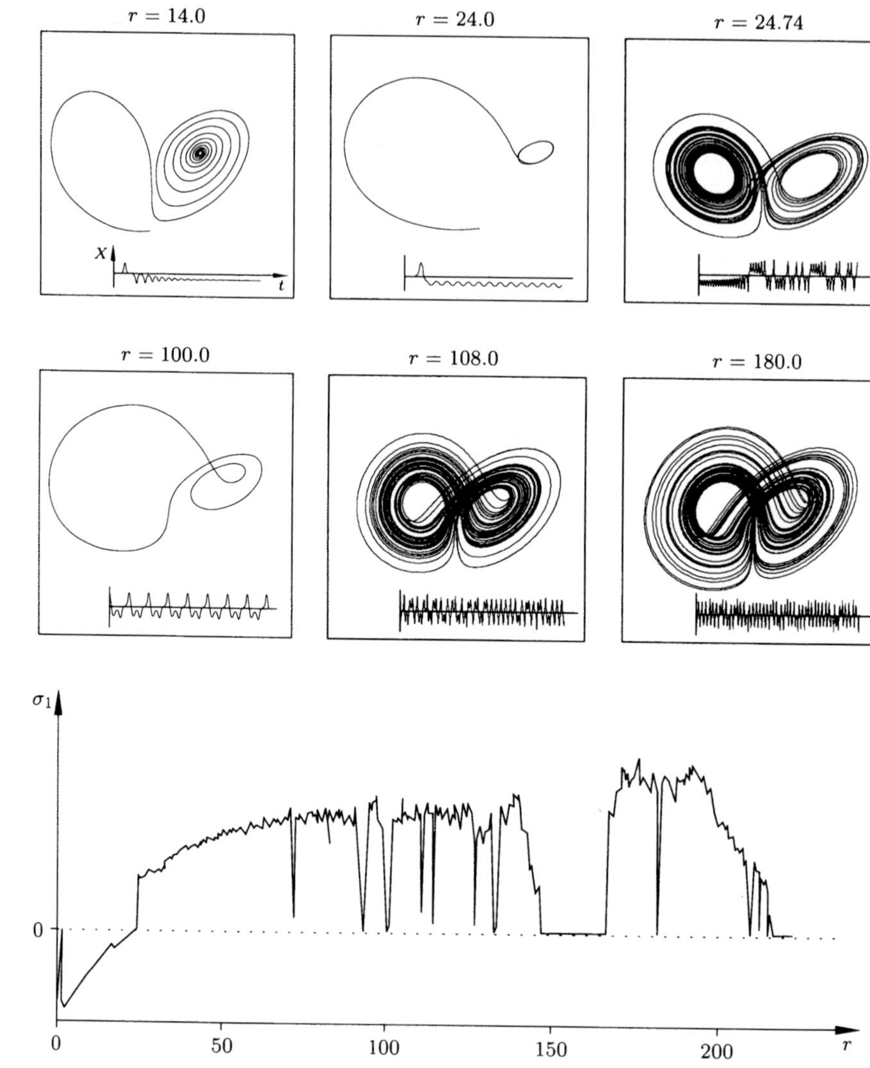

Abb. 9.3.4 Lorenz-System: Attraktortypen, Zeitverläufe und maximaler Lyapunov-Exponent σ_1 in Abhängigkeit von r (Lindell, 1988)

Lyapunov-Exponenten vom Kontrollparameter r nochmals in einem Bild zusammengefaßt.

In Abschnitt 5.5 wurden unterschiedliche Dimensionsbegriffe eingeführt und besprochen. Uns interessiert in diesem Zusammenhang die Kapazitätsdimension D_c des Lorenz-Attraktors. Die chaotische Bewegung spiegelt sich in der Struktur des seltsamen Attraktors im Phasenraum wider. Eine Trajektorie, die zum Einzugsgebiet des seltsamen Attraktors gehört, reicht aus, um die geometrische Struktur

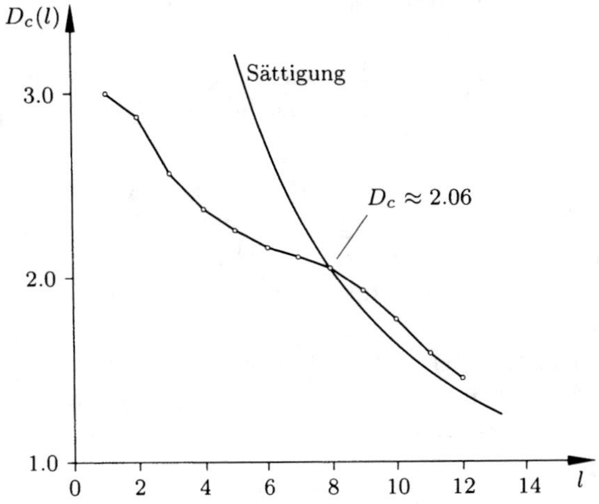

Abb. 9.3.5
Kapazitätsdimension D_c des Lorenz-Attraktors ($\sigma = 10$, $r = 28$, $b = 8/3$)

des Attraktors anzunähern. Den Trajektorienverlauf erhält man unvermeidlicherweise mittels numerischer Integration. Zur Berechnung der Kapazitätsdimension D_c wird der Phasenraum gleichmäßig mit Würfeln der Kantenlänge ε überdeckt, und man ermittelt die Anzahl $W(\varepsilon)$ der Würfel, die Punkte des Attraktors enthalten. Da diese Anzahl $W(\varepsilon)$ für abnehmende Werte ε proportional zu ε^{-D_c} ansteigt, wächst auch der Rechenaufwand exponentiell mit der Dimension des Attraktors an. Um vertretbare Resultate für seltsame Attraktoren einer Dimension zwischen 2 und 3 zu erhalten, müssen der Berechnung 10^5 bis 10^6 Attraktorpunkte zugrunde gelegt werden. Dies führt wegen der Notwendigkeit numerischer Integrationen zu hohen Rechenzeiten und erfordert außerdem unverhältnismäßig große Speicherkapazitäten.

Um den Rechenaufwand zu reduzieren, haben wir einen in (Hunt und Sullivan, 1986) vorgeschlagenen Algorithmus aufgegriffen, bei dem ein Zusammenhang zwischen dem Volumen der ε-Überdeckung und der Kapazitätsdimension D_c hergestellt wird. Damit ist die Möglichkeit gegeben, anstelle des Auszählens von Würfeln das Volumen mittels einer Monte-Carlo-Integration zu bestimmen. Desweiteren schlagen Hunt und Sullivan für die Abstandsmessung eine speziell für Vektorrechner effiziente Datenstruktur vor.

Das Resultat der numerischen Bestimmung von D_c für den Lorenz-Attraktor ($r = 28$, $\sigma = 10$, $b = 8/3$) zeigt Abb. 9.3.5. Aufgetragen wurden Näherungen für die Kapazitätsdimension, und zwar aus praktischen Gründen nicht D_c direkt als Funktion der Länge ε, sondern die Dimension als Funktion $D_c(l)$ eines Exponenten l, der die Variation von ε in Stufen von (negativen) 2er-Potenzen steuert, $\varepsilon = (1/2)^l$. Offenbar gibt es eine untere Grenze für die Wahl von ε, die dann erreicht ist, wenn jeder Punkt des Attraktors in einem eigenen Kästchen liegt. Diese Bedingung führt zu einer Sättigungskurve, die man aus der Beziehung $W = \mathrm{N} = {\varepsilon_s}^{-D_c} = 2^{l_s D_c}$ gewinnt, wobei N die Zahl der Attraktorpunkte bezeichnet. Dimensionswerte größer als die Sättigungswerte sind per Definition der

Kapazitätsdimension D_c sinnlos. Der Schnittpunkt der Sättigungskurve und des Kurvenverlaufs von $D_c(\varepsilon)$ ist der gesuchte Grenzwert für den Lorenz-Attraktor. Das Resultat ist $D_c \approx 2.06$; die Seitenansicht des Lorenz-Attraktors, Farbtafel VI, S. 644, bestätigt seine fast flächige Struktur, die der D_c-Wert nahe bei zwei dokumentiert.

Beim Verfahren von Hunt/Sullivan ist ein Sortier-Prozeß erforderlich, der den Einsatz leistungsfähiger Rechner mit Vektorisierungsmöglichkeit notwendig macht. So können beim Übergang vom Rechner VAX 785 zur CRAY2 Reduzierungen der CPU-Zeiten um Faktoren erzielt werden, die in der Größenordnung von 5 000 liegen. Durch weitere CRAY-spezifische Optimierung der Programme läßt sich die Rechenzeit für Kapazitätsdimensionen zwischen 2 und 3 bei 1 Million Attraktorpunkten und 4 Millionen Random-Punkten für das Monte-Carlo-Verfahren schließlich auf 2 bis 3 Minuten (CPU) reduzieren.

9.4 Van der Polsche Gleichung

Ἴανος ἄλλος
Alter Janus, Another Janus
Erasmus, Adagia, Chil iv, cent, *ii.*, № 93

Wesentliche Impulse zum Verständnis nichtlinearer dynamischer Systeme kamen nicht nur aus den Bereichen Mechanik, Physik und Mathematik, sondern auch aus der Elektrotechnik. Einen bedeutenden Beitrag steuerte der niederländische Ingenieur der Elektrotechnik Balthasar van der Pol bei, der es sich in den 1920er Jahren zur Aufgabe machte, ein theoretisches Modell zur Beschreibung des nichtlinearen Schwingungsverhaltens von Röhrengeneratoren zu erstellen, mit dem sich seine experimentellen Beobachtungen erklären ließen (Appleton und van der Pol, 1922). Die Schwingungsformen, die er beobachtete, spielen in der Elektrotechnik eine wichtige Rolle; sie gehören zur Klasse der selbsterregten Schwingungen. Auch in der Mechanik kennt man selbsterregte Oszillationen. Sie entstehen beispielsweise, wenn die Reibung eine nichtlineare Funktion der Relativgeschwindigkeit ist. Das Knarren einer Tür, das Quietschen der Bremsen und ähnliche Geräusche lassen sich damit erklären. Andere unerwünschte selbsterregte Schwingungen der Mechanik sind die globalen Flatterschwingungen eines Flugzeuges oder auch seiner Komponenten, z. B. Tragflächen, Ruder, Klappen, Propeller etc. Auch außerhalb der Luftfahrttechnik treten selbsterregte Schwingungen z. B. im Hoch- und Brückenbau auf. Ein klassisches Beispiel dafür ist die Tacoma-Brücke (USA), die, angefacht durch eine relativ geringe Windgeschwindigkeit von 18 m/s, infolge selbsterregter Schwingungen im Jahre 1940 einstürzte. Neben diesen mißliebigen Beispielen aeroelastischer selbsterregter Schwingungen gibt es Fälle, wo man sie gezielt nutzt, um eine wohldefinierte Schwingung möglichst konstanter Frequenz zu erreichen. Die Unruh eines Uhrwerks ist ein Beispiel dafür, ein weiteres ist der bereits erwähnte selbsterregte elektrische Schwingkreis.

9.4.1 Selbsterregte Schwingung ohne Fremderregung

Zur Verdeutlichung des Sachverhaltes selbsterregter Schwingungen ohne Fremderregung betrachten wir einen einfachen Schwingkreis mit Triode (Abb. 9.4.1a). Wir bezeichnen die Induktivität der Spule mit L, die Kapazität des Kondensators mit C, den Ohmschen Widerstand mit R und die Gegeninduktivität, die auch als Kopplungsfaktor bezeichnet wird, mit $M > 0$. Die Schaltelemente Induktivität, Kondensator und Widerstand sind miteinander in Serie verbunden, d. h. die Summe der Spannungsanteile der einzelnen Schaltelemente L, C und R ist gleich der Spannung aufgrund der Gegeninduktivität M. Unter Verwendung der Kirchhoffschen Sätze gilt (Feynman *et al.*, 1987)

$$L\frac{\mathrm{d}i}{\mathrm{d}t} + Ri + \frac{1}{C}\int^{t} i\mathrm{d}t = M\frac{\mathrm{d}i_a}{\mathrm{d}t} \tag{9.4.1}$$

wobei i_a der Anodenstrom ist und i der Strom des inneren Stromkreises. Die Stromrichtung entspricht der in Abb. 9.4.1a dargestellten. Das Bild verdeutlicht außerdem, daß die Gitterspannung u_g (Kathode–Gitter) gleich der Kondensatorspannung u_c ist. Für den Kathodenstrom gilt dann folgende Gleichung

$$i = C\frac{\mathrm{d}u_g}{\mathrm{d}t} \tag{9.4.2}$$

und da der Anodenstrom i_a von der Gitterspannung u_g entsprechend der Röhrencharakteristik, Abb. 9.4.1b, abhängt ($i_a = i_a(u_g)$), folgt aus Gl. (9.4.1)

$$LC\frac{\mathrm{d}^2u_g}{\mathrm{d}t^2} + \left[RC - M\frac{\mathrm{d}i_a}{\mathrm{d}u_g}\right]\frac{\mathrm{d}u_g}{\mathrm{d}t} + u_g = 0 \tag{9.4.3}$$

a) 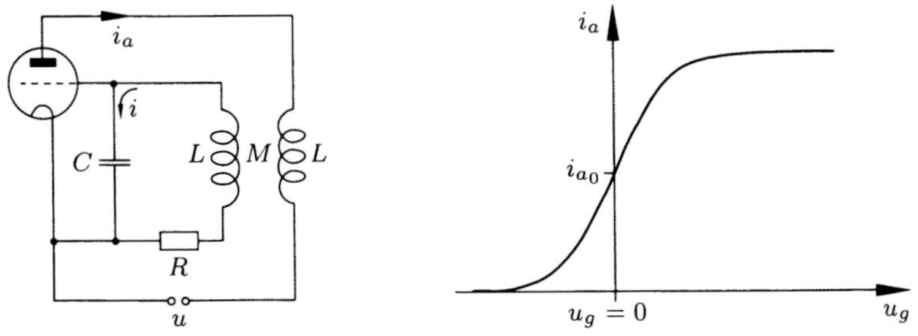 b)

Abb. 9.4.1 a) Elektrischer Schaltkreis und
b) Triodencharakteristik eines van der Polschen Oszillators

Läßt sich die Röhrencharakteristik $i_a(u_g)$ in der Nähe von $u_g = 0$ durch ein Polynom dritten Grades approximieren (vgl. Abb. 9.4.1b), so folgt für Gl. (9.4.3) die Differentialgleichung

$$LC\frac{\mathrm{d}^2u_g}{\mathrm{d}t^2} + (RC + A_1 + A_2u_g + A_3u_g^2)\frac{\mathrm{d}u_g}{\mathrm{d}t} + u_g = 0 \tag{9.4.4}$$

Setzt man des weiteren voraus, daß im Arbeitspunkt der Röhre gilt

$$A_2 = 0,\ \ A_3 > 0,\ \ RC + A_1 < 0 \tag{9.4.5}$$

so erhält man mit der Normierung

$$\tau = \frac{1}{\sqrt{LC}}t\,,\quad x = u_g\sqrt{\frac{A_3}{-(RC + A_1)}}\,,\quad \mu = -\frac{1}{\sqrt{LC}}(RC + A_1) \tag{9.4.6}$$

schließlich die van der Polsche Gleichung (van der Pol, 1926)

$$\frac{\mathrm{d}^2x}{\mathrm{d}\tau^2} - \mu(1 - x^2)\frac{\mathrm{d}x}{\mathrm{d}\tau} + x = 0 \tag{9.4.7}$$

Ihr Lösungsverhalten ist von verschiedenen Autoren eingehend untersucht worden (van der Pol, 1926; Andronov *et al.*, 1965; Stoker, 1950). Die van der Polsche Gleichung spielte eine wichtige Rolle bei der Entwicklung sowohl der Theorie nichtlinearer Schwingungen als auch der qualitativen Betrachtungsweise von Differentialgleichungen.

Die Differentialgleichung 2. Ordnung, Gl. (9.4.7), läßt sich als ein System von zwei Gleichungen 1. Ordnung schreiben (Transformation $x, \dot{x} \rightarrow x_1, x_2$ und $\tau \rightarrow t$)

$$\begin{aligned} \dot{x}_1 &= x_2 \\ \dot{x}_2 &= -x_1 + \mu(1 - x_1^2)x_2 \end{aligned} \tag{9.4.8}$$

Der einzige Fixpunkt $F(0,0)$ ist unabhängig vom Kontrollparameter μ, die Dynamik in seiner Umgebung ist dagegen von μ abhängig. Für eine lineare Stabilitätsuntersuchung berechnen wir die Jacobi-Matrix

$$\left.\frac{\partial \boldsymbol{F}}{\partial \boldsymbol{x}}\right|_{\boldsymbol{o}} = \begin{bmatrix} 0 & 1 \\ -1 & \mu \end{bmatrix} \tag{9.4.9}$$

mit der charakteristischen Gleichung

$$\lambda^2 - \mu\lambda + 1 = 0 \tag{9.4.10}$$

Aufgrund seiner Eigenwerte $\lambda_{1,2} = (\mu \pm \sqrt{\mu^2 - 4})/2$ hat $F(0,0)$ folgendes Fixpunktverhalten (vgl. Abb. 9.4.2)

$-\infty < \mu \leqslant -2$	:	stabiler Knoten
$-2 < \mu < 0$	:	stabiler Fokus
$\mu = 0$	:	Zentrum oder Wirbel
$0 < \mu < 2$	:	instabiler Fokus
$2 \leqslant \mu < +\infty$	:	instabiler Knoten

Van der Pol bestimmte approximativ eine Schar von Lösungskurven von Gl. (9.4.8) graphisch nach der Isoklinenmethode und erzeugte für bestimmte positive μ-Werte Phasenportraits, indem er für μ einen kleinen ($\mu = 0.1$), mittleren ($\mu = 1.0$) und einen großen ($\mu = 10.0$) Wert wählte. Wir haben die Gleichung numerisch integriert und für die besagten μ-Werte sowohl die Zeitverläufe der x_1-Komponente als auch die Phasenportraits in Abb. 9.4.2 dargestellt. Alle drei Phasenbilder zeigen einen einzigen, den Ursprung umschließenden Grenzzyklus, d. h. alle Anfangsbedingungen führen zu ein und demselben Grenzzyklus. Für $\mu = 0.1$ ist das Schwingungsverhalten des van der Polschen Oszillators fast harmonisch, der Grenzzyklus ist nahezu kreisförmig und der Zeitverlauf der x_1-Komponente fast sinusförmig (vgl. Abb. 9.4.2a). Mit zunehmenden μ-Werten wächst auch der maximale Betrag der Geschwindigkeit x_2 an. Der Grenzzyklus wird in Richtung x_2 gestreckt, seine Form weicht immer mehr von der eines Kreises ab (Abb. 9.4.2b,c). Für $\mu = 1.0$ hat der zeitliche Verlauf von x_1 eher die Form einer Sägezahn-Kurve (Abb. 9.4.2b). Den x_1-Verlauf für $\mu = 10.0$ bezeichnete van der Pol als relaxierende Oszillation (Abb. 9.4.2c). Der x_1-Wert bleibt über weite Strecken von t nahezu konstant, um dann fast schlagartig eine extreme Position mit entgegengesetztem Vorzeichen einzunehmen. Dieser Effekt des Durchschlagens ist im Phasenportrait, Abb. 9.4.2c, nicht ohne weiteres zu erkennen. Er wird deutlicher, wenn wir Gl. (9.4.7) transformieren, wie Liénard es bereits 1928 vorschlug (Minorsky, 1962). Ausgehend von der van der Polschen Gleichung (9.4.7) transformieren wir $x, \dot{x} \to x_1, x_2$ durch folgende nichtlineare Vorschrift

$$\begin{aligned} x_1 &= x \\ x_2 &= \frac{1}{\mu}\dot{x}_1 + f(x_1) \end{aligned} \tag{9.4.11}$$

wobei für $f(x_1)$ gilt

$$f(x_1) = -\int_0^{x_1} (1 - x_1^2)\mathrm{d}x_1 = -x_1 + \tfrac{1}{3}x_1^3 \tag{9.4.12}$$

Aus den Gln. (9.4.7), (9.4.11) und (9.4.12) errechnet sich $\dot{x}_2$ zu

$$\dot{x}_2 = \frac{1}{\mu}\ddot{x}_1 + \frac{\mathrm{d}f(x_1)}{\mathrm{d}x_1}\dot{x}_1 = \frac{1}{\mu}\ddot{x}_1 - (1 - x_1^2)\dot{x}_1 = -\frac{1}{\mu}x_1 \tag{9.4.13}$$

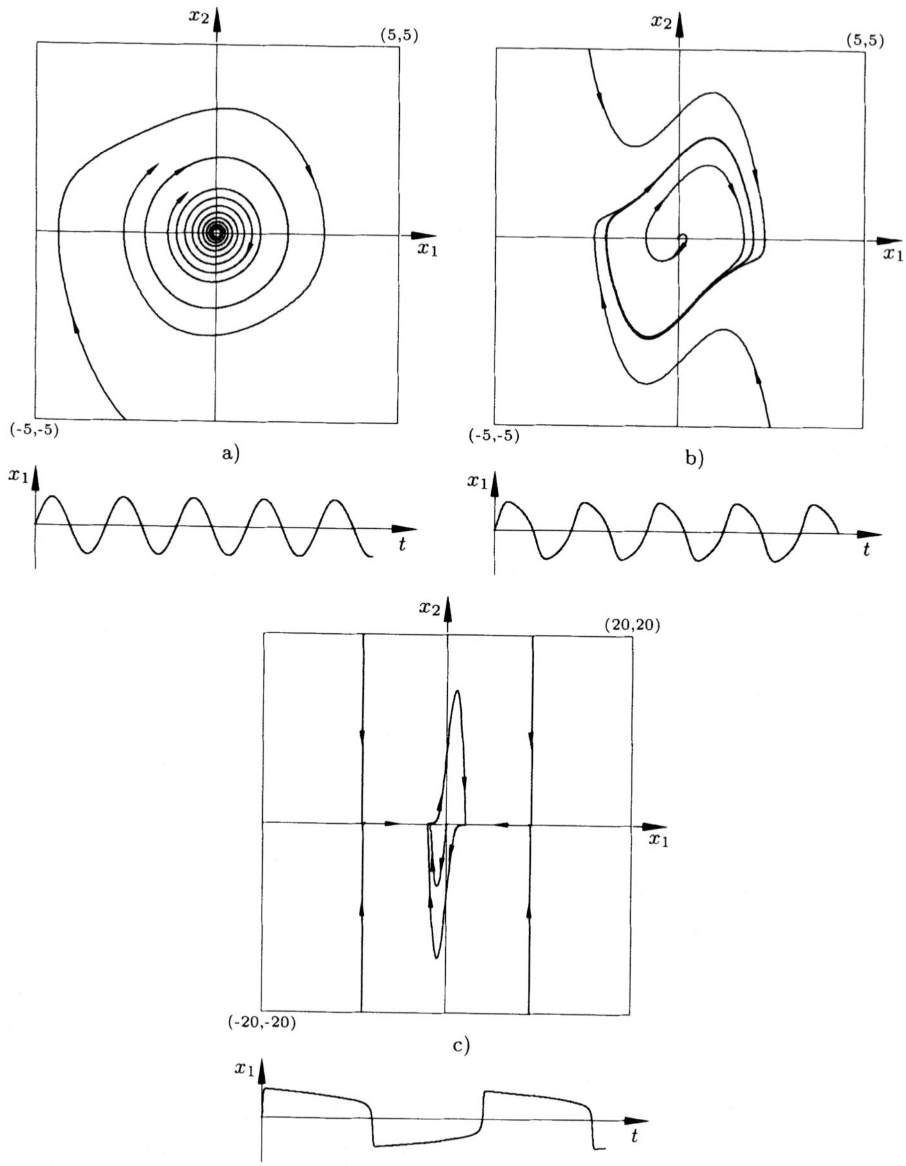

Abb. 9.4.2 Phasenportraits und Zeitverläufe der van der Polschen Gleichung, Gl. (9.4.8): a) $\mu = 0.1$, b) $\mu = 1.0$, c) $\mu = 10.0$

Mit Gl. (9.4.13) und aus Gl. (9.4.11) erhalten wir schließlich die van der Polsche Gleichung in der Liénardschen Form

$$\begin{aligned} \dot{x}_1 &= \mu x_2 - \mu\left(\tfrac{1}{3}x_1^3 - x_1\right) \\ \dot{x}_2 &= -\frac{1}{\mu}x_1 \end{aligned} \qquad (9.4.14)$$

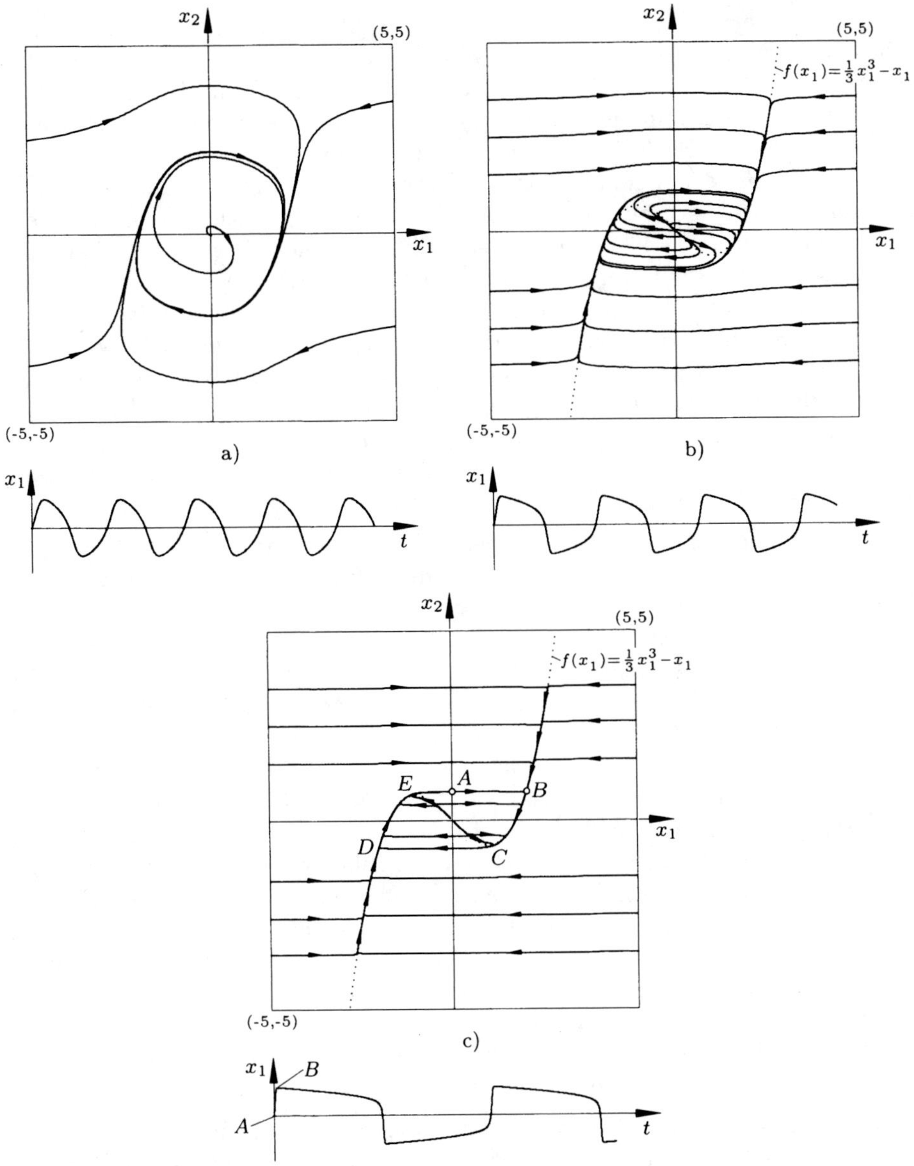

Abb. 9.4.3 Phasenportraits und Zeitverläufe der van der Polschen Gleichung in der Liénardschen Form, Gl. (9.4.14): a) $\mu = 1.0$, b) $\mu = 3.0$, c) $\mu = 10.0$

Das Gleichungssystem Gl. (9.4.14) haben wir ebenfalls numerisch integriert. Die Phasenportraits in der Liénard-Ebene und die Zeitverläufe der x_1-Komponente für die μ-Werte $\mu = 1.0$, 3.0, 10.0 sind in Abb. 9.4.3 dargestellt.

Vergleicht man die Grenzzyklen der Abbn. 9.4.2 und 9.4.3 miteinander, so sind für kleine μ-Werte geringe und für große μ-Werte deutliche Unterschiede in der

Form zu erkennen. Für $\mu = 1.0$ hat der Grenzzyklus in der Liénard-Ebene noch nahezu Kreisgestalt (Abb. 9.4.3a) und wird für größere μ-Werte zu einem Parallelogramm mit abgerundeten Ecken verformt (Abb. 9.4.3b,c). Im letzteren Fall ist der dominierende Einfluß der Funktion $f(x_1) = (1/3)x_1^3 - x_1$ auf den Phasenfluß deutlich erkennbar. Nach Liénard setzt sich dieser Grenzzyklus aus vier Kurvenabschnitten zusammen, zwei kubischen, beschrieben durch die Funktion $f(x_1)$, und zwei geradlinigen. Die beiden $f(x_1)$-Äste werden mit geringer Geschwindigkeit, die zwei Geradenstücke hingegen sehr schnell durchlaufen. Dies kann anhand des periodischen Zeitverlaufs von x_1 in Abb. 9.4.3c verdeutlicht werden. Startet man im Punkt A mit den Koordinaten $x_1 = 0$, $x_2 = 0.75$, so zeigt der Zeitverlauf von x_1, daß die Strecke $\overline{AB}$ im Phasenportrait fast schlagartig überbrückt wird. Das heißt, sobald der Oszillator den lokalen minimalen (C) oder maximalen Wert (E) der Funktion $f(x_1)$ einnimmt, folgt er nicht dieser durch den Ursprung, sondern strebt auf schnellstem, geraden Wege dem Punkt B bzw. D entgegen. Damit ist in der Liénardschen Form die relaxierende Oszillation der van der Polschen Gleichung für große μ-Werte (Abb. 9.4.3c) auch im Phasenraum erkennbar.

Das Eigentümliche der van der Polschen Gleichung ist, daß sie trotz Auftretens eines Reibungsterms ein periodisches Verhalten aufweist. Normalerweise wird man annehmen, daß reibungsbehaftete Systeme ohne Fremderregung einem Gleichgewichtszustand zustreben. Betrachten wir Gl. (9.4.7), so wird klar, daß für kleine $|x|$-Werte der Klammerausdruck negativ wird, die „Reibung" wirkt in diesem Fall als Energiequelle. Man spricht auch von „negativer" Dämpfung, eben weil die Dämpfung dem System keine Energie entzieht, sondern zuführt. Es ist offensichtlich, daß ein solches Verhalten nur möglich ist, wenn das System aus einem besonderen Energiereservoir gespeist wird. Und genau das ist bei dem einfachen elektrischen Schwingkreis, Abb. 9.4.1a, für den wir die van der Polsche Gleichung hergeleitet haben, der Fall, wo die Spannungsquelle u die Rolle des Energiereservoirs übernimmt. Ein System, das eine entsprechende Energiequelle besitzt, kann trotz „Reibung" bzw. „Dämpfung" an Energie zunehmen. Die Begriffe Reibung und Dämpfung sind dann selbstverständlich nicht mehr im herkömmlichen Sinne zu verstehen, sie charakterisieren ausschließlich den Koeffizienten des $\dot{x}$-Terms. Kleine $|x|$-Werte führen also zu Energiezufuhr, große $|x|$-Werte dagegen entziehen dem System Gl. (9.4.7) Energie, es wird gedämpft. Längs des Grenzzyklus halten sich Energiezufuhr und Dissipation gerade die Waage (vgl. Abbn. 9.4.2, 9.4.3).

Ob der numerisch ermittelte Grenzzyklus auch tatsächlich die einzige periodische Lösung des zweidimensionalen Systems ist und ob für alle μ-Werte genau ein Grenzzyklus existiert, ist ohne theoretische Untersuchungen hinsichtlich Existenz und Eindeutigkeit nicht möglich. Eine grundlegende Aussage zur Existenz periodischer Orbits macht der Satz von Poincaré-Bendixson (Hirsch und Smale, 1974). Bevor wir diesen Satz angeben, ist es notwendig, den Begriff ω-Limesmenge (α-Limesmenge) bzw. ω-Grenzmenge (α-Grenzmenge) einzuführen. Vom qualitativen Standpunkt aus wird die Dynamik durch das Verhalten der Lösungen für $t \to \pm\infty$ bestimmt. Damit stellt sich die Frage nach der Entwicklung einer Trajektorie für große positive und negative t-Werte. Die ω- bzw. α-Limesmengen, die diesen Sachverhalt erfassen, sind wie folgt definiert: Ist $\boldsymbol{x}_\gamma(t)$ die Lösung von $\dot{\boldsymbol{x}} = \boldsymbol{F}(\boldsymbol{x})$ für die Trajektorie γ im Phasenraum $\mathbb{R}^n$, dann ist die ω-Limesmenge (ω-Grenzmenge) von γ wie folgt erklärt:

$$\omega_\gamma = \{\boldsymbol{x} \in \mathbb{R}^n | \text{ es existiert eine Folge } t_n \to +\infty \text{ mit } \boldsymbol{x}_\gamma(t_n) \to \boldsymbol{x}\}$$

Die α-Limesmenge (α-Grenzmenge) erhält man für $t \to -\infty$: Einfache Beispiele von ω- bzw. α-Limesmengen sind Fixpunkte und Grenzzyklen.

Satz (Poincaré-Bendixson):

Eine nichtleere kompakte ω- oder α-Limesmenge eines ebenen Flusses, die keinen Fixpunkt enthält, ist ein geschlossener Orbit.

Diesen Satz nun auf die van der Polsche Gleichung anzuwenden, um nachzuweisen, daß für alle μ-Werte ein Grenzzyklus existiert, erweist sich als nicht trivial. Wir wollen uns an dieser Stelle darauf beschränken, die Vorgehensweise in groben Zügen zu skizzieren. Für einen detaillierten Existenzbeweis verweisen wir auf die Literatur (Guckenheimer und Holmes, 1983; Verhulst, 1990; Hale und Koçak, 1991).

Die Idee ist, ein offenes und beschränktes Gebiet D in der Ebene zu konstruieren, das keine Gleichgewichtspunkte enthält, aber die Eigenschaft besitzt, daß jede Lösung, die in D startet, für alle $t \geqslant 0$ in D bleibt. Damit ist D eine offene und beschränkte invariante Menge. Im nächsten Schritt gilt es nachzuweisen, daß für alle Anfangspunkte $\boldsymbol{x}_0$, die in D liegen ($\boldsymbol{x}_0 \in D$), die ω-Limesmenge keine Punkte auf dem Rand von D hat. Ist dies erfüllt, so muß, da D keinen Gleichgewichtspunkt enthält, die ω-Limesmenge nach dem Satz von Poincaré-Bendixson ein periodischer Orbit sein. Zum Beweis der Eindeutigkeit dieses geschlossenen Orbits verweisen wir auf (Hale und Koçak, 1991).

9.4.2 Selbsterregte Schwingung mit Fremderregung

Wir wollen nun selbsterregte Schwingungen mit Fremderregung am Fallbeispiel der van der Polschen Gleichung betrachten. Durch die Fremderregung werden dem System Schwingungsformen von außen aufgezwungen. In den Bewegungsgleichungen äußert sich dies in einem zeitabhängigen Erregerterm, der von der schwingenden Zustandsgröße $\boldsymbol{x}$ unabhängig ist. In der Praxis interessieren vor allem periodische Erregerfunktionen, die in vielen Fällen durch einen harmonischen Zeitverlauf approximiert werden können. Entsprechend erweitern wir den van der Polschen Oszillator, Gl. (9.4.7), um einen Term äußerer harmonischer Erregung und erhalten die folgende Gleichung 2. Ordnung

$$\ddot{x} + \mu(x^2 - 1)\dot{x} + x = F\cos\omega t \tag{9.4.15}$$

wobei der Dämpfungsparameter μ als positiv vorausgesetzt wird. Betrachtet man nun den Dämpfungsterm und die Fremderregung als Störung einer harmonischen Bewegung und ist diese klein, so läßt sich Gl. (9.4.15) folgendermaßen umschreiben

$$\ddot{x} + x = \varepsilon\bar{F}\cos\omega t - \varepsilon\bar{\mu}(x^2 - 1)\dot{x} \tag{9.4.16}$$

mit $\varepsilon\bar{F} = F$ und $\varepsilon\bar{\mu} = \mu$, wobei wir $\varepsilon \ll 1$ voraussetzen. Im folgenden werden wir auf die Querstriche verzichten.

Gleichung (9.4.16) kann als System zweier Gleichungen 1. Ordnung geschrieben werden (vgl. Gl. (9.4.14))

$$\begin{aligned} \dot{x}_1 &= \quad x_2 - \varepsilon\mu\Big(\frac{x_1^3}{3} - x_1\Big) \\ \dot{x}_2 &= -x_1 + \varepsilon F\cos\omega t \end{aligned} \tag{9.4.17}$$

Gleichung (9.4.17) entspricht der allgemeinen Form

$$\dot{\boldsymbol{x}} = \boldsymbol{f}(\boldsymbol{x}) + \varepsilon\boldsymbol{g}(\boldsymbol{x}, t, \varepsilon) \tag{9.4.18}$$

Zur Untersuchung von Gleichungen der Form (9.4.18) kann man auf Methoden zurückgreifen, die in der Literatur unter dem Sammelbegriff Perturbationstheorie zusammengefaßt sind.

Für die Mehrzahl aller Differentialgleichungen gibt es weder eine exakte analytische Lösung noch eine vollständige qualitative Beschreibung. Die Perturbationstheorie stellt Verfahren zur analytischen Berechnung von Näherungslösungen bereit, wobei der Einfluß von kleinen Störungen auf die als bekannt vorausgesetzten Lösungen des ungestörten Systems untersucht wird. Charakterisiert man die Störung durch einen kleinen Parameter ε, so zeigt sich, daß nach einem Zeitintervall der Größenordnung 1 Abweichungen vom ungestörten Systems in der Größenordnung ε auftreten. Die Änderung findet man näherungsweise durch Lösen der Differentialgleichung für die Störung, die man auch als „Variationsgleichung" des ungestörten Systems bezeichnet.

In vielen Fällen ist aber der Beobachtungszeitraum der Größenordnung 1 zu klein. Eine Erhöhung des zeitlichen Intervalls bis zur Größenordnung $1/\varepsilon$ und der Variablenentwicklung bis zur Größenordnung 1 führt zu einer komplexen Problematik und ist Gegenstand der sogenannten asymptotischen Methoden der Perturbationstheorie. Die wichtigste von diesen ist, vor allem für Ingenieure, die *averaging*-Methode, die im Deutschen als Methode der harmonischen Balance bezeichnet wird. Sie geht auf Krylov und Bogoliubov zurück, die dieses Verfahren in den 1930er Jahren entwickelten. Bei der Anwendung dieser Methode ist dennoch Vorsicht geboten, da sie davon ausgeht, daß das gestörte Vektorfeld dem ungestörten folgt. Nun wissen wir aber, daß das ungestörte System strukturinstabil sein kann, d. h. daß kleine Störungen das System zu vollständig neuem Lösungsverhalten zwingen können. Glücklicherweise bleibt allerdings die Lösung des gestörten Systems in den meisten Fällen, zumindest für einen endlichen Zeitraum, in der unmittelbaren Umgebung des ungestörten Systems.

Wir wollen nun den fremderregten van der Polschen Oszillator hinsichtlich stationärer Lösungen und Verzweigungen diskutieren. Voraussetzung dafür ist die Kenntnis der *averaging*-Methode, die wir kurz vorstellen wollen.

Die *averaging*-Methode erschließt sich aus zwei unterschiedlichen Blickwinkeln. Zum einen läßt sich das Verfahren aus der Konstruktion einer asymptotischen Approximation der Lösung von Differentialgleichungen herleiten (vgl. Sanders und Verhulst, 1985), zum anderen kann man die Vorgehensweise von der geometrischen Theorie von Differentialgleichungen ableiten (Arnol'd, 1988; Guckenheimer und Holmes, 1983; Wiggins, 1990).

Die Grundidee, die sich hinter dem *averaging*-Verfahren verbirgt, ist, die langsame zeitliche Entwicklung des Systems (*drift*) von den rasch ablaufenden Oszillationen zu trennen. Das fundamentale Prinzip, genannt *averaging*-Prinzip, ermöglicht es, basierend auf der Trennung in langsame und rasche Oszillationen, die zeitliche Entwicklung, die dem Ausgangssystem äquivalent ist bzw. das Ausgangssystem analytisch approximiert, in sich langsam ändernden Variablen zu formulieren.

Wir stellen die Methode in ihrer einfachsten Form kurz vor. Dazu betrachten wir Gleichungssysteme der folgenden Form

$$\dot{\boldsymbol{x}} = \varepsilon \boldsymbol{f}(\boldsymbol{x}, t) + \varepsilon^2 \boldsymbol{g}(\boldsymbol{x}, t, \varepsilon), \quad \boldsymbol{x} \in \mathbb{R}^n, \quad 0 < \varepsilon \ll 1 \tag{9.4.19}$$

wobei die Funktionen $\boldsymbol{f}$ und $\boldsymbol{g}$ mindestens einmal stetig differenzierbar und periodisch in der Zeit t mit einer Periode $T > 0$ sind. Der entscheidende Schritt ist die zeitliche Mittelwertbildung (*averaging*) von $\boldsymbol{f}$, womit ein zu Gl. (9.4.19) assoziiertes gemitteltes autonomes System definiert wird,

$$\dot{\boldsymbol{y}} = \varepsilon \bar{\boldsymbol{f}}(\boldsymbol{y}) \stackrel{\text{def}}{=} \varepsilon \frac{1}{T} \int_0^T \boldsymbol{f}(\boldsymbol{y}, t) \mathrm{d}t \tag{9.4.20}$$

Man kann nun zeigen, daß durch die folgende Koordinatentransformation (engl. *near-identity transformation*)

$$\boldsymbol{x} = \boldsymbol{y} + \varepsilon \boldsymbol{w}(\boldsymbol{y}, t) \tag{9.4.21}$$

die Ausgangsgleichung (9.4.19) in ein System

$$\dot{\boldsymbol{y}} = \varepsilon \bar{\boldsymbol{f}}(\boldsymbol{y}) + \varepsilon^2 \boldsymbol{f}_1(\boldsymbol{y}, t, \varepsilon) \tag{9.4.22}$$

übergeführt wird, wobei gilt

$$\bar{\boldsymbol{f}}(\boldsymbol{y}) = \frac{1}{T} \int_0^T \boldsymbol{f}(\boldsymbol{y}, t) \mathrm{d}t$$

und außerdem $\boldsymbol{f}_1$ in der Zeit t die Periode T besitzt. Daß die Transformation Gl. (9.4.21) die zeitliche Abhängigkeit in den Termen der Ordnung $\mathcal{O}(\varepsilon)$ eliminiert, indem sie diese in Terme der Ordnung $\mathcal{O}(\varepsilon^2)$ „abdrängt", läßt sich am einfachsten dadurch veranschaulichen, daß man die Koordinatentransformationen, Gl. (9.4.21), explizit konstruiert.

Als erstes spalten wir die Funktion $\boldsymbol{f}(\boldsymbol{x},t)$ von Gl. (9.4.19) in Mittelwert und oszillierenden Anteil auf

$$\boldsymbol{f}(\boldsymbol{x},t) = \bar{\boldsymbol{f}}(\boldsymbol{x}) + \tilde{\boldsymbol{f}}(\boldsymbol{x},t) \tag{9.4.23}$$

wobei gilt

$$\bar{\boldsymbol{f}}(\boldsymbol{x}) = \frac{1}{T}\int_0^T \boldsymbol{f}(\boldsymbol{x},t)\mathrm{d}t\,, \quad \tilde{\boldsymbol{f}}(\boldsymbol{x},t) = \boldsymbol{f}(\boldsymbol{x},t) - \frac{1}{T}\int_0^T \boldsymbol{f}(\boldsymbol{x},t)\mathrm{d}t \tag{9.4.24}$$

Gleichung (9.4.23) in die Ausgangsgleichung (9.4.19) eingesetzt, ergibt

$$\dot{\boldsymbol{x}} = \varepsilon\bar{\boldsymbol{f}}(\boldsymbol{x}) + \varepsilon\tilde{\boldsymbol{f}}(\boldsymbol{x},t) + \varepsilon^2\boldsymbol{g}(\boldsymbol{x},t,\varepsilon) \tag{9.4.25}$$

Wir führen nun die „near-identity"-Transformation

$$\boldsymbol{x} = \boldsymbol{y} + \varepsilon\boldsymbol{w}(\boldsymbol{y},t) \tag{9.4.26}$$

durch, wobei die Funktion $\boldsymbol{w}$ noch frei wählbar ist. Durch Ableiten nach der Zeit von Gl. (9.4.26) erhält man

$$\dot{\boldsymbol{x}} = \dot{\boldsymbol{y}} + \varepsilon\left[\frac{\partial\boldsymbol{w}}{\partial t} + \frac{\partial\boldsymbol{w}(\boldsymbol{y},t)}{\partial\boldsymbol{y}}\dot{\boldsymbol{y}}\right] \tag{9.4.27}$$

Dabei stellt der Ausdruck $\frac{\partial\boldsymbol{w}}{\partial\boldsymbol{y}}$ die Jacobi-Matix dar. Die Transformation, Gl. (9.4.26), und die Gln. (9.4.19) und (9.4.27) ergeben nun

$$\dot{\boldsymbol{x}} = \left[\boldsymbol{I} + \varepsilon\frac{\partial\boldsymbol{w}}{\partial\boldsymbol{y}}\right]\dot{\boldsymbol{y}} + \varepsilon\frac{\partial\boldsymbol{w}}{\partial t} = \varepsilon\boldsymbol{f}(\boldsymbol{y}+\varepsilon\boldsymbol{w},t) + \varepsilon^2\boldsymbol{g}(\boldsymbol{y}+\varepsilon\boldsymbol{w},t,\varepsilon) \tag{9.4.28}$$

Für die Funktionen $\boldsymbol{f}$ und $\boldsymbol{g}$ auf der rechten Seite von Gl. (9.4.28) führen wir eine Taylorentwicklung an der Stelle $\boldsymbol{y}$ durch und erhalten

$$\begin{aligned} \boldsymbol{f}(\boldsymbol{y}+\varepsilon\boldsymbol{w},t) &= \boldsymbol{f}(\boldsymbol{y},t) + \varepsilon\frac{\partial\boldsymbol{f}(\boldsymbol{y},t)}{\partial\boldsymbol{y}}\boldsymbol{w}(\boldsymbol{y},t) + \mathcal{O}(\varepsilon^2) \\ \boldsymbol{g}(\boldsymbol{y}+\varepsilon\boldsymbol{w},t,\varepsilon) &= \boldsymbol{g}(\boldsymbol{y},t,0) + \mathcal{O}(\varepsilon) \end{aligned} \tag{9.4.29}$$

Wir berücksichtigen Gl. (9.4.29) in Gl. (9.4.28) und erhalten, indem wir $\boldsymbol{f}(\boldsymbol{y}, t)$ im ε-Term in Mittelwert und oszillierenden Anteil, Gl. (9.4.23), aufspalten,

$$\dot{\boldsymbol{y}} = \left[\boldsymbol{I} + \varepsilon \frac{\partial \boldsymbol{w}}{\partial \boldsymbol{y}}\right]^{-1} \left\{ \varepsilon \left[\bar{\boldsymbol{f}}(\boldsymbol{y}) + \tilde{\boldsymbol{f}}(\boldsymbol{y}, t) - \frac{\partial \boldsymbol{w}}{\partial t}\right] + \varepsilon^2 \left[\frac{\partial \boldsymbol{f}(\boldsymbol{y}, t)}{\partial \boldsymbol{y}} \boldsymbol{w}(\boldsymbol{y}, t) + \boldsymbol{g}(\boldsymbol{y}, t, 0)\right] + \mathcal{O}(\varepsilon^3) \right\} \tag{9.4.30}$$

Für hinreichend kleines ε gilt für die Inverse des Operators $[\boldsymbol{I} + \varepsilon \frac{\partial \boldsymbol{w}}{\partial \boldsymbol{y}}]$ folgende Approximation

$$\left[\boldsymbol{I} + \varepsilon \frac{\partial \boldsymbol{w}}{\partial \boldsymbol{y}}\right]^{-1} = \boldsymbol{I} - \varepsilon \frac{\partial \boldsymbol{w}}{\partial \boldsymbol{y}} + \mathcal{O}(\varepsilon^2) \tag{9.4.31}$$

Damit erhalten wir für Gl. (9.4.30) folgende Umformung

$$\dot{\boldsymbol{y}} = \varepsilon \left[\bar{\boldsymbol{f}} + \tilde{\boldsymbol{f}} - \frac{\partial \boldsymbol{w}}{\partial t}\right] + \varepsilon^2 \left[\frac{\partial \boldsymbol{f}}{\partial \boldsymbol{y}} \boldsymbol{w} + \boldsymbol{g} - \frac{\partial \boldsymbol{w}}{\partial \boldsymbol{y}} \boldsymbol{f} + \frac{\partial \boldsymbol{w}}{\partial \boldsymbol{y}} \frac{\partial \boldsymbol{w}}{\partial t}\right] + \mathcal{O}(\varepsilon^3) \tag{9.4.32}$$

Mit der Substitution

$$\boldsymbol{f}_1(\boldsymbol{y}, t, \varepsilon) = \frac{\partial \boldsymbol{f}}{\partial \boldsymbol{y}} \boldsymbol{w} + \boldsymbol{g} - \frac{\partial \boldsymbol{w}}{\partial \boldsymbol{y}} \boldsymbol{f} + \frac{\partial \boldsymbol{w}}{\partial \boldsymbol{y}} \frac{\partial \boldsymbol{w}}{\partial t} + \mathcal{O}(\varepsilon) \tag{9.4.33}$$

nimmt Gl. (9.4.32) die Form an

$$\dot{\boldsymbol{y}} = \varepsilon \left[\bar{\boldsymbol{f}} + \tilde{\boldsymbol{f}} - \frac{\partial \boldsymbol{w}}{\partial t}\right] + \varepsilon^2 \boldsymbol{f}_1(\boldsymbol{y}, t, \varepsilon) \tag{9.4.34}$$

Die Funktion $\boldsymbol{w}$ ist noch frei wählbar. Wir wählen $\boldsymbol{w}$ so, daß gilt

$$\frac{\partial \boldsymbol{w}}{\partial t} = \tilde{\boldsymbol{f}}(\boldsymbol{y}, t) \tag{9.4.35}$$

Mit Gl. (9.4.35) kann $\boldsymbol{w}$ durch Zeitintegration gewonnen werden. Durch die Wahl von $\boldsymbol{w}$ nach Gl. (9.4.35) erhalten wir schließlich die durch die „near-identity"-Transformation, Gl. (9.4.21), angestrebte Gl. (9.4.22)

$$\dot{\boldsymbol{y}} = \varepsilon \bar{\boldsymbol{f}}(\boldsymbol{y}) + \varepsilon^2 \boldsymbol{f}_1(\boldsymbol{y}, t, \varepsilon) \tag{9.4.36}$$

Die Stetigkeit der Transformation Gl. (9.4.21) sowie die Kleinheit von ε erlauben es, wichtige Informationen über das Verhalten der Ausgangsgleichung (9.4.19) aus der Untersuchung der Beziehung Gl. (9.4.22) bzw. Gl. (9.4.20) zu gewinnen. Das *averaging*-Theorem (vgl. Guckenheimer und Holmes, 1983), das wir hier ohne Beweis anführen, stellt diesen Vergleich zwischen Ausgangssystem und gemitteltem System her.

Averaging-Theorem:

i. Sind $\boldsymbol{x}(t)$ resp. $\boldsymbol{y}(t)$ Lösungen der Gln. (9.4.19) bzw. (9.4.20) für die Anfangsbedingungen $\boldsymbol{x}(t_0) = \boldsymbol{x}_0$, $\boldsymbol{y}(t_0) = \boldsymbol{y}_0$ und ist $|\boldsymbol{x}_0 - \boldsymbol{y}_0| = \mathcal{O}(\varepsilon)$, dann gilt $|\boldsymbol{x}(t) - \boldsymbol{y}(t)| = \mathcal{O}(\varepsilon)$ für ein Zeitintervall $t \sim 1/\varepsilon$ (Approximation der Lösung).

ii. Besitzt die Gl. (9.4.20) einen hyperbolischen Fixpunkt $\boldsymbol{x}_s$, dann existiert eine ε_0-Umgebung, so daß für jedes ε mit $0 < \varepsilon \leqslant \varepsilon_0$ die Gl. (9.4.19) einen einzigen hyperbolischen Orbit $\boldsymbol{x}_\varepsilon(t) = \boldsymbol{x}_s + \boldsymbol{\mathcal{O}}(\varepsilon)$ vom selben Stabilitätstyp wie $\boldsymbol{x}_s$ besitzt (gleiches Stabilitätsverhalten).

iii. Liegt die Lösung $\boldsymbol{x}^s(t)$ von Gl. (9.4.19) auf der stabilen Mannigfaltigkeit des hyperbolischen Orbits $\boldsymbol{x}_\varepsilon = \boldsymbol{x}_s + \boldsymbol{\mathcal{O}}(\varepsilon)$ und liegt die Lösung $\boldsymbol{y}^s(t)$ von Gl. (9.4.20) auf der stabilen Mannigfaltigkeit des hyperbolischen Fixpunktes $\boldsymbol{x}_s$ und ist für die Anfangsbedingungen $|\boldsymbol{x}^s(0) - \boldsymbol{y}^s(0)| = \mathcal{O}(\varepsilon)$, dann gilt $|\boldsymbol{x}^s(t) - \boldsymbol{y}^s(t)| = \mathcal{O}(\varepsilon)$ für $t \in [0, \infty)$. Entsprechendes gilt für die Lösungen, die auf den instabilen Mannigfaltigkeiten im Zeitintervall $t \in (-\infty, 0]$ liegen (Approximation der stabilen und instabilen Mannigfaltigkeit).

Neben den hier aufgeführten wichtigen Eigenschaften gewinnt die *averaging*- Methode noch an Bedeutung durch die Tatsache, daß sie dazu benutzt werden kann, Poincaré-Abbildungen zu approximieren; vgl. (Wiggins, 1990).

Unser Ziel ist, die *averaging*-Methode auf die van der Polsche Gleichung (9.4.16) bzw. (9.4.17) anzuwenden. Dazu ist es aber notwendig, diese zunächst in die Standardform Gl. (9.4.19) überzuführen.

Um dies zu erreichen, wenden wir die sogenannte van der Polsche Transformation an; vgl. (Wiggins, 1990; Guckenheimer und Holmes, 1983). Mit ihr wird das Ausgangssystem, beschrieben in $\boldsymbol{x}$-Koordinaten, in ein mitbewegtes rotierendes $\boldsymbol{y}$-System mit der Periode $T = 2\pi/\omega$ überführt. Das heißt, daß einer harmonischen Oszillation mit der Frequenz ω ein Fixpunkt im transformierten System entspricht. Wir wählen zuerst für Gl. (9.4.17) die etwas verkürzte Schreibweise

$$\dot{\boldsymbol{x}} = \boldsymbol{L}\boldsymbol{x} + \varepsilon \begin{bmatrix} h_1 \\ h_2 \end{bmatrix} \tag{9.4.37}$$

mit

$$\boldsymbol{L} = \begin{bmatrix} 0 & 1 \\ -1 & 0 \end{bmatrix}, \quad h_1 = -\mu\Big(\frac{x_1^3}{3} - x_1\Big), \quad h_2 = F\cos\omega t$$

Wir führen nun die van der Polsche Transformation in der Form ein

$$\begin{bmatrix} y_1 \\ y_2 \end{bmatrix} = \boldsymbol{A}\begin{bmatrix} x_1 \\ x_2 \end{bmatrix} \qquad \text{bzw.} \qquad \begin{bmatrix} x_1 \\ x_2 \end{bmatrix} = \boldsymbol{A}^{-1}\begin{bmatrix} y_1 \\ y_2 \end{bmatrix} \tag{9.4.38}$$

wobei die zeitabhängige Transformationsmatrix gegeben ist durch

$$\boldsymbol{A}(t) = \begin{bmatrix} \cos\omega t & -\frac{1}{\omega}\sin\omega t \\ -\sin\omega t & -\frac{1}{\omega}\cos\omega t \end{bmatrix}, \quad \boldsymbol{A}^{-1}(t) = \begin{bmatrix} \cos\omega t & -\sin\omega t \\ -\omega\sin\omega t & -\omega\cos\omega t \end{bmatrix} \tag{9.4.39}$$

Wir differenzieren nun Gl. (9.4.38) nach der Zeit und erhalten unter Berücksichtigung von Gl. (9.4.37)

$$\begin{bmatrix} \dot{y}_1 \\ \dot{y}_2 \end{bmatrix} = [\dot{\boldsymbol{A}}\boldsymbol{A}^{-1} + \boldsymbol{A}\boldsymbol{L}\boldsymbol{A}^{-1}]\begin{bmatrix} y_1 \\ y_2 \end{bmatrix} + \boldsymbol{A}\varepsilon\begin{bmatrix} h_1 \\ h_2 \end{bmatrix} \tag{9.4.40}$$

Führt man die Transformation aus, erhält man für Gl. (9.4.40)

$$\begin{aligned} \dot{y}_1 &= \frac{(1-\omega^2)}{\omega}(y_1 \sin\omega t \cos\omega t - y_2 \sin^2\omega t) - \varepsilon\mu\Big(\frac{x_1^3}{3} - x_1\Big)\cos\omega t \\ &\qquad - \frac{\varepsilon}{\omega}F \sin\omega t \cos\omega t \\ \dot{y}_2 &= \frac{(1-\omega^2)}{\omega}(y_1 \cos^2\omega t - y_2 \sin\omega t \cos\omega t) + \varepsilon\mu(\frac{x_1^3}{3} - x_1)\sin\omega t \\ &\qquad - \frac{\varepsilon}{\omega}F \cos^2\omega t \end{aligned} \tag{9.4.41}$$

Mit $x_1 = y_1 \cos\omega t - y_2 \sin\omega t$ und der Notation $s \equiv \sin\omega t$, $c \equiv \cos\omega t$ nimmt Gl. (9.4.41) folgende Form an

$$\begin{aligned} \dot{y}_1 &= \frac{(1-\omega^2)}{\omega}(y_1 sc - y_2 s^2) - \varepsilon\mu\Big[\tfrac{1}{3}(y_1 c - y_2 s)^3 - (y_1 c - y_2 s)\Big]c - \frac{\varepsilon}{\omega}Fsc \\ \dot{y}_2 &= \frac{(1-\omega^2)}{\omega}(y_1 c^2 - y_2 sc) + \varepsilon\mu\Big[\tfrac{1}{3}(y_1 c - y_2 s)^3 - (y_1 c - y_2 s)\Big]s - \frac{\varepsilon}{\omega}Fc^2 \end{aligned} \tag{9.4.42}$$

Nun erinnern wir uns, daß das ungestörte System, Gl. (9.4.17), für $\varepsilon = 0$ einem harmonischen Oszillator mit der Eigenfrequenz $\omega_0 = 1$ entspricht. Wir sind am Resonanzfall $\omega \approx \omega_0 = 1$ interessiert, d. h. wir treffen folgende Annahme

$$1 - \omega^2 = \mathcal{O}(\varepsilon) \quad \text{bzw.} \quad \sigma := \frac{1-\omega^2}{\varepsilon} = \mathcal{O}(1) \tag{9.4.43}$$

Im Falle von Hysterese-Dämpfung ist der Dämpfungsterm μ umgekehrt proportional zur Erregerfrequenz ω. Wir setzen daher

$$\mu = \frac{1}{\omega} \tag{9.4.44}$$

Mit der Approximation in Gl. (9.4.43) haben wir festgelegt, die *averaging*-Methode nur bis zu Termen der Ordnung $\mathcal{O}(\varepsilon)$ einschließlich durchzuführen. Berücksichtigt man außerdem Gl. (9.4.44), so erhält man schließlich Gl. (9.4.42) in der Standardform für die *averaging*-Methode (vgl. Gl. (9.4.19))

$$\begin{aligned} \dot{y}_1 &= \frac{\varepsilon}{\omega}\Big[\sigma(y_1 sc - y_2 s^2) - \tfrac{1}{3}(y_1 c - y_2 s)^3 c + (y_1 c - y_2 s)c - Fsc\Big] + \mathcal{O}(\varepsilon^2) \\ \dot{y}_2 &= \frac{\varepsilon}{\omega}\Big[\sigma(y_1 c^2 - y_2 sc) + \tfrac{1}{3}(y_1 c - y_2 s)^3 s - (y_1 c - y_2 s)s - Fc^2\Big] + \mathcal{O}(\varepsilon^2) \end{aligned} \tag{9.4.45}$$

bzw.

$$\dot{\boldsymbol{y}} = \varepsilon \boldsymbol{f}(\boldsymbol{y}, t) + \mathcal{O}(\varepsilon^2)$$

Ausgehend von Gl. (9.4.45) spalten wir nun die Funktion $\boldsymbol{f}(\boldsymbol{y}, t)$ gemäß Gl. (9.4.23) in den zeitunabhängigen $\bar{\boldsymbol{f}}(\boldsymbol{y})$- und den oszillierenden $\tilde{\boldsymbol{f}}(\boldsymbol{y}, t)$-Anteil auf. Wir beschränken uns darauf, den $\bar{\boldsymbol{f}}(\boldsymbol{y})$-Anteil zu bestimmen. Durch Mittelung bzw. durch Integration der trigonometrischen Funktion über eine Periode $T = 2\pi/\omega$ erhalten wir entsprechend Gl. (9.4.20) das autonome System $\mathcal{O}(\varepsilon)$-ter Ordnung

$$\begin{bmatrix} \dot{y}_1 \\ \dot{y}_2 \end{bmatrix} = \frac{\varepsilon}{2\omega} \begin{bmatrix} y_1 - \sigma y_2 - \frac{1}{4} y_1 (y_1^2 + y_2^2) \\ \sigma y_1 + y_2 - \frac{1}{4} y_2 (y_1^2 + y_2^2) - F \end{bmatrix} \stackrel{\text{def}}{=} \varepsilon \bar{\boldsymbol{f}}(\boldsymbol{y}) \tag{9.4.46}$$

Gleichung (9.4.46) läßt sich noch durch folgende Skalierung vereinfachen

$$\begin{aligned} t &\to \frac{2\omega}{\varepsilon} t \\ y_1 &\to 2y_1 \\ y_2 &\to 2y_2 \end{aligned} \tag{9.4.47}$$

Wir erhalten schießlich das der Gl. (9.4.37) äquivalente autonome System $\mathcal{O}(\varepsilon)$-ter Ordnung

$$\begin{bmatrix} \dot{y}_1 \\ \dot{y}_2 \end{bmatrix} = \begin{bmatrix} y_1 - \sigma y_2 - y_1 (y_1^2 + y_2^2) \\ \sigma y_1 + y_2 - y_2 (y_1^2 + y_2^2) - \gamma \end{bmatrix} \tag{9.4.48}$$

wobei $\gamma = F/2$ ist. Wir erinnern daran, daß σ die Dämpfung und γ die Erregeramplitude darstellen.

Wir wollen nun die Dynamik der van der Polschen Gleichung (9.4.16) anhand des approximierten Systems, Gl. (9.4.48), untersuchen. Wie bereits erwähnt, repräsentieren hyperbolische Fixpunkte der Gl. (9.4.48) näherungsweise sinusförmige periodische Lösungen gleicher Stabilität. Periodische Orbits von Gl. (9.4.48) korrespondieren mit beinahe periodischen Lösungen von Gl. (9.4.16). Der erste Fall wird in den Ingenieurwissenschaften oft als Synchronisation (*phase locking*) von Erregerfrequenz und Eigenfrequenz, der zweite als „langsame" Bewegung (*drift*) bezeichnet.

Unsere Diskussion folgt der Arbeit (Holmes und Rand, 1978), wobei wir zur Illustration ihrer Ergebnisse numerisch gewonnene Computerresultate ergänzend beisteuern. Die ersten Untersuchungen gehen selbstverständlich auf van der Pol (1927) zurück. Holmes und Rand konnten außerdem auf den ausführlichen Arbeiten von M. Cartwright (1948) hinsichtlich Strukturinstabilität der fremderregten van der Polschen Gleichung aufbauen und die Existenz von homoklinen Orbits (*saddle connections*) beweisen, die zu globalen, homoklinen Bifurkationen führen. Vermutet wurde diese bereits von Cartwright und Gillies (1954).

Um einen Überblick über das dynamische Verhalten zu erhalten, ist es hilfreich, die Abhängigkeit von den beiden Kontrollparametern σ und γ anhand von Phasenportraits aufzuzeigen. In Kapitel 6 haben wir die Grundmuster von lokalen Verzweigungen für eindimensionale Gleichungen in Abhängigkeit eines Kontrollparameters diskutiert. Die lokalen Bifurkationen ereignen sich jeweils an einem kritischen Punkt. Es ist leicht einzusehen, daß sich im Falle der zwei Kontrollparameter σ und γ die kritischen Punkte in der σ, γ-Parameterebene als Kurven abbilden (vgl. Abb. 9.4.4).

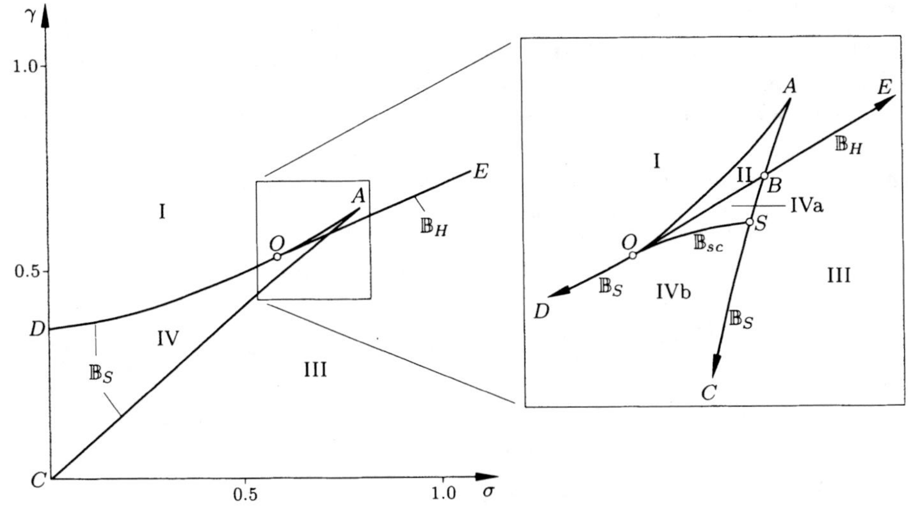

Abb. 9.4.4 Die Bifurkationsmengen $\mathbb{B}_S$, $\mathbb{B}_H$, $\mathbb{B}_{sc}$ der nach der *averaging*-Methode approximierten van der Polschen Gleichung (9.4.48):
i. $\mathbb{B}_S$ ... Sattelknoten-Verzweigungen
ii. $\mathbb{B}_H$ ... Hopf-Verzweigungen
iii. $\mathbb{B}_{sc}$ ... Homokline Bifurkationen (*saddle connections*);
nach (Guckenheimer und Holmes, 1983)

Tritt eine lokale oder globale Bifurkation auf, so verliert das System seine Strukturstabilität. Im zweidimensionalen Fall, der hier vorliegt, können aufgrund des Theorems von Peixoto (siehe Abschnitt 8.2) Bedingungen zur Strukturinstabilität angegeben werden. Es liegt eine Bifurkation vor, wenn einer der drei folgenden Punkte nicht erfüllt ist:

i. alle Gleichgewichtspunkte sind hyperbolisch,

ii. alle periodischen Orbits sind hyperbolisch,

iii. es existieren keine homoklinen oder heteroklinen Orbits

Die Parameterwerte, für die die obigen drei Punkte verletzt sind, bilden die Bifurkationsmenge $\mathbb{B}$. Wir unterscheiden in lokale und globale Bifurkationen. Die lokale Verzweigung kann man aufgrund linearer Analysen erhalten. Die hier relevanten lokalen Strukturinstabilitäten sind Sattelknoten-Verzweigungen, die für

$(\sigma, \gamma) \in \mathbb{B}_S$ auftreten und Hopf-Verzweigungen für $(\sigma, \gamma) \in \mathbb{B}_H$. Als globale Bifurkation ereignen sich homokline Bifurkationen für $(\sigma, \gamma) \in \mathbb{B}_{sc}$.

Wir wollen in diesem Rahmen ausschließlich Ergebnisse vorstellen; zur analytischen Bestimmung der Bifurkationsmenge $\mathbb{B}$ verweisen wir auf die Literatur (Holmes und Rand, 1978; Guckenheimer und Holmes, 1983) und die dort angegebenen Referenzen. Die Kurvenabschnitte DA und CA mit der Bezeichnung $\mathbb{B}_S$ in Abb. 9.4.4 markieren Sattelknoten-Verzweigungen. Die Gerade OE ($\mathbb{B}_H$), die in O tangential in die Kurve DA einmündet, kennzeichnet Hopf-Verzweigungen. Die Kurve OS ($\mathbb{B}_{sc}$), die das Gebiet IV in die Unterbereiche IVa und IVb trennt, markiert homokline Bifurkationen.

In Abb. 9.4.5 sind die zu den fünf Bereichen I bis IVb und zu den Bifurkationskurven $\mathbb{B}_S, \mathbb{B}_H, \mathbb{B}_{sc}$ korrespondierenden Phasenportraits zusammengefaßt (vgl. dazu die numerisch ermittelten Phasenportraits, die in den Abbn. 9.4.6, 9.4.7 und 9.4.8 dargestellt sind). In den einzelnen Regionen charakterisieren folgende Limesmengen das dynamische Verhalten:

Bereich I: ein stabiler Fixpunkt (Abbn. 9.4.5, 9.4.6a)

Bereich II: ein stabiler Fokus, ein Sattel und ein stabiler Knoten (Abbn. 9.4.5, 9.4.6c,d)

Bereich III: ein instabiler Fokus und ein stabiler Grenzzyklus (Abbn. 9.4.5, 9.4.6b)

Bereich IVa: ein instabiler Fokus, ein stabiler Grenzzyklus, ein Sattel- und ein stabiler Knoten (Abbn. 9.4.5, 9.4.7a, b)

Bereich IVb: ein instabiler Fokus, ein Sattel- und ein stabiler Knoten (Abbn. 9.4.5, 9.4.7c,d)

Von Interesse sind nun die Verzweigungen, die beim Übergang von einem Bereich in den benachbarten stattfinden. Wir betrachten zuerst lokale Bifurkationen, die sich aufgrund konventioneller linearer Analysen ergeben. In Kapitel 6 haben wir die Bifurkations-Grundmuster einparametriger Systeme vorgestellt. Für die Analyse zweiparametriger Systeme hält man einen Parameter, z. B. σ, konstant und analysiert die Verzweigung in Abhängigkeit des zweiten, in unserem Fall von γ. Wir erhalten folgende Verzweigungsvarianten:

i. Sattelknoten-Verzweigung:

Für die Parameterwerte auf den beiden Kurvenstücken DA und AC, als $\mathbb{B}_S$ bezeichnet, existieren ein hyperbolischer und ein nichthyperbolischer Fixpunkt. Der hyperbolische Fixpunkt ist entweder ein stabiler Knoten oder ein Fokus, der nichthyperbolische Fixpunkt ist ein Sattelknoten (vgl. Abbn. 9.4.5 und 9.4.8): es treten Sattelknoten-Verzweigungen auf, d. h. zwei Gleichgewichtszustände fallen zusammen und heben sich dann gegenseitig auf. Beim Übergang vom Bereich II in I sind von den drei in II vorhanden Gleichgewichtszuständen (Sattel, stabiler Fokus und stabiler Knoten) nur zwei am Verzweigungsprozess beteiligt, nämlich der Sattel und der stabile Fokus. Diese

Abb. 9.4.5

Qualitative Phasenportraits in Abhängigkeit von den Kontrollparametern σ und γ für Gl. (9.4.50); vgl. (Holmes und Rand, 1978)

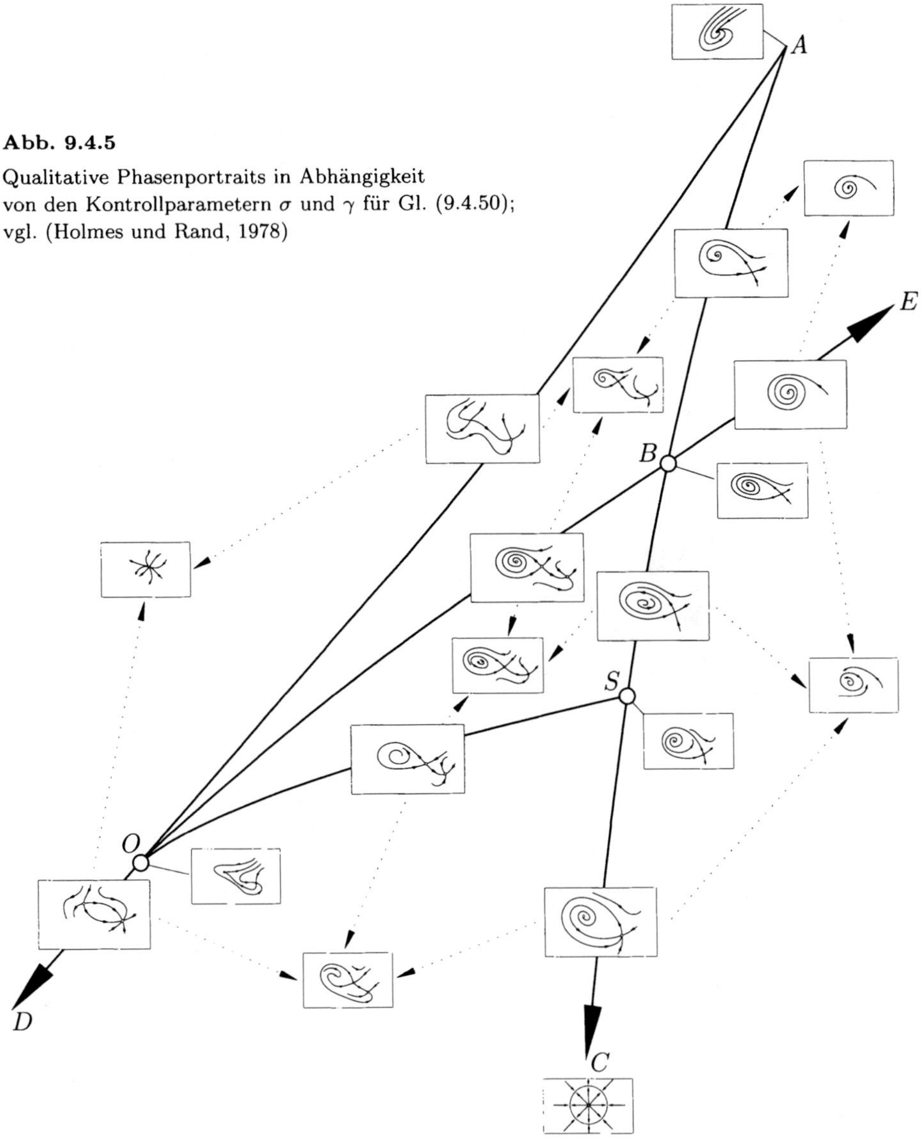

beiden verschmelzen in $\mathbb{B}_S$ (Sattelknoten-Zustand) und löschen sich gegenseitig aus, so daß in I nur der stabile Knoten übrig bleibt (Abbn. 9.4.5 und 9.4.6). Auf der Verzweigungskurve BC, die den Übergang von IV nach III angibt, befindet sich der Sattelknoten auf einem geschlossenen Orbit (Abbn. 9.4.5 und 9.4.8). Beim Übergang verschwindet der Sattelknoten, und was im Bereich III verbleibt, ist ein stabiler Grenzzyklus und ein instabiler Fokus (Abbn. 9.4.5 und 9.4.6b). Die Eigenwertkonstellation des Sattelknotens auf DO ist $(0, +)$, auf OA $(0, -)$ und auf BC ebenfalls $(0, -)$.

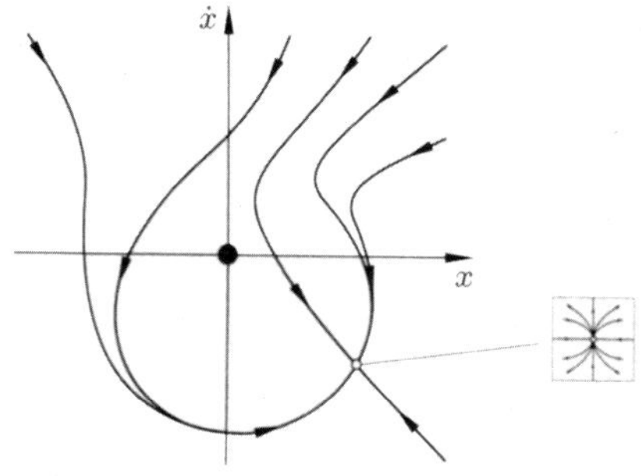

a) Punkt P_{I} ($\sigma = 0.4$, $\gamma = 0.6$)

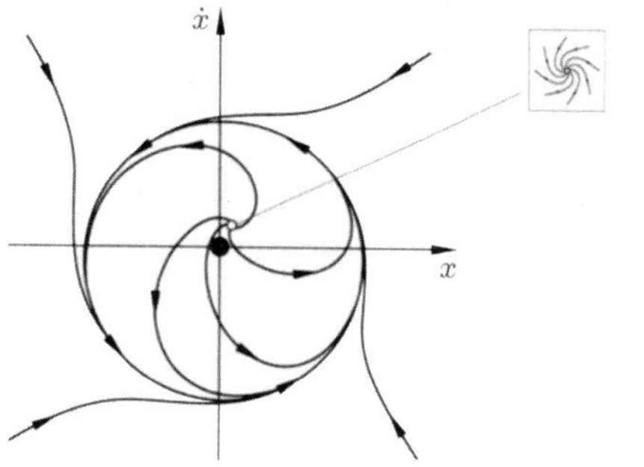

b) Punkt P_{III} ($\sigma = 0.6$, $\gamma = 0.2$)

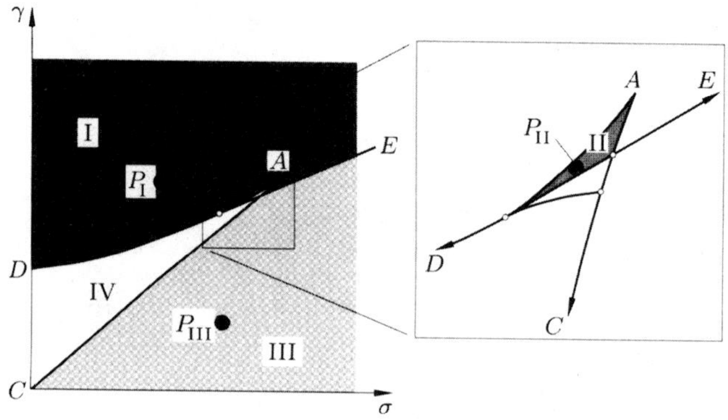

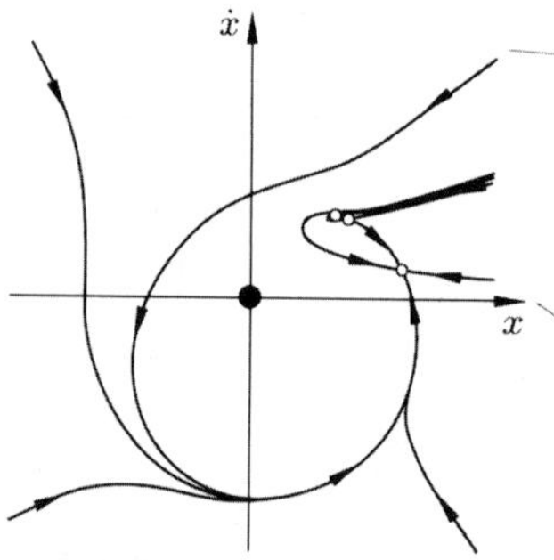

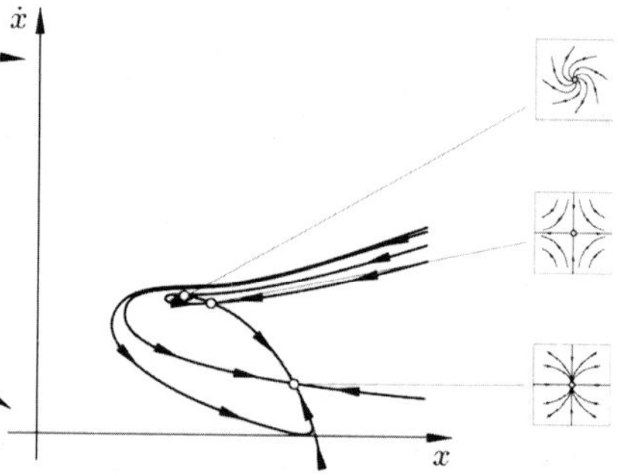

c) Punkt P_{II} ($\sigma = 0.54$, $\gamma = 0.520364$)

d)

Abb. 9.4.6 Phasenportraits der Bereiche I, II, III und Ausschnittsvergrößerung von Portrait II: a) Bereich I, b) Bereich III, c) Bereich II, d) Ausschnittsvergrößerung von c) (Sachon, 1991)

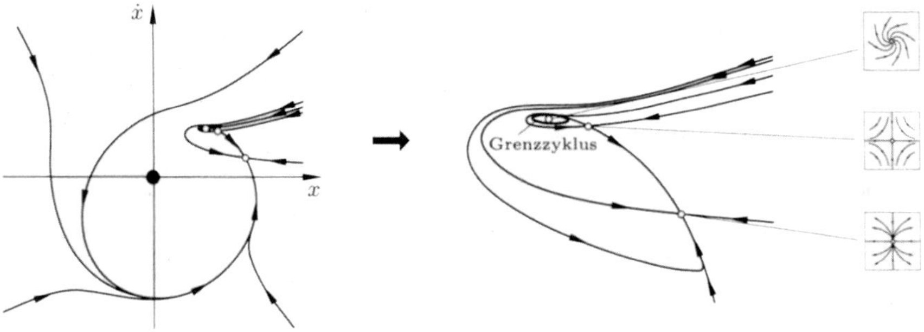

a) Punkt P_{IVa} ($\sigma = 0.54$, $\gamma = 0.52$) b)

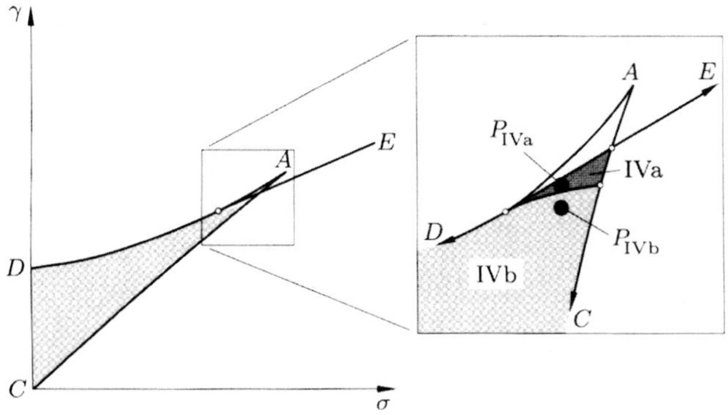

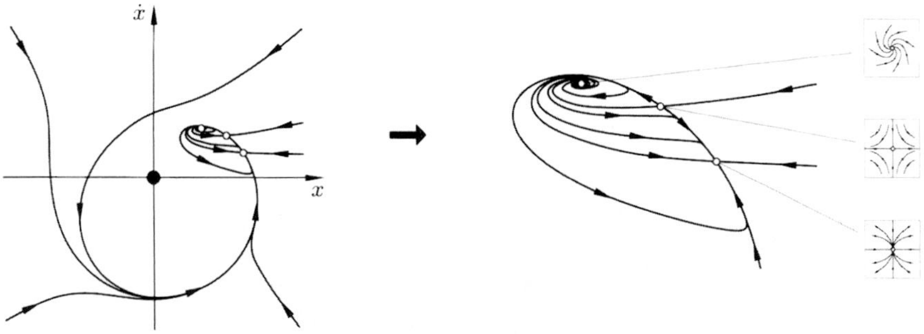

c) Punkt P_{IVb} ($\sigma = 0.54$, $\gamma = 0.517$) d)

Abb. 9.4.7 Phasenportraits der Bereiche IVa und IVb mit Ausschnittsvergrößerungen:
a) Bereich IVa, b) Ausschnittsvergrößerung von a)
c) Bereich IVb, d) Ausschnittsvergrößerung von c) (Sachon, 1991)

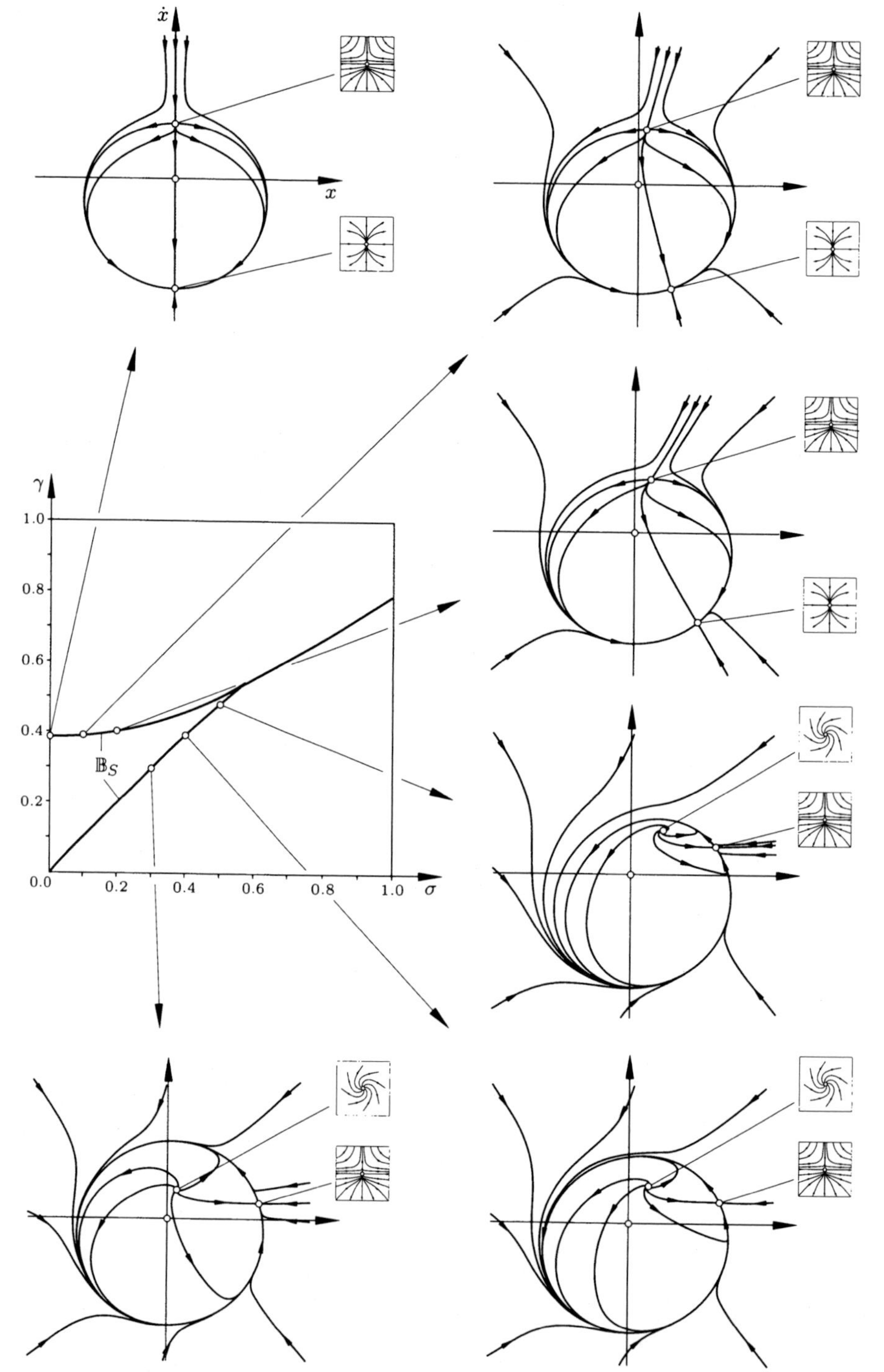

Abb. 9.4.8 Phasenportraits zur Sattelknoten-Bifurkationskurve $\mathbb{B}_S$ (Sachon, 1991)

ii. Hopf-Verzweigung:

Entlang der zweiten Bifurkationskurve OE, als $\mathbb{B}_H$ bezeichnet, finden Hopf-Verzweigungen statt. Beim Übergang von Bereich I nach III und von II nach IVa wird der stabile Fokus instabil (Abbn. 9.4.5, 9.4.6), d. h. die vormals konjugiert komplexen Eigenwerte mit negativen Realteilen werden rein imaginär mit von Null verschiedenem imaginären Anteil. Die Bifurkation ist eine superkritische Hopf-Verzweigung, d. h. der Grenzzyklus ist stabil (vgl. Abb. 6.4.7).

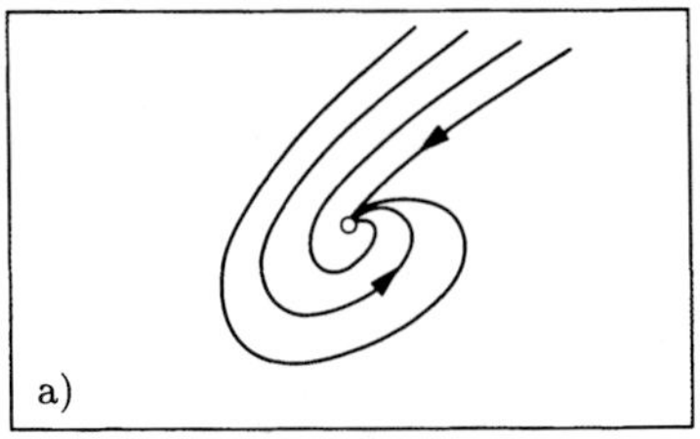

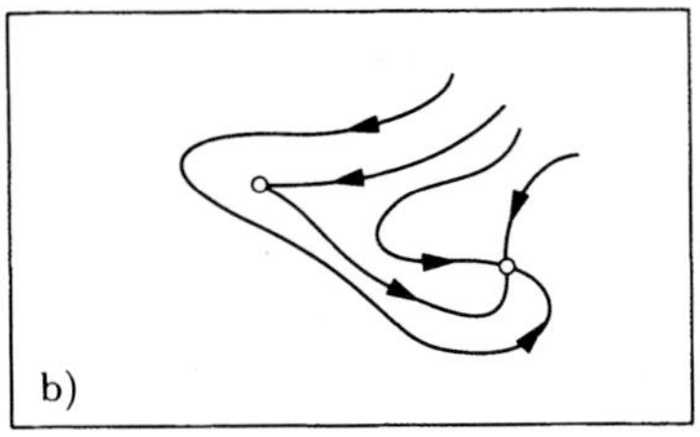

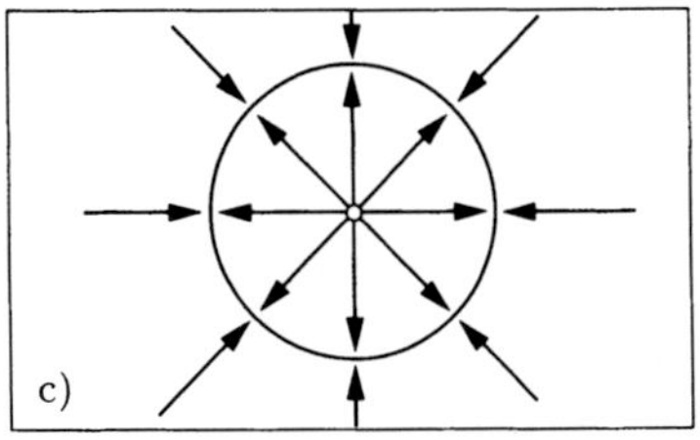

Abb. 9.4.9

Degenerierte Verzweigungspunkte (s. a. Abb. 9.4.4):
a) Punkt A: $(\sigma, \gamma) = (1/\sqrt{3}, \sqrt{8/27})$, degenerierter Knoten
b) Punkt O: $(\sigma, \gamma) = (1/2, 1/2)$, doppelt degenerierter Fixpunkt und stabiler Knoten
c) Punkt C: $(\sigma, \gamma) = (0, 0)$, instabiler Knoten und Ring degenerierter Sattelknoten;
nach (Guckenheimer und Holmes, 1983)

iii. Degenerierte Verzweigungen:

Zusätzlich zu den beiden klassischen Verzweigungstypen treten noch drei Bifurkationen auf, die man als degeneriert bezeichnet; vgl. (Guckenheimer und Holmes, 1983):

a. Punkt $A, (\sigma, \gamma) = (1/\sqrt{3}, \sqrt{8/27})$: für die Parameterwerte im Punkt A ($\mathbb{B}_S$) existiert nur ein einziger nichthyperbolischer Fixpunkt mit den Eigenwerten $(0, -)$ (Abb. 9.4.9a).

b. Punkt $O, (\sigma, \gamma) = (0.5, 0.5)$: für die Parameterwerte im Punkt O ($\mathbb{B}_S$) existieren ein stabiler Knoten und ein doppelt degenerierter Fixpunkt mit einem Eigenwert Null der Vielfachheit zwei (Abb. 9.4.9b).

c. Punkt $C, (\sigma, \gamma) = (0, 0)$: für die Parameterwerte im Punkt C ($\mathbb{B}_S$) existieren ein instabiler Knoten und ein Ring degenerierter Sattelknoten (Abb. 9.4.9c).

iv. Globale Verzweigung:

Holmes und Rand (1978) konnten nachweisen, daß die im Bereich IV von Cartwright und Gillies vermutete zusätzliche Bifurkation tatsächlich existiert.

Es handelt sich dabei um eine homokline Bifurkation (vgl. Abschnitte 9.1, 9.3), d. h. um das Aufbrechen eines homoklinen Orbits (vgl. Abb. 9.4.1). Diese globale Bifurkation findet auf der Kurve $OS\,(\mathbb{B}_{sc})$ statt, die AO und OB in O tangiert. Beim Übergang von IVa nach IVb geschieht folgendes: der Grenzzyklus in IVa wächst beim Annähern an $OS\,(\mathbb{B}_{sc})$ so weit, bis er den homoklinen Orbit des Sattelpunktes bildet (Zustand $\mathbb{B}_{sc}$), um dann im Bereich IVb wieder aufzubrechen (Abb. 9.4.5).

Abschließen wollen wir die Diskussion der gemittelten Gleichungen (9.4.48) mit einer physikalischen Interpretation der bis jetzt gewonnenen Ergebnisse. Im Bereich I – und in der Praxis auch in IVb – münden alle Anfangsbedingungen in einen stabilen Knoten. Ein stabiler Knoten des gemittelten Systems bedeutet aber ein periodischer Orbit der Periode $T = 2\pi/\omega$ des Ausgangssystems. Die Erregerfrequenz und die Eigenfrequenz sind synchron, man spricht auch von Phasenangleichung (*phase locking*). Im Bereich III und IVa entspricht der stabile (hyperbolische) Grenzzyklus einem stabilen Torus des Ausgangssystems, Gl. (9.4.16). Das Lösungsverhalten des Ursprungssystems ist aufgrund der beiden Frequenzen, Erreger- und Eigenfrequenz, nahezu mehrfach periodisch. Dieser Effekt des langsamen Weglaufens einer „periodischen" Lösung, was mit *drifting* bezeichnet wird, kann auch im Experiment beobachtet werden; vgl. (Holmes und Rand, 1978; Wiggins, 1990).

In der vorausgegangenen Diskussion der van der Polschen Gleichung ohne Fremderregung haben wir gesehen, daß man für alle Dämpfungswerte μ die Existenz eines einzigen Grenzzyklus nachweisen kann. Tritt eine Fremderregung hinzu und sind die Erregeramplitude F und der Dämpfungswert μ klein, so kann man mit Hilfe der *averaging*-Methode einen umfassenden Überblick über das Systemverhalten gewinnen. Es zeigt sich insbesondere, daß gleichzeitig mehrere Attraktoren auftreten können, so daß sich je nach Anfangsbedingung unterschiedliches Langzeitverhalten einstellt.

Die Untersuchung der van der Polschen Gleichung wird schwieriger, wenn große Nichtlinearitäten auftreten und eine starke Fremderregung hinzukommt. Grundlegende Arbeiten hierzu gehen auf Cartwright und Littlewood (1945) und Levinson (1949) zurück, die nachweisen konnten, daß in gewissen Parameterbereichen gleichzeitig zwei unterschiedliche subharmonische Bewegungszustände existieren, wobei sich die Trajektorien je nach Anfangsbedingung erst nach einer langen Einschwingphase für einen der beiden periodischen Attraktoren entscheiden. Nach Levinsons Überlegungen mußte die Dynamik in der transienten Phase, in der zwei periodische Attraktoren darum kämpfen, das asymptotische Verhalten einzelner Trajektorien für sich zu entscheiden, äußerst komplex sein. Dem amerikanischen Mathematiker Stephen Smale gelang es 1963, den Mechanismus, der zu diesem chaotischen Übergangszustand führt, mit Hilfe seiner inzwischen klassischen Hufeisenabbildung (*horseshoe map*) aufzuklären (Smale, 1963).

Transientes Chaos läßt sich durch eine relativ einfache deterministische Abbildungsvorschrift erklären, die, ähnlich wie der Bernoulli-Shift (Abschnitt 5.6.12) und die Hénon-Abbildung (Abschnitt 9.2), auf einem Dehn- und Faltungsprozeß beruht. Genau diesem Zustand begegnet man bei der van der Polschen Gleichung

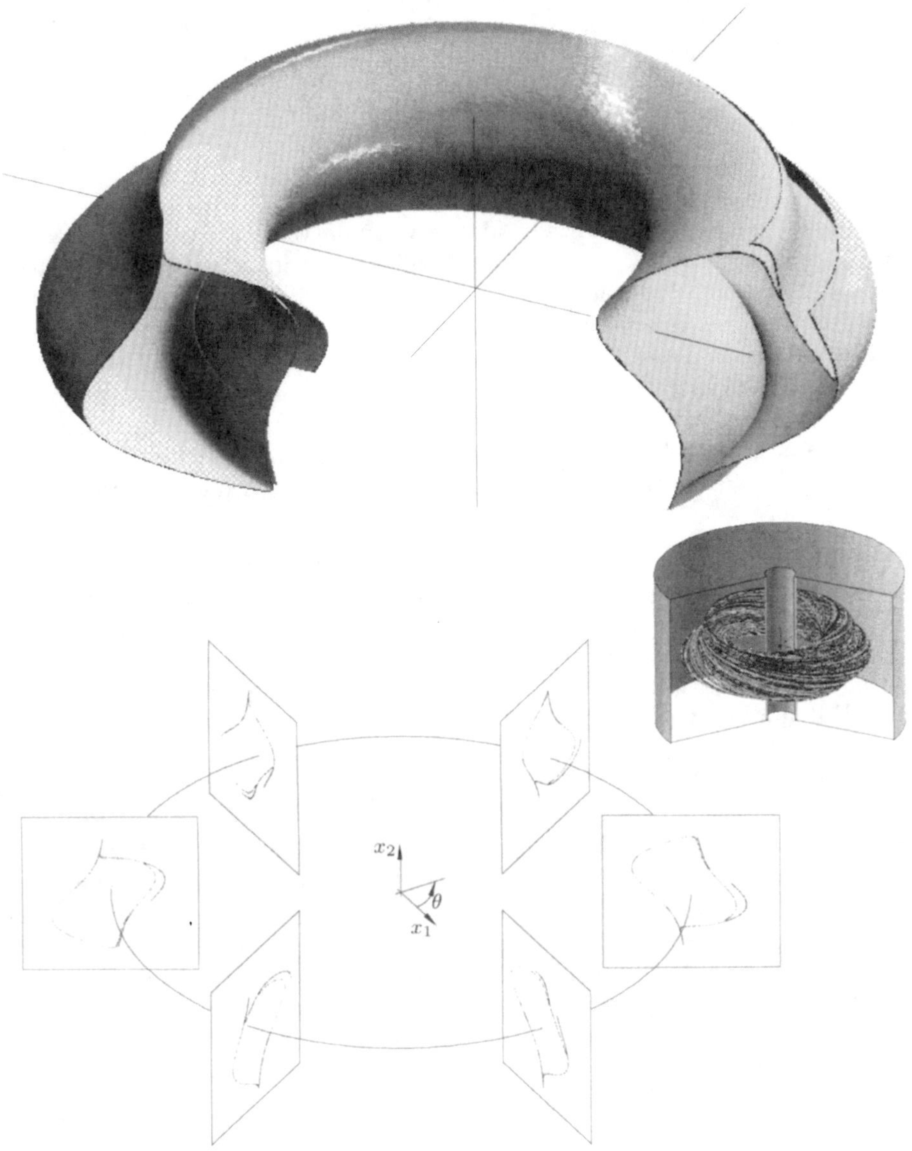

Abb. 9.4.10 Birkhoff-Shaw-Attraktor im Phasenraum (x_1, x_2, θ)

für große μ, F-Werte, nämlich, daß das komplexe Verhalten nur eine Übergangsphase darstellt. Was in diesem Fall am Ende obsiegt, ist nicht das Chaos, sondern der periodische Zustand.

Auf der Suche nach einem chaotischen Attraktor modifizierte Shaw die herkömmliche fremderregte van der Polsche Gleichung, indem er dem System nicht eine beschleunigende, sondern eine geschwindigkeitstreibende Erregung aufzwang. Diese Art der Fremderregung, die in mechanischen Systemen unüblich ist, kann jedoch in elektrischen Schwingkreisen und chemischen Systemen realisiert werden. Shaw schlägt folgende Variante der van der Polschen Gleichung vor (Shaw, 1981, Gl. 38)

$$\begin{aligned} \dot{x} &= ky - \mu x(a - y^2) \\ \dot{y} &= -x + A \sin \omega t \end{aligned} \tag{9.4.49}$$

Für diesen Gleichungstyp konnte er für die von ihm vorgeschlagenen Parameter $k = 0.7$, $\mu = 10.0$, $a = 0.1$, $A = 0.25$, $\omega = 1.57$ einen chaotischen Attraktor nachweisen. Thompson (1986) hat die Shaw-Gleichung aufgegriffen, um die wesentlichen Merkmale chaotischen Verhaltens dieses Attraktors numerisch zu verifizieren. Die Charakteristika dieses Birkhoff-Shaw-Attraktors sind die Schnabelbildung und die Durchmischung der Trajektorien im dreidimensionalen Phasenraum (x_1, x_2, θ). Durchmischen heißt in diesem Zusammenhang, daß benachbarte Trajektorien des Attraktors nicht benachbart bleiben (Thompson, 1986). In Abb. 9.4.10 haben wir für den chaotischen Birkhoff-Shaw-Attraktor drei unterschiedliche Darstellungsformen gewählt.

Das erste Bild zeigt zur Illustration der Schnäbel den durch glatte Flächen approximierten Attraktor (Vorsicht: die fraktale Struktur des Attraktors geht verloren). Im zweiten Bild sind sechs Poincaré-Schnitte für $\theta = \mathrm{n} \cdot 60°, \mathrm{n} = 0, 1, \ldots, 5$ abgebildet, und das dritte, kleinere Bild zeigt die durch den Trajektorienverlauf geformte fraktale Struktur dieses Birkhoff-Shaw-Attraktors. Die Schnäbel, die sich durch Falten ausformen, winden sich um die Attraktorgrundstruktur und variieren dabei ihren Abstand in Abhängigkeit von θ. Aus Gründen der Eindeutigkeit der Lösungen von Gl. (9.4.49) können die Schnäbel zwar niemals exakt mit der Grundstruktur zusammenfallen, sie kommen ihr aber beliebig nahe. Dadurch bleiben benachbarte Trajektorien mit fortschreitender Zeit nicht benachbart. Dieses Durchmischen, ein Grundphänomen chaotischen Verhaltens, kann durch den Mechanismus der Schnabelbildung bzw. des Dehnens und Faltens erklärt werden. Die ständigen Wiederholungen der Dehn-Falt-Prozesse waren schon sowohl beim seltsamen Attraktor des Lorenz-Systems als auch beim Hénon-Attraktor der Schlüssel zum Verständnis von exponentiellem Auseinanderdriften benachbarter Trajektorien (vgl. Abschnitte 9.2, 9.3).

Farbtafeln

Tafel I Lyapunov-Exponent $\sigma(\Omega, K)$ für die Kreisabbildung $(0 \leqslant \Omega \leqslant 1;\ 0 \leqslant K \leqslant 10)$

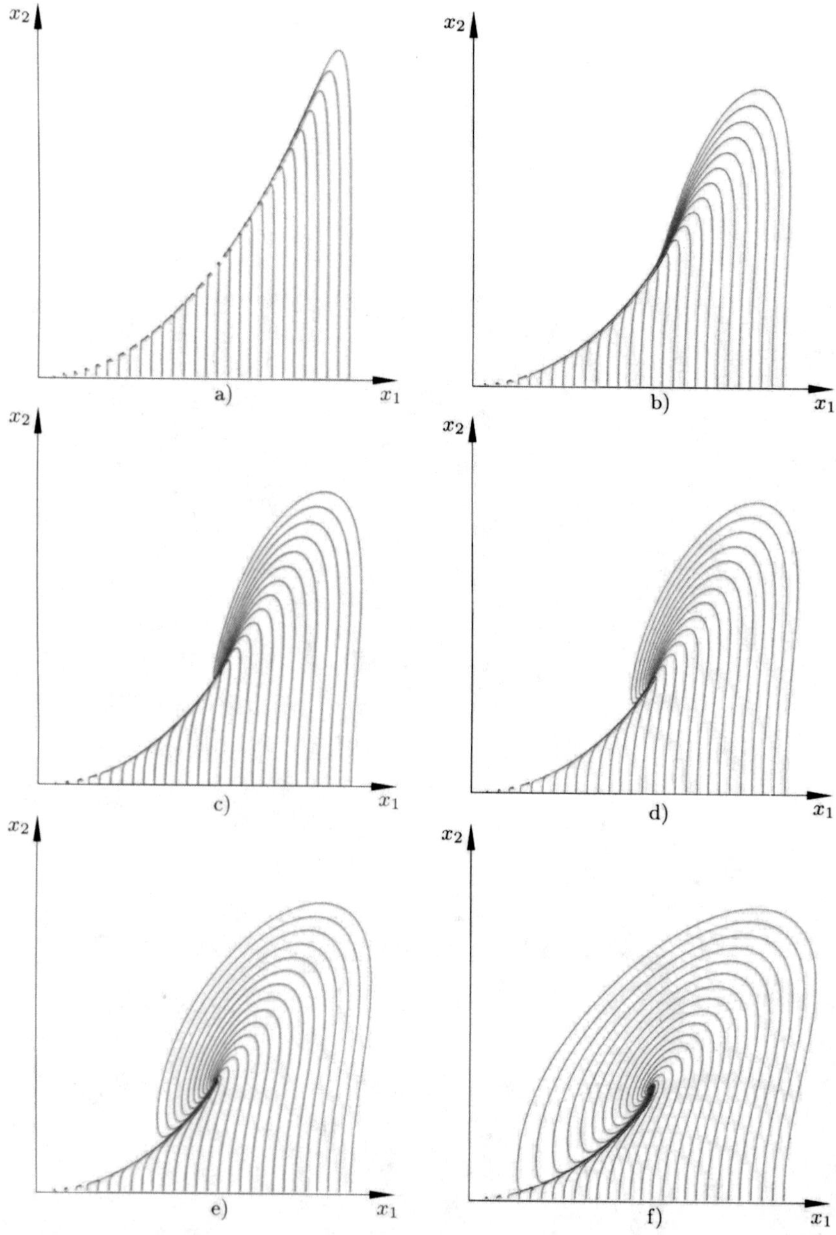

Tafel II Phasenportraits der Gl. (9.1.4) für $C = A/B = 10$ und für verschiedene Werte von A:
a) $A = 0.0001$ b) $A = 0.0008$ c) $A = 0.0012$
d) $A = 0.0016$ e) $A = 0.0025$ f) $A = 0.0038$

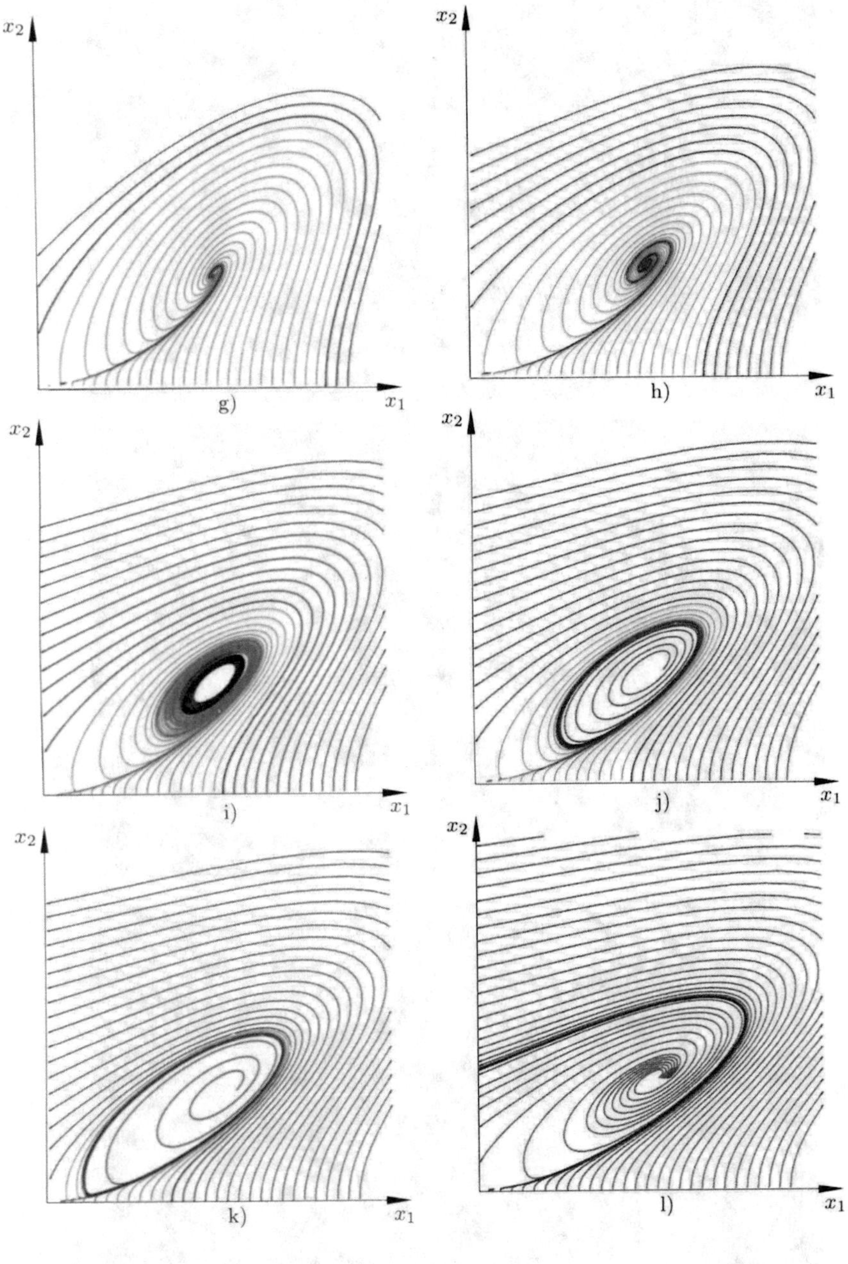

Tafel III Phasenportraits der Gl. (9.1.4) für $C = A/B = 10$ und für verschiedene Werte von A:
g) $A = 0.0051$ h) $A = 0.0075$ i) $A = 0.01$
j) $A = 0.011$ k) $A = 0.012$ l) $A = 0.015$

a)

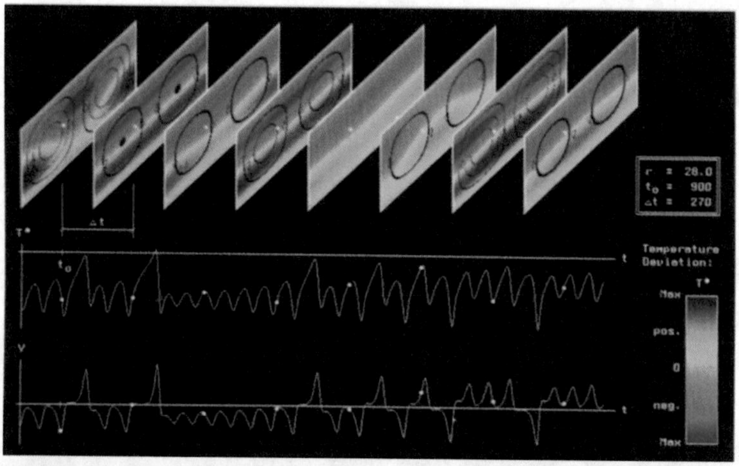

b)

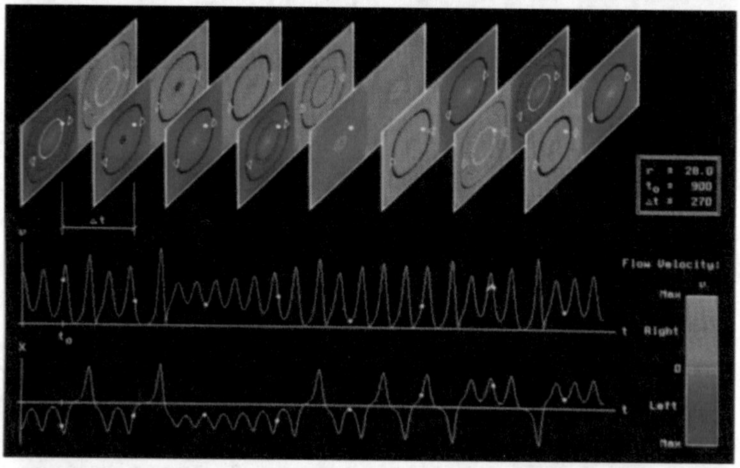

c)

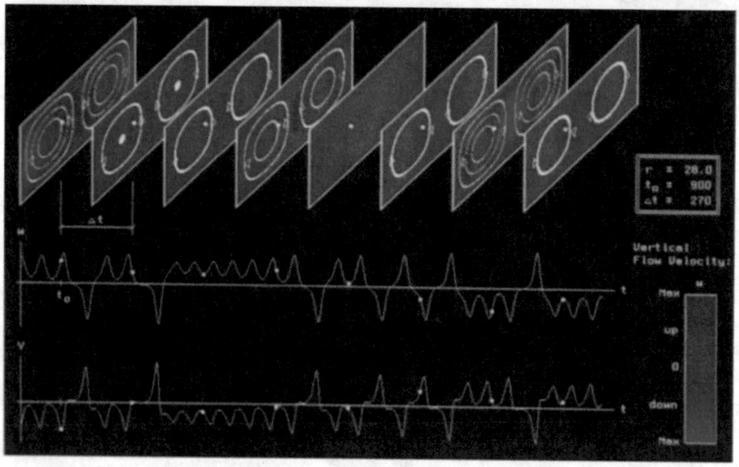

Tafel IV Evolution des Lorenz-Systems ($r = 28$):
a) Abweichung T^* vom linearen Temperaturprofil
b) Betrag des Geschwindigkeitsvektors $|\boldsymbol{v}|$

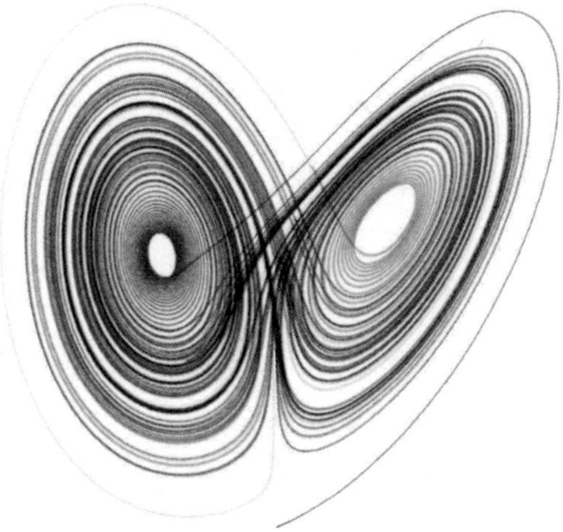

a)

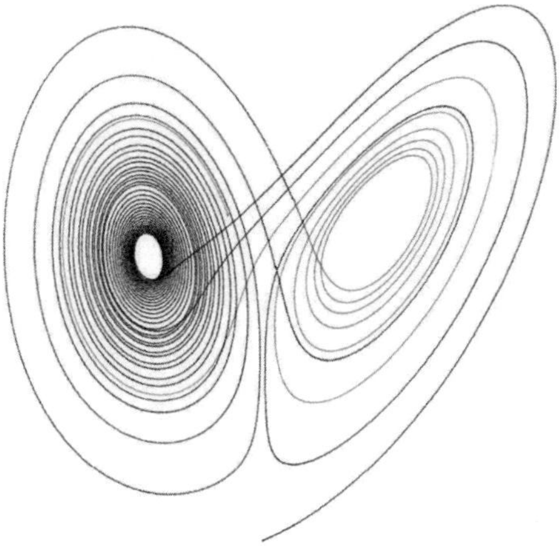

b)

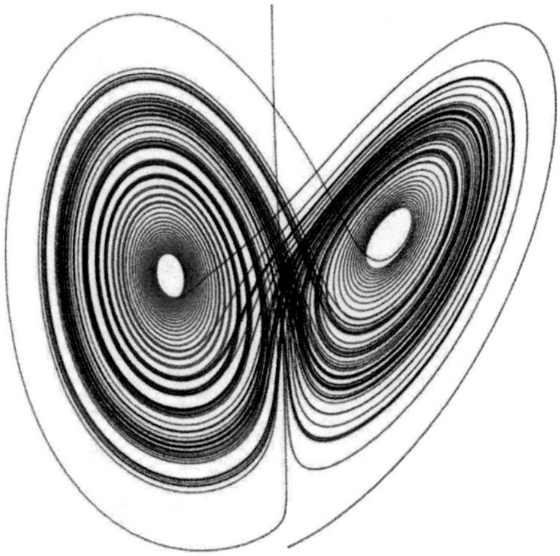

c)

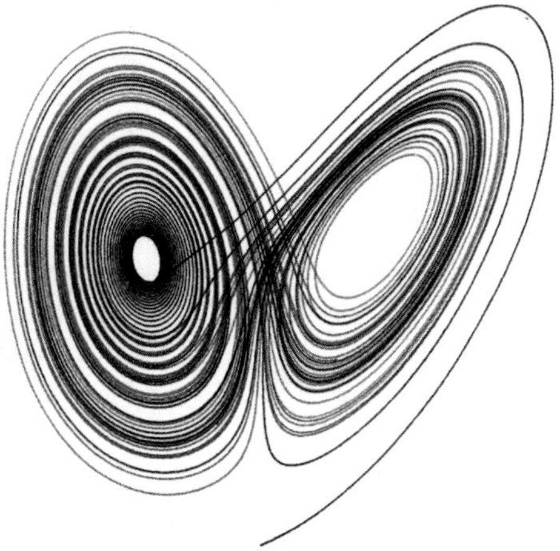

d)

Tafel V Lorenz-Attraktor ($r = 28$, $\sigma = 10$, $b = 8/3$):

a) Anfangsbedingung $X_0 = Y_0 = Z_0 = 0.001$

b) unvorhersagbare Wechsel

c) Einzugsgebiet für zwei Anfangsbedingungen, $X_0 = Y_0 = Z_0 = 0.001$ und $\overline{X}_0 = \overline{Y}_0 = 0.001$, $\overline{Z}_0 = 60$.

d) Sensibilität gegenüber Anfangsbedingungen, $X_0 = Y_0 = Z_0 = 0.001$ und $\overline{X}_0 = 0.0011$, $\overline{Y}_0 = \overline{Z}_0 = 0.001$

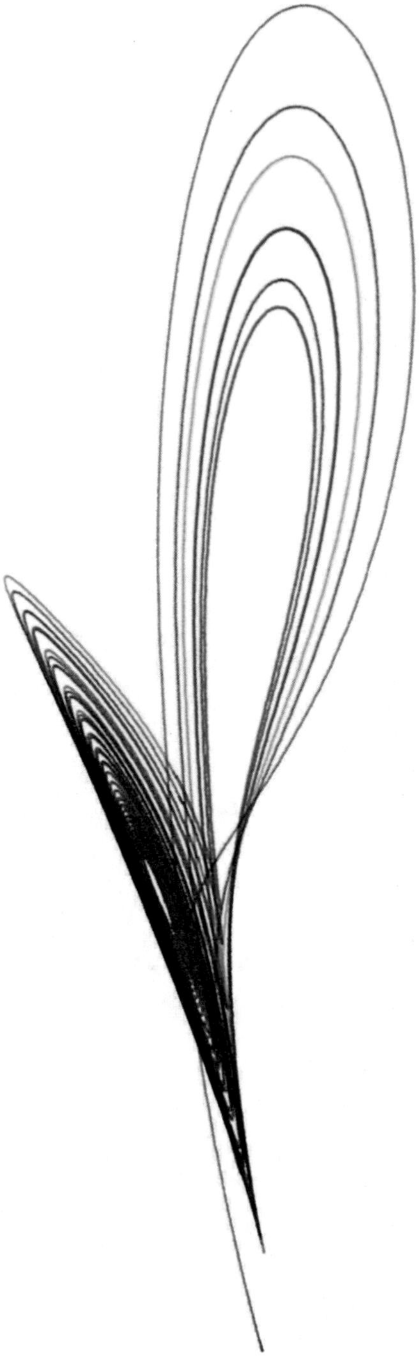

Tafel VI Lorenz-Attraktor: zur Veranschaulichung der Kapazitätsdimension $D_c = 2.06$

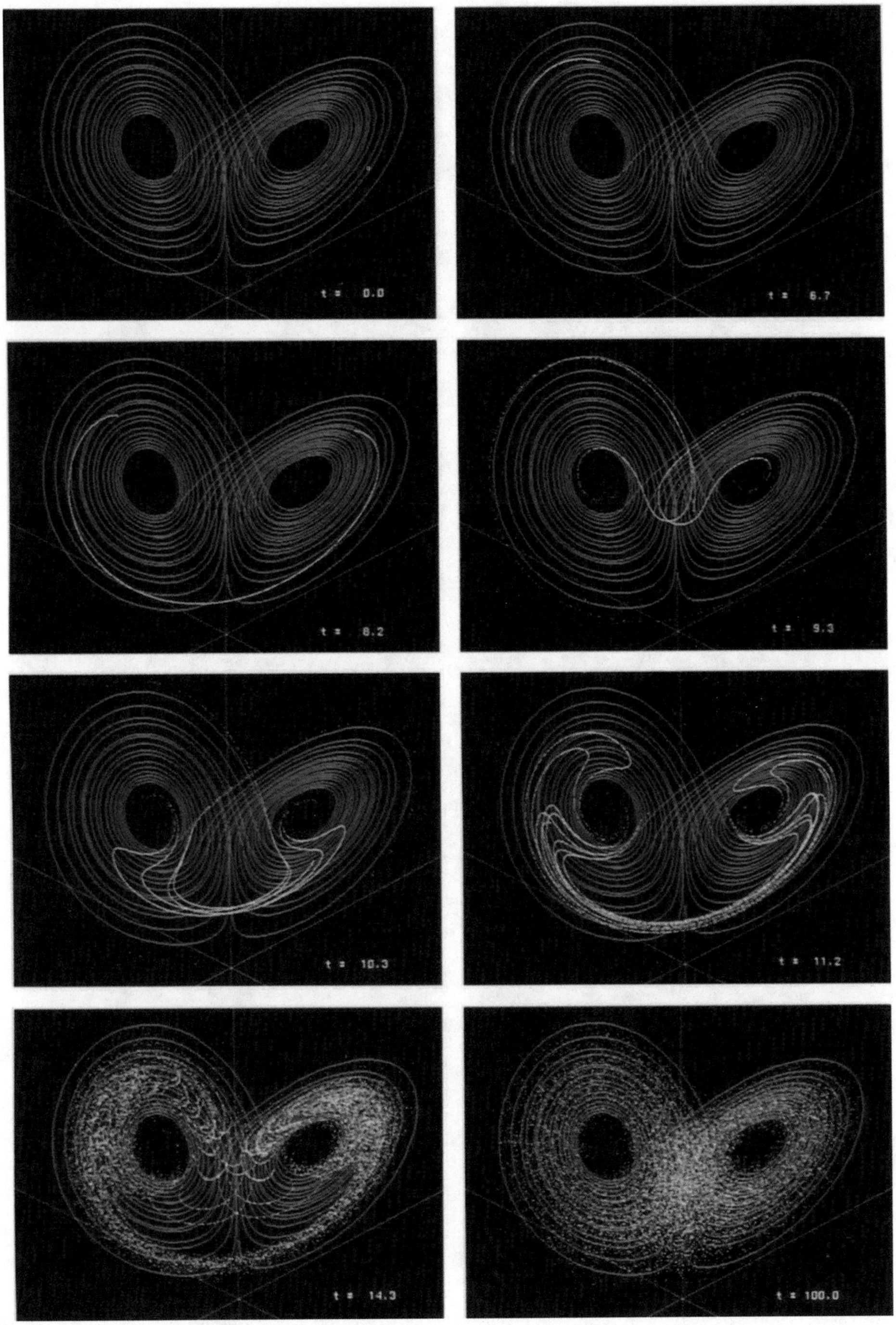

Tafel VII Lorenz-System: Evolution der Divergenz benachbarter Trajektorien r = 330   r = 233

r = 216   r = 215

r = 214   r = 205

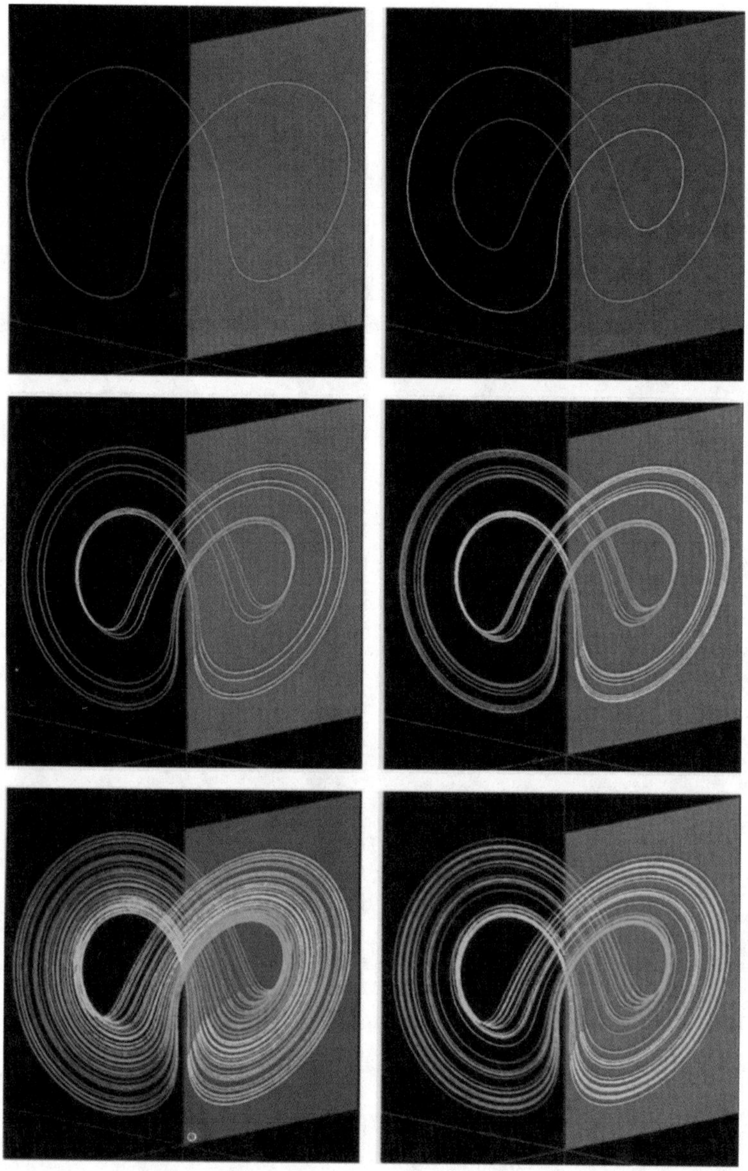

Tafel VIII Lorenz-System: Koexistenz zweier Attraktoren und Kaskade von Periodenverdopplungen

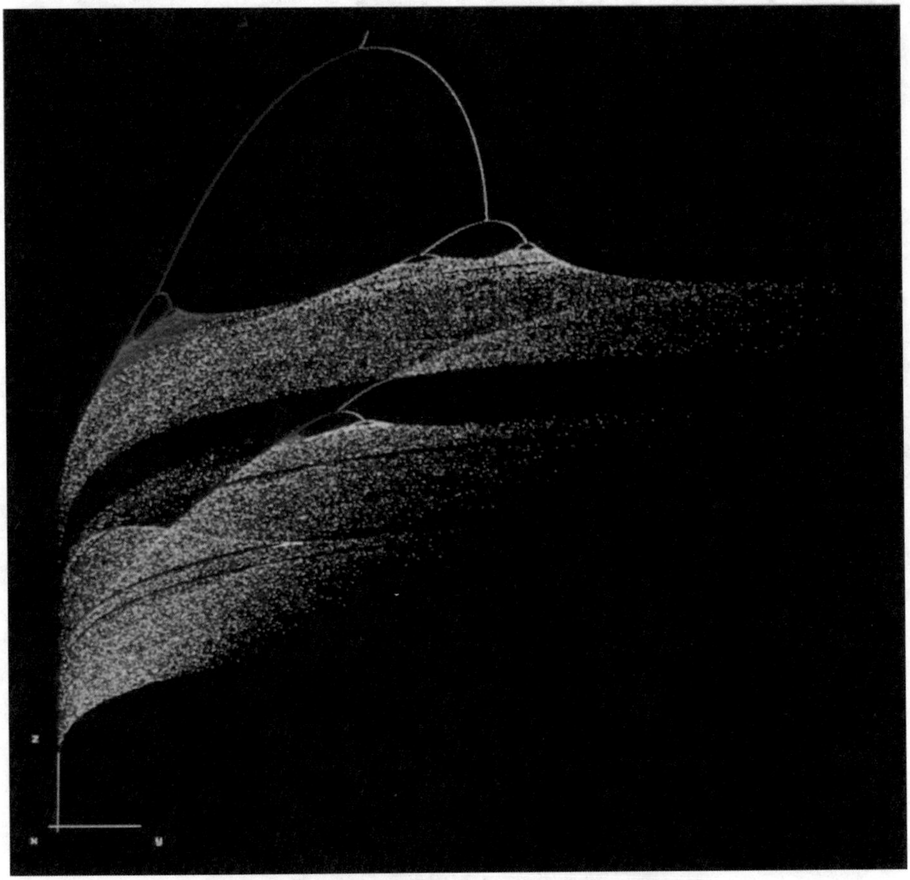

Tafel IX Lorenz-System: Bifurkationsdiagramm der Poincaré-Schnitte ($24 \leqslant r \leqslant 320$)

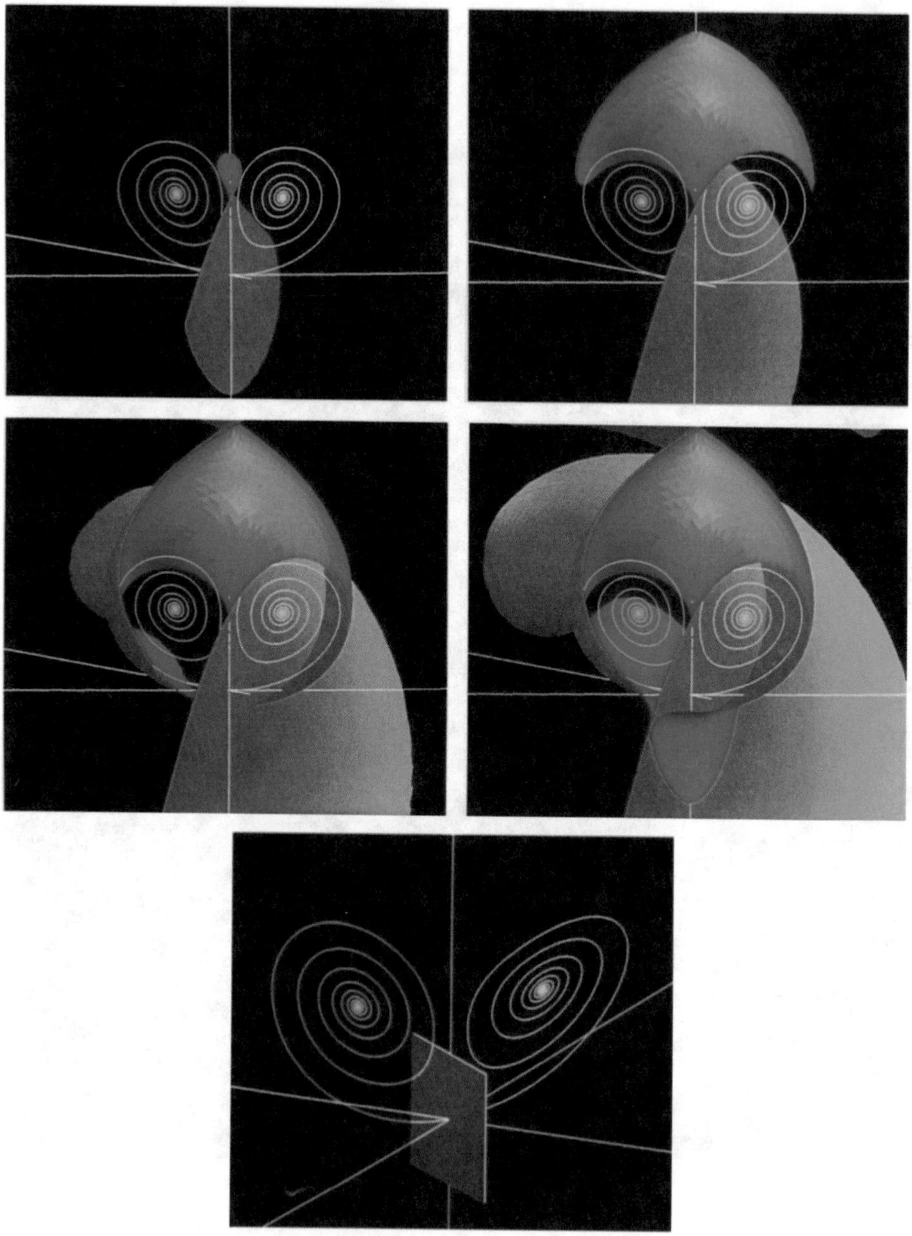

Tafel X Lorenz-System ($r = 12$): Evolution der lokalen zweidimensionalen stabilen ($\mathbb{W}^s$) und der eindimensionalen instabilen Mannigfaltigkeit ($\mathbb{W}^u$) für den Sattelpunkt im Ursprung

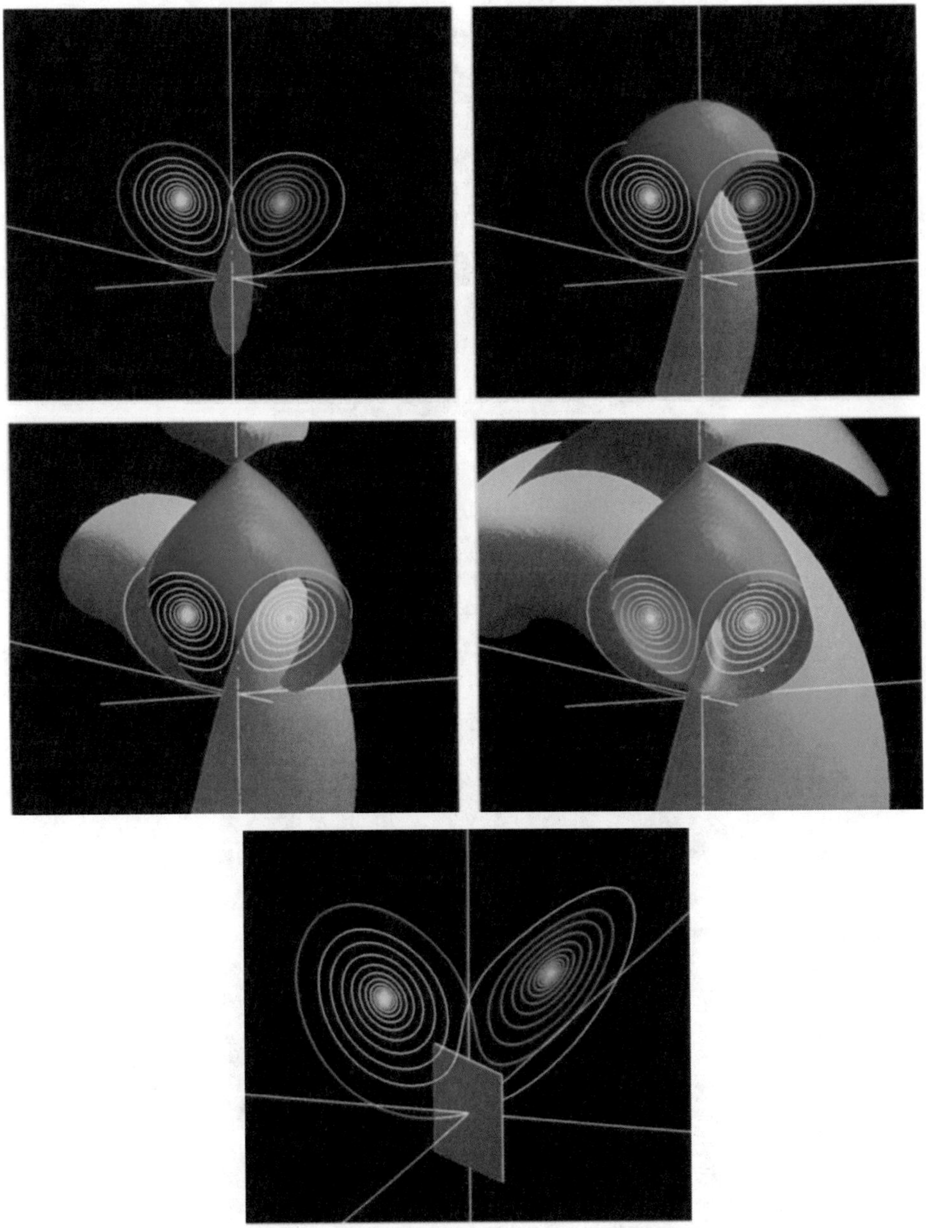

Tafel XI Lorenz-System ($r = 15$): Evolution der Mannigfaltigkeiten $\mathbb{W}^s$ und $\mathbb{W}^u$ für den Sattelpunkt im Ursprung

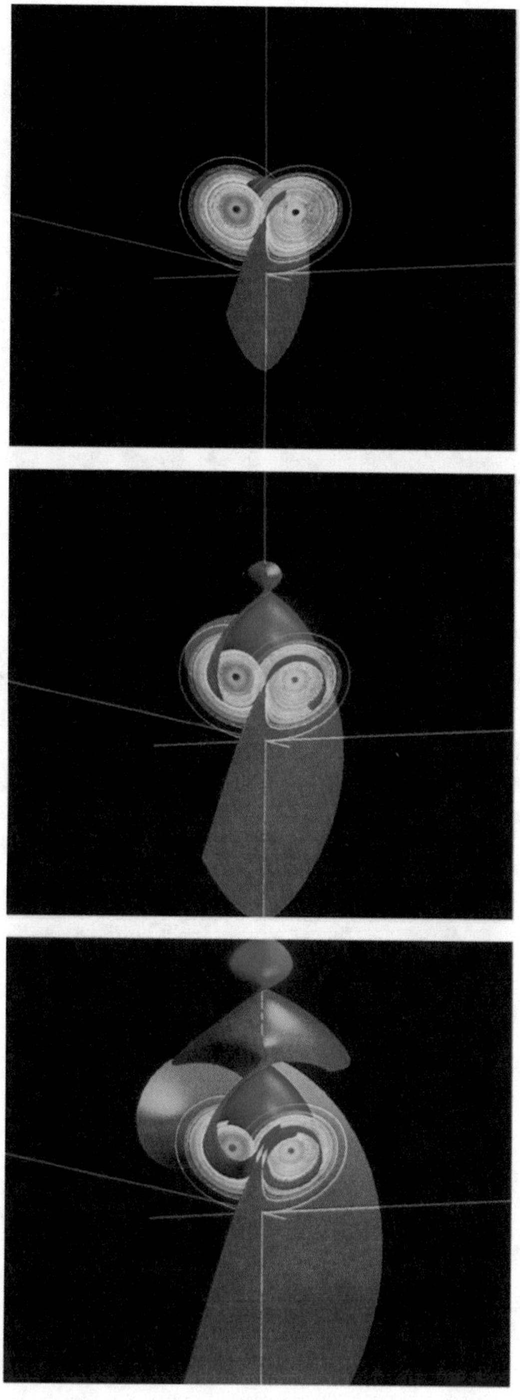

Tafel XII Lorenz-System ($r = 28$): Evolution der Mannigfaltigkeiten $\mathbb{W}^s$ und $\mathbb{W}^u$ für den Sattelpunkt im Ursprung

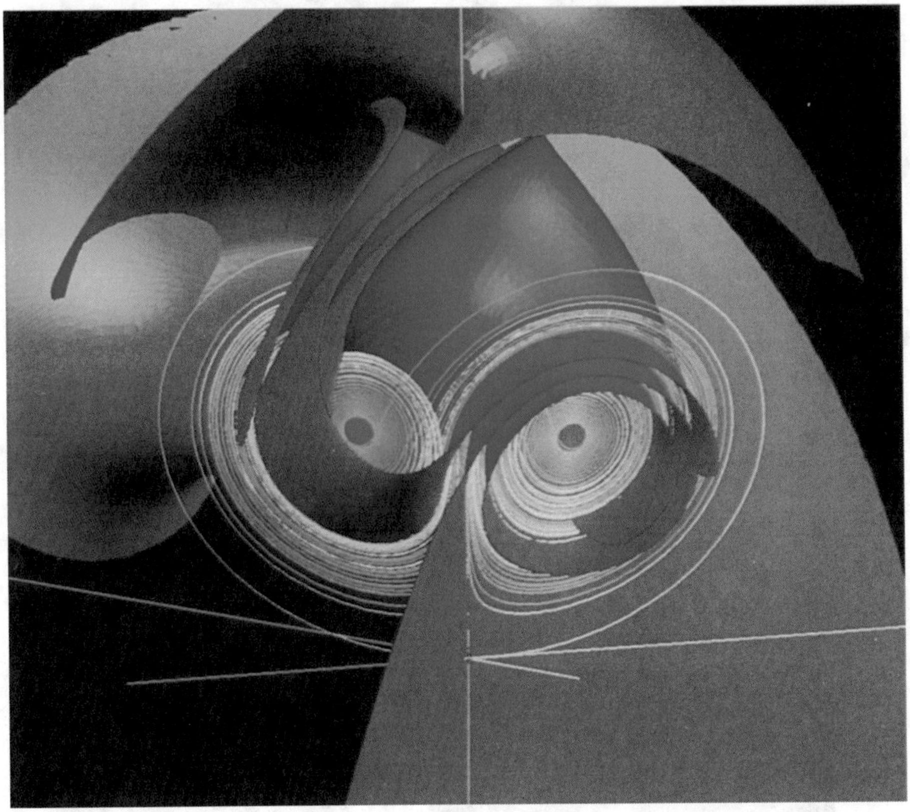

γλαῦκ' Ἀθήναζε κομίζειν ;

Tafel XIII Lorenz-Attraktor ($r = 28$)

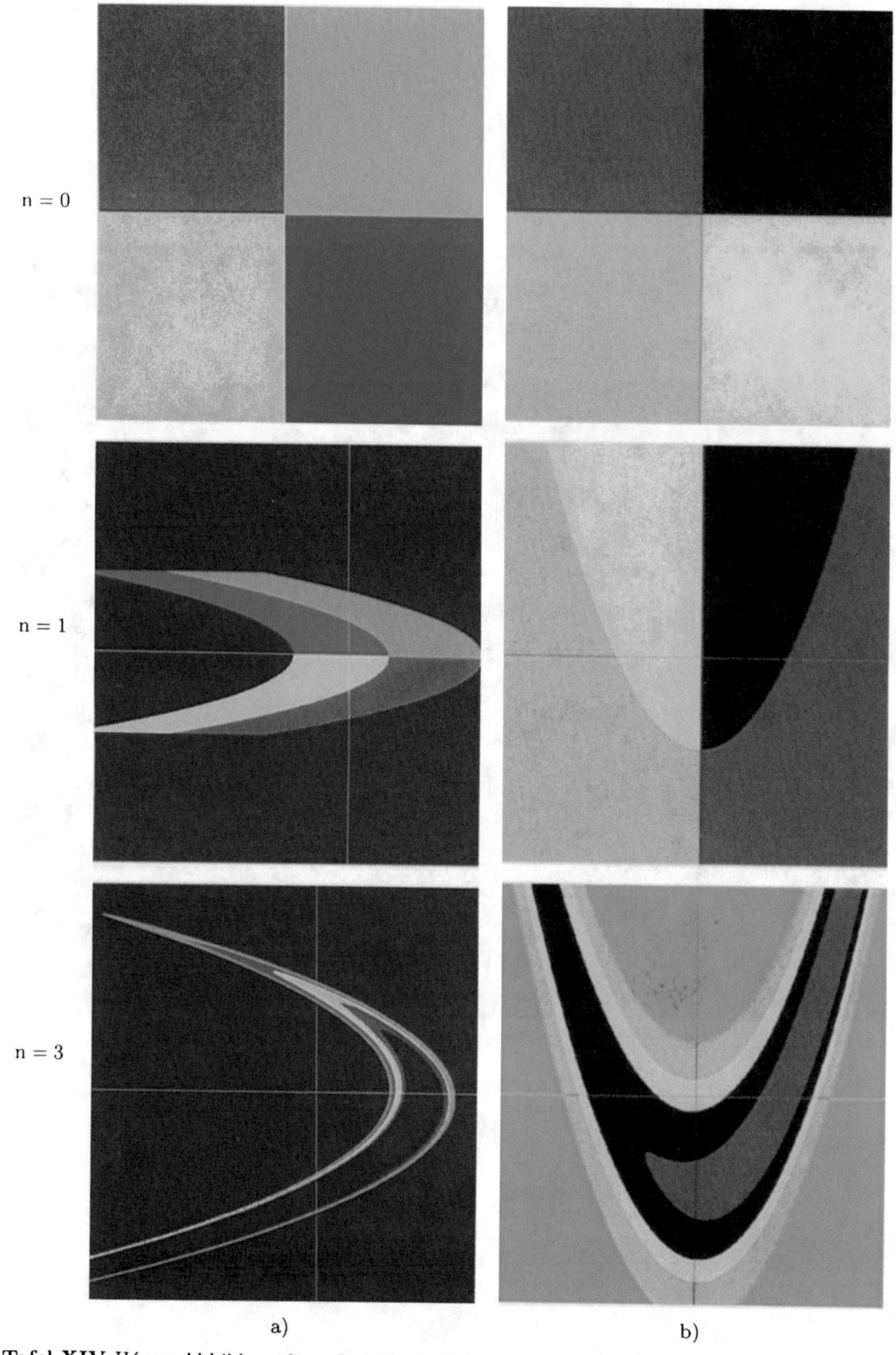

Tafel XIV Hénon-Abbildung für n Iterationsschritte:
a) Entwicklung des Hénon-Attraktors durch Dehnen und Falten
b) zur Verdeutlichung des Durchmischungseffektes und des Einzugsgebietes

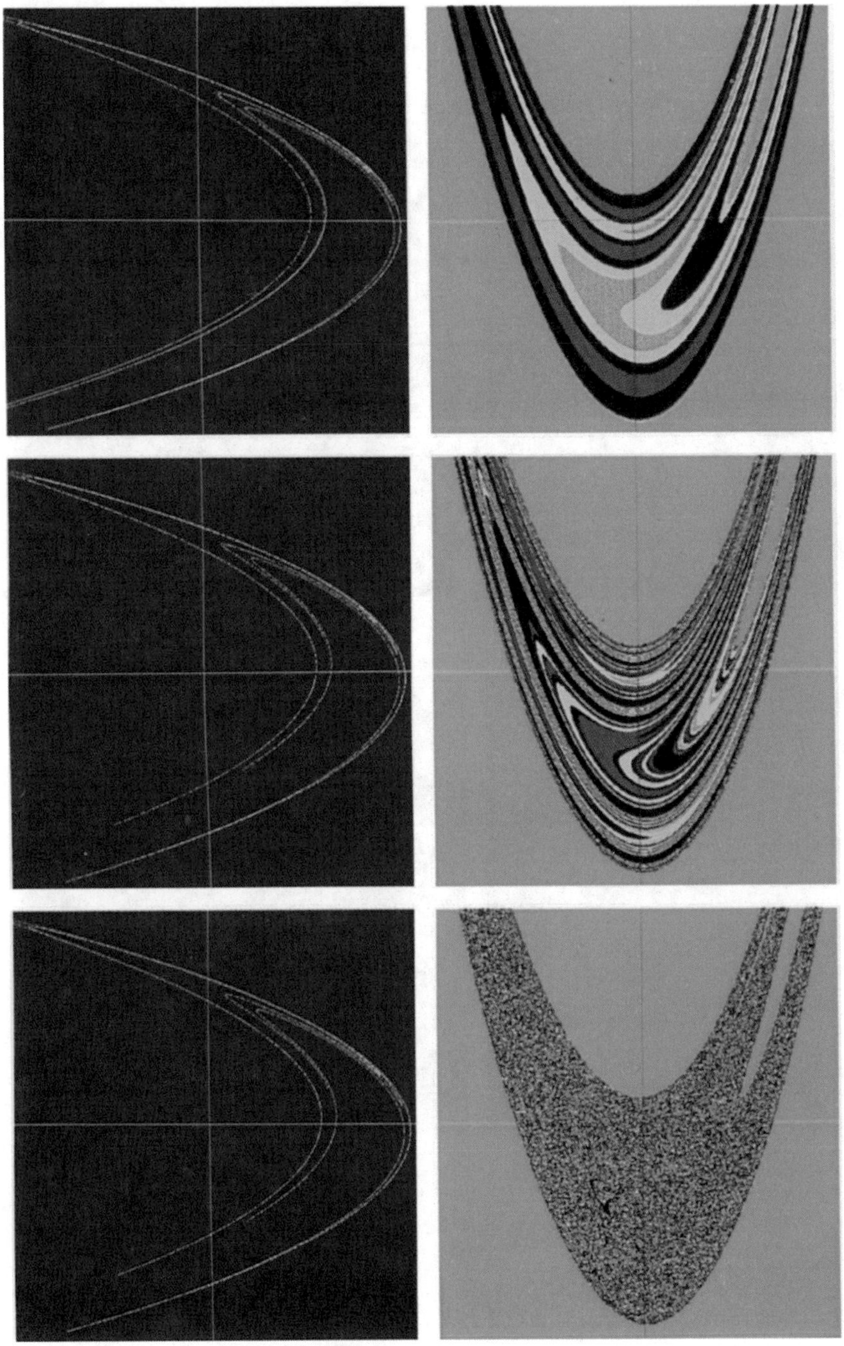

n = 6

n = 11

n = 29

a) b)

Tafel XV Hénon-Abbildung für n Iterationsschritte *(Fortsetzung)*

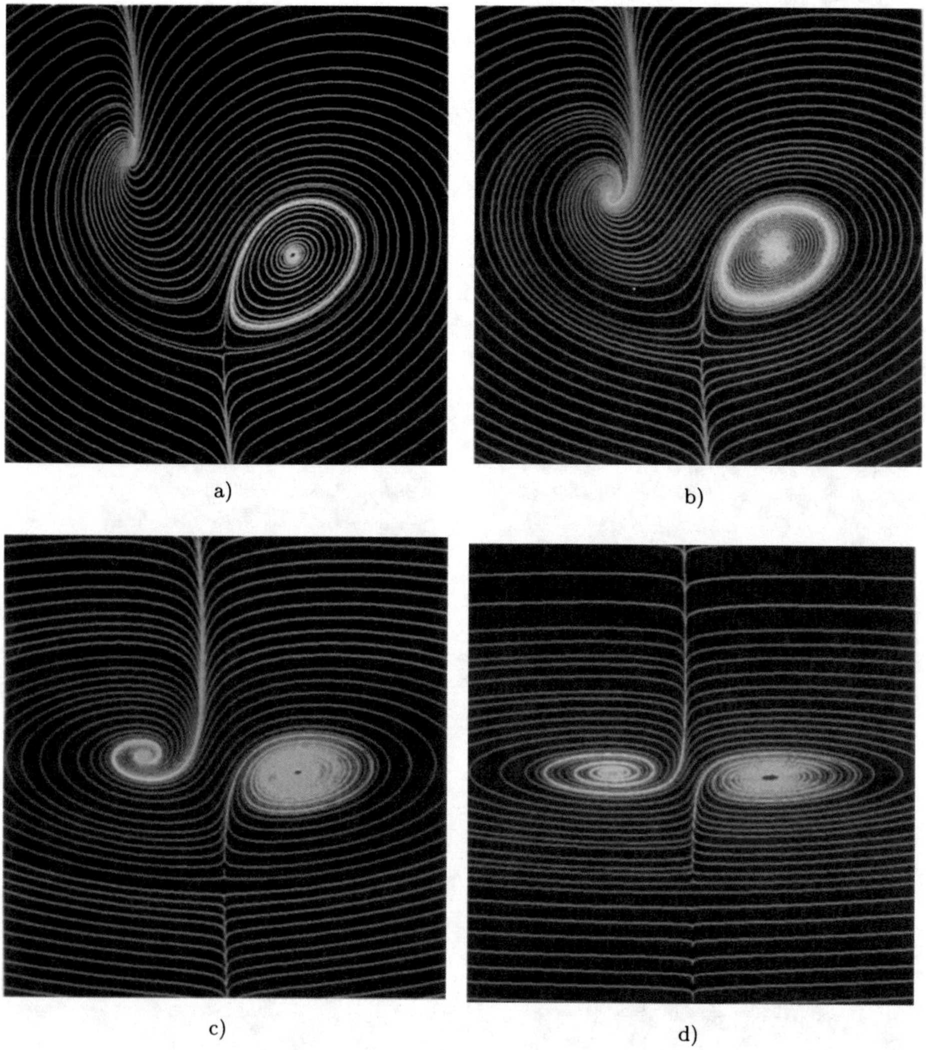

Tafel XVI Koexistenz von Attraktoren für Gl. (9.1.14) für verschiedene Werte von A:
a) $A = \ 3.5$ b) $A = \ 5.0$
c) $A = 14.0$ d) $A = 50.0$

a)

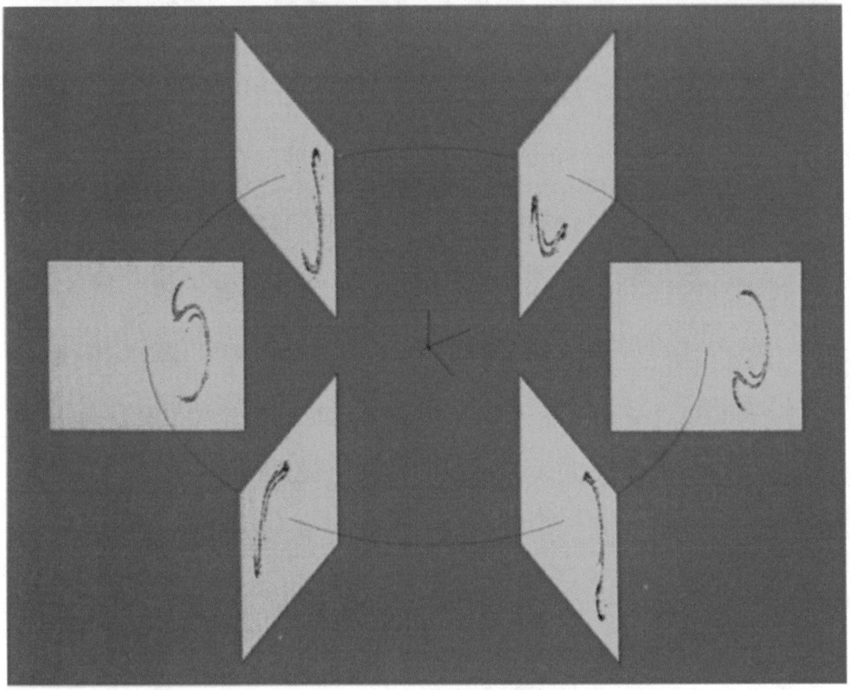

b)

Tafel XVII Chaotisches Verhalten des Duffing-Schwingers, Gl. (9.5.22), für $c = 0.2$, $\alpha = 1.0$, $\beta = 0.2$, $\gamma = 85.0$, $\omega_E = 1.0$:
a) seltsamer Attraktor im Phasenraum $(x,\ \dot{x},\ \tau = \omega_E t)$
b) Poincaré-Schnitte

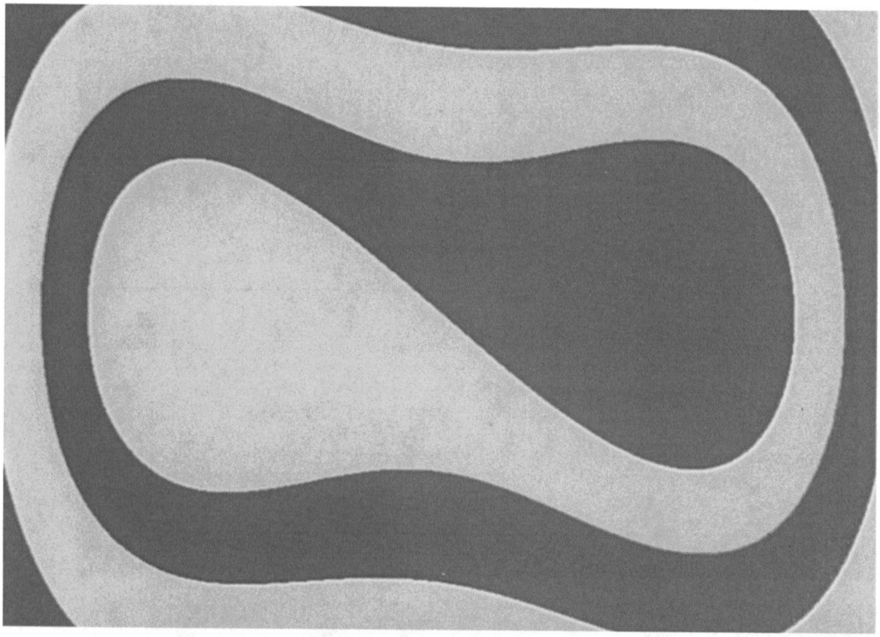

a)

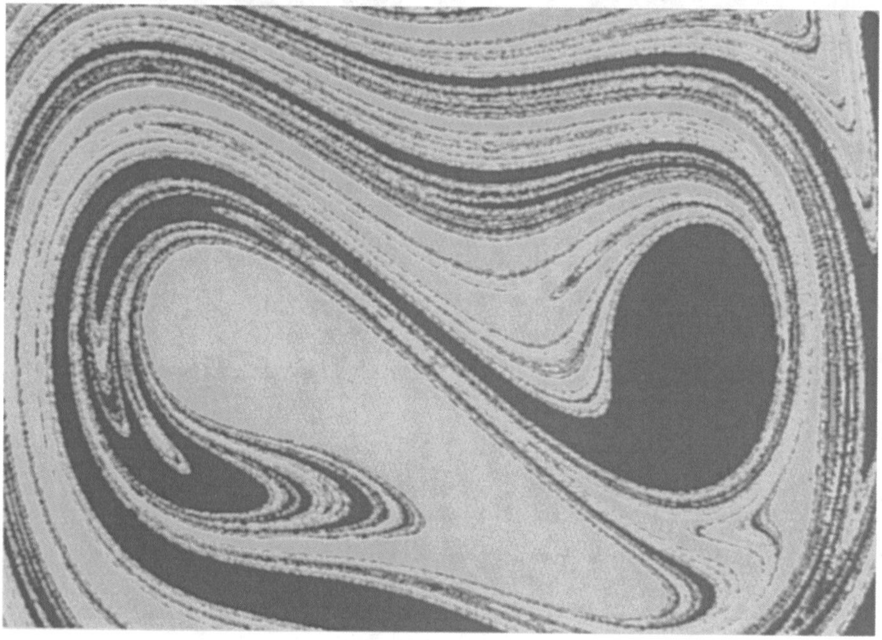

b)

Tafel XVIII Duffing-Schwinger der Gl. (9.5.29):
a) reguläre Grenzen der Einzugsgebiete der beiden Fixpunkte ($\gamma = 0$)
b) fraktale Grenzen der Einzugsgebiete der beiden Grenzzyklen ($\gamma = 0.09$)

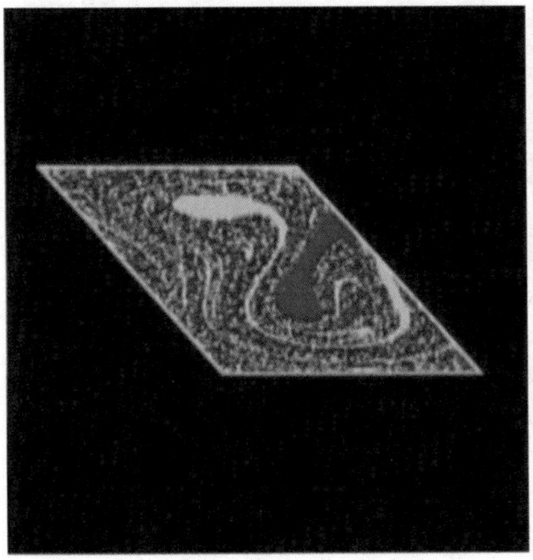

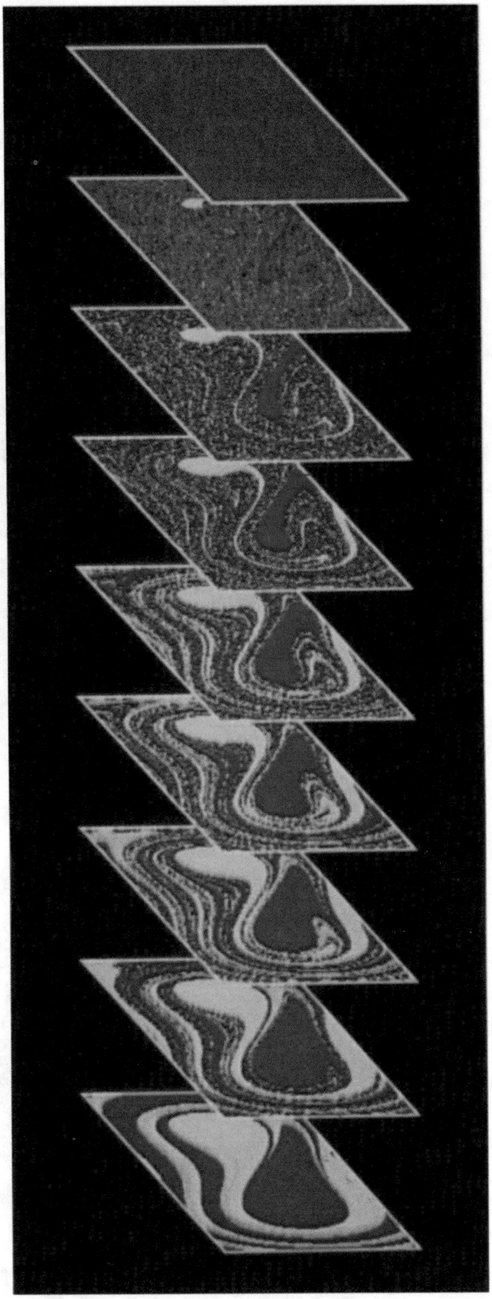

Tafel XIX Duffing-Gleichung (9.5.51):
Einzugsgebiete für wachsende Erregeramplitude γ

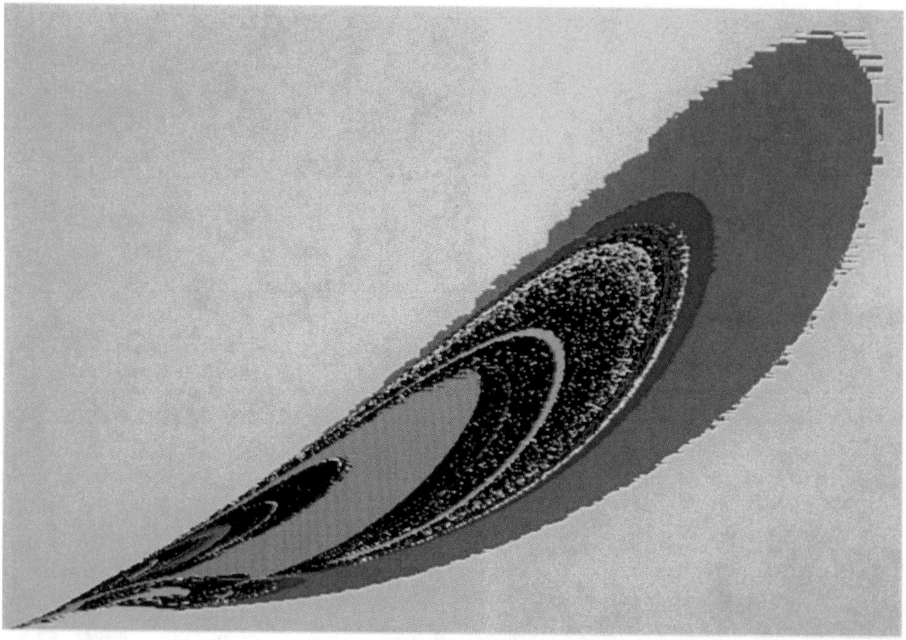

a)

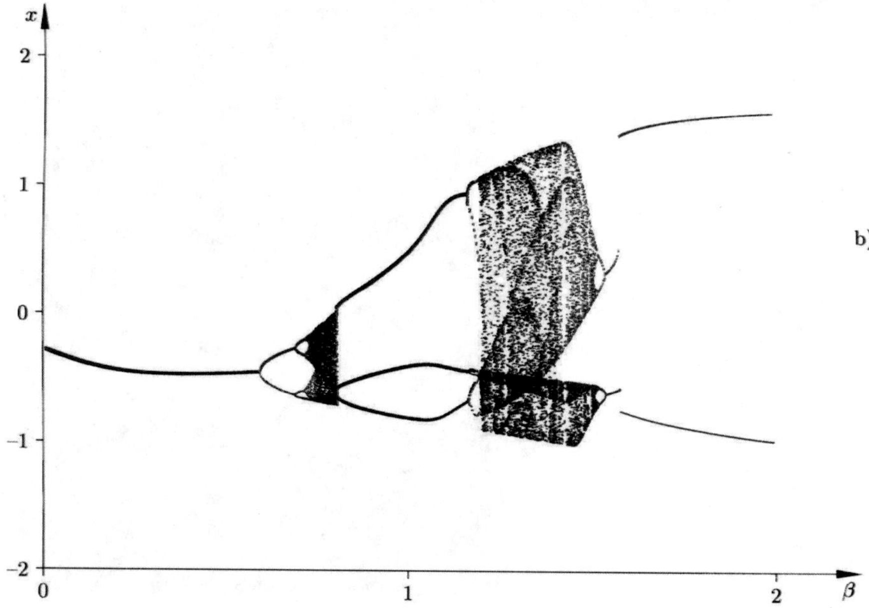

b)

Tafel XX Duffing-Gleichung $\ddot{x} + \dot{x} + x^3 - \beta x = \gamma \cos \omega_E t$:
a) Langzeitverhalten für $0.3 \leqslant \omega_E \leqslant 2.5$ (horizontal), $0.5 \leqslant \gamma \leqslant 3.5$ (vertikal)
b) Bifurkationsdiagramm in Abhängigkeit von der linearen Steifigkeit β

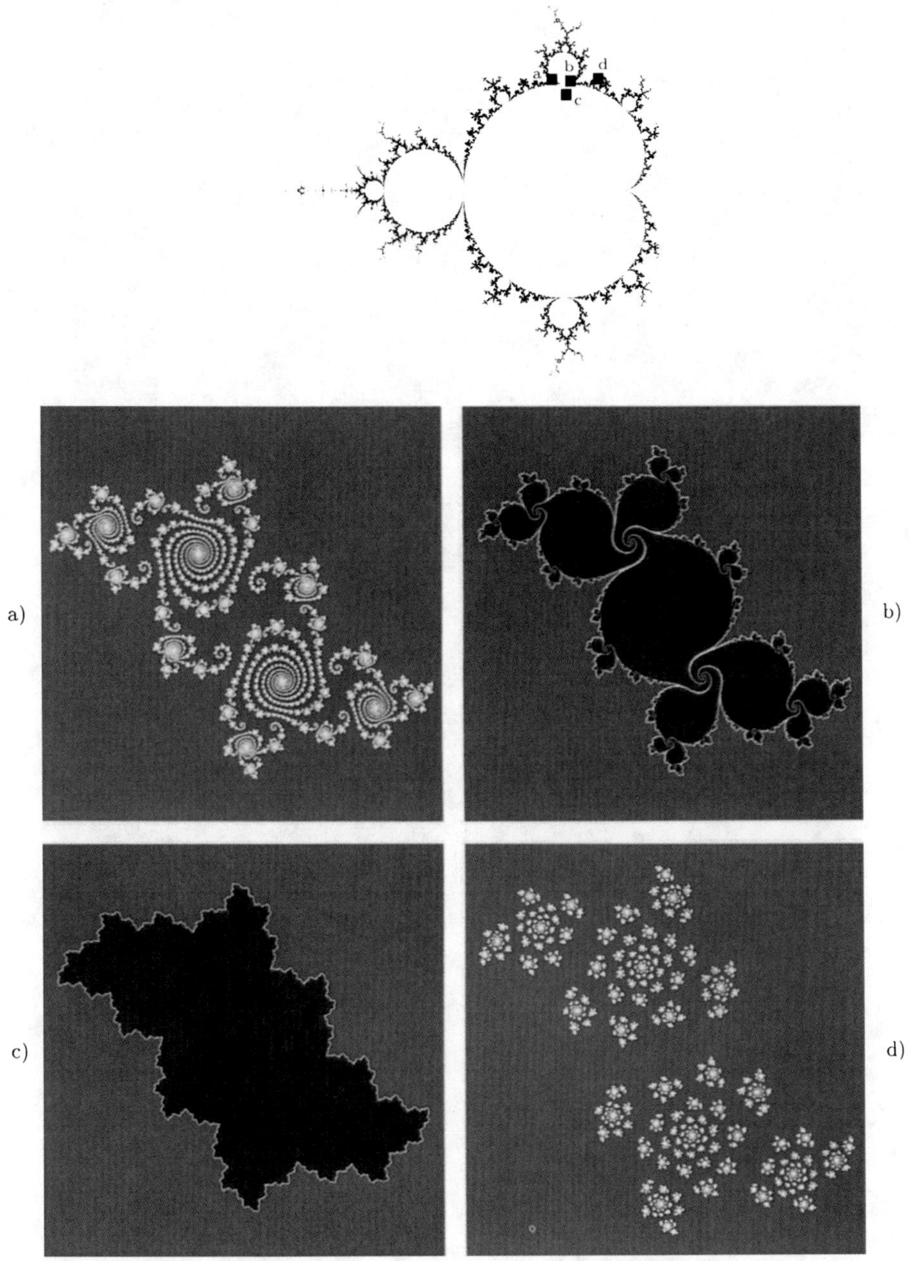

Tafel XXI Julia-Mengen J_c der Abbildung $f_c(z) = z^2 + c$:

a) $c = -0.1940 + 0.65570i$
b) $c = -0.1100 + 0.65570i$
c) $c = -0.1237 + 0.56510i$
d) $c = 0.0800 + 0.67037i$

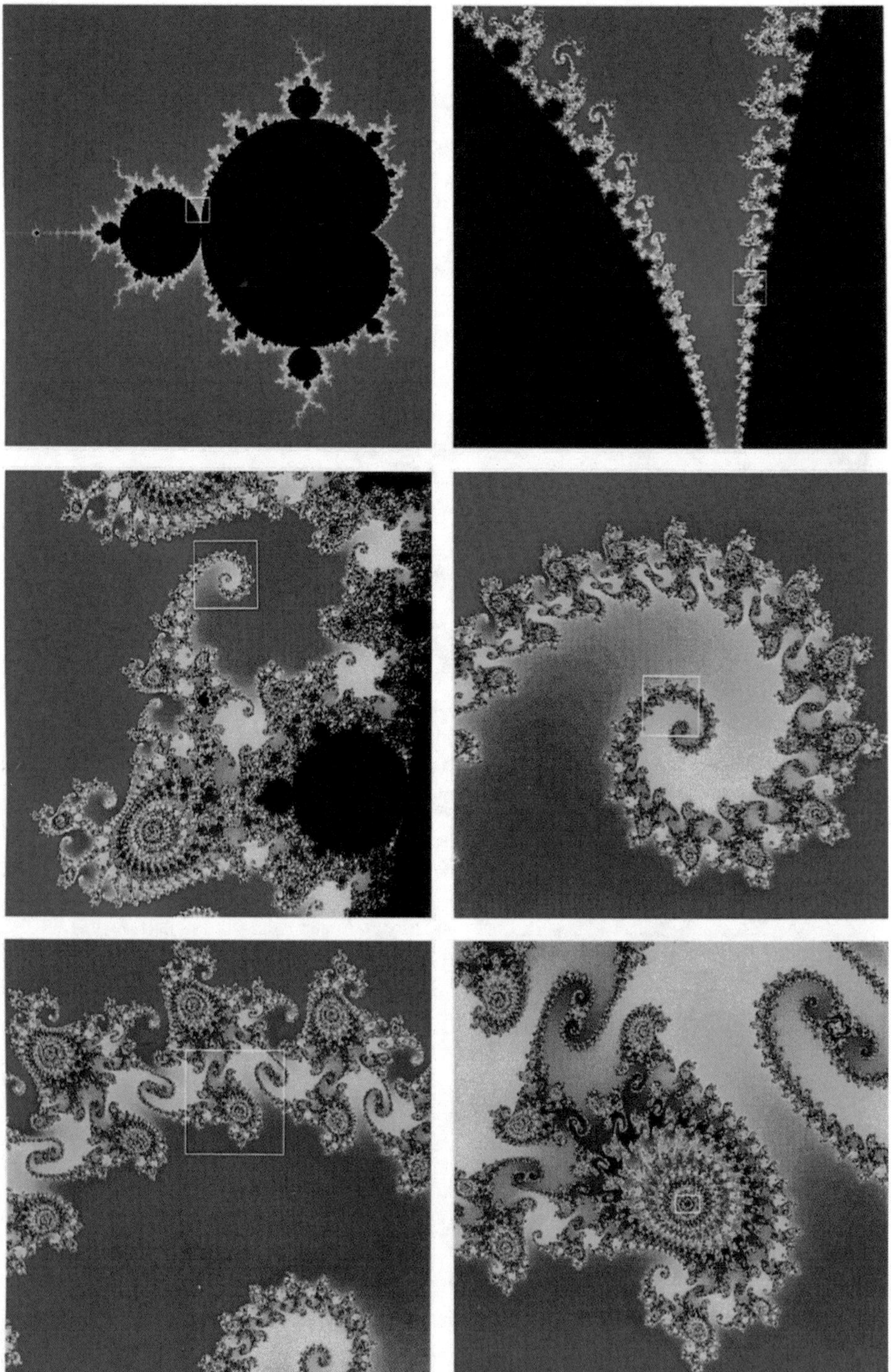

Tafel XXII Mandelbrot-Menge und sukzessive Zoom-Darstellungen

Tafel XXIII Findet die Reise ins „schwarze Loch“ ein Ende ?

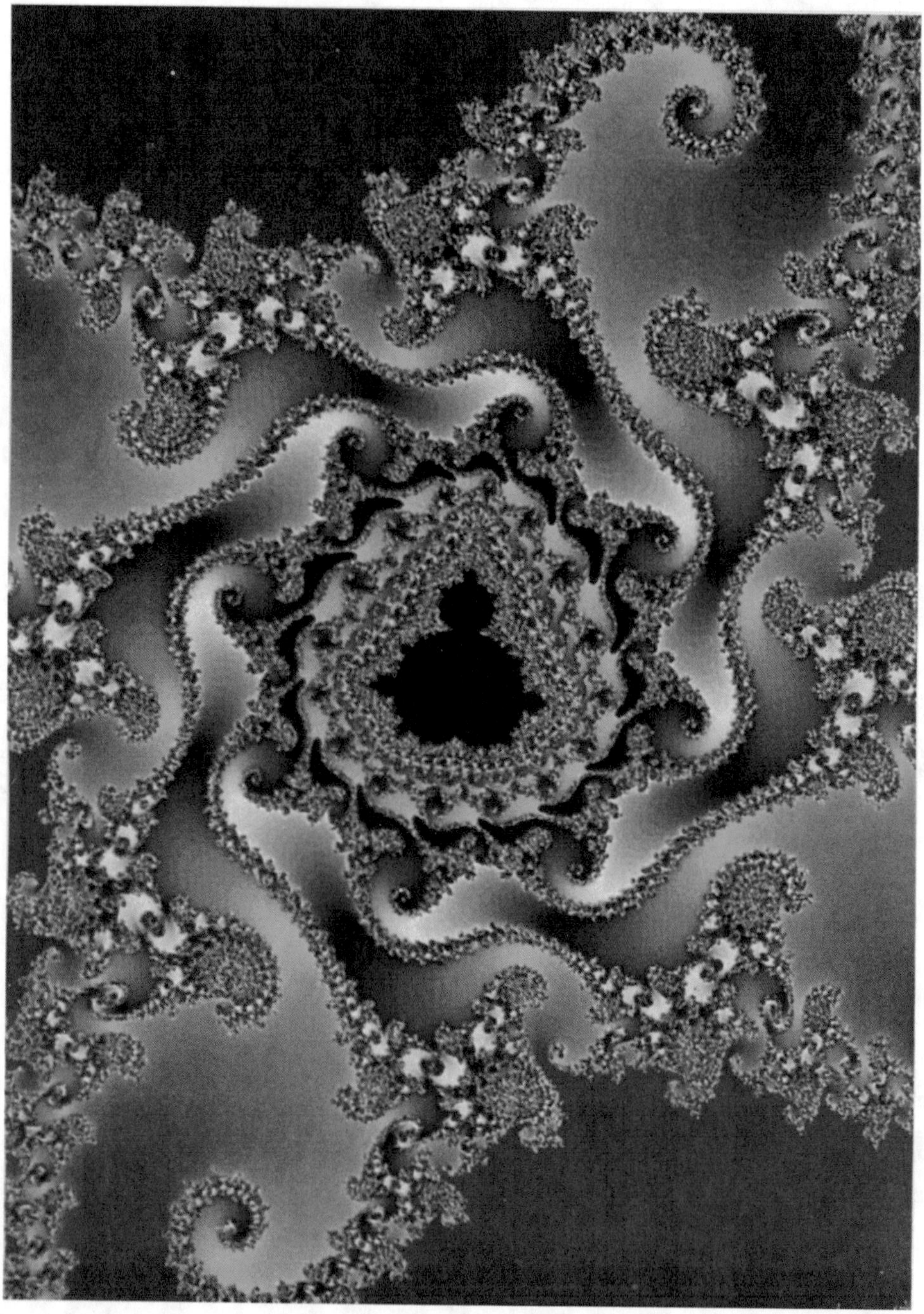

Tafel XXIV Aus der neuen oder fraktalen Welt

9.5 Duffing-Gleichung

Be not afraid of growing slowly,
be afraid only of standing still
Chinese Proverb

Im Anschluß an das Lorenz-System und die van der Polsche Gleichung wollen wir in diesem Abschnitt die Duffing-Gleichung behandeln, die weitere aufschlußreiche Einblicke in die nichtlineare Dynamik und das Zustandekommen von unvorhersagbarem Verhalten und irregulären Bewegungen liefert. Die Duffing-Gleichung repräsentiert eines der einfachsten dynamischen Systeme, bei dem chaotisches Verhalten beobachtet werden kann, und war daher Gegenstand zahlreicher experimenteller und theoretischer Untersuchungen. Sie beschreibt einen fremderregten nichtlinearen Schwinger mit einem Freiheitsgrad und kann in folgender (nichtautonomer) Form geschrieben werden

$$\ddot{x} + g(x, \dot{x}) = R(t) \tag{9.5.1}$$

Man kennt eine ganze Anzahl von dynamischen Systemen – zum Beispiel aus der Hydrodynamik, der Elektrotechnik und der Mechanik –, die sich mit der Duffing-Gleichung modellieren lassen, zumindest näherungsweise. Georg Duffing selbst hat die Gleichung 1918 aufgestellt, indem er die lineare Steifigkeit eines harmonisch erregten Schwingers um einen negativen kubischen Term ergänzte, um so „qualitativ neue und eigenartige Erscheinungen in der Nähe der Resonanz" (Duffing, 1918, S. 8) beschreiben zu können.

Ein bekanntes mechanisches Beispiel, dessen Schwingungsverhalten zu einer speziellen Form der Duffing-Gleichung führt, ist ein fremderregter Balken der Länge l, dessen Querschnittsfläche A und Flächenträgheitsmoment I konstant sind und der in einen Rahmen eingespannt ist (siehe Abb. 9.5.1). Im statischen Fall tauchen bei Erhöhung der axialen Vorspannkraft P über die Eulersche Knicklast hinaus neben der instabilen Ausgangslage zwei zueinander symmetrische stabile ausgeknickte Gleichgewichtslagen auf. Wird der Rahmen durch eine horizontale har-

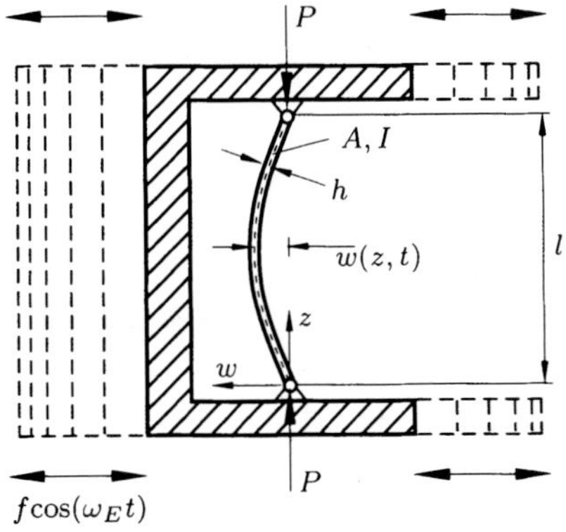

Abb. 9.5.1
Fremderregter geknickter Balken

monische Erregerkraft $f \cos(\omega_E t)$ in Schwingung versetzt, so überlagert sich der statischen Auslenkung eine transversale periodische Verschiebung. Experimentelle Untersuchungen zeigen, daß der Balken für kleine Amplituden f zunächst kleine Oszillationen um die seitlichen Gleichgewichtslagen ausführt. Erhöht man die Erregeramplitude f, so kann es zu Durchschlagen und zu chaotischen Bewegungsmustern kommen (Tseng und Dugundji, 1971).

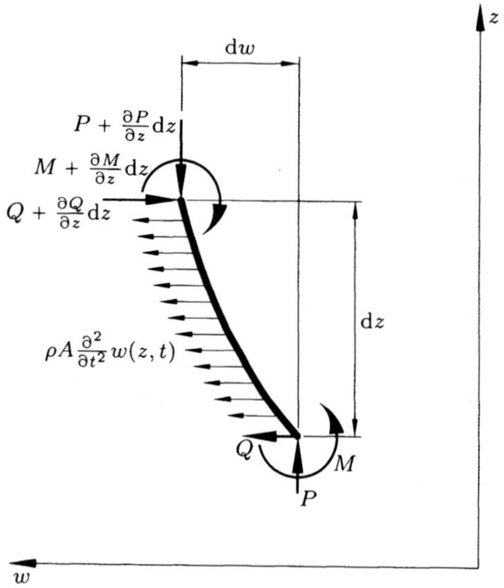

Abb. 9.5.2

Kräfte und Momente am Balken

Zunächst wollen wir die Bewegungsgleichung des Balkens herleiten. Nach dem d'Alembertschen Prinzip ist die laufende Trägheitskraft $\rho A\, \partial^2(w(z,t))/\partial t^2$ positiv in w-Richtung, siehe Abb. 9.5.2, wobei ρ die Dichte bedeutet. Ist nun M das Biegemoment, P die axiale Druckkraft und Q die Querkraft, so können nach Abb. 9.5.2 die Gleichungen für das Kräfte- und Momentengleichgewicht sofort angegeben werden

$$\frac{\partial Q}{\partial z} = -\rho A \ddot{w} \quad ; \quad \frac{\partial P}{\partial z} = 0 \tag{9.5.2}$$

und

$$-\frac{\partial M}{\partial z} = Q - P_{\text{eff}} \frac{\partial w}{\partial z} \tag{9.5.3}$$

Hier ist P_{eff} die effektive Axialkraft im Balken unter Berücksichtigung der Entlastung, die durch die Durchbiegungen w und die damit verbundenen Zugdehnungen in der Mittelfläche verursacht wird. Setzt man voraus, daß die elementare Theorie des Balkens bzw. die Bernoulli-Hypothese gültig ist, d. h. daß die Schubverformungen vernachlässigt werden können, so gilt für die Biegelinie die klassische Beziehung

$$\frac{\partial^2 w}{\partial z^2} = -\frac{M}{EI} \tag{9.5.4}$$

wobei E der Elastizitätsmodul ist. Damit erhält man aus Gln. (9.5.2), (9.5.3) und (9.5.4)

$$EI\frac{\partial^4 w}{\partial z^4} + P_{\text{eff}}\frac{\partial^2 w}{\partial z^2} + \rho A\ddot{w} = 0 \tag{9.5.5}$$

Um nun P_{eff} zu bestimmen, müssen wir die Verlängerung Δl der Mittelachse infolge der Durchbiegung w bestimmen, und diese Verlängerung des Balkens infolge w berechnet sich näherungsweise aus

$$\Delta l = \tfrac{1}{2}\int_0^l \left(\frac{\partial w}{\partial z}\right)^2 \mathrm{d}z \tag{9.5.6}$$

Aus dieser Verlängerung resultiert eine entlastende Zugkraft

$$\frac{EA}{2l}\int_0^l \left(\frac{\partial w}{\partial z}\right)^2 \mathrm{d}z \tag{9.5.7}$$

womit eine effektive Druckkraft P_{eff} im Balken von der Größe

$$P_{\text{eff}} = P - \frac{EA}{2l}\int_0^l \left(\frac{\partial w}{\partial z}\right)^2 \mathrm{d}z \tag{9.5.8}$$

entsteht. Diese Kraft wird als konstant über die Balkenlänge angesehen, und somit wird die modifizierte Gl. (9.5.5)

$$EI\frac{\partial^4 w}{\partial z^4} + \left[P - \frac{EA}{2l}\int_0^l \left(\frac{\partial w}{\partial z}\right)^2 \mathrm{d}z\right]\frac{\partial^2 w}{\partial z^2} + \rho A\ddot{w} = 0 \tag{9.5.9}$$

deren nichtlinearer Charakter offensichtlich ist. Zwingt man nun dem System eine transversale harmonische Erregung auf und berücksichtigt man zugleich eine viskose Systemdämpfung c, so ergibt sich ein einfaches Modell für einen fremderregten Balken unter einer äußeren Druckkraft P, ausgedrückt in einer partiellen Integro-Differentialgleichung für die Bewegung $w(z,t)$,

$$EI\frac{\partial^4 w}{\partial z^4} + \left[P - \frac{EA}{2l}\int_0^l \left(\frac{\partial w}{\partial z}\right)^2 \mathrm{d}z\right]\frac{\partial^2 w}{\partial z^2} + c\dot{w} + \rho A\ddot{w} = f\cos(\omega_E t) \tag{9.5.10}$$

Diese Gleichung kann unter der Annahme (unendlich) kleiner Schwingungen exakt integriert werden, aber dieser Gesichtspunkt interessiert uns hier nicht.

Interessanterweise führt die Flatteranalyse eines zweidimensionalen Plattenstreifens in einer Überschallströmung auf eine ganz ähnliche Bewegungsgleichung (Holmes und Marsden, 1978; Dowell, 1982; Argyris und Bühlmeier, 1988; Karlsson, 1991). Es zeigt sich, daß der Plattenstreifen bei gewissen Kombinationen von Membran-Druckkräften und Überschallgeschwindigkeiten in chaotische Bewegungen versetzt wird. Ähnliche Phänomene treten in Beplankungsblechen von Flügeln auf (Knudsen, 1993).

Als nächstes empfiehlt es sich, Gl. (9.5.10) zu normieren. Zu diesem Zweck führen wir folgende dimensionslose Variablen und Parameter ein

$$\zeta = \frac{z}{l}, \qquad w^* = \frac{w}{h}, \qquad \tau = t\sqrt{g/l}, \qquad \omega_E^* = \omega_E\sqrt{l/g}$$

$$P^* = P\frac{l^2}{EI}, \qquad P_\Delta^* = (l/i)^2(\Delta l/l) = \tfrac{1}{2}(h/i)^2 \int_0^l \left(\frac{\partial w^*}{\partial \zeta}\right)^2 \mathrm{d}\zeta \tag{9.5.11}$$

$$c^* = \frac{l^4}{EI}\sqrt{\frac{g}{l}}\,c, \qquad \rho^* = \frac{l^4}{EI}\frac{g}{l}\rho A, \qquad f^* = \frac{l^4}{EI}\frac{1}{h}f$$

Hier ist g die Erdbeschleunigung, h die Balkenhöhe und i der Trägheitsradius des Balkens, $i = (I/A)^{1/2}$. Damit geht Gl. (9.5.10) in

$$\frac{\partial^4 w^*}{\partial \zeta^4} + (P^* - P_\Delta^*)\frac{\partial^2 w^*}{\partial \zeta^2} + c^*\frac{\partial w^*}{\partial \tau} + \rho^*\frac{\partial^2 w^*}{\partial \tau^2} = f^*\cos(\omega_E^*\tau) \tag{9.5.12}$$

über, wobei die Randbedingungen für w^* lauten

$$w^*(0,\tau) = w^*(1,\tau) = 0$$
$$\left.\frac{\partial^2 w^*}{\partial \zeta^2}\right|_{\zeta=0} = \left.\frac{\partial^2 w^*}{\partial \zeta^2}\right|_{\zeta=1} = 0 \tag{9.5.13}$$

Zur Lösung des Randwertproblems der Gln. (9.5.12) und (9.5.13) ist es zweckmäßig, ein Näherungsverfahren heranziehen. Einerseits kann man ein klassisches (globales) Galerkin-Verfahren verwenden, bei dem die Ansatzfunktionen über dem gesamten ζ-Intervall definiert sind. Eine weitere Möglichkeit besteht in der Anwendung der Methode der Finiten Elemente, die einem lokalen Galerkin-Verfahren entspricht, bei dem die Ansatzfunktionen nur in Teilabschnitten des Definitionsbereichs von Null verschieden sind. Im Hinblick auf die angestrebte Diskussion der Duffing-Gleichung werden wir uns hier auf das globale Verfahren beschränken, verweisen jedoch auf die Ergebnisse der Finite-Elemente-Analyse in (Troselius, 1989; Karlsson, 1991).

Um eine geeignete Basis von Ansatzfunktionen zu finden, linearisiert man die partielle Differentialgleichung (9.5.12) und bestimmt die Eigenwerte und Eigenfunktionen des autonomen nicht-fremderregten Systems, die bereits den Randbedingungen, Gl. (9.5.13), genügen. Im folgenden verzichten wir auf den * in Gl. (9.5.12) und nehmen überdies $\rho = 1$ an. Wir betrachten also das (linearisierte) System

$$w'^{V} + Pw'' + c\dot{w} + \ddot{w} = 0 \tag{9.5.14a}$$

mit

$$\begin{aligned} w(0,t) &= \ \ w(1,t) = 0 \\ w''(0,t) &= w''(1,t) = 0 \end{aligned} \tag{9.5.14b}$$

Hierbei bezeichnen Striche Ableitungen nach dem Ort, Punkte Ableitungen nach der Zeit, die wir wieder mit t bezeichnen. Zur Lösung des linearisierten Problems machen wir den Ansatz

$$w = \mathrm{e}^{\lambda t} \sin(\mathrm{n}\pi\zeta) \tag{9.5.15}$$

der die Randbedingungen Gl. (9.5.14b) erfüllt. Eingesetzt in die Differentialgleichung, ergibt sich folgende Beziehung für die Eigenwerte λ

$$\lambda^2 + c\lambda + \mathrm{n}^2\pi^2(\mathrm{n}^2\pi^2 - P) = 0 \tag{9.5.16}$$

d. h. für jedes n erhält man 2 Eigenwerte

$$\lambda_{\mathrm{n}}^{\pm} = -\tfrac{1}{2}c \pm \sqrt{\tfrac{1}{4}c^2 - \mathrm{n}^2\pi^2(\mathrm{n}^2\pi^2 - P)} \tag{9.5.17}$$

Beachtet man, daß sich der Balken in der Grundmode des 2. Eulerschen Knickfalls befindet, daß also für die normierte Axiallast $\pi^2 < P < 4\pi^2$ gilt, so ergeben sich für $\mathrm{n} = 1$ ein positiver und ein negativer reeller Eigenwert. Je nach Stärke von Dämpfung und Vorspannung des Balkens können noch weitere Paare reeller Eigenwerte auftreten, die übrigen Eigenwerte des diskreten Spektrums sind jedoch konjugiert komplex mit festem Realteil $-c/2$. Abbildung 9.5.3 zeigt schematisch eine typische Anordnung der Eigenwerte.

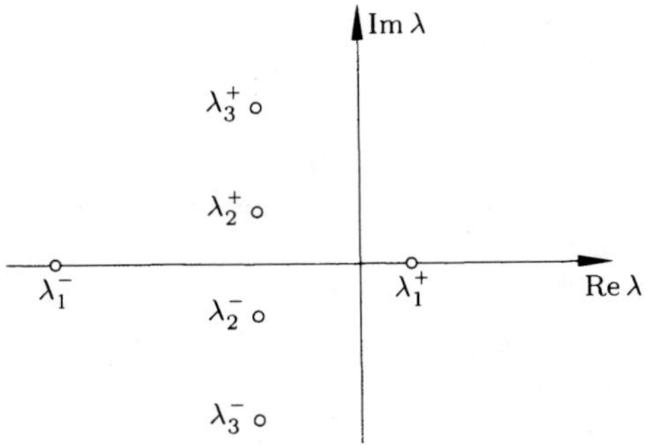

Abb. 9.5.3

Eigenwertspektrum des geknickten Balkens

Nachdem wir erkannt haben, daß sich die Funktionen $\sin(n\pi\zeta)$ als natürliche Basis für ein globales Galerkin-Verfahren eignen, führen wir zur Lösung von Gl. (9.5.12) folgenden Produktansatz ein

$$w(\zeta,t) = \sum_{n=1}^{N} x_n(t) \sin(n\pi\zeta) \tag{9.5.18}$$

und berechnen das Residuum R_{es}, das sich durch Einsetzen in die Differentialgleichung (9.5.12) ergibt,

$$\begin{aligned} R_{es} = &\sum_{n=1}^{N} \left[n^2\pi^2(n^2\pi^2 - P)x_n + c\dot{x}_n + \ddot{x}_n \right] \sin(n\pi\zeta) - f\cos(\omega_E t) \\ &+ \tfrac{1}{2}(h/i)^2 \int_0^1 \Big(\sum_{k=1}^{N} \pi k x_k \cos(k\pi\zeta) \Big)^2 d\zeta \sum_{n=1}^{N} n^2\pi^2 x_n \sin(n\pi\zeta) \end{aligned} \tag{9.5.19}$$

Die unbekannten Koeffizienten berechnet man aus der Bedingung, daß das gewichtete Mittel des Residuums gleich Null ist

$$\int_0^1 R_{es}(\zeta) \sin(k\pi\zeta) d\zeta = 0 \qquad \text{für } k = 1, \cdots, N \tag{9.5.20}$$

wobei beim Galerkin-Verfahren als Gewichtsfunktionen wieder die Ansatzfunktionen gewählt werden. Wegen der Orthogonalität der Basisfunktionen vereinfachen sich die Summen, und man erhält ein System von N gewöhnlichen Differentialgleichungen für die zeitabhängigen Koeffizienten $x_k(t)$

$$\begin{aligned} &\ddot{x}_k + c\dot{x}_k + k^2\pi^2(k^2\pi^2 - P)x_k + \tfrac{1}{2}(h/i)^2 \Big(\tfrac{1}{2} \sum_{n=1}^{N} \pi^2 n^2 x_n^2 \Big) \pi^2 k^2 x_k \\ &\qquad = \begin{cases} (4/k\pi) f \cos(\omega_E t) & \text{für } k = 1,3,5,\ldots \\ 0 & \text{für } k = 2,4,6,\ldots \end{cases} \end{aligned} \tag{9.5.21}$$

Es stellt sich nun die Frage, wieviel Glieder wir im Produktansatz Gl. (9.5.18) berücksichtigen müssen. Eigenmoden, die zu Eigenwerten mit positivem Realteil gehören, müssen auf jeden Fall berücksichtigt werden, damit das qualitative Verhalten richtig wiedergegeben wird. Die Notwendigkeit einer Berücksichtigung weiterer Eigenmoden für qualitative Analysen hängt davon ab, ob zwischen ihnen und den instabilen Moden starke Kopplungen auftreten; vgl. (Pätzold, 1990). Wir beschränken uns hier lediglich auf die Grundmode und erhalten somit ein nichtlineares Schwingungssystem mit einem Freiheitsgrad, eine Modifikation von Duffings Gleichung mit negativem linearen Steifigkeitsterm

$$\ddot{x} + c\dot{x} - \beta x + \alpha x^3 = \gamma \cos(\omega_E t) \tag{9.5.22}$$

wobei die Steifigkeitsparameter gegeben sind durch

$$\beta = \pi^2(P - \pi^2) > 0 \; , \qquad \alpha = \tfrac{1}{4}\pi^4(h/i)^2 \tag{9.5.23}$$

und die Amplitude der Erregerkraft durch

$$\gamma = \frac{4}{\pi} f \tag{9.5.24}$$

Es ist interessant, daß durch eine Reihenentwicklung und Beschränkung auf die beiden ersten Glieder bei kleinen Schwingungen die Lösungen der „exakten" Gl. (9.5.10) durch Lösungen der Duffing-Gleichung (9.5.22) approximiert werden. Dies bestätigt, daß die Duffing-Gleichung durchaus als mathematisches Modell realer physikalischer Vorgänge betrachtet werden kann.

Schreibt man Gl. (9.5.22) auf ein autonomes System 1. Ordnung um, so erhält man mit den Notationen $x_1 = x$, $x_2 = \dot{x}$ und $x_3 = t$

$$\begin{aligned} \dot{x}_1 &= x_2 \\ \dot{x}_2 &= -cx_2 + \beta x_1 - \alpha x_1^3 + \gamma \cos(\omega_E x_3) \\ \dot{x}_3 &= 1 \end{aligned} \tag{9.5.25}$$

wobei $(x_1, x_2, x_3) \in \mathbb{R}^2 \times \mathbb{S}^1$ ist, d. h. x_3 ist beschränkt auf das Intervall $0 \leqslant x_3 \leqslant 2\pi/\omega_E$.

Derselbe Gleichungstyp kann für einen einseitig eingespannten, fremderregten Balken, der einem Magnetfeld ausgesetzt ist, hergeleitet werden (Moon und Holmes, 1979); der erste der beiden Autoren hat auch eine experimentelle Überprüfung vorgenommen (Moon, 1980; Moon, 1987). Eine weitere Möglichkeit, die Duffing-Gleichung für mechanische Probleme abzuleiten, ist, die Rückstellkraft eines harmonischen bzw. eines anharmonischen Oszillators durch Differentiation aus einer Potentialfunktion zu gewinnen. Man kann zeigen, daß für einen Ein-Masse-Federschwinger das Potential $V(x) = \frac{1}{2}x^2 - \frac{1}{4}x^4$ und die Rückstellkraft $F_R = \partial V/\partial x = x - x^3$ eine Federerweichung simulieren und daß das Potential $V(x) = -\frac{1}{2}x^2 - \frac{1}{4}x^4$ $(F_R = -x + x^3)$ die Last im Nachbeulbereich des 2. Eulerschen Knickfalls eines axial gedrückten Balkens qualitativ beschreibt.

Zahlreiche numerische Studien der Duffing-Gleichung sind aus der Literatur bekannt. Stellvertretend für viele möchten wir hier Uedas Arbeiten erwähnen (Ueda, 1980a, 1980b), der am ausführlichsten diesen Gleichungstyp, wenn auch ohne linearen Steifigkeitsterm, untersucht hat.

In Abhängigkeit von den fünf Kontrollparametern, die in der Duffing-Gleichung auftreten, können die unterschiedlichsten Bewegungsmuster beobachtet werden, nämlich stationäres Langzeitverhalten (für $\gamma = 0$), periodische und quasiperiodische Bewegungen sowie chaotisches Verhalten, wobei je nach Anfangsbedingungen auch unterschiedliche Bewegungstypen nebeneinander existieren können (Koexistenz von Attraktoren). Wir wollen zunächst einige numerische Experimente vorstellen und uns später mit der Frage beschäftigen, auf welche Weise unvorhersagbares Verhalten zustande kommen kann. In den Beispielen wurde die Duffing-Gleichung für unterschiedliche Werte der Systemparamenter c, α, β, γ und ω_E mit Hilfe des Runge-Kutta-Verfahrens numerisch integriert. Zur Visualisierung der Ergebnisse wurden verschiedene Darstellungsformen gewählt, nämlich Zeitverläufe, Phasenportraits bzw. ihre Projektion auf die (x_1, x_2)-Ebene sowie Poincaré-Schnitte.

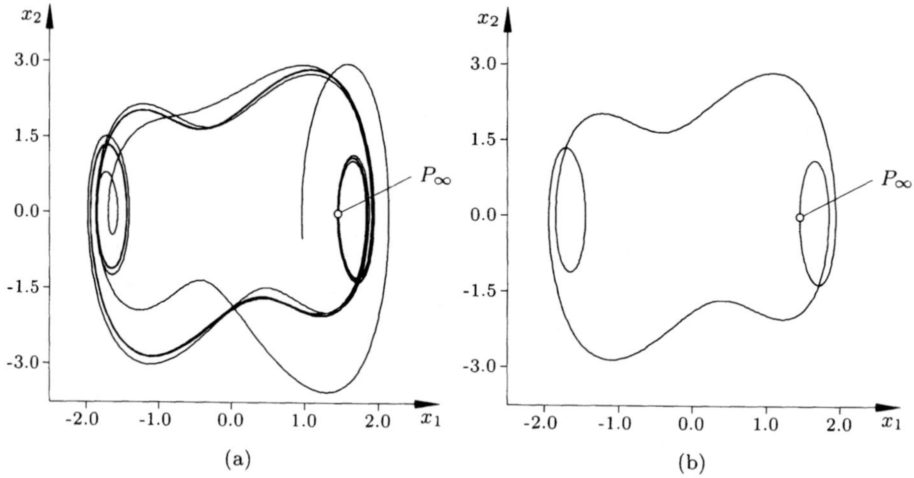

Abb. 9.5.4 Einschwingphase (a) und Grenzzyklus (b) der Duffing-Gleichung
$\ddot{x} + 0.55\dot{x} + 8x + 2x^3 = 24 \sin t$

Die drei Abbn. 9.5.4 bis 9.5.6 demonstrieren für unterschiedliche Systemdämpfung, Rückstellkraft, Erregeramplitude und Erregerfrequenz periodisches Verhalten der Duffing-Gleichung. In Abb. 9.5.4a,b ist für die angegebene Parameterwahl die Einschwingphase bis zum Grenzzyklus und der Grenzzyklus allein im Phasenbild dargestellt. Beide Bilder verdeutlichen, daß sich die Trajektorien bzw. der Grenzzyklus in der Projektionsebene (x_1, x_2) kreuzen, im Gegensatz zu ihrem dreidimensionalen Verhalten. Für wesentlich geringere Dämpfung, Rückstellkraft, Erregeramplitude und -frequenz konnte ein weiterer Grenzzyklus gefunden werden. Das Phasenportrait in Abb. 9.5.5 allein ist nicht ausreichend, um auf ein periodisches Verhalten für $t \to \infty$ schließen zu können. Die Zeitverläufe $x_1(t)$ und $x_2(t)$ hingegen verdeutlichen recht anschaulich, daß sich das System nach einer gewissen Einschwingphase periodisch verhält.

Abbildung 9.5.6 zeigt ein besonders langes Einschwingverhalten, bedingt durch die geringe Dämpfung $c = 0.01$ und den niedrigen Wert der Erregerfrequenz

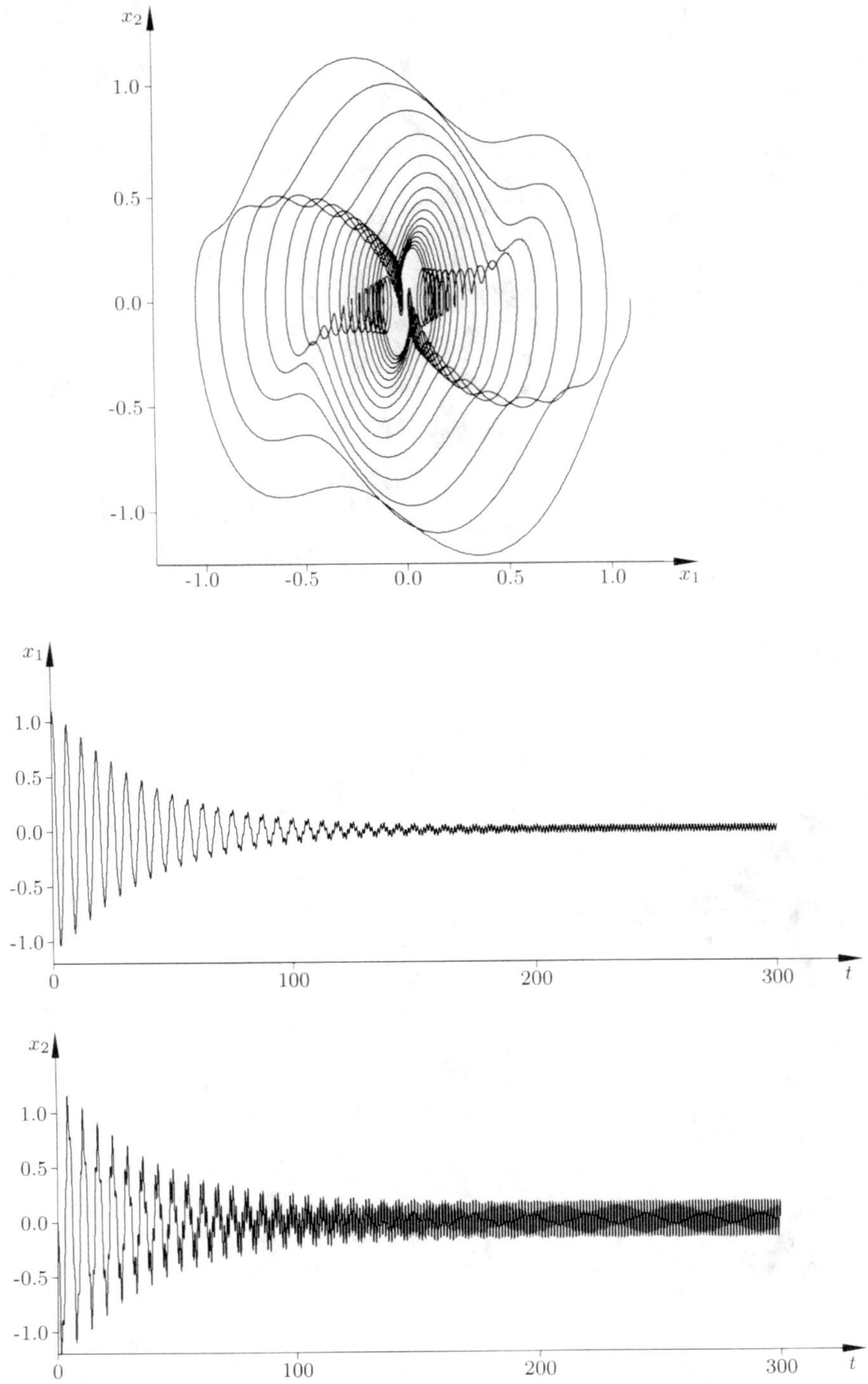

Abb. 9.5.5 Einschwingphase und Grenzzyklus der Duffing-Gleichung
$\ddot{x} + 0.05\dot{x} + x + 0.1x^3 = 0.8 \sin 5t$

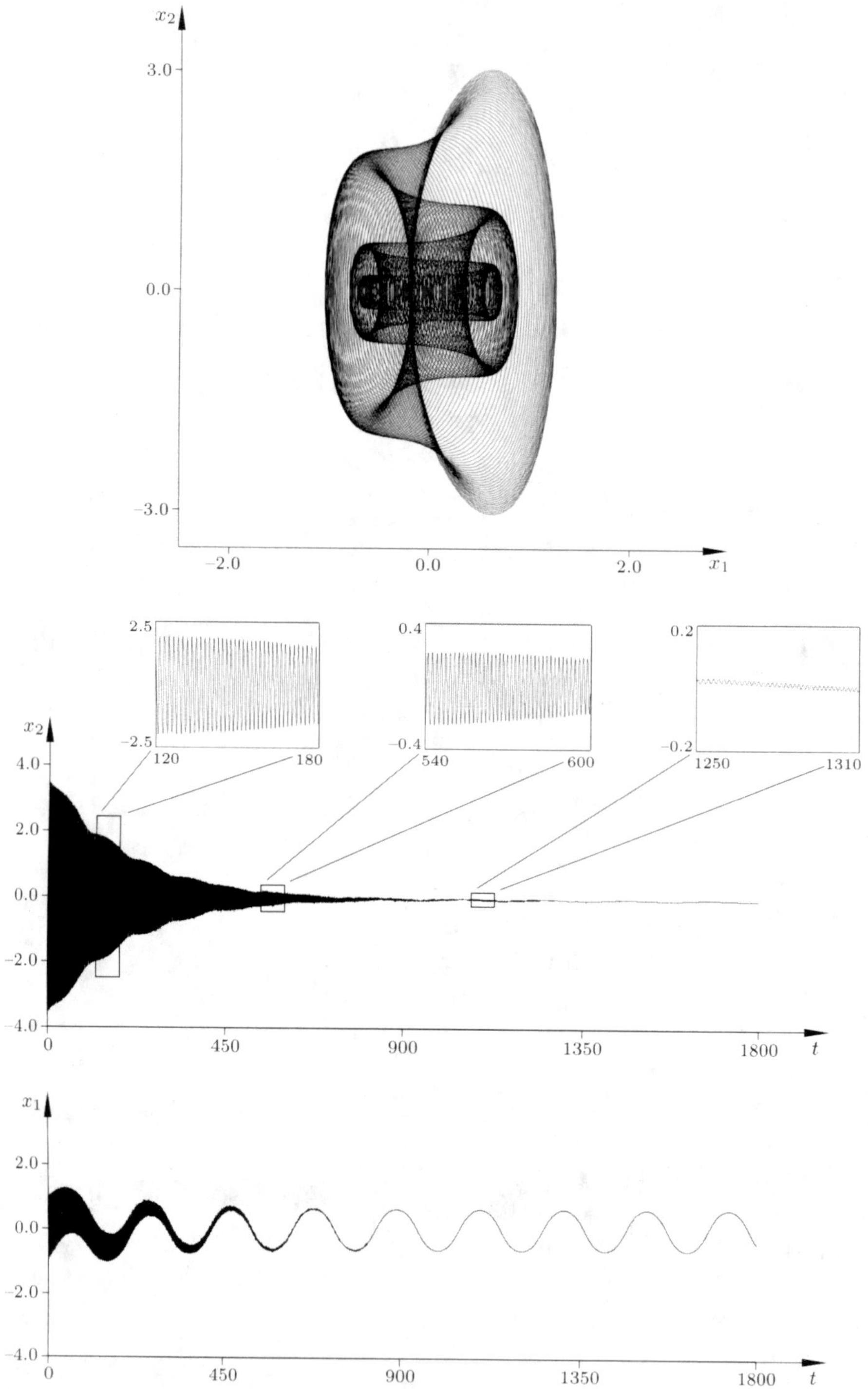

Abb. 9.5.6 „Implodierender Sombrero" für $\ddot{x} + 0.01\dot{x} + 10x + 6x^3 = 8\sin 0.03t$

$\omega_E = 0.03$. Der Trajektorienverlauf während der transienten Phase vermittelt den Eindruck eines dreidimensionalen rotationssymmetrischen Gebildes, dessen Ende sich verjüngt und dabei immer wieder umgestülpt wird, und erinnert damit eher an einen implodierenden Sombrero als an das Phasenportrait eines gedämpften Ein-Masse-Schwingers. Auch hier illustrieren die Zeitverläufe, wie eine niederfrequente Schwingung, die von einer höherfrequenten überlagert ist, für $t \to \infty$ zu einem periodischen Bewegungsmuster, einem Grenzzyklus, führt.

Für andere Kombinationen der Kontrollparameter kann man dagegen völlig irreguläres, chaotisches Verhalten beobachten. Abbildung 9.5.7 zeigt Lösungen der Duffing-Gleichung für die Parameterwerte $c = 0.04$, $\alpha = 0.53$, $\beta = 0.2$, $\gamma = 0.4$ und zwei verschiedene Erregerfrequenzen $\omega_E = 0.16$ bzw. $\omega_E = 0.19$. Im Zeitverlauf $\dot{x}(t)$ ist für das gewählte Zeitintervall $0 \leqslant t \leqslant 200$ keine Periodizität zu

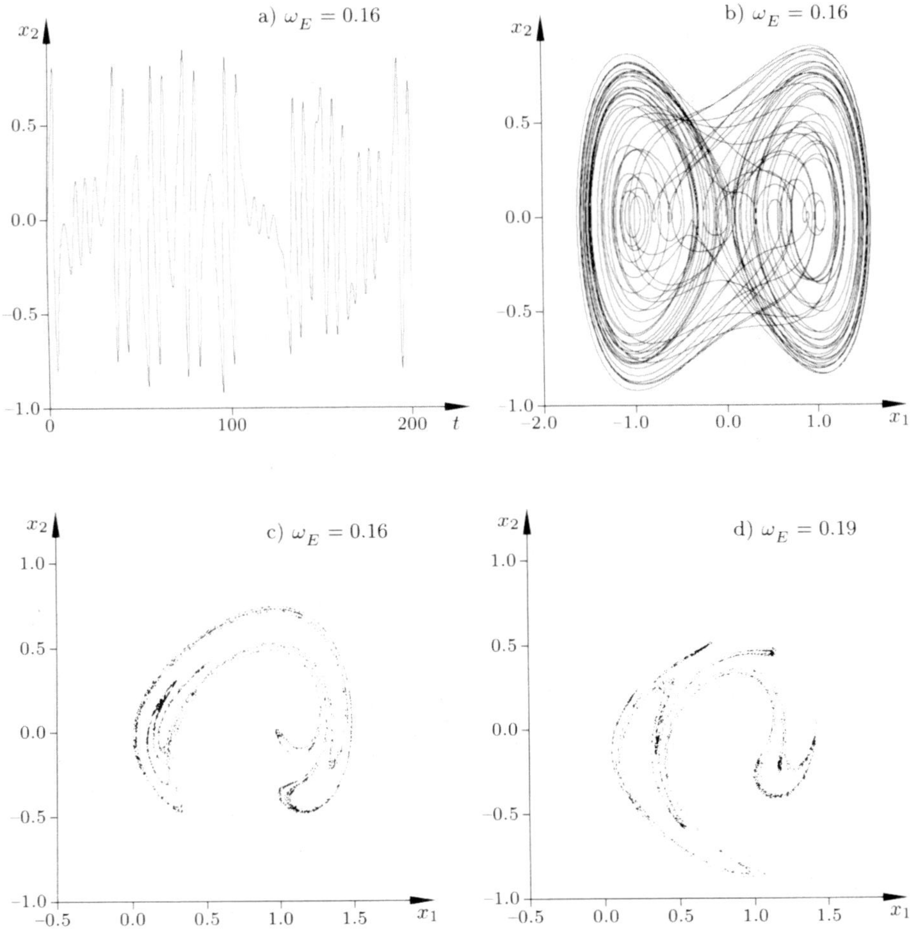

Abb. 9.5.7 Chaotisches Verhalten der Duffing-Gleichung (9.5.22) für $c = 0.04$, $\beta = 0.2$, $\alpha = 0.53$ und $\gamma = 0.4$

erkennen, aber allein aufgrund dieses begrenzten Zeitraums dem System chaotisches Verhalten für $t \to \infty$ zuzuschreiben, ist unzulässig, da für jedes größere Zeitintervall Periodizität nicht auszuschließen ist (Abb. 9.5.7a). Das Phasenportrait $(x, \dot{x})$ in Abb. 9.5.7b der gleichen Lösungskurve und des gleichen Zeitintervalls deutet die Begrenztheit der überstrichenen Fläche für $t \to \infty$ an, dennoch ist leicht vorstellbar, daß nach relativ kurzer Zeit der Trajektorienverlauf innerhalb dieses begrenzten Bereichs nicht mehr zu erkennen sein wird.

Einen gänzlich neuen Eindruck vermitteln dagegen Poincaré-Schnitte. Periodische und quasiperiodische Trajektorien werden durch diskrete Punkte oder kontinuierliche Kurven repräsentiert. Irreguläres chaotisches Verhalten wird dagegen durch eine Wolke von unregelmäßig verteilten Punkten wiedergegeben, die sich in einem begrenzten Bereich der Schnittebene sammeln, topologisch aber eine sehr komplexe, fraktale Struktur besitzen, nämlich diejenige eines seltsamen Attraktors. Für die oben angegebene Parameterwahl kann im Frequenzbereich $0 < \omega_E < 0.5$ eine ganze Reihe seltsamer Attraktoren gefunden werden; vgl. (Seydel, 1980). Zwei davon sind für die Anfangsbedingungen $x_1 = 0$, $x_2 = 0$ und 2000 Abbildungsschritte in Abbn. 9.5.7c,d dargestellt.

Um einen Eindruck von der räumlichen Struktur eines seltsamen Attraktors im dreidimensionalen erweiterten Phasenraum zu gewinnen, haben wir im oberen Teil der Farbtafel XVII, S. 655, den Attraktor der Duffing-Gleichung (9.5.25) zu den Parameterwerten $c = 0.2$, $\alpha = 1.0$, $\beta = 0.2$, $\gamma = 85.0$, $\omega_E = 1.0$ in Zylinderkoordinaten dargestellt. Dabei wurde x_1 in radialer Richtung, x_2 parallel zur Zylinderachse und x_3 in Umfangsrichtung aufgetragen. Während irreguläre Zeitverläufe - wie etwa der in Abb. 9.5.7a - nur zum Ausdruck bringen können, daß keine zeitlichen Korrelationen vorhanden sind bzw. sehr schnell abgebaut werden, können im Phasenraum die räumlichen Korrelationen, eine Folge der deterministischen Bewegungsgleichungen, sichtbar gemacht werden. Der auch ästhetisch anziehende Duffing-Attraktor auf Farbtafel XVII ähnelt einem mehrfach gewundenen goldenen Kranz aus der mykenischen Glanzperiode. Wie wir sehen werden, besitzt das chaotische Langzeitverhalten im Phasenraum eine wohlgeordnete Struktur. Im unteren Teil dieser Farbtafel haben wir verschiedene Poincaré-Schnitte aufgetragen. Hierbei tritt deutlich die „Punktsymmetrie" hervor, die die Invarianz der Duffing-Gleichung (9.5.25) gegenüber den Substitutionen $x_1 \to -x_1$, $x_2 \to -x_2$, $x_3 \to \pi/\omega_E + x_3$ zum Ausdruck bringt.

Wie schon eingangs erwähnt, hat Ueda eingehende Parameterstudien zum Langzeitverhalten des Duffing-Oszillators in Abhängigkeit von den Kontrollparametern durchgeführt (Ueda, 1979; 1980b). Im allgemeinen wird die stetige Änderung eines Kontrollparameters dazu führen, daß das Phasenportrait des Attraktors ebenfalls stetig verformt wird. Zu qualitativen Änderungen des Verhaltens, und damit des Attraktortyps, kommt es dagegen, wenn eine lokale oder globale Bifurkation auftritt. Lokale Bifurkationen, die zu qualitativen Änderungen der Langzeitdynamik in lokalen Bereichen des Phasenraums führen, haben wir eingehend in Kapitel 6 untersucht. Globale Bifurkationen führen zu globalen Änderungen des Flusses und sind im allgemeinen analytisch schwerer zugänglich. Wir werden auf eine globale Bifurkation mit weitreichenden Konsequenzen noch in diesem Abschnitt zurückkommen. An dieser Stelle beschränken wir uns auf die Angabe weiterführender Literatur (Thompson und Stewart, 1986; Guckenheimer und Holmes, 1983; Wiggins, 1988).

Neben der Abhängigkeit des Langzeitverhaltens von den Kontrollparametern kann man auch häufig eine Abhängigkeit von den Anfangsbedingungen beobachten, und zwar dann, wenn gleichzeitig mehrere Attraktoren nebeneinander existieren. In diesem Fall ist es wichtig, einen Überblick über die Einzugsgebiete der einzelnen Attraktoren und die topologische Struktur der Grenzen dieser Einzugsgebiete zu gewinnen. Zu diesem Zweck überzieht man den zu untersuchenden Bereich des Phasenraums mit einem gleichmäßigen Raster, betrachtet den Mittelpunkt jeder Zelle als Anfangswert und bestimmt das zugehörige Langzeitverhalten. Auf diese Weise lassen sich Einzugsgebiete und Typen der Attraktoren bestimmen. Allerdings ist die Methode in dieser Form sehr rechenzeitintensiv. Die Zellabbildungsmethode, 1980 von Hsu eingeführt (Hsu, 1980), gibt die Möglichkeit, den Rechenaufwand drastisch zu senken. Eine übersichtliche Einführung in die Methode findet man in (Foale und Thompson, 1991; Kreuzer, 1987), eine ausführliche Darstellung in (Hsu, 1987).

Bei der Auswertung numerischer Experimente empfiehlt sich eine kritische Vorgehensweise. Zunächst sollte man sich davon überzeugen, daß die transiente Phase tatsächlich abgeklungen ist. Ferner sind Parameterstudien aufschlußreich, die einen Überblick über die Bifurkationen bei Veränderung ausgewählter Kontrollparameter geben. Farbtafel XX, S. 658 oben, zeigt das Langzeitverhalten eines Duffing-Schwingers mit festen inneren Kontrollparametern $c = \alpha = \beta = 1.0$ in Abhängigkeit von den äußeren Parametern, nämlich der Erregerfrequenz ω_E und der Erregeramplitude γ. Horizontal wurde ω_E im Bereich $0.3 \leqslant \omega_E \leqslant 2.5$, vertikal die Amplitude γ im Intervall $0.5 \leqslant \gamma \leqslant 3.5$ aufgetragen. Entsprechend seinem Langzeitverhalten wurde jedem Pixel, also jeder Parameterkombination, eine Farbe zugeordnet: Grenzzyklen der Periode 1 – 2 – 4 – 8 wurden die Farben gelb-pink-dunkelblau-grau zugewiesen, chaotischen Bewegungen schwarz. Man kann deutlich erkennen, daß der Weg ins Chaos auch bei Variation zweier Systemparameter typischerweise über Periodenverdopplungen führt. Außerdem sind – wie im Bifurkationsdiagramm der logistischen Abbildung, Abb. 6.7.6a – deutlich die periodischen Fenster zu beobachten, und zwar auch in der richtigen Reihenfolge: der dominante grüne Bereich gehört zu Grenzzyklen der Periode 3, Zyklen der Periode 6 sind rot, die der Periode 5 hellblau markiert. Auffallend ist, daß im schwarzen chaotischen Bereich immer wieder einzelne gelbe Punkte, also einperiodische Grenzzyklen, auftauchen. Hier wäre es notwendig, durch weitere numerische Untersuchungen zu klären, ob in diesem Bereich periodische und seltsame Attraktoren nebeneinander existieren. Auf jeden Fall können derartige Diagramme Hinweise auf das zu erwartende Systemverhalten geben.

Im unteren Teil der Farbtafel XX, S. 658, wurde das Langzeitverhalten der Duffing-Gleichung $\ddot{x} + \dot{x} + x^3 - \beta x = \cos t$ in Abhängigkeit von der linearen Steifigkeit untersucht. Für kleine β-Werte erhält man einen schwarzen einperiodischen Grenzzyklus, der bei $\beta \approx 0.6$ infolge einer Gabelverzweigung instabil wird, wobei gleichzeitig zwei neue, durch die Farben blau und rot gekennzeichnete, einperiodische Grenzzyklen entstehen, die unabhängig voneinander über eine Periodenverdopplungskaskade ins Chaos übergehen (vgl. auch Abschnitt 9.3, insbesondere Abb. 9.3.2). Unterbrochen wird der chaotische Bereich durch ein großes reguläres Fenster, in dem ein einzelner dreiperiodischer Grenzzyklus auftritt. Eine weitere Erhöhung der linearen Steifigkeit führt wiederum über Periodenverdopplungen ins Chaos und schließlich über eine Rückwärtskaskade von subharmonischen Verzweigungen zu zwei getrennten einperiodischen Grenzzyklen.

Das letzte Beispiel hat gezeigt, daß das Langzeitverhalten eines nichtlinearen Systems bei fester Konstellation der Kontrollparameter von der gewählten Anfangsbedingung abhängen kann, daß also gleichzeitig mehrere Attraktoren auftreten können. Im Falle der Duffing-Gleichung ist das unmittelbar physikalisch einzusehen. Wirkt auf den Schwinger keine Erregerkraft, so pendelt sich das System nach einer Einschwingphase auf eine der beiden seitlichen Gleichgewichtslagen ein. Aus Gl. (9.5.25) ergeben sich 3 Fixpunkte, mit den Koordinaten (x_1, x_2)

$$S: \ (0,0) \qquad \text{und} \qquad F_{1,2}: \ (\pm\sqrt{\beta/\alpha},\, 0) \tag{9.5.26}$$

Eine lineare Stabilitätsanalyse anhand der Eigenwerte ergibt für den Ursprung

$$\lambda_{1,2} = \tfrac{1}{2}\left[-c \pm \sqrt{c^2 + 4\beta}\,\right] \tag{9.5.27}$$

d. h. für $\beta > 0$ ist S ein Sattelpunkt. Die beiden seitlichen Fixpunkte besitzen das gleiche Eigenwertpaar

$$\lambda_{1,2} = \tfrac{1}{2}\left[-c \pm \sqrt{c^2 - 8\beta}\,\right] \tag{9.5.28}$$

d. h. unter der Voraussetzung $\beta > 0$ sind F_1 und F_2 für $c^2 - 8\beta > 0$ stabile Knoten und für $c^2 - 8\beta < 0$ stabile Foki.

Führt man eine kleine Erregerkraft ein, so treten keine weiteren Gleichgewichtszustände auf, was auch aus der 3. Gleichung von Gl. (9.5.25) sofort ersichtlich ist, vielmehr führt das System jetzt kleine Schwingungen um die rechte bzw. linke seitliche Gleichgewichtslage aus. In diesem Fall existieren also im Phasenraum zwei stabile Grenzzyklen. Für große Amplituden γ der Erregerkraft kann es zum Durchschlagen kommen, d. h. es wird sich ein einziger periodischer Grenzzyklus einstellen, der die 3 Fixpunkte des nichterregten Systems umfaßt und die Symmetrieeigenschaften des Duffing-Systems erfüllt. Für kleinere γ-Werte kann aber auch gleichzeitig ein periodischer und ein seltsamer Attraktor auftreten, z. B. für $\alpha = \beta = 1$, $c = 0.15$, $\gamma = 0.3$, $\omega_E = 1.0$; siehe (Guckenheimer und Holmes, 1986).

In Farbtafel XVIII, S. 656, haben wir uns einen Überblick über einen Ausschnitt des Phasenraums und die Einzugsgebiete der beiden auftretenden Attraktoren für die Duffing-Gleichung

$$\ddot{x} + 0.12\dot{x} - 0.5x + 0.5x^3 = \gamma \cos 0.7t \tag{9.5.29}$$

verschafft. Für die obere Abbildung wurde $\gamma = 0$, im unteren Teil $\gamma = 0.09$ gewählt.

Der oben abgebildete Phasenraum für $\gamma = 0$ ist zweidimensional. Die x_1-Achse zeigt nach rechts, die x_2-Achse nach oben, der Ursprung liegt in der Mitte der Abbildung. Die beiden stabilen Fixpunkte haben die Koordinaten $(\pm 1, 0)$. Allen Startpunkten von Trajektorien, die nach der transienten Phase in den rechten Fokus münden, wurde die Farbe blau zugewiesen, denen, die sich auf den linken Fokus einschwingen, die Farbe gelb. Die Abbildung zeigt, daß die Einzugsgebiete der beiden Attraktoren durch eine glatte Linie voneinander getrennt sind, die mit der (globalen) stabilen Mannigfaltigkeit $\mathbb{W}^s$ des Sattelpunkts im Ursprung übereinstimmt.

Im unteren Teil der Farbtafel XVIII wurde das Einzugsgebiet der beiden Attraktoren für die Erregeramplitude $\gamma = 0.09$ bestimmt. Man beachte, daß in diesem Fall der Phasenraum dreidimensional ist und hier ein Poincaré-Schnitt betrachtet wird. Für $\gamma = 0.09$ haben sich aus den ursprünglich stabilen Foki zwei Grenzzyklen entwickelt, das Langzeitverhalten des Systems ist also regulär. Bemerkenswert ist jedoch, daß die Grenzen der Einzugsgebiete der beiden Attraktoren keineswegs mehr glatt sind, sondern eine komplizierte, fraktale Struktur haben, was man durch Ausschnittsvergrößerungen noch untermauern kann; vgl. (Moon und Li, 1985). Dies hat aber sehr weitreichende Auswirkungen auf die Vorhersagbarkeit des Systems. Wählt man eine Anfangsbedingung in der Nähe der Grenze der beiden Einzugsgebiete, so kann man nicht mehr vorhersagen, ob sich das System auf den rechten oder linken Grenzzyklus einschwingen wird, d. h. das Schwingungsverhalten hängt empfindlich von den Anfangsbedingungen ab. Dieses überraschende Resultat ist beispielhaft dafür, daß es nichtlineare Systeme gibt, die zwar reguläres asymptotisches Verhalten besitzen, aber dennoch keine Langzeitprognosen zulassen. In Abschnitt 9.6 werden wir uns mit den Einzugsgebieten verschiedener Attraktoren von gebrochen rationalen Abbildungsfunktionen beschäftigen und sehen, daß die Einzugsgebiete der Attraktoren dort ebenfalls durch fraktale Grenzen voneinander getrennt sind.

Für den Fall, daß Dämpfung und Erregeramplitude klein sind, kann das Zustandekommen fraktaler Grenzen theoretisch erklärt werden, indem man Erregerkraft und Dämpfung als Störungen eines Hamilton-Systems auffaßt. Dies ist eines der wenigen Beispiele aus der Theorie dynamischer Systeme, bei dem man auf analytischem Weg zu globalen Aussagen gelangen kann. Wir wollen daher die wesentlichen Gedankengänge wenigstens skizzieren, verweisen jedoch auf ausführliche Darstellungen in (Holmes, 1979; Holmes, 1980; Guckenheimer und Holmes, 1983). Die zugrundeliegenden Methoden entstammen der Perturbationstheorie, insbesondere einer Variante des *averaging*-Verfahrens, der sogenannten Melnikov-Methode (Melnikov, 1963), die man – im Gegensatz zu der in Abschnitt 9.4 vorgestellten Variante – auf stark nichtlineare Probleme anwenden kann, sofern Dissipation und periodische Erregerkraft klein sind. Auch in diesem Fall läßt sich, wie in Abschnitt 9.4, ein *averaging*-Theorem, formulieren, das es ermöglicht, auf die Existenz periodischer Orbits im gestörten System zu schließen und Approximationen für die Poincaré-Abbildung zu bestimmen.

Wir gehen aus von folgendem System zweier Differentialgleichungen

$$\dot{\boldsymbol{x}} = \boldsymbol{f}(\boldsymbol{x}) + \varepsilon \boldsymbol{g}(\boldsymbol{x}, t) \tag{9.5.30}$$

wobei $\boldsymbol{x} = \{x_1 \; x_2\}$ und $\varepsilon \ll 1$ gilt, $\boldsymbol{f}(\boldsymbol{x}) = \{f_1 \; f_2\}$ ein Hamiltonsches Vektorfeld darstellt, für das also eine Hamilton-Funktion H existiert (vgl. Abschnitt 4.1) mit

$$f_1 = \frac{\partial H}{\partial x_2} \quad \text{und} \quad f_2 = -\frac{\partial H}{\partial x_1} \tag{9.5.31}$$

und $\boldsymbol{g}(\boldsymbol{x}, t) = \{g_1 \; g_2\}$ eine periodische Funktion $\boldsymbol{g}(\boldsymbol{x}, t) = \boldsymbol{g}(\boldsymbol{x}, t + T)$ bedeutet. Außerdem setzen wir voraus, daß das ungestörte konservative System einen homoklinen Orbit aufweist, d. h. einen hyperbolischen Sattelpunkt besitzt, dessen stabile Mannigfaltigkeit $\mathbb{W}^s$ mit seiner instabilen Mannigfaltigkeit $\mathbb{W}^u$ übereinstimmt. Um ein Beispiel vor Augen zu haben, schreiben wir die Duffing-Gleichung für $\gamma \ll 1$ und $c \ll 1$ in folgender Form ($\varepsilon \ll 1$)

$$\begin{aligned} \dot{x}_1 &= x_2 \\ \dot{x}_2 &= \beta x_1 - \alpha x_1^3 + \varepsilon(\bar{\gamma} \cos \omega_E t - \bar{c} x_2) \end{aligned} \tag{9.5.32}$$

Das ungestörte System besitzt zwei homokline Orbits $\Gamma_0^{\pm}$, die man durch Integration aus der Hamilton-Funktion H bestimmen kann. Im Innern von $\Gamma_0^{\pm}$ liegen geschlossene Trajektorien mit $H = \text{const}$, mit den beiden Zentren E_1 und E_2 (siehe Abb. 9.5.8).

In Abschnitt 8.2 (Abb. 8.2.1) hatten wir gesehen, daß ein homokliner Orbit *nicht* strukturstabil ist. Jede noch so kleine Störung wird zu Veränderungen der stabilen und instabilen Mannigfaltigkeiten des Sattelpunktes führen, so daß sich die Kurve nicht mehr schließt. Unterwirft man das zweidimensionale Hamilton-System einer periodischen Störung, so entwickelt sich der Fluß in einem dreidimensionalen erweiterten Phasenraum. Betrachtet man hiervon Poincaré-Schnitte, so sind beim

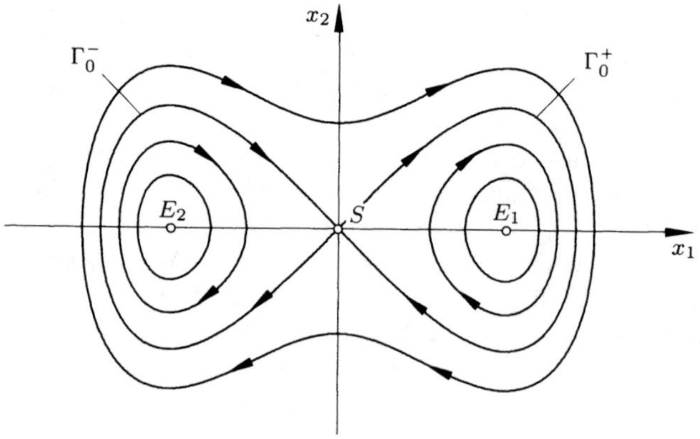

Abb. 9.5.8 Das konservative System $\dot{x}_1 = x_2$, $\dot{x}_2 = \beta x_1 - \alpha x_1^3$;
E_1, E_2 sind Zentren, S ist Sattelpunkt und Γ_0 ein homokliner Orbit

Zerfall des homoklinen Orbits im wesentlichen die drei in Abb. 9.5.9 skizzierten Fälle denkbar, wenn man von möglichen Berührungen der stabilen und instabilen Mannigfaltigkeiten $\mathbb{W}_\varepsilon^s$ und $\mathbb{W}_\varepsilon^u$ einmal absieht.

In den beiden Fällen a) und b) treten keine Schnittpunkte der stabilen und der instabilen Mannigfaltigkeiten auf. Eine kleine Störung des Ausgangssystems führt in diesen Fällen dazu, daß, zum Beispiel, aus den Zentren E_1 und E_2 in Abb. 9.5.8 ein instabiler a) und ein stabiler b) Fixpunkt (bzw. periodischer Orbit) entsteht; im ersten Fall verläuft $\mathbb{W}_\varepsilon^s$ „innerhalb", im zweiten „außerhalb" von $\mathbb{W}_\varepsilon^u$. Was passiert jedoch, wenn sich $\mathbb{W}_\varepsilon^u$ und $\mathbb{W}_\varepsilon^s$ transversal schneiden (Abb. 9.5.9c)? Ein solcher Schnittpunkt P_h^0 heißt transversaler homokliner Punkt. Wir hatten bereits in Abschnitt 4.5 im Zusammenhang mit dem Instabilwerden eines Torus homokline Punkte kennengelernt (vgl. Abb. 4.5.8) und gesehen, daß aus der Existenz eines transversalen homoklinen Punktes unmittelbar die Existenz unendlich vieler solcher homoklinen Punkte folgt, was zu einem äußerst komplexen Verlauf der stabilen bzw. instabilen Mannigfaltigkeit, und damit zu einer hochgradig komplexen Dynamik, in der Nähe von S_ε führt. Es gibt dann nämlich unendlich viele Schnittpunkte von $\mathbb{W}_\varepsilon^u$ und $\mathbb{W}_\varepsilon^s$, wobei allerdings Schnittpunkte von $\mathbb{W}_\varepsilon^u$ (bzw. $\mathbb{W}_\varepsilon^s$) mit sich selbst ausgeschlossen sind.

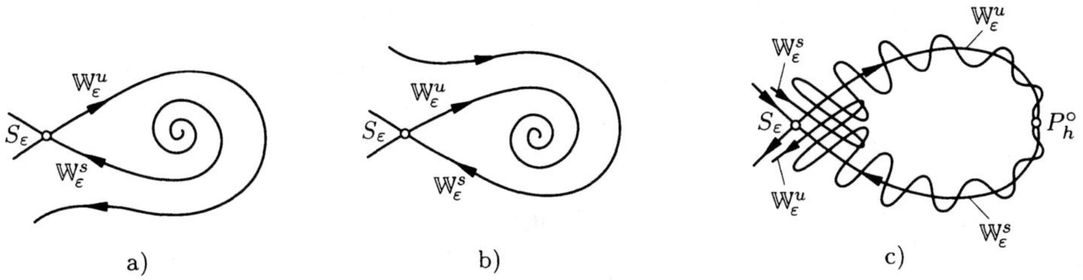

Abb. 9.5.9 Drei Möglichkeiten des Zerfalls eines homoklinen Orbits

Henri Poincaré hat sich schon am Ende des letzten Jahrhunderts im Zusammenhang mit der Frage nach der Stabilität des Sonnensystems mit diesem Problem auseinandergesetzt. Poincaré war sich bereits über die Konsequenzen im klaren, die das Auftreten transversaler homokliner Punkte nach sich zieht, wie folgendes Zitat aus seinem dreibändigen Werk „Les méthodes nouvelles de la mécanique céleste" (Kap. XXXIII, S. 389) zeigt:

„Que l'on cherche à se représenter la figure formée par ces deux courbes et leurs intersections en nombre infini dont chacune correspond à une solution doublement asymptotique, ces intersections forment une sorte de treillis, de tissu, de réseau à mailles infiniment serrées; chacune des deux courbes ne doit jamais se recouper elle-même, mais elle doit se replier sur elle-même d'une manière très complexe pour venir recouper une infinité de fois toutes les mailles du réseau.

On sera frappé de la complexité de cette figure, que je ne cherche même pas à tracer. Rien n'est plus propre à nous donner une idée de la complication du problème

des trois corps et en général de tous les problèmes de Dynamique où il n'y a pas d'intégrale uniforme... "

Schneiden sich stabile und instabile Mannigfaltigkeit, so führt dies im Poincaré-Schnitt zu einer Abbildung, die äquivalent ist zu Smales Hufeisenabbildung (Smale, 1967). In (Guckenheimer und Holmes, 1983) findet man eine ausführliche Diskussion dieser Abbildung, die die Theorie dynamischer Systeme ganz wesentlich stimuliert hat. Besitzt die Poincaré-Abbildung eines dynamischen Systems die Eigenschaften von Smales Hufeisenabbildung, so werden alle Anfangsbedingungen, die sich ursprünglich in einem kleinen kugelförmigen Anfangsvolumen V_0 befinden, auf ein Gebiet V_t des Phasenraums abgebildet, das durch wiederholtes Dehnen und Falten aus V_0 hervorgeht und das nach einiger Zeit eine fraktale Struktur besitzt, so daß alle Informationen über die Lage der Anfangsbedingungen verlorengegangen sind. Die Existenz einer derartigen Abbildung ist gleichbedeutend mit der Unmöglichkeit von Langzeitprognosen.

Kommen wir nun zurück auf unsere Frage nach der Entstehung der fraktalen Grenzen auf Farbtafel XVIII, S. 656. Treten infolge einer globalen homoklinen Bifurkation im dreidimensionalen Phasenraum transversale homokline Orbits auf, so hat das globale Änderungen des Flusses im Phasenraum zur Folge und führt zum Verlust der Vorhersagbarkeit. Notwendige Bedingung für das Auftreten fraktaler Grenzen ist somit das Auftreten einer homoklinen Bifurkation.

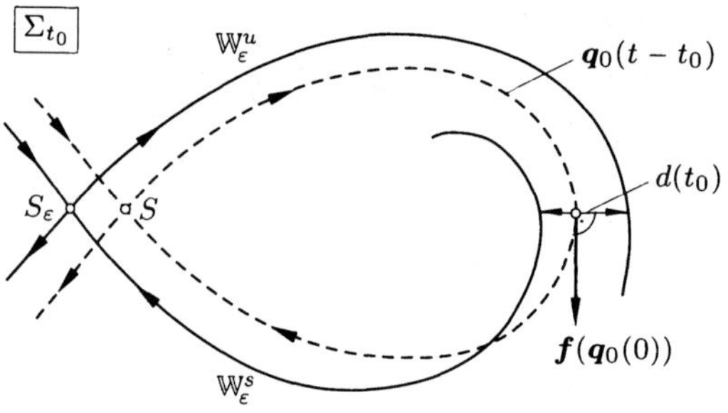

Abb. 9.5.10
Abstandsfunktion $d(t_0)$ zwischen stabiler ($\mathbb{W}_\varepsilon^s$) und instabiler ($\mathbb{W}_\varepsilon^u$) Mannigfaltigkeit

Dank der Theorie von Melnikov ist es sogar möglich (Melnikov, 1963), auf analytischem Weg Schranken für das spontane Auftreten fraktaler Grenzen zu bestimmen. Melnikov definiert eine Funktion $d(t_0)$, die den Abstand zwischen $\mathbb{W}_\varepsilon^s$ und $\mathbb{W}_\varepsilon^u$ in einem Poincaré-Schnitt $\sum_{t_0}$ mißt (siehe Abb. 9.5.10) und aus derem Verhalten hervorgeht, welcher Fall von Abb. 9.5.9 vorliegt. Gilt $d(t_0) < 0$, so liegt Fall a) vor, für Fall b) ist $d(t_0) > 0$. Oszilliert dagegen $d(t_0)$ um Null, so treten transversale homokline Punkte auf. Der Sonderfall der Berührung von $\mathbb{W}_\varepsilon^u$ und $\mathbb{W}_\varepsilon^s$ ist am Auftreten doppelter Nullstellen zu erkennen.

Der homokline Orbit des ungestörten Systems sei bekannt und gegeben durch $\boldsymbol{x} = \boldsymbol{q}_0(t-t_0)$. Dann läßt sich nach Melnikov der Abstand $d(t_0)$ wie folgt berechnen (vgl. Guckenheimer und Holmes, 1983)

$$d(t_0) = \varepsilon \frac{M(t_0)}{|\boldsymbol{f}(\boldsymbol{q}_0(0))|} + \mathcal{O}(\varepsilon^2) \qquad (9.5.33)$$

wobei die Melnikov-Funktion $M(t_0)$ gegeben ist durch

$$M(t_0) = \int_{-\infty}^{+\infty} \boldsymbol{f}(\boldsymbol{q}_0(t-t_0)) \times \boldsymbol{g}(\boldsymbol{q}_0(t-t_0), t)\mathrm{d}t \tag{9.5.34}$$

mit den Funktionen $\boldsymbol{f}$ und $\boldsymbol{g}$ aus Gl. (9.5.30). Das Überraschende an diesem Resultat ist, daß man bei einem vorgegebenen System von Differentialgleichungen (9.5.30) nicht nur auf die Existenz transversaler homokliner Orbits schließen, sondern sogar die Funktion $M(t_0)$ bei alleiniger Kenntnis des homoklinen Orbits Γ_0 des ungestörten Systems berechnen kann.

Holmes wandte in seiner Arbeit (Holmes, 1979) Melnikovs Theorie auf die Duffing-Gleichung (9.5.32) an. Zur Berechnung der Melnikov-Funktion, Gl. (9.5.34), muß man zunächst die Gleichung des homoklinen Orbits Γ_0 des ungestörten Systems berechnen.

Da die Hamilton-Funktion $H(x_1, x_2)$ längs Γ_0 konstant ist, berechnen wir zunächst H für das konservative System

$$\begin{aligned} \frac{\partial H}{\partial x_2} &= \dot{x}_1 = x_2 \\ \frac{\partial H}{\partial x_1} &= -\dot{x}_2 = -\beta x_1 + \alpha x_1^3 \end{aligned} \tag{9.5.35}$$

Durch Integration erhält man

$$H(x_1, x_2) = \tfrac{1}{2}x_2^2 - \tfrac{1}{2}\beta x_1^2 + \tfrac{1}{4}\alpha x_1^4 \tag{9.5.36}$$

Da der Sattelpunkt $S(0,0)$ mit $H = 0$ auf Γ_0 liegt, ist die Hamilton-Funktion längs des homoklinen Orbits Null. Setzt man $x_2 = \mathrm{d}x_1/\mathrm{d}t$ in $H(x_1, x_2) = 0$ ein, so kann man die Gleichung $\boldsymbol{x} = \boldsymbol{q}_0(t)$ von Γ_0 aus Gl. (9.5.36) durch Integration bestimmen. Aus

$$\frac{\mathrm{d}x_1}{\mathrm{d}t} = \pm\sqrt{\beta x_1^2 - \tfrac{1}{2}\alpha x_1^4} \tag{9.5.37}$$

folgt daher

$$\int_{x_1(0)}^{x_1(t)} \frac{\mathrm{d}x_1}{x_1\sqrt{1-(\alpha/2\beta)x_1^2}} = \pm\sqrt{\beta}t \tag{9.5.38}$$

Abbildung 9.5.8 zeigt, daß sich der homokline Orbit aus zwei symmetrischen Schleifen zusammensetzt. Es genügt daher, die Gleichung des rechten homoklinen Orbits Γ_0^+ zu berechnen. Als untere Integrationsgrenze wählen wir den Punkt auf Γ_0^+, für den die Schwingung maximale Auslenkung und Geschwindigkeit Null hat. Aus $H(x_1(0), 0) = 0$ folgt damit $x_1(0) = (2\beta/\alpha)^{1/2}$. Mit der Substitution

$(\alpha/2\beta)^{1/2}x_1 = \sin\xi$ läßt sich Gl. (9.5.38) integrieren, wobei für die untere Integrationsgrenze $\xi(0) = \pi/2$ gilt. Es ergibt sich

$$\ln\tan\frac{\xi}{2} = \pm\sqrt{\beta}t \tag{9.5.39}$$

Setzt man $\tau = \pm\sqrt{\beta}t$, so läßt sich diese Beziehung wie folgt umformen

$$\frac{\sin\xi}{1+\cos\xi} = \mathrm{e}^{\tau}$$

Durch Quadrieren $(\mathrm{e}^{-\tau}\sin\xi - 1)^2 = \cos^2\xi$ folgt schließlich

$$\sin\xi = \frac{2\mathrm{e}^{-\tau}}{1+\mathrm{e}^{-2\tau}}$$

oder

$$x_1(t) = \sqrt{\frac{2\beta}{\alpha}}\frac{1}{\cosh(\sqrt{\beta}t)} \tag{9.5.40}$$

und damit

$$x_2(t) = -\beta\sqrt{\frac{2}{\alpha}}\frac{\tanh(\sqrt{\beta}t)}{\cosh(\sqrt{\beta}t)} \tag{9.5.41}$$

Das negative Vorzeichen bei $x_2(t)$ muß deshalb gewählt werden, weil für positive t-Werte die untere Hälfte des homoklinen Orbits Γ_0^+ relevant ist (siehe Abb. 9.5.11).

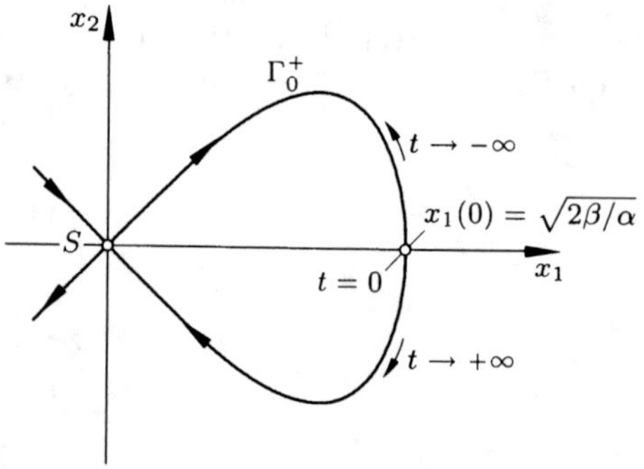

Abb. 9.5.11
Der homokline Orbit Γ_0^+ des Systems $\dot{x}_1 = x_2,\ \dot{x}_2 = \beta x_1 - \alpha x_1^3$

Damit haben wir die Gleichung des homoklinen Orbits Γ_0^+ gefunden

$$\boldsymbol{q}_0(t) = \sqrt{\frac{2\beta}{\alpha}}\frac{1}{\cosh(\sqrt{\beta}t)}\left\{1 \quad -\sqrt{\beta}\tanh(\sqrt{\beta}t)\right\} \tag{9.5.42}$$

und wir können nach Gl. (9.5.34) die Melnikov-Funktion berechnen. Beachtet man, daß für das Duffing-System $\boldsymbol{f}$ und $\boldsymbol{g}$ folgende Form haben

$$\begin{aligned} \boldsymbol{f} &= \{x_2 \quad (\beta x_1 - \alpha x_1^3)\} \\ \boldsymbol{g} &= \{0 \quad \varepsilon(\bar{\gamma}\cos\omega_E t - \bar{c}x_2)\} \end{aligned} \tag{9.5.43}$$

so vereinfacht sich das Vektorprodukt in Gl. (9.5.34), und die Integration reduziert sich auf folgendes Integral

$$\begin{aligned} M(t_0) &= \varepsilon \int_{-\infty}^{+\infty} x_2(t-t_0)\big(\bar{\gamma}\cos\omega_E t - \bar{c}x_2(t-t_0)\big)\mathrm{d}t \\ &= \varepsilon \int_{-\infty}^{+\infty} x_2(t)\big(\bar{\gamma}\cos\omega_E(t+t_0) - \bar{c}x_2(t)\big)\mathrm{d}t \end{aligned} \tag{9.5.44}$$

wobei $x_2(t)$ Gl. (9.5.41) entnommen wird. Wegen $\cos\omega(t+t_0) = \cos\omega t\cos\omega t_0 - \sin\omega t\sin\omega t_0$ müssen drei Integrale ausgewertet werden

$$I_1 = \int_{-\infty}^{+\infty} \frac{\tanh\sqrt{\beta}t}{\cosh\sqrt{\beta}t}\cos\omega_E t\,\mathrm{d}t \tag{9.5.45}$$

$$I_2 = \int_{-\infty}^{+\infty} \frac{\tanh\sqrt{\beta}t}{\cosh\sqrt{\beta}t}\sin\omega_E t\,\mathrm{d}t \tag{9.5.46}$$

$$I_3 = \int_{-\infty}^{+\infty} \frac{\tanh^2\sqrt{\beta}t}{\cosh^2\sqrt{\beta}t}\,\mathrm{d}t \tag{9.5.47}$$

Aus Antisymmetriegründen ist $I_1 = 0$. Die beiden anderen Integrale kann man Integrationstafeln entnehmen, z. B. (Gradshteyn und Ryzhik, 1965), und man erhält

$$I_2 = \frac{\pi\omega_E}{\beta}\frac{1}{\cosh(\pi\omega_E/2\sqrt{\beta})} \qquad \text{und} \qquad I_3 = \frac{2}{3\sqrt{\beta}} \tag{9.5.48}$$

Damit ergibt sich für die Melnikov-Funktion

$$\begin{aligned} M(t_0) &= \varepsilon\big[\bar{\gamma}\beta(2/\alpha)^{1/2}\sin(\omega_E t_0)I_2 - \bar{c}\beta^2(2/\alpha)I_3\big] \\ &= \pi\omega_E(2/\alpha)^{1/2}\gamma\frac{\sin\omega_E t_0}{\cosh(\pi\omega_E/2\sqrt{\beta})} - \frac{4}{3}\frac{c}{\alpha}\beta^{3/2} \end{aligned} \tag{9.5.49}$$

Doppelte Nullstellen von $M(t_0)$, d. h. eine Berührung von $\mathbb{W}_\varepsilon^s$ und $\mathbb{W}_\varepsilon^u$, liegen dann vor, wenn zwischen Erregeramplitude γ einerseits und Dämpfung c, Steifigkeitskoeffizienten α, β und Erregerfrequenz ω_E andererseits folgende Beziehung gilt

$$\gamma_{\text{cr}} = \frac{4}{3} \frac{c\beta}{\pi\omega_E} \sqrt{\frac{\beta}{2\alpha}} \cosh \frac{\pi\omega_E}{2\sqrt{\beta}} \tag{9.5.50}$$

(Gleichung (9.5.50) folgt aus Gl. (9.5.49) für $M = 0$ und $\sin \omega_E t_0 = 1$).

In diesem Fall tritt eine homokline Bifurkation ein. Für $\gamma < \gamma_{cr}$ treten keine transversalen homoklinen Punkte auf, für $\gamma > \gamma_{cr}$ schneiden sich jedoch stabile und instabile Mannigfaltigkeit. Die Funktion γ_{cr} wird auch Holmes-Melnikov-Grenze genannt. Wie numerische Experimente zeigen, ist das Kriterium $\gamma > \gamma_{cr}$ ein guter Anhaltspunkt für das Auftreten fraktaler Grenzen. Abbildung 9.5.12 faßt die Ergebnisse numerischer Untersuchungen zusammen, die von Moon und Li durchgeführt wurden (Moon und Li, 1985). Die durchgezogene Linie kennzeichnet die Holmes-Melnikov-Grenze $\gamma_{cr}(\omega_E)$. Für feste Systemparameter $c = 0.15$, $\alpha = \beta = 0.5$ wurde die Erregeramplitude in Abhängigkeit von der Erregerfrequenz aufgetragen. Für $\gamma < \gamma_{cr}$ ergaben sich in den numerischen Experimenten (gekennzeichnet durch $\circ$) glatte, nichtfraktale Grenzen zwischen den Einzugsgebieten der beiden periodischen Attraktoren. Für γ-Werte etwas oberhalb $\gamma_{cr}(\omega_E)$, jedoch unterhalb der strichpunktierten Linie, treten fraktale Grenzen auf; die entsprechenden Experimente führen den Stern $*$. In diesem Bereich ist das Langzeitverhalten zwar weiterhin regulär, dennoch kann man bei gegebener Anfangsbedingung nicht vorhersagen, auf welchen Attraktor sich das System einschwingt. Oberhalb der strichpunktierten Linie beobachtet man chaotische Bewegungen, die keine Langzeitprognosen mehr gestatten.

In Farbtafel XIX, S. 657, haben wir für die Duffing-Gleichung

$$\ddot{x} + 0.12\dot{x} - 0.5x + 0.5x^3 = \gamma \cos 0.7t \tag{9.5.51}$$

die Einzugsgebiete der jeweils auftretenden Attraktoren aufgetragen, von links nach rechts für ansteigende Werte der Erregeramplitude γ. Dabei wurde γ aus dem Intervall $[0.06, 0.14]$ in Abständen von 0.01 variiert. In der unteren Reihe wurde bis $t = 1000$ integriert. Wie in Farbtafel XVIII, S. 656, wurde allen Anfangswerten, die zu einer einperiodischen Schwingung um die linke bzw. rechte Gleichgewichtslage streben, die Farbe blau bzw. gelb zugeordnet. Startpunkte von Trajektorien, die in einen dreiperiodischen Grenzzyklus münden, wurden grün eingefärbt, solche, die zu chaotischen Bewegungen führen, rot. Berechnet man für die Parameterkonstellation von Gl. (9.5.51) die Holmes-Melnikov-Grenze, so ergibt sich

$$\gamma_{cr} \approx 0.0636$$

Dieser Wert der Erregeramplitude liegt zwischen dem ersten und dem zweiten Bild. Erwartungsgemäß stellen sich also im zweiten Bild für $\gamma = 0.07$ bereits fraktale

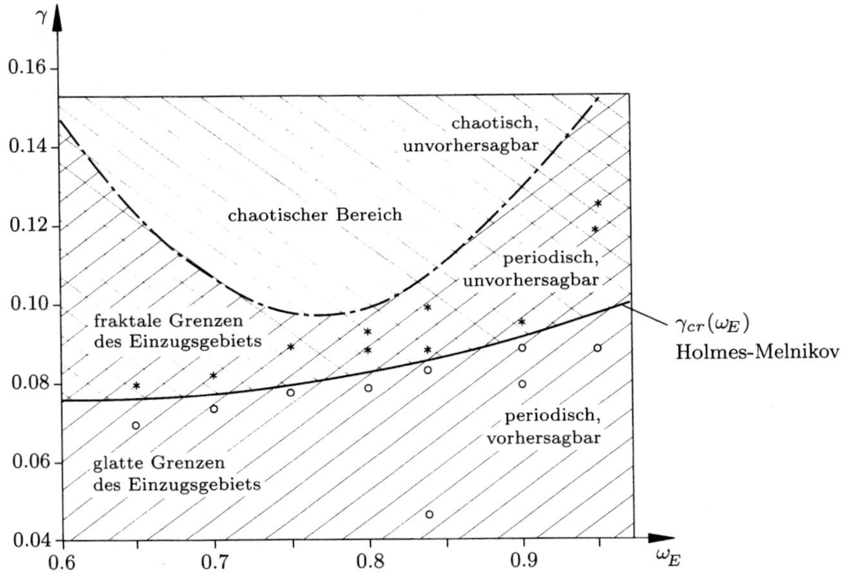

Abb. 9.5.12 Die Holmes-Melnikov-Grenze für das Duffing-System (nach Moon und Li, 1985) $\ddot{x} + 0.15\dot{x} - \frac{1}{2}x + \frac{1}{2}x^3 = \gamma \cos \omega_E t$

Grenzen ein, wobei die Bewegung selbst noch regulär periodisch sind. Ein weiteres Anwachsen der Erregeramplitude führt zu immer komplexeren fraktalen Grenzen, es kommt zu einer nahezu vollkommenen Durchmischung des Phasenraums mit blauen und gelben Punkten, als würde man zwei unterschiedliche Flüssigkeiten verrühren.

Für $\gamma = 0.11$ tauchen zum ersten Mal rote Punkte auf, die auf chaotisches Verhalten hindeuten. Es könnte in diesen Fällen jedoch auch eine besonders lange Einschwingphase vorliegen, in der Literatur häufig als transientes Chaos bezeichnet (siehe auch Abschnitt 9.4). Zur Überprüfung haben wir daher in diesem Fall die Integration nochmals bis $t = 10\,000$ durchgeführt und die Ergebnisse in der Tafel darüber aufgetragen. Fast alle roten Punkte sind danach verschwunden, d. h. wir sehen uns in der Vermutung bestätigt, daß der Einschwingvorgang hier sehr lange dauert. Im letzten Bild ($\gamma = 0.14$) ergab sich für alle Anfangsbedingungen durchwegs chaotisches Verhalten, auch bei drastischer Steigerung der Integrationszeit.

Viele Schwingungssysteme lassen sich durch ähnliche Gleichungen wie die Duffing-Gleichung modellieren. Tritt eine empfindliche Abhängigkeit von den Anfangsbedingungen auf, so kann dies entweder auf das Auftreten fraktaler Grenzen zwischen den Einzugsgebieten rivalisierender Attraktoren zurückgeführt werden oder auf chaotisches Langzeitverhalten. In jedem Fall sind sorgfältige numerische Untersuchungen, eventuell in Kombination mit analytischen Verfahren, notwendig, will man sich einen Überblick über die Dynamik des Systems verschaffen.

9.6 Julia-Mengen und ihr Ordnungsprinzip

When one wishes to simplify a theory,
one should complexify the variables

A bon mot of physicists

Eines der am häufigsten verwendeten Verfahren zur Bestimmung der Nullstellen einer nichtlinearen Funktion $f(x)$ geht auf Isaac Newton zurück. Man wählt einen groben Schätzwert x_0 und berechnet nacheinander verbesserte Näherungswerte $x_1, x_2, \ldots$ für die Nullstelle x^* von $f(x)$ nach der Vorschrift

$$x_{n+1} = x_n - \frac{f(x_n)}{f'(x_n)} \tag{9.6.1}$$

Ist x^* eine einfache Nullstelle von $f(x)$ und liegt der Startwert x_0 hinreichend nahe bei x^*, so konvergiert das Verfahren gegen die Lösung x^*. Das Interessante an Newtons Idee ist, daß zur Lösung des „statischen" Problems $f(x) = 0$ ein dynamisches Verfahren eingesetzt wird, bei dem sukzessive Näherungswerte berechnet werden, die gegen eine Lösung x^* konvergieren, von x^* also angezogen werden. Was passiert aber, wenn es mehrere Lösungen, mehrere Attraktoren gibt, die miteinander im Wettstreit liegen? Denken wir beispielsweise an die Nullstellen der Gleichung $x^4 - 1 = 0$. Im Komplexen gibt es die 4 Lösungen $x_{1,2} = \pm 1$, $x_{3,4} = \pm i$. Sind die Einzugsgebiete dieser Attraktoren durch einfache Geraden, also die beiden Winkelhalbierenden, voneinander getrennt, oder haben sie – ähnlich wie z. B. bei der Duffing-Gleichung (vgl. Farbtafel XIX, S. 657) – einen höchst komplexen, fraktalen Charakter? Bereits 1879 hatte sich Arthur Cayley mit diesem Problem beschäftigt (Cayley, 1879), es aber dann wieder beiseite gelegt, da es ihm zu kompliziert erschien.

Während des ersten Weltkrieges griffen zwei französische Mathematiker, Gaston Julia und Pierre Fatou, unabhängig voneinander diese Fragestellung wieder auf, und sie entwickelten eine Theorie, die sich mit der Iteration von rationalen Funktionen $R(z) = P(z)/Q(z)$ teilerfremder Polynome P, Q im Komplexen beschäftigt (Julia, 1918; Fatou, 1919/1920). Dieses Problem taucht beispielsweise auf, wenn man die Nullstellen von Polynomen mit Hilfe der Newton-Iteration Gl. (9.6.1) ermittelt. Dabei entdeckten sie, daß die Grenzen zwischen den Einzugsbereichen verschiedener Attraktoren höchst eigenartige Eigenschaften aufweisen. Zwar erhielt Julia 1918 für seine grundlegenden Arbeiten den Großen Preis der Académie des Sciences in Paris, dennoch geriet diese abstrakte Theorie bald in Vergessenheit, da es zu dieser Zeit praktisch unmöglich war, sich eine bildliche Vorstellung von der Vielfalt der auftretenden Grenzmengen zu machen.

Am Ende des 2. Weltkrieges wurde Benoit Mandelbrot, dessen Familie nach Frankreich emigriert war, durch seinen Onkel Scholem Mandelbrojt, selbst Mathematiker und Spezialist auf dem Gebiet der komplexen Analysis, auf Julias und Fatous

Arbeiten aufmerksam gemacht. Zu Mandelbrots Lehrern an der Ecole Polytechnique gehörte auch Gaston Julia. Es dauerte jedoch weitere 35 Jahre, bis sich Mandelbrot, stimuliert durch die leistungsfähigen Computer und die sich daraus ergebenden graphischen Möglichkeiten, erneut mit der Iteration von rationalen Funktionen im Komplexen beschäftigte. Dazu wählte er in Anlehnung an die logistische Abbildung die einfachste nichtlineare Rekursionsvorschrift

$$z_{\mathrm{n}+1} = z_{\mathrm{n}}^2 + c \tag{9.6.2}$$

wobei hier jedoch c und z_{n} komplexe Zahlen sind.

Bei komplexen analytischen Abbildungen spielt oft der Punkt $z = \infty$, der die Gaußsche Zahlenebene $\mathbb{C}$ abschließt, keine Sonderrolle. Die topologische Struktur der abgeschlossenen Menge $\overline{\mathbb{C}} = \mathbb{C} \cup \{\infty\}$, also der Vereinigungsmenge von $\mathbb{C}$ mit dem Punkt $z = \infty$, läßt sich leicht auf der Riemannschen Kugel S veranschaulichen. Abbildung 9.6.1 zeigt die eindeutige Zuordnung von Punkten der komplexen Ebene zu Punkten auf einer Kugel S, deren Südpol die komplexe Ebene im Ursprung berührt. Dem Punkt $z \in \mathbb{C}$ wird der Durchstoßpunkt $P(z)$ der Kugel mit dem Verbindungsstrahl von z mit dem Nordpol N zugewiesen. Der Punkt $z = \infty$ entspricht bei dieser Abbildung gerade dem Norpol N. Will man Eigenschaften einer Funktion im Punkt $z = \infty$ untersuchen, so arbeitet man zweckmäßigerweise auf der Riemannschen Kugel.

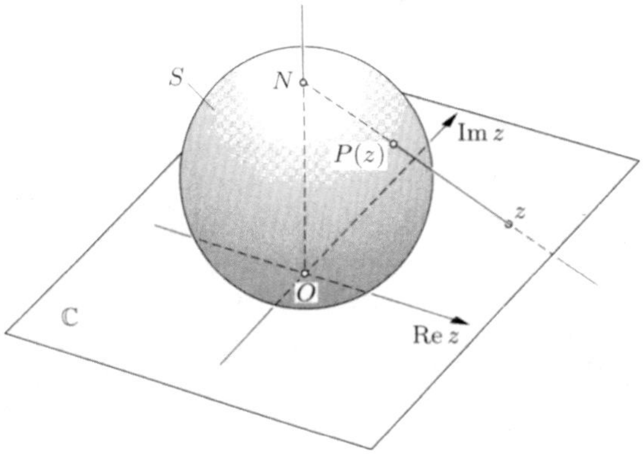

Abb. 9.6.1
Die Riemannsche Kugel (stereographische Projektion)

Rekursionsvorschriften sind dynamische Prozesse. Deshalb wird man sich in erster Linie für das Langzeitverhalten der erzeugten Punktfolgen interessieren, zum einen in Abhängigkeit vom Systemparameter c und zum anderen in Abhängigkeit vom Startwert z_0. Betrachten wir die Abbildung Gl. (9.6.2)

$$z \longmapsto f_c(z) = z^2 + c \tag{9.6.3}$$

zunächst für den einfachsten Fall $c = 0$. Fixpunkte der Abbildung $f_0(z)$ in $\mathbb{C}$ sind $z = 0$, $z = 1$ und $z = \infty$, wobei der Punkt $z = 0$ wegen $f_0'(z) = 2z$ superstabil ist.

Punkte, für die $f'(z) = 0$ gilt, bezeichnet man auch als kritische Punkte. Der Wert $z = 1$ definiert einen instabilen Fixpunkt. Das Stabilitätsverhalten von $z = \infty$ kann man entweder durch Abbildung auf die Riemannsche Kugel bestimmen oder durch eine andere Koordinatentransformation, die $z = \infty$ auf $\bar{z} = 0$ transformiert. Wählt man z. B. $\bar{z} = h(z) = 1/z$, so lautet die transformierte Abbildung

$$\bar{f}_0(\bar{z}) = hf_0h^{-1} = \bar{z}^2$$

d. h. $\bar{z} = 0$ bzw. $z = \infty$ ist ebenfalls ein superstabiler Fixpunkt, somit ein kritischer Punkt. Die Dynamik von $f_0(z)$ ist nun recht einfach. Für $|z| < 1$ strebt die n-fach iterierte Abbildung $f_0^n(z) \to 0$ für $n \to \infty$, für $|z| > 1$ gilt dagegen $f_0^n(z) \to \infty$ für $n \to \infty$. Der Einheitskreis bildet die Grenze zwischen den Einzugsbereichen der beiden Attraktoren $z = 0$ und $z = \infty$, und er wird als Julia-Menge J_0 der Abbildung $f_0(z)$ bezeichnet. Der instabile Fixpunkt $z = 1$ liegt auf J_0. Interessant ist allerdings die Dynamik auf dem Einheitskreis. Ein Punkt $z = \mathrm{e}^{i\varphi}$ $(0 \leqslant \varphi < 2\pi)$ wird abgebildet auf $f_0(z) = \mathrm{e}^{2i\varphi}$, d. h. für die Winkel lautet die Abbildung

$$\varphi \longmapsto 2\varphi \pmod{2\pi}$$

Dies ist aber gerade der Bernoulli-Shift, den wir in Abschnitt 5.6.1 kennengelernt haben, d. h. die Dynamik auf der Julia-Menge ist chaotisch.

Als nächstes wollen wir die Julia-Menge für den Parameterwert $c = i/2$ betrachten. Fixpunkte der Abbildung Gl. (9.6.3) sind neben $z_3 = \infty$

$$z_{1,2} = \tfrac{1}{2}(1 \pm \sqrt{1 - 4c}) \tag{9.6.4}$$

Für $c = i/2$ ergibt sich $z_1 = 1.14 - 0.39i$ und $z_2 = -0.14 + 0.39i$, wobei z_2 stabil, z_1 dagegen instabil ist. In Abb. 9.6.2 ist die Julia-Menge J_c von f_c als Grenze zwischen den Einzugsgebieten von z_2 und $z_3 = \infty$ aufgetragen. In diesem Fall erscheint J_c, ähnlich wie die Kochsche Schneeflockenkurve, als fraktales Gebilde, als eine einfach geschlossene Kurve – eine sogenannte Jordan-Kurve (= homöomorphes Bild des Einheitskreises) –, die an keiner Stelle differenzierbar ist. Numerische Experimente für andere c-Werte zeigen, daß die Julia-Mengen im Normalfall fraktalen Charakter haben.

Wir wollen nun einige Eigenschaften von Julia-Mengen aufzählen, die auf Überlegungen von Julia und Fatou zurückgehen. Beginnen wir zunächst mit der Definition von Julia-Mengen, siehe (Devaney, 1987):

> Die Julia-Menge J_c einer gebrochen rationalen Funktion f_c besteht aus allen instabilen periodischen Zyklen und ihren Häufungspunkten

(siehe auch Abschnitt 3.6 zum Begriff des Zyklus). Diese Definition ist offenbar nicht geeignet, graphische Darstellungen, wie z. B. in Abb. 9.6.2, zu erstellen. Zur Entwicklung praktikabler Algorithmen benötigt man eine Reihe weiterer Eigenschaften von J_c.

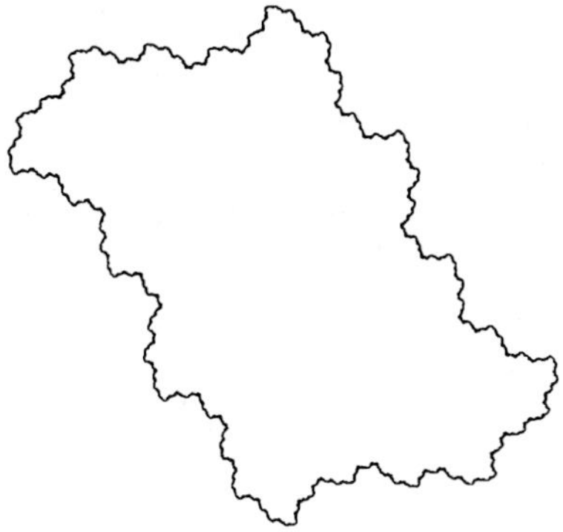

Abb. 9.6.2
Die Julia-Menge der Abbildung $f_c(z) = z^2 + i/2$ ist eine Jordan-Kurve

a) $J_c \neq \emptyset$ ist eine kompakte Punktmenge und enthält überabzählbar viele Punkte z.

Diese Eigenschaft ist eine Folge des Übergangs auf komplexe Zahlen. Da die Fixpunktgleichung der k-fach iterierten Funktion

$$f_c^{\mathrm{k}}(z) = z$$

im Komplexen stets Lösungen besitzt, treten für $\mathrm{k} \to \infty$ unendlich viele periodische Zyklen auf.

b) $f_c(J_c) = J_c = f_c^{-1}(J_c)$

Dies bedeutet, daß die Julia-Menge als Gesamtgebilde invariant ist gegenüber der Dynamik der Abbildung f_c sowie ihrer Inversen.

c) Für jedes $z \in J_c$ ist die Menge aller Urbilder von z, d. h. $f_c^{-\mathrm{k}}(z)$ für $\mathrm{k} \to \infty$, dicht in J_c.

Diese Eigenschaft drückt aus, daß der inverse Orbit von z, den man durch Rückwärtsiteration gewinnt, jedem Punkt von J_c beliebig nahe kommt. Dies bietet eine erste Möglichkeit zur graphischen Darstellung von J_c. Man wählt einen beliebigen Punkt $z \in J_c$, bestimmt seine Urbilder, die Urbilder dieser Urbilder, usw. Neben der Notwendigkeit einer ausgeklügelten Datenverwaltung für die sehr schnell anwachsende Zahl von Urbildern kann bei dieser Methode die Schwierigkeit auftreten, daß die Urbilder von z nicht gleichmäßig über J_c verteilt sind. Zwar kann man für häufig angesteuerte Regionen im Programm eine Sperre einbauen, dies hilft jedoch nicht, eine genügend große Anzahl von Punkten in selten aufgesuchten Gebieten zu finden; Näheres siehe (Peitgen und Saupe, 1988).

d) Die Menge $F_c = \overline{\mathbb{C}} - J_c$ ist offen und enthält alle stabilen Zyklen sowie deren Einzugsgebiete. Ist $\{z_1, z_2, \ldots, z_{\mathrm{k}}\}$ ein stabiler Zyklus der Periode k, so bildet J_c den Rand des Einzugsgebiets dieses Zyklus.

Die Komplementärmenge F_c von J_c wird auch Fatou-Menge genannt (Peitgen und Richter, 1986). Eine interessante Folgerung aus Eigenschaft *d)* ist, daß die Einzugsgebiete unterschiedlicher stabiler Zyklen denselben Rand haben. Die Menge J_c ist also insbesondere der Rand des Einzugsgebiets von $z = \infty$. Dies eröffnet eine weitere Perspektive für graphische Darstellungen von Julia-Mengen. Von dieser Möglichkeit wurde für die meisten Abbildungen dieses Abschnitts Gebrauch gemacht.

e) Sind $\bar{z} \in J_c$ und $\varepsilon > 0$ gegeben und ist $\tilde{J}_c = \{z \in J_c;\ |z - \bar{z}| < \varepsilon\}$, so gibt es eine natürliche Zahl n, so daß $f_c^{\mathrm{n}}(\tilde{J}_c) = J_c$ ist,

d. h. die Gesamtmenge J_c läßt sich durch eine endliche Anzahl von n Iterationen aus jedem noch so kleinen Teilstück $\tilde{J}_c$ von J_c generieren. Daraus folgt insbesondere die Selbstähnlichkeit von Julia-Mengen.

Abbildung 9.6.3 zeigt für eine Anzahl verschiedender c-Werte die Formenvielfalt der Julia-Mengen, die wir uns heute – anders als zu Zeiten Julias und Fatous – dank der Computer und Graphikmöglichkeiten vor Augen führen können. Es gibt darunter zusammenhängende Kurven, wie z. B. in Abb. 9.6.3a), die fast wie Ländergrenzen aussehen, es kann zu Einschnürungen von Innengebieten kommen wie in b), oder die Kurven zerfallen in Spiralen oder kleine Blüten wie in c) und f) und haben dann die Struktur von Cantor-Mengen. Die Abbildungen 9.6.3d) und g) ähneln wiederum dendritischen Gebilden, die stellenweise noch Innenbereiche umschließen. Farbtafel XXI auf S. 659 zeigt nochmals eine kleine Auswahl von Julia-Mengen, die zum Teil an Entwürfe ausgefallener Schmuckstücke erinnern. Das Faszinierende an diesen Abbildungen ist, daß trotz der Einfachheit der zugrundeliegenden Iterationsvorschrift je nach Wahl des Systemparameters so viele verschiedenartige Typen von fraktalen Grenzmengen auftauchen.

Die Euklidische Geometrie kennt keine fraktalen Strukturen. Die dort auftretenden, uns heute eher langweilig erscheinenden Gebilde – wie Kreise, Kegel, Kugeln, etc. – ergeben sich als Lösungen „statischer" Gleichungen, wie z. B. $x^2 + y^2 + z^2 = 1$.

Fraktale Formen sind dagegen das Ergebnis *dynamischer* Prozesse. Sie ergeben sich aus Rekursionsvorschriften, aus Rückkopplungsprozessen, d. h. durch ständig wiederholte Anwendung einer Gleichung. Im Gegensatz zu den klassischen Körpern der Euklidischen Geometrie erinnern fraktale Gebilde viel eher an Strukturen, die in der Natur vorkommen, wie Wolken, Pflanzen oder erodierte Gebirgszüge.

Bisher haben wir uns auf die Lage der hyperbolischen Zyklen (siehe auch Abschnitt 3.6) konzentriert. Entscheidend für die Stabilität des Zyklus $\{z_1, z_2, \ldots, z_{\mathrm{k}}\}$ der Periode k ist, wie im Reellen, der Betrag der Ableitung

$$\frac{\mathrm{d}}{\mathrm{d}z} f_c^{\mathrm{k}}(z)\bigg|_{z=z_1} = \prod_{\mathrm{m}=1}^{\mathrm{k}} f_c'(z_{\mathrm{m}}) = \lambda \qquad (9.6.5)$$

Instabile Zyklen mit $|\lambda| > 1$ liegen auf der Julia-Menge J_c von f_c, stabile Zyklen ($|\lambda| < 1$) in der Komplementärmenge F_c. Für nichthyperbolische Zyklen mit $|\lambda| = 1$ sind zusätzliche Untersuchungen notwendig, und es tauchen dabei sehr schwierige, z. T. noch ungelöste Probleme auf, die wir im folgenden nur kurz anreißen möchten. Wie in der reellen Analysis treten auch im Komplexen häufig Verzweigungen auf, wenn ein periodischer Zyklus die Eigenschaft der Hyperbolizität verliert, und es stellt sich die Frage nach den Normalformen. Im Komplexen gibt es eine größere Anzahl von Normalformen von Bifurkationen, wobei sich selbst die uns geläufigen Typen, wie Sattelknoten-Verzweigung und Periodenverdopplung, in wesentlichen Punkten von den Verzweigungen auf der reellen Achse unterscheiden; siehe (Devaney, 1987).

Gilt $|\lambda| = 1$, so kann man die komplexe Zahl λ wie folgt darstellen

$$\lambda = \mathrm{e}^{2\pi i\alpha} \qquad \text{mit } \alpha \in \mathbb{R}$$

Je nachdem, ob α eine rationale Zahl p/q oder eine irrationale Zahl ist, teilt man die nichthyperbolischen Zyklen in zwei Gruppen ein, in rational und irrational indifferente Zyklen. Julia und Fatou konnten nachweisen, daß die rational indifferenten Zyklen $\bar{z} = \{z_1, z_2, \ldots, z_k\}$ auf der Julia-Menge liegen, d. h. $\bar{z}$ liegt auf dem Rand seines eigenen Einzugsgebiets.

Abbildung 9.6.3d) zeigt die Julia-Menge der Abbildung $f_c(z) = z^2 - 1.25$, die einen rational indifferenten Zyklus der Periode 2, $\bar{z} = \{z_1, z_2\}$, aufweist, wobei die beiden Zykluspunkte $z_{1,2} = -\frac{1}{2}(1 \pm \sqrt{2})$ auf der Julia-Menge J_c liegen. Für die Ableitung berechnet man

$$\lambda = \frac{\mathrm{d}}{\mathrm{d}z}(f_c^2(z)) = -1 = \mathrm{e}^{2\pi i \cdot \frac{1}{2}}$$

Wie bei der logistischen Abbildung tritt auch hier bei $c = -1.25$ eine Periodenverdopplung auf. Für reelle Werte $c > -1.25$ erhält man Zyklen der Periode 2, für $c < -1.25$ Zyklen der Periode 4.

Für irrationales α ist die Stabilitätsuntersuchung weitaus schwieriger. Der Zyklus ist genau dann stabil, wenn $f_c(z)$ lokal, d. h. in der Umgebung der Zyklus-Punkte, topologisch äquivalent zu einer reinen Drehung ist. Dazu muß man nachweisen, daß sich die Abbildung durch eine geeignete Koordinatentransformation in einer Umgebung des indifferenten Zyklus linearisieren läßt und, vor allem, daß die dabei auftretenden Reihen konvergieren. Ähnliche Fragestellungen haben wir bereits in den Abschnitten 6.3 und 6.4 bei der Ermittlung der Normalformen kennengelernt. Die Konvergenzfrage führt auf das Problem der kleinen Nenner. Eine Lösung dieses subtilen Problems fand Carl Ludwig Siegel in seiner fundamentalen Arbeit (Siegel, 1942; siehe auch Moser und Siegel, 1971), die auch die Grundlage für die KAM-Theorie bildete (vgl. Abschnitt 4.4). Siegel konnte nachweisen, daß eine lokale Linearisierung tatsächlich dann möglich ist, wenn es positive Konstanten ε und ν gibt, so daß für α folgende Bedingung erfüllt ist

$$\left|\alpha - \frac{\mathrm{p}}{\mathrm{q}}\right| > \frac{\varepsilon}{\mathrm{q}^{\nu}} \qquad \text{für alle p, q} \in \mathbb{N} \tag{9.6.6}$$

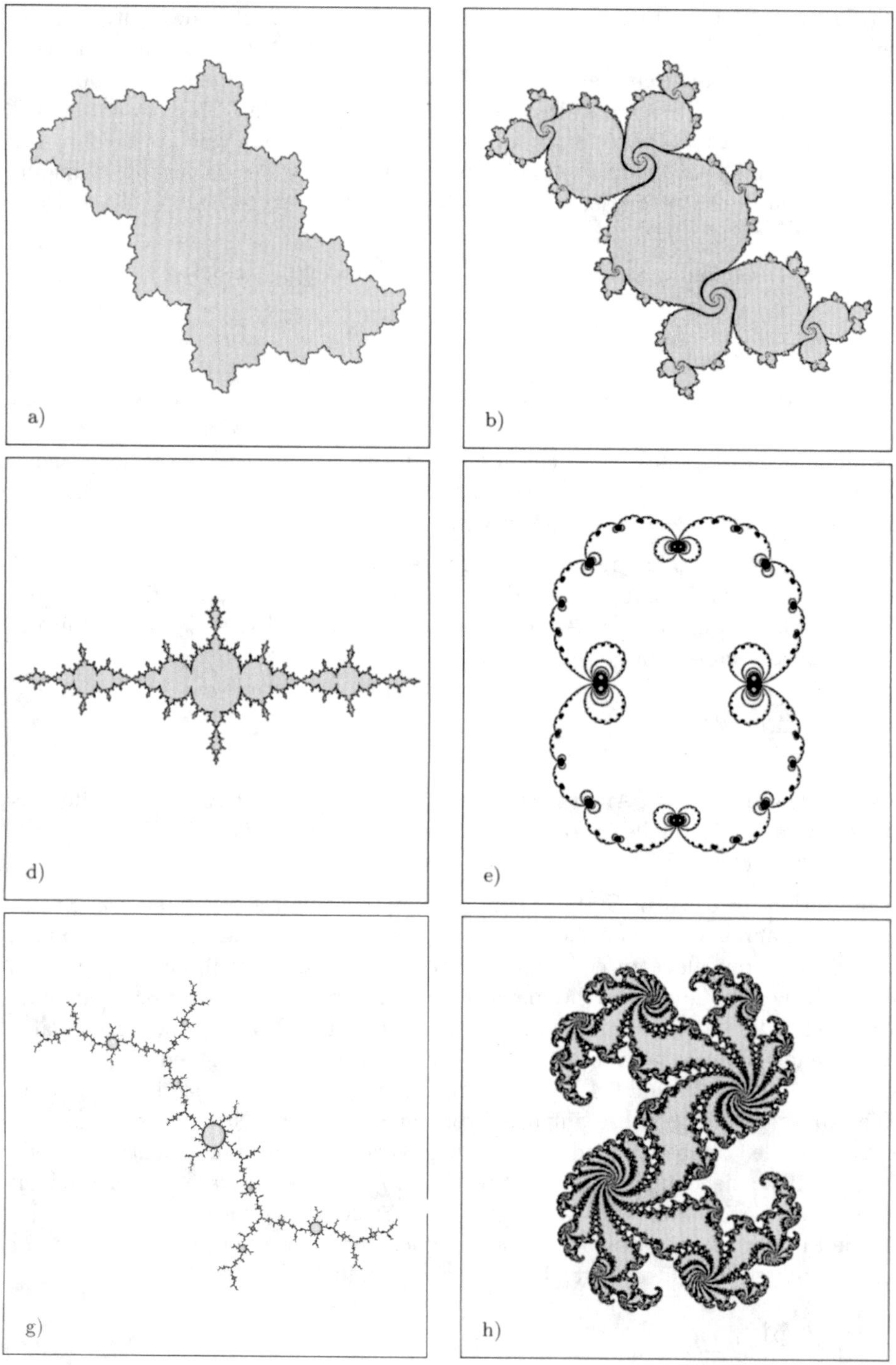

Abb. 9.6.3 Julia-Mengen J_c der Abbildung $f_c(z) = z^2 + c$, *Teil 1*

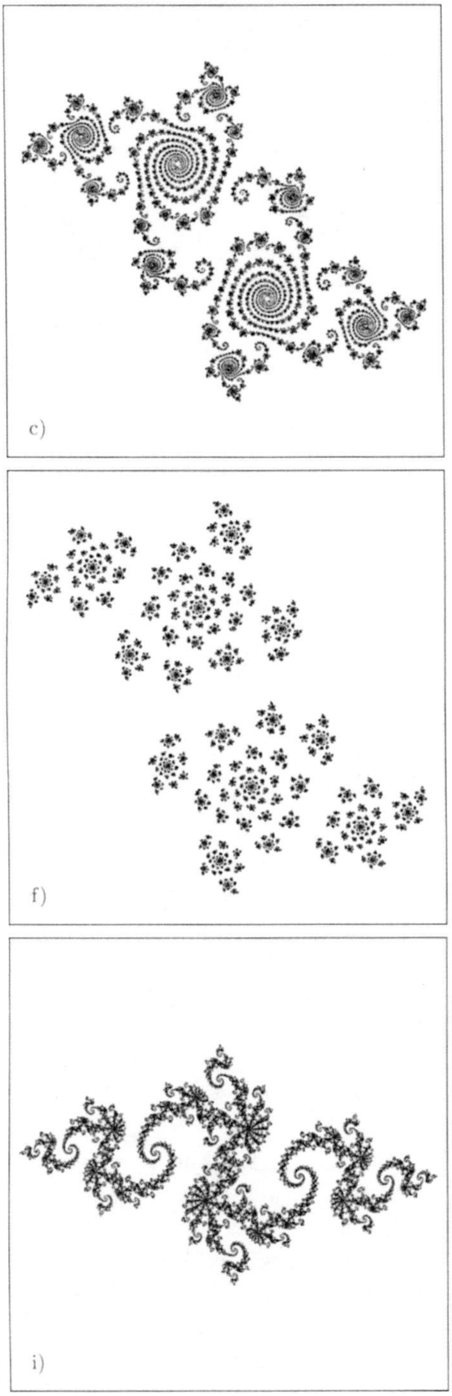

a) $c = -0.1237 \quad +0.5651i$

b) $c = -0.11 \quad +0.6557i$

c) $c = -0.194 \quad +0.6557i$

d) $c = -1.25$

e) $c = 0.251$

f) $c = 0.08 \quad +0.67037i$

g) $c = -0.156 \quad +1.032i$

h) $c = 0.32 \quad +0.043i$

i) $c = -0.8 \quad +0.17i$

Abb. 9.6.3 Julia-Mengen J_c der Abbildung $f_c(z) = z^2 + c$, *Teil 2*

d. h. wenn sich die irrationale Zahl α nur schlecht durch rationale Zahlen approximieren läßt, eine Bedingung, die von den „meisten" irrationalen Zahlen erfüllt wird.

Das Gebiet, in dem diese Linearisierung, die einer irrationalen Drehung $z \mapsto ze^{2\pi i\alpha}$ entspricht, möglich ist, heißt Siegel-Disk. In Abb. 9.6.4 ist eine Siegel-Disk für die Abbildung Gl. (9.6.3) mit dem Parameterwert $c = -0.39054 - 0.58679i$ dargestellt, die einen irrational indifferenten Zykluspunkt umgibt, der in diesem Fall stabil ist und in F_c liegt. Um den Zykluspunkt sind drei invariante Kurven eingetragen. Die Dynamik der diskreten Abbildung auf diesen Linien entspricht einer Rotation um das Zentrum mit einem irrationalen Winkel α.

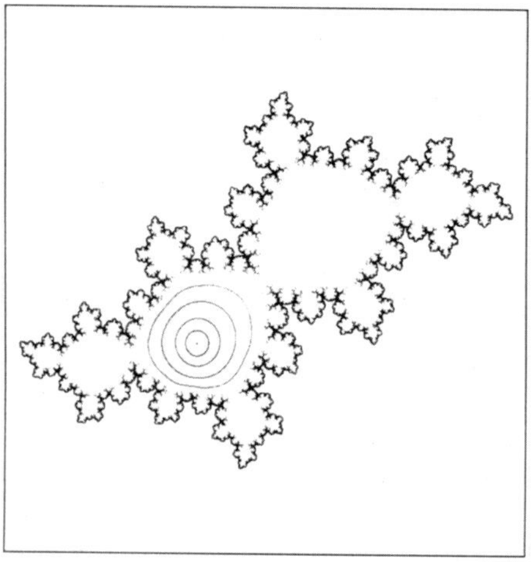

Abb. 9.6.4

Siegel-Disk der Abbildung $f_c(z) = z^2 + c$ für $c = -0.39054 - 0.58679i$

Siegel konnte die Frage nach der Stabilität der irrational indifferenten Zyklen jedoch nur zum Teil beantworten. Man kann zwar zeigen, daß die Menge der irrationalen Zahlen $\alpha \in [0, 1]$, die die Siegel-Bedingungen Gl. (9.6.6) erfüllen, vom Maß eins ist, dennoch gibt es irrationale Zahlen α, die zu instabilen Zyklen auf J_c führen. Allerdings sind die genauen Bedingungen, wann die auftretenden Reihen konvergieren und wann nicht, bis heute noch nicht genau bekannt, so daß es für den Fall, daß α Gl. (9.6.6) nicht erfüllt, offen ist, ob der Zyklus stabil oder instabil ist.

Die Julia-Mengen in Abb. 9.6.3 kann man in zwei Klassen einteilen. Für einige c-Werte ergeben sich zusammenhängende Julia-Mengen, die entweder einen Bereich der z-Ebene umschließen, in dem dann attraktive periodische Zyklen liegen, oder die überhaupt keinen Innenbereich umschließen, sondern verästelten Ranken ähneln. In diesem Fall ist $z = \infty$ der einzige Attraktor, und die dendritische Julia-Menge ist der „Rand" des Einzugsgebiets von $z = \infty$. Für andere c-Werte dagegen sind die Julia-Mengen zerborstene, nichtzusammenhängende Cantor-Mengen.

Im Jahre 1979 entdeckte Mandelbrot auf empirischem Wege mit Hilfe von Computer-Experimenten für die Abbildung $z \longmapsto z^2 + c$ das Ordnungsprinzip, welches eine Einteilung in zusammenhängende und nichtzusammenhängende Julia-Mengen erlaubt, ein Muster in der c-Ebene, welches zugleich für jeden c-Wert als Leitfaden zur Charakterisierung der zugehörigen Julia-Menge dient. Mandelbrot bestimmte die Menge aller c-Werte, die zu zusammenhängenden Julia-Mengen gehören (Mandelbrot, 1980)

$$M = \{c \in \mathbb{C} \mid J_c \text{ zusammenhängend}\}$$

Allerdings eignet sich diese Definition noch nicht für eine graphische Bestimmung von M. Eine andere Definition verwendet Ergebnisse, die bereits von Julia und Fatou bewiesen werden konnten. Demnach ergeben sich die charakteristischen Eigenschaften einer rationalen Abbildung aus der Langzeitentwicklung seiner kritischen Punkte, d. h. derjenigen Punkte, für die $f'(z) = 0$ gilt. Wir haben bereits gesehen, daß $z = 0$ für alle c-Werte kritischer Punkt der Abbildung $f_c(z) = z^2 + c$ ist. Die folgende Definition eignet sich daher wesentlich besser für eine graphische Ermittlung von M

$$M = \{c \in \mathbb{C} \mid f_c^{\mathrm{k}}(0) \nrightarrow \infty \quad \text{für k} \to \infty\}$$

d. h. zu M gehören alle c-Werte, für die Iterationen des kritischen Punktes $z = 0$ nicht gegen unendlich streben, für die $z = 0$ also nicht zum Einzugsgebiet des Attraktors $z = \infty$ gehört.

In Farbtafel XXII(a), links oben auf S. 660, ist die Mandelbrot-Menge abgebildet. Zur Erzeugung dieser Graphik wurde ein Teilbereich der komplexen c-Ebene mit $-2.05 \leqslant \mathrm{Re}\, c \leqslant +0.65$, $-1.35 \leqslant \mathrm{Im}\, c \leqslant +1.35$ mit einem sehr feinen Netz überzogen. Für den c-Wert in der Mitte jedes Kästchens wurde die Folge $z_{\mathrm{n}} = f_c^{\mathrm{n}}(0)$ von Iterationen des kritischen Punktes $z_0 = 0$ berechnet und jeweils der Betrag $|z_{\mathrm{n}}|$ abgefragt. Bleibt die Punktfolge im Endlichen, d. h. gilt $|z_{\mathrm{n_{max}}}| < r_0$ für vorgegebene Werte $\mathrm{n_{max}}$ und r_0 , so gehört der entsprechende c-Wert zur Mandelbrot-Menge M, und dem zugehörigen Kästchen wird die Farbe schwarz zugewiesen. Gilt dagegen $|z_{\mathrm{n}}| \geqslant r_0$ für ein $\mathrm{n} < \mathrm{n_{max}}$, so strebt die Folge $\{z_{\mathrm{n}}\} \to \infty$, und dem Kästchen wird, je nach Fluchtgeschwindigkeit, eine Farbe aus der Skala „gelb (langsam) $\to$ grün $\to$ blau (schnell)“ zugeordnet.

Trotz der Einfachheit der Abbildungsvorschrift $z \longmapsto z^2 + c$ ist die Mandelbrot-Menge ein überaus komplexes Gebilde. Der Hauptteil von M ähnelt einem Seerosenblatt, an dessen Rand sich viele weitere kreisförmige Bereiche der unterschiedlichsten Größenordnungen anschließen, die ihrerseits wieder von noch kleineren Knötchen umgeben sind, und so fort. Verwendet man den Computer als Mikroskop und zoomt Ausschnitte aus dem Grenzgebiet der Menge heraus, so tritt nach und nach eine ungeheure Vielfalt und ein überraschender Reichtum an Formen und Strukturen zutage. Auf S. 660 zeigt Farbtafel XXII eine Folge von Vergrößerungen, ausgehend von dem Teilgebiet des Randes, wo die beiden Hauptbereiche von M zusammenstoßen. Zunächst öffnet sich ein keilförmiger Spalt, an dessen Wand rechts und links immer kleiner werdende Kopien der Mandelbrot-Menge auftauchen, die jeweils von bizarren Ranken umgeben sind (b). Innerhalb der Ranken tauchen Spiralen auf (c, d), die ihrerseits wieder aus phantasievollen Ornamenten zusammengesetzt sind, wobei immer wieder – wie ein Thema mit Variationen – Spiralen und Strukturen, die den Blütenständen von Sonnenblumen ähneln, erscheinen. Farbtafel XXIII auf S. 661 zeigt eine Vergrößerung einer derartigen Sonnenblumenstruktur. In der Mitte erkennt man einen schwarzen Kern, der sich wiederum als eine etwas abgewandelte Kopie der Gesamtmenge M entpuppt (vgl. Farbtafel XXIV, S. 662). Nur die durch den Computer begrenzte Anzahl von darstellbaren Dezimalstellen setzt dieser Reise in innerste Strukturen des Grenzgebiets von M ein Ende.

Betrachtet man die Mandelbrot-Menge M, so liegt die Vermutung nahe, daß den c-Werten in den einzelnen kreis- bzw. blattförmigen Teilmengen unterschiedliche Rollen zukommen. Der Zusammenhang mit der logistischen Abbildung bringt uns einer Antwort auf diese Frage näher. Wählt man reelle Parameterwerte c und reelle Startwerte z_0, so muß es möglich sein, eine lineare Koordinatentransformation zu finden, die $f(z) = z^2 + c$ in $g(x) = \alpha x(1 - x)$ überführt. Setzt man diese Koordinatentransformation in der Form $z = h(x) = ax + b$ an, so kann man nach folgendem Schema die Konstanten a und b der Transformation bestimmen sowie einen Zusammenhang zwischen den Systemparametern α und c herstellen

$$\begin{array}{ccc} z_n & \xrightarrow{f} & z_{n+1} \\ h^{-1}\downarrow & & \uparrow h \\ x_n & \xrightarrow[g]{} & x_{n+1} \end{array}$$

Es gilt also

$$z_{n+1} = f(z_n) = h\big(g(h^{-1}(z_n))\big) \qquad (9.6.7)$$

und man erhält durch Einsetzen

$$a = -\alpha, \quad b = \tfrac{1}{2}\alpha, \quad c = \tfrac{1}{4}\alpha(2 - \alpha) \qquad (9.6.8)$$

Eine umkehrbar eindeutige Zuordnung von α- und c-Werten ist somit zwischen den Intervallen $1 \leqslant \alpha \leqslant 4$ und $-2 \leqslant c \leqslant 0.25$ möglich. Für diese Parameterbereiche haben wir im oberen Teil von Abb. 9.6.5 die Mandelbrot-Menge und darunter auf der entsprechenden α-Skala das Bifurkationsdiagramm der logistischen Abbildung dargestellt. Es zeigt sich, daß die kritischen α-Werte, für die Verzweigungen bzw. Periodenverdopplungen bei der logistischen Abbildung auftreten, genau mit denjenigen reellen c-Werten übereinstimmen, für die jeweils kreisförmige Teilbereiche von der Mandelbrot-Menge abzweigen. Man erkennt außerdem über dem Bereich des 3-periodischen Fensters der logistischen Abbildung eine kleine Kopie der Mandelbrot-Menge, die zusammen mit noch kleineren Kopien auf der antennenartigen Spitze längs der reellen c-Achse, die bis $c = -2$ reicht, aufgereiht ist. Dies ist Ausdruck der Selbstähnlichkeit, die sich auch im Bifurkationsdiagramm der logistischen Abbildung widerspiegelt. In Abb. 9.6.6 wurden drei Ausschnitte aus dem 3-periodischen Fenster herausgezoomt, die bei geeigneter Skalierung Kopien des Gesamtsystems darstellen.

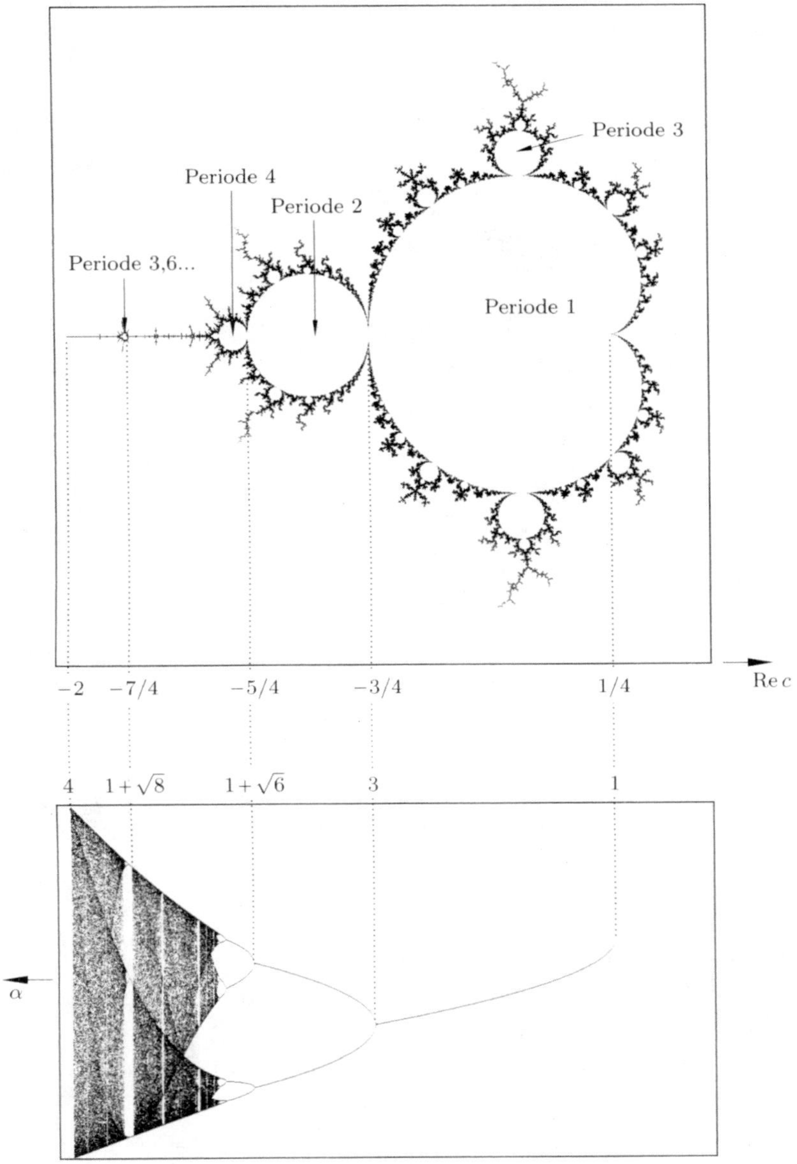

Abb. 9.6.5 Zusammenhang zwischen der Mandelbrot-Menge und der Periodenverdopplungskaskade der logistischen Abbildung

Das Bifurkationsdiagramm in Abb. 9.6.5 gibt einen Anhaltspunkt, welche Rolle die einzelnen kreisförmigen Teilbereiche von M spielen. Im Hauptbereich von M, der auf der reellen Achse von $c = 1/4$ bis $c = -3/4$ reicht, sind alle c-Werte enthalten, für die die Julia-Mengen Jordan-Kurven (vgl. Abb. 9.6.2) sind, in deren

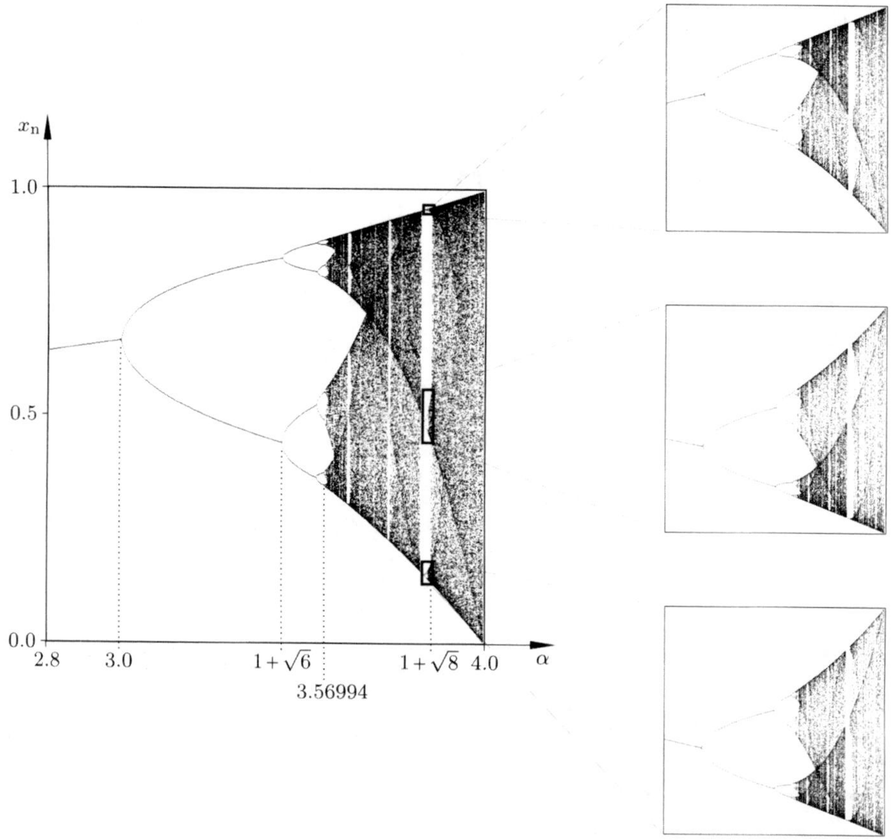

Abb. 9.6.6 Selbstähnlichkeit im Bifurkationsdiagramm der logistischen Abbildung

Innenbereich also ein Fixpunkt liegt. Die c-Werte im nächstgrößeren Kreisbereich mit Zentrum $c = -1$ gehören zu Julia-Mengen, die 2-periodische Zyklen enthalten.

Dreierzyklen findet man im Hauptteil der kleinen Kopie von M auf der reellen c-Achse, dessen rechter Rand mit $c = -7/4$ übereinstimmt. In Abb. 9.6.5 ist die Zuordnung einiger Teilbereiche von M zu den Perioden der entsprechenden Zyklen eingetragen.

Wo liegen nun c-Werte, die zu indifferenten Zyklen führen? In Abb. 9.6.3d hatten wir die Julia-Menge für $c = -5/4$ dargestellt, die einen rational indifferenten Zyklus enthält. Abbildung 9.6.5 zeigt, daß dieser c-Wert zu einem Punkt der Mandelbrot-Menge gehört, an dem sich ein neuer Teilbereich mit neuer Periode entwickelt. Dieser Sachverhalt läßt sich verallgemeinern: alle c-Werte, für die neue Kreisbereiche entstehen, gehören zu rational indifferenten Zyklen, die dazwischen liegenden Punkte des Randes dagegen zu irrational indifferenten Zyklen, vgl. Abb. 9.6.4.

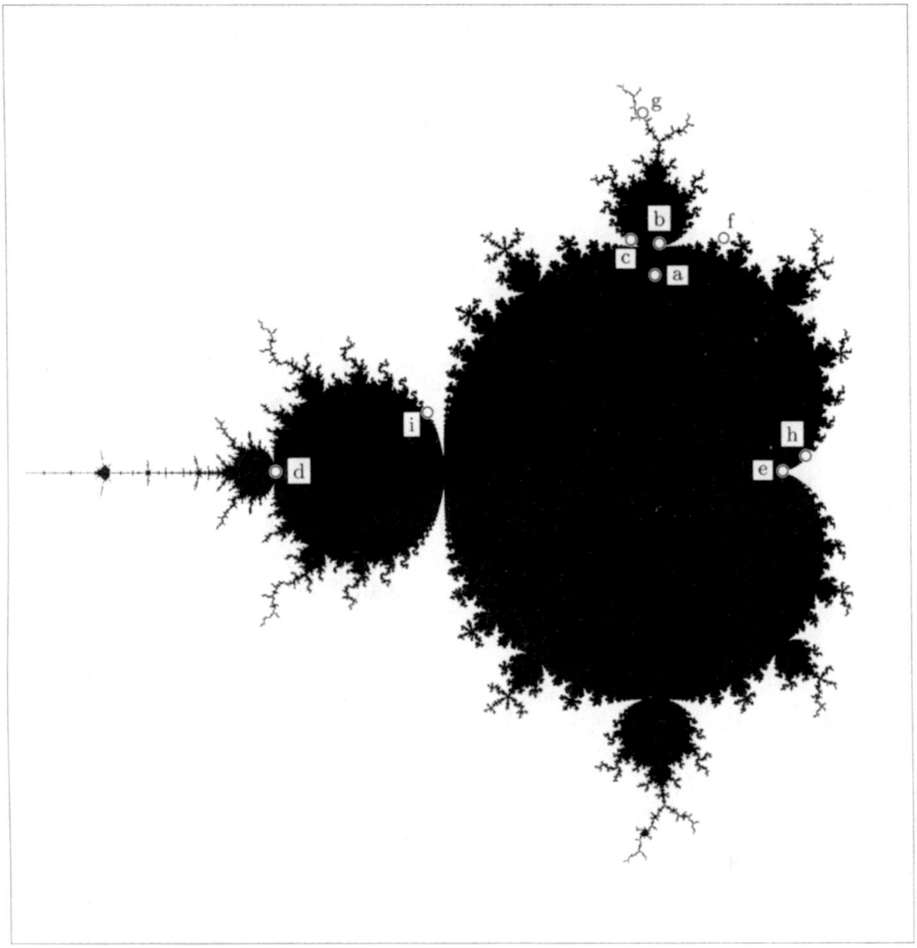

Abb. 9.6.7 „Landkarte“ für die Lage der c-Werte der Julia-Mengen von Abb. 9.6.3

In Abb. 9.6.7 sind die c-Werte der in Abb. 9.6.3 zusammengestellten Julia-Mengen eingetragen. Die Karte zeigt deutlich, daß ein Überschreiten der Grenze der Mandelbrot-Menge (z. B. Bildfolge a, b, c oder a, b, f) einem Übergang von zusammenhängenden zu nichtzusammenhängenden Julia-Mengen entspricht und damit, ähnlich wie bei einem Phasenübergang 2. Ordnung, einer drastischen qualitativen Änderung der topologischen Eigenschaften dieser Mengen gleichkommt.

In neuerer Zeit sind viele interessante Arbeiten über Mandelbrot- und Julia-Mengen veröffentlicht worden. Weitere Ergebnisse und Literaturhinweise sowie eine Auswahl hervorragender Computergraphiken findet man in dem Bildband (Richter und Peitgen, 1986) und in (Peitgen und Saupe, 1988).

Für Benoit Mandelbrot bewahrheiten sich am Beispiel der Mandelbrot- und Julia-Mengen die Worte, die wir an den Anfang dieses Abschnitts 9.6 gestellt haben. In vielerlei Hinsicht kann man die Eigenschaften quadratischer Rekursionsvorschriften leichter verstehen, wenn man von reellen zu komplexen Zahlen übergeht (Mandelbrot, 1983).

9.7 Struktur der Arnol'd-Zungen

στρεπτὴ δὲ γλῶσσ' ἐστὶ βροτῶν,
πολέει δ' ἔνι μῦθοι

Homer, *Ilias*, I, 248
(ca. 850 v. Chr.)

Viele Phänome, die bei der nichtlinearen Kopplung zweier Oszillatoren auftreten, insbesondere die Frequenzkopplung und verschiedene Übergänge zu chaotischem Verhalten, können sehr elegant mit Hilfe der Kreisabbildung erklärt werden. Früher verwendete man zum Studium solcher Schwingungssysteme aufwendige Perturbationsmethoden, konnte jedoch damit Aspekte wie die Universalität und die Selbstähnlichkeit nicht erfassen. Dies wurde erst durch die Anwendung neuerer Methoden möglich, die der Theorie der Renormierungsgruppen entstammen.

In Abschnitt 8.3 haben wir bereits die wichtigsten Eigenschaften der Kreisabbildung kennengelernt. Zur Ergänzung wollen wir an dieser Stelle noch einige numerische Untersuchungen hinzufügen, die insbesondere Einblick geben in die besondere Anatomie der Arnol'd-Zungen.

Bevor wir die numerischen Resultate erläutern, wollen wir uns nochmals einige Ergebnisse theoretischer Natur über die Struktur der Gebiete, in denen Frequenzkopplung stattfindet, ins Gedächtnis rufen; vgl. (Glass *et al.*, 1983; Bohr und Gunaratne, 1985; MacKay und Tresser, 1986). Wir betrachten eine allgemeine Kreisabbildung der Form

$$\theta_{\mathrm{n}+1} = \theta_{\mathrm{n}} + \Omega - Kg(\theta_{\mathrm{n}}) \equiv f(\theta_{\mathrm{n}}) \qquad (9.7.1)$$

wobei K und Ω Systemparameter bezeichnen und $g(\theta_{\mathrm{n}})$ eine periodische Funktion der Periode 1 ist. Wegen $f(\theta+1) = 1 + f(\theta)$ kann man $f(\theta)$ (mod 1) als Abbildung des Kreises mit $0 \leqslant \theta < 1$ auffassen. Wir nehmen an, daß $f(\theta)$ für $K < 1$ monoton wächst, für $K = 1$ einen kubischen Wendepunkt besitzt und für $K > 1$ ein Maximum und ein Minimum aufweist (vgl. Abb. 8.3.9). Eine generische Eigenschaft solcher Kreisabbildungen für $K > 0$ ist die Synchronisation der Frequenzen (*mode coupling* oder *frequency locking*), d. h. zu jedem rationalen Verhältnis p/q gibt es ein ganzes Ω-Intervall $[\Omega_1, \Omega_2]$, in dem die Windungszahl, siehe Gl. (8.3.17),

$$W = \lim_{\mathrm{n}\to\infty} \frac{f^{\mathrm{n}}(\theta_0) - \theta_0}{\mathrm{n}} \qquad (9.7.2)$$

den Wert p/q annimmt. Solange f eine monotone Funktion ist und nicht abnimmt, ist das Langzeitverhalten der Bewegung für jede Kombination der Systemparameter K und Ω eindeutig bestimmt, unabhängig von der gewählten Anfangsbedingung, d. h. für $K \leqslant 1$ ist die Windungszahl eindeutig. Ist jedoch das Verhalten von $f(\theta)$ nicht-monoton, so ist diese Eindeutigkeit von W nicht mehr gewährleistet.

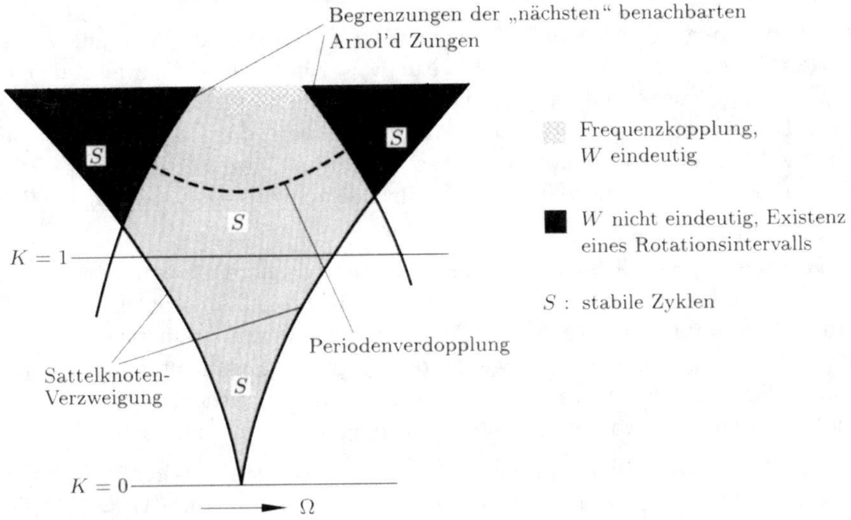

Abb. 9.7.1 Struktur der Arnol'd-Zunge $A_{p/q}$ zur Windungszahl $W = p/q$

Erinnern wir uns an Abschnitt 8.3.2. Dort hatten wir jeder vorhandenen Windungszahl $W = p/q$ (p, q teilerfremd, $p \leqslant q$) eine Arnol'd-Zunge zugewiesen (siehe Abb. 8.3.5 für $0 \leqslant K \leqslant 1$ bzw. Farbtafel I, S. 639), d. h. einen Bereich $A_{p/q}$ der (Ω, K)-Ebene, der zu Kreisabbildungen führt, für die mindestens ein Orbit mit der Windungszahl $W = p/q$ existiert. Über die Stabilität eines solchen Orbits ist damit allerdings noch keine Aussage gemacht. Wir hatten auch gesehen, daß benachbarte Arnol'd-Zungen für $K > 1$ überlappen. In solchen Gebieten gibt es keine eindeutige Windungszahl mehr, vielmehr bilden die auftretenden Windungszahlen ein abgeschlossenes Intervall $[W_1, W_2]$, das man Rotationsintervall nennt. Der Bereich $A_{p/q}$ enthält auch Parameterwerte von Kreisabbildungen, für die es Orbits gibt, denen man überhaupt keine Windungszahl mehr zuordnen kann, die also chaotisches Verhalten zeigen. Es stellt sich daher die Frage, in welchen Bereichen der Arnol'd-Zungen die Windungszahl für alle Orbits eindeutig bestimmt ist, wo Rotationsintervalle auftreten und wo es stabile p/q-Orbits gibt.

In Abb. 9.7.1 haben wir das Ergebnis theoretischer Untersuchungen schematisch dargestellt; vgl. (MacKay und Tresser, 1986). Durch unterschiedliche Schraffur sind die Gebiete voneinander getrennt, in denen die Windungszahl eindeutig bestimmt ist bzw. für die es ein Rotationsintervall gibt. Ferner sind diejenigen Teilbereiche, in denen es mindestens einen stabilen Orbit mit Windungszahl $W = p/q$

gibt, durch ein S gekennzeichnet. Innerhalb des Teilbereichs von $A_{\mathrm{p/q}}$, in dem W eindeutig bestimmt ist, führt der Weg für wachsende K-Werte über eine Kaskade von Periodenverdopplungen ins Chaos. Boyland konnte ferner nachweisen, daß es in der Durchschnittsmenge zweier Arnol'd-Zungen A_{W_1} und A_{W_2}, die zu den rationalen Windungszahlen $W_1 = \mathrm{p}_1/\mathrm{q}_1$ und $W_2 = \mathrm{p}_2/\mathrm{q}_2$ gehören, einen offenen Bereich gibt, in dem genau zwei periodische Orbits mit den Windungszahlen W_1 und W_2 stabil sind, alle anderen jedoch instabil (Boyland, 1986).

Man kann den Begriff der Arnol'd-Zungen auch auf irrationale Windungszahlen übertragen (MacKay und Tresser, 1986). Für $K \leqslant 1$ bestehen sie nur aus einer Linie in der (Ω, K)-Ebene und öffnen sich erst für $K > 1$ zu einem trichterförmigen Bereich. Betrachtet man zwei solcher Arnol'd-Zungen, die also zu irrationalen Windungszahlen gehören, so gibt es in ihrem Überlappungsgebiet überhaupt keine stabilen periodischen Orbits mehr, sondern nur noch chaotische Bewegungen (Boyland, 1986).

In der Farbtafel I, S. 639, bzw. Abb. 8.4.2 hatten wir bereits demonstriert, daß man sich numerisch auf sehr einfache Weise einen Überblick über das Langzeitverhalten der Kreisabbildung in Abhängigkeit von den Systemparametern Ω und K verschaffen kann, indem man den zugehörigen Lyapunov-Exponenten σ berechnet. Man muß allerdings dabei beachten, daß σ in (Ω, K)-Bereichen, in denen es ein Rotationsintervall gibt, von der gewählten Anfangsbedingung abhängt.

In Abb. 9.7.2 haben wir den Lyapunov-Exponenten für den Bereich $0.4 \leqslant \Omega \leqslant 0.6$ und $0 \leqslant K \leqslant 2$ aufgetragen. Die Arnol'd-Zunge zur Windungszahl $W = 1/2$ hebt sich deutlich hervor, rechts und links eingerahmt von selbstähnlichen Kaskaden kleinerer Arnol'd Zungen. Das weiße Band, das bei $K = 1$ ein Minimum besitzt, markiert Punkte mit sehr großem negativen σ-Wert und enthält daher die Linie des superstabilen Zyklus, die durch $\sigma = -\infty$ gekennzeichnet ist. Darüber erkennt man eine weitere weiße Linie, für die $\sigma = 0$ gilt, wo also Periodenverdopplungen auftreten. Oberhalb erkennt man zwei sich kreuzende weiße Linien, die zu doppeltperiodischen superstabilen Zyklen der Windungszahl 2/4 gehören. Weitere Periodenverdopplungen folgen bis hin zum wiederum hell markierten chaotischen Gebiet. Bei der Berechnung der Lyapunov-Exponenten sind wir stets vom Startwert $\theta_0 = 0.2$ ausgegangen. In Bereichen, in denen sich benachbarte Arnol'd-Zungen überlappen, kann daher nur einer der beiden möglichen Endzustände dargestellt werden.

In Abb. 9.7.3 haben wir theoretische und numerische Berechnungen einander gegenübergestellt. Die obere Abbildung zeigt Ergebnisse aus der Arbeit von MacKay und Tresser (MacKay und Tresser, 1986, Fig. 11). Dargestellt wurden superstabile Zyklen innerhalb der Arnol'd-Zunge $A_{1/2}$ für die kubische Kreisabbildung $\theta_{\mathrm{n}+1} = -b + (1-a)\theta_{\mathrm{n}} + b\theta_{\mathrm{n}}^2 + a\theta_{\mathrm{n}}^3$. Die Zahlen geben die jeweiligen Perioden der Zyklen an. Der Ausschnitt der Parameterebene $|b| \leqslant 0.7,\ 2.2 \leqslant a \leqslant 4.0$ entspricht etwa demjenigen der unteren Abbildung. Das schwarze Band markiert den Übergang zu chaotischen Bewegungen. Jenseits des chaotischen Bereichs erkennt man Linien, die zu superstabilen Zyklen der Periode 3 gehören und die Lage von dreiperiodischen Fenstern andeuten.

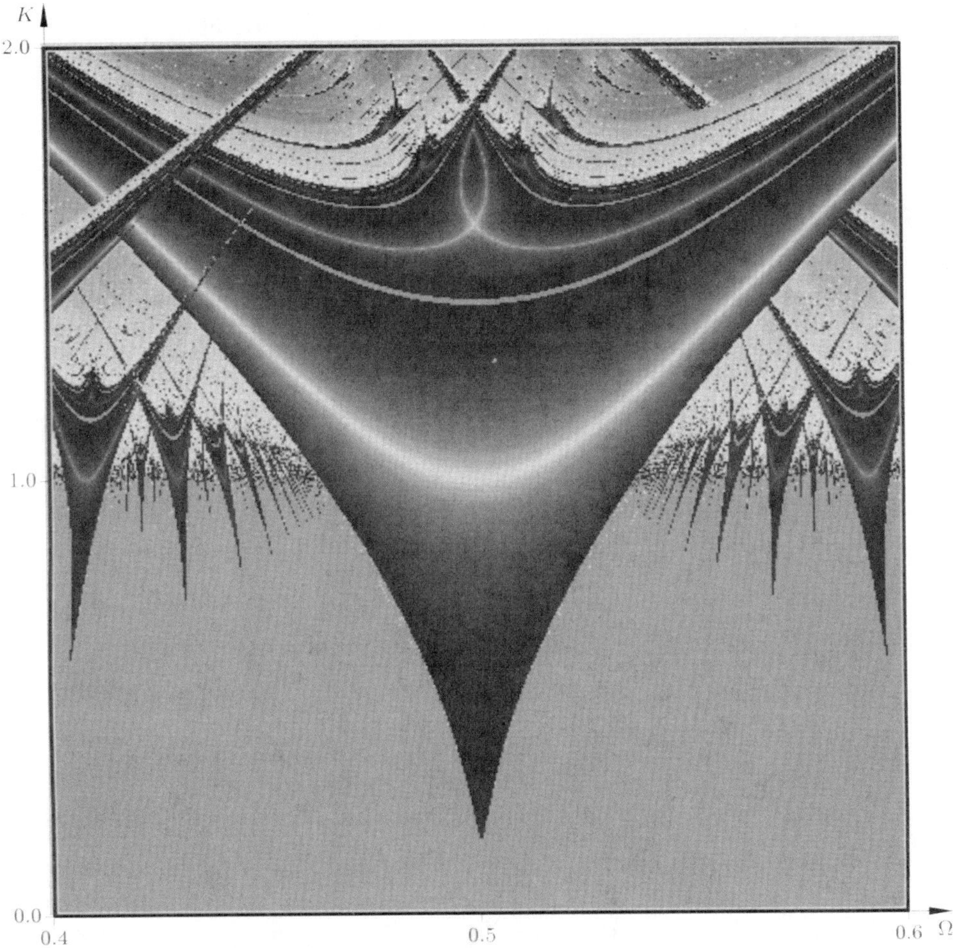

Abb. 9.7.2 Struktur der Arnol'd-Zunge zur Windungszahl $W = 1/2$

Darunter wurde eine Ausschnittsvergrößerung der in Abb. 9.7.2 gezeigten Arnol'd-Zunge für die eindimensionale Kreisabbildung Gl. (8.3.13) dargestellt, wobei die Lyapunov-Exponenten für den Bereich $0.4 \leqslant \Omega \leqslant 0.53$ und $1.4 \leqslant K \leqslant 2.0$ aufgetragen wurden. Die beiden sich kreuzenden weißen Linien markieren die superstabilen Zyklen nach der ersten Periodenverdopplung. Die hellen Bereiche dieses Negativbildes im oberen Teil der Abbildung 9.7.3b deuten chaotische Bewegungen an, immer wieder unterbrochen von periodischen Fenstern. Die hervorragende qualitative Übereinstimmung der beiden Abbildungen zeigt, daß die Struktur der Arnol'd-Zungen nicht von der speziellen Bauart der Kreisabbildung abhängt und somit universelle Gültigkeit besitzt. Ferner demonstriert Abb. 9.7.3b, daß man mit Hilfe einfacher Programme zur Berechnung der Lyapunov-Exponenten in der Lage ist, die Struktur der Arnol'd-Zungen wie durch ein Mikroskop zu betrachten.

a)

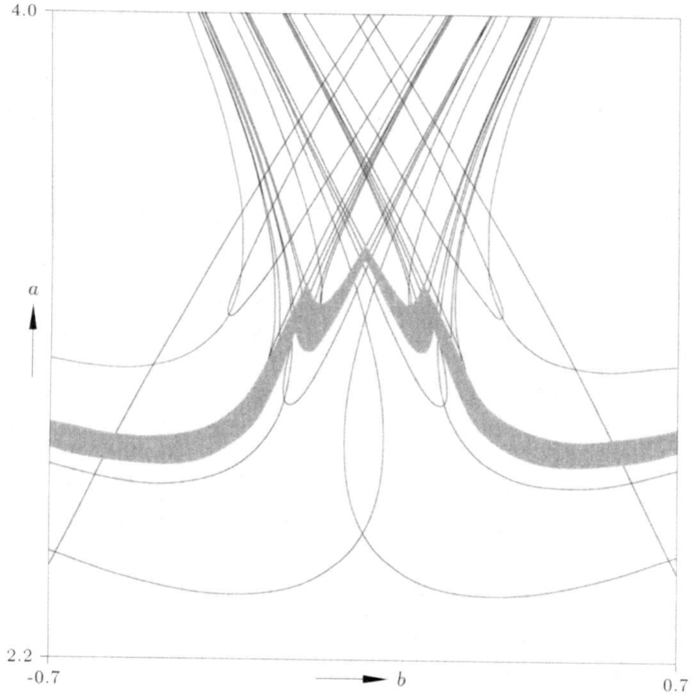

b)

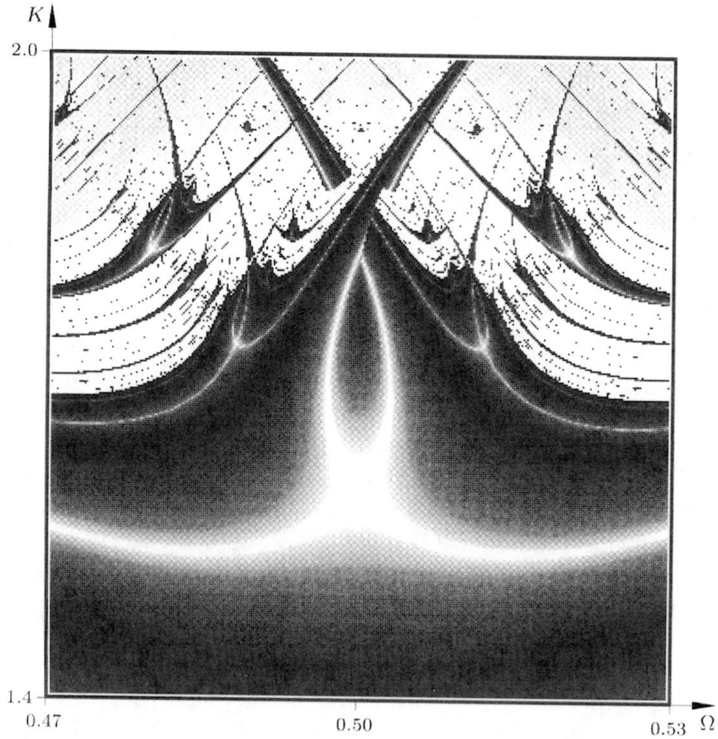

Abb. 9.7.3 Die Arnol'd-Zunge $A_{1/2}$: superstabile Zyklen und Übergang ins Chaos
a) Theoretische Ergebnisse für die kubische Kreisabbildung

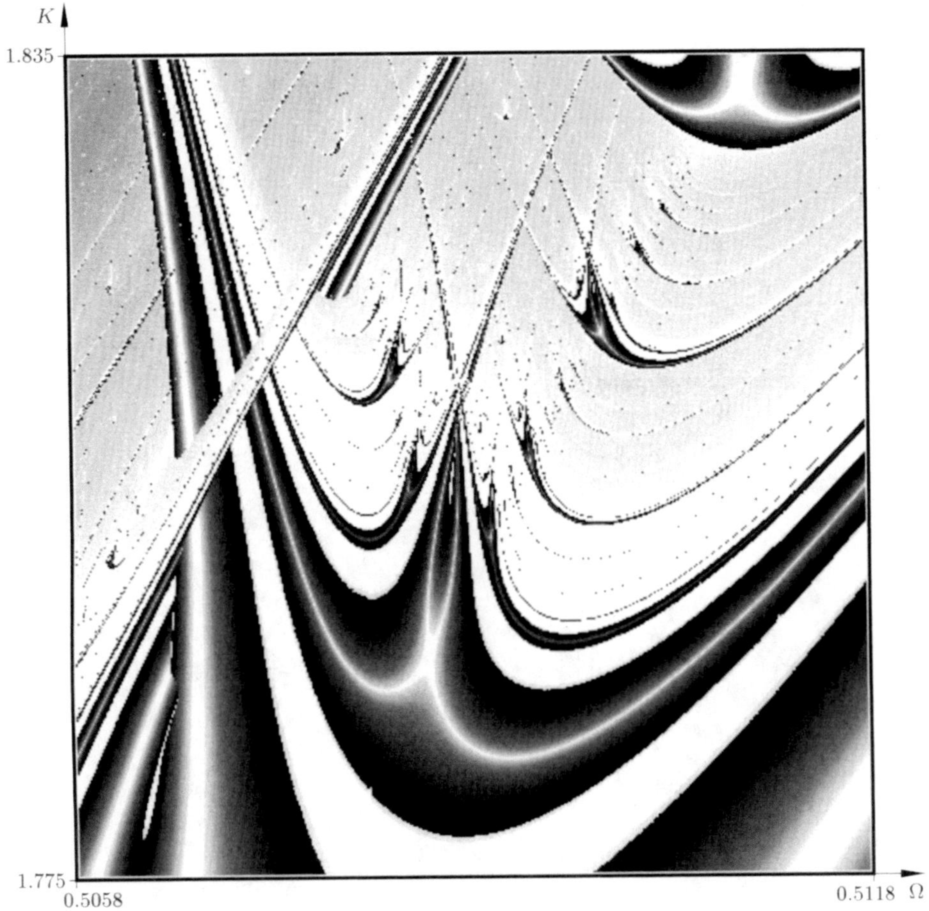

Abb. 9.7.4 Noch eine Ausschnittsvergrößerung aus der Arnol'd-Zunge $A_{1/2}$: superstabile Zyklen der Periode 4

Zum Abschluß fügen wir noch eine weitere Vergrößerung des Bereichs in den Intervallen $0.5058 \leqslant \Omega \leqslant 0.5118$, $1.775 \leqslant K \leqslant 1.835$ hinzu (Abb. 9.7.4.), in dessen Zentrum zwei sich kreuzende superstabile Zyklen der Periode 4 zu sehen sind. Man erkennt hier eine verallgemeinerte Selbstähnlichkeit: Teile von Abb. 9.7.4 können durch eine nichtlineare Transformation der Parameter auf Abb. 9.7.3b abgebildet werden, d. h. bei wiederholter Vergrößerung treten immer wieder qualitativ ähnliche Muster auf.

Selbstähnliche Strukturen erkennt man auch im Verlauf der Lyapunov-Exponenten der Kreisabbildung Gl. (8.3.13), die wir in Abb. 9.7.5 für einige Schnitte $K = \text{const}$ bzw. $\Omega = \text{const}$ aufgetragen haben. Für $K = 0.8$ überwiegt noch quasiperiodisches Verhalten ($\sigma = 0$), unterbrochen von periodischen Bewegungen ($\sigma < 0$) innerhalb der Arnol'd-Zungen. Für $K = 1$ sind die quasiperiodischen Bereiche auf eine Menge vom Maß Null geschrumpft. Der Schnitt $K = 3.3$ enthält gerade die Überlappung

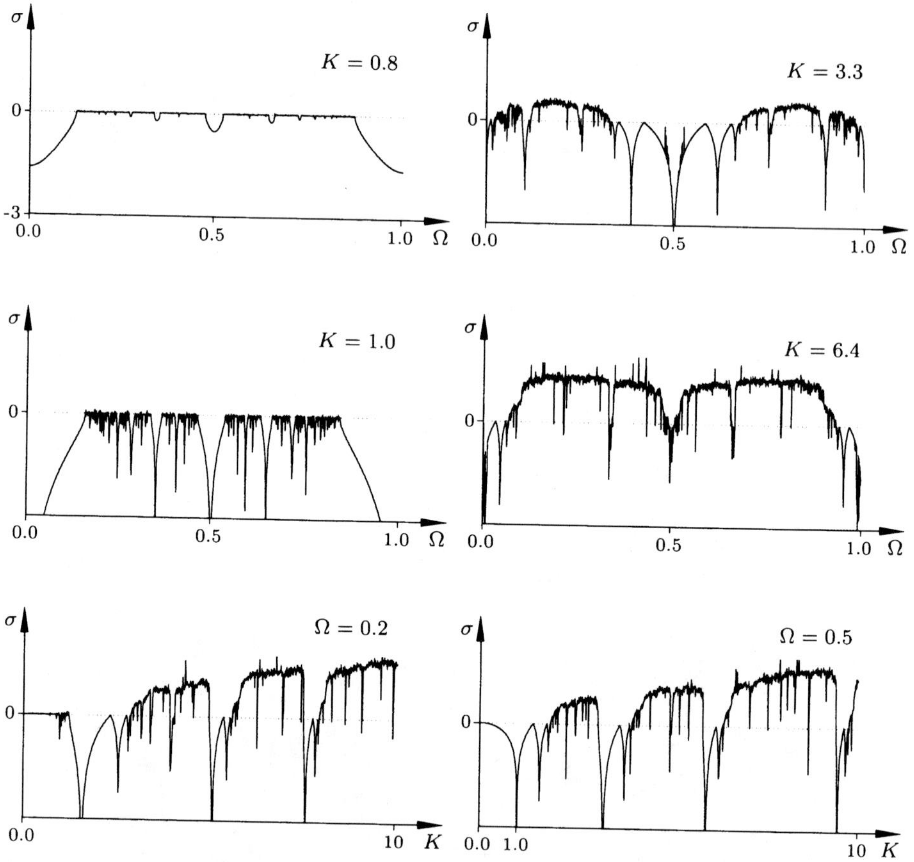

Abb. 9.7.5 Lyapunov-Exponenten der Kreisabbildung Gl. (8.3.13)

der beiden größten Arnol'd-Zungen $A_{0/1}$ und $A_{1/1}$ (vgl. Farbtafel I, S. 639). Im Bereich starker Nichtlinearitäten ($K = 6.4$) überwiegen chaotische Bewegungen mit $\sigma > 0$. Die beiden Schnitte $\Omega = 0.2$ und $\Omega = 0.5$ zeigen wiederholt Übergänge ins Chaos über Periodenverdopplungskaskaden (vgl. auch Abb. 8.4.2).

Trägt man wie in Abbn. 9.7.2 bis 9.7.4 die Lyapunov-Exponenten über der (Ω, K)-Ebene auf, so enhält man keine Information darüber, wieviel Zykluspunkte ein periodischer Orbit besitzt, ob er bereits Periodenverdopplungen durchlaufen hat und innerhalb welcher Grenzen sich die Attraktoren bewegen. Um diese Lücke zu schließen, kann man ohne großen Aufwand Bifurkationsdiagramme plotten. In Abb. 9.7.6 haben wir einige derartige Diagramme für Schnitte $K = \text{const}$ quer zu den Arnol'd-Zungen zusammengestellt (Bifurkationsdiagramme für die Schnitte $\Omega = \text{const}$ ähneln dem in Abb. 8.4.2a gezeigten Plot). Als Startwert wurde wieder jeweils $\theta = 0.2$ gewählt, und das Langzeitverhalten der zugehörigen Orbits ist in Abhängigkeit von $\Omega \in [0, 1]$ aufgetragen.

Für $K = 0.7$ erkennt man überwiegend quasiperiodische Bewegungen, die das

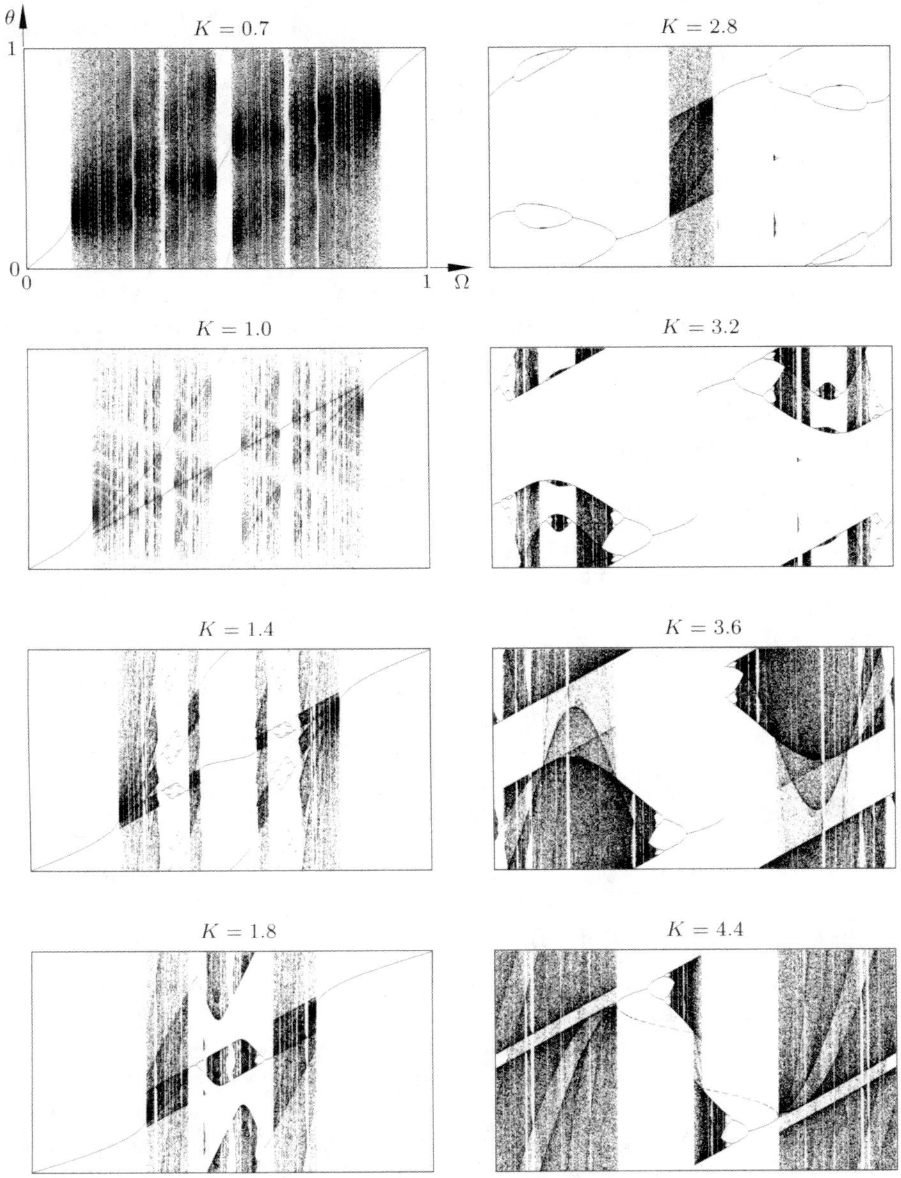

Abb. 9.7.6 Bifurkationsdiagramme der Kreisabbildung Gl. (8.3.13) für konstante K-Werte

gesamte θ-Intervall $0 \leqslant \theta \leqslant 1$ überstreichen und nur von schmalen periodischen Fenstern, den Arnol'd-Zungen, unterbrochen sind. Der Übergang von quasiperiodischen zu periodischen Bewegungen erfolgt durch Sattelknoten-Verzweigungen. Für $K = 1$ dominieren die periodischen Bereiche. Man erkennt deutlich die größten Arnol'd-Zungen zu den Windungszahlen $W = 0/1,\ 1/3,\ 1/2,\ 2/3,\ 1/1$. Für den Wert $K = 1.4$ ist es in den schmaleren Arnol'd-Zungen bereits zu Periodenverdopplungen gekommen, wobei aus Symmetriegründen jeweils entsprechende Rückwärtskaskaden auftreten. Zwischen den periodischen Bereichen kommt es bereits zu Chaos. Eine weitere Erhöhung der Nichtlinearität auf $K = 1.8$ führt zu einer Ausweitung der beiden äußeren Arnol'd-Zungen $A_{0/1}$ und $A_{1/1}$. Im Inneren des Bereichs $A_{1/2}$ kommt es zu einer Periodenverdopplungskaskade bis hin zu Chaos und wieder zurück zu periodischen Schwingungen.

Bei $K = 2.8$ erkennt man nur noch in der Mitte einen schmalen chaotischen Bereich, der durch Sattelknoten-Verzweigungen in periodische Bewegungen übergeht, wobei es zu Intermittenz vom Typ I kommt. Für $K = 3.2$ überschneiden sich die beiden Arnol'd-Zungen $A_{0/1}$ und $A_{1/1}$. Eine weitere Steigerung von K führt zur Ausweitung der chaotischen Bereiche, die jedoch immer wieder von periodischen Bändern unterbrochen sind. Interessant ist die schlagartige Ausdehnung chaotischer Attraktoren, die für $K = 3.6$ und $K = 4.4$ zu beobachten ist. Diesen plötzlichen Veränderungen liegen Krisen zugrunde, die zustande kommen, wenn ein instabiler Grenzzyklus mit dem Rand des Einzugsgebiets eines chaotischen Attraktors zusammenfällt; siehe (Grebogi *et al.*, 1983). Zwei derartige instabile Grenzzyklen sind beispielsweise für $K = 4.4$ bei den Sattelknoten-Verzweigungen entstanden, die den Übergang von chaotischen zu periodischen Bewegungen verursachen und durch gestrichelte Linien gekennzeichnet sind.

In Abb. 9.7.7 zeigen wir eine Ausschnittsvergrößerung des Bifurkationsdiagramms für $K = 1$, dargestellt ist der Bereich $0.158 \leqslant \Omega \leqslant 0.164$, $0.22 \leqslant \theta \leqslant 0.28$. Das Diagramm bringt die selbstähnliche Struktur der Arnol'd-Zungen längs der kritischen Linie deutlich zum Ausdruck. Zwischen jeweils zwei großen periodischen Bereichen mit den Windungszahlen $W_1 = \mathrm{p}_1/\mathrm{q}_1$ und $W_2 = \mathrm{p}_2/\mathrm{q}_2$ gibt es unendlich viele weitere Bereiche, in denen Frequenzkopplung auftritt und die die selbstähnliche Struktur der „Teufelstreppe" aufweisen (siehe Abb. 8.3.6). Die breiteste zwischen $A_{\mathrm{p}_1/\mathrm{q}_1}$ und $A_{\mathrm{p}_2/\mathrm{q}_2}$ gelegene Arnol'd-Zunge hat die Windungszahl $W = (\mathrm{p}_1 + \mathrm{p}_2)/(\mathrm{q}_1 + \mathrm{q}_2)$ (vgl. Abschnitt 8.3.3.2). Diese Gesetzmäßigkeiten führen zur selbstähnlichen Struktur des Bifurkationsdiagramms in Abb. 9.7.7.

Über Jahrhunderte hinweg hat man sich in den Wissenschaften hauptsächlich mit linearen Systemen auseinandergesetzt, da eine analytische Behandlung nichtlinearer Vorgänge nur in Ausnahmefällen möglich ist. Die so gewonnenen theoretischen Kenntnisse der Eigenschaften linearer Systeme haben ihrerseits unsere Denkweise beeinflußt und sicherlich auch eingeschränkt. So müssen wir uns erst nach und nach mit der Vielfalt der Phänomene vertraut machen, die in nichtlinearen Prozessen durch das Wechselspiel und die Rückkopplung der einzelnen Komponenten auftreten können; mit dieser Erfahrung wird sich unser instinktives Verständnis derartiger komplexer Erscheinungen weiterentwickeln. Heute ermöglicht der Einsatz von Hochleistungsrechnern quantitative numerische Simulationen hochkomplexer nichtlinearer Systeme, und dies hat sicher wesentlich dazu beigetragen, unseren Erfahrungsschatz über nichtlineare Phänomene enorm zu steigern. So können z. B. geeignete graphische Darstellungen und Filme als numerisches Hilfsmittel dienen, innere Zusammenhänge und Strukturen offenzulegen, an die man vorher einfach nicht gedacht hat (Zabusky, 1984). Dem Theoretiker eröffnen sich so Möglichkeiten für überraschende Assoziationen, die eine Weiterentwicklung seiner theoretischen

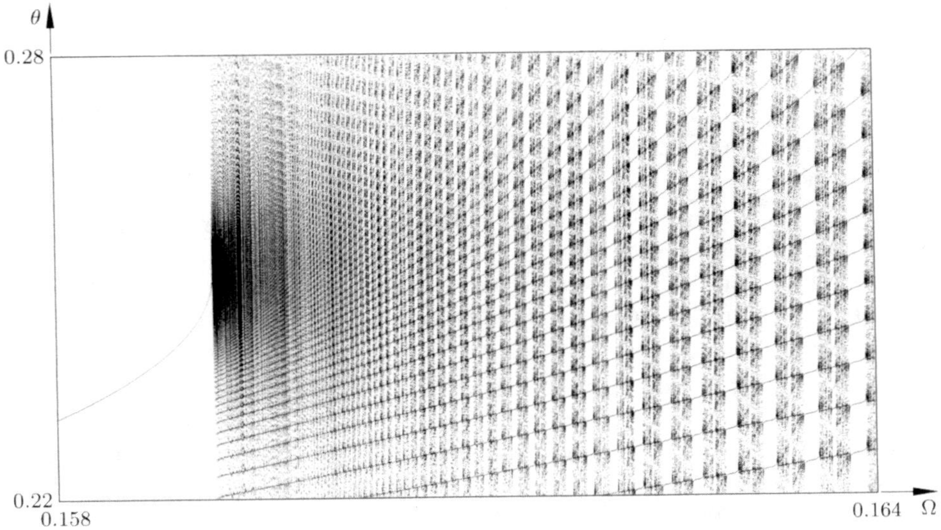

Abb. 9.7.7 Selbstähnliche Struktur des Bifurkationsdiagramms für $K = 1$

Überlegungen stimulieren können. John von Neumann hat 1946 diese potentiellen Möglichkeiten bereits gesehen, die in einem Wechselspiel von numerischen Experimenten und theoretischen Überlegungen liegen; siehe (Goldstine und von Neumann, 1963).

„*Our present analytic methods seem unsuitable for the solution of the important problems rising in connection with nonlinear partial differential equations and, in fact, with virtually all types of problems in pure mathematics ... really efficient high-speed computing devices may, in the field of nonlinear partial differential equations as well as in many other fields which are now difficult or entirely denied of access, provide us with those heuristic hints which are needed in all parts of mathematics for genuine progress.*“

(John von Neumann: „On the principles of large scale computing machines“)

9.8 Zur Kinetik chemischer Reaktionen an Einkristall-Oberflächen

Ein Einblick in die Forschungsarbeiten von Gerhard Ertl und Mitarbeitern am Fritz-Haber-Institut (der Max-Planck-Gesellschaft) für physikalische Chemie in Berlin

Every dogma must have its day
H. G. Wells, 1866-1946

Wir danken Gerhard Ertl und Markus Eiswirth für die freundliche Unterstützung bei der Erstellung unseres Manuskripts, die kritische Durchsicht des ersten Entwurfs sowie für die Hilfe bei der Beseitigung gelegentlich auftretender Mißverständnisse.

In diesem Abschnitt präsentieren wir eine Zusammenfassung sehr interessanter Forschungsergebnisse auf dem Gebiet chemischer Reaktionen und der Kinetik an Einkristall-Oberflächen, die am oben erwähnten Fritz-Haber-Institut durchgeführt wurden. Diese Arbeiten demonstrieren das Auftreten kinetischer Instabilitäten, Schwingungen und sogar chaotischen Verhaltens an der Oberfläche eines der Strömung einer CO- und O_2-Atmosphäre ausgesetzten Pt-Kristalls.

Um den Originalton der Arbeiten zu erhalten, werden wir gelegentlich ausführlich wörtlich aus drei Veröffentlichungen zitieren. Diese Veröffentlichungen bestehen im wesentlichen aus dem Übersichtsartikel von G. Ertl in *Science* (Ertl, 1991) und zwei Artikeln mit ausführlichem wissenschaftlichen Nachweis (Krischer *et al.*, 1992; Eiswirth *et al.*, 1992).

Das Spektrum der Forschungen über oszillatorische Kinetik in chemischen Reaktionen an Einkristall-Oberflächen ist sehr breit und kann in einer kurzen Übersicht nicht vollständig vermittelt werden. Aus diesem Grund werden wir uns auf das Gebiet katalytischer Oxidation von Kohlenmonoxid an der Oberfläche eines Pt(110)-Einkristalls beschränken. In Abhängigkeit von externen Parametern, wie Temperatur und Partialdruck der Reaktanden CO and O_2, kann der zeitliche Verlauf der Reaktionsraten schwingen und sogar chaotisch werden. Bei der Beobachtung der Konzentrationsverteilungen der adsorbierten Spezies erkennt man raum-zeitliche Muster, wie fortschreitende und stehende chemische Wellen, rotierende Spiralen sowie die als chemische Turbulenz (*chemical turbulence*) bekannten irregulären oder chaotischen Ausbrüche.

Bevor wir zur genaueren Besprechung unseres Themas übergehen, ist es nützlich, sich kurz mit den Grundbegriffen zu chemischen Reaktionen an festen Oberflächen fern vom Gleichgewicht vertraut zu machen. Normalerweise wird das System einer festen Oberfläche, die einem äußeren Medium unter Strömungsbedingungen ausgesetzt ist, bei konstanten externen Parametern eine konstante gleichmäßige Reaktionsrate aufweisen. Allerdings gibt es auch experimentelle Beobachtungen, bei denen das System periodischen oder aperiodischen Schwingungen oder sogar chaotischem Verhalten unterworfen sein kann. Das am meisten zitierte Experiment in der entsprechenden Literatur ist das der Belousov-Zhabotinsky(BZ)-Reaktion in einer gut durchmischten homogenen Lösung (Zhabotinsky, 1980). Dieses System weist periodische oder unregelmäßig-chaotische Farbänderungen auf, die auf zeitlich wechselnde chemische Reaktionen hinweisen. Andere homogene (Field und Burger, 1985), aber auch inhomogene Reaktionen sind ebenfalls sehr informativ und weisen Phänomene raum-zeitlicher Selbstorganisation auf. Insbesondere sind derartige Erscheinungen in manchen heterogenen Prozessen an gasförmig-flüssigen und fest-flüssigen Grenzflächen zu beobachten. Wir verweisen dabei besonders auf elektrochemische Systeme (Franck, 1980) sowie auf heterogene katalytische Reaktionen, die bei „Real-Katalysatoren“ und einem annähernd atmosphärischen Druck (Razón und Schmitz, 1986) oder unter extremen Ultrahochvakuum-Bedingungen bei genau definierten Einkristall-Oberflächen (Imbihl, 1989) auftreten. Als Einführung zu unserem Hauptthema beginnen wir mit einer kurzen Diskussion eines Systems mit einem als Arbeitselektrode verwendeten Pt-Draht in einer Lösung.

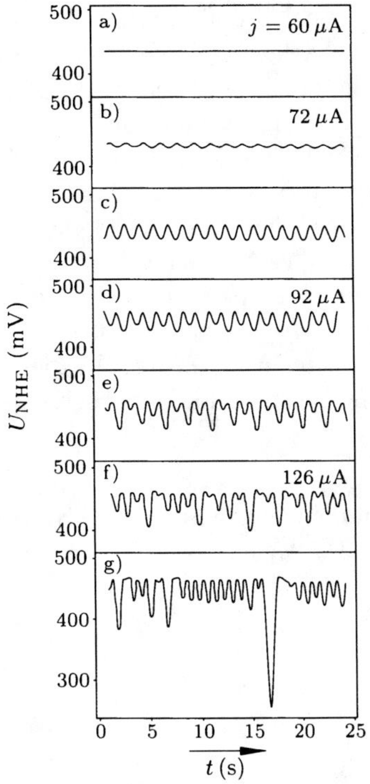

Abb. 9.8.1
Zeitlicher Verlauf des Potentials U einer Pt-Elektrode unter galvanischen Bedingungen in einer wässrigen Lösung von 1 Mol $HClO_4$, 1.5×10^{-4} Mol Cu^{2+} und 5×10^{-4} Mol Cl^-; die Lösung ist mit gelöstem H_2 gesättigt

9.8.1 Ein elektrochemisches System: Pt-Draht in einer Lösung aus Cu^{2+} und anderen Ionen

Wir betrachten ein elektrochemisches System, das aus einem Pt-Draht als Arbeitselektrode in einer Lösung aus gelöstem H_2 und Cu^{2+} sowie Cl^--Ionen besteht. Der Einfluß von ClO_4^- und anderen Ionen ist dabei vernachlässigbar, siehe (Krischer *et al.*, 1991b). Wir untersuchen nun die zeitliche Entwicklung des elektrischen Potentials U. Beim Anlegen eines Stromes der Dichte j beobachten wir die folgenden Reaktionen (wobei e^- wie üblich ein Elektron bezeichnet)

$$H_2 \rightarrow 2H^+ + 2e^- \tag{9.8.1}$$

$$Cu^{2+} + 2e^- \rightleftarrows Cu \tag{9.8.2}$$

Solange die Stromdichte j klein ist, z. B. $j = 60\,\mu$A, können wir, wie in Abb. 9.8.1a gezeigt, eine gleichmäßige Anpassung des Potentials U an einen stationären Wert beobachten. Sobald jedoch j erhöht wird, z. B. bis $j = 72\,\mu$A, bemerken wir das Auftreten einer kleinen periodischen Schwingung des Potentials U (siehe Abb. 9.8.1b), die mit der Erhöhung von j anwächst (siehe Abb. 9.8.1c). Ist aber $j = 92\,\mu$A erreicht, tritt plötzlich eine Bifurkation auf, die zu einer doppelt periodischen Schwingung von U führt (siehe Abb. 9.8.1d). Weiteres Erhöhen von j führt zum Auftreten einer weiteren Periodenverdopplung. Schließlich folgt bei

$j = 126\,\mu$A eine Kaskade von Periodenverdopplungen, so daß wir plötzlich ein aperiodisches oder chaotisches Verhalten von U beobachten können (siehe Abb. 9.8.1f). Es ergibt sich also ein kontinuierlicher Übergang von einem stationären Zustand über eine Hopf-Bifurkation und eine Serie von Periodenverdopplungen bis hin zu einem chaotischen Verhalten. Diese zeitliche Evolution ist identisch mit dem Feigenbaum-Szenario, das wir ausführlich in den Abschnitten 6.7 und 8.4 diskutiert haben. Wie man in Abb. 9.8.1g sieht, tritt bei weiterer Erhöhung der Stromdichte j noch eine zusätzliche Metamorphose des chaotischen Verhaltens auf: der chaotische Zustand erfährt eine drastische Änderung, die einen plötzlichen Sprung in der Ausdehnung des Attraktors beinhaltet. Dieser Übergang ist bekannt als innere Krise (*interior crisis*) (Grebogi *et al.*, 1983), siehe Abb. 9.8.1g. In diesem Zusammenhang verweisen wir den Leser noch auf die Beispiele in den Abschnitten 6.7 und 9.7.

Für die mathematische Beschreibung solcher chemischen Reaktionen, die großen zeitlichen Schwankungen unterliegen, verwendet man ein deterministisches System nichtlinearer Differentialgleichungen (siehe Gl. (2.3.3))

$$\dot{\boldsymbol{x}} = \boldsymbol{F}(\boldsymbol{x}) \tag{9.8.3}$$

Der Vektor

$$\boldsymbol{x} = \{x_1 \quad x_2 \quad x_3 \ldots x_\mathrm{i} \ldots x_\mathrm{n}\} \tag{9.8.4}$$

enthält als Elemente die Konzentrationen x_j der n Reaktanden. Die nichtlineare Vektorfunktion $\boldsymbol{F}(\boldsymbol{x})$ hängt natürlich von äußeren Parametern, wie der Stromdichte j und der Ionenkonzentration, ab – allerdings auch von der *Kinetik* der einzelnen Reaktionsschritte innerhalb der Gesamtreaktion. Tatsächlich stellt dieser Ansatz eine Art von *mean-field*-Näherung dar, die von einer zufälligen räumlichen Verteilung der Reaktionspartikel ausgeht. Daher entspricht dieser Ansatz dem eines homogenen Feldes, das jede lokale Wechselwirkung vernachlässigt. Räumliche Schwankungen bleiben also unberücksichtigt, und lediglich die zeitliche Entwicklung wird beschrieben. Zur experimentellen Realisierung dieses Konzepts können wir z. B. voraussetzen, daß die Lösung einer intensiven Durchmischung unterworfen ist. Ohne diese Homogenisierung treten unausweichlich raum-zeitliche Verteilungen auf. Um auch solche komplexeren Phänomene untersuchen zu können, müssen wir Gl. (9.8.3) um Ausdrücke für Reaktions-Diffusions-Prozesse erweitern; dies wird in Abschnitt 9.8.6 näher erläutert.

Um die nichtlineare Vektorfunktion $\boldsymbol{F}(\boldsymbol{x})$ explizit angeben zu können, muß man die einer gegebenen Reaktion zugrundeliegenden chemischen Mechanismen genau kennen. Für das oben erwähnte BZ-System muß man beispielsweise mehr als 20 einzelne Reaktionen beachten. Wie jedoch (Field und Noyes, 1974) und (Eiswirth *et al.*, 1991) zeigten, kann man das System auf einen sehr viel kleineren Satz von Variablen reduzieren. Bei der oben erwähnten elektrochemischen Reaktion entsteht durch den Wettlauf um die freien Plätze in der Oberfläche des Pt-Drahts zwischen den zu oxidierenden H_2-Molekülen, den Cu^{2+}-Ionen und den Anionen ein komplexes Verhaltensmuster, dessen genauer Ablauf noch nicht aufgeklärt ist.

9.8.2 Vorbereitung auf die Kinetik der katalytischen Oxidation von CO an Pt(110)

Wir beginnen mit der phänomenologischen Vorstellung einiger wichtiger Merkmale der Adsorption von CO und O_2 an der Oberfläche eines Metalls der Pt-Gruppe. Insbesondere beziehen wir uns auf den Gesamtmechanismus der Reaktion (siehe Abb. 9.8.2 und auch unten Gl. (9.8.6))

$$2CO + O_2 \rightarrow 2CO_2 \tag{9.8.5}$$

die an der Oberfläche eines Pt-Kristalls stattfindet.

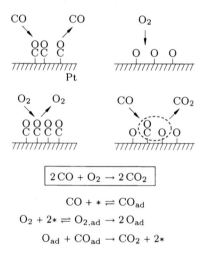

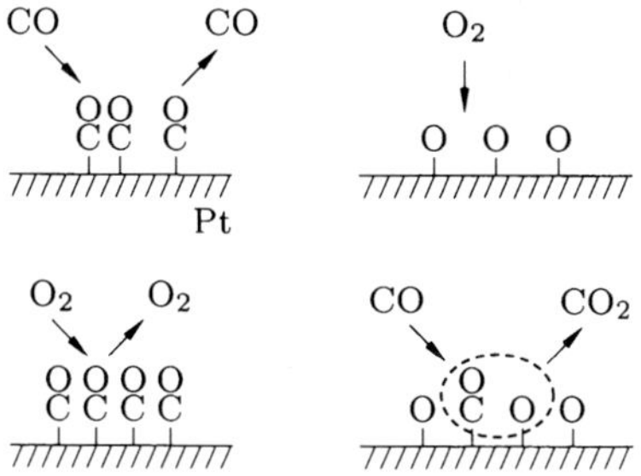

$$\boxed{2\,CO + O_2 \rightarrow 2\,CO_2}$$

$$CO + * \rightleftharpoons CO_{ad}$$

$$O_2 + 2* \rightleftharpoons O_{2,ad} \rightarrow 2\,O_{ad}$$

$$O_{ad} + CO_{ad} \rightarrow CO_2 + 2*$$

Abb. 9.8.2
Schema der Reaktion $2CO+O_2 \rightarrow CO_2$ an einer Pt-Oberfläche; der Stern (*) bezeichnet einen freien Platz an der Oberfläche

Die beiden Komponenten (O_2 und CO), die adsorbiert werden sollen, stehen in Konkurrenz um die freien Plätze an der Oberfläche. Allerdings verhalten sich die zwei Komponenten sehr unterschiedlich. Für die dissoziative Adsorption von O_2 wird eine ziemlich große Anzahl von freien Oberflächenplätzen benötigt; in diesem Prozeß wirkt jedes adsorbierte CO-Molekül hemmend auf die Sauerstoffadsorption. Andererseits bilden die adsorbierten O-Atome (O_{ad}) eine relativ offene Anlagerung, an der eine Adsorption von CO immer noch möglich ist. Daher beeinflußt die vorherige Adsorption von Sauerstoff die Adsorptionswahrscheinlichkeit von CO nicht wesentlich. Die Bildung von CO_2 geschieht durch Rekombination von CO_{ad} mit O_{ad}, begleitet von einem unmittelbarem Übergang in die Gasphase, was die Anwendung der oben erwähnten *mean-field*-Näherung erlaubt. Eine genauere Ausführung der in Gl. (9.8.5) beschriebenen Reaktionsrate kann in der Form des klassischen Langmuir-Hinshelwood-Mechanismus geschrieben werden; siehe z. B.

(Engel und Ertl, 1979; Ertl, 1980; 1983). Dies läßt sich formal durch folgendes Schema beschreiben

$$\begin{aligned} * + CO &\rightleftarrows CO_{ad}, \\ 2* + O_2 &\to 2O_{ad}, \\ CO_{ad} + O_{ad} &\to 2* + CO_2 \end{aligned} \tag{9.8.6}$$

wobei adsorbierte Komponenten den Index $_{ad}$ tragen und der Stern $*$ wie üblich einen freien Platz bezeichnet. Bei den Temperaturen, die das Fritz-Haber-Institut gegenwärtig betrachtet, desorbiert CO_2 sofort und bildet eine inerte Phase. Der Partialdruck anderer Gase unterliegt nur kleinen Veränderungen und kann im gegenwärtigen Rahmen als konstant angesehen werden (Eiswirth, 1987; Eiswirth *et al.*, 1989). Wir möchten noch darauf hinweisen, daß man auch die Struktur der Oberflächen von Pt(100)- und Pt(110)-Kristallen in die Betrachtung einbeziehen muß; einige Gedankengänge dazu folgen in Abschnitt 9.8.5.

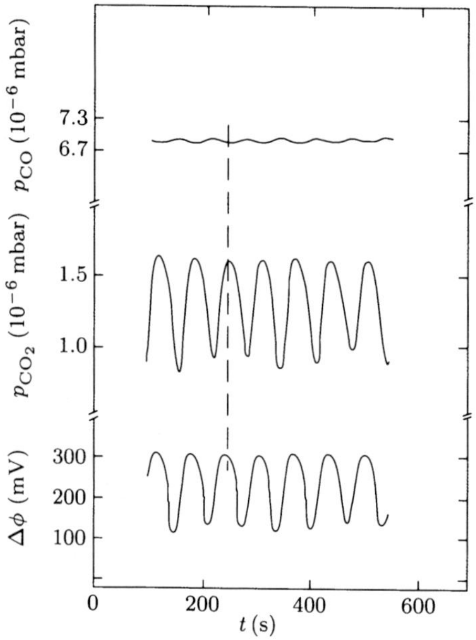

Abb. 9.8.3

Kinetik einer katalytischen Oxidation von CO an einer Pt(110)-Oberfläche. Der Partialdruck p_{CO_2} ist proportional zur Reaktionsgeschwindigkeit. Die Änderung der Austrittsarbeit $\Delta\phi$ verläuft in Phase mit der Sauerstoff-Bedeckungsrate x_2 ($T = 480$ K, $p_{O_2} = 2.1 \times 10^{-4}$ mbar und $p_{CO} = 6.8 \times 10^{-5}$ mbar)

Eine weitere Anmerkung ist nötig, um eine wichtige Eigenheit der CO-Oxidation zu beschreiben. Bei der Behandlung der Pt(110)-Oberfläche unter streng isothermen Bedingungen und bei niedrigem Druck ergibt sich, daß die Reaktionsrate innerhalb eines engen Bereichs der Kontrollparameter aufhört stationär zu sein und zu schwingen beginnt (Eiswirth und Ertl, 1986; Eiswirth *et al.*, 1989) (Abb. 9.8.3); dasselbe gilt für die Änderung der Austrittsarbeit $\Delta\phi$ und den Partialdruck p_{CO}. Die Größe $\Delta\phi$ ist proportional zur Sauerstoffbedeckung x_2 und schwingt genau in Phase mit der Reaktionsrate. Dies zeigt, daß kinetische chemische Schwingungen unter Bedingungen, bei denen Sauerstoffadsorption ratenbegrenzend wirkt, vorkommen. Aufgrund dieser Beobachtungen können wir die physikalischen Mechanismen des Prozesses wie folgt vereinfachen.

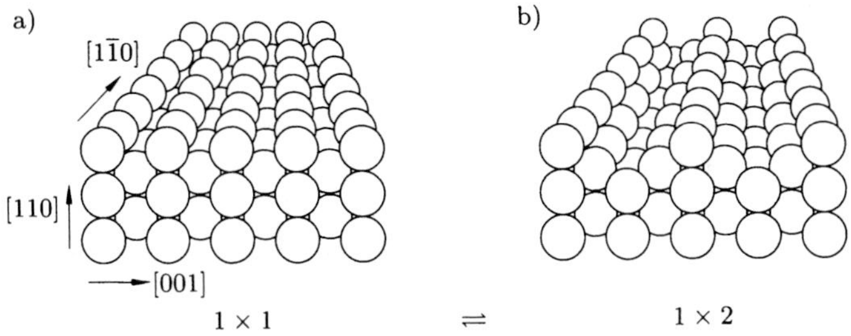

Abb. 9.8.4 Strukturmodifikationen einer Pt(110)-Oberfläche

Die reine Oberfläche von Pt(110) zeigt nicht die atomare Anordnung, die der (1×1)-Volumenstruktur (*bulk termination*), wie in Abb. 9.8.4a gezeigt, entspricht, sondern wird in eine (1×2)-Struktur mit einer fehlenden Reihe (*missing-row*-Struktur) umstrukturiert, die sich als energetisch günstiger erweist (siehe Abb. 9.8.4b). Auf der anderen Seite übertrifft die Adsorptionswärme von CO in der (1 × 1)-Phase jene in der (1 × 2)-Phase. Folgerichtig findet die Transformation (1 × 2) → (1 × 1) statt (Gritsch *et al.*, 1989), sobald die mit x_1 bezeichnete normierte CO-Bedeckung den kritischen Wert $x_{1crit} = 0.2$ (Imbihl *et al.*, 1988) überschreitet. Im Gegensatz dazu weist die (1 × 1)-Phase eine höhere Haftwahrscheinlichkeit für Sauerstoff auf als die (1 × 2)-Phase. Im Endeffekt wird daher für einen kleinen Bereich der Kontrollparameter die Struktur der Oberfläche kontinuierlich zwischen Zuständen von niedriger (1 × 2)- und hoher (1 × 1)-Reaktivität hin- und herspringen. Um den Prozeß analytisch zu beschreiben, müssen wir eine dritte Variable x_3 einführen, die den Teil der Oberfläche angibt, der sich in der (1×1)-Phase befindet. Die Haftwahrscheinlichkeit von Sauerstoff hängt nun von x_3 ab, während x_3 andererseits von x_1 bestimmt wird. Auf diese Weise kann man das Problem auf zwei gekoppelte nichtlineare Differentialgleichungen reduzieren, die in Abschnitt 9.8.3 näher beschrieben werden. Die numerische Integration dieser Gleichungen ist für einen bestimmten Satz von Kontrollparametern in Abb. 9.8.5 aufgezeigt, wobei alle Eingabeparameter aus unabhängigen Messungen gewonnen wurden. Wir beobachten eine qualitative Übereinstimmung mit den Daten von Abb. 9.8.3. Unterschiede bei der Zeit-Skala rühren dabei von unterschiedlichen Temperaturen her.

Dieses Modell stellt allerdings nur eine erste Annäherung dar und kann nicht alle experimentell festgestellten Eigenschaften dieses komplexen nichtlinearen dynamischen Systems erklären. Wie bei der elektrochemischen Reaktion, die wir im Abschnitt 9.8.1 diskutierten, kann das CO-System einem Übergang von harmonischen Schwingungen zu chaotischem zeitlichen Verhalten über eine Serie von

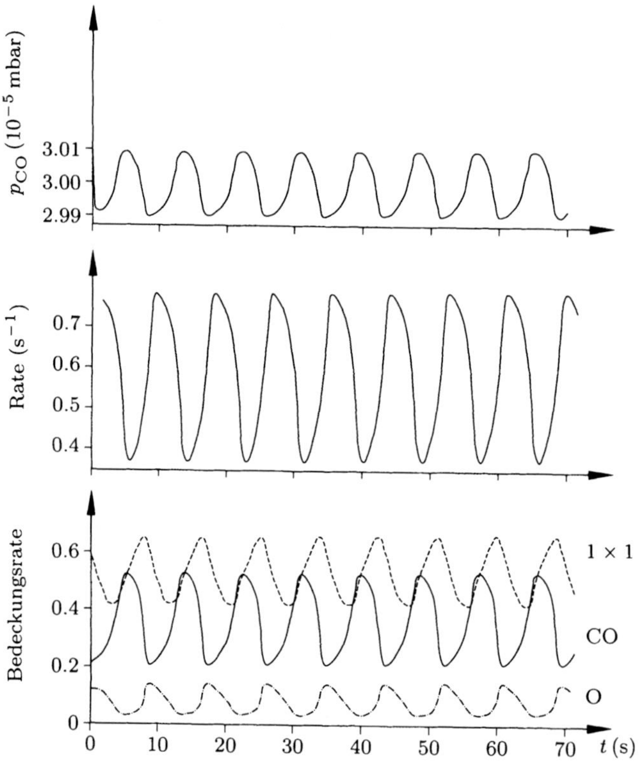

Abb. 9.8.5 Zeitserien über die Kinetik der CO-Oxidation auf Pt(110) ($T = 540$ K, $p_{O_2} = 6.7 \times 10^{-5}$ mbar und $p_{CO} = 3.8 \times 10^{-5}$ mbar)

Periodenverdopplungen unterliegen (Krischer *et al.*, 1988). Man kann diesen Effekt deutlicher zeigen, indem man die experimentell gewonnenen zeitabhängigen Daten mit der Zeitverschiebungsmethode (*time-delay method*) (Takens, 1981) in Phasenportraits umwandelt. Bei dieser Methode wird ein Signal $x(t)$ zur Zeit t gegen $x(t + \tau)$ aufgetragen, wobei τ eine willkürlich gewählte, aber konstante Zeitverschiebung darstellt (siehe auch Abschnitt 5.5.4). Durch diese Methode wird eine harmonische periodische Schwingung in eine einfach geschlossene Kurve übergeführt. Entsprechend werden Schwingungen nach der ersten bzw. zweiten Periodenverdopplung durch zwei bzw. vier Kurvenschleifen charakterisiert (siehe Abbn. 9.8.7b,c). Die Bandstruktur dieser Kurven spiegelt die Streuung der experimentellen Daten wider; innerhalb dieser Grenzen ist die zeitliche Entwicklung jedoch genau vorhersagbar und stimmt mit den entsprechenden Attraktoren überein. Bei einem chaotischen Zustand geht aber diese Vorhersagbarkeit verloren, wie in Abb. 9.8.7d gezeigt wird. Der Leser beachte, daß alle diese Variationen innerhalb eines kleinen Intervalls eines einzelnen Kontrollparameters auftreten.

Nach dem vorangegangenen beschreibenden Zugang zur katalytischen Oxidation von CO folgen nun einige wichtige Informationen über die kinetischen Parameter, die man für die Erstellung der nichtlinearen kinetischen Relationen benötigt.

i. CO-*Adsorption*

In Übereinstimmung mit den Literaturdaten und den Messungen von Ertl und seinen Mitarbeitern können die normierte *Anfangs*haftwahrscheinlichkeit $s_{CO} = s(x_1 = 0)$ von auf Pt auftreffendem CO und die normierte Sättigungsbedeckung x_{1s} an der Oberfläche gleich eins gesetzt werden. Der Haftkoeffizient nimmt für kleine CO-Bedeckungen kaum ab, sondern bleibt näherungsweise konstant, bis ein Bedeckungsgrad x_1 von 0.3 (Fair und Madix, 1980) oder 0.5 (Jackman *et al.*, 1983) erreicht wird. Nach Gasser und Smith kann dieser Effekt durch folgende Formel ausgedrückt werden (Gasser und Smith, 1967)

$$\frac{s(x_1)}{s_{CO}} = 1 - x_1^q, \tag{9.8.7}$$

q steht dabei für die sogenannte Mobilität. Messungen von Ertl und Mitarbeitern ergaben für q einen Wert von 3.5 ± 0.5. Alternativ kann man auch die Gleichung von Kisliuk verwenden (Kisliuk, 1957; 1958)

$$\frac{s(x_1)}{s_{CO}} = \left(1 + K\frac{x_1}{1 - x_1}\right)^{-1} \tag{9.8.8}$$

Die Konstante K wird dabei zu $K = 0.2$ gewählt. Im vorliegenden Fall scheint die Formel von Gasser und Smith die experimentellen Daten besser wiederzugeben. Interessanterweise beeinflußt die Größe der Mobilität q die numerischen Resultate nicht entscheidend. Selbst wenn man $q = 1$ in Gl. (9.8.7) setzt, ändert das die Ergebnisse nicht wesentlich.

ii. CO-*Desorption*

Das thermische Desorptionsspektrum von CO an Pt(110) besitzt zwei Spitzenwerte α und β (Eiswirth, 1987; Hofmann *et al.*, 1982; Comrie und Lambert, 1976; McCabe und Schmidt, 1977). Um die damit verbundenen Desorptionswärmen $E_{d\alpha}$ und $E_{d\beta}$ zu berechnen, benötigen wir die Desorptionsrate (den sogenannten Vorfaktor) k_d von CO. Der Koeffizient k_d eines Gases i ist natürlich temperaturabhängig und läßt sich für ein typisches Gas in Form eines Arrhenius-Ansatzes schreiben

$$k_{di} = k_{di}^0 \exp(-E/RT) \tag{9.8.9}$$

(dabei ist R die universelle Gaskonstante). Mit der Anwendung der Ergebnisse von (Fair und Madix, 1980) ergibt sich, daß ein Wert von $k_d^0 = 6 \times 10^{14}\,s^{-1}$ bei allen thermischen desorptionsspektroskopischen Untersuchungen (TDS) zu Werten für $E_{d\alpha}$ von ungefähr 30 und für $E_{d\beta}$ von 40 kcal/mol führt; siehe hierzu auch (Eiswirth, 1987). Die isosterische Adsorptionswärme hängt stark vom Bedeckungsgrad ab und wird kleiner für $x_1 > 0.5$ (Jackman *et al.*, 1983).

Zu der gerafften Darstellung des letzten Abschnitts sind vielleicht noch einige Anmerkungen hilfreich. So wiesen (Krischer *et al.*, 1992) darauf hin, daß für aufschlußreiche Computerberechnungen zuverlässige Parameter im Bereich von $x_1 \approx 0.5$ notwendig sind; siehe hierzu auch (Jackman, 1983; Ferrer und Bonzel, 1982; Hofman *et al.*, 1982; Unertl *et al.*, 1982; Bare *et al.*, 1984). Deshalb erscheint es vorteilhaft, auf die CO-Atmosphäre eine Untersuchung mit niederenergetischer Elektronenbeugung (*low-energy electron diffraction*, LEED) anzuwenden, um aus dem Verschwinden der (1×2)-Zonen im LEED-Beugungsbild auf den CO-Adsorptions-/Desorptions-Gleichgewichtszustand zu schließen (Eiswirth, 1987). Auf diese Weise maßen Ertl und seine Mitarbeiter einen Vorfaktor $k_{\mathrm{d}}^0 > 10^{16}\,\mathrm{s}^{-1}$ und eine Desorptionswärme $E_{\mathrm{d}\beta}$, wie oben angegeben. Diese Daten wurden in den weiter unten angeführten Ergebnissen verwendet. Um die analytischen Ausdrücke zu vereinfachen, vernachlässigten Ertl und seine Mitarbeiter die Abhängigkeit des Bedeckungsgrads von der Adsorptionswärme. Im Bereich der sogenannten bistabilen Region (siehe unten) verbessert allerdings eine Korrektur, die diese Abhängigkeit berücksichtigt, die Ergebnisse deutlich.

iii. O_2-*Adsorption*

Dissoziative Adsorption von Sauerstoff wurde von einigen Wissenschaftlern nachgewiesen (Eiswirth, 1987; Wilf und Dawson, 1977; Sundaram und Dawson, 1984). Dieser Vorgang kann mit einer Kinetik zweiter Ordnung für die freien Plätze auf dem Pt-Kristall befriedigend beschrieben werden. Die beste Schätzung für den anfänglichen Haftkoeffizienten s_{O} von O_2 ist offenbar 0.4.

Mit Hilfe der Röntgen-Photoelektronen-Spektroskopie (XPS) und der Auger-Elektronen-Spektroskopie (AES) wurden Sättigungsbedeckungen bestimmt. Es ergab sich, daß die (1×2)-Phase der Oberfläche bei Zimmertemperatur einen Sättigungswert von x_{2s} zwischen 0.3 und 0.35 erreicht (Ferrer und Bonzel, 1982; Freyer *et al.*, 1986; Sundaram und Dawson, 1984), während für die (1×1)-Phase der Wert von x_{2s} bei 0.8 liegt (Freyer *et al.*, 1986). Bei hohen Temperaturen erreicht jedoch x_{2s} auch für die (1×2)-Phase den Wert von 0.8 (Eiswirth, 1987; Wilf und Dawson, 1977). Außerdem ergibt sich, daß die Sauerstoffadsorption den Phasenübergang von der (1×2)- zur (1×1)-Phase nicht wesentlich beeinflußt.

Von einer Untersuchung der Wechselwirkung von O_2 mit Pt(110) mit Hilfe thermischer Desorptionsspektroskopie berichtet (Wilf und Dawson, 1977). Ertl und seine Mitarbeiter folgerten, daß keine wahrnehmbare Verschiebung des Adsorptions-/Desorptions-Gleichgewichts unterhalb 700 K auftritt (Eiswirth, 1987). Folglich konnte der Effekt der Desorption von O_2 vernachlässigt werden, weil die dynamischen Phänomene, die Ertl untersuchte, nur bei niedrigeren Temperaturen auftreten.

iv. *Co-Adsorption von* CO *und* O_2

In verschiedenen Veröffentlichungen, z. B. (Imbihl, 1989; Eiswirth *et al.*, 1990; Ertl, 1990a; Ertl, 1990b), wird dargelegt, daß die Hemmung der Co-Adsorption von CO und O_2 bei einer Reihe von katalytisch aktiven Metallen asymmetrisch verläuft. Tatsächlich blockiert vorher adsorbiertes CO die Sauerstoffadsorption, während dies umgekehrt nicht gilt. Deshalb weist ein Zustand mit hohem O (CO)-Bedeckungsgrad eine hohe (niedrige) Rate der CO_2-Produktion auf. In der Tat bestätigen empfindliche Experimente, bei denen der Partialdruck p_{CO} von Null an erhöht, während p_{O_2} konstant gehalten wird, diese asymmetrische Hemmung. Man beobachtet, daß die Produktion von CO_2 zunächst linear mit p_{CO} ansteigt (erste Ordnung), danach die Sättigung erreicht und anschließend plötzlich auf einen kleinen Wert abfällt, sobald die Oberfläche mit CO bedeckt ist. In diesem Gebiet wird die Produktionsrate kaum vom zeitlichen Verlauf der Partialdrücke beeinflußt (nullte Ordnung). Bei hohen Temperaturen findet kein plötzlicher Abfall statt, da die CO-Desorption stark ansteigt. Dies bringt mehr freie Plätze hervor und führt zu einer höheren Reaktionsrate. Für eingehende Informationen über Messungen zur asymmetrischen Hemmung an einer Pt(110)-Oberfläche verweisen wir den Leser auf (Eiswirth, 1987).

v. *Oberflächenreaktion*

Im allgemeinen wird die Oberflächenreaktion zwischen CO und O als von zweiter Ordnung spezifiziert, d. h. sie ist proportional zu beiden Reaktanden. Mit Hilfe eines Relaxationsverfahrens, das eine Temperaturmodulation einschließt (siehe Engstrom und Weinberg, 1985, 1988), wurde festgestellt, daß die Aktivierungsenergie E_r und der Vorfaktor k_r^0 stark von der Sauerstoffbedeckung x_2 abhängen; speziell wurde $E_r = 22\,\mathrm{kcal/mol}$ und $k_r^0 = 3 \times 10^{12}\,\mathrm{s}^{-1}$ für $x_2 < 0.15$, aber $E_r = 8\,\mathrm{kcal/mol}$ und $k_r^0 = 10^5\,\mathrm{s}^{-1}$ für $x_2 \geqslant 0.25$ gemessen.

Um Reaktionskonstanten unter Schwingungsbedingungen messen zu können, untersuchten Ertl *et al.* das Auftreten der Phasenübergänge in Anwesenheit von CO und O_2 bei variabler Temperatur. Dieses Verfahren sollte zuverlässige Ergebnisse in der Nähe einer CO-Bedeckung von $x_1 = 0.5$ ergeben, in dem Bereich also, in dem die Instabilitäten experimentell beobachtet wurden; siehe auch (Eiswirth und Ertl, 1986; Eiswirth, 1987).

Das entsprechende Arrhenius-Diagramm zeigt eine Steigung (E_r) von ungefähr 8 kcal/mol und einen Vorfaktor im Bereich von $10^4\,\mathrm{s}^{-1}$ bis $10^5\,\mathrm{s}^{-1}$. Diese Bedingungen legen die Vermutung nahe, daß die Bedeckungen hauptsächlich von der Oberflächenreaktion bestimmt werden. Andererseits üben natürlich auch andere Faktoren, wie Adsorption und Desorption von CO, ihren Einfluß aus. Um diese Schwierigkeit zu überwinden, haben die Autoren ihr Modell einem Langmuir-Hinshelwood-Mechanismus angepaßt, wobei sie die oben erwähnten Parameter für Adsorption und Desorption verwendeten. Auf diese Art konnten die experimentell gewonnenen Reaktionsraten durch die Wahl von $k_r^0 = 10^6\,\mathrm{s}^{-1}$ und $E_r = 10\,\mathrm{kcal/mol}$ befriedigend reproduziert werden. Es stellte sich als nicht notwendig heraus, eine Abhängigkeit der Parameter von den Bedeckungsgraden einzuführen. Natürlich kann dieser Effekt aber unter anderen Bedingungen, die von den Schwingungsbereichen weiter entfernt sind, wichtig werden.

vi. Phasenübergang

In der Einführung zu diesem Abschnitt besprachen wir die physikalischen Grundlagen des wichtigen Effekts des Phasenübergangs an der Oberfläche eines Pt-Kristalls, der der Strömung einer Atmosphäre aus O_2- und CO-Gasen ausgesetzt ist.

Wie oben erwähnt, beginnt aufgrund der Chemisorption von CO der Phasenübergang $(1\times 2) \rightarrow (1\times 1)$ bei einer Bedeckung von $x_1 = 0.2$ (Bare *et al.*, 1984; Fenter und Gustafsson, 1988; Gritsch *et al.*, 1989; Imbihl *et al.*, 1988). Unterhalb dieses Wertes können wir annehmen, daß CO-Moleküle an der Oberfläche als sogenannte *singletons* auftreten (Hofmann *et al.*, 1982; Imbihl *et al.*, 1988). Gegenwärtig nimmt man an, daß der Phasenübergang bei einem Bedeckungsgrad von $x_1 = 0.5$ abgeschlossen ist. Die Forscher am Fritz-Haber-Institut nehmen an, daß zwischen diesen beiden Grenzfällen ein monotoner und differenzierbarer Verlauf der Oberflächenrekonstruktion stattfindet, der sich mit einem Polynom dritter Ordnung in x_1 darstellen läßt; siehe hierzu Gl. (9.8.12) im Abschnitt 9.8.4.

Die Relaxation in dieses Gleichgewicht wird wiederum durch einen Arrhenius-Ansatz ausgedrückt. Die Aktivierungsenergie E_p kann dabei nicht sehr hoch sein, da die Relaxationszeit bei Raumtemperatur nur einige Minuten beträgt (Freyer *et al.*, 1986; Gritsch *et al.*, 1989). In (Heinz *et al.*, 1987) benutzten die Autoren eine LEED-Methode zur direkten Bestimmung von E_p; sie erhielten dabei Werte knapp oberhalb 6 kcal/mol. Durch Verwendung dieser Ergebnisse leiteten Ertl und seine Mitarbeiter für den Vorfaktor k_p^0 Werte in der Größenordnung von 40 bis $800\,\mathrm{s}^{-1}$ ab. Die in Tabelle 9.8.1, S. 725, aufgeführten Daten liefern korrekte Zeitskalen für den Übergang in der Nähe der Instabilität, beginnend bei Raumtemperatur (einige Minuten) bis zum Wert $T = 550\,\mathrm{K}$ (wenige Sekunden).

vii. Facettierung

Das Auftauchen von neuen Kristallebenen (als Facettierung bezeichnet) an Pt(110) während der Oxidation von CO (Ladas *et al.*, 1988a,b) wird durch eine komplexe Kinetik bestimmt und kann nicht durch ein elementares Modell angenähert werden. Um diese Schwierigkeit zu überwinden, beschlossen Ertl *et al.* in ihre Untersuchung lediglich einen globalen Einfluß der Facettierung auf die Dynamik einzubeziehen. Dies wurde durch Verwendung eines phänomenologischen Ausdrucks für den Grad der Facettierung und eine anschließende Anpassung der Reaktionskoeffizienten an diesen Ausdruck erreicht.

In den oben genannten Literaturstellen wurde beobachtet, daß die Facetten an einer vorwiegend von CO bedeckten Oberfläche entstehen (nach Aufheben der Rekonstruktion). Der Prozeß wird jedoch nur solange aufrechterhalten, wie ein merkbarer chemischer Umsatz stattfindet. Weiter stellt sich heraus, daß die Geschwindigkeit der Facettierung in einem großen Bereich unabhängig von der Temperatur ist (Sander und Imbihl, 1991; Sander, 1990). Tatsächlich dauert es ungefähr 5 Minuten, bis 90% des Sättigungsniveaus erreicht sind.

Der Sättigungsgrad der Facettierung bleibt bis ungefähr 460 K konstant. Danach fällt er bei $T = 480\,\mathrm{K}$ plötzlich auf 50 % ab. Tatsächlich ist er bei ungefähr 555 K kaum noch nachzuweisen (Sander, 1990; Sander und Imbihl, 1991). Die erwähnten Temperaturwerte sind druckabhängig. Die thermische Ausheilung der Facetten ist stark temperaturabhängig und wird durch adsorbiertes CO verlangsamt. Die entsprechenden Reaktionskoeffizienten hängen natürlich von den gewählten kinetischen Ausdrücken ab. Die Daten in Tabelle 9.8.1 stellen in Verbindung mit der weiter unten angeführten Formulierung der Gl. (9.8.6) die am besten angepaßten Werte zu den oben aufgeführten Daten dar.

9.8.3 Formulierung des kinetischen Modells

Wir beziehen uns hier auf den klassischen Langmuir-Hinshelwood-Mechanismus, wie er durch das Schema der Gl. (9.8.6) ausgedrückt wird, und wollen in diesem Abschnitt seine genaue Anwendung diskutieren.

Die asymmetrische Hemmung der Adsorption, die im vorigen Abschnitt besprochen wurde, ist in der Gl. (9.8.6) nicht enthalten; sie muß jedoch in einer wirklichkeitsnahen Untersuchung mit einbezogen werden. Ein solches erweitertes Schema wurde von Ertl *et al.* durch eine geeignete Wahl von Hemmungsfaktoren, die in der unten folgenden Gl. (9.8.10) eingeführt wurden, entwickelt. Ohne Einschluß dieser Faktoren erhielte man nicht nur einen falschen Umsatz der CO-Oxidation, sondern man würde auch auf einen physikalisch nicht vorhandenen Fixpunkt („Absorptionszustand") schließen, an dem bei einer CO-Bedeckung von Null die Reaktion durch O_{ad} blockiert wird. Solche Zustände könnte man durch die Annahme vermeiden, daß der dritte Prozeß in Gl. (9.8.6) reversibel ist; dies scheint allerdings keine empfehlenswerte Vorgehensweise für den Prozeß der CO-Oxidation zu sein.

Die Gln. (9.8.6) enthalten drei Spezies: CO_{ad}, O_{ad} und die freien Plätze. Wir bemerken, daß die Reaktion eine Erhaltungsgröße enthält, da nämlich die Summe der drei normierten Bedeckungsgrade eins ergeben muß. Daher muß man lediglich zwei direkt berechnen. Ertl *et al.* wählten als unabhängige Variable die entsprechenden Bedeckungen x_1 und x_2 von CO_{ad} und O_{ad}. Nun müssen vier chemische Effekte berücksichtigt werden, nämlich CO-Adsorption, CO-Desorption, O_2-Adsorption und die Oberflächenreaktion. Wie im vorigen Abschnitt schon erläutert wurde, kann die Sauerstoffdesorption vernachlässigt werden. Auf diese Weise erhält man die beiden folgenden nichtlinearen Differentialgleichungen

$$\begin{aligned} \dot{x}_1 &= p_{\mathrm{CO}}\kappa_{\mathrm{C}}s_{\mathrm{C}}[1 - (x_1/x_{1\mathrm{s}})^q] - k_{\mathrm{d}}x_1 - k_{\mathrm{r}}x_1x_2 \\ \dot{x}_2 &= p_{\mathrm{O}_2}\kappa_{\mathrm{O}}s_{\mathrm{O}}[1 - (x_1/x_{1\mathrm{s}}) - (x_2/x_{2\mathrm{s}})]^2 - k_{\mathrm{r}}x_1x_2 \end{aligned} \tag{9.8.10}$$

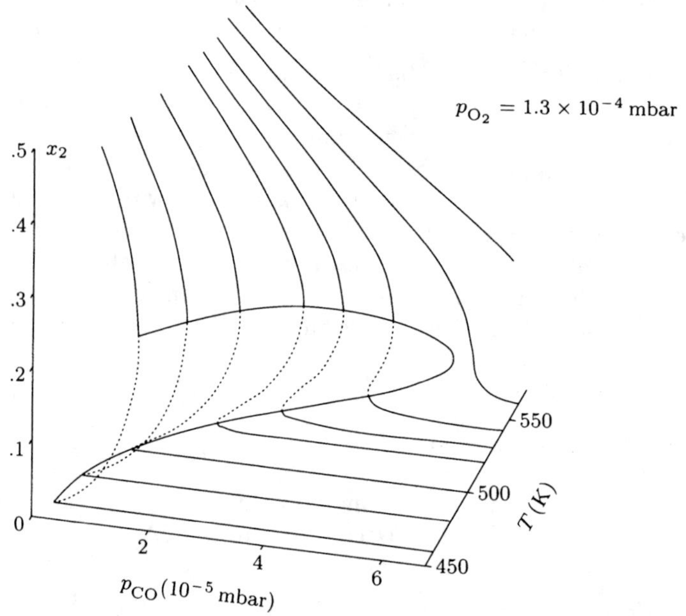

Abb. 9.8.6 Berechneter stationärer Sauerstoff-Bedeckungsgrad x_2 als Funktion von p_{CO} und T: Bistabilität und Spitze.
Durchgezogene (gestrichelte) Linien bezeichnen stabile Knoten (Sattelpunkte); entlang der parabolischen Kurve treten Sattelknoten-Bifurkationen auf

in denen die erwähnten Hemmungseffekte berücksichtigt werden. Die Konstanten κ_C und κ_O definieren hierbei die Raten, mit denen die jeweiligen Adsorbate die Oberfläche bei Normaldruck treffen; diese Konstanten werden aus der kinetischen Gastheorie unter Annahme idealen Verhaltens berechnet (Imbihl *et al.*, 1985); s_C und s_O sind die entsprechenden Haftkoeffizienten für CO und O. Folglich erhalten wir für ein Gas i

$$\kappa_i = \frac{N_A}{\theta_m}\sqrt{2\pi M_i R T_g} \tag{9.8.11}$$

N_A ist dabei die Avogadro-Zahl, θ_m die Zahl der Plätze in einer Monolage, R die universelle Gaskonstante, M_i das Molekulargewicht des Gases i und T_g die Gastemperatur. Der Haftkoeffizient von Sauerstoff wurde zu s_O=0.6 angenommen.

Die Gln. (9.8.10) hängen von drei äußeren Kontrollparametern ab: den Partialdrücken p_{CO} und p_{O_2} und der Kristalltemperatur T. Letztere geht in den Arrhenius-Ausdruck für k_d und k_r ein, wie aus Tabelle 9.8.1 hervorgeht.

Die numerische Analyse des Differentialgleichungssystems, Gl. (9.8.10), zeigt, daß das System eine Bistabilität (Hysterese) bei Variation eines und eine Spitze bei Variation zweier Kontrollparameter aufweist. Dies verdeutlicht Abb. 9.8.6, in der die Bedeckung x_2 als Funktion von p_{CO} und T aufgetragen ist. Interessanterweise

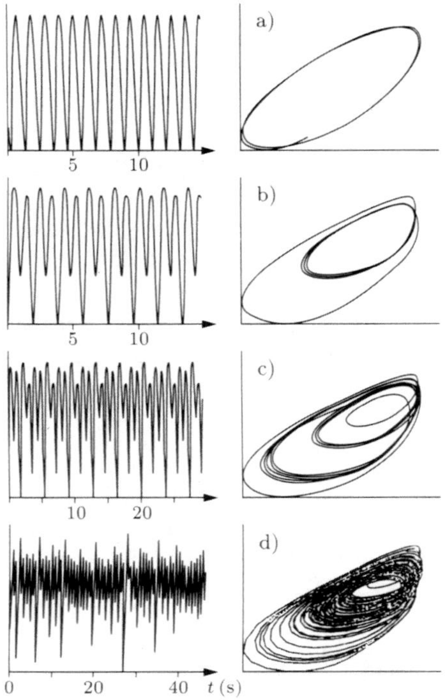

Abb. 9.8.7 Zeitlicher Verlauf einer oszillierenden CO-Oxidation an einer Pt(110)-Oberfläche (linke Hälfte) und entsprechende Phasenportraits (rechte Hälfte).
Die Kontrollparameter sind: $T = 550\,\mathrm{K}$, $p_{O_2} = 4.0 \times 10^{-4}$ mbar und
(a) $p_{CO} = 1.65 \times 10^{-4}$ mbar, (b) $p_{CO} = 1.62 \times 10^{-4}$ mbar,
(c) $p_{CO} = 1.60 \times 10^{-4}$ mbar, (d) $p_{CO} = 1.58 \times 10^{-4}$ mbar

konnten im gesamten Phasenraum des Systems der Gln. (9.8.10) keine weiteren Bifurkationen oder andere Grenzmengen gefunden werden.

Wie bei der elektrochemischen Reaktion, die wir in Abschnitt 9.8.1 besprochen haben, zeigen auch die vorliegenden experimentellen Studien des CO- und O_2-Systems, daß die Reaktion bei schrittweiser Veränderung eines Kontrollparameters ebenfalls einen Übergang von regulären harmonischen Schwingungen über eine Serie von Periodenverdopplungen bis hin zu chaotischem oder sogar hyperchaotischem zeitlichen Verhalten durchlaufen kann (Krischer *et al.*, 1988). Wie in Abschnitt 9.8.1 erwähnt, kann man dieses Szenario verdeutlichen, indem man die experimentell gewonnenen Zeitmeßreihen durch die Anwendung der Zeitverschiebungsmethode (Takens, 1981) in Phasenportraits umwandelt. Dadurch geht die harmonische periodische zeitliche Entwicklung in eine einfach geschlossene Kurve über (Abb. 9.8.7a). Entsprechend sind nach einer bzw. zwei Periodenverdopplungen in den Abbn. 9.8.7b und 9.8.7c zwei und vier Kurvenschleifen zu sehen. Ein typischer zeitlicher Verlauf eines chaotischen Zustands wird in Abb. 9.8.7d zusammen mit dem zugehörigen seltsamen Attraktor gezeigt. Interessanterweise wird dieses sehr unterschiedliche Schwingungsverhalten der Reaktion durch eine Variation von lediglich 1% des Kontrollparameters p_{CO} ausgelöst.

Wie in Abschnitt 5.4 beschrieben, kann die dynamische Antwort eines Systems, und insbesondere chaotisches Verhalten, quantitativ durch die Lyapunov-Exponenten σ_i erfaßt werden. Wenn alle $\sigma_i \leqslant 0$ sind, nähern sich die Trajektorien im Phasenraum einem einfachen Attraktor; charakteristische Flußdiagramme werden in Abb. 9.8.7a bis c wiedergegeben. Sobald jedoch der größte Lyapunov-Exponent positiv wird, führt schon die kleinste Differenz in den Anfangsbedingungen zu einer Divergenz der Trajektorien und zu chaotischem Verhalten (Abb. 9.8.7d). Neuere genaue Untersuchungen der zeitlichen Entwicklung der katalytischen Reaktion von CO zeigen, daß sogar zwei Lyapunov-Exponenten positiv werden können – dies wird gelegentlich als Hyperchaos bezeichnet und wurde vorher noch nicht bei einer chemischen Reaktion beobachtet (Eiswirth *et al.*, 1992). Wir werden auf einen solchen Zustand in Abschnitt 9.8.5 noch zurückkommen.

Wir fahren fort mit einem Überblick über einige experimentelle Ergebnisse, die am Fritz-Haber-Institut gewonnen und durch begleitende numerische Berechnungen untermauert wurden. Die folgenden Abbildungen entstammen Veröffentlichungen des Fritz-Haber-Instituts, insbesondere (Ertl, 1991).

9.8.4 Weitere Informationen über oszillierende kinetische Zustände

Im Abschnitt 9.8.3 besprachen wir das Zustandekommen der fundamentalen Gln. (9.8.10). Im gleichen Abschnitt wurde eine Anzahl von numerischen und experimentellen Resultaten vorgestellt, speziell in Verbindung mit oszillierenden und chaotischen Erscheinungen der CO-Oxidation. Wir haben auch gezeigt, daß derartige Schwingungen nicht durch das einfache Modell der Gln. (9.8.10) beschrieben werden können. Daher muß ein weiterer Effekt die Schwingungsreaktion verursachen. Ertl *et al.* erkannten, daß dies von einem strukturellen Phasenübergang an der Pt(110)-Oberfläche verursacht werden muß. Um diese komplexen Phänomene zu erhalten, muß eine dritte Differentialgleichung eingeführt werden, die die Relaxation der Oberflächenstruktur in ihren Gleichgewichtszustand beschreibt. Den normierten Anteil der Oberfläche, die sich im (1×1)-Zustand befindet, bezeichnen wir mit x_3. Dann kann man die dritte Differentialgleichung in folgender Form

$$\dot{x}_3 = k_p \cdot \begin{cases} -x_3 & \text{für} \quad x_1 \leqslant 0.2 \\ \sum_{i=0}^{3} r_i x_1^i - x_3 & \text{für} \quad 0.2 < x_1 < 0.5 \\ (1 - x_3) & \text{für} \quad x_1 \geqslant 0.5 \end{cases} \tag{9.8.12}$$

angeben. Dabei bedeutet k_p die Phasenübergangsrate, die aus einem Arrhenius-Ansatz abgeleitet wird; für weitere Informationen siehe Tabelle 9.8.1. Die Polynomkoeffizienten zur Beschreibung des Phasenübergangs werden mit r_i bezeichnet; die von Ertl verwendeten Werte sind in Tabelle 9.8.1 aufgeführt. Durch x_1^i wird der CO-Bedeckung zur Zeit $t + i\tau$ ausgedrückt, wobei τ die verwendete Zeitverschiebung (*delay rate*) darstellt.

CO-Adsorption	κ_C	Auftreffrate von CO auf die Oberfläche	$3.135\times 10^5\,\mathrm{s^{-1}mbar^{-1}}$	
	s_C	Haftkoeffizient	1	
	x_{1s}	Sättigungsbedeckung	1	
	q	Mobilitätsparameter der Voradsorption	3	
O_2-Adsorption	κ_O	Auftreffrate von O_2 auf die Oberfläche	$5.858\times 10^5\,\mathrm{s^{-1}mbar^{-1}}$	
	s_O	Haftkoeffizient	$1\times 2 : s_{O2} = 0.4$	
			$1\times 1 : s_{O1} = 0.6$	
	x_{2s}	Sättigungsbedeckung	0.8	
Geschwindigkeiten	k_r	Reaktion	$k_r^0 = 3\times 10^6\,\mathrm{s^{-1}}$	$E_r = 10\,\mathrm{kcal/mol}$
	k_d	Desorption von CO	$k_d^0 = 2\times 10^{16}\,\mathrm{s^{-1}}$	$E_d = 38\,\mathrm{kcal/mol}$
	k_p	Phasenübergang	$k_p^0 = 10^2\,\mathrm{s^{-1}}$	$E_p = 7\,\mathrm{kcal/mol}$
(1×1)-Zustand	r_i	Polynomkoeffizienten des Gleichgewichtszustands	$r_3 = -1/0.0135$	$r_2 = -1.05 r_3$
		des Phasenübergangs	$r_1 = 0.3 r_3$	$r_0 = -0.026 r_3$
Facetten	k_f	Rate der Formierung	$k_f = k_f^0 = 0.03\,\mathrm{s^{-1}}$	
	k_t	Rate der therm. Ausheilung	$k_t^0 = 2.65\times 10^5\,\mathrm{s^{-1}}$	$E_t = 20\,\mathrm{kcal/mol}$
	s_{O3}	Anstieg von s_O bei maximaler Facettierung ($z=1$)	$s_{O3} = 0.2$	

Tab.9.8.1 Kinetische Parameter für das Modell der Gln. (9.8.10), (9.8.12) und (9.8.14); $k_i = k_i^0 \exp(-E_i/RT)$

Der Haftkoeffizient s_O für Sauerstoff muß ebenfalls umformuliert werden, um den zwischen der (1×1)- und der (1×2)-Oberflächenstruktur hin- und herpendelnden Zustand zu erfassen. Eine einfache Linearkombination der Koeffizienten s_{O1} und s_{O2}, die den Grenzzuständen der Oberfläche entsprechen, wurde von Ertl wie folgt gewählt

$$s_O = s_{O1} x_3 + s_{O2}(1 - x_3) \tag{9.8.13}$$

Das System der Gln. (9.8.10), (9.8.12) und (9.8.13) erzeugt nun tatsächlich Schwingungszustände, wie sie in Abb. 9.8.7a dargestellt sind. Viele komplexe Phänomene, die unter anderem auch Hopf-Bifurkationen und Takens-Bogdanov-Verzweigungen umfassen (siehe Guckenheimer und Holmes, 1983), können mit Hilfe dieses Gleichungssystems erzeugt werden (Krischer, 1990). Allerdings können wir hierauf nicht weiter eingehen, da dies den beschränkten Rahmen der vorliegenden Betrachtung sprengen würde.

Trotzdem wollen wir unser Verständnis für diese komplexen Phänomene erweitern, indem wir auf eine weitere experimentelle Beobachtung an Pt(110) hinweisen. Diese bezieht sich auf das Phänomen der Mischmoden-Schwingungen (*mixed-mode oscillations*), die bei nicht zu hoher Temperatur beobachtet wurden (Eiswirth *et al.*, 1990; Eiswirth und Ertl, 1986; Eiswirth, 1987). Wenn wir bedenken, daß auch die Gln. (9.8.10), (9.8.12) und (9.8.13) noch kein komplizierteres Verhalten als das eines Grenzzyklus beschreiben können, müssen wir davon ausgehen, daß noch ein weiterer, bisher nicht berücksichtigter Effekt auftreten muß. Tatsächlich entdeckten die Experimentatoren am Fritz-Haber-Institut, daß Mischmoden-Schwingungen in Gegenwart von Facettierungen der Oberfläche auftreten (Ladas *et al.*, 1988a,b), deren Grad sich während des Schwingungsvorgangs verändert (Sander, 1990). Interessanterweise ist der Haftkoeffizient von Sauerstoff auf einer facettierten Oberfläche deutlich höher (Ladas *et al.*, 1988a,b; Sander und Imbihl, 1991; Sander, 1990). Im nächsten Abschnitt werden wir versuchen, diesen Effekt der Facettierung zu berücksichtigen.

9.8.5 Mischmoden-Schwingungen

Wie wir schon am Ende des letzten Abschnitts bemerkten, tritt das interessante Phänomen der Mischmoden-Oszillationen (*mixed-mode oscillations*, MMO) bei Pt(110) auf, solange die Temperatur nicht zu überhöht ist. Allerdings schließen wir aus der Tatsache, daß das aus den Gln. (9.8.10), (9.8.12) und (9.8.13) bestehende oben angeführte Modell lediglich einen einfachen Grenzzyklus voraussagt, daß wir noch einen weiteren Effekt, nämlich die Facettierung der Kristalloberfläche, in unsere Simulation einbeziehen müssen.

Mit z wollen wir den normierten Grad der Facettierung bezeichnen. Aufgrund des Wettstreits zwischen der Bildung von Facetten (für die die freie Energie der Reaktion verantwortlich ist) und dem thermischen Ausheilprozeß (die glatte Oberfläche wird thermodynamisch bevorzugt) läßt sich die Bestimmungsgleichung für z wie folgt schreiben

$$\dot{z} = k_f x_1 x_2 x_3 (1 - z) - k_t (1 - x_1) z \tag{9.8.14}$$

wobei k_f die Rate der Facettenbildung (beachte $k_f = k_f^0$) und k_t die Rate der thermischen Ausheilung bezeichnet.

Es wurde beobachtet, daß die Facetten an einer vorwiegend von CO bedeckten Oberfläche entstehen (wobei die Facettierung stets von der (1×1)-Phase ausgeht), jedoch nur solange, wie ein meßbarer chemischer Umsatz stattfindet. Die Forscher am Fritz-Haber-Institut entwickelten eine einfache Näherung, indem sie annahmen, daß der Bildungsprozeß proportional der Reaktionsrate ($x_1 x_2$) an der (1×1)-Struktur (relative Größe x_3) ist. Zusätzlich wird in Gl. (9.8.14) mit dem Term $(1 - z)$ ein maximaler Grad der Facettierung eingeführt. Der Koeffizient k_f kann in erster Näherung als unabhängig von der Temperatur angesehen werden.

Im Gegensatz dazu ist der Umstrukturierungsprozeß sehr stark temperaturabhängig und wird durch hohe CO-Bedeckungen verlangsamt; dieser Effekt wird durch den Faktor $(1 - x_1)$ berücksichtigt. Die Raten k_f und k_t sowie die Aktivierungsenergie für letztere wurden aus der Bildungsrate der Facetten und der Tempera-

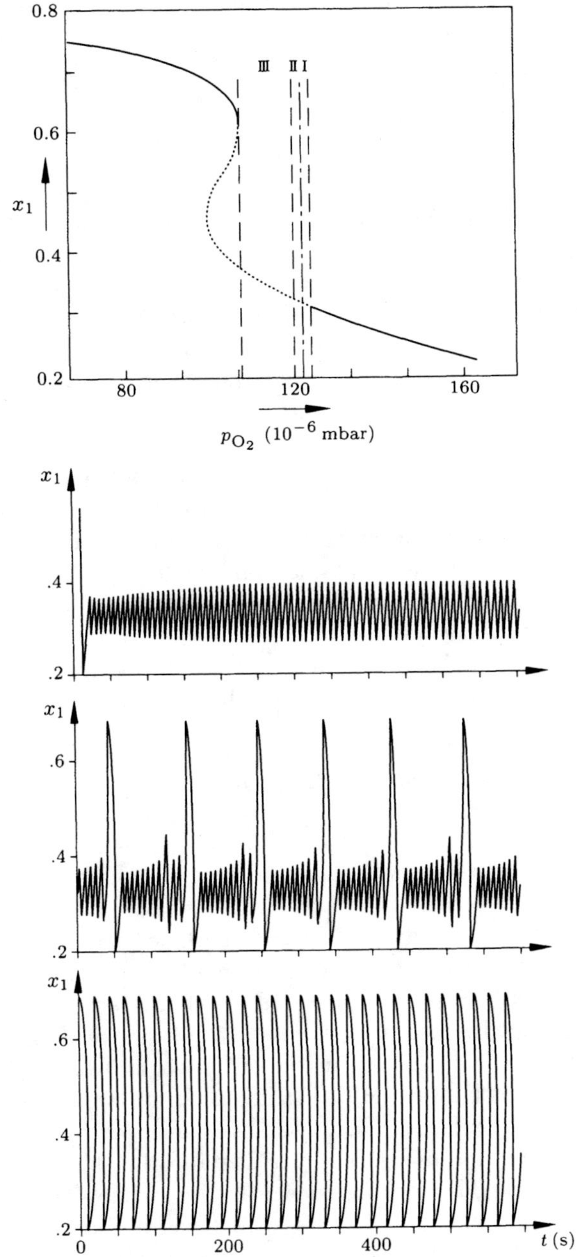

a) $p_{O_2} = 1.22 \times 10^{-4}$ mbar

b) $p_{O_2} = 1.21 \times 10^{-4}$ mbar

c) $p_{O_2} = 1.20 \times 10^{-4}$ mbar

Abb. 9.8.8 *oben*: Bereich von Mischmoden-Oszillationen (II) zwischen den Bereichen von harmonischen (I) und Relaxations-Schwingungen (III); $p_{CO} = 4.2 \times 10^{-5}$mbar, $T = 540$K
unten: typische Zeitverläufe in den drei Regionen

turabhängigkeit des Sättigungsniveaus abgeleitet (Sander und Imbihl, 1991; Sander, 1990). Anstelle der Gl. (9.8.13) führten die Autoren eine erweiterte Gleichung folgender Form ein

$$s_O = s_{O1}x_3 + s_{O2}(1 - x_3) + s_{O3}z \tag{9.8.15}$$

Mischmoden-Schwingungen (MMO) im Vier-Variablen-Modell der Gln. (9.8.10) bis (9.8.15) wurden mit Hilfe numerischer Integration berechnet. Wir beobachten kleine Schwingungen der zeitlichen Entwicklung auf einer hauptsächlich von O bedeckten Oberfläche; bei diesem Prozeß fällt z kontinuierlich ab. Sobald z jedoch einen kritischen Wert unterschreitet, springt das System in einen vorwiegend von CO bedeckten Zustand über, in dem sich wieder Facetten entwickeln. Der Bereich der MMOs befindet sich zwischen den Regionen von harmonischen Bewegungen auf der einen Seite und Relaxationsschwingungen auf der anderen Seite (siehe Abb. 9.8.8). Man kann das Auftreten der MMOs erklären, indem man einen sogenannten *slow manifold*-Ansatz verwendet (siehe auch die Abschnitte 6.2 und 6.8). Zu diesem Zweck benutzt man die langsamste Variable z des Facettierungsprozesses als Parameter und berechnet die stationären Zustände und die periodischen Lösungen des schnellen Untersystems, die die langsame Mannigfaltigkeit des Gesamtsystems darstellen, als Funktion von z. Auf diese Weise erhielten Ertl *et al.* eine Hopf-Bifurkation des schnellen Untersystems für abnehmende Werte z, gefolgt von einem steilen Anstieg der Amplitude, wobei MMOs auftreten, wenn z zwischen hohen O- und CO-Bedeckungen hin- und herpendelt (Krischer, 1990).

9.8.6 Identifikation von Chaos und Hyperchaos bei kinetischen Oberflächenreaktionen

Unsere bisherigen Untersuchungen zeigten, daß Chaos in der zeitlichen Entwicklung vieler Systeme experimentell und rechnerisch nachgewiesen wurde. Die Identifikation und quantitative Charakterisierung von Chaos folgt dabei der Methodik, die wir in Kapitel 5 beschrieben haben; darunter befinden sich Konzepte wie fraktale Dimensionen, Kolmogorov-Sinai-Entropie und die charakteristischen Lyapunov-Exponenten (LCEs). Wie wir schon wissen, entsteht die erste Stufe von Chaos, wenn der größte LCE positiv wird. Allerdings zeigten wir in Abschnitt 5.4, daß auch sogenanntes Hyperchaos (Rössler, 1979) auftreten kann, wenn mindestens zwei LCEs positiv werden. Einfaches Chaos kann in einem dreidimensionalen Phasenraum entstehen, während mindestens vier Zustandsvariable nötig sind, um Hyperchaos zu generieren. Bis vor kurzem wurde Hyperchaos nur in wenigen Systemen beobachtet, z. B. in einem induzierten NMR-Laser (Stoop und Meier, 1988), siehe auch (Brun, 1989), und bei den elektrischen Eigenschaften von Halbleitern (Stoop *et al.*, 1989). Weiterhin stellten Conte und Dubois Hyperchaos bei experimentellen Untersuchungen der Rayleigh-Bénard-Konvektion fest (Conte und Dubois, 1988). Die Gruppe um Gerhard Ertl war die erste, die Hyperchaos auch in einer chemischen Reaktion nachwies. Das untersuchte System war dabei wiederum das der katalytischen Oxidation von CO auf einer Pt(110)-Oberfläche unter isothermen Niederdruckbedingungen (Eiswirth *et al.*, 1992).

Wie wir in den vorhergehenden Abschnitten erläuterten, zeigt das System für bestimmte Werte der drei äußeren Kontrollparameter, nämlich die Partialdrücke p_{CO} und p_{O_2} und die Temperatur T, kinetische Oszillationen, und die Reaktionsrate (wie sie sich in der entsprechenden Änderung der Austrittsarbeit $\Delta\phi$ an der Oberfläche widerspiegelt) kann wieder über eine Serie von Periodenverdopplungen einen Übergang ins Chaos durchführen (Eiswirth *et al.*, 1988, 1990). Um Hyperchaos identifizieren zu können, benötigen wir eine Methode, mit der wir alle oder zumindest alle positiven LCEs aus dem Zeitverlauf einer einzigen Meßgröße berechnen können.

Zur Lösung dieses Problems sind zwei verschiedene Methoden bekannt: zum einen der WSSV-Algorithmus (Wolf *et al.*, 1985), bei dem über das Auseinanderdriften von anfänglich eng benachbarten Trajektorien eines rekonstruierten Attraktors gemittelt wird. Mit dieser Methode erhält man jedoch bestenfalls die beiden größten LCEs; außerdem ist die Methode sehr empfindlich gegenüber Rauschen im System (Vastano und Kostelich, 1986; Harding und Ross, 1987; 1988; Kruel *et al.*, 1990). Auf der anderen Seite liefert die Jacobi-Methode alle LCEs. Ertl und Mitarbeiter wandten in der vorliegenden Untersuchung diese letztere Methode in der Version von Sano und Sawada (Sano und Sawada, 1985) an. Wir verweisen noch auf den Beitrag von (Berndes, 1992), in dem eine kurze Beschreibung dieser Methode enthalten ist, wie sie an unserem Institut angewendet wird; siehe auch Abschnitte 5.4.4, 5.4.5 und 5.5.4.

Das Prinzip der Methode von Sano und Sawada beruht auf dem Zusammenhang zwischen den Lyapunov-Exponenten σ_i und der Jacobi-Matrix $\boldsymbol{J} = \partial \boldsymbol{F}/\partial \boldsymbol{x}$ des n-dimensionalen deterministischen Systems der Gln. (9.8.3). Für Systeme, deren Bewegungsgleichungen explizit bekannt sind, gibt es, wie in Abschnitt 5.4.6 beschrieben, eine einfache Methode zur Berechnung des gesamten Lyapunov-Spektrums. Der Algorithmus basiert auf der Integration der linearisierten Systemgleichungen (5.4.67) entlang einer Referenztrajektorie. Offensichtlich kann dieses Verfahren nicht direkt auf experimentelle Meßreihen angewandt werden, da das linearisierte System nicht bekannt ist. Daher wird der tangentiale Fluß auf dem Attraktor durch eine Abbildung $\boldsymbol{\mathcal{A}}_j$ angenähert, die mit Hilfe der Fehlerquadratmethode aus einer Anzahl pseudotangentialer Vektoren für ein vorgegebenes Zeitintervall t_m berechnet wird.

Wir bezeichnen mit $\boldsymbol{x}_j$ ($j = 1, 2 \ldots M$) einen Bezugspunkt auf dem Attraktor, der aus den experimentellen oder berechneten Daten mit Hilfe der in Abschnitt 5.5.4 beschriebenen Zeitverschiebungsmethode (*time-delay method*) rekonstruiert wird. Dann wählen wir N Punkte $\boldsymbol{x}_{k_i}$ ($i = 1, 2, \ldots N$) innerhalb einer kugelförmigen Schale um $\boldsymbol{x}_j$ aus, die der Einschlußbedingung $\varepsilon_{min} < |\boldsymbol{x}_j - \boldsymbol{x}_{k_i}| < \varepsilon_{max}$ genügen. Unterwirft man diese Kugel der zeitlichen Entwicklung des Systems, so erhält man die Informationen, die man für die Näherung des linearisierten Systems in $\boldsymbol{x}_j$ benötigt. Dazu bilden wir Abstandsvektoren $\boldsymbol{y}_i = \boldsymbol{x}_{k_i} - \boldsymbol{x}_j$ vom Kugelmittelpunkt $\boldsymbol{x}_j$ zu den N Punkten $\boldsymbol{x}_{k_i}$ und bestimmen für eine vorgegebene Zeitspanne $t_m = m\Delta t$ die zugehörigen Bildvektoren $\boldsymbol{z}_i = \boldsymbol{x}_{k_j+m} - \boldsymbol{x}_{j+m}$. Aus der Zuordnung $\boldsymbol{z}_i = \boldsymbol{\mathcal{A}}_j \boldsymbol{y}_i$ läßt sich die Abbildungsmatrix $\boldsymbol{\mathcal{A}}_j$ näherungsweise berechnen, wobei die Methode der kleinsten Fehlerquadrate verwendet wird

$$\min_{\mathcal{A}_j} S = \min_{\mathcal{A}_j} \frac{1}{N}\sum_{i=1}^{N} |\boldsymbol{z}_i - \mathcal{A}_j \boldsymbol{y}_i|^2 \tag{9.8.16}$$

S ist dabei die quadratische Abweichung.

Durch Minimierung von S erhält man eine Matrixgleichung für $\boldsymbol{\mathcal{A}}_j$. Die Lyapunov-Exponenten σ_i werden dann abgeleitet aus

$$\sigma_i = \lim_{M\to\infty} \frac{1}{Mt_m} \sum_{j=1}^{M} \ln\left|\mathcal{A}_j \boldsymbol{e}_i^j\right| \quad (i = 1, 2, \ldots, n) \tag{9.8.17}$$

wobei die Vektoren $\boldsymbol{e}_i^j$ eine orthonormale Basis im Tangentialraum von $\boldsymbol{x}_j$ bilden. Um sie zu renormieren, benutzt man im Abstand von ungefähr $5t_m$ das numerische Orthonormierungsverfahren von Gram-Schmidt (vgl. Abschnitt 5.4.6).

In den Arbeiten von Gerhard Ertl *et al.* wurden die experimentellen Ergebnisse wie gewöhnlich in Form einer Meßreihe einer einzigen Variablen angegeben. Die entsprechenden Attraktoren wurden mit Hilfe der in Abschnitt 5.5.4 beschriebenen Zeitverschiebungsmethode von Takens rekonstruiert. Für die Zeitverschiebung wurde die erste Nullstelle der Autokorrelationsfunktion der zeitlichen Entwicklung gewählt. Eine Schwierigkeit bei der Rekonstruktion der Attraktoren liegt oft in der Entstehung „parasitärer" LCEs (Stoop und Meier, 1988; Stoop *et al.*, 1989; Holzfuss und Lauterborn, 1989; Bryant *et al.*, 1990). Diese Schwierigkeit kann man überwinden, indem man die Exponenten für wachsende Einbettungsdimensionen berechnet. Während die unverfälschten LCEs unabhängig von der Einbettungsdimension sind, beobachtet man eine kontinuierliche Verschiebung der durch die Numerik und Rauschen verfälschten LCEs.

zeitliches Verhalten	Kontrollparameter ($T = 540\,K$)	N_{dat} ($\Delta t = 0.15\,s$)	Periode (gemittelt)	D_2	h_2
a), Abb. 9.8.9a	$p_{O_2} = 7.5 \times 10^{-5}$ Torr	1150	2.35 s	1.1 ± 0.1	0.
	$p_{CO} = 3.71 \times 10^{-5}$				
b), Abb. 9.8.9b	$p_{O_2} = 7.5 \times 10^{-5}$	4850	≈ 2.5	2.4 ± 0.2	0.2 ± 0.05
	$p_{CO} = 3.415 \times 10^{-5}$				
c), Abb. 9.8.9c	$p_{O_2} = 6.0 \times 10^{-5}$	8240	≈ 2.5	4.5 ± 0.4	0.4 ± 0.05
	$p_{CO} = 3.0 \times 10^{-5}$				

Tab.9.8.2 Parameter und charakteristische Größen typisch periodischen (a) und chaotischen (b,c) zeitlichen Verhaltens bei der CO-Oxidation an Pt(110);
N_{dat}: Anzahl der Punkte; D_2: Korrelationsdimension; h_2: untere Grenze für KS-Entropie (in s^{-1})

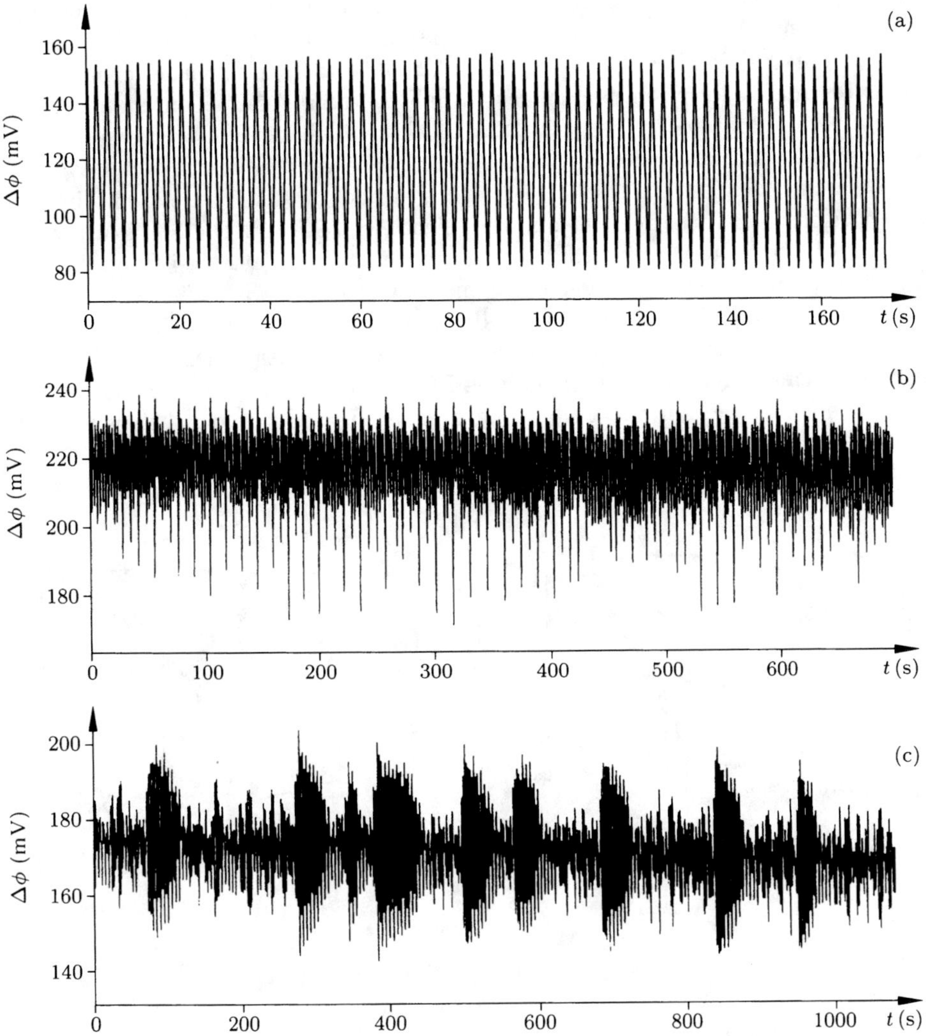

Abb. 9.8.9 Zeitlicher Verlauf einer oszillierenden CO-Oxidation an einer Pt(110)-Oberfläche: (a) periodische, (b) chaotische und (c) hyperchaotische Oszillationen (Parameter siehe Tabelle 9.8.2)

In Abb. 9.8.9 zeigen wir typische Zeitverläufe, die beim Übergang von periodischer Bewegung über Periodenverdopplungen bis hin zum Chaos und Hyperchaos beobachtet wurden. Die damit verbundenen Kontrollparameter werden in Tabelle 9.8.2 aufgeführt, ebenso die entsprechenden Werte für die Korrelationsdimension D_2 und die Korrelationsentropie h_2, die eine untere Grenze der Kolmogorov-Sinai-Entropie darstellt, wie sie mit Standardmethoden ermittelt wurden (Grassberger und Procaccia, 1983a,b,c). Wir verweisen den Leser auch noch auf die Abschnitte 5.5.5 und 5.5.6, in denen eine Einführung in die entsprechende Theorie gegeben wird. Wir beobachten, daß die Reaktion des Systems im Fall a) offensichtlich periodisch ist. Im Gegensatz dazu zeigt das Diagramm im Fall b) chaotisches Verhalten in der Nähe des Übergangs zum Chaos. Fall c) zeigt wieder chaotisches Verhalten, das jedoch von demjenigen in Fall b) völlig verschieden ist und auch andere Kontrollparameter besitzt. Tatsächlich stellt dieser Fall Hyperchaos dar. Wie erwartet, unterscheiden sich die beiden Zustände deutlich in ihren Werten für D_2 und h_2. Diese Unterschiede zeigen sich auch in den Phasenportraits der zugehörigen rekonstruierten Attraktoren (siehe Abb. 9.8.10). Die Struktur des in Abb. 9.8.10b gezeigten Attraktors besteht im wesentlichen aus zwei Bändern, wohingegen in Fall c) keine Bandstruktur mehr sichtbar ist. Schließlich zeigt Abb. 9.8.11 die Abhängigkeit der LCEs von der Einbettungsdimension. Im Fall a) beobachten wir, wie erwartet, nur negative LCEs, wobei einer nahezu Null ist. Fall b) besitzt einen und Fall c) zwei positive LCEs, die ein Plateau formen, d. h. sie werden unabhängig von der Einbettungsdimension, wodurch deutlich wird, daß parasitäre Effekte ausgeschlossen wurden.

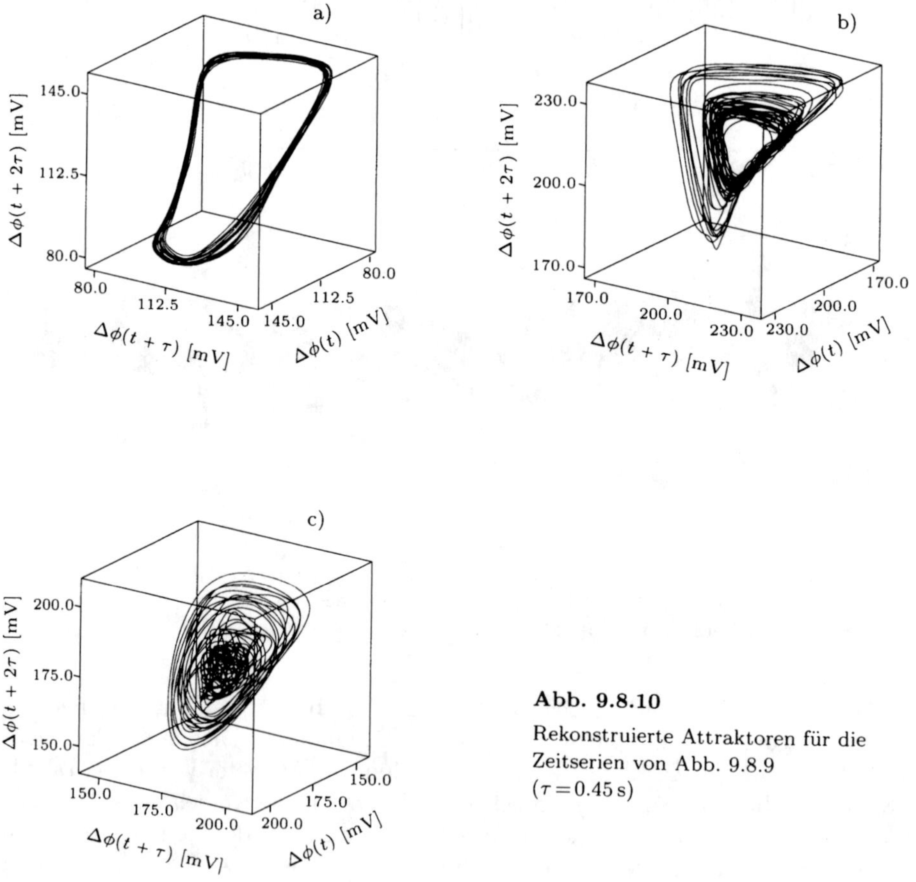

Abb. 9.8.10

Rekonstruierte Attraktoren für die Zeitserien von Abb. 9.8.9 ($\tau = 0.45$ s)

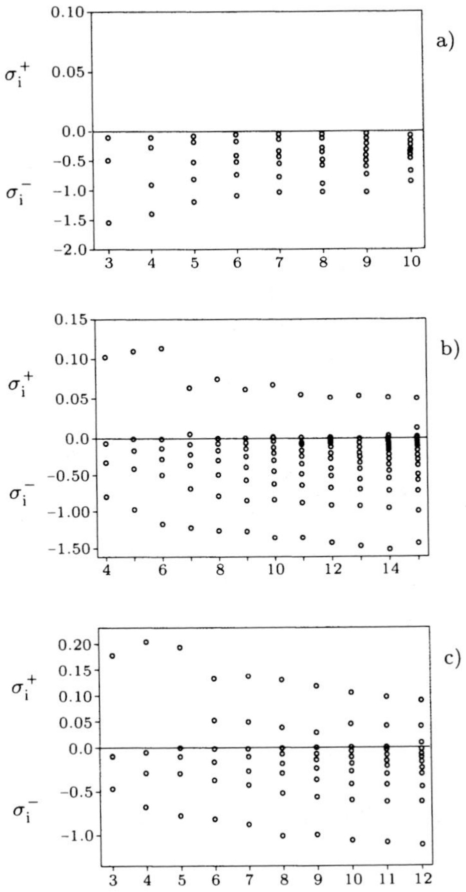

Abb. 9.8.11

Lyapunov-Exponenten als Funktion der Einbettungsdimension für die Zeitserien von Abb. 9.8.9.
Wir beobachten (a) null, (b) ein bzw. (c) zwei positive Exponenten. Eine Dimensionszahl von mindestens sechs oder sieben ist notwendig, um stabile positive LCEs zu erhalten

9.8.7 Raum-zeitliche Musterbildung

Bis jetzt haben wir unsere Darlegungen auf die zeitliche Entwicklung von chemischen Systemen beschränkt, deren Zustandsvariablen x_i lediglich von der Zeit abhängen. Um die geforderte Homogenität sicherzustellen, setzten wir zum Beispiel bei der oben erwähnten BZ-Reaktion voraus, daß die Lösung einer heftigen Durchmischung unterliegen soll. Für eine heterogene Reaktion eines Gases an einer Oberfläche ist ein ständiges Durchmischen jedoch nicht durchführbar. In solchen Fällen muß man davon ausgehen, daß die Zustandsvariablen für ein makroskopisches System auch eine räumliche Abhängigkeit aufweisen. Um das Problem zu beschreiben, machen wir die vereinfachende Annahme, daß unser System aus einer Anzahl von Untersystemen (d. h. Zellen) aufgebaut ist, die einerseits groß genug sind, um eine Kontinuumsbeschreibung der Konzentrationsvariablen x_i zu rechtfertigen, andererseits jedoch so klein, daß die Kinetik in einer einzelnen Zelle noch durch Gl. (9.8.3) beschrieben werden kann. Dementsprechend erweitern wir Gl. (9.8.3) wie folgt zu einem System von partiellen Differentialgleichungen

$$\frac{\partial \boldsymbol{x}}{\partial t} = \boldsymbol{f}(\boldsymbol{x}) + D\nabla^2 \boldsymbol{x} \tag{9.8.18}$$

wobei D ein Diffusionskoeffizient ist. Ausdrücke dieser Art sind als Reaktions-Diffusions-Gleichungen bekannt.

Allerdings müssen wir neben der Diffusion auch noch eine zusätzliche Wechselwirkung zwischen benachbarten Zellen berücksichtigen, da bei nichtisothermen Reaktionsbedingungen und infolge der durch lokal unterschiedliche Reaktionsraten entstehenden Temperaturgradienten auch Wärmeleitung auftritt. Der letztere Effekt kann dominieren bei zusätzlich auf den Katalysator aufgebrachten katalytischen Partikeln (*supported catalyst particles*) und bei hohen Drücken, wobei die durch die exotherme Reaktion freigesetzte Wärme in Verbindung mit einer geringen Wärmeleitfähigkeit deutliche Temperaturveränderungen hervorrufen kann (Brown *et al.*, 1985; Sant und Wolf, 1988; Schüth *et al.*, 1990). Für das hier betrachtete System ist dieser Effekt jedoch ohne Bedeutung. Trotzdem kann ein anderer globaler Effekt bestimmend für das System werden. Wie man Abb. 9.8.3 entnimmt, verursachen die unterschiedlichen Reaktionsraten kleine Modulationen ($<1\%$) in den Partialdrücken, die sich praktisch verzögerungsfrei ($< 10^{-4}$ s) über die Oberfläche des Katalysators ausbreiten.

Die raum-zeitlichen Muster, die durch Gleichungen vom Reaktions-Diffusions-Typ erzeugt werden, lassen sich in bistabile, angeregte, oszillierende und sogar chaotische Zustände einteilen, die theoretisch gründlich untersucht worden sind (Mikhailov, 1990) und in letzter Zeit auch experimentell beim betrachteten CO-System beobachtet werden konnten.

Im Gegensatz zur BZ-Reaktion, bei der Konzentrationsunterschiede durch Farbänderungen deutlich sichtbar werden, sind im Falle des CO-Oxidationsprozesses empfindlichere Untersuchungsmethoden erforderlich, damit lokale Variationen in den Bedeckungsgraden der adsorbierten Spezies erkannt werden können. Dies kann man durch Anwendung einer neuentwickelten Photo-Emissionselektronen-Mikroskopie (PEEM) erreichen; siehe (Engel *et al.*, 1991). Da ein Chemisorptionskomplex von einem Dipolmoment begleitet ist, werden sich lokale Regionen der Oberfläche, die von verschiedenen Spezies bedeckt sind, in ihrer Austrittsarbeit voneinander unterscheiden. Aus diesem Grund verursacht die Bestrahlung mit ultraviolettem Licht lokal unterschiedliche Intensitäten von emittierten Elektronen. Das entstehende Muster kann durch ein System von elektrostatischen Linsen auf einen fluoreszierenden Schirm projiziert werden, auf dem ein Grauwertbild entsteht, das man mit einer CCD-Kamera auf Videoband aufzeichnen kann. Im vorliegenden System beträgt das räumliche bzw. zeitliche Auflösungsvermögen $0.5\,\mu$m bzw. 20 ms. In den weiter unten gezeigten Bildern, die von einem ungefähr 0.4×0.4mm^2 großen Ausschnitt der Oberfläche stammen, erscheinen sauerstoffbedeckte Bereiche dunkel, während CO-bedeckte hell sind.

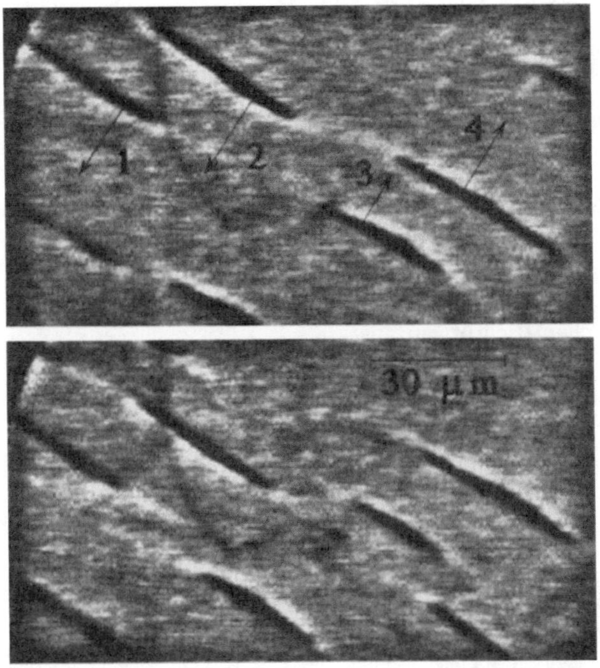

Abb. 9.8.12 Zwei im Abstand von 3 s aufgenommene PEEM-Bilder einer Pt(110)-Oberfläche bei stationärer CO-Oxidation. Die dunklen Regionen mit erhöhter Sauerstoffbedeckung pflanzen sich als solitäre Wellen in den eingezeichneten Richtungen fort ($T = 485$ K, $p_{CO} = 1 \times 10^{-4}$ mbar und $p_{O_2} = 3.5 \times 10^{-4}$ mbar)

Für Bedingungen außerhalb des Bereichs, in dem chemische Oszillationen auftreten, kann sich das System in einem angeregten Zustand befinden, was sich in unterschiedlichen Typen der Ausbreitung der chemischen Wellen äußert. Darunter sind die solitären Wellen (Abb. 9.8.12) besonders interessant (Rotermund *et al.*, 1991). Diese bestehen aus einzelnen Wellenbergen mit einem glockenförmigen Profil, die sich mit einer konstanten Geschwindigkeit von ungefähr 3 μm/s entlang der im Diagramm mit Pfeilen markierten Richtungen ausbreiten. Diese Richtungen entsprechen einer kristallographischen Orientierung (hier der [001]-Richtung) der Pt(110)-Oberfläche. Bei der Kollision zweier solcher Wellenerhebungen, die sich in entgegengesetzter Richtung bewegen, wird meistens eine oder es werden beide vernichtet. In manchen Fällen trennen sich die beiden Wellen jedoch wieder, wobei sie Form und Geschwindigkeit beibehalten, aber wohl eine Phasenverschiebung aufweisen. Phänomene dieser Art wurden zuerst in einer nichtlinearen Gleichung, die in der Hydrodynamik auftritt und unter dem Namen Korteweg-de Vries-Gleichung (KdV) bekannt ist, entdeckt (Korteweg und de Vries, 1895; Ablowitz und Clarkson, 1991; Argyris und Haase, 1987; Argyris *et al.*, 1991). In der Physik sind solche solitären Wellen als Solitonen bekannt (Zabusky und Kruskal, 1965). Auch in der Festkörperphysik spielen sie eine wichtige Rolle, z. B. im Zusammenhang mit

Versetzungen in Kristallgittern. Der interessante Name Soliton gibt den quasipartikelartigen Charakter solcher Ereignisse, die Analogien zur Natur von Partikeln in der Quantenmechanik aufweisen, wieder. Das außergewöhnliche Verhalten nichtlinearer Systeme, die durch die KdV- oder andere Gleichungen mit ähnlichen Effekten (wie die sine-Gordon- oder die Enneper-Gleichung) beschrieben werden, basiert auf einem empfindlichen Gleichgewicht von Nichtlinearität und Dispersion, wobei im übrigen keine dissipativen Effekte auftreten. In der vorliegenden chemischen Untersuchung erlaubt es uns das nach einem Frontalzusammenstoß zweier Wellenpakete entstandene Muster nicht, zu unterscheiden, ob die beiden Wellen aneinander reflektiert werden oder ob sie einander durchdringen und sich weiter in ihren ursprünglichen Richtungen ausbreiten.

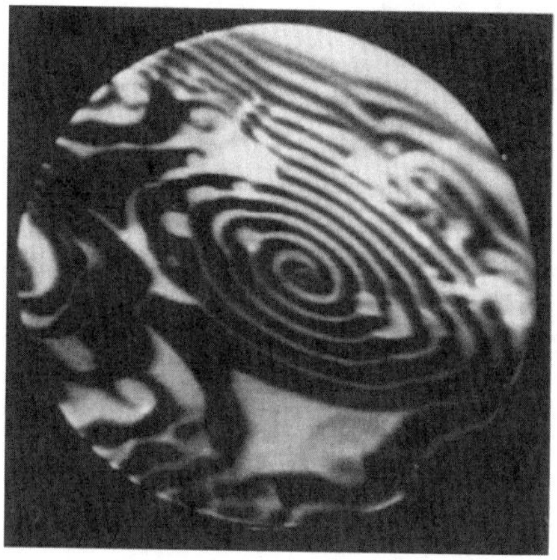

Abb. 9.8.13

PEEM-Aufnahme eines spiralförmigen Wellenmusters auf Pt(110). Der Durchmesser des Bildes beträgt 0.4 mm ($T = 435$ K, $p_{CO} = 3.8 \times 10^{-5}$ mbar und $p_{O_2} = 3.0 \times 10^{-4}$ mbar)

Das am häufigsten auftretende raum-zeitliche Muster eines angeregten Reaktions-Diffusions-Systems, wie das vorliegende mit CO, ist ein System von kontinuierlich wachsenden Spiralen (Field und Burger, 1985; Mikhailov, 1990; Kuramoto, 1984), die bei der BZ-Reaktion eingehend studiert wurden. Ein Beispiel eines solchen spiralförmigen Wellenmusters für ein CO-System wird in Abb. 9.8.13 gezeigt (Jakubith *et al.*, 1990). Die Spirale ist nicht kreisförmig, sondern elliptisch (Abb. 9.8.13), wobei sich die große Halbachse entlang der [110]-Richtung und die kleine Halbachse entlang der [001]-Richtung des Einkristalls erstreckt. Dies liegt an der Anisotropie der Oberfläche, die die Diffusion der adsorbierten Spezies und die Ausbreitungsgeschwindigkeit der chemischen Wellenfronten beeinflußt. Im vorliegenden Fall betragen die Geschwindigkeiten in den entsprechenden Richtungen 3.3 bzw. 1.2 μm/s (siehe den oberen Teil von Abb. 9.8.12).

Ändert man die Kontrollparameter ein wenig, so erkennt man, daß das System zu schwingen beginnt; siehe Abb. 9.8.14. Man beobachtet konzentrische elliptische Wellen, die mit einer Frequenz von ungefähr 0.15 s^{-1} von sogenannten Keim-Zentren (*nucleation centers*) emittiert werden, wobei die Wellenlänge in der [110]- bzw. [001]-Richtung in der Größenordnung von 30 bzw. 10 μm liegt. Auch diese Muster wurden bereits in der klassischen BZ-Reaktion beobachtet (Zaikin und

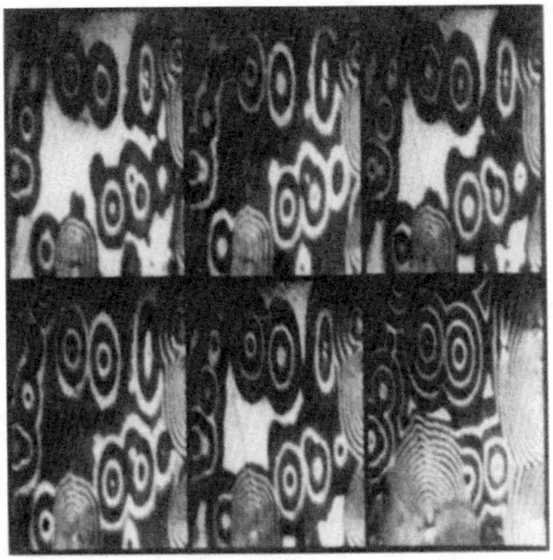

Abb. 9.8.14
Reihe von PEEM-Aufnahmen eines $0.2 \times 0.3\,\text{mm}^2$ großen Ausschnitts einer Pt(110)-Oberfläche. Der Zeitunterschied zwischen den beiden letzten Aufnahmen beträgt 30 s, zwischen allen anderen 4.1 s
($T = 427\,\text{K}$, $p_{CO} = 3 \times 10^{-5}$ mbar und $p_{O_2} = 3.2 \times 10^{-4}$ mbar)

Zhabotinsky, 1970). Im vorliegenden Fall löschen sich aufeinandertreffende Wellenfronten gegenseitig aus, wodurch Spitzen an den Strukturen entstehen (siehe Abb. 9.8.14). Leider müssen wir an dieser Stelle darauf verzichten, noch einen weiteren Typ von Mustern mit viel kürzeren Wellenlängen in Verbindung mit wachsenden Spiralen zu diskutieren. Der gesamte Untergrund wechselt dabei periodisch von hell (CO-bedeckt) zu dunkel (O-bedeckt), was auf periodische (Mischmoden-) Schwingungen der Reaktionsrate hinweist, wenn man über die gesamte Oberfläche integriert. Dieser periodische Wechsel tritt in kurzen Abständen auf (< 1s) und zeigt, daß die sogenannte Gasphasen-Kopplung einen weiteren Mechanismus räumlicher Selbstorganisation darstellt.

Wie bereits erwähnt, breitet sich dieser zuletzt genannte Effekt praktisch verzögerungsfrei innerhalb von ca. 10^{-4} s über die Oberfläche aus und bestimmt die Synchronisation, die den kinetischen Hochfrequenzschwingungen, die bei höheren Temperaturen auftreten, zugrundeliegt. Reguläre Schwingungen der Reaktionsraten, wie sie in Abb. 9.8.7a gezeigt werden, sind oft räumlich gleichförmig, können aber auch mit stehenden Wellen in Verbindung gebracht werden; siehe Abb. 9.8.15. Die gesamte makroskopische Oberfläche zeigt in ungefähr gleichem Abstand abwechselnd helle und dunkle Streifen, deren Intensitäten mit der Periode der damit verbundenen kinetischen Schwingung variieren. Als Folge sehr kleiner Veränderungen zwischen benachbarten Streifenpaaren können dynamische „Versetzungen", wie in Abb. 9.8.15 gezeigt, auftreten.

Zum Schluß kommen wir noch einmal auf den faszinierenden Fall der irregulären (d. h. chaotischen) kinetischen Schwingungen zurück. Der Übergang von regulären kinetischen Schwingungen zu zeitlichem Chaos aufgrund der Variation eines Kontrollparameters erfolgt über ein Feigenbaum-Szenario, d. h. über eine Kaskade von Periodenverdopplungen, und führt zu einem allmählichen Anstieg raum-zeitlicher Unordnung (siehe das spezielle Beispiel in Abb. 9.8.7d). Die Orientierungen und

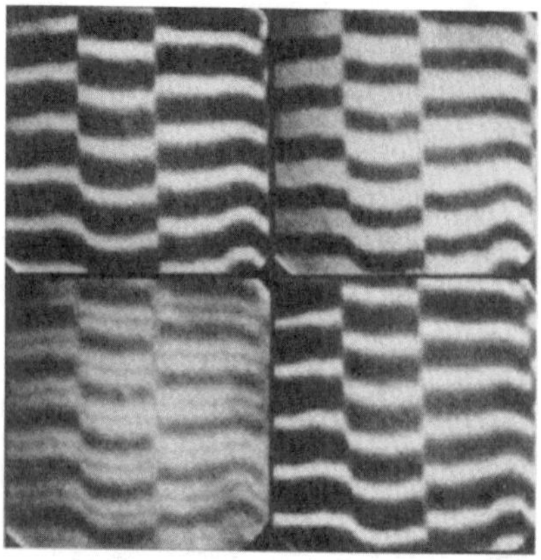

Abb. 9.8.15

Raum-Zeit-Muster einer stehenden Welle auf einem $0.3 \times 0.3\,mm^2$ großen Ausschnitt einer Pt(110)-Oberfläche, aufgezeichnet im Abstand von 0.5 s während harmonischer kinetischer Schwingungen des Typs a) von Abb. 9.8.7
($T = 550\,K$, $p_{O_2} = 4.1 \times 10^{-4}$ mbar und $p_{CO} = 1.75 \times 10^{-4}$ mbar)

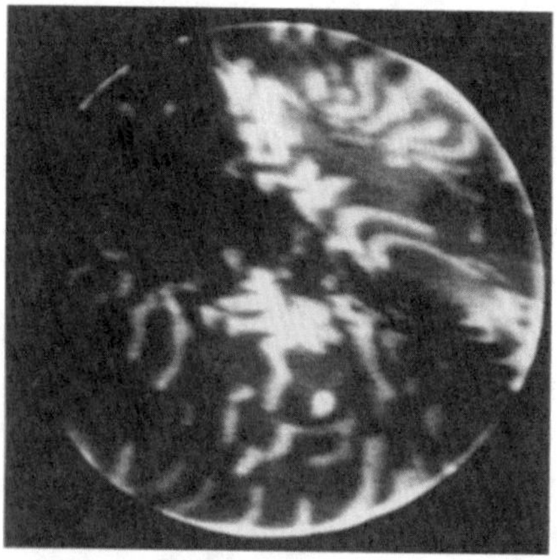

Abb. 9.8.16

Irreguläre und sich schnell ändernde Muster (Durchmesser 0.4 mm), charakteristisch für *chemische Turbulenz*

Abstände der Streifen werden irregulär; schließlich brechen sie auseinander und bilden keine stehenden Wellen mehr, sondern führen *schnelle seitliche* Bewegungen aus. Die Muster in Abb. 9.8.16 erinnern deutlich an eine turbulente Flüssigkeit. Daher bezeichnet man dieses raum-zeitliche Chaos als chemische Turbulenz. Obwohl sich die zugrundeliegenden Reaktions-Diffusions-Gleichungen von den Navier-Stokes-Gleichungen der Gas- und Flüssigkeitsdynamik stark unterscheiden, kann man auch hier die fundamentale Ähnlichkeiten in den Erscheinungen verschiedener nichtlinearer Systeme feststellen; *plus ça change plus c'est la même chose.*

9.9 Ein Überblick über chaotisches Verhalten in unserem Sonnensystem

Astronomy teaches the correct use
of the sun and the planets
Stephen Leacock, 1869-1944
English born Canadian humorist

Für die meisten von uns ist unser Sonnensystem ein dynamisches System, dessen Bewegungen, so glauben wir, über Äonen hinweg mit der unbeirrbaren Präzision eines Uhrwerks ablaufen und das wir Menschen mit fast mystischer Ehrfurcht beobachten. Tatsächlich führte die Suche nach den Prinzipien dieser Bewegung durch Kepler und Newton vor rund 300 Jahren zu Newtons bahnbrechender Formulierung der Gesetze der Mechanik und Gravitation. Poincaré erkannte jedoch zu Beginn dieses Jahrhunderts, daß nichtlineare dynamische Systeme generell zu irregulärem Verhalten neigen. Diese Erkenntnis, die er in seinem klassischen Werk „Méthodes nouvelles de la mécanique céleste“ darlegte, konnte jedoch nicht mit der damals noch unbekannten Vorstellung von Chaos in Verbindung gebracht werden, was auch verständlich ist, weil Computer für umfangreiche numerische Rechnungen und die damit verbundenen graphischen Möglichkeiten noch nicht erfunden waren. Diese Situation änderte sich jedoch grundlegend nach den Entdeckungen von Lorenz auf dem Gebiet der Meteorologie im Jahre 1963. Heute begreifen wir das Sonnensystem als ein typisches nichtlineares dynamisches System. Deshalb untersucht man heute bei der Erforschung des Sonnensystems nicht mehr nur die Bahnbewegung, sondern auch die Dynamik des Dralls der Planeten und Monde sowie die gegenseitige Beeinflussung und die Auswirkung der Gezeitenreibung auf die Entwicklung der Bahnbewegungen und des Drehverhaltens. Dies führt zu faszinierenden Phänomenen, wie Resonanzen und Frequenzkopplungen, und damit unausweichlich zu chaotischen Ausbrüchen. In der kurzen Übersicht dieses Abschnitts diskutieren wir einige Bahn- und Drallprobleme und ihre Auswirkungen, insbesondere den chaotischen Tanz von Hyperion, eines Mondes des Saturn. Zu einem großen Teil beruhen unsere Ausführungen auf den umfassenden Arbeiten von Jack Wisdom (Wisdom, 1982; 1983; 1985a; 1985b; 1986; 1987a; 1987b; Wisdom *et al.*, 1984; Sussman und Wisdom, 1988). Wir haben auch das ausgezeichnete Buch von Scheck über Mechanik hinzugezogen (Scheck, 1988), das einen leicht verständlichen Überblick über deterministisches Chaos in der Himmelsmechanik enthält. Gelegentlich werden wir wörtlich aus diesen Quellen zitieren.

9.9.1 Die Taumelbewegung des Hyperion

Hyperion ist einer der äußersten Monde des Planeten Saturn und besitzt eine Umlaufzeit von 21 Tagen. Dieser Satellit, der eine sehr unregelmäßige Form besitzt, führt nach den jüngsten Erkenntnissen eine stark chaotische Torkelbewegung aus. Diese unregelmäßige Bewegung ist hauptsächlich auf seine asphärische, stark von einer Kugel abweichende Gestalt zurückzuführen. Die Abmessungen des Satelliten, die aus Bildern der *Voyager 2*-Mission (Smith *et al.*, 1982) gewonnen wurden, betragen 190 km × 145 km × 114 km mit einer Unsicherheit von ±15 km. Ein weiterer, wenn auch nicht so ausschlaggebender Grund für die irreguläre Bewegung Hyperions ist die relativ große Exzentrizität ($e = 0.1$) seiner Umlaufbahn. Man geht davon aus, daß die seit der Entstehung des Sonnensystems über Äonen wirkende Gezeitenreibung für die chaotische Bewegung Hyperions verantwortlich ist. Das chaotische Verhalten äußert sich dabei in großen Änderungen des Dralls und der Orientierung der Drehachse innerhalb weniger Bahnumläufe.

Man nimmt an, daß die mechanische Ursache für die chaotische Bewegung im inhomogenen Gravitationsfeld begründet liegt, das ein Drehmoment auf einen unrunden Satelliten ausübt. Dieses Drehmoment entsteht durch unterschiedliche Anziehungskräfte auf die saturnnahe und die saturnferne Seite des Satelliten. Für einen asphärischen Körper gleichen sich die entstehenden Drehmomente nicht aus: es bleibt ein resultierendes Drehmoment übrig, das als Gravitationsgradienten-Drehmoment (*gravity gradient torque*) bekannt ist. Aufgrund seiner ausgeprägt unrunden Form ist Hyperion einem besonders großen Drehmoment ausgesetzt.

Wenden wir uns nun kurz dem vertrauten System Erde-Mond zu. Man beobachtet, daß der Mond der Erde immer nahezu diesselbe Seite zuwendet, daß also Umlaufzeit und Rotationszeit gleich groß sind, eine Folge der seit undenklichen Zeiten einwirkenden Gezeitenkräfte. Des weiteren führen die Gezeitenkräfte eine Angleichung der Rotationsachse an die Achse des größten Hauptträgheitsmomentes herbei. Außerdem bewirken diese über lange Zeiten wirkenden mechanischen Einflüsse, daß sich die Rotationsachse normal zur Bahnebene ausrichtet, was letztlich, da die Rotation allmählich langsamer wird, zur Synchronisation von Rotationszeit und Umlaufzeit führt (Goldreich und Peale, 1966; Peale, 1977).

Alle Monde unseres Sonnensystems, die ihren Mutterplaneten in geringer Entfernung umkreisen, waren diesen Gezeitenkräften ausgesetzt und weisen daher die erwähnte Kopplung von Rotations- und Umlaufzeiten auf. Tatsächlich ist auch im Falle des Hyperion die Rotationsdauer derjenigen schon sehr nahe gekommen, die Hyperion aufweisen müßte, wenn er Saturn immer dieselbe Seite zuwendete. Man beachte, daß Hyperions Torkelbewegung nicht chaotisch wäre, wenn er diesen Gezeitenkräften nicht ausgesetzt gewesen wäre. Hyperion hätte wohl auch eine stabile und kommensurable Rotationszeit erreicht, wenn der Zeitraum, den die Rotationszeit braucht, um sich der Umlaufzeit anzugleichen, viel geringer als das Alter des Sonnensystems wäre.

Um eine mögliche chaotische Bewegung Hyperions zu untersuchen, erscheint es zweckmäßig, ein vereinfachtes Modell zu wählen. In diesem Modell nehmen wir an, daß Hyperion sich auf einer festen Ellipse mit der großen Halbachse a und der Exzentrizität e bewegt. Offensichtlich ist der Zeitraum, in dem chaotische Änderungen in der Rotationszeit auftreten, deutlich kleiner als der Zeitraum, in dem sich wesentliche Veränderungen der Umlaufbewegung des Hyperion, die sowieso begrenzt sein müssen, abspielen könnten. Aufgrund der stets vorhandenen Gezeitenkräfte kann man – zumindest für diese vereinfachte Untersuchung – annehmen, daß die Rotationsachse senkrecht auf der Bahnebene steht und mit der

Achse des größten Hauptträgheitsmomentes I_3 übereinstimmt. Die beiden anderen Hauptträgheitsmomente werden mit I_2 und I_1 bezeichnet, wobei I_1 das kleinste Hauptträgheitsmoment darstellt. Die Orientierung des Hyperion definieren wir durch den Winkel θ, dem Winkel zwischen der Achse des kleinsten Hauptträgheitsmoment I_1 und der festen Periapsislinie, d. h. der Linie zwischen dem Planeten $\mathcal{S}$ und dem saturnnächsten Punkt $\mathcal{P}$ der Umlaufbahn (siehe Abb. 9.9.1).

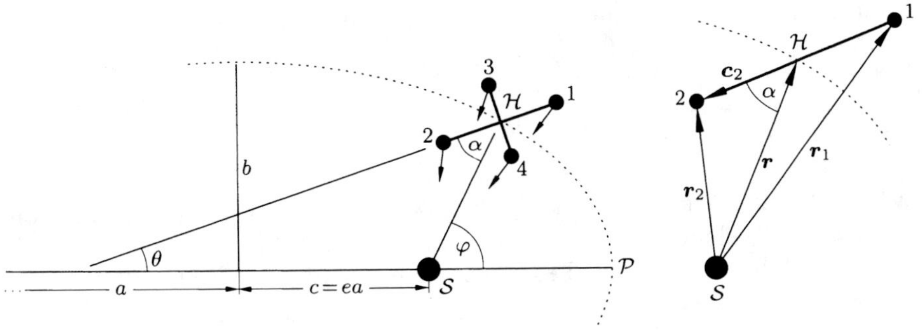

Abb. 9.9.1 Ein einfaches Zwei-Hantelmodell für den unsymmetrischen Saturnmond Hyperion

Weiter definieren wir den Polarwinkel φ als Winkel zwischen der laufenden Position des Satelliten und der Periapsislinie. Wenn wir noch die mittlere Umlaufzeit mit T bezeichnen, ergibt sich die Bewegungsgleichung des vereinfachten Problems zu

$$I_3 \frac{\mathrm{d}^2\theta}{\mathrm{d}t^2} = -\frac{3}{2}(I_2 - I_1)\left(\frac{2\pi}{T}\right)^2\left(\frac{a}{r}\right)^3 \sin 2(\theta - \varphi) \qquad (9.9.1)$$

Um unsere Einführung in die Theorie nicht zu unterbrechen, verschieben wir die Ableitung dieser Beziehung an das Ende des Abschnitts. Vorläufig wollen wir uns nur die Reihenfolge der Größe der Hauptträgheitsmomente merken: $I_1 < I_2 < I_3$.

Die Bewegungsgleichung beschreibt auf der linken Seite von Gl. (9.9.1) die Änderung des Drehimpulses – d. h. das Produkt des Trägheitsmoments I_3 mit der Winkelbeschleunigung – aufgrund des äußeren Drehmoments. Da das Drehmoment von einem Gravitationsgradienten herrührt, hängt es vom Kubus der Entfernung des Satelliten vom Mutterplaneten ab. Offensichtlich verschwindet das Drehmoment für einen achsensymmetrischen Körper mit $I_1 = I_2$.

Die Asymmetrie des Körpers kommt in der Differenz $(I_2 - I_1)$ der Trägheitsmomente zum Ausdruck. Das Drehmoment versucht nun, die lange Achse des Satelliten mit der Verbindungslinie Saturn-Hyperion in Übereinstimmung zu bringen; der Winkel zwischen der langen Achse und der Verbindungslinie ist dabei $(\varphi - \theta)$. Gleichung (9.9.1) berücksichtigt lediglich die Momente niedrigster Ordnung der Massenverteilung in dem Teil der potentiellen Energie, der von der Orientierung abhängt. Die dabei vernachlässigten Effekte sind von höherer Ordnung im kleinen Verhältnis der Radii von Satellit und Umlaufbahn. In unserer Näherung weisen alle Körper eine spezifische Symmetrie auf, bei der eine Drehung um 180° einen dynamisch äquivalenten Zustand ergibt.

Die Bewegungsgleichung besitzt nur einen Freiheitsgrad, nämlich den Winkel θ, hängt jedoch über die Entfernung r zum Planeten und die nichtlineare Änderung der wahren Anomalie φ von der Zeit ab. Der Leser wird bemerkt haben, daß man das vereinfachte Problem nur aufgrund der Exzentrizität der Umlaufbahn nicht integrieren kann. Tatsächlich wird bei einer Exzentrizität $e = 0$ die Entfernung des Satelliten vom Planeten konstant und stimmt mit der großen Halbachse überein. Die wahre Anomalie φ ist dann einfach $\frac{2\pi}{T}t$, und die entspechende Bewegungsgleichung mit dem Winkel $\theta' = \theta - \frac{2\pi}{T}t$ lautet

$$I_3 \frac{\mathrm{d}^2\theta'}{\mathrm{d}t^2} = -\frac{3}{2}\left(\frac{2\pi}{T}\right)^2 (I_2 - I_1)\sin 2\theta' \tag{9.9.2}$$

Gleichung (9.9.2) stellt, bis auf den Faktor 2 im Argument der Winkelfunktion, die Bewegungsgleichung eines Pendels dar, die natürlich explizit integriert werden kann. Damit führt der Spezialfall $e = 0$ auf ein erstes Integral von Gl. (9.9.2). Wir stellen leicht die Beziehung auf

$$E = \frac{1}{2} I_3 \left(\frac{\mathrm{d}\theta'}{\mathrm{d}t}\right)^2 - \frac{3}{4}\left(\frac{2\pi}{T}\right)^2 (I_2 - I_1)\cos 2\theta' \tag{9.9.3}$$

Wir wissen bereits, daß Hamilton-Systeme mit zwei Freiheitsgraden einen ineinandergeschachtelten Phasenraum (*graded phase space*) besitzen, wobei je nach Anfangsbedingungen chaotische oder reguläre Bewegungen auftreten können, vgl. (Hénon und Heiles, 1964) sowie Abschnitte 4.5 und 4.6. Für eine von Null verschiedene Exzentrizität ist es unmöglich, die Zeitabhängigkeit zu eliminieren. Deshalb dürfen wir annehmen, daß unser vereinfachtes Modell zur Beschreibung der Bahnbewegung des Satelliten unter Berücksichtigung der Exzentrizität einen solchen geschichteten Phasenraum aufweist.

Um die Struktur des Phasenraums zu verstehen, ist es zweckmäßig, Poincaré-Schnitte zu betrachten, wobei man den Bewegungszustand einmal pro Umlauf festhält. Die Bewegungsgleichung Gl. (9.9.1) wird numerisch integriert, und bei jedem Durchgang des Satelliten durch die Periapsis wird die Änderung $\frac{\mathrm{d}\theta}{\mathrm{d}t}$, oder vielmehr $\frac{T}{2\pi}\frac{\mathrm{d}\theta}{\mathrm{d}t}$, gegen den Winkel θ aufgetragen (siehe Abb. 9.9.2). Zur Erstellung dieses Diagramms ist die Berechnung einer großen Anzahl von Trajektorien erforderlich.

Wir erinnern daran, daß sich im Fall einer quasiperiodischen Bewegung eine eindimensionale Kurve ergibt. Auf der anderen Seite führt eine chaotische Bewegung zu einer Wolke von Punkten, die ein ganzes Flächenstück ausfüllen. Man beachte, daß alle Punkte im mittleren Teil des Diagramms zu ein und derselben Trajektorie gehören. Außerdem repräsentieren die beiden Trajektorien, die im oberen Teil des Diagramms ein diffuses X bilden und fraktalen Charakter zeigen, chaotisches Verhalten. Ohne detailliertere Untersuchungen könnte man die anderen klar definierten Kurven quasiperiodischen Bewegungen zuordnen. Die kleinen Inseln

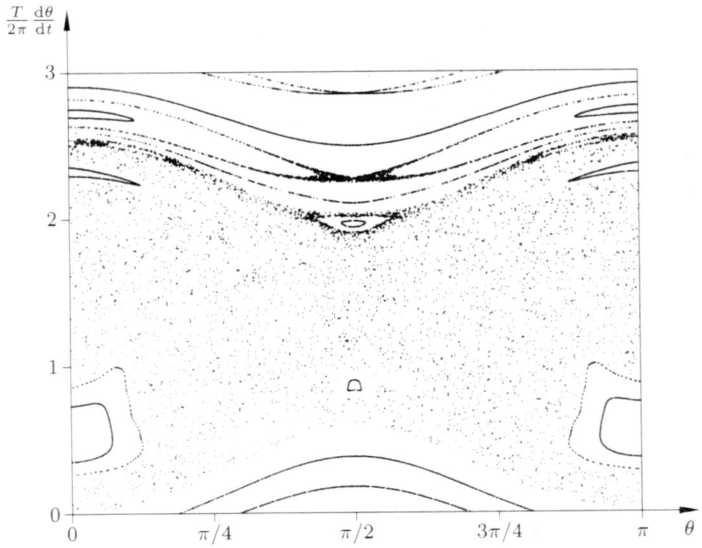

Abb. 9.9.2 Poincaré-Schnitt der Bewegung des Hyperion (Asphärizität $\beta = 0.89$ und $e = 0.1$; zur Definition von β s. Gl. (9.9.14)).
Die Änderungsrate der Orientierung ist über der Orientierung bei jedem Periapsisdurchgang aufgetragen, die Drehachse wird senkrecht zur Bahnebene festgehalten

innerhalb des chaotischen Meeres bezeichnen Zustände, in denen Rotationszeit und Umlaufzeit kommensurabel sind. Die große Insel im unteren Teil des Diagramms in der Nähe von $\theta = 0$ zeigt den Zustand an, in dem Hyperion Saturn nahezu immer dieselbe Seite zuwendet. Die kleine Insel im obersten Teil der ausgedehnten chaotischen Zone ist ein sogenannter 2er-Zustand, bei dem Hyperion pro Umlauf im Mittel zweimal rotiert. Schließlich bezeichnen die Kurven in der Nähe von $\theta = \frac{\pi}{2}$ nichtkommensurable quasiperiodische Rotationen.

Hätte man den Bereich der Ordinate erweitert, so wären überall im Diagramm ähnliche Kurven zu beobachten; im vorliegenden Diagramm erkennen wir lediglich im oberen Bereich ähnliche eindimensionale Kurven, die ebenfalls quasiperiodische, nichtkommensurable Bewegungen darstellen. In Abb. 9.9.2 präsentieren wir nur die Ergebnisse im Bereich von $\theta = 0$ bis $\theta = \pi$, da eine Erhöhung von θ um π aus Symmetriegründen wieder ein äquivalentes Bild ergibt. Man beachte allerdings, daß sich die beiden synchronen Zustände bei $\theta = 0$ bzw. $\theta = \pi$ insofern unterscheiden, als sie sich auf die beiden Fälle beziehen, bei denen Hyperion dem Saturn entgegengesetzte Seiten zuwendet.

Das oben diskutierte vereinfachte Modell basiert auf der in der Astronomie üblichen Annahme, daß die Gezeitenkräfte die Rotationsachse des Satelliten so beeinflussen, daß sie in die Normale der Bahnebene übergeführt wird, wobei sich gleichzeitig die Rotation verlangsamt, bis Umlaufzeit und Rotationszeit übereinstimmen.

Diese klassische Theorie über die Auswirkung der Gezeitenkräfte mußte in letzter Zeit neu überdacht werden. Insbesondere muß man die Stabilität der Orientierung der Rotationsachse senkrecht zur Bahnebene kritisch untersuchen. Eine genauere Erläuterung der zugrundeliegenden sehr komplexen Theorie ist im Rahmen dieses Überblicks nicht möglich, allerdings wollen wir kurz darauf hinweisen, daß nach dieser Theorie die chaotische Zone lageinstabil ist. Nimmt man an, daß Hyperion in einem chaotischen Bereich liegt, so wächst tatsächlich bereits die kleinste Ablenkung der Rotationsachse von der Richtung normal zur Bahnebene exponentiell an. Eine solche Entwicklung würde sich innerhalb weniger Bahnumläufe abspielen.

Interessanterweise gilt dies auch für den erwähnten Zustand der Synchronisation. Dieser Zustand, in dem sich alle gezeitengebundenen Satelliten des Sonnensystems befinden, stellt sich im Falle von Hyperion als lageinstabil heraus. Auf der anderen Seite sind die Stabilitätsverhältnisse der anderen kommensurablen Inseln unterschiedlich: manche sind stabil, während andere instabil sind.

Zu diesen Ergebnissen gelangt man, wenn man die kompletten Eulerschen Bewegungsgleichungen unter der Einwirkung eines von einem dreidimensionalen Gravitationsgradienten herrührenden Drehmomentes betrachtet. Diese Bewegungsgleichungen enthalten drei Freiheitsgrade, die man durch die drei Eulerschen Winkel ausdrücken kann, auch wenn dies nicht der effizienteste und eleganteste Weg ist. Weiter müssen wir natürlich auch die explizite Zeitabhängigkeit berücksichtigen, die von einer ungleichförmigen Keplerbewegung auf einer Bahn mit einer Exzentrizität $e > 0$ herrührt. Die Auswertung der Poincaré-Schnitte wird jedoch in diesem Fall sehr viel schwieriger. Allerdings können wir die Tatsache ausnützen, daß sich benachbarte chaotische Trajektorien im Phasenraum exponentiell voneinander entfernen. Bekanntlich kann man diese exponentielle Abweichung sehr elegant mit Hilfe der charakteristischen Lyapunov-Exponenten quantifizieren (siehe Abschnitt 5.4). Sobald die Rotationsachse von der Normalen der Bahnebene abweicht, beobachtet man eine dreidimensionale Taumelbewegung, die völlig chaotisch ist. Diese Bewegung stellt einen hyperchaotischen Zustand dar, bei dem alle drei Lyapunov-Exponenten positiv sind.

Als nächstes betrachten wir den Einfluß der Gezeitenreibung. Das Problem entspricht dann nicht mehr einem Hamilton-System. Allerdings besteht ein enormer Unterschied zwischen der Zeitskala, auf der sich die dynamischen Phänomene abspielen, und der Zeitskala, innerhalb der die Gezeitenreibung wirksam wird. Deshalb kann man den Einfluß der Gezeiten als eine langsame Evolution durch den Phasenraum des ursprünglichen Hamilton-Systems betrachten.

Wir können davon ausgehen, daß sich Hyperion zu Beginn seiner Existenz hoch über der Ordinate von Abb. 9.9.2 befand, und daß seine Rotationsdauer in dieser Anfangsphase sehr viel kleiner war als seine Umlaufzeit. Über riesige Zeiträume hinweg verlangsamte sich die Eigendrehung allmählich, während die schiefe Lage seiner Achse in bezug auf die Senkrechte fast bis auf Null gedämpft wurde. Durch diese Abnahme des Winkels zwischen Rotationsachse und Normale treffen die Annahmen, die Abb. 9.9.2 zugrunde liegen, mehr und mehr zu. Als Hyperion die große zentrale chaotische Zone erreichte, muß seine Achse fast senkrecht auf der Bahnebene gestanden haben. Wir können jedoch davon ausgehen, daß bei Erreichen dieser Zone die Arbeit, die die Gezeitenkräfte über Äonen hinweg verrichtet haben, innerhalb weniger Tage zunichte gemacht wurde. Da, wie bereits erwähnt, die große chaotische Zone lageinstabil ist, muß Hyperion sofort begonnen haben, um alle drei Raumachsen zu taumeln. Vielleicht wird Hyperion am Ende seiner zeitlichen Entwicklung von einer der kleinen lagestabilen Inseln eingefangen. Allerdings kann man leicht sehen, daß er niemals von einer synchronen Insel eingefangen werden kann, da diese Inseln lageinstabil sind.

Bis jetzt liegen noch keine völlig schlüssigen Beobachtungen vor, die die Hypothese der chaotischen Taumelbewegung des Hyperion bestätigen würden. Die überzeugendsten Hinweise auf eine chaotische Bewegung lieferten die Bilder der *Voyager 2*-Sonde, die zeigen, daß sich die lange Achse des Hyperion außerhalb der Bahnebene befindet, während die Rotationsachse fast innerhalb der Bahnebene liegt. Dies ist konsistent mit einem Zustand chaotischen Torkelns und gleichzeitig inkonsistent mit anderen regulären Rotationsphänomenen. Um endgültig und zweifelsfrei entscheiden zu können, ob Hyperion chaotisch torkelt, sind weitere Satellitenmissionen notwendig. Wenn einmal ausreichende Beobachtungsergebnisse vorliegen, kann man möglicherweise die Richtung der Untersuchungen umkehren, d. h. die Anfangsbedingungen und die äußeren Momente bestimmen.

Zur Herleitung von Gl. (9.9.1)

Die Dynamik eines unregelmäßigen Körpers wird vollständig von seiner Gesamtmasse m und seinem Trägheitsellipsoid (d. h. seinen drei Hauptträgheitsmomenten) bestimmt, sofern wir voraussetzen, daß es sich um einen starren Körper handelt. Unter diesen Voraussetzungen sind die genaue Massenverteilung und die tatsächliche Form des Körpers belanglos. Daher können wir das Problem der Dynamik eines beliebigen starren Körpers ohne Einschränkung der Allgemeinheit vereinfachen, indem wir eine spezifische Massenverteilung annehmen, die es erlaubt, durch einfache Rechnung den exakten Betrag des Gravitationsgradienten-Drehmoments $\boldsymbol{T}$ auf der rechten Seite der Gl. (9.9.1) zu ermitteln.

Aufgrund dieser Überlegungen verteilen wir die Masse m des Hyperion auf vier Massenpunkte der Masse $\frac{m}{4}$ und ordnen sie in Form zweier aufeinander senkrecht stehender Hanteln 1-2 und 3-4 an, wobei die Hantel 1-2 in Richtung des kleinsten Trägheitsmoments zeigt, siehe Abb. 9.9.1. Die Längen der Hanteln betragen c_2 für 1-2 und c_1 für 3-4. Dann lassen sich die gegebenen Hauptträgheitsmomente durch die einfachen Beziehungen ausdrücken

$$I_1 = \frac{1}{8} m c_1^2 < I_2 = \frac{1}{8} m c_2^2 < I_3 = \frac{1}{8} m \left(c_1^2 + c_2^2\right) \tag{9.9.4}$$

Wie erwähnt, nehmen wir hierbei an, daß der Satellit um die Achse des größten Trägheitsmoments I_3 rotiert. Aufgrund des Gravitationsgradienten erfährt der Satellit ein Drehmoment $\boldsymbol{T}$, welches natürlich vom laufenden Ortsvektor $\boldsymbol{r}$ abhängt.

Wir betrachten zunächst die Hantel 1-2. Wie man aus Abb. 9.9.1 sieht, beträgt der Beitrag dieser Hantel zum Drehmoment

$$\boldsymbol{T}_{1,2} = (\boldsymbol{F}_1 - \boldsymbol{F}_2) \times \frac{\boldsymbol{c}_2}{2} \tag{9.9.5}$$

wobei

$$F_i = -GMm_i \frac{1}{r_i^3} \boldsymbol{r}_i \ , \qquad i = 1,2 \tag{9.9.6}$$

die Gravitationskraft ist, die der Saturn auf die punktförmige Masse $m_i = \frac{m}{4}$ in der Entfernung r_i ($\boldsymbol{r}_i$ ist der entsprechende Vektor) ausübt, und G die Gravitationskonstante. Um einen kompakten Ausdruck zu erhalten, formen wir das Verhältnis $1/r_i^3$ um. In der Notation von Abb. 9.9.1 ergibt sich

$$\frac{1}{r_i^3} = \frac{1}{r^3} \left[1 \pm \frac{c_2}{r} \cos\alpha + \left(\frac{c_2}{2r} \right)^2 \right]^{-3/2} \tag{9.9.7}$$

Das obere Vorzeichen gehört dabei zu r_1 und das untere zu r_2. Da c_2/r sehr klein ist, können wir die Gleichung weiter vereinfachen zu

$$\frac{1}{r_i^3} \approx \frac{1}{r^3} \left[1 \mp \frac{3}{2} \frac{c_2}{r} \cos\alpha \right] \tag{9.9.8}$$

Durch Einsetzen der Gleichungen (9.9.6), (9.9.8) in die Gl. (9.9.5) ergibt sich mit $\boldsymbol{r} \times \boldsymbol{c}_2 = rc_2 \sin\alpha \boldsymbol{e}_3$ (wobei $\boldsymbol{e}_3$ der Einheitsvektor entlang der Achse von I_3 ist) für das Gravitationsgradienten- Drehmoment

$$\boldsymbol{T}_{1,2} = \frac{3}{16} GMm \frac{c_2^2}{r^3} \sin 2\alpha \boldsymbol{e}_3 = \frac{3}{2} GMI_2 \frac{1}{r^3} \sin 2\alpha \boldsymbol{e}_3 \tag{9.9.9}$$

wobei $\alpha = \varphi - \theta$ ist. Als nächstes formen wird das Produkt GM mit Hilfe des dritten Keplerschen Gesetzes um. Durch Vernachlässigung der Hyperionmasse m gegenüber der Saturnmasse M ergibt sich

$$GM = \left(\frac{2\pi}{T} \right)^2 a^3 \tag{9.9.10}$$

Auf gleiche Weise verfahren wir mit $\boldsymbol{T}_{3,4}$, so daß wir für das Gesamtdrehmoment $\boldsymbol{T}$ erhalten

$$\boldsymbol{T} = \boldsymbol{T}_{1,2} + \boldsymbol{T}_{3,4} = \frac{3}{2} \left(\frac{2\pi}{T} \right)^2 (I_2 - I_1) \left(\frac{a}{r} \right)^3 \sin 2\alpha \boldsymbol{e}_3 \tag{9.9.11}$$

Für die Bewegungsgleichung folgt daraus wegen $\alpha = \varphi - \theta$

$$I_3 \ddot{\theta} = -\frac{3}{2} \left(\frac{2\pi}{T} \right)^2 (I_2 - I_1) \left(\frac{a}{r} \right)^3 \sin 2(\theta - \varphi) \tag{9.9.12}$$

wobei φ der Polarwinkel oder die wahre Anomalie ist, d. h. wir stellen Übereinstimmung mit Gl. (9.9.1) fest.

9.9.2 Weitere Anmerkungen zu unrunden Satelliten

Als nächstes untersuchen wir, ob es im Sonnensystem weitere Erscheinungen chaotischen Verhaltens gibt oder in früheren Zeiten gab. Ein erster Überblick scheint anzuzeigen, daß Hyperion in seinem chaotischen Tanz allein ist, da eine solch extreme Asphärizität bei keinem anderen Satelliten des Sonnensystems auftritt. Dieser erste Eindruck hält jedoch einer näheren Untersuchung nicht stand. Es stellt sich nämlich heraus, daß alle unregelmäßig geformten Satelliten chaotisches Verhalten zeigen oder gezeigt haben müssen, und zwar in der Phase, in der der Bewegungszustand schon nahezu von einem synchronen Zustand eingefangen wurde (Wisdom, 1987a).

Wir erinnern daran, daß alle Resonanz- oder Kopplungs-Zustände von chaotischen Zonen umgeben sind. In manchen Fällen können diese Zonen sehr klein sein. Beispiele für Resonanzen betreffen Zustände, in denen die Rotations- und die Umlaufdauer eines Satelliten kommensurabel sind. Diese Resonanzen erscheinen, wie wir sahen, im Poincaré-Schnitt als Inseln in einer chaotischen See. Im oberen Teil von Abb. 9.9.2 beobachteten wir zwei sehr schmale chaotische Zonen. Um die Größe dieser Zonen abschätzen zu können, wurden Näherungsmethoden entwickelt, siehe (Chirikov, 1977), vgl. auch (Lazutkin,1991) und (Herbst und Ablowitz,1993). Tatsächlich kann man die Breite einer chaotischen Zone um eine synchrone Insel durch Variation des Integrals E (für $e = 0$) ausdrücken

$$\frac{\Delta E}{E} \approx \frac{14\pi e}{\beta^3} \mathrm{e}^{-\pi/2\beta} \tag{9.9.13}$$

wobei β ein Maß für die Asphärizität ist

$$\beta = \sqrt{\frac{3\,(I_2 - I_1)}{I_3}} \tag{9.9.14}$$

Die Abschätzung in Gl. (9.9.13) liefert für $e = 0$, wie erwartet, den Wert null. Weiter bemerken wir, daß die Breite der chaotischen Zone exponentiell vom Asphärizitätsparameter β, aber nur linear von der Exzentrizität e abhängt. Daher können Satelliten mit großem β, aber kleiner Exzentrizität, immer noch chaotische Zustände aufweisen.

Um dieses Problem weiter zu untersuchen, betrachten wir Phobos und Deimos, die beiden Marsmonde. Phobos ist fast so unrund wie Hyperion, weist jedoch eine Exzentrizität von lediglich $e = 0.015$ auf. Abbildung 9.9.3 zeigt einen nach dem Muster von Abb. 9.9.2 ermittelten Poincaré-Schnitt der Bewegung von Phobos, und man erkennt deutlich eine chaotische Zone. Sogar bei Deimos, der eine ungewöhnlich kleine Exzentrizität von $e \approx 0.0005$ besitzt, kann man die chaotische Zone noch erkennen. Poincaré-Schnitte einer Reihe anderer unregelmäßig geformter Satelliten mit $\beta \approx 1$ weisen ausgeprägte chaotische Zonen um eine synchrone Insel auf.

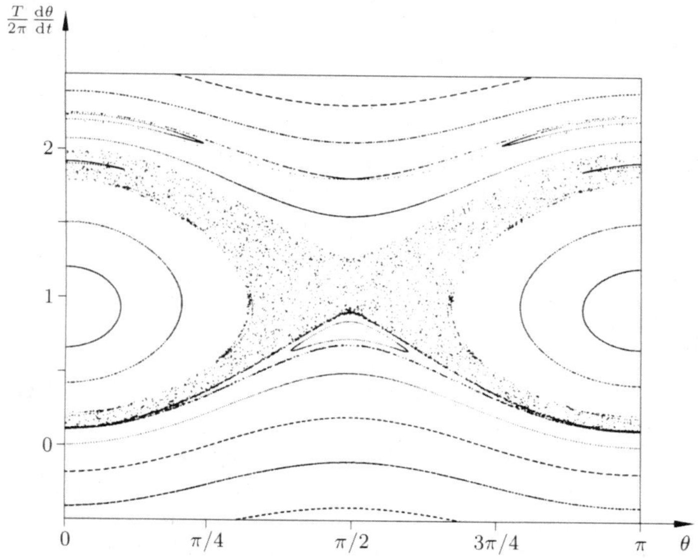

Abb. 9.9.3 Poincaré-Schnitt der Bewegung des Phobos ($\beta = 0.83$ und $e = 0.015$); die chaotische Zone ist ein wesentliches Merkmal im Schnitt

Genaue Stabilitätsanalysen für solche und andere Satelliten bestätigen, daß ihre chaotischen Zonen wie bei Hyperion lageinstabil sind. Eine kleine Ablenkung der Rotationsachse von der Normalenrichtung zur Bahnebene führt unausweichlich zu einem exponentiell wachsenden Ausschlag der Achse und zu chaotischem Taumeln um alle drei Achsen. Die Ergebnisse dieser Rechnungen zeigen die Intensität dieser Lageinstabilität. In allen Fällen finden wir, daß sich der Zeitraum, innerhalb dessen exponentielles Anwachsen der Ablenkung der Achse stattfindet, nur über einige Bahnumläufe erstreckt. Dies gilt sogar für Deimos, obwohl dessen Exzentrizität sehr klein und die chaotische Zone sehr schmal ist (Abb. 9.9.4). Tatsächlich stellt sich heraus, daß die Exzentrizität der Umlaufbahn die erwähnte Lageinstabilität nicht wesentlich beeinflußt. Eine genaue Untersuchung des Problems zeigt, daß die synchrone Separatrix auch für $e = 0$ lageinstabil ist und chaotisches dreidimensionales Torkeln auslöst, obwohl das vereinfachte Problem mit einer auf der Bahnebene stehenden Rotationsachse integrierbar ist.

Es zeigt sich, daß der Übergang eines von Gezeitenkräften beeinflußten Satelliten in einen synchronen Zustand unmöglich ist, ohne dabei in eine lageinstabile Zone einzudringen. Dort beginnt unausweichlich eine dreidimensionale Torkelbewegung. Wir müssen davon ausgehen, daß alle synchronen Satelliten mit ausgeprägter Asphärizität irgendwann einmal in der Vergangenheit eine chaotische Bewegung ausgeführt haben. Der Zeitraum, in dem sich der Satellit in einem solchen Zustand befand, ist ungefähr von derselben Größenordnung wie der Zeitraum, in dem die Verlangsamung stattfand, oder sogar noch größer. Eine grobe Abschätzung des Zeitraums, in dem Phobos bzw. Deimos chaotische Bewegungen ausführten, liefert Größenordnungen von 10 bzw. 100 Millionen Jahren.

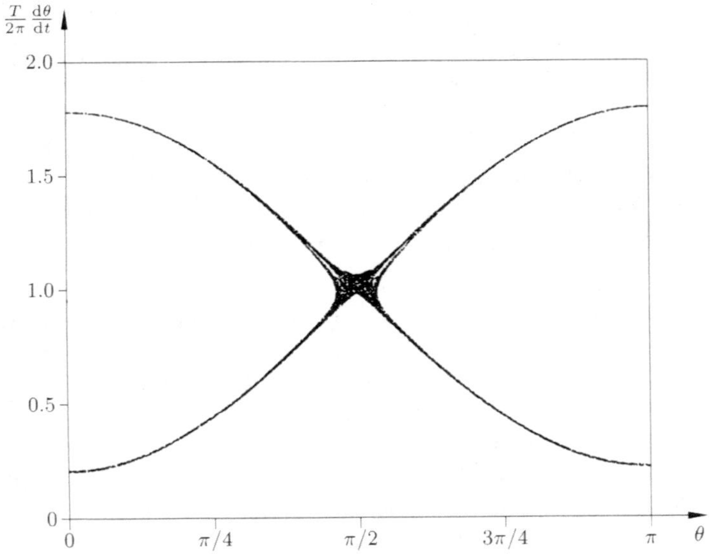

Abb. 9.9.4 Chaotische Separatrix der Bewegung des Deimos ($\beta = 0.81$ und $e = 0.0005$); trotz der sehr geringen Exzentrizität ist die chaotische Zone signifikant

Ein chaotischer Zustand zieht unausweichlich eine erhöhte Dissipation der Energie nach sich. Dieses Phänomen hat möglicherweise zu der ungewöhnlich kleinen Exzentrizität von Deimos geführt, der sich über viele Äonen hinweg chaotisch bewegte. Das wilde, ungebärdige Verhalten von unregelmäßig geformten Satelliten in der Frühzeit ihrer Entwicklung ist hochinteressant und sollte in Zukunft systematisch weiter untersucht werden.

9.9.3 Die 3:1-Kirkwood-Lücke

Als nächstes betrachten wir den Asteroidengürtel zwischen Mars und Jupiter. Uns interessiert dabei die Verteilung der großen Halbachsen der Umlaufbahnen der Asteroiden innerhalb dieses Gürtels. Wie wir wissen, ist diese Verteilung nicht gleichförmig. Es existieren verschiedene Lücken und auch bestimmte Anhäufungen. Zunächst erschienen diese Lücken sehr merkwürdig und gaben zu den unterschiedlichsten Spekulationen Anlaß. Einen wichtigen Schlüssel zu ihrer Erklärung – der bereits zur Zeit der Entdeckung der Lücken durch D. Kirkwood bemerkt wurde – lieferte die Beobachtung, daß ihre Umlaufzeiten kommensurabel zu der des Jupiter sind. Das bedeutet: wenn wir die Umlaufzeiten eines Asteroiden mit T_a und die des Jupiter mit T_j bezeichnen, existieren zwei kleine ganzzahlige Werte n_a und n_j, so daß gilt: $\mathrm{n}_a(\frac{2\pi}{T_a}) = \mathrm{n}_j(\frac{2\pi}{T_j})$. Allerdings reicht diese Resonanz allein noch nicht aus, um eine Lücke zu generieren. In der Astronomie gibt es Gegenbeispiele: bei manchen Resonanzen gibt es Lücken und bei anderen Anhäufungen. Das Hauptproblem bei der Erklärung der Lücken liegt in den analytischen Schwierigkeiten, die mit Bewegungen in der Nähe komplexer Resonanzen verbunden sind. So waren aus ökonomischen und technischen Gründen noch vor zwanzig Jahren die dafür erforderlichen, sehr aufwendigen numerischen Rechnungen nicht durchführbar. Außerdem wurden bei Berechnungen über einen Zeitraum von 10 000 Jahren noch keine Anzeichen für einen Mechanismus, der die Entstehung der Lücken erklären würde, entdeckt. Versuche, Integrationen über deutlich längere Zeiträume durchzuführen, wurden durch die außerordentlich hohen Computerkosten verhindert und als nicht gerechtfertigt betrachtet.

Durch die Entwicklung einer neuen Methode zur Berechnung der Trajektorien von Asteroiden (Wisdom, 1982) erschienen Integrationen über längere Zeiträume jedoch in einem anderen Licht. Durch Ideen von Chirikov (1979) angeregt, schlug Wisdom eine algebraische Abbildung des Phasenraums auf sich selbst vor, die die Bewegung in der Nähe einer 3:1-Kommensurabilität approximiert. Diese Methode liefert eine Näherung für einen stroboskopischen oder Poincaré-Schnitt, der entsteht, wenn man die Koordinaten des Asteroiden einmal pro Jupiterumlauf, der ungefähr 12 Jahre dauert, aufzeichnet. Die Entwicklung der Bahnbewegung des Asteroiden kann man dann durch sukzessive Iterationen der Abbildung berechnen.

Um diese Abbildung herzuleiten, beziehen wir uns auf das sogenannte *averaging*-Prinzip, das wir schon in Abschnitt 9.4 bei der van der Polschen Gleichung besprochen haben. Zunächst entfernen wir durch Mittelung alle Terme, die zur höchsten Frequenz, d. h. zur Umlauffrequenz, gehören, so daß nur resonante und säkulare Terme übrigbleiben. Zusätzlich werden neue Frequenzen superponiert, um δ-Funktionen zu bilden.

Die neuen Gleichungen können dann über die δ-Funktionen hinweg und dazwischen integriert werden und liefern eine Abbildung des Phasenraums auf sich selbst. Diese Abbildungsprozedur ist weitaus effizienter als konventionelle Techniken. Tatsächlich ist das Verfahren über tausendmal schneller als klassische Methoden und einige hundertmal schneller als die Methoden, die auf einem numerischen Mittelungsverfahren zur Erhöhung der Basisschrittweite beruhen. Durch diese enorme Erhöhung der Rechengeschwindigkeit konnten Wisdom und andere die Integrationen auf sehr viel längere Zeitabschnitte (Millionen von Jahren) erweitern.

Diese ausgedehnten zeitlichen Integrationen führten nun zu unerwarteten Ergebnissen. Abbildung 9.9.5 zeigt die Entwicklung der Bahnexzentrizität in Abhängigkeit von der Zeit für eine chaotische Trajektorie nahe der 3:1-Kommensurabilität. Das Ergebnis ist dabei sehr überraschend. Obwohl zuvor schon von zeitweiligen Abweichungen zu Bahnen mit großen Exzentrizitäten berichtet wurde (Scholl und Froeschlé, 1974), war es doch ein unerwartetes Ergebnis, daß eine Bewegung über hunderttausend Jahre oder mehr auf einer Bahn mit niedriger Exzentrizität verlaufen kann, um dann plötzlich in einen Zustand großer Exzentrizität überzuspringen. Im Anschluß daran durchgeführte numerische Integrationen der vollständigen ungemittelten Differentialgleichungen bestätigten die Zuverlässigkeit der neuen Abbildungstechnik und außerdem, daß das errechnete Verhalten kein Artefakt der Methode war (Wisdom 1983; Murray und Fox 1984).

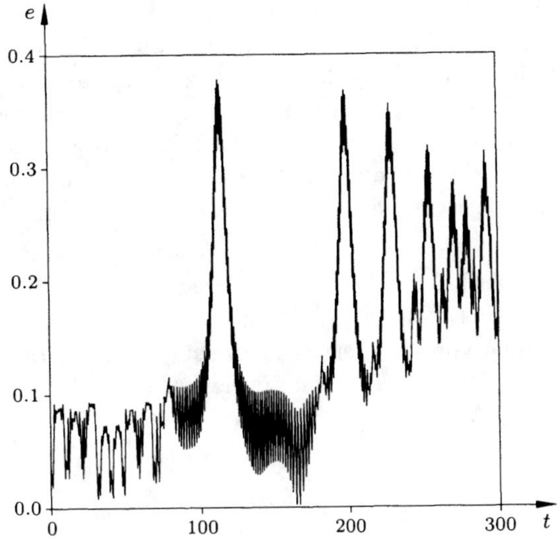

Abb. 9.9.5 Verlauf der Exzentrizität über der Zeit für eine chaotische Trajektorie in der Nähe der 3:1-Kommensurabilität.
Die Zeit wird in Jahrtausenden gemessen. Eine Integration über eine kurze Zeitspanne (z. B. 10 000 Jahre) würde nur einen sehr schwachen Eindruck vom Charakter dieser Trajektorie vermitteln

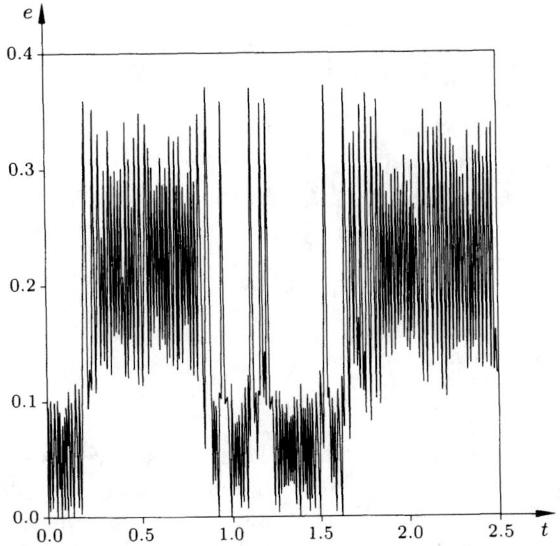

Abb. 9.9.6 Die Exzentrizität einer typischen chaotischen Trajektorie über einen längeren Zeitraum.
Die Zeit wird nun in Jahrmillionen gemessen. Ausbrüche hoher Exzentrizität wechseln sich ab mit Intervallen von ungewöhnlich niedriger Exzentrizität, die aber mit Spitzen durchsetzt sind

Informationen über das tatsächliche Verhalten des Satelliten erhält man also nur dann, wenn die Berechnungen über Millionen von Jahren ausgedehnt werden. Dies zeigt Abb. 9.9.6, in der die Entwicklung der Exzentrizität in Millionen Jahren aufgetragen ist. Wir beobachten eine Sequenz von irregulären (chaotischen) Ausbrüchen mit hoher Exzentrizität, die von Intervallen mit niedriger Exzentrizität, aber immer noch chaotischem Verhalten unterbrochen werden. Diese Intervalle sind ihrerseits wieder durchsetzt von plötzlich auftretenden Spitzen mit hoher Exzentrizität.

Abbildung 9.9.7 zeigt ein ungewöhnliches, aber sehr interessantes Verhalten. Wieder ist die Exzentrizität e über der Zeit in Millionen Jahren aufgetragen. Die Spitzen der Exzentrizität scheinen von gleicher Höhe zu sein, aber die Intervalle, in denen sie auftreten, sind irregulär. Die Beispiele in den Abbn. 9.9.6 und 9.9.7 wurden mit der erwähnten neuen Abbildungsmethode von Wisdom berechnet.

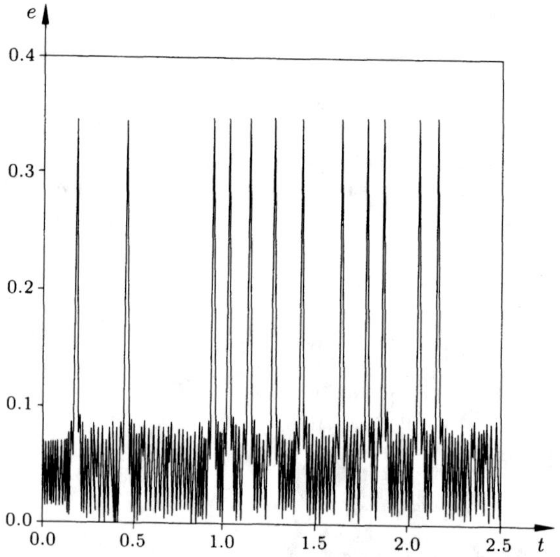

Abb. 9.9.7 Die Exzentrizität einer relativ seltenen, aber sehr interessanten Trajektorie. Die Zeit wird in Millionen von Jahren gemessen

Das seltsame irreguläre Verhalten der Exzentrizität könnte besser verstanden werden, wenn wir die Poincaré-Schnitte betrachten könnten. Dabei tritt allerdings eine Schwierigkeit auf, da das ebene elliptische Problem mehr als zwei Freiheitsgrade hat (zum Beispiel die x- und y-Koordinaten und die explizite Zeitabhängigkeit, die durch die Keplerbewegung des Jupiter ins Spiel kommt). Diese Schwierigkeit kann man umgehen, indem man über die Umlaufszeit des Asteroiden mittelt und das Problem dadurch auf zwei Freiheitsgrade reduziert.

Abbildung 9.9.8 zeigt einen Poincaré-Schnitt bezogen auf die Bewegung von Abb. 9.9.6. Diese Bewegung erstreckt sich über 2.5 Millionen Jahre und zeigt die

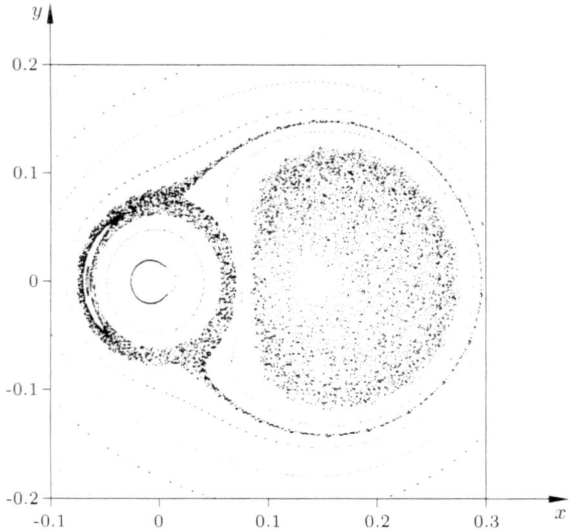

Abb. 9.9.8 Poincaré-Schnitt entsprechend der Trajektorie von Abb. 9.9.6. Die Koordinaten sind $x = e\cos(\bar{\omega} - \bar{\omega}_j)$ und $y = e\sin(\bar{\omega} - \bar{\omega}_j)$, die Bahnexzentrizität ist durch die Entfernung vom Ursprung gegeben. Die Trajektorie wandert über ein sehr großes chaotisches Gebiet, verbleibt aber gelegentlich einige Zeit in der Nähe der Inseln nahe dem Usprung

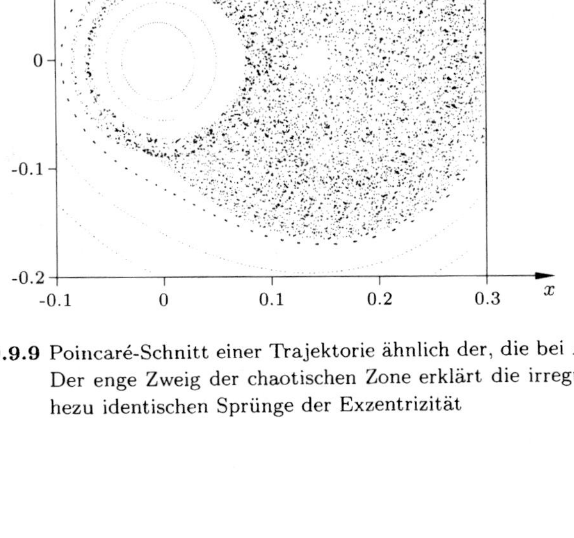

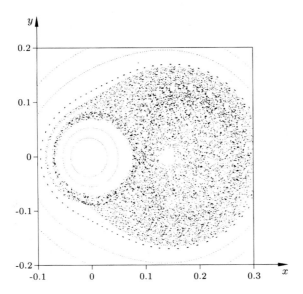

Abb. 9.9.9 Poincaré-Schnitt einer Trajektorie ähnlich der, die bei Abb. 9.9.8 verwendet wurde. Der enge Zweig der chaotischen Zone erklärt die irregulär erscheinenden, aber nahezu identischen Sprünge der Exzentrizität

Veränderung der ebenen Koordinaten x und y des Asteroiden. Genaugenommen müssen wir bei diesen Berechnungen die Zeitabhängigkeit der Parameter der Bewegungsgleichungen berücksichtigen. Wenn wir jedoch das *averaging*-Verfahren anwenden, entsteht, wie erwähnt, ein zweidimensionales Problem, bei dem wir die Werte

$$x = e\cos(\bar{\omega} - \bar{\omega}_j) \quad , \quad y = e\sin(\bar{\omega} - \bar{\omega}_j) \tag{9.9.15}$$

wie bei einem Poincaré-Schnitt aufzeichnen. Dabei sind $\bar{\omega}$ bzw. $\bar{\omega}_j$ die gemittelten Perihellängen des Asteroiden bzw. Jupiter. Abbildungen 9.9.8 und 9.9.9 bestätigen, daß Trajektorien in der Nähe der 3:1-Resonanz ein deutlich chaotisches Verhalten aufweisen. Gleichzeitig ist es nun möglich zu erklären, warum die Zone außerhalb des Resonanzbereichs leer ist. Alle Trajektorien mit einer Exzentrizität $e > 0.3$ kreuzen die Marsbahn. Da, wie wir schon wissen, Trajektorien in der Nähe der 3:1-Resonanz Abstecher hin zu Bahnen mit großen Exzentrizitäten unternehmen, können wir davon ausgehen, daß sich ein Asteroid unter solchen Bedingungen mit endlicher Wahrscheinlichkeit dem Mars nähert oder sogar mit ihm zusammenstößt und damit aus seinem ursprünglichen Bewegungsszustand gerissen wird. Auf diese Weise spielt deterministisches Chaos zweifellos eine große Rolle bei der Entstehung der 3:1-Lücke.

Ähnliche, wenn auch komplexere Überlegungen zu anderen „Kirkwood-Erscheinungen“ mit 2:1- und 3:2-Kommensurabilitäten deuten darauf hin, daß die 2:1-Lücke chaotisches Verhalten zeigt, während dies für die 3:2-Resonanz nicht zutrifft. Dies stimmt überein mit der Beobachtung, daß die 3:2-Zone nicht leer ist.

Eine weitere Anmerkung ist sicherlich ebenfalls von Interesse. Die chaotische Bewegung in der 3:1-Resonanz-Zone könnte durchaus eine wichtige Rolle beim Transport von Meteoren oder Sternschnuppen vom Asteroidengürtel zu unserer Erde spielen. Berechnungen zeigen, daß Umlaufbahnen von Trümmern, die mit einer Exzentrizität von, sagen wir, $e = 0.15$ beginnen, über lange Zeiträume zu Werten von $e = 0.6$ und mehr übergehen; sie könnten dann die Erdumlaufbahn kreuzen. Chaotische Bahnen in der Nähe der 3:1-Lücke könnten daher dazu führen, daß sich Trümmer von Kollisionen in Richtung Erde bewegen. Dies könnte erklären, wie deterministisches Chaos dazu führt, daß Meteore und Sternschnuppen unsere Erde erreichen und uns dadurch mit interessanten Informationen über unser Sonnensystem versorgen (Abb. 9.9.10).

Wir nähern uns nun dem Ende unserer Betrachtungen über deterministisches Chaos. In diesem letzten Kapitel unseres Buches gaben wir einen kurzen Überblick über einige irreguläre Phänomene der Himmelsmechanik, die sich stark von der majestätischen und scheinbar ewigen Regelmäßigkeit der Bewegung unserer Planeten-Nachbarn unterscheiden, die Kepler und Newton zu ihrer Arbeit inspirierte. Leider steht kein Platz zur Verfügung, um auf ein weiteres fesselndes Problem einzugehen. Der Planet Pluto bewegt sich nämlich auf einer außerordentlich komplizierten Bahn, die sowohl eine große Exzentrizität ($e \approx 0.25$) als auch eine hohe Inklination ($i = 16°$) aufweist. Weiter ist auffällig, daß sich die Bahnen von Pluto und Neptun beinahe kreuzen, was, wie in der Himmelsmechanik bekannt ist, nur aufgrund der

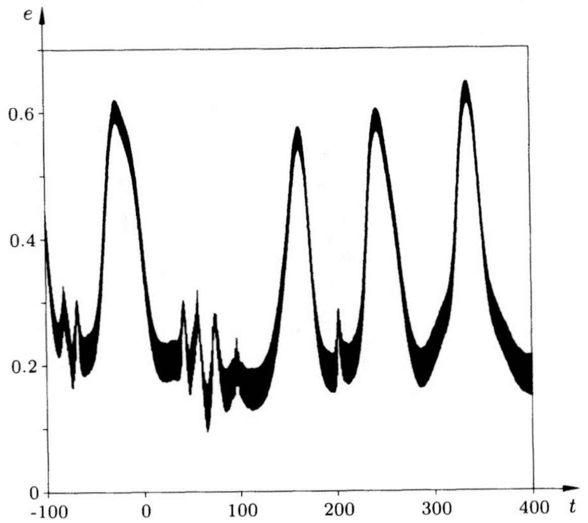

Abb. 9.9.10 Exzentrizität über der Zeit (in Jahrtausenden) für ein Testteilchen, dessen Bewegung von den vier Planeten der Jupitergruppe gestört wird.
Zeitweise ist die Exzentrizität typisch für einen Asteroiden, zu anderen Zeiten wiederum ist die Exzentrizität so groß, daß der Orbit die Erdbahn kreuzen kann. Die Integration zeigt, daß durch die (3:1)-chaotische Zone Meteoriten direkt vom Asteroidengürtel zur Erde transportiert werden können

Libration eines resonanten Winkels in Verbindung mit der 3:2-Kommensurabilität der mittleren Umlauffrequenzen der beiden Planeten möglich ist. Durch diese Resonanz ist gesichert, daß sich Pluto im Aphel befindet, wenn Pluto und Neptun in Konjunktion stehen, so daß keine nahen Begegnungen möglich sind. Eine weitere Schwierigkeit hängt mit der Perihellänge von Pluto zusammen, die mit einer Periode von ungefähr 3.8 Millionen Jahren (Williams und Benson, 1971) um ungefähr $\frac{1}{2}\pi$ schwankt. Numerische Untersuchungen auf dem Orrery-Computer, der am MIT speziell für astronomische Berechnungen entwickelt wurde (Applegate *et al.*, 1985, 1986), bestätigten diese Schwankung, zeigten jedoch auch, daß dieses Modell noch immer nicht vollständig ist. So wurden nennenswerte Anteile in der Bewegung des Pluto entdeckt, die eine viel größere Periodendauer aufweisen. Tatsächlich konnte man feststellen, daß die Amplitude der Schwankung der Perihellänge eine starke Modulation mit einer Periode von 34 Millionen Jahren besitzt. Weiter entspricht die Frequenz des zweitgrößten Beitrags zur Exzentrizität Plutos einer Periodendauer von 137 Millionen Jahren. Diese sehr lange Periode kommt dadurch zustande, daß die Umlauffrequenz der Länge des aufsteigenden Knotens von Pluto und eine der fundamentalen Frequenzen der Bewegung der Gruppe der vier Planeten Jupiter, Saturn, Neptun und Pluto (*jovian planets*) nahezu kommensurabel sind.

Ohne ausführlicher auf Details einzugehen, betonen wir noch einmal die merkwürdig komplexe Natur der Bewegung Plutos. Allerdings lieferte bis vor kurzem keine Berechnung der charakteristischen Lyapunov-Exponenten einen Beweis für eine chaotische Bewegung. Um einen solchen Nachweis zu führen und um dadurch die wahre Natur der Umlaufbewegung des Pluto zu enträtseln, benötigt man noch aufwendigerere numerische Integrationen über einen Zeitraum von vielen Millionen Jahren. In einer neueren Veröffentlichung (Sussmann und Wisdom, 1988) scheint dieser Beweis durch Integration über 845 Millionen Jahre mit Hilfe des Orrery-Computers erbracht worden zu sein. Die Autoren legen dar, daß die umfangreichen neuen Berechnungen den Nachweis liefern, daß die Bewegung des Pluto tatsächlich chaotisch ist. Interessant ist auch die Erwähnung der großen Zahl von Resonanzen, an denen dieser Planet beteiligt ist, und die mögliche säkulare Abnahme seiner Inklination. Dies erinnert zusammen mit der großen Exzentrizität stark an die chaotischen Bahnen der Asteroiden. Schließlich leiteten die Autoren einen kleinen positiven Lyapunov-Exponenten von ungefähr $10^{-7.3}$/Jahr ab.

Wir hoffen, daß wir dem Leser mit den Beispielen in Kapitel 9 ein Gefühl des Staunens vermitteln konnten, das einen erfaßt, wenn man die komplexen Naturerscheinungen im großen wie im kleinen Maßstab und die Ordnungsprinzipien, die sich hinter chaotischen Erscheinungen verbergen, beobachtet. Wir bezogen uns in den beiden letzten Abschnitten 9.8 und 9.9 dabei insbesondere auf Phänomene, wie sie einerseits im mikroskopischen Bereich, z. B. bei der Oxidation von CO an einem Pt-Kristall, auftreten, und wie sie andererseits in astronomischen Dimensionen und Zeitskalen zum Vorschein kommen, wenn man komplexes, chaotisches Verhalten innerhalb der scheinbar unabänderlichen Regelmäßigkeit der Bewegungen in unserem Sonnensystem entdeckt.

Bei unserem letzten Exkurs in die Himmelsmechanik in Abschnitt 9.9 versuchten wir die Faszination zu vermitteln, die, ausgelöst von Isaak Newton, die moderne theoretische Mechanik formte. Wir stießen dabei auf Bewegungen, die deterministischem Chaos unterliegen, und erweiterten dabei, so hoffen wir, unser Verständnis für diese neue Wissenschaft, die die Naturwissenschaften des 21. Jahrhunderts entscheidend prägen wird. Wir hoffen, den Eindruck vermittelt zu haben, daß die moderne Entwicklung der Mechanik – auch ohne Auftreten relativistischer Effekte – ein faszinierendes Gebiet darstellt, insbesondere, wenn man Licht in das Dunkel chaotischer Phänomene bringen will.

Literatur

Ablowitz,M.J., Clarkson,P.A. (1991); Solitons, nonlinear evolution equations and inverse scattering, London Mathematical Society Lecture Note Series, **149**, Cambridge University Press, Cambridge.

Alstrøm,P., Hansen,L.K., Rasmussen,D.R. (1987); Crossover scaling for moments in multifractal systems, Phys. Rev. A **36**, 827-833.

Andrade,R.F.S., Dewel,G., Borckmans,P. (1989); Modeling of the kinetic oscillations in the CO oxidation on Pt(100), J. Chem. Phys. **91**, 2675-2682.

Andronov,A.A., Pontryagin,L. (1937); Systèmes Grossiers, Dokl. Akad. Nauk. SSSR **14**, 247-251.

Andronov,A.A., Witt,A.A., Chaikin,S.E. (1965); Theorie der Schwingungen, 1. Teil, Akademie Verl., Berlin.

Applegate,J.F., Douglas,M.R., Gursel,Y., Hunter,P., Seitz,C., Sussmann,G.J. (1985); A digital Orrery, IEEE Trans. Comput. **34**, 822-831.

Applegate,J.F., Douglas,M.R., Gursel,Y., Sussmann,G.J., Wisdom,J. (1986); The outer solar system for 200 million years, Astron. J. **92**, 176-194.

Appleton,E.V., van der Pol,B. (1922); On a type of oscillation-hysteresis in a simple triode generator, Phil. Mag. **43**, 177-193.

Argoul,F., Arnéodo,A., Grasseau,G., Gagne,Y., Hopfinger,E.J., Frisch,U. (1989); Wavelet analysis of turbulence reveals the multifractal nature of the Richardson cascade, Nature **338**, 51-53.

Argyris,J., Bühlmeier,J. (1988); Ein Abriß der Aeroelastizität, Kap. 26, in: Die Methode der finiten Elemente III, Argyris,J., Mlejnek,H.-P., Vieweg, Wiesbaden.

Argyris,J., Faust,G., Haase,M. (1988); Eine erste Fibel über Chaos, Kap. 25, in: Die Methode der finiten Elemente III, Argyris,J., Mlejnek,H.-P., Vieweg, Wiesbaden.

— (1991); *Χάος* — An adventure in chaos, Comp. Meth. Appl. Mech. Eng. **91**, 997-1091.

— (1993); Routes to chaos and turbulence. A computational introduction, Phil. Trans. R. Soc. Lond. A **344**, 207-234.

Argyris,J., Haase,M. (1987); An engineer's guide to soliton phenomena: application of the finite element method, Comp. Meth. Appl. Mech. Eng. **61**, 71-122.

Argyris,J., Haase,M., Heinrich.J.C. (1991); Finite element approximation to two-dimensional sine-Gordon solitons, Comp. Meth. Appl. Mech. Eng. **86**, 1-26.

Arnol'd,V.I. (1961); Small denominators and the problem of stability in classical and celestial mechanics, Report to the 4th All-Union Mathematical Congress Leningrad, 85-191.

— (1963); Small denominators II, Proof of a theorem of A.N.Kolmogorov on the preservation of conditionally-periodic motions under a small perturbation of the Hamiltonian, Russ. Math. Surv. **18**(5), 9-36.

— (1964); Instability of dynamical systems with several degrees of freedom, Sov. Math. Dokl. **5**, 581-585.

— (1965); Small denominators I, Mappings of the circumference onto itself, Trans. of the Am. Math. Soc. Ser. 2, **46**, 213-284.

— (1977); Loss of stability of self oscillations close to resonances and versal deformations of equivariant vector fields, Funct. Anal. Appl. **11**(2), 1-10.

— (1978); Mathematical methods of classical mechanics, Springer, New York.

— (1980); Gewöhnliche Differentialgleichungen, Springer, Berlin.

— (1988); Geometrical methods in the theory of ordinary differential equations, 2nd ed., Springer, Berlin.

Arnol'd,V.I., Kozlov,V.V., Neishtadt,A.I. (1988); Mathematical aspects of classical and celestial mechanics, in: Dynamical systems III, Arnol'd,V.I. (ed.), Springer, Berlin.

Aronson,D.G., Chory,M.A., Hall,G.R., McGehee,R.P. (1982); Bifurcations from an invariant circle for two-parameter families of maps of the plane: a computer-assisted study, Commun. Math. Phys. **83**, 303-354.

Aubry,N., Holmes,P., Lumley,J.L., Stone,E. (1988); The dynamics of coherent structures in the wall region of a turbulent boundary layer, J. Fluid Mech. **192**, 115-173.

Auerbach,D., Cvitanović,P., Eckmann,J.-P., Gunaratne,G., Procaccia,I. (1987); Exploring chaotic motion through periodic orbits, Phys. Rev. Lett. **58**, 2387-2389.

Badii,R., Polti,A. (1985); Statistical description of chaotic attractors: the dimension function, J. Stat. Phys. **40**, 725-750.

Bär,M., Zülicke,C., Eiswirth,M., Ertl,G. (1992); Theoretical modeling of spatiotemporal self-organization in a surface catalyzed reaction exhibiting bistable kinetics, J. Chem. Phys. **96**, 8595-8604.

Bagnoli,F., Sente,B., Dumont,M., Dagonnier,R. (1991); Kinetic phase transitions in a surface reaction model with local interactions, J. Chem. Phys. **94**, 777-780.

Bak,P., Bohr,T., Jensen,M.H. (1985); Mode-locking and the transition to chaos in dissipative systems, Phys. Scripta T **9**, 50-58.

— (1988); Circle maps, mode-locking and chaos, in: Directions in Chaos, Hao,B.-L. (ed.), Vol. 2, World Scientific, Singapore, 16-45.

Balatoni,J., Rényi,A. (1957); Über den Begriff der Entropie, Arbeiten zur Informationstheorie I, (gekürzte deutsche Übersetzung, 1957) Math. Forschungsberichte **IV**, Deutscher Verlag der Wissenschaften, Berlin, 117-134.

Bare,S.R., Hofmann,P., King,D.A. (1984); Vibrational studies of the surface phases of CO on Pt(110) at 300 K, Surf. Sci. **144**, 347-369.

Barnsley,M. (1988); Fractals everywhere, Academic Press, London, San Diego.

Barnsley,M.F., Demko,S. (1985); Iterated function systems and the global construction of fractals, Proc. R. Soc. London A **399**, 243-275.

— (1986); Chaotic dynamics and fractals, Academic Press, Orlando.

Becker,E., Bürger,W. (1975); Kontinuumsmechanik, Teubner Studienbücher, Stuttgart.

Benettin,G., Casartelli,M., Galgani,L., Giorgilli,A., Strelcyn,J.-M. (1978); On the reliability of numerical studies of stochasticity, Il Nuovo Cimento B **44**, 183-195.

Benettin,G., Galgani,L., Giorgilli,A., Strelcyn,J.-M. (1980); Lyapunov characteristic exponents for smooth dynamical systems and for Hamiltonian systems: a method for computing all of them, part I: Theory, Meccanica **15**, 9-20, part II: Numerical application, Meccanica **15**, 21-30.

Bergé,P., Dubois,M., Manneville,P., Pomeau,Y. (1980); Intermittency in Rayleigh-Bénard convection, J. Phys. Lett. **41**, 341-345.

Bergé,P., Pomeau,Y., Vidal,C. (1984); Order within chaos: towards a deterministic approach to turbulence, Hermann, Paris.

Berndes, S. (1992); Qualitative und quantitative Charakterisierung von eindimensionalen Zeitreihen nichtlinearer dynamischer Systeme, Diplomarbeit am Institut für Computeranwendungen (ICA), Universität Stuttgart.

Bestehorn,M. (1988); Verallgemeinerte Ginzburg-Landau-Gleichungen für die Musterbildung bei Konvektions-Instabilitäten, Dissertation, Universität Stuttgart.

Bhattacharjee,J.K. (1987); Convection and chaos in fluids, World Scientific, Singapore.

Birkhoff,G.D. (1927); Dynamical systems, Amer. Math. Soc. Colloq. Publ. **9**.

Bohr,T., Gunaratne,G. (1985); Scaling for supercritical circle-maps: numerical investigation of the onset of bistability and period doubling, Phys. Lett. A **113**(2), 55-60.

Bonzel,H.P., Burton,J.J. (1975); CO oxidation on a Pt(110) surface: solution of a reaction model, Surf. Sci. **52**, 223-229.

Boole,G. (1867); Die Grundlehren der endlichen Differenzen- und Summenrechnung, Braunschweig.

Born,M. (1959); Voraussagbarkeit in der klassischen Mechanik, Phys. Bl. **15**, 342-349.

Bošnjaković,F., Knoche,K.F. (1988); Technische Thermodynamik, Teil I, 7. vollständig neubearbeitete und erweiterte Auflage, Steinkopff, Darmstadt.

Boyland,P.L. (1986); Bifurcations of circle maps: Arnol'd tongues, bistability and rotation intervals, Commun. Math. Phys. **106**, 353-381.

Braun,M. (1979); Differentialgleichungen und ihre Anwendungen, Springer, Berlin.

Bretagnon,P. (1974); Termes a longues periodes dans le systeme solaire, Astron. Astrophys. **30**, 141-154.

Brillouin,L. (1962); Science and Information Theory, Academic Press, New York.

Bröcker,T., Jänich,K. (1990); Einführung in die Differentialtopologie, Heidelberger Taschenbücher Band **143**, Springer, Heidelberg.

Bronstein,I.N., Semendjajew,K.A. (1964); Taschenbuch der Mathematik, Harri Deutsch, Frankfurt.

Brown,J.R., O'Netto,G.A., Schmitz,R.A. (1985); Spatial effects and oscillations in heterogeneous catalytic reactions, in: Temporal Order, Springer Series in Synergetics **29**, Rensing,L., Jaeger,N.I. (eds.), Springer, Berlin, 85-95.

Browne,D.A., Kleban,P. (1990); Critical phenomena in nonequilibrium phase transitions, Appl. Phys. A **51**, 194-202.

Bruce,A., Wallace,D. (1989); Critical point phenomena: universal physics at large length scales, in: The new physics, Davies,P. (ed.), Cambridge University Press, 236-267.

Brun,E. (1989); Deterministisches Laser-Chaos: Experimente und quantitative Indikatoren, in: Ordnung und Chaos in der unbelebten und belebten Natur, Gerok,W., u. a. (Hrsg.), Wissenschaftliche Verlagsgesellschaft, Stuttgart, 259-273.

Bruno,A.D. (1989); Local methods in nonlinear differential equations, Springer, Berlin.

Bryant,P., Brown,R., Abarbanel,H.D.I. (1990); Lyapunov exponents from observed time series, Phys. Rev. Lett. **65**, 1523-1526.

Busse,F.A. (1978); Nonlinear properties of thermal convection, Rep. Prog. Phys. **41**, 1929-1966.

— (1985); Transition to turbulence in Rayleigh-Bénard convection, in: Hydrodynamic instabilities and the transition to turbulence, Swinney,H.L., Gollub,J.P. (eds.), Topics in applied physics **45**, Springer, Berlin, 97-137.

Callen,H.B. (1985); Thermodynamics and an introduction to thermostatistics, Wiley, New York, 2nd ed..

Campell,D. (1987); Chaos: chto delat? in: Chaos'87, Duong-Van,M. (ed.), Nuclear Physics B (Proc. Suppl.) **2**, North-Holland, Amsterdam, 541-562.

Campuzano,J.C., Lahee,A.M., Jennings,G. (1985); On the feasibility of the missing row model of the (1×2) reconstruction of (110)Pt and Au, Surf. Sci. **152/153**, 68-76.

Carr,J. (1981); Applications of centre manifold theory, Springer, New York.

Carter,D.R., Fyhrie,D.P., Whalen,R.T. (1987); Trabecular bone density and loading history: regulation of connective tissue biology by mechanical energy, J. Biomechanics **20**, 785-794.

Cartwright,M.L. (1948); Forced oscillations in nearly-sinusoidal systems, J. Inst. Elec. Eng. **95**, 88-96.

Cartwright,M.L., Littlewood,J.E. (1945); On nonlinear differential equations of the second order, I: The equation $\ddot{y} + k(1 - y^2)\dot{y} + y = b\lambda k \cos(\lambda t + a), k$ *large*, J. Lond. Math. Soc. **20**, 180-189.

Cayley,A. (1879); The Newton-Fourier imaginary problem, Amer. J. Math. **II**, 71-84.

Chandrasekhar,S. (1961); Hydrodynamic and hydromagnetic stability, Oxford Univ. Press, Oxford, (Dover edition 1981).

Chirikov,B.V. (1979); A universal instability of many dimensional oscillator systems, Phys. Rep. **52**, 263-379.

Chorin,A.J., Marsden,J.E. (1979); A mathematical introduction to fluid mechanics, Springer, New York.

Cohen,C.J., Hubbard,E.C., Oesterwinter,C. (1973); Elements of the outer planets for one million years, Astr. Pap. **22**, 1.

Collet,P., Eckmann,J.-P. (1980); Iterated maps on the interval as dynamical system, in: Progress in Physics, Jaffer,A., Ruelle,D. (eds.), Birkhäuser, Boston.

Collet,P., Eckmann,J.P., Lanford,O.E. (1980); Universal properties of maps on an interval, Commun. Math. Phys. **76**, 211.

Comrie,C.M., Lambert,R.M. (1976); Chemisorption and surface structural chemistry of carbon monoxide on Pt(110), J. Chem. Soc. Faraday I **72**, 1659-1669.

Conte,R, Dubois,M. (1988); Lyåpunov exponents of experimental systems, in: Nonlinear Evolutions, Leon,J.J.P. (ed.), World Scientific, Singapore.

Considine,D., Takayasu,H., Redner,S. (1990); A non-equilibrium tricritical point in the monomer-dimer catalysis model, J. Phys. A **23**, L1181-L1186.

Cornfeld,I.P., Formin,S.V., Sinai,Ya.G. (1982); Ergodic theory, Springer, New York.

Coullet,P., Tresser,C. (1978); Itérations d'endomorphismes et groupe de renormalisation, J. Phys. Coll. C **5**, 25-28.

Cowin,S.C. (1987); Bone remodeling of diaphysical surfaces by torsional loads: theoretical predictions, J. Biomechanics **20**, 1111-1120.

Cowin,S.C., Hegedus,D.H. (1976); Bone remodeling I: theory of adaptive elasticity, J. Elasticity **6**, 313-326.

Crutchfield,J.P., Farmer,J.D., Packard,N.H., Shaw,R.S. (1986); Chaos, Sci. Amer. **254**, 46-57.

Curry,J.H. (1979); On the Hénon transformation, Commun. Math. Phys. **68**, 129-140.

Cvitanović,P. (1984); Universality in chaos, Hilger, Bristol.

Cvitanović,P., Jensen,M.H., Kadanoff,L.P., Procaccia,I. (1985a); Renormalization, unstable manifolds, and the fractal structure of mode locking, Phys. Rev. Lett. **55**(4), 343-346.

Cvitanović,P., Shraiman,B., Söderberg,B. (1985b); Scaling laws for mode lockings in circle maps, Phys. Scripta **32**, 263-270.

Danielson,G.C., Lanczos,C. (1942); Improvements in practical Fourier analysis and their application to X-ray scattering from liquids, J. Franklin Inst. **233**, 365-380, 435-452.

Davis,H.T. (1962); Introduction to nonlinear differential and integral equations, Dover Publ., New York.

De Groot,S.R., Mazur,P. (1969); Grundlagen der Thermodynamik irreversibler Prozesse, Bibliographisches Institut, Mannheim.

Devaney,R.L. (1987); An introduction to chaotic dynamical systems, Addison-Wesley Publishing Company, Redwood City.

Dickmann,R. (1986); Kinetic phase transitions in a surface-reaction model: Mean-field theory, Phys. Rev. A **34**, 4246-4253.

Dirac,P.A.M. (1935); The principles of quantum mechanics, 2nd ed., Oxford University Press, New York.

Ditto,W.L., Rauseo,S.N., Spano,M.L. (1990); Experimental control of chaos, Phys. Rev. Lett. **65**, 3211-3214.

Doedel,E.J. (1986); AUTO-Software for continuation and bifurcation problems in ordinary differential equations, Cal.Inst.Tech., Pasadena.

Dowell,E.H. (1982); Flutter of a buckled plate as an example of chaotic motion of a deterministic autonomous system, J. Sound Vib. **85**(3), 333-344.

Dragt,A.J, Finn,J.M. (1976); Insolubility of trapped particle motion in a magnetic dipole field, J. Geophys. Res. **81**, 2327-2340.

Dubois,M., Rubio,M.A., Bergé,P. (1983); Experimental evidence of intermittencies associated with a subharmonic bifurcation, Phys. Rev. Lett. **51**(16), 1446-1449; Erratum: **51**, 2345.

Ducros,R., Merrill,R.P. (1976); The interaction of oxygen with Pt(110), Surf. Sci. **55**, 227-229.

Duffing,G. (1918); Erzwungene Schwingungen bei veränderlicher Eigenfrequenz und ihre technische Bedeutung, Vieweg, Braunschweig.

Dumont,M., Oufour,P., Sente,B., Dagonnier,R. (1990); On kinetic phase transitions in surface reactions, J. Catal. **122**, 95-112.

Eckmann,J.-P. mit MacKay,R.S. (1983); Routes to chaos with special emphasis on period doubling, in: Chaotic behaviour of deterministic systems, Iooss,G., Hellemann,R.H.G., Stora,R. (eds.), North-Holland, 453-510.

Eckmann,J.-P., Ruelle,D. (1985); Ergodic theory of chaos and strange attractors, Rev. Mod. Phys. **57**(3), 617-656.

— (1992); Fundamental limitations for estimating dimensions and Lyapunov exponents in dynamical systems, Physica D **56**, 185-187.

Eckmann,J.-P., Thomas,L., Wittwer,P. (1981); Intermittency in the presence of noise, J. Phys. A: Math. Gen. **14**, 3153-3168.

Ehasi,M., Matloch,M., Frank,O., Block,H.J., Christmann,K., Rys,F.S., Hirschwald,W. (1989); Steady and non-steady rates of reaction in a heterogeneously catalyzed reaction: oxidation of CO on platinum experiments and simulation, J. Chem. Phys. **91**, 4949-4960.

Eiswirth,M. (1987); Phänomene der Selbstorganisation bei der Oxidation von CO an Pt(110), Dissertation, Ludwig-Maximilians-Universität München.

Eiswirth,M., Ertl,G. (1986); Kinetic oscillations in the catalytic CO oxidation on a Pt(110), Surf. Sci. **177**, 90-100.

Eiswirth,M., Freund,A., Ross,J. (1991); Mechanistic classification of chemical oscillators and the role of species, Adv. Chem. Phys. **80**, 127-199.

Eiswirth,M., Krischer,K., Ertl,G. (1988); Transition to chaos in an oscillating surface reaction, Surf. Sci. **202**, 565-591.

— (1990); Nonlinear dynamics in the CO-oxidation on Pt single crystal surfaces, Appl. Phys. A **51**, 79-90.

Eiswirth,M., Kruel,Th.-M., Ertl,G., Schneider,F.W. (1992); Hyperchaos in a chemical reaction, Chem. Phys. Lett. **193**(4), 305-310.

Eiswirth,M., Möller,P., Wetzl,K., Imbihl,R., Ertl,G. (1989); Mechanisms of spatial self-organization in isothermal kinetic oscillations during the catalytic CO oxidation on Pt single crystal surface, J. Chem. Phys. **90**, 510-521.

Eiswirth,M., Schwankner,R., Ertl,G. (1985); Conditions for the occurence of kinetic oscillations in the catalytic oxidation of CO on a Pt(100) surface, Z. Phys. Chem. NF **144**, 59-67.

Elphick,C., Tirapegui,E., Brachet,M.E., Coullet,P., Iooss,G. (1987); A simple global characterization for normal forms of singular vector fields, Physica D **29**, 95-127.

Engel,T., Ertl,G. (1979); Elementary steps in the catalytic oxidation of carbon monoxide on platinum metals., Adv. Catal. **28**, 1-77.

Engel,W., Kordesch,M., Rotermund,H.H., Kubala,S., von Oertzen,A. (1991); A UHV-compatible photoelectron emission microscope for applications in surface science, Ultramicroscopy **36**, 148-153.

Engstrom,J.R., Weinberg,W.H. (1985); Surface reaction dynamics via temperature modulation: applications to the oxidation of carbon monoxide on the Pt(110)-(1×2) surface, Phys. Rev. Lett. **55**, 2017-2020.

— (1988); Analysis of gas-surface reactions by surface temperature modulation: Experimental applications to the adsorption and oxidation of carbon monoxide of the Pt(110)-(1×2) surface, Surf. Sci. **201**, 145-170.

Ertl,G. (1980); Surface science and catalysis, Pure Appl. Chem. **52**, 2051-2060.

— (1983); Kinetics of chemical processes of well-defined surfaces, in: Catalysis, Science and Technology **4**, Anderson,J.P. (ed.), Springer, Berlin, 210-282.

— (1990a); Oscillatory catalytic reactions at single-crystal surfaces, Adv. Catal. **37**, 213-277.

— (1990b); Ordung und Dynamik an Festkörperoberflächen, Phys. Bl. **46**, 339-345.

— (1991); Oscillatory kinetics and spatio-temporal self-organization in reactions at solid surfaces, Science **254**, 1750-1755.

Ertl,G., Norton,P.R., Rüstig,J. (1982); Kinetic oscillations in the platinum-catalyzed oxidation of CO, Phys. Rev. Lett. **49**, 177-180.

Fair,J., Madix,R.J. (1980); Low and high coverage determinations of the rate of carbon monoxide adsorption and desorption from Pt(110), J. Chem. Phys. **73**, 3480-3491.

Falta,J., Imbihl,R., Henzler,M. (1991); Spatial pattern formation in a catalytic surface reaction: the facetting of Pt(110) in CO + O_2, Phys. Rev. Lett. **64**, 1409-1412.

Farmer,J.D. (1982a); Chaotic attractors of an infinite-dimensional dynamical system, Physica D **4**, 366-393.

— (1982b); Dimension, fractal measures, and chaotic dynamics, in: Evolution of order and chaos, Haken,H. (ed.), Springer Series in Synergetics **17**, Springer, Berlin, 228-246.

— (1982c); Information dimension and the probabilistic structure of chaos, Z. Naturforsch. A **37**, 1304-1325.

— (1986); Scaling in fat fractals, in: Dimensions and entropies in chaotic systems, Mayer-Kress,G. (ed.), Springer Series in Synergetics **32**, Springer, Berlin, 54-60.

Farmer,J.D., Crutchfield,J., Froehling,H., Packard,N., Shaw,R. (1980); Power spectra and mixing properties of strange attractors, in: Nonlinear dynamics, Helleman, R.H.G. (ed.), Annals New York Academy of Sciences **357**, 453-472.

Farmer,J.D., Ott,E., Yorke,J.A. (1983); The dimension of chaotic attractors, Physica D **7**, 153-180.

Farmer,J.D., Sidorowich,J.J. (1988); Predicting chaotic dynamics, in: Dynamic patterns in complex systems, Kelso,J.A.S. et al. (eds.), World Scientific, Singapore, 265-292.

Fatou,P. (1919/20); Sur les équations fonctionelles, Bull. Soc. Math. Fr. **47**, 161-271, **48**, 33-94, 208-314.

Faust,G., Hutzschenreuter,P., Sekler,E. (1986); Beiträge zur Biomechanik: Sammelband, ICA-Bericht Nr. 14, Stuttgart.

Fauve,S., Libchaber,A. (1981); Rayleigh-Bénard experiment in a low Prandtl number fluid, mercury, in: Chaos and order in nature, Haken,H. (ed.), Series in Synergetics **11**, Springer, Berlin, 25-35.

Feigenbaum,M.J. (1978); Quantitative universality for a class of nonlinear transformations, J. Stat. Phys. **19**, 25-52.

— (1979a); The universal metric properties of nonlinear transformations, J. Stat. Phys. **21**, 669-706.

— (1979b); The onset spectrum of turbulence, Phys. Lett. A **74**(6), 375-378.

— (1980); The transition to aperiodic behavior in turbulent systems, Comm. Math. Phys. **77**, 65-88.

— (1981); Tests of the period-doubling route to chaos, in: Nonlinear phenomena in chemical dynamics, Vidal,C., Pacault,A. (eds.), Springer Series in Synergetics **13**, Springer, Berlin.

— (1983); Universal behavior in nonlinear systems, Physica D **7**, 16-39.

Feigenbaum,M.J., Kadanoff,L.P., Shenker,S.J. (1982); Quasiperiodicity in dissipative systems: a renormalization group analysis, Physica D **5**, 370-386.

Feinberg,M., Terman,D. (1991); Traveling composition waves on isothermal catalyst surfaces, Arch. Ration. Mech. Anal. **116**, 35-69.

Feistel,R., Ebeling,W. (1989); Evolution of complex systems, Reidel, Berlin.

Fenter,P., Gustafsson,T. (1988); Structural analysis of Pt(110)-(1 × 2) surface using medium-energy ion scattering, Phys. Rev. B **38**, 10197-10204.

Fernholz,H. (1964); Three-dimensional disturbances in a two-dimensional incompressible turbulent boundary layer, Aeron. Res. Council, Reports and Memoranda **3368**, H.M. Stationary Office, London.

Ferrer,S., Bonzel,H.P. (1982); The preparation, thermal stability and desorption characteristics of the non-reconstructed Pt(110)-(1×1) surface, Surf. Sci. **119**, 234-250.

Feynman,R.P., Leighton,R.B., Sands,M. (1987); Feynman Vorlesungen über Physik, Bd. I–III, Oldenburg, München.

Field,R., Burger,M. (eds.) (1985); Oscillations and traveling waves in chemical systems, Wiley, New York.

Field,R.J., Noyes,R.M. (1974); Oscillations in chemical systems. IV. Limit cycle behavior in a model of a real chemical reaction., J. Chem. Phys. **60**, 1877-1884.

Fisz,M. (1976); Wahrscheinlichkeitsrechnung und mathematische Statistik, VEB Deutscher Verlag der Wissenschaften, Berlin.

Floquet,G. (1883); Sur les équations differentielles linéaires à coefficients périodiques, Ann. Sci. École Norm. Sup. Ser. 2, **12**, 47.

Foale,S., Thompson,J.M.T. (1991); Geometrical concepts and computational techniques of nonlinear dynamics, Comp. Meth. Appl. Mech. Engng. **89**, 381-394.

Foerster,P., Müller,S.C., Hess,B. (1988); Curvature and propagation velocity of chemical waves, Science **241**, 685-687.

Fraedrich,K. (1986); Estimating the dimensions of weather and climate attractors, J. Atmos. Sci. **43**, 419-432.
Franck,U.F. (1980); Feedback kinetics in physiochemical oscillators, Ber. Bunsenges. Phys. Chem. **84**, 334-341.
Fraser,A.M. (1989a); Reconstructing attractors from scalar time series: a comparison of singular system and redundancy criteria, Physica D **34**, 391-404.
— (1989b); Information and entropy in strange attractors, IEEE Transactions on Information Theory **35**(2), 245-262.
Fraser,A.M., Swinney,H.L. (1986); Independent coordinates for strange attractors from mutual information, Phys. Rev. A **33**(2), 1134-1140.
Frederickson,P., Kaplan,J.L., Yorke,E.D., Yorke,J.A. (1983); The Liapunov dimension of strange attractors, J. Diff. Equat. **49**, 185-207.
Freyer,N., Kiskinova,M., Pirug,G., Bonzel,H.P. (1986); Oxygen adsorption on Pt(110)-(1×2) and Pt(110)-(1×1), Surf. Sci. **166**, 206-220.
Friedrich,R. (1986); Stationäre, wellenartige und chaotische Konvektion in Geometrien mit Kugelsymmetrie, Dissertation, Univ. Stuttgart.
Frisch,U. (1980); Fully developed turbulence and intermittency, in: Non-linear dynamics, Helleman,R.H.G. (ed.), Annals of the New York Academy Science **357**, 359-367.
Froehling,H., Crutchfield,J.P., Farmer,D., Packard,N.H., Shaw,R. (1981); On determining the dimension of chaotic flow, Physica D **3**, 605-617.
Froeschlé,C., Scholl,H. (1976); On the dynamical topology of the Kirkwood gaps, Astron. Astrophys. **48**, 389-393.
Froeschlé,C., Scholl,H. (1981); The stochastic of peculiar orbits in the 2/1 Kirkwood gap, Astron. Astrophys. **93**, 62-66.
Gasser,R.P.H., Smith,E.B. (1967); Surface mobility parameter for chemisorption, Chem. Phys. Lett. **1**, 457-458.
Gierer,A., Meinhardt,H. (1972); A theory of biological pattern formulation, Kybernetik **12**, 30-39.
Giffen,R. (1973); A study of commensurable motion in the solar system, Astron. Astrophys. **23**, 387-403.
Gillies,A.W. (1954); On the transformation of singularities and limit cycles of the variational equations of van der Pol, Quart. J. Mech. Appl. Math. **7**, 152-167.
Glass,L., Guevara,M.R., Shrier,A., Perez,R. (1983); Bifurcation and chaos in a periodically stimulated cardiac oscillator, Physica D **7**, 89-101.
Glass,L., Perez,R. (1982); Fine structure of phase locking, Phys. Rev. Lett. **48**(26), 1772-1775.
Glazier,J.A., Libchaber,A. (1988); Quasi-periodicity and dynamical systems: an experimentalist's view, IEEE Transactions on Circuits and Systems **35**(7), 790-809.
Gleick,J. (1988); Chaos - die Ordnung des Universums, Vorstoß in die Grenzbereiche der modernen Physik, Droemer Knaur, München.
Goldreich,P., Peale,S.J. (1966); Spin-orbit coupling in the solar system, Astron. J. **71**, 425-438.
Goldstine,H.H., von Neumann,J. (1963); On the principles of large scale computing machines *(1946, unpublished)*, in: John von Neumann: collected works, Band V, Taub,A.H. (ed.), Pergamon Press, Oxford, 1-32.
Goldstein,H. (1978); Klassische Mechanik, Akadem.Verlagsgesellschaft, Wiesbaden.
Gollub,J.P. (1983); Recent experiments on the transition to turbulent convection, in: Nonlinear dynamics and turbulence, Barenblatt,G.I., Iooss,G., Joseph,D.D. (eds.), Pitman Advanced Publishing Program, Boston, 156-171.
Gollub,J.P., Benson,S.V. (1980); Many routes to turbulent convection, J. Fluid Mech. **100**(3), 449-470.
Gollub,J.P., Swinney,H.L. (1975); Onset of turbulence in a rotating fluid, Phys. Rev. Lett. **35**(14), 927-930.
Golub,G.H., van Loan,C.F. (1983); Matrix computations, North Oxford Academic, Oxford.
Gradshteyn,I.S., Ryzhik,I.M. (1965); Table of integrals, series and products, Academic Press, New York.

Graham,R. (1982); Ein Stück unberechenbare Natur: die Turbulenz, Bild der Wissenschaft **19**(4), 68-82.

Granero,M.I., Porati,A., Zanacca,D. (1977); A bifurcation analysis of pattern formation in a diffusion governed morphogenetic field, J. Math. Biology **4**, 21-27.

Grassberger,P. (1981); On the Hausdorff dimension of fractal attractors, J. Stat. Phys. **26**, 173-179.

— (1986); Do climatic attractors exist?, Nature **323**, Letters to Nature, 609-612.

Grassberger,P., Procaccia,I. (1983a); Characterization of strange attractors, Phys. Rev. Lett. **50**, 346-349.

— (1983b); Estimation of the Kolmogorov entropy from a chaotic signal, Phys. Rev. A **28**, 2591-2593.

— (1983c); Measuring the strangeness of strange attractors, Physica D **9**, 189-208.

— (1984); Dimensions and entropies of strange attractors from a fluctuating dynamics approach, Physica D **13**, 34-54.

Grebogi,C., Ott,E., Yorke,J.A. (1983); Crises, sudden changes in chaotic attractors, and transient chaos, Physica D **7**, 181-200.

Greene,J.M. (1979); A method for determining a stochastic transition, J. Math. Phys. **20**, 1183-1201.

Greenside,H.S., Wolf,A., Swift,J., Pignataro,T. (1982); Impracticality of a box-counting algorithm for calculating the dimensionality of strange attractors, Phys. Rev. A **25**.

Gritsch,T., Coulman,D., Behm,R.J., Ertl,G. (1989); Mechanism of the CO-induced $1\times 2 \rightarrow 1\times 1$ structural transformation of Pt(110), Phys. Rev. Lett. **63**, 1086-1089.

Großmann,S. (1989); Selbstähnlichkeit: das Strukturgesetz im und vor dem Chaos, in: Ordnung und Chaos in der unbelebten und belebten Natur, Gerok,W. (ed.), Wiss. Verlagsgesellschaft, Stuttgart, zugl. Phys. Bl. **45**(6), 172-180.

— (1990); Turbulenz: Verstehen wir endlich dieses nichtlineare Phänomen?, Phys. Bl. **46**(1), 2-7.

Großmann,S., Thomae,S. (1977); Invariant distributions and stationary correlation functions of one-dimensional discrete processes, Z. Naturforsch. A **32**, 1353-1363.

Guckenheimer,J. (1986); Multiple bifurcation problems for chemical reactors, Physica D **20**, 1-20.

Guckenheimer,J., Holmes,P. (1983); Nonlinear oscillations, dynamical systems, and bifurcations of vector fields, Springer, New York.

Guillemin,V., Pollack,A. (1974); Differential topology, Prentice-Hall, Englewood Cliffs.

Hagedorn,P. (1978); Nichtlineare Schwingungen, Akademische Verlagsgesellschaft, Wiesbaden.

Haken,H. (1975a); Cooperative phenomena in systems far from thermal equilibrium and in non-physical systems, Rev. Mod. Phys. **47**, 67-121.

— (1975b); Higher order corrections to generalized Ginzburg-Landau equations of non-equilibrium systems, Z. Phys. **22**, 69-72.

— (1981); Erfolgsgeheimnisse der Natur, DVA, Stuttgart.

— (1982); Synergetik: eine Einführung, Springer, Berlin.

— (1983a); Advanced synergetics, Springer Series in Synergetics **20**, Springer, Berlin.

— (1983b); At least one Lyapunov exponent vanishes if the trajectory of an attractor does not contain a fixed point, Phys. Lett. A **94**(2), 71-72.

— (1988); Information and self-organization, Springer Series in Synergetics **40**, Springer, Berlin.

— (1991); Synergetic computers and cognition, Springer, Berlin.

Haken,H., Graham,R. (1971); Synergetik - die Lehre vom Zusammenwirken, Umschau **71**(6), 191-195.

Haken,H., Olbrich,H. (1978); Analytical treatment of pattern formation in the Gierer-Meinhardt model of morphogenesis, J. Math. Biology **6**, 317-331.

Haken,H., Wunderlin,A. (1991); Die Selbststrukturierung der Materie: Synergetik in der unbelebten Welt, Vieweg, Braunschweig.

Hale,J.K., Koçak,H. (1991); Dynamics and bifurcations, Springer, New York.

Halsey,T.C., Jensen,M.H., Kadanoff,L.P., Procaccia,I., Shraiman,B.I. (1986); Fractal measures and their singularities: the characterization of strange sets, Phys. Rev. A **33**(2), 1141-1151.

Hao,B.-L. (1990); Chaos II, World Scientific, Singapore, Fußnote S. 55.
Harding,R.H., Ross,J. (1987); The effect of different types of noise on some methods of distinguishing chaos from periodic oscillations, J. Chim. Phys. **84**, 1305-1313.
— (1988); Symptoms of chaos in observed oscillations near bifurcation with noise, J. Chem. Phys. **89**, 4743-4751.
Hartman,P. (1964); Ordinary differential equations, Wiley, New York.
Hassler,C.R., Rybicki,E.F., Cummings,K.D., Lynn,C.C. (1980); Quantification of bone stresses during remodeling, J. Biomechanics **13**, 185-190.
Hausdorff,F. (1918); Dimension und äußeres Maß, Math. Annalen **79**, 157-179.
Hayashi,C. (1964); Nonlinear oscillations in physical systems, McGraw-Hill, New York.
Hegedus,D.H., Cowin,S.C. (1976); Bone remodeling II: small strain adaptive elasticity, J. Elasticity **6**, 337-352.
Heilmann,P., Heinz,K., Müller,K. (1979); The superstructures of the clean Pt(110) and Ir(100) surfaces, Surf. Sci. **83**, 487-497.
Heinz,K., Barthel,A., Hammer,L., Müller,K. (1987); Kinetics of the irreversible transition Pt(110) $1\times1 \rightarrow 1\times2$ as observed by Leed, Surf. Sci. **191**, 174-184.
Heisenberg,W. (1925); Über quantentheoretische Umdeutung kinematischer und mechanischer Beziehungen, Z. Phys. **33**, 879-893.
— (1927); Über den anschaulichen Inhalt der quantentheoretischen Kinematik und Mechanik, Z. Phys. **43**, 172-198.
— (1948); Zur statistischen Theorie der Turbulenz, Z. Phys. **124**, 628-657.
— (1969); Der Teil und das Ganze, Piper, München.
Hénon,M. (1969); Numerical study of quadratic area-preserving mappings, Quart. Appl. Math. **27**, 291-312.
— (1976); A two-dimensional mapping with a strange attractor, Commun. Math. Phys. **50**, 69-77.
— (1983); Numerical exploration of Hamiltonian systems, in: Chaotic behaviour of deterministic systems, Iooss,G., Helleman,R.H.G., Stora,R. (eds.), North-Holland, Amsterdam, 53-170.
Hénon,M., Heiles,C. (1964); The applicability of the third integral of motion: some numerical experiments, Astron. J. **69**, 73-79.
Hénon,M., Pomeau,Y. (1976); Two strange attractors with a simple structure, Lecture Notes in Mathematics **565**, Springer Berlin, 29-68.
Hentschel,H.G.E., Procaccia,I. (1983); The infinite number of generalized dimensions of fractals and strange attractors, Physica D **8**, 435-444.
Herbst,B.M., Ablowitz,M.J. (1993); Numerical chaos, symplectic integrators, and exponentially small splitting distances, J. Comp. Phys. **105**, 122-132.
Herman,M.R. (1977); Mesure de Lebesgue et nombre de rotation, in: Geometry and topology, Palis,J. (ed.), Lecture Notes in Mathematics **597**, Springer, Berlin, 271-293.
Herrmann,M. (1989); Visualisierung des Lorenz-Systems, Studienarbeit am Institut für Computer-Anwendungen (ICA), Universität Stuttgart.
Hirsch,J.E., Huberman,B.A., Scalapino,D.J. (1982); Theory of intermittency, Phys. Rev. A **25**, 519-532.
Hirsch,M.W., Smale,S. (1974); Differential equations, dynamical systems, and linear algebra, Academic Press, San Diego.
Hofmann,P., Bare, S.R., King,D.A. (1982); Surface phase transitions on CO chemisorption on Pt(110), Surf. Sci. **117**, 245-256.
Holmes,P.J. (1979); A nonlinear oscillator with a strange attractor, Phil. Trans. Roy. Soc. A **292**, 419-448.
— (1980); Averaging and chaotic motions in forced oscillations, SIAM J. Appl. Math. **38**(1), 65-80.
— (1990); Can dynamical systems approach turbulence? in: Whither turbulence? Turbulence at the crossroads, Lumley,J.L. (ed.), Lecture Notes in Physics **357**, Springer, Berlin, 195-249.
Holmes,P.J., Marsden,J.E. (1980); Dynamical systems and invariant manifolds, in: New approaches to nonlinear problems in dynamics, Holmes,P.J. (ed.), SIAM, Philadelphia, 1-25.

Holmes,P.J., Rand,D.A. (1978); Bifurcations of the forced van der Pol oscillator, Quart. Appl. Math. **35**, 495-509.

Holzfuss,J., Lauterborn,W. (1989); Lyapunov exponents from a time series of acoustic chaos, Phys. Rev. A **39**, 2146-2152.

Holzfuss,J., Mayer-Kress,G. (1986); An approach to error-estimation in the application of dimension algorithms, in: Dimensions and entropies in chaotic systems, Mayer-Kress,G. (ed.), Series in Synergetics **32**, Springer, Berlin, 114-122.

Hopf,E. (1942); Abzweigung einer periodischen Lösung von einer stationären Lösung eines Differentialsystems, Ber. Math.-Phys., Sächs. Akad. d. Wiss. Leipzig **94**, 1-22.

— (1948); A mathematical example displaying features of turbulence, Commun. on Pure and Appl. Math. **1**, 303-322.

Hsu,C.S. (1987); Cell-to-cell mapping, Springer, New York.

Hu,B., Rudnick,J. (1982); Exact solutions of the Feigenbaum renormalization-group equations for intermittency, Phys. Rev. Lett. **48**(24), 1645-1648.

Hu,B., Satija,I.I. (1983); A spectrum of universality classes in period doubling and period tripling, Phys. Lett. A **98**(4), 143-146.

Hübler,A.W. (1987); Beschreibung und Steuerung nichtlinearer Systeme, Dissertation, Techn. Univ. München.

Hübler,A.W., Georgii,R., Kuchler,M., Stelzl,W., Lüscher,E. (1988); Resonant stimulation of nonlinear damped oscillators by Poincaré maps, Helv. Phys. Acta **61**, 897-900.

Hunt,F., Sullivan,F. (1986); Efficient algorithms for computing fractal dimensions, in: Dimensions and entropies in chaotic systems, Mayer-Kress,G. (ed.), Springer Series in Synergetics **32**, Springer, Berlin, 74-81.

Imbihl,R. (1989); The study of kinetic oscillations in the catalytic CO-oxidation on single crystal surfaces, in: Springer Series in Synergetics **44**, Optimal structures in heterogeneous reaction systems, Plath,P.J. (ed.), Springer, Berlin, 26-64.

Imbihl,R., Cox,M.P., Ertl,G., Müller,H., Brenig,W. (1985); Kinetic oscillations in the catalytic CO oxidation on Pt(100): theory, J. Chem. Phys. **83**, 1578-1587.

Imbihl,R., Ladas,S., Ertl,G. (1988); The CO-induced $1\times 2 \leftrightarrow 1\times 1$ phase transition of Pt(110) studied by Leeds and work function measurements., Surf. Sci. **206**, L903-L912.

Imbihl,R. Reynolds,A., Kaletta,D. (1991); Model for the formation of a microscopic Turing structure: the faceting of Pt(110) during catalytic oxidation of CO, Phys. Rev. Lett. **67**, 275-278.

Iooss,G. (1979); Topics in bifurcation of maps and applications, North-Holland, Amsterdam.

Iooss,G., Joseph,D.D. (1977); Bifurcation and stability of $n\,T$-periodic solutions branching from T-periodic solutions at points of resonance, Arch. Ration. Mech. Anal. **66**, 135-172.

— (1980); Elementary stability and bifurcation theory, Springer, New York.

Jackman,T.E., Davies,J.A., Jackson,D.P., Unertl,W.N., Norton,P.R. (1982); The Pt(110) phase transitions: a study by Rutherford backscattering, nuclear microanalysis, Leed and thermal desorption spectroscopy, Surf. Sci. **120**, 389-412.

— (1983); Vibrational properties of Au and Pt(110) surfaces deduced from Rutherford backscattering data, Surf. Sci. **126**, 226-235.

Jakubith,S. (1991); Abbildung räumlicher Strukturen bei der Oxidation von Kohlenmonoxid auf Pt(110) mit ortsaufgelöster Photoemission, Dissertation, Freie Universität Berlin.

Jakubith,S., Rotermund,H.H., Engel,W., Oertzen, A.v., Ertl,G. (1990); Spatiotemporal concentration patterns in a surface reaction, Phys. Rev. Lett. **65**, 3013-3016.

Jensen,M.H., Bak,P., Bohr,T. (1983); Complete devil's staircase, fractal dimension, and universality of mode-locking structure in the circle map, Phys. Rev. Lett. **50**(21), 1637-1639.

— (1984); Transition to chaos by interaction of resonances in dissipative systems. I. Circle maps, Phys. Rev. A **30**(4), 1960-1969.

Jensen,M.H., Kadanoff,L.P., Libchaber,A., Procaccia,I., Stavans,J. (1985); Global universality at the onset of chaos: results of a forced Rayleigh-Bénard experiment, Phys. Rev. Lett. **55**(25), 2798-2801.

Jensen,R.V., Myers,C.R. (1985); Images of critical points of nonlinear maps, Phys. Rev. A **32**(2), 1222-1224.

Joseph,D.D. (1985); Hydrodynamic, stability and bifurcation, in: Hydrodynamic instabilities and the transition to turbulence, Swinney,H.L., Gollub,J.P. (eds.), Topics in applied physics **45**, Springer, Berlin, 27-76.

Julia,G. (1918); Sur l'iteration des fonctions rationnelles, J. de Math. Pure et Appl. **8**, 47-245.

Jumarie,G. (1990); Relative information, Springer Series in Synergetics **47**, Springer, Berlin.

Kaplan,J.L., Yorke,J.A. (1979a); Chaotic behaviour of multidimensional difference equations, in: Functional differential equations and approximation of fixed points, Peitgen,H.-O., Walther,H.O. (eds.), Lecture Notes in Mathematics **730**, Springer, Berlin, 204-227.

— (1979b); Preturbulence: a regime observed in a fluid flow model of Lorenz, Commun. Math. Phys. **67**, 93-108.

Karlsson,L. (1991); Deterministisches und chaotisches Verhalten eines Plattenstreifens im Flatterzustand, Diplomarbeit am Institut für Computer-Anwendungen (ICA), Universität Stuttgart.

Kaukonen,H.-P., Nieminen,R.M. (1989); Computer simulations studies of the catalytic oxidation of carbon monoxide on platinum metals, J. Chem. Phys. **91**, 4380-4386.

Kellogg,G.L. (1985); Direct observation of the (1×2) surface reconstruction on the Pt(110) plane, Phys. Rev. Lett. **55**, 2168-2170.

Kisliuk,P. (1957); The sticking probabilities of gases chemisorbed on the surfaces of solids, J. Phys. Chem. Solids **3**, 95-101.

— (1958); The sticking probabilities of gases chemisorbed on the surfaces of solids II, J. Phys. Chem. Solids **5**, 78-84.

Kleczka,M., Kreuzer,E. (1987); Ljapunov-Exponenten zur Analyse nichtlinearer dynamischer Systeme, ZAMM **67**(4), 94-95.

Knudsen,J. (1993); Flutter of a skew panel subject to in-plane forces and in-plane oscillations under hypersonic flow using the finite element method, Diplomarbeit am Institut für Computer-Anwendungen (ICA), Universität Stuttgart.

Kolmogorov,A.N. (1941); The local structure of turbulence in incompressible viscous fluid for very large Reynolds number, Comptes Rendues Dokl. Akad. Sci. USSR **30**, 301-305.

— (1954); On conservation of conditionally periodic motions under small perturbations of the Hamiltonian function, Dokl. Akad. Nauk USSR **98**(4), 527-530.

— (1958); A new metric invariant of transient dynamical systems and automorphisms of Lesbesgue spaces, Dokl. Akad. Nauk SSSR **119**, 861-864.

Koschmieder,E.L. (1974); Bénard convection, Adv. Chem. Phys. **26**, 177-212.

Korteweg,D.J., de Vries,G. (1895); On the change of form of long waves advancing in a rectangular canal, and on a new type of long stationary waves, Philos. Mag. Ser. 5, **39**, 422-443.

Kreuzer,E. (1987); Numerische Untersuchung nichtlinearer dynamischer Systeme, Springer, Berlin.

Krischer,K. (1990); Nichtlineare Dynamik zweier Grenzflächenreaktionen und deterministisches Chaos, Dissertation, Freie Universität Berlin.

Krischer,K., Eiswirth,M., Ertl,G. (1991a); Bifurcation analysis of an oscillating surface reaction model, Surf. Sci. **251/252**, 900-904.

Krischer,K., Lübke,M., Wolf,W., Eiswirth,M., Ertl,G. (1991b); Chaos and interior crises in an electronical reaction, Ber. Bunsenges. Phys. Chem. **95**, 820-823.

Krischer,K., Eiswirth,M., Ertl,G. (1992); Oscillatory CO oxidation on Pt(110): modeling of temporal self-organization, J. Chem. Phys. **96**(12), 9161-9172.

Kruel,T.-M., Freund,A., Schneider,F.W. (1990); The effect of interactive noise on the driven Brusselator model, J. Chem. Phys. **93**, 416-427.

Krylov,N.M., Bogoliubov,N.N. (1934); New methods of nonlinear mechanics in their application to the investigation of the operation of electronic generators, I., United Scientific and Technical Press, Moscow.

Kubiček,M., Marek,M. (1983); Computational methods in bifurcation theory and dissipative structures, Springer, New York.

Kubo,R. (1968); Thermodynamics: an advanced course with problems and solutions, North-Holland, Amsterdam.

Kummer,B., Lohscheidt,K. (1984); Mathematische Modelle zur Analyse des Aussagewertes biologischer Theorien, Band zum 3. Kölner biomechanischen Colloquium, 5. und 6. Oktober.

Kunick,A., Steeb,W.-H. (1986); Chaos in dynamischen Systemen, B.I.-Wiss.-verlag, Mannheim.

Kuramoto,Y. (1984); Chemical oscillations, waves and turbulence, Springer Series in Synergetics **19**, Springer, Berlin.

Ladas,S., Imbihl,R., Ertl,G. (1988a); Kinetic oscillations and facetting during the catalytic CO oxidation on Pt(110), Surf. Sci. **198**, 42-68.

— (1988b); Microfacetting of a Pt(110) surface during catalytic CO oxidation, Surf. Sci. **197**, 153-182.

Lagrange,J.L. (1788); Méchanique analytique, Desaint, Paris.

Lambert,R.M. (1975); On the interpretation of Leed patterns due to CO adsorption on the (110) faces of Ni, Pd, Pt, and Ir, Sur. Sci. **49**, 325-329.

Landau,L.D. (1944); On the problem of turbulence, Comptes Rendues Dokl. Acad. Sci. USSR **44**, 311.

Landau,L.D., Lifschitz,E.M. (1991); Lehrbuch der theoretischen Physik, Band VI, Hydrodynamik, 5. überarbeitete Aufl., Akademie-Verlag, Berlin.

Lanford,O.E. (1977); Computer pictures of the Lorenz attractor, in: Turbulence seminar, Bernard,P., Ratiu,T. (eds.), Lecture Notes in Mathematics **615**, Springer, Berlin, 113-116.

— (1981); Strange attractors and turbulence, in: Hydrodynamic instabilities and the transition to turbulence, Swinney,H.L., Gollub,J.P. (eds.), Topics in applied physics **45**, Springer, Berlin, 7-26.

Laplace,J.L. (1814); Théorie analytique des probabilités, Courcier, Paris.

Laskar,J. (1986); Secular terms of classical planetary theories using the results of general theory, Astron. Astrophys. **157**, 59-70.

Lathrop,D.P., Kostelich,E.J. (1989); Characterization of an experimental strange attractor by periodic orbits, Phys. Rev. A **40**, 4028-4031.

Lazutkin,V.F. (1991); On the width of the instability zone near the separatrix of a standard map, Soviet Math. Dokl. **42**, 5-9.

Leven,D.W., Koch,B.-P., Pompe,B. (1989); Chaos in dissipativen Systemen, Vieweg, Braunschweig.

Levinson,N. (1949); A second-order differential equation with singular solutions, Ann. Math. **50**, 127-153.

Libchaber,A. (1987); From chaos to turbulence in Bénard convection, Proc. R. Soc. London A **413**, 63-69.

Libchaber,A., Maurer,J. (1978); Local probe in a Rayleigh-Bénard experiment in liquid helium, J. Phys. Lett. **39**, 369-372.

— (1980); Une expérience de Rayleigh-Bénard de géometrie réduite: multiplication, accrochage et démultiplication de fréquences, J. Phys. Coll. **41**, 51-56.

— (1982); A Rayleigh-Bénard experiment: helium in a small box, in: Nonlinear phenomena at phase transitions and instabilities, Riste,T. (ed.), Plenum Press, New York, 259-286.

Lichtenberg,A.J., Lieberman,M.A. (1983); Regular and stochastic motion, Springer, New York.

Lighthill,M.J. (1966); Einführung in die Theorie der Fourier-Analyse und der verallgemeinerten Funktionen, Bibliograph.Institut, Mannheim.

Lindell,P.-O. (1988); A numerical excursion into chaos, Diplomarbeit am Institut für Computer-Anwendungen (ICA), Universität Stuttgart.

Lipowsky,R. (1983); Die Renormierung in der statistischen Physik, Phys. Bl. **39**(12), 387-393.

Loève,M. (1963); Probability theory, Van Nostrand, Princeton.

Lorenz,E.N. (1963); Deterministic non-periodic flow, J. Atmos. Sci. **20**, 130-141.

Luque,J.J. (1990); Bistability in a surface-reaction model, Phys. Rev. A **42**, 3319-3323.

Luther,R. (transl.by Arnold,R., Showalter,K., Tyson,J.) (1987); Propagation of chemical reactions in space, J. Chem. Educ. **64**, 740-742.

Lyapunov,A.M. (1892); Problème général de stabilité du mouvement (Französische Übersetzung, 1949), Ann. of Math. Studies **17**, Princeton Univ. Press, Princeton.

MacKay,R.S., Tresser,C. (1986); Transition to topological chaos for circle maps, Physica D **19**, 206-237.

Malraison,B., Atten,P., Bergé,P., Dubois,M. (1983); Dimension d'attracteurs étranges: une détermination expérimentale en régime chaotique de deux systèmes convectifs, Comptes Rendus de l'Académie des Sciences de Paris, C **297**, 209-214.

Mandelbrot,B.B. (1980); Fractal aspects of the iteration of $z \rightarrow \lambda z(1-z)$ for complex λ and z, in: Nonlinear dynamics, Helleman,R.H.G. (ed.), Annals of the New York Acad. of Sciences **357**, 249-259.

— (1982); The fractal geometry of nature, Freeman, San Francisco.

— (1983); On the quadratic mapping $z \rightarrow z^2 - \mu$ for complex μ and z: the fractal structure of its $\mathcal{M}$ set, and scaling, in: Order in Chaos, Campbell,D., Rose,H. (eds.), North-Holland, Amsterdam, 224-239.

Manneville,P., Pomeau,Y. (1979); Intermittency and the Lorenz model, Phys. Lett. A **75**, 1-2.

— (1980); Different ways to turbulence in dissipative dynamical systems, Physica D **1**, 219-226.

Marek,M., Schreiber,I. (1991); Chaotic behavior of deterministic dissipative systems, Cambridge University Press, Cambridge.

Marsden,J.E., McCracken,M. (1976); The Hopf bifurcation and its applications, Springer, New York.

Maurer,J., Libchaber,A. (1979); Rayleigh-Bénard experiment in liquid helium: frequency locking and the onset of turbulence, J. Phys. Lett. **40**(16), 419-423.

— (1980); Effect of the Prandtl number on the onset of turbulence in liquid ^{4}He, J. Phys. Lett. **41**, 515-518.

May,R.M. (1976); Simple mathematical models with very complicated dynamics, Nature **261**, 459-467.

Mayer-Kress,G., Haken,H. (1981); Intermittent behavior of the logistic system, Phys. Lett. A **82**(4), 151-155.

— (1982); Transition to chaos for maps with positive Schwarzian derivative, in: Evolution of order and chaos, Haken,H. (Hrsg.), Springer Series in Synergetics **17**, Springer, Berlin, 183-186.

McCabe,R.W., Schmidt,L.D. (1976); Adsorption of H_2 and CO on clean and oxidized (110)Pt, Surf. Sci. **60**, 85-98.

— (1977); Binding states of CO on single crystal planes of Pt, Surf. Sci. **66**, 101-124.

Meinhardt,H. (1987); Bildung geordneter Strukturen bei der Entwicklung höherer Organismen, in: Ordnung aus dem Chaos: Prinzipien der Selbstorganisation und Evolution des Lebens, Küppers,B.-O. (Hrsg.), Piper, München.

Melnikov,V.K. (1963); On the stability of the center for time periodic perturbations, Trans. Moscow Math. Soc. **12**, 1-57.

Metropolis,N., Stein,N.L., Stein,P.R. (1973); In finite limit sets for transformations on the unit interval, J. Combust. Theory **15**, 25-44.

Mikhailov,A.S. (1990); Foundations of synergetics I, Distributed active systems, Springer Series in Synergetics **51**, Springer, Berlin.

Minorsky,N. (1962); Nonlinear oscillations, Van Nostrand, Princeton.

Misuriewicz,M. (1983); Maps of an interval, in: Chaotic behaviour of deterministic systems, Les Houches Session XXXVI, 1981, Iooss,G. et al.(eds.), North Holland, Amsterdam, 565-590.

Möller,P., Wetzl,M., Eiswirth,M., Ertl,G. (1986); Kinetic oscillations in the catalytic carbon monoxide oxidation on platinum (100), J. Chem. Phys. **85**, 5328-5336.

Moon,F.C. (1980); Experiments on chaotic motions of a forced nonlinear oscillator: strange attractors, Transactions of the ASME, J. Appl. Mech. **47**, 638-644.

— (1987); Chaotic vibrations, John Wiley & Sons, New York.

Moon,F.C., Holmes,P.J. (1979); A magnetoelastic strange attractor, J. Sound Vib. **65**, 275-296.

Moon,F.C., Li,G.-X. (1985); Fractal basin boundaries and homoclinic orbits for periodic motion in a two-well potential, Phys. Rev. Lett. **55**(14), 1439-1442.

Moser,J. (1958); Stability of the asteroids, Astronom. Journal **63**, 439-443.

— (1967); Convergent series expansions of quasi-periodic motions, Math. Ann. **169**, 136-176.

— (1973); Stable and random motions in dynamical systems, Princeton University Press, Princeton.

— (1978); Is the solar system stable?, Math. Intelligencer **1**, 65-71.

Moser,J., Siegel,C.L. (1971); Lectures on celestial mechanics, rev. and enl. transl. of "Vorlesungen über Himmelsmechanik" by C.L.Siegel, Grundlehren der math. Wiss. **187**, Springer, Berlin.

Murray,C.D., Fox,K. (1984); Structure of the the 3:1 Jovian resonance: a comparison of numerical methods, Icarus **59**, 221-233.

Nagashima,T., Shimada,I. (1977); On the C-system-like property of the Lorenz system, Prog. Theor. Phys. **58**, 1318-1320.

Nauenberg,M., Rudnick,J. (1981); Universality and power spectrum at the onset of chaos, Phys. Rev. B **24**(1), 493-495.

Neĭmark,J. (1959); On some cases of periodic motions depending on parameters, Dokl. Akad. Nauk. SSSR **129**, 736-739.

Newell,A.C. (1989); The dynamics and analysis of pattern, in: Lectures in the sciences of complexity, Stein,D.L. (ed.), Addison-Wesley, New York, 107-173.

Newhouse,S., Ruelle,D., Takens,F. (1978); Occurrence of strange Axiom A attractors near quasi periodic flows on $T^m, m \geqslant 3$, Commun. Math. Phys. **64**, 35-40.

Nicolis,C., Nicolis,G. (1984); Is there a climatic attractor?, Nature **311**, 529-532.

— (1987); Evidence for climatic attractors, Nature **326**, Matters arising, 523.

Nicolis,G., Prigogine,I. (1977); Self-organisation in nonequilibrium systems, Wiley, New York.

— (1987); Die Erforschung des Komplexen, Piper, München.

Nitsche,G., Dressler,U. (1992); Controlling chaotic dynamical systems using time delay coordinates, Physica D **58**, 153-164.

Norton,P.R., Davies,J.A., Jackman,T.E. (1982); Absolute coverage of CO and O on Pt(110); comparison of saturation CO coverages on Pt(100), (110) and (111) surfaces, Surf. Sci. **122**, L593-L600.

O'Connor,J.A., Lanyon,L.E., MacFie,H. (1982); The influence of strain rate on adaptive bone remodelling, J. Biomechanics **15**, 767-781.

Olver,P.J. (1986); Applications of Lie groups to differential equations, Springer, New York.

Osborne,A.R. (1990); The generation and propagation of internal solitons in the Andaman sea, in: Soliton theory: a survey of results, Fordy,A.P. (ed.), Manchester University Press, 152-173.

Oseledec,V.I. (1968); A multiplicative ergodic theorem: the Lyapunov characteristic numbers of dynamical systems, Trans. Mosc. Math. Soc. **19**, 197-231.

Ostlund,S., Rand,D., Sethna,J., Siggia,E. (1983); Universal properties of the transition from quasi-periodicity to chaos in dissipative systems, Physica D **8**, 303-342.

Ott,E. (1981); Strange attractors and chaotic motions of dynamical systems, Rev. Mod. Phys. **53**, 655-671.

Ott,E., Grebogi,C., Yorke,J.A. (1990); Controlling chaos, Phys. Rev. Lett. **64**, 1196-1199.

Papoulis,A. (1962); The Fourier integral and its applications, McGraw Hill, New York.

Packard,N.H., Crutchfield,J.P., Farmer,J.D., Shaw,R.S. (1980); Geometry from a time series, Phys. Rev. Lett. **45**(9), 712-716.

Päsler,M. (1968); Prinzipe der Mechanik, de Gruyter, Berlin.

Pätzold,G. (1990); Reduktionstechniken und asymptotische Methoden, Fallstudie: Duffing-Balken, Diplomarbeit am Institut für Computer-Anwendungen (ICA), Universität Stuttgart.

Pauwels,F. (1960); Eine neue Theorie über den Einfluß mechanischer Reize auf die Differenzierung der Stützgewebe, Z. Anat. Entwickl.-Gesch. **121**, 478-515.

— (1965); Gesammelte Abhandlung zur funktionellen Anatomie des Bewegungsapparates, Springer, Berlin.

Peale,S.J. (1977); Rotation histories of the natural satellites, in: Planetary satellites, J. Burns (ed.), University of Arizona Press, Tucson, 87-112.

Peitgen,H.-O., Richter,P.H. (1986a); Fraktale und die Theorie der Phasenübergänge, Phys. Bl. **42**(1), 9-22.

— (1986b); The beauty of fractals, Springer, Berlin.

Peitgen,H.-O., Saupe,D. (eds.) (1988); The science of fractal images, Springer, New York.

Peitgen,H.-O., Jürgens,H., Saupe,D. (1992); Bausteine des Chaos – Fraktale, Klett-Cotta/Springer, Stuttgart/Berlin.

Peixoto,M.M. (1962); Structural stability on two-dimensional manifolds, Topology **1**, 101-120.

Perron,O. (1960); Irrationalzahlen, Walter de Gruyter, Berlin.

Pesin,Ya.B. (1977); Characteristic Lyapunov exponents and smooth ergodic theory, Russ. Math. Surv. **32**(4), 55-114.

Pisano,Leonardo genannt Fibonacci (1228); Liber abaci, 2. verbesserte Abschrift, Pisa.

Poincaré,H. (1899); Les méthodes nouvelles de la mécanique céleste, Gauthier-Villars, Paris.

— (1908); Science et méthode, Ernest Flammarion, Paris.

Pomeau,Y., Manneville,P. (1980); Intermittent transition to turbulence in dissipative dynamical systems, Commun. Math. Phys. **74**, 189-197.

Pompe,B., Wilke,C., Koch,B.P., Leven,R.W. (1984); Experimentelle Untersuchungen periodischer und chaotischer Bewegungen eines parametrisch erregten Pendels, Exp. Technik Phys. **32**, 545-554.

Press,W.H., Flannery,B.P., Teukolsky,S.A., Vetterling,W.T. (1986); Numerical recipes, Cambridge University Press, Cambridge.

Prigogine,I. (1979); Vom Sein zum Werden: Zeit und Komplexität in den Naturwissenschaften, Piper, München.

Rand,D.A. (1987); Fractal bifurcation sets, renormalization strange sets and their universal invariants, Proc. Roy. Soc. London A **413**, 45-61.

Rand,D., Ostlund,S., Sethna,J., Siggia,E.D. (1982); Universal transition from quasiperiodicity to chaos in dissipative systems, Phys. Rev. Lett. **49**(2), 132-135.

Rand,R.H., Armbruster,D. (1987); Perturbation methods, bifurcation theory and computer algebra, Springer, New York.

Razón,F., Schmitz,R.A. (1986); Intrinsically unstable behavior during the oxidation of carbon monoxide on plantinum, Catal. Rev. **28**, 89-164.

Readhead,P.A. (1962); Thermal desorption of gases, Vacuum **12**, 203-211.

Rényi,A. (1959); On the dimension and entropy of probability distributions, Acta Mathematica (Hungaria) **10**, 193-215.

Reynolds,O. (1883); An experimental investigation of the circumstances which determine whether the motion of water shall be direct or sinuous, and of the law a resistance in parallel channels, Phil. Trans. R. Soc. **174**, 935-982.

Rössler,O.E. (1979); An equation for hyperchaos, Phys. Lett. A **71**, 155-157.

— (1983); The chaotic hierarchy, Z. Naturforsch. A **38**, 788-801.

Romeiras,F.J., Grebogi,C., Ott,E., Dayawansa,W.P. (1992); Controlling chaotic dynamical systems, Physica D **58**, 165-192.

Rose,H.A., Sulem,P.L. (1978); Fully developed turbulence and statistical mechanics, J. Phys. **39**, 441-484.

Ross,J., Müller,S.C., Vidal,C. (1988); Chemical waves, Science **240**, 460-465.

Rotermund,H.H., Engel,W., Kordesch,M., Ertl,G. (1990); Imagines of spatio-temporal pattern evolution during carbon monoxide oxidation on platinum, Nature **343**, 355-357.

Rotermund,H.H., Jakubith,S., von Oertzen,A., Ertl,G. (1991); Solitons in a surface reaction, Phys. Rev. Lett. **66**, 3083-3086.

Rubin,C.T., Lanyon,L.E. (1984); Regulation of bone formation by applied dynamic loads, J. Bone and Joint Surg. A **66**, 397-402.

— (1985); Regulation of bone mass by mechanical strain magnitude, Calc. Tiss. Int. **37**, 411-417.

Ruelle,D. (1989); Chaotic evolution and strange attractors, Cambridge University Press, Cambridge.

Ruelle,D., Takens,F. (1971); On the nature of turbulence, Commun. Math. Phys. **20**, 167-192.

Russell,D.A., Hanson,J.D., Ott,E. (1980); Dimensions of strange attractors, Phys. Rev. Lett. **45**, 1175-1178.

Sachon,M. (1991); Bifurkationen der Kodimension 2 am Beispiel des van-der-Pol-Oszillators, Diplomarbeit am Institut für Computer-Anwendungen (ICA), Universität Stuttgart.

Sacker,R.S. (1965); On invariant surfaces and bifurcations of periodic solutions of ordinary differential equations, Comm. Pure Appl. Math. **18**, 717-732.

Saltzman,B. (1962); Finite amplitude free convection as an initial value problem - I, J. Atmos. Sci. **19**, 329-341.

Sander,M. (1990); Strukturumwandlungen und kinetische Oszillationen während der katalytischen CO-Oxidation an Platin-Einkristallflächen der [001]-Zone, Dissertation, Freie Universität Berlin.

Sander,M., Imbihl,R. (1991); Conditions and kinetics of facetting of a Pt(110) surface during catalytic CO-oxidation, Surf. Sci. **255**, 61-72.

Sano,M., Sawada,Y. (1985); Measurement of the Lyapunov spectrum from a chaotic time series, Phys. Rev. Lett. **55**, 1082-1085.

Sant,R., Wolf,E.E. (1988); FTIR studies of catalyst preparation effects on spatial propagation of oscillations during CO oxidation on Pt/SiO_2, J. Catal. **110**, 249-261.

Scheck,F. (1988); Mechanik: von den Newtonschen Gesetzen zum deterministischen Chaos, Springer, Berlin.

Scholl,H., Froeschlé,C. (1974); Asteroidal motion at the 3/1 commensurability, Astron. Astrophys. **33**, 455-458.

Schüth,F., Song,X., Schmidt,L.D., Wicke,E. (1990); Synchrony and the emerage of chaos in oscillations on supported catalysts, J. Chem. Phys. **92**, 745-756.

Schuster,H.G. (1988); Deterministic chaos: an introdution, 2nd rev.ed., VCH Verlagsgesellschaft, Weinheim.

Seydel,R. (1980); The strange attractors of a Duffing equation - dependence on the exciting frequency, Tech. Universität München, Inst. f. Math., TUM-M 8019.

— (1988); From equilibrium to chaos: practical bifurcation and stability analysis, Elsevier, New York.

Shannon,C.E. (1948); A mathematical theory of communication, Bell System Techn. J. **27**, 370-423, 623-656.

Shannon,C.E., Weaver,W. (1949); The mathematical theory of communication, University of Ill. Press, Urbana.

Shaw,R. (1981a); Modeling chaotic systems, in: Chaos and order in nature, Haken,H. (ed.), Springer Series in Synergetics **11**, Springer, Berlin, 218-231.

— (1981b); Strange attractors, chaotic behavior, and information flow, Z. Naturforsch. **36**, 80-112.

Shenker,S.J. (1982); Scaling behavior in a map of a circle onto itself: empirical results, Physica D **5**, 405-411.

Shenker,S.J., Kadanoff,L.P. (1982); Critical behavior of a KAM surface: I. Empirical results, J. Stat. Phys. **27**(4), 631-656.

Shimada,I., Nagashima,T. (1979); A numerical approach to ergodic problem of dissipative dynamical systems, Progr. Theor. Phys. **61**(6), 1605-1616.

Siegel,C.L. (1942); Iteration of analytic functions, Ann. Math. **43**(4), 607-612.

— (1956); Vorlesungen über Himmelsmechanik, Springer, Berlin.

Simó,C. (1979); On the Hénon-Pomeau attractor, J. Stat. Phys. **21**(4), 465-494.

Sinai,Ya.G. (1976); Introduction to ergodic theory, Math. Notes 18, Princton Univ. Press, Princton.

Singer,D. (1978); Stable orbits and bifurcation of maps of the interval, SIAM J. Appl. Math. **35**, 260-267.

Singer,J., Wang,Y.-Z., Bau,H.H. (1991); Controlling a chaotic system, Phys. Rev. Lett. **66**, 1123-1125.

Smale,S. (1963); Diffeomorphisms with many periodic points, in: Differential and combinatorial topology, Cairns,S.S. (ed.), Princeton University Press, Princeton.

— (1967); Differentiable dynamical systems, Bull. Amer. Math. Soc. **73**, 747-817.

Smith,B. et al. (1982); A new look at the Saturn system: the Voyager 2 images, Science **215**, 504-537.

Sommerfeld,A. (1964); Vorlesungen über theoretische Physik, Band I, Mechanik, 7. Auflage, Akademische Verlagsgesellschaft Geest & Portig.
— (1977); Vorlesungen über theoretische Physik, Band V, Thermodynamik und Statistik, Nachdruck der 2. Auflage, Verlag Harri Deutsch, Thun.
Sparrow,C. (1982); The Lorenz equations: bifurcations, chaos, and strange attractors, Springer, New York.
Stanley,H.E. (1971); Introduction to phase transitions and critical phenomena, Oxford University Press, New York.
Stavans,J., Heslot,F., Libchaber,A. (1985); Fixed winding number and the quasiperiodic route to chaos in a convective fluid, Phys. Rev. Lett. **55**(6), 596-599.
Stoer,J., Bulirsch,R. (1973); Einführung in die numerische Mathematik II, Springer, Berlin.
Stoker,J.J. (1950); Nonlinear vibrations, Interscience Publishers, Inc., New York.
Stoop,R., Meier,P.F. (1988); Evaluation of Lypunov exponents and scaling functions from the time series, J. Opt. Soc. Am. B **5**, 1037-1045.
Stoop,R., Peinke,J., Parii,J., Röhricht,B., Huebener, R.P. (1989); A p-Ge semiconductor experiment showing chaos and hyperchaos, Physica D **35**, 425-435.
Sundaram,V.S., Dawson,P.H. (1984); Oxygen on Pt(110): thermal enhancement of electron stimulated desorption, Surf. Sci. **146**, L593-L600.
Sussman,G.J., Wisdom,J. (1988); Numerical evidence that the motion of Pluto is chaotic, Science **241**, 433-437.
Swinney,H.L., Fenstermacher,P.R., Gollub,J.P. (1977); Transition to turbulence in a fluid flow, in: Synergetics: a workshop, Haken,H. (ed.), Springer Series in Synergetics **2**, Springer, Berlin, 60-69.
Swinney,H.L., Gollub,J.P. (1978); The transition to turbulence, Phys. Today **31**(8), 41-49.
Tabor,M. (1989); Chaos and integrability in nonlinear dynamics, Wiley, New York.
Takens,F. (1974); Forced oscillations and bifurcations, Comm. Math. Inst., Rijkuniversiteit Utrecht **3**, 1-59.
— (1981); Detecting strange attractors in turbulence, in: Dynamical systems and turbulence, Rand,D.A., Young,L.S. (eds.), Lecture Notes in Mathematics **898**, Springer, Berlin, 366-381.
Temam,R. (1988); Infinite-dimensional dynamical systems in mechanics and physics, Springer, New York.
Termonia,Y., Alexandrowicz,Z. (1983); Fractal dimension of strange attractors from radius versus size of arbitary clusters, Phys. Rev. Lett. **51**(14), 1265-1268.
Thiel,P.A., Behm,R.J., Norton,P.M., Ertl,G. (1982); Mechanism of an adsorbate induced surface phase transformation: CO on Pt(100), Surf. Sci. **121**, L553-L560.
— (1983); The interaction of CO and Pt(100). II: Energetic and kinetic parameters, J. Chem. Phys. **78**, 7448-7458.
Thom,R. (1972); Stabilité structurelle et morphogénèse, Benjamin, New York.
Thompson,J.M.T., Stewart,H.B. (1986); Nonlinear dynamics and chaos, Wiley, New York.
Troselius,H. (1989); Finite-Element-Simulation chaotischen Verhaltens am Beispiel des Duffingbalkens, Diplomarbeit am Institut für Computer-Anwendungen (ICA), Universität Stuttgart.
Tseng,W.-Y., Dugundji,J. (1971); Nonlinear vibrations of a buckled beam under harmonic excitation, Transactions of the ASME, J. Appl. Mech. **38**, 467-476.
Tyson,J.J. (1976); The Belousov-Zhabotinsky reaction, Lecture Notes in Biomathematics **10**, Springer, Berlin.
Tyson,J.J., Keener,J.P. (1986); Spiral waves in the Belousov-Zhabotinsky reaction, Physica D **21**, 307-324.
— (1988); Singular perturbation theory of traveling waves in excitable media (a review), Physica D **32**, 327-361.
Ueda,Y. (1979); Randomly transitional phenomena in the system governed by Duffing's equation, J. Stat. Phys. **20**(2), 181-196.
— (1980a); Explosion of strange attractors exhibited by Duffing's equation, in: Nonlinear dynamics, Helleman,R.H.G. (ed.), New York Academy of Sciences, New York, 422-434.

— (1980b); Steady motions exhibited by Duffing's equation: a picture book of regular and chaotic motions, in: New approaches to nonlinear problems in dynamics, Holmes,P.J. (ed.), SIAM, Philadelphia, 311-322.
Umberger,D.K., Farmer,J.D., Satija,I.I. (1986a); A universal strange attractor underlying the quasiperiodic transition to chaos, Phys. Lett. A **114**(7), 341-345.
Umberger,D.K., Mayer-Kress,G., Jen,E. (1986b); Hausdorff dimensions for sets with broken scaling symmetry, in: Dimensions and entropies in chaotic systems, Mayer-Kress,G. (ed.), Springer Series in Synergetics **32**, Springer, Berlin, 42-53.
Unertl,W.N., Jackman,T.E., Norton,P.R., Jackson,D.P., Davies,J.A. (1982); Summary abstract: Surface phases of clean CO and NO covered Pt(110), J. Vac. Sci. Technol. **20**, 607-608.
van Buskirk,R., Jeffries,C. (1985); Observation of chaotic dynamics of coupled non-linear oscillators, Phys. Rev. A **31**(5), 3332-3357.
van der Pol,B. (1926); On "relaxation-oscillations", London Phil. Mag. Ser. 7, **2**, 978-992.
— (1927); Forced oscillations in a circuit with non-linear resistance (reception with reactive triode), London Phil. Mag. Ser. 7, **3**, 65-80.
van der Pol,B., van der Mark,J. (1927); Frequency demultiplication, Nature **120**, 363-364.
— (1928); The heartbeat considered as a relaxation oscillation, and an electrical model of the heart, Philos. Mag. **6**, 763-775.
Vastano,J.A., Kostelich,E.J. (1986); Comparison of algorithms for determining Lyapunov exponents from experimental data, in: Dimensions and entropies in chaotic systems, Mayer-Kress,F. (ed.), Springer Series in Synergetics **32**, Springer, Berlin, 100-107.
Velarde,M.G, Normand,C. (1980); Konvektion, Spektrum d. Wiss., 118-131.
Verhulst,F. (1990); Nonlinear differential equations and dynamical systems, Springer, Berlin.
Vishnevskii,A.L., Savchenko,V.I. (1989); Self-oscillation in the rate of carbon monoxide oxidation of platinum (100), React. Kinet. Catal. Lett. **38**, 167-173.
Vlachos,D.G., Schmidt,L.D., Aris,R. (1990); The effects of phase transitions, surface diffusion, and defects on surface catalyzed reactions: fluctuations and oscillations, J. Chem. Phys. **93**, 8306-8313.
Vollmer,G. (1988); Ordnung ins Chaos?: zur Weltbildfunktion wissenschaflicher Erkenntnis, Naturwiss. Rundschau **41**(9), 345-350.
Wagner,C., Stelzel,W., Hübler,A., Lüscher,E. (1988); Resonante Steuerung nichtlinearer Schwinger, Helv. Phys. Acta **61**, 228-231.
Walters,P. (1982); An introduction to ergodic theory, Springer, New York.
Wetherill,G.W. (1968); Stone meteorites: time of fall and origin, Science **159**, 79-82.
Wetherill,G.W. (1985); Asteroidal source of ordinary chondrites, Meteoritics **18**, 1-22.
Wiggins,S. (1988); Global bifurcations and chaos, Springer, New York.
— (1990); Introduction to applied nonlinear dynamical systems and chaos, Springer, New York.
Wilf,M., Dawson,P.T. (1977); The adsorption and desorption of oxygen on the Pt(110) surface; a thermal desorption and Leed/AES study, Surf. Sci. **65**, 399-418.
Williams,J.G., Benson,G.S. (1971); Resonances in the Neptune-Pluto system, Astron. J. **76**, 167-177.
Wilson,K.G. (1983); The renormalization group and critical phenomena, Rev. Mod. Phys. **55**(3).
Winfree,A.T (1972); Spiral waves of chemical activity, Science **175**, 634-636.
— (1974); Rotating chemical reactions, Sci. Am. **230**, 82-95.
Wisdom,J. (1982); The origin of the Kirkwood gaps: A mapping for asteroidal motion near the 3/1 commensurability, Astron. J. **87**, 577-593.
— (1983); Chaotic behaviour and the origin of the 3/1 Kirkwood gap, Icarus **56**, 51-74.
— (1985a); A perturbative treatment of motion near the 3/1 commensurability, Icarus **63**, 272-289.
— (1985b); Meteorites may follow a chaotic route to Earth, Nature **315**, 731-733.
— (1986); Canonical solution of the two critical argument problem, Celest. Mech. **38**, 175-180.
— (1987a); Rotational dynamics of irregularly shaped satellites, Astron. J. **94**, 1350-1360.
— (1987b); Chaotic dynamics in the Solar system, Proc. R. Soc. Lond. A **413**, 102-129, zugl. Icarus **72**, 241-274, zugl. Nucl. Phys. B **2**, 391-414.

Wisdom,J., Peale,S.J., Mignard,F. (1984); The chaotic rotation of Hyperion, Icarus **58**, 137-152.

Wisniewski,W. (1987); Diskussion und graphische Auswertung eines Systems zweier Differentialgleichungen erster Ordnung, Studienarbeit am Institut für Computer-Anwendungen (ICA), Universität Stuttgart.

Wolf,A., Vastano,J.A. (1986); Intermediate length scale effects in Lyapunov exponent estimation, in: Dimensions and entropies in chaotic systems, Mayer-Kress,G. (ed.), Springer Series in Synergetics **32**, Springer, Berlin, 94-99.

Wolf,A., Swift,J.B., Swinney,H.L., Vastano, J.A. (1985); Determining Lyapunov exponents from a time series, Physica D **16**, 285-317.

Wüstenberg,H. (1986); Effektive numerische Verfahren zur Behandlung inkompressibler viskoser Strömungsvorgänge, Dissertation, Univ. Stuttgart.

Wunderlin,A. (1985); Mathematische Methoden der Synergetik und ihre Anwendungen auf den Laser, Habilitationsschrift, Universität Stuttgart.

Yorke,J.A., Yorke,E.D. (1979); Metastable chaos: the transition to sustained chaotic behavior in the Lorenz model, J. Stat. Phys. **21**(3), 263-277.

Zabusky,N.J. (1984); Computational synergetics, Phys. Today **37**, 36-46.

Zabusky,N., Kruskal,M.D. (1965); Interaction of "solitons" in a collisionless plasma and the recurrence of initial states., Phys. Rev. Lett. **15**, 240-243.

Zaikin,A.N., Zhabotinsky,A.M. (1970); Concentration wave propagation in two-dimensional liquid-phase self-oscillating systems, Nature **225**, 535-537.

Zhabotinsky,A.M. (1980); Oscillating bromate oxidate reactions, Ber. Bunsenges. Phys. Chem. **84**, 303-308.

Ziff,R.M., Gulary,E., Barshad,Y. (1986); Kinetic phase transitions in an irreversible surface reaction, Phys. Rev. Lett. **56**, 2553-2556.

Zurmühl,R. (1964); Matrizen und ihre technischen Anwendungen, 4. neubearbeitete Auflage, Springer, Berlin.

Index

Printed in the United States
by Baker & Taylor Publisher Services